新型城镇化与城乡规划教育

New Urbanization and Planning Education

——2014 全国高等学校城乡规划学科专业指导委员会年会论文集

全国高等学校城乡规划学科专业指导委员会
深圳大学建筑与城市规划学院
编

中国建筑工业出版社

图书在版编目（CIP）数据

新型城镇化与城乡规划教育——2014全国高等学校城乡规划学科专业指导委员会年会论文集/全国高等学校城乡规划学科专业指导委员会，深圳大学建筑与城市规划学院编．—北京：中国建筑工业出版社，2014.10

ISBN 978-7-112-17263-4

Ⅰ.①新… Ⅱ.①全…②深… Ⅲ.①城乡规划-教学研究-高等学校-文集 Ⅳ.①TU984-4

中国版本图书馆CIP数据核字（2014）第210188号

责任编辑：杨 虹
责任校对：张 颖 姜小莲

新型城镇化与城乡规划教育
——2014 全国高等学校城乡规划学科专业指导委员会年会论文集

全国高等学校城乡规划学科专业指导委员会
深圳大学建筑与城市规划学院 编

*

中国建筑工业出版社出版、发行（北京西郊百万庄）
各地新华书店、建筑书店经销
北京嘉泰利德公司制版
北京同文印刷有限责任公司印刷

*

开本：889×1194毫米 1/16 印张：38 字数：930千字
2014年9月第一版 2014年9月第一次印刷
定价：88.00元
ISBN 978-7-112-17263-4
（26048）

2014全国高等学校城乡规划学科专业指导委员会年会论文集组织机构

序

2014年我国发布了《国家新型城镇化规划（2014–2020年）》，这标志着城镇化已经成为国家发展战略的重要组成部分。中国的城镇化正面临着机遇和挑战的并存。走可持续发展的城镇化道路既是中国社会的广泛共识、也是国际社会的殷切期待。中国的城乡规划学科任重而道远，如何为可持续发展的城镇化道路提供适合中国国情的思想、理论、方法、技术，并且培养高质量的城乡规划专业人才，是城乡规划学科发展的核心使命。

全国高等学校城乡规划学科专业指导委员会的主要职责是对于城乡规划学科的专业教学和人才培养进行研究、指导、咨询、服务，为此需要建立信息网络、营造交流平台、编制指导规范。每年一度的全国高等学校城乡规划学科专业指导委员会年会是全国城乡规划教育工作者的盛会，教研论文交流则是年会的重要议程之一。

2014年全国高等学校城乡规划学科专业指导委员会年会的主题是“回归人本，溯原本土”。本论文集包含的106篇教研论文是从来自全国规划院校的教研论文投稿中挑选汇编，涵盖了城乡规划教育的主要领域，包括学科建设、教学方法、理论教学、实践教学的最新研究进展，将会成为城乡规划教育工作者的有益读物。

全国高等学校城乡规划学科专业指导委员会愿意与全国各地的规划院校携手努力，继续为中国的城乡规划教育事业做出积极贡献。在此，我谨向为本论文集而辛勤付出的论文作者、年会承办单位、出版机构表示诚挚的谢意！

全国高等学校城乡规划学科专业指导委员会主任委员

唐建

2013.9

目　　录

学科建设

理论教学

实践教学

教学方法

新型城镇化与城乡规划教育

New Urbanization and Planning Education

学科建设

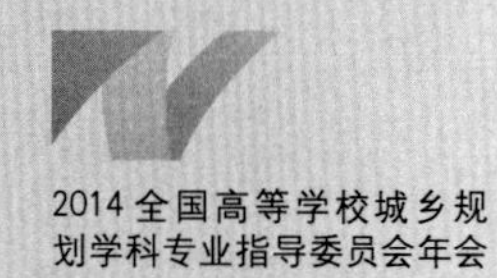

2014全国高等学校城乡规划学科专业指导委员会年会

城乡规划本科生能力结构与职业规划师核心能力的对照分析

杨贵庆

摘　要：我国《高等学校城乡规划本科指导性专业规范》(2013年版)中列出了关于能力结构的6项内容，对于职业规划师的核心能力的培养具有促进作用和积极意义。城乡规划专业学生能力结构有别于其他专业，它是城乡规划教育核心价值观的反映，体现了专业的办学宗旨和特色。能力结构的知识获取，需要设定相应的课程教学来支撑。城乡规划专业学生能力结构的培养直接导向今后作为规划师的职业能力，是规划师职业生涯成功与否的重要基础，也是规划师职业道德和操守的重要标尺，更是城乡规划学科和规划师这一职业能否成为“常青树”的重要依据。

关键词：规划师，能力结构，核心能力，职业

1　引言

《高等学校城乡规划本科指导性专业规范》(2013年版)(下文简称“指导规范”)在第三章“培养规格”中提出关于“能力结构”的6项内容，❶分别包括：①前瞻预测能力；②综合思维能力；③专业分析能力；④公正处理能力；⑤共识建构能力；以及⑥协同创新能力。这是新中国城乡规划专业人才培养历史发展过程中首次对学生能力结构的培养提出要求，具有重要的意义。能力结构中的6项内容与国际上普遍认可的“规划师的核心能力”的6个方面形成了呼应对照，即与菲利普.伯克等编著《城市土地使用规划》(原著第五版)中关于“规划师的核心能力”的6个内容是一致的。❷伯克等把规划师的6大核心能力表示为：①前瞻性；②综合能力；③技术能力；④公正性；⑤共识建构能力；以及⑥创新能力。通过比较可以看出，尽管在进一步解析这些能力结构的具体文字上，我国“指导规范”中加入了部分中国的规划语境，但是，整体来看，它显然受到了美国这本教材的深刻影响。这本早在1957年就出了第一版的美国规划专业教材，2006年更新到了第五版，在全美具有很强的权威性。因此，把规划专业学生能力结构培养与今后职业规划师的核心能力的发展建立对应关系，是我国高等学校城乡规划学科发展的新跨越。

城乡规划专业学生的能力结构有别于其他专业，它是在通识教育之外的专业基础课程和专业课程建设的重要指南。它体现了城乡规划专业的办学宗旨和专业特色，是规划教育核心价值观的反映。同时，规划专业学生能力结构的培养将直接导向今后作为规划师的职业能力，是规划师职业生涯成功与否的重要基础，也是规划师职业道德和操守的重要标尺，更是规划师这一职业能否成为常青树的重要依据。那么，如何认识规划本科生“能力结构”与职业规划师“核心能力”的关系呢？以下从“能力结构”的6项内容来展开讨论。一管之见，求教于同行。

2　能力结构与规划师的核心能力相对应

2.1　前瞻预测能力

“指导规范”指出“前瞻预测能力”是：“具有对城乡发展历史规律的洞察能力，具备预测社会未来发展趋势的基本能力，以支撑开展城乡未来健康发展的前瞻性思考”。这一能力结构导向职业规划师的“前瞻能力”。可以说，“前瞻能力”是规划专业有别于其他专业的最为

❶　高等学校城乡规划学科专业指导委员会编制，第4页。中国建筑工业出版社2013年出版。

❷　菲利普·伯克等编著《城市土地使用规划》(原著第五版)，第29~30页。吴志强译制组译，中国建筑工业出版社，2009年。

杨贵庆：同济大学建筑与城规学院教授

特殊的能力。这是因为，“规划”本身意味着超越短期利益、重在对于未来的预期。在面对当下不尽人意的现状，许多专业都可以进行相应的调查分析研究，但是，它们却难以描绘对于未来某种预期的美好景象。更为重要的是，城乡规划专业所描绘的这种景象并不停留于文字描述的层面，而是具有丰富生动的画面，它们可以通过手绘图或者计算机效果图、实物模型、甚至是三维虚拟现实来展现对于未来的愿景。例如，当面对一片滩涂地，虽然现状没有任何建筑，但规划师有能力描绘未来的新城景象；当面对十分拥挤脏乱的城乡结合部，规划师有能力模拟今后繁荣和谐的居住社区的景象。这种前瞻能力将给予投资者以极大信心，给予决策者以做出判断的参考。同时，这种前瞻能力还基于对城市历史发展规律的充分认识，从而更为客观、准确地定位当下和未来之间的关系。此外，这种前瞻能力还包括对于当前的某个决策可能带来的今后发生一连串变化的预判，包括对于美好的或者负面的预估，例如，对于灾害的预估。

可见，前瞻能力对于职业规划师来说极为重要。睿智的规划师对于未来的预期具有十分敏锐和智慧的判断，帮助决策者和投资人规避风险、获得预期的回报，从而通过“规划”增添价值，并通过规划实现综合效益等价值目标。相反，平庸或拙劣的规划师可能步尘于甲方，甚至无法预估将要造成的严重后果。

因此，可以看到，前瞻能力对规划师职业素养的要求很高。在学校里对于“前瞻预测能力”这一能力结构，教学培养方案需要制定一系列的专业基础课程和专业课程，从而形成对寻找和描绘前瞻的“愿景”提供丰富的知识支撑。这些知识至少包括两个方面：①与具体形象描绘能力相关的课程。例如，“艺术造型”（包括美术）、“设计概论”、“建筑概论”、“建设设计基础”、“计算机辅助设计”等,还包括“详细规划与城市设计”、“城乡道路与交通规划”、“城乡基础设施规划”等一系列城市空间形态规划的课程；②在空间形态表象下的城市科学知识和历史知识。例如“城乡规划原理”、“城市经济学”、“城乡生态与环境规划”，“城市建设史和规划史”，等等。需要指出的是，前瞻预测能力中的“预测”，重在对于发展趋势的总体判断，并不是指具体的预测技术。关于具体的预测技术，将通过“专业分析”的能力结构来实现。

2.2 综合思维能力

“指导规范”中关于这一能力的具体表述为：“能够将城乡各系统综合理解为一个整体，同时了解在此整体中各系统的相互依存关系，能够打破地域、阶层和文化的制约，形成区域整体的发展愿景”。综合思维的能力结构将导向职业规划师的“综合能力”。这一能力是在上述“前瞻能力”发挥作用之后首当其冲的一个重要能力。这是因为，当一个美好的愿景被提出之后，如果要加以确定并决策实施，必然将涉及许多相关的利益主体和客观环境条件限制。因此，职业规划师必须能够在错综复杂的问题中，寻找并确定主要和关键的问题；并在主要问题中抓住主要矛盾。综合能力要求职业规划师把对于愿景目标及其实现过程当作一个综合的系统，把相关要素和子系统作为这个综合系统中的有机组成部分，梳理相互关系，并形成一个多维度、多向量的整体。

综合思维能力的培养需要设定相应的专业课程。它们至少包括两个方面：①把城市作为一个物质要素相互作用的系统，从而认识到不同物质环境条件下，如何综合平衡相互之间的矛盾冲突。这些课程包括“城市工程系统与综合防灾”，“城乡道路与交通规划”、“城乡生态与环境规划”、“城市设计”、“城乡规划原理”，等等；②把城市作为一个社会、经济和文化的系统，认识到不同背景条件下多方利益群体的诉求。这些课程包括“城市社会学”、“城市政策分析”、“城市规划思想史”，等等。

2.3 专业分析能力

“指导规范”中把“专业分析能力”表述为：“掌握城乡发展现状剖析的内容和方法，能够应用预测方法对规划对象的未来需求和影响进行分析推演，发现问题和特征，并提出规划建议”。这一能力结构将指向职业规划师的“技术能力”。“技术能力”对于职业规划师的工作成败十分关键。这是因为，当一个美好的愿景（前瞻能力）提出之后，通过综合多方利益主体和诉求、整合多种客观环境条件因素（综合能力）之后，对于这个未来预期的决策，需要具有技术的可靠性和实施的可行性加以论证。通俗来讲，需要数字、图表来说话，而不是从概念到概念。例如，对于一个产业园区规划，其劳动力的受教育水平结构和发展预测决定着产业园区产业类型。在城镇体系总体布局中，传统的“区位商”、“首位度”等是描述区域城镇状态的有效分析方法。虽然市场经济体制下对于计划配置资源的体系结构带来很大影响，但是只要技术工具运用得当，技术分析的结果仍然具有比较论证的作用。可以说，“技术能力”是规划职业的生命力所在。如果没有“技术能力”来证明方案的可靠、可行，那么，规划师则难以说服多方利益主体的统一认识，使得决策者犹豫不决。

专业分析能力的培养需要设定相应的基础课程和专业课程。例如，“工程经济学”将有助于将来职业规划师和经济分析师之间交流规划项目投资回报的成本效益预期。“建筑技术概论”、“工程地质和水文地质”、“城市分析方法”、“地理信息系统应用”等，还包括“区域发展规划”、“城市经济学”、“城市地理学”和“城乡规划原理”中关于预测技术方法的知识。

2.4 公正处理能力

“指导规范”中关于这一能力的具体表述为：“能够在分析备选方案时考虑到不同群体所受的影响，尤其是对社会弱势群体利益的影响，并寻求成本和收益的公平分配”。这一能力结构指向的是职业规划师的“公正能力”。“公正”是规划的核心价值所在，是规划和市场制衡的重要依据。这是因为，市场的法则是“唯利是图”，市场追逐效益并没有过错，而这一点，正是需要政府通过“规划”与之进行平衡的重要作用。

当一个美好的规划愿景描绘完成（前瞻能力）之后，通过综合各方利益和各种环境条件（综合能力），并通过技术分析论证（技术能力）加以确定。虽然从工程技术和环境分析的可行性来看，至此，决策者已经可以对规划方案做出实施的决定。但是，从社会公正的视角来看，这种决策仍然具有风险。这是因为，无论是决策者还是投资者，都是这一决策过程的利益主体，处在十分强势的地位，而规划作用的结果，很有可能影响到处于弱势的其他社会群体。例如，在一些大城市的旧城改造项目中，由于旧城所处的城市中心区地价潜力而受到各种背景房地产开发商的青睐。而规划开发的结果，很可能造成原住民社会经济利益受损。一些城市拆迁上访事件频发，就是社会经济利益冲突的反映。因此，公正能力成为职业规划师重要的能力之一。

职业规划师展现“公正能力”主要通过参与组织“公众参与”的途径来实现。规划制定全过程的公众参与是体现社会公正和社会文明程度的重要标志，以此达到规划“过程公平”和“结果公平”的目标。这要求职业规划师不仅具有充分的规划方案能力，而且还应具有在方案修改过程中如何把握规划的基本原则和发展目标的能力，避免小部分“公众”（特定利益主体的代表）通过蓄意组织的“公众参与”渠道，把规划决策引向歧途。因此，“公正处理”能力结构的培养，需要设定相应的专业课程，包括“城市政策分析”、“城市社会学”、“城乡社会综合调查研究”、“城乡规划管理与法规”等。

2.5 共识构建能力

“指导规范”中“共识构建能力”是指：“能够考虑不同利益群体的不同需求，广泛听取意见，并在此基础上达成共识，解决城乡社会矛盾，实现和谐发展”。这一能力结构对应于职业规划师的“共识建构能力”。这又是职业规划师促成规划决策的一项重要能力。这是因为，当上述通过广泛公众参与的规划方案面临决策的时候，有时会发现公众参与的结果难以形成最终的决策。在特定的经济发展阶段和社会文化环境下，由于市民对于“公众参与”的知识缺乏，以及受到别有用心利益群体的干扰，公众参与的过程被“市民权力”所“绑架”。这个处于阿恩斯坦（Sherry Arnstein）著名的“公众参与阶梯”最顶端的“市民权力”，不小心受到某些利益主体的控制，从而形成与“公众参与”初衷相反的结果。因此，职业规划师必须具有建构共识的能力，从而“超越单纯的公众参与，谋求一种探索共识的建设性方法”。[1]规划师在共识构建的过程中，将充分体现应有的职业道德和操守，否则，将成为某些利益主体的“帮凶”。

共识构建的能力结构需要有相应的课程知识来支撑。这些知识不仅需要“城乡规划管理与法规”、“城市社会学”等支撑，而且还需要相应的专业实践教学环节，例如在规划局等相关政府管理部门的管理实务实践。

2.6 协同创新能力

“指导规范”中关于这一能力的具体表述为：“通过

---

[1] 菲利普·伯克等编著《城市土地使用规划》（原著第五版），第30页。吴志强译制组译，中国建筑工业出版社，2009年。

新的思路和方法，拓宽视野，解决规划设计与管理中的难题与挑战”。这一能力结构指向职业规划师的“创新能力”。是否能够创新，是城乡规划作为一门学科和作为一项职业是否能够成为“常青树”的重要依据。如果以上所有5项能力结构都得以展现，而唯独没有“创新”能力的话，那么，规划可能只是实现了又一次的重复，而没有完成解决新问题、面对未来新需求的创造。

协同创新的能力结构，需要相应的课程来完成知识和能力的储备。例如，通过“城市总体规划和村镇规划”（理论教学和实践教学）、“毕业设计”等重要环节，综合运用所学的前置课程，注重学科交叉、通过小组团队的协作来完成规划的多元目标。

3　结语

综上所述，重视城乡规划本科生能力结构的培养，对学生毕业之后走上工作岗位成为职业规划师的工作成效来说，具有重要意义。能力结构的培养所对应的课程，多次涉及城乡规划专业知识体系的5个领域，即“城市与区域发展”、“城乡规划理论与方法”、“城乡空间规划”、“城乡专项规划”和“城乡规划实施”。同时，能力结构的培养多元指向与上述5个领域及其核心知识单元所对应的10门核心课程。

从职业规划师的6大核心能力还可以看到，这些能力的先后关系具有内涵递进的逻辑。即从前瞻能力到创新能力，是形成一项规划任务的方案到实施成果所要经历的环节和过程。因此，职业规划师的核心能力，贯穿了城乡规划的过程和结果，充分展现了这一职业在我国快速城镇化发展过程中城乡规划建设事业的独到作用和独特魅力，从而使得城乡规划学科和职业规划师，在实现我国美好人居环境可持续发展过程中发挥重要作用。

主要参考文献

[1]（美）菲利普·伯克等．城市土地使用规划（原著第五版）．吴志强译制组．北京：中国建筑工业出版社，2009.

[2] Richard T. LeGates & Frederic Stout (Ed.), The City Reader (second edition), Routledge Press, 2000: 240–241.

[3] 杨贵庆．城乡规划学基本概念辨析及学科建设的思考．城市规划，2013，（10）：53–59.

Comparative Analysis between Ability Structure of Urban and Rural Planning Undergraduates and Core Abilities of Professional Planners

Yang Guiqing

Abstract: There are 6 points of ability structure listed in Guiding Discipline Standard for Urban and Rural Planning Undergraduates in China's Institutes of Higher Education. It has a positive significance and promoting role for the core abilities of professional planners. The ability structure of Urban and Rural Planning discipline is different from the other disciplines'. It is a reflection of core values of urban and rural planning education, and reflects the educational mission and characteristics. To acquire knowledge of the ability structure needs the support of relevant courses. Training of the ability structure will lead directly to planner's professional abilities in the future, thus it is an important foundation for planner's successful careers. It is also an important scale for planners' professional ethics and integrity. Moreover, it is an important basis for the discipline of Urban and Rural Planning and planners to be "Evergreen" field.

Key words: planner, ability structure, core ability, profession

城市规划专业硕士教育中的实践环节：国际经验与国内状况

吴唯佳　唐　燕　王　英

摘　要：教育部于2009 年开始推动硕士研究生教育由“以培养学术型人才为主”向“以培养学术型人才和应用型人才并重”的战略上转变，与此相适应，强调实践应用和职业导向的“城市规划专业硕士学位”教育自2011 年开始正式在国内各大高校实行。针对城市规划专业硕士教育在起步与探索阶段中面临的一系列争议与问题，本文在对比国内现状与国际经验的基础上，围绕专业学位教育中关键的“实践环节”，探讨了我国城市规划专业硕士教育实践环节设置逐渐走向成熟化、规范化的具体路径。

关键词：城市规划，专业硕士，教育，实践环节

1　“城市规划专业硕士学位”教育的开设：从“学术型”到“专业型”

尽管“专业硕士”教育在城乡规划领域才刚刚起步，但我国的专业硕士教育实际上已经过了近30年、四阶段的发展历程（商政亭，2011）：①在1980年代的孕育时期（1984~1989），随着改革开放的逐步深入和社会主义建设对高层次应用人才的需求增加，国家逐步开展了工程硕士、临床医学博士、财经和政法类应用硕士等“应用型”研究生的培养试点，讨论了专业学位设置的问题，并提出“职业学位”的说法；②在1990年代的初步发展时期（1990~1996），国家进一步设立工商管理硕士、法律硕士和教育硕士等专业学位，生源以无相应工作经验的本科毕业生为主，并出台了《专业学位设置审批暂行办法》，标志着我国硕士专业学位教育正式开设并获得一定的法律法规支持；③在进入新世纪前后的快速发展时期（1997~2008），由于1997年国家关于在职人员攻读硕士专业学位政策的出台，硕士专业学位无论在种类上还是在就读人数上都获得了快速的发展，主力生源扩展为在职攻读学生；④在最近的新发展时期（2009~），教育部于2009年做出推动硕士研究生教育由“以培养学术型人才为主”向“以培养学术型人才和应用型人才并重”的战略转变的决定，开始推行以应届本科毕业生为主的“全日制硕士专业学位”培养工作，专业硕士教育自此迈上了又一个新台阶。

可见，“学术型”人才曾经一直是我国硕士学位培养的主体，但随着高等教育入学人数的增加以及社会经济的发展进步（胡玲琳等，2010；陈杰，2005），这种“单一型”人才培养结构显然越来越不能适应社会对人才的需求变化。顺应教育部专业硕士教育的改革要求，2009年，涵盖建筑学、城市规划、风景园林三个子学科方向的“建筑学专业硕士学位（一级学科）”开始在部分建筑类大专院校实现招生——而在此之前，由住建部推行的“卓越工程师”计划已经为建筑学领域专业学位教育的推广掀开了序幕，并奠定下良好的基石。2011年，独立成为一级学科的城乡规划学，从以前的建筑学中脱离出来，首次开始进行“城市规划专业硕士学位”的招生和培养工作。迄今为止（2014年），首批城市规划专业硕士学位的学生已经接受完2~3年的专业学位教育并顺利毕业。

2　“实践环节”在专业硕士教育中的重要地位

由于教育定位上的根本性差异，全日制专业学位研究生的培育不同于传统的学术型硕士，而呈现出显著的“实践应用和职业导向”特征，即在基本的课程学习之外，更加注重工程实践的学习环节，目的是以工程实践

吴唯佳：清华大学建筑学院城市规划系教授
唐　燕：清华大学建筑学院城市规划系副教授
王　英：清华大学建筑学院城市规划系副教授

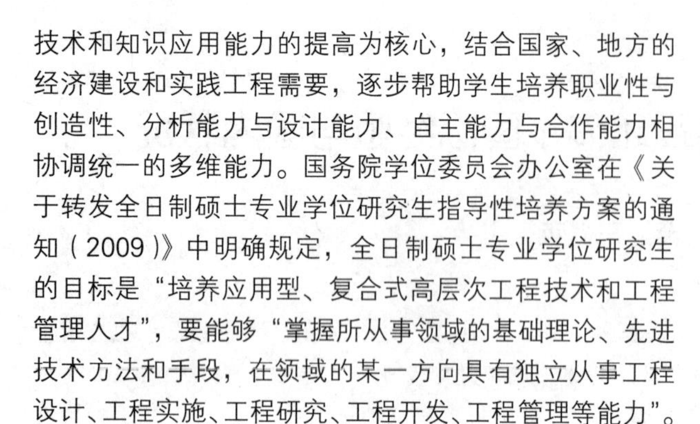

技术和知识应用能力的提高为核心，结合国家、地方的经济建设和实践工程需要，逐步帮助学生培养职业性与创造性、分析能力与设计能力、自主能力与合作能力相协调统一的多维能力。国务院学位委员会办公室在《关于转发全日制硕士专业学位研究生指导性培养方案的通知（2009）》中明确规定，全日制硕士专业学位研究生的目标是“培养应用型、复合式高层次工程技术和工程管理人才”，要能够“掌握所从事领域的基础理论、先进技术方法和手段，在领域的某一方向具有独立从事工程设计、工程实施、工程研究、工程开发、工程管理等能力”。

为体现“专业学位”对培养实践应用能力的重视和强调，以“实践基地”为依托的“实践环节”成为专业硕士培养中必须而又关键的一环，其用意在于：让研究生参与真实的业务实践，使他们真正接触到企业的生产实际，体会实际工程项目开发的工作场景和职业要求，强化学生应对实际工作的专业技能等（梁珍淑等，2013；苏传林，2013）。因此，一方面，实践基地为高校与企业的产学研合作提供了创新平台；另一方面，实践基地成为促进研究生就业的重要渠道，增强了学生的社会适应力与职场竞争力。2013年教育部与人力资源社会保障部共同发布《关于深入推进专业学位研究生培养模式改革的意见》，从改革目标、招生制度、培养方案、课程教学等十二个方面对专硕教育改革提出了原则性指导意见，“实践基地建设”便是其重要内容之一。

综合来看，将实践环节纳入教学之中，并建立起与专业类型相适应的实践基地的做法在很多学科领域已经相当普遍，例如走在前列的法硕、体育、生命科学、建筑、材料、电子信息等专业（表1）（黄宝印，2010）。专业硕士实践基地种类和形式也越来越多元，以前不借助外部资源完全依靠校内实践基地的模式已经成为过去，借助外部资源组建“校企联合实践基地”的做法得以广泛推行（刘殿华，2012；王桂荣等，2013）。一些学科领域的实践基地建设甚至走向了国际化，将国外的专业教育资源也纳入囊中。学生和作为实践基地的正式合作企业之间通过双向选择的方式确定师（实践导师）生人选，进行稳定而有序的实践技能培训，这与过去学生为了找工作或者自我锻炼而自行联系实习单位，抑或由学校导师借助各种关系推荐实践单位的方式有了显著进步。

不同专业的专业实践基地类型情况　　表1

学科专业	基地类型
法律硕士基地	• 法律援助（为因济能力不足的人提供法律援助） • 法院旁听与观审 • 司法机构：检察院、法院、律师事务所、其他法律事务部门
体育硕士基地	• 体育俱乐部 • 学校（中小学、高校、科研院所） • 体校、专业运动队 • 社区运动指导
生命科学硕士基地	• 事业类科研机构 • 生物公司 • 种子公司 • 检测机构
建筑学硕士基地	• 建筑设计院 • 建筑师事务所/工作室 • 其他建筑相关的工程中心或管理机关
材料硕士基地	• 电池厂 • 陶瓷类企业 • 钢铁等金属类企业
电子信息类	• 信息产业类公司 • 科研机构

资料来源：基于对清华大学、北京体育大学、中国农科院等相关领域专业硕士的电话访谈资料整理.

3　城市规划专业硕士教育中实践环节的开展现状与困境

然而，具体到城市规划的专业硕士教育，近年来国内的实践探索实际上显示出了诸多的问题与争议，可以说远比建筑学领域的同类改革要综合和复杂——包括专业教育的必要性、实践环节如何安排、实践基地怎样遴选等——很多方面似乎都在摸着石头过河的情况下仓促上马，各种顾虑、阻力及实施困境主要聚焦在以下几方面：

（1）城乡规划硕士教育真的是一种专业教育吗？城乡规划由于其学科领域知识的综合性与广泛性，国内各大高校在硕士教学上表现出了不同的特色，既有强调规划设计技能的，也有强调经济地理与社会人文的，还有侧重规划管理与政策法规的。因此具备制定规划设计方案的专业技能似乎并不能作为本学科硕士培养的唯一核心任务，这对以培养规划设计实践技能为导向的城市规划专业学位设置的必要性和合理性提出了巨大挑战。

（2）“学术型”与“专业型”硕士教育孰轻孰重？

城市规划专业硕士实习基地建设情况（不完全统计） 表2

学校	硕士评估通过	专业硕士已招生	已设实践基地	签约实践类型	
				规划设计单位	规划管理部门
清华大学	■	■	■	■	—
东南大学	■	■	■	■	—
同济大学	■	■	■	■	—
重庆大学	■	■	■	■	—
哈尔滨工业大学	■	■	■	■	—
天津大学	■	■	■	■	—
西安建筑科技大学	■	■	■	■	■
华中科技大学	■	—	—	—	—
南京大学	■	■	—	—	—
华南理工大学	■	■	■	■	—
山东建筑大学	■	—	—	—	—
西北大学	■	—	—	—	—
浙江大学	■	■	■	■	■
武汉大学	■	■	■	■	■
湖南大学	■	—	—	—	—
沈阳建筑大学	■	■	■	—	—
昆明理工大学	■	—	—	—	—

资料来源：根据城市规划专业评估委员会公布数据，各高校调研结果整理．

由于教育部的改革模式使得设置了专业硕士学位的院校可以因此扩大招生名额，而“学术型”硕士的招生规模将基本维持不变，因此各大高校在对城市规划专业学位的一度质疑声中，大多对其到来仍然采取了积极欢迎的态度，甚至有些院校提出了取消学术型学位，全部转为专业型学位的大胆构想。

（3）城市规划专业学位教育的实践环节如何设置？这首当其冲要解决的问题是专业实践基地的类型选择问题。显然，传统上单一地将规划设计单位作为对口的高校实践基地的做法，对于那些以经济人文、规划管理等为主要培养特色的院校来说具有很大的不适应性。因此，对于实践基地类型的规范化规定其实在一定程度上会影响到底哪些院校可以招收城市规划专业硕士学生。如果以规划设计院作为唯一可选对象，则可以开展专业学位培养的院校将局限在那些主要培养规划设计方案编制人才的院校中。

据不完全统计，截至2012年，全国已经通过城乡规划硕士评估的高校近30所，这些具有“城市规划专业硕士”招生资格的院校中，已经开始正式招生的院校不足20所（表2）。总体上，这些院校绝大部分尚未形成成文、成体系、成熟的城市规划专业硕士培养办法和标准，学生在基地实践学习的时间多为0.5~1年（有工作经验的例外），大部分学生前往的是学校所在城市或校属的规划设计单位开展实践，也有很少一部分前往规划管理部门进行实践。在某些学校，实践单位的选择和学生毕业后就业方向有一定相关性。此外，国内院校多采用校内校外双导师制度，但仅少量学校形成了较正式的导师聘用和职责划定制度。实践基地的最终教学成果多为一篇与实践课题相关的学术论文，少部分学校也允许采用调研报告、规划设计、案例分析、项目管理等形式。

4 国际经验：城市规划硕士培养中的实践环节设置

为了获得世界上其他国家和地区在城市规划专业教育及其实践环节设置上的相关经验，本文收集了41所国外代表院校的相关信息和资料，分英国体系、欧洲大陆体系、美国体系、亚洲体系进行分类考察，对比寻找其中的规律或异同，从而为我国城市规划专业硕士教育的未来发展提供参照与借鉴。

（1）英国体系：短学制下通常未设实践环节

本文以英国、澳大利亚、新加坡和香港的13所代表高校为例（表3），对比研究英国体系下城市规划硕士培养中的实践环节设置，结果显示：英国体系下城市规划硕士学位的学制较短，一般为1~1.5年，且通常不设置专门的实践环节，而是在课程中安排参观、调研等实习体验，抑或结合设计课程中的实际项目给予相应的培训，如剑桥大学、卡迪夫大学、香港大学等均是如此。在这种情况下，专业实践技能主要由学生毕业后在工作中自行积累。那些获得了规划硕士学位的毕业生，在积累了1~2年的工作经验并通过相关考试后，可以申请注册规划师认证。悉尼大学和雷丁大学作为特例，它们针对全日制学生安排了120~300个小时的实践必修环节，学生需提交实习日志和实习报告作为该环节的成果。

（2）欧洲大陆体系：多种形式的实践环节与技能培养

针对欧洲大陆体系，本文考察了包括德国、法国、瑞士、荷兰、西班牙、意大利在内的8个国家的13所院校、21个硕士项目的学位课程与实践环节设置情况（表4）。欧洲大陆体系中城市规划硕士学位的学制一般为两年，其中法国、意大利的规划院校通常会设置3~6个月的实践环节，而德国、瑞士的院校则将6~12个月的工作或实习经历作为学生入学的基本条件。欧洲学校开展专业实践的途径多种多样，包括国际项目、校企合作、教授推荐、学生自行申请等，实践地点也涵盖了政府部门、设计公司等多种类型，并且学生毕业论文的选题和写作需要与专业实践相结合。

英国体系下城市规划硕士教育中的实践环节设置 表3

体系	院校	是否设立实践环节	培养时间	实践培养途径
英国体系 （英国、中国香港、新加坡、澳大利亚等）	剑桥大学	否	1年	课程参观
	雷丁大学	是	1年/2年	300小时实习，提交3500字实习报告
	英国伦敦大学学院	否	1年	课程参观
	卡迪夫大学	否	1年/2年	课程调研
	谢菲尔德大学	是	1年	1周实习体验
	伯明翰大学	否	1年/2年	无
	新加坡国立大学	否	2年	设计课等结合实际项目
	香港大学	否	2年	设计课等结合实际项目
	香港中文大学	否	1年	无
	悉尼大学	是	1.5年	120小时实习必修环节，提交2000字的实习报告
	墨尔本大学	否	2年	无
	新南威尔士大学	否	1.5年	无
	奥克兰大学	否	2年	无

资料来源：根据各高校官方网站及在校学生提供的相关信息整理.

欧洲大陆体系下城市规划硕士教育中的实践环节设置　表4

体系	院校	是否设立实践环节	培养时间	备注
欧洲大陆体系（德国、法国、瑞士、荷兰、瑞典、比利时、西班牙、意大利等）	德国慕尼黑工业大学	否	2年	申请者需具备一年或两学期实习证明
	德国柏林工业大学	否	2年	申请者需具备18周以上实践工作证明，进入公共部门的毕业生需参加两年实习
	德国亚琛工业大学	否	2年	无
	德国斯图加特大学	否	2年	优先考虑有工作或实习经历的申请者，硕士期间可选修2个月实践课
	法国巴黎第一大学	是	1年/3年	3~6个月实习期
	法国巴黎政治学院	是	2年	3个月实习期
	意大利米兰理工大学	是	2年	时间待定的实践必修课
	意大利都灵理工大学	是	2年	250小时实践必修课
	瑞士苏黎世联邦理工学院	否	2年	申请者需具备6个月实习经历，并在毕业之前完成另外6个月实习
	荷兰代尔夫特科技大学	否	2年	无
	西班牙加泰罗尼亚理工大学	否	1年/2年	无
	瑞典皇家理工学院	否	2年	无
	比利时荷语天主教鲁汶大学	否	2年	无

资料来源：根据各高校官方网站及在校学生提供的相关信息整理．

（3）美国体系：充分重视实践技能的教学体系

就美国体系，本文考察了哈佛大学、麻省理工学院等7所规划院校的城市规划硕士项目（表5）。美国体系中城市规划硕士学位的学制一般也为两年，和欧洲大部分学校类似。一些美国院校设置有3个月的实践必修环节，学生需提交个人实习报告和实践基地出具的实习情况评估表进行结业。其余未专设实践环节的院校通常也会给学生提供丰富的实践机会，并鼓励将实践项目作为毕业设计或学位论文的基础。在实践基地的选择上，通常由学校负责安排，学生和导师共同协商选定，类型包括国内外政府部门、咨询公司、非营利性机构等，实践时间一般安排在暑期。

美国体系下城市规划硕士教育中的实践环节设置　表5

体系	院校	是否设立实践环节	培养时间	备注
美国体系（德国、法国、瑞士、荷兰、瑞典、比利时、西班牙、意大利等）	哈佛大学	否	2年	设计课、选修课结合实际项目，学校提供多样化的实习机会，为期10周
	加州大学伯克利分校	是	2年	3个月实习期，实习项目结合学位论文
	麻省理工学院	否	2年	学校提供4周社会实践和多样化的实习机会
	哥伦比亚大学	否	2年	设计课结合实际项目
	加州大学洛杉矶分校	是	2年	300小时规划实习，提交2500~5000字实习报告
	康奈尔大学	否	2年	设计课结合实际项目
	宾夕法尼亚大学	是	2年	实习作为必修课，但不设学分

资料来源：根据各高校官方网站及在校学生提供的相关信息整理．

（4）亚洲体系：长学制下对实践环节的强调

亚洲体系主要考察了日本、韩国、中国台湾等8所院校的城市规划硕士项目（表6）。研究表明，亚洲体系中城市规划硕士学位的学制通常较长，一般为2~4年。其中台湾和日本部分院校设置了专门的实践环节，项目涵盖了都市、城镇和乡村地区，并力图与地方政府、市民组织和社区开展广泛合作。这些实践环节通常由院系来进行组织，通过授课、调研、讨论、评图等形式开展进行。

综上所述，城市规划硕士教育在国际上表现出多化的特征，并且鲜有专业学位的教育形式出现。在本研究所涉及的国外规划院校中，设置实践环节的约占半数，以实践课程或者实习期的形式为主，大多配有类型多样的、由学校负责安排的实践基地，类型涵盖政府部门、设计咨询公司、非营利性机构等。其中，欧洲大陆体系和美国体系的规划院校更加注重对实践环节的设置与管理，而英国体系的规划院校则很少有在教学培养计划中设置实践环节，这主要是因为实践环节的设置与否及时间长短通常与学制的长短呈正相关关系：对于那些短学制（一年左右）的规划院校来说，一般不设实践环节，如英国体系；学制2~3年的规划院校，多设有3~6个月的实习期，如欧洲大陆、美国、亚洲体系。实践环节在很多院校为必修课，项目常常与毕业设计或学位论文结合开展，并设有专门的实习导师指导学生工作和负责出具实习情况评估表，大多院校还要求学生撰写专门的实习报告。

5　结论：城市规划专业培养中实践环节的建议

将实践环节纳入国内城市规划专业教育中已经成为未来发展的必然趋势，无论是本科阶段培养还是硕士阶段的培养，实践都将成为城市规划专业教育的必要环节，因此结合国内外经验，本文针对国内城市规划专业硕士学位实践中涌现出的各种关键问题，提出建设构想如下。各学校可根据自身教学特点，在专业硕士培养计划中突出实践环节重要性的同时，对实践环节的具体要求和实施办法等给出明确的规定和说明。

（1）实践基地类型选择。城市规划专业学位实践基地的选择以规划设计类机构和企事业单位为主。无论学生在毕业之后从事规划设计、规划管理还是规划研究咨询类工作，对规划设计基本技能的掌握都将为未来职业奠定一定基础。各校也可根据学生数量、办学特色等因素，适当选择规划管理类、研究咨询类机构作为补充。按照每个基地为高校提供校外导师数量为4~8名，各院校每年招收城市规划专业硕士研究生20~40名，以及适宜的师生比例估算，各院校比较适宜的实践基地数量为3~8个。

（2）实践教学内容。专业实践基地需要给学生提供包括职业精神、专业素质、技术方法、组织协调、管理运作等在内的多层面、全方位、综合教学。实践基地的核心教学内容应涵盖“职业素质——职业技能——职业业务”三大板块：在素质教育上培养学生正确的职业道德观和伦理观，从价值、人文、心理等多角度提升学生的职业素

亚洲体系下城市规划硕士教育中的实践环节设置　　表6

体系	院校	是否设立实践环节	培养时间	备注
亚洲体系（日本、韩国、中国台湾等）	日本东京大学	是	2~4年	多样化的实习课
	日本京都大学	是	3年	校外短期和长期实习
	日本早稻田大学	否	2~2.5年	无
	日本名古屋大学	否	2年	无
	日本东北大学	否	2年	设计课结合实际项目
	韩国首尔大学	否	2年	设计课结合实际项目
	台湾成功大学	是	2~4年	必修的实习，3学分
	台湾大学	是	2年	必修的专业实习和跨界实习

资料来源：根据各高校官方网站及在校学生提供的相关信息整理.

养;在技能培养上，通过参与规划工作单位等的真实项目，培养学生在规划、设计、管理或技术等方面的专业技术能力;在业务能力上，培养学生在工作团队中的合作精神，掌握与管理部门、技术人员、甲方、开发商等相关业务对象进行沟通、协调和汇报的能力，熟悉企业管理和项目组织的基本流程、方式和工作程序等。

（3）实践教学时间。由于实际的规划设计项目从开始到完成需要经历诸多过程，包括现场踏勘、访谈、资料文献收集和整理、现状数据分析、规划目标提出和论证、规划策略和空间设计等，还涉及中间多次和委托方的沟通环节，很多项目在1~2年内完成也是常态。但是，要求学生在培养过程中在实践基地呆很长时间是不现实的，因此实践环节的时间长短可根据各校办学特色和办学资源灵活掌握。一般建议本科培养阶段8~12周为宜，研究生培养阶段一学期为宜（杨宁，2010）。

（4）实践教学组织。要在有限的时间内达成实践教学目标，需要对实践教学环节进行合理有效的组织。各高校可以从“实践计划－实践开展－实践验收”三大环节入手，明确而又具体地规定好各环节的要求和核心工作任务等。根据实践基地和项目的特点，实践教学成果可以主要由以下四类组成：规划设计类成果（如总体规划、城市设计、详细规划等）、规划管理类成果（如案例分析、流程再造、管理办法和技术规定等）、规划技术类成果（如数据分析、数字建模和模拟、相关软件开发等）、查研究类成果（如调研报告等）。

（5）实践教学与学位论文的关系。对于“实践课题”是否一定要与“学位论文”相挂钩的问题，从国际经验来看，有两者相关的做法，也有两者不相挂钩的做法。国内当前的主流做法是两者相挂钩，以突出从实践到研究/理论之间的连贯性，同时需要来自学校和实践基地的两位导师合作指导。各院校可根据自身情况具体设定，保持一定的弹性和灵活性。

（本文根据“城市规划硕士专业学位研究生教育指导委员会建设项目”子课题《城市规划专业学位实践基地建设的指导性意见和规范化管理办法》的初步研究成果整理而来，感谢沈阳建筑大学、西安建筑科技大学、山东建筑大学与清华大学建筑学院共同为该课题所做的工作。感谢清华大学建筑学院郭磊贤、万涛、徐斌、徐瑾、周显坤、张健新、赵文宁、毕波等同学为本文写作所收集整理的相关素材。）

主要参考文献

［1］陈杰．专业学位硕士研究生教育及其衍生策略研究［J］．2005.

［2］国务院学位委员会办公室．关于转发全日制硕士专业学位研究生指导性培养方案的通知，2009（23号）．

［3］胡玲琳，谢安邦．我国高校研究生培养模式研究［J］．高等教育研究，2010，2：5-5.

［4］黄宝印．我国专业学位研究生教育发展的新时代［J］．学位与研究生教育，2010，10：1-7.

［5］教育部与人力资源社会保障部．关于深入推进专业学位研究生培养模式改革的意见，2013.

［6］梁珍淑，宋桂云，李昌模．以全日制工程硕士研究生实践基地建设提升就业竞争力探讨［J］．中国电力教育，2013，22：199-200，207.

［7］刘殿华，马桂敏，林嘉平，等．加强实践教学，产学研联合培养全日制工程硕士研究生［J］．化工高等教育，2012，05：11-14.

［8］刘明杰，李楠楠．硕士专业学位研究生实践教学基地建设研究［J］．佳木斯教育学院学报，2014，02：43-44.

［9］商政亭．我国硕士专业学位研究生培养模式研究［D］．东北师范大学，2011.

［10］苏传林．普通高校国防生培养模式研究［J］．硕士．2013：69.

［11］王翠芳．论全日制教育硕士专业学位研究生实践教学——以思想政治教育方向专业为例［J］．教育教学论坛，2013，24：76-78.

［12］王桂荣，赵敏，王瑜菲．提高管理类全日制硕士专业学位研究生实践教学效果的对策研究［J］．石油教育，2013，02：42-45.

［13］杨宁．我国全日制专业学位硕士研究生培养模式研究［D］．大连理工大学，2010.

A study on the practical training of professional master degree of urban planning education: international experience and domestic situation

Wu Weijia Tang Yan Wang Ying

Abstract: In 2009, the Ministry of Education began to transfer China's graduate education strategy from "fostering academic talents" to "fostering academic and practical talents" . Corresponding to this, the professional education program of "Urban Planning Master (UPM)" that emphasized on practical application and career capacity, was launched in domestic colleges and universities since 2011. In its starting and exploratory stage, the professional UPM education is facing a series of disputes and problems. Therefore, based on the comparison of domestic situation and international experience, this paper discusses the key teaching segment of "practical training" of the UPM, and puts forward some specific suggestions for promoting a gradually maturing, standardized practical training of UPM program in China.

Key words: urban planning, professional master, education, practice

新型城镇化背景下低碳城市生态规划实验室的建设与思考*

付士磊　马　青　姚宏韬

摘　要：随着城市的发展和人口的增长，城市生态环境问题日益突出，这就要求我国的城镇化不能简单以发展经济为目标，而是要在科学发展观的引导下，实现社会发展与生态环境保护双赢的目标。低碳理念推进城镇化建设是我国城镇化和现代化的必然要求。论文从适应城市化发展需求出发，通过对国内低碳城市生态规划发展现状的分析，结合未来发展趋势和实践需求，提出了沈阳建筑大学城市规划专业生态规划实验室的建设目标和内容，探讨了实验室的发展方向与建设前景，为城镇化背景下城市规划专业实践教学的强化的提供了新思路和新途径。

关键词：新型城镇化，实验室建设，低碳生态规划，实践教学

1　引言

城市消耗了85%的能源和资源，无论中国还是世界都必须转变城市发展的模式，低碳生态城市发展模式成为应对全球气候变化的重要手段之一。低碳城市Low-carbon City，指以低碳经济为发展模式及方向、市民以低碳生活为理念和行为特征、政府公务管理层以低碳社会为建设标本和蓝图的城市。我国城镇化进程的加快，城镇由原来的独立发展逐步趋向于区域的整体发展，规划行业进行更多的区域规划研究，面临更加宏观与复杂的环境问题。传统的研究方法不能适应新型城镇化下的课题研究需求，单一的设计方法不能满足城镇群整体发展的需要，多学科的配合与综合性的研究策略是本领域教学与科研发展的必然趋势。城市规划（Urban Planning）是一门实践性很强的学科，城市规划教育中实验教学的加强成为当前学科教育的研究热点之一。低碳城市生态规划技术实验室是多学科人才配合的实验平台，能够满足解决更大尺度的城镇群低碳问题研究的需要，可以为城乡规划、园林、景观设计等专业提供系统性的技术支持。

2　国内外相关实验室建设现状与发展趋势

2.1　国外低碳生态规划发展现状

从城市诞生之初，生态规划的理念就存在了。按发展历程，可以分为萌芽期（19世纪末以前）、发展期（20世纪初至20世纪50年代）和成熟期（20纪60年代至今）3个阶段。萌芽阶段的生态规划理念主要反映在城市的依水而建、向阳而居，主要理念包括霍华德的“田园城市”等，对生态规划思想的发展奠定了基础。发展阶段的生态规划理念以赖特的“广亩城”、沙里宁的“有机疏散理论”等为代表，其理念围绕城市生态格局的发展变化，致力于改善城市生态环境，促进城市和生态环境的相融。成熟期的生态规划，其研究方向主要侧重于生态城市建设和评价标准、方法研究。提出了低碳城市、低碳生态规划等规划理念，并在城市规划实践中科学实施。

国际上对低碳城镇以及气候与建筑及城镇之间关系的研究已有长期历史，数十年来，著名大学的建筑学院、独立研究中心及众多学者进行了大量的研究。但总的来看，城镇持续发展与能源的研究关注下述问题较多：土地集约化使用策略、城镇整合规划、城镇交通模式、新能源（太阳能、风能、生物质能、地热能等）在城镇中的应用，城镇基础设施使用可更新能源的可能性。国内外基于气候环境和节能方面的研究已经开始从房间和建筑尺度向城镇街区尺度和城镇地域尺度扩展。从被动式和低能耗

---

* 基金项目：辽宁省“十二五”高等教育科研课题（JG12DB321）。

付士磊：沈阳建筑大学建筑与规划学院城市规划系副教授
马　青：沈阳建筑大学建筑与规划学院城市规划系教授
姚宏韬：沈阳建筑大学建筑与规划学院城市规划系教授

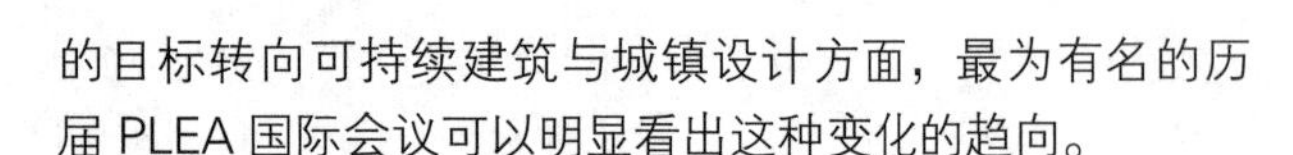

的目标转向可持续建筑与城镇设计方面，最为有名的历届 PLEA 国际会议可以明显看出这种变化的趋向。

2.2 国内发展现状及趋势

伴随我国快速城镇化进程，出现了许多大型的城镇群落，如长三角与珠三角等城镇群，城镇环境和规划发生了巨大的变化。相对于政治、经济、文化等可以立竿见影显示成就的强势目标，低碳似乎是个无足轻重的因子，城乡低碳的规划也并未在城乡规划师、建筑师和工程师中得到应有的认识和重视。因此对于大的城镇群落所产生低碳效应的研究还停留在比较初浅和单一的境地。目前我国进入城镇化快速发展阶段，迅速地打破以往生态环境的平衡。由此快速的发展带来的环境压力和高碳排放问题将不得不使人思考城镇中的低碳规划问题。国内外基于气候环境和节能方面的研究和实践愈来愈受到关注，但其中大多数仍停留在建筑单体尺度，而忽视了中大尺度模式下的城镇空间是影响城镇碳源碳汇分布的重要因素。虽然拥有城镇局部问题量化深入研究的手段和方法，但在低碳规划及城镇整体节能与城镇设计策略的整合方面仍是差强人意。

而我国目前的城乡规划与建筑设计对于城镇群落整体碳排放及碳汇分布的关注较为缺乏，相关研究不够系统。本实验平台的优势在于结合了多学科的研究策略，引进多方位的研究器材，可以进行多专业的研究人员的配合，为城镇群低碳的研究搭建综合性系统性的实验平台，提供高科技高水平的实验环境，在以往研究的基础上，从更宏观的角度出发，立足城镇群的整体特点，探索综合全面的节能减排措施，为打造良好的城镇群落低碳低碳人居环境做贡献。

2.3 市场需求

国家振兴东北老工业基地的宏观政策使得辽宁成为近几年的建设重点。经济发展和城镇建设的加强必然加快城镇更新的步伐，城镇群的形成和发展除了考虑地理区位等空间要素外，还要注重生态环境的协调。在城镇群的发展过程中，面临诸多的环境问题，其实质是城镇群及周围地区人口、经济、资源和环境不协调的产物。当环境压力和资源开发利用强度超过环境承载能力时，城镇群可持续发展的协调机制就会崩溃。

辽宁城镇群落作为中国经济增长的新引擎之一，在做好整个区域的发展规划的同时，要重视生态建设，在充分考虑到环境承载能力的前提下进行经济建设，才能实现经济、社会、环境的可持续发展。城镇群落作为一个整体，并非经济区内几个城镇间的简单区域经济合作，而要从其低碳等环境要素的相互影响综合考虑，东北城镇群落低碳生态规划研究平台的建立，将综合多学科的实验方法，针对东北地区城镇群落的具体特点，对其低碳进行系统研究，达到区域内各城镇生态环境的全方位融合。

3 低碳城市生态规划实验室建设目标与内容

3.1 实验室的建设目标

（1）数字化信息网络平台建设

整理理论资料实验数据库建设全景多维数字低碳人居环境系统展示平台，建设低碳技术实验中心；通过计算机进行模拟评测，建设城镇群落人居环境全信息参数化评价平台，建设人居环境综合评价实验中心。引进国外最前沿的城镇地理生态环境设计流程与软件平台，吸引国外专家从事实验工作，加强国际合作。

（2）教学与实验课程建设

开设以《城镇低碳生态环境生态与节能参数评测》、《碳信息动态监测》、《城镇群低碳空间生态环境全信息测试》、《城镇群低碳空间生态环境全信息模拟》、《城镇群低碳空间环境生态敏感性测量》等为主的实验课程，并进行相关的分析、计算与评测实验。

（3）硬件设备建设

进行相关国内外理论资料、设备资料的收集与调研，针对不同测定的需要进行分类。其次，对于需要的设备进行专家论证，进一步选定合理的设备配置。建设低碳人居环境系统展示平台需要整合原有的基础实验设备，重点采购碳信息生态环境检测的相关设备，碳排放检测、碳汇固碳能力测定、湿度检测等实验设备，整理数据对人居环境进行模拟，从技术层面解决日益增加的碳排放。同时为保证设备的正常运行，对设备进行测试，按实验流程将相关实验设备安装布置进入实验区中，保证实验工作的顺畅，交付专门的管理员。

3.2 实验室主要工作内容

在现有的建筑生态物理技术与评价实验室基础上，

通过更新和扩充实验设备，加强人员技术力量，扩展和增加实验项目，建设高水平的低碳建筑与节能建筑技术实验室。主要完成全信息城市低碳技术模拟实验系统的建设。以原有建筑生态实验室和建筑声学实验室为基础，基于城市系统生态学理论和地理信息系统技术，采用数学化空间模型、GIS 分析和信息处理技术，量化城市生态系统碳循环动态过程，为低碳城市关键技术研究和系统集成、碳汇管理与战略决策提供服务。

实验室主要技术框架（图 1）及研究内容如下：

（1）城市碳源碳汇全信息监测平台

建立一个碳源碳汇监测、分析及评估平台，采用碳排放测定设备获取城市碳源碳汇时空分布实态，定量化分析城市物质循环和能量流动相关参数，并对碳通量的时间变化和空间分布情况进行了模拟，运用所建立的碳

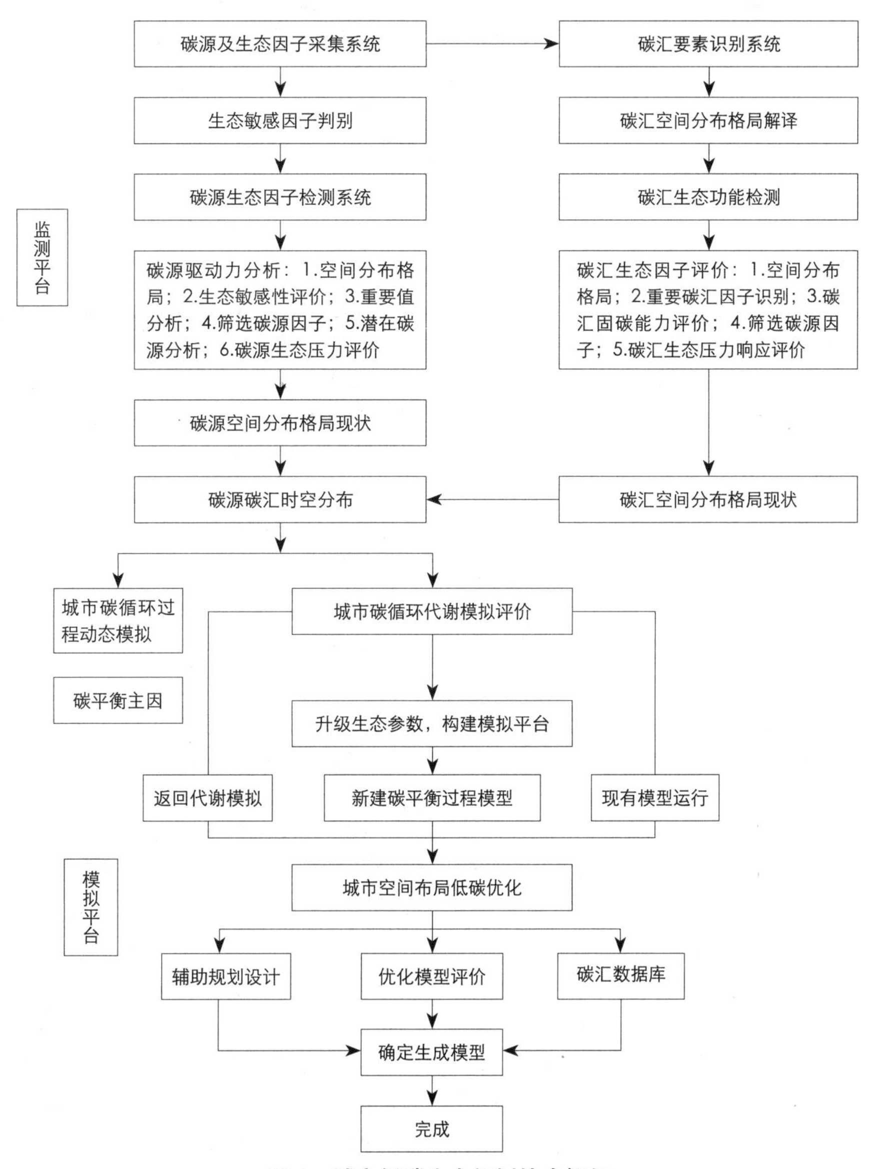

图 1　城市低碳生态规划技术框架

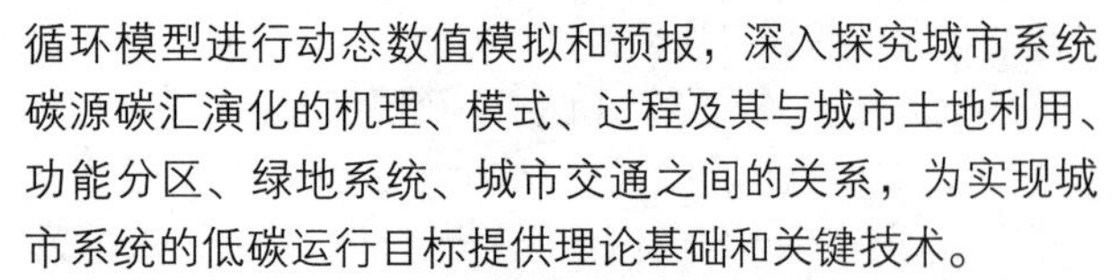

循环模型进行动态数值模拟和预报，深入探究城市系统碳源碳汇演化的机理、模式、过程及其与城市土地利用、功能分区、绿地系统、城市交通之间的关系，为实现城市系统的低碳运行目标提供理论基础和关键技术。

（2）基于 GIS 的城市碳循环动态模拟平台

基于城市物质代谢过程与碳循环代谢状况，结合建筑学、城市规划、生态学等专业本科、硕士的实践教学与论文课题研究，对城市主要碳源碳汇变化特征进行分析，构建城市碳平衡的动态模拟模型，建立城市碳源碳汇最优空间分布格局；运用建筑生态物理技术、地理信息技术，进行城市空间布局分析与评价、城市环境资源要素分析、植被与地形分析，科学的统筹安排城市区域的碳源碳汇的属性匹配与结构布局，以指导城市土地利用规划布局、道路交通规划、绿地系统规划等，构建低污染、低能耗、低排放的低碳城市。

主要完成实践教学任务：

为学生开设以《城市生态学实验》、《普通生态学实验》、《景观生态学实验》、《生态环境影响评价》、《建筑生态学实验》、《城市生态规划实验》、《地理信息系统实验》、《建筑节能实验》、《城市碳循环模拟实验》、《低碳城市物质循环动态评价实验》等为主的实验课程，并进行相关的分析、计算与评测实验，提高在校本科学生的城市与建筑生态节能设计方面的能力与手段，为研究生提供全方位的实验场所，训练学生处理各种复杂问题的能力。针对生态学、城市规划本科生毕业设计（论文），运用全信息地理空间技术为城市的发展提供水环境分析、绿环境分析、地形环境分析等全方位的模型参数系统，以科学的统筹安排城市区域的碳源碳汇的选址与结构布局。

为教师科研人员提供研究城市碳源碳汇时空分布格局、城市碳循环平衡分析、低碳关键技术与集成等一系列因子优化研究的实验场所。为城市提供节能建筑关键技术及寒地城市住宅与住区低碳化建设提供技术支持，在绿色建筑材料及标准化构件、建筑物的太阳能综合利用、与绿色建筑相结合的分布式能源收集与再利用系统、固体废弃物再利用技术、建筑单元二氧化碳排放动态监测评价等方面形成技术集成。建立一个城市低碳生态节能检测平台，引进先进的生态节能技术。建立低碳城市数字化生态节能软件设计环境。引进国际最前沿的 GIS 图像提取及分析软件平台，结合研究生的课题，进行各种低碳节能实际工程的定量化分析。

借助本实验室的建设，低碳城市生态规划技术实验室将新增城市碳循环检测与评价实验、城市低碳及生态参数分析与模拟实验、并扩展出低碳技术辅助城市规划设计与验证、寒地低碳住区规划与环境设计技术实验等实验项目，这些实验教学环节与课程内容，将更加系统化、直观化、数字化的教学手段支撑复合创新型人才培养计划，在新技术应用平台上促进教、产、研的前瞻发展，迅速扩展该领域科研的辅助手段，广泛服务于国家与地方的经济建设和低碳战略的实施。从城市规划专业我国的教育现状来看，相关理论和实验课程的设置十分匮乏，急需通过低碳城市生态规划技术研究平台的建设加快相关研究人才的培养，将相关实践教学提升到一个新的高度。

4 低碳城市生态规划实验室建设前景

在 2~3 年内逐步建设成具有一定影响力的低碳经济与低碳城市政策咨询、规划设计的团队，在 2~3 年内建成低碳技术研发实验室与推广团队；在 3 年内建成一支与进行一流的低碳经济和低碳城市的评价、科研、技术研发推广、战略与政策研究、国际合作与交流相适应的人才队伍。

实验室未来预期建成：

东北三省乃至全国城镇群低碳空间研究领域人才的培养基地。建立实验室开放机制，通过专业技术人才培训、研究生和本科生实验课程设置以及实践经验技术交流等方式，培养不同层次的城镇群低碳空间研究领域人才。

东北三省本领域技术创新和高新技术成果推广基地。在满足基本教学实验的基础上，利用实验室资源大力加强具有自主知识产权的技术和产品的研发，填补研究空白，建成技术创新和高新技术成果推广基地。

辽宁省本领域对外交流的平台。通过实验室建设开放教学基金、互派访问学者、组织国际交流等渠道，将实验室建设成为辽宁省对外交流的平台。

沈阳地区本领域的资源共享平台。沈阳地区高校集中，但实验室建设普遍薄弱，通过城镇群落低碳人居环境研究平台的建设达到资源共享，将极大地增强区域竞争力，必将为地区社会经济和环境可持续发展做出积极的贡献。

学校学科建设的支撑平台。低碳城市与节能技术研究平台的应用范围具有跨学科的特点，可以直接服务于建筑学和城乡规划等相关专业。因此该平台将为其他学科实验室的建设和完善起到强有力的支撑，突出学校优势学科地位。

5 结语

低碳城市与生态规划设计是当前规划领域发展的大势所趋，也是国家积极倡导的“建设和谐社会”宏观政策导向的重要环节，运用各种数字化仪器进行城市规划的生态研究是规划学科教学与科研发展的必然方向。低碳城市生态规划实验室是城市规划实践教学及科研的需要，而教学、科研的目的在于出人才、出科研成果，又归宿于生产发展和社会进步的需要。城市规划专业实验室的建设水平直接关系到我国人才培养的质量，对培养学生实践能力、创新能力和科学思维，尤其是学生综合素质的提高起着至关重要的作用。在实验室建设中，如何将科学研究与教学体系相结合、前沿课题研究与实践技能学习相结合等方面，仍需进一步探索与研究。

主要参考文献

[1] 仇保兴．我国城市发展模式转型趋势——低碳生态城市［J］．城市规划，2010，5：1-6.

[2] 沈清基．论城市规划的生态学化——兼论城市规划与城市生态规划的关系［J］．规划师，2000，16（3）：5-9.

[3] 刘振．低碳生态规划在城市规划中的作用与实施探讨［J］．城市建筑，2014，1：32.

[4] 陈静勇，邹积亭，陈志新．建筑专业实验教学中心建设的研究与实践［J］．实验室技术与管理，2011，7：15-17.

[5] 章奕晖．新形势下高校实验室工作的思路［J］．实验技术与管理，2002，2：23-25.

[6] 刘力．国外城市生态研究的主要方向与研究进展［J］．世界地理研究，2001，10（3）：86-91.

[7] 刘敏．可持续发展的生态城市规划初探［J］．上海环境科学，2002，21（2）：101-103.

[8] 罗晓莹等，强化生态学基础的城市规划专业本科培养探索［J］．科学决策，2008，11：79-80.

Thinking of Construction of Experiment in Urban Low-carbon Eco-planning Laboratory Under the New Background of Urbanization

Fu Shilei　Ma Qing　Yao Hongtao

Abstract: With the urban development and population growing, it produced a series of urban ecological problems. That requires the urbanization cannot simply take economic development as a goal. Instead, under the guidance of scientific concept of development, achieve the objective of economic and social development and ecological environment protection of win-win. Promoting urbanization under concept of the low-carbon are inevitable to the road of urbanization and modernization. From the point of view of the development of new urbanization, the paper analyzed the current stage and development trend of the internal low-carbon eco-planning, based on the trend of the development and the practical demand in the future, proposed the goal of construction and content of urban low-carbon eco-planning laboratory of Shenyang Jianzhu University, finally, discussed the development and the construction prospects of the laboratory.

Key words: New Urbanization, Laboratory Construction, Low-carbon Eco-planning, Practical Teaching

城市规划专业三大构成课程反思

石 媛 白 宁

摘　要：城市规划专业领域内的三大构成课程在低年级的基础教学中占有很重要的地位。该课程不仅训练和培养学生的抽象思维能力，并且对以后的课程学习起着过渡的作用。但要使这门课形成自己的专业特色，还需要对已有的课程进行适当调整。本文针对此问题进行了探讨，从授课内容的添加、整合到作业的设置提出了一系列的教改方案，希望对以后的教学有指导和帮助作用。

关键词：三大构成，教改，抽象思维

三大构成课程是一门艺术类基础学科，包括平面构成、色彩构成、立体构成三部分。这门课最初创立于德国包豪斯学校，后为多数艺术类院校所效仿与借鉴，经过不断传承和改革，最终形成了现在被广泛采用的课程体系，在艺术设计类专业的低年级课程中，它的内容实质上是对抽象的元素、色彩、材料和形式的构成实践，以此来训练学生对构成元素的深入理解，培养艺术敏感性和抽象思维能力。但针对不同的设计专业，应根据其专业方向及特点而有针对性地设置不同的教学内容，而不是机械地运用点、线、面元素做无目的的堆砌——这与包豪斯最初的精神及教学理念相去甚远。

西安建筑科技大学城市规划专业于2006年脱离建筑学成为一级学科，三大构成的课程成为基础课程。城市规划专业设置此门课程的目的不仅在于培养和提高学生的造型能力以及培养其对形式美规律的掌握与运用，更重要的是培养学生建立一种新的思维方式和创作方法，即抽象思维，从而起到丰富学生的艺术想象力和启发其创造力的作用。并且还可以让学生在之后各学期的设计中对形态的组织与要素构成有所思考与创造，且在感性审美中能够找到理论依据与规律。如何创设符合本专业精神的构成课程一直以来是众多老师苦心探索的课题。

现阶段的课教学安排基本达到了这个教学目的。但面临着更高更新的教学要求，我们应该更深入地探讨这门课设置的优点与不足之处，为今后的特色教改做好准备工作。

1　城市规划专业三大构成课程现状

西安建筑科技大学的城市规划专业在一年级第一学期安排了三大构成课程的系列学习，课程安排有三个环节，即平面构成、色彩构成、立体构成，每个环节分别设置一次理论课及四次课内辅导。

平面构成作业要求：运用平面构成的三种要素和各种构成形式，通过不同的构成手法创作一幅尺寸为350×350的平面构成抽象画。

平面构成学生作业

石　媛：西安建筑科技大学建筑学院助教
白　宁：西安建筑科技大学建筑学院副教授

色彩构成作业要求：色彩采集重构，主要采集对象为自己喜欢的图片；要求从照片中提取色彩要素与构图特点，色彩要素包括色相、明暗基调、冷暖基调等，提取其色彩感情并运用新的构成手法创作一幅尺寸 350×350 的抽象画。

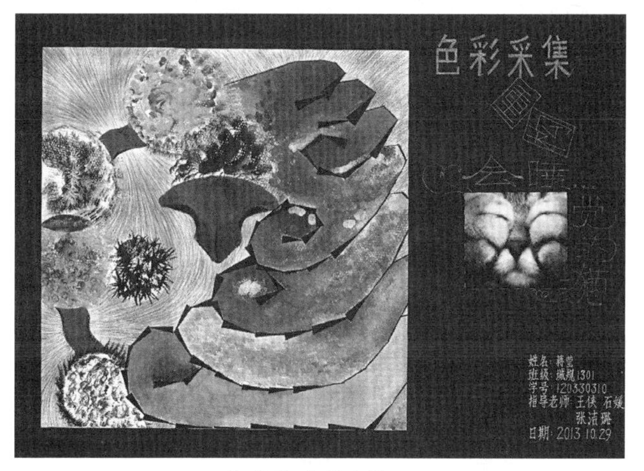

色彩构成学生作业

立体构成作业要求：运用所学到的立体构成手法搭建一个空间模型，符合形式美原则并能表现出设计者的主题思想。作业一：模型水平投影 300×300mm，作业底板 A2，材料不限；作业二：模型要求 300×300×300mm 范围内，作业底板 A2，白色卡纸。

立体构成学生作业

以上课程安排及作业设置，理论学习时间比较充裕，课程作业训练上一定程度上达到了教学目的的要求。但从内容及针对性上还存在一些问题。

2　城市规划专业三大构成课程存在的问题

2.1　教学内容专业针对性不足，存在课程泛化的现象

建筑学、城市规划学、景观学同属于建筑学院，同样是运用基础手法进行设计时，但就其服务对象来说需要有各自的针对性，尤其是城市规划专业，其对象依托于城市，研究对象更加宏观，设计思维方式更加多变，设计思路应更具有理性与逻辑性，因此其教学安排应异于其他设计类专业的三大构成设置，否则将削弱属于自己的课程特点，使学生难以快速进入城规专业的学习。虽然城规专业的构成课程经历了数次教改，但总体来看仍不能跳出已有内容范围，无法彰显专业个性，所以需要实质性的改革以增强其针对性。

2.2　对后续课程的影响不明确

作为设计基础课的三大构成，还有一个最为重要的作用就是尽快引导学生进入后续的专业课学习，为今后的课程打下基础。所以如何创设学科特色并与高年级课程衔接，便成为亟待解决的核心问题。就目前来说，规划专业的三大构成课程与高年级的课程依然存在很大的“空隙”，没有形成有机联系，有一些学生在上完课之后提出这样的问题：“为什么要学习这门课？这门课究竟有什么用处？”形成这种现象的原因在于：在平时的教学环节中，机械训练占主要地位，至于这些构成元素和形式究竟对日后的学习有什么样的影响，如对城市规划、建筑设计等的影响却没有被重视，所以导致学生对这门课的认识处于模糊状态，出现了不知为何而学的现象。在今后的教改中应结合高年级的课程或教改统一考虑其内容。

2.3　抽象思维训练难以落实

在授课过程中，应逐步引导学生将传统的具象思维转变为设计类的抽象思维方式，并通过各阶段的学习和作业逐步形成一套抽象思维方法，从而使其能够熟练地运用这些方法来完成更高年级的学习。有学生在学完这门课程之后反馈这样的问题：到底什么是抽象、为什么

要抽象、究竟怎样抽象等，这说明学生并未真正学懂这门课，还没有掌握抽象思维的方法。这些问题与课程教授内容及方式都有一定关系。

首先，教学内容中缺乏对抽象的重要性与抽象思维方法这一环节的讲解，这是造成学生困惑的根本原因；其次，在作业环节缺乏从具象到抽象的引导过程，造成有些作业只是元素堆砌，或是只注重了形式美而盲目完成，缺少主题和中心思想，缺少抽象思维的形成过程。如果能在创作过程中先确定主题思想、再以启发的方式来引导学生，让学生逐步明确自己的思路，并在教师的指引下，将各种各类知识联系起来，循序渐进地由具象思维转变为抽象思维，那么就能从根本上达到抽象思维训练的目的。

2.4 三大构成教学内容上的重复

在授课过程中三大构成被分解为独立的三个部分，每一个构成分别由不同老师讲解，其初衷本意在强调各自的独立性，但如果老师们沟通不及时，就会出现部分内容的交叉重复，并且授课中只是在强调各自的理论部分，很难系统地将三部分的内容有机联系在一起，故而本来应该互通有无、对比总结的内容，就会变为各自为政的局面，这对发散性思维的训练与培养是没有好处的。

3 城市规划专业三大构成课程的教学改革措施

由于种种问题，对三大构成课程的非议越来越多。随着教改的不断深入，有些学校甚至放弃了对这门基础课程的学习，甚至还有“城市规划专业不需要学习这门课”的呼声。但我认为，三大构成课程非但不能取消，而且更应该挖掘其优势与核心价值，对这门课充分重视、深入改革。改革的关键我认为有以下三点：

3.1 结合专业特色，重视课程差异，为后续课程做铺垫

宏观上，需要认清这门课在整个专业模块中所处的地位，以及与其他专业课程的联系，在课堂上应当将这门课对后续专业的影响说明清楚。比如总结出构成课与今后建筑设计中总平面的关系、空间结构的关系、与城市设计的关系和其他课程的关系等。在城市规划专业以后的学习中，学生更多的是学习一个区域或者一个城市的设计，不仅要考虑环境的因素，而且还要考虑人群及城市景观等因素，所以三大构成内容应避免和其他艺术类专业的重复，并应将其中偏艺术形式培养的内容向专业方向转移和延伸，如让学生将平面构成的内容偏向一种平面图底关系的营造，训练其一种城市平面组合的能力，将点线面与城市元素结合起来，比如公共设施、道路系统、不同的用地应成为点线面的元素进行系统的学习；再如色彩构成可以在色彩基本原理的基础上添加对城市色彩感觉的理解内容，把内心对城市系统的认知用色彩语言进行表达，立体构成则从空间模型的搭建到对城市空间解析或重组的层面上转变。如以此不断深化完善三大构成的内容，对学生尽早进入设计状态和为后续的学习做准备将会有很大的帮助。

3.2 关于抽象思维的引导方法

抽象思维也称为逻辑思维，是人类思维的一种基本方法，在艺术设计实践活动中起到关键性的作用。对于初次接触设计类专业的大学生而言，对艺术的敏感性尚未建立，因而习惯用形象思维作为主导的思考方法，对于听到、看到、想到的灵感素材习惯用具象思维呈现。而这门课程的任务应该以训练培养逻辑思维而开始，从而引领城规学生进入设计之门。

而培养方法应教授学生如何总结物质的本质特征，提取个性元素，进而分类、归纳、重组继而创新出新的作品。这个过程需要教师在其中扮演重要的角色以起到启发与引导学生的作用。

所以，教学中应在三大构成所有理论内容之前增加抽象思维训练方法这一环节的内容，并设置两个小型作业循序渐进层层深入——

第一步，培养学生对所见进行抽象，指导学生对身边元素进行抽象。小作业可设置为：将今天早上来专业教室途中所看到的物体进行抽象，绘制一幅 A3 小作品。以行道树为例，教师应提示学生总结树木的元素，如树木是由树根、树枝、树叶、果实等组成，这是构成所有树木的共性特征，下面进行个性总结，有的树木树冠较大其他部分可以弱化，是否可只突出树冠部分，并且树冠形状有无特色，圆形还是扇形等，在色彩方面是以绿色为主还是以开花树木白色为主等引导学生对不同的特点和个性做出总结，最后提炼出最简练能表达树木的元

素，重组并设计。

第二步，加大难度培养学生对所想进行抽象。小作业可设置为：将第一次进入大学时的心情进行抽象，完成一幅 A3 的小作品。首先教师应引导学生说出自己当时的心情和一些想法，如紧张、激动、快乐等。而这些想法又可以用什么的样的图示语言描绘。以心花怒发快乐为例，可以点状元素为主，可以运用有很多放射形的线段或者起伏较大的图案等表示手法，或者教师应向上一个小作业中的方法指导学生用抽象过的图示语言描绘。

这一环节的内容结束之后，学生会对抽象的方法有大致的掌握，接下来三大构成主要理论的学习则可以更容易的被学生所接受。

3.3 三大构成理论内容局部整合，优化课程设置，合理的作业设置，形成有机的系统

首先，三大构成彼此孤立的现象是教学的症结之一。作为一个有机系统，三个课程应该按照统一的原则梳理教学大纲、课程内容，通盘考虑、全方位整合。这样就可以有效避免旧体系下带来的内容重复等问题。例如平面构成与立体构成中的基本元素均为点线面，只是空间概念不同，但仍有许多相同的地方，所以在授课中应放在一起讲解，并可将其不同点加以横向比较，这样更有助于学生对知识点的理解；再如关于形式美篇章的内容讲解中，在三大构成中都有涉及，并且内容大致相似，所以不应在每门课程中分别讲一遍，而同样应该加以整合。

其次，这三个部分的课程，应尽量由一位教师系统授课，这样才能做到思维的连贯性，既要做到三大个构成理论知识的独立，又能按照统一的思维互相联系融合贯通，从而形成有效的理论框架体系。

再次，作业的设置也是教学环节中重要的组成部分，作业的完成的质量是教学质量的直接反馈，作业的考察结果反映了学生对知识的掌握与应用情况。合理的作业设置应紧扣教学内容，以求帮助学生更好地理解所学的理论知识，同时又有明确的专业指向性。

例如平面构成的作业可设置如下：

题目：城市地图。要求：以我的家所在的区为范围，做一幅地图，以所在区重要的景点、建筑、文化或绿化、街道等重要城市原色为构成元素，完成这幅地图，最终表示出我的家所在地。表达方式：黑白图 300×300mm。这个题目的设置有助于刚入学的学生形成对城市的最初步认知，从最熟悉的城市入手，从生活最久的环境开始认知，调动学生的积极性，逐渐进入城市规划这个角色中。同时可训练学生对平面构成元素的理解与构成手法的灵活运用，从而使之初步的了解城市的图底关系。

色彩构成的作业可设置如下：

题目：城市表情，要求：选择一个自己喜欢的城市或者地区，用色彩构成的方式表达出对它的印象，色彩需突出城市或地区特点（人文、地理等）。表达方式：彩色图 300×300mm。这个作业的设置，要求从情感上认知城市，又将情感功能与色彩功能结合起来，对城市的特色进行抽象提炼，用色彩的语言表达出来，学会用色彩表达某种感情。

立体构成的作业可设置如下：

题目：城市空间改建，要求：改建城市中的公共电话亭。城市中随处可见电话亭，但是年久失修，与城市面貌不符，现面临改造，要求用立体构成的任意手法改造电话亭，希望可以结合城市历史、人文或者特色，符合城市风貌，并绘制改造思路。表达：做一个微缩模型，微缩电话亭的尺寸为 300×300×900mm，可以以小组为单位，每组人数不超过 3 人。这个作业的设置，要求学生将思路从二维转变为三维，依托城市的背景用构成手法改建城市小空间，培养其对城市各种设施或者空间的初步认知。而作业的题目，还可每年更换，如改造小商业亭，小品、休憩空间等。

除此之外，还可以在学期末组织小型设计竞赛，将三种构成作业整合为一个，使三个部分有机地融合在一个设计中，达到融会贯通的效果。要鼓励团队协作，通过彼此沟通、取长补短，为学生今后的学习打下基础。

主要参考文献

[1] 刘文良．“三大构成”教学的困境与超越．现代教育科学（高教研究），2012.

[2] 朱永峰．关于三大构成教学的问题与对策探讨．中国包装工业，2013.

Rethink On The Teaching Method of Three Composition Courses In Urban Planning Subject

Shi Yuan Bai Ning

Abstract: The three composition courses in urban planning subject play an important role in basic teaching of the lower grades. These courses can not only train students' abstract thinking ability, but also play a transit role in the later courses. In order to make these courses have their own professional characteristics, we should make some appropriate adjustments for the existing courses. We discuss these problems in this article and come up with a serious of teaching plans, including add, integration of teaching content and homework–setting. I hope it can be useful to the after teaching.

Key words: The three composition courses, the educational reform, abstract thinking

基于城市空间解析的外部空间测绘教学环节探讨
——城乡规划专业低年级基础能力培养

沈 婕 王 瑾 徐 岚

摘　要：针对新时期下传统测绘教学环节越来越被学生轻视的现象，提出在城市规划专业初步Ⅱ课程中将外部空间测绘作为城市空间解析教学环节下的一个专题设置，基于同一调研对象构建起从测绘到解析的教学框架，通过目标导向式的教学，真正发挥测绘环节对于基础技能训练的作用，并有助于低年级学生空间尺度感的建立，深化对城市空间的认知，最终实现外部空间测绘与城市空间解析环节教学效果的“双赢”。

关键词：外部空间测绘，城市空间解析，目标导向，空间尺度

在城乡规划专业基础教育中不断强调创新能力的今天，随着对手绘技法的重视与电脑制图能力的提前掌握，很多低年级学生更加追求多样化视觉效果表达的“炫技”，对较为枯燥的工程性图纸规范表达能力的训练逐渐忽视，以至于到了高年级随着专业学习的深入发现自身的一些“基本功”存在薄弱环节。尤其是新时期下科技进步所带来的新型测绘技术的出现，如GPS全球定位系统、三维激光扫描仪、无人机航空摄影测量系统等，给传统的测绘方法带来较大冲击，学生们对于传统测绘的教学环节更加缺乏兴趣与学习动力。

如何在低年级基础课程设置中，激发学生在测绘环节的学习热情，并能够真正做到学以致用是值得思考和探究的。

1　新时期下传统测绘在城乡规划专业基础教学中存在的必要性与重要性

1.1　测绘作为认知的基础存在

建筑/外部空间测绘是调研活动的主要内容之一。在通过测绘得到调研对象的空间三维信息后，学生们才能够定量地分析群体布局关系、空间尺度与特色等，才可以在此基础上更近一步认知和解析调研对象。目的要让学生“知其然”，更要“知其所以然”，因此，测绘可以被看作是使感性认知上升到理性认知的重要手段。

通过测绘能让初学城乡规划专业的学生掌握图纸空间与实际空间之间的关系。大一学生刚刚接触城乡规划专业学习，对于利用二维空间的图纸来表达三维空间的方法并不是太熟悉，由此在专业基础课程中设置测绘环节，以帮助学生掌握图纸表达。通过亲自对实际的建筑/城市空间的观察和测量，并将具体空间转换为图纸表达的学习过程，可以帮助学生建立图纸与实际空间之间的联系，提高空间想象力，同时加深对空间尺度的理解。

1.2　有助于低年级学生掌握工程性图纸的绘制方法及制图规范

为保证图纸图面清晰、易读，在测绘训练中要求学生必须按照相关制图规范进行测绘成果的表达。

要求严格按照适宜的比例进行测绘成果的绘制，在表达中要有准确的图线画法，不同的图也要按照科学的画图步骤进行绘制，因此测绘训练有助于低年级学生掌握工程性图纸的作图基础技能。

1.3　有助于培养低年级学生的团队协作能力以及合作能力

协作精神是城乡规划专业人员必需的职业素质。因

沈　婕：西安建筑科技大学建筑学院助教
王　瑾：西安建筑科技大学建筑学院讲师
徐　岚：西安建筑科技大学建筑学院讲师

此在低年级专业基础教育中就要不断培养学生的团队协作能力。

通常，测绘的工作量很大，个人无法完成所有工作的，因此需要进行分工合作。通过这样一个过程的学习，将极大地提高每个人的协作和配合意识，强化团队合作能力。

2 城乡规划专业低年级应注重“城市空间”能力的培养

西安建筑科技大学城乡规划专业背景以建筑和工程学科为主，从 2006 年教改后的城乡规划专业课程体系来看，“城市空间”教学内容依然是城乡规划专业本科教学的“主体”。❶随着 2011 年城乡规划学成为一级学科，我校城乡规划专业尤其是基础教学改革中对城市空间能力的培养应贯穿始终。

低年级城市空间的教学目标是专业启蒙。其中，“城市规划设计初步”课程（一年级）是一门实践性很强的基础教学科目，其主要教学内容是专业技能基础训练。通过一系列的教学环节设计，培养学生的“技能表达”与“专业认知”能力。在入门阶段以“城市空间”为载体，有利于同学们从感性生活空间中建立对专业的认知，理解城乡规划专业内涵，初步培养城乡规划专业思维，为高年级专业课程奠定良好的基础。

3 基于城市空间解析的外部空间测绘专题环节设置探索

3.1 基于城市空间设计思维培养的低年级课程体系建立

自我校在 2006 年城市规划专业基础教学改革以来，城市规划专业低年级教学体系以“城市空间”教学内容为主线不断进行调整，教学组织充分尊重学生的认知规律和学习规律，可以分为三个阶段：第一阶段是以视觉为中心的物质空间设计思维培养，其中城市规划专业初步 I 以“三大构成”训练为核心，旨在建立形态与空间的概念，城市规划专业初步 II 通过“测绘”、“解析”到“设计”的过程，培养学生多种创造性思维方式的运用以及逻辑分析能力，并形成思维成果的物化；第二阶段依托于第三学期的“城市规划思维训练”课程展开，培养学生基于空间价值观的社会空间设计思维；第三阶段依托

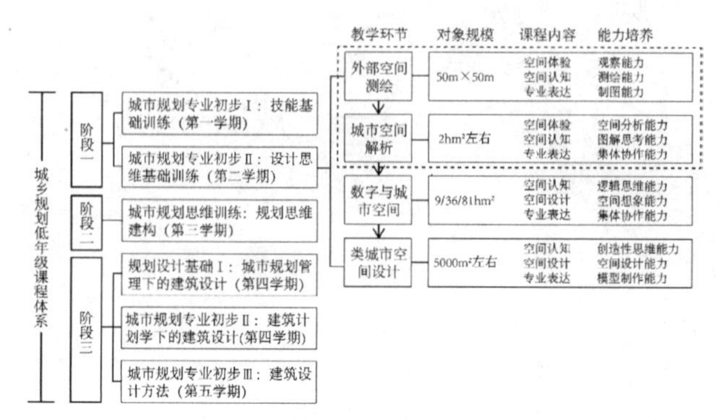

图 1 外部空间测绘环节在低年级专业课程中的位置

资料来源：作者自绘.

于第四、五学期的设计基础 Ⅰ、Ⅱ、Ⅲ 的课程展开，重在培养学生在多要素权衡下的综合空间设计思维。❷

其中，外部空间测绘作为城市空间解析前的一个基础能力训练环节，其核心教学目标是训练学生的作图基础技能并增强团队协作能力（图 1）。

3.2 将外部空间测绘作为城市空间解析教学环节专题设置的思考

3.2.1 目标导向式的学习过程更有助于测绘训练要点的掌握

以往的外部空间测绘环节设置在城市空间解析环节之前，作为一个基本技能的训练环节。测绘与解析的并不是同一个对象，从规模到空间类型都有很大差异（图 2、图 3）。由于学生在测绘时还没有接触到解析环节，并不清楚城市空间解析里面有哪些内容需要在测绘的过程中去思考并加以分析，只能以测绘的作业要求为学习目标，被动式地完成测绘任务。

---

❶ 详见段德罡，白宁，吴锋，孙婕．城市规划低年级教学改革及专业课课程体系建构［J］．建筑与文化，2009，1：50-53.

❷ 详见王侠，蔡忠原，赵雪亮．城市规划专业低年级城市空间设计思维培养［D］．规划一级学科，教育一流人才——2011 全国高等学校城市规划专业指导委员会年会论文集，北京：中国建筑工业出版社，2011：296-301.

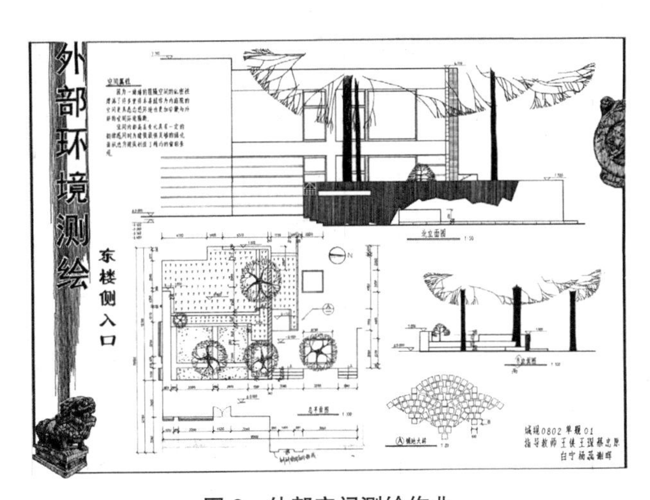

图 2　外部空间测绘作业

资料来源：学生　城规 08 级　单舰等 .

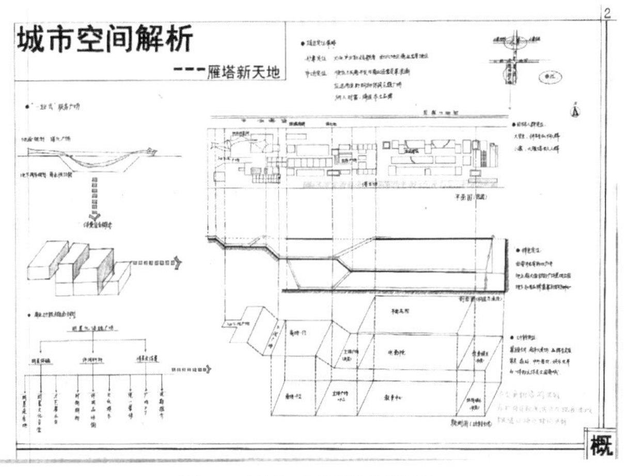

图 3　城市空间解析作业

资料来源：学生　城规 12 级　巫天豪等 .

然而，如果将外部空间测绘环节作为专题放在城市空间解析环节之中，学生先接触到的是解析的相关内容与要求，然后再学习测绘的相关知识，测绘与解析的是同一个对象，这样去现场进行测绘与调研时，变被动为主动，带着明确的目的去思考，更有助于把握测绘训练的要点以及理解测绘与解析之间的关系。

3.2.2　关注“人”的使用与感受——有助于良好空间尺度感的建立

城市空间尺度是人们对城市空间进行测量与感知的准则，也是阐释和解析城市物质空间形态的技术工具。❶空间尺度感的培养是城乡规划基础教学的重要内容，合理的空间尺度感是学生塑造美好物质空间环境的基础。

通过外部空间测绘，建立起图形尺寸与实体空间尺度的关系。通过测绘丈量及感受城市空间尺度，获得对城市空间的客观认识，加强对城市空间相关基础知识的理解。

3.2.3　有助于建立综合性的技能培养目标

将外部空间测绘环节设置为城市空间解析环节中的专题，教学目标就从单一的观察、表达能力训练变为以逻辑思维训练贯穿“认知”与“表达”技能训练的综合技能培养。

3.3　包含外部空间测绘专题的城市空间解析教学组织

包含外部空间测绘专题的“城市空间解析”教学环节可分为课堂教学与实地调研两部分，具体的教学过程大致总结为三个阶段（图 4）。

（1）课堂教学部分。由两次集中理论学习课构成课堂教学部分。首先向学生讲授城市空间解析的相关内容，包括城市空间的内涵，城市空间的构成要素，城市空间的视觉要素解析方法，人、空间、场所之间的关系等内容；接下来讲授外部空间测绘相关知识，包括城市空间与人体的尺度关系、测绘的方法与步骤、测绘图纸的具体表达方式等。课堂教学结束时，学生以 4~5 人为一小组，根据教学组提供的 3 块不同性质的用地（$2hm^2$ 左右）的不同特点，进行自由选择、平均分配。

（2）实地调研部分。包括测绘和调研两个部分。小组提前准备好卫星地图和按照比例绘制的测绘草图，在到达现场之后分工合作，借助测绘工具及步测、目测等方法展开测量与记录工作；同时，小组根据已经制定好的调研提纲，在现场感受基地与周边环境的关系、功能与空间序列的关系、结合测绘感受人的活动与空间尺度的关系以及空间处理手法的运用，空间质感、色彩的选取等。学生需要多次实地考察，观察人的活动、发放问卷、

---

❶ 详见刘代云，李健. 城市规划低年级教学中空间尺度感的培养［D］. 站点·2010——全国城市规划专业基础教学研讨会会议论文集，北京：中国建筑工业出版社，2010.

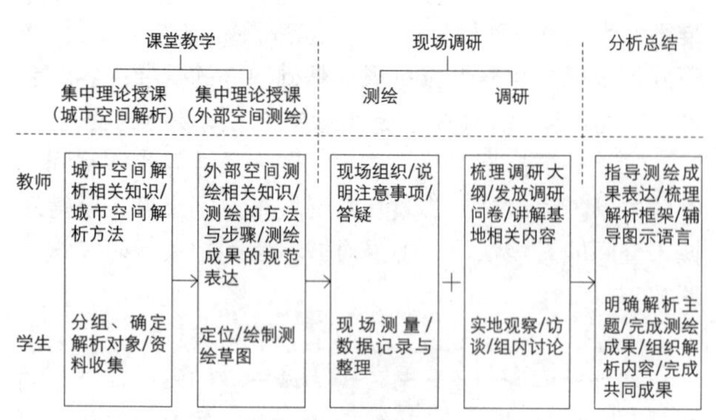

图 4　包含外部空间测绘专题的“城市空间解析”课程教学组织

资料来源：作者自绘．

展开访谈，完成对调研对象较为全面的认知。

（3）分析总结部分。经过现场的测绘和调研后，组内进行讨论与梳理补充的资料，确定解析主题，制定解析框架，组织解析内容，并完成测绘图纸的绘制。结合测绘图纸，运用图示语言分点进行解析，最终小组共同完成一套图册（包括测绘成果）。

4　结语

从学生提交的成果（图 5）来看，将外部空间测绘作为专题设置在城市空间解析教学环节之中的探讨，教学效果明显，学生对于测绘和城市空间解析都有了更深的理解。当然，在实际的教学操作过程中，还存在一些不足，将作为今后课程进一步深化改革的方向。

主要参考文献

［1］（日）芦原义信著，尹培桐译．外部空间设计［M］．北京：中国建筑工业出版社，1985.

［2］段德罡、白宁、吴锋、孙婕．城市规划低年级教学改革及专业课课程体系建构［J］．建筑与文化，2009，1：50-53.

［3］王侠等．城市规划专业初步中的“城市空间”教学［D］．城市的安全·规划的基点——2009 全国高等学校城市规划专业指导委员会年会论文集，北京：中国建筑工业出版社，2009：31-36.

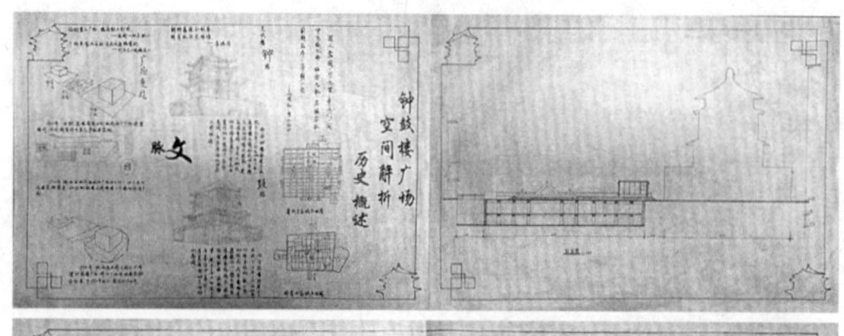

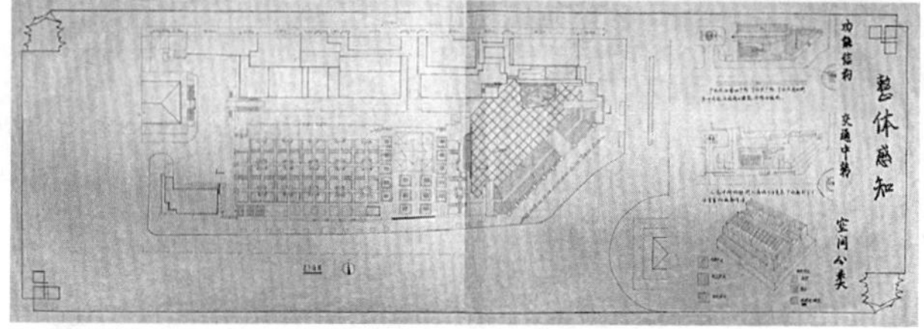

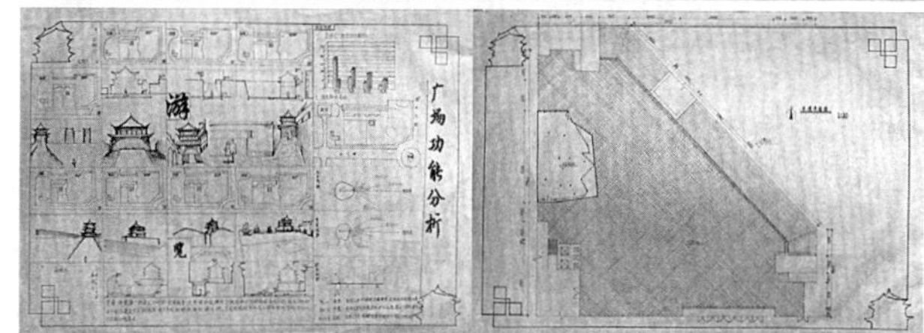

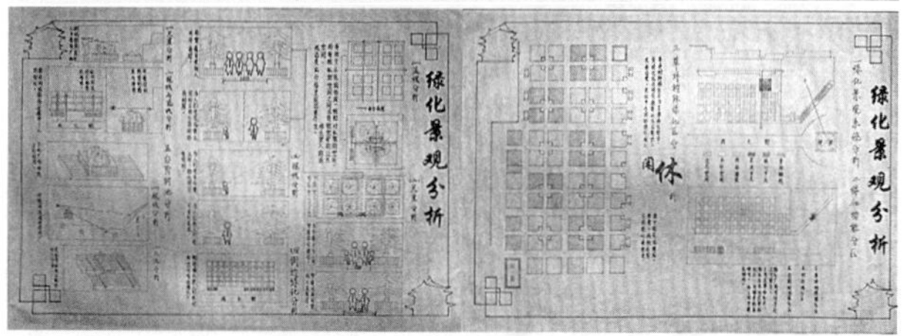

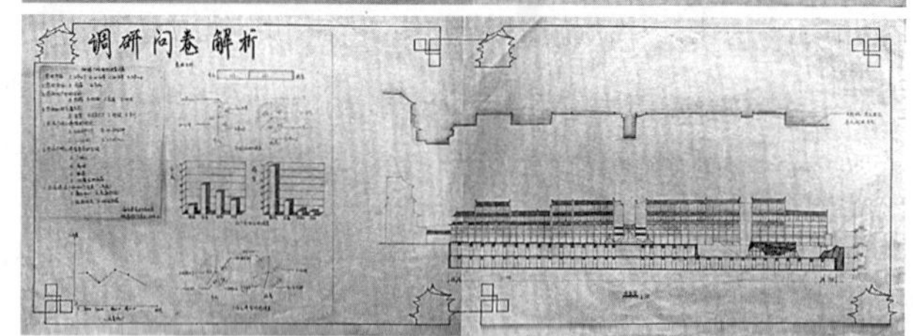

图 5　包含外部空间测绘专题的“城市空间解析”作业

资料来源：学生　城规 13 级　田载阳等．

[4] 王瑾，田达睿．城市地段空间的“解”与“析”——低年级城市空间基础认知教育［D］．人文规划·创意转型——2012全国高等学校城市规划专业指导委员会年会论文集，北京：中国建筑工业出版社，2012：33-37.
[5] 吴锋、王琛，谢晖．“数字与城市空间”教学环节的再讨论——城市规划专业低年级空间基础能力培养［D］．规划一级学科，教育一流人才——2011全国高等学校城市规划专业指导委员会年会论文集，北京：中国建筑工业出版社，2011：153-158.
[6] 王侠，蔡忠原，赵雪亮．城市规划专业低年级城市空间设计思维培养［D］．规划一级学科，教育一流人才——2011全国高等学校城市规划专业指导委员会年会论文集，北京：中国建筑工业出版社，2011：296-301.

A dissertation on External Space Survey teaching methodology based on urban space analysis
——Basic designing skill training for Urban Planning students

Shen Jie　Wang Jin　Xu Lan

Abstract: In this present informatization era, the traditional way of surveying gets underrated by students. Thus, we propose External Space Survey as a special subject in Urban Space Analysis section which is part of Urban Planning Initiatory program. Based on same object, a survey-analysis teaching methodology is structured. By target-orientated method of teaching, survey becomes beneficial for training students' basic designing skills. This teaching process would help students to stabilize their sense of spatial scale, enhance their acknowledgement to external space, and finally benefit Urban Space Analysis program.

Key words: External space survey, Urban space analysis, Target-orientated, Spatial scale

新时期城乡规划专业基础教学的思考

王 瑾 段德罡

摘 要：当前我国城镇化正处于由重“量”到重“质”的转型期，将步入新型城镇化的发展阶段，在新的政策形势下，城乡规划学科有了新的内涵与使命，对于“以人为本、尊重实际、配置资源”有了更深入更实际的要求，那么，规划教育需要随之及时调整以跟进这一过程。本文在解读新时期城乡社会发展的基础之上，提出当前规划教育理念的三点转变，即强调规划公正性和公信力、强调科学方法和理性分析和重视规划的社会政治过程，进而结合我校办学背景探讨强化价值观培育、加强方法论教育和拓展核心知识/能力的调整方向和教学尝试。

关键词：城乡规划教育，价值观，方法论，核心知识

1 新时期城乡规划学科的内涵

从“拥堵、雾霾、内涝、城乡分离、社会分异……”开始，城市规划在资源环境使用、社会经济发展、城乡工程建设等方面不得已背起了“黑锅”（石楠 2013），虽然这些问题并非都是城乡规划造成的，但使我们必须认真思考学科的内涵到底是什么。2011 年，我国城镇化水平首次突破 50%，随后中央明确提出了新型城镇化，即注重产业发展与城镇化的关系、城市与乡村的关系、城镇化与资源环境的关系、制度创新与城镇化路径的关系等；2011 年，城市规划学科独立，上升为“城乡规划”一级学科，“城乡”一词的回归，❶是对城镇化过程中过度掠取自然资源、乡村资源的警醒，是对快速发展带来弊端的反思，也是从注重物质到注重人文的回归。2013 年，十八届三中全会定调新型城镇化，带来了城乡规划理念的变革。今年 2 月习总书记在北京调研时指出，“规划务必坚持以人为本，坚持可持续发展，坚持一切从实际出发，贯通历史现状未来，统筹人口资源环境，让历史文化与自然生态永续利用、与现代化建设交相辉映。”其中有几个关键词：以人为本、尊重实际、配置资源，结合新型城镇化形势下城乡规划学理念变革谈几点认识。

内涵之一，关注根本问题——人的多元需求。新型城镇化的核心是人的城镇化，公共服务能力已成为城镇化的衡量指标，❷城乡规划要从人的社会性上认识城镇化，并结合城镇人口构成特征，更加细致地研究个体人的需求差异，满足其在衣、食、住、行、医疗、教育、就业、娱乐等方面的多元需求，使人的生活品质得到真正改善，文化素质得到真正提高。

内涵之二，原则——基于环境社会经济现实。新型城镇化追求的是城镇发展“质”的提高，而非对城镇规模的“量”的扩张，应当改变当前规划编制中“做大做强中心城区”的方式，也要改变具有计划经济时代特征的目标导向下定规模、定地块的做法，应当将城乡空间作为一个整体，坚持大中小城市/镇和乡村地区的协调发展，充分结合实际构建结构完整的区域城镇体系；空间布局也要结合不同区域的差异化特征，充分考虑市场带动、资源承载，合理确定城乡地域的职能分工，以同

---

❶ “城乡规划”一词在 1961 年出版的第 1 版《辞海试行本·第 16 分册·工程技术》中曾作为专门一节的名称出现（参见杨贵庆《城乡规划学基本概念辨析及学科建设的思考》一文）。

❷ 今年 3 月颁布的《国家新型城镇化规划》设立了 18 个主要城镇化指标体系，强调以人为核心，包括农民工随迁子女接受义务教育比例、城镇各类劳动力免费接受职业技能培训覆盖率、城镇常住人口基本养老保险覆盖率、常住人口基本医疗保险覆盖率、城镇常住人口保障性住房覆盖率等具体指标，公共交通、供水及污水处理、垃圾无害化处理、宽带接入、社区服务设施等硬件指标。

王 瑾：西安建筑科技大学建筑学院讲师
段德罡：西安建筑科技大学建筑学院副教授

题为导向提出集约、可持续的对策。

内涵之三，本质——合理配置城乡空间资源。城乡规划的主要任务是资源分配，具有极强的治理城市/镇的职能，当今其正面临着缓解低成本城镇化所带来的负面作用，如城镇发展与自然资源过度利用，生态空间和服务空间等资源在区域间、城乡间的分布不均等，在新型城镇化指引下，城乡规划要公平看待规划对象的所有空间范畴，要找到城镇发展转型的基石，❶从规划管理到城市治理，促进要素资源健康有序配置。

综上，作为"维护社会公平、保障公共安全和公众利益的重要公共政策"的城乡规划，在新时期有了更强的公正性、科学性和政策属性，这些对于城乡规划教育前进方向有着直接的指引，值得规划教育工作者深入探索。

2 规划教育理念的转变

2.1 强调规划公正性和公信力

利益协调是城乡规划的核心工作内容，但是在当今利益多元化的格局下，为哪些人服务，以哪些人为本，如何做出公正的综合协调，如何展现规划的公信力，是城乡规划面临的挑战。城乡规划专业从业人员应当善于识别问题，追求效率、公平，"向权力讲述真理"；同时还应具备维持规划公信力的知识和能力，使得规划过程、实施结果符合社会公平、公正的基本准则。因此，加强公正性和公信力价值观的培养，将其贯穿于学科的基本知识结构和课程体系中，是专业教育改革的方向。

2.2 强调科学方法和理性分析

城市/镇空间无序扩张，资源利用粗放、效率低下，产业发展带动不足，环境污染严重等是城乡规划急需解决的问题。如何发展、发展什么、适合多大规模等都要从实际出发，通过建立动态情景模型优化城乡结构和功能，❷寻找内生增长的规划途径，如空间发展分析模型、承载力评价模型、人口－经济－土地综合模型等。从而要求规划师摒弃计划经济体制的方法，改变多依靠感性的认知，逐渐完善理性分析方法体系为基础的工作方法。透过城市空间表象剖析其内部核心，进而进行科学决策也是专业教育需要培养的能力。

2.3 重视规划的社会政治过程

当前规划实践面临着过多技术细节淹没了规划的政策属性、过多技术理想无法适应政治决策需求的尴尬，如何实现规定性技术文件向战略性空间政策的转变，如何提升城乡规划治理城乡的能力，城乡规划从业人员需要强化政策研究，重视经济学、管理学等相关学科的学习，学会从政治过程和行政管理角度研究规划问题，强化规划转化成公共政策的能力，实现规划成果的政治正确与经济可行。

3 本校专业教学调整思路和探索

众多业界学者和专家关注城乡规划专业教育改革，对此有各自的见解，如注重教育与行业的对接，加强规划教育的层次性（孙施文、王世福，2013）；注重全面的规划教育，包括成人教育和其他学科的规划教育（陈为邦，2013）；鼓励规划教育多元化发展，强调高校的办学特色（石楠，2013）等。可以看出，学科的地位提高了，专业教育的生命力更旺盛了，也逐步走向层次化、多元化了，社会需求的专业人才不再仅依赖于本科教育，规划的综合性并不体现在个体上，因此，每个高校应结合各自办学背景，强化各自专业教学特色。笔者基于当今学科形势对本校本科专业教学的课程调整谈几点看法（图1）。

3.1 专业教学变革方向

方向一，强化价值观培育。大学教育不仅仅是知识培养，更是一种价值传递。作为以"人"为服务对象、以"人居环境"为工作对象的城乡规划专业，其基础教学必须强化"育人"的职能。在未来的课程设计中，可以结合通识课加强学生的社会道德教育；增设规划师价值观培养课程，如乡村规划实践、社会变迁；或者结合现有课程加设价值观培训环节；邀请职业人士来校报告、参与

---

❶ 参考袁奇峰在"同济·城市高峰论坛暨第二届金经昌中国青年规划师创新论坛"的发言，他指出"所谓新型城镇化的关键在于我们能不能找到新的产业基石和支柱，替代低成本制造的优势，使新的支柱能支付得起我们城镇化的成本。

❷ 参考施卫良，"第三届金经昌中国青年规划师创新论坛"的主题报告，《关于北京城市总体规划修改的几点思考》。

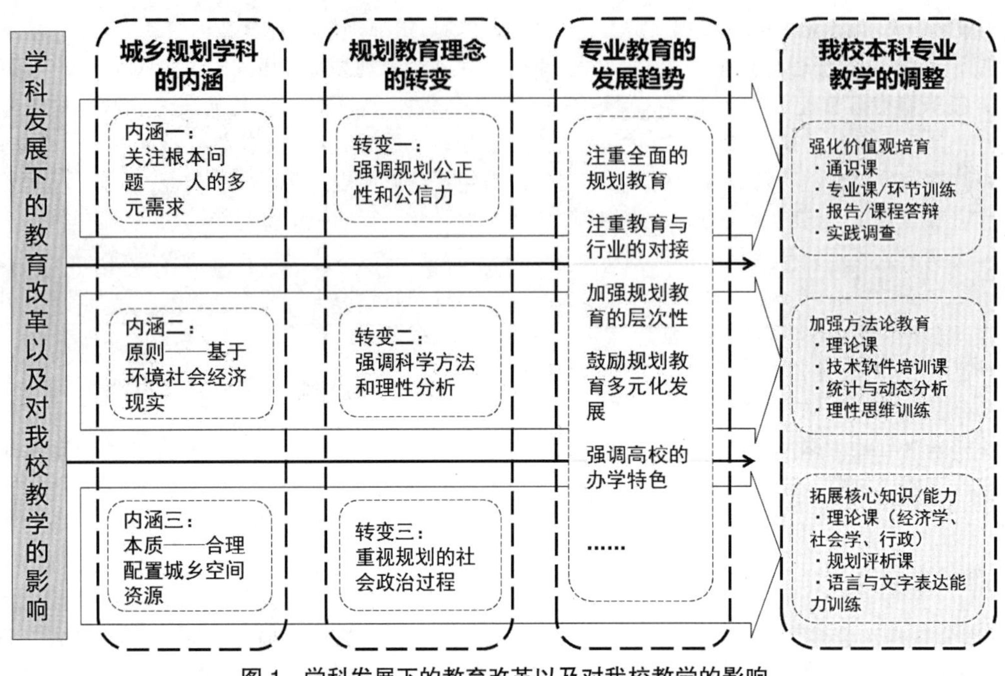

图 1　学科发展下的教育改革以及对我校教学的影响

资料来源：作者自绘 .

课程答辩，从价值观念来告诉学生什么是好的规划；鼓励学生开展社会调查实践，并采用情景式教学方法，让学生在教师引导下逐步建立正确的职业价值观。

方向二，加强方法论教育。作为土建类城乡规划专业的院校，本校依托于其深厚的建筑学背景形成了以注重“物质空间”的教学体系，注重形象思维，通过口口相传的方式传授技艺、通用科学方法训练能力，系统的方法论教学较缺乏。在坚持本校办学特色的同时，加强方法论教育是当前教学改革的重要组成。一方面，要设置关于方法论的理论课程环节，在课时允许的条件下，还可以进行技术软件培训；另一方面，结合案例在规划设计过程中注重对规划思路、理念生成的挖掘，从而提高学生规划设计中的统计分析、动态分析等理性思考能力。总之，在大学教育中应强调基础性的内容，强调思维能力、动手能力培养，突出方法训练。

方向三，拓展核心知识 / 能力。本校培养的学生在空间规划和设计方面成绩突出，而在产业结构、社会结构、内在动力机制等方面较为欠缺。因此需要给学生普及一些有关经济、行政领域的知识，可以通过邀请校外专家、城市规划、建设管理者来校进行规划评析课，让学生明白规划的全过程，理解能够落实的规划需要具备哪些能力。同时应该将提高沟通能力和技巧作为核心技能来培养，除图形表达能力外，注重对语言表达能力和文字表达能力的训练，如开设规划设计说明写作、调研分析报告写作、公文的写作方法等。

综上，在教学方案制定上，需要增设城乡统筹及乡村发展的内容，增加学生接触乡镇、乡村的机会；强化实践教学环节，加强对学生职业道德、人文精神的培养，使学生能够以具体的人、时间和地点为出发点来探讨城乡问题与应对；此外，还需强化城市规划科学分析方法的环节，并通过举办竞赛、创新实践、社会调查等活动拓展学生经济、政治行政领域的知识，将沟通能力初步建立研究的科学方法。

3.2　低年级教学中的教学尝试

基于以上调整方向，本文就我校低年级设计类专业课（1~5 学期）在课程设置、教学组织方式的尝试进行介绍。

专业教学变革方向下的低年级专业课调整尝试 **表1**

<table>
<tr><th>调整方向</th><th colspan="2">课程</th><th>环节设置</th><th>组织方式</th><th>预期目标</th></tr>
<tr><td rowspan="6">强化价值观培育</td><td rowspan="3">城市规划专业初步</td><td rowspan="2">第一学期</td><td>专业认知</td><td>讲授 + 作业
作业：家乡印象（乡村）</td><td>了解城乡规划专业是什么？理解其政策属性？了解学成之后能做什么？通过作业训练初步建立对乡村的感性认知</td></tr>
<tr><td>新生竞赛：背景的诱惑，看与被看（图2）</td><td>分组参赛，学生向公众讲述设计理念，由路人进行投票选择满意的作品</td><td>是否获奖来源于公众投票，理解公众的需求是作品成败的关键</td></tr>
<tr><td>第二学期</td><td>城市空间解析环节（图3）</td><td>选地 – 理论讲授 – 测量 – 实地调研 – 分析总结</td><td>理解城市空间的主体是人，以人的需求来衡量空间好坏</td></tr>
<tr><td colspan="2">城市规划思维训练（第三学期）</td><td>城市规划公共政策</td><td>理论讲授 + 综合训练</td><td>制定社区某领域的公共政策，培养学生在日常生活中建立规划决策的意识</td></tr>
<tr><td colspan="2">城市规划设计基础（第四学期）</td><td>建筑计划之下的建筑设计</td><td>调研 – 建筑策划报告 – 建筑计划书 – 建筑设计</td><td>通过现场调研，结合市场需求确定建筑选址与规模</td></tr>
<tr><td colspan="2">1~5 学期</td><td>课程答辩</td><td>每个学期末 课程点评 聘请校外专家</td><td>理解基于正确价值观下的设计要求</td></tr>
<tr><td rowspan="4">加强方法论教育</td><td colspan="2">—</td><td>城市空间解析环节</td><td>选地 – 理论讲授 – 测量 – 实地调研 – 分析总结</td><td>学会获取数据，并分析、整理，建立城市空间初步分析能力</td></tr>
<tr><td colspan="2" rowspan="2">城市规划思维训练（第三学期）</td><td>城市规划社会调查方法</td><td>理论讲授 – 实地调研 – 完成调查报告</td><td>学会初步的调查方法</td></tr>
<tr><td>综合思维训练（图4）</td><td>发现问题 – 分析问题 – 解决问题 – 局部地段详细设计</td><td>案例式教学法
以问题为导向的思维方法训练</td></tr>
<tr><td colspan="2">城市规划设计基础（第五学期）</td><td>建筑设计方法</td><td>建筑与场地 行为与空间 空间与结构 建筑与材料 视觉与形式</td><td>在教学中尝试以“方法论”教学取代以往的“类型学”教学，理解建筑复杂的社会内涵</td></tr>
<tr><td rowspan="8">拓展核心知识/能力</td><td rowspan="4">城市规划专业初步</td><td rowspan="2">第一学期</td><td>专业识图</td><td>讲授</td><td>扩展学生的专业视角</td></tr>
<tr><td>新生竞赛</td><td>分组，学生向公众讲述设计理念</td><td>训练学生的语言表达能力</td></tr>
<tr><td rowspan="2">第二学期</td><td>城市空间解析</td><td>选地 – 理论讲授 – 测量 – 实地调研 – 分析总结</td><td>尝试分析物质空间与其所处社会环境的关系；培养书写调研报告分析总结的能力</td></tr>
<tr><td>数字与城市空间</td><td>讲授 + 案例采集与重构 + 三维实体模型的制作</td><td>培养学生的观察能力、思维能力和对于数据严谨性的认识</td></tr>
<tr><td colspan="2">城市规划思维训练（第三学期）</td><td>城市规划公共政策</td><td>理论讲授 + 综合训练</td><td>制定社区某领域的公共政策，让学生明白公文的写作方式</td></tr>
<tr><td colspan="2">暑期实习（第四学期末）</td><td>城市参观实习</td><td>准备 – 实习 – 整理</td><td>拓展知识面
锻炼团队合作能力、沟通表达能力</td></tr>
<tr><td colspan="2" rowspan="2">城市规划设计基础（第四学期）</td><td>城市规划管理条件下的建筑设计</td><td>理论讲授 – 实地踏勘 – 分析 – 建筑设计任务书 – 建筑设计</td><td>从城市发展角度来理解建筑，注重除建筑形式外的内涵特征</td></tr>
<tr><td>建筑计划之下的建筑设计</td><td>调研 – 建筑策划报告 – 建筑计划书 – 建筑设计</td><td>基于现状对项目进行具体的定性与定量分析，确定建筑规模，制定建筑设计任务书</td></tr>
</table>

资料来源：作者自绘.

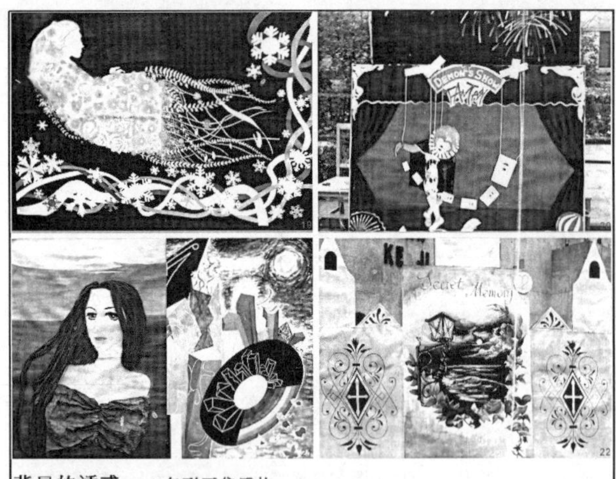

背景的诱惑——色彩采集重构

要求：完成2.1mx1.6m的色彩采集重构
分组完成，每组8人左右
要求每组学生将自己的色彩采集重构作品作为一种摄影背景来吸引公众与其合影，检验公众对其作品的认同度。

看与被看——空间实体搭建

要求：模型（大小自定），分组完成，每组8人左右
在校园中创作一个构筑物，这个构筑物除了自身成为一个被欣赏的作品，满足“被看”的要求外，也要考虑到这个作品与周围环境的关系，能够借助周边的景色或者找到与基地的某种关系

相关主题：“吾爱拍”、“东楼的图腾”
由教师选出最具可实施性的设计作为小组合作深入设计的方案。小组设计作品完成后，将在校园中展出，由来往的学生，老师根据自己的喜好进行投票，投票方式即与喜爱的作品留影，学生记录照片编号，以及投票人的电子邮件地址以供竞赛结束后将照片发送至投票人信箱中，从而确定获奖作品。

图2　竞赛环节：学生作业及竞赛过程
资料来源：作者自绘.

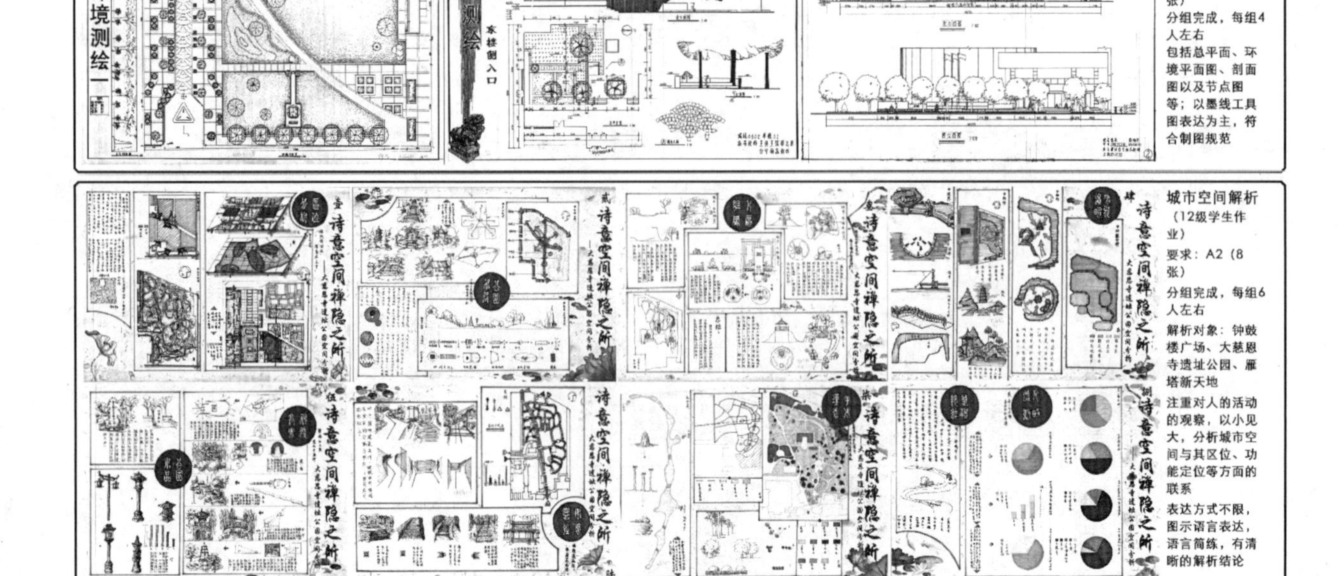

图3　城市空间系列作业
资料来源：学生课程作业.

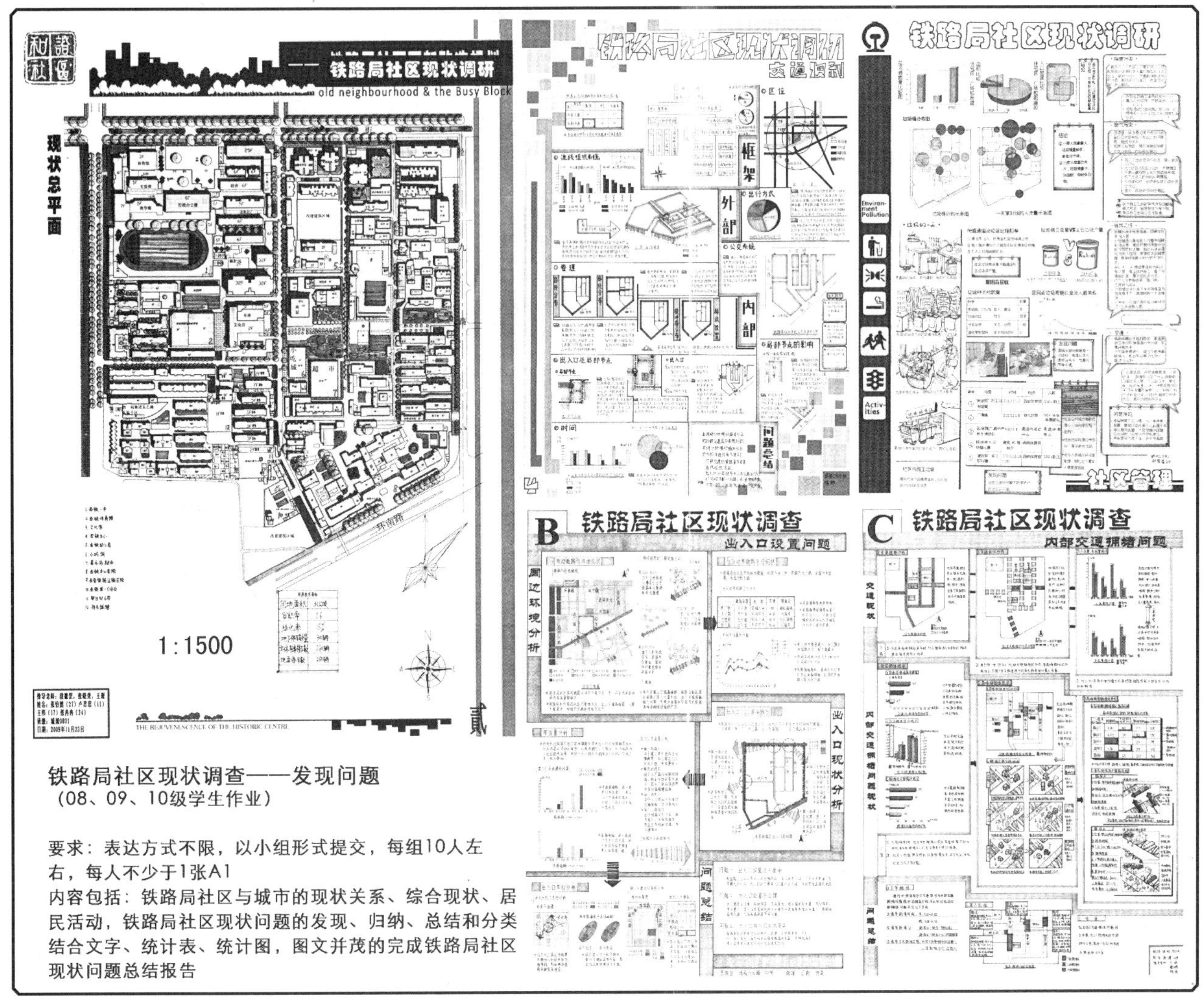

图 4　学生作业：铁路局社区现状调查——发现问题

资料来源：学生课程作业．

3.3　专业教育的进一步思考

面对新时期新形势，城规专业教育要解决的问题很多，目前的课程体系还不够完善，如初步课程中三大构成课程如何与教学改革主线对位，如何在有限的课时内加强乡村规划的训练，如何基于城乡规划来看待建筑设计能力培训的问题，如何保留特色又与时代接轨……但笔者认为教学只是教育的重要手段，在短时间内无论选择什么样的教学计划、教学内容，都会有得有失，教改的主要成效在于解决过去专业教学中存在的若干问题，为下一步更好地进行教学改革探索提供了方向指引。

教育是终生的。专业基础教育只是将学生引进专业领域的“大门”，而更多的理解和学习是要随着社会实践而得到的，学校的专业教育不应该只是机械地应对职业的需求，毕业后仍需要“补课”，进行继续的“社会教育”是很正常的。一方面可以在具体的职业岗位上，结合实践补充相关知识，培养所需工作能力；另一方面可以在某个阶段“返校”接受继续教育以拓展知识结构，获得技能的提高。

4 结语

三十年沧桑巨变，城乡规划学科得到了很大发展，专业教育也取得了丰厚的成就，规划专业办学院校已近200所，通过评估的院校已30多所，但在这样的时间段，我们不得不暂停下来想一想规划教育的前进方向。国家城镇化的速度将要放慢，也许意味着我们这个行业的冬天即将到来，那么作为专业培养的高等院校，应向社会输送什么样的人才？笔者认为，价值观培养、方法论建立、知识面拓展是专业教学未来改革的重要方向，进而促进城乡规划事业更加“美丽、多元、精简、公正”。

主要参考文献

[1] 赵万民等．新型城镇化与城市规划教育改革[J]．城市规划，2014，38(1)：62-68.

[2] 杨贵庆等．城乡规划学基本概念辨析及学科建设的思考[J]．城市规划，2013，37(10)：53-59.

[3] 田莉．我国城市规划课程设计的路径演进及趋势展望：以同济大学城市规划本科课程为例[C]．美丽城乡，永续规划——2013全国高等学校城乡规划学科专业指导委员会年会论文集，北京：中国建筑工业出版社，2013：30-34.

Re-thinking Basic Education on Urban and Rural Planning in the New Era

Wang Jin　Duan Degang

Abstract: In China, urbanisation is in transition from its once quantity-driven period to the quality-oriented new era, the process of which extends the boundaries of urban and rural planning to cover a wider range, and also sets up higher standards for this industry in generally three aspects, i.e., “people’s demands, practical conditions, resource allocation” . As a result, the education of urban and rural planning should also shift its focus in a timely manner.

Based upon an in-depth analysis of urbanisation in this new era, this paper has identified three marked changes occurring to our current education philosophy, namely, emphasis on justice and public trust, emphasis on scientific methodology and reasonable analysis, and also emphasis on social and political impact of planning. The paper then conducts a case study of Xi’an University of Architecture and Technology to explore the possibility of running some pilot programmes on value development, methodology education and core knowledge/ skills building, etc.

Key words: Urban and rural planning education, value, methodology, core knowledge

三个一级学科独立背景下的城市设计教学整合构想

沈葆菊　李　昊　叶静婕

摘　要：以“营造场所”为核心的城市设计日益被社会所认可，受到广泛的关注。在中国进入城市时代——由增量方向发展向质量方向的转型期中将产生越来越重要的作用。城市设计的重要作用使其成为原建筑学体系下独立存在的建筑，城乡规划，风景园林三个相关专业的必修课程之一。随着城市问题的日趋综合化、社会化，城市设计的研究性特征愈发明显，城市设计的教学也面临从传统形体设计转向能力素质培养的转变。本文从当前的现实需求出发，探讨在三个学科体系背景下进行城市设计课程教学组织的整合构想，希望通过整合教学大纲、整合教学团队、整合教学组织手段等一系列的行动计划，搭建一个切实有效的城市设计教育框架，目的在于培养学生理性分析、团队合作、创新设计以及图解表达的综合能力。

关键词：城市设计教学，教学组织，整合

现代城市设计及其课程教育起源于美国，其关注重点在于处理城市整体形态的完善以及环境品质的优化。中国的城市设计教育则起源于20世纪80年代，三十余年来所培育的具备城市设计专业能力的人才已经在城市空间形态塑造与建设层面发挥着重要作用。在当前随着土地城市化向人口城市化的迈进，城市设计更加的强调以人为本而非物质形态为本，在这一外部动因的趋势下，人才培养模式的改革成为必然的发展趋势。另一方面教学实践方面的内在因素也涌现出来，城市设计教学环节成为规划、建筑、风景园林学科教学的一个交叉点，人才培养的整合性思考成为未来城市设计教育研究的关注所在。

1　跨专业跨院校的城市设计教学实践方兴未艾

在当下随着建筑学、城乡规划学、风景园林学三足鼎立的一级学科体系建构，[1]各自的学科发展方向都面临着巨大的挑战，然而学科的分而治之并不意味着彻底的各自为政，划清界限，反而更是需要根据各自学科各有的特点和规律，相互依赖，相互融合，相互促进，从而提升学生的综合能力。

作为现阶段城市实践最为活跃的领域，各大高等院校的专业教育纷纷把城市设计课程作为核心课程纳入教学计划当中，由全国高等学校城市规划专业指导委员会每年所组织的城市设计课程作业评优活动尤其对老师和学生从“教”与“学”两方面产生了良性的促进作用。近几年，在教学实践中出现了大规模的以城市设计为命题的多校多专业联合毕业设计（图1）。据统计（表1）本年度西安建筑科技大学进行的联合毕业设计中，近乎90%为城市设计命题（表2），这样的实践也触动了我

2014年西安建筑科技大学联合毕业设计人数统计

表1

联合学校	专业	人数（建筑/规划/景观）	占总人数比例
重庆大学	建筑/规划/景观	18（6/6/6）	10%
华南理工大学	建筑/规划/景观	18（6/6/6）	10%
哈尔滨工业大学	建筑/规划/景观	18（6/6/6）	10%
清华等	建筑/规划/景观	6（6/6/6）	3%
青岛理工大等	规划	6（6/0/0）	3%

[1] 教育部《学位授予和人才培养学科目录（2011年）》。

沈葆菊：西安建筑科技大学建筑学院助教
李　昊：西安建筑科技大学建筑学院教授
叶静婕：西安建筑科技大学建筑学院助教

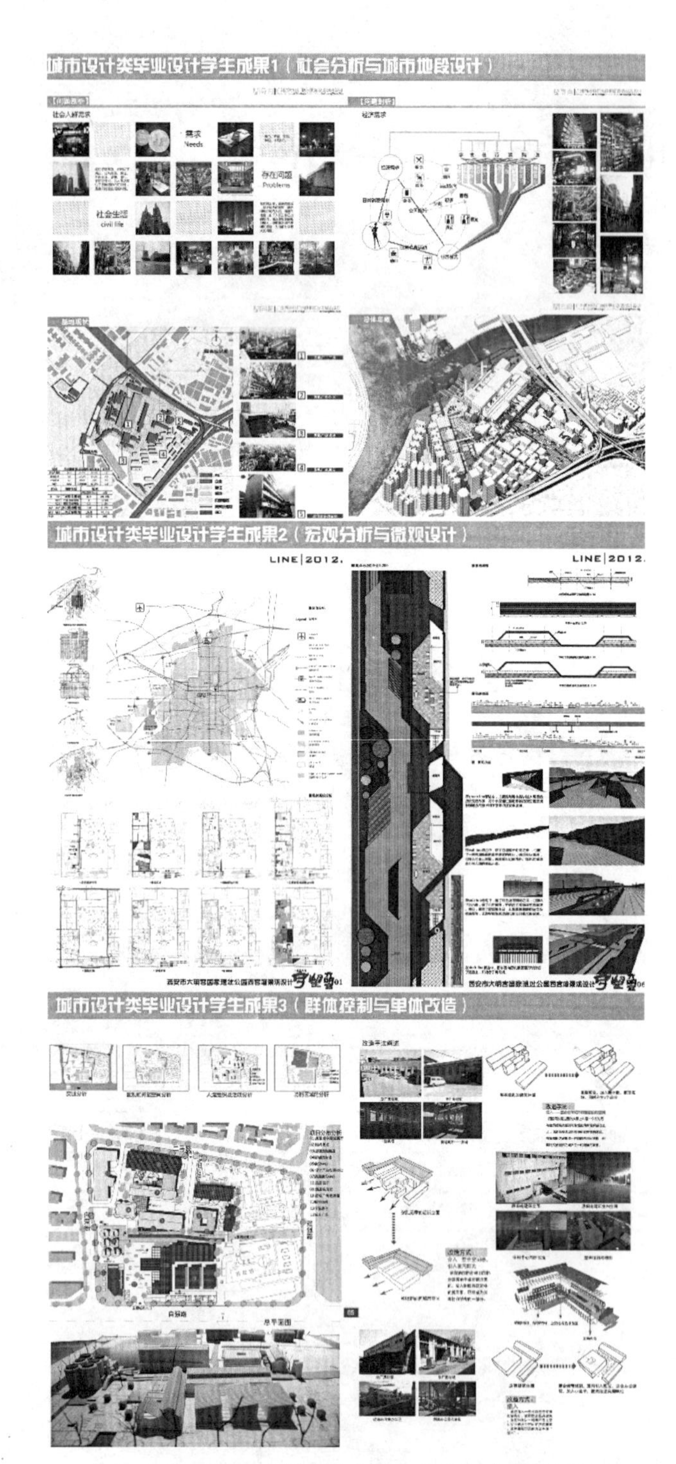

图 1　学生联合城市设计类联合毕业设计成果图纸

（2012—2014）联合毕业设计题目统计　　表2

联合学校	毕设题目		
	2012	2013	2014
重庆大学	守望大明宫—大明宫西宫墙以西地段城市设计研究	延续与发展—老旧工业厂区城市空间特色再创造	新生与发展—西安幸福林带核心区域城市设计
华南理工大学	—	广州西村电厂地段更新改造城市设计	
哈尔滨工业大学	—	整合与更新——城市老城区的再生	
清华大学等	—	北京宋庄艺术工作区城市设计	南京城墙内外"网络·生活·体验"
青岛理工大学等	苏州南门苏纶厂地段城市设计	山·海·河·城—青岛崂山区沙子口地区渔人码头城市设计	合肥政务总部基地规划设计/合肥城隍庙地段规划设计

们三个专业各个层面的教师对于城市设计课程教育的整合和差异思考。在三个不同学科体系下的城市设计教育应该如何进行，在具体的目标设定，教学过程及成果方式上有何异同，这些都成为引发思考的原动力。

2　当前城市设计教育实践的现实诉求

通常情况下，城市设计是在完成建筑学、风景园林学以及城乡规划学专业的基础学习之后，设置在大学4年级的专业设计课程，或是作为一个设计专题环节。在我国的城市设计课程教育实践中，虽然学校之间存在较大差异，教学内容模式方法也不尽相同，但传统的城市设计的教学实践过程中通常暴露出以下几个问题：

2.1　"重设计，轻理论"的教学课程设置

一般在教学中形成理论和设计两类教学组织，在教授过程中，分别作为两门独立的课程安排在先后不同的阶段进行，前者以全面概括理论框架为主，后者则以解决具体问题为侧重点，由于城市设计研究的多层次，综合化，复杂性的特点，理论的讲授往往太过空泛，缺乏具体性；而在设计层面又往往缺乏具体理论的指导，沦为在形态层面的空谈。

2.2 “重个案，轻规律”的经验教学手段

在教学过程中，经常采用“师徒传承”的技能教学模式，学生往往在教师“一对一”的经验传承过程中成为技艺精湛的工匠。而对于能否理解设计的真谛，能否在应对新的设计项目时，提出创新的设计思维，能否在面对新的设计团队时，找准自身的定位来解决问题，就得看自己的悟性了。这种方式徒增了设计的神秘性，削弱了城市自身的客观规律和隐含的理性思维。

2.3 “重概念，轻实践”的价值表现特征

当前对于设计题目的理解大多基于设计者自身的概念判断，往往忽略了城市设计的使用对象、管理实施者、建设实施方等实践操作层面对于城市设计的要求。目前的这种表现特征，使得学生不能充分认识到城市设计的实践特征，而将其简单的当作概念泛滥，形式堆砌的理想创造。

学校教育的目的是为市场培养专业的设计人员来解决当前的现实问题，放眼当今的设计实践市场，政府以及其他甲方对城市设计项目提出的服务要求日益提高，不再是简单地提提概念，画画方案，而是要对研究对象进行深入研究。要对政策法规、地段条件、开发策划、实施管理等多方面进行充分考察和论证，以指导未来的城市空间建设与发展。这就需要我们在教学过程中融入对现实复杂世界的关注和认识，从形态空间设计方法的教学转向研究型设计方法的教学，增强各个专业背景学生综合的思考和表达能力。

3 三个一级学科独立背景下的城市设计平台搭建

建筑学，城乡规划学，风景园林学作为土建类院校重要的三个学科方向，均具有较强的多学科交叉共融的发展特点，三者从原先的包含关系到当前的三足鼎立，其内涵和与外延均已发生了很大的变化，分别从不同空间尺度和角度对人居环境的和谐发展做出各自的专业支持。城市设计这一具体的实践领域往往使得三者能够建立共同的操作平台（图 2）。

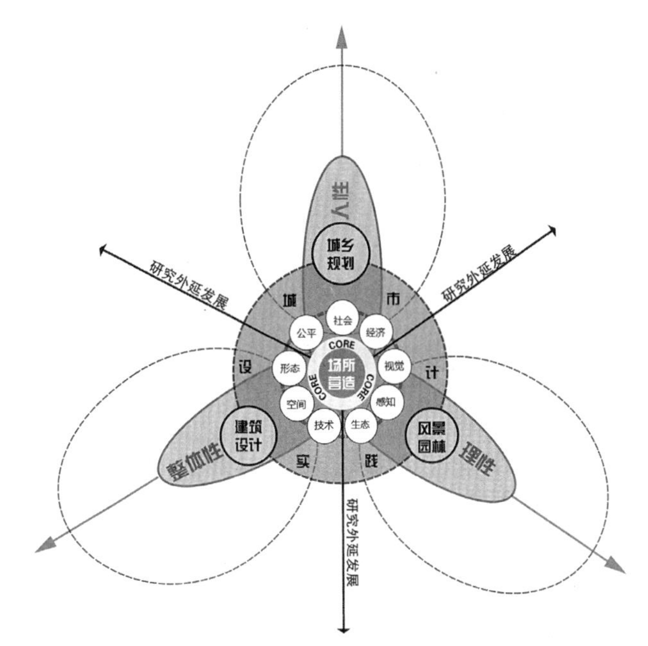

图 2 三个独立学科在城市设计研究领域的相互作用关系图示

3.1 城市设计的内涵和外延

城市设计是以城市为研究对象的综合研究领域，不同专业背景对城市设计概念的定义众说纷纭，从广义上来讲城市设计不仅仅是一种开发的形式或者视觉表象，而是一种综合的活动。其外延是广泛而模糊的，但其核心观念是明确的——即“为人创造更好的场所”，❶在这一核心的引导下，城市设计涉及了社会，公平，经济，形态，空间，技术，艺术，生态，感知等各维度的价值意义。

3.2 城市设计的作为一个联系的设计领域

英国社会科研研究委员会（SocialScience Research Council）将城市设计定位为“建筑学、景观设计学与城市规划的结合部”，然而，城市设计并非一个简单的“结合部”的概念，而是反馈以及补充给三个学科方向共同作用的城市问题上，对于城乡规划学而言，补充其对人性场所的微观尺度的关注；对于建筑学而言，补充其在群体建筑空间整体性问题的关注；对于风景园林学而言，则补充其在感性认知与理性场所设计的结合度。一方面深化和延展了各个学科的研究外延，另一方面增进了各个学科之间在处理城市整体问题的联系。

---

❶ 卡莫纳等编著．城市设计的维度[M]．冯江等译．南京：江苏科学技术出版社，2005.11.

3.3 城市设计作为一个融合的设计实践

城市整体的质量问题通常包含一些共同的特性，包括内部的联系，复杂性，不确定性，模糊感和矛盾性。这些问题天然就是相互依赖的多维度，而不是简单地因专业分工就得以组成一套体系。尽管严格的基础分工带来技术层面的专注力，但是仍然对导致专家们从一个狭窄的视角去观察事物，人为地分割专业技能，会导致难以综合地或者整体地考虑问题。因此，从本质上看，城市设计本身是一个主张融合的领域，需要通过合作和包容进行的工作实践。

3.4 城市设计作为一个整体的设计方法

城市设计框架涉及土地利用、生态景观、地形要素，社会要素、历史文化、城市形态以交通，社区建设等多方面的内容体系，很显然不会有任何人能够集所有的技能于一身。最好的城市设计实践框架只能是一群具有不同技能专业人的合作结果，城市设计也因而天生具有合作与跨学科的特征，是一种全面的、集合众多优秀技能和经验的整体方法。

4 三个一级学科独立背景下的城市设计课程教学组织的整合构想

本校城市设计课程最早在规划专业四年级设置，随着新的学科体系的调整，城市设计调整为建筑学一级学科下的二级学科范畴，并且在风景园林学中对城市设计方面的内容也有所涉及。针对现实发展的需求，学科发展需要在城市设计教育这一环节达到一定的整合统一，实现相互依赖，相互融合，相互促进的发展目标。

针对当前的学科背景现状，综合了多方面教学经验的基础，了解各专业发展现状的实际之上，我校城市设计团队进行课程建设提出了以下的课程建设整合构思（图3）。

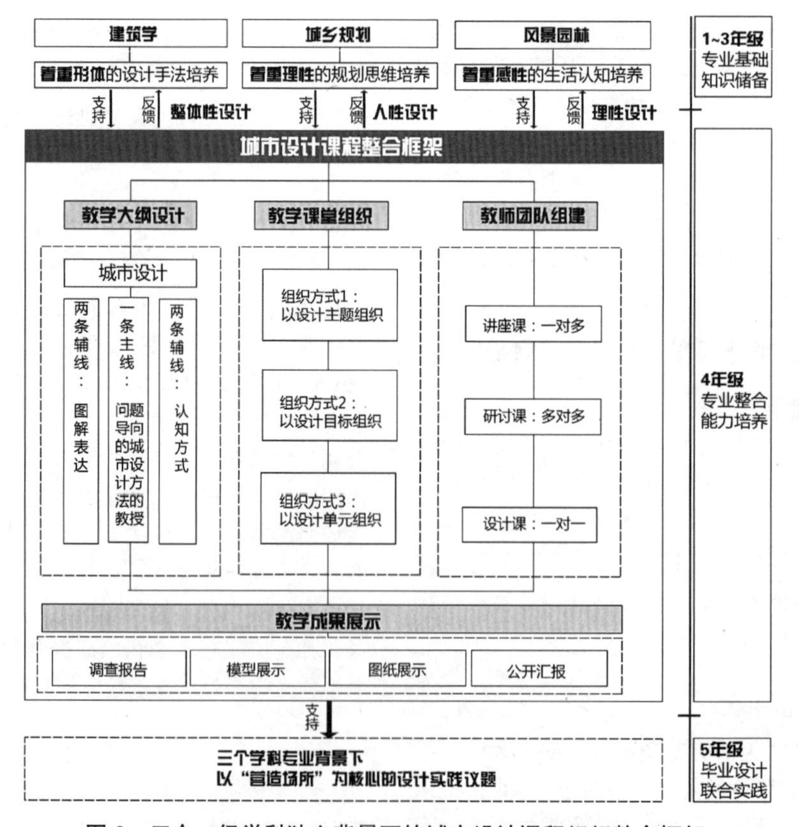

图3 三个一级学科独立背景下的城市设计课程组织整合框架

4.1 整合教学框架体系：建立一体化教学大纲

教学大纲的调整，是将三个学科四年级阶段的城市设计课程当作一个统一的整体进行考虑，在这一原则之下，我们对本阶段的城市设计课程进行统一的规划安排，将通识教育以外的专业课程划归为3条线索，按照"一条主线，两条副线"即以城市设计的方法教授为主线，城市认知和图解表达为副线的教育组织方式，明确各个环节在大纲中的设计比重。这一举措能够确定主干课程目标明确，相关理论课程交叉互补的课程体系，避免了过多课程开设所形成的知识重叠和课程结构的冗长复杂，同时也及时地为设计阶段提供有效的理论讲授课程的支撑。

4.2 整合教学组织形式：建立以理性分析为基础的设计组织模式

城市设计学科是建立在对城市生活的充分调查与认知的基础之上的，针对设计对象了解的深入程度往往决定了设计的基本价值取向与目标走向。因此在设计环节开始之前，应鼓励学生以其不同学科专业背景的切入点进行城市生活的相关调查，并建立从感性认知——深入调查——理性分析的基本研究思路。

作为一门综合的解决人与生活空间问题的技术手段。问题导向往往是城市设计运作的起点，针对这一机制，需要学生能够建立较强的逻辑思维能力，按照"WWH"（What+Why+How）的研究思路充分的剖析现象下的本质根源，寻找城市发展过程中的规律性因素，因势利导的进行城市空间的创造。

4.3 整合教学团队构成：建立以工作室为单元的教学团队

城市设计实践的组织往往是一个团队的行为模式，因此在教学过程中即打破原有的以班为单位的教学组织，采用以教师为主导的团队组织模式，持相似或相近设计观念和学术兴趣的教师组成一个设计单元，组织共同的设计教案，通过共享的观念、知识和方法体系为教学依据。避免以往"经验式"教学引起的不确定和未知性。教师与学生是一个双向选择的过程，团队建立后所产生的固定制度，能够大大地激发学生的职业精神和团队意识。这样的设置既保证了不同学科背景下学生的综合知识的培养，又突出了设计教师的个人专业研究特色。

综上，现阶段在三个一级学科独立下的城市设计教育组织的关键是对不同背景下的学生建立一套共通的城市设计价值观念，操作平台以及设计方法，促进不同背景专业下的学生在实践中的合作，形成良性设计运作。

5 三个一级学科独立背景下的城市设计课程的教学目标设定

教学组织的整合更新目的是培养新型综合的城市设计专业领域人才，教学方法也逐渐演变为从形态空间设计方法到问题研究型设计方法的传授，在当前本科教育阶段中，城市设计课程的所期望达成的教学目标不是简单的知识点的堆砌，而是重点培育各专业学生独立自主思考，综合运用知识的能力（图4）。概括来讲主要包括以下四种。

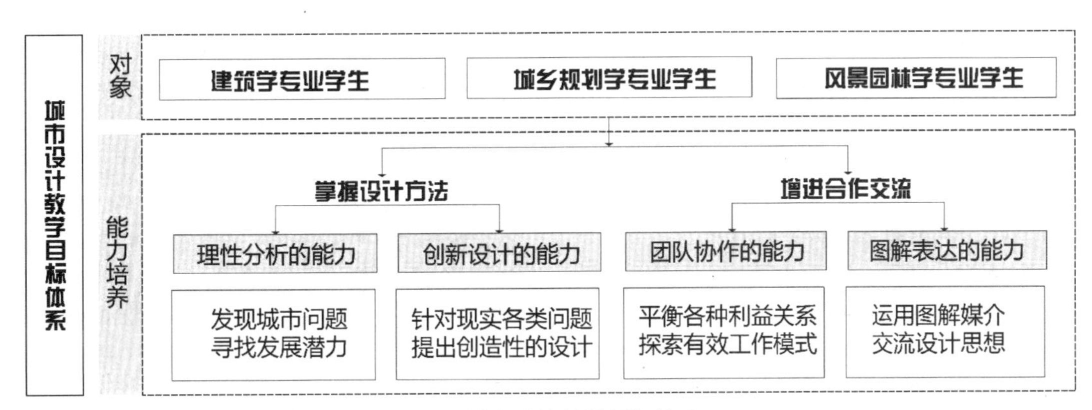

图4 城市设计教学目标体系

（1）发现问题与理性分析的能力——发现城市问题，寻找发展潜力的设计思维能力。

（2）协调组织与团队合作的能力——平衡各种利益关系，探索有效工作模式的能力。

（3）空间塑造与创新设计的能力——针对问题，提出创造性的设计解决手段的能力。

（4）成果展示与图解表达的能力——运用各种媒介交流设计思想及展示设计成果的基本技能。

6 结语

目前我国的城市设计的发展还处于理论框架建设相对薄弱，社会实践急功近利的现实窘境之中，高校人才如何能够有效地发挥其自身价值，在这个时期还是要画上一个问号。作为高校教学主体而言，教师需要通过有效的科学的教学设计为学生将来可能面临的实践问题提供有效的技术支撑，教学改革和研究应当随着当前教育背景以及市场背景因素的变化及时地做出教学研究与组织的调整。

针对城市设计教学组织整合构思的思考，源于三个独立学科在城市设计实践这一领域的整合。尽管三者目前的专业教育正在各自寻求个性与发展外延，但是针对“营造场所”这一城市设计核心问题上三者形成高度的统一。在当下提出整合的教育组织思路，是要切实有效地将学校教育与社会实践需求相结合，培养全面综合的城市设计人才。

主要参考文献

［1］ 卡莫纳等编著．冯江等译．城市设计的维度［M］．南京：江苏科学技术出版社，2005.

［2］ 金广君．建筑教育中城市设计教学的定位［J］．华中建筑，2001，2：18-20.

［3］ 胡纹等编著．城市设计教程［M］．北京：中国建筑工业出版社，2013.

［4］（美）Dobbins·M 著．城市设计与人．奚雪松，黄仕伟，李海龙译．［M］．北京：电子工业出版社，2013.

［5］ 杨俊宴，高源，雒建利［J］．城市设计教学体系中的培养重点与方法研究．城市规划，2011.05.

The Integration Concept In Urban Design Teaching Under The Background Of Three Separate Disciplines

Shen Baoju Li Hao Ye Jingjie

Abstract: Urban design with the core to “create a place” is increasingly being recognized by the community, and get more and more attention. China has entered a new erawhich we called City Times that means urban design will producc an increasingly important role. Now,urban design has become one of the compulsory courses in architecture, urban planning, landscape architecture which under the original system architecture. With the urban problems become integrated, complexity and socialization, Design by research is becoming a significant feature in urban design.Urban designTeaching is also facing the transition from the traditional form design to the ability of found questions. This article starting from the current reality demands, Explore the concept of integrated urban design teaching organization in the background of the three subject system. Hope that through the integration of curricula, teaching team integration, integration of teaching methods and a series of organizational action plan,Build an effective frame work for urban design education.The purpose is to train students to rational analysis, teamwork, innovative design and integrated graphic expression ability.

Key words: Urban Design, Teaching Organization, Integration

注重风景园林专业特色的居住区规划设计课程教学体系构建研究

赵红斌 武 毅 陈 磊

摘 要： 当代人居环境建设已步入了一个新的历史阶段，居住区规划设计更加注重对住区空间环境及邻里单元生活空间环境的营造。针对风景园林专业的居住区规划设计课程建设，教学理念上要与先进的人居观念保持一致，课程建设上一方面需建立良好的居住区规划课程体系作为课程基础，另一方面要重点突出风景园林专业的课程特色，建立起具有规划与景观体系架构合理、注重理论与实践结合的居住区规划设计课程教学体系。

关键词： 人居环境，风景园林专业，居住区规划设计

1 前言

自从我国取消福利分房，实行住房分配商品化政策，当代中国社会开始了一场住房体制上的深刻改革。经过近十五年的迅猛发展，当前居住区发展已处于一个新的历史阶段。在客户的购买行为变得极其谨慎的严苛的市场环境下，居住区规划设计更加注重对居住区空间环境、邻里单元生活空间环境的营造。

对于风景园林专业的学生来说，居住区规划设计课程是一门由居住区规划及居住区景观设计两个知识体系共同组成的课程。课程具有涵盖知识点内容多、覆盖面广、难度大的特点。另外该课程相比城市规划专业学生，更要突出具有风景园林专业的教学特色。同时课程应与目前城市居住区设计发展状况联系紧密，课程架构不能脱离目前居住区发展的新趋势，设计必须与居住区实践紧密联系。

因此，针对风景园林专业的居住区规划设计课程，应建立起具有规划与景观体系架构合理、突显风景园林专业特色、注重理论与实践结合的课程教学体系。

2 依托于风景园林专业特色的居住区规划设计课程构建基础

在我国城市化发展水平越来越快、居住需求市场越来越大，城市居民对生活环境要求越来越高的情况下，人居环境的建设，遇到了前所未有的危机和挑战。居民的居住观念也发生了很大的变化，从简单的“生存性居住”转向“高质量居住”，在居住理念上的表现是从以前只注重实用、价格等因素，发展到对居住区的园林景观、环境绿化的自然生态性提出了更高的要求。同时居民渴望能处在一个和睦亲切的邻里单元当中。

因此针对风景园林专业的居住区规划设计课程，我们将居住区规划设计课程定位于“着重景观的居住区规划设计”。重点协调规划课程知识体系与景观课程知识体系的衔接，在保障学生掌握全面的居住区规划设计理论及设计的知识同时，重点强化居住区的景观设计方面的内容，这样可以为将来学生进行居住区规划及景观设计打下坚实的基础，便于整个课程形成稳固的课程体系，不至于出现“空中楼阁”的知识结构。

居住区设计课程具有涉及面广、理论性强、设计任务重、工作量大、方法技巧性要求高的特点，因此广泛而深入探讨灵活多样的教学方法，有效提高课程的课堂和实践教学质量和效果，使学生能在课程学习中抓住理论本质，在课程设计实践环节得以应用并提高，这对建设居住区规划理论及设计课程的教学体系具有重要的意义。

3 着重景观的居住区规划设计课程建设应是重视实践的课程体系

居住区规划设计关系到千家万户居民的切身利益，

赵红斌：西安建筑科技大学建筑学院讲师
武 毅：西安建筑科技大学建筑学院讲师
陈 磊：西安建筑科技大学建筑学院讲师

图 1　邀请具有丰富经验的专业房地产景观工程师进行居住区现场讲解

仅有“纸上谈兵”不足以让学生深入理解人居环境建设的真正内涵。因此本课程建立在现场调研和实践教学环节的基础之上，提高学生掌握基础知识的能力。通过现场调研，让学生亲身感受具有良好环境的居住社区对居民身心健康的影响，感受不同空间环境尺度下，居民生活由私密到公共空间的有序过渡，组团生活空间的邻里单元环境如何进行塑造。公共活动空间的如何承载居民公共活动的相关内容。通过典型案例分析，选择较为优秀的小区规划，直接用图纸或幻灯展示，增加学生对居住区规划设计的直观感受。通过实践培养学生分析问题、解决问题的能力。让学生能灵活地掌握理论知识，并与实践结合起来，这需要教师摒弃传统的填鸭式教学方式，调整教学模式，增加案例分析、现场调研等教学环节，使得教师由知识的传授者、灌输者转变为学生主动获取知识的帮助者、促进者。[1]

另外，尽量通过各种途径，争取建立长期、稳定的居住区规划及景观环境教学实践基地，在居住区景观环境的初期学习阶段，采用理论结合实践的教学方法进行教学，理论课程与实践挂钩，能够很好地将居住区规划及景观理论知识转化为最直观的感受，同时，实践过程中获得经验，可以更好地帮助学生理解理论所包含知识点。学生在课程实践中获得了大量宝贵的最新景观设计信息，同教材课本上的理论知识形成了很好的对应关系，进一步加强了学生对于专业知识的理解和掌握，并更好地应用到其自身的设计课程当中。

4　具有风景园林专业特色的着重景观的居住区规划设计课程体系的构建

4.1　课程构建的背景

（1）首先着重景观的居住区规划设计课程是依托于风景园林学科基础之上建立起的课程。自 2003 年来在全国建筑类院校增设的工科门类下，增设景观建筑设计、景观学等新的学科专业方向，即“风景园林”学科。这在国内还是一门较新的，建立在广泛的自然学科和人文艺术学科基础上的应用学科，核心是协调人与自然的关系。[2]

（2）风景园林学科定位下的着重景观的居住区规划设计课程应在居住区规划设计及居住区景观设计教学体系建设具有自身的发展特色，在重视生态环境理念的同时，把人居环境研究提到一定理论高度。

（3）着重景观的居住区规划设计作为居住区规划设计课程教学的一项重要的内容，目前研究成果较少。目前大部分的研究成果集中在对于居住区规划设计的研究内容上，作为风景园林专业的主干课程，从景观设计为主线，引导居住区规划设计，这对于景观专业的学生来说，具有非常重要的意义。

4.2　课程构建的内容与框架、需解决的问题

（1）着重景观的居住区规划设计课程的构建内容：

1）理解城市居住生活方式与居住区空间模式的关系，包括：当代中国城市居住生活方式特点，居住区空间模式与居住生活的关系，城市居民对不同层次的居住单元（社区、居住区、小区、组团、邻里单元等）的需求及其设计要求等。

2）掌握城市住区规划的基本程序、内容及原则。包括：国家及地方居住区相关法规与条例，相关经济指标与基本原则，规划对象分析的三大层次（城市、周边地段及基地内部），城市住区的四大系统构成（道路交通、景观绿化、公建服务、住宅），居住区规划结构等。

3）掌握居住环境景观设计要点。包括：居住生活外部空间环境的构成，居住区外部重要空间模式语言（公共活动中心、基本居住单元、住宅入口、道路……），居

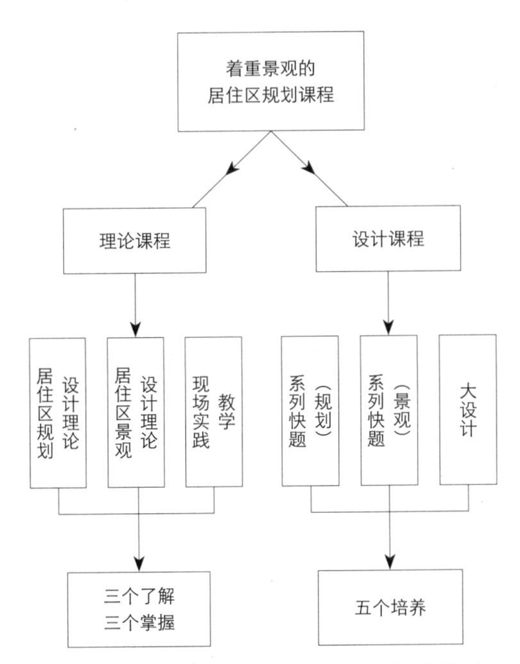

图2　着重景观的居住区规划课程教学体系

住区种植设计、场地设计、细部设计要点，以及居住建筑选型，景观设计主题与风格定位等。

（2）着重景观的居住区规划设计课程的构建框架：

注重景观的居住区规划设计课程分为理论和课程设计两个部分。

着重景观的居住区规划课程理论部分的教学框架：（三了解，三掌握）

1）了解居住生活及居住环境观念的历史发展和演变过程。

2）了解目前居住社会需求与土地供给制度。

3）了解居住区规划设计、户型设计现状。

4）掌握城市居住区规划设计的基本原理与相关理论，以及城市规划管理技术规定对居住区规划设计影响。

5）掌握城市居住区规划的结构及其构成要素（住宅、公建、道路、绿化）。

6）掌握居住区景观要素的构成，掌握景观要素运用的基本方法和手段。

基本教学流程如下：居住区规划设计概论——居住区结构和布局设计——居住区总平面规划设计——居住区公建、道路、停车规划设计——综合控制性技术指标设计——组团景观环境设计——中心区景观环境设计

着重景观的居住区规划课程设计部分的教学框架：（五个培养）

1）培养学生前期资料收集、调查分析、综合整理、有效提炼的能力。

2）培养学生设计及其表现基本功的提高，掌握各种综合技能的训练。

3）培养学生注重“居住生活”的核心景观设计理念。一切均以此为出发点。

4）培养学生注重人文内涵的挖掘及引入。

5）培养学生建立科学的设计思维方式和掌握系统的设计方法的能力。

（3）着重景观的居住区规划设计课程在理论教学部分需解决的问题：

就本身而言居住区规划设计理论相对枯燥，加上现在目前学校教育一般重理论、轻实践的风气影响，理论与实践不能同时进行，致使教学过程和质量通常不理想。传统的教学方法为遵照教材章节，按部就班地进行讲授。讲授顺序通常为：居住区规划设计概念、组织结构和布局，居住区用地规划设计，公建用地规划设计，道路用地及停车设施规划设计、公共绿地及景观规划设计，综合技术经济指标，竖向设计。此种填鸭式且单一的教学方式很难激起学生的学习兴趣。

本课程在设计教学部分的问题是：传统的居住区规划设计教学基本沿用传统设计统一的教学方法和教学思路，其基本设计流程如下：理论讲授一讲解规划设计任务书一现场调研场地一一草一二草一三草一正图。最后图纸成果的相似性也显示出教与学的笼统性和表面性，未能充分体现居住区规划设计的综合性，也显露出相关学科知识的薄弱。[3]

4.3　适合风景园林专业学生的教学方法及区别规划专业教学方法的改进措施

（1）以当前人居环境发展方向为导向，结合实际改进课程设计任务书

目前，中国人居环境观念已发生深刻变化。从改革开放初期的“人者有其居”，到现在的生态住区理念、以人为本理念、可持续发展理念，正推动着当今时代居住区及其环境建设进入了一个崭新的阶段。因此在课程设

计的任务书的拟定上，也要顺应时代的变化。传统预先设定好的任务书不能反映社会的实际需求，虚拟经济指标容易造成不切实际现象。如传统的任务书要求用地规模均在 $10hm^2$ 以上，这对现今市场而言比较偏大。随着城市可建设土地的日趋减少，规模达到 $10hm^2$ 的居住区已很难看到，居住区级的相应更少。因而，我们在完善任务书时，应结合当前市场情况，合理制定住区规划设计规模。将以往指令性的任务书转变为指导性任务书，需要教师下达框架式任务书，不再规定具体的指标和详细的设计要求。这样学生可以充分发挥其创造能力，避免设计成果均为呆板的"四菜一汤"型，从居者的切身利益出发，关注邻里单元、关注生态，做出具有人文关怀的居住空间环境。[4]

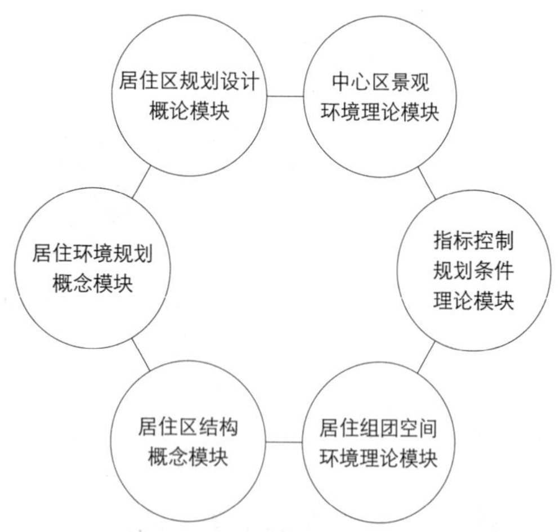

图 3　着重景观的居住区规划理论课程模块

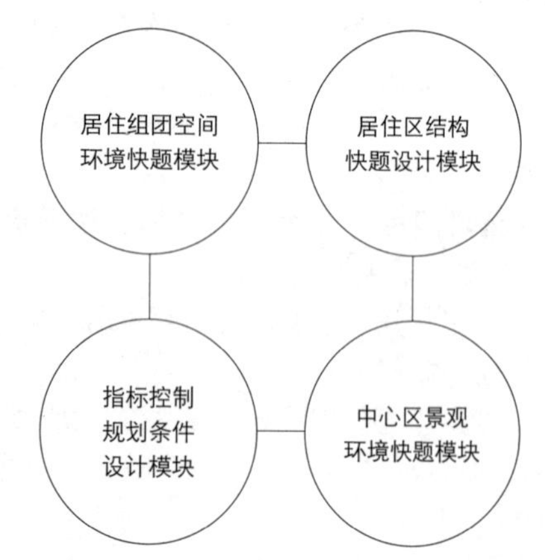

图 4　着重景观的居住区规划设计课程模块

（2）制定合理的教学目标，建立模块化的教学模式

注重景观的居住区规划教学的总体目标是通过居住小区的规划设计，掌握居住区修建性详细规划的编制程序、内容和方法，培养学生调查分析与综合设计的能力。广泛了解国内外优秀居住区的规划及其景观设计的基本手法，巩固和加深对居住区规划设计原理、居住区景观设计原理以及对城市居住区规划设计规范的学习，初步具备承担居住区规划及景观设计实际工程的能力。由此理论课程内容划分为六个模块：

1）居住区规划设计概论模块。

2）居住环境规划概念模块。

3）居住区结构概念模块。

4）居住组团空间环境理论模块。

5）居住区规划控制指标及规划条件设计模块。

6）中心区景观环境理论模块。

设计课程内容划分为四个模块：

1）居住组团空间环境快题设计模块。

2）居住区结构快题设计模块。

3）居住区规划控制指标及规划条件快题设计模块。

4）居住区中心区景观环境设计模块。

将最终的居住区规划设计进行分解，分模块分阶段完成任务，使得学生在每一个阶段都有学习内容，并主动推进课程内容的建设。在模块分解的过程中，引入相关学科教师讲解，例如，居住区建筑户型设计及选型模块由住宅建筑设计教师辅导等。充分的体现居住区规划设计的综合性，强化相关学科知识的引入。

（3）注重协调各个专业课程的衔接关系

注重景观的居住区规划设计课程是一门理论性和应用性强的课程，且涉及的知识面比较广，要求学生应具有较强的动手能力。因此，在制订专业培养计划时注意课程的前后衔接关系。如风景园林设计、规划手绘表现技法、计算机辅助设计等课程应为"居住区规划设计"的前修课程，而不能作为同期课程。通过学期课程协调，改变了该课程的先进行设计课程后进行理论课程的局面，便于学生能够系统地掌握此课程知识。

图 5　着重景观的居住区规划快题

（4）加强居住区设计人文内涵、主题创意方面的设计内容

当前人居环境建设已进入一个新的历史时期，居住区主题设计已成为居住区建设的一个重要内容。例如当今社区建设注重归属感的寻找——重建社区“小区”到“社区”运动。美国社会学家费舍尔认为，社区是指一群有很多相似社会背景、个人背景的人，经过长期相处，逐渐形成一种彼此了解并相互接受的社会规范、价值观念、人生态度和生活方式。重视居住区设计带来的场所精神。美国当代著名景观设计大师西蒙兹曾经提出：友谊能设计出来吗？答案当然是不可能的，但是可以确定的是，有助于人们相识交集的场所是可以设计出来的。丹麦建筑师扬·盖尔通过实际调查分析，有利于居民交往的居住空间应该提供各级私密程度的环境，包括私密的、半私密的、半公共的及公共的空间，而且各级之间需要平缓衔接和过渡。

因此，在注重景观的居住规划设计课程中，我们强调居住社区的主题空间设计，要求学生必须假定居住社区的针对人群及服务对象，要求针对服务对象的行为特征，以居民的基本行为为主线，设计出适合邻里交往、休闲小憩、心情放松、环境优美、尺度协调、私密有度的环境空间。

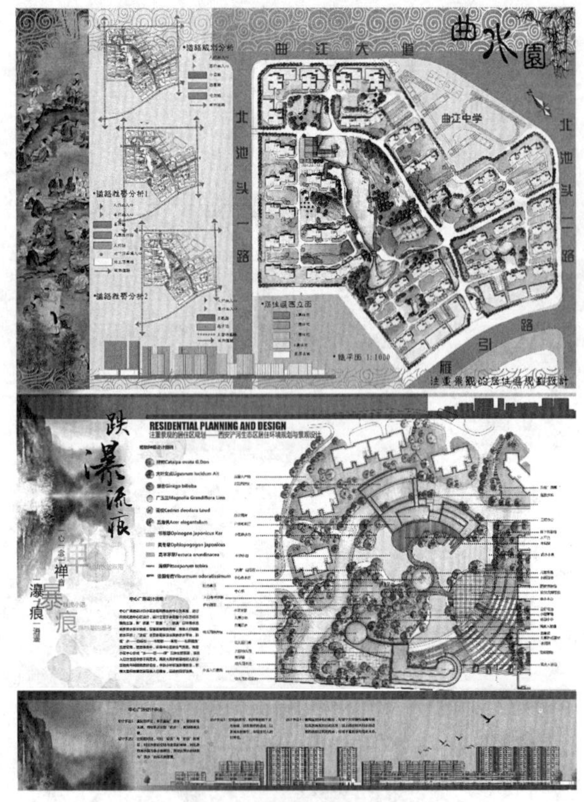

图 6　着重景观的居住区规划大设计

5　结语

针对风景园林专业学生的注重景观的居住区规划课程牵涉的知识面较广，不仅仅需要了解居住区规划、工程、社会、人文、地理、经济等各方面的知识体系，同时需要建立起的建立在良好人居环境理念下的景观设计思维方式。因此注重景观的居住区规划设计课程体系的建设过程中，需要我们教育工作者打破传统的教学模式，不断改进教学内容、方法，培养适应社会需求的专业人才。

主要参考文献

[1]　丰燕，王操 . 居住区规划设计教学的探讨与实践［J］. 长江大学学报（社会科学版），2008，10：167.

[2]　周兰兰，张志增 . 城市景观设计课程教学改革探研［J］. 科技信息，2012，24：17.

[3]　喻明红 . 关于城市规划专业居住区规划设计课程的教改探讨［J］. 土木建筑教育改革理论与实践，2009，11：324.

[4]　尹得举，叶苹 . 居住区规划设计课程教学改革的探讨［J］. 新西部，2010，4：167.

The construction research of teaching system of residential district planning design profession courses focus on Landscape Architecture Specialty

Zhao Hongbin　Wu Yi　Chen Lei

Abstract: The construction of the contemporary living environment has paced a new historical stage. The planning design of residential area more focuses on creating residential space environment and neighborhood unit living space environment. For the planning design of residential district landscape architecture professional course construction.The teaching idea and advanced living ideas remain the same, course construction on the one hand, so we need to establish a good curriculum system on planning residential area as a foundation course, on the other hand to outstanding landscape architecture professional course characteristic. Then set up a teaching system of residential area planning and design course planning and landscape architecture which is reasonable and paying attention to the combination of theory and practice.

Key words: human settlements, landscape architecture, residential district planning and design

新型城镇化背景下城乡规划价值观教育的思考

杨培峰

摘　要：新型城镇化对规划教育提出了新要求，其中价值观导向转型是核心。对比西方规划教育，我国城市规划教育过程侧重工程技术的处理，对价值观培养较为忽视并缺少相应课程支撑。提出规划教育的价值观应该强调一个基础，及公共利益价值观基础，三个层次，包括空间意义、规划过程、规划本体强调规划价值观培养，并针对本科、硕士、博士三个层次提出了相应的课程建设构想。

关键词：新型城镇化，规划教育，价值观，课程设置

1　新型城镇化是当前中国规划教育转型的风向标

时值我国城镇化水平过半的关键时机，各种社会、环境问题开始显化。在这样关键节点上提出新型城镇化概念，是针对以往一味追求 GDP 模式，并直面当前资源和环境双重胁迫下的空间转型以及对社会、人文关怀的转型，无不体现了从国家层面对这一特殊历史时期发展特征的辨识以及对未来发展的期许。对当前规划行业最大的启示是当前发展价值观的转型。今后规划师绘制的“蓝图”或许从表现形式上差异不大，但值得深省的是我们的“蓝图”指向何处（价值取向是什么问题），“蓝图”绘制的背后的空间建设的价值内涵是什么（空间的价值指向），以后的“蓝图”应该这么画（规划未来走向）等。这些，均是规划行业需要思考的价值观转型。

学生培养能否适应社会发展是衡量教育是否成功的最重要标准。新型城镇化这一国家政策方针指引下的价值观转型不仅是当前规划行业发展的风向标，其中也对目前的规划教育提出了新的要求。对于规划教育而言，需要反思的是什么样的规划教育能适应、满足当前规划建设价值观转型。所以，“新型城镇化”同样也是当前中国规划教育的风向标。

从规划实践趋向和规划理论走向来看，当前规划已经不完全是处理空间形态的问题，相反，空间形态背后的社会、经济、生态以及规划的过程等更为实践者所关注。就学科建设而言，城市规划已经由传统的空间形态和工程技术领域逐步进入到对社会和经济、区域发展、生态保护、城乡管理等多学科领域的交叉和融合的城乡规划领域，并成为一级学科；教育环节更需要反思的是如何培养学生具有适应未来价值观不断优化、更新的觉悟和相应解决问题的能力，也就是规划价值导向和空间规划背后的价值认知能力。

当然，城镇化新政和当前城市规划教育不是直接关系。我们不可能期望当前教育转型后，毕业学生马上能对“新型城镇化”后的种种建设行为游刃有余。但我们培养的学生，必须具有理解新型城镇化的价值观的领悟力以及相应的解决问题的专业执行力。

2　现实情况：价值观教育相对缺位

当前，我国目前开设城市规划教学的高校已经接近 200 所。注重物质形态的工科院校普遍推行的“2+3”或者“3+2”模式，即前 2~3 年与建筑学教育相似或者完全一致，侧重培养空间的创造能力；而地理学科等背景的院校培养侧重对空间系统的解构和认知。从规划教育体现来看，城市规划教育分为本科、硕士和博士培养三个层次。本科阶段是规划教育最容易取得一致的阶段，也是莘莘学子从基础教育进入职业教育的最关键的阶段。研究生（包括硕士生和博士生）培养当前处于百花齐放的状态。

本科阶段属于“匠人”阶段的培养。当前的教育侧重在“技”、“艺”的培养。从本科课程建设来看，城乡

杨培峰：重庆大学建筑城规学院教授

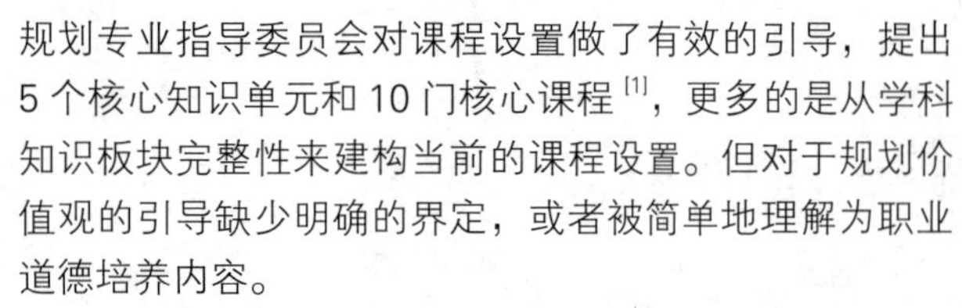

规划专业指导委员会对课程设置做了有效的引导，提出5个核心知识单元和10门核心课程[1]，更多的是从学科知识板块完整性来建构当前的课程设置。但对于规划价值观的引导缺少明确的界定，或者被简单地理解为职业道德培养内容。

研究生阶段（包括实时和博士阶段）差异甚大。各个学校结合自身学科特色和师资、研究的积累“看菜下饭”。硕士阶段（以全日制为主）正在向学术型和专业型两种类型进行分离。目前教育部推行的专业硕士教育是规划教育界共同协商城市规划研究生教育的契机。面向执业教育的应用型研究生培养——城市规划专业硕士是今后的主导。从当前文件来看，相应二级学科的完善和与执业规划师制度的对接是当前课程设置的核心。目前尚无从规划本体、价值导向思考规划的走向的课程体系建设。相应的学术型硕士和博士生阶段，什么是城市规划应有的价值观也较少被触及。

3　他山之石：西方城市规划价值观教育

从西方城市规划教育来看，由于城镇化已经进入尾声，物质空间规划已经向社会经济类规划及相应公共政策研究转型。在作为一种社会稳定的平衡剂，西方的规划公共利益及关注弱势群体的价值观指向十分明确，规划教育也极为重视。

针对规划专业大部分学生在地方政府任职的特征，实践涉及公共资源配合和私人利益、不同公共利益和不同私人利益之间的协调，西方规划教育在课程设置中对关注弱势群体、民主社会中的公共参与、文化和观念的多样化、职业品质等关注极多。英国大学与价值观相关的课程有2~8门[2]，美国规划教育也十分注重规划师的价值观[3]，如美国注册规划师协会考察会员的职业道德是其重要内容。

西方的城市规划价值观教育和具体课程结合紧密。从课程名称来看，如伦敦大学学院的“城市与政治环境”、英国卡迪夫大学“社会、多样性和规划”、利物浦大学的“理解社会排斥”、曼彻斯特大学的“规划理论与价值”等均是以价值观教育为主题。从课程教学过程来看，通过政策分析和研究的形式，在具体的政策解析中向学生传授公平、公正的价值观。笔者在UCL听取规划课程中，诸如硕士生课程“规划思想史”（Planning History and Thought）、本科生课程“欧洲规划实践”（Planning Practices in Europe）等课程伊始，第一堂课的内容往往是规划的价值观基础——Democracy（即西方民主和规划的关系），然后再进行详细课程内容阐述。

4　我国规划教育价值观的再理解

相对于西方国家，我国现阶段社会价值观极为混沌，所以明确规划教育的价值观更为紧迫；同时，和西方国家规划价值观十分明确的人文关怀指向而言，当前新型城镇化背景下的规划价值观界定更为复杂：如就公共利益而言，我国表现更多层级、不同利益主体之间的博弈；同时，即使在生态环境刚性约束下，我国仍然很难彻底做到生态指向，在公平和效率问题上，效率仍然在很长时间段内是主旋律；同时，当前培养的规划师工作范围更为广阔，是西方城市规划师、城市设计师、城市研究者乃至建筑师等多种身份的混合体等。但从业界来看，规划行业已不是纯粹的空间形态的“技、艺”，在实践中更重要的还有规划的法律法规属性、动态过程属性、人文属性、经济属性等，以及中国特色的城乡关系等，无不是规划师需要应对的。如此多元指向，如果没有在教育阶段明确价值观的导向，可以想象，今后的规划师极易受到不同利益导向牵制，规划工作会陷入混乱。

而规划教育的价值观应有别于业界的价值观，是如何培养一名合格的规划师的导向以及方法，需要思考的问题不光是价值观培养的结果，更重要的是如何结合当前的培养环节，引导学生形成正确的价值取向、正确的价值判断的方法及手段。

鉴于此、试将规划教育价值观的理解首先分为一个基础、三个层次：一个基础是城市规划的公共利益属性；三个层次包括，第一层次是空间意义，也就是所对空间方案社会经济效应的价值判断；第二层次是规划过程导向问题，是从规划实践入手，深入挖掘规划的法律属性、过程属性、人文属性等，以此为价值导向；第三个层次是规划本体价值的走向问题，是对未来规划核心理论走向的思考；这三个层次大致应对本科、硕士和博士生阶段的教育。同时，三个层面价值观在不改变专业指导委员会的课程设置的同时，可以进行“植入”“优化”等方法对现有的课程建设进行相应的调整（表1）。

教育层级和规划价值观　　表1

规划价值观层级	教育阶段		价值观基础	价值观侧重	备注
第一层次	本科		公共利益属性	规划表现（空间）意义的价值观引导	
第二层次	硕士	专业性硕士	公共利益属性	规划过程（程序）导向的价值观	
		学术型硕士	公共利益属性	规划过程（程序）导向的价值观	逐渐过渡
第三层次	博士		公共利益属性	规划本体（学科）走向的价值观导向	

5　价值观导向和课程建设构想

5.1　本科阶段价值观及课程改革构想

（1）本科阶段价值观

本科教育是衔接中学基础教育和社会工作的纽带，是技能和专业思维的培养关键时期。从充满着准确"唯一的标准答案"的浓厚应试教育走向专业的"匠人"阶段培养，本身就面临着巨大的思维转型。本科阶段的价值观应初步培养公共利益价值观，重点加强空间意义的价值观引导。教育伊始，应明确规划专业不同于建筑等专业的公共利益价值观；重点培养具有空间意义思考的价值观导向能力。如判别方案实施不能光靠空间形态的问题，是不是有利于弱势人群、生态环境、文化承传的关系等等均需要深入思考。

（2）课程改革构想

——公共利益价值观初步建立：城市及规划认知

低年级的城市认知价值观萌芽培育：当前各个学校教学风格不同，但如何处理好理论课程和设计课程仍是最后衡量培养本科学生水平的关键所在。基于建筑学基础上的高校普遍采用"2+3"或者"3+2"的基础上，已经开始有高校在尝试建筑学还是城市规划的培养需求的问题[4]，这就代表了一种价值观转型，城市空间认知是基于建筑学空间基础上，但认知视角和重点是有区别的。课程开设城市认知或者城市规划认知等，也可以和基础设计课程结合教学。

——空间意义价值观建设的课程建设：课程群模式

高年级的空间认知视角培育：三、四年级的高年级阶段，是本科教育的核心阶段。纵观当前各高校规划教育，理论课程和设计课程分离是绝大部分学校面临的问题。学生往往很难将理论教学的内容和不同阶段的设计课程结合起来，就造成了理论课程背书，设计课程画图的分离格局。所以，高年级的空间认知导向的课程群建设有助于学生加深对空间背后的社会经济效应的思考。

从培养学生空间价值认知角度，建议课程建设可以形成课程群模式；若以设计课程为主导，则同时设计课程的进程形成若干理论课程群，如总体规划设计开设时，可以同步进行区域规划、城市规划原理（总规部分）、城市经济学、道路交通、市政管网、管理法规等相关课程，其中城市规划原理内容庞杂，建议课程拆成若干课程段，结合设计课程进行组合；同样，以理论课程为核心的高校，也可以同样采用该模式：相关理论课形成课程群，以培养主干课程群的模式配置设计课程和相关课程，同样也能起到对理论教学直观化、体系化的作用。

——空间意义价值观建设的教学方法：工作室模式和讨论课模式

规划学生的能力不仅包括设计能力，还包括发现问题、表达等更多方面的能力[5]。参考西方的讨论教学，西方或者个别高校的工作室（studio）模式这从名字上就界定了规划的价值取向，如可持续发展设计组等；

中国的东方式教育习惯老师"满堂灌"，学生"被动听"的模式一直饱受诟病。可以借鉴下西方的教学方法，将设计课程过程增加讨论环节，讨论的范围不仅仅局限于评图教师对学生的点评，还包括同一设计组学生之间、不同设计组之间学生的讨论，应强调引导学生的讨论向空间背后的价值进行深刻的思考。另西方规划课程中往往有类似 Critical Debates in Planning（规划讨论）之类的专门课程，这种思维导向通过辩论的模式也很值得中国规划教育借鉴。同时，对于设计课程教学，有条件的院校也可请资深规划师走进课堂，从实践感受角度进行对学生的互动，核心目的是更加直观地引导学生加深对空间价值的领悟。

5.2　研究生阶段价值观及课程改革构想

（1）硕士阶段明确规划指向的价值观引导及课程改革构想

保持规划价值观引导的一致性和不同学校专业特色

百花齐放应该是今后研究生工作的重点。同时，西方很多院校硕士阶段教育时间短（如英国推行的1年是硕士教育），可参考性并不强。需要结合我国规划教育特色进行梳理。

从教育部的整体要求看，硕士生培养越来越面向执业制度。全日制城市规划硕士教育重心将逐渐向执业教育靠拢，目的是相对有能力处理社会实践中复杂的专业技术问题，培养高层次人才。

从城市规划实践环节入手，社会现象和空间规划的关系的深入挖掘，从实践过程属性、法律属性、人文属性等，多视角、多专业融合角度应对实践中的问题是今后硕士研究生培养的重要模式。这需要有相应的课程进行针对性配置。

同时，当前规划师面对的实践问题也是与时俱进；层出不穷的新问题需要具有研究素养的学生去进行跟踪和关注，类似智慧城市、生态城市等；城乡规划教育除了关注城市，还需要关注农村、农民等问题，我国的乡村规划是广阔领域，继续弥补的乡村规划教育中探讨不同于城市的规划思路、规划手法等等，也是硕士研究生课程需要持续建设的。

除以上问题导向式的教学模式外，硕士研究生阶段也可以采用情景模式进行课程的推行，如结合课题研究，教学环节可以采用诸如乡村规划师、社区规划师等不同模式，引导学生关注业界前沿动态。

（2）博士生阶段：学科走向的价值观导向

博士生培养的核心是创新。从培养过程来看，很难用课程教学来衡量外，学科前沿更多地是引导、启迪乃至和教师共同合作。在学科创新目标下的自我修炼是博士生阶段的重要精力。如UCL（伦敦大学学院）针对规划博士生交流的讲座由博士生自行自主，被戏称孤独的规划师（lonely planner）。

学科的创新也是城乡规划学科和行业的生命力所在。博士生引导创新的道路中，除了关注学术前沿外，引导对博士生行业前景的思考，当前现在走出校门的规划毕业生，在他们职业生涯的中后期可能会遇到规划设计任务量缩减，而规划作为政策咨询的角色加强的情况。如果规划教育延续当前的工程技术培养模式，将无法适应社会对规划人才的新要求。因此，规划教育界现在就应当居安思危、未雨绸缪，完善规划人才的知识结构和体系，为应对未来社会发展的新需求和新趋势奠定基础。学科走向何处，也是博士生阶段需要考虑的。

6 结语

新型城镇化给中国规划教育界极大的启示，其中价值观的建立和逐步深化是规划教育需要深刻思考的内容。在当今规划教育百花齐放的格局下，各校逐步的探索、深化，必定能建构起适应中国当前格局下、符合规划行业本质的价值观教育，促使我国规划教育持续健康发展。

主要参考文献

[1] 高等学校城乡规划本科指导性专业规范（2013年版）. 北京：中国建筑工业出版社，2013.

[2] 袁媛. 英国城市规划专业本科课程设置及对中国的启示. 城市规划学刊. 2012，2：61-66.

[3] Linda C.Dalton. Weaving the Fabric of Planning As Education. Journal of Planning Education and Research.2001, 20: 423.

[4] 人才培养观念更新与城市规划教育改革. 杨新海. 高等建筑教育.1999，6：26-28.

[5] 段德罡. 白宁. 王瑾. 基于学科导向与办学背景的探索——城市规划低年级专业基础课课程体系构建. 城市规划，2010，9：17-27.

The Thinking of urban and rural planning values education under the background of new urbanization

Yang Peifeng

Abstract: The new urbanization proposed new requirements on the urban planning education. The core is among the transformation of value orientation. Compared with the western planning education, Chinese urban planning education focused on the engineering technology, ignored the value of planning and the corresponding courses. The paper put forward that one basement and three levels should be emphasized in the value education. One basement was the education on the public interest, and three levels were the education on the significance of space, the planning process and the planning noumenon. And the conception of the curriculum construction is aimed at the three levels, the undergraduate, master and doctor.

Key words: the new urbanization, the urban planning education, value, the curriculum

从住区到社区：学科调整背景下对居住区规划课程的思考

徐　苗

摘　要：在城市规划学科领域扩展与任务重心转移的背景下，本文试图对传统的居住区规划相关课程进行批判性的思考，通过对其类型局限、脱离实际、拿来主义与任务导向等现状问题的分析，探索在从住区到社区的思维转型中，职业教育在价值观、知识结构与专业技能等教学内容方面所应作出的相应调整与扩展，强调了价值观的第一重要性、知识结构的跨学科性与复合语境性以及交流沟通能力在专业技能中的特殊重要性。在教学方式方面，文章建议以主题型教学替代传统的任务型教学，下设社会专题与空间专题，教师可以根据实际问题进行菜单式选择，保证在围绕建设可持续的城市邻里社区的核心目标下，教学内容对于增量规划与存量规划两种不同类型规划的覆盖，培养满足新型城镇化建设需要的城乡规划人才。

关键词：居住区规划，社区规划，教学

1　引言

在改革开放后的快速城市化进程中，城市规划学科与专业教育为我国城乡建设的发展提供了知识与人才的重要支撑作用，同时也从史无前例的城乡建设实践中获得了大量实证与理论上的反馈，不断修正学科研究与专业教育的发展方向，于近20年来形成了一套较为成熟的独立的学科体系与教学纲要的同时也面临着重大挑战。一方面，偏重于物质形态规划的传统工科的学科门类和建筑工程类的学科体系，远远不能涵盖现代城乡规划的学科内容（赵万民、赵民、毛其智，2010）。另一方面，部分经济发展程度较高的城市或地区如深圳、上海这样的大城市，其城市规划重心已经逐渐从以新增建设用地为对象、基于空间扩张为主的增量规划向通过城市更新等手段促进建成区功能优化调整的存量规划转变，从物质设计转向制度设计，从空间规划转向政策规划（邹兵，2013）。而我国现行规划教育和人才培养主要是服务于空间扩张的增量规划，各大院校规划教学的主体课程基本是围绕新城开发的规划理论和方法，不能完全满足社会发展趋势对人才知识结构的需要。对此，国务院学位委员会、教育部在2011年公布的新的《学位授予和人才培养学科目录》（简称《目录》），中，将“城市规划学”改名为“城乡规划学”，并将其从“建筑学”下的二级学科调升为一级学科，下设包括“住房与社区建设规划”等6个二级学科方向。这一举措既是顺应了学科与社会发展的需要，也预示了城乡规划学科及下属的分支方向，其研究内容与教育框架将进行较大的扩充与调整。本文试图回顾与反思现行的居住区规划课程存在的相关问题，探索社区建设规划的教学定位、内容与方式。

2　现状与问题

2.1　类型局限

目前，中国城市居住空间主要分为四种类型：1）老城区中的街坊型社区；2）计划经济时代的单位社区；3）经济适用房社区；4）商品房社区。不同的居住社区中空间模式不同，管理与组织形式有别，规划需要解决的核心问题也有很大差别。例如老城区的服务设施配套升级和安全问题，单位社区的住房流转与人口流动问题，以及经济适用房的选址与社会融合、住房补贴与住户遴选制度问题等等，很多是存量规划的范畴，更远远超出空间规划的领域。而居住区规划的课程设计主要关注的是增量规划中的新建商品房社区，虽然地段可以设在内城或郊区，服务对象可以是普通工薪或高消费群体，房型也可以是从别墅到高层公寓等。而城市居住的其他三

徐　苗：重庆大学建筑城规学院副教授

种类型社区基本没有涉及，并且，住房制度与空间关系的研究少有纳入到教学体系中，因此课程设置的范围显然过于局限。

此外，居住区规划的提法是以现代主义规划理念的功能分区为前提，这主要应用在以第一、第二产业为主，内城工业污染较严重的城市化时期。而随着第三产业在城市经济的比重加大，消费型社会已成为信息时代社会发展的主导，城市通过“退二进三”等产业置换转型的方式使污染型产业退出内城及主要居住密集区；尤其当生态城市、可持续发展成为当前城市规划的共识，减少生态足迹的，激活社区功能与行为多样性的功能混合型的社区已经成为城市发展社会空间单元的主流。

2.2 脱离实际

目前的居住区规划教学，以及引以为据的《城市居住区规划设计规范 GB 50180–93（2002 年版）》（简称《规范》），仍然按照居住区、居住小区、居住组团的结构模式来组织住房单体、公共服务设施与道路等相关内容，但这种蓝图式的规划结构对今日市场开发导向的商品房小区建设的指导与控制意义渐微。以目前占据 80% 的商品房市场的门禁社区举例来说，其最大的弊端之一是内化城市道路，分割、分隔城市交通系统，减少城市支路，降低非机动交通与公共交通的通达性，增加交通拥堵的同时使加大步行距离，且步行景观空间断片化（徐苗、杨震，2010）。但看看我们住区规划课程设计任务与成果，都没有考虑围栏的存在，教学过程脱离社会实际，完全在理想状态下工作，这样就将设计简化了，回避了很多问题如空间的组合是否考虑了社区的围合规模、社区服务配套的实际覆盖范围以及社区边界的功能与形式的设计等。对于门禁社区这样的居住模式应该思考怎样进行预先的处理与控制，使其成为一个良性的社会空间单元，而不是回避这个问题，将其交给开发商来解决。由此可见，脱离实际的教学与教材不利于引导学生认识规划中的实际问题，思考如何将宜居理念落地。而不落地、无法落地的规划最终导致了规划工作“图上画画，墙上挂挂”的尴尬局面。

2.3 拿来主义

除了在规划设计教学过程中脱离实际外，在理论教学环节也有脱离实际的倾向，对于国外的居住空间规划理论与模式缺乏深度背景了解与批判性的思考，拿来就用。例如“新城市主义”，该理论兴起的背景是美国居住社区的郊区化发展打破了传统城市街坊中功能混合与阶层融合的空间与社会结构，并引发了强烈依赖私人汽车交通的不可持续的城市发展模式（卡斯洛普《下一代的美国都市，生态、社区和美国梦》）。因此，对该理论的理解应该立足于审视它所提倡的方式是否解决了美国城市发展的相关问题，中国社会是否有类似问题，该理论是否有借鉴意义以及如何结合中国社会自身的问题以及居住文化进行发展与修正等问题，而不仅仅是复制滨海城（Seaside，新城市主义的示范项目）所呈现出来的 Townhouse 的空间形式与建筑造型。为什么中国目前的居住区开发千篇一律，或者各种国际化的“洋式样”移植，除了商业因素以外，在职业教育过程中缺乏对自身社会问题认识以及居住文化思考的拿来主义也是问题的深层次根源所在。

2.4 任务导向

与建筑学中的居住区规划与设计相比，城乡规划专业方向下的居住区规划除了涉及规模更大，考虑的公共服务配套更多以外，其成果的公共政策性质是最本质的区别。对于通过居住空间组织进行社会与环境资源分配的过程中，培养学生发现现实问题与协调、沟通、解决的能力是教学的关键。虽然在居住区规划设计工作坊的教学过程中也通过基地调研与项目策划，是学生了解当今住区发展趋势和存在问题，了解住区建设背后的各类社会力量，并对项目进行策划（包括目标人群定位和产品定位），但由于前面提到的社区类型的局限，以及脱离实际、对社会现实问题视而不见之下理想化了规划目标，使调查分析的范围与深度有限，得出的问题单一、雷同，调研更多流于形式化；再加上对于成果的图示化、形态化的表达要求，使学生在整个规划设计过程中更多的是任务导向而非问题导向。

3 关于教学内容的思考：从住区到社区

3.1 价值观的第一重要性

在计划经济时代，城市规划更多的是作为自上而下的城市资源分配政策的具体物质化、空间化，其职业角

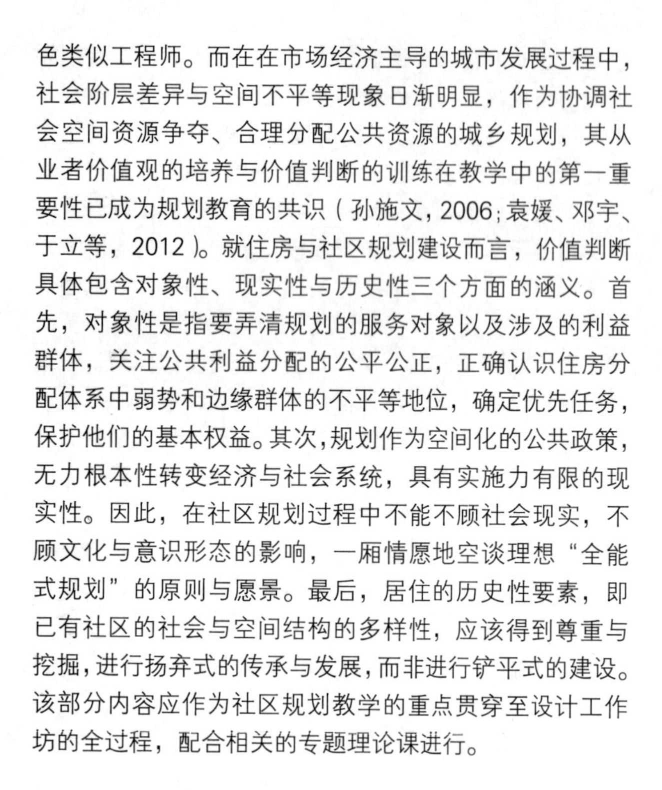

色类似工程师。而在在市场经济主导的城市发展过程中，社会阶层差异与空间不平等现象日渐明显，作为协调社会空间资源争夺、合理分配公共资源的城乡规划，其从业者价值观的培养与价值判断的训练在教学中的第一重要性已成为规划教育的共识（孙施文，2006；袁媛、邓宇、于立等，2012）。就住房与社区规划建设而言，价值判断具体包含对象性、现实性与历史性三个方面的涵义。首先，对象性是指要弄清规划的服务对象以及涉及的利益群体，关注公共利益分配的公平公正，正确认识住房分配体系中弱势和边缘群体的不平等地位，确定优先任务，保护他们的基本权益。其次，规划作为空间化的公共政策，无力根本性转变经济与社会系统，具有实施力有限的现实性。因此，在社区规划过程中不能不顾社会现实，不顾文化与意识形态的影响，一厢情愿地空谈理想“全能式规划”的原则与愿景。最后，居住的历史性要素，即已有社区的社会与空间结构的多样性，应该得到尊重与挖掘，进行扬弃式的传承与发展，而非进行铲平式的建设。该部分内容应作为社区规划教学的重点贯穿至设计工作坊的全过程，配合相关的专题理论课进行。

3.2 知识结构的转型

作为二级学科方向的居住区规划扩展为住房与社区建设规划，下设住房政策与规划和社区建设规划两个部分，传统的居住区规划属于社区建设规划部分，但只是社区规划在物质、空间层次上的表现形式，是社区规划过程中的一个中间阶段（徐一大吴明伟，2002）。而社区规划从规划的对象、类型、定位和目标都有相当大的变化（表1），专业教育面临着知识结构的重大转型，其中跨学科性与复合语境性是转型中的重点与难点。

居住区规划与社区规划之比较　　表1

	居住区规划	社区规划
规划的对象	物质资源与空间形态	物质资源与空间形态；社会资本与社会关系
规划的类型	增量规划	增量规划；存量规划
规划的定位	以居住为主要功能的空间单元	以一定地域为依托的自组织的复合功能的社会空间单元
规划的目标	舒适、优美、便捷的人居环境	互相依赖、互相交流、互相服务的城市聚落

3.2.1 跨学科性

正如表一中所呈现的，在中国社会转型期与城市发展不均衡的背景下，社区规划不仅依然包括传统的居住区规划内容，但其规划的对象从物质资源与空间形态拓展到社会资本与社会关系；规划的类型既包括大量的增量规划，也涵盖逐渐增多的存量规划；规划的定位与目标从打造以居住为主要功能的舒适、优美与便捷的空间单元转变为建设以一定地域为依托的自组织的、复合功能的社会空间单元。在此转型过程中，其他学科的知识支撑显得尤为重要。首先是社会学。通过对社会资本的积累与利用，在自组织基础上营造互相依赖、互相交流与互相服务的群体聚落，有赖于对社会关系、社会心理、社会行动等的系统认识。其次是制度经济学。在逐渐增加的存量规划中，由于建设用地使用权是分散在各土地使用者手中，土地再开发的收益需要兼顾各方。因此，存量规划的难点在于利益的再分配，研究内容不仅包括传统的物质空间设计，还包括市场评估、经济测算、财务分析等等，依靠单纯的空间设计难以解决实际问题，需要进行制度设计，规划配套政策研究的重要性日益突出（赵燕菁、刘昭吟、庄淑亭，2006；邹兵，2013）。就社区规划而言，随着城市化进程的加深，新建居住区将逐渐减少，而相当一部分的规划任务将是对已有社区的更新改造。在涉及的权益关系更加复杂的情况下，如果没有对以制度经济学为基础的住房制度、物业税、财产税等相关公共政策的了解，无法进行与空间整理相关的制度设计。由此可见，学生对于社区规划中多学科混合的认识、了解与综合应用，将是社区规划知识构建的重点与难点之一。

3.2.2 复合语境性

复合语境性是指社区作为复合功能的城市社会空间单元，其规划工作背景的文脉性与建设目标的融合性。作为空间资源分配的公共政策，在经济发展的不同时期，城市发展重点与策略也在不断调整。以西方发达国家为例，随着1970、1980年代的去工业化与进入1990年代的后工业时期，城市更新与社区复兴是城市发展的关键词。而在去工业化过程中，绅士化、社会分异与极化，创意（生态）产业是空间转型的三个热点现象，一系列的实践与研究都围绕着这三个主题展开，在老城区中还涉及物质与非物质历史文化遗产的保护问题。在社区规划中引导学生理解工作背景的文脉性，即是理解在不同类型的社区中这些专题所涉及的内容，并根据调研发现的实际问题进行空间形态与制度的处理。

而建设目标的融合性包涵两个方面的内容：一是社区对异质人口的容纳性。保障公共利益的社区规划应当考虑不同收入，不同家庭构成以及不同职业等居民的需求，使其在该社区能找到工作与居住的平衡点，以及对私密生活的保护与交流的渴望之间的平衡点。尤其对于城市化过程中的大量移民而言，社区是否能够接纳他们，是否可以在提供服务性就业岗位之外也配给就近居住场所。外来移民“落脚”空间在城市社区单元的分布与发展状况决定着城市的兴衰（Saunders，2012）。二是社区在环境、社会、经济与文化层面的综合发展，并且这种发展不是“飞地”式的、隔离式的，而要在交通、景观与服务配套设施等方面与周边城市社区整合发展。

3.3 专业技能的扩展

不同于增量规划导向下的空间形态规划偏重图面表达及相关的美学素养与形态设计的技能，增量与存量规划并存的多元化需求下，社区规划对学生的专业技能培养提出了更高的要求，希望未来的规划师们能够通过熟练运用社会调查方法、数理统计分析方法与信息技术（特别是地理信息系统 GIS）等技术手段在进行数据收集、计量分析的基础上完成城市资源空间配置和管理的对策研究。另外，社会参与和协调能力是容易被忽略但在存量规划阶段尤为重要的一项基本技能。良好的沟通与协调能力将有助于使社区规划获得相关利益群体的认可。

4 关于教学方式的思考：从任务型到主题型

基于以上分析，传统的以居住区规划设计项目带动的任务型教学具有很大的局限性，远不能完全满足社区建设规划对于人才培养在知识结构与专业技能上的要求。对此，笔者认为以规划项目与设计工作坊为轴、穿插相关专题的主题型教学将是一种能够满足多元化规划需求的、值得尝试的教学方式。其中，主题方向指不同的社区类型，下设相关的社会专题与空间专题讨论。对于社区类型，除了前面所提到的中国城市居住空间的四种主要类型外，也应包括一些有特殊议题的社区如老龄化社区，外来移民社区以及低碳实验社区等。每个社区类型的主题下可能涉及不同的社会专题与空间专题。社会专题主要涉及价值观与知识结构层面的社会分层、贫困、社区安全、社区交往、服务配套等问题；而空间专题则在覆盖了传统的形态空间规划的同时更加系统化，专项讨论空间与气候（不同地区的日照、通风、雨水）、安全、交通、文化等的关系，包括对容积率与居住的舒适性的关系，社区规模与公共服务配套的关系等小专题的探索，引导学生形成思考的习惯，从不同角度提出问题并尝试解决。教师可以根据项目的状况进行菜单式的选择，但必须保证选择的社区的类型对于增量规划与存量规划两种不同类型规划的覆盖，以及在此专题下相关基本知识与技能的培养。

针对不同的项目类型与问题，作为公共政策的规划成果也应有所区别，而非一以贯之的以空间形态规划图作结，这片面导致了学生对物质形态规划以及相关设计与表达技能的重视。在问题导向的社会规划与存量规划下，应更强调学生对于分析与解决问题的逻辑表达，根据项目特点，选择规划图、研究报告、政策建议与导则或者多种形式结合。

5 展望

城乡规划是公共政策，其人才培养要符合城市社会发展的需要，注意时代发展的动向，及时调整。在过去的几十年中，中国的规划概念与实践，尤其是住房与社区的规划与建设大多建立在新自由主义的话语模式上（徐苗，2010），房地产业畸形繁荣，中国的城镇化逻辑已经为资本支配和主导。市场导向下的不公平的经济政策对城市社会与文化，以及不可持续的发展模式对生态环境都造成了灾难性的影响。而规划教育的传统使得规划师对于市场知之甚少，职业教育所使用的文献对市场博弈的状态以及政府在其中的作用缺乏系统的介绍与分析，也少有教科书提及新自由主义、经济危机或金融市场等内容。这些是规划师在面对受资本与市场冲击的城市社会时往往缺乏对核心问题的了解与把握，无法或者错误发挥规划的能动作用。这是城市规划行业及职业教育所面临的最亟待解决的问题。2008 年全球性的经济危机使以市场为导向的新自由主义发展策略受到严重质疑与挑战，在应对危机与经济复苏的后危机时代，各国都反思并调整着之前的城市发展政策，我国也于 2014

年3月正式颁布了《国家新型城镇化规划（2014–2020年）》，提出了以人口城镇化为核心的发展思路与措施。社区，作为容纳城镇人口的社会空间单元，其良性发展对建设新型城镇化具有十分重大的意义。那么社区建设规划的职业教育，包括行业理念、知识结构、技能与能力都应该尽快做出相应调整，以符合在新型城镇化时期，可持续的城市邻里社区建设对于城乡规划人才的要求与期望。

主要参考文献

[1] 孙施文. 城市规划不能承受之重——城市规划的价值观之辨［J］. 城市规划学刊，2006，1.

[2] 徐苗，杨震. 超级街区 + 门禁社区：城市公共空间的死亡［J］. 建筑学报，2010，3.

[3] 徐苗，杨震. 起源与本质：空间政治经济学视角下的封闭住区［J］. 城市规划学刊，2010，4.

[4] 徐一大，吴明伟. 从住区规划到社区规划［J］. 城市规划学刊，2002，4.

[5] 袁媛，邓宇，于立，张晓丽. 英国城市规划专业本科课程设置及对中国的启示——以六所大学为例［J］. 城市规划学刊，2012，2.

[6] 赵万民，赵民，毛其智. 关于“城乡规划学”作为一级学科建设的学术思考［J］. 城市规划，2010，34（6）.

[7] 赵燕菁，刘昭吟，庄淑亭. 税收制度与城市分工［J］. 城市规划学刊，2006，6.

[8] 邹兵. 增量规划、存量规划与政策规划［J］. 城市规划，2013，37（2）.

[9] Doug Saunders, Arrival City: How the Largest Migration in History Is Reshaping Our World, Vintage, 2012.

From residential district to community: A reflection for the curriculum of residential planning in the disciplinary reorientation

Xu Miao

Abstract: At the backdrop of the social expansion of urban planning discipline and the changing tasks of planning practice transforming from incremental planning to inventory planning, this paper tries to examine the status quo in critically, analyzing the existing problems of type limitation, idealism, take-ism and task-oriented. It further explores the necessary adjust for the community planning teaching not only in respect of the content which includes profession ethics, knowledge base, skills and abilities, but also in the teaching approach better being organized by themes rather than by projects. For each community type, there are a series of seminars set around social and spatial issues which can be re-grouped accordingly. Aiming at the development of sustainable urban neighborhood units, this paper concludes with the emphasis that the teaching should take full account of the different community planning with varied social-spatial practices in our transitional society, and the requirements for the future planners.

Key words：Residential development planning, community planning, teaching

城乡规划学科发展与知识生产方式研究*
——兼论城乡规划专业教育

王纪武　顾怡川　张念男

摘　要：借鉴科学哲学理论，对专业认同危机、学科本体讨论等当前学科领域内的热点问题进行剖析。认为城乡规划学科确立的意义是通过超越物质规划框架而取得的历史性进步；实质是在我国社会形态向后现代社会转型过程中，由“封闭的现代学科”向“开放的后现代学科”的发展。根据学科概念和现代学科发展趋势的分析，提出城乡规划学科的知识生产方式应建立在不同科学共同体的团队协作基础之上。城乡规划专业教育应恪守“空间性”的专业特质，并实现从“小而全”式的精英教育转向“多专业、大而专”式的教育。如此我国城乡社会发展才能实现“少数精英意识主导的现代规划与发展模式”向“不同科学共同体有机协作的后现代规划与发展模式”的转变。

关键词：城乡规划，学科，知识生产，专业教育

2007年正式实施的《中华人民共和国城乡规划法》（以下简称“城乡规划法”），对我国的城乡规划提出了新的原则和要求。2011年城乡规划确立为一级学科，学科建设正处于转型升级的历史性关键节点；2011年我国城镇化率首次突破50%，“城市时代”的到来与城乡社会的统筹发展，对城乡规划学科提出了更高的要求。2013年，高等学校城乡规划学科专业指导委员会正式出版了《高等学校城乡规划本科指导性专业规范》（以下简称“专业规范”），对培养目标与规格、教学内容与课程体系、办学条件等提出了全面的指导与要求。在诸多学科领域内重大事件发生的背后，是我国社会经济发展的新趋势与新要求。因此，辨析当前学科领域存在的重大问题，探明学科走向并架构新时期城乡规划学科的知识生产模式与专业人才培养模式，对我国城乡社会形态与规划学科的转型发展具有重要意义。

1　城乡规划学科与专业的认同问题分析

1.1　学科与专业的认同问题

近年来，“城乡发展”已成为相关学科竞相研究的领域，规划师也开始借鉴相关学科的理论方法，借以形成“更科学”的规划方案。但是，我国客观的发展经验显示：几乎很难找出一个完全按照城市总体规划既定目标发展的城市，控制性详细规划80%以上都需要修编。[1]学科“竞争”与专业“困境”使我国城乡规划在取得巨大成就与发展的同时，专业认同问题日益显著。

目前，学界就城乡规划学科本体的讨论可分为两类观点：其一，认为学科核心领域模糊或不存在，应对城乡发展的实际需求是城乡规划的价值所在；其二，认为学科核心领域是物质性的城乡空间环境，“学科核心理论应向空间化回归”[2-6]。客观讲，上述两种观点并不矛盾，前者注重城乡规划的应用学科属性，强调了城乡规划教育及“专业人才生产”的方向；后者是对城乡规划学科“知识生产方式”的讨论。关于学科本体的讨论一直以来都是学界的重要议题。这是关于“规划的理论”的探讨，对其求解需要借助于科学哲学。

1.2　认同问题的科学哲学辨析

根据科学哲学家托马斯·库恩（Thomas Kuhn）的

*　浙江省自然科学基金项目（批准号：LY13E080001）。

王纪武：浙江大学城市规划与设计研究所副教授
顾怡川：浙江大学城市规划与设计研究所硕士研究生
张念男：浙江大学城市规划与设计研究所硕士研究生

范式理论，学科发展到一定阶段后，在既有框架内进行的科研与实践将面临发展的瓶颈（即反常和危机）。此时，需要通过范式转换才能实现学科的持续发展。具有“科学革命”意义的范式转换并不是一种预定目标明确的进步，而是通过背离既往运行良好，但却不再能应对新问题的旧框架而取得进步的过程。这一过程通常伴随学科与专业不安全感的情况。[7] 从这一角度看，专业认同问题与学科本体讨论的出现，说明我国城乡规划正处于学科范式专注（或升级）的过程之中。

城乡规划法的颁布、一级学科的确立、专业规范的出版，从国家层面与学科高度说明：我国城乡规划学科领域已极大超出了“物质形态”的学科范畴。既往物质规划框架下进行的研究和实践已无法应对城乡发展的新问题、新要求。因此，城乡规划学科的建立具有“科学革命”的意义，这是一个“前范式——反常——危机——新范式”的发展过程。应该认识到，城乡规划已经确立为一级学科，但是距离一门成熟的学科还有很长的路要走（图 1）。

因此，城乡规划升级为一级学科的意义在于：摆脱遭遇重大困难的物质规划框架的进步，而不是一种朝向预定目标的进步。学科本体和专业价值的探讨都是对城乡规划学科发展的积极推进。

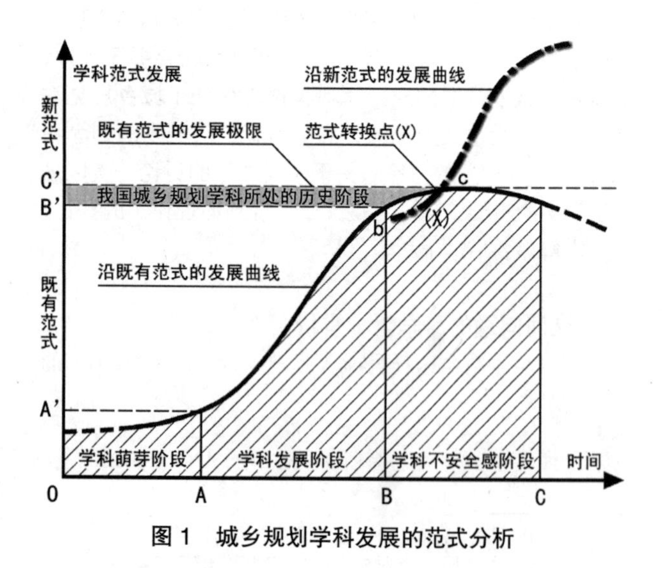

图 1　城乡规划学科发展的范式分析

2　现代学科的发展分析

学科与专业并非同一个概念。但是，在我国城乡规划语境中，学科与专业常被含糊的替代引用。正确认识学科的概念及其发展规律，对促进城乡规划学科发展和专业人才培养具有重要意义。城乡规划的学科发展与社会形态转型、主流意识演进密切相关。因此，应在更广阔的研究域中，探讨学科与专业的发展问题。

2.1　学科的概念辨析

“学科”概念是一个历史的范畴。随着现代科学与社会的发展，学科的内涵不断发展、演化。总结国内外关于学科的定义，大致可分为两个类型（表 1）。

学科概念的代表性定义[8–13]　　表1

分类	代表性定义
知识形态说	①学科是对特定对象开展的专门研究，以实现知识的生产。本质特征包括：研究对象、理论体系、研究方法
	②学科是研究对象、基本原理、定律等三要素的集合
	③学科是在知识生产中，根据研究对象划分的知识集合
组织形态说	①学科是特定人群从事研究活动并相互作用的产物
	②学科应具有：明确的研究对象；特定人员从事科研、教育活动并有代表性论著；相对独立的原理、定律；正在形成或已经形成的科学体系
	③学科是占有一定的教学科研资源，针对一定研究对象、使用独特语言系统并遵守特定研究规范的科学共同体

综上，学科概念有两个层面的内容：其一，指一定科学领域（或其分支）。如自然科学中的化学、物理学等；其二，指教学与科研的功能单位，是对教学与科研范围的相对界定。据此，学科的意义在于一定领域内的知识生产和专业人才生产。

2.2　现代学科的发展走向分析

现代科学的产生及学科划分可追溯到以理性主义为哲学基础的启蒙运动。随着 19 世纪工业革命的发展，科技理性在科学研究中逐步确立了主导性的地位。至 20 世纪初，科技理性倡导的功能主义使以实验为基础的经验学科成为现代学科的基本形态。[14] 此时，学科强调研究领域的不可替代性。不同学科各司其职，专注于特定领域内的知识生产和专业人才培养，不同学科（或专业）之间的分工明确、边界清晰（表2）。

现代学科形态的构成要素　　表2

序号	构成要素	特点与内容	属性
1	研究对象	研究对象（领域）具有不可替代性	生产对象
2	理论体系	具备特有的概念、原理等构成的理论系统	生产工具
3	方法论	具有完善的学科知识生产方式	生产方式

机械化的学科划分曾极大促进了现代科学和工业社会的发展。但是，这种绝对独立的学科形态逐渐强化并形成一种“自说自话”的封闭学科语境。研究视野狭窄、专业协作困难，进而导致学科与专业的认同危机广泛出现。[15]

1960年代，西方国家逐步进入后现代社会，中产阶层逐渐取代少数精英成为社会发展的主体。伴随这种社会形态的转换，学科边界逐渐被打破。在1970~1980年代，西方城市社会研究领域出现了学术范式从“计量革命向政治经济研究方法”的转型，[16]在公共政策研究领域也出现了由“数量与行为地理学范式”向“人文服务区位理论范式”的转换。

尤其进入20世纪后，从不同学科角度研究同一对象和研究不同对象之间相互关系的知识生产方式大量出现。[13]由此，现代学科的发展从“封闭系统”转向了“开放系统”。例如：以1960年代为界，之前西方城市规划的主要任务是物质空间的规划设计；之后城市规划逐渐由技术性活动转向社会、经济、政治等关系的协调活动。这一发展过程中同样经历了专业认同危机的问题，同时，城市规划的学科领域与职业范围也相应获得了拓展。

开放、融贯的学科发展趋势，从本质上改变了绝对独立的学科发展样貌。较之绝对独立的学科形态，这一趋势不再强调学科研究对象的排他性，学科知识生产方式由单一学科独立完成转向多学科协作完成。

3　城乡规划学科的发展走向研究

3.1　学科形态的分析

根据上述分析，城乡规划确立为一级学科，并不是学科等级的简单提升。其本质是：在我国社会形态从现代社会向后现代社会的转型过程中，由“封闭的现代学科”向“开放的后现代学科”的升级。（表3）在开放的学科发展趋势下，城乡规划学科的知识生产对象与生产方式也必然具备新的内涵与特征。

城乡规划学科形态的比较[17-21]　　表3

社会形态	现代社会	后现代社会
哲学基础	基于“全知理性”的功能主义	基于“有限理性”的人本主义
基本方法	强调功能的合理性与逻辑性	强调以人为本
学科形态	封闭系统	开放系统
规划范式	“结构——功能”范式	“合作——沟通”范式

3.2　学科领域的探讨

现代学科发展的规律显示：研究对象的“排他性”与学科“独立性”之间的必然逻辑联系已被打破。因此，作为一个开放系统的有机体，城乡规划学科已不必强调研究领域的排他性。相关学科开展“城乡研究”的主要价值与意义在于对城乡发展问题及机理的揭示，而具体实施城乡空间发展指引和决策，最终仍必须依靠城乡规划。正如“检验科”之于“外科”的关系，前者在于病因、病理的揭示，而手术的实施则必须依靠后者。

同时，城乡规划学科的知识生产方式并不是完全取代强调物质空间的城市规划学科。研究领域也不是简单的替代关系，而应是由既有框架的核心“点”（物质空间）向更具开放向的“面”（城乡要素的空间性）的拓展。[17]因此，根据后现代学科的知识生产特征，“物质空间”应从城市规划学科排他性的研究对象（或生产对象）、生产工具乃至生产目标转变为城乡规划学科独特的“生产工具”（表4）。

城乡规划学科知识生产方式比较　　表4

比较内容	城市规划	城乡规划	属性特征
研究对象	城市物质空间形态	城乡社会要素和物质空间发展	生产对象
组织形态	以个人为单位的小而全、精英化的科研和教学模式	以不同专业团队形成的科学共同体为组织形式的“大而专”式的科研和教学模式	生产方式
学科关系	以个人为单位，完成学科交叉与融合。有限、片段的交叉与融合	以团队协作的形式，完成学科交叉与融合。系统、全面的交叉与融合	生产关系

3.3 学科知识生产方式分析

作为开放系统的有机体，城乡规划学科的知识生产方式应建立在不同科学共同体的团队协作基础之上。

科学问题是一定时代背景下的科学认识主体提出的关于科学研究与实践中需要解决的问题。[22] 因此，在不同的历史阶段，城乡规划学科的研究对象及求解应答域必然不同。随着我国城市化的发展，城乡物质形态背后的经济动因、社会动因、环境动因……已成为城乡规划学科理论体系构建、学科知识生产的重要内容。"城乡研究"已成为时代"显学"，开放、融贯是当前学科的发展趋势。因此，城乡持续健康发展及其规律、趋势、对策的研究，需要不同学科共同体的团队协作。

目前，我国的城乡规划（或规划主管部门）成为各种城乡问题的主要责任承担者，这对"城乡规划"有失公允。究其原因是"城乡规划"承担了许多不是也不能由其独立完成的任务。这就涉及了城乡规划的知识生产模式和城乡规划实践的组织模式。城乡的健康持续发展，不是城乡规划学科"自己的事"，也绝不是依靠城乡规划学科"一己之力"所能实现的。事实上，作为第一个比较完整的现代城市规划思想体系，霍华德的田园城市理论就综合了经济学、社会学等多种理论与思想。

基于对我国城乡社会与规划学科发展的整体把握，吴良镛先生提出的"开放性"科学系统的构建，为城乡规划学科的发展指明了方向，即城乡规划的发展应建立在不同学科共同体的系统整合的基础之上。

4 城乡规划专业教育的走向分析

4.1 学科与专业的关系

"城乡规划学科"与"城乡规划专业"是密切相关却又不同的两个概念。

作为应用学科的"城乡规划专业"应是根据社会发展与专业分工需要设立的学业类别，是一个与学科的社会价值相关联的概念。因此，城乡规划专业的意义在于根据我国城乡社会发展的实际需要，培养服务于城乡发展的专业人才。城乡规划专业建立在学科知识体系的基础之上，同时，城乡发展的实际需求是城乡规划专业存在的基础，离开城乡发展实际的城乡规划专业没有存在的意义。因此，城乡规划专业是城乡规划学科与社会分工的交集，当存在多个交集时，意味着应存在多个二级学科和专业。

4.2 专业教育的多元化趋势

在传统物质形态规划的框架下，要应对城市"复杂系统"的各种问题，规划师需要个人完成对不同学科理论与方法的集成，并以社会精英的角色来解决城市问题、主导城市发展。但是，个体的规划师所实现的只能是"有限的、片段的学科交叉和融合"。

随着我国"城市时代"的到来，城乡规划学科的研究目标和求解应答域呈现极度丰富和多元化的特征。显然，传统的全才式、精英化的教育与科研模式，已不能适应我国城乡社会与城乡规划学科发展对学科间深度交叉和融合的要求。专一学科的精进和不同学科的深度合作既是学科发展的必然方向，也是城乡规划设计、管理、实施中应有的组织模式。

一方面城乡发展问题的复杂性使"城乡规划专业"与现实的社会发展需求存在多个交集；另一方面，城乡规划学科发展也需要和相关学科进行全面、深入的"对话"，这就要构架与多学科顺畅对话的专业桥梁（图 2）。

因此，城乡规划的专业教育需要从传统的"小而全"式的精英教育模式转变升级为由多专业构成的多元化教育模式。如此才能实现由"少数精英主观意识主导的规划与发展模式"转向"由不同科学共同体有机协作的'大而专'式的城乡规划与发展模式"。

4.3 从空间到空间性——专业教育内核的拓展

城乡规划专业必须与社会实际相结合，离开社会实际需求的专业没有存在的意义。城乡规划的应用学科属性与我国城乡社会发展的客观实际，都要求城乡规划专业教育恪守"空间性"的专业特质。以美国为例，1950年代美国城市推行由政府主导的"自上而下"的城市建设，到 1980 年代，城市建设转换为"自下而上"的模式，即通过社区、政府、市场的协作，实现城市的综合发展，而非单纯的物质形态建设。因此，城乡规划专业教育不能局限于物质形态的规划设计，而应注重城乡社会诸要素的空间属性及相互关系。

城市化加速发展的时代背景以及地区发展的差异性使我国对城乡物质空间规划的实际要求广泛存在，同时

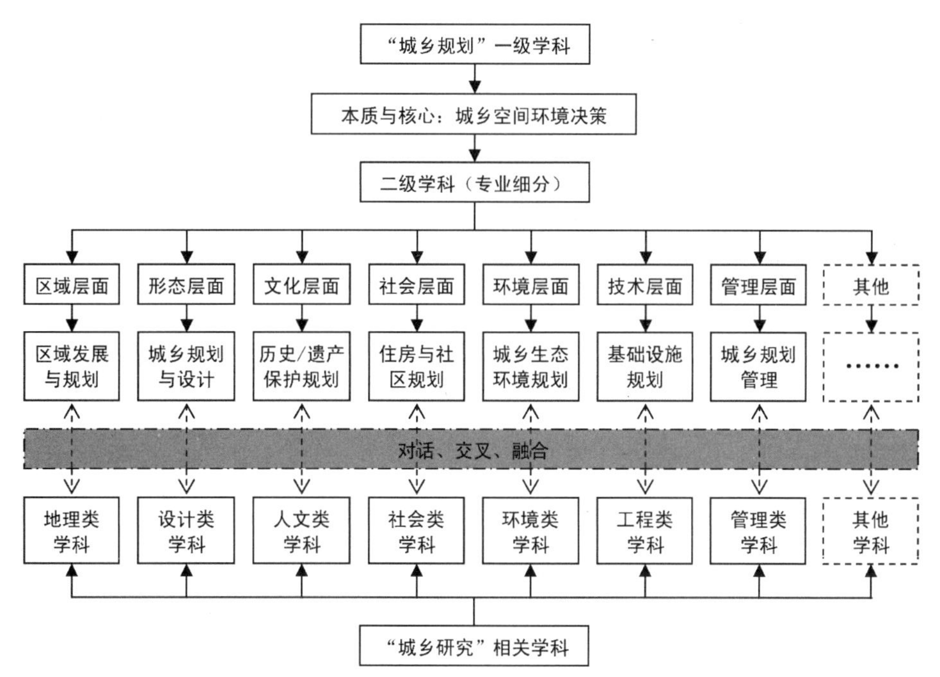

图2　城乡规划学科体系与专业构架示意图

我国城乡规划教育院校的基本情况　　表5

	全国城市规划院校		本科教育通过评估的院校			"优秀"通过评估的院校	
	院校数量	占全国规划院校比重	院校数量	占地区规划院校比重	占通过评估的规划院校比重	院校数量	占通过评估的规划院校比重
东部	113	43.0%	19	16.8%	63.3%	9	47.4%
中部	100	38.0%	6	6.0%	20.0%	2	33.3%
西部	50	19.0%	5	10.0%	16.7%	3	60.0%
合计	263	100%	30	—	—	14	—

资料来源：根据全国高等学校城市规划专业指导委员会网站（http://www.cupen.org.cn/）统计整理。

我国城乡规划教育也具有显著的地区差异性和发展的不均衡特征。（表5）根据城市规划专业指导委员会网站资料的不完全统计，至2013年全国设立城市规划专业的院校共有263所。不同院校的城市规划专业产生于不同的学科背景，如建筑学、社会学、生态学、地理学，甚至是农学、林学等学科。如果没有统一的专业基本教育内容，不但无法确保各地规划专业的教育质量，而且会导致因专业教育背景差异巨大而不能顺畅交流的问题。如此，城乡规划学科内部尚不足以形成统一的话语体系，更罔论与相关学科的交流与融合了。

因此，为确保规划教育质量、适应城乡发展实际的要求，并使不同地区的城乡规划专业具有统一的专业语境（或平台），都要求城乡规划专业教育恪守"空间性"的专业内核。必须清醒地认识到：城乡规划学科对社会、经济、环境、管理等相关学科的研究与融合，其目的是从相关学科中汲取养分，实现城乡规划理论体系的发展和学科知识的生产，并最终回归到城乡空间环境规划、决策与管理实施。

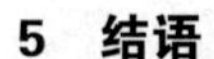

5 结语

城乡规划一级学科初立，其历史意义在于：摆脱遭遇重大困难的既有框架（物质规划）的进步。在开放、融贯的现代学科发展趋势下，城乡规划学科知识生产方式需要建立在不同科学共同体的团队协作基础之上。我国城乡发展实际与城乡规划专业属性，都要求城乡规划专业教育恪守“空间性”的专业内核。城乡规划的专业教育需要从传统的“小而全”式的精英教学模式转向由不同专业构成的多元化教育模式。如此才能实现由“少数精英主观意识主导的规划与发展模式”转变为“由不同科学共同体有机结合的‘大而专’式的规划与发展模式”。

主要参考文献

[1] 段进．控制性详细规划：问题和应对［J］．城市规划，2008，12：14-15.

[2] 石楠．城市规划科学性源于科学的规划实践［J］．城市规划，2003，2：82-83.

[3] 邹兵．关于城市规划科学性质的认识及其发展方向的思考［J］．城市学刊，2005，1：25-29.

[4] 吴志强，于泓．城市规划学科的发展方向［J］．城市规划学刊，2005，6：2-10.

[5] 段进，李志明．城市规划的职业认同与学科发展的知识领域［J］．城市规划学刊，2005，6：59-63.

[6] 张庭伟．梳理城市规划理论——城市规划作为一级学科的理论问题［J］．城市规划，2003，2：82-83.

[7]（美）托马斯·库恩．科学革命的结构［M］．金吾伦、胡新和，译．北京：北京大学出版社，2003.

[8] 杨天平．学科概念的沿演与指谓［J］．大学教育科学，2004，1：13-15.

[9] 陈传鸿，陈甬军．切实加强学科建设 构筑高校核心竞争力［J］．学位与研究生教育，2003，3：47.

[10] 刘德发，王方平．坚持科学发展观 加强我院学科建设的几点建议［J］．鹭江职业大学学报，2005，3：90-94.

[11] 袁军等．以科学发展观指导地方高校学科建设［J］．湖北经济学院学报（人文社科版），2005，3：164-165.

[12] 刘仲林．现代交叉学科［M］．杭州：浙江教育出版社，1998.

[13] 金薇吟．学科交叉理论与高校交叉学科建设研究［D］．苏州：苏州大学硕士论文，2005.

[14] 上海社会科学院哲学研究所．法兰克福学派论著选辑［M］．北京：商务印书馆出版，1998.

[15] 杨天平．学科概念的沿演与指谓［J］．大学教育科学，2004，1：13-15.

[16] 黄燕玲 著．袁媛 等译．指标的抉择：概念、方法与应用［J］．国际城市规划，2012，2：4-16.

[17] 张庭伟．梳理城市规划理论——城市规划作为一级学科的理论问题［J］．城市规划，2011，11：9-19.

[18] 姜涛．关于当前规划理论中“范式转变”的争论与共识［J］．国际城市规划，2008，2：88-100.

[19] 何明俊．西方城市规划理论范式的转换及对中国的启示［J］．城市规划，2008，2：71-78.

[20] 吴志城，钱晨佳．城市规划研究中的范式理论探讨［J］．城市规划学刊，2009，5：28-36.

[21] 王丰龙等．范式沉浮——百年来西方城市规划理论体系的建构［J］．国际城市规划，2012，1：75-84.

[22] 国家教委社会科学研究与艺术教育司 组编．自然辩证法［M］．北京：高等教育出版社，1999.

Exploration on Discipline Development of Urban-Rural Planning and Modes of Knowledge Production ——A Concurrent Discussion on Professional Education

Wang Jiwu　Gu Yichuan　Zhang Niannan

Abstract: By theories of philosophy science, analyses have been done about problems of professional identity crisis and subject identity debate in Urban-Rural Planning fields. It indicated that the establishment of urban and rural planning discipline is a historical progress through deviating from the previous framework of material planning. Deep mechanism is the transformation from modern subject to postmodern subject. According to the analysis of the concept and the trend of modern science development, the paper presented knowledge production mode of Urban-Rural Planning discipline should be based on team work of different scientific community. Professional education should adhere to the space trait and transform the education form from elite education which is small and complete to large and special education. In this way, development from of urban and rural social can be switched from leading by separated elite to cooperation of different scientific community.

Key words: Urban-Rural Planning, Discipline, Knowledge Production, Professional Education

计算机辅助城乡规划设计教学面临的问题与对策探讨

陈秋晓　陶一超

摘　要：计算机辅助城乡规划设计课程是支撑绝大多数规划设计专业课的一门重要课程，但是这门课程的重要性并未取得城乡规划教育界的共识。以改善该课程的教学效果、切实提升学生计算机辅助设计能力为使命，论文分析了该课程面临的问题与挑战，进而提出了应对策略和措施。

关键词：计算机辅助设计，城乡规划教育，参数化设计，CityEngine，Lumion

1　背景

自20世纪90年代开始，利用计算机手段设计规划方案，表达规划成果在国内日渐流行。虽然规划设计人员（包括接受规划专业训练的学生）尚未放弃利用手绘来构思规划方案，但是我们也不得不承认这样一个事实：大部分的规划设计任务是在计算机中完成的。面对规划设计项目委托方日益挑剔的目光，超前的规划理念、精妙的规划构思和先进的规划设计手段同样重要。作为贯穿城市规划专业培养方案、支撑绝大多数规划设计专业课的一门重要课程，计算机辅助城乡规划设计课（以下简称计算机辅助设计课）在现实中并不被规划学科重视，与专业设计课程脱节，课程内容老化，教学投入不足等问题日益突显，这在一定程度上影响了专业设计课程的学习。计算机辅助设计能力也是迈向规划设计院职场的敲门砖之一，这一能力的强弱直接影响了学生的就业竞争力。时至今日，该课程的教学效果不够理想已是一个普遍现象，但是学界对一现象并不重视，除庞磊和杨贵庆[1]进行过相关的研究探索外，尚未见其他重要的研究报道。本文将首先阐述计算机辅助设计课程面临的问题与挑战（见本文2），进而提出相应的对策和措施（见本文3），最后给出了结论（见本文4）。

2　面临的问题与挑战

2.1　课程目标定位尚存在误区

有不少规划专业的学生和老师认为，计算机辅助设计课程只是一门计算机操作课程，或者充其量仅仅是培养城乡规划设计成果表达的技能型课程。以上说法有待商榷。首先，规划设计方案的形成是一个渐进的过程，方案成果表达和方案构思、设计难以简单地割裂，两者随着方案不断深化的同时日臻完善。利用计算机工具形成规划方案成果后，原先的设计构思从抽象的规划理念和规划思想转化为具象、可感知的物质空间形态，为学生评判设计方案的优缺点提供了便利，从而可进一步完善方案。其次，随着参数化技术的不断发展，参数化城市规划设计也将日益兴起并成为业内的研究热点之一，它整合了计算机和城市规划设计技术，将从规划理念、规划方法、规划过程、最终规划成果等多个方面为城市规划领域带来前所未有的创新和突破[2]。因而，从规划设计革新的趋势看，计算机辅助设计将发挥更大的作用，仍将其理解为普通的成果表达的技能型课程显然有失公允。

2.2　授课内容难以适应市场需求

本课程的授课内容一般包括二维图形的绘制、三维模型的制作以及必要的后期处理等。从我系的教学实践看，最早我们采用AutoCAD+3d Studio（3dsMax的前身，DOS版），前者主要用于二维图形要素的绘制和表达，后者主要用于三维建模和建筑动画的制作。当3d Studio升级为3dsMax后，教学内容也相应调整为AutoCAD+3dsMax。3dsMax软件相对比较复杂，工具

陈秋晓：浙江大学区域与城市规划系副教授
陶一超：浙江大学区域与城市规划系硕士研究生

众多，参数繁杂，学习难度相对较大；并且模型渲染涉及灯光、材质、渲染器设置等多个环节，需要不停调试参数，渲染时间长，渲染过程不可控，以上几方面均在一定程度上抑制了学生的学习兴趣，学生的建模水平和模型渲染能力并没有达到我们的预期目标。

受学生就业单位的需求驱动，为培养学生对规划方案快速生成能力，利用计算机手段实现草图设计便成为一个重要的教学目标。考虑到 SketchUp 上手快、建模高效，软件的操作不会成为用户的羁绊，从而可使用户（学生）能专注于规划设计本身，故在第一次本科教学评估后，浙江大学城市规划专业的 3dsMax 教学内容被更换为 SketchUp。但是我们也注意到，SketchUp 更适合于建筑设计而不是城市规划设计。与建筑设计相比，城市规划设计的尺度通常要大得多。面对动辄几平方公里的城市规划设计范围，利用 SketchUp 所构建三维场景只能用简单的被拉升的体块来表达。在 SketchUp 中，过多的模型和细节通常会使简单操作（如视窗平移、对象复制）举步维艰，试图使其表达更多细节的意图往往落空。

一般情形下，SketchUp 的功能还仅限于草案设计。利用它进行城市规划辅助设计面临两难的境地：①规划设计方案一般还需借助于其他建模软件（如 3dsMax）进行再次建模，并完成相应的渲染图。大量宝贵的时间花费在建模和渲染上，方案构思和设计的时间在无形中被“偷走”，方案的质量也难以保证，这是大多数学生（或设计人员）都不愿意看到的。②若将建模和渲染工作交付给专门的效果图公司进行处理，虽然会省事很多，但是只有建立在充分沟通的基础上（这同样需要不小的时间开销），效果图公司的工作人员所制作的模型和渲染图才能真正地反映设计意图和表达方案构思，同时还需支付效果图公司不菲的费用。寻求能快速、高效实现渲染任务的设计工具是当务之急。

2.3 与设计课程缺乏衔接，教学效果难以保证

国内各高校普遍采用单独授课方式来开展计算机辅助设计课程的教学，与规划设计课之间尚缺乏必要的联系。同济大学将该课程安排在第六个学期，试图以当前我国城市规划设计业务量最大的住宅区规划设计、公共空间的景观环境设计、控制性详细规划、城市总体规划为主线，开展辅助设计训练[3]。但根据该校的培养计划，城市总体规划、城市设计、控规与综合性城市设计、景观工程与技术（原景观规划设计理论与方法）这些主干

各校2009级培养计划中规划设计主干课与计算机辅助设计课的授课时间表 **表1**

<table>
<tr><th colspan="2">同济大学</th><th colspan="3">天津大学</th><th colspan="3">重庆大学</th><th colspan="2">浙江大学</th></tr>
<tr><th>课程名称</th><th>学期</th><th colspan="2">课程名称</th><th>学期</th><th colspan="2">课程名称</th><th>学期</th><th>课程名称</th><th>学期</th></tr>
<tr><td rowspan="3">计算机辅助设计</td><td rowspan="3">五</td><td colspan="2">计算机辅助建筑设计及表现</td><td>四</td><td colspan="2" rowspan="3">计算机软件技术基础（建筑 CAD）</td><td rowspan="3">四</td><td>城市规划 CAD</td><td>四</td></tr>
<tr><td colspan="2">设计与规划中的信息技术</td><td>四</td><td rowspan="2">计算机动画模型</td><td rowspan="2">五</td></tr>
<tr><td colspan="2">辅助设计软件应用实习</td><td>3 短</td></tr>
<tr><td>建筑改建社区中心设计</td><td>五</td><td rowspan="7">城市规划设计</td><td>景观设计</td><td>五</td><td rowspan="7">规划设计</td><td>高校校园环境规划与公园规划</td><td>五</td><td>城市道路与交通规划</td><td>六</td></tr>
<tr><td>住宅区修建性详细规划设计</td><td>六</td><td>综合性练习（城市设计）</td><td>六</td><td>大学校园规划</td><td>五</td><td>城市总体规划 I</td><td>六</td></tr>
<tr><td>城市总体规划</td><td>七</td><td>规划技术（总规）</td><td>七</td><td>居住区规划</td><td>六</td><td>城市详细规划 I</td><td>六</td></tr>
<tr><td>城市设计</td><td>八</td><td rowspan="2">规划技术（分区规划、控规）</td><td rowspan="2">八</td><td>城市总体规划</td><td>六</td><td>城市总体规划 II</td><td>七</td></tr>
<tr><td>控规与综合性城市设计</td><td>九</td><td>城市道路系统规划与控制性详细规划</td><td>七</td><td>城市详细规划 II</td><td>七</td></tr>
<tr><td rowspan="2">/</td><td rowspan="2">/</td><td rowspan="2">/</td><td rowspan="2">/</td><td>城市设计</td><td>七</td><td>景观规划与设计</td><td>八</td></tr>
<tr><td>旧城更新</td><td>八</td><td>城市设计</td><td>八</td></tr>
</table>

注：3 短是指第三学年结束后的短学期．数据来源：各校城市规划专业评估报告（2010.1）．

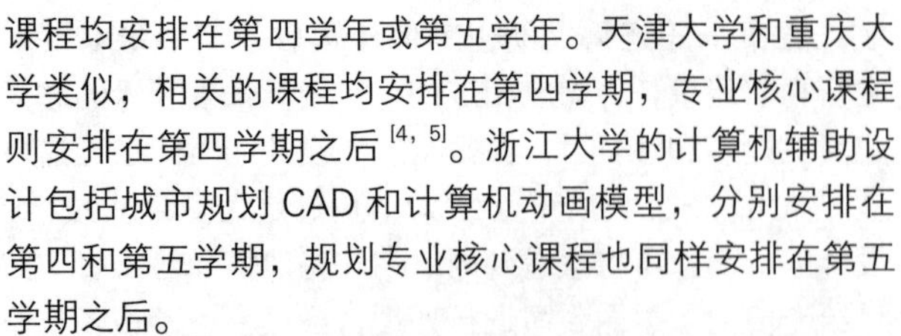

课程均安排在第四学年或第五学年。天津大学和重庆大学类似，相关的课程均安排在第四学期，专业核心课程则安排在第四学期之后[4, 5]。浙江大学的计算机辅助设计包括城市规划 CAD 和计算机动画模型，分别安排在第四和第五学期，规划专业核心课程也同样安排在第五学期之后。

除了教学时间安排上的脱节之外，辅助设计课与专业设计课之间缺乏联系还表现在：前者未能很好地为后者建模和设计成果表现方面的技术支持，后者也未能为前者提供丰富的案例素材和实战机会。同济大学在如何将两者结合起来进行同步教学方面进行了有益的探索：将计算机辅助设计课程与住宅区修建性详细规划课程结合起来，通过后者使学生掌握居住小区设计的概念与方法，通过前者使学生掌握计算机辅助设计软件的操作知识、技能和方法。学期结束时后者要求提交图纸成果（教师着重检查设计理念与表达），而前者要求提交电子文件（教师着重检查计算机的应用，CAD 电子文件的质量，如分层 layer、图块 block 的使用是否合理等）。但从全国范围看，辅助设计课与专业设计课的结合无论从深度、广度上均有待进一步提升。

总体而言，作为一门专业基础课，计算机辅助设计课程一般安排在整个培养计划的前期和中期，而专业核心课一般安排在 3 年级或 4 年级特别是 4 年级，由于缺乏必要的专业知识支撑和规划设计实战机会，学生在学习控制性详细规划辅助设计、城市总体规划辅助设计等内容时难免依葫芦画瓢，难以真正激发学生的学习兴趣，而在后期学习具体的专业设计课时由于对计算机辅助设计课的技能、方法掌握得不够扎实，也在一定程度上影响了专业设计课的学习。

2.4 知识更新不断加快，软硬件建设缺乏投入

计算机辅助设计所需的软件一般包括 AutoCAD，SketchUp，3dsMax，Photoshop，各高校根据其城市规划专业的特点、授课教师的专长并结合计算机辅助设计的发展趋势和学生、社会的需求，增加了 Autodesk Map，Civil 3D（如同济大学），revit，Ecotect（如天津大学）以及湘源控规、CityEngine（如浙江大学）等软件。虽然软件开发商试图实现增长方式的转变，即从软件产品开发商到应用服务提供商的转变，并试图通过组件、中间件的形式灵活定制用户的应用系统以实现软件瘦身，但是辅助设计行业软件新版本不断推出，功能日益复杂多样，“体型”日趋“臃肿”（表 2），也是一个不争的事实。SketchUp 从 2007 年 1 月的 Sketchup6，到 2014 年 3 月的 SketchUp2014，一般历时 1~2 年即可推出一个新版本；而 AutoCAD Map 3D 和 3dsMax 则几乎每年发布一个新版本，其软件（2015 版）大小均已经超过 3GB。

众多的计算机辅助设计软件以及永不停歇的版本更新对辅助设计教学带来了挑战：①要求主讲教师能慧眼识珠，甄别出适合规划设计行业的设计工具；②主讲教师应不断地学习，避免知识老化；③不断升级的软件对硬件的要求也越来越高（表 2）；④软件与硬件更新的双重需求致使教学成本不断攀升，教学投入明显不足。

3 应对措施与策略

3.1 吐故纳新，授之以渔

在各类行业用户需求的推动下，计算机技术日新月异，各类辅助设计软件（包括虚拟仿真软件）的功

AutoCAD和AutoCAD Civil 3D的计算机硬件配置比较表 **表2**

软件	处理器	显存	硬盘空间
AutoCAD 2004	Pentium(r) Ⅲ 以上，或兼容处理器	128MB（建议 256MB）	300M
AutoCAD 2014	对于 Windows 8 和 Windows 7：英特尔 Pentium 4 或 AMD 速龙双核处理器，3.0 GHz 或更高，支持 SSE2 技术	2 GB（建议 4 GB）	6 GB
AutoCAD Civil 3D 2005	Pentium III/IV 1 GHz 以上	512 MB	1GB
AutoCAD Civil 3D 2014	支持 SSE2 技术的 AMD Athlon 64，AMD Opteron, IntelXeonEM64T，Intel Pentium4 EM64T	4 GB（建议 8 GB)	12 GB

注：以上数据来源 Autodesk 官方网站 www.autodesk.com.

能日益完善，涌现出了很多有市场竞争力的软件产品如 CityEngine（2008 年 7 月发布）和 Lumion（2010 年 11 月发布）。另外，基于行业应用需求进行功能定制的二次开发软件也层出不穷，如国内的湘源控规、CityPlan、GPCADK 等。

辅助设计软件不断推陈出新客观上要求授课教师应与时俱进，同步或及时地更新教学内容，以便使学生能掌握最前沿的辅助设计利器。在计算机技术迅猛发展的今天，让学生毕业后在自己的工作岗位仍能运用最新的设计工具从而保持其工作效率和竞争力的捷径在于：主讲教师在传授辅助设计知识和工具的同时，能“授之以渔”，即培养学生的在计算机辅助设计方面的自主学习能力。

3.2 睿智甄别，回归本源

令人眼花缭乱的计算机辅助设计软件让初学者无所适从。作为授课老师的一项很重要的任务就是根据城市（城乡）规划专业的培养目标，筛选出合适的设计工具并相应地设置课程内容，拟采用以下两个筛选原则：①课程内容应具有较宽泛的适应性，既能适应宏观规划（总体规划）的要求，也能适应中观层面规划（控制性详细规划）和微观层面物质空间规划（修建性详细规划）的需求；②设计工具的选用应本着回归辅助设计本源的原则，尽可能化繁为简，使学生能专注于规划设计，而不是把大量的时间消耗在如何操作软件上。

根据以上两个原则，本课程的教学内容和所使用的软件可作如下安排：

（1）总规、控规辅助设计宜选择商用的控规软件。商用的控规软件一般是基于通用 AutoCAD 平台的二次开发软件，前者在具有后者所有功能的基础上，结合行业应用需求，实现了多个定制工具和批量处理命令（如图层孤立、线转道路、交叉处理、生成指标总表和平衡表、自动分幅、批量坐标等），可极大地提高设计效率，并保证制图的规范性（如统一的图层名称和样式，统一的标注样式）。目前各规划设计院普遍采用商用的控规软件进行总规和控规设计。

（2）城市设计和修建性详细规划辅助设计宜选用 SketchUp+Lumion 的组合。SketchUp 长于草图设计，它在三维建模方面的便捷性与高效性无可争议，而 Lumion 是一个实时的 3D 可视化工具，通过使用快如闪电的 GPU 渲染技术，能够实时渲染 3D 场景，支持现场演示，并提供优秀的场景图像和视频，涉及的领域包括建筑、规划和设计。最新发布的 Lumion 4，直接支持 skp 格式（SketchUp 模型文件），具有最新的镜头光晕和相机特效，更真实的阳光和阴影，改进的两点透视，更逼真的天空、海洋、草坪、落叶、喷泉效果，更多的组件和素材库 [6]。考虑到 Lumion 易于学习、容易使用、超级互操作性和逼真的渲染效果等诸多优势，可以预见，3dsMax 建模和 Vary 渲染的设计模式终将被 Sketchup 建模 +Lumion 渲染的设计模式所代替。基于以上判断，本课程应顺应这一趋势，采用 SketchUp+Lumion 的辅助设计模式并合理调整课程内容，以便最大程度地节省建模和渲染时间，使学生能更专注于规划设计方案构思和设计。

(1)

(2)

图 1　Lumion 场景实时渲染效果

图片来源：Lumion 官方网站 http://lumion3d.com

（3）大范围的场景建模宜采用 CityEngine。与建筑设计相比，城市规划设计的尺度通常要大得多。面对动辄几平方公里的城市规划设计范围，利用 SketchUp 所构建三维场景只能用简单的被拉升的体块来表达。在 SketchUp 中，过多的模型和细节通常会使简单操作（如视窗平移、对象复制）举步维艰，试图使其表达更多细节的意图往往落空。为了解决大尺度下城市三维建模的效率问题，我们在教学内容中引入了 Esri 公司的 CityEngine，试图利用参数化技术，在一系列规则（脚本程序）驱动下，实现大范围场景的快速建模。与 SketchUp 相比，在大范围场景下 CityEngine 的优点在于快速、批量、自动地创建三维模型，可展现更多的细节（建筑表皮纹理、屋顶等）。

图 2　基于 CityEngine 的费城三维城市模型

数据来源：CityEngine 官方网站 .

图 3　基于 CityEngine 的城市道路建模（双向六车道有中央隔离带）[7]

3.3　紧密耦合，同步开设

针对目前辅助设计课程与专业设计课程相互脱节，教学效果不佳的情况，理想的解决方案是将辅助设计的知识嵌入到相应的规划设计课程中，实现辅助设计课程与专业设计课程的紧密耦合。如在开设城市总体规划设计和控制性详细规划设计时，同步讲授计算机辅助总规设计和控制性详细规划设计的相应内容，通过与专业设计课程的配合，经由规划设计作业的专题化训练，切实提高学生的辅助设计能力。

结合最新的城市规划专业教育评估文件和计算机辅助规划设计最新发展趋势，建议将辅助设计内容分解为以下两部分：① SketchUp+Lumion：与建筑设计课程相互配合，同步开设，重点学习 SketchUp 的三维建模和 Lumion 的效果图制作；②控规软件 +CityEngine，与控制性详细规划设计课程相互配合，同步开设，重点学习控规软件平台下用地方案辅助设计、图则绘制，CityEngine 的参数化三维城市建模（大尺度建模）。其考核方式可参考同济大学的做法，见前文 2 中第 3 点的相关内容。

3.4　整合资源，强化支撑

与一般的计算机教学相比，计算机辅助城市规划设计教学对软硬件的要求更高，需要更多的教学投入以支撑课程建设。配置先进的软硬件设施的计算机教学机房，在完成教学任务的同时，也可为规划学科提供服务，包括对规划研究课题和规划设计项目的软硬件支撑和技术服务，从这个意义上讲，学科理应提供一定的投入以支持课程建设。就浙江大学而言，学科可通过 985 平台、学校对建筑规划学科的专项经费，以及学校返还研究所的项目经费分成、规划设计院对规划学科的支持经费等途径投入课程建设。另一方面，几乎所有核心专业设计课程均需要计算机辅助城市规划设计课程的支持，特别是在后者与前者紧密耦合的情景下，前者理应拨出部分建设经费用于后者的建设。例如我校的精品课程城市总体规划、城市详细规划设计每年均有课程建设经费，集多门专业设计课程之力筹措经费可在一定程度上缓解计算机辅助设计课程投入不足的问题。最后，友好并有策略地与软硬件供应商沟通，说服供应商为高校用户提供最大幅度的销售优惠（对于高校用户，软件的折扣通常会达到 50%

甚至更多），从而大幅削减软硬件采购的开支。

4 结论

随着计算机技术的不断进步，计算机辅助设计课程在城乡规划专业培养方案中的重要性是不言而喻的。为提升课程的教学质量，需在提高教师的业务水平，完善课程内容设置，密切衔接专业设计课程，改善课程教学的软硬件条件等方面多下功夫。惟其如此，才能切实提高城规专业学生的计算机辅助设计能力，进而提升其综合素养。

主要参考文献

[1] 庞磊，杨贵庆．c+A+d：城市规划计算机辅助设计课程教学探索，城市规划，2010，34（9）：32-34，48.

[2] 吴宁．基于目标识别和参数化技术的城市建筑群三维重建方法研究．浙江大学博士学位论文，2013 年 5 月．

[3] 同济大学建筑与城市规划学院城市规划系．同济大学建筑与城市规划学院城市规划专业(本科五年制)自评报告，2010 年 1 月．

[4] 天津大学建筑学院城市规划系．天津大学城市规划专业本科（5 年制）教育评估自评报告，2010 年 1 月．

[5] 重庆大学建筑城规学院城市规划系．重庆大学城市规划专业本科教育评估自评报告，2010 年 1 月．

[6] Act-3D. What's new in Lumion 4.0［EB/OL］. http：//lumion3d.com/lumion-4-0-update/.

[7] 陈秋晓，张斌，吴宁，周玲．城市道路参数化建模规则初探．建筑与文化，2013，7：40-41.

Study on problems and challenge faced by the course 'computer aided design for urban and rural planning' and discussion on the corresponding measures

Chen Qiuxiao Tao Yichao

Abstract: The course 'computer aided design for urban and rural planning' is an important one which supports the majority core courses of urban and rural planning major. However, its importance has not yet formed a consensus in the field of urban and rural planning education. Targeting on the improvement of the course education effectiveness and students' computer aided design ability, the course problems and challenge faced were analyzed, and the corresponding measures were proposed.

Key words: computer aided design, urban and rural planning education, parametric design, CityEngine, Lumion

与时俱进　殊途同归
——大陆与香港之城乡（市）规划专业发展路径比较

李　云

摘　要：由于政治经济背景与发展阶段的差异，中国大陆与香港的城乡（市）规划[1]学科的建设条件与社会需求不尽相同，这也导致了两地规划学科发展路径的不同。而最终的发展方向却具有一定的共同特征——理工并重、专业性与社会性同步发展。

关键词：城乡规划，大陆，香港，发展路径

1909年利物浦大学在英国最先开设城市规划专业以来，西方发达国家已逐渐建立起了比较完善成熟的教育体系。而我国大陆城市规划专业教育起步于1952年，香港则是1980年才正式建立城市规划研究生的培育机制。两地的后发态势决定了必须在西方成熟范式的指引下，与时俱进地建立符合当地社会发展需求的规划教育体系。由于政治经济背景与发展阶段的差异，中国大陆与香港的城乡（市）规划学科的建设条件与社会需求不尽相同，这也导致了两地规划学科发展路径的不同。

1　中国大陆城乡规划学科发展趋势

从城乡规划学科自改革开放以来的发展路径来看，其呈现出持续的跨学科综合发展与广泛的社会参与化两大趋势。

首先，城乡规划作为一门应用学科，与一般学科相比更具复杂性和综合性，具有边缘学科固有的综合性与交叉性特点，涉及人文、自然、工程等诸多领域，需要研究城市空间分布、资源配置、社会经济调控等复杂问题，其成果是城市历史、地理、文化特色的综合反映。随着社会认识与社会参与的不断提高，城乡规划专业逐渐成为人们关注的焦点，其学科内涵也呈现越来越复杂的趋势。随着国家经济持续快速发展，日益复杂的城乡统筹的空间建设亟需一个统一而综合的独立学科体系。因此，2011年国家将“城乡规划学”作为独立的一级学科进行设置和建设，从传统的工程技术类主导的模式迈向符合社会主义市场经济综合发展需要的学科模式，也是中国城乡建设事业发展和人才培养与国际接轨的必由之路。

然而，近三十年来，我国城乡规划学科（原城市规划）基本分为两大类：第一类是主流的基于工科（建筑学或工程学）的工程技术型，如传统的老八校和勘测类学校；第二类是依托理科（地理学和林学）的理论研究型（袁媛等，2004），这两种办学形式，各具特色而又存在不足（刘琦等，2004）。自2000年以来，两种类型的规划学科呈现出彼此交融、互相补充的共同发展趋势。需要指出的是，虽然两大类型学校的课程设置愈发相通与综合，但各学校的学科传统和基本教学格局依然延续，比如传统建筑学为基础的专业院校依然强调空间设计的技能训练，地理学流派的城乡规划专业更注重地理学相关理论在城市规划研究中的应用。这样一种两分格局，在未来的学科发展中仍将延续，标准化、综合化的城乡规划学科建设依然任重道远。

与不断跨学科的专业性相比，城乡规划更是一项实

---

[1] 由于规划学科名称在不同时期的调整，本文以大陆与香港最新的学科名称“城乡规划”和“城市规划与设计”分别指代两地的学科名称。

李　云：深圳大学建筑与城市规划学院讲师

践活动，具有强烈的社会性和参与性（袁媛等，2004）。随着社会主义市场经济的高速成长和城乡建设的突飞猛进，在所有的城镇和经济较为发达的乡村中，中国的城市规划专业正呈现出一种前所未有的普及化和大众化趋势（毛其智，2004）。城乡规划不断从规划技术编制向社会管理转变，从技术性向政策性拓展，并且物质规划正不断让位于社会民生规划，规划已经不再是少数技术精英或政治权力的空间主张，缺乏公众认可的规划必然举步维艰，难以实施。当前，在我国的大规模城市建设过程中，由于体制和政商关系等复杂因素，产生了多种多样与城市规划有关的私权与公权、市民与政府的矛盾和纠葛，且在相当程度上依然存在着行政、司法和执法的不公正。2008 年《城乡规划法》明确提出城乡规划工作方式要从计划体制下的技术精英垄断规划、转轨时期的政治精英住在规划真正走向老百姓的意愿规划，明确提出公共政策性才是城乡规划的基本属性（段德罡等，2009）。

在这样的规划发展需求下，就要求规划部门及规划师必须通过调查研究、社会协商、上下沟通等方式吸纳社会意见，使公众参与规划的权利得以实现。从规划专业的教育培养来讲，在自然环境与历史人文资源的不断受到经济利益蚕食的今天，如何让学生不断认识并坚守城乡规划中的核心精神——重视和代表公众利益，学会倾听社会公众，保持客观而科学的立场，重视公共参与及公共政策制定程序的严肃性，成为近十年城乡规划教育的一个新趋势。

2　香港城市规划学科发展路径

与大陆一水之隔的香港，其紧凑高效、生态格局分明的城市发展格局一直是大陆城乡规划学界及各级政府提倡并学习的范本，然而却很少有人真正了解香港城市规划学科的发展脉络。与大陆城乡规划学科最初根植于传统的空间设计训练不同，香港的城市规划学科的发展从一开始就呈现出不一样的特点。

2.1　规划学科缺失阶段（1950~1970 年代）

香港是全球公认的自由市场经济典范，这是香港城市经济最基本的特征之一。根据《华尔街日报》及美国传统基金会在 2013 年发表的有关经济自由度的报告，香港连续第 19 年成为全球最自由经济体。与经济自由化相辅相成的是香港政府自 1960 年代以来所一贯奉行的“积极不干预（positive non-interventionism）”政策，强调“大市场、小政府”的基本治理关系。这一施政理念甚至被一些学者视为香港奇迹发生的关键因素。因此，在二战后，香港逐渐形成了政商合作、互利依赖的城市共治格局——香港的商界领袖与专业官员密切合作，助于维持繁荣稳定的经济环境，让市民得以享受整体上自由而安定的生活。这种关系所造成的共同利益就是双方均可获得所需的自主权，商界在营商上可享自由，而政府则可有效管治社会（徐永德　伍美琴，2002）。

与此同时，在经济高度自由化的香港，其大众政治格局却并非如此开放自由。尽管政府与商界形成某种共治互依关系，然而，香港普通社会民众对“行政阶级”的施政纲领和规划策略的参与程度极低，香港基本形成“强势政府对弱势民间社会”的城市政治格局。

在这样一种特殊的政治经济格局下，香港的城市规划开始了起步阶段。面对二战后大规模重建及人口的快速增长，由于缺乏本地规划力量，香港政府主要是通过直接借鉴英国的城市规划经验来推动本地的大规模建设，推行精英治理模式。1947 年，刚于 1944 年主持完成了“大伦敦规划”的艾伯克隆比被邀请到香港为战后城市重建提供指导（李百浩、邹涵，2012）。自此，发展计划、政策检讨等先进规划理念逐步出现在香港。尽管如此，香港的城市规划学科却并未得到相应的发展。本地城市规划师数量也仅从 1950 年代的 1 人缓慢增长至 1970 年代的 33 人（叶嘉安，2013）。在实际政府工作中，由于卖地是香港政府的主要收入来源，规划署当时的工作往往受制于战后的大规模城市建设，且大多以整体发展及用地模式研究为主。

2.2　面向决策支撑的规划学科建设阶段（1980~2007 年）

经过 30 年的战后重建，当时的英国殖民地政府开始逐步引入基本的“民主开放”元素，香港市民也开始关注城市规划及城市空间政策的制定，公共参与意识不断增强，民间对“公众利益”的探讨渐起，城市规划的社会公平性特质日益显著。1997 年香港的回归，作为特区小宪法的基本法赋予香港极大的自治权，“港人治港”

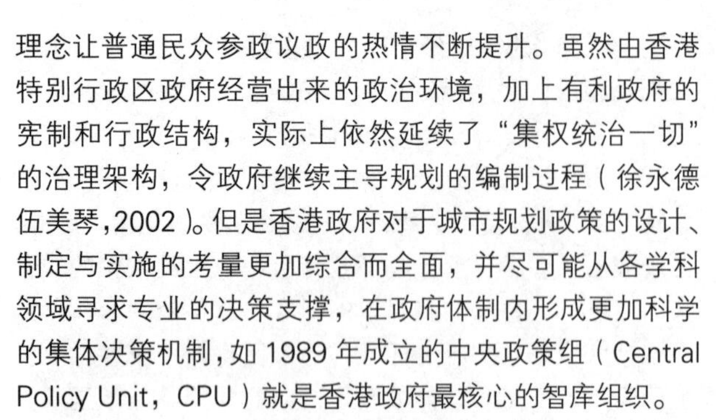

理念让普通民众参政议政的热情不断提升。虽然由香港特别行政区政府经营出来的政治环境，加上有利政府的宪制和行政结构，实际上依然延续了“集权统治一切”的治理架构，令政府继续主导规划的编制过程（徐永德伍美琴，2002）。但是香港政府对于城市规划政策的设计、制定与实施的考量更加综合而全面，并尽可能从各学科领域寻求专业的决策支撑，在政府体制内形成更加科学的集体决策机制，如1989年成立的中央政策组（Central Policy Unit，CPU）就是香港政府最核心的智库组织。

在这一时期，香港的城市规划学科开始筹建与发展。1970年代中，香港规划师学会（Hong Kong Institute of Planners，HKIP）组建，在完成组织规章和守则后，学会于1978年正式成立。同年，香港大学邀请英国规划专家Peter Hall教授研究城市规划教育的需要与重要性，并初步确定成立跨学科的城市研究与规划课程。1980年，香港大学正式成立了“城市研究及城市规划中心（Centre of Urban Study and Urban Planning，CUSUP）”，并在1991年更名为“城市规划及环境管理研究中心（CUPEM）”（以下简称中心），继续保持跨学科的研究格局，并加强城市环境科研在中心的比重，成为香港最有影响力的专注城市规划及环境教育、训练及科研的学术机构。按照香港规划学会与英国皇家城市规划学会的规划教育准则，中心从1981年开始招生——提供城市规划、环境管理、运输政策及规划，房屋管理并企业环境管治等研究生课程。同时提供专研香港及珠三角的可持续城市及区域发展研究课程。城市规划师规模也从1970年代的33人增长到2000年代的245人（叶嘉安，2013）。

从中心的课程设置来看，为了更好地为香港城市规划部门提供更好的专业建议与决策支持，课程设计主要以研究生为主，偏重城市规划研究、环境保护、交通管理等政策研究和理论解释，与大陆的依托理科（地理学、环境学等）的理论研究型比较相似。硕士核心课程主要包括可持续城市与区域规划、规划价值、城市发展理论、空间研究方法等。中心的学生主要来自各本科专业，包括城市规划（主要为中国大陆）、经济学、地理学、城市交通、环境工程等，形成了多领域、跨学科的城市研究机构。值得一提的是，香港的城市规划学科教育，特别重视对城市规划公共价值观与中立的职业操守的培养，而不仅仅是理论知识的传授。比如专业课程不会把学生直接带入实际项目，以防止与其他项目规划设计机构发生不公平竞争，以及可能的不专业学生工作而导致的相关法律诉讼。

2.3 规划学科的基础完善阶段（2008年至今）

城市规划及环境管理研究中心的成功，使香港城市规划学科的发展呈现出独特的一面——即面向可持续的高密度城市发展，培养具有国际视野、能够解决地方实务的规划师。中心的跨学科发展带来了高质量的科研成就，培养了大批优秀的城市规划师和城市研究者。然而，缺乏统一的本科教育基础，尤其是重理轻工的学科传统，使香港的城市规划学科往往停留在宏观议题或抽象的理论研究层面，难以与空间规划设计方案和实施对接，这恰恰与中国大陆城乡规划学科的工重理轻格局相反。

香港城市规划学科的（本科）基础缺失现象在近些年发生了转变。2008年7月，城市规划及环境管理研究中心重新组建为建筑学院下的城市规划及设计系（Department of Urban Planning and Design，DUPAD），教学内容继续延续之前中心的主要架构。除了既有的授课式研究生教育（城市规划硕士、城市设计硕士、住房管理硕士、交通政策及规划硕士）和科研式研究生教育外，城市规划及设计系于2012年开始招收本科生——目前主要有城市研究与住房管理两大课程。其中城市研究本科课程通过多学科教学及工作坊模式，重点培养学生的空间设计表达、理论知识、综合研究、沟通技能等解决问题的能力。

香港的另一所综合性大学——香港中文大学，也于2012年在社会科学院下开设了城市规划相关课程：城市研究。由于香港中文大学并没有城市规划及设计系，因此该本科课程内容由地理系与建筑系共同承担。课程主要分为城市规划与设计、城市环境、城市政策与管治三大方向，学生可任选一个作为自己的主要学习方向，并完成相应专业方向的课程要求。

3 小结

在中国大陆方面，依托既有建筑工学及理学基础，逐步形成了从学士、硕士到博士的合理层次，学科综合性特征愈发显著，理工并重；除了技术培养，大陆高校的学科建设对规划师职业的公共利益、价值观等社会性内容日益重视。与之不同的是，香港从 1980 年代才开始建设城市规划学科，初期阶段以研究生教育为主，注重培养学生的政策研究能力和职业道德，建筑学及工程技术能力相对较弱，这一情形随着香港大学城市规划与设计系的建立，逐步得以改善，并建立起了城市规划本科基础教育。

由于政治经济背景与发展阶段的差异，中国大陆与香港的城乡（市）规划学科的建设条件与社会需求不尽相同，这也导致了两地规划学科选择的发展路径必然不同。然而，最终的发展方向却具有一定的共同特征——理工并重、专业性与社会性同步发展。

主要参考文献

[1] 刘琦，林琳，许立．理、工、文结合办城市规划专业［M］．2004 年全球化下的中国城市发展与规划教育学术研讨会论文集．北京：中国建筑工业出版社，2004.

[2] 毛其智．对城市规划公众参与及规划教育的几点认识［M］．2004 年全球化下的中国城市发展与规划教育学术研讨会论文集．北京：中国建筑工业出版社，2004.

[3] 袁媛，许学强，薛德升．中国城市规划教育的全球一本土化（Glocal）思考［M］．2004 年全球化下的中国城市发展与规划教育学术研讨会论文集．北京：中国建筑工业出版社，2004.

[4] 段德罡，白宁，吴锋．“站点”回归——城市规划专业基础教育的探索［M］．2009 全国高等学校城市规划专业指导委员会年会论文集．北京：中国建筑工业出版社，2009.

[5] 李百浩，邹涵．艾伯克隆比与香港战后城市规划［J］．城市规划学刊，2012，1.

[6] 徐永德，伍美琴．合乎公众利益？——行政主导下专业规划师的重新定位［J］．城市规划，2002，08.

[7] 叶嘉安．香港大学的城市规划教育（会议演讲）．2013 全国高等学校城乡规划学科专业指导委员会年会．2013.

Changing with Times and towards the Similar Direction: Different Discipline Development Paths of Urban and Rural Planning in Mainland China and Hong Kong

Li Yun

Abstract: Due to differences in the politics-economic backgrounds and development stages, the social conditions and needs for the discipline development of Urban and Rural Planning in Mainland China and Hong Kong are not the same, these lead to the different paths. However, theirfinal directions share some common characteristics—laying equal stress on both science and engineering, professional researching and social communication.

Key words: Urban and Rural Planning, Mainland China, Hong Kong, Development Path

全球化趋势下城乡规划学科专业课程体系建构与优化研究——以哈工大城市规划系为例

吴纲立　吕　飞

摘　要：本研究探讨如何在全球化的趋势下，配合国内快速城镇化发展的需求，进行高校城乡规划学科专业课程体系的调整及优化。经由文献回顾、国内外高校课程比较以及规划专业学生对课程调整的意见调查，本研究建议建筑学院的城乡规划科系应在维持其在建筑及空间设计优势的传统下，加强规划课程在规划方法论、量性分析、生态环境规划设计、公共政策分析等方面的基础，以建立一套符合中国国情及全球在地化理念的城乡规划课程体系，借以因应全球化及全球环境变迁的冲击。

关键词：城乡规划学科，规划教育，课程体系，全球化，全球在地化

1　前言

在全球化之跨国信息及人力资源相互交流的趋势下，配合国内城乡规划学科升级及城镇化发展的需求，城乡规划学的领域及课程架构亟需进行适当的调整[1]，以训练符合国际趋势及国内需求的人才。在学科调整及城乡规划学领域快速扩展之际，高校城乡规划学科课程架构与内容的调整，扮演着最基本也最关键性的角色，其一方面关系着城乡规划学科专业地位的维持，另一方面则影响到目前及未来规划教师及新一代规划人才的培养。有鉴于此，本研究尝试透过系统性的分析，探讨如何依据国内环境特性，导入新的国际趋势，以进行规划课程架构之调整与优化。本研究以哈工大城市规划系为实证案例，希望发展出能因应国际趋势并具本土特色的城乡规划课程体系。基于前述研究动机，本研究尝试探讨下列研究问题：①如何界定国际城乡规划学科课程发展的趋势？②如何探讨规划学生对现有课程及新增课程的认知及需求，以提升课程优化的可操作性？③如何依据分析结果，建议适当的城乡规划学科课程体系？

2　理论及研究现状分析

2.1　全球化与全球在地化思潮

全球化可视为是一种在经济、社会、科技、文化上的“跨国化发展过程”。在此过程下，人力、企业、资金、信息、科技、文化、创意、甚至空间形式，都可能会超越国界的范围，在国际及区域间快速地流动与相互影响。这种趋势不仅改变了传统地理空间的影响力，也重新塑造了城市的角色与功能。全球化促使我们去重新省思一些基本的城乡规划问题，包括城镇化与全球化网络之关系、地域文化的意义，以及城乡规划教育的角色与功能等。在全球化的趋势下，我们更应该思考“在地化”（或称地方化）(localization)的意涵。“全球化”与“在地化”不应处于对立的关系，在世界各地普遍受到全球化影响之际，唯有加强全球化与在地化的互动与融合，借此促进地方的再发展及地域性城镇特色的建立，才能营造出可持续发展的城乡生活环境。基于此，本研究以“全球在地化”的观点切入，其概念模型如图 1 所示[2]。值得注意的是，在此概念下，城乡空间营造不应是同质性的复制，而应是地方认同及地域性特色的发掘，所以在此过程中，影响城乡发展甚巨的规划课程体系也应进行相对的调整。

吴纲立：哈尔滨工业大学建筑学院教授
吕　飞：哈尔滨工业大学建筑学院副教授

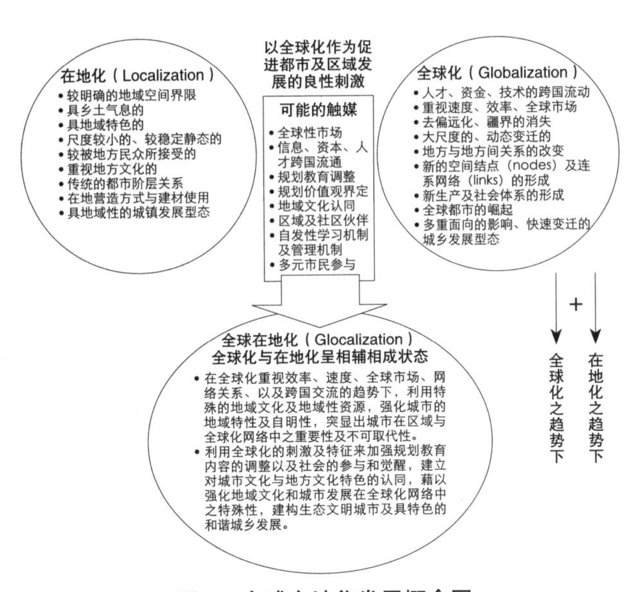

图 1　全球在地化发展概念图

资料来源：修改自参考文献[2].

2.2　相关研究与文献回顾

城乡规划学是因应城市环境变迁所发展出的学科，与其他已有 200 年以上历史的专业学科（如物理、法律、医学）等相比，此学科仍算是一个未全然发展成熟的专业学科，所以其定位及专业范围会因所处的时空环境之不同，而需不断地调整。以西方为例，自 1920 年代，城乡规划被视为是一个专业以来，此领域已进行了多次调整[3]，由早期强调土地使用规划及实质空间设计的学科内涵，扩展到纳入系统理论、量性方法、协商机制、公共政策分析、都市管理[4]；而近年来全球化思潮[5]、可持续发展思潮、都市环境管理，以及生态减碳城市思潮的导入，更增加了城乡规划学科内涵的多元性。

相较于国外城乡规划学科范畴的快速扩充，国内的城乡规划学科，仍较强调实质空间规划设计及城市设计，此种以建筑学域所衍生发展出的城乡规划学科，具有良好的空间美学及建筑空间设计层面的基础，但在规划方法论、公共政策、社会规划、都市管理及社区治理等方面的知识论与方法论基础上则较为不足[6]。所以城乡规划课程的调整及学域的扩充，以及与相关学科的跨领域的整合，已成为是必然的趋势与挑战[1][7]，而如何因应国际的趋势，如何建构“全球在地化”规划课程体系，更是当务之急。

综观相关文献，可将相关研究分为以下几类：①探讨城乡规划学科基本概念及学科建设方向的文献[1][7][8][9][10]；②探讨规划技术应用及其教学方式的文献[4][11][12]；③探讨创新性城乡规划教学模式及人才培养的文献[2][13][14]；④探讨城乡规划学课程架构及课程体系的文献[1][15][16][17]；⑤探讨新趋势下城乡规划学科之核心问题或规划专业伦理观的文献（如规划价值及公共利益的认知）[3][6][9]。综合归纳相关文献可发现，城乡规划学科的发展，已朝向训练兼顾专才性技术人员（如设计专才）及通才性决策者（如有分析及沟通协调能力的决策人员或都市管理者）的方向迈进。

3　重点高校城乡规划课程分析

3.1　英美知名高校的城市规划课程分析

本研究选取在城市规划领域居世界前沿的三所学校进行分析，分别为美国麻省理工学院（MIT）、美国加州大学伯克利分校（UCB），以及英国伦敦大学学院（UCL）。三校规划科系的课程内容及特色整理见表 1。

由三所英美知名高校的分析可看出，其城市规划系所多以课程模块的方式来组织课程体系，常见的核心课程包括：城市设计、城市发展史、规划方法、规划资料分析、个体经济学、规划机制与组织、公共政策、社区发展、规划法规。然后在此基础上导入空间分析方法、社会规划、谈判协商、环境管理、生态规划等课程，所以其规划知识论的基础通常较多元、科学性较强。

3.2　海峡两岸高校城乡规划教育的比较

回顾海峡两岸城乡规划学科的发展历程，可发现两个有趣的现象。其一，与英美城市规划科系多开设在研究所阶段不同的是，海峡两岸的城市规划系皆设有本科，且是以本科规划教育作为培养规划人才的第一线。其二，海峡两岸城市规划科系发展都大量引用西方近代城市规划设计理论，但这些移植的理论是被放在不同的规划文本、社会经济机制及空间尺度上来实施。以下就海峡两岸规划专业及课程发展做一比较。

英美知名高校城市规划课程比较表 表1

学校名称 规划科系所在学院专业学位授予	学科发展定位	课程架构与内容	核心课程	课程特色
美国麻省理工学院 建筑与城市规划学院 学士（BS in Planning） 硕士（Master in City Planning 两年学位，Master in Science 一年学位） 博士（Ph. D. in Urban Studies and Planning）	• 以训练规划师及进行都市研究的专业人员为目标。 • 重视规划与科技发展的结合。 • 重视国际化发展	• 本科城市规划课程相当多元，涵盖基础设施、能源、交通、城区规划、社区发展、城市经济、公共服务、生态、国际规划 / 发展中国家规划等方面，交叉人类学及经济学等人文社科领域。 • 个案研究所课程较少，以城市设计与发展；环境政策与规划；住宅、社区与经济发展；国际发展等四个领域来开授课程，各有一门导论的课，再搭配规划行动与沟通，规划经济、个体经济学、空间分析等基础核心课程	本科： • 城市设计与发展导论、公共政策制定、判的艺术与科学、微观经济学原理、城市规划与社会科学实验、论文研究设计专题。 研究所： • 规划行动与沟通、规划经济、个体经济学、空间分析、城市设计与发展、社区与经济发展、国际发展、规划实习或论文	• 侧重以城市为研究对象，对城市历史、社会、经济、空间和环境等进行解析。课程强调城市规划在实践中的情境性、不确定性和复杂性。 • 重视个案经验及问题检视。 • 课程强调能源、环境议题以及全球化环境变迁的冲击因应
美国加州大学伯克利分校 环境设计学院 学士（BA with Minor in City Planning，艺术学位都市计划辅修） 硕士（Master of City Planning） 博士（Ph.D.in City and Regional Planning）	• 以训练具社会责任之专业规划师及具研究能力的规划研究人员为目标。 • 主要完整的规划养成教育是放在硕士阶段。 • 课程具多样性及全面性。 • 重视规划专业者对规划核心价值及规划伦理的认知	• 以都市及区域发展为范畴，通过系统性的核心课程模块和灵活的选修课体系建立完整的课程架构体系。课程内容包括城市设计、区域经济、住宅与社区发展、小区规划、都市开发、土地使用规划、交通规划、环境与生态规划、都会及区域规划与治理、社会规划、GIS、规划支持系统、开发中国家规划等。注重规划组织、研究方法、分析工具、公众参与在规划上的应用。专业选修课程涵括环境、社会、经济、管理、交通、公共卫生、法律等面向，与多所相关科系共同授予双学位	本科： • 城市规划导论；住宅导论；都市及区域交通规划导论；都市社区；社区规划及弱势者都市政策；规划经济分析；都市设计；可持续规划。 研究所： • 城市规划史；规划数据分析方法；规划机制与组织；规划法规；都市形态与设计；都市设计；土地使用规划与管制；交通规划与政策；社区发展理论、历史与实践；都市及区域规划；以及是一个专攻领域的实习	• 课程谦顾规划理论及各规划实务面向的专业实践 • 重视规划程序及方法论的训练。 • 强调规划师的社会责任，注重规划职业道德与为公众服务的规划核心价值
英国伦敦大学 巴特利特建筑，环境设计和规划学院 学士（BSc in Urban planning，Design and Management；BSc in Urban Studies） 硕士（MSc in Urban Studies、MSc in Urban Development Planning） 博士（Planning Studies MPhil/Ph.D.）	• 以训练具都市研究能力的规划师或都市研究人员为目标 • 重视建成环境的管理，以及都市空间设计及分析方法的结合。 • 重视计划产生的方法论及逻辑性	• 在本科有城市规划（较实务）及都市研究两种学位。基础课程关注于图学、城市形态、城市空间、城市史及建成环境规划，及规划系统介绍，在高年级课程中加入分析方法、城市再生等课程，加强学生在政策、城市管理及社会规划方面的训练。 • 研究所课程分都市开发规划（较实务）及都市研究两种学位。课程内容多元，除在本科基本课程之基础上开授较深入课程之外，也有较完整的社会科学研究方法（都市研究硕士组）及都市开发实务课程（开发实务组），也加入了生态和环境管理、住宅市场及住宅政策、防灾规划、都市化、气候异变冲击、性别研究等选修课	本科： • 图学技巧；当代城市；城市与建筑文化发展；城市设计；都市形态；规划系统导论；城市史；建成环境管理；都市及区域经济；社会规划；都市政策；计划管理。 研究所： • 硕士阶段的核心课程很少，城市研究学位的核心课程只有：城市意象性；城市、空间、权力；城市实习；及社会科学研究方法；城市发展规划学位的核心课程有：城市与其关系；都市发展政策、规划与管理；都市发展实习	• 除深化传统的空间规划设计课程之外，新课程反映时代趋势及全球化的重要议题，如导入气候异变、防灾规划、生态规划、城市再生、性别研究等议题于课程之中。 • 以训练研究分析人员为都市研究硕士学位的方向，以训练专业规划师为都市开发规划硕士学位的方向，两者之间有清楚的区分，也反映在课程之上

资料来源：本研究整理．

3.2.1　中国台湾规划学科及课程之发展

1950年代联合国专家鉴于台湾地区面临快速的都市化，对于都市规划师的需求殷切，因而建议当时几所重点高校设立都市计划系所。于是成功大学延揽建筑、土木、景观等领域的学者专家，并请有留美背景的王济昌教授，于1971年8月在工学院创立了都市计划学系，由此背景不难想象我国台湾早期都市计划学科的教学内容是相当建筑及工程导向的，之后王济昌教授转至台中逢甲大学创立了台湾地区的第二个都市计划系。此时期（1970年代）可谓台湾都市规划专业的第一个黄金时期（建筑专业也是一样），学科教育以训练一批能迅速投入城市建设的人才为主要目的。尔后随着留学英美的人才的陆续加入，西方的交通规划、土地使用管制、新镇规划理念也渐渐导入规划教育及专业实践，造成城市规划领域之扩充，后来又渐渐纳入个体经济学、计量方法、环境管理、都市再生、都市及区域治理等课程。台湾高校的都市计划科系在1970~1980年代，曾引领风华。尔后随着大都市的过度发展及就业市场的改变，都市计划学科教育面临须转型的压力。

3.2.2　大陆规划学科及课程之发展

大陆的城市规划专业教育开始于1950年代初期，1956年中国高等教育专业中首次出现城市规划专业。城市规划专业教育在1960年代至1970年代期间曾一度中断，于1970年代中后期恢复发展，截止2011年5月，已有180所高校设置城市规划专业。大陆城市规划专业教育的发展历程大致可分为三个阶段：

第一阶段：早期城市规划专业主要系建筑学专业和土木工程类专业的衍生，从1950年代开始创办，之后停滞一段时间，1980年代陆续开始创办。较早设立城市规划专业的高校均依托于建筑学科的优势，如同济大学、清华大学、天津大学以及重庆、武汉、南京、哈尔滨、西安、济南等地的建筑工程类高校。

第二阶段：1990年代至20世纪初期，在延续了建筑学背景下创办城市规划专业的态势下，以理学类、工程类、林学类高校为依托创办专业成为新的趋势，在综合性大学中创办城市规划专业也方兴未艾。

第三阶段：2000年至2010年间，共有137所高校新创建了城市规划本科专业，其中，西北农林科技大学、大连理工大学、厦门大学、清华大学4所“985高校”以及合肥工业大学、云南大学、东北林业大学、福州大学、广西大学、上海大学、苏州大学、西藏大学、北京工业大学、四川农业大学10所“211高校”相继创办城市规划本科专业，另有近40所建筑、工程（工业）、交通类学科的高校、近30所师范、财经、艺术类学科的高校、近20所农林水利类的高校、10余所综合类地方高校新办了城市规划本科专业。目前，中国高校城市规划专业依其学科背景大致可分为4类：一是建筑类，约占65%；二是工程类，约占15%；三是理学类，以地理学科为基础，约占15%；四是管理与林学类，约占5%。各类城市规划学科的课程依其发展背景的不同，各有不同的着重点。

4　全球化趋势下城乡规划学科课程架构再建构

本节以哈工大城市规划系为例，对建筑学院城市规划系本科课程体系的调整提出一些建议。基本的课程架构调整构想如图2所示，建议在现有建筑、规划设计、美学、工程、历史及法规的课程基础上，增设规划方法论、公共政策、空间分析技术，以及反应国际规划思潮的课程（如景观与生态规划、社会规划（或社区发展）、地域性规划设计等方面的课程）。哈工大城市规划的现有课程架构及建议调整后的课程架构则比较于图3、图4。

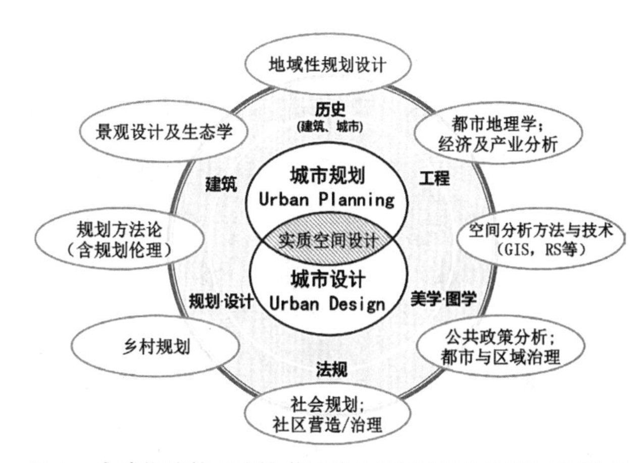

图2　全球化趋势下建筑学院城乡规划学科课程架构调整示意图

资料来源：本研究整理.

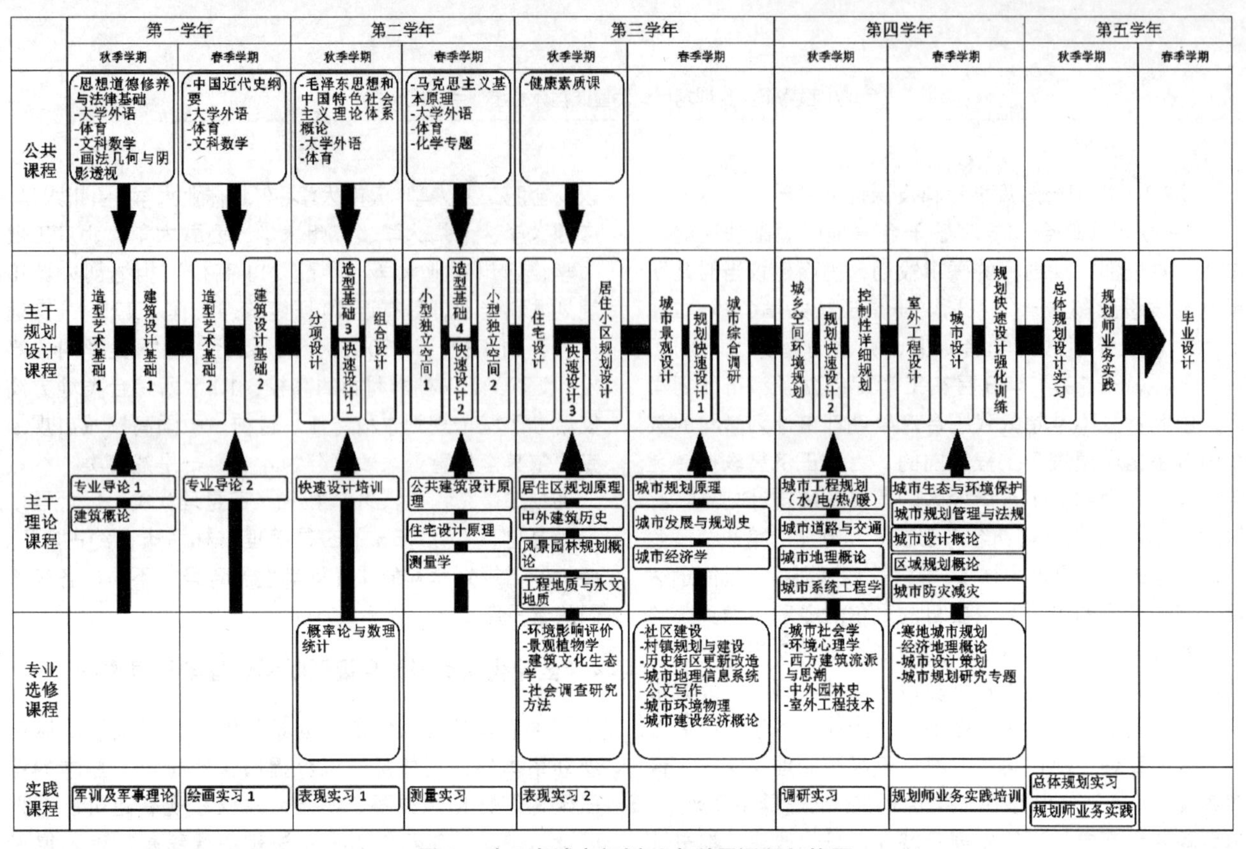

图3 哈工大城市规划系本科原课程架构图

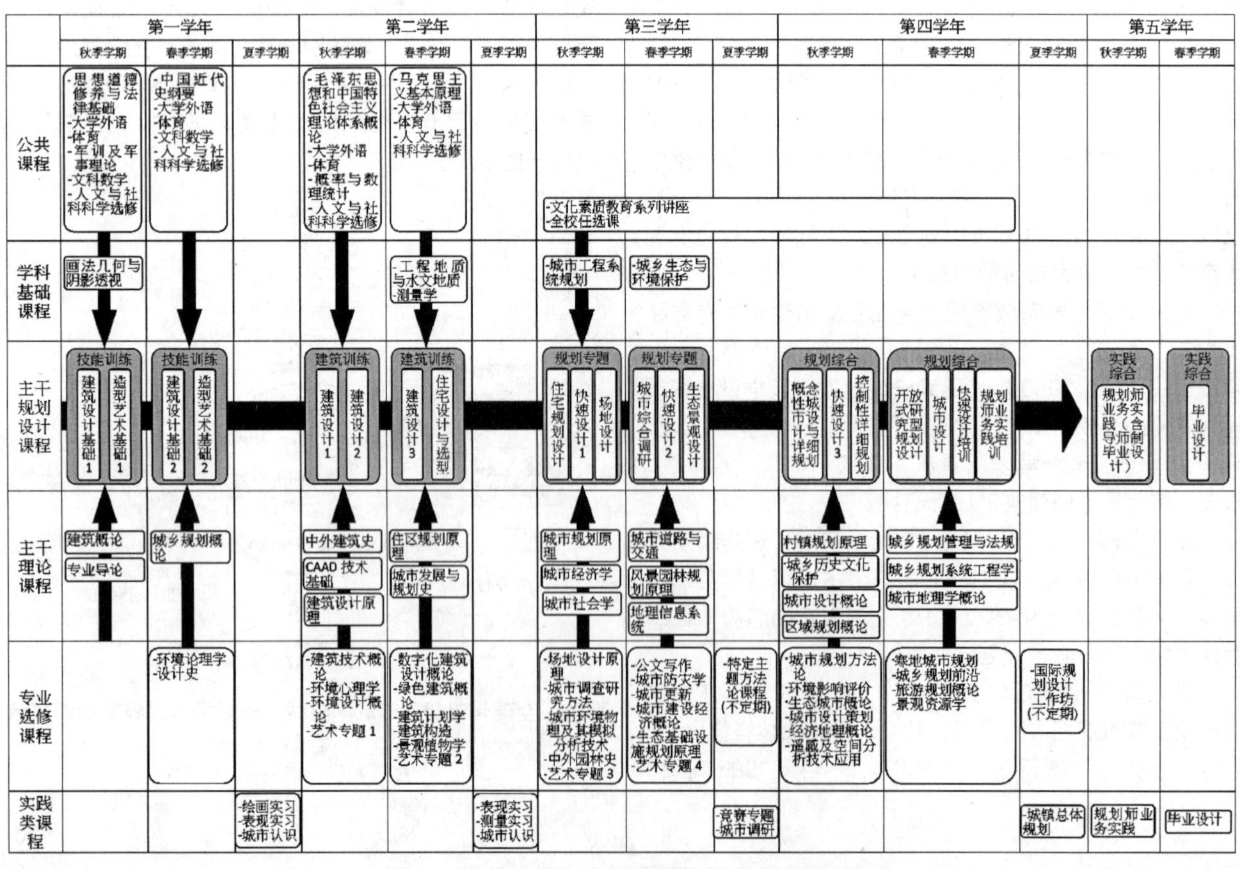

图4 哈工大城市规划系本科课程架构调整建议图

5 规划课程再建构意见调查分析

为了解城市规划系学生对本科课程调整的意见，本研究以哈工大城市规划学系同学为样本，进行问卷调查及访谈，以了解同学对现有课程及拟增设课程之重要性与掌握程度的认知。问卷是以五个等距尺度的李克特量表设计（由 1~5，3 代表普通）。除了课程内容的调查之外，也就规划学生对专业基本素养的掌握程度进行调查。调查学生为哈工大城市规划系本科大四、大五及本校直升的研究生。问卷共发放 106 份，回收有效问卷 79 份，有效回收率 74.5%，调查分析结果如下。

规划学生对主干规划设计课程之重要程度及掌握程度的认知分析表 表2

课程类别	课程名称	课程的重要性***		对课程的掌握程度***	
		平均数*	标准差	平均数*	标准差
主干规划设计课	城市设计（设）**	4.71	0.56	3.53	0.75
	居住社区规划设计（设）	4.69	0.59	3.75	0.79
	控制性详细规划（规）（法）	4.52	0.72	3.61	0.80
	总体规划设计实习（规）（法）	4.50	0.72	3.42	0.80
	毕业设计（设）	4.41	0.77	3.56	0.74
	规划师业务实践（规）	4.40	0.79	3.47	0.69
	住宅设计（设）	4.38	0.68	3.56	0.67
	开放设计（设）	4.38	0.73	3.62	0.76
	城市综合调研（规）	4.32	0.81	3.59	0.70
	城市景观设计（设）	4.29	0.78	3.39	0.75
	城乡空间环境规划（规）	4.26	0.79	3.48	0.76
	建筑设计基础（建）	4.24	0.69	3.47	0.72
	小型独立空间 II（设）	4.16	0.60	3.39	0.70
	小型独立空间 I（设）	4.12	0.62	3.36	0.72
	组合设计（设）	4.10	0.63	3.42	0.68
	分项设计（设）	4.01	0.65	3.31	0.71
	造型艺术基础（美）	3.78	0.92	3.20	0.78

注：* 平均评值从 1~5，3 代表普通，越接近 5，代表该课程的重要性（或对其掌握程度）越高。

** 为方便比较，将表中课程分类，分类简写为：（美）：美学、绘图类；（建）：建筑类；（建）：建筑类；（规）：规划类；（设）：设计类；（法）：法规类；（经）经济类；（生）生态类；（其）其他，以下表格也同。

*** 依据访谈的经验，学生对课程重要程度及掌握程度的认知除了受课程本身的适当性之影响外，也受教师授课能力的影响。

规划学生对主干理论课程之重要程度及掌握程度的认知分析表 **表3**

课程类别	课程名称	课程的重要性		对课程的掌握程度	
		平均数*	标准差	平均数*	标准差
主干理论课	城市规划原理（规）	4.60	0.69	3.76	0.78
	居住区规划原理（规）	4.56	0.65	3.72	0.81
	城市道路与交通（规）	4.48	0.69	3.69	0.73
	城市设计概论（设）	4.32	0.82	3.52	0.84
	区域规划概论（规）	4.28	0.70	3.48	0.76
	城市发展与规划史（历）	4.25	0.73	3.57	0.83
	快速设计培训（设）	4.21	0.79	3.12	0.80
	城市规划管理与法规（法）	4.17	0.78	3.39	0.80
	住宅设计原理（设）	4.10	0.78	3.41	0.75
	公共建筑设计原理（设）	4.07	0.76	3.26	0.81
	中外建筑历史（历）	3.96	0.84	3.52	0.85
	城市防灾减灾（规）	3.87	0.84	3.19	0.89
	城市工程规划（水/电/热/暖）（工）	3.85	0.80	3.22	0.78
	城市生态与环境保护（规）	3.84	0.81	3.37	0.81
	城市经济学（规）	3.81	0.83	3.25	0.80
	城市系统工程学（工）	3.78	0.85	3.32	0.86
	建筑概论（建）	3.78	0.76	3.20	0.73
	风景园林规划概论（规）	3.68	0.79	3.34	0.82
	测量学（工）	3.61	0.96	3.32	0.90
	城市地理概论（规）	3.53	0.78	3.18	0.85
	工程地质与水文地质（工）	3.31	0.92	3.05	0.90

注：* 平均评值从 1~5，3 代表普通，越接近 5，代表该课程的重要性（或对其掌握程度）越高。学生对课程重要程度及掌握程度的认知除了受课程本身的适当性之影响外，也受教师授课能力的影响。

由表 2 及表 3 可看出，老八校之一的哈工大城市规划系的同学普遍认为，设计导向的课程（如城市设计、居住社区规划设计）及实质空间规划导向课程（如控制性详细规划、总体规划设计实习、城市规划原理、居住区规划原理、城市道路与交通）之重要性较高，而对于重要性认知程度较高的课程，通常同学觉得对该课程的掌握程度也较佳。

就专业选修课而言（表 4），受调查学生还是普遍认为城市设计或实质城市建设类的课程之重要性较高（如历史街区更新改造、村镇规划与建设、城市设计策划），此也显示出就业市场的需求会影响到同学对课程重要性之认知，至于基础科学性分析的课程，如概率论与数理统计及城市环境物理，则似乎较不受到同学的重视。

接着对拟新增课程进行分析，调查结果显示（表 5），在方法论的新课程中，城市规划方法论最受学生的欢迎，而在理论与应用的课程中，城市规划前沿及寒地城市规划两门课受到较高的重视。最后，就受调查同学对于全球化趋势下其对规划师基本素养之掌握程度进行调查，结果显示（表 6），建筑学院城市规划系本科的高年级生及研究生对于规划表现法以及规划方案发展的掌握能力较强；但是对于规划专业伦理、规划中的公共利益的认知、全球与区域视野、公共政策分析、城市管理等方面

规划学生对专业选修课程之重要程度及掌握程度的认知分析表 **表4**

课程类别	课程名称	课程的重要性		对课程的掌握程度	
		平均数*	标准差	平均数*	标准差
专业选修课	历史街区更新改造（规）	4.08	0.77	3.46	0.80
	村镇规划与建设（规）	4.04	0.80	3.49	0.77
	城市地理信息系统（规）	4.04	0.82	3.39	0.79
	城市设计策划（设）	3.98	0.75	3.41	0.83
	社会调查研究方法（规）	3.94	0.78	3.48	0.74
	室外工程技术（工）	3.84	0.79	3.48	0.76
	社区建设（规）	3.79	0.85	3.29	0.79
	城市社会学（其）	3.65	0.84	3.30	0.74
	规划公文写作（法）	3.57	0.92	3.33	0.87
	环境心理学（其）	3.56	0.82	3.32	0.72
	经济地理概论（经）	3.56	0.72	3.27	0.72
	中外园林史（历）	3.55	0.77	3.28	0.61
	景观植物学（生）	3.33	0.92	2.94	0.88
	西方建筑流派与思潮（历）	3.32	0.81	3.02	0.80
	城市建设经济概论（经）	3.31	0.79	3.18	0.71
	城市环境物理（工）	3.22	0.89	3.10	0.84
	概率论与数理统计（工）	3.21	1.01	3.27	0.85
	建筑文化生态学（建）	3.19	0.97	2.97	0.84

注：* 平均评值从 1~5，3 代表普通，越接近 5，代表该课程的重要性（或对其掌握程度）越高。

规划学生对拟新增课程之支持程度的认知分析表 **表5**

课程类型	课程名称	重要程度	
		平均数*	标准差
方法论	城市规划方法论	4.14	0.76
	遥感及空间分析技术应用	3.75	0.89
	环境影响评估	3.56	0.82
	城市环境物理及其模拟分析技术	3.36	0.92
理论与应用	城乡规划前沿	4.12	0.86
	寒地城市规划	4.09	0.80
	城乡历史文化保护	3.96	0.79
	生态城市概论	3.78	0.93

注：* 平均评值从 1~5，3 代表普通，越接近 5，代表受访者认为该课程的重要性越高。

规划学生对城乡规划基本专业素养之掌握程度的认知分析表　　表6

课程类型	课程名称	重要程度	
		平均数*	标准差
规划伦理与价值观	规划中的公共利益	3.19	0.69
	规划的专业伦理	3.16	0.73
思考与观念扩展	创造性思维	3.23	0.78
	全球与区域视野	3.16	0.74
技术应用	规划表现法及效果图制作能力	3.71	0.68
	规划方案发展能力	3.46	0.80
	规划科学性工具的应用能力	3.27	0.77
交流与协商能力	团队协作能力	3.69	0.94
	社会交往能力	3.42	0.92
	与民众及业主的沟通协调能力	3.38	0.88
政策分析与都市管理	逻辑思维能力	3.40	0.80
	公共决策理论	3.23	0.74
	公共政策素质	3.18	0.78
	城市管理	3.15	0.83

注：* 平均评值从 1~5，3 代表普通，越接近 5，代表受访者认为对该项目的掌握程度越高。

的掌握能力则较弱，此显示出这些年轻规划学生的全球化视野及跨领域知识论基础应该加强。

6　结论与建议

本研究以全球在地化的观点切入，对哈工大建筑学院城市规划系的课程优化进行研究，经实证分析，提出以下综合性的建议：

（1）重新思考城乡规划教育的目的

配合全球化冲击及城乡环境的改变，规划划教育应仔细思考其核心目标为何，包括城乡规划主要是要服务谁（业主、居民、环境）？是要训练什么样的规划师、公共决策者，以及专业研究人员？规划专业者须了解规划的终极目的是什么，（是公共利益及社会集体福祉吗？）以及学习如何善用规划工具来达成此目的。

（2）重新定位规划师及规划专业者的角色与社会责任

规划专业者及规划师应学习扮演多重的角色，随着规划工作之进行，适时地调整其角色。对于一个成功的规划师，除了传统空间规划设计师的角色之外，其需扮演的新角色还可能包括：政策分析者、协调沟通者、民众参与促成者、社区教育者、弱势团体代言者、生态监护者等。年轻的规划师须要具有多元的知识论基础，才能扮演这些角色，这些训练应在学校阶段就开始，年轻学子也应学习如何保持一颗开放及包容的心，因时因地制宜，去调整其规划师的角色。

（3）善用多元的规划方法，找寻规划的核心价值

配合规划方法论及规划支持课程的发展（如决策理论、信息技术、量性模型、空间分析方法、策略规划、协调沟通、行动研究等），规划教育体系的调整应引导学生去学习如何使用多元的规划方法及工具来协助找寻规划的核心价值，并引发良性的多元参与，以凝聚对规划行动及方案的共识。

（4）加强系统性、科学性的方法论课程

规划是一种理性的操作，应避免个人主观价值观来主导结果，科学性规划方法的导入，可支持规划的客观性及民众对规划方案的接受度。相关课程开授时，应了

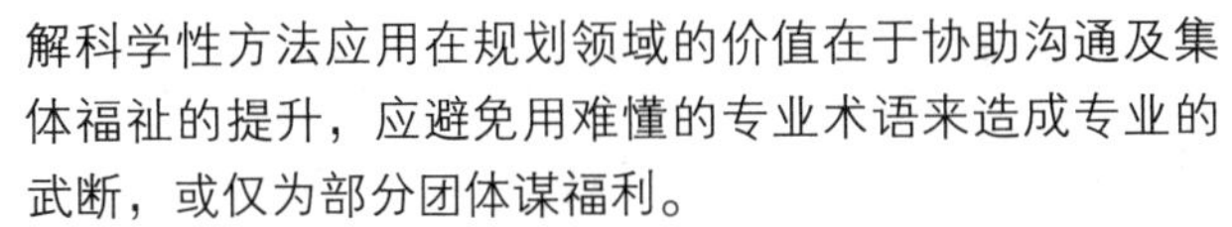

解科学性方法应用在规划领域的价值在于协助沟通及集体福祉的提升，应避免用难懂的专业术语来造成专业的武断，或仅为部分团体谋福利。

（5）了解城乡规划的公共政策本质

城乡规划其实不可能独立于公共政策及政治活动之外，规划学生及规划专业者应了解此一规划的特质（或是宿命），选修适当的公共政策及都市管理课程，并学习如何善用政治活动或政治影响力，来实践规划中的公共利益。

（6）强调全球在地化的规划课程设计

全球化趋势下的规划专业竞争之利基，不在于在同构型的空间方案复制，而在于差异性的创造。所以城市规划系应依据其本身的优势及地域性特色，一方面掌握全球环境变迁下的国际规划趋势及关键议题，另一方面发展综合性、具区域性特色的课程体系，借此打造出全球在地化的中国城镇化发展。让规划学生及规划师积极地走入地方社区、建构地域自明性及文化认同可能是一个起点。

本研究感谢哈工大人才引入计划的支持。

主要参考文献

［1］ 赵万民，赵民，毛其智．关于“城乡规划学”作为一级学科建设的学术思考［J］．城市规划，2010，06：46-52.

［2］ 吴纲立．永续生态社区规划设计的理论与实践．中国台北：詹氏书局，2009.

［3］ Hall, Peter. Cities of Tomorrow. Blackwell Publishers, 2002.

［4］ Chakrabarty, B. K. “Urban Management: Concepts, Principles, Techniques and Education.” Cities, 18.5 (2001): 331-345.

［5］ Kunzmann, Klaus R. “Planning education in a globalized world.” 1999: 549-555.

［6］ 吴纲立．从规划思潮的发展及海峡两岸城市规划教育的再定位看公共利益与城市规划的关系［A］．美丽城乡永续规划——2013全国高等学校城乡规划学科专业指导委员会年会论文集［C］．北京：中国建筑工业出版社，2013：35-41.

［7］ 吴志强，于泓．城市规划学科的发展方向［J］．城市规划学刊，2005，06：2-10.

［8］ 石楠．城市规划科学性源于科学的规划实践［J］．城市规划，2003，02：82-83.

［9］ 杨贵庆．“城乡规划学”发展历程启示和若干基本问题的认识［A］．美丽城乡永续规划——2013全国高等学校城乡规划学科专业指导委员会年会论文集［C］．北京：中国建筑工业出版社，2013：3-9.

［10］罗震东．科学转型视角下的中国城乡规划学科建设元思考［J］．城市规划学刊，2012，02：54-60.

［11］李珽，李珣馥．在城市规划设计课程教学中引入GIS的探索［J］．中国电力教育，2010，13：66-67.

［12］Jiang, B., C. Claramunt, M. Batty, Geometric accessibility and geographic information：extending desktop GIS to space syntax, *Computers, Environment and Urban Systems*, Volume 23, 1999: 127-146.

［13］卜雪旸，运迎霞．城乡规划学本科教育多样化人才培养模式研究［J］．规划师，2012，01：221-225.

［14］冯维波，裴雯，巫昊燕，乔柳．城市规划专业课程设置构想—融合建筑学与地理学的城市规划教育模式［J］．高等建筑教育，2011，03：52-56.

［15］陈金泉．城乡规划专业教育课程体系构建[J]．教育教坛，2012，10：240-256.

［16］殷洁，罗小龙．构建面向实践的城乡规划教学科研体系［J］．规划师，2012，09：17-20.

［17］程兴国，高华丽，李慧勇．转型背景下建筑学专业城乡规划课程教学研究［J］．教育与职业，2013，33：152-154.

Redevelopment and Refinement of the College Course Structure of Urban and Rural Planning Education–Case Study of HIT Urban Planning Program

Wu Gangli　Lu Fei

Abstract: This study explores how to conduct the adjustment and refinement of the course structure of urban and rural planning on college level in order to meet the trend of globalization and the need of urbanization in China. After systematic analyses including literature review, comparison of the course structure of selected planning institutes, and a survey of planning students, this study suggests that the planning department in architecture schools should maintain their tradition of keeping the strength in architectural and spatial design, while enhancing the courses on planning methodology, quantitative methods, ecological planning and design, public policy analysis at the same time in order to build a refined course structure that fits into the local environment of China as well as the concept of glocalization. It is also hoped that the refined planning course structure will help mitigate the impacts of globalization and global climate changes.

Key words: planning discipline, planning education, course structure, globalization, glocalization

基于规划职业现实性的规划价值观培养模式初探

赵志庆　张昊哲　李天扬

摘　要：对规划职业现实性中规划价值观的立场及利益平衡的忽视，导致了我国城市规划人才与用人单位在规划工作实施上的双向困惑。本文在剖析规划职业现实性及其特征的基础上，对目前我国规划价值观培养特征及问题进行反思，并提出相应培养体系的方法模式构思。只有将学生的规划价值教育建立在全面理解“规划是面向多元利益主体的咨询服务”这一现实性特征之上，未来的城市规划运作才能更加和谐顺畅。

关键词：城市规划教育，职业现实性，价值观培养，利益主体

随着城市建设对城市规划人才强有力的需求，城市规划学科及其专业教育得到了迅速的发展，据国家高等学校城市规划专业指导委员会2008年的不完全统计，国内设有城市规划专业的大学院校由1998间建设初期的30多所猛增至180所左右。城市规划专业教育在我国社会经济发展及城乡建设中发挥的作用愈发重要，其承担的社会职能愈加关键。

1　问题提出

城市规划工作具有明显的社会科学工作属性，规划价值观的培养，决定了城市规划专业学生在未来承担社会责任的态度和能力，是城市规划专业教育的关键和核心。然而，在实践中城市规划毕业生与用人单位普遍存在着一些困惑，这些困惑反映出我国城市规划教育在学生的规划价值观培养环节还存在缺陷和不足。

1.1　毕业生的困惑

刚毕业的城市规划专业学生难以在开发商利益、公众利益、政府角色中实现规划理论中种种理想。当今社会的市场经济下，规划师作为咨询服务类的社会角色，其服务对象的利益结构变得更为多元，国家、地方政府、开发商或普通民众都具有互不相同的价值取向和利益追求，然而城市规划学生在本科所接受的专业教育中对于学生价值取向的培养偏向统一化和理想化，难以适应社会中诸多价值观的转换。

1.2　用人单位的困惑

不少用人单位对毕业生完成实际工作中难以达到工作需求也表示无奈。重庆大学的翠英伟在对规划设计单位、规划管理部门等用人单位发放的专业人才市场需求意向的调查中显示75%以上的用人单位认为我国目前的城市规划专业人才培养质量与社会需求存在一定差距甚至差距较大。[1]不同的用人单位代表着不同的利益主体，面对不同利益主体利益观和价值观的演变和碰撞，单一的城市规划公共价值观是远远不能应付的。

造成双向困扰的原因，在于我国在规划教育中对理论和技能教育的偏向，而忽视了对规划职业的现实性的思考和对价值观立场及平衡的研究。因此，在规划学生中进行规划师价值观教育改革势在必行。

2　规划职业的现实性及特征

2.1　规划职业的现实性

现实性是指包含内在根据的、合乎必然性的存在，是客观事物和现象种种联系的综合。[2]教育过程中，理想化的课堂教育与实际的职业现实性难免存在差距，只有认清职业的现实性，才有助于改革现有的教学体系。

市场经济下城市规划职业的现实性在于规划师必须在政府、市场、社会中寻求平衡，即城市规划职业体现

赵志庆：哈尔滨工业大学建筑学院教授
张昊哲：哈尔滨工业大学建筑学院助理研究员
李天扬：哈尔滨工业大学建筑学院硕士研究生

着面向多元利益主体的咨询服务特征。

其中，城市规划职业的多元利益主体是指直接或间接地参与规划的编制、审批、执行、评估，及监督的个人、团体和组织。本文将规划师的利益主体分为三类：代表国家利益主体的地方政府、规划、城建、市政等管理部门；代表市场利益主体的各类开发商、企业等各种利益集团；代表社会民众利益的市民公众及非政府团体，他们各自在现行的规划体制中承担一定的职责。

城市规划是通过系统的、创造性的方式来影响社区、城市、乡村，乃至都市圈、国家和世界的未来。规划师运用他们的专业技能，帮助利益主体解决社会、经济、文化、环境等问题。城市规划职业的咨询服务特征主要体现在以下几方面：

（1）服务主体的高度参与性　服务主体参与到城市规划的决策中来，其主要目的是为了实现自身的相关利益与在公共政策中能拥有一席之地，城市规划中的权利客体所指的是规划过程中所涉及的各种社会资源和利益，所以服务主体为了使其获得的资源和利益最大化，通常会高度参与到规划过程中。

（2）服务主体利益的多元化　规划师的服务主体在自身价值取向的指导下参与规划过程，并以自身的行为影响规划过程，其主要目的是为了实现自己的利益。但近年来，在城镇化进程中涉及多方利益主体的矛盾和冲突等社会问题较多发生，利益主体逐渐分化进而呈现出多元化的趋势。

（3）服务主体价值观的分异　规划目标从理想的角度讲是全体参与主体共同达成一致的结果，包含了规划过程的整体价值取向。但规划参与主体的行为由于受到自身价值取向的驱动，他们之间可能会存在一定的认识分歧或对立，从而使得规划目标向某一方主体偏离，造成资源不均衡分配。

2.2　规划师职业价值取向特征分析

规划师职业的雇主单位有以下四大类：地方政府、开发商、设计咨询机构及社会公众。服务于不同主体的规划师都有其独特的规划价值观。

（1）受雇于地方政府的规划师职业特征

城市建设和发展中，地方政府的主导作用日益强化。首先，地方行政机构是政策执行的主导机构，也是政策建议的主要来源，在城市规划层面具有一定的审议权力。其次，地方政府是规划实施和管理的重要主体，依照审批通过的城市规划，合理配置和利用国有土地资源，引导和协调城市建设活动等。另外，由于中央将国有经济的一部分控制权逐步转为地方控制，使得我国地方政府的独立经济利益正在逐步加强。[3]

就职于地方政府（城市规划行政主管部门或城市建设相关部门）的规划师，其职业特征是公共性的，具有一定的行政决策权与执行权。此类规划师需要树立的价值观是促进城市社会、经济、环境的协调发展，维护社会资源和利益的公正。

（2）受雇于开发商的规划师职业特征

开发商是当前城市建设的土地投资者，利益取向是谋求土地开发价值和商业利益的最大化，这与城市整体利益可能是一致的，也可能是冲突的。在建设项目选址、开发强度等方面，开发商占有主导地位，他们希望在城市规划蓝本形成过程中获得表达观点的机会，以便实现其效益和利益的最大化。

因此，受雇于开发商或企业等实体的规划师的价值取向是为雇主选取区位条件优越、产业氛围浓厚、基础设施完善的土地，以实现项目的投资效益和收益前景，而对于城市整体效益和社会公众利益的关注往往是被动的。

（3）受雇于设计咨询机构的规划师职业特征

设计咨询机构是指各类从事规划设计或相关工作的企事业单位，以各地的市院、省院等为代表。所拥有的大量城市规划人员，其职业地位和社会影响力是比较高的，在城市重大问题和项目的研究与决策过程中起关键作用。

在这些部门供职的规划师职业价值观特征体现在：一方面，规划师提供技术服务来满足市场需求时，职业目标是满足雇主的明确要求并获得相应的经济回报；另一方面，也承接一定数量的关系到城市整体利益和长远发展的重要规划，此时，其价值取向是公共性的。在这两种情境之下，规划师的价值取向并不完全一致，是摆动的。[4]

（4）受雇于社会公众的规划师职业特征

公众一般通过配合规划政策实施，监督规划政策实施情况，直接参与规划政策实施过程等方式来维护自身利益。从理论上讲，在规划政策制定阶段，公众已经将自己的利益追求融入规划政策之中。但是由于我国参与制度尚不够完善，导致市民不能充分表达自己的价值诉求，规划政策中很难融合民众愿望，所以，社会公众在规划过程中享有的权利较少，而承担的义务较多。

受雇于社会公众的规划师视民众为规划的“用户”，以规划的“产品”质量作为衡量的标准。规划师的价值取向是人本的、正义的，营造合理的价格和空间，规避损害人居环境的因素，保障健康的城市建设以实现公众利益。

3 我国规划价值观培养特征与问题解析

（1）外源理论主导

我国当代城市规划理论一部分移植自前苏联的规划理论体系，还有一部分由其他欧美国家引入。这些外源理论、案例占据了理论教学的主体。这就不可避免地在学生脑海中建立起来以舶来理论为核心的价值体系。城市规划理论，无论是规划思想如霍华德的田园城市和盖迪斯的综合规划思想，或是规划思潮如功能理性规划、城市有机疏散与新城运动等，其思想内核均源于特定地域经济与城市发展问题。然而，我国有其历史、体制、经济、自然地理、城市建设的特征，抑或是问题，城市规划师为了解决这些问题所采用的理论与思想应当是立足于本土特征的，盲从于国外的理论显然是不恰当的。

我国的规划理论教育工作应该逐步发展本土化的规划理论框架和理论语言，使城市的物质环境空间实现可持续发展，使城市社会精神文化和历史文化得以继承和提升。规划教育的价值观应根植我国本土社会价值观念，理性反思城市建设中的问题，吸收历史建城的思路，适当参考国外规划理论，从城市整体需求和社会公众要求两个角度出发，针对城市发展阶段构筑规划目的及思路序列，在规划实践中渐渐完善自己的理论体系，主要内容包括规划理念、规划哲学、规划模式、方法体系等。

（2）绝对理论导向

从教学方式上看，我国规划教育对于学生规划价值观的培养模式过于抽象化。对价值观的介绍，仅讨论抽象的价值观本身，而未对其成因进行具体分析，使得学生无法深刻的认识不同规划思想存在的背景与现实意义。当前规划价值观教学环节所采用的主要方式仍是理论的说教，置身象牙塔之内的学生难以对这些内容产生共鸣。

客观说来，价值观教学作为一种意识形态的塑造过程，脱离不开现实的社会环境。可以说有什么样的社会就有什么样的主流价值观。然而，作为未来的规划师，规划学生需要了解的不仅仅是主流的价值观，还需要认识那些非主流的价值观，但是最为重要的是他们需要有能力认清这些价值观的前因后果，而后形成自身的价值取向。因为，现实规划工作中的很多问题，我们难以用书本理论加以评价，我们甚至不能用简单的“对错好坏”为其定性。未来规划师需要清楚的是，他们所做的每一个决定的“优点”与“弊端”是什么，这个城市到底能否承受每一项规划决策所带来的“弊端”。而是否具备系统化的价值取向就成为，规划师能否达到上述要求的关键所在。因此，以绝对理论为导向的教学模式亟待改进。

4 培养体系方法模式构思

根据上述分析及我国目前规划教学现状，还需要在理论上完善价值观教育内容，并以创新体验式的教学方式将价值观认知在具体实践中加以巩固（图1）。

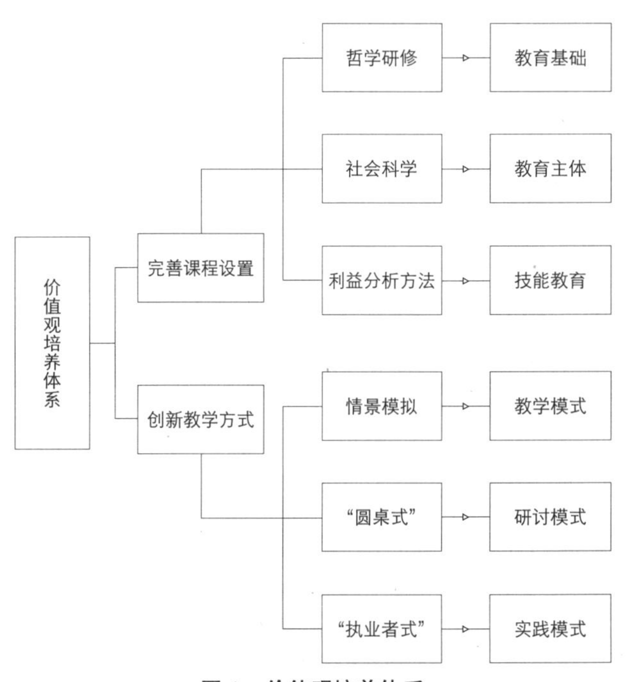

图1 价值观培养体系

4.1 开放式课程体系

总的来说，应构建以哲学研修为教育基础、以社会科学为专业知识主体以及以利益分析技术为技能知识主体的课程体系。

（1）以哲学研修为教育基础

科学的进步需要哲学作为指导。[5] 哲学是对整个世界的根本观点的思想体系，在城市规划中，意味着对城市规划内外部关系的整体关系，以此建立城市规划认识世界改造世界的根本观点和方法；其次，哲学还可以指针对于特定领域和思想的基础理论和基本原则，在这个意义上，其指的是对城市规划最基本问题的理论探讨，由此而完善城市规划的体系结构。[6]

用哲学去指导城市规划教育，则应构筑以西方哲学与中国传统哲学相融合的核心课程，将哲学研修引入到规划教育的实践中来。目前在我国规划价值观教育中存在专业教育的标准化、统一化与人才需求多样化之间的矛盾，而这一矛盾从哲学方面看，即是统一性与多样性的关系，这二者既对立，又统一，并且相互依存。在规划现实性中，体现的是规划师对高校课堂教育中统一的基本价值观与现实中不同利益主体情形下的多元价值观关系的把握和辨析，既满足雇主追求的价值取向同时又能不违背基本价值观；在树立基本价值观的基础上为雇主争取最大效益，拿捏好二者之间的关系是规划师必修的功课。哲学修养思考是规划教学的良好开端和启蒙。

（2）以社会科学为专业知识主体

在学生学习初期，进行城市规划导论的学习，对城市规划有了初步的认识之后，通过“城市社会学”、“社会地理学”、“社会调查研究方法”等课程增加对社会利益主体认知的内容，使学生逐渐正视社会差异，对社会中不同利益群体的价值观有所认知和理解，并对弱势群体给予了解和关注，同时能够认识到规划师的抉择对不同利益主体所带来的影响。

在整个对社会利益的认知过程中，激发学生的社会责任感，使其意识到规划师的价值观和决策对不同群体带来的社会、经济和环境影响，也将更加关注与社会中的弱势群体。

（3）以利益分析方法为技能知识主体

低年级阶段，通过对不同社会利益主体认知的学习，使其了解规划师的基本价值观和多元的价值观的含义，教会学生理解统一性与多样性的关系，尊重不同群体的意见，帮助学生树立正确的个体意识与规划师基本价值观，即明白规划师的职责在于以公共利益为原则协调城市不同群体的利益诉求。

高年级阶段，通过开设“公共政策研究”、“城市规划的价值理论”、“规划法规”、“规划管理”等课程，使学生掌握分析不同利益群体的价值观的能力，并辅助实践性课程使学生亲身体验不同价值观引导下的不同设计方案和设计方法，真正使学生对于价值观的学习由理论渗透到实际工作中，得以正确运用。

4.2 体验式教学方式

（1）情景模拟教学模式

情景模拟式的教学方式是指打破传统的课堂教授方式，通过真实工作场景、工作角色、工作流程的模拟使学生借助不同情景扮演不同利益定位的规划师角色，从中体验价值观的异同并尝试在情景教学中以自己的立场发现问题、分析问题、解决问题。在模拟教学的课题选择方面，可以结合实际设计项目，由扮演为城市管理与规划编制部门的学生尝试对周边环境及地块相关信息等规划条件进行设定，然后由扮演为规划设计部门的学生对相关利益进行权衡并设计方案，最后由老师带领代表不同利益主体的所有学生进行关于多元价值观思考和社会中个人与集体利益关系的讨论，共同从规划师的角度商讨解决问题的对策。另外，在学生的规划设计课程中，任务书的编制应加入针对不同群体的设计理念，增加学生对规划方案与多元利益的价值观的分析，而不是只是规定一个笼统的面积和容积率，剥离了设计中的利益背景。

（2）“圆桌式”研讨模式

“圆桌式”的研讨模式（图2），强调在规划教育的课堂中教师与学生、学生与学生之间对等自由的讨论状态，不管是对于哲学或专业的经典文献的阅读感悟、社会问题的见解，还是规划方案的设计思路，都能在“圆桌式”的氛围中进行思维的碰撞，通过与老师学生的交流，激发学生的学习热情，开拓思考视野。同时，可以组织学生进行具体的实践活动，在对周边社区或实际项目的考察调研之后，在课堂外的“圆桌”上展开关于不同利益主体价值观的辨析、研究，引导学生认识社会利益群体之间的关系与冲突，培养规划师在涉及社会公平

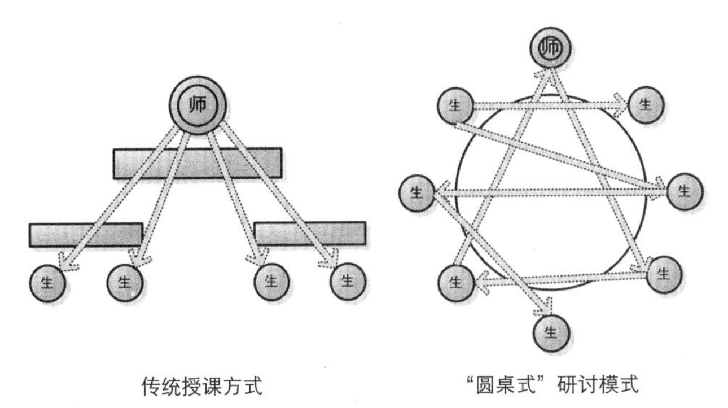

图 2 “圆桌式”研讨模式较传统方式更平等自由

和整体利益的过程中公平公正的价值观，并培养其处理不同利益关系的能力，学会用建设性的态度处理问题。

（3）“执业者式”实践模式

“执业者式”实践模式的第一层意思是指让学生以执业者的身份进行实践，与当地行业部门单位的具体工作充分配合，形成产、学、研共同扶持发展的共赢局面，这样一方面可以将合作单位建设成为高校的人才培训基地，逐步形成基本知识、专业技能、价值观应用能力训练相结合的实践教学体系，另一方面相关部门单位也可以通过训练高校专业人才拓展自身科研方面的能力；第二层意思是积极邀请不同任职单位的资深执业者如政府城建部门规划师、开发商规划师以及 NGO 规划师来校对学生进行面对面介绍交流，真正使现实中的执业者走进课堂，将职业的现实性融入课堂的教学内容中。

5 结语

城市规划作为整个社会系统的工作，牵扯到多方面的利益关系，单从一个角度对规划进行认知已经远远不能适应社会与时代的发展，只有从不同利益主体角度出发，将多元利益进行平衡和统一才能使整个社会能够有序良好的运营和发展。因此，面对规划职业的现实性，必须增强规划学生多元价值观的认知辨析能力，只有这样未来的城市规划运作才能更加和谐顺畅。

主要参考文献

［1］ 崔英伟．城市规划专业应用型人才培养模式初探［D］．重庆大学，2005.

［2］ 聂昭．现实性·合理性·现存性［J］．青海民族学院学报，1991，04:20-25.

［3］ 吴可人，华晨．城市规划中四类利益主体剖析［J］．城市规划，2005，11:82-87.

［4］ 齐慧峰，倪剑波．高等院校城市规划专业的职业道德教育——以山东建筑大学为例［A］．中国城市规划学会．城市规划和科学发展——2009 中国城市规划年会论文集［C］．中国城市规划学会，2009:12.

［5］ 吴良镛．论城市规划的哲学［J］．城市规划，1990，01:3-6.

［6］ 孙施文，城市规划哲学［M］．北京：中国建筑工业出版社，1997.

Study on the Training Mode of Urban Planning Values Based on the Occupational Reality

Zhao Zhiqing　Zhang Haozhe　Li Tianyang

Abstract: Career planning in planning realistic stance and balance the interests of the values of neglect, resulting in China's urban planning professionals and employers bi confused on planning implementation. Based on epistemology that should fully understand the reality of career planning and analysis features and on the basis of the current values of cultural characteristics and problems of planning to review and propose appropriate training system approach pattern ideas. Only students planning to establish a comprehensive understanding of the values of "planning for multi-stakeholder advisory services" on the characteristics of this reality, the future of urban planning and smooth operation it may be harmonious.

Key words: Urban Planning Education, Occupational Reality, Values Training, Stakeholders

引入滨海地域特征的规划设计课程教学探索*
——以总体规划及城市设计课程为例

陈 飞 蔡 军 李 健

摘 要：四年级下学期规划设计课程是提升规划设计能力的重要课程，大连理工大学在该学期开设城市总体规划以及城市设计课程。在教学实践中，结合大连城市建设背景，立足滨海地域，注重地域特色，在设计课程中选择滨海地段，针对滨海区域用地规划以及物质空间特征，培养学生规划分析和规划设计综合能力。文章介绍大连理工大学总体规划及城市设计课程中融入地域特色的规划选题、教学组织及教学成果。同时，面对当前滨海区域建设新趋势，提出完善相关教学组织及方法的建议。

关键词：滨海地域特征，城市总体规划，城市设计

1 引言

结合地域特征指导城乡规划教学对于培养规划人才及服务地方建设具有重要意义。很多学校结合自身地域特征，在教学实践中积累了丰富的经验，如哈尔滨工业大学的寒地城市规划[1、2]、重庆大学的山地城市规划[3、4]均在地域性规划教学方面取得了突出成绩。大连地处辽东半岛的最南端，东濒黄海，西临渤海，是环渤海地区重要的港口城市。大连理工大学城乡规划系在教学中融入滨海地域特色，进行了系列教学实践。

根据大连理工大学城乡规划专业培养方案，四年级下学期的设计课程在设计课体系中处于专业提升阶段，并这一学期开设城市总体规划和城市设计两门设计课程。这两门课程均是综合性极强的规划设计课程，是对学生专业知识和综合规划能力的提升，课程从选题环节即注重教学与实践紧密结合，培养学生依托实例发掘问题、分析问题、解决问题的能力。前者以用土地利用规划为主，培养学生大规划、从城市层面解决城市问题的综合能力；后者则是物质空间规划，是在地块层面内综合土地利用、空间规划、城市文化、人文环境等多方面知识，做出的综合性极强的空间规划，其作业参加“全国高等学校城市规划专业学生课程作业评优”。文章介绍这两门课程中围绕滨海地域特色而开展的课程选题，教学组织，教学成果，探索结合地域特色的城乡规划教学方法。

2 引入滨海地域特征的总体规划

2.1 城市总体规划选题

大连理工大学总体规划设计题目均为教师主持及参与的科研项目真题，采取“真题假做”的方式培养学生综合规划能力。在教学中为学生提供全面的规划基础资料以及对具体问题的相关规划信息，可有效地提高学生规划落地性、综合性。结合大连城市建设环境，先后开展了“大连七顶山片区总体规划”和“大连杏树片区总体规划”，此外滨海地域题目还包括省外的“东营市广利港区总体规划”。课题具有新城规划设计特征，符合城市总体规划教学要求[5]。这些题目中心城区用地规模在30km^{2}左右，作为本科生的课程设计，用地规模以及规划综合性适宜。

* 教改项目：辽宁省高等教育本科教学改革研究项目：面向社会需求的城乡规划卓越人才培养模式研究。

陈 飞：大连理工大学建筑与艺术学院城乡规划系讲师
蔡 军：大连理工大学建筑与艺术学院城乡规划系教授
李 健：大连理工大学建筑与艺术学院城乡规划系副教授

在产业调整背景下，滨海区域以产业发展为契机，依托港口建设，落实产业空间部署，开展滨海城镇建设。这类规划在用地范围内，包括陆域用地上既有的城市建设用地更新区域，也包括海域范围内通过填海造陆新增建设用地。与常规的内陆地域城市总体规划设计相比，这类题目中海域范围内可根据规划需求在符合海洋规划的基础上由学生自主设计建设用地形态。

2.2 围绕滨海用地规划的教学组织

2.2.1 现场踏勘增强规划认知

规划区域内的渔业用海区域完全不同于学生日常生活中接触的城市滨海生活岸线，教学中组织学生集体调研，现场踏勘渔场、盐场、虾池，参池等各类渔业用地，观察礁盘、海冰等城市滨海岸线中少见的海洋地貌，有助于学生客观了解滨海地域用海情况以及海洋气候特征，加深岸线保护认知。通过与养殖户的对话访谈，可使学生切实思索滨海建设与渔民的切身利益，避免局限于图纸做形而上的规划设计。

2.2.2 补充海域规划相关知识

相比于内陆区位的总体规划而言，滨海地域城市建设需满足海域相关规划及管理要求。教学中主要通过教师讲解形式，为学生介绍海陆规划衔接关系、海洋功能区划、区域用海规划、港口工程规划等；并介绍与填海造陆密切相关的《海岛法》相关规定、海域管理部门颁布的造陆形态管理办法等相关知识。务必使学生建立海陆衔接、海陆统筹的规划观，使学生理解岸线保护、海洋资源利用等方面的要求，使其规划满足海域规划要求，不至于天马行空。

2.2.3 强化造陆区域竖向设计

填海造陆区域作为人工填筑的新建用地，竖向标高完全由设计者确定，不受现状条件制约。在竖向设计中，除了需满足道路排水要求外，还需要考虑造陆成本的经济性以及岸线标高的安全性，既要节约造陆土石方量还要防止大潮海浪上路。在造陆前沿线标高设计上，根据大连周边海洋条件，大连理工大学港口工程专业为我们教学中提供了技术支撑，确定造陆区域设计前沿线标高需控制在 4.5 米以上，课程教学中依此为依据，开展竖向设计。如果单纯使用一面坡或者两面坡的设计方式，虽然设计简便，但施工成本极不经济，教学中曾出现过学生在填海区域规划道路标高达十几米的情况，对此需指导学生算好经济账，通过锯齿形道路纵坡设计，合理规划。

2.3 积极探索滨海地域用地规划

填海造陆区域用地形态规划灵活性高，可在符合海域规划要求的基础上根据陆域规划需要灵活设计造陆形态。从以往的教学成果对比分析，滨海地域用地规划即训练了学生对陆域既有城市用地规划的能力，也激发了滨海区域发展规划的相应思考。课程中学生提出了多种保护岸线、营造海洋文化、发展临海工业的规划方案。如图 4–a 所示，为学生对于造陆区域、既有陆域的城市空间形态的探讨，分析了鹿特丹的港口布局、疏港交通，神户人工岛的空间尺度、工业用地布局特征，新加坡滨海生活区的路网结构、开放空间组织。如图 4–b、4–c、4–d 所示，在造陆方式上，探索兼具岸线保护、海洋动力与滨海景观的用地布局。学生对于城市建设问

图 1　滨海地域总体规划用地现状之一

图 2　师生集体调研

图 3　学生走访养殖户

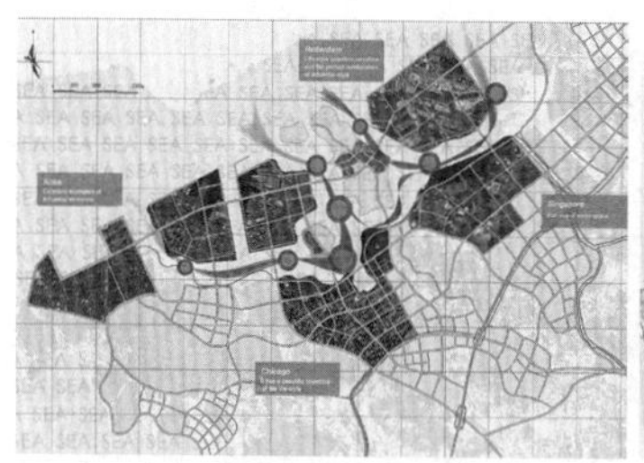
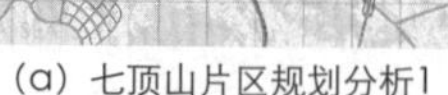

(a) 七顶山片区规划分析1

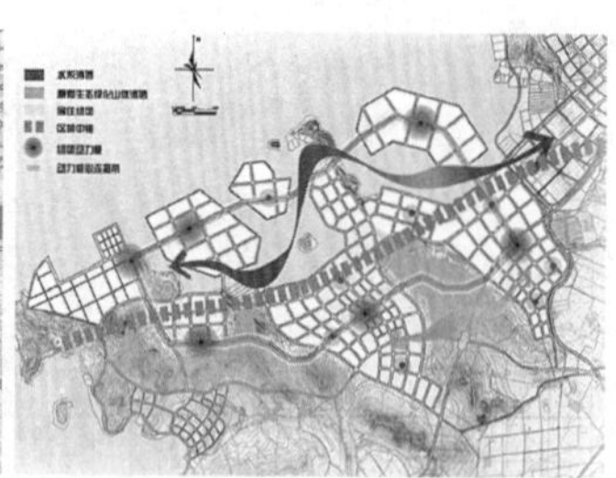

(b) 七顶山片区规划分析2

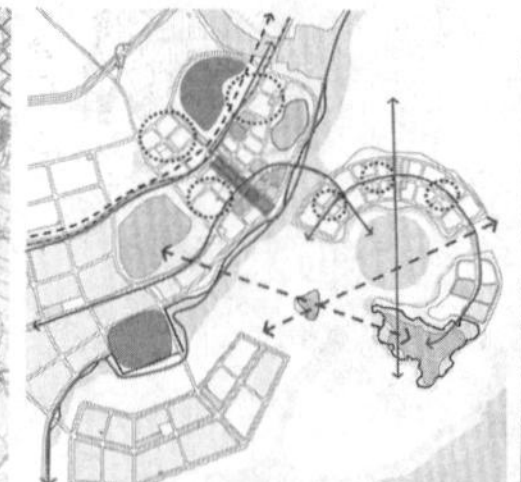

(c) 杏树片区规划分析1

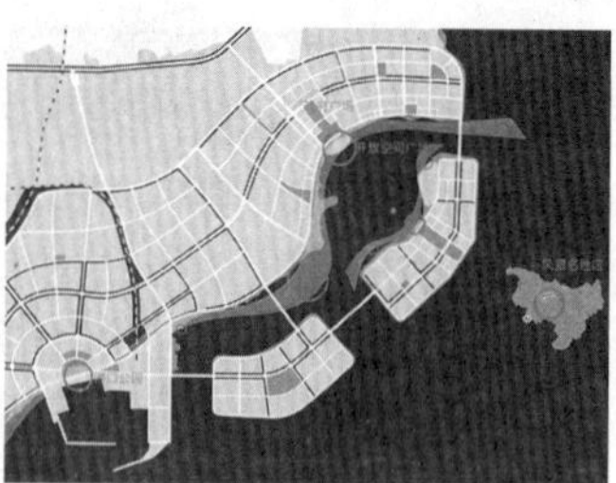

(d) 杏树片区规划分析2

图 4 滨海区域用地布局分析

题的思考以及相应探讨丰富了城市总体规划课程教学目的；将三维的城市空间落实到二维的土地利用规划上，延伸了课程教学内容。

3 探索滨海空间规划的城市设计

3.1 基于城市建设的设计选址

大连理工大学城市设计课程与“全国高等学校城市规划专业学生课程作业评优”相衔接，课程围绕设计主题，鼓励学生坚持地域特色自主选择规划用地，滨海区域因其较强的地域特征成为城市设计选址的热点区域。

大连近年开展了多项滨海区域用地更新建设活动。主城区工业向北部金州新区搬迁，原有临港工业区域面临岸线改造、码头再利用、用地更新等一系列问题。学生设计选址多集中在大连城市建设的热点区域，具有客观的城市建设支撑基础，为开展课程设计提供了充实的规划基础。

这类城市设计不仅考察物质空间形态的造型能力，还对需解决用地矛盾提出要求。如大连化工厂及大连东港港区搬迁后，原有停放货轮的深水码头如何改造为适宜人活动的生活岸线？在以往设计中学生提出了二层驳岸、再造人工岸线、滨海浮桥、漂流岛等思路，均是从学生角度，探索滨海现实问题解决方案的有益尝试。

3.2 探讨滨海问题的方案设计

兼顾地域特色且与城市建设相衔接的设计选题，将设计放在一个完全真实的建设环境中，培养了学生分析问题、解决问题的能力。如面对滨海区域海洋灾害问题，学生规划平灾结合的滨海公共空间，提出平时以及灾时的空间组织方式，并针对救灾方式提出多级避灾空间与组织方式（图 5-b）。学生针对当下多地滨海区域围填海建设，思考传统顺岸填筑模式对生态破坏、活动空间的影响，探讨分阶段实施离岸填筑方式，对减少海洋环境破坏、提高用地亲水性等有益尝试，并探讨通过湿地植被实现用地去氮除磷（图 5-c、图 5-d）。

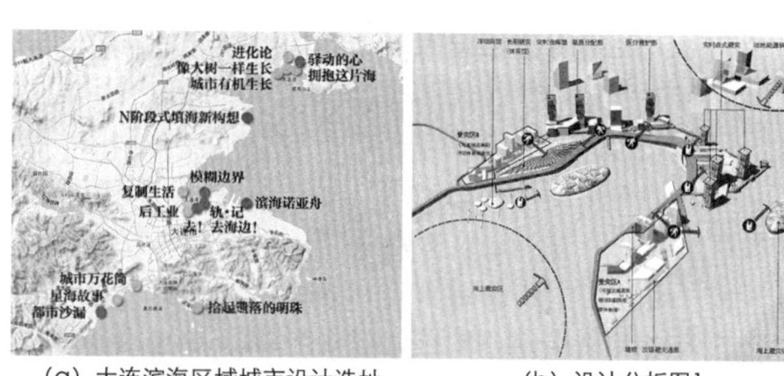

(a) 大连滨海区域城市设计选址　　(b) 设计分析图1

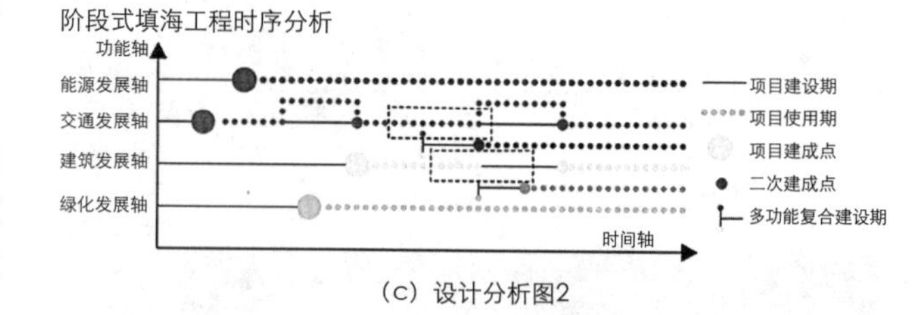

(c) 设计分析图2

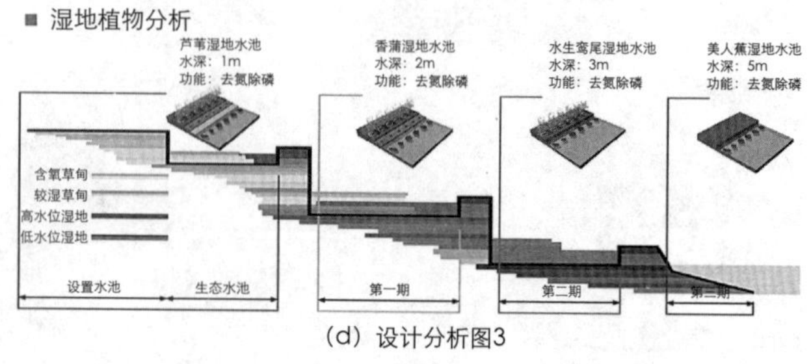

(d) 设计分析图3

图 5 近五年大连滨海区域城市设计选址及部分成果

大连理工大学近五年城市设计作业评优中滨海类设计情况 表1

序号	题目	选址及用地类型	课程主题	解决问题
1	滨海诺亚舟—基于海洋灾难威胁视角下的滨海区域城市设计	东港码头区，港区搬迁后的城市更新问题	城市的安全规划的基点	平灾结合的滨海空间规划，平时为滨海公共空间，灾害发生时可形成多层次的防灾体系
2	N 阶段式填海新构想	甘井子区滨海区，填海造陆新增城市用地	城市，让生活更美好	构建降低海洋环境影响、公众参与的填海造陆模式，应对滨海区域造陆建设的思考
3	驿动的心——再现城市活力的老工业深水港改造	大连化工厂搬迁，工业码头区用地更新	城市，让生活更美好	探讨工业岸线、深水港改造为生活岸线，以及工业厂房再利用的方法，塑造滨海开放空间
4	去！去海边！——城市滨海工业岸线激活计划	包括东港码头区在内的线性城市节点	城市，让生活更美好	改造线性城市节点，建立贯穿商务区、商业区、滨海休闲区的街道及滨海开放空间
5	模糊的边界	东港码头区，港区搬迁后的城市更新问题	城市，让生活更美好	工业码头改造为生活岸线后，深水港岸线改造及公共空间塑造
6	都市沙漏	海事大学训练场，高校聚集区的重要节点	智慧的传承城市的创新	选择理工大学、海事大学、轻工学院等院校聚集区的核心区位，塑造院校交流公共空间
7	轨·迹——由港区铁路引发的工业港口改造设计	东港码头区搬迁后铁路利用及用地更新	智慧的传承城市的创新	探讨港区搬迁后，百年历史的港区铁路再利用手法，结合工业港口用地更新，保留滨海工业文化的公共空间设计

此外，在工业岸线再利用、提升港口活力、塑造滨海文化等方面，学生也开展了深入的思考，并设计了具有一定创新性的方案。这些成果反映了学生对城市建设现实问题的关注以及解决问题的期愿。

4 滨海地域规划教学探讨

大连理工大学在滨海地域特征教学方面开展了系列摸索，在教学中积累了一定的经验。十八大报告提出的建设海洋强国的战略目标，对滨海城市建设提出了新的要求，城乡规划教学也需做出积极探索。

4.1 培养学生海陆统筹的综合规划概念

滨海区域的健康发展需要建立海陆统筹的规划概念，海陆统筹需要海域规划，陆域的城市规划、区域规划，以及产业经济等领域相互衔接，这对教学提出了构架规划综合知识体系要求。如我国海域利用提出集约用海的原则，教学中需结合区域规划、产业规划、城市经济等知识理解集约用海的内涵，即：兼顾海洋及城市健康发展，在海域资源保护与城市用地效能之间的均衡性海域利用。与城乡规划相结合，集约用海的外延可以理解为综合产业健康发展、用地高效利用、城市功能完善、海域资源利用的多元均衡海域利用。诸如此类的问题对教学以及教师均提出要求，需在规划原理课程适度增加相关讲解与案例分析，在设计课程结合具体设计培养学生海陆统筹的综合规划概念。

4.2 海陆规划衔接，对教学提出新要求

在国家经济发展计划及产业政策的引导下，近年重化工类产业相继向滨海区域搬迁，由港口及工业建设带动滨海城市建设已经成为城市总体规划类型之一。海洋资源的城市开发利用要求海域规划与城乡规划相衔接。❶

2012 年 8 月，国家海洋局首次提出了编制区域用海规划❷必须由具备城乡规划甲级资质的机构承担，城乡规划工作者正式进入区域用海规划编制领域。区域

❶ 在海域范畴的近海海洋资源开放方面，已有海洋相关院系启动教学研究工作，如大连理工大学水利工程学院 2011 年成立海洋资源开发技术专业将海洋资源城市利用作为主要研究方向，该专业在海岸和近海工程国家重点实验室支撑下，开展了多项研究，其中，大连理工大学城乡规划系教师也参与了部分教学工作，如为海洋资源开发技术专业开设城市规划原理与滨海景观学课程，并参与区域用海规划设计课程教学指导工作。

❷ 区域建设用海规划是指在同一区域内、集中布置多个建设项目进行连片开发并需要整体围填的用海方式的规划，由海洋渔业管理部门组织编制。按照围填区域用途可分为区域建设用海和区域农业用海，滨海区域开展的填海造陆建设需符合区域建设用海规划，在其确定的用海界址范围内开展城市建设。

用海规划作为城乡规划新兴类型，规划院校亟需整合教学资源，利用学校平台，探索相关规划手法及教学方法。在以往的教学中，大连理工大学滨海类规划课程中多由规划教师向港口、海岸与近海工程专业老师以及校设计院水运技术人员取经，再向学生讲授；通过这种“老师教老师、老师教学生”的方式，为学生补充海域知识，这是在学校学时压力下较为实用的教学方法。随着滨海规划教学的深化，大连理工大学城乡规划系计划调整课程学时，开设滨海地域方向专业原理课程，构建完整的海陆规划知识框架；同时依托现代城乡规划技术实验室校重点建设项目，开设系列实验课程，在滨海区域人居舒适度、滨海区域用地适用性评价等方面充实教学内容。

4.3 服务地方建设，为执业空间奠定基础

统计大连理工大学城乡规划专业本科毕业生就业及继续教育单位，自设立专业方向至今毕业 210 人，其中 146 人在滨海省市的规划设计、地产开发、规划管理以及院校工作或接受继续教育，占本科毕业生总数的 69.5%。学生执业空间的地域特性为滨海特色教育提出了要求。随着工作空间以及领域的扩张，要求在既有教学团队的基础上，深化滨海地域教学特色。从目前较为突出的设计课程教学向其他原理课程拓展，在城乡规划原理；城乡道路与交通规划、城乡规划管理与法规、城乡基础设施规划、地理信息系统应用、城乡生态与环境规划、城乡社会综合调查研究等专业核心课程中增加滨海地域教学内容，为培养全方位的规划人才提供教学基础准备。

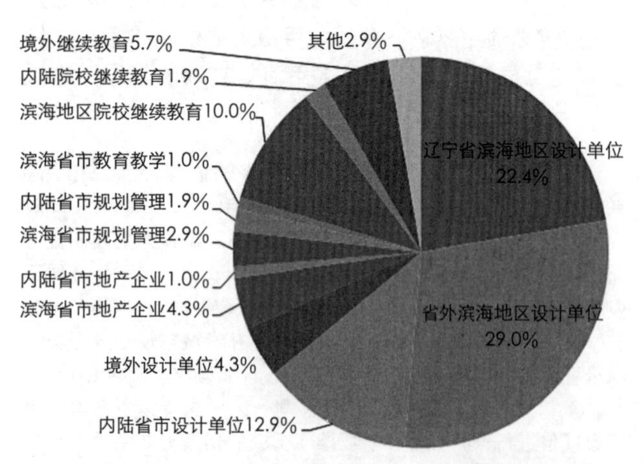

图 6 大连理工大学城乡规划系本科毕业生就业情况

数据来源：根据《大连理工大学城乡规划专业本科教育评估自评报告附录》中相关数据整理。

5 结语

大连理工大学于 2014 年 5 月份通过城乡规划专业本科教育评估（6 年有效期），其中滨海地域特征成为评估专家高度认可的教学特色。这既是对以往教学的肯定也对今后教学提出了新的要求。在我国建设海洋强国的背景下，滨海地域城市建设是城乡规划领域在此方向上的重要实践。在此背景下，大连理工大学城乡规划教学需培养学生海陆统筹的综合规划概念，借助校级平台，整合海洋资源学科优势，完善相关规划课程体系、充实课程教学内容，进一步完善滨海地域教学特色并为城市建设培养人才。

主要参考文献

[1] 赵天宇，李昂．寒地城市居住区冬季适宜性公共空间设计方法研究［J］．住宅产业，2013，08:42-45.

[2] 冷红，袁青，郭恩章．基于“冬季友好”的宜居寒地城市设计策略研究［J］．建筑学报，2007，09:18-22.

[3] 赵万民，李和平．重庆大学当代地域性建筑教育［J］．南方建筑，2011，6：54-60.

[4] 杨培峰．结合山地地域特色的城市总体规划课程教学方法探索［J］．高等建筑教育，2008，12：63-66.

[5] 李健，刘代云，陈飞．结合滨海地域特征的城市总体规划设计课程教学研究［J］．规划师，2012，10：109-112.

[6] 大连理工大学城乡规划专业本科教育评估自评报告．2014.1.

Teaching Exploration of Coastal Regional Characteristic in Planning Course——Example of the Master Plan and Urban Design

Cheng Fei　Cai Jun　Li Jian

Abstract: The planning course open in the fourth grade spring semester play important role in enhancing the ability of urban and rural planning. Department of urban and rural planning in Dalian University of Technology open the master plan and urban design course in this semester. In the teaching practice, combined with Dalian city planning background, courses select coastal location. Point at the coastal area planning and space characteristics, the teaching cultivate students' comprehensive ability of planning and design. Based on the coastal area, the teaching focus on regional characteristics and achieved certain results. This paper introduces the planning topics, teaching organization and teaching achievements of the master plan and urban design course which closely related to the regional characteristics. On the other hand, facing the new trend of coastal region development, the author put forward the suggestions of teaching organization and methods.

Key words: Coast regional feature, Master plan, Urban design

基于“新型城镇化”背景的城市总体规划课程的创新性研究

钟凌艳　成受明　李春玲

摘　要：当前我国新型城镇化发展的大背景下，城乡规划专业的教育需要结合新的规划理论与城市现实来完成对课程的创新性改革。本文以2014年春季城乡规划专业三年级本科生的城市总体规划课程为研究对象，对教学任务、课题选择、课时安排、教学过程等方面进行了简要介绍，着重对教学方式中的教师理论讲授、校外专家授课与学生专题研讨这三方面进行了教学改革的创新与探索。

关键词：新型城镇化，小城镇，总体规划，三元结构

1　前言

国家统计局的资料显示，2013年底中国城镇化率为53.73%。中国的城镇化道路就现阶段的形势来说，只进行到中期阶段。如果要达到发展国家的城镇化水平，我们要走的道路仍然漫长而艰难。规划专家仇保兴就曾指出，未来中国还有30年的城镇化时间，平均每年转移1500万人口。在这样一个严峻的背景下，“新型城镇化”道路符合中国的国情，是以大中小城市、小城镇、新型农村社区协调发展、互促共进的城镇化。这里，小城镇成为新型城镇化的关键，它有助于打破长时期以来中国城乡关系中的“城市——乡村”的二元结构，以“补丁”的形式构成了“城市——小城镇——乡村”的三元结构，并逐步成为吸收农村剩余劳动力的主力，最终解决城市与乡村的矛盾。观察到当前小城镇规划的重要性与必要性，在2014年春季的城乡规划专业总体规划的课程选题中，教研室经讨论决定将成都周边小城镇的总体规划作为研究对象。

2　课程概况

依据现行教学大纲，通过城市总体规划课程的学习，学生应初步掌握城市总体规划编制工作的内容、方法和步骤；掌握城市总体规划基础资料调查、收集的内容和方法；具备一定的分析、研究、解决问题及正确表达规划意图的能力，同时进一步加深对规划理论知识和相关技能的理解。

课程设置以德阳市罗江县总体规划为选题，要求学生按照2~3人进行分组。在个人独立工作的基础上，严格执行教学进度安排的规划设计内容，并达到应有的深度和要求。具体课时安排如下：

在具体教学过程中，我们发现一些学生们普遍出现的问题，在今后的教学中需要重视，现归纳如下：

（1）实例解析阶段，学生对案例的选取随机性较强，而且与课题相似或规模相近的小城镇选择较少，部分学生是对城镇总体规划文本的照搬。同时，在最后结论上，可借鉴经验或实践教训总结的深度不够。

（2）调研报告阶段，学生对基础资料收集的来源不清，应强调时间上的最新；问卷统计与访谈部分在报告中无反映；忽略了上一版本的总体规划在罗江的实施情况；SWOT分析中对城市内部环境影响分析较多，而外部环境影响的分析较弱；而且几乎都没有提到第二次调研中应重点关注的问题。

（3）城镇体系规划的方案阶段，学生们的方案普遍反映出对城镇等级规模与产业发展布局的研究还不够深入、忽略了大区域上的重大基础设施、对生态环境（特别是水资源）的保护较弱等问题。

（4）县城中心城区用地布局方案阶段，交上来的成果问题多集中在城市道路路网不成体系、工业园区的选

钟凌艳：四川大学建筑与环境学院建筑系城市规划教研室讲师
成受明：四川大学建筑与环境学院建筑系城市规划教研室讲师
李春玲：四川大学建筑与环境学院建筑系城市规划教研室讲师

教学日历表　　　　表 1

周次	学时	课堂教学内容	课外学习内容及作业
1、2	8	一、教师理论讲授 1. 介绍课程任务 2. 小城镇规划的相关理论 3. 相关法规、规范 4. 现场调研的内容	1. 收集课题所需的基础资料 2. 一人一个小城镇总体规划的实例解析 3. 现场调研的前期分组与准备工作
3、4	8	二、基础资料收集后的整理与讨论	1. 现场调研 2. 提交调研报告
5、6	8	三、教师理论讲授 小城镇规划的相关理论	1. 一人一个的城镇体系结构初步构思 2. 整合小组方案，提交体系规划初步方案
7	8	四、学生专题研究 人口和城镇化水平预测专题	深化城镇体系规划成果
8	8	五、学生专题研究 城市形态专题	完成体系规划部分的图纸和文本
9	8	六、校外专家授课 新型城镇化背景下的镇村规划探讨	课堂讨论
10	4	七、快题	个人完成县城总体结构及用地布局快题
	4	八、教师理论讲授 小城镇规划的相关理论	课堂讨论
11	8		
12、13	16	九、学生专题研究 城市对外交通和公共交通专题	分组完成县城总体结构及用地布局方案并绘制
14、15	8	十、教师理论讲授 小城镇规划的相关理论	完成县城中心城区部分的图纸和文本
	8	十一、 1. 学生专题研究 城市开敞空间和绿化系统专题 2. 校外专家授课 城市道路交通规划专题	完成说明书初稿
16、17	16	十二、 1. 教师理论讲授 小城镇规划的相关理论 2. 学生专题研究 城市开敞空间和绿化系统专题	编制正式成果

址不利于城镇发展、城市的绿化开敞空间体系不完善、旧城中心区与新城中心关系不协调等方面。

3　教学改革

3.1　教师理论讲授

在教学前两周理论课堂上，教师对本次小城镇总体规划的选题与内容做了较详细的讲解。“新型城镇化”的背景下，小城镇规划的重要性越发突出。城乡一体化发展的关键是小城镇，但当前我国小城镇的规划工作才展开，专业教学的内容涵盖较少。因此，有必要增加小城镇规划的教学内容。

小城镇与城市的特点不同、对空间的要求也不一样，因此小城镇总体规划应与之前的城市总体规划教学要求有所区别。以罗江县城为例，教学应重点强调大区域上的县城中心城区与周边城镇的联合协调发展、罗江县特色资源与产业功能的协调、维护和强化整体山水格局的连续性、将罗江的古城文化与现代新区景观结合等。小城镇总体规划的最终目的应达到“土地集约发展、资源合理利用、产业定位准确和城镇有序增长”。教学后期的理论课则主要针对学生普遍出现的问题进行专题讲解。如：小城镇总体规划调研方法专题、城镇体系的等级与规模专题、总体规划的“四区划定”专题、小城镇风貌保护专题等。

3.2　校外专家授课

在本课程中期，城镇体系规划成果的初步完成阶段，我们邀请了校外专家——成都市规划设计研究院副所长张毅先生为我们做了题为《新型城镇化背景下的镇村规划探讨》的学术报告。张先生从村镇规划原理、成都市村镇规划历程和他参与主持的村镇规划实践案例三个方面探讨了当前村镇规划的编制意义与实施过程中的具体问题。“村镇规划”这一类型的规划实践有助于打破中国城乡二元结构，以“城市——城镇——农村”的三元体制指导中国城乡统筹的发展。成都城市作为全国统筹城乡综合配套改革试验区，其城乡统筹建设走在了全国前列。张先生以他所参加与主持的多个实践项目，展示了成都市村镇规划的成果。课程结束后，校外专家接受了学生们的提问，并对学生总规的过程作业发表了他的意见及建议。

罗江县是德阳市的重要城镇，也是成德绵发展轴上的重要区域节点。校外专家张毅先生多年来长期从事成都及其周边区域的镇村规划，对于小城镇地域性较强的特征有深入的研究。小城镇由于规模和尺度小，功能相当单一，问题也就更直接具体，更加接近实际。校外专家教学利用丰富的专业知识与实践中的现实问题强调了小城镇产业、资源与环境，让学生更容易抓住小城镇规划的重点，也培养了学生因地制宜、灵活多变地分析问题、解决问题的能力。

3.3 学生专题研讨

城乡规划学科有其自身的综合性与复杂性，也决定了课程教育应充分发挥学生的主观能动性，积极主动地思考和学习，这对于规划人才的培养来说是必要且必须的。小城镇总体规划课程在不同的阶段给学生安排了不同的专题研究任务，学生们通过查询相关书籍和资料，掌握各种规划研究的方法。这有助于培养其创新思考的能力，使其能在毕业后的就业岗位中自行解决问题。

课程在前期、中期和后期阶段按教学深度的安排设置了五个专题，分别是：人口和城镇化水平预测专题、城市形态专题、城市对外交通和公共交通专题、城市开敞空间和绿化系统专题以及城市风貌和历史文化保护专题。我们要求每个学生都要自选一个专题做深入研究，并在课堂上进行研究结果汇报与讨论。截至发稿日，已完成前期和中期阶段的四个专题。专题组的学生们在课堂之外进行了广泛阅读，并积极主动地准备 PPT 汇报，既锻炼了学生汇报的语言表达能力，又弥补了总体规划的相关知识点。其他同学热切地参与了课堂讨论，教学效果良好。

根据学生专题研讨情况，教学总结如下：

（1）在人口预测专题中，发现学生第一次调研的前期准备工作不足，获得的户籍人口资料与总体规划中要求的常住城镇人口不符合。同时，在城镇化水平预测过程中，本次预测城镇化率远低于罗江县“十二五”规划和上一版本的城市总体规划结果，说明对实际城市发展水平有过于低估的趋向。

（2）在城镇形态专题中，学生认识到原有罗江老城区城市形态较好，“双江萦绕，环城皆山”。现在罗江虽然作为了省级历史文化名城，但新引进了一些污染较大的工业，对城市形态破坏较大。而即将建成高铁项目也将影响罗江县城的城市形态。通过该专题的学习，学生对城市空间格局和用地布局有了较深入的理解，建立了罗江城镇的三维空间观。

（3）在交通专题中，学生对罗江县城的对外交通和公共交通情况进行了深入研究。也通过对日本新干线和法国 TGV 的案例学习，具体分析了高铁对城镇的影响：既有利又有弊。一方面高铁项目将改变罗江城镇的交通构成，将其划分到“两小时高铁核心经济圈”的大都市区域辐射范围。另一方面，也可能会造成罗江县城人口与产业的外溢。

（4）在绿化专题中，学生研究了绿地系统专项规划的内容与罗江县城开敞空间的现状。并以日本东京都的绿地规划为案例研究，指出绿地在城镇规划中的重要作用。对于同样作为地震频发地区的罗江城镇来说，现状有数个大型公园，但小型公园和街头绿地的数量较少，并且还逐年减少。因此，有必要在总体规划中沿河流、高压线走廊等控制出一定的湿地保护区或楔入型绿地。

4 结语

在本次小城镇总体规划的教学改革实践过程中，我们发现比起以往的教学效果来说，学生们表现出了知识更丰富、视野更开阔、思维更活跃、与社会互动更多等特点，大大超出了教学改革的预期。在今后教学实践中，我们应在原单一的“教师理论讲授”的基础上，多引入“校外专家授课”与“学生专题研讨”等创新性教学方式。这将有助于学生建构全面的学科知识体系，为其自主学习与自我管理提供更广阔的发展空间。同时，还应结合当前城乡规划的“新型城镇化”发展趋势，在教学中多引入小城镇和乡村规划类的设计课程，为各级工作岗位培养实用型、优秀的城镇与乡村规划人才。

主要参考文献

［1］ 费孝通，论中国小城镇的发展，中国农村经济，1996.
［2］ 何兴华，小城镇规划论纲，城市规划，1999，3.
［3］ 中国城市规划设计研究院，小城镇规划标准研究，北京：中国建筑工业出版社，2002.

[4] 陈怀录，华中．小城镇总体规划“规模—布局—时间”模式研究，2002，2.
[5] 薛德升等．加拿大小城镇规划：内容、方法与管理构架，国外城市规划，2004，1.
[6] 陈志诚等．城乡统筹发展与小城镇总体规划的应对，规划师，2006，2.
[7] 王聿丽．《城乡规划法》视角下的小城镇总体规划，宁波大学学报，2009，6.

The Innovation of Master Planning Course Based on the Background of New Urbanization

Zhong Lingyan Cheng Shouming Li Chunling

Abstract: Under the background of our new urbanization, the education of urban and rural planning needs Innovative reform which combined with the new planning theory and reality. This article take the master planning teaching of grade three undergraduate as the research object, Introduced the task、the choice of subject、the arrangement、the teaching process and so on. Focus on the innovations and exploration of teaching methods of teacher's teaching, outside expert's teaching and student's Seminar.

Key words: new urbanization, town, master planning, ternary structure

优化城乡规划专业培养方案　探索人才培养新模式——立足于《高等学校城乡规划本科指导性专业规范》（2013 年版）的教学培养方案制定

公　寒　高　伟

摘　要：随着城乡规划专业成为国家一级学科，近几年来发展迅速。全国专业教育繁荣多象，但缺乏统一的标准和引导性的规范。2013 年全国高等学校城市规划专业指导委员会制定的《高等学校城乡规划本科指导性专业规范》（2013 年版）出台，为专业教育提供了严整的框架。根据这个框架，制定了 2014 年新版培养方案，并在课程的安排中不断探索新的教育模式。

关键词：城乡规划专业，培养方案，优化

培养方案是一个学校人才培养的纲领性文件。其体现了专业的教育思想和办学理念，是实现高等专门人才培养的总体设计蓝图及实施方案，是学校组织和管理教学过程的主要依据，是学校对专业教育教学进行质量监控与评价的基础性文件。培养方案的修订是一个周期性、螺旋上升的教学质量管理过程，一般以实施周期为修改年限。我专业上一版的培养方案制定于 2009 年，五年制的教学周期，2014 年是下一版培养方案制定和实施的时限。

2013 年 9 月全国高等学校城市规划专业指导委员会制定的《高等学校城乡规划本科指导性专业规范》（2013 年版）正式出台。其立即成为城乡规划专业教育教学的有着鲜明时代意义的纲领性文件，是全国规划专业教育的框架和准则，更是专业教育的一个正确引领和行业教育质量的保证。《专业规范》的实施与我校专业新培养方案的制定在时间上做到了完美的契合。通过对《专业规范》中的相关专业规范、知识体系、核心知识领域以及知识点相关要求的深入探讨与学习，而后结合我校办学的优势和特点制定了《2014 版城乡规划专业培养方案（本科）》。同时为了适应全国新时期经济、社会发展对高级应用型人才的需求，也贯彻落实了《国家中长期教育改革和发展规划纲要》（2010 年—2020 年），教育部《关于全面提高高等教育质量的若干意见》和《中共吉林省委吉林省人民政府关于建设高等教育强省的意见》。

1　培养方案的修改背景

1.1　我院 2009 版城市规划培养方案的不足

我院 2009 版培养方案是在 2008 年进行的修正工作，当时城乡规划是隶属于建筑学的二级学科；同时，专业教育范畴没有形成全国性统一规范，专业教育内容的认知存在很大的差异性，修改过程中对专业目标较为模糊，对知识体系、核心知识领域较为含混。同时，我院 2009 版培养方案修订期间，多学科专业教师存在明显的缺项问题。所以，在课程的设置和布局中无法实现专业知识点的全覆盖。

2009 版的培养方案主要整理了专业培养的逻辑线索；知识板块的前后顺序；同时在借助学校的优质教学资源的前提下树立了独立的教学体系和强调了规划人才培养的专业性与特殊性。这一版培养方案的实施结果使得我院城市规划专业走上了快速的发展之路，在短短的五年之间凝聚了以前一倍的优质教学资源，同时也为参加全国高等学校城市规划专业本科评估做好了准备，并于今年五月顺利地通过了规划专业本科评估。

公　寒：吉林建筑大学建筑与城市规划学院讲师
高　伟：吉林建筑大学建筑与城市规划学院讲师

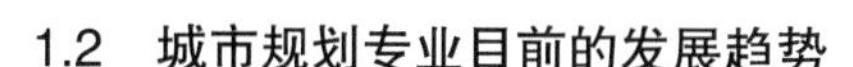

1.2 城市规划专业目前的发展趋势

自从11年城乡规划专业成为一级学科以后，全国的专业教育规模发展较快，拥有城乡规划专业的高校越来越多，发展的方向和各自的办学背景、特色的差异性也更为显著。但是，专业教育的基本培养要求和就业市场对人才培养的基本素质的要求越来越紧迫。在保持各高校的办学特色的前提下，统一的专业培养规范必不可少。越早的进入专业培养的统一框架就会对我院今后专业培养的发展越有利。我院2009版培养方案存在的不足之处在2011年城乡规划专业成为一级学科后，全国专业教育迅猛发展的大背景、大趋势下显得更为突出。自身缺陷的急需弥补和统一标准的尽快接纳是我院城乡规划专业发展的必行之事。

1.3 培养方案修改的基本原则

（1）遵循《高等学校城乡规划本科指导性专业规范》（2013年版），尽量贴近全国高等学校城市规划专业指导委员会制定的相关专业规范、知识体系、核心知识领域以及知识点相关要求进行课程设置。

（2）强调基础理论课程和基础性与通用性，坚持按学科人才培养的要求设置相对稳定的公共基础和专业基础课程，并根据专业特点对课程内容、大纲做出要求。使之既能够满足专业教学的需要，有能对学生的个性发展留有空间；专业课程设置突出坚实性和灵活性。

（3）强化能力培养，遵循“渐进性、继承性、综合性、创新性”原则，合理设计实践课程体系。实践教学包括基本技能与工程素质训练两大单元，逐步使学生形成经济、区域、创新、工程等设计的意识，提升学生设计思维能力、分析与解决实际问题能力、交流能力、团队协作等等的能力。

（4）保持学院的教学优势和有益经验，并进一步提炼和孕养专业教学特色。使得学院规划专业教育与鲜明的地域性相结合。

（5）坚持教学效益与质量管理最优化原则，确保学校教学资源共享、对全校公共必修课、跨学科基础课、注册工程师执业资格教育平台课予以充分的借鉴与利用，减小师资不足对专业发展的制约，更加拓宽学生的能力培养渠道和知识视野。

（6）坚持教学研究先行原则，遵循高等教育发展的规律，积极开展教育教学研究、不断吸取先进的教育思想和教育观念，将规划专业人才培养模式、教学内容关于课程体系、教学方法与手段的设想融入培养方案的制定之中。

2 2014版培养方案简介

14版培养方案中课程总学时2900学时。其中，公共基础课570学时，占总学时19.66%；专业基础课928学时，占总学时32.00%；专业课1148学时，占总学时39.58%；专业选修课190学时，占总学时6.55%；公共选修课64学时，占总学时2.21%。

城乡规划专业教学安排一览表

开课学期	课程名称	学时要求	公共基础课	必修专业基础课	必修专业课	专业选修课	是否是主干课	实践学时
第一学期	高等数学C	52	√					
	大学外语1	40	√					
	体育1	30	√					
	中国近现代史纲要	28	√					
	马克思主义基本原理	36	√					
	规划设计基础1	104		√			√	2周
	建筑美术1	90		√				
	城市规划导论	28		√			√	
	城市社会学	32		√				
	建筑制图	32		√				

续表

开课学期	课程名称	学时要求	公共基础课	必修专业基础课	必修专业课	专业选修课	是否是主干课	实践学时
第二学期	军事理论	18	√					
	大学外语 2	40	√					
	体育 2	30	√					
	思想道德修养法律基础	36	√					
	毛泽东思想和中国特色社会主义理论体系概论	60	√					
	阴影与透视	28		√				
	规划设计基础 2	96		√			√	2 周
	建筑美术 2	78		√				
	城市规划思想史纲	32		√				
	城市地理学	28		√				
	住宅建筑设计原理	28			√		√	
	装饰图案	24				√		
	素描实习	16		√				1 周
	工程地质与水文地质	24				√		
第三学期	中文写作	30	√					
	体育 3	30	√					
	大学外语 3	40	√					
	社会调查方法	32		√				
	城市经济学	32		√			√	
	测量学 C	28		√				
	中外建筑史	48		√				
	规划设计基础 3	104		√			√	3 周
	公共建筑设计原理	28			√		√	
	环境与社会影响评价	16			√			
	美术实习	32		√				2 周
	测量实习 C	16		√				1 周
第四学期	创新创业教育导论	30	√					
	体育 4	30	√					
	大学外语 4	40	√					
	规划设计基础 4	104		√			√	3 周
	城市认识实习	16		√				1 周
	规划设计表达	32		√				
	中外城市建设史	36			√		√	
	城市规划管理与法规	24			√			

续表

开课学期	课程名称	学时要求	公共基础课	必修专业基础课	必修专业课	专业选修课	是否是主干课	实践学时
第四学期	居住区规划原理	32			√		√	
	建筑构造 1	48				√		
	建筑结构 A	56				√		
	版式设计 C	24				√		
	CAD 制图	20				√		
	建筑物理 1	44				√		
第五学期	村镇规划与建设	20			√			
	城市调研专题研究	32			√		√	3 周
	居住区规划设计	96			√		√	3 周
	GIS 技术与应用	32			√			
	控制性详细规划概论	28			√		√	
	城市道路与交通	28			√			
	交通与城市发展导论	32			√		√	
	Photoshop	20				√		
	SketchUp	20				√		
	城市环境与城市生态学	20				√		
	寒地城市公共空间设计	28				√		
	场地设计原理	20				√		
	环境心理学概论	20				√		
第六学期	城市设计原理	28			√		√	
	城市园林绿地规划原理	20			√			
	城市交通专题研究	64			√			
	控制性详细规划设计	96			√		√	2 周
	环境景观规划设计	40			√			2 周
	旅游规划概论	16				√		
	寒地景观设计概论	16				√		
	建筑风水学概论	30				√		
	竖向设计	30				√		
	专业外语	36				√		
	园林植物学	28				√		
	生态文明建设概论	32				√		
	城市更新与历史文化名城保护	32				√		
第七学期	城乡基础设施规划	36			√			
	城市设计 B	112			√		√	4 周

续表

开课学期	课程名称	学时要求	公共基础课	必修专业基础课	必修专业课	专业选修课	是否是主干课	实践学时
第七学期	民用建筑专题研究	72			√			
	城市总体规划原理	32			√		√	
	区域规划概论	36			√		√	
	区域规划专题研究	40			√			
	房地产项目开发与经营	28				√		
	景观规划与生态修复	16				√		
第八学期	规划设计院业务实习	320			√		√	20 周
第九学期	城镇总体规划设计	128			√		√	4 周
	规划实务	28			√			
	城市综合防灾规划	16				√		
	北方近代城市规划发展概述	20				√		
第十学期	规划毕业实习	48			√			3 周
	规划毕业设计	240			√		√	15 周

3 2014 版城市规划培养方案分析

3.1 城市规划课程体系更加完整、独立

在 2014 版培养方案中专业课程体系的培养过程更加的完整。严格的遵循了基础设计——控制性详细规划设计——控制性规划设计——城市设计——镇域总体规划设计—综合设计的渐进式设计体系模式进行紧密安排，环环相扣、层层递进。在学生的知识点学习与能力培养上也前后咬合，做到前课程开展并铺垫，后课程进一步加强和综合利用。

培养方案中基础设计课程的内容将实行“表达能力培养 + 宽专业基础设计能力培养”双线结合。在培养中更加强调规划专业的设计意识的形成，同时好的专业基础能力也应更加强化。

3.2 理论课程的开课时间全部前置

新版培养方案中将《高等学校城乡规划本科指导性专业规范》(2013 年版) 中要求的知识点进行了梳理，通过设计与能力培养对理论知识需要的前后次序，对知识点相对应的理论课程进行了全面的重新调整。始终坚持理论先行，设计应用与强化；意识先行，能力培养持续跟进；分析先行，解决与手段不断提升。理论课程中导论、史纲、经济与地理等先行；设计原理后续分段结合设计课程设置，同时相关的单项规划理论并行；执业注册的相关导向理论和研究性拓宽知识领域的选修课程靠后。

3.3 知识点更加明确、不同课目的知识点多方面加以强调

在《专业规范》中对专业规范、知识体系、核心知识领域以及知识点都做了详细的规定。知识点的表述在其中的内容看似较为固定但其中互有紧密关联，知识点或明确或隐蔽的会同时出现在不同的知识体系和核心知识领域中，难辨泾渭。不同课程的内容会对同一知识点从不同的认知角度进行表述和分析。14 版的培养方案加强了知识点的表述的明确性、重复性和理解的多样性，在不同阶段的课程安排中会对同一知识点反复强调，加深以及拓宽学生的理解。

3.4 设计课程体系的线索更加明晰

2014 版的培养方案在设计课程体系的架构中采取了同以往不同的结构体系。2014 版的设计课程不再是单线的开展而是多线并进，明暗相呼应；专题设计与综合设计相辅相成，长短课程结合共同对统一设计目标进行全方位的辅导。例如，规划基础设计 2 与装饰图案在第二学期并行；规划基础设计 4 与规划设计表达在第四学期并行；城市调研专题研究与居住区规划设计在第五学期并行等等。设计课程的教学更加的综合，课堂的教学引导性将更强，学生的学习主动性将在课程培养中发挥更大的作用；会进一步推动教学质量的提升。

总之，2014 版的培养方案中蕴含了对城乡规划专业教育培养成果提升的期待。将建立较为完善的教学体系和知识模块内在联系作为此方案运行的目的。新培养方案的建立、运行与总结将不断指引我们更好的探寻城乡规划专业教育的内在规律，更好地培养出对社会发展有益的规划人才。

主要参考文献

［1］ 吉林建筑大学 .2014 版本科人才培养方案制定的原则意见，2013.

Optimize the subject education program of Urban and Rural Planning Searching new pattern for the profession education

Gong Han　Gao Wei

Abstract: Urban planning has growth rapidly since its being one of the first class subject. Though the development of the profession presents a sort of prosperous scene, but the lack of standard and criterion to be the reality. The《College of urban and rural planning guidance of undergraduate professional norms》(CURPGUPN) come into being in 2013, make it a guiding principle for the education of the Urban and Rural Planning profession. We establish the "2014 urban and rural planning subject education program" .

Key words: urban and rural planning subject, education program, Optimize

美国高等城市规划教育的发展趋势及 GIS 的应用
——人本主义回潮与大数据支持

张 纯 夏海山

摘 要：美国的城市规划高等教育起源于20世纪上半叶的城市改革运动，经过一个世纪以来的发展，已经形成了以研究生教育为主、与当地文化、制度背景相结合，面向职业教育的教学体系。在21世纪的发展中，美国城市规划领域出现了出现跨学科的人本主义回潮与GIS技术主导的大数据支撑等两个主要的趋势。本文以北卡罗莱纳大学教堂山分校（UNC Chapel Hill）城市与区域规划系的GIS课程设置及在城市规划教育中的应用为例，介绍了紧密围绕城市规划及相关专业在未来实践中海量数据管理、深度发掘需求的课程目的，围绕城市规划相关和实际案例展开的课程内容和安排特征,以及多样灵活的教学方式。美国城市规划教育趋势及GIS在课程教学中的应用经验，为正处于快速城市化的中国，以及处于学科快速发展和建设中的中国城乡规划专业提供了借鉴和启示。

关键词：城市规划，教育，GIS，大数据

1 美国城市规划教育的历史背景

美国的城市规划学科历史可以追溯到20世纪上半叶的城市改革运动。在1917年成立的美国城市规划协会（American City Planning Institute）的基础上，以哈佛大学为首的高校开始开设城市规划的研究生课程，以满足公共设施、分区区划和土地利用等城市发展事务中的规划人才需求（约翰·弗里德曼，2005），随后在美国东海岸一些大学中相继出现以建筑学和景观设计学科为基础的城市规划研究生项目。

二战后美国面临着快速郊区化、旧城衰退以及经济衰退等问题，城市规划在带动社会经济发展中的重要性更加突出。规划师面临的问题已经不仅局限于制定城市土地和分区规划的物质空间层面：一些城市中的社会矛盾开始突出，例如种族冲突、城市贫穷问题等，这些问题也引发了后来民权运动的高涨。同时，能源危机和环境意识的觉醒，也使规划师更多的考虑如何健康、可持续的进行城市发展，保护自然资源和减少能源消耗。

在此背景下，仅具有建筑学和工程学教育背景的规划师在解决棘手复杂社会问题时就显得力不从心，这也引发了从社会科学方法出发、采取综合学科视角来进行规划实践的需要。正如医生、律师等职业资格许可一样，美国的城市规划研究生教育也有着面向职业教育的特点。城市规划专业的毕业生，除了极少部分选择毕业后继续深造外，大多数毕业生都在政府部门如联邦、州、郡和城市的规划局、咨询机构、非营利组织以及社区团体中。

在美国，目前已经有84所大学具有城市规划的硕士培养点，33所大学具有博士培养点。每年毕业约2000名学生，大部分在政府部门、规划局、咨询机构和非营利机构中就职（约翰·弗里德曼，2005）。美国的城市规划专业具有浓厚的职业教育特征，一般来说，学校不设置城市规划本科专业，而是以研究生教育为主，面向社会科学、建筑、工程、商学、管理学等多重背景的本科毕业生招生，通过2~3年的职业培养扩展规划前沿知识、获得规划领导力和研究能力，使其成为未来城市规划行业、相关资讯业、政府机构的实践型人才（张庭伟，1983）。

从美国的城市规划发展历程来看，城市规划教育通常与特定历史时期的社会经济发展背景相关，满足了当

张 纯：北京交通大学建筑与艺术学院讲师
夏海山：北京交通大学建筑与艺术学院教授

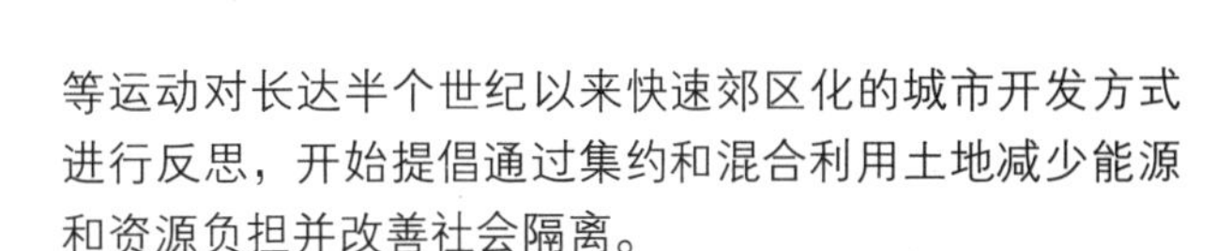

时社会迫切需要解决的问题对规划师提出的要求。因而，在借鉴美国城市规划教育经验时，应结合当时当地城市与区域发展的阶段来进行综合考虑。目前，中国城市仍在快速发展变化阶段，城市规划需要解决的主要问题仍然是物质空间的形成和改善；而相对而言，美国城市已经历过高速发展阶段而逐渐步入稳步时期，城市规划实际工作更加注重个人和团体利益的协调，因此更加注重沟通和谈判技巧，以及协商、集体决策和仲裁的能力。中美两国城市发展历史和所处发展阶段的差异，决定了城市规划领域所关注的主要问题和技术手段应用领域的差异。

2　21 世纪美国城市规划教育的发展趋势

从美国城市规划学科 21 世纪以来发展的近况来看，目前出现了跨学科的人本主义回潮与 GIS 技术主导的大数据支撑等两个主要的趋势。具体来看，一方面强调规划师对城市中人们生活质量的人本关怀，关注环境质量、社会融合、人际交往、生命健康以及幸福感等话题，探讨如何通过好的规划来对抗城市蔓延、应对气候变化、促进低碳和可持续发展、保护自然资源和环境、提升社会和谐与改善市民生命质量。另一方面，强调在规划实践运用 GIS 等新技术进行“数据支撑、事实说话”的规划支持，关注信息管理、数据发掘、大数据分析与专家支持系统等话题，探讨不断通过扩展地理信息系统的方法与技术在城乡规划领域的应用，提升规划实践的科学性、系统性、智慧性。这些新的发展趋势并不是一种突来的时髦，而是适应社会经济发展趋势，并与当时社会面临紧迫社会问题相关的。

回顾城市规划发展史来看，随着城市发展需求的不断演变，20 世纪中叶以来美国城市规划学科关注的问题与涌现的思潮也在持续演进。1940 年代和 1950 年代，城市规划主要针对城市物质空间的布局和设计。到 1960 年代，社会性指向的住房规划和环境问题被纳入规划范畴。1970 年代开始，在强调社会问题的同时，也增加了对经济发展和社区开发的考虑。而到了 1980 年代，全球化趋势的进一步渗透使课程体系也逐渐包含发展中国家的规划、房地产开发以及公共政策分析等方面。而 1990 年代，除了新的开发，已有建成环境的保护也成为规划的重要方面。并且开始通过新城市主义、精明增长等运动对长达半个世纪以来快速郊区化的城市开发方式进行反思，开始提倡通过集约和混合利用土地减少能源和资源负担并改善社会隔离。

到 21 世纪的最近十年中，为了适应全球化与地方化趋势的背景下，在美国的规划教育重视 GIS 等新技术应用，但并非仅仅关注技术本身，而是更强调规划师的远见（Vision）、领导力（Leadership）和社会价值观（Value）的培养——在强调 GIS 技术的同时，也培养他们适应规划当地的社会文化背景，并通过社会责任感教育来帮助他们形成职业价值观。

正如，美国规划教育协会（Association of Collegiate Schools of Planning，ACSP）所规定的，规划课程的设置通常分为三部分内容展开。以美国城市规划领域排名第三的北卡罗来纳大学教堂山分校的城市与区域规划系（Department of City and Regional Planning，University of North Carolina at Chapel Hill，以下简称为北卡规划系）为例，在课程设置上包括三个部分（图 1）：①素养与职业道德，培养学生的价值取向，为谁而规划、代表谁的利益，突出规划对多元群体的包容性、对弱势群体的关注以及公众参与（ACSP，2011）。②规划理论和相关知识，包括土地、交通、经济、住房和社区发展等方面的核心知识和扩展知识，也包括规划相关的政策、法规和制度。③技能、方法与实践能力，包括研究范式、数据收集和定性定量的分析、作图表达和软件的培训，另外尤其强调解决问题以及沟通谈判的能力。其中，以 GIS 为核心的技能方法课程，并非只传授学生技术层面的操作技巧，而是注重训练学生发现研究兴趣和收集数据的自主研究能力，也注重价值观、职业道德的培养以及对当地文化的融入，使学生毕业后能快速融入城市规划的实际工作环境。

3　GIS 在城市规划中的应用——以北卡罗来纳大学教堂山分校（UNC-CH）为例

近年来，在北美城市规划教育中，在人本主义回潮与 GIS 普及双重趋势下，地理信息系统已经与课程教学和科研紧密连接起来。仍以北卡规划系为例围绕着《面向城市规划的高级地理信息系统应用（Advanced GIS for Urban Planners）》课程，展开了结合实际规划项目需求的 GIS 分析方法、技巧以及模块开发训练。

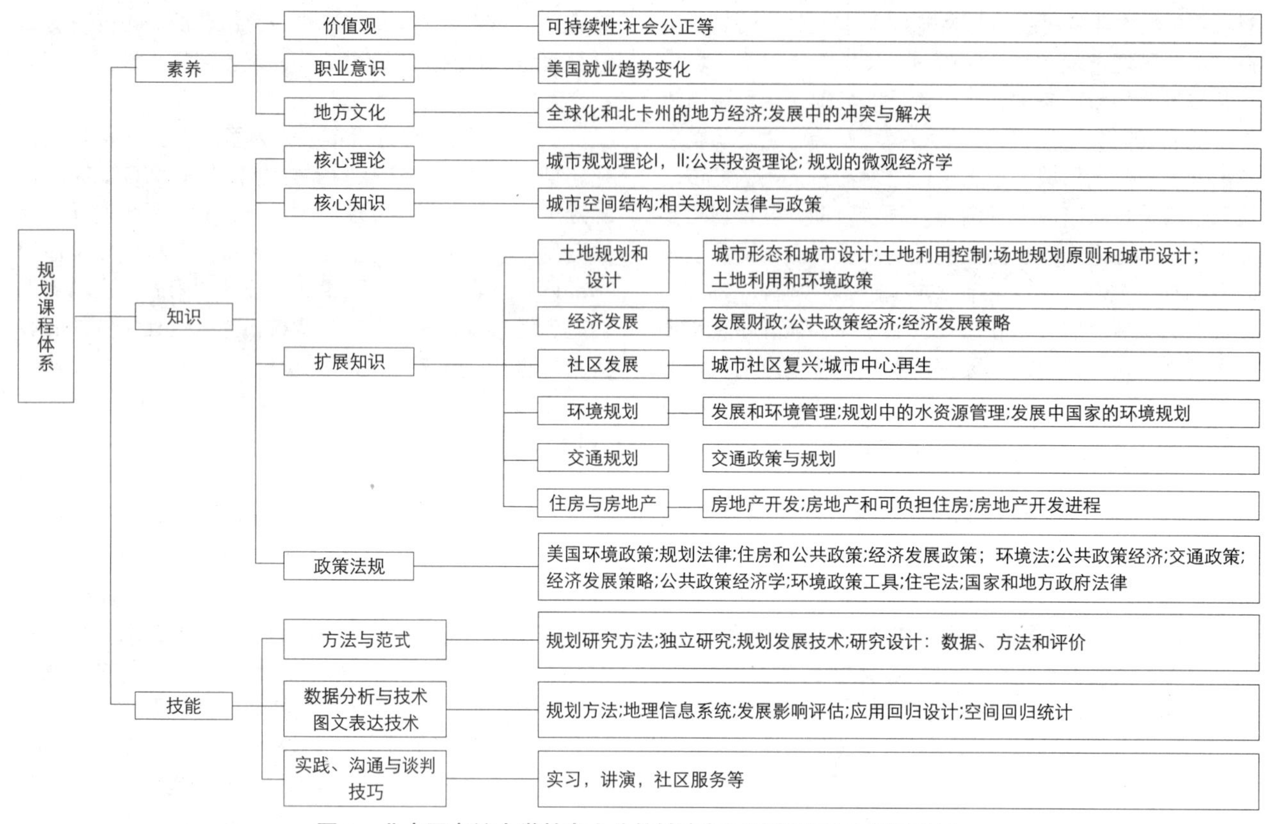

图 1　北卡罗来纳大学教堂山分校城市与区域规划系的课程设置

以 2009 年秋季学期至 2011 年春季学期的课程为例。

来源：www.planning.unc.edu.

3.1　GIS 课程宗旨和目的

北卡规划系的 GIS 课程强调适应未来城市规划领域的海量数据管理、深度发掘需求，紧密城市规划及相关专业在未来课程学习和就业中的需求，改变简单依赖专家经验的传统规划模式，为城市规划决策提供“数据支持、事实说话”的科学支撑。GIS 课程将在其他定量分析课程的基础上进行补充和提升，以提高其综合分析数据、空间分析以及利用实事、数据解决实际问题的能力。

课程设置的目的，旨在扩大学生的能力，使学生可以在理解城市规划理论的基础上，更好的理解和分析城市问题。通过展开研究设计，找到恰当的渠道获得数据，熟悉年鉴数据，并且运用分析方法来展现和解释实际城市相关的问题。通过课程学习，学生应该可以更好的理解实际的规划问题，并且利用复杂统计方法来进行研究设计和解决这些问题，同时能够了解这些规划策略所带来的政策启示以及政策反馈。

此外，通过 GIS 课程学习学生应该可以利用实证数据来支持规划决策，并且从数据分析中得到理性结论。最后，通过课程学习，还可以增进学生在对社会和空间复杂系统认识中的理性思考，替代传统规划中直觉和“拍脑袋”的决策方式，同时也将提升他们应用定量方法来分析和处理动态复杂体统中问题的能力。

3.2　GIS 课程内容与设置

在北卡规划系的 GIS 课程，没有过多强调 GIS 原理与后台编程，而是直接面向城市规划实践应用。结合城市规划专业学生研究方向和研究兴趣的差异，课程讲授内容涉及土地规划、交通规划、社区规划、环境规划和住房与房地产等具体方面的话题。每节课包括两个环节，课堂上老师针对某一具体话题，首先进行相关背景知识介绍的讲授，以强化以往在其他课程上学习的相关知识与法律政策；而后选择某一个具体案例进行实验，结合可得的数据基础，讲授详细计算方法和结果解读。课后，要求学生动手操作完成作业，重复与老师课上讲授相似的案例，以加深记忆。

整个学期的 GIS 课程涉及如何将不同坐标系的数据整合、矢量和栅格数据的转换、空间差值和空间统计、遥感影像使用和数据库动态管理等数据处理与空间计量话题，也包括与实践结合更为紧密的话题如交通分析区和职住平衡、分区条例和数据 3D 表现、公共设施服务于网络分析、视线范围分析、社会融合与空间集聚分析、城市蔓延与遥感监测等（表 1）。

面向城市规划的高级地理信息系统应用课程计划 **表1**

课程编号	形式	主题	案例
1	讲授	引言——如何用 GIS 作图	
	实验	作图表示 Washington 县的独栋住宅分布	根据地理编码进行地址匹配——新奥尔良的案例
2	讲授	ArcGIS 简单操作；如何使用普查数据	主要的数据来源
	实验	1. 准备 GIS 数据—投影； 2. 准备 GIS 数据—用点数据操作	根据投影坐标系，生成地址，并且进行地址匹配
3	讲授	空间数据表现	如何清晰展现地图？美国专题地图的表现
	实验	普查数据和 TAZ 的叠加分析	巴尔迪莫市的就业和居住平衡分析
4	讲授	Raster 和 TIN 模型	空间差值原理和利用 TIN 差值
	实验	用 DEM 数据建模	地形图的空间建模
5	讲授	数据表现	更多的数据准备和整合；数据格式转化——数据化
	实验	3D 数据作图	美国的城市区划，城市规划体系和地籍管理
6	讲授	网络分析	到工作和设施的可达性——教堂山的案例
	实验	交通网络分析	分析在北卡 Chapel Hill 和 Carrboro 两个小镇中社区设施的可达性，设计一条新的公交线路来为这些社区设施服务
7	讲授	空间分析	如何考虑叠加要素，进行 Chapel hill 郊区的学校选址
	实验	空间分析 – 视线领域分析	GIS 在军事领域的应用——可监视区域
8	小组汇报	小组作业 1 号报告	
9	讲授	空间统计	空间计量初步
	实验	ArcGIS 扩展地理统计分析 – 空间信息分析	伊利诺伊州香槟市的社会隔离分析——自相关分析的应用
10	讲授	高级数据建模	根据项目需求，进行目标导向的数据模型建立
	实验	建设地理数据模型	空间数据建模的实际案例——与 C 语言等编程的结合
11	讲授	数据和分层管理	地籍管理系统——美国的地产权属
	实验	如何实现空间数据库的管理	为了征收房产税，如何建立空间数据库系统进行房地产价值评估
12	讲授	拓扑	拓扑关系与城市交通
	实验	运用 GIS 进行拓扑建模	加州高速公路系统的拓扑优化
13	讲授	遥感	土地利用的改变和城市蔓延的研究
	实验	遥感影像的分析	中国广东省建成区扩展分析的案例
14	讲授	GIS 未来进展	GIS 支持的社区规划——Chapel Hill 社区规划的案例
	实验	GIS 未来应用的几个领域	大数据与智慧城市
15	小组汇报	小组作业 2 号报告	

来源：www.blackboard.unc.edu.

例如，在进行区划条例下开发潜力分析时，首先进行实验相关背景知识和 GIS 运算远离介绍。开发潜力是地块区划条理规定最高开发密度与现有开发密度之差，采取 GIS 中的 3D 可视化分析模块可以进行分析运算。因而，首先将来自于实际地籍数据与规划区划数据等两个来源的数据统一到同一个坐标系下。其次，计算每个地块的实际开发密度，并计算其与规划密度之差。最后，采取 3D 可视化模块将差值分为不同的色块和高度表现出来(图 2)。通过 3D 可视化表现，即将分析结果直观、简明的呈现，又使学生更好的理解为什么要进行内填式开发。

3.3 灵活多样的教学方式

在美国，在课堂之外还有灵活、多样而互动性很强的多种教学方式作为补充，提供了课堂之外的 GIS 等城市规划分析技术的学习机会。例如，美国规划师协会(American Planning Association，APA) 和 Eris 等公司会组织以 GIS 新趋势、新技术为主题的竞赛或培训，鼓励在校学生自发组团参加。

这些竞赛或者培训通常基于某一主题进行田野旅行或观察，发现学术问题，通过团队合作运用 GIS 技术来提出规划解决问题的方案。例如，以“北卡可支付住房的希望工程 (HOPE VI)”为主题的旅行实践，组织学生去临近首府城市罗利去看城市中心区的那些低收入住房、非畜集中的公共住房等邻里再造地区的实践项目。学生要求将田野调查结果以 GIS 格式图像方式记录下来，并利用 GIS 分析技术作为规划决策的依据，最后提出为低收入者提供住房的对策。在竞赛或培训中，除了文字、图像的表达，还注重学生在实践中锻炼沟通、表达能力与谈判技巧。这些活动作为教学环节的有益补充，锻炼了学生在校期间的独立思考能力、团队合作精神和实践动手能力，对于学生毕业走上工作岗位之后，在各个利益团体之间沟通以及平衡他们的利益是十分重要的。

4 总结

综上，中美城市规划教育处于不同的国家和城市发展阶段，因此面临的主要问题和挑战也有所差异。美国的城市规划教育发展历程总体上经历了由关注物质空间到关注社会空间，由强调专家个人经验到强调数据实事支撑的转变趋势，这对中国高等城市规划教育仍提供了借鉴：①转型期的中国城市规划教育，应紧密结合当代中国城市的快速发展和变化中出现的新问题、新挑战，从培养规划师的价值观和职业意识入手，关注新型城市化中的城乡移民、交通拥堵、环境污染以及城市社会问题，引导城市规划的“量”向“质”逐渐转变。②面对大数据时代的需求和挑战，以 GIS 为基础的规划方法不仅强调新技术层面的应用，其本质还是强调规划方法论

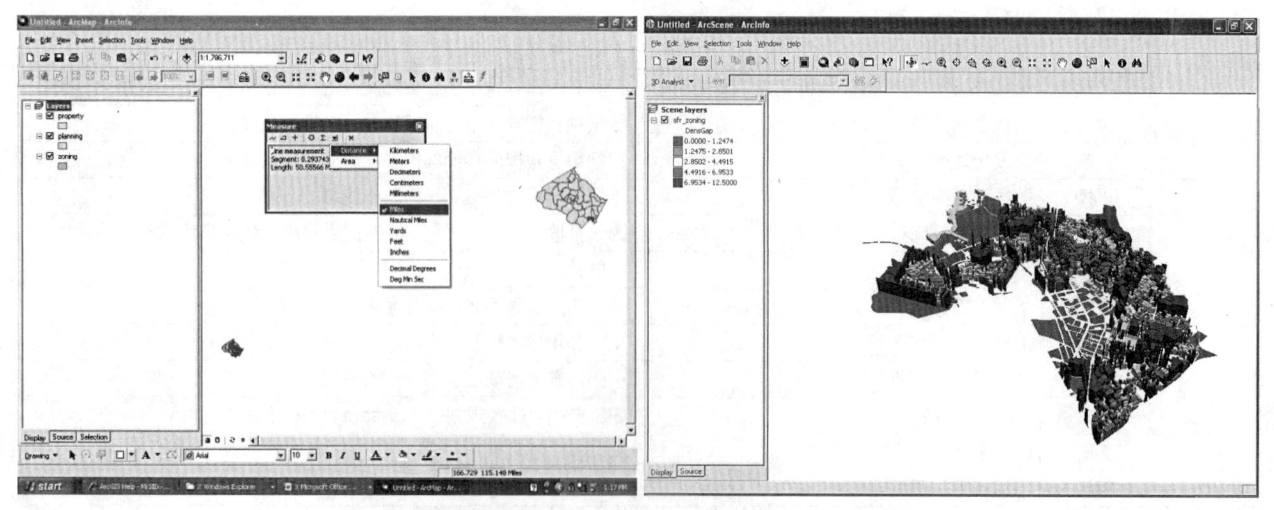

图 2　区划条理下开发潜力分析的数据来源和分析结果示例

的转变——从由规划师和官员个人经验主导的传统规划模式，向“数据支持，事实说话”的新规划模式转变。其中，GIS 技术在城市规划领域的应用，可以辅助规划师更理性的进行决策、向公众呈现更直观而容易理解的规划方案、并且帮助规划管理部门更清晰并有延续性的执行这些规划政策。

此外，值得注意的是提倡 GIS 在中国城乡规划教育中的应用，并非要掀起中国城市规划领域的“计量革命”，将规划专业学生培养为掌握某一门技术的“匠人”；而是要站在学科发展史高度把握全球 21 世纪规划学科发展动向，在人文主义回潮与大数据趋势下，培养具有理论高度、能对影响城市未来发展而具有远见、领导力的综合人才。强调 GIS 技术的普及和应用的目的，是要解决中国城市目前迫切需要解决的问题——环境污染、社会公平、城乡移民、交通拥堵以及市民的生活品质。

因而，结合美国城市规划教育的历史背景和发展趋势，比较中美两国城市发展的不同阶段来看，在转型期中快速发展的中国城市中，城市规划的主要任务也将从计划经济时代的建设发展、分配资源转变为引导城市可持续发展、调节公众利益、增强公众参与等方面。相应的，城市规划专业教育也应做出调整以满足 21 世纪城市发展对未来规划师在职业素养、知识和技能等方面的综合要求。在 21 世纪中，培养中国规划者具有国际化的视野、卓越的领导力和 GIS 等前沿的规划技术，将对未来中国城市的发展具有非同寻常的意义。

主要参考文献

[1] Friedmann, J. and C. Kuester. Planning Education in the late Twentieth Century: An Initial Inquiry. Journal of Planning Education and Research, 1994, (14): 55-64.

[2] ACSP. http://www.acsp.org/education_guide/education_and_careers_in _planning. last accessed on 27 May 2011.

[3] 唐子来 . 不断变革中的城市规划教育 . 国外城市规划，2003，18（3）.

[4] 张庭伟 . 美国城市规划教学的若干特点 . 城市规划汇刊，1983，71（1）.

[5] 约翰·弗里德曼 . 北美百年规划教育 . 城市规划，2005，29（2）：23-26.

[6] 张纯，宋彦，吕斌 . 城市规划教育的中美对比——以北京大学和北卡罗来纳大学教堂山分校为例 . 北京大学教育评，2012，10（2）：10-21.

Trend of Urban Planning Education in the U.S. and Application of GIS: Humanism Turn and Big Data

Zhang Chun　Xia Haishan

Abstract: The education of urban planning in U.S can be traced back to the Urban Revolution movement in the early of 20th century, and forming a well-developed, graduated education based, and professional oriented education system which embedded into local context. In the 21st century, the humanism turn and big data becomes two paralleled trend in the urban planning field in the U.S. This paper introduce the aims of GIS courses toward urban planners taking UNC-CH as example, which is focus on the urgent need on big data management and data mining in the practice and future career in real planning professions. This paper also illustrates the syllabus of GIS course and multi-teaching methods. The planning education in the U.S. will provided implications for quick urbanizing Chinese Cities, and also fast developing urban planning discipline in China in the future.

Key words: Urban Planning, Professional Education, GIS, Big Data

MOOC 时代的挑战与机遇
——关于作为通识教育的城市规划概论课的实践与思考

陈闻喆

摘　要：当今中国大学教育面临思考和转型，从纯粹的精英教育逐渐变为面向社会的普及型大众教育。由此，大学教育中通识教育的重要性提上议程。在传统教育体系中，城市规划课程在专业主义理念下一直仅面向专业类学生开设，随着时代发展和中国城市化进程加快，通识教育理念的提倡和MOOC平台的出现为城市规划教育带来新的机遇和挑战。作为城市规划教育的从业者，要与时俱进，面向全民教育，从通识教育的层次为城市规划教育拓展新的层次，培养更多的社会人士具备城市规划知识，体现城市规划的公众参与精神，有利城市发展，真正实现城市规划的使命。本文谨面对教育发展现状进行讨论，同时结合《城市规划概论》课的教学实践的调研数据分析，进一步论证并提出建议。

关键词：城市规划概论，通识教育，MOOC，城市规划的公众参与

1　概述

长久以来，城市规划领域的专业课程一直主要面向城市规划专业的学生开设，课程也以培养从事城市规划的专业设计和管理人员为目标设置课程内容。随着时代的发展，尤其是当今中国日新月异的城市发展进程，城市的建设和发展涉及了社会的方方面面，社会各界人士对城市问题和规划设计都产生强烈关注，而非专业人士对于城市规划的相关知识的需求也显得日益重要。城市规划课程的参与对象已从单纯的规划设计人员日益扩大为范围更加广泛的社会群体。

同时，今天的中国大学教育也正在思考和转型之中。从纯粹的精英教育逐渐变为面向社会的普及型大众教育。在此背景之下，大学教育中通识教育的重要性也提上议程。在中国城市化进程加快的今天，城市规划课作为通识教育的必要性和可行性，亟待引起城市规划领域的教育工作者的重视，从通识教育的层次，为城市规划的教育拓展新的层次，面向全民教育，培养更多的社会人士具备城市规划的基本知识，体现城市规划的公众参与精神，有利城市发展，真正实现城市规划的使命。

同时，网络信息时代的到来，MOOC（英语：Massive Open Online Course/MOOC，中文意译为大规模开放在线课程）作为一种新的教育形式，适应了电脑网络科技飞速发展的现实，体现了社会大众对多学科专业知识的渴求与需要。以前仅局限于大学校门之内的面向专业人员的小众课程，如今登陆在线，成为面向社会大众的在线教育，也为大势所趋。

在城市规划领域的课程体系中，城市规划概论课作为一门面向城市规划专业学生的入门基础课，在传统的专业教育的课程体系中一直有着重要的地位，肩当着向学生传授城市规划的基本知识的角色。在当前的城市规划教育的发展形势下也面临新的机遇与挑战。

本文谨针对上述发展现状的思考，结合本人在北京建筑大学当前的城市规划概论课的教学实践，尝试分析与总结，希望对新形势下的课程建设和城市规划教育的发展有所助益。

2　通识教育的发展和城市规划教育

“通识教育”一词来源于英文原词“general education”，也有译为“普通教育”、“通才教育”、“一

陈闻喆：北京建筑大学城市规划系讲师

般教育”等。其概念始于西方国家，被视作精英教育的基础，它的理念就是在于给学生更多选择的空间，充分重视个性和创造力的培养。纵观世界范围的高等教育，通识教育作为大学教育的一个重要组成部分地位坚实。

通识教育是高等教育领域针对专业主义教育和职业主义教育而产生的教育理念和教育模式。它的思想源泉被认为是古希腊亚里士多德所提倡的自由教育（liberal education），主张从人类生命主体出发，追求精神自由，心灵解放。通识教育起源于对专业主义的批判，其理念首先在专业主义最盛行的美国出现。发展的背景是欧美教育者有感于现代大学的学术分科太过专门而造成的知识割裂，于是创造出通识教育，旨在培养学生独立思考，对不同的学科有所认识，融会贯通不同的知识，以培养完全、完整的人。自 20 世纪，通识教育已广泛成为欧美大学的必修科目。

通识教育的最初涵义由美国博德因学院（Bowdoincollege）的帕卡德（ A. S. Packard）教授提出（李曼丽、汪永铨，1999）。他提出在美国实行的选课制的背景下，应该在大学生学习的课程中提供给大学生一些共同的部分（common elements），而这些部分被称为“general education”，包括“古典的、文学的和科学的，一种尽可能综合的（comprehensive）教育”。而通识教育的角色被定义为“是学生进行任何专业学习的准备，为学生提供所有知识分支的教学，这将使得学生在致力于学习一种特殊的、专门的知识之前对知识的总体状况有一个综合的、全面的了解。”（李曼丽、汪永铨，1999）。在其后的教育界对“通识教育”一词的讨论中，通识教育的概念和内涵被赋予了越来越多的定义和内容，虽无统一定论，帕卡德提出的通识教育肩负的使命却在这些讨论中基本是一致的。

基本来说，从性质来看，通识教育被界定为“高等教育的组成部分”，是“非专业、非职业性高等教育”，是“对所有人的教育”。总结看来，通识教育指“高等教育的一个组成部分，指非专业性教育部分，它与专业教育一起构成高等教育；它是对所有大学生进行的教育；它也指整个大学的办学理念；与自由教育同义”（李曼丽、汪永铨，1999）。从目的来看，通识教育旨在关注学生“关注学生作为一个负责任的人和公民的生活需要的教育，关注学生“做人”方面的教育，关注人的生活的、道德的、情感的、理智的和谐发展等等”，“与专业教育相比较，通识教育的目的不在于专业知识与技能的陶冶和训练，而首先关注其作为社会的一分子参与社会生活的需要。”（李曼丽、汪永铨，1999）从内容而言，通识教育“是一种广泛的、非专业性的、非功利性的基本知识、技能和态度的教育。”（李曼丽、汪永铨，1999）

有学者认为，在现代大学发展历程中，专业教育是在工业革命和科学主义发展的背景下产生的，具有一定的功利性，它取代了非功利的自由教育，由此衍生出的专业主义、工具主义，使人成为知识的附庸，是应该被批判的（苗立文，2007）。

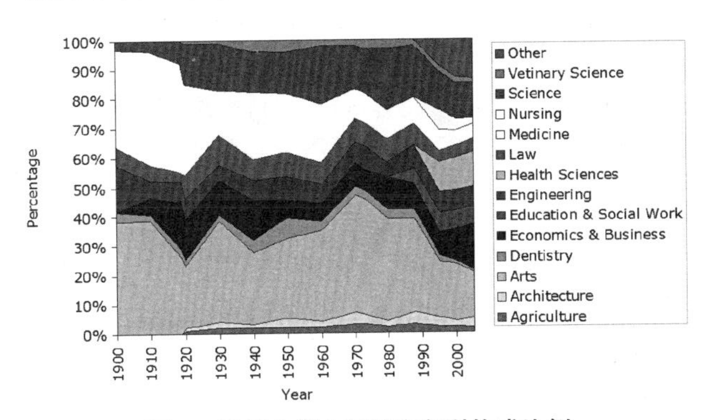

图 1　悉尼大学本科教育各科构成比例

图片来源：http://zh.wikipedia.org/wiki/File:Usydfaculties.png

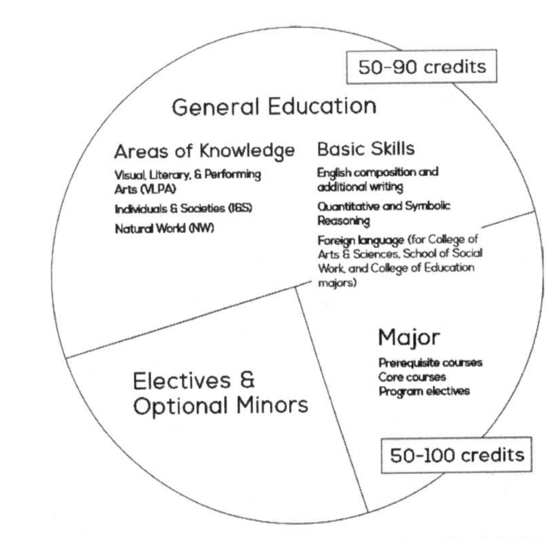

图 2　美国华盛顿大学本科教育学分构成比例

图片来源：https://www.washington.edu/uaa/advising/general-education-requirements/overview/

通识教育在美国课程教学改革中地位重要，在华人的海外高校中也已得到足够重视，在台湾、香港地区的高校已经自20世纪80，90年代起开始在大学中引入通识教育课程，在大学中有专门的“通识教育工作小组”负责规划通识教育课程。通识教育在我国内地当前的高等教育中也得到越来越多的重视。教育部1995年开始推动“文化素质教育”，1999年建立了最初的32个文化素质教育基地，在一批高校中推行（甘阳，2007）。但是同时也有学者注意到，在当前的通识教育的推行中，有着各种问题。

城市规划和建筑类的相关课程，在海内外通识教育的课程体系中，也占一席之地，在城市发展问题日趋受到社会各界重视的今天，对城市规划知识的介绍，也在通识教育的课程中有设置。城市规划类的相关课程由于其知识点的覆盖范围，一些隶属于社会学等人文性质的学科课程其中也包括了对城市问题的讲授。从整体来看，虽然建筑规划类课程在整体的教育课程体系中内容所占比例，份额不高，但是可以看到的是，这一比例份额呈现增加的趋势，虽然在发展中呈现份额增减的起伏变化，这也许与城市建设发展热度的周期性因素有关，但整体来开，这一发展趋势呈稳步发展中有增加的趋势。

3 MOOC的出现对高等教育的影响

MOOC（英语：Massive Open Online Course/MOOC，中文意译为大规模开放在线课程），在中文中也被译为“慕课”，作为一种新兴的教学形式，意在针对大众人群的在线课堂，人们可以通过网络来学习自己需要的课程。MOOC是远程教育的最新发展，同时，MOOC的出现，也使得高等教育的教学资源在面向广大社会公众开放上实现飞跃式的发展。

MOOC，从其名称解释，“M”指Massive，大规模，与传统课程不同，一门网络课程的学生动辄上万或更多。“O”指Open，开放性，课程向社会公众开放，突破了原有的大学教育的界限。“O”也指Online，网络在线学习，突破时空界限。“C”指Course，课程，在这一点上MOOC与传统大学教育还是保持了一致性，虽然课程移到网络，但教师教学的内容和手段还是传承了大学传统的教学形式。

从互联网起始，自2011年后在短短两三年时间，已经在网上出现了大规模的教育课程，并且被Coursera、edX和Udacity等教学平台推动，迅速发展，被誉为“印刷术发明以来教育最大的革新”，“学习的革

图3　香港大学通识教育的特点介绍

图片来源：http://gened.hku.hk/aboutus

图4　香港大学通识教育杂志中与城市问题相关的内容

图片来源：http://gexpress.gened.hku.hk

命”，中国媒体也惊呼这是“未来教育”的曙光，并且引述了《纽约时报》对2012年MOOC发展的评价称为“慕课元年”（曹继军；颜维琦，2013）。海内外的名校在此趋势之下已推出多种制作精美的课程视频，数字学习已经成为当前教育领域的新生而有力的事物。这对传统的高等教育是一个冲击，是机遇与也是挑战。

随之，国内的高校界也积极响应国际新趋势，引入MOOC这一新的教育形式，教学工作者们积极参与关于MOOC的引进与讨论（李青 & 王涛，2012；王爱华 & 吴红斌，2013；袁莉，斯蒂芬，鲍威尔，& 马红亮，2013）。总体看来，这些讨论也还处在起步阶段。从中，我们可以看到对MOOC这一新形式的欣喜，也you有对MOOC这一形式加入到传统教学中的质疑，但不论哪方面的讨论，都承认了一个当前中国高等教育亟需面对的现实，就是MOOC教学形式将对高校中的传统教育方式带来相当大的多方面的冲击与影响，包括教学对象、教学形式、教学内容等等。

具体到城市规划的专业领域，关于MOOC的讨论目前还十分有限，存在空白亟待补充。毋庸置疑，MOOC这一网络教育的新形式，也将在城市规划的专业教育领域成为充满活力的元素。

4 机遇与挑战：“MOOC + 通识教育”双因素影响下的城市规划教育

近年来，关于城市规划教育需要与时俱进改革的探讨在规划教育界一直都在深入，这其中也包括对城市规划课程需要有更多包容性和开放性的呼声（戴秋思，2012；黄光宇 & 龙彬，2000；田莉，杨沛儒，董衡苹，& 刘扬，2011）。

通识教育作为当代教育越来越受到重视的高等教育的重要模块，MOOC作为来自互联网时代的新兴教育形式，二者从不同的方面而相似的角度，都促使我们城市规划教育的从业者开始新的思考，重新定义设计我们的城市规划教育的服务对象和教学形式。

一方面，从通识教育理念的角度，城市规划教育的教育对象扩大到除专业人员外更广大的层面具有必要性，同时也具有广大的教育需求。这提醒教育工作者，城市规划教育不再仅是面向专业人员的精英式教育或是职业型教育，在当下社会，因为城市生活和城市发展已

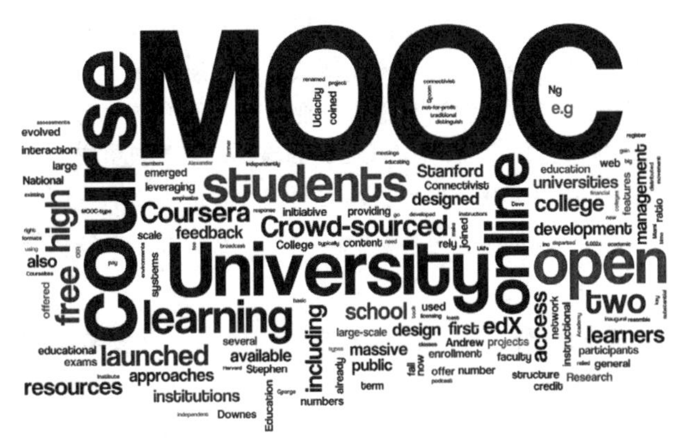

图5 关于“What is a MOOC？”的图解之一

图片来源：http://theteachingpractice.wordpress.com/2013/03/18/what-is-a-mooc-why-should-you-care/

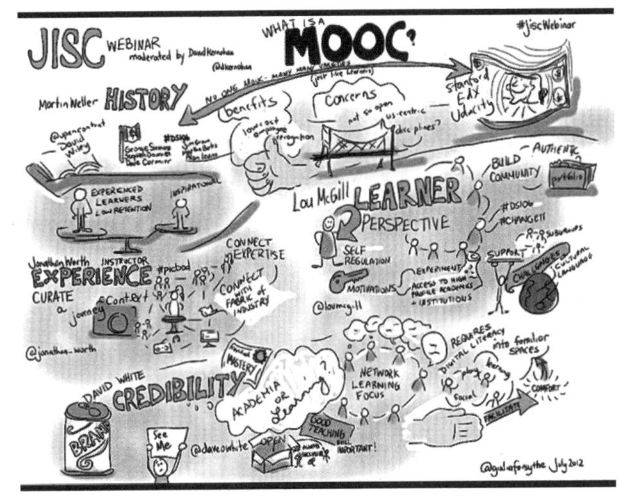

图6 关于“What is a MOOC？”的图解之二

图片来源：http://facultyecommons.org/latest-mooc-resources/

经深入到人们生活的方方面面，作为对人类生存环境的认识的基本知识，对城市规划的基本理论的学习也是一个现代人所应具备的基本常识，对城市规划课的设置和设计，必须扩大到面向更广大社会受众的层面。从可行性上说，城市规划的知识内容，因为城市的形成和发展与人们的日常生活息息相关，同时兼具了文字知识和图像知识的特点，在教学内容上可以图文并茂，这些知识点也都具备了一定的趣味性。另一方面，通识教育理念所提倡的自由教育精神在MOOC的助力下真正得到有力的实现手段，教育对象急速增长，教育需求来自更加

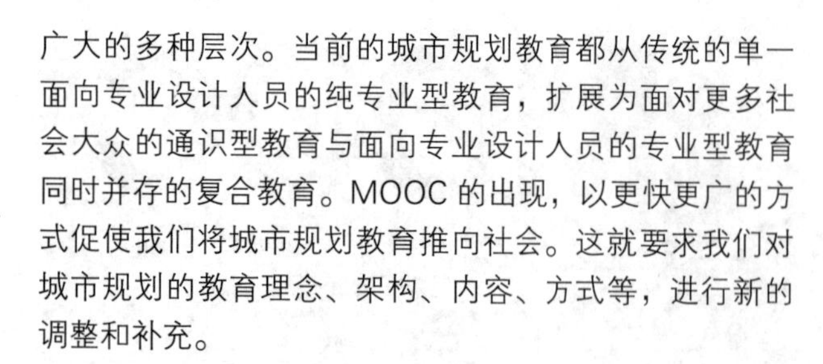

广大的多种层次。当前的城市规划教育都从传统的单一面向专业设计人员的纯专业型教育，扩展为面对更多社会大众的通识型教育与面向专业设计人员的专业型教育同时并存的复合教育。MOOC 的出现，以更快更广的方式促使我们将城市规划教育推向社会。这就要求我们对城市规划的教育理念、架构、内容、方式等，进行新的调整和补充。

5 案例研究：相关的《城市规划概论》课教学实践与分析

在城市规划课程体系中，《城市规划概论》课作为一门专业基础课，长期针对专业学生作为必修课程开设。近年来，随着形势发展，该课程也开始面向高校内的其他专业的学生开设。关于通识教育和 MOOC 的理念所带来影响，《城市规划概论》课在城市规划领域内的课程中可算典型代表。在此，作者以在北京建筑大学开展的面对非专业学生讲授的该课程的教学实践为研究案例，对城市规划课程在通识教育和 MOOC 概念下所处的现状做初步分析，作为对上述讨论的补充。作为建筑规划类的综合性大学，北京建筑大学中除建筑和规划专业的学生之外，也有大量非建筑和规划专业的学生。近年来在全校范围内面向非专业类学生，也开始开展《城市规划概论》课程的讲授，这是该校建筑与城市规划学院唯一面向全校开设的课程。虽然在当前的教学体系中，学校还没有如海外大学的体系一样，设立专门的通识教育部门，将这一类全校性的课程设为通识教育部分，但是课程设立的初衷和实施其实已经具备了相当于通识教育的理念。

在目前进行中的教学大纲体系（北京建筑大学建筑与城市规划学院，2014）中，对专业体系下的教学课程设置来说，常规的《城市规划概论》课面对的是城市规划专业的本科学生，作为必修课。同时也兼顾作为建筑学等相关领域的专业学生的选修课。而对于相当于通识教育系列的《城市规划概论》课来说，课程的教学目的和传授的知识点基本范围相同，但是由于教学对象不同，所造成的学习需求不同，所以教学的基本要求也就与专业课系列的《城市规划概论》课有所不同，深度广度有所调整，侧重点也有所不同。课时设置为 16 课时，包括课内原理讲授 14 学时，实践 2 学时，课外另有 8 学时，学分为 1 学分。开课的单位为城市规划系，主讲老师均为城市规划专业的专业教员。该课程设置的目的，是为让学生“了解城市规划的学科特征及覆盖的领域，了解城市化及城市问题，熟悉城市发展背景知识，树立城市规划概念。了解城市规划与其相关学科关系，熟悉城市规划学科体系组成。培养学生观察问题的能力”（北京建筑大学建筑与城市规划学院，2014）。

本文结合笔者主持的一门面向全校非专业学生系列的《城市规划概论》课的教学实践，以通识教育理念下的课程设置为研究对象，针对 2013 至 2014 年度选修本

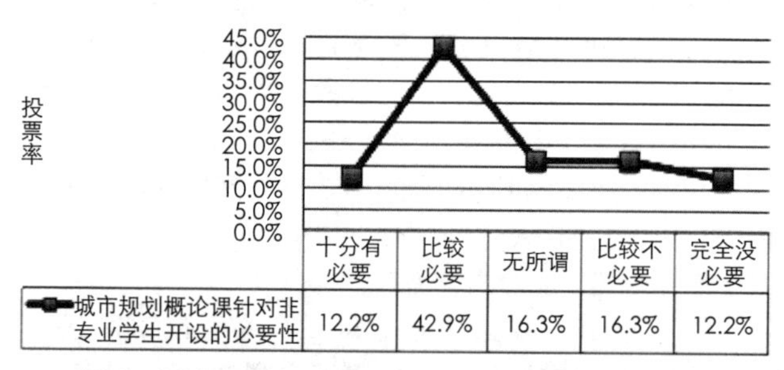

图 7 城市规划概论课对非专业学生开设的必要性

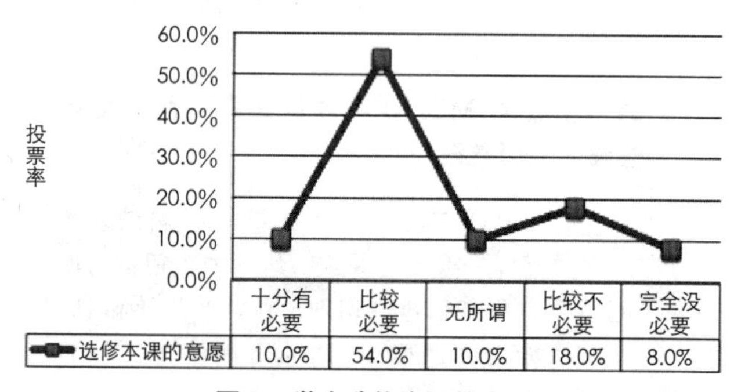

图 8 学生选修本课的意愿

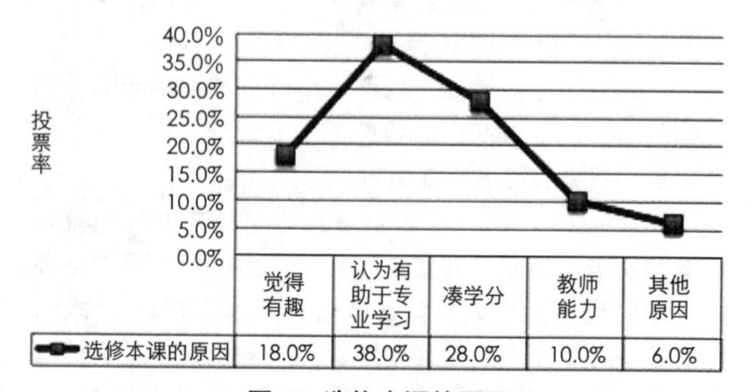

图 9 选修本课的原因

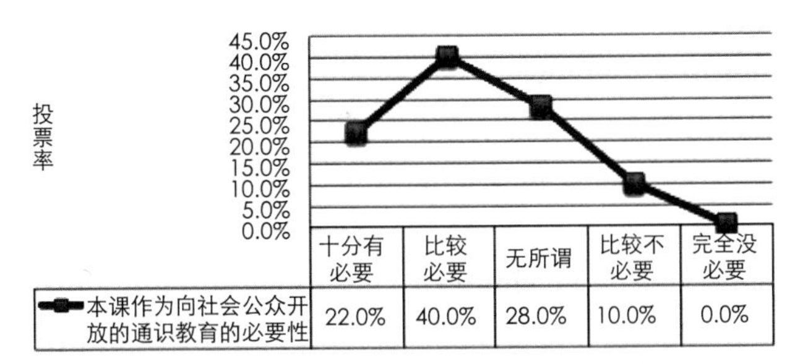

图 10　本课作为向社会公众开放的通识教育课的必要性

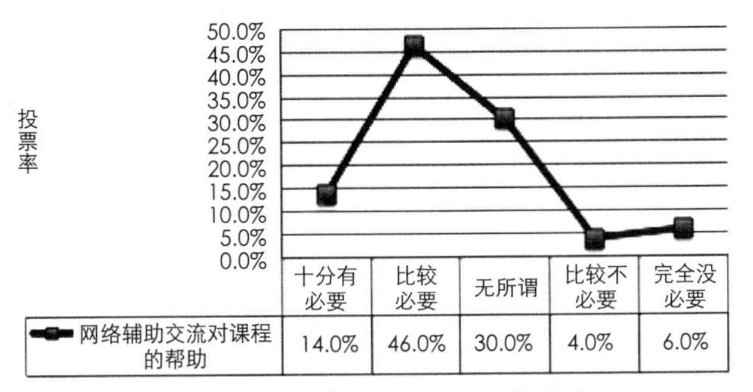

图 11　网络辅助交流对课程的帮助

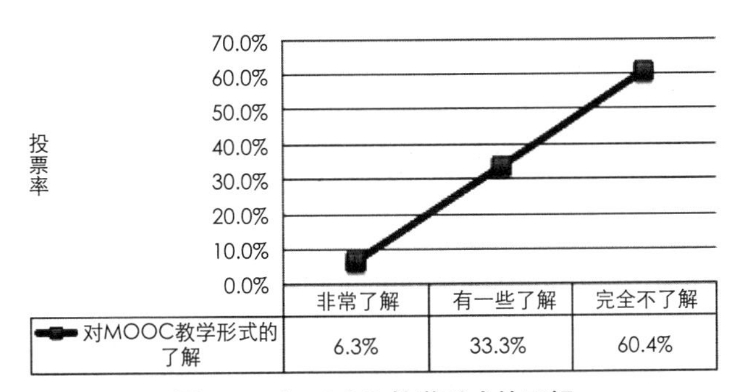

图 12　对 MOOC 教学形式的了解

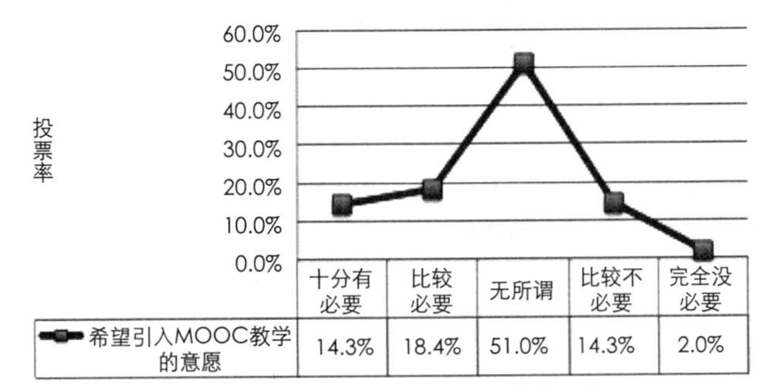

图 13　希望引入 MOOC 教学的意愿

科的非专业学生开展调研。抽样调研的对象为法学院的法学专业的两个班级的二年级学生，学生规模约为 52 人。在为时一学期的《城市规划概论》课的授课结束之后，针对《城市规划概论》课作为通识教育课程的必要性和可行性以及教学效果，面向全体修课学生进行了问卷调查。以下是问卷调查的部分结果。

从调研的基本情况来看，学生们对《城市规划概论》课面向非专业学生开设的必要性都给予了充分肯定，认为有必要性以及对此持开放态度的学生占 71.4%。选修本课程的意愿也较为强烈，有 64% 的学生有积极选课意愿，另有 10% 保持中立。而选修此课的原因中，认为有利于专业学习的因素仍然占据主流（38%），趣味性因素占 18%，这两方面的因素也从侧面旁证本课作为通识教育内容具备的需求潜力。

而在进一步的提问中，对于本课作为面向社会公众开放的通识教育课的必要性，也有 90% 的学生表示了积极或是中立的态度，进一步肯定了课程的潜力。而在针对 MOOC 概念展开的调研中，一方面学生们表示了对网络辅助手段对教学助益的肯定，仅有 10% 的学生表示不认可有助益。另一方面，我们也可以看到对 MOOC 这一新的教学概念和形式，学生们还了解甚少。虽然如此，但在引入 MOOC 教学的意愿上，学生们仍然表现出积极欢迎的态度。

此外，在课堂教学实践中，本人作为主讲教师对课程有如下深刻体会，包括：第一，作为非专业学生，同学们对本课程也投入了较高的热情度。第二，课程内容结合当前行业实践及时进行更新极为重要。学生普遍对当前行业发展的实践潮流和最新设计手段表现出浓厚兴趣。第三，学生对多媒体教学资料表现出浓厚兴趣。以多媒体影片配合讲授的设计原理知识受到热烈欢迎，比较传统抽象的照本宣科式的纯理论和案例介绍更易于让学生理解和接受相关知识点，并且保证课堂的关注度和兴奋度一直保持在较高的水平。第四，同学们对课内安排的实地参观（北京城市规划展览馆）这一内容表示兴趣强烈，教学效果良好。此外，如何把握好本课与法学专业学生的整个本科课程体系之间的关系，还有待整体考虑深入设计。本课程的教学内容和方法也还存在相当的开放性和探索的空间。

6 结语

总体来说，结合上述的讨论和对实践的分析，我们可以看到，以《城市规划概论》课为代表的城市规划类的传统专业课程，在新的时代发展中，也开始以“通识教育”的角色在高等教育中崭露头角，这其中存在广大的教育需求和潜力。作为城市规划的教育工作者，在此形势之下，也须要开始正视且着手面对形势发展下的教育需求，为城市规划教育工作者的角色定义与工作定位作出补充和调整，对我们当前的城市规划教育，开始新的思考和反思，重新构建我们的教育课程的框架和内容，也才能真正从深刻的层面实现当代城市规划所提倡的公众参与精神。

主要参考文献

[1] 北京建筑大学建筑与城市规划学院.(2014).《城市规划概论》课程教学大纲.北京建筑大学.

[2] 曹继军，颜维琦.在线课程“慕课”来袭专家称大学应主动参与，光明日报.2013-7-16. http://edu.qq.com/a/20130716/003152.htm.

[3] 戴秋思.文明危机背景下通识教育发展方略的探讨.高等建筑教育，2012，21(5)，6.

[4] 甘阳.通识教育:美国与中国.复旦教育论坛，2007，5(5): 8.

[5] 黄光宇，龙彬.改革城市规划教育适应新时代的要求.城市规划，2000，5: 121-122.

[6] 李曼丽，汪永铨.关于“通识教育”概念内涵的讨论.清华大学教育研究，1999，1(1):17.

[7] 李青，王涛.MOOC: 一种基于连通主义的巨型开放课程模式.中国远程教育，2012，3: 30-36.

[8] 苗立文.中国大学通识教育二十年的发展现状及理性省察.2007.

[9] 田莉，杨沛儒，董衡苹，刘扬.(2011).金融危机与可持续发展背景下中美城市规划教育导向的比较.国际城市规划，2011，2:99-105.

[10] 王爱华，吴红斌.高校教师开放课程资源的相关因素研究.开放教育研究，2013，19(2)：79-84.

[11] 袁莉，斯蒂芬，鲍威尔，马红亮.大规模开放在线课程的国际现状分析.开放教育研究，2013，6:59.

The Opportunities and Challenges from the Era of MOOC——Thinking and Practices of "The Introduction of Urban Planning" as General Education Course

Chen Wenzhe

Abstract: The university education is facing review and transition from elite education gradually towards social public education. Thus, the importance of general education in university education system becomes noticeable on the agenda. In the traditional education system, urban planning courses at the idea of professionalism has been opened only for the professional class of students, with the development of the society and the accelerated urbanization process in China, the avocations of the idea of general education and the emergence of the platform of MOOC, urban planning education is meeting new opportunities and challenges. The practitioners in urban planning education have to consider the requirements from the society, teaching for the public, so as to develop new levels of urban planning education from the aspect of general education. It is necessary to train more social persons with knowledge of urban planning, in order to realize the spirit of public participation of urban planning, contribute to urban development, and complete the mission of urban planning. In this paper, the status of existing education development has been discussed, as well as an analysis to the investigation data from the practices of the course of 'the Introduction of Urban Planning', and recommendations for the course development have been attempted.

Key words: the Introduction of Urban Planning, general education, MOOC, public participation of urban planning

基于“卓越工程师教育培养计划”的城市规划专业 ESP 拓展课程教学探索

潘剑彬　李　利

摘　要：本文将“卓越工程师教育培养计划”教学体系影响下的城市规划与设计学科 ESP 教学作为主要研究内容。研究认为：在教学模式上，应该促进学生由被动式学习转化为主动式学习；在教学过程中，应该深入研究教学方法，进行更合理有效的教学尝试；在教学方式上，应充分利用校企、校际的合作关系来提高学生的学习兴趣，并在此过程中逐步提高教师自身的英语水平和业务能力。研究目的是进一步提高教学效果与质量，进而培养和造就合格的城市规划师。

关键词：专业英语，卓越工程师培养计划，城市规划与设计，教学改革

国家教育部 2010 年 6 月针对全日制大学本科生实施的“卓越工程师教育培养计划”是贯彻落实《国家中长期教育改革和发展规划纲要（2010–2020 年）》以及《国家中长期人才发展规划纲要（2010–2020 年）》的重大改革项目。该计划旨在新的发展形势下培养和造就创新和实践能力强、适应经济社会发展需要的高质量工程技术人才，为国家走新型工业化发展道路、建设创新型国家和人才强国战略服务。截止 2013 年底，全国已有近 200 所高校入选“卓越工程师教育培养计划”，基于该计划精神和主旨的专业教育培养计划均已制定并实施。

在城市化快速发展以及国际交往日益频繁的今天，城市规划专业具有实践性、时代性、系统性及学科交叉性，其教学内容已然涉及城市建设及管理的各个层面，因而充分利用高校现有的师资及联合办学优势，形成“厚基础、宽口径、强能力、高素质”培养模式。

在“卓越工程师教育培养计划”下，城市规划专业相应社会需求及外向型的专业发展方向，以培养应用型、创新型和复合型人才作为目标。城乡规划专业英语作为专业基础课，结合“卓越工程师教育培养计划”的教学实施，需重新进行课程的设置和安排，不断改革教学方法和手段，从而激发学生的学习兴趣，达到更好的教学效果。

1　大学公共英语、城乡规划专业英语的区别及发展趋势

大学公共英语（General English）是教育部对高校非英语专业本科阶段的英语教学要求，其目标是培养学生日常生活中的英语综合应用能力，目的是使高校毕业生能够适应我国日益开放和发展的国际交流需要。但是，随着对公共英语过级考试质疑的声音越来越高，高校的去公共英语化将成为今后的发展大趋势，取而代之的是专门用途英语（English for specific purposes，ESP），即专业英语教育。

城乡规划专业 ESP 教学的目标是培养学生专业英语运用能力及基本技能、提高专业素质及继续深造过程中的专业英语文献阅读能力、英语文章的撰写能力以及专业英语演讲报告能力等综合运用技能。教育部在 2001 年开始推行高校双语课程、2009 年推行高校国际化课程，这本应该是城乡规划专业英语的发展契机，出人意料的是由于种种原因，正是在这个阶段，专业英语教育开始衰落。

潘剑彬：北京建筑大学建筑与城市规划学院讲师
李　利：北京建筑大学建筑与城市规划学院讲师

2 城乡规划专业 ESP 教学存在的问题

目前部分高校对专业英语在专业基础课中的重视程度不够，教学计划及进程按部就班，教学内方式及内容照本宣科，结合笔者的前期调研，以下问题在城乡规划专业中较为普遍：

2.1 学生对 ESP 课程不感兴趣，学习积极性较差

在过去的很长一段时间里，部分国内高校将公共英语学习成绩与学位获取、就业紧密联系，因而学生将极大地热情和精力投入到公共英语课程，尤其是四六级的学习中去，不可避免的影响到了专业课程的学习、专业技能的提高以及专业素养的培养。在这一大趋势下，作为专业基础课程之一的专业英语教学已然沦为课程培养体系中的“鸡肋”，不仅学时压缩，而且由最初的必选、限选课程逐渐成为任选课程；再者，由于此前专业英语的学习方式是老师带领学生学习专业术语、词汇及分析专业英语长句，教学形式枯燥乏味，学生参与学习的积极主动性以及教学过程的最终效果因此而大打折扣。

2.2 学生前期专业基础知识不够，学习效果不好

城市规划专业是“厚基础、宽口径”的专业类型，而随着社会的发展，城市规划专业的内涵和外延也日臻丰富，这一特征会愈加显著。笔者认为，全面、扎实的专业基础知识以及必要的英语综合表达能力是专业英语学习的必要条件。通过公共英语的学习，学生的听说读写能力有了较大的提升，而专业基础知识相对来说受制于学科培养计划还不够全面。再者，国内高校城乡规划专业多数为 5 年制，而专业英语的开课时间一般在三年级这样一个学生刚刚接触专业课的时期，必要的专业技能、专业认知程度尚处于较初级的阶段，以专业文献作为主要教学工具显然是不合理的。不难看出，针对此问题，现实的做法是在专业培养计划编排阶段综合考虑开课时间段。

2.3 ESP 教师素质亟待提高，教学效率较低

专业英语课程本身以及在教学过程中具有双重特殊性。除上文论述的对学生较好的专业基础外，还要求教师具有扎实的专业知识以及过硬的英语口语基础，更要具有“专业英语”的能力。而目前多数高校的教学现状往往是教师的专业知识过硬，而英语水平不足以支撑其专业英语教学，导致专业英语教学变成了专业课教学，长此以往则对学生专业英语水平的提高没有益处。

2.4 ESP 课程的受重视程度低

各高校对专业英语课程重视程度较低首先是由于错误的定位，表现在将此课程看作双语教学而不是真正的 ESP 教学。再者，重视程度还在上文曾述的课程类型设置上有所体现、没有长期固定的教学团队、多数情况下此系列课程由新参加工作的老师承担而缺少必要的经验丰富的课程负责人。另外，专业英语课时多数为 1 学分，18 学时，只有半个学期的课程，大多数内容丰富的教学内容无法保质保量地完成，且不能形成较完整的教学体系。

3 “卓越工程师教育培养计划”下的城市规划专业 ESP 教学改革措施

3.1 全方位培养学习兴趣及参与度

对于专业学习来说，兴趣是最好的老师。能够在教与学的过程中激发学生的浓厚兴趣是教好和学好专业英语的关键。具体在教学实践中，要改变以教师课堂讲授为主的模式，尝试让学生主动参与到教学的全过程中，甚至让学生成为教学的主要执行者和参与者，而教师的角色是必要的引导和评判。

教学内容是培养学生学习兴趣的关键。在本课程的教学实践中，笔者所在院系开展的专业英语教学新措施包含以下几个阶段：

（1）精选专业文献内容及题目，鼓励学生以学习小组的形式查阅及解读英文文献（例如 The Chinese Planner’s Guide to Western Urban Planning Literature），以英语口语汇报的形式展示文献学习成果，锻炼学生的查阅文献及总结能力，也在此过程中激发和培养学生的学习兴趣。

（2）把讲台变成学生专业能力的锻炼平台。把网络上世界著名大学的网络公开课内容介绍给学生（例如麻省理工学院公开课程：城市面貌——过去和未来），学生课下自主学习并将内容加以提炼并结合国内情况在内容上加以扩展，在课堂上以学习小组的方式、以 PPT 的形

式用英语口语汇报。汇报同时，组间互相提问题及讨论。教师汇报后点评。

（3）结合国内专业指导委员会及校际联合专业竞赛，对世界上权威专业机构组织的历届设计竞赛（例如美国 ASLA 或 IFLA 学生竞赛）获奖作品进行解读（课下进行）。课上以学习小组方式、以 PPT 的形式用英语口语汇报。汇报同时，组间互相提问题及讨论。教师汇报后点评。

（4）结合学期内开展的专业设计内容（例如，城市规划与设计原理：历史街区部分），要求学生在本课程上以学习小组方式、以 PPT 的形式用英语口语将课程设计内容进行汇报。汇报同时，组间互相提问题及讨论。教师在学生汇报后进行综合点评。

3.2 合理设置教学进度及学时量

专业英语教学进度安排应兼顾学生的英语表达能力以及专业认知水平。目前城市规划专业本科教育一般大学前两年安排较多的公共英语学习而在三年级开始系统的专业课教学（针对城市规划专业五年制本科）。专业英语教学设置应该在学生具备英语能力及专业能力的基础上。目前专业英语大都安排在大三学年，此时学生的专业认知能力尚未完全具备，而如果开设时间较晚则影响学生实习、考研或就业，学习专业英语的兴趣和精力都会受到影响。因此，专业英语教学应在大三下半年或大四年级上半年开设，这样能充分利用学生时间相对宽松的特征，进一步提高教学效果。

另外，应适当延长专业英语学时，比较好的做法是将专业英语教学分成两个相互衔接的阶段，并分散到两个学期内，并注意教学过程中逐步深入，可以使专业英语教学与专业课教学形成互相促进的局面。

3.3 多元化探索校企、中外联合培养机制

目前，各高校针对“卓越工程师教育培养计划”的要求，已切实加强了与相关企业的联合教学，基于企业需求或与企业联合制定了学科培养方案，主要目的就是培养学生的工程实践能力及创新能力。在城市规划专业英语教学过程中，也应该加强校企合作。教师可结合自己专注的研究方向特点和企业需求，充分参与到与学校进行合作的企业的相关活动中，尤其是国外驻中国设计咨询机构或外向型中国设计企业中，教学内容结合企业全方位的实践资源及先进的信息资源，进行城乡规划专业英语教学改革。

（1）以企业平台为课堂、以项目为教具，邀请优秀国际设计师给学生介绍先进的规划设计理念等，以加强学生对本专业的学习兴趣、扩展学习视野和知识面。

（2）采用 Seminar 或沙龙的形式，以教师和优秀城市规划师为主持，就专业发展的若干方向以及社会关注的城乡规划相关热点问题，激发学生专业英语讨论专业问题的热情。

此外，结合院系与国外大学或研究机构签署的培养或交流机会选派学生到国外参加交流和学习，这种本科生境外短期交流学习以及参与项目的培养模式将极大提高卓越工程师的综合能力，在实践中，可加大本科生境外交流项目的范围、深度以及经费支持。

4 结论与建议

城市规划专业学生应用专业英语的水平是城市规划专业英语的教学效果的最直观反映。在“卓越工程师教育培养计划”的教学体系影响下，城市规划专业英语教学应以学生为主体和服务对象，以切实提高学生的整体专业英语水平为基本目标和最高要求，以促进就业质量提升及学业深造为方向，从听、说、读、写、译五方面全面提高学生的专业英语素质，并将 ESP 素质促进成为学生专业素质的重要组成方面。

本文将“卓越工程师教育培养计划”教学体系影响下的城市规划专业 ESP 教学的改革为主要研究内容，研究认为：在教学模式上，应该促进学生由被动式学习转化为主动式学习；在教学过程中，应该深入研究教学方法，进行更合理有效的教学尝试；在教学方式上，应充分利用与企业的合作关系来提高学生的学习兴趣，从而逐步提高教师自身的英语水平和业务能力，从而进一步提高教学效果与质量进而培养和造就合格的城市规划师。

主要参考文献

[1] 蔡基刚．专业英语及其教材对我国高校 ESP 教学的影响［J］．外语与外语教学，2013，269（2）：1-4.

[2] 蔡基刚．从日本高校大学英语教学看我国外语教学目标调整［J］．外语教学理论与实践，2011.3：1-7.

［3］ 蔡基刚．台湾的大学 ESP 教学对大陆大学英语教学改革的启示［J］．外语与外语教学，2010，6：26-30.

［4］ 丁洁，吴冬梅．“卓越工程师教育培养计划”下电气专业英语的教学探索［J］．外中国电力教育，2013，2：169-170.

［5］ 高等学校外语专业教学指导委员会英语组．高等学校英语专业英语教学大纲［M］．上海：上海外语教育出版社，北京：外语教学与研究出版社，2000.

［6］ 何谨然．理工科大学英语后续教学与 ESP 教师的培养［J］．理工高教研究，2007，4：115-116.

［7］ 韩秀茹，何跃君．国内高校专业英语教学研究综述［J］．中国建设教育 .2013，3（3）：72-76.

［8］ 刘法公．论基础英语与专门用途英语的教学关系［J］．外语与外语教学，2003，1：31-33.

［9］ 缪相林，傅斐，李尚忠，朱玉梅．普通高等院校开展专业英语教学有利于学生就业和未来的发展［J］．教育教学论坛，2009，12：51-52.

［10］秦秀白 .ESP 的性质、范畴和教学原则—兼谈在我国高校开展多种类型英语教学的可行性［J］．中国英语教育，2003，1：79-83.

［11］王蓓蕾．同济大学 ESP 教学情况调查［J］．外语界，2004，1：35-41.

［12］吴能章．从专业课教师的视角探讨专业英语教学［J］．高等教育研究．2011，2:17-22.

［13］杨娜．关于城市规划专业英语课程教学改革［J］．福建教育研究，2011，2：22-25.

［14］于秀华．基于双语教学视角探讨我国大学英语教学［J］．教育与职业 .2014，787（03）：113-114.

［15］赵丛霞．城市规划专业英语教学法研究［J］．高等建筑教育，2007，16：84-86.

［16］张安富，刘兴凤．实施“卓越工程师教育培养计划”的思考［J］．高等工程教育研究 .2010，4：56-59.

［17］中华人民共和国教育部．教育部关于实施卓越工程师教育培养计划的若干意见（教高［2011［1 号）［EB/OL］．中华人民共和国教育部网，2011-01-08.

Study on teaching method of ESP of discipline of urban design and planning based on “Training plan of excellent engineer”

Pan Jianbin　Li Li

Abstract: This paper focus on the teaching method of ESP on the discipline of urban design and planning based on ‘Training plan of excellent engineer’. The research suggest that the teaching model should promote the transition from passive to active learning; and should further study the method of teaching, then conduct more reasonable teachingattempt; to improve the Interest in learning ESP by the relationship between school and enterprise, and inter school, then gradually improveprofessional ability of teacher self. The purpose of the study is improve the quality of teaching, then Training and bringing up qualified Urban plannerurban planner.

Key words: English for specific purposes, Training plan of excellent engineer, Urban design and planning, Teaching reform

多专业联合的规划课程教学方法探讨
——以城乡规划专业及风景园林专业联合的规划课程为例

吴 松 陈 桔 郑 溪

摘 要：多学科融合是当今城乡规划行业发展的趋势，因此，学生的技能培训和思维开拓是专业课程教学内容的重要组成部分。本文以城乡规划专业及风景园林专业为例，探讨城市总体规划设计课程及城市绿地系统规划设计课程的联合教学实践方法。教学实践显示，多专业联合教学模式对于不同专业的学生在本专业知识应用、相关领域知识拓展及团队协作方面的专业素质培养有着积极作用，同时对执行跨专业联合教学也提出了需要在课程进度中细分阶段任务的完善要求。

关键词：跨专业联合模式，城乡规划教学，城市总体规划，城市绿地系统规划

1 引言

城市的可持续发展基于规划工作的科学性。目前，在我国城镇化加速及社会转型发展的大背景下，来自社会、经济、科技、环境等方面的变化为城市总体规划的编制带来了新的挑战，以往基于城市发展历史的渐进式规划方法已经难以应对诸多复杂的无法预测的因素的影响。随着城市总体规划编制内容向经济、社会和环境等领域不断拓展，且越来越强调统筹协调城乡之间、区域之间、经济与社会、人与自然及国内外五大关系时，综合性的系统分析就成为科学规划的前提与基础[1]。

多学科融合是实现城乡规划科学性的有效方法。现代城市规划学科是为了解决产业革命导致的城市盲目发展与混乱建设，当前城市问题的复杂性，已经不是一门单纯的技术领域学科所能解决[2]。时至今日，城乡规划作为多学科交叉的复合学科、重要的一级学科，其专业知识和工作内容的跨度越来越大。城乡规划的指导研究尺度涵盖了从宏观到微观、从城市问题到城市建设管理等各个方面，因而，融合的学科涉及社会学、建筑学、经济学、生态学、地理学、工程学、美学等等不同学科。

在城乡规划教学改革的目标中，一方面要引导学生借鉴相关学科的理论成果，形成相对有序的支撑理论体系，另一方面，还要研究和构建不同类型规划所需的重要理论、方法和技术体系。梁鹤年先生（1986）指出，城市规划的理论教育不可能越俎代庖地做其他学科的研究工作，就利用其他学科的成果，也同时发展自身独特的“中间地带”理论和技术[3]。

传统教学中，城乡规划专业的城市总体规划设计课程与风景园林专业的城市绿地系统规划设计课程是分属于两个不同专业的教学内容。城乡规划专业的学生着重于城市规模及空间发展形态的确定，统筹城市各项建设用地等；风景园林专业的学生则侧重于将绿地在城市用地中作功能空间的布局。教学过程中，由于学生对于两个规划的从属关系及关联性方面的认识有一定的偏差，引导学生从相关专业出发对城市问题进行综合思考一直是教学的难点，甚至出现风景园林专业的学生认为城市绿地系统规划就是一种自上而下的“被动”式规划，因此，规划的科学性无从体现。

2 城市总体规划课程与城市绿地系统规划课程的关联性分析

2.1 城市总体规划设计课程教学的重点

城市总体规划是对一定时期内城市性质、发展目标、

吴 松：昆明理工大学建筑与城市规划学院讲师
陈 桔：昆明理工大学建筑与城市规划学院讲师
郑 溪：昆明理工大学建筑与城市规划学院讲师

发展规模、土地利用、空间布局及各项建设的综合部署和实施措施，我国现阶段城乡规划的基本任务是保护和修复人居环境，尤其是城乡空间环境的生态系统，通过空间发展的合理组织，满足社会经济发展和生态保护的需求。因此，区域分析、产业分析、特色分析等在城市发展定位和规模预测中的作用、城市用地的空间结构等是城市总体规划方案确定过程中的教学重点组成部分。

教学过程中，城市规划弹性工作方法的思路，即在城市人口规模预测、城市化发展水平预测方面，赋予一定幅度和弹性的值域（包括高、中、低三个系列），然后通过战略环境评价选取最优方案[4]；在空间布局多方案的研究中，通过情景假设，提出多种可能的“极端性”方案，最大限度的考虑某一发展模式下城市供给要素最有利的用途配置，然后根据各方案对该项供给要素的需求程度和时间序列，确定供给要素的最佳配置[5]等方法，已经成为教学中让学生学习多方案比较分析的重点内容。

2.2 城市绿地系统规划设计课程教学的要点

城市绿地系统规划研究的总课题是如何最大限度地发展绿地系统的综合效能，从而实现人、城市、自然的和谐发展。2001年起我国已将城市绿地系统规划从城市总体规划的专项规划提升为城市规划体系中一个重要的组成部分和相对独立、必须完成的强制性内容。

城市绿地系统规划中，市域绿地系统的形成及城市绿地系统的构建是规划教学的重点。城市绿地系统规划作为城市总体规划中的专项规划，与总规的关联性是必然的。城市绿地系统规划在教学过程，区域分析、产业分析、特色分析等城市发展的定位和规模预测、城市各类用地的布局同样也是风景园林专业学生在规划过程中需要考虑的重点。但通常情况下，风景园林专业的学生对于城市发展的概念比较模糊，对于城市绿地系统是城市组成结构的重要部分缺乏感性认识，关注的焦点仅局限于绿地的空间布局，容易忽略城市发展中用地人口的空间特征及城市发展对环境的影响。

2.3 相关规划设计课程教学的互补性

从规划层次的从属关系而言，城市绿地系统规划是城市总体规划的一个重要组成部分，是对城市总体规划的深化和细化，城市绿地系统规划需要在城市规划用地范围内，进行各种不同功能用途的绿地合理布置，进而达到改善城市小气候条件等方面的环境目的。因此，科学制定各类城市绿地的发展指标，合理安排城市各类园林绿地建设和市域大环境绿化的空间布局，促进城市可持续发展的目的，就需要对城市总体规划中的城市性质、发展目标、用地布局等深入了解，同时，合理科学的城市绿地系统也需要在城市总体规划中得到落实，最终纳入到城市的总体规划中。因此，两个设计课程的联合教学对于学生而言，不仅是一种本专业知识的应用实践，同时也是思维开拓、相关专业知识整合的需要。

3 课程教学模式的探讨

3.1 教学框架的设计

根据课程特点，结合教学要求，跨专业联合的设计课程教学框架与教学内容如图1所示。

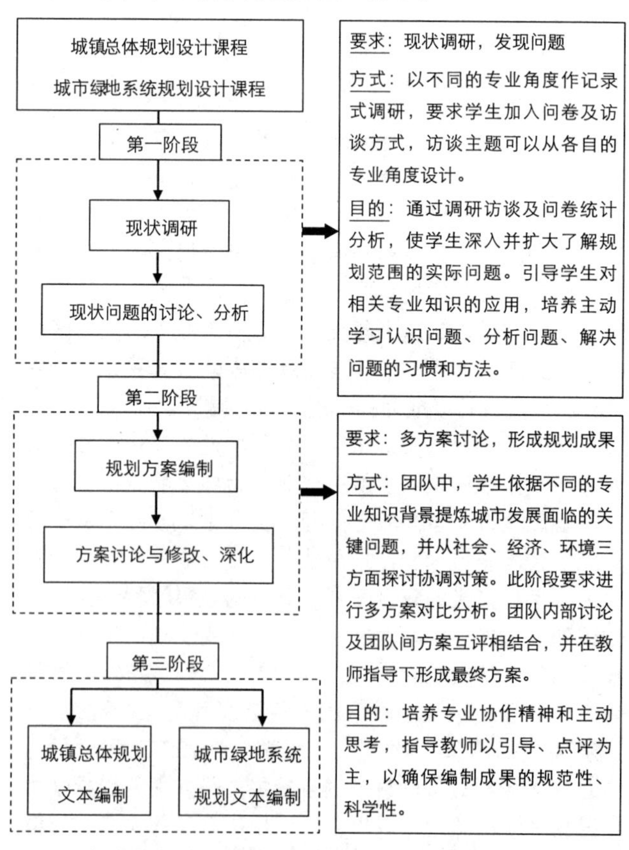

图1 专业联合模式的设计课程教学框架与教学内容示意图

3.2 教学实践的组成

课程时间安排。两个规划课程的教学时间需要安排在同一学期，以便学生在调研工作及课程进度方面的同步。

团队组成结构。每个团队均由两个专业的学生构成，人数为5个左右，3个规划专业学生，两个风景园林专业的学生。两个专业的指导教师构成指导团队，共同承担教学指导。

工作方式。调研工作及方案讨论阶段，以团队的方式一起完成。团队成员应从各自的专业角度提出调研的相关问题，并对问题调研的资料进行归纳及总结，方案讨论及分析要根据调研的结论展开，并要求学生充分体现不同专业学科的知识背景。

最终提交的成果中，无论是城市总体规划还是城市绿地系统规划要相互呼应、充分衔接，反映专业联合下的共同研究结果。

3.3 课程教学的实践总结

相对于常规的教学，两个专业学生在调研及方案讨论分析过程中明显反映出联合教学模式的作用。一方面体现在两个专业的学生对于本专业知识应用方面的提高，另一方面体现在学生对相关专业知识拓展的主动性方面。

城乡规划专业的学生在整个教学过程中了解了不同专业在城市规划方面的意见和想法，除了技能训练外，由于风景园林专业的融合，对于方案过程中相关专业问题的思考解决，使学生开始主动寻求知识的拓展，以便能合理解决城市发展所带来的环境问题，落实了思维开拓的综合教学目的。

风景园林专业的学生在教学过程中，对风景园林的规划设计理念逐步从微观扩展到宏观，从传统园林学延伸到城市绿地系统层次，充实了专业知识系统，使学生了解了学科的整体系统，领会了城市规划设计理念对风景园林设计的指导意义。对城市绿地系统与城市发展、城市绿地系统与城市总体规划的关系有了具体的综合认识，对城市绿地系统的重要性及实施性提升了认识。

团队精神是规划从业者必备的专业素质，同样也是专业训练的重要内容之一。在教学的不同环节中都需要注重学生团队精神的培养，不仅是同专业间的配合，更需要不同专业间的协作。在现状调研、方案制定、成果编制等各个环节，贯彻小组协同机制，形成小组讨论、组间互评的学习模式，不但可以提升学生间的积极沟通、分工协作的团队精神，同时，跨专业间的互相学习、知识扩展也是提高教学质量的重要方法。当然教学过程中，教师的工作量会加大，同时需要掌控好学生的作业进度，对作业要求需要进行适时调整、明确要求。

4 小结

多年来，城乡规划专业教育领域一直在改革，科学发展观是改革的目标和方向。就专业教学而言，教学环节的调整设置其主要目的就是使设计课程与实际工作更为贴近，为学生更好地领悟各层次规划的思维模式、掌握基本方法与步骤提供平台。

教学实践表明，无论是城乡规划专业还是风景园林专业，都需要在教学中不断调整教学大纲，突出知识结构的宏观性及多元化。学生通过理论学习、设计课程了解并掌握城市与城市发展、城市化与城市规划、城市规划思想对园林设计理念的指导意义、城市规划与城市绿地系统的衔接关系。多专业的联合教学方法可以使学生对于城市构成、用地规划与城市绿地系统的协调统一、城市总体布局、城市道路系统与道路绿化系统、居住区规划与居住区绿地的关系、城市公共空间、城市历史文化遗产与城市更新、城乡统筹规划与乡村规划建设等方面有更多的贴近现实的思考。同时，在每一个阶段中，指导教师就阶段任务需要进行细化，进度跟踪要及时，学生对时间的管控需要教师的引导，否则学生容易出现拖沓现象。

如今园林城市、大地园林化等理念是城市发展的目标，也将是今后城市规划与园林设计的发展趋势。各学科只有在整个学科体系的相互联系中才能得到长足的发展。城乡规划专业的教学与风景园林专业的教学联合，可以为学生提供一定程度的综合能力培养。

主要参考文献

[1] 李伦亮. 科学的发展观与城市规划方法论[J]. 规划师，2005，2:14-17.

[2] 陈秉钊．中国城市规划教育的双面观[J]．城市师，2005，21(7)：5-6.
[3] 梁鹤年．我对中国引进城市规划教育模式的一些意见[J]．城市规划，1986，1：38-44.
[4] 盛科荣，王海．城市规划的弹性工作方法研究[J]．重庆建筑大学学报，2006，02.
[5] 王宏伟．市场经济条件下城市空间增长的多方案比较研究[J]．城市发展研究，2003，04.

A discussion on interdisciplinary planning teaching approach ——The case study of an interdisciplinary program included urban planning and landscape architecture

Wu Song Chen Ju Zheng Xi

Abstract: Interdisciplinary subject become today's trend of urban planning. Helping student build their professional skill and critical thinking skill are important parts of teaching content. This article will discuss interdisciplinary subject teaching approach with a case study of interdisciplinary subject included the master planning and the urban green space system planning. Teaching practice shows that the interdisciplinary subject teaching approach has positive effect on students who studies un-related subject: not only gives them a good understanding of the field, widen their knowledge within the field but also improve their team work skill. Meanwhile it requests build up better executing ability of such teaching approach.

Key words: interdisciplinary, urban and rural planning teaching, master planning, urban green space system planning

城乡规划专业课程体系内的“连续性教学”引导方式初探
——记三峡大学城乡规划专业实践课程教学团队化实践

胡 弦 马 林 谈 凯

摘 要：通过学科转型期城乡规划特色教学体系及模式的研究实践，三峡大学城乡规划专业教学逐渐形成了立足鄂西山地小城镇实践的地方性实践型特色教学体系和模式。其中，“连续性教学”引导方式强调专业课程体系内的基础原理教学与设计实践的结合与强化，在近年的专业设计课程教学实践中取得了较理想的教学效果。本文即是从我校近三年的专业设计教学实践总结入手，探求科学的团队化连续性教学引导方式，优化现行特色教学体系和模式。

关键词：连续性教学，团队化教学，城乡规划专业设计实践教学

1 绪言

通过学科转型期城乡规划特色教学体系及模式的研究实践，三峡大学城乡规划专业教学逐渐形成了立足鄂西山地小城镇实践的地方性实践型特色教学体系和模式，专业人才培养初显教学改革成效。但是在教改实践过程中，仍然出现了普遍的规划原理—设计实践断层现象，降低了设计实践类课程的教学效率，难以达到预期的实践设计教学效果。因此，我系城规教师团队希望探求一种具有较高可实施性的教学引导方式，切实强化原理应用、明晰设计实践过程，使设计课更关注方案整体过程把控的能力培养及方案本身的挖掘及优化。在尝试借鉴“连续性教学”方法后，利用其知识穿插巩固与交叉训练强度的优势，较好解决了理论联系实际不足的问题，极大提升了同期设计水平。

2 传统“特色”问题

原理缺巩固。三峡大学城乡规划专业学生的学习状态较多受到应试影响，而非设计实践主导的自主学习，在当期原理课程的学习后，鲜少有后续相关原理的阅读巩固及补充。根据本次对专业内学生学习意向及习惯的访谈，学生所借图书馆快题类书籍约占借书总数的48%，图册案例类书籍约占20%，而经典理论书籍则仅占4%（图1课外专业阅读意向）。仅凭 借本科原理课程学习难以构建较全面的专业知识体系，而这必然造成理论课与设计课的脱节以及设计成果欠缺理论高度，设计课各分段内容不能达到预计设计深度或造成整体进度拖沓从而影响后期课程内容。

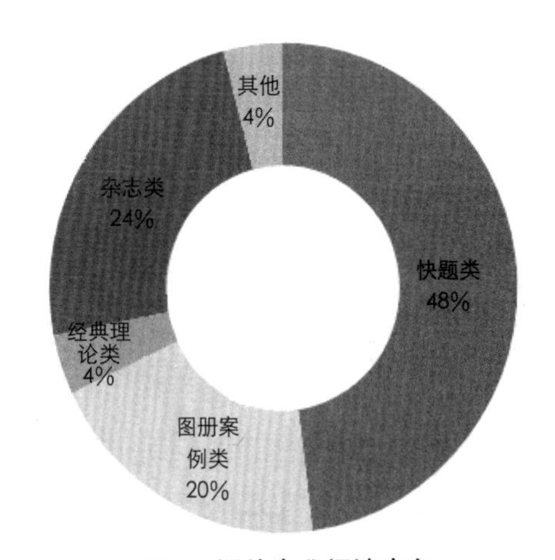

图1 课外专业阅读意向

胡 弦：三峡大学土木与建筑学院城建系讲师
马 林：三峡大学土木与建筑学院城建系讲师
谈 凯：三峡大学土木与建筑学院城建系讲师

图 2 传统设计课程三大段

设计缺导向。根据历年我系城规专业教师的教学进度表课时安排对比，2012 年以前设计实践类课程相关原理巩固内容均以集中形式安排于课程前期，平均 6 课时；设计课程内上机课时均以集中形式安排于课程后期，平均 8 课时；设计课程主体按照设计内容分段，各内容如概念定位、结构分析、主体设计、专项设计等持续课时 4 到 22 课时不等（图 2 传统设计课程三大段）。这种“集中式”设计分段安排表面上较为合理，而实际教学过程却显示其设计成果前后联系不紧密，前期概念、技术分析流于形式，学生表示设计过程感不强，较难形成整体项目运作认识。在主干设计课时中欠缺原理理论对具体设计内容的引导，设计成果质量控制难度加大。

部分学生迷失方向。大三下学期之前的建筑背景课程、艺术基础课程、基础原理课程等往往造成绝大部分学生对于规划认知的迷惑，学生自己都不清楚自身的发展特色在何方向。专业课程在学生自身发展方向上的专业素养培养也变得无比重要。

3 连续性教学引导方式

针对传统设计课程教学面临的问题，本系规划教学团队学习借鉴“连续性教学”概念，发挥其将基础原理教学与设计实践结合并强化的教学实践优势，对专业课程体系进行进一步“连续性课程模块”划分，提出针对解决规划原理—设计实践断层问题的“连续性教学”引导方式。

3.1 连续性教学的概念引入

在英语、文学、医学等教育中，经常使用到“连续性教学”的概念，综合总结其教学内容，可将完整的连续性教学概括为两个模式：一是外部连续性塑造，教师充当“先知”，根据学生各自学习特点，从外部对其进行专业“塑形”；一是内部连续性有机生长，与前者相反，按学生学习的内在法则，以先天素质为起点，从内部助其专业成长。这两种模式均从教学过程的连续性假设出发，强调教学的系统连贯及其持续、长期性，给学生开阔的稳性动态思维的立体时空。

3.2 外部连续性课程模块划分及内部链接

从外部连续性塑造方向着手的横向间专业课程模块划分及内部链接，能够在团队教学实践的支持下，更具有效率、更切实地解决传统实践教学的理论实践脱节问题，更能不断提升原理学习程度。

（1）以设计课为主体的“大小设计 + 多原理”支撑式模块划分

以《城市总体规划设计》课程模块为例，“大小设计”即大设计—城市总体规划设计配合小设计—团队式总体规划分析快题；“多原理”即城市总体规划原理、城市控制性详细规划原理、居住区规划原理以及支撑原理课程。支撑原理课程主要包含城市社会学、城市经济学、城市管理学、城市地理信息系统、城市经营与房地产开发、城市工程系统等交叉学科、专项规划方面的原理课程。各设计课所涉及规划层面不一，授课时间顺序不一，模块中存在较多人才培养方案中未有先行的原理课程。这就需要配合链接点的设置，先行一部分原理授课。

（2）以专项原理为导向的“链接点”选取

破除传统三大段式的设计课程课时分配，将设计课程拆分为前期团队快题 + 后期大设计两部分。团队快题即小设计，以团队带动作用为目的，带动全体同学快速进入设计状态，并自行巩固所需原理知识点。后期大设计按照大体 1 ∶ 5 的课时比例参照整体设计进度分配原理提升课课时（图 3 链接点影响下的设计课程分段），即每进入新的专题设计内容，则由该项原理课程教师讲授设计所需或所设计原理内容，并提出更高原理学习要求，原理提升课 1~2 课时，对应设计辅导课 5~10 课时（表 1 支撑式模块及链接点）。

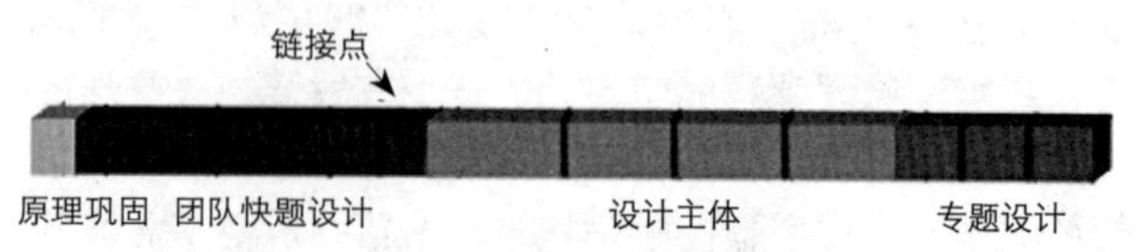

图 3 链接点影响下的设计课程分段

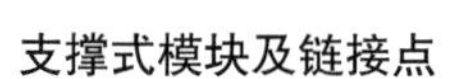

支撑式模块及链接点　　表1

修规模块			
居住区规划设计	80		
链接点内容	原课程讲课课时	链接分配讲课课时	选择性内容
居住区规划原理	24	2	分阶段原理巩固
社会调查	12	1	支持前期调研实践
环境心理学	32	1	重在建筑空间感知引导
城市景观设计概论	32	1	配合商业区设计原理支持后期专题设计
总规模块			
城市总体规划设计	80		
链接点内容	原课程讲课课时	链接分配讲课课时	选择性内容
中外城市建设与规划史	48	1	必选，重经典理论梳理
城市总体规划原理	24	3	必选，分阶段原理巩固
区域与城镇体系规划	32	1	必选，重区域协调及体系规划
城市防灾减灾	24	1	必选，针对性解决设计问题
城市道路和交通规划 A	48	6	根据专题需要选择6~10项，但需涵盖 ABCD 四组
城市经济学 B	24		
移民工程规划 C	32		
城市社会学 B	24		
城市工程系统规划 A	32		
城市地理学 B	32		
城市生态与环境 D	32		
城市景观设计概论 D	32		
城市地理信息系统 A	32		
小城镇建设 C	24		
山地城市研究专题 C	24		

3.3　内部连续性专业素养引导

从内部连续性有机生长方向着手的纵向专业素养引导，能够从职业素养角度更好开发学生的不同特质与能力，以专项规划设计及团队协作为载体，更大范围提升设计实践的视角与高度。

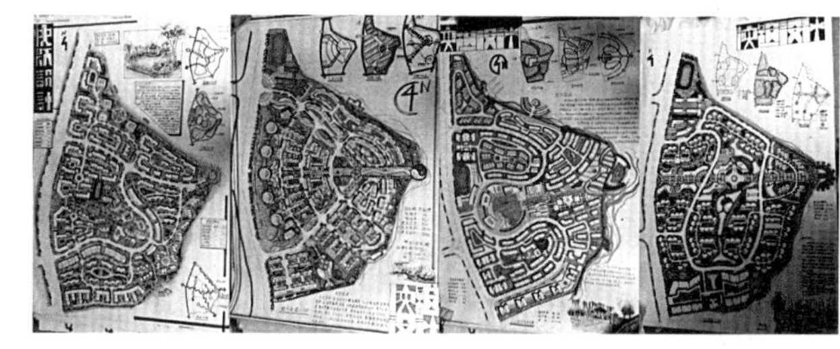

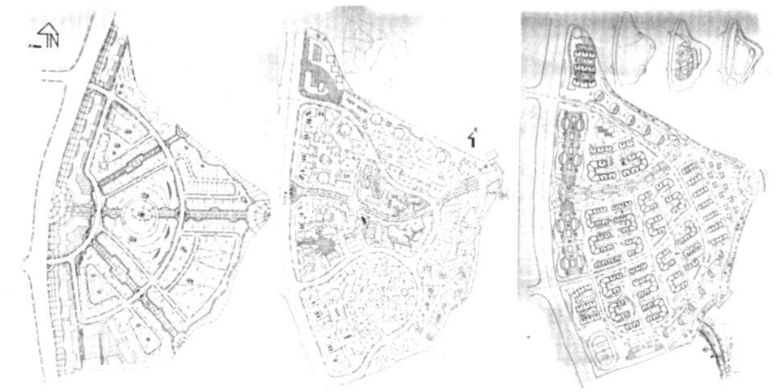

图 4　城市详规设计 1 团队快题及课程草图

（1）同阶段草图的引导

设计课程教师需保留至少一届的全过程方案草图及小设计团队快题原稿（图 4 城市详规设计 1 团队快题及课程草图）。在设计课进行到同阶段时，展示上一届同期草图水平，并做出参考性评讲，快速引导学生了解任务深度。实践证明在此基础上提出的阶段性更高设计任务要求极易达成，学生同期设计水平优势明显。

（2）进阶方案内容的连续汇报及思考

在阶段性设计成果展示内容中，包含现场抽样汇报及提问，进行强制性方案交流与思考。此引导方法促成学生从各个理论原理方面寻找其他方案的设计缺陷，强化设计原理知识点，在教学实践中取得了极好的设计反馈。

（3）专项内容鼓励

在设计指导过程中，需要教师观察不同学生的设计偏好，从而发现各学生的设计特色及发展方向的可能性。团队教师通过日常交流，基本能够在大四上学期前了解各个学生的设计长短板，在后期的专业设计课指导中能够进行针对性推动辅导（图 5 近三年总规设计分析图演示与演进）。

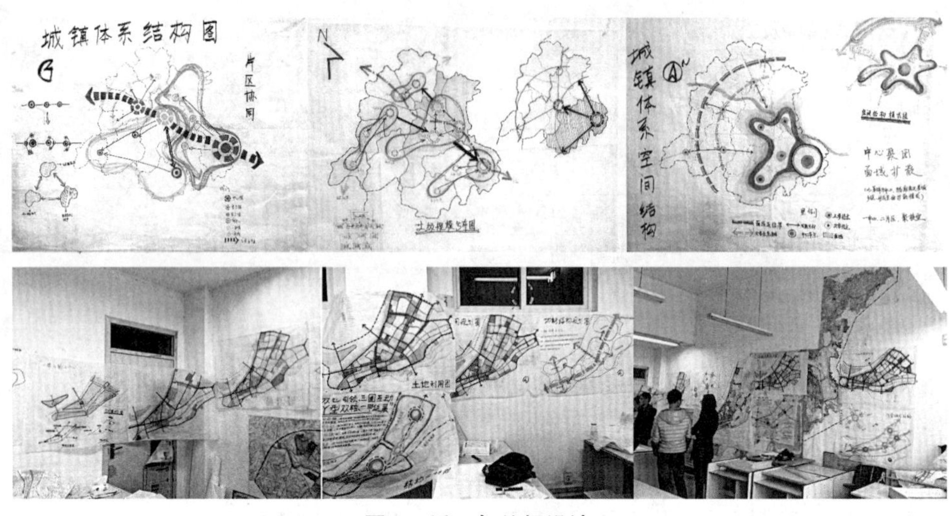

图 5　近三年总规设计

分析图演示与演进概念结构套图（上）方案分析套图（下）

图 6　交流现场

4　连续性教学助推手段

在主体连续性教学实践过程中，本系规划教师团队更总结出了辅助性助推手段。

（1）适当提高基础原理的强度和难度：在基础原理的学习阶段，增加知识点数量并配合小设计课题的分析与设计，能够促使学生脱离“应试”，提高原理理论与设计的结合度并拉伸自学时长。

（2）强调各种基础练习：从大二开始通过各种途径开展定时抄绘活动，细至铅笔草图绘制，大到城市设计方案抄绘，从铅笔到色彩，进行方案结构、色彩、排版等各色专项练习，对应当学期原理课程设置抄绘内容，强化理论学习与个人设计基础的提升。

（3）直观法教学贯穿连续性教学始终：不仅以同期草图原图直观展示设计深度要求，更以优秀案例多媒体的形式开拓学生设计思路，引导更先进的设计理念。

（4）创设轻松和谐的设计课堂氛围：以直接发言、流动看图、整墙拼图等形式尝试破除传统课堂的环境及行为拘束，鼓励学生轻松评图、畅快交流（图 6 交流现场）。

5　教学实践中的思考

通过近三年的连续性教学引导实践尝试，我系规划专业的设计课程作业质量有了明显提升，在快题设计等其他实践课程中均表现出了明显的高效率教学效果。原理授课教师与设计课程授课教师的合作也受到了学院在课时计算等保障制度方面的支持。在之后的教学改革实践中，需要增加交叉学科在连续性教学引导方式中的链接点课时，并针对部分专项原理课程滞后的现状，选择性进行设计课程链接点的专项原理提前授课，加厚设计内容，拔高设计视野，在设计实践方向上保证教学质量并带动其他课程体系的教学提升。

主要参考文献

[1] 吴良镛．关于城市规划教学及教材编写的点滴体会，城市规划，2006，7.

[2] 郭凌英，赵明霞．语文教学的连续性初探．语文教学与研究（教研天地），2008，08.

[3] 刘晖，梁励韵．城市规划教学中的形态与指标．建筑教育，2010，10.

Tentative Exploration on Continuous Teaching Guidance in the System of the Specialized Course Urban and Rural Planning ——A Record on the Team-oriented Practice of Teaching the Course Specialized Design of Urban and Rural Planning of Three Gorges University

Hu Xian　Ma Lin　Tan Kai

Abstract: The teaching of Urban and Rural Planning in Three Gorges University has formed a local and practice-based special teaching system and pattern gradually based on the practices in the small towns in mountainous region of western Hubei by making a research on the special teaching system and mode of urban and rural planning in discipline transition. The Continuous Teaching Guidance in this system and mode emphasizes the combination and reinforcement of the basic theory teaching with design practice in the system of specialized discipline, which results in a perfect teaching in recent years. This paper starts with summarizing the teaching of specialized design during these three years in Three Gorges University and explores scientific team-oriented Continuous Teaching Guidance to optimize current special teaching system and mode.

Key words: Continuous Teaching, team-oriented teaching, practical teaching of Specialized Design of Urban and Rural Planning

控制性详细规划课程教学框架及改革探讨*

吴德刚　张　晶

摘　要：在总结《城乡规划法》颁布后对控规带来的深刻转变和分析当前控规课程教学中存在问题的基础上，提出教学框架设置中可以在原有课程教学前后增加前置环节和反馈环节，课堂教学中与社会需求进行接轨，引入新的理念和方法不断开展教学改革。

关键词：控制性详细规划，教学框架，教学改革

2008年《中华人民共和国城乡规划法》的颁布从法律层面明确了控制性详细规划（以下简称“控规”）在城乡规划中的举足轻重的作用和地位，此后控规研究再次进入学者的视野，这也表明了在我国控规发展的30多年间，控规始终没有停止其与经济社会发展相匹配的调整，学者们的不断探索也推动着控规在编制技术和操作管理等层面逐渐地完善和充实。然而遗憾的是，作为广大规划师培育摇篮的高校，尤其是在控规课程的教学中，并未能始终紧跟社会改革的趋势，课程教学改革谨小慎微，与社会上人们关注、纷议控规发展形成了鲜明的对比❶。本文希望在对控规当前转变特点和对控规课程教学中存在问题仔细分析的基础上，提出具有一定针对性的课程教学框架和改革思路。

1　控规发展转变的特点

新的《城乡规划法》实施使得原有控规出现了一定的不适应，这些不适应体现在法律地位、行政成本、技术通则、政府指令等方面（周焱，2012），也有学者结合原有控规的实践将问题集中表明为编制和修改科学性、公共政策体现、控制指标、实施保障等（段进，2008；施卫良，2011），此外随着《物权法》的出台，不同利益主体与社会公众对产权的维护意识更加强烈，这对控规的透明度、法定性和经济可行性等要求也越来越高（李雪飞等，2009），控规问题已经不仅仅是其自身的技术问题，也不只是规划部门的问题，而是涉及国家诸多制度层面的问题（赵民等，2009）。

面对这些现实问题，学者们提出了各种对于改善当前控规操作的建议，合力引导着控规向更具科学更为全面更易操作的方向转变，目前形成较为统一的观点是一方面试图集中体现控规公共政策的属性（汪坚强，2012；颜丽杰，2008；王晓东，2011），谋求公共利益的实现是公共政策的灵魂与目的，控规作为政府调控土地开发的政策工具，从根本上说，是为社会公众而编制的，应牢牢围绕“保护公共利益”而展开（汪坚强，2012）。另一方面需要整体完善控规框架，例如采用分层次进行控规编制（李雪飞等，2009；李咏芹，2008；周焱，2012；徐会夫等，2011；汪坚强，2009），即在整个控规规划区与单个地块之间添设“规划管理单元”的空间控制层次。基于此，可将控规内容划分为整个规划区、规划管理单元与分地块三个层面（李雪飞等，2009），并延伸出控规分级编制模式，提出“控规纲要”和“单元控规”的概念（汪坚强，2009）。

2　当前控规课程教学中存在问题的缘由

对于大多数基于建筑学背景的城市规划专业学生而

*　浙江科技学院校级教学研究立项项目（2013-k16）资助。

❶　万方数据库里检索以“控制性详细规划”为主题的学术论文，2008年后有1263篇，而以“控制性详细规划教学”或“控制性详细规划课程”为主题的学术论文，2008年后仅有10篇左右。

吴德刚：浙江科技学院建筑工程学院讲师
张　晶：浙江科技学院建筑工程学院助理研究员

言，控规往往意味着枯燥的数字、晦涩的文本、雷同的图则（刘晖等，2013），诸多设置城市（乡）规划专业的高等院校在这样的教学过程中也会遇到一些共性的问题：课程设计的组织较为杂乱，没有形成系统的教学体系；由于教师资源稀缺和师生比的不平衡导致课程设计的辅导问题突出（唐欢等，2011；汪坚强，2010）；教学内容相对死板可选参考资料较少（吴宁等，2011）等等。笔者在多年的控规教学中体会到，由于控规的课程定位模糊使得高校在教学计划和教学大纲调整时其地位经常会被无视，而偏重于设计课程的教学只能更多地关注控规编制的技术工程环节而忽略其综合性的分析，往往使得学生在控规成果形成的很多环节产生一知半解的状况。

2.1 控规教学过程的发散源于培养方案制定的模糊

用于指导我国高等学校城市（乡）规划专业本科教育培养的指导方案至目前已有三稿，分别颁布于1999年、2004年和2013年，指导方案对于我国高等学校城市（乡）规划专业的建设起到了十分重要的引导作用，它对于明确本专业地位、专业配备、专业去向和专业课程设置等都进行了十分详细的说明，同时也为各个院校本专业的评估指明了发展方向。然而在每次培养方案中对于控规课程的要求并未像其他专业核心课程一样进行明确的要求，控规始终作为课程设计环节的一项内容徘徊在其他课程中间，这种尴尬的课程地位也势必会导致各高校在课程设置、教学计划安排等环节忽视控规的重要性，甚至理解为仅仅是课程设计的一种类型。

历次专业指导方案中关于控规设置情况　表1

	核心课程（相关名称）	课程设计学时	是否明确控规	备注
1999年版	10门[1]（详细规划）	80~160	否	与居住区、广场、公共中心设计等修建性详细规划一起
2004年版	8门[1]（城市规划课程设计）	140~280	否	含原详细规划和总体规划内容
2013年版	10门[1]（详细规划与城市设计）	128（详细规划64）	否（有相关说法）	内容提及规定性、引导性控制要素等

从表中可以看出，控规始终未能以明确单独的课程列入城市（乡）规划指导方案的核心课程或是城乡空间规划知识领域中，而是一直以与修建性详细规划合并称之详细规划的形式出现。这也并非培养方案的疏漏，即便控规在城市规划编制体系中，其地位也是不明确的（赵民等，2009）。

2.2 控规教学成果的偏离源于控规自身要求的转变

面向学生的控规教学最终目的应该是使学生能够在进入社会各种岗位后胜任相关的工作，这就至少包含了控规编制和控规管理的两方面内容，而在实际的教学工作中，课堂更为关注和重视的却只是控规编制方面学习，侧重于工程技术层面。控规管理与课堂授课形式以及教学目标存在着先天的错位，尽管教学也有其他途径对这方面进行补充和改善，例如开设城乡规划管理方面课程。然而随着《城乡规划法》的实施深入，控规不仅对城乡管理提出了新的要求，同时在操作理念上公共政策的属性也一再被广泛提及，这种转变就更加要求控规教学顺应社会需求，在城乡管理的基础上还要对控规基本原理的内涵进行拓展，全面地把握控规成果对于城市在空间、经济、社会等各方面带来的影响。

3 控规课程教学框架构建及教学改革思路

控规课程一般是在城市（乡）规划专业具备一定专业知识后开展的教学，综合性较强，需要学生对所学专业知识有前后向的一种联系，相互贯通，同时对应控规自身转变、公共政策属性日益被关注的特点，应该将控规

---

[1] 专业指导方案1999版10门核心课程为：城市规划原理、中外城市建设史、建筑设计概论与初步、风景园林规划与设计概论、城市环境与城市生态学、城市经济学、城市总体规划、详细规划、城市道路与交通、城市规划管理和法规。2004版8门核心课程为：城市规划原理（含城市道路与交通）、中外城市发展与规划史、建筑设计、城市环境与城市生态学/风景园林规划与设计概论、城市经济学、城市规划课程设计、城市规划管理和法规、城市规划系统工程学。2013版10门核心课程为：城乡规划原理、城乡生态与环境规划、地理信息系统应用、城市建设史与规划史、城乡基础设施规划、城乡道路与交通规划、城市总体规划与村镇规划、详细规划与城市设计、城乡社会综合调查研究、城乡规划管理与法规。

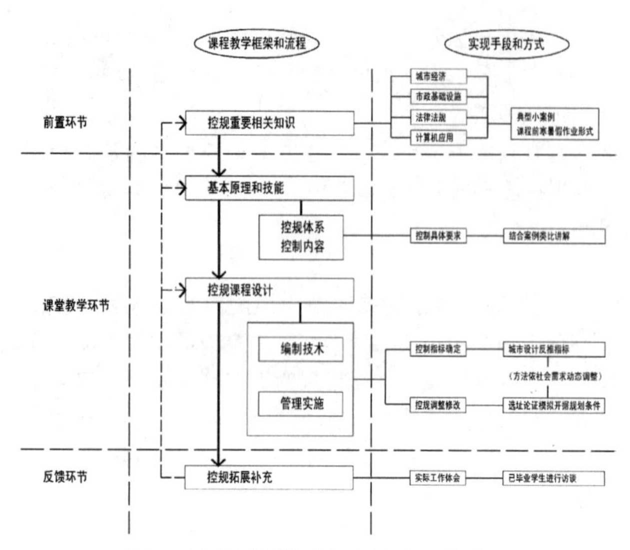

图 1　控规课程教学框架与实现方式图

编制和控规管理两方面内容融入教学改革。因此，在课程整体设置的考虑中可以在课程教学进行前开展适当的“前置环节”，将学生逐步引入该课程的思维状态，既可以使学生初步建立专业课程之间相互联系的路径，又避免教师在有限的课程教学中过多讲解学生不理解的相关知识而消耗课时，能够更加突出教学重点。此外学习过该课程的学生通常会在假期社会实习中得到真实项目的锻炼，学生将课堂所学与社会需求结合的体验是对课程教学促进十分宝贵的经验，需要专业教师设置课程教学的“反馈环节”，不断与实际工作中的学生进行沟通，积累得失经验，便于后续教学的改善和提高。课程教学环节在传统知识体系下也做适当教学改革，实现与社会的无缝对接。

3.1　课程前置环节

控规是一门较为综合性的课程，要完成较为科学、操作性强的技术成果，在编制过程中必须考虑到经济社会等方面内容，这点不容置疑。控规需要与一些相关课程进行衔接，在课程开始之前利用寒暑假的时间适当给学生布置一定量的案例作业，使学生及早进行热身，对开学后迅速进入控规课程角色有着重要的作用。

前置环节包含的主要方面有关于城市经济、市政基础设施、法律法规方面的内容，与此同时需要学生能运用相关的计算机软件，熟练表达各种成果。

3.1.1　城市经济

控规主要通过对土地利用的控制来引导城市建设，因此关于城市经济方面的准备主要关注土地经济方面内容，重点掌握现有土地使用管理制度和土地权属转移及收益分配的大致情况，从而对市场经济下控规作用的体现能够有更为深刻直接的认识。采用的形式可以调研报告为主，使学生初步树立规划设计与城市经济之间的现实联系。

3.1.2　市政基础设施

控规课程设计中很重要的一部分是配套相应的市政基础设施，而市政基础设施的规划设计较城市总体规划有较大的区别，需要考虑的内容比总体规划更为细致、准确，市政基础设施布局也会反过来调整土地利用的整体布局和功能，因此在不熟悉市政基础设施规划的情况下，编制的控规成果会显得较为粗糙，各功能地块之间匹配不完善，与相关部门衔接时会有一定隔阂。采用的形式可以小的案例（片区型）为设计对象，给予市政基础设施规划需要的基础资料，利用学生寒暑假时间以小组或个人形式完成控规深度要求的市政基础设施规划，使学生更加熟悉与控规结合的市政基础设施规划，在课程设计中不至于在该环节出现停滞和反复。

3.1.3　法律法规

控规的编制和后续的实施管理中不可避免地要遇到很多相关的法律法规，这其中最重要的大致包括两个方面：一是国家相关法律法规，例如《城乡规划法》、《城市规划编制办法》、《城市、镇控制性详细规划编制审批办法》、《城市规划强制性内容暂行规定》、城市紫线、绿线、蓝线、黄线管理办法等必要的法规，二是控规编制对象的地方性法律法规，主要是指地方性的城市规划管理技术规定。采用的形式是让学生个人收集相关法律法规整理成资料集，并初步了解各法律法规明确的方向和内容，从而在后续的课程设计中当涉及某一方面的规定时候能够在教师的指导下寻求相应的法律法规进行效验，同时也掌握了控规编制的一种技术手段。

3.1.4　计算机应用

目前控规的成果基本都采用计算机表达的形式，因此对于计算机的有效利用，需要学生在平时的学习中积累。在课程整个前置环节对学生的预热锻炼中，所有成果均要求学生用计算机进行表达，熟练掌握基本的

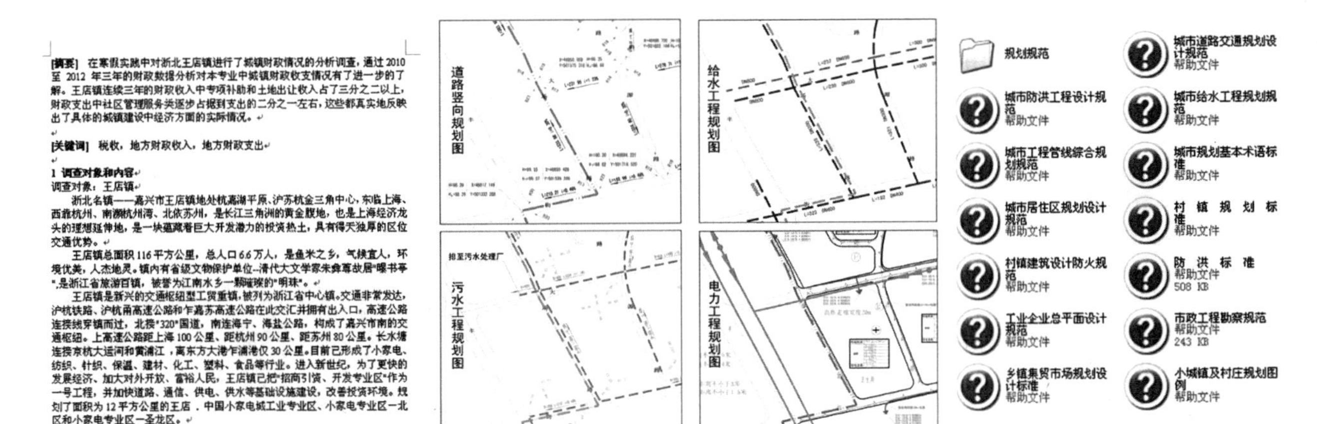

城市经济方面实习作业　　　　市政基础设施假期作业　　　　法律法规方面资料收集

图 2　控规课程前置环节的实践成果图

Office、Autocad、Photoshop 等软件的技巧，学到融会贯通。但是，强调计算机应用并非忽视手工技能的锻炼，在课程设计环节中将安排方案设计、分析图绘制等环节的草图表达，并作为考核成绩的一个方面。

3.2　课程教学环节

在课程教学中始终还是围绕原有控规课程的体系展开，但面对控规自身的转变以及社会的需求，教学工作进行了补充式的改革，主要体现在两个方面：一是对原有控规编制中各类指标的推敲，二是融入控规管理实践的相关内容。这样的改革内容还将随今后控规发展变化不断调整和更新。

3.2.1　控规指标确定

控规指标的制定是大家心照不宣的拍脑袋的结果，规划管理部门关心的是技术合理性及空间美观性（李咏芹，2008），如果是这样一种方法的话，对于第一次接触到控规学习的学生来说又如何拍脑袋来确定控规指标？因此，为了让学生能够有较为直观理性的指标观念，在教学中将城市设计的内容简单引入，首先对于地区的发展要有整体的设计观，在总体规划确定各类用地功能和布局的前提下对于地区今后开发建设的效果以城市设计的视角来进行审视，核心区和次要区的建设规模大体能够进行控制，再用体块构建的方法初步表达出来，通过大致计算能够获得一手的各类指标包括容积率、建筑密度、建筑高度等，从而使学生明白什么样的指标会有什么样的建设量，这样的建设量在实际的空间中又是什么样的形式。

3.2.2　控规调整修改

由于社会压力、原有控规编制经验不足、城市发展迅速不断突破控规限制等因素的存在，控规指标调整成为现实生活中一种必然存在的现象（李浩，2008）。为了避免这种现象屡屡发生而削弱控规的严肃性，优化落实控规要求，便于规划部门操作选址意见和规划条件等，一些地方如杭州市开展选址论证报告的编制工作。在教学中，对于该方面的内容进行适当融入，学生能够了解到控规编制后当前规划管理工作中出现的具体新方法，将选址论证报告总体要求与控规要求进行对比，一方面让学生更加了解控规编制的严谨性，另一方面使学生能够对当前规划管理工作有个初步了解。

3.3　课程反馈环节

教师由于工作性质的特点，即便平时能够参与一定的工程项目，但由于平台和从事角色的不同，往往会忽略实践与教学之间的距离，因此通过学生在实际工作中的反馈信息，能够第一时间地了解课程教学带来的效果，这个环节也是触发教学改革十分重要的直接因素。反馈环节可以通过访谈、成果评价等方式进行，相对集中并且可行的意见对于教学方面的改进有着积极的作用，笔

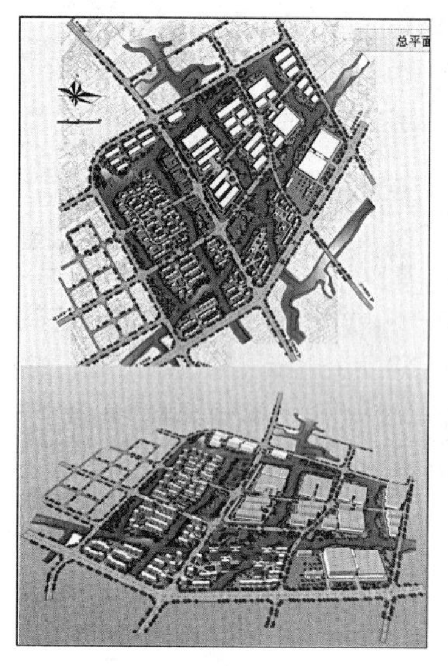

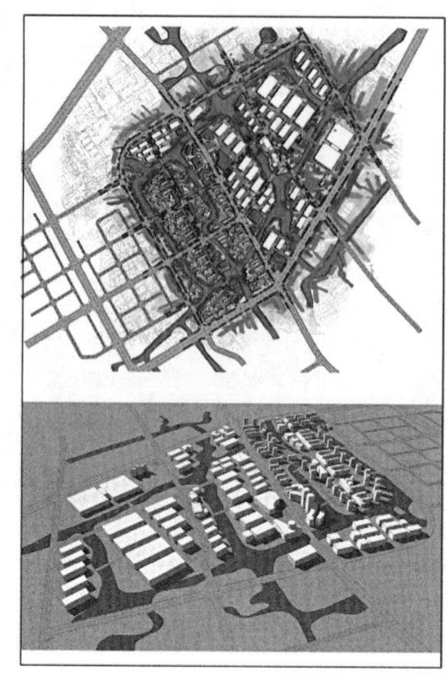

控规中城市设计反推控制指标示意图

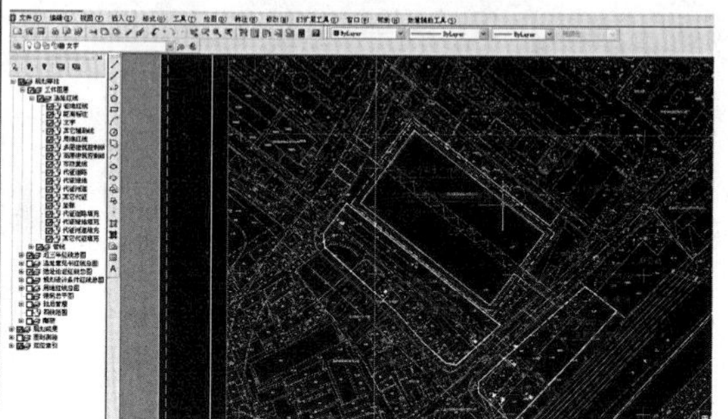

控规与项目选址论证案例对比示意图

图 3　控规课程教学学生作业和实践对比图

者对控规教学后进入设计公司和规划管理单位的学生们进行了解，形成了上述的前置环节的操作模式，其中的具体内容也是通过逐年的反馈进行充实和完善的，通过这样的反馈环节，笔者也着实体会到了教学改革后学生对控规的接受能力较以往有了一定的提升，这从学生平时课程设计的操作以及最后的设计成果等方面也都反映了出来。

4　结语

《城乡规划法》第三十八条明确了国有土地使用权出让前开具的规划条件必须依据控制性详细规划，使得控规“全覆盖”成了地方政府必不可少的行政行为，这也使得控规在这样的背景下较以往有了明显的转变，作为理论创新的高校，理应在控规教学方面走在社会的前列，为城乡规划实践提供更扎实的智力支持。现有控规教学框架中应结合教学条件增加课程“前置环节”和“反馈环节”，前置环节进行城市经济、市政基础设施、法律法规和计算机应用，为课堂教学进行理论和操作方面起到铺垫作用，反馈环节利用教学成果意见的梳理，可以完善控规教学的多个内容，此外课堂教学中，根据现有社会需求的特点不断进行教学改革，将补充拓展的相关知识融进教学体系中，使得控规教学整体性和适时性大大提高。

主要参考文献

[1] 高等城市规划学科专业指导委员会．全国高等学校城市规划专业本科（五年制）教育培养方案［R］. 1999.

[2] 城市规划专业指导委员会．全国高等学校土建类专业本科教育培养目标和培养方案及主干课教学基本要求（城市规划专业）［M］. 北京：中国建筑工业出版社，2004.

[3] 高等学校城乡规划学科专业指导委员会．高等学校城乡规划本科指导性专业规范［M］. 北京：中国建筑工业出版社，2013.

[4] 刘晖，梁励韵．论控制性详细规划教学中的形态、指标和价值观［J］. 价值工程，2013，32（2）：202-204.

[5] 吴宁，朱燕芳，许飞进．控制性详细规划课程改革探析［J］. 教育教学论坛，2011，（10）：26-27.

[6] 唐欢，邓浪．地方性独立院校控制性详细规划课程实践的教学改革思考——以北京航空航天大学北海学院为例［J］. 新课程学习：综合，2011，7：112-113.

[7] 汪坚强．转型期控制性详细规划教学改革思考［J］. 高

等建筑教育，2010，19（3）：53-59.
[8] 周焱.《城乡规划法》实施后的控制性详细规划实践述评及展望［J］. 规划师，2012，28（7）：45-50.
[9] 李雪飞，何流，张京祥. 基于《城乡规划法》的控制性详细规划改革探讨［J］. 规划师，2009，25（8）：71-80.
[10] 段进. 控制性详细规划：问题和应对［J］. 城市规划，2008，12：14-15.
[11] 施卫良. 控制性详细规划：法规、政策、技术和管理［J］. 城市规划，2011，35（11）：59-61.
[12] 赵民，乐芸. 论《城乡规划法》"控权"下的控制性详细规划——从"技术参考文件"到"法定羁束依据"的嬗变［J］. 城市规划，2009，33（9）：24-30
[13] 汪坚强. 溯本逐源：控制性详细规划基本问题探讨——转型期控规改革的前提性思考［J］. 城市规划学刊，2012，6：58-65.
[14] 颜丽杰.《城乡规划法》之后的控制性详细规划——从科学技术与公共政策的分化谈控制性详细规划的困惑与出路［J］. 城市规划，2008，11：46-50.
[15] 李咏芹. 关于控规"热"下的几点"冷"思考［J］. 城市规划，2008，12：49-52.
[16] 徐会夫，王大博，吕晓明. 新《城乡规划法》背景下控制性详细规划编制模式探讨［J］. 规划师，2011，1：94-99.
[17] 汪坚强. 迈向有效的整体性控制——转型期控制性详细规划制度改革探索［J］. 城市规划，2009，10：60-68.
[18] 王晓东. 政策视角下对控制性详细规划的几点认识［J］. 城市规划，2011，35（12）：13-15.
[19] 李浩. 控制性详细规划指标调整工作的问题与对策［J］. 城市规划，2008，2：45-49.

Discuss on the Teaching Framework and Teaching Reform of Regulatory Planning Course

Wu Degang　Zhang Jing

Abstract: Based on summarizing the profound change that 'Urban and rural planning law' acting upon the regulatory plan and analyzing the existing problems in the teaching, the paper presents that it can increase the lead link and feedback link in the original course teaching for the teaching framework. It also can introduce the new idea and method to develop the continuous teaching reform for the social needs in the classroom teaching.

Key words: regulatory plan, teaching framework, teaching reform

农林院校城乡规划特色课程体系建设实探——以河南科技学院为例 *

马 珂

摘 要：目前我国城乡规划专业开设院校背景呈多样化趋势发展，本文以农林类院校为研究对象，以河南科技学院城乡规划专业的起源、演变和发展方向为例，总结其城乡规划专业十年发展中遇到的典型性问题与探索方向。结合城乡规划新时代精神，展望我国地方性农林类高校城乡规划专业的转型方向与发展趋势。

关键词：城乡规划，农林院校，河南科技学院，课程体系

1 引言

自 1952 年我国创办城市规划专业本科教学体系至今，已有 250 余所学校陆续建立城乡规划本科教育[1]。在我国目前现行的城乡规划教育体制中，按学校背景来分类，主要分为建筑、地理、资环、农林这四大背景。其中，以建筑学为学科背景的城乡规划专业所占比重较大，专业课程体系相对完善，其他背景的院校开设城乡规划的比例较低，部分院校专业课程体系存在缺陷。城乡规划专业开设背景的多样化，不仅促进了学科内涵的进一步发展与融合，还为专业注入了新时代的活力。

在中国城镇化快速进程下，以农林学科为基础的高校在今年积极申办开展城乡规划学专业。比较早且专业相对成熟的有北京林业大学、南京林业大学等。其课程体系主要依托专业一般均为风景园林专业，具有较完整的专业课程体系与完备的师资条件，主攻方向一般为景观规划、旅游规划、农业观光规划、园林规划等。而其他地方性农林院校，多以以上院校为目标，但在办学层次、人才培养、师资力量、教学体系上都存在一些不足。此类院校的城乡规划专业如何突破现状，打造自己的特色，是本文探讨的核心内容。

在同济大学编写的《城市规划原理》第四版中第四章中，对永续城市与和谐城市进行了系统的阐述，并通过“柱锥模型”展示了从永续城市走向和谐城市的理论框架结构[2]。该理论将城乡规划学学科内涵进一步拓展，从理论模型层面确定了学科的核心价值与多样性，同时也为城乡规划学学科教育提供了更广阔的视野。农林类院校在此理论下，能从生态层面更多地为城乡规划学学科发展与和谐城市的理论层面做出探索研究。

2 河南科技学院城乡规划专业溯源

河南科技学院是一所以农为主兼顾理工的地方院校，始建于 1949 年，前身是延安自然科学院生物系的北京农业大学长治分校和平原省立农业学校，历经平原农学院、百泉农业专科学校等多次更名与变迁，于 2004 年更名为河南科技学院。同年，为丰富学校专业设置，在园林学院开设本科层次的城市规划专业。2012 年城乡规划学成为一级学科，2013 年本院城市规划更名为城乡规划。

河南科技学院 2004 年开设城市规划专业本科教育之初，主要依托本校园林专业进行拓展建设。培养目标定位为具有风景园林特色的城市规划应用型专业人才。但由于早年学科积淀不深，在师资上比较匮乏，主要由园林专业教师与外聘设计院工程师构成。在此期间，个别课程由于没有专职教师导致无法开出，造成学生在知

* 资料来源：http://www.hist.edu.cn/xxgk/xxjj.htm

马 珂：河南科技学院助教

识体系上存在明显缺陷，培养质量欠佳等问题。

时至2014年，我院经历了十年的发展与探索，目前城乡规划学科教师体系比较完整，培养质量明显提升。根据不完全统计的我校城市规划就业率与考研率逐年稳增，且大部分毕业生在从事城市规划或其他相关工作。

3 河南科技学院城市规划本科专业课程体系演变轨迹

河南科技学院城市规划专业从设立到发展至今课程体系主要经历了三个阶段。第一阶段为2004~2009年专业处于发展起步层次，课程体系中以风景园林规划为方向；第二阶段由2009~2013年，专业课程体系以工程技术与经济地理为主要方向；第三阶段由2013年~至今，专业更名为城乡规划；专业课程体系树立了以生态文明的城乡规划为主要方向。这三个阶段不仅反映了专业发展的困惑，更反映了本院教师在城乡规划方向的探索。

3.1 依托园林，因校制宜（2004~2009）

第一阶段：从2004~2009年河南科技学院筹建城市规划学科，确立以园林专业为依托，对当时园林专业重农轻工的现状进行补足。全国城市规划专业数量也在此时飞速扩张，呈现出勃勃生机。当然各高校在大力开设城市规划专业的同时，也都遇到了各种难题。

我校开设城市规划专业早期，主要专业教师由园林专业的教师组成，结合本地规划设计院和建筑设计院工程师，组成了当时的城市规划专业教师队伍，整体教师队伍比例结构稍有失调。在专业课课程体系上，直接引入了普通工科类高校的城市规划专业培养方案，并结合本校园林专业相关课程形成早期的专业课程体系雏形。因此当时的专业课程整体更侧重于景观规划与园林规划方向，学生就业和考研中，有很大一部分选择从事了风景园林的设计或研究工作。

3.2 学科融汇，多样探索（2009~2013）

第二阶段：2009年进行城市规划教学大纲修订，同时学院对城市规划专业的课程体系进行了进一步论证，在保证城市规划的核心课程开出率的前提下，制定了2009年城市规划专业培养方案与教学大纲。

通过五年的发展，我校城市规划教师队伍结构趋于合理，但仍有缺口存在。已补充的教师多为建筑学、市政工程、土木工程、经济学、生态学等方向。因此在这个阶段，我校城市规划学科在核心课程开设完整的基础上呈现多元趋势，其中工程技术与地理经济这两大方向课程开设较多，削减了园林特色课程，增加了少量生态规划课程。与2004年城市规划教学大纲作比较，园林类的特色课程由04大纲中的17%降低到了4%；城市规划核心理论课程与设计课程开设较完整，大纲中课表的开课率达到100%；在高年级的方向课程中，课程繁多，体系稍显混乱。这种专业课程体系的发展多元的态势，也正是对应了城市规划教育应对城市问题日益复杂的结果。作为地方性高校城市规划毕业生，掌握基本的规划师职业技能，成为此时我校培养学生的首要任务。

3.3 交融嬗变，明晰方向（2013~至今）

第三阶段：2013年我校对城市规划教学大纲进行了第三次修订，应城乡规划学成为一级学科。我校城市规划专业也紧随步伐，更名为城乡规划学，并进一步对学校各方面资源进行有效利用，开展特色专业课程体系。特色专修课程从以园林专业课程为主，演进成构建生态文明城市系列课程为主。

2014年河南科技学院的城乡规划专业教师构成在横向结构上基本整齐，各核心课程均能完整开出，并结合学校农林专业学科优势，开设了部分以构建城市生态文明为方向的系列课程。但在教师队伍的纵向结构上，缺少高层次、高学历的城乡规划人才。对比2009专业课程体系，从新调整了特色专修课程内容，将风景园林类课程由4%提升到了7.5%，并且加入生态城市规划等系列课程，基本确定了以风景园林系列课程来推进构建生态文明城市系列课程体系。

为了更好的构建生态文明城市课程体系，部分城乡规划理论课程与规划设计或社会实践课程均加入生态教学体系。例如，在建筑设计系列课程中，加入了生态建筑设计单元；在城市规划原理中，生态规划章节作为独立单元有我校生态学专门老师讲授。在毕业设计计划中，鼓励学生选择生态文明城市系列毕业课题进行设计及其理论研究。通过这种从理论到实践、从微观到宏观的特色课程体系构建，我院以生态文明为方向的城乡规划学专业课程体系构建基本完整（表1、表2）。

河南科技学院城乡规划（城市规划）2004~2013专业课程培养计划比较 **表1**

课程类别	2004年培养方案	2009年培养方案	2013年培养方案
规划理论与方法课程	建筑概论 城市规划原理 城市设计概论 城市经济学 城市地理学 中外城市发展史 城市规划管理与法规 区域规划	建筑概论 城市规划概论 城市设计概论 城市经济学 城市地理学 城市社会学 中外城市建设史 城市规划管理与法规 区域规划 中外建筑史 西方现代城市规划理论	建筑概论 城市设计概论 城市经济学 城市地理学 城市社会学 中外城市建设史 城市规划管理与法规 区域分析与规划 中外建筑史 名城名村保护规划
规划设计与社会实践课程	建筑设计（1、2） 城市详细规划 城市设计 城市总体规划 综合实习（1、2、3） 规划师业务实践 毕业实习与设计	建筑设计（1、2） 城市详细规划 城市设计 城市总体规划 城市中心区设计 城市规划与设计实践 综合实习（1、2、3） 规划师业务实践 毕业实习与设计	建筑设计（1、2） 城市详细规划 城市设计 城市总体规划 城市中心区设计 综合实习（1、2、3） 规划师业务实践 毕业实习与设计
工程技术类课程	测量学 建筑力学 建筑构造与结构 城市道路与交通 城市工程系统规划 工程预算	工程测量 建筑构造与结构 城市道路与交通 城市工程系统规划 城市防灾 房屋建筑学	工程测量 建筑构造与结构 城市道路与交通 城市市政工程规划 城市防灾学 城镇群体空间组合
表现与制图课程	绘画（1、2） 画法几何与制图 建筑初步	绘画（1、2） 画法几何与制图 建筑初步	素描 色彩 画法几何及阴影透视 建筑初步
计算机辅助设计类课程	Cad 辅助设计 三维建模及效果图	Cad 辅助设计 三维建模及效果图 GIS 地理信息系统	Cad 辅助设计 三维建模及效果图 GIS 技术及应用
特色专修课程	中外园林史 园林艺术 植物造景 城市绿地系统规划 园林植物学 园林树木学	城市绿地系统规划 旅游规划概论 园林植物学 景观生态学 房地产开发与经营 建筑结构与选型	园林史 生态植物学基础 植物种植与造景设计 景观生态规划原理 城市绿地系统规划 旅游风景区规划 城市环境与城市生态

资料来源：2004~2013年河南科技学院城乡规划（城市规划）专业本科培养计划。

河南科技学院城乡规划（城市规划）2004~2013
专业课程培养计划课程比例变迁　　表2

课程类别		2004 年	2009 年	2013 年
规划理论与方法课程		22%	25%	24%
规划设计与社会实践课程		28%	30%	27.5%
工程技术类课程		17%	14%	14%
表现与制图课程		11%	9.5%	10%
计算机辅助设计类课程		5%	7.5%	7.5%
特色专修课程	风景园林系列	17%	4%	7.5%
	城市生态系列	0%	2%	7.5%
	其他类别	0%	7%	2%

资料来源：2004 年 ~2013 年河南科技学院城乡规划（城市规划）专业本科培养计划。

4 因校制宜的城乡规划学科发展趋势探索

4.1 树立专业特色，明晰培养目标

新世纪的人才必须适应经济全球化、科技国际化的竞争与合作，知识、能力和素质并重。培养的人才应具有全面协调发展的知识和能力结构，基础扎实、知识面宽、能力强、素质高，且具有创业精神与实践能力[3]。城乡规划学学科的培养目标也应当以此为准，拓展专业对未来的适应性。

地方院校在树立城乡规划专业特色时，应根据城乡规划学科交叉性、包容性较强的特点，结合学校优势学科进行特色建设。根据现实城镇化进程的需要与特色方向，进一步明确本校城乡规划学培养目标，将特色课程逐渐体系化。如农林类院校若单纯向建筑类院校的空间规划与城市形态规划教学体系进行模仿，培养出的学生很难找自身优势，在社会中缺少竞争力；但如果专业方向不明确，盲目的开设各种时下流行的课程，只会导致方向混乱、特色不突出。在今日社会的快速发展与城乡规划学科飞速的扩招的前提下，无疑是降低了学校培养的竞争力。

4.2 重视基础课程，强化专业技能

我国地方性院校城乡规划主要侧重于学生的规划职业能力培养，学生在本科阶段需要掌握大量的设计技能与设计方法，以应对毕业后设计单位工作的需求。

比较而言在非建筑学背景的地方院校中，很大部分学生的城市规划基本功并不扎实。以农林专业院校为例，在培养方案中设计类的课程所占比例较建筑学背景的高校通常略低。在设计课程教师结构上，地方农林类院校教师大多达不到建筑类院校的结构深度。所以在课程比例与教师结构上的问题，都造成了此类院校的学生基础课程部分环节比较薄弱。因此，从长远角度来看，发展城乡规划专业特色教育体系，必须先将核心基础课程进行深度的强化。

今日城乡规划相关专业技能在不断更新发展，所以在寻找专业特色的同时，时刻保持对新技能、新形势的了解。在全国高等学校城乡规划学科专业指导委员会的核心课程导向基础上，结合各自院校特点，更进一步加强城乡规划学技术前沿课程开设比例，如此才能保持城乡规划学的核心竞争力。

4.3 掌握规划方法，提升价值取向

地方性非建筑类城乡规划学科在学生规划设计的方法训练中，往往存在很多不足。在具体的课程体系中，虽然开了大量的专业课设计课程，如城市规划与设计，城市交通与市政工程、城市设计、城市绿地系统设计等等。但在规划方法论层面却非常欠缺，规划理论类课程较少，造成了学生在进行设计训练时，大部分仅仅知道要做什么，而如何做、如何做好，都是一知半解。事实上掌握具体的技能固然重要，但在规划理论研究与设计方法层面更加关键，是培养学生自学能力的重要手段。地方院校中的城乡规划专业往往忽视对理论与方法的课程体系建设，对规划理论与方法层面的课程体系断裂，这也是导致学生创新能力难以提高的主要原因之一。

对于城乡规划学这门学科来说，规划的公平性、公正性是它的存在和发展的基础[4]。在价值取向层面规划师不同于建筑师与景观设计师。规划师的服务对象是广大社会群众，务必要保证规划途径、实施过程和结果应符合社会公平、公正的基本原则。而建筑师与景观设计师的服务对象有可能是独立的甲方，可以尽力的争取业主的喜好来更好的完成设计合同。所以，正确的价值取向是城乡规划专业必须的规划素养，应贯穿于任何方向的城乡规划学学科基本知识结构与课程体系中。

5 结语

我国城乡规划教育课程体系的多元发展趋势，不仅促进了学科本身的内涵拓展，还使学科适应当下国家建设和经济社会发展的需求。随着十八大后新型城镇化进程和政治体制改革的进一步推进，普通城市发展逐渐向永续城市转型，更是将和谐城市作为最终目标，这给予了各类型城乡规划专业教育带来的巨大的转变动力与契机。发展中的地方性城乡规划专业，抓住本次机遇，根据学科优势突出自我特色，为国家的发展输入更加多样化、具有竞争力的城乡规划人才。

主要参考文献

[1] 田莉．我国城市规划课程设计的路径演进及趋势展望：以同济大学城市规划本科课程为例——2013全国高等学校城乡规划专业指导委员会年会论文集．北京：中国建筑工业出版社，2013，9：31-34.

[2] 吴志强，李德华. 城市规划原理（第四版）[M]．北京：中国建筑工业出版社，2010，9：74-75.

[3] 赖胜男，刘青．对我国高等农林院校城市规划专业教育特色的思考[M]．河北农业科学，2008，12：171-172.

[4] 杨贵庆．“城乡规划学”发展历程启示和若干基本问题的认识——2013全国高等学校城乡规划专业指导委员会年会论文集．北京：中国建筑工业出版社，2013，9：3-9.

Preliminary construction of urban and rural planning agricultural and forestry colleges specialty curriculum system ——A Case Study of Henan Institute of Science and Technology

Ma Ke

Abstract: In recent years, The professional of urban and rural planning has different types backgrounds in Chinese institutions. In this paper, agricultural and forestry colleges as research object, Henan Institute of science and technology in urban and rural planning, combined with a professional analysis of the origins, evolution and future direction to discusses, summarized the typical problems and coping methods in the urban and rural planning professional since ten years, to explore and summarize the characteristics of the curriculum system construction method in the local agriculture and forestry colleges or universities majoring in urban and rural planning.

Key words: Agriculture and forestry colleges, Urban and rural planning, Henan Institute of Science and Technology, Curriculum system

关于建设“城乡设计”课程的思考

李宝宏　陈纲伦

摘　要：中国作为世界上人口最多的发展中国家，未来中国城镇化将对全球发展产生深远影响。国家高度重视我国城乡建设事业科学发展，将社会经济、生态资源、生命安全等与城市和乡村建设统筹考虑，作为国家中长期发展战略。为响应国家将城市规划专业升级为“一级学科”、同时换用新名：“城乡规划”，尝试提出“城乡设计”概念，并在城乡规划专业设置“城乡设计”课程。课程教学参考城市设计的原有模式，综合考虑乡村建设的自身特色，采用理论加实践的教学方法展开乡村设计教学与科研。

关键词：城乡规划，城市设计，城乡设计，教学改革

1　缘起

国家将城市规划专业升级为“一级学科”，并且换用新名：“城乡规划”。这一变更，对业学两界产生了莫大的影响。从高校教学视野来看，课程设置首当其冲。为了响应国家号召、遵循“专指委”部署，各校系纷纷按照新规范要求，修订人才培养方案、教学计划和课程体系。

厦门大学嘉庚学院在课程设置上也做了准备，其中之一是计划把原有“城市设计”修订成为一门新课：“城乡设计”。是否可行，请教于大家。

2　回顾

2.1　城市设计现状

众所周知，城市设计（英文 Urban Design，又有译为：都市设计），是集中关注城市规划布局、城市面貌、城镇功能，并且尤其关注城市公共空间的一门学科。城市设计首先属于“设计”；其次，是以城市作为研究和操作对象的设计工作，是介于城市规划、景观与建筑设计之间的一种设计。相对于城市规划的抽象性和数据化，城市设计更具有具体性和图形化。二十世纪中叶以后实务上的城市设计多半是为景观设计或建筑设计提供指导、参考架构。

2.2　城市设计课程现状

伴随着城市规划专业的发展史，城市设计课程无论在国外，还是在国内，实际上已经成熟并形成了一套自己完整的教学体系。

在嘉庚学院建筑学系，《城市设计》被列为专业设计基础必修课，在第三学年第一学期开设。《城市设计》课程的先修课程，包括理论课：《城市设计导论》和实践课：连续两年的“建筑设计”课程系列。

3　思考

3.1　关于“城乡设计”学科

3.1.1　从城市规划到城乡规划

中国作为世界上人口最多的发展中国家，城市规划为新中国的繁荣和强盛做出了巨大的贡献。

改革开放以来，在党中央新的治国理念的指导，广大乡村发生了天翻地覆的变化。同时，受到全球范围“城市化”的影响，旧乡村保护与更新、新农村规划和建设的迫切要求也不断提出来。未来 20 年中国城镇化进程将对全球发展产生深远影响。国家高度重视我国城乡建设事业科学发展，将社会经济、生态资源、生命安全等与城市和乡村建设统筹考虑，作为振兴中华中长期发展战略。在这种大背景下，国务院适时调整科学学科结构，批准从“城市规划”到“城乡规划”的转型；从二级学科向一级学科的提升。所有大学以“城乡规划”命名的

李宝宏：厦门大学嘉庚学院助教
陈纲伦：厦门大学嘉庚学院教授

专业高等教育，势必成为支撑城乡建设事业的人才技术的重要保障。

3.1.2 从城市设计到城乡设计

城市设计经过漫长的发展史已经逐步走向成熟。它不但引起社会的广泛重视，并且在现代城市建设中发挥重大作用。然而，与此同时，范围极其广大的乡村建设甚至仍处于自然发展状态。但不可否认的历史事实，一是广大的乡村不但是人类文明的重要载体，而且是现代社会的重要组成部分。在我国大力建设新农业、新农村，大力推进新型城镇化的背景下，乡村建设理应不再沉寂。二是，在乡村发展和建设中，普遍存在着类似于“城市设计”的要求和任务。问题是，在我国的“城市规划”年代，并没有一门对应的“乡村设计”，至少在高等学校“城市规划”教学体系里是也鲜见这样的课程。

现在，已经进入“城乡规划”新时代，这个问题到了应该思考和解决的时候。

3.2 关于“城乡设计”课程

3.2.1 “城乡设计”课程设置的提出

按照初定的“城市规划专业人才培养方案”，嘉庚学院建筑学系，城乡规划（原名：城市规划）专业的专业主干课区分为前后衔接的两个阶段，低年级学科基础阶段的是“建筑设计”课程系列；高年级专业方向阶段的是“城乡规划”课程系列。原先设置的《城市设计》课程，既是前一阶段专业主干课“建筑设计”的延伸，同时也是向后面学习阶段专业主干课“城乡规划”的过渡。《城市设计》课程在城市设计原理讲解和建筑设计方法训练支持的基础上，安排工程设计型城市设计的设计实训，重点落实在城市设计基本技能掌握。本课程教学目的在于指导学生自觉展开城市设计基础理论与基本技能的系统学习，让学生具有独立完成城市设计的能力，巩固和提升学生从建筑设计到城市设计的“设计理念”和“设计思维”，掌握进行城市设计的基本思路和模式，并能够触类旁通地运用到其他典型空间类型的城市设计中，使学生具有城市设计的初步能力，为后续专题城市规划课程的学习打下良好的基础。

两年来我们致力于按照新的学科内涵和专业标准培养学生，尝试学科建设的更新。以此支持国家对城市和乡村建设统筹考虑的发展战略，为中国未来的城乡建设事业提供人才技术支撑。

综上所述，城市设计在专业教育体系中发挥着重要作用，并且形成了自身良好的教学体系。但城市设计如其名称一样，仅关注城市这个主体。为顺应大局、转变理念，我们考虑以成熟的城市设计为基础，建设新课程《城乡设计》，教导和指导学生，从基础理论上，学习统筹考虑城市设计和乡村设计；在基本技能上，既掌握城市的：“城市设计”，也理解并熟悉乡村的“城市设计”。

3.2.2 “ 城乡设计”课程教学模式的设定

在植入乡村设计内容后，城乡设计课程教学有三种结构模式：

（1）城市设计与乡村设计综合型

所谓综合型，就是把城市设计与乡村设计一体化，把乡村设计植入城市设计中，作为一个设计类型，开一门课。优点是，不打破原有教学体系，又植入了乡村设计。缺点是没有考虑乡村设计的特殊性。

（2）城市设计与乡村设计独立型

所谓独立型，就是把城市设计与乡村设计完全分开，设两门课。优点是照了乡村设计的特殊性。缺点是打破原有教学体系，怎样分配性质相同的两门课是个问题。而且是否有必要增加太多课时量也有待商榷。

（3）城市设计与乡村设计统筹型

综合以上两种类型的优缺点，我们提出了第三种类型——统筹型。考虑城市设计与乡村设计相同的课程性质，决定作为一门课程来设置。考虑城市和乡村建设本身有着天然的差别，决定把城市设计和乡村设计作为城乡设计的两个方向。考虑城市设计已经形成了自身良好的教学体系，且在现阶段的建设和实际应用中有着更为突出的作用，决定以城市设计课程为主，并借鉴城市设计的方法进行乡村设计课程教学研究。

综上，我们决定采用统筹型，即：把城市设计和乡村设计作为城乡设计这门课的两个方向，以城市设计课程为主，借鉴城市设计的方法进行乡村设计课程教学研究。

3.2.3 “城乡设计”课程架构的探讨

（1）新课程中“城设”与“乡设”的教学比例

首先，课程定位上，《城乡设计》仍作为：专业设计基础必修课，与原城市设计课程相同；其次，教学安排上，在完成原《城市设计》课程主要教学任务的基础上，对设计理论讲解进一步精炼，留出必要的空间，增加对乡村设计的讲解，并专门增加适当课时，用于“乡村设计”教学研究；最后，通盘考虑两个设计领域之间的比重关系，“乡村设计”在实际业务中所占比重相对较小，以及“乡村设计”知识结构单一性，课时比例分配暂定为原课时 1/4 左右。以后根据实际教学效果，还可以酌情增减。

（2）新课程中“乡村设计”部分的教学特色

乡村设计应首先尊重乡村建设的自身特色。在充分尊重其自身特色和地方特色基础上，运用专业知识进行合理引导，不宜给出强制规定。并主张在乡村设计中以设计导则为主要成果表达方式，基于乡村的公共利益提出合理的乡村设计目标和行为导则，对乡村建设中的建设活动、道路交通、景观体系、开放空间、乡村公共空间、建筑形式等制定规划设计导则。并以此正确引导乡村土地的合理利用，保障空间环境的优良，促进乡村空间长期有序的发展。

（3）新课程中“乡村设计”部分的教学思路

1）借鉴现有“城市设计”教学方法

城市设计已形成一个完整的理论体系。鉴于乡村设计与城市设计的共同性，可以借鉴城市设计的理论体系，和教学方法对乡村设计进行分析研究。

2）研究典型乡村建设模式

从中国改革开放以来农村建设的社会实践和广大学者的学术研究中，精选典型乡村案例、展开纵深研究。

3）借鉴国外发展经验

国外也有不少乡村设计的案例，遴选出来，可以丰富教学内容、扩展知识视野。

4）尊重地方特色和自然规律

乡村地区建设，虽有共性，但发展情况因形就势，各地之间有较大差异。我们应在尊重自然规律的基础上，尊重地方特色。

5）可持续发展

乡村建设由于其特殊性，尤其强调可持续发展。

6）尊重普遍审美

乡村设计虽有其特殊性，但仍应尊重普遍美学规律和审美习惯，在现代城乡规划美学理论指导下进行引导设计。

7）尊重居住主体意见

乡村设计是否合理，作为乡村居住和使用主体的居民有着最先发言权。可以考虑安排学生利用周末，深入乡村进行调查研究（访谈、问卷、画“认知地图”，等）。

8）加强实地调研

实地调研，不仅是乡村设计的重要环节，也是所培养的现代城乡规划人才必备的、非常重要的专业技能和基本素质。

3.2.4 “城乡设计”课程教学方法的思考

（1）课程教学重视发展个性化教育

在当今社会，人们重视的是人的整体素质和能力。教育中开始重视个性化教育并关注教育要“以人为本”，以学生为中心。在建筑系各专业的教学过程中更能体现个性化教育的特色。在教学过程中应重视和尊重学生的个人特色，给学生以充分自由发展的空间，使他们呈现出各自不同的存在状态，形成他们各自独特的设计风格。

（2）课程教学建立新型的师生关系

教师应成为学生学习能力的培养者。在传媒与信息飞速发展的时代，课堂和书本不再是学生获得知识的最重要媒介，教师的角色不再是传统的“传道、授业、解惑”，而是激发学生学习兴趣，指引学习和生活，培养他们正确的人生观。所以，教学不应该是单纯的为了教而教，还应密切关注如何促进学生的“学”和学习能力，正如古人所说的“授之以鱼，不如授之以渔”。

3.3 关于“乡村设计”研究

定了课程，才只是刚刚开始。接下来，还要规划配套的教研和科研。教学质量和教学的学术水平的提升，离不开对于主要问题的科学研究。展开国内外的乡村建设及设计的实例研究，才能让“城乡设计”课程反映新思想、新动向。

3.3.1 研究国外“乡村建设”模式

国外乡村建设有三种典型的地域模式：

（1）韩国新村运动：——发展农村工业的模式。

1970 年韩国基于国内农村现状，发起“新村运动”了。第一阶段以农村基础设施建设为重点；第二阶段主要关注增加农民收入，政府推出增加农、渔民收入计划，调整农村的农业结构，推广良种和先进技术；第三阶段提出了以发展农产品加工为主的农村工业。韩国的“新村运动”致力于改善农村的生产、生活环境，创造了发展中国家农村建设跨越式、超常规发展的成功模式。

（2）日本造村运动：——发展一村一品的模式。

日本1979年提出了“一村一品”的造村运动。旨在一个地方发展一种或几种有特色的、在一定的销售半径内名列前茅的拳头产品，要求其根据自身的优势和资源，选择合适的产品，如特色旅游项目、文化资产项目、文化设施或地方庆典活动等。造村运动的主要做法是以开发农特产品为目标，培育各具优势的产业基地，增加产品的附加价值，并以开发农产品市场为手段，促进产品的生产流通。同时开设各类补习班，提供农业低息贷款。随着造村运动的发展，后来运动的内容扩及整个生活层面，运动的地域也由农村扩大到都市，变成了全民运动。

（3）德国城乡等值化：——农民变成企业职工的模式。

二战后的德国，农村问题长时间比较突出。农村基础设施严重缺乏，大量人口涌入城市，农村的凋敝使城乡差别迅速拉大，城市也不堪重负。在此背景下，巴伐利亚州开始通过土地整理、村庄革新等方式，使农村经济与城市经济得以平衡发展，明显减弱了农村人口向大城市的涌入。此后，这一发展方式成为德国农村发展的普遍模式，并从1990年起成为欧盟农村政策的方向。

对应不同的发展模式，分别形成了不同模式的乡村建设方案。

3.3.2 研究国内“乡村建设”动向

研究国内“乡村建设”案例，就必须跟紧新农业、新农村和新型城镇化发展思路。

2014年的第二届“中国美丽乡村·万峰林峰会”上，国家农业部正式对外发布中国美丽乡村建设十大模式——产业发展型、生态保护型、城郊集约型、社会综治型、文化传承型、渔业开发型、草原牧场型、环境整治型、休闲旅游型、高效农业型。“每种美丽乡村建设模式，分别代表了某一类型乡村在各自的自然资源禀赋、社会经济发展水平、产业发展特点以及民俗文化传承等条件下建设美丽乡村的成功路径和有益启示。”（引自张玉香，会上发言）。这些乡村的建设模式为我们进行乡村设计提供了环境优化、人文建设、村落空间建设、村落产业发展等提供参考，并有很强的借鉴意义。

做好“乡村设计”的任课教师，不但要有从事设计的实践经验，而且要有开展科研的专业意识和能力。对现有的国内外优秀模式进行研讨和学习，不仅能够为后期的乡村设计实训教学提供强有力的理论和案例支撑，更能有效地提高和开阔乡村设计的思路。

4 结论

以上是我们关于“城乡设计”课程设置的一点初步的想法。毕竟“城乡设计”作为一个极力首倡的新观念，还是有些差强人意。况且，人才培养，事关重大；处理好城市设计和乡村设计之间的关系不是那么容易做到的。但是我们相信，经过大家共同的努力，总会得出一个两全兼顾的好结果；相信我们这个学科一定会越来越好。

主要参考文献

[1] 王建国．城市设计［M］．南京：东南大学出版社，2003.

[2] 百度百科．http://baike.baidu.com/.

[3] http://www.chinareform.org.cn

[4] 毕宇珠，苟天来等．战后德国城乡等值化发展模式及其启示——以巴伐利亚州为例［J］．生态经济，2012，05.

Pondering over the course construction of “Urban and Rural Design”

Li Baohong　Chen Ganglun

Abstract: As the most populous developing country among the world, China will have a profound influence on the world in terms of urbanization. The country attaches great importance to the scientific development of urban and rural construction, and considers the socio-economic, ecological resources, life safety and construction together, which is the national long-term development strategy. In response to the decision of country which to upgrade urban planning profession to senior discipline and switch to a new name called “urban planning” , we have to try to put “urban design” concept and set “urban design” curriculum in urban and rural planning professional. The curriculum refers the original model of urban design, consider the own characteristics of country construction comprehensively, and use of theory and practical teaching methods to expand the country design teaching and research.

Key words: Urban and Rural Planning, Urban Design, Urban and Rural Design, Teching Reform

新型城镇化与城乡规划教育
New Urbanization and Planning Education

理论教学

2014全国高等学校城乡规划学科专业指导委员会年会

城乡规划学科背景下城市规划历史与理论教学探讨
——地区语境下的城市规划教育思考

任云英　付　凯

摘　要：城乡规划学一级学科成立对城市规划历史与理论在教学方面提出了新的要求。而基于地区人地关系特征的城市规划实践使得我们不得不重新审视地区规划理论的发展诉求，如何适应这一新的发展趋势和学科发展方向，培养学生通过城市规划历史与理论的学习，把握中华文明的发展线索、了解中国新型城镇化发展所带来的城市空间转型的规律性特征，培养学生把握地域基因制约下的城乡可持续发展地域路径等，是当下语境中城乡规划与理论领域的重要课题。

关键词：城乡规划，历史理论，地方经验，地域路径，中国模式

把结构置于不同的语境中，会改变它的感知性质，不论这种改变对一个给定目的重要与否，都依赖这个目的或者这个语境。❶语境是多向度的，它是一种知识背景、是构成某种事物特质的文化特征（包括社会政治、意识形态、价值观念、时代精神），它是设置和深藏于事物后面和根据和意义；它还指一种我们观察事物所持的角度、立场和文化，是附属于我们观察者身上的一种无形的文化积淀物或者说是我们分析事物时所能调动的一切文化资源和复杂材料。

在我国，历史地理基础决定了我国各个城市地区的差异性及其分布格局，城市发育的历史地理条件的多样性，是当今城市规划发展的重要制约因素之一，同时，由于城市规划体系适应了具有中国特色社会主义管理和运作体制，形成了自上而下的统一政策引导、行业指导、专家领衔与自下而上的地方建设、管理、反馈机制进而推进了地方特色及其地域性路径的发展，而这种基于多元化发展基础和条件所形成的地域性路径的实践和理论指向，则构成了当今快速城市化发展下的多元包容、效率诉求及可持续发展的语境模式，即城市规划理论与实践发展的中国模式。

本文从两个方面关注当前城市规划历史与理论的教育思想和理论范畴，其一，是基于地方实践和地区理论，基于城乡规划学科发展的诉求，探讨城市规划历史与理论的教学思路；其二，结合典型案例，探讨基于地域性视角下，城市规划的地方经验、地域路径及中国模式，阐述规划理论缺位下典型城市——西安经验，及其对地区城市规划的贡献和理论意义。

1　城市规划历史与理论的教学框架及其问题

传统的城市规划历史与理论的教学框架，局限于作为建筑学二级学科的限制，其而建筑历史与理论的基础不能全面覆盖城乡规划领域，但又作为城市规划专业历史教学的重要基础。在建筑历史教学中，往往又套接了城市规划历史的相关知识点。1990 年代后期，中、外城市建设史在一些学校开设，无论在学时安排还是在教学内容上，往往是以物质空间建设为核心，缺乏规划历史理论，尤其是近现代城市规划理论的支撑，往往又显得避重就轻，导致城市建设史课程的设置显得比较薄弱。

---

❶ 魏屹东：认识的语境论形成的思想根源［J］，社会科学，2010，10：107-114。

任云英：西安建筑科技大学建筑学院教授
付　凯：西安建筑科技大学建筑学院助教

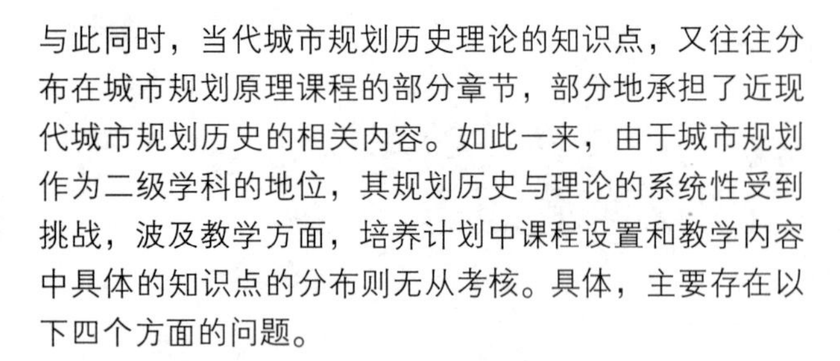

与此同时，当代城市规划历史理论的知识点，又往往分布在城市规划原理课程的部分章节，部分地承担了近现代城市规划历史的相关内容。如此一来，由于城市规划作为二级学科的地位，其规划历史与理论的系统性受到挑战，波及教学方面，培养计划中课程设置和教学内容中具体的知识点的分布则无从考核。具体，主要存在以下四个方面的问题。

1.1 政治因素主导下的城市物质空间布局的介绍性内容

中华人民共和国成立以后，基于政治因素主导，学习苏联，以计划经济为中心的城市物质空间布局研究占据了重要地位，尤其是工业布局占据主导，同时，由于晚清至民国时期的历史敏感性，导致对于近代以来，城市建设历史和规划发展的研究受到了人为的制约，也导致了近代以来，工业化、城市化发展的研究欠缺，使得近代以来的城市建设史的部分在教材中也受到相应的影响。加之“阶级论”以及“文革”时期的政治敏感及动辄上纲上线，导致了研究以城市物质空间布局的介绍性为主。

1.2 城市规划历史与理论分离的教材体系架构

在我国近、现代城市规划方面早在 1960 年代董鉴泓教授对中国近代城市建设史进行了研究，后经整理收录于《中国城市建设史》，至 1980 年代奠定了良好的基础，在以汪坦先生为首，其后张复合、李百浩、张松、刘松茯等人所主导的中国近代建筑史委员会推动下，对于近代城市规划的研究渐次展开，中国近现代城市规划已经从从早期的介绍、学习借鉴，到 1990 年代提出中国城市规划体系（吴良镛，1991）和近代城市发展的主题与中国模式（乐正，1992）等问题，关于中国近代城市规划史研究（李百浩，1991）也逐渐展开，并开始介绍欧美近代城市规划以及中外城市规划比较研究，对日本在中国侵占地城市规划范型的历史研究。2000 年以来邹德慈、汪德华等均从当代语境下对中国城市建设与规划历史进行了梳理和研究，从研究时段上基本覆盖了中华人民共和国成立直至当代。

当代对于中国体系下的城市规划历史发展进程、实践及规划范型的研究讨论，推动了城市规划历史与理论的地域性研究成果和中国语境下的路径模式研究的深度和广度。2010 年“中国首届世界城市史论坛”，将对城市史的研究拓展到“世界城市的现代进程”、“世界城市的社会问题”、“世界城市的文化问题”和“世界视野中的中国城市”（2011，张卫良；周真真）。对城市史的研究已经纳入到国际视野。城市规划史上的乌托邦及其现代复兴（董卫，2010）是当代语境下对于理想城市思想维度的反思。

与此同时，国内的城市规划实践逐渐呈现出地方经验、地域路径和基于中国国家主义、实用主义、目标导向主义下的城市规划理论的地方探索。而这一研究群体以大专院校为主、规划设计研究院以及政府主管部门为辅，形成了地区规划的基本框架，如西安建筑科技大学建筑学院基于西部地区幅员辽阔、生态环境脆弱、历史文化遗存丰富、经济发展相对滞后、地域特色鲜明的特点，本学科秉持“立足西北、服务西部”的宗旨，结合西部城乡建设发展需要，确立了“脆弱生态环境下的城乡规划设计理论与方法”、“文化遗产保护规划”、“弱势群体人居环境规划与建设”三大特色研究领域，完成了一系列具有代表性的成果，为西部大开发、区域城镇化战略做出了突出贡献。培养了一大批立足地方，探索地区规划理论的硕、博学生。

城市规划历史与理论从其内容构成上，应当包括：学科发展史、城市建设史、城市规划史、城市规划思想史等相互关联，又相对独立的内容体系。而从传统教材知识点的分布来看，这些内容是分布在不同的教材和参考教材当中，缺乏系统性。虽然近年来国内外城市发展与规划史的相关教材、论著、译著成果颇丰，但是，这种知识点的分散布局，导致了不同的学生个体，在接受知识的过程中，呈现出差异，初步统计，大多数学生的相关规划历史与理论内容的体系性架构基本处于自发摸索的状态。

1.3 城市史研究相对薄弱且起步晚

吴良镛院士在“国际科学史第 22 届大会”上的讲话指出：对建筑与城市规划学科来说，迫切需要进行相关的历史研究，为城市化建设提供借鉴与理论参考。他在“中国城市史研究的几个问题”一文里，提出了应该重视中国城市发展的区域性与综合性研究，并讲求城市史研究的方法论。❶这一论断的提出折射出城市规划理论缺位的城市史研究现状，城市历史与规划理论脱节的研究现状，对于建构和完善中国城市规划理论体系和城市规划理论创新是一个不可逾越的瓶颈。

中国城市史研究历史久远，但中国近代意义上的城市史研究起步于1920~1930年代。1926年，梁启超发表《中国都市小史》、《中国之都市》等文，实开近代意义上的城市史研究之先声。❷近代城市的研究主要在改革开放以来成果较为突出，1979年在成都举行的全国历史学规划会议上，已论及近代城市史研究问题，相继出版了关于四个城市著作《近代上海城市研究》、《近代天津城市史》、《近代重庆城市史》、《近代武汉城市史》标志着中国史学界对城市史的高度重视，开创了新时期中国近代城市研究的先路。

此后，中国史学界关于单体城市史的研究，如雨后春笋，北京、成都、开封等20多个城市都有相应的专著面世。城市史研究主要分布在历史学下专门史、历史地理学以及城市规划学科等三个方面。但总体上各个地区的城市研究很不均衡，其中以开埠城市研究较为集中。而面对中国早期工业化、城市化发展的城市实践及规划理论的梳理和总结也因此差强人意。

1.4 借鉴为主、缺乏对称交流的规划思想与理论现状

溯源国际城市规划历史理论方面的研究，1960年代是欧美近代规划史研究的启蒙期，在其经历了二十多年的发展之后，以英国的城市规划史研究会（Planning History Group）是最具代表的研究组织与机构。并于1977年会在伦敦召开了第一次国际城市规划会议，1980年在芬兰又以“1890~1940年的大城市”为主题召开了第二次。如果说这两次会议是以欧美为中心进行国际交流的话，那么1988年在日本东京以“城市规划体系的国际交流史”为主题的第三次国际城市规划史会议，则标志着东亚的近代城市规划史研究将成为人们关注的重点。至2010年年会经历了从重大规划事件或思想为主要议题，关注范围较局限于西方国家；所选议题视角更大，着眼于全球范围内的规划事件，且重在从规划史中探寻经验；以及议题地域性更强，关注的不仅是过去，也关注现在和未来；子议题更加丰富，体现了更明显的学科交叉性等三个阶段。在亚洲，日本也成立了城市规划史学会，同时朝鲜半岛、台湾等的研究相对活跃。而我国城市规划以借鉴为主，在国际层面的对话与中国大量的高水平的规划实践并不匹配。

自1949年中华人民共和国成立以来，中国始终面临着如何认识世界、改造世界的命题，拿来主义成为城市规划理论的主要形式，无论是苏联模式还是改革开放后的西方理论。虽然在此过程中，不同地域的城市化和经济发展推动了城市建设的脚步，同时也迫使城市规划学科、理论不断适应中国的发展特征进行了一系列的探索、研究和实践。但在这个过程中，单向的借鉴格局在较长的历史时期没有发生质的改变，当代语境下的中国模式及其城市规划历史理论在国际层面的对话处于缺位状态，所谓对话，即对等的交流、融通和提升。重实用、轻理论的现状导致我国城市规划理论体系化进程任重道远。一级学科的建立也仅仅只是一个新的良好的开端，但是，理论体系建构及其可持续发展的系统的框架体系还未能适应中国城市化建设和城市规划发展的诉求。

综上所述，当今我国城市规划实践丰富而庞杂，但在规划理论方面，与当今城市规划的理论相对应的是西方城市规划理论的绝对话语和我国城市规划理论的群体缺位，还未真正形成中国当下语境下的规划理论体系的建构和理论创新机制。同时，基于实用主义的规划理论在我国的发展一方面缺乏理论创新的动力和诉求，另方面，在城市规划理论的借鉴、研究与探索方面缺乏与国际社会的直接对话，导致中国城市规划理论在国际对话层面缺乏话语权，形成了规划理论的群体缺位的现状。

2 人–地关系导向下理论缺位的地区规划实践

人地关系是指人与空间（地理环境）之间的相互联系和相互作用，一方面反映了自然条件对人类生活的影响与作用，另一方面表达了人类对自然现象的认识与把握，以及人类活动对自然环境的顺应与抗衡。我国西部

---

❶ 吴良镛：中国城市史研究的几个问题［J]，城市发展研究，2006，13（2）：1–3.

❷ “梁启超：《中国都市小史》,《晨报》七周纪念增刊，1926年10月；《中国之都市》，载《史学与地学》第1、2期，1926年12月~1927年7月”，引自熊月之，张生．中国城市史研究综述(1986–2006)［J］. 史林，2008，01. 21–35.

地区地理条件复杂，导致了不同地域环境条件下，是适应于地域自然、人文以及经济发展条件的城市建设行为及地方性特征。以西北地区为例，黄土高原、蒙古高原、青藏高原、河西戈壁绿洲、西域沙漠绿洲等孕育了不同类型的城市如河谷型城市、戈壁绿洲城市是、沙漠绿洲城市、高原型城市等。同时由于自然地理基础的制约，形成了适应地方性发展的城市规划实践。而这些实践往往折射出具有地区特点的地方经验、地域路径，即中国模式。

以西安为例，作为自公元前8世至公元10世纪为中国重要统一王朝的都城地区，自洋务运动及清末新政以来，内陆城市西安的转型发展，具有典型意义和借鉴价值。体现了中国古都城市发展的近现代转型轨迹。这对于我国大多数都城的历史保护和可持续发展都具有借鉴价值。而这种地方性，正是当代规划理论不容忽视和应当加强研究，并直接对接我国城市规划历史与理论的体系建构。

值得关注的是，我国的古都的数量也是很可观的，据史念海先生的严密考证，认为“自三代以下，共有古都217处，涉及王朝和政权277个”而这些都城又往往代表历史时期城市建设的最高水平，串接起来就是一部中华文明发展的历史见证，对于中国古都的近代发展来说，其转型过程主要集中在近代以后即1840年以后至中华人民共和国成立初期，同时，近代转型所涉及的主题是转型，包括：工业产业的转型发展所引发的经济结构转型发展、政治体制的转型发展、文化的转型发展、社会关系的转型发展以及交通和建筑技术的发展，这些转型发展对于古都来说，直接导致了城市形态、城市功能以及城市空间结构的全面转型，因此，研究的重点在古都自身形态与空间结构的全面转型过程及其内在规律特征，以及这一进程中的历史保护理念、行为、结果及其历史价值。

在城市全球化以及中国城市化快速推进的社会经济背景下，由于地域因素及国家和地方政策导向下的经济的差异性发展，当下语境约束了城市规划理论的发展格局，客观上一统格局已经动摇，分析地方经验和地域性理论发展诉求，反思当今中国城市规划历史发展进程中的城市近、现代转型以及当代发展的地方经验、地域路径乃至中国模式，建构中国城市规划历史理论体系，结合城市空间形态及其结构的演进特征、机理，并进而推进历史城市保护与利用的深度研究，是城乡规划学一级学科走向完善和可持续发展的重要课题，也是我们城市规划教育工作者应当及时把握和思考的重要领域。

3 城乡规划学科背景下城市规划历史与理论教学的优化

城乡规划学科作为一级学科，促进了城市规划历史与理论的研究，自2009年始，由中国城市规划学会倡导，以东南大学为主要阵地，形成了包含清华、同济、华南、西建大、深圳等大学；中规院、江苏省建设厅、山西省建设厅、苏州市规划局、西安市规划局等设计院和规划管理部门代表所形成的学者团体，并与2012年正式成立了以东南大学为主委单位、以规划院系统和政府管理部门为副主委单位中国城市规划学会城市规划历史与理论学术委员会，倡导城乡规划学科背景下城市规划历史与理论的系统研究。基于这一背景，各个学校都展开了新的探索。立足西部地区的西安建筑科技大学也在该方面进行了不懈的探索。

3.1 基于城乡规划一级学科背景下的内容体系建构

从城乡规划一级学科背景，反观城市规划历史与理论的内容体系，统筹城市规划历史与理论在不同课程中的分布及其核心知识点，完善城市规划学术史、城市与规划发展史、规划思想史等相关内容，形成以历史为主线、以规划理论为核心、以设计实践为主干的教学内容和知识体系建构。

3.2 教学方法的更新及再发展

从教学方面反思笔者曾经撰文研究的“三位一体教学”法，即“知识建构、思维解构、能力重构”，其中关于知识建构，则应结合新时期学科发展，新型城镇化背景，从历史唯物史观反观其知识体系的建构特点，从城市规划历史与理论的内容的体系化出发，强调城市规划历史进程对于文明的推动及，强化能力重构，在教学中，强化学生的综合认识和分析能力进行，在城市建设与规划历史的知识点中突出中华文明的发展主线，强调城市建设历史发展进程中，其城市文化的特质及价值判断，使学生在充分了解城市发展历史与文明的进程是相辅相成的，从中华文明发展的高度看待历史发展及历史遗存，建构起历史文化情结及中华文明乡愁记忆的判断能力。

3.3 倡导地区规划理论——地方经验、地域路径及中国模式

同时不容忽视的是，适应于地域社会、经济、文化以及生态环境因素制约下的地方实践，对地区规划理论的研究提出了要求，迫切需要对地方经验、地域路径进行梳理和总结，在教学中，结合典型案例，提高学生的认识问题、分析问题和解决问题的能力。在教学内容方面自证逻辑虽然重要，但是需要结合典型案例，旨在提高学生的实践能力。与此同时，早在民国时期的城市建设过程中，城市规划逐渐成为城市建设的重要干预和推动力量，直接推动了城市空间的发展进程，对于今天的城市规划与建设不无借鉴作用。因此，这是不可忽视的一个重要方面，也作为研究的重点之一。

从这个整体意义上看，对于古都的当代转型及其文化遗产保护经验与模式的研究和推广具有非常重要的历史价值和社会意义。而结合规划历史与理论教学最重要的目的，提出基于本体的历史与理论及方法论等的案例分析，见微知著，使规划历史与理论在原有基础上，从理论走向运用理论，以及从规划理论走向遗址保护，拓展规划历史与理论的实践走向。

4 结论

近年来，随着城乡规划学一级学科成立，城乡规划专业本科教学也对应于学科发展，相应地进行了系列性的调整，同时，城市规划历史与理论提上议事日程，但在教学方面还处于探讨阶段。城市规划历史与理论是学科发展史研究的重要内容，也是城市规划理论研究的学科基础，是解决认识问题和分析问题能力的核心架构；与此同时，基于地区人地关系特征的城市规划实践使得我们不得不重新审视地区规划理论的发展诉求，基于这一变化，城乡规划学人才培养中如何适应这一新的发展趋势和学科发展方向，培养学生通过城市规划历史理论的学习，把握中华文明的发展线索、了解中国城镇化、工业化发展以及后工业社会发展所带来的城市空间转型，培养学生把握文明脉络，培养人文情怀，懂得中华文明的历史和乡愁记忆，了解地区的环境特征，把握地域基因制约下的城市特征、空间建设以及可持续发展的特质，提升专业综合素养，是当下语境中城市规划与理论领域的重要课题，也是城市规划教育的核心能力培养的重要环节。

主要参考文献

［1］吴良镛：展望中国城市规划体系的构成——从西方近代城市规划的发展与困惑谈起［J］. 城市规划，1991，5.

［2］乐正：近代城市发展的主题与中国模式［J］. 天津社会科学，1992，2.

［3］李百浩，韩秀. 关于中国近代城市规划史研究［J］. 汪坦主编《第三次中国近代建筑史研究论文集》，北京：清华大学出版社，1991.

［4］张冠增. 城市史的研究——21 世纪历史学的重要使命［J］. 神州学人，1994，12.

［5］李百浩. 日本殖民时期台湾近代城市规划的发展过程与特点 (1895—1945)［J］. 城市规划汇刊，1995，3-6.

［6］李百浩编译. 欧美近代城市规划的重新研究（渡边俊一）. 城市规划汇刊，1995，2.

［7］路磊光. 西方学者关于城市史学的研究简述［J］. 历史教学，1996，5.

［8］史念海. 中国古都和文化. 北京：中华书局，1998，7.

［9］隗瀛涛主编：中国近代不同类型城市综合研究［J］，（成都）四川大学出版社，1998，12.

［10］（美）施坚雅主编. 中华帝国晚期的城市［M］. 叶光庭等译，陈桥驿校. 北京：中华书局，2002，12.

［11］何一民. 中国近代城市史研究评述［J］. 中华文化论坛. 2000，1：62.

［12］吴宏岐，严艳. 古都西安历史上的城市更新模式与新世纪城市更新战略［J］. 中国历史地理论丛，2003，4.

［13］水羽信男. 日本的中国近代城市史研究［J］. 历史研究，2004，6.

［14］熊月之，张生. 中国城市史研究综述（1986-2006）［J］. 史林，2008，1.

［15］柴晨清. 欧洲城市史研究的新方向——对公共空间与城市环境的历史思考［J］. 沈阳师范大学学报（社会科学版），2011，5.

［16］张卫良，周真真. 中国首届世界城市史论坛学术研讨会

综述［J］. 世界历史，2011，3.
［17］张中华，张沛，王兴中. 地方理论应用社区研究的思考——以阳朔西街旅游社区为例［J］. 地理科学，2009，29（1）：141-146.
［18］张中华，张沛. 地方理论：城市空间发展的再生理论［J］. 城市发展研究，2012，19（1）：52-27.
［19］张中华，张沛. 地方理论活化与城市空间再生［J］. 发展研究，2011，11：99-95.
［20］地方理论——迈向"人－地"居住环境科学体系建构研究的广义思考，发展研究，2012，7：47-55.

Cogitation about the Education of History and Theory of City Planning with the View of the Discipline of Urban and Rural Planning: the Education of City Planning Under the the Regional Context

Ren Yunying　Fu Kai

Abstract: Along with the foundation of the principle of the urban and rural planning, the new request has been formed with the education of the historical theories. Meanwhile, the practice of urban planning, which based on the relationship between the regional area and the humanity, make it is necessary to reviewed the needs of the development of the planning theories limited in a specific regional area. It would be the new opportunity to reshape the education of the historical theories. Adapted the target of the education, some aspects of talent should be prompt up, such as to understand the clue of the civilization of China, the principle of transfer feature of the urban and rural, the local approach as well as the other professional abilities. Besides, it is the important field of the urban and rural planning.

Key words: Urban and rural planning, History and theory, Regional experience, Local approach, Mode of China

日常生活中的城市规划原理
——城市规划本科三年级教学随笔

杨　辰

摘　要：城市规划本科三年级是个关键期。从这一年开始，学生要完成从建筑学思维向城市思维的转变，城市思维的建立对高年级的学习乃至学生未来的职业生涯都有重要影响。然而调研发现，城市规划原理教学内容庞杂，学生们难以全部掌握，出现了理论学习与设计课程脱节的现象。本文通过四个教学案例的介绍，尝试采用“日常生活”教学法对脱节现象进行改善，并取得了较好的教学效果。

关键词：日常生活，城市规划原理

1　发现问题

在城市规划的本科教学中，三年级是个关键期。从这一年开始，学生要完成从建筑学思维（一、二年级）向城市思维的转变，城市思维的建立对高年级的学习乃至学生未来的职业生涯都会产生持续的影响。然而，根据笔者的观察与访谈，大部分三年级学生的城市思维建立过程并不顺利，一方面是城市与建筑相比更为复杂和抽象，另一方面是城市规划的理论教学未能建立一种与日常生活的联系，特别是对低年级学生而言，“厚重”的原理[1]包罗万象，难以全部掌握、更不要说灵活应用。这就是为什么在设计课程（居住区详细规划设计与城市设计）和综合社会实践的教学中，指导教师们普遍感觉到学生未能将城市规划的基本原理与具体的设计和调研工作建立联系。

－觉得学建筑的时候自己还是比较会处理空间关系的，但是学了规划就完全不会了，一切都显得非常笨拙。（学生A）

－大一大二学习建筑的时候，我们习惯在杂志和书籍上找案例，有些案例的建筑形态和空间组织可以直接借鉴的。这学期做居住区规划，老师说要先发现问题和寻找概念，我们就遇到了困难：怎么把抽象理论和空间处理手法结合起来？感觉书本里的理论，包括老师上课说的一些理论是很厉害的，也很说明问题，但是怎么把这些理论在设计中实现出来，这是一个主要的困难。（学生B）

－其实老师你说的这些概念我们在原理课上都听过，可是好像我们听过就忘，做设计的时候也不会用。（学生C）

以上是对三年级学生访谈的摘要，我们不难感受到他们在思维转型期的各种迷茫，这些“迷茫”大致可以分为三种类型：第一、由于空间尺度的扩大，学生很难从刚刚建立的建筑视角过渡到城市视角，对超越身体尺度的城市空间很难把握；第二、学生接触了一些城市理论（原理），也觉得有趣，但是他们无法在具体的城市设计中借助这些理论来分析问题并提炼设计概念；第三类问题更为普遍：学生们直言无法理解大量抽象的城市规划原理，无法理解自然也谈不上应用。如果说前两类问题尚属于技术层面的话，后一类问题则涉及城市规划理论与实践教学之间的深层次关系。本文结合本科三年级

---

❶　最新版的《城市规划原理》有五篇、22章、共700多页——对三年级的本科生来说，这无疑是一本“大部头”教材。

杨　辰：同济大学建筑与城市规划学院城市规划系讲师

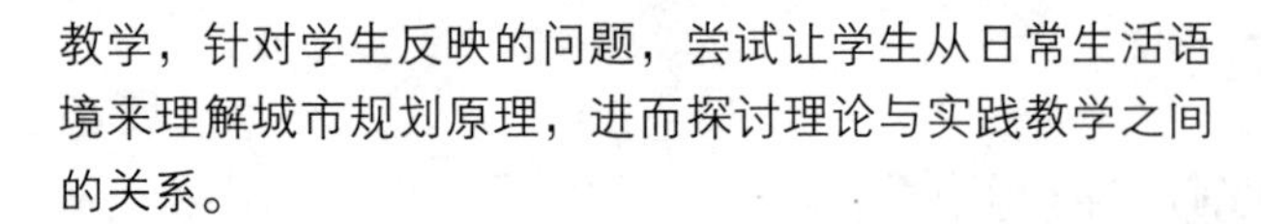

教学，针对学生反映的问题，尝试让学生从日常生活语境来理解城市规划原理，进而探讨理论与实践教学之间的关系。

2 “日常生活”教学法

“日常生活世界”作为一个哲学概念最早由胡塞尔在其晚年著作《欧洲科学的危机及先验现象学》中提出，随后被海德格尔、哈贝马斯、列斐伏尔等人关注并发展成为世纪性话题。本文无意对这一哲学概念进行解读，而是把“日常生活”作为一种观察和思考城市现象的视角引入教学。具体来说，“日常生活”教学法鼓励学生们剖析个人生活经验，对较为熟悉的生活环境进行观察和分析，通过挖掘空间现象背后的社会成因，更好的理解和运用城市规划理论。通过一年多的教学实践，我们发现“日常生活”既可以帮助学生理解城市规划原理，也是规避种种非人性规划弊端的途径。

案例一：校园快递的时空分析

这是三年级的四位学生针对校园快递的无序现象做的社会调研报告。作为三大的学生，他们没有太多时间到校园外体验多样的城市空间和丰富的城市活动，他们最熟悉的就是大学校园。那么，在宁静封闭的校园内，有没有值得研究的城市问题呢？答案是肯定的。通过与老师的多次讨论，同学们逐渐发现校园快递实际上是一种新型的城市现象。首先，作为网络一代的大学生，他们的生活方式，特别是消费行为愈发依赖网络。大学生成为电子商务竞相争夺的客户群体，而校园也成为快递收发的集中地区。校园的空间属性悄悄地发生了变化——它不仅是生产与传播知识的场所，它也是一个重要的消费场所；其次，在传统的城市空间里，邮政系统是城市居民相互传递信息和物品的唯一渠道，受到政府的严格控制和管理。邮政系统（特别是邮政各级网点）的空间布局也是城市规划的重要内容。然而，新的电子商务和物流企业的加入彻底打破了邮政系统的垄断，物流系统的经营群体和运送方式日益多元化，传统的邮政系统规划和居住区配套设施规划是否要根据新的变化进行一定的调整呢？再次，尽管快递给校园管理带来一定的难度，但巨大的快递量要求校园必须提供收发快递的场所——原有的封闭式校园，如何接纳城市物流的终端？嵌入校园空间的快递集散点与校园道路交通组织、宿舍区布局、公共空间体系的关系又应该如何协调——这些都是值得研究的城市现象，其背后蕴藏了深刻的城市规划原理。

案例二：拥堵的放学路

这一组同学全部来自上海，他们发现自己家附近的小学门口常常聚集着大量等候孩子放学的家长，高峰时段甚至造成城市道路的严重拥堵——而他们清晰地记得，十几年前当他们还是小学生的时候，这种现象并不存在。拥堵的放学路——这一现象看似很普通，似乎与城市规划也没什么关系，当指导老师建议他们把选题从“地铁指示系统研究”转向“校门口拥堵现象”的时候，大家开始都觉得不太理解。但是随着调查的深入，他们逐渐发现放学路拥堵现象并不简单，它首先与整个城市交通出行安全性的降低有关，特别是对于小学生，他们步行上学往往要穿越好几条大马路，家长很不放心；再往下深究，他们发现原先很多小区内部道路是可以通行的，现在为了提高“社区安全”全都换上了电子锁，过去孩子们最喜欢串的小巷都被切断了，很多孩子被迫沿着城市道路绕行，大大增加了出行时间。加上雾霾天气的增多，家长都希望减少孩子在户外的时间，就坚持开车送孩子上学；当然，放学路的拥堵还与私人机动车的拥有量增加、独生子女政策、学校扩招等因素有关。最有意思的是，学生们通过调查发现，随着全社会对私立学校教育质量的认可，大量经济条件较好的家庭愿意缴纳高额的择校费，跨越自己的学区去一个更远的学校就读——这意味着传统的居住区规划理论，特别是以围绕小学的居住组团布局模式正在受到挑战——在人口流动和自由择校的前提下，教育资源在空间上究竟如何分配才能达到效率与公平的统一，这是规划师应该考虑的重大问题——所有这些问题，在我们引入“日常生活”视角之前，学生们并没有意识到他们身边就隐藏着这么有趣的城市规划原理。

案例三：餐饮外卖现象

这一组同学平时比较“宅”，喜欢叫外卖是他们共同的生活方式。通过讨论，他们发现现在叫外卖越来越方便：从原来个别店提供外卖服务，到现在出现的专业外卖网站——只要一个电话或在网上下单，足不出户就可以吃到全市很多特色餐厅的招牌菜。“吃也能吃出城市理论吗？”——同学们带着兴趣开始对外卖网站的加盟店进行调研，他们发现与过去外卖店相比，新的餐厅最大的特点就是营业面积小，但盈利并不少。换句话说，加盟外卖网络公司使得餐馆单位面积的产出大大增加了，餐饮业对实体空间（区位和面积）的依赖减小了，越来越多的餐厅趋于小型化和个性化。网络世界里，“酒香不怕巷子深”再次被验证。同时，作为外卖接收方——办公楼里的白领或小区居民——他们也减少了不必要的出行，这对于城市交通、社区管理、办公楼管理都带来了新的挑战。谁说“吃”文化里没有城市原理呢。

案例四：小区的边界

最后一个案例来自规划三年级的“居住区详细规划设计课程”。在设计前期，教师鼓励学生们对基地进行细致的调研，特别要关注社区居民的日常生活。作为切入点，笔者向学生提出一个问题：如何确定社区的边界？这是一个看似简单、实则很难回答的问题。通过讨论，同学们逐渐意识到：课程设计划定的基地边界只是工作范围，现实生活中并不存在这一边界；而小区周边的城市道路也只是物理空间的边界，居民实际的日常活动并不受道路约束；如果我们对不同群体的社区居民进行访谈就会发现，老人和年轻人都围绕着小区有各自的“生活圈”，这些“圈子”的大小极不规则：近的就是楼下一片树荫，远的可以是三个红绿灯外的亲戚或老邻居家，也可以是 3km 外的一家价格便宜的大型超市！这说明居住区规划的基本概念——小区和组团的规模不完全是一个静态的概念。为了让学生们从更多角度理解这一问题，笔者还带着学生走访了居委会与街道上多家房屋中介，同学们在老师的指导下做出了居委会的行政管辖图和小区与周边地区的房价图——从这两张图，学生们欣喜地发现一个普通的小区又出现了多种边界：居委会管理边界和居住区隔边界。前者反映出城市管理者对社区空间的划分，而后者清晰的显示出老的工人新村与新的商品房之间在空间品质上的差距，以及两种社区居民之间的某种程度的社会区隔。这些社区生活现象一方面成为理解城市规划原理最生动的案例，另一方面也为学生下一步的居住区规划设计提供了线索：有的学生通过新的商业空间和公共空间的塑造，努力打破因收入差距导致的社区区隔；有的学生从“生活圈”概念入手，根据不同群体居民的不同生活方式（居住、出行、消费和交往方式），提供了特色化的空间和服务设施；还有的同学从社区治理的角度，重新划分了小区与组团的边界，方便管理的同时，也强调了不同群体之间的社区融合。

3 结语

从一年多的教学实践看，日常生活既是理解城市的重要视角，也是卓有成效的教学手段。首先，从学生自身的生活经验出发来发现问题，将有助于他们更好的理解城市规划原理；其次，日常生活高度丰富。实践证明，各种技术革命和社会变革最终都将作用于日常生活——它是城市发展的指示器。对日常生活的观察和分析，是更新城市规划原理的重要方式；再次，日常生活是一种思维训练，它反对假大空式的学术和灌输式的教育方法，鼓励学生自己发现问题，分析问题和解决问题，所谓“授之以鱼不如授之以渔”。日常生活教学法在一定程度上改善“理论学习”与“设计实践”之间的脱节，取得了良好的效果；最后，建立日常生活视角是避免非人性规划的一剂良药，这对于以新型城镇化为导向的中国城乡发展至关重要。

Principles of urban planning in everydaylife: Essay of teachingin third year of bachelor in urban planning

Yang Chen

Abstract: The third year of bachelor study in urban planning is the key period. From this year, students are supposed to transform from architectural thinking to urban thinking which has a profound influence in their further study and professional career. Nevertheless an investigation reveals that the urban planning theories are too complicated for the students to master, thus the gap between theory study and design practice appears. With four case studies, the article introduces the "daily life" teaching method to improve the gap issue and the method obtains a good effect.

Key words: Everyday life, Principles of urban planning

本校规划专业地理信息系统教学历史回顾与展望

宋小冬

摘　要：1980年代中期，同济大学城市规划专业教师开始了地理信息系统（GIS）领域的科研探索，1993年开设了研究生GIS课程，1999年开设本科生GIS课程。回顾20多年的实践，本科教学模式从原理讲授与实验操作相结合模式，向重实验性练习、轻原理讲授的“逆向”模式转变，最近又转向了应用导向模式。在这同时，针对研究生的课程分为应用实例、方法专题、理论深化三部分。教学模式的转变受学时、学龄、校内氛围、社会氛围、软件技术等多种外部因素的影响。为了进一步提高质量、节省学时，本文进一步提出了GIS向其他课程渗透的若干建议。

关键词：地理信息系统，教学，城乡规划，历史回顾，未来展望

1　本科生早期教学内容与方式

中国改革开放，恰逢信息技术向各学科、各行业渗透、扩展的年代。1980年代中期，本校教师开始了空间信息分析、表达的探索和尝试。在这同时，国外先进技术，学术思想也传播到国内，在开展科研的基础上，我们于1993年开设了面向研究生的地理信息系统（GIS）课程。1998年秋季,全国城市规划专业第一次教学评估，进驻本校的专家在考察科研成果、教学内容后，建议同济大学率先针对本科生开设地理信息系统必修课程（提出该建议的并非院校教师，而是天津市规划局副局长冯容女士）。在外界激励下，我们在1999年春季，开设本科生GIS选修课，当时选课学生大约占4年级学生总数的3/4。

按一般教学常规，往往是教师先讲原理，学生初步了解后，操作实验，进一步验证理论知识，再扩展应用。在1990年代中期，GIS原理已基本成型，相比之下，计算机操作实验条件有较大局限。以ArcView 3.1为代表的软件，有若干扩展模块，可以人机交互方式开展各种空间分析，对规划专业有较大吸引力，我们以城市规划为对象，编制了若干操作习题，供学生练习，适应本科教学实验，取得初步经验后，进一步扩充内容。选完这门课程的学生，多数对GIS产生了兴趣。

大约持续了两年后，有一位学生在课程结束时提议，今后能否采用先做练习，后讲课的教学方式，让学生自己来体验GIS的功能，效果可能比先讲课，后练习更好，这个建议对教师有启发。

2　中期教学内容与方式的改进

受学生启发，我们对练习手册进行三方面改进，一是操作过程的说明更详细，便于学生自练，简化教师的演示、辅导；二是内容由浅入深，适当循环，让学生在练习过程中逐步体验GIS的常规功能；三是将城市规划的一般原理隐含在练习中，让学生自己将城市规划和GIS联系起来。经若干年实践后，摸索出一种“逆向”教学模式：

（1）教学顺序“逆向”。先做练习，后讲原理，适度循环。

（2）练习内容“逆向”。先练查询、分析，后练数据输入、数据库维护。

（3）学时分配“逆向”。实验练习明显多于原理讲授。

（4）学习方式“逆向”。自练为主，教师很少演示。

贯彻上述教学模式，实验教材起到重要作用。2004年，我们经科学出版社出版了《地理信息系统实习教程》，给教学带来很大便利。根据教学经验，软件

宋小冬：同济大学建筑与城市规划学院城市规划系教授

平台的变化，2007 年推出第二版（ArcGIS 9.x 为平台），2013 年更新为第三版（ArcGIS 10.x 为平台）。该教材除了被多所院校的规划专业选用，还进入地理信息系统、人文地理、风景园林、测绘工程、土地资源管理、农业、矿业等学科。

上述教学模式的优点是节省学时，每周 2 学时，1 学期，就可以跨越原理、实验、应用三个阶段，也容易调动学生的兴趣。这种教学模式也有缺点：（1）自练量大了，学生可能忙于应付老师布置的作业，疏忽对原理的思考；（2）内容偏多，知识点偏多，学到的知识不巩固，一旦有缺课，很难补上；（3）守纪律、不守纪律，自觉性强、弱的学生之间容易拉开差距，教学效果好差不均匀。

3　近期本科生教学内容与方式调整

在外界形势变化和教学经验基础上，我们又开始尝试应用为导向的教学模式，以专题地图、数据输入、土地适宜性评价为 3 个核心环节，实验、讲课交叉，内容缩减，更复杂的应用由学生自学，不考核。该教学模式在一定程度上继承了“逆向”教学模式的优点，同时也弱化了原来教学模式中面偏宽、内容偏多的缺点。

4　研究生教学内容、方式与效果

1993 年刚开始，研究生 GIS 教学基本上以讲授原理为主，实验比重少，当时的主要制约因素是软件平台（早期教学用 PC ARC/INFO）。ArcView 3.1 的出现，使人机交互式的空间分析有很大改观，在参考国外同类教材的基础上，我们编写了面向国内学生的实验教材，在规划专业研究生中试用，大大强化了实验性内容，当然这种方法也延伸到本科。正式的实验教材出版后，“逆向”教学模式在研究生中的使用效果优于本科生，重要原因是研究生的自学能力、对城市规划的理解能力较强。

随着本科 GIS 教学的普及，研究生课程分为入门和深化两门。入门课程适合本科阶段没有选修过 GIS，或者基础较弱的学生，教学内容、深度和本科生差不多，“逆向”模式更明显（近年来，本科教学的应用导向模式和研究生入门课程教法不同）。深化课程主要有三部分：一是讲授应用实例，主要是科研过程中有 GIS 特色的案例，方法虽不复杂，但是效果显著，以此提高研究生的兴趣；二是规划领域的典型应用方法，穿插应用实例，鼓励研究生后续科研，或者将来毕业后能自主应用、深化应用；三是补充地理信息分析方法、基础理论知识，提高学生素养，在教学方法上加入课堂讨论、文献评论、自主应用等内容，实现教师学生互动，课内课余互动。

研究生教学在科研领域获得一些成效。中国地理信息协会从 1999 年开始举办全国青年优秀论文评选。刚开始是 4 年一次，后来改为 2 年一次、每年一次，2009 年停止。同济大学城市规划专业硕士研究生只要参赛，肯定获奖，共获奖 6 次，包括佳作奖 1 次，二等奖 5 次。近年来，在金经昌优秀论文评选中，中国城市规划学会全国青年论文竞赛中也有我校研究生应用 GIS 而获奖。

5　外部条件对教学的影响

5.1　总学时有限

本科教学推行 5 年制有较长历史，但是规划理论和实践所涉及的范围在不断扩展，各研究方向的教师总是希望增加自己所熟悉的内容，由此引起每个年级的学时都很饱满，本科地理信息系统课程从任选、限选、必选、必修调整过多次，很难突破 1 学期、2 学时，学时少、内容多的矛盾长期存在，也是我们探索“逆向”模式，应用导向模式的原始动因。

5.2　学龄限制

GIS 作为专业基础课，开设在高年级还是低年级各有优缺点。为了突出规划应用，如果没有专业基础知识，学生对空间分析的内涵就很难理解。例如：专题地图和土地使用、道路等级、人口密度、城镇体系有关，土地适宜性评价需要用地布局、设施选址多方面的基础知识，公共设施布局要理解服务距离、供求关系、市场竞争规律，因此很多高年级本科生、研究生一旦做了练习，不看原理书就可理解，而低年级本科生，要在 GIS 课程中补充规划基础知识，有很大难度。反过来，能在低年级学习 GIS，到了高年级的专业课程中，会有自主应用的机会，而在高年级选修的学生，只能在毕业设计中应用。

5.3 校内氛围

因受“文革”影响，承担专业课的中年教师中，多数没有受过系统性的 GIS 教育，很少有人能结合自己的兴趣，独立开展 GIS 应用。因此在 1990 年代，较多专业课教师对 GIS 抱有神秘感，进入 21 世纪，认为这项技术侧重于制图，分析作用不大（持这种观点的占多数）。2010 年以后，很多专业课教师觉得 GIS 有应用价值，但是要亲自指导学生应用，解答应用中的疑惑，还是有较大难度。这一局面，使得 GIS 课程较难和其他课程相互穿插、贯通。

5.4 社会氛围

培养学生掌握 GIS 的目的是毕业后自主应用，但是目前的用人单位（如规划设计院、规划局）的高层技术人员、行政领导对 GIS 的认识有很大局限，基础数据的输入、维护工作量巨大，社会对规划业务的精细化要求不高，走向社会的学生应用 GIS 的机会很少，接受传帮带的机会更少，校内学到的知识容易遗忘，这些原因可能导致了国内规划界 GIS 应用热情普遍不高，或多或少地影响到在校学生的学习积极性。

5.5 软件技术

和 20 多年前相比，GIS 软件的易学易用性，学生操作计算机的熟练程度不断提高，实验性教学的难度不断下降，软件的分析功能也在不断扩展，可应用的领域也不断延伸，这些趋势都有利于 GIS 教学的开展。但是软件的易用性，无形之中带来学生对编程序兴趣的下降，不能编写专门的程序，很难进入深层次应用，对城市规划专业高层次人才培养有制约。

6 展望与建议：GIS 向其他课程渗透

在其他课程中出现 GIS 的应用，可提高学生兴趣、理解原理和技术、培养综合应用能力，特别是学生毕业后，没有传帮带条件下，容易独立开展应用。笔者觉得可以在如下本科生的课程中渗入 GIS 内容：

（1）计算机辅助设计与制图（CAD）课程中穿插 GIS 数据输入、转换、数据质量检验、坐标校正以及简单的专题制图。

（2）城市总体规划课程中加入建设用地适宜性评价，城镇体系空间结构、社会经济状态的专题制图。

（3）在控制性详规课程中介绍大城市为何要将规划成果用 GIS 数据库来管理，学生提交的成果如何适应规划管理部门的数据标准，还可以加入公共设施布点的空间分析。

（4）城乡规划原理、人文地理类的课程中，可以要求学生通过基于互联网络的 GIS，分析、展示社会经济要素的空间特征。

（5）计算机文化课、计算机基础课涉及编程序的，将 GIS 相关的简单应用作为典型例题，纳入课余作业。

本科高年级可增加一门每周 2 学时，占用半学期的短学时选修课，除了补充数据质量、空间分析方面的理论知识，可将其他课程中的一些典型议题，用 GIS 来说明、解释或提出对策（如：城市地理学、城市经济学、城市社会学、控制性详细规划、城市总体规划），使 GIS 向其他专业课、理论课渗透。

附录

开展 GIS 教学以来自编、合编的教材、教学参考书：

（1）地理信息系统及其在城市规划与管理中的应用，科学出版社，北京，1995 年第一版（宋小冬、叶嘉安），2010 年第二版（宋小冬、叶嘉安、钮心毅）。

（2）地理信息系统实习教程，宋小冬、钮心毅，科学出版社，北京，2004 年第一版，2007 年第二版，2013 年第三版。

（3）地理信息与规划支持系统，叶嘉安、宋小冬、钮心毅、黎夏，科学出版社，北京，2006。

GIS Education in Planning fields of Tongji University: Historical Review and Looking Forward

Song Xiaodong

Abstract: Since the middle of 1980s, faculty of urban planning in Tongji University began to research in the field of geographic information systems (GIS). GIS course started for postgraduate students in 1993 and for undergraduate students in 1999. Early education model for undergraduate students was combination of principle lectures and laboratory exercises. Then it was transforming to the model of laboratory exercises before principle lectures. Now, application oriented model is put forward. Meanwhile, postgraduate course is divided into three parts: application cases, special analysis methods and theory points. Many factors influence transformation of education model, they are total time of course, grade of students, unfamiliar with GIS of teaching staffs for other courses, unfamiliar with GIS of professional staffs and software technology, etc. Further suggestions are put forward, that is how to combine GIS with other courses for improving education quality and saving course time.

Key words: GIS, Education, Planning Fields, Historical Review, Looking Forward

社会空间分析的人文化与专业化解读
——城市地理学教学的探索

郤艳丽

摘　要：中国人民大学城市规划管理专业以“人文、人本、人民”为核心理念，培养具有综合分析能力和人文精神的城市规划人才，但由于公共政策导向的城市规划管理的“人本主义”核心价值观培养的重要性和学生专业发展优势与弱点，我系一直试图探索符合自身专业发展方向的培养模式。城市地理学作业设计为人文化和专业化解读社会空间与现象，是一种教育培养方式的探索和思考。

关键词：城市地理学，合作精神，作业设计，城市空间

1　作业背景与目的

1.1　专业背景

为应对中国城市化快速发展和城市规划转型的需要，中国人民大学于2006年12月在公共管理学院设立了城市规划与管理系。2011年，在国务院学位委员会和教育部组织的学科调整中，我校以本系为依托，在公共管理学和社会学两个一级学科下自主设置了“城乡发展与规划”交叉学科，本科设置为城市规划管理专业，是我国第一个基于公共管理视角的、多学科融合的城市规划管理学科。针对目前城市规划管理行业重技术轻管理，转向技术与管理并重背景下的管理人才缺乏；重专业轻综合，转向专业与综合并重趋势下的综合人才缺乏；重政府轻社会，转向政府与社会协同框架下的理解社会人才缺乏的现状，建立与西方发达国家接轨、在国内独具特色并具有显著影响力的城市规划管理研究与教学体系，培养社会亟需的能够读懂城市、治疗城市，具有综合性知识结构和人文精神的高层次学术人才和综合型管理人才。根据城市管理前沿的需要，充分发挥中国人民大学学科优势，目前已经形成与工学互补的城市管理本科教学体系，构建了“4+2”的课程结构：即4个学科的理论知识主线：公共管理学、城市经济学、城市社会学、城市规划学；2类分析方法：空间分析方法（包括GIS分析、CAD等规划制图方法）和数量分析方法（包括统计学、计量经济学等）。

我系学生的优势是知识结构好，综合分析能力强，沟通能力佳，发展潜力大。2005年以来，我系本科生总招生139人，已经毕业91人，在读68人。根据学生毕业情况统计，67.6%的学生继续攻读硕士研究生后工作，加上本科毕业工作学生主要工作单位包括城市规划建设局、房地产公司、咨询公司等规划行业和发改委、高新技术企业等管理部门。为发挥学生优势，本人讲授的二年级秋季学期城市地理学、三年级秋季学期城市总体规划原理两门专业课学习培养的路径采取低年级多人合作调查和高年级的个人专业深入研究的培养模式。

1.2　作业目的

学生考核仅仅从试卷并不能真实反应学生的实际水平，因此增加了合作环节和实地调研的课堂展示作业，需要完成以下两个维度的任务：

一是教授学习角度：①与教学相辅相成，从教科书已有研究内容深化角度和教科书没有的特殊社会空间发现角度，从而成为对课堂教学的必要补充；②引发学生认真完成的兴趣，学生分组调查城市空间过程中，引导学生从城乡规划的专业视角去发现和研究城市现象和社会问题，在解读过程中探索相应的解决方法本身具有实

郤艳丽：中国人民大学公共管理学院副教授

践价值，最重要的是让学生带着乐趣去仔细阅读、深刻思考、严谨研究，进而引发对这门课乃至专业的兴趣；③培养学生的专业技能。专业技能很重要的基础是调查，中国人民大学的社会调查历史悠久，推荐本科生免试攻读硕士学位综合测评中挑战杯、中国人民大学创新杯获奖者可以获得10%的科研成绩加分，但由于学生主动性不够，仅有不足1/3的学生能够主动参加。因此加强调查能力的培养并将调查内容最终落实到空间和政策，与专业紧密结合，有利于提升学生的专业素养。

二是学生人格培养角度：培养学生的合作精神、沟通能力。专业背景中已经介绍我系学生毕业后主要工作单位是规划行业和管理部门，不论何种工作，合作精神都是非常重要的素质。首先，城市规划涉及内容纷呈复杂，必须依赖合作，而由于生长教育的思维定式，人与人之间是不同的，同样的数据和现象的考察可能结论南辕北辙，需要在共识、交流、碰撞的过程中达成一致意。同时，在制定培养计划和教学过程中对用人单位进行过回访，用人单位也强调了城市规划人才培养中除高度的概括综合能力、具体的分解分析能力外，合作精神至关重要。其次，“公众参与”城市规划、建设和管理是城市发展建设的必然趋势，管制型政府也向服务型政府转变，为了实现更高水平的“公众参与”，城市规划师的角色和城市规划管理者的角色必须进行相应的改变，即“规划师要提高与公众沟通的技巧，转变自己的角色……让决策者和百姓大众都能看得懂城市规划”❶；城市管理者要帮助公民表达并满足他们共同的利益需求，扮演着三大类十种角色❷：人际角色（代表人角色、领导者角色、联络者角色）、信息角色（监督者角色、传播者角色、发言人角色）和决策角色（企业家角色、冲突管理者角色、资源分配者、谈判者角色、干扰对付者角色）❸，这些角色需要良好的合作精神和沟通能力。

2 作业设置与步骤

城市地理学属于城市规划学的专业课程之一，也是学生选择专业后第一学期即开设的专业基础课之一。本人采用的教材是周一星老师的《城市地理学》，教学内容主要在教材的基础上根据前沿的研究内容和研究结论加以扩展，已讲授六界，对学生教学效果的评估前五届采用的是独立调查、课堂展示和试卷考核结合的形式，历届学生也表现出极强的观察分析能力，但由于个体能力有限，研究观察现象存在分析不透彻、理解不深刻的问题，因此从2012级开始采用分组调查、集体展示和试卷考核结合的考核方式。

2.1 作业内容

城市地理学教学内容的核心是区域的空间组织和城市内部的空间组织两种地域系统，考察城镇的空间组织，关注社会空间的研究。而城市规划管理专业的母体之一是管理学，因此作业立足于城市独特的社会空间现象的发现，在充分调查研究的基础上的进行以空间上的人为基础的空间解读和制度解读。空间视角是将观察到的社会现象梳理脉络、感受现场，发现问题，解读原因，最终落实到空间。制度视角是将观察到的人文现象进行政治、经济、制度方面的种种对比和历史演进进行梳理和解读，提出制度建议和对策。

2.2 作业步骤

（1）随机分组。每个人选择搭档都会有选择熟悉的、合作过的惯性，往往分组实力差距悬殊，但未来工作中可能会遇见不熟悉的拍档，如何在短时间内建立信任与默契也是至关重要的。因此分组并没有让学生自由组合，而是根据学号随机抽取，3个人一组，确保分组公平。

（2）内部分工。作业大致分成三个部分，即现象阐述、现象分析、制度对策或空间建议，三个人共同调研，各有侧重，明确分工，要求分析整理过程中学会吸收别人的意见，能够交流、沟通、让步、妥协、坚持等。

（3）过程讨论。学生分组后通过讨论可以对感兴趣的问题与老师沟通，提出选题建议。具体调查研究过

---

❶ 石楠、李铁，2011，更好的公众参与和城市规划，中国城市网．http://www.town.gov.cn/2011zhuanti/hktzt/ghdgzcy/index.shtml

❷ http://wiki.mbalib.com/wiki/MBA 智库百科．

❸ 周三多．管理学（第三版）．北京：高等教育出版社，2012：6-7.

程中的讨论大部分在内部进行，涉及问卷、问题认识的困惑和视角可以咨询老师。

2.3 考核形式

作业要求发现问题、实地调研、分析原因、提出对策。调查方式可根据选题采用实地调研、文献查询、访谈、问卷等综合形式各组学生根据调查内容进行分析，并最终以文字、图片、照片、视频等表现形式制成完整PPT幻灯片演示文稿进行课堂方案交流与汇报，汇报过程中每个组员汇报自己侧重的部分，优胜组两组，展示成绩占总成绩的50%。

2012级城市地理学作业选题一览表　　表1

序号	名称
1	北京绿化隔离地区暨公园环的建设与评价
2	关注北京西站夜宿人群——角落落脚者
3	走进街头的歌者——新中关街头艺人调研纪实
4	北京传统手工艺店铺生存现状研究——基于广义修笔店的实地调查
5	北京夜市的前世今生——以王府井夜市为例
6	征而未建城中村何去何从——基于朝阳区白墙子社区的调研
7	北京胡同改造情况跟踪—以小菊儿胡同为例
8	校园灵魂——基于城市意象的中国人民大学校园实证调查

3 作业反映与收获

3.1 专业理解更加深刻

无论规划与管理，信息的流通都是存在障碍的，我们得到的信息通常比我们所期望的要少。因而根据有限的调研信息分析出更多有价值的内容，就成了至关重要的能力。在调研基础上通过阅读大量的相关专业资料和从实地考察，在整个过程中一直可以保持相对积极主动的心态和对于城市存在社会问题的敏锐度，在完成作业的过程中也激发了灵感和兴趣，增强学生用专业思维去思考当前的社会现象和空间特征，用专业视角看待现实生活，通过制度分析和空间分析去解读原因和分析对策，使他们获得更深层的专业理解。

一是能够理解问题的复杂性，从标准层面解决问题。以《北京绿化隔离地区暨公园环的建设与评价》小组为例，调研过程中发现：北京绿化隔离地区土地使用状况及隶属关系复杂多样、经济及社会状况复杂多样、现状绿地复杂多样，管理问题凸显，多年绿化成果的保护承受考验。调查后认为公园环中的公园和现有城市中的公园功能和风格有所不同，从居民需求角度出发，应根据城市总体规划、发展现状及各个公园所处的区域位置、周边区域潜在游客数量，周边发展现状等因素，划分建设标准，对公园采用分类建设原则，制定分类投资建设标准，对于一个从未经历过严格学术研究的学生而言，初入门的学生能有如此认识极为难得，对于其分析能力是很好的锻炼。

二是能够体现人文关怀，从制度角度提出思路。《关注北京西站夜宿人群——角落落脚者》是独特的都市角落的选题，通过深层次对夜宿人员调查发现，夜宿者大多生活规律，交际圈简单，群体内部有互动，遇到困难也会相互帮助，仅限浅层次交流的特点，但背后原因多样，类型复杂。从制度角度认为针对此类人群的《城市流浪乞讨人员收容遣送办法》到《城市生活无着的流浪乞讨人员救助管理办法》及《城市生活无着的流浪乞讨人员救助管理办法实施细则》，是从行政强制行为到行政救助行为的一个法律性质的转变，而《救助管理办法》是严重影响社会稳定与发展的现实逼迫下催生出来的制度产物，政策制定的整个过程仓促且缺乏充分的论证，部门间权责不清，导致的结果就是当遇到问题时，各部门之间相互推卸责任,行政不作为的现象愈发严重。判断流浪乞讨人员类型纷繁复杂，但目前现行的单一标准和暂时性无法从根本解决问题。上述分析体现了学生们严谨的制度思考，也在调查过程中体验社会艰难。

三是能够发现现象隐含的本质，从需求角度提出建议。《北京夜市的前世今生——以王府井夜市为例》，在全面调查北京市夜市历史演进过程和现状分布规律的基础上，以王府井作为典型案例调查夜市现有格局、周边配套设施、夜市消费人群，发现游客所占比重较大，认为夜市除了具有休闲娱乐功能之外，在很大程度上也是展示当地文化的一个窗口，从消费人群特征、分布、频率、交通方式、需求、购买意愿、设施满意程度和服务满意程度提出应增加丰富性、设立分布图、增强市场

管理、完善基础设施和保护体现非物质文化遗产等项目品牌摊位的建议。

3.2 合作精神得到锻炼

通过小组调研，提高学生的社会情怀，通过与人接触，培养学生与社会不同人群沟通的能力，开拓自己的视野。另外，小组成员之间相互协作、相互配合，很好地增强了彼此之间的感情，加强了团队合作精神。调查过程中体验不同的调研方式和调研技巧，如《走进街头的歌者——新中关街头艺人调研纪实》选题中艺人的特殊性，小组采取蹲点听歌、交流、访谈的形式，通过真心的尊重和理解得到调查配合。

这个作业也培养了学生汇报规划和表现自我的能力，课堂展示不只是讲述自己客观上的认识，而且多了一份自己主观的感受。因为通过对一系列资料的整理，学生最终还得通过团队的理解将这一过程转述给同学和老师，这也无形中锻炼了学生汇报规划的表现能力。此外，这个作业也为学生表达心中对城市规划管理积聚已久的思考和想法提供了思想的平台，将平时思考而不得其解的内容和作业结合起来，通过认真地思索得到梳理展示自己的思考和批判，从而使思想得以升华。

3.3 人生思考更加深刻

学生认真完成这份作业是一个历练的过程，不断地从城市的街头转到巷尾。他们愈发强烈与真实地感受到，城里每个人、每个街区都有一段故事。这些故事里，有着破旧的房子，狭窄的巷道，高尚或粗鄙的人们，离合或悲欢的情感，深沉或湮没的记忆。而正是这些东西，攒在一起成了城市的骨血、个性乃至灵魂，成为风景和疤痕。以《街角的歌声——新中关街头艺人调研纪实》小组为例，调查与自己的生活完全不一样的街头艺人，理性分析来京原因，展示他们生活显示与梦想，并通过国内外对街头艺人的定义和态度以及澳大利亚悉尼、英国伦敦、美国纽约、台湾流浪歌手的演示空间规划管理方式与经验借鉴，提出北京应该规范而不是驱赶，建设有人情味的城市建议。在做完这份作业的时候，他们体验到真正的欣慰与快乐并非完全来自台下的掌声，并非出于荣耀，而是来自这一路的思考——别人的梦想，也包括自己。

3.4 城市认识更加全面

最初接到这个课题任务，学生整体感觉城市地理学课的小组作业与其他课上的不太一样，通常是老师指定一个话题或问题，两三个人合作，查资料看文献，梳理已有研究并提出个人观点，再进行ppt展示。但城市地理学的作业更强调小组合作，去真正地走进某个地方，走近某个群体，发现一些平时看不见的问题。小菊儿胡同改造、老北京手工艺店、西站夜宿群体等话题都有些了解，甚至像菊儿胡同改造这一主题已有很多学者进行研究，但作为学生没有机会去深入了解，而征而未拆、征而未建的村庄调查是城中村改造独特的现象，2012年北京市“征而未建、拆而未建”总面积超过5800余万平方米，近于80个故宫，朝阳区白墙子地区是典型的案例村庄，很少得到关注，借助小组调查这一方式可以更真实地了解这些情况，发现背后隐藏的利益博弈和制度原因。

在考察中学生用自己的脚丈量一个个小小的胡同，去感知街道、建筑与城市，通过询问、调查等多种多样的方式去和那里的居民打交道，增加对人和社会的认识，而有故事、有历史、有内涵的这些街头巷尾使学生对城市的认识更加细致，也更加深刻。如《北京传统手工艺店铺生存现状研究——基于广义修笔店的实地调查》小组发现，由于生活方式的剧烈变化，种类繁多地承载着中国历史与智慧的老工艺却与中国人的生活渐行渐远。他们以一个历经一百年的广义修笔店为切入口，思考传统手工艺衰退是否是历史的选择，分析传统手工艺普遍面临的困境和绝地后生的瑞蚨祥经验借鉴，对北京韦奇奥手工艺品步行街选址、运营剖析的基础上提出将手工艺品步行街纳入文化设施用地建议，也发出“传统手工艺作为城市的一种文化，是城市的标签，是城市的精髓，更是城市之魂，在日新月异的城市发展中，莫让一座座高耸的建筑从四合院的废墟中拔地而起，莫让坚硬的钢筋水泥从城市的精神血脉中深深刺过……”的思索和担忧。

Social Space Analysis Interpretation on Human Culture and Professional Perspectives——An Exploration of Urban Geography Teaching

Gui Yanli

Abstract：“The humanities, the people, the people” is the core concept of the major of urban planning administration in Renmin University of China, this major aims to train up urban planning talents with comprehensive analysis ability and humanistic spirit. While for the importance of training the core value of humanism in public policy oriented urban planning management, and the strengths and weaknesses of students' professional development, our department has been trying to explore the training mode which conforms to our own professional development. It's a kind of exploration and thinking in education training mode to set urban space and phenomenon analyzing as the assignment design of urban geography.

Key words: Urban Geography, Spirit of cooperation, Assignment design, Urban Space

《区域规划》课程教学中的难点与重点问题解析

段　炼

摘　要：《区域规划》是有关区域规划理论及区域规划实践相结合的一门学科，是区域经济学、经济地理学与公共管理科学的交叉学科。为适应新形势下我国区域发展与区域规划的理论与实践要求，论文探讨了《区域规划》教学体系的内容构成与教学中的难点与重点问题。

关键词：区域规划，学科性质，教学改革，难点与重点

重庆大学城乡规划专业 1958 年开始试办，是我国最早创办的城市规划专业学科之一，也是在建筑系科开设《区域规划》课程最早的学校之一。改革开放前使用的教材主要包括《区域规划概论》，以及《城市工业布局基础》和其他自编教材。改革开放后，特别是自 20 世纪 90 年代以来的信息化与全球化浪潮中，国内外掀起了新一轮的区域规划热潮，随着我国区域振兴战略的逐步推进，区域规划及其相关理论研究获得了很大发展，这为我校城市规划专业的发展，特别是《区域规划》课程的教学改革提出了挑战。

1 《区域规划》课程面临的新形势

1.1　新一轮区域规划热潮的兴起

我国的快速城镇化背景，使东、中、西部甚至各省区都处于一个重大的转折时期，特别是中央提出“统筹区域战略”（西部大开发、东北老工业基地振兴、中部崛起及东部沿海地区率先发展）以来，由不同国家部门（发改委、住建部、国土资源局）开展不同形式的“区域规划”，正切合了新世纪以来国外发达国家为解决空间协调、资源与环境、核心区域未来经济社会综合发展目标等问题而开展的区域规划热潮。党的十八大以“生态文明”构建美丽中国、推进新型城镇化的号召，又进一步将充分发挥各地区比较优势、统筹城乡发展、推动“四化”同步发展提到了加快完善市场经济体制和转变经济发展方式的高度，必将为完善具有中国特色的区域规划理论与实践提供动力和支撑。

1.2　区域人居环境建设共识的建立

上世纪末，人居环境思想已成为城乡规划与建设领域内的共识。吴良镛先生在“大北京”研究报告中称，“在全球视野中审视京津冀地区的走势，并提出区域空间的功能调整、建设世界城市的构想（一期报告）”；“针对京津冀地区发展的新背景和新形势，对区域空间结构、交通系统、文化体系和宜居环境建设等内容在空间上进行整合研究，努力实现良好的人居环境与理想社会同时缔造的目标（二期报告）”。区域人居环境就是构建区域层面的“人居环境”，为区域快速城镇化进程中发生着相应变迁的城乡人类聚居单元及与其有着密切经济社会联系的地域空间；具有一般理想人居环境建设的自然可持续性、人类可生存性、社会可和谐性、居住可宜居性、支撑可发展性之外，还体现出区域的层级嵌套性、整体协调性、地域差异性与动态发展性，即任何一个区域人居环境都是在某一属性方面具有相对一致性并区别于其他区域的复杂巨系统。因此，区域人居环境建设可认为是以人居环境科学的视角审视当前我国渐次深入的区域开发与区域规划活动，并围绕城镇化的快速推进而开展的一系列涉及城乡人居环境建设的理论与实践活动。

1.3　区域规划课程任务的转变

理论与实践的结合是一门学科发展的基础，追溯区域规划学科的发展也如此。从“一五”、“二五”时期结合国家重点工业项目，由单独选址到联合选址再到成组

段　炼：重庆大学建筑城规学院副教授

布局工业而进行的区域规划实践，到“七五”以后的“东中西”三大地带的划分以及推进国土规划为主的区域战略规划，再到十六大提出“五大统筹”为核心的，包括主体功能区、城镇群协调区、经济技术开发区、综合配套改革区等形式的区域规划，区域规划的任务都随之而变化。而作为具有实践性与开放性学科性质的区域规划课程，其教学任务也将产生着相应的变化。在新的形势下，作为城市规划专业学生在大学本科五年的专业学习中仅有的两门专业理论课程（另一是“城市规划原理”），区域规划课程当前的教学任务主要应包括：

——在统筹协调发展的当下，建立区域城乡一体的综合发展观，帮助学生树立“不能就城市论城市”、“不能脱离区域谈城市”的“城市－区域观”；

——区域规划课程的学习当以理论为基础引出对现实问题的关注，培养学生扎实的理论素养，以至对现实实践问题的科学认识和宏观视野。

——以理论和方法为抓手，在“问题导向”与“目标导向”的框架下掌握相关区域规划，特别是区域城镇体系规划编制的方法与技术。

2 区域规划课程教学的难点解析

重庆大学城市规划专业是5年制，采用的是我国高等院校普遍施行的“基础课—专业课”的经典教学顺序，《区域规划》课程在4年级上学期开设，此前学习过的规划原理课程只有3年级下学期开设的“城市规划原理”。作为大学本科5年学习中仅有的两门原理课程之一的“区域规划”（另一是“城市规划原理”），在目前的教学体系安排中并没有将它提高到应有的地位，这也直接导致了区域规划教学的“难”（依据多年来教学过程中对同学们的访谈，甚至包括那些已经毕业的同学，大家普遍感到学习区域规划很“难”）。

究其原因，其“难”可解析如下：

2.1 学时短

为顺应我国深化高等教育改革这一普遍趋势，学校对多数课程的学时都采取了“减课时”的做法。《区域规划》课程也从20世纪90年代的72课时减少为现在的32课时，再加上课程内容的更新与教学任务的增多，虽然以多媒体教学提高了效率，但整个教学过程师生都很感紧张。

2.2 跨度大

学生们一入校就开始了两年的建筑学基础的形体设计培训，动手能力与形象思维已成定式，一下转入理论课程的学习，完成相应的抽象思维确实需要有一个适应过程；从“微观”到“宏观”的认识跨度，3年级城市的认识尚不完成（4年级“城市总体规划设计”课程帮助其才能完成对城市的认知），就要建立区域的抽象概念，并接受诸多的国内外理论学说及相关体系太难！可以说，学生在思维习惯、知识结构和空间尺度感等方面，均同课程教学内容的要求有着较大的差距。

2.3 理论学习难

区域规划的理论多源自经济地理学与区域经济学两大学科，其复杂的对象、抽象的思维及数学的表达，都对已习惯了具象空间对象的学生构成了难以逾越的门槛，同时与其相关的理论与实践课程也很少（如果说20世纪80年代还有一门兄弟课程《城市工业布局基础》的话）。但区域规划正是在由“实践－理论－实践”的螺旋上升过程中进步的，理论对于现实问题的诊断与解决，对于区域发展实践的指导都是其学科的核心，显然在教学中是绕不开的，这也是问题的症结所在。

另外，我国区域规划工作的实践虽然经历了近六十年，但真正具有相应规范性的实践至今仍停留于期待中，具体的体现就是“区域规划编制规范”及相关法定性文件的出台仍遥遥无期（“城乡规划法”虽然将“区域城镇化体系规划”作为法定性内容，但也仅是针对城市为核心主体出发的表述）。这从客观上也未《区域规划》的教学开展带来了很大的不确定性，也使教师在教授课程内容时显得无所适从，只能按自己的理解完成教学任务。

3 区域规划教学的内容体系及重点

《区域规划》是有关区域规划理论及实践相结合的一门学科，是经济地理学、区域经济学与公共管理科学的交叉学科。因此，目前相关的教材也多为沿这三个方向的内容展开。作为世界上最大的发展中国家，我国区域发展的重要任务依然是经济社会的发展。因此，以区域经济社会的发展为核心的区域规划及其相关理论、实践的教学，仍应是目前《区域规划》教学的核心内容。

根据目前相关学科的发展现况，结合上述《区域规划》课程的教学任务，本文设定的教学内容体系构架为“一个核心、两个方向、三大板块”。即：

一个核心：以当前我国快速城镇化为背景的城市区域经济社会发展及其城镇体系构建。

两个方向：地理学方向的地域空间结构为区域规划提供了现实基础（区位和区域）；经济学方向的经济地域系统运动规律为区域规划提供了工作路径（区域和区际）。

三大板块：城镇化推进为主线的区域经济社会发展（区域发展规划）、区域统筹协调发展的区际竞合关系调控（区际协调规划）、资源－环境配置优化的区域人居环境建设（区域城镇体系规划）。

其中，三个板块的设计源自郝寿义对区域发展进程的解析：首先，区域发展是建立在区位和区域两个核心概念的基础之上；其次，区位与区域的耦合互动，提供了特定时空下区域的经济发展进程，而区域的发展必然导致区域之间的竞合态势，实现了资源的优化配置，当然这种优化的实现既有市场这只“无形的手”调控，也有政府在空间维度上配置资源的作用。自然，以城乡居民点体系规划为纽带形成的，包括区域产业布局、区域土地利用规划、区域基础设施和社会服务设施规划以及区域生态环境建设规划在内的区域城镇体系规划，在当前我国区域人居环境建设中具有不可替代的作用，因此作为城市规划专业的特色板块纳入。

同时，按郝寿义的解析，在上述3个板块之前增加“区域与区域规划”板块，使学生对区域规划学科发展现状、其与其他规划类别的关系以及区域科学的构成有一个初步的了解，从而奠定学科背景知识。因此，《区域规划》教学内容框架及教学重点示意如下图：

针对前述难点，各板块授课重点主要包括：

3.1　区域与区域规划板块

以学生认知“区位和区域”为核心重点讲述区位的概念、区域的类型与区域规划的进展。

3.2　经济发展规划板块

结合学生可接触的区域发展规划案例，以发展中国家或地区的现实发展问题为线索围绕“发展理论”、“产

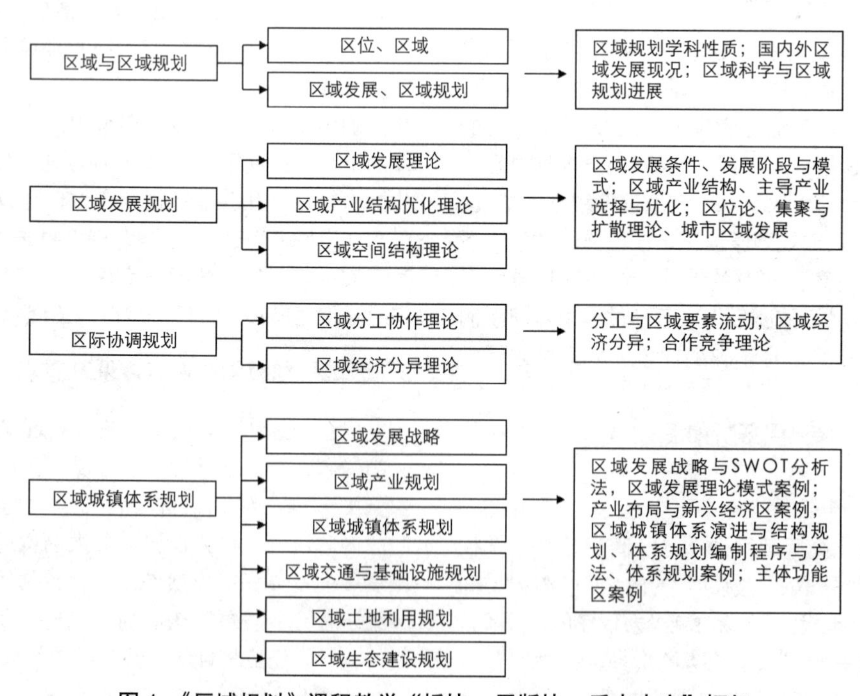

图1 《区域规划》课程教学“板块－子版块－重点内容”框架

业结构优化理论”和“空间结构理论”3 子板块进行讲解，其中的重点内容包括区域发展阶段与模式、产业结构优化、区位论及集聚与扩散理论。

3.3 区际协调规划板块

结合我国发展实际，特别是长三角、珠三角的相关案例，以分工协作、合作竞争为主线围绕“区域分工协作理论”、“区域经济分异理论”2 子板块讲解，其中的重点内容包括分工与地域分工、区域要素流动、产业转移与区域竞合战略四个方面。

3.4 区域城镇体系规划板块

这是本课程的重中之重，一般需花接近一半的课时并结合多个案例进行讲解，但因涉及内容太多还需要再次进行相应拆分，即重点围绕“区域发展战略”和“区域城镇体系规划”两大板块讲解，内容包括区域发展战略、区域发展理论模式、区域城镇体系演进及结构规划编制程序与方法。

4 《区域规划》课程教学方法探索

除去上述针对《区域规划》课程教学难点与重点的教学框架梳理外，由于实际教学中的诸多制约，如因课时关系只能向学生提纲挈领地讲授其中的重点部分及线索部分，无法展开深入的探讨，这也无形之中加剧了学生系统了解相关理论及掌握区域分析与区域规划编制技术方法带来较大的困难。因此，在加大课时无望的情况下，除了向学生着重讲授课程的重点内容之外，还要求教师从教学方法方面挖潜，即一是从课堂上抓效率；二是从学生的课余时间抓兴趣；三是从课程的结业考核方式上抓效果，从而达到教学大纲目标的实现。

具体教学方法探索如下：

4.1 应注重理论体系的梳理与讲授

《区域规划》是一门理论性很强的学科，其对国内外相关区域的发展实践具有很强的指导性。因此，在教学实践中应注重对相关理论源流的梳理，这样可将令人眼花缭乱、名目繁多的理论厘清谱系，从而达到线索清楚、逻辑性强的几条理论主线的认知；同时应将谱系中的重要理论，包括其背景、内容、基本概念与理论的发展等进行重点讲授。如对区位论的中心地理论讲授时，就可以结合中心地的概念、服务半径和市场区、正六边形市场区及中心地的组织原则等内容进行讲解，同时结合描摹的方法让同学们自己去理解 K3、K4、K7 模式的差异，并试着对比廖氏和克氏两种理论的内涵，最后以北京大学杨吾扬教授完成的华北平原中心地拟合案例和北京西单商业中心选址案例进行讲解，既提高了同学们学习理论的积极性，又在实践案例的理解过程中明白了规划的目的性。当然，为进一步帮助学生理解理论内涵，还需结合其他方法，如以提问、课堂讨论等形式加深学生对理论的识记和理解。

4.2 应注重教学案例的研究与过程

区域规划的实践性特征表明该学科在国家或地区发展中有着较为广泛和深入的应用，而《区域规划》课程的学习，尤其是相关理论内容学习中的概念抽象和名目繁多，让大多数学生认为乏味枯燥、华而不实，并未意识到它的重要性和实践性。因此，如果能提供一个案例作为克服理论与实践脱节的媒介，引发学生的思考与讨论，将极大地改善教学的效果。如在讲授区域发展战略一节时，就以台湾战后的发展实况为案例，以详实的数据和众多的文献，将台湾短短三十年的发展路径勾画出来，并通过发展战略的理论模式（初级产品出口战略、消费品进口替代战略、制成品出口扩张战略、资本财进口替代战略、技术产品出口战略等）的演进，提出了“适时转换”战略模式这一关键思想对于地区发展的价值。选择台湾为案例，一是它作为世界战略模式转换成功的案例已被列入联合国相关教材中，有很强的典型性；二是它有非常完备的案例研究材料，可作为与学生讨论的素材；三是与国内的发展进行对比，可让学生产生非常强烈的危机感与兴趣，从而留下非常深刻的印象，帮助其理解战略思想与战略路径的主要理论意义。

4.3 应注重教学内容的设计与展开

为了使得教学过程具有系统性与整体性，往往还需要采用其他一些方法。如结合区域热点问题，通过指定教材与相应的教学参考书，并采取课前问题引导式、课中知识导出式、课后课题探究式等教学方法的设计与展开，包括对学生的学业状况的多样化考核，如课堂发言、课堂讨论、案例分析、科研论文和课堂主讲等，以真正调动学生学习区域规划的积极性；另外，通过同步开设的"城市总体规划设计"课程适当增加区域规划的实践也能有效地改变过往的传统教学忽视实践的弊病，达到较为理想的教学效果。

4.4　应注重多媒体辅助教学手段的运用

当前运用信息化技术提高教学手段的多元化已成趋势。因此运用多媒体教学手段，既可提高课堂信息传达的效率和品质，增强教学内容的表现力，使教学活动的互动性大大增强；同时又能很好地体现《区域规划》实践性强的学科特性，将大量案例直观地通过声像、动画等形式演示出来，有利于提高学生的能力培养。如讲授"区域城镇体系规划"一节内容，涉及空间结构由极点、轴线以及域面等交互构成的概念时，可将重庆市域城镇体系规划的相关成果以多媒体形式展开出来，提升学生认识重庆"一圈两翼"、"三环十四射"的空间结构，并在相应等级–规模结构中明确重庆市两结构的错位关系，从而加深对重庆市地域结构和区域尺度的认知；再通过对比北京市"双轴双带多中心"结构和上海市"1966"结构的对比，进一步深化对区域规划理论与实践的思维。

5　结论

综上所述，《区域规划》课程是一门理论性很强，但其理论知识又具有很强灵活性（同一个区域发展现象的解释会有不同的理论观点，如推进我国经济社会发展的战略思想自"七五"时始即有梯度理论、反梯度理论、逆梯度理论、孤岛理论等）的学科，但受制于目前教学过程中的诸多因素，它需要教师在授课时要充分运用一切手段和方法，厘清教学的目标和教材，并充分理解学生学习的困难，因材施教、因课适变、有的放矢，才能取得一个相对理想的教学效果。

主要参考文献

[1] 吴良镛．京津冀地区城乡空间发展规划研究[M]．北京：清华大学出版社，2001.

[2] 吴良镛等．京津冀地区城乡空间发展规划研究二期报告[M]．北京：清华大学出版社，2006.

[3] 周一星．城市地理学[M]．北京：商务印书馆，1995.

[4] 崔功豪．当代区域规划导论[M]．南京：东南大学出版社，2006.

[5] 顾朝林．城镇体系规划——理论·方法·实例[M]．北京：中国建筑工业出版社，2005.

[6] 杨开忠．中国区域发展研究[M]．北京：海洋出版社，1989.

[7] 毛汉英．人地系统与区域持续发展研究[M]．北京：中国科学技术出版社，1995.

[8] 杨吾扬．地理学思想史[M]．北京：高等教育出版社，1989.

[9] 段炼．三峡区域新人居环境建设[M]．南京：东南大学出版社，2011

Discussion on the Teaching Reform of the Regional Planning Course

Duan Lian

Abstract: Based on the new characters of Region Planning Course, the paper discusses the need for the teaching reform in new period of China. In order to solve the main problems in the teaching, such as the integrate theory with practice, innovation of teaching method and improving students' practicing ability and creative ability, it suggests difficulties of building new pattern of the Region Planning Course' contents and of the teaching systems adjust to the contents.

Key words: Regional Planning, Course characters, Teaching Reform, difficulties

总体规划中的层次教学和研讨教学法

张　倩　权亚玲

摘　要：在城市发展的转型期，总体规划教学改革对城市规划行业的发展具有迫切性和实践意义。总体规划的教学是包含多个层次的，如知识和技术规范的学习、总体规划逻辑思维方法的学习、对城市的认识和理解等。在传统的教学中，随着教学内容层次的深入，教学的方法没有明显的区别，也不能对各层次的教学成果进行明确的评价。为了应对此问题，笔者重新进行课程设计，从提升学生能力的角度出发，以专题研讨为手段，安排了10余个研讨环节进行小组教学。层次教学和研讨教学法强调教学过程，激发学生的做与学，比以往更重视逻辑思维方法的教授，用比较可控的方法加强学生对城市的认识及理解，对学生学习成果的评价也更为清晰。

关键词：总体规划，学习成果，课程设计，层次性，专题研讨

城市总体规划作为法定规划，是我国城乡规划中综合性和复杂性程度最高的法定规划，其编制是职业规划师最为核心的业务之一（王兴平，权亚玲等，2011）。城市总体规划是与我国上层建筑结合最紧密、最具有"中国特色"的规划行为。当城市规划行业进入转型期时，进行总体规划教学改革对城市规划行业的发展尤其具有迫切性和实践意义（何邕健，2010）。因为其重要的作用，各院校的城市规划教学中均给予总体规划课程足够的重视程度，如较长的教学时长、与实践结合的题目设置、其他课程群的支撑，等等。也因为其复杂性和独特性，在教学方法上，各院校发展了研究型学习模式、"做中学"教学模式、"产学研"结合的教学模式，展开了许多卓有成效的探索。

目前，我国的城市发展进入转型期，从效率优先到注重公平，从外延增长到内涵发展，城市规划不仅技术手段日新月异，在价值观上也悄然转化，未来的几十年，行业面临的是更为复杂的发展环境和更为艰巨的任务，对未来规划师的综合能力和决策水平也提出了更高的要求。这样的要求反映在教学中，对学生的培养仅仅停留在技术方法或设计能力上就远远不够了，教学需要更开阔的视野，更需要的是与之匹配的教学方法，能够卓有成效地实现教学的目标。在总体规划中，可以清晰地看出，教学内容的层次很多，例如，各类知识、技术要领，逻辑思维方法，对城市有更加系统的认识和理解，等等。针对这些不同的教学要求，教学方法应该是有区别、有层次的，学生对各类问题的掌握程度如何，也需要引入新的评价方法，这就引发了我们对教学改革的思索。

1　总体规划的教学特征

审视总体规划的教学特征，主要有这样三个方面：真题假做、系统性强和多层次任务。

真题假做，是指学生要面对复杂的城镇问题。在城市规划编制办法中，对总体规划的任务这样要求："编制城市总体规划，应当以全国城镇体系规划、省域城镇体系规划以及其他上层次法定规划为依据，从区域经济社会发展的角度研究城市定位和发展战略，按照人口与产业、就业岗位的协调发展要求，……"。在总体规划的学习中，如果没有真实的上位规划条件，以及人口、产业、社会经济各方面的具体条件，就无法对一个城镇进行定位和发展战略研究，更不要说在此基础上进行城乡空间布局。总体规划的来源通常是一个真实的项目，不论真题真做、真题假做，学生需要思索的都是存在于当下时空的问题，面对着来自于现实的挑战。这使得总体规划教学根植于社会发展的土壤中，具备了相当的深度，对学生来说，像一名真正的规划师那样去思索真正的城市

张　倩：东南大学建筑学院讲师
权亚玲：东南大学建筑学院讲师

问题，既有必要性，也应有实现的可能性。

系统性强，是指总体规划在各类规划中本来就是综合性和复杂性程度最高的，而对于学生而言，总体规划及其课程群的出现对他们建立起一个知识的系统有着重要的作用。学生的学习，不仅仅是学习知识和能力，而且是在学习建立新的链接，完善他们的知识体系。在低年级，知识是随着一门一门课程积累的，学生还难以在它们之间建立正确的链接关系；进入高年级后，总体规划的课程群在建立学生的知识网络方面具有重要的作用。虽然终其一生，一名规划师都会不断地吸收新知识、调整职业目标，但是很多的新知识都是添加在旧知识的网络体系中的，这使得新知识的添加和使用变得比较容易。对从低年级进入高年级的学生，建立这样一个系统是非常重要的、也是比较艰巨的任务。

多层次任务，是指总体规划的任务层次比较多。以东南大学城市规划系总体规划教学大纲为例，有以下的要求：

（1）巩固城市规划理论知识及相关知识；

（2）学习城镇总体规划编制工作的编制依据、基本内容、方法和程序；

（3）培养城镇总体规划基础资料调查、收集的基本能力；

（4）培养综合运用资料、分析和预测未来城镇发展的能力；

（5）培养城镇总体结构规划的能力；

（6）掌握城镇总体规划成果的编制方法、技能和规范性表达；

（7）熟悉城镇总体规划相关法律法规和技术规定；

（8）培养实事求是、严谨、有序、团结协作的科学态度与作风。

可以看出，其中有知识的学习、技术方法和规范的学习、调查研究能力的学习、分析预测能力的学习、规划能力和手法的学习，除此之外，还有团队合作和表达能力的学习和锻炼。而在这一切的背后，是学生对城市的认识的理解在不断加深，形成较为完整的看法和对城市的价值观。

针对这些特征，学生如何去探讨现实的城市问题？如何建立起自己的知识系统？如何在每一个教学层次都有所掌握？这些都是总体规划教学改革要面对的系统性问题。

2　学习成果的层次性和课程的设计

总体规划的教学对师生双方都提出了较高的要求。如何把这些要求转化为学生的学习成果，需要对课程进行设计。对课程进行进一步设计的目的，并不是仅仅是将教学大纲进行细化，保证所有的知识点都被讲授和讨论了，鉴于上述讨论过的总体规划的特征，我们还需思考：这些不同层次的教学要点怎么传授和评价？学生知道了什么？会做了什么？通过什么能够体现出来？例如，学生做出了方案的布局究竟是依据什么？对一个城市问题到底有什么观点？当保护与发展矛盾时，当交通与生态矛盾时，这些时候，学生是怎么思索的，怎么得出他的结论？小组各人持有什么样的观点，是怎么交流的？这样的过程对他们日后的工作决策有没有示范性？这些重要的问题，是没有办法通过简单的图纸讨论来完成的，而需要一个往复讨论的过程。

目前，我系的总体规划教学一般为真题假做，以每名教师带一个 6~12 人大组，每一大组分为 2~4 个课题组的方式来组织，即小组教学法。时间安排在四年级上学期，16 周的内容包括现场调研、前期分析、纲要阶段、中期答辩、方案深化、期末答辩等。课程安排为每周一个讲座，其余时间为工作室讨论，在学期内还有城市经济学、城市管理与法规、城市交通等课程群的配合。

在常规的学习中，审视学生对知识和能力的掌握，是通过他们的作业成果、中期和期末两次答辩来评判的。分层次去分析，我们会发现某些深层的学习内容在目前的体系下是通过比较模糊的过程去传授的，学生掌握到什么程度，教师不容易给予清晰的评价，而教学是否卓有成效，需要有一个对教学成果评价的过程。根据学生的成果，我们可以从文本和附件中，评价学生对知识点的掌握、对总体规划成果编制方法和技术规范的掌握。进一步，通过学生的汇报成果，我们可以评价学生分析和逻辑思维的能力（有的时候时间并不足够，因为通常每组只有 20 分钟），及表达能力。通过答辩过程和问题的回答，我们还可以了解一部分学生对城市认识和理解的程度。从学习成果上来看，教师的这三个层次评价是从清晰到逐渐模糊的，从容易评价到难以评价的。但是，从对学生能力的要求上来看，却存在一个反向的序列，

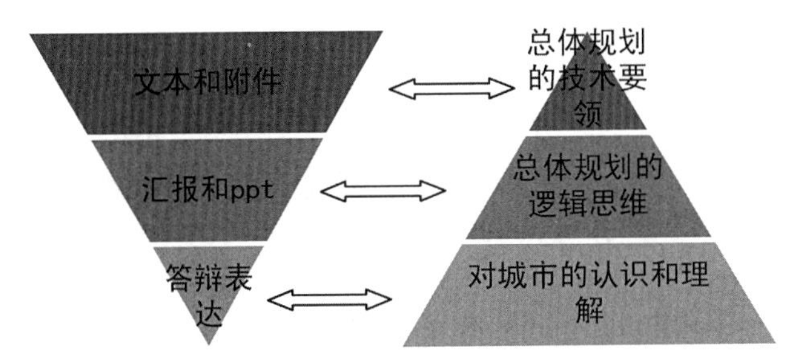

图 1 学习成果的层次和学生能力评价的层次不匹配

对城市的认识和理解是教学最重要的目的，然后，是训练总体规划系统性的逻辑思维，最后，是将这些思索反映在规划设计和成果中，进行技术性的表达（图 1）。也就是说，对于前二者，学生学习的成果到底如何，在目前的教学体系中是不能充分被评价的，即便在答辩中发现了问题，也没有充足的机会反馈和改进了。

知识点和技术要领的学习，传统上是能够通过授课、改图逐步完善的。而总体规划的逻辑思维、价值评判，对城市的认识和理解，这些转型时期的规划师所最需要的能力，需要有新的教学方法。传统上总体规划就是讲授和讨论相结合一门课程，在新的教学改革中，解决的方法是对讨论环节加以设计，学生更多地表达，教师更多地反馈，对每个有价值的问题在小组中进行深入的讨论，教师反复进行示范和评价。

从整个学期的教学安排来看，专题研讨分布在整个学期，但比较集中于前半学期，多次的工作室内部讨论，使得学生在方案设计之前已对各种重大问题有了充分的考虑，教师对学生这一部分的学习成果也已经进行了比较充分的评价（表 1）。方案设计和总体规划的技术要领主要是在后半学期进行的，这就依赖于传统的改图方式，和教师手把手地示范，其学习成果反映在最后提交的成果中，可以直接对成果进行评价。

3 专题研讨教学的设置

专题研讨教学的主要目的是能够清晰地对深层次的总体规划教学要求进行比较充分的教学，并对学生掌握的程度进行及时的评价，以便更好地推进教学，达成教学目标。专题研讨主要分为 3 种类型：前期研究讨论、专题研究讨论和答辩汇报前讨论。

教学内容的安排和研讨环节 **表1**

周次	主要教学内容	讨论环节安排
第 1 周	定义规划任务	
第 2 周	现状资料整理 现状图纸绘制	
第 3 周	相关规划认知	城市背景解读讨论
第 4 周	现场踏勘准备	
第 5 周	现场踏勘和汇总 确定研究专题	现状调研讨论
第 6 周	区域功能定位 发展条件分析	
第 7 周	发展定位、目标与战略 镇村体系现状与规划	6 次专题研究讨论
第 8 周	多情景空间发展 规模测算和用地评定	
第 9 周	多方案比较	
第 10 周	优化方案，方案初步绘制	2 次中期汇报讨论
第 11 周	中期汇报：逻辑与重点	
第 12 周	规划调整深化	
第 13 周	规划对调整深化和图纸绘制	
第 14 周	全部总规成果初稿	
第 15 周	全部总规成果二稿	2 次期末汇报讨论
第 16 周	讨论与期末答辩	

前期研究讨论包括城市背景解读和现状调研讨论，主要解决的问题是对城镇资料的概况性分析和对分组踏勘结果进行分享。在一个教师所带的大组中，各小组对现状调研的分工和真实的总体规划项目组分工有一定的近似性，通过讨论，使整个集体掌握基地的全局。

专题研究讨论，类似于总体规划的专题研究。对题目进行初步分析后确定几个专题，以某镇的总体规划为例，进行研究的专题有：案例研究专题、环湖生态专题、产业发展专题、空间形态专题和用地适宜性研究专题等。学生 1~2 人 1 组，每组对一个专题进行较深入的研究，在大组中进行汇报和讨论，每次讨论时间约 2 小时。这些讨论在纲要之前，目的是形成比较完善的价值目标和合理的解决思路，为多方案研究奠定基础。讨论方式是负责的学生进行 ppt 汇报，其他学生提出自己的看法，教师进行评价和指导。专题研究讨论使得每一个负责的同学都能够投入充足的研究精力，并且有充分的表达时间，通过专题汇报梳理了自己的思路。来自其他同学的意见会在小组内形成交锋，模拟了不同价值观、不同解决思路碰撞的过程。教师及时的反馈和引导保证每一个问题被充分地研究了，教师的评论促进了学生价值观形成的过程，教师全程的观察也能够及时评价教学是不是已经达成了目标，是不是每个学生都掌握了逻辑思维的方法。

在中期答辩和期末答辩前，各安排 2 次答辩前汇报讨论。中期答辩讨论更强调逻辑和发展战略的提出，进行多情景的分析；期末答辩更强调系统的梳理，和技术规范上过硬的操练。这 4 次讨论是全组投入的集体工作，主要是对本阶段的汇报进行综合和梳理。如何逻辑性地表达一组问题，如何照顾和安排一个复杂的系统，把千丝万缕的点汇聚成一个网络，这些能力并不是靠观察和知识学习就能形成的，需要无数遍的演练。在这个阶段，3 个小组的同学（相当于 3 个项目组）进行组织、表达，同时观察别组的表现，教师进行系统性的指导。通过这一过程的重复，学生的能力逐渐加强，可以清楚地看出他们的知识网络在逐渐链接，逻辑思维日益清晰，表达能力也有所加强。

通过一个学期的专题研讨，学生经历了一次又一次的讨论、磨练，教师对教学过程进行积极的评价和反馈。学生会自己发现城市规划中的种种问题，得出新的观点，自己也有能力像一名真正的规划师那样把自己的观点传达出去，带来巨大的成就感。

4 反馈和改进

通过 3 年的总体规划教学实验，层次教学和研讨教学法收到了良好的效果。组内同学在工作中的表现非常精彩，在答辩时也具备了一些规划师般的风采和影响力。更重要的是，教师对所教授的不同层次的内容有了比较清晰的方法，对教学的结果也有了掌握。强调过程而不是更重结果，强调学生的学而不是更重教，当学生走出四年级上学期的工作室时，我们可以欣慰地说，在总体规划这门复杂的课程面前，他们初步合格了。

层次教学和研讨教学法也对教师提出了更高的要求。常规的总体规划教学内容已经很多，时间安排紧张。加入这些研讨环节后，部分地替代了原有的分组改图方式，添加了更多的讨论内容，这就使得教学时间更显得紧张了。教师要更多地投入，十分珍惜每一个上午的教学时间。在操作中采用了“上下半场，合理安排”的方法，充分利用上午 5 节课的教学时间，分为两个单元，中间休息，把常规的教学内容和研讨教学内容都安排进去。

目前，总体规划课程是城市规划专业本科四年级最重要的专业设计课之一，它和控制性详细规划、城市设计课一起，成为本科四年级专业教育的重点。以总体规划作为四年级上学期的设计课程，其积极意义是使学生按照宏观 – 微观的顺序理解城市和城市规划进程，但难度在于学生从三年级到四年级的转换是冲击巨大的。学生三年级开始系统地进入城市规划教学之中，为了将他们从建筑设计的话题逐渐引入城市，三年级的专业设计课讨论的是尺度较小的街区组群设计，进入四年级，陡然转换为宏观尺度的总体规划，无论视野、尺度，都有了显著的不同，学生虽然有三年级一系列专业理论课的支撑，但进入总体规划工作室，仍会感到无所适从。究其原因，首先，总体规划和他们所熟悉的以空间为主的工作方法有所不同，总体规划是以对城市的综合调查、分析、预测为出发点，稍晚才会进入空间方法。其次，总体规划工作中所需要的一系列综合的城市知识和城市规划知识他们仍有所欠缺，需要在四年级的课程中同步进展，也需要在设计工作中逐步消化。最后，学生的兴趣还集中在具体的空间设计上面，对分析、研究、决策，乃至协调等等的兴趣还没有显现出来（虽然他们可能拥有潜在的巨大才华和兴趣）。因此，从这个意义上来讲，总体规划成为一道关键的门槛，学生是否能够发现自己城市规划方面的才能，将热爱倾注在城市规划专业上，都将在这一学期奠定主要的基调。这样看来，层次教学和研讨教学法的目标不仅仅是教授城市规划，还负责在转换的关口引导学生对城市规划的热爱和挖掘他们的能力，任重而道远，还需继续摸索。

主要参考文献

[1] 王兴平，权亚玲，王海卉，孔令龙，产学研结合型城镇总体规划教学改革探索—东南大学的实践借鉴，规划师，2011，10：107-114.

[2] 何邕健，城市总体规划本科教学改革探讨，规划师，2010，6：88-91.
[3] 唐春媛，林从华，柯美红，借鉴MIT经验 重构城市规划基础理论课程，城市规划，2011，12：66-69.
[4] Wiggins G P, McTighe J. Understanding by design[M]. Ascd, 2005.

Pedagogy of Levels and Seminar in Comprehensive Planning

Zhang Qian　Quan Yaling

Abstract: In the transformation of urban development, comprehensive planning teaching reform has important significance for the development of urban planning. There are multiple levels of comprehensive planning in teaching, such as knowledge and regulations, logical thinking, awareness and understanding of urban and so on. In the past, for different levels of teaching, there are no different pedagogies and matched assessment. To solve the problem what the students learn and how they learn, a curriculum design is developed, which aims enhancing students' ability, arranging seminars adequate communication links. Pedagogy of levels and seminar emphasizes the teaching process, encourages students involved in their work, professors pay more attention than ever to logical thinking method, the method can be controlled to enhance students' awareness and understanding of the city, on the assessments of student learning outcomes are clearer.

Key words: comprehensive planning, learning outcomes, curriculum design, learning levels, seminar

空间设计三部曲：解读－策划－构造

孔令龙

摘　要："空间设计"是城乡规划专业教育中的重要内容，不同程度地体现在相关专业课程尤其是课程设计教学之中，本文基于作者多年的专业教育实践的总结，认为"空间设计"在规划设计中是一个对象多元而因子复杂的操作过程，但在方法论上仍有其轨迹可循，其中，空间设计大都遵循从设计对象的"解读"，经空间多因子的"策划"，到空间利用形态的"构造"，显现出空间设计的理性逻辑与时序进程的内在关联。由此，对空间设计理性思维和操作方法的把控及相关知识的意义建构，是提高学生空间设计水平与操作能力的一种有效方式、途径。

关键词：空间设计，解读，策划，构造

"空间设计"是城乡规划专业教育中的重要内容，在课程设置与教学内容上，则是一个对象多元而因子复杂的操作过程，其教学目的是使学生实现对空间设计的理性思维和操作方法的把控以及对相关知识的意义建构，而"解读－策划－构造"三部曲学习进程与方法，是培养和提高学生空间设计水平与操作能力的一种有效方式、途径。

1　解读

"解读"原意为阅读解释，分析和研究，理解与体会之意。在城市规划设计和风景园林规划设计中，"解读"是项基本的学习内容与实际工作技能。它需要有宽阔的视野，动态的时空视域，通过对设计对象的背景、条件和要求等属性与特征的全面认知和把握，为空间策划与空间构造建立坚实的基础。

1.1　设计背景的解读

"设计背景"是设计对象（或基地）在城市和区域中所处的时间与空间"环境"，包括处于动态变化中、具有特定发展态势的自然环境与社会环境、经济环境与文化环境等。对这些"环境"的分类解读和梳理，可以从中探寻其"空间设计"可能需要遵循的某些显性"规定"或隐性"提示"，从而把握设计对象与背景"环境"之间的关联要素与关联特征。

如宏观尺度的空间规划与总体城市设计，则需要解读城市总体发展战略和发展目标，需要解析城市所处的自然地理与气候环境属性，需要判别城市或区域的历史文化特征与社会经济的发展阶段，以及城市性质、规模与功能结构、城市空间格局和空间特色演化等；这些"宏观性环境背景"及其相应的"特征"与"要素"，将成为宏观空间规划与总体城市设计的构思基础。而城市特定地段或局部空间的设计，还需研读与其设计对象直接相关的背景要素，如地段空间的历史发展脉络与空间肌理特征、社会经济与文化背景等。

由此，"背景解读"超越了设计对象的时空范围，往往在不同专业的学生中有较大的理解差异，也由于"背景与环境"比较宽泛，其背景信息的取舍，因设计对象和设计目的的不同而有很大差异，其有效性也因人而异或有所偏废，需要设计者具备敏锐而开放的视野，引导学生理解其背景解读的意义并在课程设计中实践运用。

1.2　基地条件的解读

"基地条件"的解读是城市空间设计中的基础性工作，应鼓励学生发挥主观能动性，以考察与体验、问卷与访谈、网络与文献检索等方式，获取与基地相关的"第一手信息"，并进行分析、归纳和判别，逐步认知这些"信息"与基地空间设计的关联度和目的性，客观地理解和把握基地的特征与优势、潜力与制约。

孔令龙：东南大学建筑学院城市规划系教授

城市空间规划设计课程中，基地解读主要涉及如下几类“信息”。

（1）自然环境信息：主要包括地形地貌与环境等要素。如基地的工程地质，地面高程与高差以及山水、河湖与植被等自然环境要素，以及气候、日照和主导风向等自然条件，是城市与建筑空间布局、外部空间生成与场所环境构建的“基质性”要素，将为空间策划和空间设计提供基础性构思依据。

（2）道路交通信息：主要包括现状和预期的交通构成与集散方式。如基地内外的现有道路交通设施以及规划的城市道路网络，现有居民或游客的出行方向与出行方式，公共交通设施与站点分布，公共停车状态与场库设施等，将为基地空间利用与交通组织提供支撑。

（3）人口与社会信息：包括基地内的人口总量与构成，就业与收入状态和阶层特点，公共服务与社区特征，日常生活形态与特点等；由此可以了解和掌握地区的人口与社会经济实态，问题与矛盾，社会需求与供给状态等，为空间设计提供“问题的”或“目标的”策划和构造导向。

（4）空间与历史文化信息：包括现状用地构成、建设状态与可开发潜力评价，现状建筑质量、功能、年代和风貌的构成与适宜性评价等，在历史性地段或老城区还需要重点对其历史文化遗存与空间格局，空间肌理与传统风貌等进行深入细致的调查与梳理，这在城市规划、城市设计和风景园林规划设计中尤为重要，它将决定着历史文化资源的保护、利用和挖掘展示，决定着空间设计应坚持何种原则与理念。

（5）基础设施信息：包括基地内水电气等市政设施的使用现状和供给条件，以及基地内外的抗震防灾等公共安全状态与设施分布等，是基地空间设计和未来发展的支撑性要素。

1.3 设计任务书的解读

空间规划与城市设计课程，以选定的城市特定地区或地段作为基地，“任务书”往往根据课程学习要求或情境模拟进行设置。或模拟法定规划的原则要求，或模拟开发出让条件“规划设计要点”等;任务书“解读”的目的，不是传统教学中老师对学生僵化的规范与控制，而是引导学生解析任务书中的基本概念、内涵和要点，如用地性质许可、功能定位、法定规划要求的开发控制量化指标和五线控制等，认知它们对空间策划、空间生成与构建设计的制约与意义。

通过上述“解读”，进行综合归纳与评价，透过纷乱的现象和现状，找出空间设计必须面对和解决的问题以及可以利用的资源和“构思元素”，在空间上明晰各种有价值的要素与信息，为后续空间策划和空间构造提供依据和方向。

2 策划

“策划”为“计划、筹划、谋划”之意，在经济社会、企业发展、市场运作等多领域被广泛应用。空间设计中的策划，是对特定空间价值与利用的谋划，其意义在于让学生进入主动研究型互馈学习过程，实现专业知识与能力的自主建构。

城市空间设计中的策划主要有两类。第一类是“空间性策划”，空间设计背景与法定规划和设计要点依据明确而充分，其“策划”内容重点是“功能结构－空间利用与形态”的多方案比选与筹划过程。第二类是“发展性（或概念性）策划”，由于法定规划缺失或依据不足，需要对其特定地段或地区（如中心区、创意产业园、文化旅游区等等）进行发展策划与概念设计。

两类空间设计的策划背景与依据、条件与目的有所差异，其“策划”内容有所侧重和有所取舍；前者的策划目的是寻求和满足“规定条件与目标”要求下的特色空间塑造途径和方式；后者的策划目的是探寻和制定空间发展的定位与目标，制定“空间发展方案”和空间设计导则，既要前瞻又要可操作。而功能策划、市场策划、业态策划和空间策划等，则涵盖着一般空间设计中的基本策划内容。

2.1 功能策划

功能策划是空间设计的基本策划内容，目的是研究和确定特定地区或地段在未来城市发展中的地位与作用，深化、细化功能构成。如城市中心地区空间设计，需要在“城市中心”基本定位的要求下，从城市中心体系构成与分工角度，进一步细化其主导功能、功能构成以及相应的配套设施，必要时需通过“市场策划”予以补充和论证。

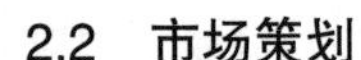

2.2 市场策划

从经济学视角，城市空间建造与使用，是一种“生产与消费”的关系，城市空间的“商品属性”决定着城市空间的“生产”必须适应市场的“消费”要求。由此，空间设计要符合和顺应市场的预期，要最大限度地适应使用者未来的可能需求，空间设计中的“市场策划”（不同于商界的营销型策划）与功能策划密切相关，是对“空间生产”与“空间消费”的“供求关系”的预期与判断。

2.3 业态策划

“业态”概念源起于“商业”，泛指零售企业为满足不同的消费需求而形成的不同经营形式，其商业业态的策划涉及“业态分类与业态组合”两大方面。空间设计中的业态策划，首先关注公共服务设施需求的预期和科学配置，其次进行发展资源、业态要素的挖掘和创新。基于发展的业态策划较多地体现于“旅游规划或景区设计”、“商业中心设计”及“创意园区”等相关空间设计之中。空间设计中的业态策划需要具有前瞻和错位竞争意识，并建立在市场策划基础上，通过差别化的要素组合和特色化的错位经营以及相关产业的融合延伸，来实现“业态链接与创新”策划。

2.4 空间策划

“空间策划”是一项理性与感性兼具的创造性学习内容，需要兼顾“以人为本”与“市场营销”的双重要求，最大限度地满足城市居民的物质与精神、行为与心理需要，创造生动宜人而富有特色的场所空间，又要提炼出符合市场预期、回应功能定位的“空间概念”或“空间主题”，诠释空间设计理念。

空间策划的核心是将“空间”作为一种资源，寻求其价值所在并加以挖掘和有效利用。在空间设计过程中，空间策划可以“先决”，也可以“后决”。前者，是在“解读”的基础上，侧重空间资源的价值分析和可利用方式的判断，以空间的适宜性为先决条件，为功能定位和业态策划作铺垫、做引导；后者，是在解读的基础上，主要针对功能定位和功能策划进行“空间转译”——研究适宜的空间载体与布局形态，使其功能与业态达到最佳的空间组合；两者的差异源之于法定规划的规定性、市场的不确定程度和空间设计的目的的不同，其共同之处在于，都强调对空间资源的合理利用，都要求将空间资源的适宜性与功能组织的有机性和业态组合的有序性进行互馈，相互调适，通过系统性的要素筛选、结构化的空间方案比选，达到空间价值最优整合的空间策划目的。

3 构造

“空间构造”，既是空间设计的内容与成果，更是针对城市特定地域场所的空间创作和建构过程。空间构造需要想象力和创造力，需要观念新颖和目标明确，需要客观理性和主观感悟的有序结合，要求教师引导学生，既要关注结果，更要注重过程。

“空间构造”的核心对象是“空间”，终极目标是服务于人的需求、创造有价值有特色的城市空间，关键是调和并建立和谐的“人与空间”的关系。空间构造涵盖生理、心理、物质、精神等多方面因素，同时关注城市空间的功能、形态与肌理；要求设计者运用空间艺术语言，注重生活关爱公众，尊重“人的价值”及人性的需要，尊重地域传统及传承历史文化，有目的的创造城市“生活环境”，塑造活力空间。“空间构造”涉及理论与方法、理性和感知等多方面的专业素质与技能，在此仅从方法论视角概要如下：

3.1 空间结构与层次构造

城市空间是一个复杂的社会空间巨系统，处于整体与局部生长和变异的有序互动之中，结构与层次是系统的一般属性与特征，结构性与层次性是把握和进行空间构造的重要途径与方式。空间构造就是要研究和把握城市特定地域整体的空间构造规律和局部空间构造的适宜方式，将空间发展和空间开发的多个空间要素组合成为密切联系的“空间构造集合体”，并使其融合于城市整体空间构造之中。因此，城市特定地域的空间构造，在过程上始终需要经过“自上而下”与“自下而上”两个路径，来统筹和把握整体与局部的结构与层次关系。“自上而下”是将“解读与策划”的结论，以空间自组织原理赋予其清晰而富有个性的系统空间结构和实体空间形态，以便于从宏观到微观地进行开敞空间组织与总体布局、功能落实与要素空间的细化；“自下而上”是从“人”的需求、地域日常生活形态、社会传统以及建筑风格与空间构造特征等入手，衍生、聚合和塑造整体的物质空间的系统结构与层次；两个相反的构造路径不断有序互馈是空间构造的基本方法。

3.2　空间肌理与尺度构造

城市特定地域的空间构造，需要符合空间集约利用的规定性要求（如法定规划），并融入周边与城市整体社会空间环境之中。不同功能与业态的城市空间具有不同类型的空间构造形式，多功能的地域空间可以有多样化的构造组合。不论何种方式的构造组合，均有其形态上的空间特征或风格，表达为特有的构造样式。

空间肌理构造可以分为两种，一是均质组合性肌理构造，指在特定空间范围内，以一定尺度上均匀、连续且按一定格式排布的面状构造和线状构造，如合院式建筑群与街巷网络，高度密度限定下的均质组合型居住建筑群、高层商务办公建筑群、线性商业街等；二是异质混合性肌理构造，指非均匀、不连续且以差异方式布局于设计地域中的面状空间构造和形体构造，如多种体量、密度、高度的建筑与建筑群的混合式聚合等。

均质组合性肌理构造和异质混合性肌理构造，是相对于城市和地域的空间尺度和肌理积淀而言的，较大范围尺度的组合性构造是与周边和城市总体空间脉络的“对接和链接”，在较小尺度上表现为建筑与肌理组织的同质化；异质混合性肌理构造多为大尺度地域内非结构性的空间肌理分异，可以理解为多个均质组合性肌理空间的集合或聚合，两种肌理构造由公共结构性要素相统合，遵循“合理集约与有机生长”的原则，并通过“空间序列与活动构造”予以实现。

3.3　空间序列与活动构造

城市空间由实体与开敞空间构成，共同承载和支撑着城市的各项活动，内在地体现着人与空间的关系。在空间结构与层次构造基础上，通过外部开敞空间的形态界定和网络建构，构造城市环境与活动的时空序列，来控制和引导具有可识别性强、功能关联互补、活动有机连续、支持城市日常生活行为与需求的空间流程的生成。

空间序列与活动的构造，依据“功能活动关联、历史文化脉络、空间区位与交通引导以及支撑系统”等关联因子进行展开，序列的建立有助于环境的认知与识别，有助于行为活动的组织与支持。在空间立体集约利用的城市中心区域，需要研究交通等基础设施的支持容量和服务方式，创造性地探讨高强度高密度建设地区“立体化–叠加–复合式序列构造”的方式与路径；在历史文化资源积淀丰富的地段与地区，则更多地需要保护和利用、延续和完善其历史格局与整体风貌，适宜于采用“织补型”空间构造方法，使不同世代形成和积淀的空间构造得以持续生存和发展，最大限度地免受现代化建筑与空间更新的破坏性入侵和割裂。

3.4　空间场景与情境构造

城市空间构造以空间利用综合效率最大化为目的，作为对城市特定发展地域的未来预期，还需要通过“空间场景与情境构造”，对上述空间构造内容进行深化与补充，对空间场所环境进行艺术塑造与内涵表达，将形象思维与逻辑思维相统一。“空间场景与情境构造”是空间设计的特有方式，它以专业的设计工具来表达设计思维与空间构造所得的空间成果——客观空间场景和主观空间情境，成为一种与公众交流和共同参与的空间信息媒介。

客观空间场景构造，是运用空间设计的专业理性工具，以客观态度理性、准确、直观地描绘和反映客观空间物象与客观事物，表达空间逻辑与模拟空间形态，如实体空间模型、鸟瞰透视图以及各种实态空间构造图等等；而主观情境构造作为主观价值理念的外向转化和传递，更倾向于实体空间场景的内涵、意义、情境和想象与拓展，注重感性、意象和联想；重点描绘和体现空间的社会意义、生活性和人文特色等。

综上所述，空间设计的学习作为建筑与规划设计中的核心课程，“三部曲”的空间设计教学，有利于促使师生更多地进入互动教学与学习之中，更多地促发学生对城市的广泛认知、问题的深入分析与思考，促使学生深入地观察和体验城市，调动学习与研究的积极性和主观能动性，累积相关知识和多维能力的开放式建构。

Three steps of Space Design: Interpret–Planning–Construct

Kong Linglong

Abstract: "Space Design" is an important content of professional education in urban and rural planning, it is reflected in the related professional courses in varying degrees, especially the teaching of curriculum design. Based on the summary of many years professional education practice of author' s, "Space Design" is an operating process with diverse objects and complex factors in the planning and design, but still on the methodology to follow its trajectory. First, most space design follows the "interpretation" of design object, then the "planning" of space multi–factor, and the "construction" of space utilization form in the last. This process reveals the rational logic of space design and the internal association of timing process. As a result, the control of rational thinking and operation method in space design and the construction of significance of its knowledge concerned, is an effective way to improve the level continuously of the ability of space design and operation of students.

Key words: Space Design, Interpretation, Planning, Construction

基于图式理论的城市阅读教学模式初探

钱 芳 蔡 军 刘代云

摘 要：以图式理论为基础，结合认知城市的图式类型和我国城乡规划教育的自身特点，分析图式理论引入城市阅读教学的指导意义。从教学原则和教学步骤两个方面探讨基于图式理论的城市阅读教学模式。

关键词：图式理论，城市阅读，城乡规划教育，教学模式

引言

城乡规划是一个综合性很强的专业，涉及知识面宽广。专业基础教育强调对专业的认识与基本素养的培养，这些都基于对城市的认知。随着城乡规划学科内涵的扩展，城乡规划教育由传统物质空间形态和工程技术领域向社会科学领域的渗透，通过城市认知使学生具备对社会问题的敏锐洞察力和分析能力对城乡规划专业教育意义重大。

阅读是从书面材料获取知识或信息的行为，是把表面文字内化于心的认知心理过程。城市的社会文化内涵使其具有可读性。以培养城市意识，提高城市认知能力为目的的城市阅读教学开始在一些院校开设，或作为一门课程，或渗透到其他课程教学中。然而关于阅读城市方法研究还很少。图式理论从认知心理学角度揭示了阅读理解的过程与模式。理论提出的多元图式的层次构建、交互式的阅读过程为城市阅读教学的开展与模式创新提供了系统方法。

1 关于图式理论

图式是已知事物或信息存储于头脑中的记忆结构。英国心理学家 F. C. Bartlett 在著作《记忆理论》中首先使用了“图式”一词，将其描述为“对过去经验的反映或对过去经验的积极组织”[1]。随着认知心理学研究的发展，图式在知识组织中的作用越来越突出，其含义也日趋丰富。Widdowson 认为图式是认知的构架，它使信息有条不紊的储存在长期记忆中[2]。Rumelhart 把图式定义为以等级形式储存在长期记忆中的“相互作用的知识结构套系”或“认知构造块”[3]，认为图式可以用于语言理解中，读者借助记忆中激活的知识结构来填充文本中未表述出的细节内容，从而达到阅读理解的目的，即图式理论。由此，心理语言学家开始把图式理论运用到阅读心理研究中，并形成图式阅读理论。

图式阅读理论的主要观点是，读者在接受新信息前，头脑中已储存由以往的经验、事实或已学过的知识构成的图式网络。阅读中，读者会从记忆中调用这些图式，通过自下而上的资料驱动和自上而下的概念驱动对信息进行加工。当图式中的某些组成部分与文章信息发生相互作用时，读者才能理解文章内容。所以，读者头脑中存储的图式越多，可供调用的知识就越多，理解力也就越强。这些图式一般包括内容图式、语言图式和修辞图式三类[4]。其中，内容图式指语言所承载的文化背景知识，是理解文章的依据；语言图式指关于文章的词汇、语法和句型的知识，是阅读理解的基础；修辞图式指不同体裁文章的布局知识，可指导读者从宏观上把握文章的结构。

2 图式理论与城市阅读教学

人们对新事物的理解和认识在一定程度上依赖大脑形成的图式。先存图式越丰富，读者的理解力越好。“一座宜人的城市如同一本好书是可以阅读的”，其空间的“社会—空间”双重属性使人们可以通过对其外在的物

钱 芳：大连理工大学建筑与艺术学院城市规划系讲师
蔡 军：大连理工大学建筑与艺术学院城市规划系教授
刘代云：大连理工大学建筑与艺术学院城市规划系副教授

质空间形态这种“文字符号”的解读理解其内在的社会文化内涵。而这一理解的过程也有赖于读者的先存图式。如何结合图式理论，帮助学生构建图式，有针对性地对学生进行城市认知训练，将为城市阅读教学创新提供依据。以下主要从阅读对象的图式类型和阅读主体的教学环境主客体两方面探讨图式理论运用于城市阅读教学的可行性。

2.1 图式类型

如前述，读者头脑中存储的图式越多，理解力也就越强。这些图式一般包括语言图式、修辞图式和内容图式三类。前两者构成阅读的“外部环境”，后者为“内部环境”。

从广义文本的文化指代看，由于文化现象具有表里如一的特征与有机的内在联系，城市空间是“形神合一”的文化现象，它“就如同一本总是处于编写中的书一样，其外在多样的语言（空间形态）蕴涵着不断推进的丰富故事与时空交错中的人文精神（社会生活与文化观念）”[5]。对城市的阅读能力和理解程度主要由形态图式、情景图式和意向图式三种图式决定。其中，形态图式指区位、用地、交通、街廓、广场、建筑等组成城市空间形态的基本要素及其构成关系，是理解城市的基础；情景图式指城市空间所支持的日常生活与生产的场景，体现城市空间构成的内在逻辑关系；意向图式指推动城市发展的政治、文化、经济背景知识，是理解城市形态的依据。

这些图式按照从宏观到微观、从主到次的层级结构相互嵌入式地储存在读者头脑中。读者通过自下而上的城市信息输入的刺激和自上而下的图式调用之间的相互作用达到认知城市的目的。城市阅读就是一个教学生如何调用原有图式、建立新图式和巩固与拓展相关图式，认识城市空间的现实特征，从而提高对城市问题的洞察力和分析能力的教学过程。

2.2 教学环境

阅读是读者根据自己已知的信息、已有的知识和经验对语篇进行加工的过程。基于图式理论的阅读教学主张调动学生的主动性，强调对学生先存图式的关注。

城乡规划理论来源于城市、来源于生活。要让学生理解这些理论首先要让他们熟悉城市、理解城市，才能规划与设计城市。因此，城市认知是城乡规划初步教学的主要内容。然而，传统的城乡规划专业初步教学工作多采取由建筑学教师按照建筑专业教学内容启蒙城乡规划专业一、二年级学生，学生对城乡规划专业课接触很少，头脑中先存的城市图式仅限于以往的生活经历。而且，目前的城市认知教学中，教师认为理解城市主要取决于学生自身，认知过程完全由学生自己处理，教师的引导作用发挥的较少。这样的教学方式往往导致学生在城市认知实践中目的不明确，走马观花。图式理论强调交互式的阅读模式，认为“每一个理解都需要一个人已知知识的参与”[6]。因此，以城市阅读作为图式建立的方法课程，引入图式理论，与城市认知实践衔接，有利于老师教学工作与学生实际认知能力与规律的结合。

同时，城乡规划教育领域的转变和扩展需要通过城市阅读课程的图式训练来培养学生全面的城市认知能力。自城乡规划学独立成为一级学科以来，城乡规划教育由传统的空间形态和工程技术领域进入到多社会和经济、区域发展、生态保护、城乡管理等多学科领域的交叉和融合。在此背景下，需要在基础教育阶段设置一些反映鲜明的全球化视野及关注社会经济、区域及城市发展、生态环境保护、公共政策等方面的课程[7]。而且，随着新型城镇化战略的提出，城乡一体化发展的要求，在城市认知教学中增加村镇认知内容也会成为初步教学的主要方向。课程内容的丰富会使学生积累更为丰富的城市图式。然而，图式具有层次性，高层图式的构建必须以低层的为基础[1]。要达到全面的城市认知需要通过城市阅读课程的图式训练，从最基本的形态图式入手，结合扩展的意向图式，将其他课程的知识块相融合，逐步提高学生的综合认知能力。

3 基于图式理论的城市阅读教学模式的提出

城市认知是城乡规划设计的基础。通过城市阅读教学帮助学生建立新图式、激活原有图式和巩固、拓展相关图式是培养学生全面的城市认知能力的系统方法。以下主要从教学原则和教学步骤两方面探讨基于图式理论的城市阅读教学模式。

3.1 教学原则

从图式构建的层次性要求、学生的认知过程以及城乡规划教学的特点与趋势看，基于图式理论的城市阅读教学应遵循如下原则：

其一，程序性原则。图式构建的层次性特征要求教师要从学生的实际情况出发，从学生最易接受的意向图式和情景图式入手、从简单空间到复杂空间，一步步的帮助学生构建相关图式。而且，教学中既不能只注重形态图式的训练，也不能完全从文化角度解析城市，这样都无法使学生理解城市的“空间—社会”双重属性。

其二，互动性原则。阅读城市并非单向的信息接收过程，而是城市所提供的情景与读者先存图式知识交互作用的双向过程。在城市阅读教学中，需要教师的主导作用和学生的主体作用相结合，充分调动学生主动阅读的积极性，才能实现教学效果的最优化。

其三，渗透性原则。认知城市是学生进行城市规划与设计的前提，因此以提高学生城市认知能力的城市阅读课程的教学内容会对其他专业课程的开展产生影响。教学中应将城市阅读课程设置与其他专业课程内容相整合，一方面宜结合学生现在正在或今后的设计课内容安排相应类型的城市单元进行阅读，另一方面应将其他专业课程的知识融入阅读教学中来。

3.2 教学步骤

图式理论下的阅读城市教学过程分以下四个步骤，每个步骤下设不同的教学目标、教学方法、教学活动以及练习巩固方式，详见表 1。整个教学模式在图式理论的指导下，遵循程序性、互动性和渗透性的教学原则，重视学生形态图式、意向图式和情景图式的构建，并充分体现学生与老师互动，调动学生主动阅读的兴趣。

第一步，激活意向图式和情景图式，整体感知城市。可先由教师运用影片、照片、绘画等图像信息方式引导学生围绕将要阅读的城市展开联想，将学生的注意力导向阅读城市所涉及的场景，使其头脑中的意向图式和情景图式处于激活状态。当与实际看到的城市形态相吻合时，学生便会快速有效地理解和记忆。

第二步，系统归纳形态，丰富形态图式。在整体感知城市文化的基础上，通过从宏观到微观的城市形态解读，结合绘图训练，让学生掌握解读城市形态的内容和方法。由于学生先存的形态图式较少，教学过程中易宜从最基本、最熟悉的空间构成要素（如校园广场、街道等）的形态分析入手，分析其尺度、形状、比例等因素。当分析较复杂的空间形态时，还可通过绘制意象地图、“拼图”、“填空”等方式让学生在玩中体会不同类型城市形态结构的特点。

第三步，讨论情景图式，深度理解城市。在把握城市空间形态整体特征的基础上，组织学生对空间使用情况进行调查与评价，归纳社会生活与城市形态之间的规律性关系。例如，在城市阅读教学中可以让学生通过对城市某片区调研，围绕环境特色，通过调查画出徒步攻略图的方式认识城市空间对居民生活的影响。此外，应鼓励学生通过与市民交谈来了解城市空间使用情况，这不仅是积累图式最直接的方式，也训练了学生交流表达的能力。

第四步，读绘研延续，巩固相关图式。在教学内容上，选择相同类型的国内外城市空间进行阅读、对比与归纳，通过手绘图、摄影或自导电影等方式巩固图式。在课程体系建设上，注意与城市认知实践课、专业设计课的衔接。一方面，与城市认知实践课结合，作为其先导课，在课程教学中先对将参观的城市进行讲解与分析，激活学生的相关图式；另一方面，配合正在进行的专业基础课和设计课设置阅读城市空间的类型，实现课程间知识的渗透与整合。

4 结语

城市阅读是城市认知教学的新领域。图式理论强调读者图式的构建，为城市阅读教学的开展提供了新理念。期望本研究一方面能够对城市阅读教学具有一定的借鉴意义，另一方面起到抛砖引玉的作用，唤起更多教育者对城市阅读教学的关注。

阅读城市教学步骤 **表1**

<table>
<tr><td colspan="3">第一步：激活意向图式和情景图式，整体感知城市</td></tr>
<tr><td colspan="2">教学目标</td><td>1. 训练学生快速获取城市发展相关信息的能力
2. 训练学生激活情景图式对城市空间场景进行联想与猜测的能力</td></tr>
<tr><td colspan="2">教学方法</td><td>对比、联想等直观方法，讨论</td></tr>
<tr><td rowspan="2">教学活动</td><td>教师</td><td>1. 介绍城市发展相关背景知识
2. 指导学生快速获取相关信息
3. 运用各种手段激活学生情景图式，引导其对城市印象进行联想</td></tr>
<tr><td>学生</td><td>1. 获取城市发展相关背景知识
2. 运用发散思维大胆设想城市场景</td></tr>
<tr><td colspan="2">练习方式</td><td>观看影片等图像信息，讨论</td></tr>
<tr><td colspan="3">第二步：系统归纳形态，丰富形态图式</td></tr>
<tr><td colspan="2">教学目标</td><td>1. 训练学生快速掌握空间整体形态特征的能力
2. 学习形态知识，丰富形态图式
3. 掌握描述形态的内容与方法</td></tr>
<tr><td colspan="2">教学方法</td><td>讲解分析、综合归纳、对比</td></tr>
<tr><td rowspan="2">教学活动</td><td>教师</td><td>1. 帮助学生激活形态图式，理清城市结构
2. 从宏观到微观系统讲解分析城市空间形态的内容
3. 讲解分析城市空间构成要素的规划设计手法</td></tr>
<tr><td>学生</td><td>1. 学习描述城市形态的内容与方法
2. 进行讨论，把握城市形态特征，理清空间结构
3. 学习城市空间形态的塑造方法</td></tr>
<tr><td colspan="2">练习方式</td><td>绘制意象地图，拼图、填空等形态训练方法，描述城市形态特征</td></tr>
<tr><td colspan="3">第三步：讨论情景图式，深度理解城市</td></tr>
<tr><td colspan="2">教学目标</td><td>1. 培养学生深度理解城市形态与居民生活关系的能力
2. 培养学生社会调查与分析的能力</td></tr>
<tr><td colspan="2">教学方法</td><td>小组调研、小组讨论</td></tr>
<tr><td rowspan="2">教学活动</td><td>教师</td><td>1. 组织学生进行调研与讨论
2. 归纳社会生产生活与城市形态之间的规律性关系</td></tr>
<tr><td>学生</td><td>1. 现场踏勘、发问卷、访谈、观测
2. 掌握一定的社会调查与评价方法
3. 了解社会生产生活与城市形态之间的规律性关系</td></tr>
<tr><td colspan="2">练习方式</td><td>观测、发问卷、访谈、讨论</td></tr>
<tr><td colspan="3">第四步：读绘研延续，巩固相关图式。</td></tr>
<tr><td colspan="2">教学目标</td><td>1. 阅读相同类型的城市空间，巩固图式
2. 通过手绘图、摄影或自导电影、撰写认知报告巩固图式
3. 与城市认知实践、专业设计课结合巩固图式</td></tr>
<tr><td colspan="2">教学方法</td><td>分析讨论，绘画、模仿、课外阅读</td></tr>
<tr><td rowspan="2">教学活动</td><td>教师</td><td>1. 讨论分析空间特色
2. 指导学生灵活运用所学知识
3. 指导课外阅读</td></tr>
<tr><td>学生</td><td>1. 领会城市空间形态特色
2. 学会在特定环境中运用所学知识
3. 完成课外阅读作业</td></tr>
<tr><td colspan="2">练习方式</td><td>课内外城市认知实践、手绘图、摄影或自导电影、撰写调研报告</td></tr>
</table>

主要参考文献

[1] Bartlett, F. C. Remembering: A study in experimental and social psychology [M]. Cambridge University Press, 1932.

[2] Windowson H. G. Learning purpose and language use [M]. Oxford University Press, 1983: 34.

[3] Rumelhurt D. E. Schemata: The building blocks of cognition [A]. R Spiro, B. Bruce, W. Brewer. Theoretical issuses in reading comprehension [C]. NJ: Lawrence Erlbaum Associations, 1980: 13-14.

[4] Carrell, P. L. & Eisterhold, J. C. Schema theory and ESL reading pedagogy [J]. TESOL Quarterly, 1983, 17(4): 553-569.

[5] 刘堃. 城市空间的层进阅读方法研究 [M]. 北京：中国建筑工业出版社，2010：36.

[6] Anderson B C. The Notion of Schemata and the Educational Enterprise: General Discussion of the Conference [C] //Anderson R C, Spiro R J, Montague W E, Schooling and the Acquisition of Knowledge. Hillsdale: Lawrence Erlbaun Asssociates, 1977.

[7] 段德罡，白宁，王瑾. 基于学科导向与办学背景的探索——城市规划低年级专业基础课课程体系构建[J]. 城市规划，2010，34(9)：17-27.

Discussion on The Schema-Based Approach to Urban Reading Teaching

Qian Fang　Cai Jun　Liu Daiyun

Abstract: Based on the introduction of schema theory, with the analysis of schema patterns for cognizing city and characters of urban planning education in China, it analyses the possibility of the schema theory used in city reading teaching, and puts forward the schema-based approach to urban reading teaching from teaching principle and teaching procedure.

Key words: Schema theory, City reading, Urban planning teaching, Teaching approach

城乡规划专业背景下城市经济学课程教学探索

陈 宇

摘 要：本文通过梳理城市经济学在城乡规划专业本科教育课程体系中的作用和地位，以及和其他专业课程的衔接关系，从而对城乡规划专业背景下城市经济学课程的教学内容、教学方式提出一些思考和建议。

关键词：城市经济学，城乡规划，课程体系

引言

十八届三中全会报告提出了“使市场在资源配置中起决定性作用和更好发挥政府作用”❶。而作为一门“实现城乡发展的空间资源合理配置和动态引导控制的多学科的复合型专业”（高等学校城乡规划学科专业指导委员会，2013），城乡规划专业的本科教学要求学生掌握市场经济背景下城市运行的基本经济规律。因为了解城市经济的运转方式，对于城乡规划者来说是必不可少的，城市经济学和城乡规划有着密切的联系（修春亮，1995）。

城市经济学是一门涉及面较广的交叉学科，主要研究家庭效用最大化和厂商利润最大化下的位置或区位选择，并用于甄别无效率的区位选择，对可供选择的城市公共政策进行检验，以便做出有助于提高效率的决策（奥沙利文，2008）。从学科关系的角度来看，城市经济学是经济学和地理学的融合，其理论基础是区域经济学中的区位理论。然而，因为城市经济学将城市作为主要的研究对象，其所涵盖内容还涉及了社会学、政治学、行政学、环境生态学、公共选择理论等相关学科和理论。对于城乡规划学专业的学生来说，他们在修读城市经济学课程时所具有的知识结构和城市经济学本身所要求的知识基础并不一定吻合。同时，城乡规划本身作为一门复合型专业，对城市经济学的教学内容也提出了特殊的要求，而国内外流行的城市经济学教材并不完全能满足城乡规划专业的教学要求。

本文希望通过梳理城市经济学在城乡规划专业本科教育课程体系中的作用和地位，以及和其他专业课程的衔接关系，从而对城乡规划专业背景下城市经济学课程的教学内容、教学方式提出一些思考和建议。

1 城市经济学的课时要求

在高等学校城乡规划学科专业指导委员会（2013）提出的指导性专业规范中，城市经济学的相关内容越来越受到重视。在规范中的人文知识体系和专业知识体系中都有涉及城市经济学的相关内容（表1、表2）。此外，在专业规范中的所推荐的知识单元也包括了城市经济学的一些知识点（表3）。

人文科学知识体系中的知识领域　　表1

知识体系	知识领域	推荐学时	推荐课程
社会科学知识（304）	哲学	128	马列主义、毛泽东思想和中国特色社会主义理论体系、中国近代史纲要、思想道德修养与法律基础、经济学基础、管理学基础、心理学基础、大学生心理、体育
	政治学		
	历史学		
	法学		
	社会学		
	经济学		
	管理学		
	心理学	32	
	体育	128	
	军事	16	

来源：高等学校城乡规划学科专业指导委员会．高等学校城乡规划专业本科指导性专业规范（2013年版）．北京：中国建筑工业出版社，2013.

❶《中共中央关于全面深化改革若干重大问题的决定》，2013年11月12日中国共产党第十八届中央委员会第三次全体会议通过。

陈　宇：深圳大学建筑与城市规划学院讲师

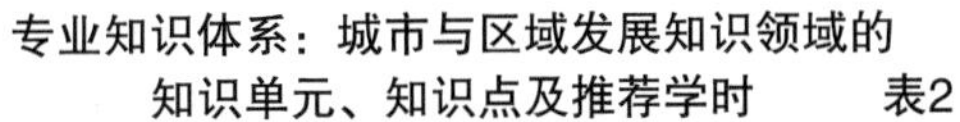

专业知识体系：城市与区域发展知识领域的知识单元、知识点及推荐学时　　表2

知识单元	知识点	要求	推荐学时
城市与城镇化			16
城乡生态与环境			32
城乡经济与产业	城市经济学基础知识	熟悉	32
	城市经济学与城乡规划的关系	熟悉	
	城市规模的形成机制	了解	
	城市产业结构城市空间布局的影响	熟悉	
	城市土地市场与城市空间结构	熟悉	
	产业分类与产业结构	熟悉	
	城市规划中经济与产业的分析方法	掌握	
城乡人口与社会			32
城乡历史与文化			32
城乡技术与信息			32

来源：高等学校城乡规划学科专业指导委员会．高等学校城乡规划专业本科指导性专业规范（2013年版）．北京：中国建筑工业出版社，2013.

推荐的社会经济类方向知识单元　　表3

知识领域	知识单元	推荐课程	推荐学时
社会经济类		人类聚居环境学	16
		社会学	32
		地理学	32
	经济学基础理论	经济学	32
	经济改革与城乡发展问题		
	公共经济学基本原理		
	城市土地经济学原理		
	房地产经济与政策		
	环境经济学原理		
	公共项目的经济分析		

来源：高等学校城乡规划学科专业指导委员会．高等学校城乡规划专业本科指导性专业规范（2013年版）．北京：中国建筑工业出版社，2013.

根据专业规范的建议，城乡规划专业的教学中和城市经济学直接相关的教学学时至少需要48个学时，其中16个学时为经济学基础的教学内容，32个学时为城市经济学的教学内容。尽管专业规范考虑到了城乡规划专业的学生在学习城市经济学之前并不具备经济学的基础知识，然而在大部分院校的城乡规划专业课程设置中，并没有单独设置经济学基础的课程，大部分学生在学习城市经济学之前没有接触过经济学的相关知识。在我们所进行的教学反馈调查中，城乡规划专业四年级一个39人的班级中，只有1个人在学习城市经济学修读过经济学相关的课程，有6个人接触过经济学相关的知识，而大部分学生没有任何经济学的基础。

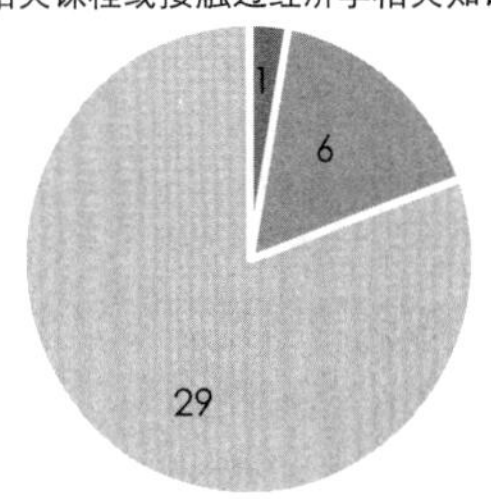

图1　城乡规划专业四年级学生的经济学知识基础

因此，在城市经济学的课堂教学中，教师通常需要用一定的课时来介绍经济学的基本概念和基本原理（黄庆瑞和汤小凝，2010；易秀娟，2012）。然而，经济学，特别是微观经济学部分的基本知识和理论，包括供给和需求、市场均衡、公共品、外部性等内容，都是后续学习城市经济学的重要知识准备。对这些教学内容的介绍需要大概6~10个课时的时间，其中还不包括如弹性、规模经济、消费者理论和厂商理论等难度较高，且在城市经济学中也可能涉及的内容。但是城乡规划专业中的城市经济学课程通常都只安排了32个课时的教学时间，这对于没有经济学基础的学生来说缺乏足够的课时量保障其对这门学科知识的系统掌握。在我们所收集的教学反馈中，有部分学生反馈城市经济学的课程时间太短，要掌握的知识太多，使得学生对知识点的掌握不牢固。

为了保障城乡规划专业学生更好地掌握城市经济学的相关知识，同时满足专业规范所提出的要求，我们建议可以通过两种方式强化学生对经济学基础知识的掌握。一种方式是直接增加城市经济学的课时设置，从32

课时调整到48课时，将经济学基础作为城市经济学课程的一个重要模块，利用16课时左右的时间介绍经济学的基本概念和理论。另一种方式是通过在专业内设置一门半学期的短课，或建议学校设置面向全校的公共基础课（可涵盖其他的社会科学学科，如社会学、政治学、心理学等；在香港和美国等地，经济学原理是高中的必修课程之一），将经济学基础作为城市经济学的先修课程。这样的安排可以使学生在学习城市经济学时掌握必要的理论基础，进而在城市经济学的教学中能安排更多的课时进行案例分析、专题讨论和调查实践，使学生对城市经济学知识点的掌握更加牢靠。

2 城市经济学和其他课程的衔接

对于城乡规划专业的学生来说，他们在其他专业课程中所接触到的一些城市现象和热点问题，如城市土地利用、城市总体规划、城市更新、公共交通、道路拥堵、环境保护、可持续发展、低碳、商品住房、保障性住房等，均可从城市经济学的角度来进行审视。因此，在安排选课年级和设计教学内容时，必须考虑到城市经济学和其他课程之间的衔接关系，进而更好的发挥城市经济学在城乡规划专业教学中的作用。

根据课程内容之间的衔接关系，可将与城市经济学相关联的专业课程可分为两大类。一类是为城市经济学提供分析对象和素材的课程，通过城市经济学的学习可以从经济学的视角更深入地理解这些课程中所涉及的城市现象和问题；另一类则是需要运用城市经济学作为分析工具的课程。前一类的课程主要以引介类的课程和专业性较强的课程为主，这类课程适合于作为城市经济学的前置课程；后一类的课程主要以综合性较强的课程为主，这类课程适合于作为城市经济学的后置课程（图2、图3）。

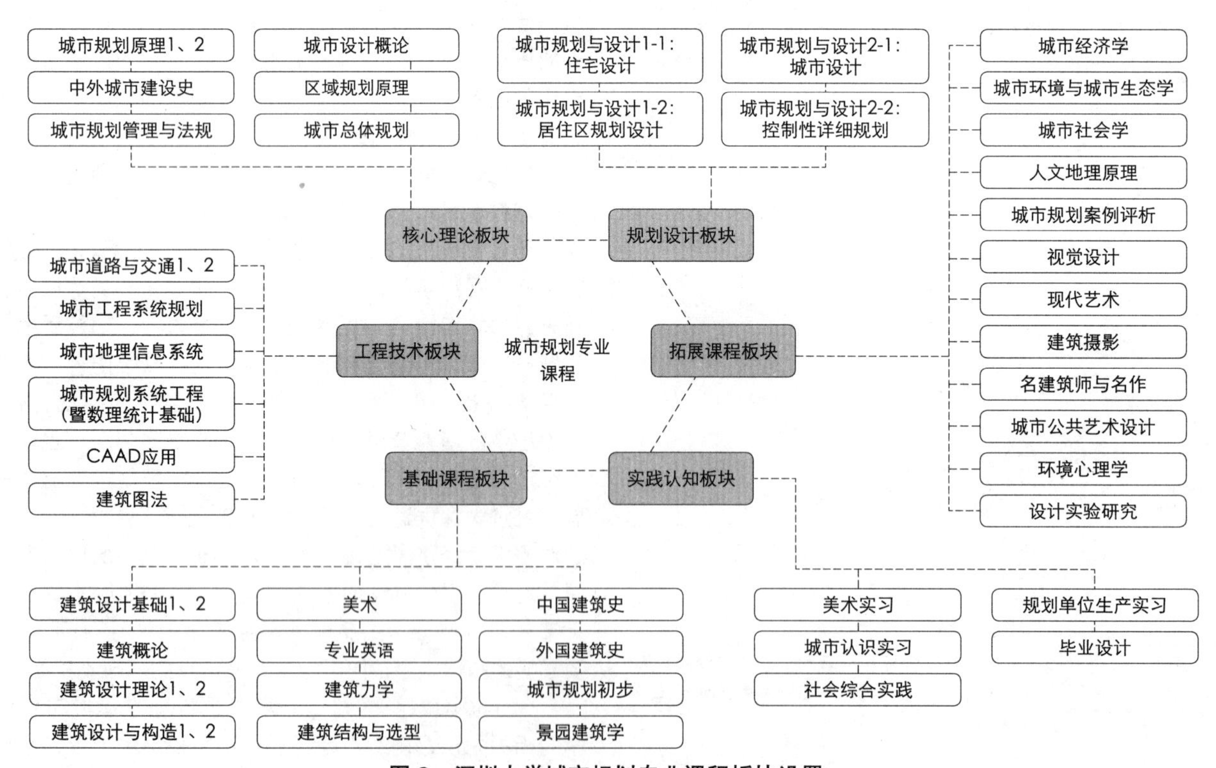

图2 深圳大学城市规划专业课程板块设置

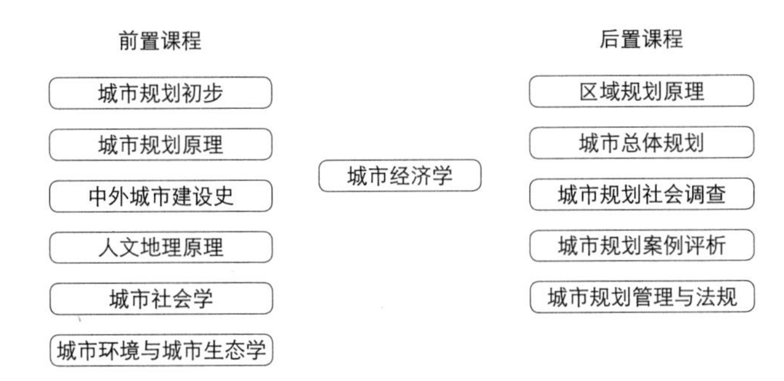

图 3　城市经济学的前置课程和后置课程

明确城市经济学在城乡规划专业教学中的位置，有助于合理的安排开设城市经济学的学期，以及合理设置城市经济学的教学内容及教学方式，从而使城市经济学更好地为培养城乡规划专业人才服务。根据上述分析，将城市经济学安排在大三的下学期或大四上学期是比较合理，这最终还需取决于其前置课程和后置课程的开设时机。城乡规划学是原建筑学一级学科下属的二级学科所分化出来的，经过多年的发展，城乡规划学已经形成了相对独立的理论体系。然而在一些院校的城乡规划专业教学中仍保留着较多的建筑学基础课程，而这些基础课程大都安排在 1~3 年级，这从一定程度上也延后了城乡规划专业核心理论课程和拓展课程的开课时间。我们收集了一些理论课老师的反馈意见，大都反映学生的分析能力、读写能力普遍较弱，并且对城市的空间概念把握的不够，仍然停留在建筑的尺度概念上。高等学校城乡规划学科专业指导委员会（2013）指出城乡规划教育已从传统的建筑工程类模式转向社会综合管理与工程技术相结合的模式，以后从事城乡规划的专业人才需要掌握更多的人文社科的分析方法。因此有必要将一些核心理论课程和扩展课程提前介入到城乡规划专业的本科教学中，从而在学生的知识结构中较早的形成认知和分析城市的思维定式。依照这样的思路，在相关前置课程可能较早开设的条件下，我们建议在大三的下学期就开设城市经济学，这样可以更好地为后续课程做铺垫。

3　教学内容的设置

前面的分析提到城乡规划专业背景下的城市经济学教学有两个重要的特点：一方面是学生在修读城市经济学之前大都没有经济学的基础，需要用一定的课时量来介绍经济学的基本概念和理论；另一方面是城乡规划专业对城市经济学提出了特殊的要求，不仅要求城市经济学能够为城市现象和城市问题提供新的分析视角，而且也希望可以运用城市经济学分析城乡规划的编制和实施过程中所碰到的各种经济问题，如总体规划中的产业定位，以及城市更新中的利益协调等。因此，在设置教学内容时，必须考虑到城乡规划专业的学生知识结构和专业培养要求。

根据这些要求，城市经济学课程内容安排可分为经济学基础和城市经济学两大模块。城市经济学所需要掌握的经济学基础主要是微观经济学部分的一些知识点，包括需求供给分析、消费者行为分析、企业行为分析、公共部门经济学。针对城乡规划专业的特点，对公共部门经济学中的外部性、公共品和政府的作用的知识点会做重点介绍。在城市经济学模块中，则可根据城市经济学在课程体系中的地位来安排教学内容。具体而言，可以按照专题教学的方式，将所涉及的各种城市现象、城市问题以及城市规划的编制和实施作为主题进行分析，突出课程的实用性。每个专题都会对相关的前置课程的教学内容进行呼应，让学生体会到运用城市经济学分析具体问题时的方法和作用（图 4）。

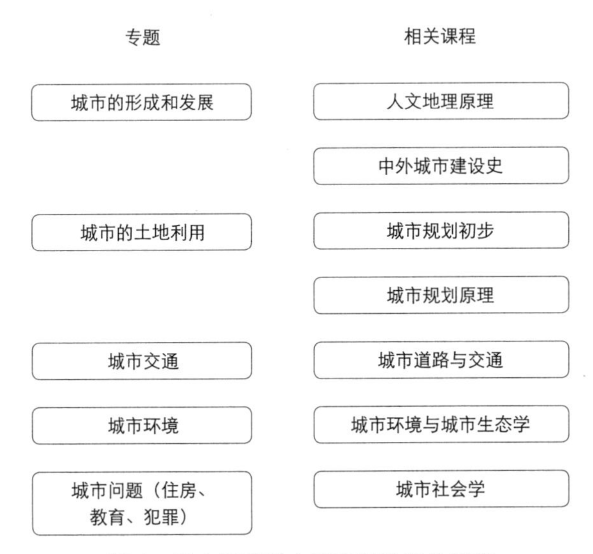

图 4　城市经济学主要专题及相关课程

4 教学方式改革

由于城乡规划专业的学生在低年级的时候受到较多的设计课和实践课的训练，学生的动手能力、实践能力较强，而逻辑分析能力和阅读理解能力则相对较弱。根据这一特点，若按照传统的以课堂讲授为主的教学方式难以调动学生的学习积极性，会阻碍学生对知识的吸收。因此，针对学生的特点，以上述各专题作为教学单元，可充分采用案例分析、课堂讨论、社会调查等教学方式，通过现实案例、师生互动以及学生的亲身体会来增强他们对相关知识的理解和运用的能力。东南大学针对城市经济学进行了研讨课程改革（张倩，2013），取得了良好的成效，也积累了很多教学经验，可以为其他学校所借鉴。

深圳大学近年以来将案例分析和社会调查相结合，形成专题调查的环节，融入城市经济学的教学中。专题调查的主要内容是让学生运用所学的城市经济学知识点，挑选他们所关心的城市热点问题进行调查和分析，最后在课堂上进行汇报和讨论。很多同学在这个教学环节上都表现出非常高的积极性，教学反馈也显示学生在这个教学环节上的兴趣和满意度都是最高的，并建议加大专题调查的分量。在专题调查的选题上，任课教师尽量减少干预，从而提高学生的自主性，只对个别和城市问题的关联较少的题目进行适当的修改。而在调查设计和调查分析的环节中，则需要教师充分引导学生去运用城市经济学的基本分析工具，比如集聚的概念、供给－需求分析、成本－收益分析等，深化学生对这些分析工具的掌握。

在城市经济学课程中加入专题调查的环节，可以提高学生认识和分析城市现象、城市问题的能力。同时，专题调查环节也增加了学生社会调查的经验，使得学生在修读城市规划社会调查之前可以提前接触到社会调查的流程，为更系统地掌握社会调查方法奠定了基础。此外，专题调查环节还增强了学生的综合分析能力，为后续的城市总体规划、城市规划案例评析、城市规划管理与法规等课程的学习创造了条件。

5 结语

国家新型城镇化规划（2014~2020）提出“市场主导，政府引导”的原则，要求“正确处理政府和市场关系，更加尊重市场规律，坚持使市场在资源配置中起决定性作用，更好发挥政府作用，切实履行政府制定规划政策、提供公共服务和营造制度环境的重要职责，使城镇化成为市场主导、自然发展的过程，成为政府引导、科学发展的过程。”在新时期下，必然要求城乡规划专业教育提高学生对市场配置（空间）资源的机制以及政府的引导作用的认识和理解。这意味着城市经济学在城乡规划专业教育中扮演者越来越重要的角色。因此，如何更好地将城市经济学融入城乡规划专业的教育中，是我们必须一直思考的问题。

主要参考文献

[1] 奥沙利文．A. 城市经济学．北京：北京大学出版社，2008.

[2] 高等学校城乡规划学科专业指导委员会．高等学校城乡规划专业本科指导性专业规范（2013年版）．北京：中国建筑工业出版社，2013.

[3] 黄庆瑞，汤小凝．《城市经济学》课程教学改革探讨．福建建材，2010，04：125-126.

[4] 修春亮．城市规划的社会科学理论基础．城市问题，1995，5：2-5.

[5] 易秀娟．城市规划专业本科城市经济学课程教学研究．科教导刊（中旬刊），2012，10：20-21.

[6] 张倩．规划教育转型视野下的城市经济学研讨课创新．2013全国高等学校城乡规划学科专业指导委员会年会论文集．北京：中国建筑工业出版社，2013.

Inquiry into Urban Economics Teaching in the Education of Urban Planning

Chen Yu

Abstract: This paper studies the roles and status of urban economics in the education of urban planning. Based on the analysis of the relationship between urban economics and other relative courses, the contents and methods of urban economics teaching is discussed.

Key words: Urban Economics, Urban Planning, Curriculum System

执业导向的城乡规划原理课程建设与改革

车　乐　王世福　邓昭华

摘　要：随着我国城乡规划理论和实践的发展，以及城乡规划教育国际交流的加深，城乡规划已经脱离传统曾经依托的建筑学或地理学，成为涵括多个子学科的国家一级学科。与其同步，我国城乡规划执业制度也日趋完善，包括了管理、研究、工程设计等多种从业方向。新型城镇化对我们的学科和行业发展提出了更严峻的挑战与更高的要求。适应上述综合背景，为培养适合城乡规划执业实践工作的素质全面、特长突出的专业人才，作为规划本科教学核心课程的城乡规划原理课程改革与创新拟从两方面开展：一方面，在教学内容上注重培养学生执业岗位所需的素质能力，使大学教育与当下规划行业发展无缝隙对接。另一方面，在教学方式上重视原理课程与设计课程的无缝契合、互相印证领会。探索实践导入式传授的教学方法，增加不同岗位执业规划师参与的体验式互动教学环节，模拟执业工作状态共同学习，培养学生多视角认知的思维习惯和学养能力。整个课程改革设计期冀以点带面，全面展现城乡规划理论和专业实践的发展，推动以执业为导向的由知识教育走向全面素质教育的城乡规划教学体系的全方位综合改革。

关键词：执业，素质教育，城乡规划原理

1　引言

新时期，中国城乡规划专业教育面临新的机遇和挑战。一方面，新型城镇化背景下，城镇化的质量和人的全面发展成为城镇化发展的核心要义，这对城乡规划学科理论和实践发展提出了新的课题。另一方面，城乡规划一级学科的建立推动学科发展体系更加健全，发展方向走向多元，规划师执业制度逐步完善。如何培养可以适应和推动新型城镇化发展，具备较强的理论和实践相结合的能力、具有正确的执业价值观与社会责任感的合格规划师？如何帮助学生在全面发展的同时，尽快明确职业发展方向，有针对性的提升执业能力？这是我们一直在思考和探索的问题。

城乡规划原理课程是城乡规划专业核心的理论基础课，也是城乡规划职业素质教育的核心课程，是注册城市规划师执业资格考试的四门课程之一。该课程旨在使学生系统地认识当前国内外城乡规划实施的方法及模式，了解编制与实施各种规划的基本思路及理论依据，认识城乡规划对城市的社会、经济、环境三大效益促进的重要性，认识城乡规划对城市建设的直接指导意义，初步掌握城乡规划的基本方法，能在理论上指导规划设计的实践。

华南理工大学建筑学院对城乡规划专业学生的培养采用两阶段式的教育模式。第一阶段为低年级专业基础教育，以空间形态设计能力为重点，并讲授原理、人文、技术等专业知识；第二阶段为高年级专业深化教育，以规划综合能力为重点，并拓展社会、经济、地理等专业知识。城乡规划原理课程在三年级下学期开始开设，该课程作为规划学生从专业基础教育转向专业深化教育的重要专业基础课，承担着传授城乡规划基础理论、基本原理、基本技能，培养学生对学科的兴趣与热爱，更重要的是，培养学生的规划素养和树立正确的规划师价值观，掌握城乡规划不同于建筑学的学习方法与思维、工作方式等重要作用。

该课程在历年的教学中受到学生们的普遍重视与好评，但面对行业和学科的快速发展，在以下几方面亟需改进与提升：

车　乐：华南理工大学建筑学院城市规划系讲师
王世福：华南理工大学建筑学院城市规划系教授
邓昭华：华南理工大学建筑学院城市规划系讲师

（1）对比我们历年授课的知识点与注册城市规划师执业资格考试城乡规划原理课程需要掌握的考点，基本上是匹配的，覆盖度达百分之九十以上。注册规划师考试的考点更偏重素质和职业能力考察，而我们的授课要点偏重知识点和理论传授，虽然本科教育授课与职业教育培训应有一定的区别，但还是应该以执业为导向强化应用性教学和学生素质教育。

（2）作为理论课程教学，该课程内容庞杂而全面，以教授为主的灌输式教学方式较为枯燥，在咨讯日益发达的今天，很多知识点与基础理论学生们都可以通过课后查阅、网络、往年课件较为容易地获得，授课效果与上课热情也相应递减。原有的教学大纲、教学课件与教学方式虽然在逐年更新，但对学生的“带入感”不足，参与性和互动性较弱，知识接受度也就不强。因此，需要从课程教案准备、教学大纲调整、教学方法更新、强化与学生的沟通互动等方面有一个较彻底的改革。

（3）目前我校规划专业本科毕业就业的学生80%以上选择了规划院或者设计公司，即从事规划设计工作。而从规划学科发展与市场对规划执业者的需求来看，本科毕业生职业选择至少有设计院、地产开发企业、政府规划管理部门三个方向。因此，需要从规划原理课程起让学生对规乡学科和规划专业有一个系统地了解，与社会尽早接轨，培养全方位的、有社会责任感和正确职业价值观的在各领域、各行业工作的规划师。

2　执业导向城乡规划原理课程体系的提出

应对宏观背景的改变对城乡规划专业知识和基础理论提出的新要求，适应国家城乡规划职业制度的改革，通过对课程内容、教学方式、教学环节的全面调整和重组，形成一套与国际城乡规划教育同步的、能及时反映世界城市发展动态的、适应新型城镇化发展人才培养需要的城乡规划原理教学体系。

（1）以执业为导向开展系列综合改革，将大学教育尽早与社会接轨、契合，让学生全面了解学科发展，了解规划行业的从业选择，规避现在单一执业选择方向的误区。同时，注重对规划师必须具备的职业道德和关注公共利益等方面的教育与培养，从整体上提高学生的综合能力，为将来成为合格的城乡规划师打下扎实的基础。

（2）改革传统理论课以教授为主的灌输式授课方式，探索城乡规划专业两大核心课程：城乡规划原理与城乡规划设计的无缝契合式教育模式。探索以实践导入式传授，交互参与式主导的师生良性互动的综合教学方式。授课全程强调对学生的“带入感”和“教”“学”互动的参与性。

期望通过城乡规划原理课程的改革，以点带面推动城乡规划专业的其他课程建设全方位转向职业教育和素质教育，以行业实践、学科需求为导向培养学生不仅掌握规划理论知识和设计能力，还要有快速应对城市问题和解决规划实践问题能力的，具备规划师必备的执业价值观、社会责任感的合格城乡规划师。

3　实施方案及实施计划

3.1　具体改革内容

3.1.1　将以讲述为主的理论教学优化为与规划实践紧密契合的综合应用型理论教学；

（1）城乡规划专业原理课程的教学要求是传授城乡规划领域具有普适意义的基本规律、经过大量实践概括归纳的重要思想、经过提升的思想方法以及指导规划实践操作又受实践检验的操作理论。该课程本就是一门旨在实践的应用型的基础理论课程。

（2）在我院的课程体系设置中，开设在三年级下学期的城乡规划原理（一）主要讲述规划概论、以居住区规划为核心的城市详细规划理论、城市控制性详细规划理论，它同时也被作为四年级规划设计课程的前置理论课，四年级规划设计课程的主要安排就是居住小区规划作业、城市设计作业与控制性详细规划作业。开设在四年级下学期的城乡规划原理（二）主要讲述总体规划原理，它同时也被作为五年级规划设计课程——总体规划的前置理论课。

（3）规划专业的本科学生绝大多酷爱规划设计，他们对规划设计课程有通宵达旦的激情，而对以理论教授为主的规划原理等课程虽然深感重要，但仍然会觉得有些枯燥，并且感受不到马上可以应用的知识，很难进行活学活用的转换，于是很容易陷入课中盲目记笔记，考前背知识点的非理解式被动学习模式。这与其之后的规划设计课程教学很难起到相辅相成的教学效果，也很难激发学生们对规划理论课程学习的热情。

（4）将以理论教授为主，辅以个别案例分析的教学方式，调整优化为直接指向规划设计与规划实践的教学方式，以大量经典的或者发生在当下的城市与规划实例作为教学主线，通过对实践案例的归纳总结，传授基础理论与普适性原理。

3.1.2　在每板块规划原理知识小结时，增加互动式教学环节。各板块的互动式教学采用不同的方式。

课程团队拟通过互动式教学环节，一方面使学生们尽早了解到在各领域、各行业、各层面规划从业者的具体工作，对自己未来的职业选择有一定的倾向；另一方面，通过各种类型的参与和互动，增加课程的感染力，培养其作为合格的规划师所必需的各项综合能力，也希冀通过与专家的近距离交流，正面培养其职业价值观、职业操守、社会责任感。

（1）在规划概论阶段，主要传授城乡规划的基本概念、基础理论与主要思潮。互动式教学课程采用截取合适的影片、纪录片与视频片断，向学生展示不同时期、不同国家的城市、城乡规划在各个阶段面临的挑战、不同类型的城市空间，请学生们开放式讨论感想以及我们规划师可以做些什么。

（2）在居住区规划阶段，主要传授居住区规划设计的理论与方法。互动式教学采用请学生们利用课余时间分组调研不同城市区位的居住区、居住小区、居住组团等不同规模、类型的住区，汇报对该小区的分析与评价。邀请校内教授、开发企业负责人、政府规划行政部门负责人、规划设计单位技术人员等共同参与讨论，让学生们提前试验自己作为规划设计师的执业角色，并观察学习其他有自己可能从事的执业角色。

（3）在控制性详细规划阶段，主要传授控制性详细规划的编制内容与方法，核心控制和指引要素等。互动式教学采取模拟规委会讨论是否许可某项突破控制性详细规划申请的场景，申请许可的项目选择学生们比较熟悉的地块或项目。拟邀请规划管理机构的领导、开发企业负责人，学生们自己模拟设计人员、公众的角色，授课老师模拟专家角色，几方展开博弈讨论。让学生们了解控制性详细规划的地位与作用，感受规划师承担的协调者的角色，并观察学习其他有自己可能从事的执业角色。

（4）在总体规划阶段，主要传授总体规划的编制内容与方法。互动式教学采用模拟给四套班子及政府各部门汇报总体规划最终成果的场景，请学生、政府决策者、规划部门管理人员、其他专业技术人员、公众等共同讨论评审通过与否，让学生们深入了解总体规划的内容与编制过程需要协调的各项因素。

（5）在规划拓展课阶段，主要传授一些国内外规划业界正在热议的问题，开启学生的规划思维。互动式教学采取由几位任课教师和学生开放式讨论或分组辩论身边正在发生的规划有争议的问题，比如今年广州骑楼街保护与拆除与否的事宜。让学生们的规划理论学习真正落地，掌握应用所学的理论知识解决实际规划问题的方法。

3.2　详细实施方案

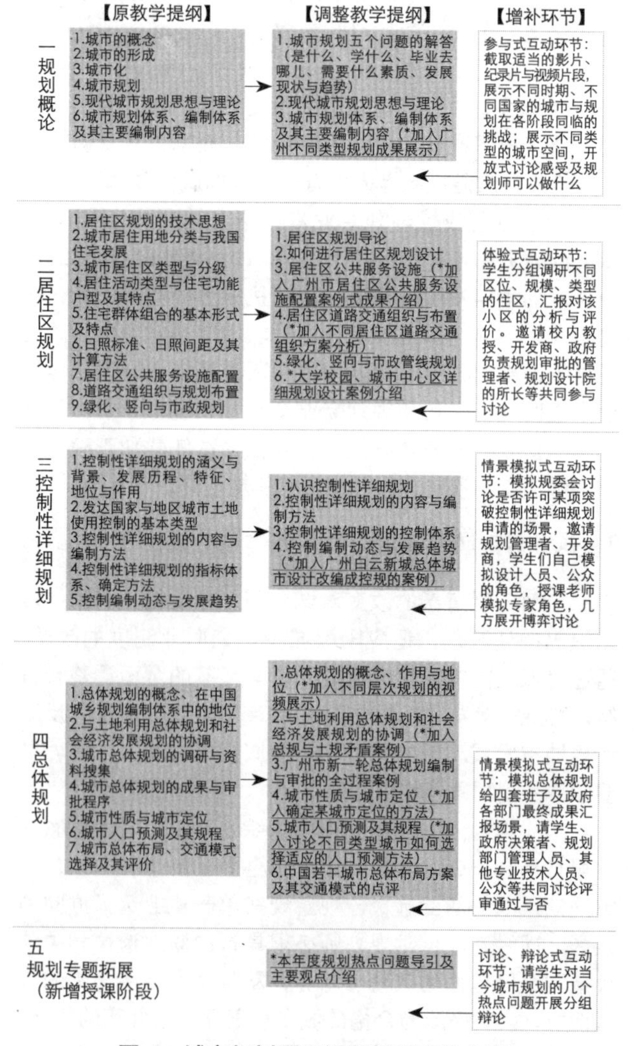

图 1　城市规划原理课程授课实施方案

4 实践导入式课程示例

以本学期刚刚讲授过的控制性详细规划中第一节《认识控制性详细规划》教学为例，来探索这套执业导向的城乡规划原理课程教学的初步效果。

4.1 课程内容

《认识控制性详细规划》是控制性详细规划的第一节课，授课内容包括控规产生的背景、控规之于城乡规划编制体系、控规是什么做什么有什么用、业界关于控规的探讨四部分内容。实践导入式的教学环节出现在简单的基础知识引介之后，大约 30 分钟。

4.2 教学目的与教学方法

采用实践导入式主导，学生参与互动讨论、教师主持与辅助讲解、总结理论要点的方法，在控规课程学习之初让学生们对控规的核心内容、控规与总规修规的关系、控规在规划实践中如何使用有基本的了解。授课期间导入对规划执业价值观的强调，培养学生以解决实际问题能力为核心的综合素质。同时回顾居住区规划所学的知识，让修建性详细规划规划与控制性详细规划的教学环节有良好的衔接。

4.3 课程设计

在控制性详细规划课程教学之前，学生已经学习过了居住区规划原理，选择其熟悉的领域进行案例导入。

首先，在广州市总体规划图中介绍中新广州知识城的区位，选取位于其起步区的一个住区：新加坡星桥国际公司开发的天韵居住小区。带着学生们仔细读取总体规划所给予的信息：该地块位于知识城南起步区的核心地带，贯穿知识城的南北轴线九龙大道的西侧，起步区中心湖的东北侧，南侧紧邻开发区管委会将要开发的办公、图书展览、商业综合性用地，周边还有大量的商业与居住用地。交通与生态条件优良。在此基础上，给出规划局提供的天韵一期开发住区的地块红线。

以学生们期望的未来执业选择赋予其三组角色，分别是设计院的规划师、地产开发企业的策划规划人员、规划局管理人员。请设计人员回答问题：①在你开展这个住区规划之前，你认为你需要知道什么条件，才可以

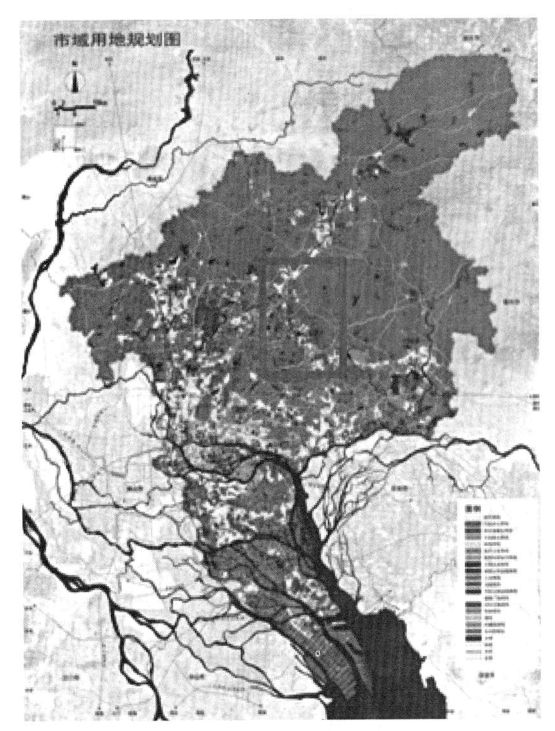

图 2　中新知识城的区位

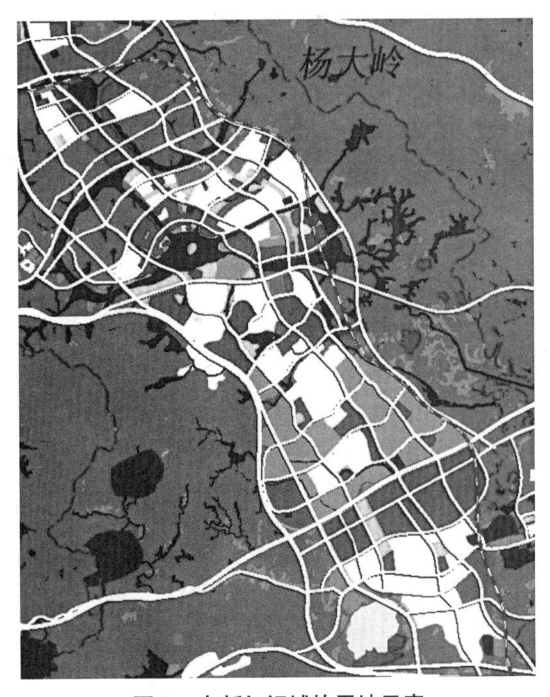

图 3　中新知识城的用地示意

图 4　案例居住小区在中新知识城南起步区的区位

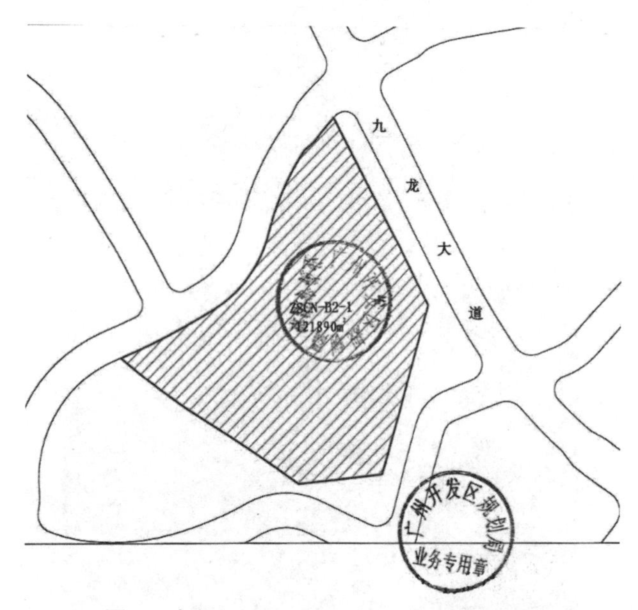

图 5　中新知识城 ZSCN-B2-1 地块红线图

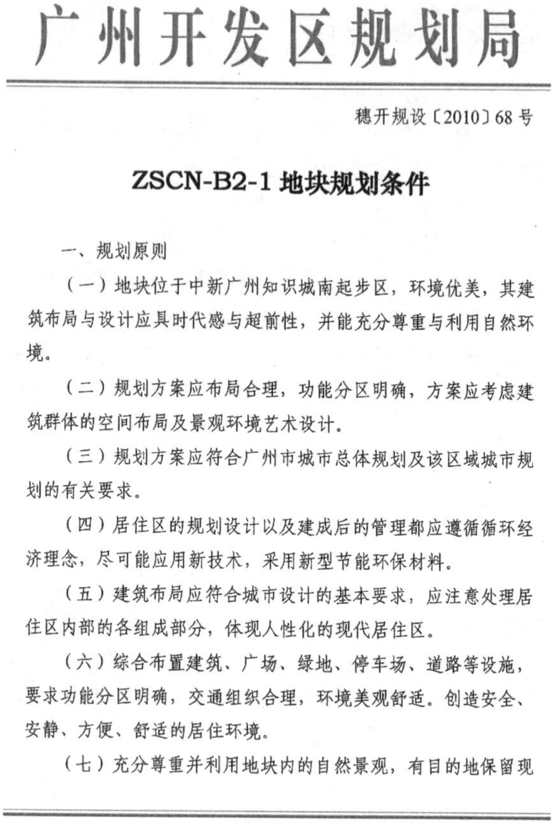

广州开发区规划局

穗开规设〔2010〕68 号

ZSCN-B2-1 地块规划条件

一、规划原则

（一）地块位于中新广州知识城南起步区，环境优美，其建筑布局与设计应具时代感与超前性，并能充分尊重与利用自然环境。

（二）规划方案应布局合理，功能分区明确，方案应考虑建筑群体的空间布局及景观环境艺术设计。

（三）规划方案应符合广州市城市总体规划及该区域城市规划的有关要求。

（四）居住区的规划设计以及建成后的管理都应遵循循环经济理念，尽可能应用新技术，采用新型节能环保材料。

（五）建筑布局应符合城市设计的基本要求，应注意处理居住区内部的各组成部分，体现人性化的现代居住区。

（六）综合布置建筑、广场、绿地、停车场、道路等设施，要求功能分区明确，交通组织合理，环境美观舒适。创造安全、安静、方便、舒适的居住环境。

（七）充分尊重并利用地块内的自然景观，有目的地保留现

图 6　ZSCN-B2-1 地块规划设计条件

顺利给出这个项目定位，开始做方案？请地产企业策划规划师回答问题；②如果你觉得中新知识城 ZSCN-B2 地块很有吸引力，要向上级汇报拿地，你认为在总体规划提供的信息之下，你还需要知道哪些要素才可以上会讨论？请规划管理人员回答；③按照你对住区规划的理解，请遵循执业价值观与社会责任感，你是该项目的经办人员，你会给出怎样的条件控制该地块的开发？学生们展开了激烈的讨论，得到的结论整理如下：地产开发团队关注容积率、建筑限高、建筑密度、哪里允许设置出入口、与周边居住地块相比条件差异；设计师团队关注容积率、建筑限高、建筑密度、出入口设置、后退道路红线控制、停车泊位、与周边山水的关系、与周边住区的定位差异；规划管理团队关注容积率、公共服务设施的配置、建筑高度对南侧湖面景观的影响、建筑密度、建筑整体风格导引、九龙大道的界面控制。在这个基础上，教师给出了规划局提供的关于该地块的规划设计条件，其中核心指标如下：容积率不大于 2.7、绿地率不小于 30%、建筑高度不大于 75m、建筑密度不大于 25%、需要设置 3900m² 幼拖一处，文化娱乐、体育 5000m²、允许在基地西北侧设置一个机动车出入口，退主要道路红线》10m、考虑与周边山体、水体的关系等。请学生们比较他们的思考与规划设计条件之间的关系，给学生们讲授规划设计条件是土地出让的依据，开发商

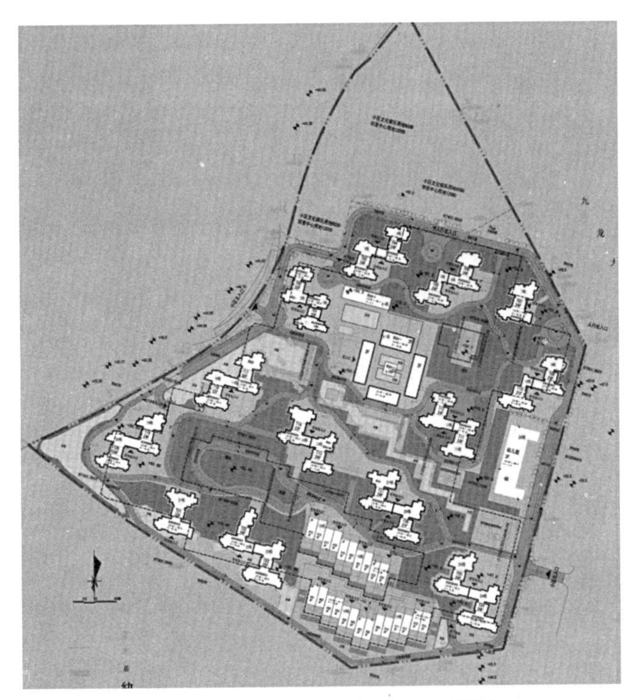

图 7　天韵住区规划报审总平面图

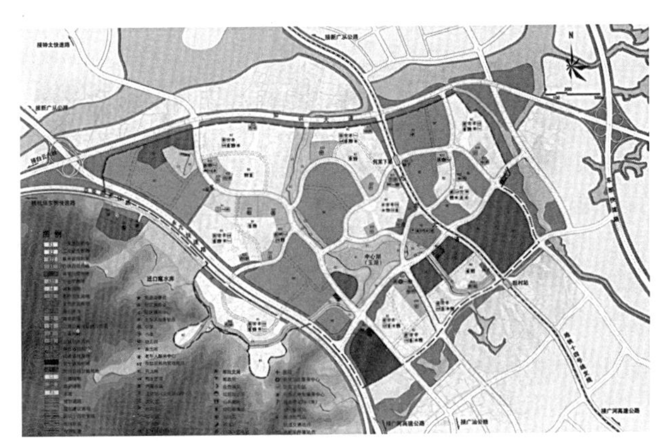

图 8　中新知识城南起步区控制性详细规划图

图 9　天韵住区所在的地块管理图则

要依据它考虑自己是否参与竞拍，设计师开展设计需要依据它作为任务书，设计方案是否可以得到批复取决于你是否符合规划设计条件。同时展示天韵住区的报批规划方案，请学生们讨论这个方案做的是否合理，与规划设计条件是否吻合，进一步思考其规划布局、高层住区与联排别墅区的分布与周边山水的关系、道路交通系统、公共服务设施系统、绿地系统设置是否较为合适的配置。

规划局编制规划设计条件的依据是控制性详细规划，给学生讲授中新广州知识城南起步区控制性详细规划的核心内容。让学生了解控制性详细规划上接总体规划，下接修建性详细规划、具体设计与开发建设行为。它是规划与管理、规划与实施之间衔接的重要环节。它以量化指标和控制要求将城市总体规划宏观的控制转化为对城市建设的微观控制，并作为指导地段修建性详细规划、土地出让的具体设计条件和控制要求。

接下来，讲解刚才三个团队所要求的核心指标来源于控规的图则，带着学生们了解天韵住区地块的图则、指标、具体要求。其中核心指标如下：强制性指标包括：容积率不大于 2.7、绿地率不小于 35%、建筑高度不大于 100 米、建筑密度不大于 30%、需要设置幼托、居委会、文化室、居民健身场所、老年人服务站点、社区卫生站、物业管理、垃圾收集站、公共厕所各一处、九龙大道不允许设置出入口，退主要道路红线不小于 10 米，引导性指标包括居住人口数 8618 人，停车位 4964 个，建议在基地西北设置一个机动车出入口等。比较控规图则的指标与规划设计条件指标的差异，请拟从事规划管理执业的同学回答对这些差异的思考，绿地率的减少是否合适，建筑高度的调低、建筑密度的调低是否使整个片区环境更优化。引申到规划自由裁量权的合理使用与“控规控什么”，请学生课后讨论与思考。

5 结语

以新型城镇化为核心的经济、社会发展背景的改变给城乡规划学科与行业发展提出了新的挑战。一级学科的构建与探索、规划师执业制度的日趋完善都给城乡规划教育带来了更高的要求。为了培养能够与社会需要无缝隙衔接的合格规划师，笔者在城乡规划本科教学阶段，推动以执业为导向的教学改革。倡导以实践导入式教学、全方位参与体验、与行业专家互动的综合教学方式改革，期冀达到增加课程感染力、理论课程与设计课程紧密契合、由知识教育走向全方位素质教育的三重效果。

主要参考文献

［1］ 赵万民，赵民，毛其智．关于“城乡规划学”作为一级学科建设的学术思考［J］．城市规划．2010. 06.
［2］ 杨建军，汤婧婕．我国城市规划专业设置方向及其办学格局的探讨［A］．全国高等学校城市规划专业指导委员会年会论文集［C］．北京：中国建筑工业出版社，2010. 09.
［3］ 卓健．城市规划高等教育是否应该更加专业化——法国城市规划教育体系及相关争论［J］．国际城市规划，2010. 06.
［4］ 尹稚等．规划师的职业规划［J］．城市规划，2010. 12.
［5］ 栾峰．基于制度变迁的控制性详细规划技术性探讨［J］．规划师．2008. 08.
［6］ 赵虎．规划师传统价值观体系的构架及现实检讨——基于《论语》学习的浅识［J］．城市规划，2011. 01.
［7］ 陈林．我国城市规划专业教育存在问题与改革思考［J］．规划师．2010. 02.
［8］ 陈健．基础教育对现代设计的意义．东华大学学报［J］．2009. 06.
［9］ 吴志强，于泓．城市规划学科的发展方向．城市规划学刊［J］．2005. 06.
［10］国务院印发．国家新型城镇化规划（2014–2020）．2014. 03.
［11］陈征帆．论城市规划专业的核心素养及教学模式的应变［J］．城市规划，2009. 09.

Career–Oriented Reform for the Course of Urban and Rural Planning Principle

Che Le　Wang Shifu　Deng Zhaohua

Abstract: Along with the development of the Chinese planning practice, together with international lesson–learning, urban and rural planning as a national first discipline is established from the base of architecture and geography. At the same time, planning careers are becoming diverse involving management, research and design. New Urbanization promoted by the central government sets a higher standard for the planning discipline. To adapt to the above situation, two changes in the course of planning principle is needed to incubate the future planners. First, in terms of the content of the course, attention needs to be paid to planner' s ability, including not only planning knowledge and design ability, but also the ability to respond practical issues quickly. The ethnic issues of social value and responsibility also need to be addressed, to better bridge planning education and planning practice. Second, the courses of planning principle and planning design studio need to match each other. This can be done by introducing role–playing games in the lecture, to inspire students to act different roles in planning practice, providing multiple lenses to planning career. This can be a good start to transform the traditional planning education towards a more career–oriented training program.

Key words: career, quality education, urban and rural planning

新时期下城市社会学教学任务和内容剖析*

罗 吉 黄亚平

摘 要：本文认为城市社会学作为规划学科的核心课程，不仅和城市地理学、城市生态学、城市经济学等理论一样能够扩充研究视野和提供技术支撑，而且在我国城市社会转型和规划研究“社会转向”的历史情境下，它需要肩负起城市规划认知“社会转型”的责任，在教学任务上需要明晰城市规划的伦理价值，解释与阐述社会空间互动规律，提供社会研究经验与方法；而且由于城市社会学具有空间研究的传统，其学科研究对象与城乡规划学有一定的重合性，因此在教学内容的组织上可以根据后者的社会需求来组织教学内容，具体上可从属性认知、问题认知和方法认知三方面入手。

关键词：城市社会学，城市规划，社会转型

1 引言

当前我国的经济发展与社会转型相伴相生，市场经济的不断深入带来了社会阶层日益分化与社会生活方式改变，城市中各种社会问题逐渐显现并日益复杂，并反映于城市社会空间结构的激烈变化。城市规划作为一种社会制度，以合理安排城市功能布局，公平分配城市的空间资源为己任，需要对这些现实状况做出积极响应，从物质空间建设层面寻求解决社会问题的途径。然而，创建于计划经济时代的中国城市规划更多的定位于技术工程领域，城市空间与社会发展的纽带存在断裂，城市规划的社会责任感先天不足。与此相关联的是，在城市规划专业教育领域，大多数脱离于传统建筑学的城市规划专业教育缺乏对社会空间问题的敏感性，寻求在社会领域的拓展与延伸势在必行。

城市社会学（Urban Sociology）是以城市的区位、社会结构、社会组织、生活方式、社会心理、社会问题和社会发展规律等为主要研究对象的一门学科。现在很多规划院校都将其列为城市规划专业的必修课之一。利用社会学视角来审视和把握演变中的城市规划社会需求，并使之成为分析城市空间背后社会问题与社会运行规律的有效工具。但城市社会学作为基础理论学科，其研究重点多位于描述和解释，且在研究内容和范围上也过于宽泛；而城乡规划学是城市规划是立足于实践的学科，两者之间存在“理论—实践”之间的关联。因此如何能够针对自身需求，从城市社会学中提炼和总结出需要借鉴和学习的方面，用于指导规划研究和实践，需要规划教育的梳理与归纳。

2 规划教育中的城市社会学的任务剖析

从课程设置上来讲，城市社会学目前在城市规划院校多安排在三年级和四年级，在这一阶段，学生们完成了规划设计的基本技能训练，开始进入专项规划设计和相关理论课程并行的规划业务提升阶段。城市社会学在此阶段实质上是扮演者起承转合的角色，既要完成对城市规划的全面认知，拓展规划研究的视野，又要培养一定基础的专项研究能力。

城市社会学的研究内容过于稀松，研究对象和领域也非常宽泛，蔡禾（2011）曾收集了17本中英文的《城市社会学》著作，从中总结出了城市社会学中21个具有相对独立的内容，且每本著作的内容构成差异极大，

* 湖北省高等学校省级教学研究项目（2013051），中央高校基本科研业务费资助项目（HUST：2014QN178）.

罗 吉：华中科技大学建筑与城市规划学院讲师
黄亚平：华中科技大学建筑与城市规划学院教授

学者们在这门学科内容上存在着极大分歧。对于城市规划而言，不是所有的城市社会学议题都能与城市规划相契合，其教学任务需要围绕着规划的实际需求展开，具体上要对规划学科的认识实现三方面的支撑：明晰城市规划的伦理价值、解释与阐述社会空间互动规律以及提供社会研究经验与方法。

2.1 明晰城市规划的伦理价值

由于城市规划是一项实践性很强的工作，规划教育往往以培养规划设计能力作为导向，课程安排上已形成了以设计课程为核心，相关理论课程予以支撑的教学体系。因此，学生从一开始接触到基本技能训练和基础知识培训，再到专项规划设计及其相关原理的学习，很容易对规划理解产生"唯空间论"，将城市规划简单理解为"城市空间设计"。虽然相关规划原理课程会包含有部分社会方面内容，但社会因素自身有"软性"和"隐性"的特征，很难在规划设计中予以准确定位与表达，导致学生对城市规划的本质理解有偏差。特别是当前城市规划被定义为公共政策，这与他们平时对规划的认知差别巨大，加之缺少规划编制和实施的具体经验，学生很难将规划设计及其属性联系起来。

因此，城市社会学的首要任务建立起规划实践与学科价值之间的认知桥梁，通过了解城市空间规划面临的社会问题，明晰城市规划实践为社会和人服务的最终目的，增强学生对规划本质的社会性认识，从而实现对城市规划属性与价值认知的回归，以及他们对规划学科理解的完整性。

2.2 解释与阐述社会空间互动规律

社会空间辩证法认为"城市空间是社会过程和生产关系的产物，另一方面，空间又是一种物质力量，它影响、引导、限制活动的可能性以及人类在城市中的存在方式"。城市规划要解决社会问题或实现社会目标，进行成功的空间实践，必须了解"社会－空间"之间规律。城市社会学的引入，为城市规划提供了了解社会的平台，拓展了社会学方面的视野与方法，从而建立了社会空间之间的联系纽带。

事实上，弗里德曼曾指出城市规划专业实践的性质主要体现为多学科知识的综合应用，即"从知识到行动"。可以理解为，规划的实践在安排和改造城市环境的过程中，需要有意识地遵循或应用科学知识系统中的相关规律，才能有效地达成规划目标，这也就是通常讲的规划的"科学性"。因此在规划教育中，城市社会学作为一般认识论及与规划实践相关的科学，其知识构成了规划的知识教育基础。它需要通过解释城市空间形成背后的社会机制与社会利益分配关系，以及不同阶层所处的空间联系，来阐述社会空间之间的互动规律，为指导有效的城市空间利用与安排提供基本保障。

2.3 提供社会研究经验与方法

从城市规划的公共政策属性来看，它具有社会工作性质，在很多工作和研究环节中都需要社会学研究方法的延伸和应用，例如在城市规划编制实践中的资料收集、专题研究、基础分析方面，需要大量的社会调研、社会统计以及社会分析等方法的支撑。城市社会学作为独立发展的学科，经过了长时间探索、发展和完善，已经形成了基于社会研究的成熟且种类繁多的方法体系，其中有针对性的研究方法可以成为规划编制和前期研究提供不可或缺的技术保障，产生事半功倍的效用。

3 城市规划中城市社会学教学内容框架

如前所言，在城市规划本身的知识构成中，并不包括完整意义上的社会研究，而是需要围绕着自身工作属性和特征来选择。城市社会学的引介要紧扣城市规划行业，根据上述三方面的教学任务安排，教学内容除讲授其学科基础知识外，还应围绕着规划社会属性、规划实际境遇以及技术支撑而展开，将规划行业内关心的社会问题、社会现象、规划组织编制与方法方面作为重点，从属性认知、问题认知、方法认知三个部分来完成城市社会学的教学。

3.1 属性认知——与城市规划社会特质相结合

（1）对城市社会和社会空间的认识

虽然城市规划不能脱离城市空间，但对其规划目标和规划过程的社会属性毋庸置疑。2006 版的城市规划编制办法清晰地将城市规划定义为，政府调控城市空间资源、指导城乡发展与建设，维护社会公平、保障公共安全和公共利益的重要公共政策之一，它证明了城市规划要经过城市空间塑造来实现其社会理想。对于社会城市社会学而言，课程讲授需要紧抓他们之间的关系纽带，解析城市社会这个研究客体及其研究进展，以及阐述社会和空间之间作用机制。

具体而言，了解城市社会课题的内容以城市社会学的传统研究对象作为主体，包括城市社会系统（社会结构）、城市社会关系（社会阶层分层与流动）以及城市生活方式三部分；而对于社会空间的机制研究，笔者认为借助于传统经典城市社会学理论来说明显得尤为妥当，因为城市社会学一直以来都以“空间”关注作为研究传统，它在研究社会现象时，往往将其置于空间的视野中，其中芝加哥学派的人类生态学在某些时候更是被认为是推动城市社会学发展的力作。因此，对城市社会学传统经典文献的梳理实质上可以理解为对社会空间研究发展过程的再认识，解析人类生态学派、马克思主义学派、韦伯学派、女性主义学派等学科研究成果能够让学生了解社会、人群、权力和空间之间的分配及其相互联系。

（2）对规划价值和规划形式的再认识

城市规划工作的开展并非单一的技术过程，而是牵涉到多方利益的协调过程。因此，从这个角度上来说城市规划具有社会工作属性，而城市社会学在此领域积累了丰富研究成果，将有助于了解规划自身的规划组织过程。

明确到多元价值取向下的多元主体决策是了解规划社会工作的要义。帮助学生了解城市发展的动力主体是政府、居民和企业组织，在规划领域反映为政府、公众和开发商三者之间的博弈和制衡，各主体之间合作方式的差异，对城市规划编制与实施将产生截然不同的效果；规划师是政府、居民和市场之间的沟通者和协调者，社会研究的目的就是要明确政府、开发商、公众在城市规划行为中的角色定位，从而揭示规划师在相应模式下的专业任务。

此外，了解规划编制与实施过程是城市规划专业学生必须掌握的知识，虽然在城市规划原理、城市规划管理与法规课程中已包含有部分内容。但从城市社会学角度而言，城市社会学在社会工作组织上积累丰富，其中公众参与、社区行动、城市管治等典型手段和行动模式对城市规划的影响尤为突出，有利于规划编制、监督规划运作、改善规划实施成效，也是城市社会学向城市规划延伸的主要方面。

城市社会学教学中的属性认知内容构成　表1

	城市社会学	城市规划
核心内容	■城市社会系统（社会结构） ■城市社会关系（社会阶层分层与流动） ■城市生活方式 ■社会空间关系（相关理论）	■规划价值认知（规划师角色） ■规划过程认知（编制与实施的过程） ■规划形式认知（社区规划、倡导性规划、公众参与……）

3.2　问题认知——与规划发展境遇相结合

（1）城市发展与城市社会问题

从众多城市社会学的教材中，学科研究内容体现为综合性和本土性，既包括包罗万象的“城市整体”，也包括些许具体的“社会问题”。其中前者将有助于规划学科认清城市社会本体，而后者将有助于了解城市规划亟待解决的社会课题。事实上，城市社会学发迹于资本主义工业化和城市化的发展时期，一直回答和解释着城市发展和城市社会变迁问题，例如在西方城市社会学中，城市政治与权力、城市种族、城市移民、边缘社会、女性问题是其核心问题。因此我国规划学科中的城市社会问题选择需要适合我国当前社会特征，特别是在市场经济机制主导城市快速城市化时期，社会阶层不断分化产生了各阶层对城市空间的占有和如何分配的历史性命题。由此，城市规划中的社会课题支持归纳起来应围绕城市良性发展与特殊群体需求两个方面展开。对于城市规划职业者而言，需要直接面对和思索的内容包括有城市空间公平发展、贫困问题与贫困住区问题、社会阶层分化与社会空间分异问题、老龄化与老龄住区问题等；其中或有一些社会课题未能间接直接影响城市空间的形成，但与城市的经济与社会发展息息相关，并最终需要城市规划在空间层面予以支持，例如就业问题和社会保障问题。

（2）城市社会规划类型的注解

值得注意的是，城市社会学中对社会课题的研究注重问题描述与政策分析，与城市空间层面衔接不够紧密，这就需要城市规划对其进行延伸，通过空间分布、空间使用和空间占有等规划视角来分析城市人群、城市空间以及城市中人与空间的关系，揭示潜藏在城市社会和城市空间中的社会结构和组织原则，以及对城市空间形成背后的社会机制；使城市规划按照城市社会和居民生活的组织结构，安排城市空间资源，避免规划实践中出现的布局不合理、资源浪费、结果与目标的背离现象。在此阶段可以辅助一些城市规划特定类型进行讲解，让学生有更加直观的认识，例如职住空间规划、保障性住房规划、城中村规划、旧城改造规划等规划形式，说明城市规划对社会课题响应的一些形式。

城市社会学教学中的问题认知内容构成　表2

	城市发展中的社会议题和问题	城市专项规划（空间响应）
核心内容	■ 城市社会空间的分异 ■ 空间隔离与社会分化（居住隔离、阶层隔离、极化社区、门禁社区） ■ 弱势群体的空间剥夺（失地农民安置区、蚁族区、城中村、旧城……） ■ 社会生活（就业问题、社会保障问题……）	■ 三旧改造规划 ■ 城中村改造规划 ■ 旧城改造规划 ■ 保障性住房规划 ■ 职住平衡规划 ……

3.3　方法认知——与规划研究与实践相结合

实践导向是方法认知的最好途径。因为城市社会学经过了上百年的发展，到今天已经形成了一套成熟的体系，涵盖了方法论、具体手段和研究技术三个层次，包含内容多如牛毛，简单的陈述和死板硬套难免使受众感觉枯燥乏味。而对于城市规划专业学生而言，教授社会学研究方法只有和未来的专业学习相结合才具有时效性。因此，在教学思路上不如以应用为导向，以规划编制和研究中必要的实践环节入手来引导学习，具体上可以从规划调研、规划分析和报告写作三个环节来组织课程教学，不仅能够为后期课程学习做铺垫，同时也能激发学生当下的学习兴趣。

（1）规划调研

资料收集是城市规划编制中不可或缺的首要环节，虽然在城市规划原理等学科核心课程中都有所涉及，但解析深度和广度远远不够，目前所用的调查框架和方法仍提留在20世纪（程瑶，赵民，2012）；相反近十年来，专执委举办的城乡社会综合实践调研报告课程作业评选却颇受重视，对规划调查的学习起到很好的引导作用，但其往往局限于中微观尺度调查。因而，要实现规划调研的全面学习可以从“补齐短板，应对发展”为目标为切入点，宏观尺度强化城市宏观的社会调查，中微观尺度以社会综合实践调研为导向，辅以相关实例和案例来讲解。

（2）社会空间分析

研究与分析工作是在资料采集的基础上展开的。对于城市规划中的社会学而言，社会空间关系和规律研究不可回避的课题。事实上，社会空间研究已经渗透到城市规划专题研究、基础分析等众多的工作环节，在方案的构思、推演的引导和结果深化方面发挥出不可替代的积极作用，其角色的重要性从近几年发表相关研究论文数量上可见一斑。教学中可以抓住几种重点应用课题，分别解析具有代表意义的因子生态析法、社会区域分析法、比较分析法、历史分析法等多类方法。

（3）报告写作

报告写作是对规划研究成果的进行汇总加工的最后环节，但它并不能看作是对前期研究的简单罗列，特别是在在当前规划实践中，规划的研究性越来越强，研究报告成为多类规划成果中必要而又独特的组成部分，甚至可以单独成文于专项规划，撰写报告的过程俨然成为梳理规划思路和制定技术路线的关键环节。因此研究报告写作的学习不能拘泥于报告的完整性和通识性，而是应该以具体需要解决的规划目标和规划问题为导向。选题上与后期规划设计课程中可能遇到的报告形式相结合，例如总体规划评价、产业专项规划、中外案例对比研究、社会问题的微观调查等形式，具体上可要求学生按照自己拟定课题进行思考，但要反映出自己的规划研究思路，作业要求列出研究提纲，并细化到三级目录和核心观点。

城市社会学教学中的方法认知内容构成　表3

	规划调研	社会空间分析	报告写作
核心内容	■ 访谈法 ■ 问卷法 ■ 社会观察法 ■ 社会实践法 ……	■ 因子生态析法 ■ 社会区域分析法 ■ 比较分析法 ■ 历史分析法 ……	■ 总体规划评价 ■ 总规专题研究 ■ 中外案例对比研究 ■ 社会调查报告 ……

4　结语

城市社会学在大多数规划院校里都是作为基础理论课，其重要性不言而喻。特别是近些年来，在城市规划属性改变为公共政策，并对城市社会问题的持续关注的现实情境下，城市社会学的知识结构和研究方法无疑能够高度切合当前的学科发展需求，并能在一定程度上肩负着城市规划“社会转型”的责任。因为城市社会学和城市经济学、城市地理学、城市生态学等并行课程不尽相同，它不仅能够提供相关研究的支撑理论与方法，而且其对社会、社会问题、社会工作的理解能够深刻影响规划属性、规划课题、规划组织的学习。因此，按照规划认知和规划工作中的社会需求来组织教学是不错的选择，文中提到的属性认知、问题认知和方法认知只是其中的一种可供选择的教学组织主线，而城市社会学的教学目的是有效全面的契入到城市规划学科，满足当前学科发展的“社会性”需求。

主要参考文献

[1] 黄亚平 . 城市规划专业教育的拓展与改革[J]. 城市规划 . 2009，09:70-73.

[2] 韦亚平，赵民 . 推进我国城市规划教育的规范化发展——简论规划教育的知识和技能层次及教学组织［J］. 城市规划 . 2008，06:33-38.

[3] 郑也夫 . 城市社会学［M］. 北京：中国城市出版社，2002.

[4] 蔡禾 . 城市社会学讲义［M］. 北京：人民出版社 . 2011.

[5] 顾朝林 . 城市社会学［M］. 南京：东南大学出版社，2002.

[6] 程瑶，赵民 . 城乡规划社会调查方法初探 . 2012 全国高等学校城市规划专业指导委员会年会论文集 . 北京：中国建筑工业出版社，2012：186-192.

An analysis of teaching mission and content of urban sociology in transitional China

Luo Ji　Huang Yaping

Abstract: Urban Sociology as a core curriculum in urban planning, is like urban geography, urban ecology, urban economics able to expand research horizons and provide technical supports. Especially incontext of urban social transformation and urban planning “social turning” , it needs to take up the cognitive responsibility of “social transformation” in urban planning, andsuggesta clear ethical value in the teaching task, explain and expound the laws of social interaction space, and supply methods of social research experience. In addition, considered of urban Sociology traditional space research, the studyingsubjects has some overlapwithUrban Planning, therefore the organization of contents may vary according to the social needs of the latter to organize teaching content, specifically from three approaches: property cognition, problems cognition and methods cognition.

Key words: Urban Sociology, Urban Planning, Social Transformation

《建筑与城乡环境学科研究方法》教学实践探索

廖含文 张 建

摘 要：随着城乡规划向“社会综合规划”转型，城乡规划教育应加强对学生分析问题和研究问题能力的培养。我国目前对城乡规划专业学生研究能力的培养是通过三条路径来实施的，虽然行之有效但也存在问题。我们应借鉴英美教育体系中的集成式研究方法课程，加强对规划研究方法论的教学和研究技能的训练。本文介绍了北京工业大学城乡规划专业开设《建筑与城市环境学科研究方法》课程的情况，并结合教学实践对该课程的教学目标、内容设置、教学方法和课堂组织等方面进行了探讨。

关键词：建筑与城乡环境学科，教学探索，研究方法，方法论教学

1 引言

对学生研究方法和研究技能的训练，历来被认为是研究生阶段教育的基础科目，在本科生阶段往往不受重视。然而随着我国城市化进程的加快及城乡规划专业成为一级学科，城乡规划已从传统的物质空间形态规划向更加综合的社会科学和自然科学领域转型，其学科内涵和研究范畴不断拓宽。未来的城乡规划实践需要面对更加复杂的决策条件，需要更加系统地集成社会、环境、经济和文化等不同方面的因素，并需要以更加全面的视角来把握城乡的发展战略和机遇。很多业界同仁都已关注到了这些变化，并纷纷撰文提出城乡规划专业教育应适应社会和学科的发展，改变传统注重空间设计手法和程式的教学模式，强化设计的理性推导过程，注重对学生发现问题、研究问题，并最终通过规划方案解决问题能力的培养[1-3]。这些呼吁取得了一定的社会影响，并在近期各校的教育教学改革中逐步体现。

近年来，北京工业大学城乡规划专业为响应学校建设“教学研究型“大学的目标，在专业设计课和理论课程建设中对研究型教学模式进行了一系列有益的探索和尝试。自 2011 年以来，我系分别为规划专业四年级本科生和一年级研究生开设了《建筑与城市环境学科研究方法》课程。本文阐述了国家对城乡规划专业学生研究能力的要求，分析了国内高校研究类课程的不足和英美院校开设研究方法课程的经验，并结合作者的教学实践，对我院所开设的研究方法课程的教学目标、内容设置、教学方法及课堂组织等方面进行了讨论。

2 我国对城乡规划专业学生研究能力的要求和培养模式

2.1 我国对城乡规划专业学生研究能力的要求

尽管本科教育越来越多地被视为一种以培养应用型人才为目标的素质型教育，在现阶段她仍然是我国培养基层科技人才的重要通道。现行《中华人民共和国学位条例》对我国高等学校本科毕业生和硕士研究生应掌握的研究能力都提出了要求，要求本科毕业生除能够“较好地掌握本门学科的基础理论、专门知识和基本技能”之外，还需要具有“从事科学研究工作或担负专门技术工作的初步能力”；对硕士研究生则要求“在本门学科上掌握坚实的基础理论和系统的专门知识”，并“具有从事科学研究工作或独立担负专门技术工作的能力”[4]。

作为实践性较强的多学科复合型专业，城乡规划专业对本学科毕业生的科研能力提出了更加具体的要求。早在 2003 年，建设部高等学校城市规划专业指导委员会在制订城市规划专业五年制本科教育培养方案时，就

廖含文：北京工业大学建筑与城市规划学院讲师
张 建：北京工业大学建筑与城市规划学院教授

将'调查分析和研究能力'列为专业技能训练的重要环节，包括"具有通过观察、访谈及问卷等形式进行数据和资料收集的能力；具有运用定性、定量方法对各类数据和资料进行综合分析、预测和评价的能力；以及具有对规划及其相关问题进行研究并提出对策的基本能力"[5]。2013年版的《高等学校城乡规划本科指导性专业规范》要求城乡规划专业本科毕业生除须掌握"相关调查研究与综合表达方法与技能"之外,还需要具有"前瞻预测、综合思维、专业分析、公正处理、共识建构和协同创新"的能力[6]。

2.2 我国高校对城乡规划专业学生研究能力的培养路径

目前，我国高校对城乡规划专业学生（特别是本科生）研究能力的培养往往是通过三条路径来实施的。其一是通过通识教育部分中的一些基础课程来培养学生的科研意识，传授一般的研究基础知识和规则，这类课程包括《数理统计学》、《科技文献检索》、《科技论文写作》、《逻辑和辩证法》、《SPASS》等。第二个途径是通过和本行业研究有关的技术类课程来培养学生专业性的研究技能，这类课程包括《城市地理信息系统》、《空间句法》、《ECOTECH》、《城乡社会综合调查研究》、《遥感技术应用》等，有些学校还设有《城市研究专题》课程，以实践案例为依托，以专题讲座为形式和学生共同探讨城市的热点问题。第三个途径是在主干设计课程中引入所谓"研究型"教学模式，以研究问题、解决问题为导向，激发学生学习的自主性，增强教学过程的探究性和创造性，激励学生对学科知识进行更深层次的思考，并在实践中学习研究方法和技能。值得注意的是，各校对上述三类课程的设置都不尽相同，根据最新的指导规范，只有《地理信息系统应用》和《城乡社会综合调查研究》是必设的核心课程，其他都是自选内容。

2.3 研究类课程教学目前存在的问题

第一，实践证明这三条路径对城乡规划专业学生研究能力的培养有一定效果，但也存在着很多问题。首先，和研究有关的课程被分隔得较为破碎，彼此之间缺乏联系，如统计学中讲授的知识如何在城乡社会调研中加以应用，问卷调研中得到的数据如何在SPASS或地理信息系统等数据库中进行分析等，由于缺少一个综合性的教学平台将各种研究技术和手段进行梳理和对接，学生往往将所学到的研究技能割裂开来，难以融会贯通。

第二,现行课程设置比较重视对研究技能（Research Skills）的培训而轻视对研究方法论（Research Methodology）的教学。田莉在《我国城市规划课程设计的路径演进及趋势展望》一文中就指出，我国的城市规划专业教学内容庞杂，包罗万象，但唯独欠缺方法论方面的课程，导致学生只能长时间被动地吸收教师课堂上灌输的知识点，却难以掌握研究和设计的工具，阻碍了学生创新能力的培养[7]。吴志强等人也曾撰文指出，方法论教育的薄弱也造成我国城市规划学术理论研究过于依赖西方的理论输入，呈现人云亦云的惰性，在大量引进国外时髦理论的同时，对于中国本土现象的研究始终保持在一个不温不火的局面，对构建中国特色的城乡规划理论始终无法突破[8]。

第三，研究能力和设计能力的培养仍然难以做到有机融合。设计主干课程虽然也要求学生对设计要素进行研究和分析，但常流于形式。譬如，学生在三年级学习了地理信息系统课程后，在四年级的总规设计中常按要求使用ArcMap进行高程、坡度和坡向的分析，但这些分析往往仅成为图册中的几张装饰图，对场地的选址和空间规划思路不产生实质影响。研究和设计相脱节，盖因研究技术类课程只负责研究技能的传授而不关注其应用效果；而设计主干课程受课时和教学侧重点等因素的限制，更关注方案创作本身存在的问题和形式上的推导过程，而鲜有时间深入评价研究和方案的逻辑因果。

第四，如前所述，由于缺乏统一的标准，各校开设的研究类课程在内容、形式和深度上都有很大差异，导致学生的研究能力良莠不齐。这些问题表明，若想切实提升学生以研究为导向的设计能力，需要在现有的课程框架内提供一个对研究技能进行梳理和整合的平台，加强规划研究和设计方法论的教学，并与设计主干课程的内容设置紧密配合，有效指导学生的设计实践。英美当代城乡规划教学体系中的集成式研究方法课程（Research Methods）从某种意义上可以为我们提供借鉴。

3 英美教育体系的教学经验

3.1 中外教育理念对“研究方法”认识的不同

英美教育体系历来重视研究方法的教学，多数高校是将“研究方法”作为一门单独的课程来开设的，而我国高校通常是将“研究方法”的教学内容分散在各个教学环节和整个培养过程中。有学者认为这种结果很大程度上是由于中西方科学和教育理念对“研究方法”的不同认知而造成的[9]。在西方，方法论的研究一直是西方哲学研究的传统和核心内容。方法论和科学知识构成了科学研究活动的两大主体，纵观西方科技发展史，科学家们始终在围绕科学认识活动和知识做方法论的思考，西方哲学思想上的每一次突破，都代表了一种对新的方法问题的反省和认知。而与西方重视方法论研究的传统不同，中国哲学里始终没有将方法论视为一个重要的问题来研究。其原因在于中国传统哲学的本质是一种价值哲学，以宇宙价值、人生价值和社会价值等为核心内容，并不以宇宙的本质为认识的根本目标，而是借“天道”以明“人道”。这种重价值而轻认知的思维方式，导致中国传统哲学未能产生独立的逻辑和知识论，也未能催生出成体系的近代科学。这一事实警醒我们，在城乡教育国际化发展的今天，要更加重视学科方法论的研究，把“研究方法”的教学放在一个重要的位置上来考虑。

3.2 英美城乡规划院校的研究方法课程

和中国相比，英美的城市规划教育起步较早，美国第一个城市规划课程始于1901年的哈佛大学，英国第一个城市规划学科1909年创办于利物浦大学，迄今都逾百年历史。经过一个多世纪的发展，英美的城市规划教育体系逐步形成了既适应社会和职业的发展需要，又体现院校特点的课程体系，其中研究和设计方法论教学是这一体系的重要环节。袁媛等人在考察英国六所知名大学的城市规划课程体系时发现，这些学校在第一年都设有“数据统计和信息分析”（Data Statistics and Information Analysis）课程（或类似名称）作为对定量和定性研究方法的原理级教学，在第二年则开设“GIS和研究技巧”（GIS and Research Skills）或“规划研究方法”（Research Methods for planners）作为对研究方法和GIS应用的进一步训练，在最后一年学生还需要独立完成一项以毕业论文或毕业设计为目的的研究项目（Research Paper and Project），作为对研究能力的综合培训。英国高校历来以课程少而实践多著称，以卡迪夫大学为例，城市规划专业三年一共只有21门专业课程，其中必修课16门，选修课5门，而研究方法类课程占必修课的五分之一，其重视程度可见一斑[10]。

美国规划院校在对研究方法的课程教学上比英国更加细致，和专业的关联也更加紧密。加州大学伯克利分校城市规划专业的人才培养思路之一就是为了让学生获得“扎实的分析、研究和专业交流技巧”。美国规划专业的前三甲学校，包括麻省理工学院、加州大学和哈佛大学，都在必修课和选修课中开设了大量的方法论课程，如麻省理工学院的“规划学定量推理和统计方法”（Quantitative Reasoning and Statistical Methods for Planning），哈佛大学的“批判性思维和设计”（Critical Thinking and Design）、“项目成本与收益分析”、“文献阅读与论文写作”等。这些院校在规划设计过程中也非常注重设计的方法论教学，强调对理念的发掘和表达而非仅关注最后的成果，对学生形成具有批判精神的理性思维方式有很大裨益。值得关注的是，英美大学的研究方法类课程很多是由一名教授牵头统筹，而由一组教师或由一个团队来联合授课，每个教师只集中精力教授他最擅长的研究方法，既保证了课程的系统性和连贯性，也保证了每一环节的教学质量和吸引力。

表1展示了美国加州州立理工学院城市和区域规划专业及英国贝尔法斯特女王大学环境管理专业研究方法课程的结构安排。

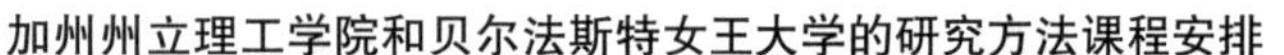
加州州立理工学院和贝尔法斯特女王大学的研究方法课程安排　　表1

周	加州理工学院城市和区域规划研究方法课程 Urban & Regional Planning Research Methods, California State Polytechnic University （每周一次，每次4节，共10周）	周	贝尔法斯特女王大学环境管理学研究方法课程 Research Methods in Environmental Management, Queens University of Belfast （每周两次，每次2节，共12周）
W1–2	Background to Research 研究基础	W1	Introduction to Module / Formulate and clarify research topic 课程介绍和研究选题
W3	Review of Literature 文献综述	W1	Choosing a research approach and strategy Ethical issues in research 选取研究方法和策略 / 研究中的伦理问题
W4	Research Design：Experiments 研究设计：实验	W2	Research Philosophy：The ‘ologies’ and ‘isms’ 研究哲学：‘学说’和‘主义’
W5	Sampling and Review for midterm 取样和期中复习	W2	Using literature–selection, review and referencing 运用文献–选取、综述和索引
W6	Research Lab and Assignment 研究练习	W2	Overview of methodological techniques 方法论技术总览
W7	Data Collection 数据收集	W3	Focus Groups 焦点小组
W8	Qualitative Data Analysis 定性数据分析	W3	In–depth and semi structured interviews 深入和半结构性访谈
W9	Quantitative Date Analysis 定量数据分析	W4	Case studies 案例分析
W10	Examination and Presentations 考试和汇报	W4	Critical incident technique 关键事件法
		W5	Surveys 调查
		W5	using published qualitative data through documentary/content analysis 使用公开出版的定性数据 / 内容分析法
		W6	Introduction to statistics & quantitative methods；统计学和定量方法介绍
		W6	graphical presentation；descriptive statistics 描述性统计学和图形展示
		W7–10	Using SPSS in computer lab 上机学习 SPASS
		W11–12	Progressing towards your thesis 论文准备

资料来源：两校提供．

4　我校的《建筑与城市环境学科研究方法》课程教学探索

4.1　课程简介

我校为城市规划专业本科四年级和研究生一年级学生都开设了《建筑与城市环境学科研究方法》课程，但不同之处在于，为本科生所开设的课程是24学时，1.5学分的任选课，为研究生开设的则是32学时，2学分的基础必修课程，并且为双语授课。此外，从内容深度和广度、知识点构成、学习目标和考核办法等方面对本科生和研究生的要求也有很大差别。

“建筑与城市环境”一词是由英文“The Built Environment”翻译而来的，或被译为“建成环境”，是指和自然环境相对应的，为满足人类活动而营造的人工环境，其内涵覆盖了从建筑单体到城市聚落等一切建设活动的成果。选用这样一个内涵较为宽泛的词汇是因为课程中介绍的研究方法同时适用于建筑学和城乡规划两个学科。本课程的目的旨在向学生介绍研究工作的基础知识，本学科常用的研究方法以及本行业目前有较大影响或发展前景的研究领域。教学目标是拓宽学生对科研工作的认知和视野，培养学生严谨、科学和理性的思维模式，训练学生通过研究手段来分析和解决城市规划问题的能力，活跃思维，提高学生从事城市问题研究的水平和技能，加强学生论文写作的实践能力，为最后一年从事毕业设计和毕业论文的写作打下良好的基础。本课程以2课时为一个教学单元，本科生课程为12个教学单元，研究生课程为16个教学单元，各单元安排如表2所示。

《建筑与城市环境学科研究方法》课程安排　　表2

单元	本科课程		单元	研究生课程（双语）	
1	研究的定义和研究方法分类	概念模块	1	Introduction to research，type of research and its methods	概念模块
2	科学研究方法及发展历程		2	Development of research methodologies	
3	方法论的哲学基础，研究与规划设计		3	Research philosophy，research & planning	
4	规划一个研究课题，撰写开题报告	规则模块	4	Planning a research，research proposal	规则模块
5	文献的检索与综述		5	Literature searching and review	
6	数据的采集1：问卷、访谈、观察、文献解析、认知地图、使用二手数据	方法理论模块	6	Data acquisition（1）：questionnaire，interview，observation，documentary analysis，cognitive mapping，secondary data	方法理论模块
7	数据的采集2：测量、实验、计算机模拟、遥感数据、使用替代性数据		7	Data acquisition（2）：survey，experiments，simulation，RS processing，proxy data	
8	定性数据的处理和分析：案例分析、内容分析、逻辑推理		8	Qualitative data analysis：case studies，content analysis，logical reasoning	
9	定量数据的处理和分析：描述性统计、非参数统计、有效性检验		9	Quantitative data analysis：descriptive statistics，nonparametric statistics，probability test，correlation analysis	
10	规划辅助技术软件学习及汇报环节	技能应用模块	10	Data interpretation and critical thinking	传译展示
11			11	Academic presentation，oral and writing	
12	城乡规划热点问题研究及实践		12	GIS analysis Lab（GIS分析专题）	技能应用模块
			13	Space syntax principle and application（空间句法专题）	
			14	Planning aided software and techniques 规划辅助技术软件学习及汇报环节	
			15		
			16	Urban planning research paradigm & direction	
考核：小组软件学习汇报、个人文献综述练习			考核：Academic presentation；Group software study；Research proposal writing		

数据来源：作者自绘.

4.2　课堂组织和教学体会

本科生《研究方法》课程的教学重点是帮助学生明确科学研究（特别是实证主义研究）所涉及的基本概念和规则，体会研究和规划设计相辅相成的关系，产生对研究工作的兴趣，掌握一定的研究手段并了解当前城乡规划学科的热点研究领域。而对于研究生来说，则要求他们明确承担一个独立研究课题的方法和步骤，掌握更多的实用性研究技巧和工具，能够较熟练地运用本领域的专业词汇进行中英文学术写作，汇报和交流，并能够追踪本行业的发展前沿和最新技术成果。由于研究生在二年级面临开题的任务，本课程也起到帮助学生梳理研究兴趣，以便他们与导师讨论研究方向的作用。

教学实施三年以来，感觉本课程教学有几个难点需要突破，一个是很多本科生认为课程实用性不强，选课的积极性不高；其二是和设计课程相比，本课程内容相对抽象和枯燥，学生（尤其是本科生）的学习热情不易调动；其三是城乡规划专业学生的数学基础普遍较为薄弱，对一些数理统计学的研究方法难以理解，而一些研究生的数学和英语水平都比较有限，给双语课的教学带来难度；其四是课程中所讨论的一些研究方法，如观察法、问卷法等，貌似浅显，不易引起学生的重视，特别是本科生在三年级刚刚完成了城乡社会综合调查，很多研究方法曾经尝试过，认为不过寥寥，殊不知自己只是浅尝辄止，未求甚解；第五是需要避免部分课程内容和其他课程重复，比如研究生一年级同时需要学习《专业英语》课程，该课程也涉及专业英文写作和汇报的技巧。第六是和主干设计课的配合仍然薄弱，研究方法和设计课程教学脱节的问题不易解决。

针对上述问题我们也采取了很多改进措施，首先在课堂教学中压缩抽象理论讲授的内容，增加案例的列举和讨论，特别增加现场的练习和互动环节，以此增强课程的趣味性，降低知识的理解难度。比如在讲授开题报告写作要点的环节中，我们向学生提供了几份真正的基金申请书，让学生分组组成“专家评审委员会”展开讨论，并对申请书进行评判和排序，确定被“批准”、“入围”和“淘汰”的申请，通过实际参与“评审”，学生对开题报告的写作要点和格式有了更深刻的体会。其次，我们通过设计一些课堂练习尽量将不同的研究方法串联起来，使学生体会研究方法的组合运用，并对一些貌似浅显的研究手段产生新的认知。比如我们在讲授非参数统计验证的环节让学生现场设计一道具有三个选项的问卷问题，并在全班内相互展开调查（研究生则必须使用英语问答），得到分性别的统计结果后当场使用非参数统计学的计算范式进行数据“同质性”和“可能性”的检验，并根据检验的结果判断是否需要对问题和选项进行修改。很多同学在练习之后发现他们之前问题和选项的设置都存在缺陷，并体会到问卷调研法也不是想象中的那样简单。第三是鼓励学生自主探索新兴的规划辅助技术，我们要求学生以小组为单位自学一种规划设计辅助软件，并在课堂上向全班讲解该软件的用途、使用效果和操作要点，要求该软件必须容易获取，简便实用且学习资源丰富，能很快被掌握。教师会给学生提供一份软件列表作为参考，但鼓励学生根据自己的兴趣自由选择。近年来被学习的软件包括 UrbanSim，Global Mapper，Vasari，SuperMap，Lumion，Fluent+Gambit，Circos，City-Engine 等，学生通过这一环节增长了视野，锻炼了自学能力，拓展了新的技能并积累了有用的工具。最后，我们在研究生的课堂教学中尽量采用最新的英文原版资料，提高学生与国际研究同行对接的能力。实践证明，这些措施都取得了良好的教学效果，本课程也越来越多地为同学们所喜爱。

图 1　研究生班的同学在进行现场问卷调研 + 英语专业交流 + 数据非参数检验练习

5　结语

科学方法是实现科学认识的基石，正如法国数学家拉普拉斯说过，研究方法比发明、发现本身更重要。如果我们把发明和发现比喻为“黄金”，那么研究方法就是“炼金术”。随着城乡规划学的综合化发展，其学科的研究方法和研究内容也在不断扩大，在此背景下，方法论的研究和教学变得尤为重要，它能够带给学生一把通向知识彼岸的钥匙。当然，学生对研究方法的认知和对他们研究能力的培养不是一朝一夕的事情，特别在我国这样一个缺乏方法论研究传统的国度，研究方法教学方兴未艾，任重道远。希望我们所做的教学尝试，能给学生未来的执业生涯带来积极的影响。

主要参考文献

［1］王建国．个性化、多元化、研究型教学［J］．建筑与文化，2004，9：16-17.

［2］周志菲，李昊，沈葆菊．从‘设计结果’到‘设计过程’－以城市设计课程空间布局阶段教学训练为例［C］．人文规划、创意转型，2012 年全国高等学校城市规划专业指导委员会年会．北京：中国建筑工业出版社，2012：228-233.

［3］史北祥，杨俊宴．进阶．线索．隐线－本科生研究能力培养路径［C］．美丽城乡、永续规划，2013 年全国高等学校城市规划专业指导委员会年会．北京：中国建筑工业出版社，2013：42-47.

［4］全国人民代表大会常务委员会．中华人民共和国学位条例［S］．北京：中国民主法制出版社，2004.

[5] 韦亚平，赵民．推进我国城市规划教育的规范化发展－简论规划教育的知识和技能层次及教学组织［J］．城市规划，2008，32（6）：33-38.
[6] 高等学校城乡规划学科专业指导委员会．高等学校城乡规划本科指导性规范（2013年版）［S］．北京：中国建筑工业出版社，2013.
[7] 田莉．我国城市规划课程设计的路径演进及趋势展望：以同济大学城市规划本科课程为例［C］．美丽城乡、永续规划，2013年全国高等学校城市规划专业指导委员会年会．北京：中国建筑工业出版社，2013：30-34.
[8] 吴志强，于泓．城市规划学科的发展方向［J］．城市规划学刊，2005，6.
[9] 李晓菲，陈欣，徐涓，龙甜恬．重视"研究方法"的教学：基于中外情报学"研究方法"教学的比较［J］．情报理论与实践，2007，6：816-820.
[10] 袁媛，邓宇，于立，张晓丽．英国城市规划专业本科课程设置及对中国的启示［J］．城市规划学刊，2012，2：61-66.

Teaching Practice and Exploration of Research Methods Course for the Built Environment Professionals

Liao Hanwen　Zhang Jian

Abstract: In responding to the transformation of spatial based urban and rural planning to comprehensive social planning, the analytical and research ability of students should be strengthened. At present, three routes are used in China's planning education framework to improve students' research capacity. These routes are useful but with problems. A more integrated research methods training module could be learnt from the West and adopted to enhance the methodological teaching in China. This article introduces the course of research methods delivered in Beijing University of Technology for the built environmental professionals, and discusses the experience of teaching practice.

Key words: Built Environment Discipline, Teaching Exploration, Research Methods, Methodological Teaching

新形势下控制性详细规划原理课程教学改革探讨

倪剑波　范　静　齐慧峰

摘　要：新形势下，控规编制趋向于复杂化、时代化和差异化，对高校城市规划专业学生的培养提出了更高的要求。思考控规教学实践中出现的新情况与新问题，改革教学以培养适应城市发展需要的控规编制与规划管理人才是当前迫切需要研究的课题。本文以山东建筑大学建筑城规学院控规原理课程的教学改革实践为例，从能力培养、教学内容、教学方法和考核方式等方面分析总结，以期提出有益的教学改革思路。

关键词：控制性详细规划，能力培养，教学内容，教学方式，考核方式

引言

控制性详细规划（以下简称控规）处于我国城乡规划体系中的详细规划阶段，是衔接城市总体规划和修建性详细规划的中观层面规划。2008 年《城乡规划法》的实施，赋予了控规明确的法律地位，成为国有土地使用权出让、开发和建设管理的法定前置条件。在新的发展形势下，根据城市发展的新形势与新需要，思考控规教学实践中出现的新情况与新问题，改革教学以培养适应城市发展需要的控规编制与规划管理人才是当前高校规划专业迫切需要研究的课题。本文结合山东建筑大学（以下简称山建大）建筑城规学院控规原理课程的教学实践，从能力培养、教学内容、教学方法和考核方式等方面分析总结，以期提出有益的教学改革思路。

1　山建大控规原理课程概况

山建大城市规划专业控规原理为本科专业必修课之一，按照教学计划，控规原理课程开设在本科三年级下学期，共有 16 学时。要求通过该课程的学习，力图使学生掌握控规编制和实施的基本理论和方法，掌握控规指标体系的内容、层次以及应用，在贯彻执行国家和地方颁布的相关法规与标准的基础上，熟悉控规编制内容、工作方法、成果要求和发展动向，掌握控规文本内容与写作方法。该课程主要培养学生的逻辑思维能力、抽象思维能力和综合分析能力，为今后从事城乡规划编制及管理工作奠定良好的基础。

2　新形势下控规教学存在的问题

2.1　能力培养偏工程轻理论

在快速城镇化与城市大规模建设阶段，控规教学的核心仍然是一种以侧重于土地开发和管理的规划技术定位来实现的，着眼于培养学生物质空间设计能力和传授相关的工程技术知识。如地块规模划分、用地性质确定、道路系统组织、各类设施配套等内容一直是控规教学的重点，大多数学生能够熟练掌握控规编制的流程、方法和成果，而对于为什么编制控规，控规控什么，指标如何确定，其背后的经济、社会利益如何却知之甚少。当前城市发展日趋复杂化、社会化的形式下，单纯依靠工程技术已不能完全解决城市规划的问题，规划的公共管理及公共政策属性越来越强化，政治性日益彰显，控规已成为一项以城市科学为核心、多方学科理论相互支撑的公共政策。

2.2　教学内容滞后学科发展

在我国，控规出现只有三十年左右的时间，主要内容和成果形式还处于探索阶段。适用的高校控规教材是 2011 年中国建工出版社出版的《控制性详细规

倪剑波：山东建筑大学建筑城规学院讲师
范　静：山东建筑大学建筑城规学院副教授
齐慧峰：山东建筑大学建筑城规学院副教授

划》，该教材内容较为全面，能够满足一般的教学需要，但是在新形势下还存在以下不足：其一，对基本要素概念讲述详细，但对指标影响因素和确定方法讲解过于抽象和理论化，学生较难理解，造成了学生缺乏对指标控制下城市形态的清晰认知；其二，控规内容涉及许多基本概念和相关知识，如建筑间距、用地边界、规划体系、服务半径、公众参与等，学生以往接触不多或只停留在字面意思，很难利用有限的课堂时间通过教师的逐一讲解而让学生完全掌握；其三，控规原理知识更新速度较快，部分内容已较为陈旧，已与现行实施的规范和政策的不相符合。另一方面，控规的编制技术和表达方式存在明显的地方差异，针对本土的控规编制特点和编制要求需对教学内容进行必要的补充完善。

2.3 教学方式形式组织单一

学生进入控规学习阶段，面临着设计对象由微观走向宏观，由具体走向抽象，由空间走向政策的变化，学生一时难以适应思维模式较大转换。然而控规原理又是一门以概念解释、条文说明、标准讲述为主的理论课，容易使学生兴趣减弱。具体表现在学生的出勤率不高，参与课堂讨论的主动性不高以及课后作业存在应付的现象。目前，理论讲课多数是以“填鸭式”的教学方式为主，学生多半处于被动式接受的地位，组织形式单一，课堂缺少互动，主观能动性不高。所以，必须实现教学环节的良性互动和引导启发，尽快领会控规的思维模式。

2.4 考核方式重结果轻过程

考核方式对学生的学习方式具有重要的导向意义，与其他理论课程一样，控规原理多采用传统的闭卷形式作为主要考核方式。死记硬背的考试内容导致学生机械记忆而不能真正地理解和活学活用。一张考卷定分数的方式，很容易造成学生前松后紧突击学习。这种方式虽然在一定程度上可以增加学生对课程基本知识的短时掌握，但是很难突出控规原理课程的特点，难以扎实地掌握学习内容以及对实践知识的灵活运用，因此今后控规原理教学应适当弱化传统的以考试结果定分数的考核方式，强化对过程的综合考查。

3 新形势下控规教学改革措施

3.1 综合能力培养，注重工程与理论渗透

（1）重视公共政策属性

在控规教学中，不但要重视工程技术教育，更要强调社会性、政策性的教学内容，将规划的公共政策属性全面渗透到控规教学之中。在具体的章节设置和内容讲述中，通过提供不同类别的控规案例如中心城区、开发区、工业区、历史街区来分析说明在城市建设开发和规划调控中存在的问题以及在城市运作与管理过程中公共政策属性的体现。

在控规管理与实施“公共参与”教学内容中，通过对批前公示、批后公示、听证制度等形式讲解，注重对学生的引导和启发，鼓励学生对潜藏于控规背后的复杂利益关系的发掘和认识，让学生更好地理解控规中的价值判断、利益冲突、指标调整等核心内容，有利于学生树立正确的价值观和职业道德标准，

（2）加强支撑课程衔接

控规原理教学过程中，以往采取独立的教学内容和方法，讲授知识面面俱到而又面面不到，缺少和其他支撑的课程协调，无形中造成了学生对控规与其他不同类型规划之间关系的不理解，不能完全消化课程中所讲授的内容，甚至导致在主观性强，随意性大，对自身知识综合运用的能力较弱。

根据新版的教学大纲，在教学进度和课程安排方面，加强了与相关支撑课程的衔接。例如理论课程方面，大三上学期的总体规划原理课程的讲授增加了学生对控规上位规划和宏观层面的认知；城乡基础设施规划课程的讲授加深了学生对市政设施配套内容的理解，城乡道路与交通规划设计课程的讲授强化了对控规中行为活动控制的直接应用。设计课方面，城乡住区规划、公共空间设计等加深了学生对各类控制要素的理解。经过初步尝试，收到良好的实施效果。

（3）引入校外讲座机制

控规理论仍处于变动、发展、完善、积累之中，这种状况决定了不可能将动态发展的控规知识一次性灌输给学生，控规内容应与时俱进不断更新。工作在城乡规划管理和编制一线的专家和领导对控规发展动向最为敏感，邀请他们回到学校讲课座谈，可以让学生了解到控

规编制的最新趋势、当前城市建设的热点以及在规划管理中的问题等第一手的信息。同时还可以根据学生感兴趣的问题给出更加可信和权威的解答。

结合课程安排，邀请了山东省城乡规划设计院和济南市规划局的技术骨干回校进行讲座，对济南市控规发展的新方向和控规案例进行讲解，使得学生对当前济南市控规编制的发展动态、成果要求、技术导则、配置标准、技术导向和实施特点等方面的内容有了更加深入的了解。专家还从实施与管理的角度讲述了“生态城市”、“智慧城市”和“安全城市”在控规编制中的应用，引导学生将最新的规划理念和技术应用于控规学习中。

3.2 完善教学内容，应对时代和地方特征

（1）突出控规特点，精简授课内容

中国建工出版社出版的控规原理教材，内容较多，主要涉及八个章节，而山建大在控规原理课程的实际授课只有16个课时，因此在教学过程中，不可能面面俱到，需要对一些内容进行适当取舍。

经过通读教材、向教授请教、反复研究对比，决定把第三章“规定性控制要素”、第四章“引导性控制要素”以及第五章“配套设施控制”等内容作为课程教学的重点。同时对教材的内容做适当删减，如教材的第六章“控规的实施与管理”，主要是从规划管理的角度进行介绍，因同步开设有“城市规划管理与法规”课程，所以只对法规中关于控规实施和公众参与等方面做重点讲述，其余部分则省略。在讲授第二章“控规编制内容与方法”时，编制的技术出现了较大变化，现行的用地分类标准也与教材不符，根据实际情况把该项内容做进一步的补充和更新。此外，为了避免控规教学内容的反复性，突显特色，在确定教学内容与重点时，统筹考虑与前后课程的关系，如指标确定方法，包含了城市经济学、城市社会学等课程的内容，这样经过调整后的教学内容更具针对性。

（2）安排课外任务，增加知识储备

通过安排课外学习任务来增加基本概念和相关知识的储备是提高控规原理课堂教学效率的有效手段。比如当下节课讲解建筑建造内容的时候，则提前布置相关学习材料，如居住区规范、防火规范、设计通则以及济南市城乡规划技术管理规定的相关章节。

为提高学生的积极性和创造力，在课外学习的基础上，提出一系列的思考问题，启发学生有针对性地进行理解，比如针对建筑间距，启发学生辨析日照间距、侧向间距、消防间距、通风间距等概念的异同，组织学生利用搜集的素材讲解各种间距确定原则和相关规定。在课堂上，围绕思考问题，淡化基本概念，利用知识储备，讲解规定应用，明确计算规则，组织课堂讨论。通过教学实践，课堂效率得到明显改善，课堂气氛活跃、知识内容掌握丰富、辨识应用能力的提高都体现了良好的教学效果。教师在鼓励学生的同时，可适当淡化对正确答案的要求，通过适当引导加深学生对知识点的理解和应用。

（3）追踪发展动态，关注地方热点

我国正处于转型时期，在宏观政策不稳定的前提下期望控规的稳定是无法实现的。教师应时刻追踪专业前沿信息和学科发展动态，关注新颁布的规划法规。公共政策和规范标准，更新完善教材内容，并能够在课堂上及时将先进的规划思想、理念与方法、正确的规范、政策与标准传递给学生。城市用地分类与规划建设用地标准教材中仍然沿用90版，讲授中应以2012版为主。2008年《城乡规划法》的实施以及2011年新的“城乡规划一级学科”的建立，对控规编制内容、工作方法和人才培养都提出了新的要求，应及对教学内容完善更新，紧跟时代发展，与时俱进。

在讲授过程中，还需关注地方热点，使教学内容及时体现良好的地方应用，在控规教学中应将教材内容本土化，以当地的规划条例作为主要讲解对象，以当地的实践案例作为案例，便于理论内容在学生的课程设计中快速固化。在教学中，结合课程安排，引入了《济南市城乡规划技术管理规定》、《济南市制性规划编制规范性文件》等政策标准相关篇章作为教学内容，如在讲述“控制体系”内容时，济南市为应对当前城市发展的不确定性，控规编制的重点已由地块层面转向了街坊层面，实行公共设施能力不减弱，建筑总量不突破的原则制定街坊层面的控制指标。

3.3 改进教学方式，提高学生的学习兴趣

（1）组织图文并茂的教学课件

多媒体教学课件集声音、文本、表格、图片功能于一体，能够突破传统教学表达方式的限制，多角度、多

维度、动态的反映教学内容和过程，可有效地节约空间和时间，提高教学效率。在控规原理教学中，有较多的概念、原则、规定、条文等抽象内容，仅仅用文字逐条表达的方式，并不能使学生对知识点有深刻的印象，反而会因为内容枯燥而使课堂气氛显得沉闷。针对教学差异，组织图文并茂的课件，既可以吸引学生的注意力，激发学生的学习兴趣，又能促进学生发挥积极性和主动性，进而加深理解。

例如讲述用地边界划分内容时，仅仅利用文字口述来说明不同类型用地边界的划分原则，并不能引发学生对知识点的重视。如果采用图文并茂的多媒体教学课件，在讲授过程中配以开发区、中心区、城市新区、历史街区等各种类型用地布局的图片，并利用关键词提醒的方式，既可以说明不同用地边界的类型又可以体现新区和旧城改建区地块划分规模的差异，同时还可以展示地块的土地使用权和产权边界对用地划分的影响，从而使学生一目了然，增强学生对用地划分知识理解，从而达到事半功倍的教学效果。

（2）引入互动问答的教学模式

控规原理的课程内容设置决定其不像城市设计等课程那样有强烈的视觉冲击力，抽象的原理很容易使学生在沉闷的气氛中分散注意力，在讲授的过程中引入互动问答的教学形式是活跃课堂气氛的较为有效的手段。由教师提出相关问题，启发学生回答，拓展发散思维能力，利用“我问他答”、“我问群答”、“他问我答”、“自问自答”等四种方式,促进学生综合能力的提高。“我问他答”是有意识地在讲课过程中由教师设定问题，随机让同学回答，可集中所有同学的注意力，同时也是检验学生掌握知识点的有效方式；“我问群答”是教师提问，多个学生回答，可提高学生的学习能动性；“他问我答”是指提问方是学生，回答人是教师，可将教学中的难点重点及时反馈，了解学生的关注点和薄弱环节；“自问自答”是教师提问，自己回答，可将重点章节进行串联，有利于学生在类比过程中掌握新知识。

例如，在讲解“一书两证”知识点时，引导学生思考控规在以“划拨方式”和“出让方式”提供国有土地过程中所发挥的作用，并区别两种方式的异同，通过多重问题递进问答，相似问题类比问答以及相关问题对比问答等互动教学方式了解了学生的掌握的情况超出了先前乐观估计，多数同学回答不得要点，为此，对这方面内容通过流程图进行了较为详尽的讲解，促进学生认知水平的得到进一步提高，印象更加深刻。

（3）注重案例教学的启发引导

新形势下，控规原理的内容和知识点不断进行更新，因此在教学中引入案例研究和分析既是一种对学生进行启发引导的有效手段又是一种对控规陈旧知识进行补充更新方式。控规的案例教学注重对客观实际问题和现象的探讨与解析，在学生掌握有关基本知识和理论的前提下，通过独立思考和团队合作，利用典型案例解剖，建立与时俱进的学习理念，提高其分析、解决问题的能力，开拓创造思维，对控规知识进行总结。所选择的案例既有成功的案例也有失败的案例，其根本目的在于从错综复杂的客观现象中解析、归纳、整合出其背后的内在规律与客观经验，为解决相关问题提供更加科学合理的方法。

与课程内容相匹配的案例选择至关重要，这也是增添讲课趣味的关键环节。例如，在讲解控规编制过程和工作要点时，如果简单罗列抽象的条文内容时，学生反应多平淡无奇，而当利用实际项目对编制过程、技术路线、工作要点、规划成果进行分析介绍时，常常能引起学生认真听讲聚精会神，同时对重要问题进行有的放矢，增加了知识的形象性，对疑难问题开展讨论，表达自己的意见，培养了学生提炼问题、分析、解决问题的能力，使得学生的创新意识和学习能力得到进一步挖潜，促使学生对控规本质和内涵有了更加直观的认识和理解。

3.4 合理考核方式，强调对知识灵活运用

为应对前述中出现的问题，控规原理课程在考核方式上做了以下尝试。强调控规原理教学过程的重要性，有效敦促学生认真对待，加强对知识的灵活运用，课程采用“平时考核 + 课堂表现 + 最终考试”的方式。“平时考核”以课堂作业,课后作业等形式为主,侧重于“点”的考核，通过布置 3~4 次作业，一是考查学生对重要知识点的掌握程度，二是通过该方式对讲课中出现的问题及时反馈修正，再就是通过该方式记录学生的出勤情况，掌握学生的学习动态。“课堂表现”考核以课堂交流和课堂提问的形式，侧重于“线”的考核，主要考核学生对重要知识点的掌握情况，以及是否可以做到学以致用。

"最后考试"主要是考核学生对整课程的把握程度以及运用所学理论知识综合运用能力，偏重于"面"的考查，在试卷分值设置上，加大论述题的分量，强化对所学知识的理解和应用。

4 结语

在快速城镇化、经济社会转型等新的发展形势下，控规编制面临的问题趋向于复杂化、时代化和差异化，对学生的培养提出了更高的要求。以控规教学改革为突破口，有助于充分发挥以工科为背景的城市规划专业学生的成果表达、分析研究和文字组织等优势，为日后的规划实践工作奠定坚实的基础。通过近年的教学改革实践，我校城市规划专业学生的控规编制能力逐年提升，毕业生均能较好的适应社会工作，获得较高的社会评价。

主要参考文献

[1] 吴宁.《控制性详细规划》课程改革探析[J].高等教学论坛，2011，10.

[2] 汪坚强.转型期控制性详细规划教学改革思考[J].高等建筑教育，2010，19(1):3.

[3] 田莉.我国控制性详细规划的困惑与出路[J].城市规划，2007，31(1):16.

[4] 陈秉钊.谈城市规划专业教育培养方案的修订[J].规划师，2004，4:10-11.

Discussion about teaching reform of regulatory detailed planning principle course under the new situation

Ni Jianbo　Fan Jing　Qi Huifeng

Abstract: Under the new situation ,the regulatory detailed planning development tend to complication modernization and differentiation, and it puts forward the higher requirements about cultivation of the students majoring in urban planning. Taking many factors into the new situation and new problems in teaching practice, cultivating planning development and manager is an urgent need to the subject. This article takes the regulatory principles of teaching reform practice as an example, analysis of the ability training, teaching contents, teaching methods and examination ways , and then puts forward the teaching reform ways.

Key words: regulatory detailed planning, ability training, teaching content, teaching methods, examining ways

高校参与社区规划师制度的“政－产－学－研”模式探索*

吴一洲　武前波　陈前虎

摘　要：随着新型城镇化的不断深入发展，城乡规划的价值观和工作模式也发生着变革，“社区规划师”作为国外发达国家成功的规划工作模式，应对了新时期公共价值观和规划师角色转型的需要，目前我国许多城市也正开始尝试实施。本文主要从高校的参与社区规划师制度建设的视角出发，基于国内外社区规划师不同模式的比较，分析了高校参与社区规划师制度的可行性，并对其角色定位、“政产学研”关系、组织架构和工作框架进行了探索，最后提出了高校参与社区规划师制度的重要意义。

关键词：社区规划师，高校，角色定位，政产学研，模式

1　背景：城乡规划从“管理”走向“治理”

改革开放后，中国进入了快速城镇化阶段，而在此过程中城市规划则扮演了空间发展引导和布局的角色，作为政府公共政策的城市规划也同时具备了该时期政府决策行为的特点，即关注高速经济发展过程中的效率性，长期忽视了社会系统中的公平性。在相当长的一段时期内，“自上而下”的规划体现了政府对城市空间发展的主导权和控制力，但进入后工业化时期，城市空间发展的决策权不断趋于分散，传统的规划编制和实施模式日益显露出弊端。一方面，是城市投资主体的多元化导致规划控制力下降，特别是城市边缘区土地开发失序，如城市蔓延、占用保护性用地等问题不断出现；另一方面，基层主体的维权和发展诉求不断强化，如宁波的px项目、杭州的垃圾焚烧厂和农药厂事件都体现出了市民对于自己“家门口”的城市建设高度关注，并可能通过大规模的群体事件进行维权。当然，这些趋势的后果远不止规划失效那么简单，更是政府公信力开始下降的危险信号。

因此，就如同政府角色转变一样，城市规划也应从“管理”转向“治理”。“管理”往往伴随着垂直体系和层级性，而“治理”则体现了扁平化和多中心性。随着决策重心的分散、自下而上力量的强化和“倡导式规划”对公众参与的强调，社区作为城市基本的综合性空间单元，其规划和发展过程中，急需建立一个实施“治理”可以依托的“沟通桥梁”和“协调平台”，将政府的宏观结构性规划意图和基层发展利益诉求相统一，促进政府、投资开发商、本地居民和其他利益相关者的良好合作。

在此背景之下，有学者开始呼吁城市规划师的角色分化，将规划师分为政府规划师、执业规划师和社区规划师三种，认为政府规划师主要承担组织规划编制和监督规划实施的职责，职业规划师则主要为规划编制提供技术支持和咨询服务，而社区规划师则是致力于社区管理、社区发展和解决社会问题等的社区基层管理人员。在国外，很多国家早就实施了社区规划师制度，但从目前实践看，不同民主程度和制度基础的国家在该制度的实施效果上差异很大，在一些社会事务和公众参与基础较好的国家，如英国、美国、日本等，该制度已经成为政府治理城市的重要工具。中国目前除了台湾地区（许志坚和宋宝麒，2003；孙启榕，2009）以外，在大陆地区仍未建立起有效和完善的社区规划师制度，作为当前中国转型时期和新型城镇化阶段中城乡治理任务的重要实现手段，社区规划师制度建设已经成为城乡规划和政

*　基金项目：国家自然科学基金项目（51108405）；浙江省新世纪高等教育教学改革项目（zc2010006）；浙江工业大学校级优秀课程（群）建设项目（YX1309）。

吴一洲：浙江工业大学城市规划系副教授
武前波：浙江工业大学城市规划系副教授
陈前虎：浙江工业大学城市规划系教授

府管理等领域高度关注的课题。

2 高校角色引入的可行性：社区规划师制度国际比较

20世纪60年代起，英、美等发达国家兴起了“社区运动”，该时期“社区规划师（community planner）”也应运而生，由政府组织、社会组织等不同主体担任。近年来，中国大陆许多城市也开始了社区规划师制度的实践探索（吴丹和王卫城，2010），下表从实施地区、规划师类型、担任者、工作职责、工作方式、角色定位和服务对象等方面，对目前主流的社区规划师实践模式进行了梳理（表1）。

从国内外比较看，目前社区规划师实践存在以下异同：①从担任者看，国外社区规划师主要由社会组织和地区经营者等非政府机构担任，国内则主要由政府机构工作人员担任，相比国外仍体现出更多“自上而下”的特征；②从工作职责看，国外社区规划师的工作职责的综合性更高，除社区规划外，还包括了社区发展、经营运作和管理等事务，国内社区规划师仍侧重于规划编制；③从工作方式看，国外以全职为主，国内则以定点联系和定期走访为主；④从角色定位看，较为一致，国内外社区规划师都主要承担着政府与社区之间协调、联系的“沟通桥梁”作用。由于国情差异，国内社区规划师实践在探索过程中也遇到了各种问题，如社区规划师存在人员和经费等问题，使得其仍未成为正式的职业；地区和社区规划编制是一个部门协作的过程，也是一项综合性工作，目前从业人员的素质有限，难以胜任；居民对城市规划的认识不足，缺乏全局观念，社区规划师需要专业知识背景和很好的沟通技巧等。

针对以上问题，本研究认为高校有可能，并应成为社区规划师的重要组成部分。首先，社区规划师不应是一个独立的群体，其本身也应由多主体组成，建议包括政府部门、规划设计单位、高校教师和学生，以及社区管理者，由于这些主体各自有着不同的优势特征，因此“联合作战”应为最佳选择。其次，高校具有教师规划理论知识功底较好，学生数量大和空余时间相对较多的特点，正好弥补了目前社区规划师人员数量和经费的制约。再次，高校教师熟悉规划和城市发展的领域前沿，有可能突破常规思路，引入新的理念和方法。最后，高校本身承担着人才培养和社会服务的职能，社区规划师制度正好为“政、产、学、研”提供了一个很好的平台，有利于教师科研数据的采集，学生课程实践的开展，将理论和应用结合起来，更好地服务社会。

国内外社区规划师制度实践比较（作者自绘） 表1

实施地区	类型	社区规划师担任者	工作职责	工作方式	角色定位
英国	社区参与者	地区的地方委员会专职人员	为政府提供社区发展的动态信息，保证公众参与的质量和有效性	全职（社区规划合作组织(CCPS)）	政府、社区与合作组织的桥梁
美国	社区经营者	社会组织（改良区域组织）人员	管理经营机构的运转，资金和监督，防止犯罪，街景建设和公共空间维护	全职（由专门的经营公司负责）	社区发展经纪人
台湾地区	社区营建师	具有专业背景的社会组织人员	提供规划专业咨询服务，协助编制社区发展计划，出席政府会议并参与研讨，维护社区规划师专属网站	全职（社区规划师工作室就近协助社区）	社区辅助管理人员
厦门	单元规划师	规划院设计人员	负责责任规划区规划信息维护，列席规划局关于区内重大建设项目的会审，提供技术意见，为规划局提供技术服务	定点联系，定期走访（一个规划单元一个）	地区规划编制人员
成都市下辖乡镇	乡村规划师	政府部门乡镇专职规划负责人	参与乡镇党委、政府规划建设的研究决策，代表乡镇政府组织乡村规划编制、修改、报批和实施监督	全职(一个乡镇一名）	政府上下级协调者
深圳全市部分社区	社区规划师	政府部门公务员	宣传解释规划国土政策，解读相关规划咨询，组织开展规划知识培训，培育公众参与意识。听取社区反映的问题、意见和建议，提出政府政策改进建议，跟踪解决并及时向社区反馈。推动市重大项目、规划国土重点工作在基层落实	定期走访、日常联系（一个社区一名）	政府协调与联络专员

3 高校参与社区规划师制度的角色定位

根据新时期国民经济社会转型趋势，有学者总结了规划师角色的分化，提出规划师应成为“经济谋士、价值斗士、信息博士、人权贴士、民生卫士和生态卫士”。这六个方面的角色分化很好地诠释了规划师应承担的责任，社区规划师不同于社区管理者，工作和职责的定位也应围绕“规划”进行定义。根据国内外的实践经验，社区规划师的职责应包含如下工作范围：协助规划师形成为社区经济发展提供空间资源配置的最佳方案，统一城市整体利益与社区局部利益，弥补上下级之间的信息不对称缺陷，维护城市空间开发过程中的权利平衡，从规划视角反映和解决社区发展中的社会问题，通过规划建设不断优化社区的物质环境质量。

由于专业知识限制、工作范畴限制、职能范围限制和工作原则差异等原因，针对以上社区规划师需要承担的复合目标，社区规划师不应是一个单一职业组成的单一群体。建议由政府工作人员、规划设计院设计人员、社区管理人员和高校师生共同组成：政府工作人员具有自上而下的资源配置信息优势，且是社区规划编制和实施的主导方，以维护城市整体利益为先；规划设计院规划编制人员具有专业的规划编制技术，是社区规划编制的主体，从技术角度保证社区规划的科学性；社区管理人员具有自下而上的社区基础信息优势，且是社区规划的编和实施的主体之一，以维护社区局部利益为先。

而高校则应从两个方面进行定位：一方面是教师，具有扎实的理论基础，并熟悉规划前沿理念和技术，因此主要承担前沿理念和规划基础知识的普及，使社区主体理解规划的作用、运作机制和整体价值观，同时，对于规划编制的科学性可进行评估，从社区的发展现状中提炼规划中需要重视的关键问题和产生的原因；另一方面是学生，其课余时间充裕，规模较大，且善于利用社会调查、访谈和实地踏勘等方式，收集较为全面和细致的社区基础信息，并能利用信息手段进行调查的数据进行整理分析，同时，学生对于专业的兴趣和热情也能在沟通中取得较好的效果（目前涉及项目建设拆迁等政府和规划设计人员的咨询，往往会引起居民的反感，导致信息的错误和缺失）。

总之，高校在社区规划师制度框架中的定位应为政府、规划设计单位、社区管理者和居民之间共同的“沟通桥梁”，从事社区基础信息的调查收集和分析，长期动态监测社区发展状况，为规划编制和关键问题提供前期研究，发挥高校的学术资源优势，引介和普及最新前沿理念和基本规划知识，为规划设计单位提供技术创新平台。

4 高校参与社区规划师制度的“政产学研”模式

4.1 高校参与社区规划师制度的“政产学研”逻辑关系

如高校参与社区规划师制度的“政产学研”逻辑关系图所示（图 1），从科研主体——高校教师角度看，高校教师的纵向科研课题需要大量的实证数据，同时在日常教学中也需要大量的教学素材，因此在社区规划师工作开展过程中，可以主动寻求科研热点和社区发展中重大问题的契合点，并基于该契合点组织科研和教学工作，此外，高校教师也有服务社会的职责，可以与设计院建立长期的技术交流机制；从教学主体——学生角度看，“社区规划师”为《城乡社会调查》、《城市社会学》和《城市管理学》等课程提供了很好的教学和实践平台，基于社区规划师工作的选题更能契合当前社会发展热点，能更好地培养学生通过主动参与和思考，来解决规划中实际问题的能力。此外，行政主体也能为学生提供宝贵的挂职锻炼机会，也有助于学生的实习和就业培训。而产业主体和行政主体则借助社区规划师平台，能整合

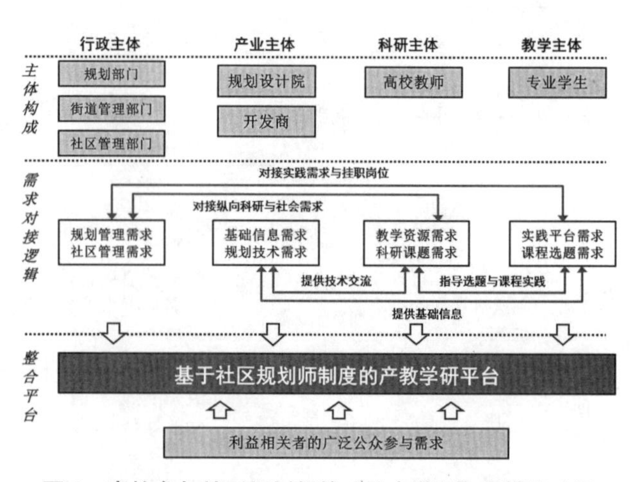

图 1 高校参与社区规划师的“政产学研”逻辑关系图

更大范围的优质资源，从而更好地满足社区规划师的工作任务要求。

4.2 高校参与社区规划师制度的组织架构

社区规划师制度的组织架构主要由四个主体组成（图2），常态架构由规划局、社区居委会和高校组成，另外，规划设计院根据规划建设设计项目的需要，不定期进行工作联系。由规划局分管领导、社区居委会专门负责人、高校教师组长和规划设计院项目负责人组成社区规划师制度工作领导小组，由规划分局控规单元负责人、社区联络员、高校教师组和学生组、规划设计院项目组成员组成社区规划师工作组。

工作模式方面，根据各单位的不同工作特征，主要分为以下几类：市级规划局负责指导区规划分局，区规划分局定点联系控规单元负责人；街道办事处领导和联系社区居委会，社区居委会设专职工作人员担任社区规划师联络员；高校由教师组长负责工作协调，各参与教师带领学生组开展社区规划师工作。

4.3 高校参与社区规划师制度的工作框架

高校参与社区规划师制度的工作框架主要由以下部分内容构成（图3），工作主体分为教师和学生，教师自身参与社区规划师工作，并指导学生工作，学生则结合社区规划师工作内容、培养目标和教学要求开展具体的基础性工作。

教师组的主要工作内容包括四个方面：①定期开展城市规划和建设方面的专题讲座，引介国内外相关较新的理念和案例，普及城市和社区规划的基本知识；②定期召开社区规划师工作会议，召集控规单元负责人、社区联络员和社区居民代表，对社区发展中的重大问题进行商讨，如有进行中的规划编制工作，规划设计人员也参与会议，对规划进行解释和意见反馈。另外，根据实际需要，列席规划编制和评审过程中的重要会议，并根据工作情况发表相关意见和建议；③根据年度工作情况和收集的信息，协助社区居民委员会撰写社区发展报告，作为年度的工作总结和社区基本档案；④结合社区的需求和教师科研目标，确定若干社区发展中的重要问题开展课题研究，进行针对性的深入调研和分析。

学生组在教师组的指导下，主要工作内容包含5个

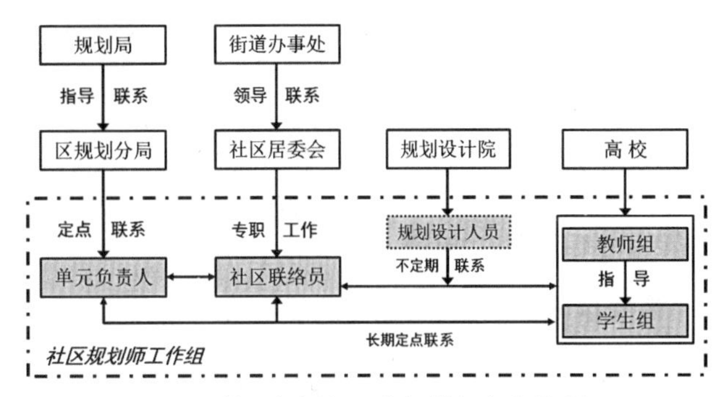

图2 社区规划师工作组的组织架构图

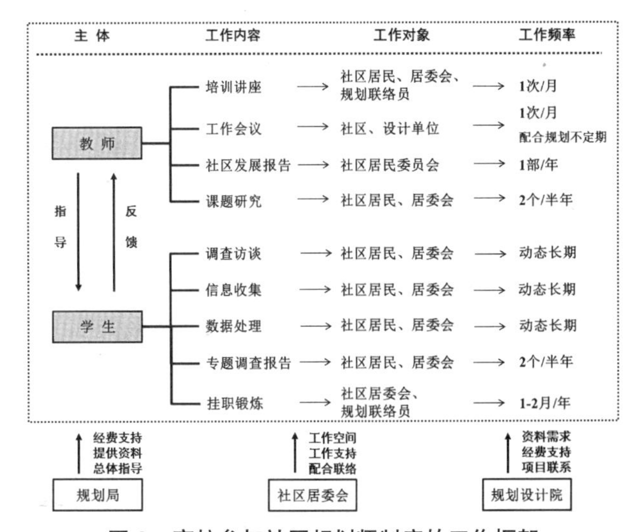

图3 高校参与社区规划师制度的工作框架

方面：①对社区居民和居委会进行调查访问，了解社区发展和管理工作中需要迫切需要解决的问题；②通过问卷调研、抽样访谈和实地踏勘，收集民意，以及与社区发展相关的基础数据；③对收集的数据进行整理和初步统计分析，为规划编制、课题研究提供基础和依据；④结合城市规划专业的城乡综合实践调查报告的课程作业需要，利用收集的数据，选择合适的切入点，撰写专题调查报告；⑤对于研究生和毕业班学生，可以采用挂职锻炼的形式，更加深入地参与到基层的实际工作中，直接担任社区居委会的联络员或规划局的联络员职务。

其他主体方面，规划局主要提供开展社区规划师工作的部分经费支持，为社区规划师工作的开展作总体指

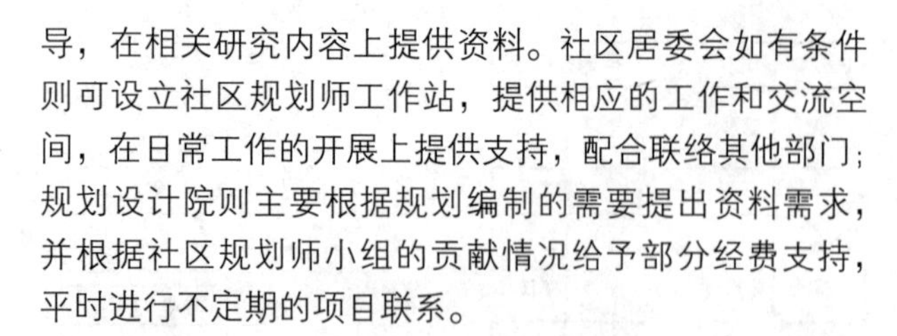

导，在相关研究内容上提供资料。社区居委会如有条件则可设立社区规划师工作站，提供相应的工作和交流空间，在日常工作的开展上提供支持，配合联络其他部门；规划设计院则主要根据规划编制的需要提出资料需求，并根据社区规划师小组的贡献情况给予部分经费支持，平时进行不定期的项目联系。

5 高校参与社区规划师制度的重要意义

社区规划师制度旨在实现城市规划工作的价值观和模式转型，从传统规划强调结果的权威性的价值观转向注重过程导向的价值观，更符合公众导向的服务理念（黄瓴和许剑峰，2013）；同时社区规划师工作的复杂性和综合性也要求城市规划专业的教育目标从专才导向转向通才导向；工作模式从控制导向转向沟通导向，由技术本位特征转向服务本位特征。

高校参与社区规划师制度的建设的意义：从近期看，主要体现在对社区规划师制度实施模式的探索方面，利用高校特有的学术科研资源和学生规模优势，使得目前社区规划师工作在支持经费、人员编制和工作空间多方面的限制下，能够持续扎实地得以开展，缓解了目前的工作瓶颈；从远期看，社区规划师制度为高校教师提供了开展实证研究的平台，能持续和深入地获取第一手数据，有利于研究课题的开展，更为意义重大的则是对城市规划人才培养模式和目标的创新，使得学生能在学习阶段就深入到城市社区环境中，更加加深了学生对于城市规划服务目标和运行机制的理解，并有利于塑造学生正确的城乡规划价值观和职业道德。

主要参考文献

［1］ 黄瓴，许剑峰．城市社区规划师制度的价值基础和角色建构研究［J］．规划师，2013，29（9）：11-16.

［2］ 吴丹，王卫城．从“政府规划师”到“社区规划师”：背景·实践·挑战［J］．多元与包容——2012 中国城市规划年会论文集，2012.

［3］ 孙启榕．全球地方化的论述与实践——从台北社区规划师制度谈起［J］．世界建筑，2009，5：27-28.

［4］ 许志坚，宋宝麒．民众参与城市空间改造之机制——以台北市推动“地区环境改造计划”与“社区规划师制度”为例［J］．城市发展研究，2003，10（1）：16-20.

Research on the Government-Industry-University-Research Cooperation Mode in the Community Planner Institution

Wu Yizhou　Wu Qianbo　Chen Qianhu

Abstract: With the development of new Urbanization, the value and work mode of rural and urban planning are changing. “Community Planner”, as the success work mode in the developed countries, meets the demand of the transformation of public value and planner’s role. Nowadays, many cities in our country have tried to implement it. This paper, from the perspective of university, based on the differences between the Community Planner Institution in different countries, analyzed the feasibility of university taking part in it. And the paper also put forward the role, government-industry-university-research cooperation relationship, organizational structure, work framework, and importance of universities in the Community Planner Institution.

Key words: Community planner, University, Role, Government-industry-university-research cooperation, Mode

基于“研究型教学论”的讲授类课程教学改革探索*

孙　立　张忠国　常　瑾

摘　要：本文基于研究型教学的理论与方法，以城市规划评析课程为例，探讨了研究型教学模式如何在城乡规划理论讲授课中的应用问题。

关键词：研究型教学，讲授课，教学改革

1　引言

相对于传统的教学模式而言，研究型教学模式由于更有利于创新型人才的培养，是我国高等教育教学模式改革的主要方向。城乡规划的专业特点要求其从业人员必须具有创新意识和解决综合性问题的能力，更要求规划教育工作者积极关注研究型教学模式，在实践教学工作中不断探索研究型教学模式的应用，以不断改进其人才培养方式。本文便拟通过评介笔者主持的城市规划评析课程的教学改革情况，探讨研究型教学模式如何在城乡规划理论讲授课中应用的问题。

2　研究型教学论——教学改革的理论基础

2.1　“研究型教学”的内涵

教学模式是指在一定教学思想指导下，为实现教学目标而建立起来的比较稳定的教学操作程序及理论化了的教学结构。所谓研究型教学是相对于传统教学模式而言，这里所称传统的教学模式是指18世纪末由德国著名教育家和心理学家赫尔巴特创立的以“教师、教材、课堂”为中心的教学模式。传统教学模式以知识的传授为主要教学目标，教学方法强调以教师为中心的灌输式，考核以应试指标为唯一尺度。研究型教学模式则是以知识教育为依托，以能力培养为主要内容的、把学习、研究、实践有机的结合以引导学生的高度参与以及主动性的充分发挥，并且创造性地运用知识和能力，自主地发现问题、研究问题和解决问题，在研讨中积累知识、培养能力和锻炼思维，同时养成科学研究的精神和科学态度，以培养高层次、复合型、多样化的高素质创新型人才的一种教学模式。

研究型教学模式在学习方式上具体表现为以研究为本，并与实践有机结合，充分发挥学生的创新潜力以及主观能动性，同时强调对学生个性的尊重，注重学生的自由发展。这种模式在教学中强调以学生为主体，教师仅仅充当知道者、引导者、辅助者的角色，这是一种能让学生在科学研究式的学习活动中，培养创新意识和激发创造动机的新的教学理念和教学模式。

研究型教学模式在教学方式上表现为教师的研究性教学。传授知识是实施研究型教学模式的前提和基础，培养学生分析问题、解决问题的能力和创新精神是实施研究型教学模式的目的，在研究型教学过程中，教师充当的是引导者的角色，引导学生提出问题、分析问题、解决问题的同时，求取知识、理解知识、运用知识，从始至终贯穿科学研究的方法，帮助他们树立科学观、培养科学意识、科学精神和科学态度，真正实现科学教育教学。

*　北京建筑大学校级研究生优质课程建设项目（课程立项编号：K2014007）、北京市哲学社会科学规划项目（青年项目编号：12CSC011）、北京市教育委员会科技计划面上项目（项目批准编号：201410016006）联合资助。

孙　立：北京建筑大学建筑与城市规划学院城乡规划系副教授
张忠国：北京建筑大学建筑与城市规划学院城乡规划系教授
常　瑾：北京建筑大学建筑与城市规划学院城乡规划系讲师

2.2 "研究型教学"的特征

2.2.1 参与性与实践性的统一

研究型教学的整个教学过程由传统的教导式转向主动式、对话式、探究式，自始至终都离不开学生的参与和积极的探索活动。从这个意义上说，学生始终处于教学过程中的主体地位，不仅改变以往教师唱"独角戏"以及"填鸭式"的教学方式，而且让学生有"主角"意识，自觉地参加到教学以及小组讨论中去，从而锻炼学生的思维模式以及对待学科的研究态度。曾有教育家提出，我们的教育应"把人放到人的环境中培养成现实的人"，而研究型教学是在充分挖掘教学内容和教学活动的实践因素的基础上，充分调动主体的多种感官参与到教学活动之中，使学生手脑并用；同时，在符合学生身心特点和发展水平的研究性活动中，学生又往往表现出浓厚的兴趣、强烈的愿望和高涨的情绪，全身心投入到知识获得和运用的参与性实践活动中，在特定问题情境中学会用科学的方法来分析认识客观事物，并自觉运用理论知识指导自己解决实际问题，达到知识和能力的内化与外化的辩证统一，从而不断优化认知结构。

2.2.2 教师与学生之间的平等性

研究型教学模式要求在课堂教学中，要时刻让学生感到放松、融洽和愉快，没有任何形式的压抑和强制，使学生在学习过程中获得一个发现世界、探索世界的宽松环境，主动地思考探究，勇于问、敢于想、善于做。师生关系平等可以让他们在教学的过程中相互感受对方思维方式、角度，这样，促进了学生个体的信息输入、输出与信息评价、反馈的流量和速率，活跃了学生的思维，增强了学生的主体意识，培养了学生的主体精神，使学生成为自我开发创造力的主体。

2.2.3 创造性与潜在性的统一

研究型教学与传统型教学的最大区别就是培养学生的创造性以及创新意识。研究型教学是一个能动的、创造性的教学过程，能够大大激发教师和学生的创造热情和积极主动性。教师注重的不再是知识的简单复制、粘贴以及对学生的机械灌输，而是在教学内容和教学活动的设计、安排、组织、实施过程中体现出知识的再发现、再整合；学生注重的也不再是死记硬背老师传授的"金科玉律"或是从书本中寻找现成的结果，而是经过思考、探究、综合运用相关理论知识、并把理论知识和实践有机的结合，充分发挥自己的想象力、创造力，寻求带有"主观能动性"的解答。研究型教学是一个具有主观能动性的、创造性的、具有开发学生发散思维的教学过程，能够极大激发老师和学生的创造热情和积极主动性。

3 问题与挑战——教学改革的背景

规划评析课是北京建筑大学具有特色的城乡规划专业理论讲授类课程之一。其教学目标在于培养学生树立正确的城市规划的价值观；引导学生关注当代国际与国内城市规划的理论与实践，培养学生掌握城市规划评析的一般性原理与技巧；培养学生掌握规划评论文章的写作要领与综合表达能力。然而，就城市规划评析学科本身而言，目前尚不存在成熟的理论体系，如何界定规划评析，如何科学地进行规划评析都处于摸索阶段。再者，更无固定的教学模式可言，教什么、如何教、教到什么程度，让学生如何学，学到什么才最为重要，都是需要不断思考的问题。首先需要思考"教什么"的问题，即什么样的教学内容才能让学生能够架构起关于规划评析完整的知识体系，全面了解其理论与方法。其次，随着教学内容的不断调整与完善，传统教学模式受到挑战，必须认真考虑"怎么教"的问题，即怎样的教学模式才能使学生能动学习与主动思考。

传统教学模式面临着窘境：首先是课时少，内容多。作为一门独立的理论课，要保证其理论体系的完整性，重要的核心理论内容是缺一不可的。而作为一门时时关注最前沿的规划实践活动的课程，对成为现时热门话题的规划案例的分析也必不可少。然而，课程总共只有16学时，如采用讲授式的教学模式光是理论部分中的规划批评学部分都难以讲解明白，如何利用这么少的学时实现所有的教学目标是难题之一。其次是案例的前沿性与多样性问题。一般的理论类讲授课程所用分析案例大多为国内外比较成熟的经典案例，但这些案例难以满足学生渴望及时了解现时规划热门话题的愿望，难以提起学生的学习兴趣。通过对选课学生的事前调查了解到，他们更希望了解现时规划热门问题更为详尽的形成与发展的经纬，以及解决这些问题的最新思路与方法，同时希望案例的类型丰富多样，可以学习到如何从多角度对规划案例进行评析的方法。传统的教学模式对于上述问题的解决无能为力，而采取研究型教学模式，上述问题则可以迎刃而解。以下将近年基于研究型教学模式理论与方法所进行的教学改革的情况予以评介。

4 多元互动式教学方法——教学改革的成果

基于“研究型教学”的理论与方法，在近年的规划评析课程的教学实践探索中，形成了多元互动式的教学方法。该方法摒弃了传统的“教师讲解、学生理解”的讲授式教学模式，将整个课程划分为4个不同主题的教学单元，分别是理论与知识体系架构、难点与重点理论解读，前沿与热点问题评析、经典案例解读与亲身实践案例评析等。理论与知识体系架构由任课教师“主讲”，重点与难点理论解读由学生“试讲”、教师点评，前沿与热点问题的评析由外请行业专家“串讲”，经典案例解读与亲身实践案例评析由学生“轮讲”、集体点评。各个教学环节都以学术沙龙的形式为主，听众与主讲者可以随时相互提问与展开讨论，形成了能动学习、主动思考、“你言我辩”多元互动的课堂氛围，同时也实现了通过课程锻炼学生的综合表达能力的教学目标，收到了良好的教学效果。各单元的教学重点与具体方法归纳如下：

4.1 理论体系架构

该单元的任务是通过任课教师讲解，帮助学生建构起规划评析基本的理论体系框架。

首先要让学生掌握有关规划批评学理论内容。目前虽尚无专门关于此的系统理论著作问世，但借鉴郑时龄院士提出的建筑批评学的理论，可以帮助学生明确规划批评的主体与客体，规划批评的价值论与方法论，规划批评的模式与局限性等一些基础理论问题。这些规划批评学的理论是对规划评析这一学科本身的认识，使学生明确规划评析究竟为谁服务，制定规划评析标准应遵循什么样的价值观。这是学习规划评析的认识论基础，需要学生有较为深刻的理解。

再者要向学生介绍规划评价或评估学的基本知识。规划评价或评估学是关于如何进行规划评析的方法论方面的学问。需要学生了解规划评价学的源起、演进与流派与类型，掌握规划评价的一些主要类型与方法。诸如需要学生了解规划评价方法产生的哲学基础是与理性主义的发展息息相关，掌握规划评价分为包括规划文件分析等备选方案评价等规划实施前评价，以及规划行为研究、规划过程与规划方案影响描述、规划政策实施分析、规划实施结果评价等规划实践评价两大类，并能够基本掌握如何选择和使用合适的规划评价方法等。

如前所述，这一单元主要是为了帮助学生梳理规划评析的各类理论，建立起基本的理论体系架构，任课教师并不就各个理论展开讲解，主要使学生知道哪些是需要了解的理论，哪些是要重点掌握的理论，对于重点理论的讲解则放在第二单元。

4.2 重点理论解读

在学生对整个理论体系有了初步了解的基础上，第二单元的任务是对其中的一些重点理论由学生自己进行解读。

首先，列出需要重点解读的理论专题的名录，任课教师提供部分参考文献，学生根据个人的兴趣爱好自由组合为若干“试讲”小组，并留出一定的时间供学生课外查找资料进行试讲准备。

预先规定好讲解时间及答辩时间，明确根据试讲效果和答辩情况对该环节的评分规则。设有答辩环节可以促使学生广泛深入的阅读相关的理论内容，培养学生自觉主动学习的习惯。规定试讲时间可以督促学生进行课前试讲练习，利于培养学生的综合表达能力。实际课堂试讲时更严格按规定控制时间，讲解的全过程作为听众的同学和老师可以随时提问，每个理论专题还留有一定互动讨论时间。

最后，任课教师根据学生总体的认知情况，做补充点评。目的在于补充讲述遗漏的知识点、明确理论重点，点评学生的表现，指出各组的优缺点，并在征询其他听众意见的基础上，综合打分。

理论专题环节的教学变“教师主讲”为“学生试讲”，试行了“教即学、学亦教”的教学理念，一改学生以往只是一味“等食填腑”的被动局面，激发了学生的表现热情。课后学生反映这种学习形式迫使自己不得不去广泛阅读，实现了开拓学生的课外阅读宽度，扩宽其知识面的教学目标。另外，各个理论专题原来由任课教师逐一讲授时，难免讲解形式单一乏味，常难提起学生的兴趣。改为学生试讲后，由于存在着教师点评和民主打分的激励机制，各组在表达上都下了很多功夫，表现形式可谓八仙过海、各尽其能，一些晦涩枯燥的理论，通过学生新颖、别致的表达也都让听众听得有滋有味，收到了良好的教学效果。

4.3 前沿与热点问题的评析

该环节是为让学生能及时把握学术前沿与行业热点问题，了解行业动态。案例评析以一些前沿与热点问题的评析为主，任课教师同外请的行业专家一起“串讲”。

首先将学生感兴趣的前沿与热点问题收集起来，再根据这些问题决定邀请哪些行业专家，一般每年会分别邀请 2~3 位行业专家来到课堂，为便于和学生之间沟通与交流，以中青年专家为主体。专家确定后，将学生希望该专家能为其解答的相关专业问题收集起来，并把这些问题提前告知，让专家结合案例有一定的准备。

“串讲”内容的确定与课堂组织以行业专家为主，专家多以讲解、提问、答疑、全程互动讨论为主要形式。任课教师一般在答疑阶段参与进来，针对学生的有些问题，在行业专家在“实操”层面给予解答外，任课教师有时会站在理论高度和学科发展的视角对问题进行补充回答。专家带来的一些与现时热点问题直接相关案例，所有师生可以自由评析，但要求能尽量结合之前学习过的理论，有一定的逻辑性，能够“自圆其说”。评析过程中，鼓励大家相互争论，表达不同的学术观点。

由于大部分案例都与大家关心的热点问题有关，很多学生事前都有一定的准备，听完专家讲完案例背景和基本的评析观点后，对专家和任课教师提出的问题大都有一定的深度和难度，师生间、同学间课堂讨论、争论的气氛也十分热烈，经常已经到了课程结束时间，大家还意犹未尽，易地再辩。通过这样一个“吾思尔议”、“你评我辩”教学环节，很多学生都认为不仅了解到了最新的行业动态，自己的思辨能力和综合表达能力也都得到

城市规划评析课程“专家串讲”环节教学现场

城市规划评析课程“学生轮讲”环节教学现场

了充分地锻炼与提高，教学效果非常明显。

4.4 经典案例解读及实践案例评析

在完成上述让学生或教、或学、或辩（辨）的教学任务之后，最后要锻炼的是学生“实操”能力，即让每个学生真正进行一次规划评析。评析的内容和对象不限，有些有实践经验的学生可以自己参与的实际项目为依托，更可以解读一些经典案例、还可以从哲学与理论的高度来重新认识规划评析这一学科等等。

“轮讲”环节的组织与对学生的要求同前面的“试讲”环节基本相同，也是留出一定的时间供学生进行准备，预先规定好讲授时间及答辩时间，明确根据试讲效果和答辩情况对该环节的评分规则。并且，由于有了前面各环节的学习基础，对每个“轮讲”同学的点评是以其他学生为主、教师为辅。点评同样也是对学生的一种训练，这样可以促使讲的学生和听的学生都积极思考，加深理解和认识深度。

这一环节学生觉得除了准备“轮讲”时需要大量阅读可以拓展知识面外，通过同学间的相互交流，更开拓了自己思路。

5 结语

城乡规划的专业特点要求规划教育工作者需积极关注利于创新型人才培养的教学模式。本文基于研究型教学的理论与方法，以城市规划评析课程为例，探讨了研究型教学模式如何在城乡规划理论讲授课中的应用问题。以此引玉，以期引发学界同仁的讨论，以不断改进城乡规划专业的人才培养模式。

主要参考文献

[1] 孙立，张忠国．思变、司便、思与辩[J]．2013全国高等学校城乡规划学科专业指导委员会年会论文集，北京：中国建筑工业出版社，2013：367-371.

[2] 吴志强．城市规划学科的发展方向[J]．城市规划学刊，2005. 6：2-9.

[3] 籍建东．研究型教学模式与传统教学模式的比较[J]．职教论坛，2011. 5：43-45.

[4] 黄亚平．城市规划专业教育的拓展与改革[J]．城市规划学刊，2009. 33（9）：70-73.

An exploration of teaching reform on taught courses based on the method of ‘research-oriented teaching’

Sun Li　Zhang Zhongguo　Chang Jin

Abstract: This article is based on the theories and methods of ‘research-oriented teaching’, using ‘urban planning analysis’ course as the material to discuss the question of how to apply ‘research-oriented teaching’ mode in taught courses on urban and rural planning theory.

Key words: research-oriented teaching, taught course, teaching reform

基于城乡规划逻辑的城市设计课程教学思考

高 伟 公 寒

摘 要：城市设计课程的教学是城乡规划学专业本科教育课程体系的重点与核心环节之一。不仅是因为城市设计领域与建筑学、城乡规划学、景观设计的专业领域有着密切的现实关联和历史渊源，更根本的原因在于这几个专业从空间形态设计的角度所具有的天然的共同性。较为普遍的观点认为城市设计是针对建筑学、景观学与城乡规划学之间的一种专业设计领域，其关注建筑及建筑群体之间、非建筑内部的城市公共空间的三维甚至四维的形态设计过程与结果。然而这种学科专业的相互交叉，导致所谓城市设计与城市规划、建筑学、景观设计之间的领域的模糊性，也影响城市设计与其他学科的边界清晰度。本文尝试讨论建立基于规划逻辑的设计思维方法，回归城市设计的本质意义，提出规划逻辑定位、城市功能分析、形态组合演进以及空间模型耦合的设计方法，并总结结合教学程序的实践经验。

关键词：规划逻辑，城市设计，课程教学，思考

1 引言

目前，我国有约180所高等教育院校开设城乡规划学本科专业，其教育体系不论是建筑学或工程学科的历史起源，还是以经济学或地理学为发端的基础结构，城市设计课程的教学无疑都是城乡规划学专业本科教育课程体系的重点与核心环节之一。我们认为不仅是因为城市设计领域与建筑学、城乡规划学、景观设计的专业领域有着密切的现实关联和历史渊源，更根本的原因在于这几个专业从空间形态设计的角度所具有的天然的共同性。

较为普遍的观点认为城市设计是针对建筑学、景观学与城乡规划学之间的一种专业设计领域，其关注建筑及建筑群体之间、非建筑内部的城市公共空间的三维甚至四维的形态设计过程与结果。然而这种学科专业的相互交叉，导致所谓城市设计与城市规划、建筑学、景观设计之间的领域的模糊性，也影响城市设计与其他学科的边界清晰度。可能换个角度表述这个疑惑即是：城市设计是包含于建筑学或者城乡规划学的学科专业之中，还是独立于其外？虽然对此有不同的认知和理解，我们在此不做深入分析和解读，只是强调这些不同的看法影响着城市设计教学的课程设计理念与教学实践安排等诸多环节。随着人们环境意识的不断提高，市场对城市设计产品的需求，也迫使城市设计从狭隘的城市公共空间形态的美学关注到注重加强环境开发控制的文本化表达。

然而现实情况却是城市设计成果的绚丽图则，充斥着个人主观色彩，“宏伟蓝图式的空间叙述成为政府对城市设计作用的主要理解”，精心编纂的理想文本，充斥着规范标准的空泛引述，“城市形态出现无价值的视觉堆砌，城市风貌出现无地域性的观感拼贴”。很多所谓城市设计的优秀成果，根本不能体现公共空间的人本关怀，也不关注对于公共空间功能与使用效能，而变成了对平面构图无病呻吟般的扭曲形态狂热追求，对建筑高度、体量造型的自我痴迷，严重误导和干扰学生的学习。设计方法理论与实践空前脱节状态反映在学生课程作业过程与图面表达的各个阶段和层面。

本文讨论以改善、提高城市公共空间的环境品质作为城市设计的核心目标的设计方法本质回归，建立基于规划逻辑的设计思维方法，同时也是强调从实践出发的城市设计的现实意义。

高 伟：吉林建筑大学建筑与规划学院讲师
公 寒：吉林建筑大学建筑与规划学院讲师

2 城市设计的设计方法

近年来我国城市化进程的快速发展，大量的城市建设实践促使人们对城乡规划、建筑设计、景观设计以及城市设计等领域的认知进一步广泛化，市场对城市设计的需求也日益扩大化趋向。不管是公共部门，还是私营部门的需求都在不断增长，诸如城市风貌规划、城市景观设计以及城市亮化、建筑改造、户外广告管理等等涉及城市空间管治的项目，都以城市设计命名和委托项目设计，这些都需要传统的建筑师、规划师、景观设计师具备更为全面的城市设计理念与知识。

在地方政府将经济增长等同于城市建设的逻辑框架下，城市空间形态急剧扩张，一时间工业园区遍地开花，大张旗鼓地大盘庄园式新城开发，霸气十足的地标式商业综合体的旧城改造，连锁店一般地充斥着大江南北。言城市设计必称 CBD、轴线、广场、宽马路，来标榜城市建设新面貌，楼王地标频现，成为官方意图和审美标尺，依稀可见大跃进的浮躁风范。同样浮躁喧嚣的设计成果如雨后春笋般快速涌现。

我们需要重新审视所谓以建筑艺术为主导的设计理念和培养目标。城市设计的复杂性也促使人们更多地从社会－空间的发展进程来进行解读，城乡规划学的专业能力的培养，需要突破建筑学的视觉艺术观、社会使用功能以及公共空间的场所制造的传统思维模式，确立城市空间多样性差异化，以及社会空间公平、公正再分配的规划逻辑作为物质空间形态设计的出发点和检验准则，对学生的设计理念和设计方法进行系统化培养。城市设计的课程教学过程不仅要完成学生基本设计技能的培养，还要着眼于城乡规划专业理论是实践能力的培养和训练。我们在教学实践中构建了从规划逻辑定位出发、到城市功能分析、形态组合演进以及空间模型耦合的设计方法，并在教学和实际工程项目中实践。

2.1 逻辑定位

城乡规划、城市设计是为人服务的设计。这里所讲的人，不是现代主义建筑定义的标准人的简单化抽象模型。城乡规划、城市设计是对城市社会群体的空间形态载体进行的优化整合，促使学生理解城市设计、形态设计的终极评价标准是为复杂多样的社会群体结构和社会个体的服务和品质的追求，而这些标准必须从实践中寻找获得，那么城市规划、城市设计的工作就是从社会基础调查与研究开始的。一般而言城市设计的课程安排在高年级，学生已经在之前的专业培养中获得相应的基础调查研究技能。除了学生自行进行现场踏察，我们在城市设计课程的调查研究中通过不断设问、反问等对话、解释并行的交流讲解形式，进一步引导学生积极思考调研的动机、目标、层次、结构等，以帮助学生能够自主地获得相对全面的感性认知以及这种思辨的逻辑推理能力，从课程培养计划的基本的要求，逐步过渡到引领学生思考规划设计、城市设计的基本逻辑定位，并在这个过程中逐渐明晰城乡规划、城市设计等的本质属性、意义和价值。

2.2 城市功能分析

城市设计课程的选题地段相应地具有一定的城市功能，准确地说应该是某些功能复合的集合。这是不同于《雅典宪章》所代表的现代建筑的功能主义的传统逻辑的功能的定义的。这是因为城乡规划所涉及的城市空间具有复杂的社会群体活动的公共属性，是在某一城市空间范围内高度复合的城市功能，并且城市公共空间中的各种复合功能集合处于不断的整合与演化过程中。我们让学生建立这样的逻辑基础，进行城市功能的分析与再分配，以避免功能主义的简单化的个人色彩。对城市功能的分析，学生需要建立总体规划与详细设计之间、上层次规划与下层面设计的逻辑连贯性和整体性。基于城市空间的复杂多样性与差异化的逻辑基础，城市功能便不可能是单一确定的或者简单叠加的。因此对城市功能的分析必然是反映空间的利益冲突与空间的区位矛盾的。

2.3 形态组合与演进

确定城市功能的综合体系或者功能集合之后，我们就可以着手进行空间的形态组合与演进的设计与模拟。首先从既有地段的历史结构与信息中寻找社会－空间的演化脉络和空间形态框架的传统特征；这需要建立大量不同参数的图底关系分析草图，并确定主导特征集合；其次对主题特征集合进行中多项足组合，并进行拓扑变化的演进方案设计，寻找形态的优化整合方向，并形成图示系列。在这个环节中，需要注意形态组合排列的理性秩序，排除不可能方案。

形态组合的演进是针对确定的城市功能进行的深化排列。例如，城市功能确定为商业用地，那么对应的城市空间需要对商业用地进行更为具体的分化：确定停车空间、绿化空间、安全防护空间、交通空间、休憩空间等等。这种组合形态需要结合场地、区位、地形、朝向、等自然条件，及其与外部联系的道路路段、等级、交叉口、公交站点、周边建筑使用性质、高度、界面、视线等环境要素进行不同规模、比例、尺度等的排列组合和量化，以及对不可能状态的整合和优化，形成针对不同分项主题的系列图则和图示化政策文本。

2.4　空间模型耦合

不同排列组合和数量化方案的演进，一定程度上满足了城市设计的定量研究，可以相对理性地分析、论证、确认某些规划预期的空间形态。但仍需要我们从色彩、材质、风格、意向、质感等关乎环境品质的心理影响参数角度进行模型的耦合。

2.5　基于历史传统的空间形态设计

我们始终处于历史联系之中，学习历史是最为简单易行的事情。具有讽刺意味的是很多设计者都在试图摆脱传统的约束，但对于能否明确何种传统、何种约束需要突破和抛弃，又是无可名状的话语缺失或无可奈何的空泛表达。有些学生在拿到地段图后，完全不顾既有建筑和场地现状，如同柯布西埃氏的所倡导的光明城对巴黎的改造狂想。当然对传统的学习需要耐心，学习传统也不是要简单地模仿，传统也不简单的等于历史，传统需要我们在学习过程中发掘和整理。从功能的多样性、平面的多样性，到空间的多样性与差异化，城市的历史和历史城市无时不是规划多样性逻辑的坚实基础和现实典例。

3　结语

基于社会—空间分析的城市设计研究框架，为我们提供了另一种范本和解读。城市设计不是宏伟蓝图的描画工具，也不是气势磅礴的视觉擅权愿景的帮手。学习传统和历史，将城市空间的多样性与差异化体现在细微处，做到润物于无声，才是城市设计对城市空间品质孜孜以求的根本。

主要参考文献

[1] 杨俊宴，高源，雒建利．城市设计教学体系中的培育重点与方法研究［J］．城市规划，2011，8.

[2] 阿里．迈达尼普尔．城市空间设计——社会－空间过程的调查研究［M］．欧阳文，梁海燕，宋树旭译．北京：中国建筑工业出版社，2009.

[3] （英）马修·卡莫纳，等．城市设计的维度／公共空间——城市空间．冯江等译．南京：江苏科学技术出版社，2005.

[4] 王世福．城市设计建构具有公共审美价值空间范型思考［J］．城市规划，2013，3：23.

Rethink the Urban Design Curriculum Teaching Based on the Planning Logics

Gao Wei　Gong Han

Abstract: The Urban-design Curriculum is one of the key point and the core section in the undergraduate course of the Urban Planning profession education. The reason for that is not only the relevancy of the actual professional operation, between the urban design to architecture, to urban planning, or to landscape design, but also, for their filiation in history. And to the most essential, it is the common point in oringins.

Key words: Rethink, Curriculum Teaching, Urban Design, Planning Logic

风景园林规划专业教育多元化的发展和课程体系的创新研究

郑 馨 李 巍

摘 要：本文以突出高校风景园林规划专业特色、培养多样的人才类型、学科的交叉培养和专业教育的职业化倾向等方面，来探讨风景园林规划专业多元化的教育模式。提出了优化各课程体系的联系，以课程设计带动理论研究、团队协作、体验式教学的创新模式，来适应园林专业教育多元化的发展趋势。

关键词：风景园林规划专业，教育多元化，课程体系，创新，优化

1 风景园林规划专业教育观的转变

伴随着人们“环境保护”意识的增强和国内外对于“生态环境”的日益关注，中国风景园林规划设计事业近几年得到了迅猛发展，彰显出了当代园林学科发展的勃勃生机。

与过去的几十年相比，风景园林规划设计项目的种类、规模和工作深度均已大大扩展。城乡风貌规划、滨水区规划设计、城市新区绿地系统规划、城市广场规划设计、居住区景观环境规划设计、街道景观规划设计、旅游度假区规划设计等等，这些工程实践的类型、规模、深度已经与国际同类行业的实践接轨。随着国外高水平风景园林规划设计实践的介入和国内规划设计院所日趋国际化的操作方式，表明了园林学科关注重点的转移和范围的扩展，已经实现从传统造园到现代园林规划的重点转变，从单一传统专业扩展为综合交叉的现代专业。

风景园林规划学科是由人文科学、社会科学和自然科学所组成的跨学科领域。其教育并不应仅仅是职业教育或者技术训练。它首先要采取学历教育和能力教育并重的素质培养方式，这就要求培养的人才要掌握较为广泛的基础理论和工程技术，并具有灵活运用广泛知识基础的专业技能。专业技能以风景园林规划设计为主，同时也涵盖植物、生态、工程技术和管理等广阔的知识领域，以便培养出的人才具有解决多种问题和潜在矛盾的能力。

2 多元化风景园林规划专业的教育模式

园林规划行业不断扩展的内涵和外延、不断细化的专业分工、不断涌现的创新理念和科学技术，使行业呈现日趋多元化的发展方向。与之相适应，风景园林规划学科教育也改变了原有相对单一的教育模式，走向多元化发展之路。高校可以从以下几方面形成风景园林规划学科教育体系中不同层次、不同特征、不同类型、各具特色的专业教育培养模式：

首先，突出院校专业特色。

面对新的专业需要，许多院校都在进行课程设置和教学实践的探索，为更好地适应园林规划行业的多元化发展起到了重要作用。从院校的专业分布看，不同院校不同学科背景形成了不同的专业特色。农林院校具有较多的观赏植物类和生态类学科优势，艺术类院校会将其设置为环境艺术设计中的与室内设计并列的室外设计方向，建筑背景的院校则具有较强的工科特色。在低年级一般不分具体专业，到高年级再分专业方向。各院校应保持自己的专业特色，使园林专业得以丰富的发展。

其次，培养多样的人才类型。

现代的园林专业教育需要多层次多类型的培养方式。包括本科院系、继续教育、传统技艺传授与研究等在内的多层次、多类型的专业教育结构，使专业学位专业实践与未来的职业注册考试形成一个系统化的教育体系，培养出多个层次的专业人才。同时，我国大学已经从精英型教育转向大众型教育，对学生多元化个性的塑造面临着包括师资、办学条件和课程设置等方面的难度，

郑 馨：吉林建筑大学艺术设计学院副教授
李 巍：吉林建筑大学建筑与规划学院讲师

园林专业教育仍需继续改革和积极尝试。

再次，重视学科的交叉培养。

学科交叉是现代风景园林规划专业教育迫切需要建立的培养方向，构建一个开放的、科技与人文相互交叉的知识体系是专业教育的关键点。风景园林规划专业教育应坚持“厚基础、宽口径”的教学原则，多设一些选择课程，消除各专业之间的教学壁垒，引入多方面的专家参与教学，让学生们多一些学习的自主权和选择权，形成更加开放的教学模式。

还要保持专业教育的职业化倾向。我国的城市规划与建筑行业实行了职业注册制度，相信随着风景园林行业的不断发展，一直以来与城市规划和建筑专业并行的园林专业实施执业资格注册制度只是时间上的问题。院校应注重园林专业授课的实践性，使其具有职业化倾向，这将有利于减轻学生的就业压力，使学生能在进入行业后，迅速适应职业需求，大大提升教育资源的产出效益。

3 建设适应多元化发展的风景园林规划专业课程模式

风景园林规划专业的课程设置应强调理论与实践结合，注重培养学生的动手能力，提倡通过实践和交流培养学生独特的创造能力。课程架构要完善专业培养体系，兼顾平衡艺术与科学之间、专业理论学习与社会实践之间的关系[1]。

3.1 建构课程体系的有效联系

风景园林规划专业教学体系并不单纯是一个从基础理论到专业知识、由低级到高级的“点式排列”过程，而是以“线”的思维模式架构的课程体系。

3.1.1 主线贯穿，多线交织

课程设计作为园林规划专业教育最重要的技能培养和训练手段，在课程设置中仍居核心位置。以园林规划专业课程设计作为主线贯穿本科教育的整个过程，规划类课程、植物生态类课程、工程技术类课程、中西方风景园林发展史课程、管理类课程等多条课程线与主线相互交织，体现多元化、多学科的专业培养特色。

以往许多园林规划专业课程的设置是以“点”的形式出现的，即仅在固定的1~2个学期集中完成学习。例如设计表现类课程、园林植物应用课程、园林艺术原理和中西方园林发展史等课程，这些课程在为高年级开设的园林规划设计课程中都需要综合应用。设计课程与基础课程的脱节，使学生在学习过程中缺少综合应用实践的机会，往往会使教学成果大打折扣。可以在保持总学时不变的条件下，把这些基础课程延伸分布到多个学期中，保持连续性，同时减少每个学期的学时。而把为高年级学生开设骨干课程的园林规划设计课，向低年级延伸，成为园林规划专业教育的主线。

3.1.2 优化课程衔接

园林规划行业的综合性决定了其课程的设置涉及的学科类型较多，包含设计教学、实践和历史文脉等多方面。园林专业低年级的学生主要学习专业基础课，而这些专业基础课之间的联系并不紧密，例如制图基础和园林植物基础课程。这样学习下来的结果是高年级综合训练阶段经常会出现课程衔接“脱节”现象。因此需要对课程的衔接进行优化，例如种植设计课，是一门植物应用的专业课程，涉及植物的空间设计和植物群落组成的品种设计，可以尝试多种课程交叉进行教学，如结合观赏植物学造型基础和色彩基础三门课程综合利用进行教学，会进一步的促进课程的优化衔接。

3.2 通过课程设计带动专业研究

设计与研究的关系一直是风景园林规划专业教育重视的课题之一，多学科、多元化的专业教育要求培养学生分析问题、解决问题和专业研究的能力，为未来的执业过程或是进一步深造打下基础。以课程设计带动专业研究的方式可以纳入到课程教学中，让学生参与到研究中来，这无疑是一种重新发现的过程。通过课程设计带动专业研究应该作为风景园林规划学科教育中的研究科目。这需要课程的架构和授课教师两方面的配合，寻找一种可操作性强的授课模式：可以给每学期设计课程设置一个总体的研究方向，如城市公共空间、植物造景等，各授课教师可在这个总体方向下具体发挥，设置一系列展开具体研究的子题目。

3.3 建立工作室教学模式

建立工作室式教学是风景园林规划专业教育的一种新型教学模式，其组织、讲授和培养的方式不同于其他的课程。它是以团队化的组织方式进行，教师的任务是去引导“团队工作”的进程，时而单独辅导一下学生。

让学生共同动手，互相学习，并且明确任务、各司其责，有助于在团队的氛围下创造性地思考与研究。每一个人都必须利用小组的团体协作循序渐进地得到自己的研究成果。教师也是团队中的一员，在“团队工作”中奉献自己的分析和思考。

每学期可以根据学生不同阶段所掌握知识的程度，初步确定每个“设计工作”的主题，如：植物与景观，城市空间等。在有条件的情况下，可以邀请行业内知名人士进行辅导，并以一个团队化工作的模式推进，将会引起学生更大的学习兴趣和参与热情。

4 风景园林规划专业课程的教学创新

为了更好地完善风景园林规划学科的教育，我们在实际教学中加入体验式教学的方法进行了设计课程的改革，取得一定的效果，具体如下：

4.1 直接体验——城市寻踪

在专业课教学中通过这个课题任务让学生加强对城市景观、建筑空间的知觉感受，并从专业的意义上熟悉他们所生活的城市。任务书附上长春市中心的地图，并指定了近十条路线。学生每4~6人成一小组，穿越这些路线，观察并分析。在城市中寻踪可以表达一种整体体验，也可强调路上所见的某些个别特征甚至建筑细节。以匀速的步伐，从地图平面的一端走向另一端，一个渐次露面的序列就像对页的系列图画一样出现了。平面上的每个箭头都代表一幅图画。体验者步行在这样一个连续的过程中，人的视觉受到冲击，感受到城市空间的序列变化，平面上二维的微小偏移，都会在三维空间上形成巨大的不均衡的影响。

4.2 情感体验——实际案例

设定一个通过改建城市某地块的课题，探索空间组织问题与材料、构造的关系，设计成为满足规范的、有情感交流的场所。

设计地点定位于长春净月旅游经济开发区吉林建筑大学新校区北区的校园景观，项目占地面积约70公顷。场地内地势起伏，建筑景观丰富，有利于创造良好的外部环境景观设计。同时这又是师生们教学生活的区域，同学们想创造合理舒适的空间环境。

学生在校区中首先按组分配好任务，将校区分块测量，有测量第一块的，有测量第二块的。也有的小组一步一步从大门到整个校区，通过自己亲自动手的测量，对校区的尺度了解有了概念，并画成图纸以便设计。还有在调查过程中，通过与门卫保安的交流，了解校区里师生的作息习惯和车流量的情况；通过与师生的聊天，了解他们最想改观的环境。这样学生就可根据具体情况和师生的具体需求，对校园内各种类型景观环境的设计需求有所侧重。

4.3 游戏体验——角色转换

运用游戏的方式来进行课堂教学，包括园林植物知识、材料知识、设计制图知识、工程技术知识等方面的游戏内容，是用于考核和检验学生专业基础知识的教学手段。

将学生分成4~6人的对抗小组，分成两个步骤：第一步骤采用你问我答的形式。每组需要收集大量的资料来制作题卡，每个方面要10个备选题目，每个题目有2个以上选项。第二步骤分四个环节。第一环节，找出图纸中设计或施工不当的地方；第二环节，选几种不同触感的材料，提供这几种材料的名称，用手触摸来辨认出不同手感的材质，分别说出你所触摸到的材料是什么；第三环节，假设你是一个项目经理，给你一个单位工程中某个分部分项工程任务，和固定的施工人员，你如何安排他们的工作；第四环节，在规定的一分钟内写出常用的彩叶苗木名称。在竞赛过程中学生产生自我学习的动力，能自主地翻阅资料，自主的筹划安排。教师在这一过程中，只是一个场外指导和旁观者的角度，让学生自己去发现问题、解决问题[2]。

4.4 批评体验——自主探究

鼓励学生对于自己最初的想法、做法、学习过程进行评价、反思，甚至可以质疑老师的观点，提出不一样的见解。通过反思重新建构自己对问题的理解，产生超越已有信息外的信息；通过学生对自己的以往作品的回顾，寻找自己与其他同学作品的差距，以及和市场上优秀的作品的差距，寻找自己哪个方面不足，针对不足制定详细的学习计划。例如发现自己设计表现力不行，那么着重针对效果图表现力不行，制定每天一张的手绘景观效果图，2天一张的电脑景观效果图，也可参加学校的表现技法社团，或参加一些校内外竞赛[3]。通过学校社团、花房、园区、图书馆、公司以及校企合作单位这些平台，针对自己的不足去再加强学习。补充式学习要在其他课业正常进行的情况下，根据个人的情况来调节学习时限的长短。

5 结语

近年来，气候、社会文化与环境的改变对全球自然资源与生态可持续性产生了紧迫的、全球性的巨大压力，需要更多富有才华和社会责任感的风景园林规划设计师。作为培养专业人才的基地，走向未来的风景园林规划专业教育应当具有厚基础、宽口径、多学科、职业化倾向的特点。希望通过我们各院校的努力，在专业教育领域中不断进行卓有成效的革新和创造，使未来的景观专业教育更加完善，更加多元化并走向可持续发展。

主要参考文献

[1] 俞孔坚,李迪华．景观设计:专业学科与教育［M］．北京:中国建筑工业出版社．2003.

[2] 杨克石．对现代设计教学改革的思考［J］．长江大学学报（社会科学版）．2004.

[3] （美）摩特洛克著．李静宇，李硕，武秀伟译．景观设计理论与技法［M］．大连理工大学出版社．2008.1：1-5.

The diversity development of Landscape Planning professional education and innovative research of courses system

Zheng Xin　Li Wei

Abstract: This article by prominent the university Landscape Planning professional characteristic, the trained diverse talented person type, discipline overlapping raise and landscape education's aspects and so on professionalism tendency, discusses multiplication educational pattern of the Landscape Planning professional.Proposed optimizes various curricula system's relation, leads the fundamental research and the teamwork and Innovative pattern of experiential teaching by the curriculum project, adapts trend of the landscape Planning professional education multiplication development.

Key words: Landscape Planning professional, Education multiplication, Curriculum system, Innovation, optimization

“理论 + 实验 + 体验”三模块——城市物理环境课程教学研究*

李莉娟

摘　要：在新型城镇化背景下，不同地区院校城乡规划教育进行着改革。为了适应我校城乡规划专业的建设和发展，结合目前大学生特点，城市物理环境课程在教学内容和教学组织方面进行调整。从教与学的角度，研究本课程的理论模块、实验模块和体验模块。城市物理环境课程的革新，利于提高课程教学质量，益于提高学生的思维能力和技能表达。

关键词：城市物理环境课程，模块，教学

1　课程设置

城市物理环境是分析城市规划内部各因素的运动变化规律和存在形态[1]，是运用城市规划、建筑设计等综合措施控制物理环境因素的刺激[2]，给规划工程师提供良好的外部空间环境的基本知识和方法。城市物理环境课程在一些院校已经开设，如西安建筑科技大学。我校从2003年开设城市规划专业，教学体系、培养计划从探索期向过渡转型期发展。根据社会的发展、专业建设平台转变和教学计划的调整，开设了城市物理环境课程。本课程是由探索期建筑物理课程发展而来，教学侧重于区域外部空间物理环境基本理论与实践，其有机联系城市规划专业设计课，培养学生的定量分析能力，辅助于专业技能训练和表达。

《城市物理环境》课程发展　　　表1

发展时期	建设平台	课程名称	课程类别	学时
探索期	建筑学	建筑物理	专业必修课	40
过渡转型期	城市规划	城市物理环境	专业限选课	32
成熟发展期	城乡规划	城市物理环境	专业限选课	32

城市物理环境课程，在现行的教学体系中属于专业限选课，授课对象为三年级学生，教学内容主要围绕城市物理环境基础理论，包括城市热湿、声光、大气和风环境等内容（表2），其中理论部分24学时、实验部分8学时，课程还设有体验部分，并且作为课后作业。课程通过理论、实验和体验三个模块的教学，贯穿于整个教学环节中，课程教学促进学生对本课程的掌握，有较好的教学效果。

《城市物理环境》课程安排　　　表2

课程内容	学时		开课学期	学分
城市热湿环境	32	理论 24	第5学期	2.0
城市光环境				
城市声环境		实验 8		
城市大气环境				
城市风环境				

城市物理环境课程考核，改变传统以闭卷考试为主形式，课程加大实验和体验的考核比例（表3），其目的是培养动手和思考能力。理论考试：采取半开卷的形式，考前提供学生一张复习纸，并有一到两周的时间复习、整理课程内容，参加考试带上；实验部分：通过实验操作过程成绩和实验报告成绩综合评定；体验部分：一是，

* 基金项目：国家自然基金（51268039）内蒙古工业大学校基金（X201328）内蒙古工业大学建筑学绿色建筑（CX201203）。

李莉娟：内蒙古工业大学建筑学院讲师

从给定的体验项目中任选一项目，书写约1500字的体验报告，二是，每组成员整理体验内容完成PPT并汇报讨论，取代完成章节课后习题作业。

《城市物理环境》课程考核　　表3

<table>
<tr><th>项目</th><th>理论考试</th><th>实验报告</th><th>体验作业</th><th>平时出勤</th></tr>
<tr><td rowspan="2">百分比</td><td rowspan="2">50%</td><td>30%</td><td>15%</td><td rowspan="2">5%</td></tr>
<tr><td colspan="2">45%</td></tr>
</table>

目前，城市物理环境课程尚处于过渡发展期，课程建设进行尝试性的革新，比较适应我校教学体系改革，有较好的教学效果。

2　理论 + 实验 + 体验三模块教学

城市规划专业实践性强，理论和实践相互作用。在新型城镇化背景下，对于学生的能力培养有新的要求，课程教学在于学生能够多视角、多方法综合的分析规划设计，因此，在城乡规划教学中，本课程初步尝试性的从理论到实践、从实践到理论的教学模式。城市物理环境课程教学分为理论、实验和体验三个模块，三个模块穿插进行如图1和表4，即先理论、再实验、后体验。城市物理环境课程三模块，理论模块作为课程的基础，实验模块和体验模块围绕理论内容展开，并且作为课程的延伸，促进课程理论的掌握。

从学生学习角度来看，学生需要掌握城市发展过程中，城市环境的变迁所带来的城市热、湿、风、光、声、大气等环境特征，掌握城市物理环境规划方法，学生能够对主客观分析城市环境。在学习过程中课程三个模块形成理论与实验、理论与体验、实验与体验的模式（图2），刺激学生的对课程理解与掌握，提高教学质量。

教学三模块组织关系　　表4

<table>
<tr><th>序号</th><th>理论模块</th><th>实验模块</th><th>体验模块</th></tr>
<tr><td>1</td><td>城市热湿环境</td><td>室内热环境测试</td><td rowspan="2"></td></tr>
<tr><td>2</td><td>城市风环境</td><td>室外微气候环境测试</td></tr>
<tr><td colspan="3"></td><td>布置体验内容</td></tr>
<tr><td rowspan="2">3</td><td rowspan="2">城市光环境</td><td>建筑日照实验</td><td rowspan="5"></td></tr>
<tr><td>区域环境日照模拟</td></tr>
<tr><td rowspan="2">4</td><td rowspan="2">城市声环境</td><td>日常声音测量</td></tr>
<tr><td>校园噪声测量</td></tr>
<tr><td>5</td><td>城市大气环境</td><td></td></tr>
<tr><td colspan="3"></td><td>讨论体验项目</td></tr>
</table>

2.1　理论模块

课程理论部分是整个课程的核心，支配着课程实验和体验部分，是学生专业认知的基本途径。城市物理环境课程理论部分包含城市热湿环境、城市风环境、城市光环境、城市声环境和城市大气环境等（表2）。对于本课程，给学生第一印象"有难度"，继而产生对课程学习不积极的行为表现。基于这一现象，如果课程理论部分的教学，采用"一言堂"的形式完成，课堂教学气氛会单调，学生听课会乏味，再加上现在网络信息资源发达，课程内容可以在网上搜索到，学生"低头玩手机"的比例也会加大。为了保证课程内容有效被学生掌握应用，学生课上"抬头"听讲、思考，本课程理论部分讲授采取得方式是先将城市环境问题提出，罗列现象，再从现象出发，找原因，归纳总结三个步骤，如图3所示。理论教学第一步：展示典型物理环境现象图片、播放相关短视频和举例等方法引出问题，丰富课程吸引学生，间接地传达本次课程的内容；第二步：用提问的形式让学生分析陈述的现象，分析的正确与否不作评价，增强学生的积极性，提高学生的思辨能力，再在从专业的角度

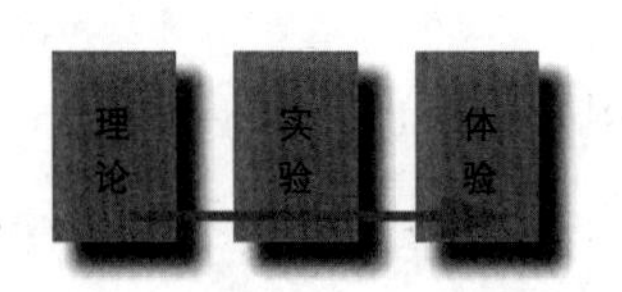

图1　课程教学进程组织图

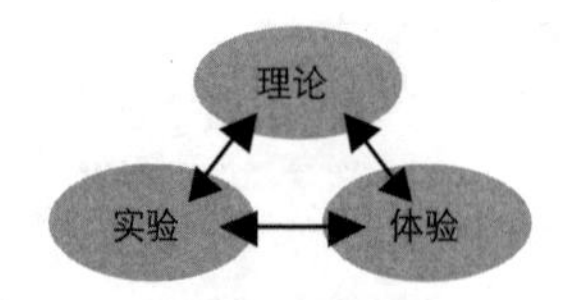

图2　学生课程学习掌握过程图

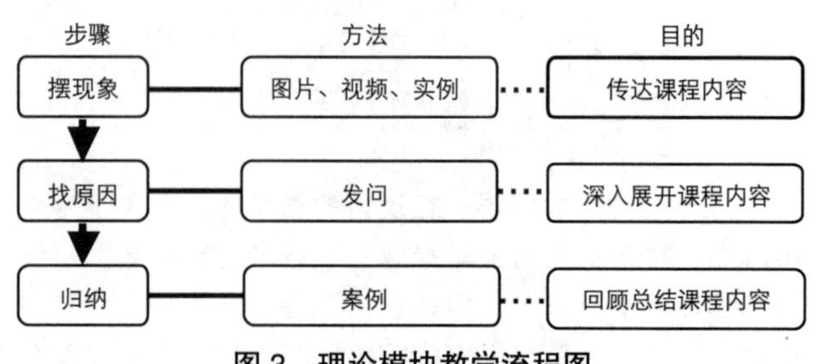

图3　理论模块教学流程图

分析缘由，阐述课程的基本理论；第三步：是前两个步骤的综合，从现象中找出相应的改善环境的方法，总结课程内容，加深学生的理解与掌握。

2.2 实验模块

城市物理环境课程围绕理论部分，展开相应的6个实验如表5所示，这一环节，通过老师的演示、学生的自己动手操作，应用实验器材观察与检测和分析区域物理环境，定量的认知区域环境表现的物理特征；实验室的模拟，仿真分析规划区域的形态，拟评价规划设计的合理与否。课程通过实验模块的穿插，有效地增强对理论部分的理解，掌握规划设计分析方法，促进学生多角度思考问题，辅助于规划设计专业课。

《城市物理环境》实验模块内容　　表5

序号	实验名称	实验类型	对应理论	人数/组	学时
1	室外微气候环境测试	综合	城市热湿、风环境	4人/组	2
2	室内热环境测试	验证	城市热环境	4人/组	1.5
3	区域环境日照模拟	演示	城市光环境	4人/组	1
4	建筑日照实验	验证	城市光环境	4人/组	1
5	日常声音测量	验证	城市声环境	2人/组	0.5
6	校园噪声测量	验证	城市声环境	5人/组	2

2.3 体验模块

课程体验模块主要是要求学生利用闲暇时间，在区域环境中围绕事件的发生，直接感知区域物理环境简单而抽象的原理，体会在舒适、健康、高效前提下对区域物理环境的要求。关联三四年级的专业设计课程，城市物理环境初步开设体验内容主要有五项（表6）。

《城市物理环境》体验模块内容　　表6

序号	体验项目
1	内工大新城校区夜景照明
2	新华广场热舒适性体验
3	如意滨河景观带
4	维多利商业区外部空间声环境
5	新区公共空间环境

学生按4~6人/组任选1项体验内容，通过学生讲解ppt、讨论和书写报告等形式完成，安排课堂讨论。在体验模块中，激发学生思辨能力，能够应用理论知识分析现有空间环境，认识和思考城市发展，有想法的面对城市问题。

3 总结

地方年轻院校城乡规划教育的十余年发展，城市规划专业培养体系不断地更新，城市物理环境课程从引入到发展中，存在着不足和进一步的调整。

（1）在课程教学过程中，作者发现城市物理环境课程应增加环境规划设计模块（图4）。环境规划设计模块是在前三个模块的基础上，环境分析的成果用图示语言表达为主、文字表达为辅，进一步加强学生的动手能力。

（2）根据课程理论部分，在实验模块中增加城市大气环境的实验。

（3）课程的调整主要为引导式教学，调动学生的学习积极性，能够形成学生之间、学生和老师之间互动式学习。

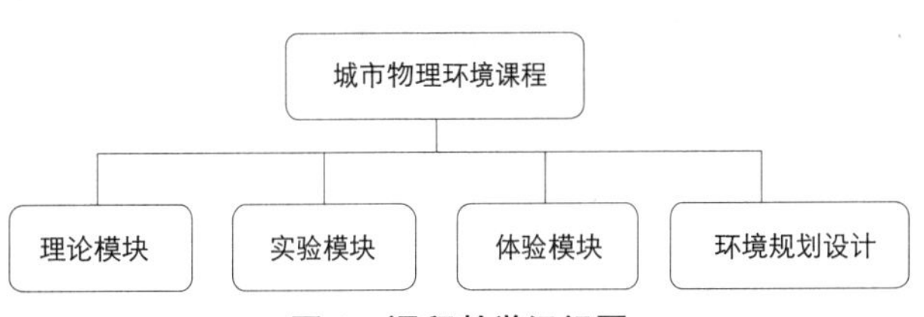

图4　课程教学组织图

主要参考文献

［1］刘加平．城市环境物理［M］．北京：中国建筑工业出版社，2011.

［2］柳孝图，陈思水，付秀章．社会的持续发展与城市物理环境［J］．建筑学报，1996，4：30-33.

［3］李莉娟，刘铮．城市规划建筑物理课程教学探讨，2011全国高等学校城市规划专业指导委员会年会论文集［C］．北京：中国建筑工业出版社，2011.

［4］刘易斯·芒福德．城市发展史［M］．北京：中国建筑工业出版社，2008.

［5］ 王澍．教育/简单［J］．《时代建筑》(增刊)，2001：34-35.

［6］ 高等学校城乡规划学科专业指导委员会．高等学校城乡规划本科指导性专业规范(2013年版)［M］．北京：中国建筑工业出版社，2013.

"Theoretical+Experiment+Experience" Three Module ——Study of Urban Physical Environment' Teaching

Li Lijuan

Abstract: In the background of the new urbanization, planning education institutions different areas the reforms carried out. In order to adapt to our college planning education development , in combination with the characteristics of current college students, the course of urban physical environment adjust course content and teaching organization. From the perspective of teaching and learning, the author studies theoretical module、experiment module and experience module. The course is up-to-date, that will improve the teaching quality、students' thoughts and the skills to express.

Key words: Urban physical environment courses, Module, Teaching

从"单一"到"交叉"
——高校城乡规划专业景观生态学课程教学改革探索*

干晓宇

摘　要：随着中国城乡一体化发展，景观生态学在城乡规划本科教育中的重要性日益显现。目前景观生态学以单一课程教学为主，其授课的相对独立性导致了学生对学科知识理解不够深入，对课程不够重视，更难以将理论知识与规划实践相结合。本文针对这些问题，结合教改实践，以学科交叉为切入点，从课程内容安排、授课方式、实践方式等方面提出若干建议，让学生不但能够深入理解景观生态学的理论与方法，而且能够与有关学科知识、城乡规划实践互相结合，从而提高城乡规划专业学生的理论素养和实践能力。

关键词：城乡规划专业，景观生态学，教学改革，学科交叉

1　引言

中国城镇化水平将在 2020 年达到并超过 50%。城镇化的过程一方面促进了城乡一体化发展，另一方面，一系列城市问题也给城乡可持续发展带来阻力。其实，这些所谓"城市通病"在很多时候都是由于不合理的景观生态结构造成的，这种不合理导致了城乡系统中各要素的失调，进而削弱了城乡景观生态系统的自然、经济和社会功能 [1]。因此，为实现中国城乡一体化的可持续发展，必须协调各要素，深入了解城乡景观生态及其功能，合理地规划城乡空间格局。而景观生态学可以为景观及城乡规划提供一个新的思维模式，为城乡可持续发展开拓新的思路，在城乡规划与设计、自然与环境保护、系统可持续发展等方面具有广阔前景 [2]。

景观生态学的研究对象，即景观，是包括自然、建筑、经济、文化等因素的功能实体，为了正确利用景观生态学理论和方法对这种集自然、经济、社会要素于一体的景观系统进行科学规划和管理，必须注重学科交叉 [3]。正如 Naveh 所说，景观生态学是一门基于系统论、控制论和生态系统学的跨学科科学 [4]。因此，在对城乡规划专业本科生进行景观生态学教学时，应从实际出发，实现学科间融会贯通，从而解决具体城市问题。

目前，景观生态学课程主要内容包括城乡空间结构、城乡生态过程、景观结构与景观功能之间的关系、城乡景观风貌、城乡生态建设及城乡景观规划等 [5]。

2　景观生态学课程开展的现状

景观生态学源于东欧，兴于西欧和北美，并大致形成两个分支学派。北美学派以空间格局分析和建模技术等定量方法为手段，侧重于景观多样性、异质性和稳定性研究；欧洲学派则以野外调研与制图等方法为手段，侧重于景观生态规划与设计，并特别强调景观的人文性和整体性，主张用交叉学科的方法进行景观的研究和分析 [6]。在这两大学派的广泛影响下，景观生态学课程在欧美多个国家均有设置，并各有特色。一些国家甚至直接将景观生态学设置为一门专业，在其专业知识体系架构下，内容广泛，学科交叉，包含规划、建筑、园艺、土壤、生态、社会等相关方面的课程 [7]。

我国景观生态学在 20 世纪 80 年代开始起步，至今已发展近 30 年。各高校根据不同的侧重面，开设了具有针对性的景观生态学课程。最初，景观生态学在一些

---

*　基金项目：国家自然科学基金青年科学基金项目（51108284）。

干晓宇：四川大学建筑与环境学院讲师

以林业、农业为主的高校的相关专业设置，随后许多高校的生态专业、地理专业、环境专业、风景园林专业都陆续开设了该门课程[6-7]。在城乡规划专业，景观生态学教学的开展也取得了一定成效，但在教学和实践方面与该专业的其他相关课程联系却一直不够紧密，课程内容在学科知识体系中相对独立。结果，当学生试图利用景观生态学知识去解决问题和指导实际规划时，却显得手足无措。因此，城乡规划专业景观生态学在课程建设及教学改革方面仍有许多问题亟待解决。

3 景观生态学课程教学中存在的问题

3.1 学生对景观生态学相关概念认识的模糊，影响其对学科的理解

准确地理解一门学科的核心概念是对该学科知识深入掌握和运用的基础。景观生态学中的几个重要概念，例如“景观”、“生态学”等词汇都容易造成一些误解。在景观生态学中，“景观”的概念是“以类似方式重复出现的、相互作用的若干生态系统的聚合所组成的异质性土地地域”[3]，而并非人们普遍理解的“风光、景色”或者“作为视觉审美的对象”；“生态学”则是一门主要关注“生物与环境之间相互关系及其作用机理”[8]的科学，而并非“搞绿化、种植被就是搞生态”。

在教学实践中，由于城乡规划专业本科生教学的课程安排重心不同，加之景观生态学与其他相关课程交叉度不够，学生对景观生态学核心概念的理解并不深入，甚至有偏差。笔者曾多次在正式授课之前与选修景观生态学的学生进行互动，以了解他们对景观生态学的熟悉程度。结果发现，大部分学生对“景观”的认识只局限于风光和景色，对“生态学”的理解也较为狭隘，有些同学甚至认为景观生态学研究的就是“公园或者园林中的植被”。在回答选修这门课程的原因时，一些学生表示自己并不是因为对这门课程的内容感兴趣，而仅仅认为“课程名称很有趣”，当他们真正接触和学习了相关知识后，才发现与之前所想象的大相径庭。正是由于学生对景观生态学相关概念的模糊理解，才导致了他们对学科内容和方法的误解。“景观生态学概论”若作为城乡规划专业的选修课，这种误解会导致学生放弃对该课程的选修。

3.2 景观生态学理论课的自身特征，影响学生对学科的兴趣

一方面，作为一门理论课，景观生态学理论体系中涉及大量名词、概念和原理，这些内容相对抽象，比如“斑块 – 廊道 – 基底模式”、“尺度”、“格局与过程”、“范式”等，这容易导致学生在学习过程中感觉枯燥，产生疲惫感。另一方面，景观生态学是生态学的分支，而生态学又与生物学有密切关系，很多学校都将生态学专业放在生命科学学院或生物科学学院中，一些景观生态学常用教材也都是从生物学角度来进行阐述。比如，在讨论“景观斑块尺度原理”时，多数教材都从斑块大小与其所能承载的生物物种之间的关系角度来论述；“复合种群理论”的论述更是围绕景观斑块间生物种群个体或繁殖体的交流而展开。景观生态学这种与生物学紧密相关的特点，容易让学生产生“这些知识与城乡规划专业无关”的想法，从而在一定程度上影响学生对该学科的兴趣，降低他们对课程的重视程度。而这种观念也容易从主观上割裂景观生态学与城乡规划专业各相关课程之间的联系。

3.3 学生对景观生态学研究方法的缺失，影响学科理论的应用与实践

当学生利用景观生态学理论去指导实践时，往往需要具体的分析方法进行辅助。景观生态学的分析方法，是学生将理论与实践联系起来的桥梁。在数据的收集、整理和分析中，现代景观生态学都融合了不同学科方法，主要包括 3S 技术（即地理信息系统、遥感技术和全球定位系统）、地统计学、数学模型（如空间概率模型、元胞自动机模型）等。由于学习背景的关系，学生往往对一些涉及数学、统计学等的定量分析手段不甚了解，乃至“谈数色变”。结果，他们难以将景观生态学的理论知识运用到实际问题的解决中，从而阻碍了景观生态学在城乡规划实践中的应用。

4 从学科交叉角度探讨景观生态学教学改革实践

上述景观生态学理论课教学中的种种问题，在不同程度上反映了目前景观生态学与城乡规划专业深度融合不够的现状。因此，本文从学科交叉角度入手，结合教学改革实践，从以下方面提出建议：

4.1 与低年级专业基础课程交叉，强化概念理解

学生对学科基本概念的理解，往往与低年级的基础理论课相关。因此，针对学生对景观生态学核心概念容易产生误解的现象，笔者结合城乡规划专业基础课，从两个方面阐述如何强化和引导学生的认识。

一方面，可以在低年级主干理论课程，如城乡规划原理、城乡规划概论中酌量增加一些与景观生态学相关的知识，让学生初步了解景观生态学的一些主要概念、方法以及在城乡规划中的重要意义。比如，在“城乡规划相关理论”及“城乡生态规划”知识点的讲解中，增加一些景观生态学的内容。这样，学生在高年级选修这门课程时更有目的性。

另一方面，在景观生态学教学活动中，把关键名词的概念讲解作为一个重点。对于一些容易产生混淆或者误解的词汇，可先组织学生就自己的理解进行阐述，然后再由教师指出在景观生态学中这些词汇的意义，并探讨不同课程中相似概念间的关系，从而在对比中强化学生的认识和理解。以“景观”一词为例，在和学生讨论了传统景观的概念后，可以讲解该名词的语词演变，即它的形成与发展过程；讲述该词汇的学科多解，即不同学科对“景观”的理解差异；介绍主要流派的代表观点，如 Forman，Naveh 等北美和欧洲学派对“景观”的理解；引导学生的思考，如让学生举例，启发他们对城乡环境中景观表现形式的认识。通过这种方式，让学生站在交叉学科的高度，对这些概念进行深入全面的认识。在实践中，笔者发现学生在学完景观生态学课程之后的较长时间内，都还对这类概念有清晰的认识。

4.2 与高年级专业理论课程交叉，融入案例分析

景观生态学理论性较强、与生物学联系密切的特点，使得我们在讲授景观格局、功能和人类行为之间的耦合关系时，应当注意与城乡规划专业高年级理论课程进行结合，并加入案例分析，以避免过于单一地用生物学理论来进行论述。比如，多数教材在讨论景观斑块面积时，都是从岛屿生物地理学理论出发，论述其斑块面积大小与生物物种数量之间的关系。而笔者在教学实践中则主要关注一些环境行为学与景观生态学交叉的案例，例如中学校园里教室与咖啡厅窗外的植被面积大小与学生的升学率、犯罪率等都存在具统计学意义的相关关系[9]。又如，在论述景观多样性的意义时，教材上主要论述其对生物多样性保护的意义，而笔者则以与城乡规划有关的案例为主，如景观多样性对 5~7 岁儿童玩耍时需求多样性的影响，进而提高儿童的认知能力和运动能力[10]。

总之，将景观生态学中的生物学、生态学知识与城市地理学、城市经济学、城市社会学、城乡生态与环境保护、城市园林绿地规划、环境行为学等课程有机结合，在此基础上做出案例分析与互动讨论，可以使枯燥的理论课课堂氛围变得活泼。从而提高学生兴趣，促进学生对知识点的理解，增强学生对景观生态学应用性的认识，形成相互融通和渗透的知识体系。

4.3 与专业实践课程交叉，增加教学实践环节

景观生态学作为理论课程，大多数高校都将课堂教学作为其主要的授课方式。虽然借助多媒体手段能够在一定程度上直观地让学生了解景观要素、景观格局及景观规划与设计，但仍然与实践的效果相距甚远。由于景观生态学旨在揭示和理解人类活动、景观结构和功能之间的相互影响，因此，一方面可以增加景观生态学自身的实践学时，另一方面，将景观生态学与其他相关课程相结合，开设一定的实践课程。

如安排学生调查校园或城乡地区的景观单元，景观结构，比较不同景观的异同，分析景观功能与特征，引导学生思考所调研的景观格局是否存在问题等。调查结束后请学生分组汇报自己的调研结果，讨论在调研中发现的不合理的地方，并结合所学知识提出一些改进的想法。又如与测绘学结合，指导学生在场镇测绘实践中应用景观生态学原理和方法，收集场镇景观格局信息，并进行分析和计算，了解场镇景观格局特征；与城市社会学结合，引导学生在社会调研中思考人在景观中的行为特征，与景观格局特征之间的关系，帮助学生理解景观结构与人类活动之间的相互作用；与城市生态学结合，提醒学生在城市生态实践中关注不同尺度下的生态学过程及其与城市景观格局特征之间的联系。

通过这样的尝试，既可以增强学生对景观生态学原理与方法的掌握与应用，又能够让学生将不同学科的思路与视角结合起来，对城乡一体化发展过程中的问题进行深入思考。

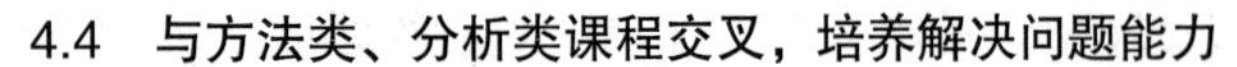

4.4 与方法类、分析类课程交叉，培养解决问题能力

建议学生选修相关方法类（如地理信息系统、社会调研方法等）和数据分析类（如统计学、地统计学等）课程，使学生能够利用不同学科的方法来研究和解决景观生态学的问题。

其中，地理信息系统课程作为城乡规划专业重要技术类课程之一，在课程安排时间上应先于或至少同时于景观生态学课程开设，其内容上不仅需要介绍地理信息系统分析功能，还应将遥感技术、全球定位技术结合到课程讲解中。景观中的组分及其空间格局往往是通过遥感技术和全球定位技术获取，特别是在大尺度的城乡景观格局分析中，遥感和全球定位技术能高效准确地获取所需数据，并结合地理信息系统进行深入分析。

在景观生态学课程实验中，要求学生掌握一定的数学分析模型和统计手段，并熟练运用景观格局分析软件Fragstats。笔者在教学交流的过程中发现，学生对一些定量分析方法的恐惧源于对方法的不了解，当他们通过学习掌握了相关方法后，就能够非常积极主动地运用这些方法来解决实际问题。因此，开设并建议学生选修相关研究方法的课程，能很好地搭起景观生态学理论与运用的桥梁。

5 结论

随着中国城镇化进程的加快，可持续发展和科学规划已经成为我国城乡规划的重要趋势。大量的实践证明，景观生态学在城乡一体化过程中越来越显示出它独有的优势。而学科交叉是景观生态学在城乡规划专业发展中的生命力。通过学科的交叉，能够使学生从不同视角理解城乡景观的内涵，用不同方法分析城乡景观的特征，以不同手段解决城乡景观问题，从而提高城乡规划专业学生的理论素养和实践能力。

主要参考文献

[1] 李秀珍，肖笃宁．城市的景观生态学探讨［J］．城市环境与城市生态，1995，8（2）：26-30.

[2] 俞孔坚，李迪华．城乡与区域规划的景观生态模式［J］．国外城市规划，1997，3：27-31.

[3] 邬建国．景观生态学——格局、过程、尺度与等级［M］．北京：高等教育出版社，2007.

[4] Zev Naveh. Transdisciplinary Challenges in Landscape Ecology and Restoration Ecology-An Anthology［M］. Springer, 2007.

[5] 肖笃宁，高峻，石铁矛．景观生态学在城市规划和管理中的应用［J］．地球科学进展，2001，16（6）：814-820.

[6] 肖笃宁，陈利顶，马克明，等．景观生态学原理及应用［M］．北京：科学出版社，2011.

[7] 乔卫芳，聂小军．高等院校本科阶段景观生态学课程教学改革研究［J］．中国电力教育，2012，32：70-71.

[8] 李博．生态学［M］．北京：高等教育出版社，2000.

[9] Rodney H. Matsuoka. Student performance and high school landscapes: Examining the links［J］. Landscape and Urban Planning, 2010,97:273-282.

[10] Ingunn Fjortoft, Jostein Sageie. The natural environment as a playground for children: Landscape description and analyses of a natural playscape［J］. Landscape and Urban Planning, 2000,48: 83-97.

From “Single” to “Cross-Disciplinary”: Exploring in Teaching Method of Landscape Ecology of Urban and Rural Planning

Gan Xiaoyu

Abstract: With the integrating development of urban and rural area in China, an increasing people have realized the importance of landscape ecology in urban and rural planning education. Currently, landscape ecology is relatively an independent course, which may lead to some problems, such as misunderstanding, underestimation, and having difficulty in practicing for students. In order to solving these problems, we explored the teaching method from the aspects of cross-disciplinary. Some recommendations have been discussed, and by doing so, students will not only be able to understand the theories and methods of landscape ecology deeply, but also master the skills of the course by approaches of interdisciplinary.

Key words: urban and rural planning, landscape ecology, education reform, cross-disciplinary

融贯于城市规划教学体系中的调查研究*

朱凤杰　张秀芹　刘立钧

摘　要：文章根据《高等学校城乡规划本科指导性专业规范》（2013 年版）中系统列举的认识调研领域的核心实践单元和知识技能点，结合我校对城市规划专业培养计划的调整，提出了“三个阶段－五大调研板块”的调查研究安排，培养学生从实践中认知及塑造城市空间的能力。

关键词：调查研究，三个阶段，五大调研板块

规划是一种对未来的预测、安排和谋划，城市规划即是对一定时期内城市的经济和社会发展、土地利用、空间布局以及各项建设的综合部署、具体安排和实施管理[1]。调查研究是对城市从感性认识上升到理性认识的必要过程，调查研究所获得的基础资料是城市规划定性、定量分析的主要依据[2]。《高等学校城乡规划本科指导性专业规范》（2013 年版）中系统列举了认识调研领域的核心实践单元和知识技能点，可以更好地指导城市规划调查研究的全面学习。

1　调查研究的重要性

“调查研究是城市规划的必要的前期工作，没有扎实的调查研究工作，缺乏大量的第一手资料，就不可能正确地认识对象，也不可能制定合乎实际、具有科学性的规划方案”[2]。规划工作者只有通过扎实的调查研究工作，获得大量调研资料，才有可能把握理解所要规划的客体对象，才有可能把握社会主体的真实诉求[3]。同时调查研究也是城市规划学生学习的重要途径，从简单的空间形体到复杂的住区及城市空间，从基本的感知体验到各种类型及规模的空间设计，城市规划的整个教学过程中，遵循普遍的认识规律，即“实践－认识－再实践－再认识”，同时在此过程中加入了调查研究后的再创造的成分。

2　调查研究的方法

2.1　调查研究的基本方法

中国工程院院士邹德慈在《论城市规划的科学性和科学的城市规划》一文中，指出“科学的规划方法”的首要一点便是“调查研究的方法”，“科学的规划方法和科学的规划内容同等重要……关于科学的规划方法，有以下要点：调查研究的方法……调查研究的具体方法和手段已不断更新（包括运用红外遥感、地理信息系统、网络系统等），但其作为基本的方法并没有变化……”

城市规划社会调查在研究方法上具有多样性，依据调查对象可以运用普遍调查、典型调查、个案调查、重点调查、抽样调查等多种类型，根据调查的途径可以分为文献调查法、实地观察法、访问调查法、集体访谈法、问卷调查法等各种具体方法，根据调查所采用的技术不同可以分为绘图、录音、摄像、电脑处理、统计分析等多种技术手段。

2.2　不同教学阶段的调查组织

城市规划调查研究是一个从搜索观察材料到形成调查结论，再从调查结论到实践应用的辩证过程，基本上分为两个阶段：第一个阶段是建立在调查实践基础上的，从感性认识到理性认识阶段；第二阶段为从调查结论到

* 基金项目：天津城建大学教学改革项目，项目编号 JG-1201；天津市普通高校本科教学质量与教学改革研究计划，项目编号 C03-0828。

朱凤杰：天津城建大学建筑学院讲师
张秀芹：天津城建大学建筑学院讲师
刘立钧：天津城建大学建筑学院教授

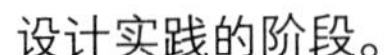
设计实践的阶段。

对于城市规划调查研究的组织基本上是低年级（一、二年级）为场所–空间的调研，调查内容明确，调查对象直观，个人可以独立完成调研以及调研报告的撰写。三年级过渡到对类型建筑和建筑群的调研以及社会调查研究，相对复杂，更适合分组协作完成。高年级（四、五年级）设计内容为城市设计、控制性详细规划、总体规划，设计客体规模大，涉及内容繁多，调研任务量大，可以分为不同的专题，各组根据不同专题完成相应的调研内容。

3 调查研究的内容

高等学校城乡规划本科指导性专业规范（2013年版）中对认识领域的内容进行了分解（如表1），共分为四个实践单元和十五个知识点。我校新调整的城市规划专业培养计划中，城市规划调研环节结合设计课程形成了“三个阶段–五大调研板块”，三个阶段分别为：低年级阶段（一、二年级）、过渡阶段（三年级）、高年级阶段（四、五年级），以下对五大调研板块简要分析。

3.1 空间–场所的认知调研

低年级的教学基本围绕对空间的认知和再创造，只有通过实际的调研，学生对空间的认知才能更加全面。卡西尔对建立在几何学和物理学基础上的纯粹空间提出了批评，他认为：“抽象空间在一切物理的或心理的实在中都是根本没有相应之物，根本没有基础的。”学生应该感知一个综合视觉、触觉、听觉、嗅觉的复合有机的空间，才能创造适合人活动的空间，而不是纯粹从图形的美感出发设计简单的抽象空间。

场所也是空间，但更强调人与空间的关系，强调场所中人的体验和实践。从场所构成角度说，诺伯格–舒尔茨指出：“如果从理论上讲，可以说就是领域支配的景观、路线支配的城市、场所支配的住房这一过程”。同时他还强调，沿着同一方向，形态与结构的精确度也逐步提高，几何化的倾向逐步加强。只有让“在家”居住的程度加强，才能更精确地规定自己的环境。

所以低年级对于空间–场所的调研，调研目标单一、明确，调研内容为空间内人的各种行为活动、事件发生的时间以及空间与人活动的相互影响。

认识调研领域的核心实践单元和知识技能点　　表1

实践单元		知识点			相关课程	
序号	描述（学时）	序号	描述	要求	课程名称	课程安排（学期）
1	住区认识调查研究	1	住区空间结构	熟悉	城市规划设计（1）	三年级第一学期
		2	住区道路与交通系统	熟悉		
		3	住区公共服务设施	熟悉		
		4	住区绿化系统	熟悉		
2	社会调查研究	1	问卷编制与调查组织	熟悉	城市规划调研（1） 城市规划调研（2）	三年级第二学期 四年级第一学期
		2	调研数据分析的方法	掌握		
		3	调查报告的撰写	掌握		
3	城乡认识调查研究	1	城乡功能布局	熟悉	城市规划设计（2）调研 城市规划设计（3）调研、 城市规划设计（4）调研	三年级第二学期 四年级 五年级
		2	城乡空间结构与形态	熟悉		
		3	城乡道路与交通系统	熟悉		
		4	城乡公共服务设施	熟悉		
		5	城市绿化体系	熟悉		
4	结合规划设计课程的调查研究	1	调查研究的内容	掌握		一至五年级
		2	调查研究的方法	掌握		
		3	调研成果的表达	掌握		

资料来源：本表根据2013年版高等学校城乡规划本科指导性专业规范，同时结合我校2010年版城市规划专业培养计划整理绘制.

不同类型建筑及建筑群的调研　　表2

序号	功能区块	调查的类型	调研选项	主要调研内容				
				建筑形态	建筑尺度	道路交通	建筑与场地关系	消防疏散
1	居住区	高层居住区	阳光100、格调春天					
		多层居住区	华苑日华里、格调故里					
		公寓式住宅	塞纳公寓					
2	商业区	商业综合体	大悦城					
		商业步行街	滨江道商业步行街					
		批发市场	大胡同批发市场					
3	办公	办公区	华苑产业园区					
		商业办公综合体	大悦城商住综合体					
	宾馆		假日酒店、友谊宾馆					
4	文化娱乐	音乐厅或剧院	小白楼天津市音乐厅					
		博物馆	天津博物馆					
5	工业类	高新科技园区	海泰科技园区					
		传统工业区	中北工业园区					
6	交通运输类	长途汽车站	天环客运站					
		公交首末站	华苑公交站					
7	教育类	中小学	天津中学、昆明路小学					
		幼儿园	南开五幼、河西一幼					
8	静态交通设施	停车楼	大胡同商业区停车楼					
		地面停车场	南开区广开四马路停车场					
		地下停车场	沃尔玛地下停车场					

3.2　类型建筑及建筑群的专题调研

低年级通过调研对于场所空间建立起基本的认知，在此基础上三年级就可以对于特定类型的建筑及空间进行调研及认知，通过对居住区、商业区、办公区、文化等不同类型的建筑及建筑群调研，掌握不同建筑的形态，空间组织，内外部流线、外部空间的组织、道路交通的组织以及消防疏散等内容，为城市空间的设计与建设控制做铺垫。

3.3　社会调查研究

该部分内容一般根据每年度全国高等学校城乡规划学科专业指导委员会发布的城乡社会综合实践调研报告课程作业通告进行调查研究。我校城乡规划专业设在三年级下学期，目的培养学生联系实际、关注社会问题，增强学生将专业技术与社会发展、社会管理等多方面的综合能力，规范调研报告的写作。

3.4　片区开发与控制调研

对于各类型建筑及建筑群的空间调研认知基础上，学生逐步过渡到对于更大规模的片区建设与开发的认知。这部分的调研内容结合控制性详细规划进行，调研规模大，调研内容繁多，一般分组、分专题完成。调研内容（如表3所示）。

控制性详细规划实地调研　　表3

序号	调研专题	主要调研内容
1	土地使用	用地面积、用地边界、用地性质、土地使用兼容
2	环境容量	容积率、建筑密度、居住人口密度、绿地率
3	建筑建造	建筑体量、建筑形式、建筑间距、建筑色彩
4	配套设施	市政设施、公共设施
5	道路与交通	各级道路及停车、出入口方式、交通方式
6	环境状况	噪声、水及固体污染物的排放

3.5　城市总体开发与控制调研

城市总体规划实践性很强，对城市现实状况应有准确地把握，科学的调查研究城市发展的自然、社会、历史、文化的背景，把握城市发展的客观规律，在此基础上进行定性和定量的分析。城市总体的发展是一个动态的复杂系统，对于总体规划的调查研究按照调查对象可以分为三类：一是对物质空间的掌握，二是对各种文字、数据的收集整理，三是对市民意愿的了解和掌握。对于该部分要调查的内容，在总体规划原理中都有讲述，我在此不作赘述，目前我校采取分班、分组、分专题调研，4 人一组，每组一个专题，基本分为人口、用地、交通、产业、公共服务、市政、绿地景观等八个专题，调研过程中存在以下几个问题：一、如果做假题，有些资料不容易获取，比如市政管线、产业等；二、如何均衡学生工作量；三、工作量大，调查资料的真实性不能保证。

4　总结

调查研究是城市规划工作的基础，也是城市规划教学的根基，《高等学校城乡规划本科指导性专业规范（2013 年版）》中对调研有了更加系统的要求。我校根据规范调整了新的专业培养计划，加强了调查研究与设计教学的结合，基本建立起“三个阶段 – 五大调研板块”的系统教学框架。但如何使调查研究更加高效，如何把资料进行真实系统的整理有待进一步探讨。

主要参考文献

［1］　参见：中华人民共和国建设部 .GB/T50280–98 城市规划基础术语标准 . 北京：中国建筑工业出版社，1998.

［2］　吴志强，李德华 . 城市规划原理（第四版）［M］. 北京：中国建筑工业出版社，2010.

［3］　程遥，赵民 . 城乡规划社会调查方法初探 .［C］// 人文规划 • 创意转型—2012 全国高等学校城市规划专业指导委员会年会论文集 . 北京：中国建筑工业出版社，2012.

［4］　Norberg–Schulz. 存在. 空间. 建筑 . 尹培桐译 . 建筑师，1985，24.

［5］　同济大学等联合编写 . 控制性详细规划［M］. 北京：中国建筑工业出版社，2011.

［6］　高等学校城乡规划学科专业指导委员会编制 . 高等学校城乡规划本科指导性专业规范（2013 年版）［M］. 北京：中国建筑工业出版社，2013.

［7］　李和平，李浩 . 城市规划社会调查方法（第一版）［M］. 北京：中国建筑工业出版社，2004.

Investigation of Coherence in the Teaching System of City Planning

Zhu Fengjie　Zhang Xiuqin　Liu Lijun

Abstract: According to the "urban planning undergraduate colleges and universitiesguiding professional standards (2013 Edition)" in recognition research field liststhecore units of practice and knowledgeandskills, we adjustment the Chinese city planning professional cultivation plan. To cultivate students' cognition from practice and shaping the city's spatial ability, we put forward "three stages-five major research plates" investigation.

Key words: Investigation and research, three stages, five research plates

以天津市为例探索基于地方的《中国城市建设史与规划史》本科教学*

张秀芹　于　伟　刘立钧

摘　要：《城市建设史与规划史》作为2013年版《高等学校城乡规划本科指导性专业规范》中的10门核心课之一，是城市规划本科学习中的重要内容。本文以天津市为例从课程的创新性、以天津市为例的探索以及教学实践三方面对基于地方的《中国城市建设史与规划史》本科教学进行了探索。

关键词：中国城市建设史与规划史，地方的，天津市

《城市建设史与规划史》作为2013年版《高等学校城乡规划本科指导性专业规范》中的10门核心课之一，是城市规划本科学习中的重要内容，然而作为史类课程，它看似与设计专业能力培养的直接关联度相对较弱，往往得不到学生的积极响应，即使有同学对历史课的学习感兴趣也容易出现历史是历史、设计归设计的“断片”现象。本文以天津市为例，对基于地方的《中国城市建设史与规划史》本科教学进行了探索。

1　课程的创新性尝试

1.1　树立健康的史观是学习的主要目的

钱穆先生曾经讲过“治史者亦可从历史进程各时期之变动中，来寻求历史之大趋势和大动向。固然在历史进程中，也不断有顿挫与曲折，甚至于逆转与倒退。但此等大多由外部原因迫成。在此种顿挫曲折逆转与倒退之中，依然仍有其大趋势与大动向可见。我们学历史，正要根据历史来找出其动向，看它在何处变，变向何处去。要寻出历史趋势中之内在向往，内在要求。”[1]因此，《城市建设史与规划史》学习的目的不在于记忆多少城市的布局方式与特色，也不在于熟悉哪个朝代建造了哪座城池，或者是哪些规划对城市进行了怎样的设计，而是要知晓城市发展的规律、规划对城市发展的影响以及这背后的社会经济文化背景和相互关系，而这一切又是为树立健康的城市建设与规划史观做准备。树立了健康的史观，对中国快速城市化发展中的种种城市建设和规划现象就相对有了一个正确的认知，知道哪些现象是城市发展的必然规律，哪些是需要“摸着石头过河”的探索。

1.2　加强现代城市规划在中国发生发展部分的教学内容

《中国城市建设史与规划史》分为古代、近代、现代三部分，相对于近代与现代的内容，以往我们的教学通常是古代部分占据比较长的篇幅。通过多年的教学实践和对中国城市建设史与规划史的研究，我们逐渐发现现代城市规划在中国的发生发展对当代城市的建设与发展更具有启发意义，因此在近几年的教学中加强了这部分的内容。对古代史部分则更加关注对城市发展线索的梳理，减少学生学习的事件性“断片”现象，使其更具连贯性。

1.3　对天津市的城市建设与规划史进行专题授课

目前我们所使用的城建史教材大都是以全国的城市为对象和内容的，每一个时期、每一类特色城市都是以个体典型城市为例，对于一座城市完整的建设与规划历史未有涉及。天津城建大学作为一所天津本地的高等院校，以所在地天津市为例，在《中国城市建设史与规划史》课程末对天津市的城市建设与规划史进行专题授课，

---

* 基金项目：天津市普通高校本科教学质量与教学改革研究计划：城乡规划专业建设综合改革与实践研究（C03-0828）、天津市建设系统软课题（2013-软6）联合资助。

张秀芹：天津城建大学建筑学院讲师
于　伟：天津城建大学建筑学院讲师
刘立钧：天津城建大学建筑学院教授

使学生对一座城市完整的建设与规划历史有个了解，便于他们对城市建设与规划发展规律的理解。

2 以天津市为例的探索

2.1 天津市的发展概况

天津位于华北平原海河流域下游，东临渤海，北依燕山，西南与河北平原接壤，地形自西北向东南逐步降低，境内河流有两大水系，即海河水系和蓟运河水系。虽然是沿海城市，但天津并未自古就沿海岸线发展，对沿海的开发利用也仅是从近代开始。

天津因漕运与盐业兴起于南北运河与海河交汇的三岔河口一带。金代末年，为保障中都及漕盐储运的安全，贞祐二年（1214 年）建直沽寨，三岔河口自此从单纯的漕运枢纽发展成为漕运与军事相结合的畿辅重镇；元延祐三年（1316 年）改直沽寨为海津镇；明永乐二年（1404 年），天津作为军事要地正式设卫，并于永乐三年（1405 年）筑卫城。此后经过明、清两代的建设，天津城市初具规模，逐步向南运河和海河一带发展。鸦片战争爆发后，天津于 1860 年被迫开埠，西方列强乘机强占土地划定租界，先后设 9 国租界，是中国设立外国租界最多的城市。租界的划定打破了城市旧有格局，导入了西方城市规划思想。1937 年天津被日本侵略军占领，成立了日伪政权——天津市特别市公署。在这一时期制订了“天津都市计划大纲”、“塘沽都市计划大纲”和“大天津都市计划”，但由于战争原因没有实施。[2]1949 年中华人民共和国成立，天津定为中央直辖市。1978 年国家确立改革开放的大政方针，随着改革开放的逐步深入，天津被列为全国 14 个沿海开放城市之一，同时也打破了一直以来着重单核心发展的局面。随着 1986 年 8 月国家对城市总体规划的批复，天津市形成了“一条扁担挑两头”的城市空间形态。2005 年十六届五中全会之后，中国区域经济重心向北转移，天津滨海新区的开发成为国家继 20 世纪 80 年代开发深圳、90 年代开发浦东以后的第三个重大战略决策。2006 年 7 月，国务院进一步明确天津的城市定位。如此，天津市迎来了新世纪高速发展的黄金时期。

2.2 以天津市为例的意义

诞生于英国的田园城市理论被认为是现代城市规划理论产生的标志，而现代城市规划在中国的发生发展，从总体来看是伴随着城市开埠由西方移植而来的，是传统城市规划与西方现代城市规划嫁接的产物。天津作为鸦片战争后最先开埠的城市之一，其城市建设率先受到了现代城市规划的影响，在天津开辟租界的 9 个国家或多或少都带来了本国的城市规划思想并付诸实施。而国人在面对西方先进城市规划建设冲击的同时，也开始了自主规划的尝试，出现了在天津这一座城市中集“样板”与“学习成果”于一体的场景，即一边是西方城市规划思想指导下的城市规划与建设，一边是国人边学习边实践的城市规划与建设，这种现代城市规划的嫁接在最初就如此明显地表现在一个城市中。从 1404 年正式设卫开始至今，天津经历了 600 多年的发展历史，虽然在中国的城市发展史上一座 600 多年的城市并不悠久甚至还很年轻，但在这里却集中经历了传统卫城的建设、中西方文化的冲突和中国近现代化的过程。

3 教学实践

3.1 教学目标

首先了解三方面内容：第一，历史上中国城市形成、发展与变迁的各种现象；第二，现代城市规划在中国发生发展的背景与过程；第三，个体城市天津的城市建设与规划历史。在此基础上加强对城市建设史与规划史规律的理解，正确地继承中国优秀的城市历史遗产及城市规划设计传统，树立健康的城市建设与规划史观，为今后的城市规划设计与管理提供历史借鉴。

3.2 教学安排

本校《城市建设史与规划史》课程安排在三年级上学期，共 48 学时，因为《外国城市建设史与规划史》部分还要承担规划理论演变的授课内容，所以《中国城市建设史与规划史》安排了 22 学时的授课时间，分 5 部分进行，分别为古代史部分（8 课时）、近代史部分（6 课时）、现代史部分（4 课时）、天津实例部分（2 课时）及学生反馈部分（2 课时）。

3.3 教学方法

（1）问题导向式。依据城市建设与规划发展的时间线索，以教学重点和难点设置问题，让学生以小组的形式积极主动的参与到课程学习中来。这是一种合作式或协作式的教学法，这种方法以学习者为中心，充分应用灵活多样、直观形象的教学手段，鼓励学习者积极参与教学过程，成为其中的积极成分，加强教学者与学习者之间以及学习者与学习者之间的信息交流和反馈，使学习者能深刻地领会和掌握所学知识，并能将这种知识运用到实践中去[3]。

这种方法得到了学生们的积极响应，有的同学甚至根据自己的兴趣点，以城市空间的发展为线索，整理出了中国城市建设历史的“树形图”（图 1、图 2）。

（2）教师提升式。在学生的学习积极性被充分调动，课堂气氛活跃的基础上，教师对学生的问题、学习成果进行总结，并有意识地把历史理论课程的知识与设计实践能力相结合，教授学生更多的学习与思考方法。

例如，从学生感兴趣的旅游入手，把旅游与城市空间的发展相结合对城市空间的升级变迁进行讲授（图 3）。主要授课内容如下：通常城市空间受市民生产生活的影响，呈递进式满足市民三个层次的需求，从而形成三个层次的城市空间构成，即基本型空间、改善型空间和提高型空间。基本型城市空间主要满足人们基本的衣食住行、工作、纪念和游憩活动等需求，是一座城市得以正常运转的基础；在人们的基本需求满足之后，随着社会文化生活的丰富化、多元化以及社会生产力的发展，催生出诸多以公共空间为主的改善型城市空间，例如方便与丰富市民生活的购物、体育、会展、教育和医疗中心，具有较强可识别性的行政中心，以及各种集聚发展的产业园区等；在改善型城市空间被催生之后，人们开始寻求升级化的提高型城市空间，例如居住类产生了温泉酒店等休闲度假型，产业园区向更生态高效的高新尖方向发展，医疗部分则分化出疗养、保健与康体类型，娱乐、养生、演出和展览类也不断推出主题和特色内容等，这些空间都慢慢演变成为一座城市的旅游空间。于是，城市空间不仅围绕基本的工作、生活空间布局，同时也围绕着旅游空间布局，且与后者有交集，甚至有的城区本

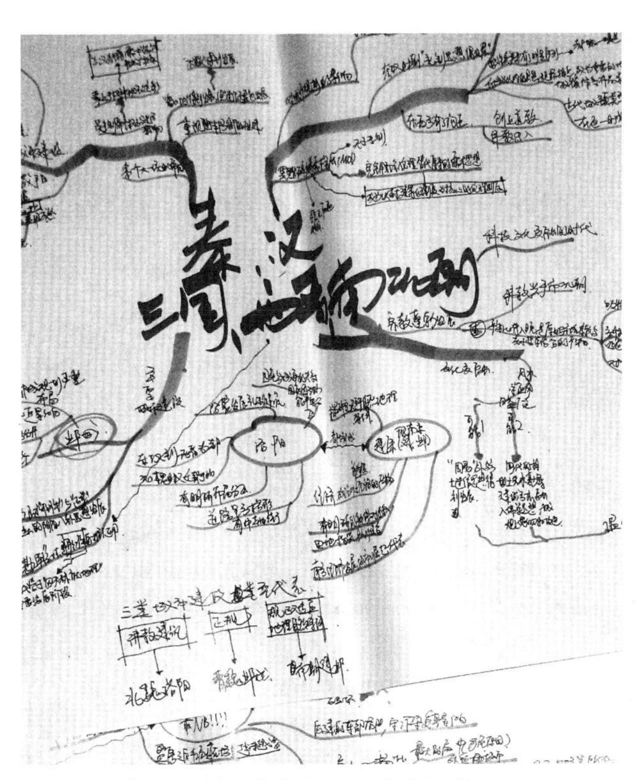

图 1　中国城市建设历史“树形图”之一

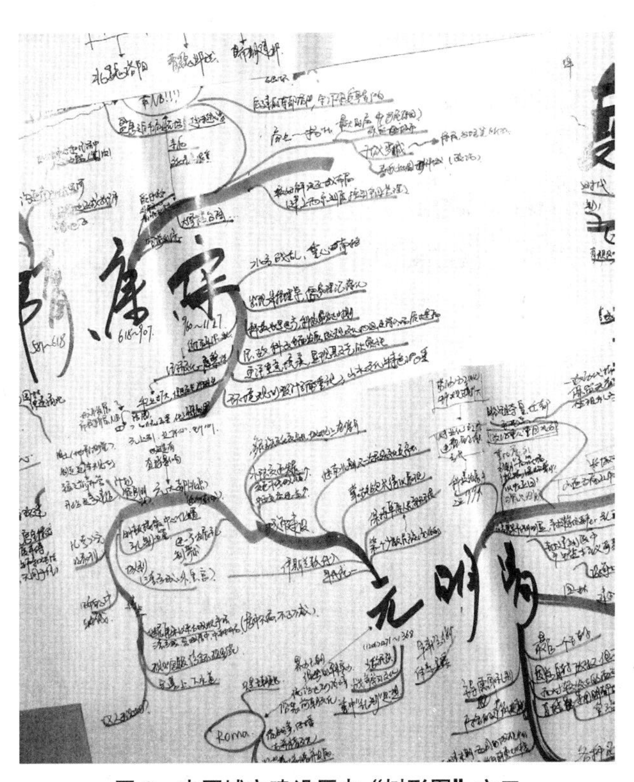

图 2　中国城市建设历史“树形图”之二

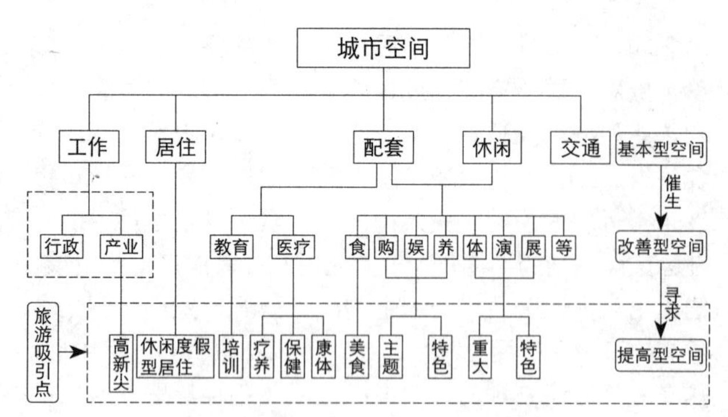

图 3　城市空间演变与旅游的关系

身即是生活区又是旅游区，空间需求变得更加复合性与共享性。

4　结语

2011 年 3 月国务院学位管理办公室正式将城乡规划学列为一级学科，2013 年 9 月《高等学校城乡规划本科指导性专业规范》正式出版，作为支撑我国城乡经济发展和城镇化建设的核心学科，这些都对城乡规划专业学生的培养提出了更高的要求，《中国城市建设史与规划史》的教学也面临着更加严峻的挑战。虽然作者以天津市为例对基于地方高校的本科教学进行了尝试，但仍有若干问题亟待进一步探索，例如如何清晰的以城市建设史和规划史两条线索对课程进行讲授，如何在授课过程中将中外城市建设史和规划史进行相互渗透等。在信息爆炸与瞬息万变的当下，历史课程的讲授是一个立足过去、顺应未来不断探索的过程，任重而道远。

主要参考文献

[1]　钱穆，中国历史研究法，北京：生活、读书、新知 三联书店出版发行，2005.

[2]　天津市城市规划志编纂委员会 编著，天津市地方志丛书——天津市城市规划志，天津：天津科学技术出版社，1994.

[3]　陈华 . 参与式教学法的原理、形式与应用［J］. 中山大学学报论丛，2001，06：159-161.

The Exploration about Undergraduate Course Teaching on the History of Chinese Urban Construction and Urban Planning Based on Local Regions and Taking Tianjin City as an Example

Zhang Xiuqin　Yu Wei　Liu Lijun

Abstract: The course of History of Urban Construction and Urban Planning, as one of the 10 core courses, which issued in *Colleges and Universities of Undergraduate Professional Norms Guiding of Urban Planning Specialty*, is an important part of undergraduate study. Taking Tianjin City as an example, the article explored the undergraduate course teaching on the *History of Chinese Urban Construction and Urban Planning* based on local college from the course innovation, the case study of Tianjin and teaching practice.

Key words: History of Chinese Urban Construction and Urban Planning, local regions, Tianjin City

基于城乡规划专业的 GIS 课程所面临的困境与改革对策分析

肖少英　任彬彬　许　峰

摘　要：本文针对城乡规划专业本科阶段 GIS 课程的特点，结合笔者多年 GIS 教学经验，着重从 GIS 在城乡规划中应用、城乡规划学生的知识背景、GIS 课程与设计课程的关系等方面对所面临的困境进行深入分析，并从教学理念、教学内容的衔接、GIS 技术应用的拓展等方面提出相关改革对策，以期使学生能够快速掌握 GIS 相关知识并且能够在规划工作中高效运用 GIS 技术解决实际问题。

关键词：城乡规划，GIS 课程，教学改革

1　引言

在 2013 版的高等学校城乡规划本科指导性专业规范中把 GIS 设定为城乡规划专业的十门核心课程之一，足以表明 GIS 在城乡规划设计领域的重要性；而且国外许多国家 GIS 已成为专业规划师常用的一种技术，不仅可以提高工作效率而且还能科学定量分析各种社会经济数据辅助方案生成，脱离 GIS 的规划编制、规划管理几乎不再存在[1-3]。同时在当今社会发展信息化和大数据时代的背景下，城乡规划工作也必须分析大量信息和数据，这也为以处理海量数据为著称的 GIS 技术涉足城乡规划领域并逐渐成为规划工作的主要技术支撑提供了有利的社会背景[4、5]。笔者所在学校早在 2000 年就在城市规划专业开设了 GIS 课程，并一直从事 GIS 课程教学至今，在教学过程中深感城乡规划专业的 GIS 课程的所面临的尴尬困境。本文着重从 GIS 在城乡规划中应用、城乡规划学生的知识背景、GIS 课程与设计课程的关系等方面进行困境分析，并从教学理念、教学内容的衔接、GIS 技术应用的拓展等方面提出相关改革对策，以期使学生能够快速掌握并在规划工作中高效使用 GIS 技术，同时提高城乡规划专业 GIS 课程的教学效果。

2　城乡规划专业 GIS 课程所面临的困境

2.1　GIS 在城乡规划中应用滞后

GIS 虽然是提供规划直观、理性的重要工具，但是由于 GIS 的特点使得它不同于 CAD 只需要图形数据即可。在规划过程中真正使用 GIS 技术进行深入的分析需要具备图形数据和属性数据，需要规划人员准备大量数据，而许多规划设计任务周期短任务重在短时间内必须出方案。规划工作者没有时间自己数字化采集数据，许多官方数据平台没有完全对外开放，数据缺乏成为限制 GIS 在规划设计中应用的瓶颈。另外，从城乡规划设计人员应用 GIS 技术的能力来看远未到对 GIS 技术的深入理解和熟练应用的水平，且对 GIS 技术的学习积极性不高，也大大降低了 GIS 在规划实践中的高效使用。学生通过实习了解 GIS 应用需求滞后，甚至多数实习单位不用 GIS 技术，直接影响城乡规划专业学生对 GIS 技术学习的动力和积极性。

2.2　城乡规划学生的缺乏 GIS 知识背景

由于我校城乡规划专业是源于建筑学基础上，教学侧重于对城市物质形态、构图、空间结构等设计专业技能的培养。而 GIS 技术功能强大、专业性强，主要基于测绘学、计算机科学、地图学等相关学科基础上[5、6]。城乡规划专业学生缺乏 GIS 相关的理论背景知识，又难以在短时间内投入较大的精力弥补，学生在很努力学习 GIS 课程的理论部分后也难以在上机实验中对 GIS 技术

肖少英：河北工业大学建筑与艺术设计学院讲师
任彬彬：河北工业大学建筑与艺术设计学院副教授
许　峰：河北工业大学建筑与艺术设计学院讲师

的空间分析功能进行理解。因而，造成学生对 GIS 技术掌握不牢固不能学以致用，也导致了学生对 GIS 课程学习兴趣的降低。

2.3 GIS 课程与城乡规划设计课程衔接度不够

随着信息化社会的快速发展，GIS 技术在城乡规划领域的作用也显得越来越突出。但是我校开设 GIS 课程与城乡规划设计课程衔接还不够紧密，GIS 技术比较适合在宏观规划层面上进行应用，可是 GIS 课程与总体规划设计课程分别开设于不同学期，再有就是教授规划设计课程的老师不熟悉 GIS 技术，教授 GIS 课程的教师又不带相关的规划设计课程，这些因素都会影响 GIS 技术在城乡规划设计实践中的应用。

3 城乡规划专业 GIS 课程改革对策

笔者结合本校城乡规划专业特点，结合不同阶段的设计任务特点，主要从教学理念、教学内容的衔接和 GIS 技术的拓展等多角度探讨 GIS 课程改革对策，最终使学生能够娴熟的运用 GIS 技术进行规划设计工作。

3.1 教学理念的调整

教学理念是教学改革的灵魂，在 GIS 课程改革过程中笔者始终贯彻以“过程教学理念”为指导，把城乡规划专业 GIS 课程教学和设计课程教学看成一个有机的整体，使 GIS 课程知识体系的组织与城乡规划设计课程中所要运用 GIS 主要技术高度契合。因而需要讲授 GIS 课程的教师与教授设计课程的教师及时沟通交流，一方面在设计过程中适时引导学生使用 GIS 技术，另一方面也有助于 GIS 课程的教学内容、教学进度和学时安排与设计课程进度保持同步，从而使学生对 GIS 技术做到即学即用提高学习效率和学习兴趣。

3.2 教学内容与设计课程结合

对城乡规划专业的 |GIS 课程教学内容组织时，应根据城乡规划专业的特点和 GIS 在其规划领域主要应用的功能相结合，使学生对 GIS 课程学有所用。我校 GIS 课程是开设于城乡规划专业大四下学期，笔者对所教授的 GIS 课程的教学内容是结合这个学期的控制性详细规划和城市设计两个设计课程进行教学内容组织的。我校城乡规划专业 GIS 课程共 32 学时，其中包 14 学时的理论部分和 18 学时的上机实验部分。GIS 课程理论部分的教学内容除了介绍 GIS 概述、数据结构、数据采集和处理、空间分析等 GIS 的基本知识外，还重点介绍 GIS 在国内外城乡规划专业的应用趋势和主要应用领域，另外还对本市学生所熟知的主要城乡规划设计单位对 GIS 的应用程度进行介绍，以帮助学生更加准确的把握对当前信息社会背景下城乡规划方法与技术的发展趋势，见表 1。上机实验部分教学内容的组织以贯穿“过程教学理念”为指导，把 GIS 上机练习和学生这学期的控制性详细规划和城市设计相结合，主要内容包括：熟悉 ArcGIS10.0 软件界面、针对学生所选设计地块进行数据采集和处理、对各地块进行适宜性分析、统计控规的技术经济指标、公共设施选址分析、3D 分析与 Sketch 模型的结合、景观视域和通视性分析等上机练习内容，见表 2。学生利用 GIS 技术进行用地适用性分析和上机实验报告，见图 1、图 2。

理论部分教学内容及学时　　表1

序号	学时	教学内容	要求
1	4	GIS 概述及在城市规划领域的应用	通过介绍 GIS 在城乡规划领域的应用激发学生学习兴趣并帮助学生了解城乡规划方法与技术的发展趋势
2	2	GIS 数据结构	结合城乡规划学特点能帮助学生理解满足 GIS 软件上机要求即可
3	4	数据的采集和处理	介绍各种数据类型的采集、编辑、处理，主要侧重于常用的 CAD、Sketch、Google Earth 等软件的数据格式与 GIS 的关系
4	4	空间分析	主要侧重于城乡规划领域常用的空间分析功能的介绍及应用

上机实习部分教学内容及学时　表2

序号	学时	上机内容	要求
1	2	ArcGIS10.0 软件简介	安装 ArcGIS10.0 软件并熟悉 ArcCatelog、ArcMap、ArcGlobe、ArcScene 界面的特点
2	2	数据采集和处理	对控规所选地块进行图形数据的数字化采集、处理或对 CAD 数据转换、属性数据的采集，学生课下完成部分工作
3	2	适宜性分析	通过对缓冲区分析和叠加分析功能的练习，对所选地块进行适宜性分析
4	2	统计技术经济指标	结合属性数据进行筛选、统计控规的各种技术经济指标
5	2	公共设施选址分析	利用缓冲区功能、网络功能分析方案中公共设施的合理性
6	4	3D 分析与 Sketch 模型	利用 3D 分析功能和方案 Sketch 模型虚拟现实
7	4	景观视域和通视性分析	利用 3D 分析结合方案中的景观节点进行视域和通视性分析

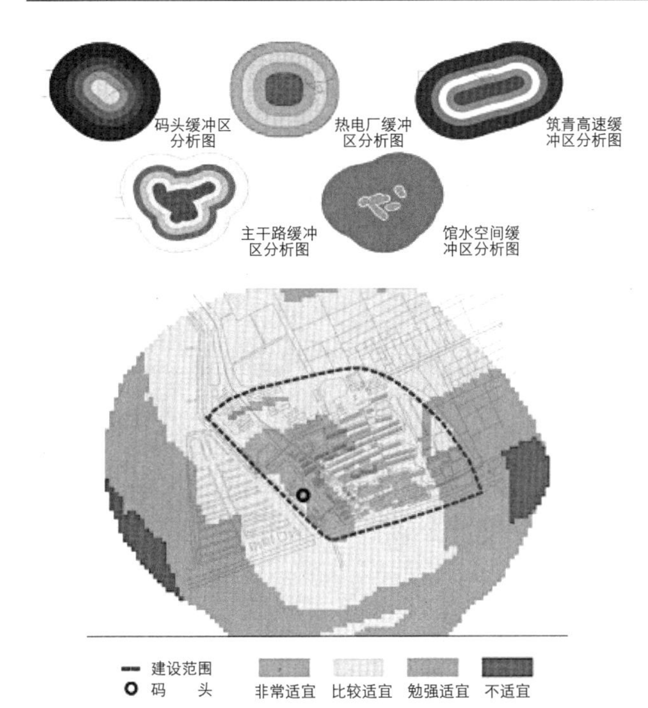

图 1　天津大神堂村用地适用性分析图

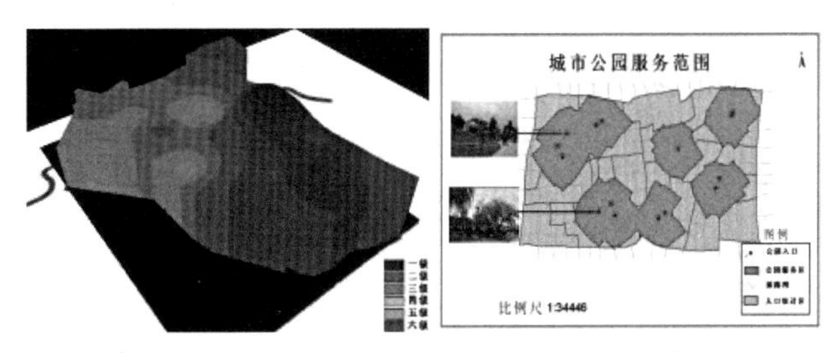

城市安全等级结构模型　　城市公园服务范围

图 2　城乡规划学生 GIS 课程实验报告

3.3　城乡规划专业 GIS 技术应用的拓展

对于城乡规划专业 GIS 技术的应用，许多院校都侧重于围绕城乡规划设计课程所应用的主要技术和知识来组织教学。城乡规划学是一门综合性很强的学科涉及多学科领域，笔者认为可结合城乡规划的其他领域拓展 GIS 技术的应用范畴。例如关于城乡生态环境问题的研究可以借助于 GIS 技术进行研究分析，笔者借助我院建筑技术实验中心的自动气象站设备、噪声分析仪、红外测温仪、热舒适度仪等相关仪器设备，测定不同开发强度的基地中的温度、风速、湿度、热舒适度等数据利用 GIS 技术进行分析，可以让学生更加客观的判断不同开发强度和布局结构对自然环境的影响；利用 GIS 和噪声分析仪分析不同等级道路的噪声差异和不同道路绿化结构对噪声降低的效果，这样不仅使学生对 GIS 技术掌握更加牢固还可以把城市道路交通和绿地规划设计相结合，进一步帮助学生更好地进行相关设计工作。综上所述关于 GIS 技术在城乡规划其他领域的拓展工作，仅依靠 GIS 课内学时是不够的，部分工作需要学生课下来完成教师予以及时指导。

4　小结

随着信息社会的快速发展，虽然 GIS 技术在城乡规划领域的应用面临些困境，但是 GIS 作为城乡规划专业的重要方法和技术是发展的必然趋势。以培养应用型人才为目标，对城乡规划专业 GIS 课程教学改革进行不断探索，激发学生学习 GIS 的兴趣，引导学生树立科学理性的思维方式，使学生能够掌握 GIS 技术并熟练的运用在城乡规划工作，是教授城乡规划专业 GIS

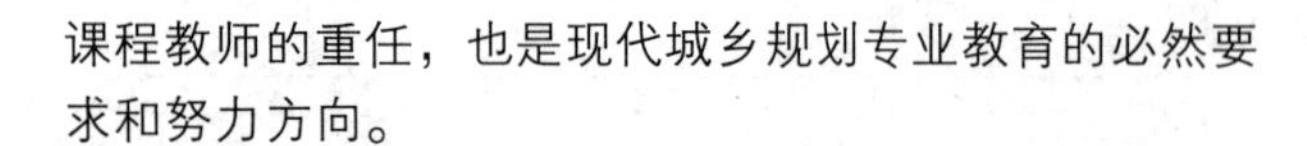

课程教师的重任，也是现代城乡规划专业教育的必然要求和努力方向。

主要参考文献

[1] 高校城乡规划专业指导委员会编．高等学校城乡规划本科指导性专业规范（2013版）[C]．北京：中国建筑工业出版社，2013.

[2] 宋小冬，钮心毅．城市规划中GIS应用历程与趋势—中美差异及展望[J]．城市规划研究，2010，10，23-29.

[3] 陈腾，杨丽．城市规划专业引入GIS课程的思考[J]．经济研究导刊，2010，17，230-231.

[4] 陈永贵，郝红科，李鹏飞．GIS在园林规划设计中的应用[J]．西北林学院学报2005，4：174-176.

[5] 辜智慧，隋杰．针对城市规划专业特色的GIS教学改革实验[J]．地理空间信息，2010，3：148-150.

[6] 石若明，朱凌，沈涛．建筑规划类院校的3S技术教学设计[J]．实验技术与管理，2011，3：221-216.

Analysis of the plight and teaching reform strategies of GIS course for students of urban and rural planning profession

Xiao Shaoying　Ren Binbin　Xu Feng

Abstract: In this paper, based on the characteristics of undergraduate GIS courses for urban and rural planning, the authors focus on the application of GIS in urban and rural planning, the students' background knowledge of urban and rural planning, the relationship between GIS and other courses and analyze the difficulties in GIS teaching for students of urban and rural planning profession. Based on the analysis, the authors propose the teaching reform strategies from teaching philosophy, convergence of teaching contents, applications of GIS technology etc. which will enable students to quickly grasp the GIS-related knowledge and efficiently using GIS technology when they solve practical problems.

Key words: urban and rural planning, GIS course, teaching reform

面向城乡规划专业的 GIS 教学实践和思考*

李永浮　党安荣　刘　勇

摘　要：地理信息系统作为一门空间科学，在地理学、城市管理、交通、公共卫生等专业的应用日益普及。许多院校的城乡规划专业也相继开设了GIS课程，虽取得良好的效果，仍有诸多不尽完善之处。本文基于多年的教学实践，从“教学课本、教学内容、教学软件和教学案例”四个方面，阐述城乡规划专业GIS教学实践的经验教训，并针对四个方面，特别是教学内容和教学案例方面，提出若干对策和建议。

关键词：城乡规划，地理信息系统，空间分析，教学研究

地理信息系统（Geographical Information System，GIS）是一种信息查询、分析和决策支持系统，其特点是存储和处理的信息是经过地理编码的，地理位置及与该位置有关的地物属性信息成为信息检索的重要部分。在地理信息系统中，现实世界表达成一系列的地理要素和地理现象，这些地理特征至少由空间位置参考信息和非位置信息两个部分组成[1]。

自 1960 年代以来，地理信息系统（GIS）技术在众多领域推广应用，GIS 迅速发展成为一个全球性的重要行业。从 1990 年代开始，我国高校许多专业都陆续开设了 GIS 专业课程，致力于把 GIS 理论和技术应用到本专业教学和科研中。例如，地理学、土地管理、水利水资源管理、旅游管理、城市管理、交通、卫生、农业、军事等，区域和城乡规划无疑是 GIS 技术应用的重要领域。但城乡规划专业的 GIS 课程教学效果却差强人意，这说明从多个方面改进 GIS 教学是十分必要和迫切的。

GIS 技术在城乡规划实践中已经日益得到重视和应用。例如，规划专业的毕业生在工作一段时间（半年内）后又与我们联系，索取当初的 GIS 教学资料或直接请求帮助 GIS 空间分析工作。毫无疑问，这既说明学生当初没有学好 GIS 这门课程，也表明 GIS 在城乡规划中应用向纵深发展，学生现有技术水平不足于应付现实需求。当前，社会对城乡规划科学性的要求越来越高，城市规划必然重视 GIS 技术的应用。当前高校的城乡规划专业已经适应社会需求，重视 GIS 教学改革，提高 GIS 课程教学成效，努力为社会培养出兼具城乡规划专业技能和 GIS 技术应用的复合型人才。

本文立足于多年的 GIS 教学实践，从“教学课本、教学内容、教学软件和教学案例”四个方面，阐述城乡规划专业的 GIS 教学经验和体会，并提出若干建议供同行参考。

1　GIS 的教材

目前，将近有上千本 GIS 书籍已经出版发行。其中许多是优秀的教材，每本教材都凝结着作者的心血，各有特色，互有短长。面对琳琅满目的书籍，却又令人茫然不知所措，怎样从中选出合适的教材呢？在《ArcGIS 地理信息系统基础与实训》（第 2 版）[2] 中，Michael Kennedy 部分地回答了这个问题❶。

---

* 基金项目：本文获得国家科技支撑计划课题“村镇区域集约发展决策支持系统开发（2012BAJ22B03）”的资助。

❶ “大部分 GIS 教材都专注于理论而不是给出实战指导；许多手册则侧重于软件使用说明，而不是去揭示机制幕后隐藏的原理。所以 GIS 课程的教学要么只讲理论，让授课教师选择软件和数据来说明要点，要么是通过使用手册和示范来进行教学。……，本书不仅对 GIS 进行一般介绍（担当了教育角色），还是关于 ArcGIS 软件的一本手册（充当培训角色）。”

李永浮：上海大学美术学院建筑系副教授
党安荣：清华大学建筑学院教授
刘　勇：上海大学美术学院建筑系副教授

不难理解，那些经典的 GIS 教材所具有的优良品质就是：理论与实践相结合，通过精心设计的理论 + 实训的编写方式，引导学生掌握基本理论知识和实际操作经验，帮助他们顺利成长为具有 GIS 素养的城乡规划从业人员。因此，由城市规划专业教师编写的 GIS 教材，无疑为实现 GIS 与城乡规划两方面结合提供保证。

以此标准来衡量，从国外引进的 GIS 教材中，张康聪(Kang-tsung Chang)所著的《地理信息系统导论》(第 5 版) [3] 当是首选。它的主要特点在于：把 GIS 概念与实践并重，通过 ArcGIS 软件平台，结合 GIS 应用案例，讲授 GIS 的主要功能。教材中配有解决问题的练习及其详细的操作指南。同时这本教材的英文版也由清华大学出版社出版，两个版本配合使用有助于双语教学，极大地提高了学生 GIS 的专业英语水平。

其次，Michael Kennedy 所著的《ArcGIS 地理信息系统基础与实训》(第 2 版) 也是非常优秀的 GIS 教材，可以推荐给学生作为课外参考书。再者，宋小冬和钮心毅主编的《地理信息系统实习教程》(第 3 版) [4]，以通俗易懂和简洁实用的优点，深受城乡规划和相近专业学生的欢迎，许多学校都用作 GIS 教学的必备参考书。可惜这本书未涉及 GIS 基础理论，需要与 GIS 理论教材配合使用，如黄杏元教授主编的《地理信息系统概论》(第 3 版) [5]。

2 GIS 的教学软件

目前，国外的 GIS 商业软件约有几十个，许多软件不是通用软件，而是交通、生态、环境、土地等领域的专业软件，它们是区域和城乡规划的专题研究的必备工具。如表 1 所示。

国外若干GIS工具软件简介 表1

产品名称	类型 / 关键部分	是否免费
AnyLogic	基于智能体模拟的通用商业软件包	否
ArcGIS	通用的、综合的具有大量扩展工具集的软件，重点是矢量但提供全面的栅格支持。跨行业、与 OGC (Open Geospatial Consortium) 标准兼容	否
CCMaps	条件地区分布制图。基于 Java 的交互式制图与可视化工具，针对健康研究和有关分析、环境和教育研究开发	是
Crimestat III	犯罪事件分析，矢量格式	是
ENVI	可视化图像环境 (Environment for Visualising Images)，为遥感图像数据提供强大的分析功能，支持矢量格式的输入和叠加	否
Fragstats	生态栅格数据分析	是
GeoDa	探测性数据分析，矢量 (L.Anselin)	是
GS+	地理统计分析	是
Idrisi	基于栅格的产品，尤其适用于环境科学、遥感和土地管理	否
Manifold	使用广泛的通用工具集，以矢量为主，同时支持栅格。与工业结合，OGC 兼容	否
Mapinfo	通用软件，以矢量为主，同时支持栅格。与工业 / 市场等结合；HotSpot Detective (J.Ratcliffe) 用于犯罪分析	否
SaTScan	地理数据的时间、空间和时空分析。主要设计用于疾病格局分析和监测	是
StartLogo	基于智能体模拟的开源软件包，跨平台	是
Surfer	表面建立和建模软件包，具有非常强的格网化、地学统计学和可视化功能。主要用于地球科学。	否
TNTMips	由 Image processing Background 开发的商业通用跨平台 GIS 系统。具有大量分析工具集，为非商业用途提供免费的 Lite 版	否
TransCAD/Maptitude	Maptitude 软件包针对交通运输领域，具有非常强的网络分析和相关设施管理功能。用于运输、销售。	否
WinBUGS/GeoBUGS	应用马尔可夫链蒙特卡罗方法的贝叶斯统计分析软件包，用于健康领域	是

资料来源：参考文献 [6].

在国内广泛使用的通用GIS软件，主要包括ArcGIS、MapInfo、MapGuide；MapGIS、SuperMap等。主流的遥感图像软件如Erdas、Envi、PCI、Idrisi也积极加入GIS功能，尽力拓展软件的市场适应能力。选择商业的GIS软件系统是一种市场行为，用户可以自由选择。但用户倾向于选择主流GIS软件，它们的市场占有率极高，例如ArcGIS作为GIS的旗舰产品，在全球地理信息系统市场上占有的市场份额最大。国内外GIS教材中都用ArcGIS软件来讲解和演示空间分析功能，也正说明ArcGIS软件产品的强势地位。因此，在GIS教学中，我们选用了功能强大的ArcGIS软件平台，这样有利于教师全面讲授和演示GIS主要功能，也对学生未来就业提高竞争力大有帮助。目前，ArcGIS软件的最新版本已经更新到ArcGIS™10.2。

此外，城乡规划中进行土地利用分析和评价，土地利用地的数据通常来自国土部门，MapGIS软件是我国国土部门的通用软件，只有把MapGIS数据转换成为ArcGIS数据，才有可能使用ArcGIS软件进行用地分析。所以，在GIS教学中应当尽可能介绍一些MapGIS软件的基本功能，以备不时之需。

3 GIS的教学内容

地理信息系统的主要教学内容，请见表2。其中，第1~9章，为GIS基本概念部分，主要包括GIS的基本概念、空间数据的特性、GIS的地图表达，地理数据的存储结构，地理和属性数据的输入和编辑等。第10~18章，为GIS空间分析与综合部分。这部分内容乃是地理信息系统（GIS）的核心功能，也是与其他信息系统的

GIS的主要教学内容　表2

章节	主要内容
第1章　绪论	GIS；GIS应用；地理参照数据；GIS操作；概念与实践
第2章　坐标系统	地理坐标系统；地图投影；常用地图投影；投影坐标系统；在GIS中运用坐标系统
第3章　矢量数据模型	简单要素的表示；拓扑；地理关系数据模型；基于对象数据模型；复合要素的表示
第4章　栅格数据模型	栅格数据模型要素；栅格数据类型；栅格数据结构；栅格数据压缩；数据转换与综合
第5章　GIS数据获取	现有的地理信息系统数据；元数据；现有数据的转换；创建新数据
第6章　几何变换	几何变换；均方差误差；数字化地图的均方根误差；像元值重采样
第7章　空间数据编辑	定位错误；空间数据准确度标准；拓扑错误；拓扑编辑；非拓扑编辑；其他编辑操作
第8章　属性数据管理	GIS的属性数据；关系数据库模型；合并、关联和关系类；属性数据输入；字段与属性数据的处理
第9章　数据显示与地图编制	地图的符号表达；地图种类；地图注记；地图设计；地图的生产
第10章　数据探查	数据探查；基于地图的数据操作；属性数据查询；空间数据查询；栅格数据查询
第11章　矢量数据分析	建立缓冲区；地图叠置；距离量测；模式分析；要素操作
第12章　栅格数据分析	数据分析环境；局域运算；邻域运算；分区运算；自然距离量测运算；其他的栅格数据运算；基于矢量和栅格数据分析的比较
第13章　地形制图与分析	用于地形制图与分析的数据；地形制图；坡度和坡向；表面曲率；栅格与TIN对比
第14章　视域分析和流域分析	视域分析；视域分析的应用；流域分析；影响流域分析的因素；流域分析的应用
第15章　空间插值	空间插值的元素；整体拟合法；局部拟合法；克里金法；空间插值方法的比较
第16章　地理编码和动态分段	地理编码；地理编码的变异形式；地理编码的应用；动态分段；动态分段的应用
第17章　路径分析和网络应用	路径分析；路径分析的应用；网络；网络拼接；网络应用
第18章　GIS模型与建模	GIS建模的基本元素；二值模型；指数模型；回归模型；过程模型

资料来源：参考文献[3].

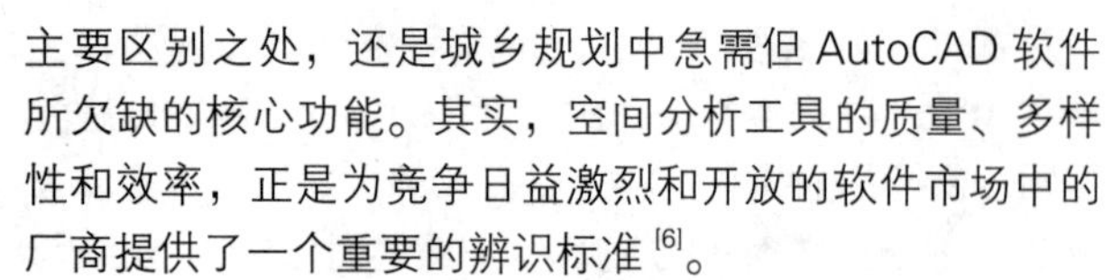

主要区别之处，还是城乡规划中急需但AutoCAD软件所欠缺的核心功能。其实，空间分析工具的质量、多样性和效率，正是为竞争日益激烈和开放的软件市场中的厂商提供了一个重要的辨识标准[6]。

其实，空间分析的内涵不断扩展，不再仅局限于缓冲区分析、叠加分析、网络分析、地形分析等基本内容，这显然与三个方面的变化密不可分：GIS与数据统计与分析方法的结合——统计学家为方法完备性贡献良多[7]；计算机技术的飞速发展；社会需求的快速增长——地理学、经济学、区域科学、地球物理、大气、水文等专门学科的需求、知识和机理[8]。

要言之，空间分析是指用于分析、模拟、预测和调控空间过程的一系列理论和技术，其分析结果依赖于事件的空间分布，面向最终用户。空间分析的理论体系框架和主要内容，如表3所示。

从表3可知，①空间分析的研究目标包括：空间数据的可视化和探索分析、参数获取、格局识别、空间预报、空间运筹、时空分析等。②空间分析的研究对象包括：点数据和格数据，这些数据属性包括位置和数值。③空间分析方法包括：统计方法和智能计算类方法。

比较表2和表3可知，王劲峰等所建立的GIS空间分析体系，比传统的空间分析内涵更丰富。结合教学和科研经验可知，传统的空间分析内容固然重要，还远能满足实际工作的需要，这是由城乡规划专业高度综合性所决定的。但是GIS教学面临困境和矛盾——有限的教学课时与丰富的教学内容。实践表明，努力改进教学方法是可以解决上述矛盾，收到较满意的教学效果。

比如，课堂上重点讲解GIS原理，简要演示操作方法，更为详细的软件操作步骤和练习题都让学生课后自学完成，在下节课中留出时间检查完成情况并为学生答疑。目前，多数院校城乡规划专业的学生成绩，大都比同校其他专业学生优秀许多，这些学生学习积极主动，自学能力很强。因此，教师应注重精讲精练，因材施教，多为学生提供GIS技术的使用机会。当然也要避免矫枉过正，对于决策树、贝叶斯网络、人工神经网络、粗糙集、支持向量机、粒子群优化算法、期望最大化算法等方法，无需强求学生全部掌握，应结合学生兴趣有选择地讲解。兴趣是最好的老师，一旦知晓了GIS强大和实用的空间分析功能，学生怎会不愿意学习呢?

4 GIS的教学案例

在GIS教学过程中，结合城乡规划案例讲解GIS技术应用，确是提高学生学习热情和主动性的捷径。在上文提到的几本教材中，都配备了很好的练习题供学生选做。特别是宋小冬、钮心毅主编的《地理信息系统实习教程》(第3版)，书中结合城乡规划编写了大量针对性的练习题，把GIS空间分析功能分解到各个章节，利于学生理解、掌握和应用。把练习过程与原理相对照，就能较好地建立GIS原理、ArcGIS软件功能和相关专业知识之间的联系。其次，在《ArcGIS地理信息系统基础与实训》(第2版)、《地理信息系统导论》(第5版)和《ArcGIS地理信息系统教程》(第5版)[10]中也有大量

GIS空间分析的主要内容和方法　　表3

<table>
<tr><th rowspan="2">研究目标</th><th rowspan="2">属性</th><th colspan="2">统计方法</th><th>智能计算</th></tr>
<tr><th>点数据</th><th>格数据</th><th>点数据、格数据</th></tr>
<tr><td colspan="2">可视化和探索分析</td><td colspan="3">GIS简介、地图分析、探索性空间分析</td></tr>
<tr><td>参数获取</td><td>数值</td><td colspan="2">空间相关性和异质性、空间抽样</td><td rowspan="5">决策树、贝叶斯网络、人工神经网络、粗糙集、支持向量机、粒子群优化算法、期望最大化算法</td></tr>
<tr><td rowspan="2">格局识别</td><td>位置</td><td>点格局识别</td><td></td></tr>
<tr><td>数值</td><td></td><td>格数据统计</td></tr>
<tr><td>空间预报</td><td>数值</td><td>点数据插值</td><td>格数据回归</td></tr>
<tr><td>空间运筹</td><td>数值</td><td colspan="2">空间运筹</td></tr>
<tr><td>时空分析</td><td>数值</td><td colspan="2">BME模型、演化树预报模型</td><td>Meta建模</td></tr>
</table>

资料来源：参考文献[9].

练习，这些基础练习虽非源于城乡规划实践，仍然有益于理解 GIS 原理和掌握 ArcGIS 操作方法。

即便完成这些练习，对于 GIS 空间分析技术的掌握仍嫌不足。还要适当补充 GIS 高级空间分析的教学案例。我们选用了王法辉的《基于 GIS 的数量方法与应用》[11] 和王劲峰等的《空间数据分析教程》[9] 中的教学案例。这两本书是作者多年科研成果的精心汇编，那些案例都来源于他们的科研实践，以案例的形式组织起来，并配以翔实的教学数据以供学生逐步操作练习，不同层次的读者都能从中获益匪浅，很快掌握那些高级空间技术和应用到科研课题中。现针对 4 个案例来介绍，其中（1）~（3）选自《基于 GIS 的数量方法与应用》；案例（4）选自《空间数据分析教程》一书。

（1）空间平滑和空间插值。这是最为基本的 GIS 空间分析方法，它们可以用来显示空间分布态势及空间分布趋势。针对一些小样本问题，普通的空间平滑就会带来较大误差。比如对于癌症或谋杀等不常见事件发生概率的估算就不可靠。因此作者提出了移动搜索法(floating catchment area，简称 FCA)和经验贝叶斯平滑(empirical Bayesian smoothing method ）等空间平滑技术，用来缓解这些样本变数大的问题。“中国南方台语地名的分布模式”研究就使用了 FCA 方法，主要目的是探求分布在中国南方和东南亚地区台语民族的历史起源 [11]。根据书中的讲解，在 ArcGIS 实现 FCA 算法并不复杂，却开拓了 GIS 技术在历史、语言、文化研究中的应用，之前学者们较少涉猎此领域。

（2）赖利定律和哈夫模型。这两种方法常用来划分服务区，在商业地理和区域规划中广泛使用。重点讲解了哈夫模型的原理、赖利定律与哈夫模型的关系以及哈夫模型的推广。以中国东北主要城市的腹地划分为例，详细讲解了 ArcGIS 软件中基于路网距离、运用哈夫模型划分城市腹地的操作步骤，方法简便，极易理解和实现。哈夫模型在区域规划和城市商业研究中都能派上大用场。诚如书中所言“基于交通路网距离计算邻域区，划分结果与现实情况更为接近。读者可以对自己熟悉环境中的同类商店进行服务区分析。服务区分析可用于开发市场潜力，评价商店的经营状况” [11]。

（3）两步移动搜索法（two-step floating catchment area method，简称 2SFCA)。这种方法主要用于空间可达性测量。王法辉将其用于一个美国卫生部资助的基金项目，目标是采用 GIS 技术来测算空间可达性，并整合非空间因素，最终确定伊利诺伊州的缺医区。因为现实环境中资源或服务设施的空间分布并不均衡，需要周密的规划布局以满足人们的生活需求。因此可达性研究就非常有意义，它已经成为一个社会公平的问题。在城乡规划中，可达性研究对于公共设施布局规划很有帮助，这种可达性测量方法（2SFCA）非常有必要学习。书中还比较了 2SFCA 法和引力法的优缺点❶。

再者，也可以选讲书中其他的 ArcGIS 空间分析高级用法，如回归拟合方程在城市与区域密度模型分析中的应用，线性规划在浪费性通勤测算和医疗服务区优化中的应用、空间聚类分析在癌症分布研究中的应用、空间回归分析法在犯罪研究中的应用等，总之这本《基于 GIS 的数量方法与应用》可以提供很多帮助。

（4）空间抽样与统计推断。空间抽样包括空间简单随机抽样、空间系统抽样和空间分层抽样。空间抽样技术非常重要，因为空间对象具有空间相关性，在调查空间分布对象时，传统的抽样方法效率较低，且会有较大误差 [12]。如此重要的内容，在现有的 GIS 教材中都没有提及，可能认为难度较大。其实，空间抽样技术在资源环境和社会经济调查中十分有用，例如：设计优化的抽样调查方案或监测网络（如环境、人口、经济和流行病等），计算最佳样点分布和密度，形成高效的空间抽样方案或监测网络；对已发表的统计数据（如区域污染指数、区域社会经济指数等），评价其精度、可靠性（考察对象特征、样点分布、密度和估值方法）等。

中科院地理所王劲峰教授的空间分析研究组设计完成了“三明治空间抽样软件（Sandwich Spatial Sampling and Inference，简称 SSSI)”，实现了空间抽样设计和基于抽样的统计推断功能。除了通常的 6 种抽样模型，还新增了“三明治”抽样模型。“三明治”抽样模型不但具有较高的抽样效率，在抽样对象空间分层的

❶ “引力法似乎比 2SFCA 法理论上更严谨，但 2SFCA 法可能更实用，因为引力法倾向于夸大可达性较差地区的可达性得分，而且引力法的计算复杂，不够直观，计算所需要的距离摩擦系数难以获取。”

基础上增加了报告单元层——就是用户可以根据县界、省界、流域、网格等报告单元进行统计汇总。

总之，在城乡规划的专题研究中空间抽样和统计推断技术非常实用。由于“三明治”（SSSI）软件的帮助，实现空间抽样和统计推断不再困难，因此建议在城乡规划的 GIS 教学中增加这部分内容。有关空间抽样和统计推断的原理和方法，在参考文献［12］有详细论述。

5 结论

本文是基于既往的经验和思考，从“教学课本、教学软件、教学内容和教学案例”四个方面，阐述城乡规划专业 GIS 教学的改进措施——“融合国内外优秀 GIS 教材的精华，首选 ArcGIS 为教学软件，讲授 GIS 空间分析功能，精选教学案例，为学生提供 GIS 技术辅助规划研究的机会”。

教师贵在有教无类，因材施教，激发学生兴趣，培养他们的自学能力，使学生养成勤于归纳和思考的好习惯。“击石乃有火，不击元无烟。人学始知道，不学非自然。万事须己运，他得非我贤。青春须早为，岂能长少年？”这不，唐朝的孟郊在《劝学》一诗中已经道破了为学的天机，又何尝不是启发教学的福音？

地理信息系统（GIS）已经列入《城乡规划专业规范》中的 10 门核心课程之中。这说明 GIS 在城市规划专业中的重要地位获得广泛认同。许多院校的城乡规划专业也相继开设了 GIS 课程，为城市规划专业学生传授 GIS 的基础知识和基本技能。本文只是讨论了 GIS 课程设置、教学内容和教学方法等问题，还有更多的问题，例如 GIS 在规划和设计类专业课中的应用问题，GIS 与其他信息技术的结合问题等。只有解决好这些问题，GIS 才能很好地适应城乡规划未来发展趋势。

主要参考文献

［1］ 邬伦，刘瑜等编著．地理信息系统：原理、方法和应用［M］．北京：科学出版社，2001.

［2］（美）Michael Kennedy 著；蒋波涛，袁娅娅 译．ArcGIS 地理信息系统．北京：清华大学出版社［M］，2001.

［3］（美）张康聪 著，陈健飞，张筱林译．地理信息系统导论（第 5 版）［M］．北京：科学出版社，2010.

［4］ 宋小冬，钮心毅．地理信息系统实习教程（第 3 版）［M］．北京：科学出版社，2013.

［5］ 黄杏元，马劲松 编著．地理信息系统概论（第 3 版）［M］．北京：高等教育出版社，2008.

［6］（英）Michael J. de Smith，（美）Michael F. Goodchild，（英）Paul A. Longley 著．杜培军 等译．地理空间分析——原理、技术与软件工具（第 2 版）［M］．北京：电子工业出版社，2009.

［7］ Cressie N. Statistics for Spatial Data［M］. New York：Wiley & Sons，1991. 21–22.

［8］ 王劲峰，李连发，葛咏 等．地理信息空间分析的理论体系探讨［J］．地理学报，2000，1：92–103.

［9］ 王劲峰，廖一兰，刘鑫 编著．空间数据分析教程［M］．北京：科学出版社，2010.

［10］（美）Maribeth Price 著；李玉龙，张怀东 等译．ArcGIS 地理信息系统教程（第 5 版）［M］．电子工业出版社，2012.

［11］（美）王法辉著．基于 GIS 的数量方法与应用［M］．姜世国，滕骏华译．北京：商务印书馆，2009.

［12］ 王劲峰，姜成晟，李连发 等著．空间抽样与统计推断［M］．北京：科学出版社，2009.

Practice and Thinking of Urban and Rural Planning Major-Oriented GIS Teaching

Li Yongfu　Dang Anrong　Liu Yong

Abstract: As a space science, Geographic Information System (GIS) has been increasingly frequently applied into fields of geography, urban management, transportation, public health and so on. The Urban and Rural Planning Department of many universities successively began to offer GIS course. There are still many imperfections in the course, though impressive results have been achieved. Based on my teaching experience, this paper elaborates the experiences and lessons in GIS teaching practice of Urban and Rural Planning course and puts forward various suggestions for people in related fields.

Key words: Urban and Rural Planning, Geographic Information System, Spatial Analysis, Teaching Research

分解与整合——新疆地区外国建筑史课程教学探讨

张芳芳　宋　超　王　健

摘　要：本文根据外国建筑史课程的教材内容，结合本校外国建筑史教学实践，论述了外国建筑史课程的教学目的，教学内容的分解与整合以及针对城乡规划专业汉族学生和民族学生的具体特点，采取不同的、互动的、灵活的教学方法，增强学生对于外国建筑史的学习兴趣，提升学生的专业文化素养，从而提高外国建筑史课程的教学效果。

关键词：外国建筑史，教学方法，教材内容，分解，思考，整合，互动式

外国建筑史课程作为建筑学与城乡规划专业的一门基础学科，在我国各个高校设立距今已有近百年之久的历史。外国建筑史课程教学是城乡规划专业教育中的必要组成部分。新疆地区的城乡规划本科教育工作中，外国建筑史课程同样很重要，但是在实际教学开展过程中存在着学生普遍学习积极性不高，城乡规划专业的民族班学生和汉族班学生对于外国建筑史课程学习态度和反馈效果也截然不同等问题。本文将在外国建筑史课程教学过程中存在的这些问题加以总结，分析问题出现的原因，找到解决问题的办法以促进外国建筑史课程教学的改革进程。

1　学习外国建筑史的目的和意义

城乡规划专业的学生经常会问“为什么要学习外国建筑史？”，大多数工科学生认为历史和工科的学习是不会有交集的，所以如果这个问题不解决，就会使学生失去兴趣。首先要明确的是城乡规划学科具有双重性：它既是属于工科但又具有文化艺术特性；其次是明确从古至今建筑都是组成乡村和城市的重要组成部分，以古鉴今，我们要掌握城乡发展的历史和优秀作品的同时必须了解建筑的历史；最后是学习外国建筑史的主要目的是为了要扩大知识面，提高文化素养，了解建筑发展规律和优秀的设计手法，培养审美能力，辨别建筑理论的源流。[1]人类历史是一个不断发展的持续过程，建筑历史是其历史长河中的一个小分支，它阐述了建筑从无到有，从简单到复杂，从古代到现代的一个漫长发展过程，如果说现代建筑是建筑发展的横断面，那么建筑历史就是建筑发展的纵轴线，横纵结合才能达到学习的全面性和丰富性。

2　外国建筑史课程设置内容

我国各大院校建筑学专业使用的外国建筑史教材包括两本：外国建筑史（19世纪末以前）和外国近现代建筑史。两本书设计内容涵盖了除中国以外的所有国家和地区的建筑历史，时间和空间跨度很大，建筑类型和流派繁多，篇幅众多，信息量大，知识点多。根据这种情况，在规定学时内完成所有课本内容的教授是非常困难的事情。我校的外国建筑史课程内容沿用了较成熟的框架(符合各大院校教学大纲要求)，包括古埃及、古西亚、古希腊、古罗马、中世纪、文艺复兴、古典主义一直到近现代建筑的探索之外，考虑到新疆地区的地域特色，还特别增加了“伊斯兰国家的建筑”教授内容。

3　外国建筑史教学现状

本校开设外国建筑史的班级类型有三种：建筑学专业班级、城乡规划汉族班和城乡规划民族班，在本文重

[1] 刘先觉．外国建筑史教学之道——跨文化教学与研究的思考．南方建筑．2008，1：28-29.

张芳芳：新疆大学建筑工程学院讲师
宋　超：新疆大学建筑工程学院讲师
王　健：新疆大学建筑工程学院讲师

点论述了城乡规划专业班级的教学情况。外国建筑史课程教学主要存在问题是学生对于外国建筑史的意义理解不全面；教学安排组织不完善；教学主观认识不足等。

3.1 学生对于外国建筑史的认识

对于开设外国建筑史的班级的学生普遍存在两种对于本课程的片面认识：一种学生将建筑历史等同于普通历史课程，把对于中学历史课程的认识延续到现在，认为历史就是死记硬背的东西，枯燥无味，这一类学生对于学习缺乏热情；还有一种学生认为建筑历史相对于规划原理和规划设计来说课程重要性较低，这一类学生对于学习缺乏重视。

在我校对于城市规划专业的学生来说外国建筑史是一门建筑学专业开设的课程，并且是一门学时数较少的考试课程，所以学习过程中缺乏重视。

3.2 外国建筑史教学存在的问题

目前，外国建筑史教学普遍存在的问题是教学方式墨守成规，以传统教材为主，采用学生坐在讲台下听，教师站在讲台上讲解，同时观看不断切换的幻灯片，这种被动式的教学使学生产失去主动学习的兴趣。在教学过程中还有非常重要的一点是外国建筑史的教学对于学生的设计课程没有起到向导作用，使得学生对于外国建筑史认识有偏差而不重视学习。

4 外国建筑史的教学策略

现以本校的外国建筑史教学实际情况为基础，分析并总结出外国建筑史课程的基本教学方法，同时归纳出针对不同班级的不同教学方法。

4.1 外国建筑史的基本教学方法

针对外国建筑史的教学现状，找到造成学生缺乏学习兴趣的原因，做出教学方法的调整来提高教学效果。

第一，强调外国建筑史课程的重要性，引导学生全面认识外国建筑史；

首先，在上课之初，最主要的教学任务就是让学生了解学好外国建筑史将会在以后很长一段时间都是受益匪浅的，如考建筑学硕士研究生必考科目之一就是中外国建筑史；考城乡规划硕士研究生必考科目之一就是中外城市发展与规划史，其中有外国建筑史的内容，工作以后考注册建筑师或者规划师必考内容还是有外国建筑史的相关内容等，让学生认识到外国建筑史的重要性。

其次，让学生改变对外国建筑历史的片面看法，纠正学生认为外国建筑历史相对于设计课程和技术课程来说是辅助性课程的观点。让学生明白外国建筑史和其他课程一样都是专业核心课程，它们都有各自的作用，它们之间并不是主副关系，而是相辅相成的关系。

第二，外国建筑史课程教学内容的分解与整合；城乡规划专业开设外国建筑史课程为 32 学时，考试课；课时相对于较少，而课程内容较多，为了做到合理分配学时，内容讲解全面，笔者对教学做了以下调整。

首先，尝试分解与整合教学内容。对城乡规划专业中与外国建筑史相关的几门课程内容进行分析，然后将外国建筑史课程内容进行合理的分解与整合。与外国建筑史课程相关课程有中国建筑史、中外城市发展史和中外园林规划史三门。相关联的这四门课程内容有相互关联交叉重复的，进行必要的分解与整合，避免重复讲解浪费课时的同时又将四门课程内容融会贯通，易于学生关联记忆。比如在外国建筑史课程中有日本国家的建筑内容可以分解出去，与中国建筑史合并成为亚洲国家建筑章节讲解；再如古希腊的雅典卫城布局特点既属于外国建筑史课程的内容又是中外城市发展史课程中重点讲述内容，所以可以将这部分内容放在中外城市发展史课程中详细讲解；又如外国建筑史课程中法国古典主义时期凡尔赛宫殿建筑群布局特点在中外园林规划史课程中是重点内容，将这部分内容放在中外园林规划史课程中详细讲解等等。经过分解与整合后，外国建筑史课程需要讲解的内容有所减少，这样更有助于重点内容的拓展。

其次，适当扩充教学内容，激发学生学习兴趣。如果照本宣科，只注重教科书内容的讲述，会使得课堂内容呆板缺乏新意，学生会觉得都是书上内容，听老师读还不如自己看，从而失去听课兴趣。所以要增加教学内容，扩充影响建筑的因素：所处地区的气候、社会政治制度、经济文化、民俗风情、自然地理、美学艺术等，在开拓学生的视野之外，增加了课堂内容的趣味性。如在讲解爱琴文明时期的克诺索斯宫殿建筑群时，结合当时统治着米诺斯王请建筑师犹德罗斯建造克诺索斯王宫的传说来讲，学生听得津津有味，有的还开怀大笑，然

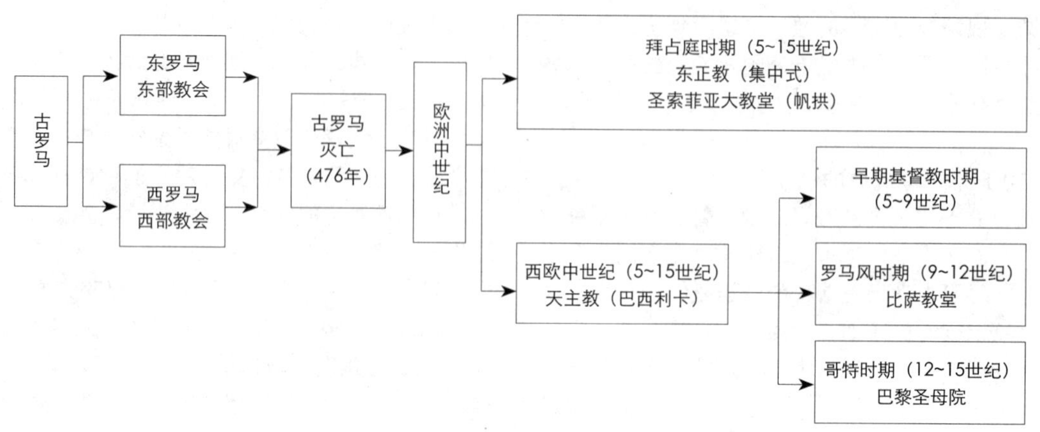

图 1　古罗马晚期到中世纪建筑发展知识链条示意图　自绘

后继续展开建筑群的布局特点讲述，这样学生就主动把注意力集中在课堂内容上，因为他们都想看看传说中让每个进入宫殿的人都迷路的建筑群究竟是怎样布局的，一节课下来学生印象深刻，对于后续复习也很有帮助。

最后，根据新疆地方特色，将伊斯兰国家的建筑作为外国建筑史课程中的一个重点内容讲述，包括建筑的起源、基本形制、建筑类型、建筑基本构件、建筑色彩和建筑装饰等等内容。提供机会让学生更全面的了解新疆本土建筑的渊源。

第三，与时俱进的改进教学方法；

外国建筑史教学效果的好与不好取决于教学内容的同时，也取决于教学方法和技巧，尝试开展多种多样的教学方式，调动学生学习的积极性。

首先，以时间和建筑演变为轴线建立知识链。教科书内容繁多，需要掌握的知识点也颇多，知识链提纲挈领，有助于学生对基础概念性知识的记忆。比如讲到中世纪的建筑时，既有中世纪的拜占庭建筑，又有中世纪西欧的建筑，其中西欧中世纪建筑又分为：早期基督教时期、罗马风时期和哥特时期，内容很多，有很多学生就会混淆时间和类型。这种情况就可以显示出建立知识链条的好处如下图，一目了然，容易记忆。

其次，增加教学中的互动性。对于教科书中的某些章节，采用讨论会的形式进行学习，由学生在规定章节中自选题目，3~4 个同学为一组，要求每组学生在上课之前做好充分的准备：收集相关资料，整理总结，制作 PPT，汇编讲稿，使学生成为课堂上的主角。课堂上用影片、PPT 或者模型等多种多样的形式讲解预定题目，讲解完毕其他同学当场提问，小组成员做出必要的解答，形成讨论课堂氛围，最后由教师总结。这种形式课堂气氛活跃，学生积极参与进来，取得了良好的教学效果。

再次，外国建筑史课程教学中应该更多提供给学生体验和感受建筑的机会。外国建筑史课程教学的重点应该把历史上著名建筑的艺术体验和感受最大程度地呈现给建筑系的学生，体验是人们心理的活动过程，是旁人无法替代的，让他们用自己的心灵和智慧去直接面对史料和这些著名建筑曾经给予人类的震撼性的原始体验，然后让他们做出自己的判断。把外国建筑史的教学中的建筑历史改造为关于著名建筑物的艺术成就的体验和结构成就的分析的课程，必然会引起学生们的兴趣。❶俗话说“百闻不如一见”，同样体验和感受建筑最好的方法是亲临现场，如讲伊斯兰清真寺建筑和经学院建筑时，可以带学生去参观实体建筑，在参观时进一步讲解，增加学生对这一类建筑的体验感受。实际情况是新疆属于我国边远地区，让学生去内地或国外参观教堂建筑或巴洛克建筑都是不现实的，所以我们利用高科技手段来辅助教学，采用一些动态声像资料，这些动态声像资料可以是专业部门提供的，也可以是学生自己制作的。如中世纪的教堂内部结构高大具有良好的音响效果而被称之为“音乐厅”，唱诗班的歌声动听，怎样让学生有这种认

---

❶　王发堂．建筑感性史——建筑史教学内容的研究．同济大学学报 .2008，19（5）：41–47.

识呢？让学生闭上眼睛，放一首唱诗班的歌，好好感受一下净化心灵的歌声，体验一下教堂气氛，这样的效果是不言而喻的。

最后，采用多种多样作业形式与设计课程整合，巩固教学重点。一种作业是建立典型建筑模型，传统外国建筑史作业是对于典型建筑实例按照书上图片进行临摹，笔者将作业方式进行了改变，让学生借助于画图软件《SketchUp 草图大师》对典型建筑按照比例进行建模，单个建筑完成建模，还有助于学生对建筑比例尺度的把握，比如说古罗马的君士坦丁凯旋门单体模型建好后，就可以使得学生更加明确君士坦丁凯旋门主要组成部分的比例和关系等，模型进行综合讲评，这样的建模作业学生积极性很高，同时增加了同学之间交流。另一种作业是小设计，让学生自己选择熟悉的喜欢的建筑风格及设计手法来设计一个小型建筑，50 分钟在课堂内完成。比如在学完外国建筑史（19 世纪末以前）时，布置一个设计题目“钟塔”，要求学生采用所学过的建筑风格设计一个钟塔，设计手法要纯净。在完成作业的过程中，学生必须回顾都学了哪些建筑风格，具体特点有哪些，然后再去运用到设计中。最后作业交上来，安排全班一起讲评，这样使得学生主动巩固学过的古代优秀建筑设计手法，同时外国建筑史课程内容与设计课程相结合，老师在讲评时纠正了设计手法中的错误，强调了课程的重点，这种作业形式很受学生欢迎，教学效果很好。

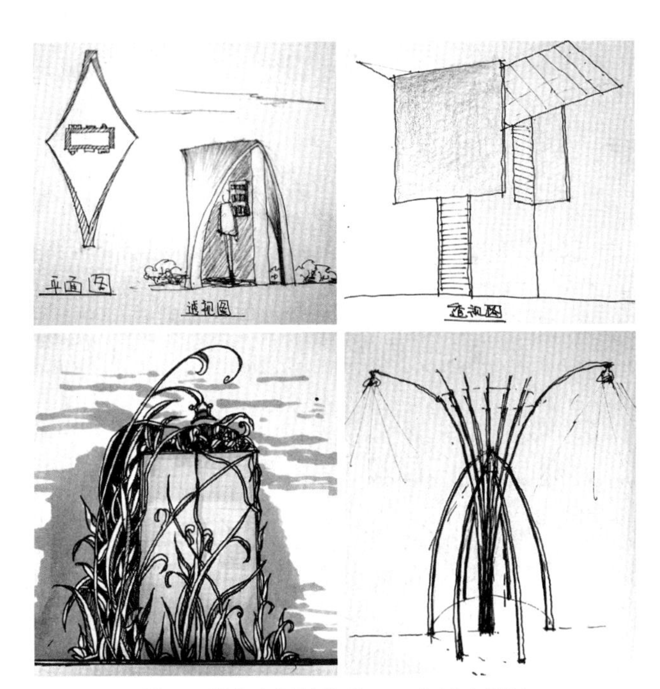

图 2　学生小设计作业——电话亭设计

资料来源：作者自摄 .

4.2　城乡规划专业民族班的教学策略

本校城乡规划专业汉族班和民族班外国建筑史课程教学课时数相等，都为 32 学时。对于城乡规划专业汉族班学生具体的教学方法 4.1 中已经详细论述。对于城乡规划专业民族班学生由于语言的原因，民族班学生接受知识的能力与汉族班学生有差距，在这种情况下，笔者基于 4.1 基本教学方法之上，对教学做了以下调整。

首先，改变教学目标。同样都是外国建筑史课程，城乡规划专业汉族班与民族班的教学目标有所不同。对于汉族班的学生来说，学习时要全面了解和掌握不同历史时期、不同地域的、建筑特点，包括建筑形式、建筑艺术、建筑结构、建筑细部等。而对于民族班的学生来说，掌握外国建筑史的知识要从宏观上来把握，对于建筑细部处理点到为止。比如在拜占庭时期出现了一种新的建筑结构帆拱，汉族班学生在学习时必须掌握帆拱的定义、出现时间、地点和运用帆拱结构的典型建筑实例，而民族班学生只需要掌握帆拱出现时间及运用帆拱结构的典型建筑实例即可。明确城乡规划专业汉族班和民族班外国建筑史课程的教学目标，可以更加有效的利用学时。

其次，强调外国建筑史课程基本概念与重点内容，减少相关拓展内容。授课过程中强化重点内容，教授一些简单易记的记忆口诀，减少相关的拓展内容，有助于节约课时从而突出重点内容。比如讲到古希腊的雅典卫城，卫城中重要的建筑组成有四个：山门、帕提农神庙、伊瑞克提翁神庙和胜利神庙，给学生讲记忆口诀“一门三神庙”。除此之外每章节后，罗列重点内容，每节课有课前提问，提问内容都为重点内容，这种强化记忆取得了较好的效果。

最后，及时与学生沟通，鼓励主动学习。在外国建筑史课程的学习过程中民族学生很少与平行汉族班交流，很少与老师互动，学习基本处于被动状态，这样就需要教师增加在课外与学生沟通的时间。在学期之初，前几堂课课间与学生及时沟通，以便教师调整适合民族学生的授课方法。由于汉语言掌握的程度有限，造成学生胆怯心理，这时最好的帮助就是鼓励，讲评作业时鼓励，回答问题时鼓励，不失时机地鼓励学生，慢慢地学生就喜欢这位老师、喜欢这门课程、喜欢在这门课程学习中表现自己，自然教学效果就得到了提高，这是一个良性循环。具体教学方法前面 4.1 中已经详细论述。

5 结语

本文针对外国建筑史课程的特点，结合本校的实际情况提出了在分析和整合教学内容的基础上，采取多种教学方法来增强学生的学习兴趣。针对城乡规划专业民族班的外国建筑史课程教学存在一定的特殊性，制定出相适宜的教学策略，收到了较好的教学效果。最好的教学方法与效果是我们今后教学过程中不断探索与追求的目标。

主要参考文献

[1] 刘先觉．外国建筑史教学之道——跨文化教学与研究的思考．南方建筑 .2008，1：28-29.

[2] 王发堂．建筑感性史——建筑史教学内容的研究．同济大学学报 .2008，19（5）：41-47.

[3] 刘冬梅．建筑史教学中的若干问题及对策研究 .2008，17（4）：112-114.

[4] 王岩．关于非建筑学专业外建史教学的几点思考 .2009 年世界建筑史教学与研究国际研讨会．2009，167-170.

[5] 宋波，张娟．外国建筑史互动式教学研究与实践．华中建筑 .2011.06：189-190.

Decomposition and integration
——To explore the course of the history of foreign architecture education in Xinjiang

Zhang Fangfang　Song Chao　Wang Jian

Abstract: In this paper, according to the teaching material content of foreign architectural history courses, combined with the practice of foreign architectural history teaching in this university, discusses the foreign architectural history teaching aim, decomposition and integration of teaching content and specific characteristics of the urban and rural planning professional students of Han nationality and minority students, adopt the different teaching method, interactive, flexible, enhancing the students' foreign architecture history interest in learning, improve their professional literacy, so as to improve the teaching effect of the course of history of foreign architecture.

Key words: Foreign Architecture History, Teaching measure, Teaching content, Decomposition, Thinking, Integration, Interactive

浅谈“城市生态机制”内容溶入城乡规划专业教学培养的必要性

潘永刚

摘　要：城市虽然是人工建造出的环境，但运行中所表现出的特征更像是一个活生生的生物有机体，其自身运行的方式已不再受人们单一主观能动的干预和影响，它有其内在固有的生长方式及运行规律，运行中会受到自然环境、设施条件、工程技术、资源供给及公共管理政策等方面的多重影响。既然是生物有机体，就如同自然界的生命体一样有时也会反映出其脆弱性的一面。要想规划建设好一座城市，就必须像了解生物体生活规律哪样重新认识城市的运行规律，本文称其为“城市生态机制”。本人建议在城市规划的专业教学中，让学生尽早建立起城市运行生态机制的整体理念，使学生在今后能构思设计出好的理想城市。本文就“城市生态机制”方面的内容如何建立课程谈谈个人想法，供同行学者探讨。

关键词：规划专业，城市生态机制，教学研究

1　城市生态机制特性简述

城市是一个完完全全的人工建造环境，而这里的“生态”是指该环境运行中的持续生存状态，如何真实了解城市人工环境中内在的“生态”运行机制，是值得我们深入研究探索的问题，为此中国科学院生态环境研究中心还成立了“城市与区域生态国家重点实验室❶，来系统研究城市人工环境中的生态运行机制问题。

当前城市化在全国正在轰轰烈烈展开，许多城市均作了十分优秀的规划设计，但是在实际的实施建设中却存在众多问题，就其所造成的原因分析是多方面的，但根本一点是对城市规划建设中所显现的复杂关联生态机制认识不足，这些机制变化多端，主要表现在动态性、整体性、多样性、统一性和开放性等方面。在实际的规划教学过程中要想把握其内在的规律难度也非常大。若将众多的关联机制处理得当，做到城市环境承载负荷适度，就可形成一种良好的稳定态，这也是我们希望得到的可持续发展的“生态机制”，这里引用一幅图表来说明其关联的复杂性。

许多规划设计师在城市规划设计之初均有理想的规划设想，但是对城市发展中所表现出自身固有的“生态机制”却认识不足，从而造成规划设计十分理想，就是无法有效地去实施建设。虽然可以从城市规划历史中不同的规划理论及多视角来解决这些问题，但实际运行中所收到的效果仍然非常有限，这均表现出城市规划学科包含内容的复杂性。在现有的规划教学知识框架中，从有限的视角是很难找到解决问题的关键方法，根据城市运行中所包含的众多要素来分析，其特征越来越多的表

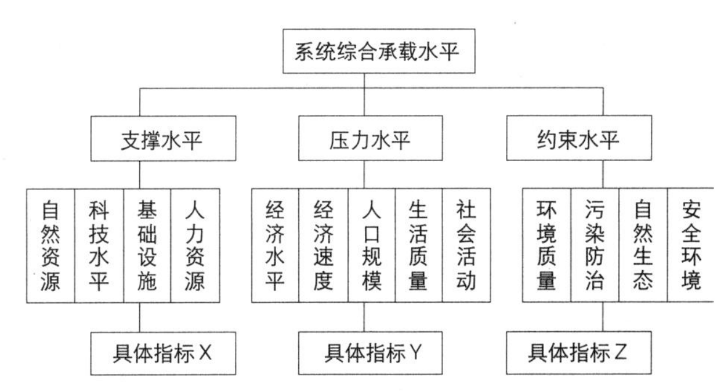

图 1　城市承载机制评价指标框架❷

❶　中国科学院院刊．中国科学院生态环境研究中心成立“城市与区域生态国家重点实验室”2007，22（4）.

❷　图 1 表引自：王燕枫，钱春龙．城市生态系统承载机制初步研究．环境科学与技术，2008，3：114-116.

潘永刚：新疆大学建筑工程学院建筑与城市规划系副教授

主要机体分类	城市人工环境系统		生物体系统	
	实现方式	特点	实现方式	特点
机体输送系统	通过各类城市道路	受干扰，效率低，易阻塞	采用相互独立的往反通道	可靠高效，不会相互影响
机体保障系统	类型，数量及分布随意	各自独立运行，关联性差	完全按需要进行严谨布置	可互动反馈
机体性质特色	环境影响	不易显现	主动适应环境	鲜明有特点
机体形态风貌	城市景观	有一定特征，但不够典型	受机体遗传信息影响	特点鲜明
机体运行效率	各类城市设施和管理	较复杂，协调差，相互作用小	各组成要素物尽其用	相互关联，高效有机
机体维护发展	保护与改造	一般	自我修复更新	良好

现出像自然界生物体一样的有机属性。本质上，城市作为一个高度复杂的综合系统有着与自然生命体一样的特征，具有类似的发展演化规律，这一现象也被形象地称作：“城市生命体”❶，既然是生命体，就有其自身固有的生态机制，这也是本文“城市生态机制”称谓的重要原因，也是本文关注的核心问题。

2 从两种生态机制特性比较中思考新的课程内容

通过对全国部分高校开设城市规划专业所使用的培养计划分析比较后，发现在各校所制定的培养计划中均设有少部分的课程内容与城市生态机制方面有关，但所选择的课程内容均从有限的篇幅及单一视角去讲解城市中存在的生态问题，这些课程中均未谈到城市中有关生态运行“机制”方面的内容，也无法让学生认识到城市发展运行中所固有存在的生态机制。通过对部分高校培养计划的分析，已开设与城市生态相关知识的课程大致有下面几种：

（1）《城市生态学》，该课程主要说明城市生态的重要性及构成状况；

（2）《城市生态与环境保护》该课程主要说明城市生态与环境保护间的关系；

（3）《城市规划系统工程》和《城市工程系统规划》，这两门课程主要说明的是城市规划中主要的工程系统特点，或是城市中的各类工程系统之间的相互关系，并未说明城市发展建设中与其他要素之间所存在的相互关联生态机制问题。

以上的这些课程均没有能够，就城市规划设计中各要素从生态运行机制的视角中来说明相互之间关联的“机制”问题，这也是本文希望能在城乡规划专业培养计划中想增加的内容。

为了有一定的可比性，我将城市规划系统与生物体系统之间所表现出的主要“机制”特点进行相近系统之间的比较，从中试图说明相互之间的区别与共同特性。下表为各主要系统所采取的实现方式及特点：

通过比对分析，可看出两种系统各自的优劣，具体分析比较见下图所示：

经过分析笔者认为在城市环境中，主要几大系统特征的运行效能与生物体相比较均存在差距，城市方面的综合效能及优势均弱于生物系统。当然自然界的生物系统已通过千百万年的进化才形成今天这样的高效机制，而人类所创造的城市环境才只有千余年，存在差距是必然的。我们通过两者之间的比较，看能否从生物体系统的优势中寻找到解决城市建设中存在问题的可行办法，虽然许多城市规划问题的影响因素十分复杂，但无论如何均有其自身内在的规律可循，我暂且称其为某种“机制”，也就是说只要我们能寻找到解决城市规划中存在的内在机制，就可有效的解决城市环境中所出现的问题。为说明情况，下面从六个主要系统方面来加以比较分析这两种系统机制的特点差异。

2.1 机体输送系统

在城市规划中也称为道路系统及市政管线系统，大

❶ 参见黄国和，陈冰，秦肖生．现代城市“病”诊断、防治与生态调控的初步构想．厦门理工学院学报，2006，9：3关于“城市生命体概念”的描述．

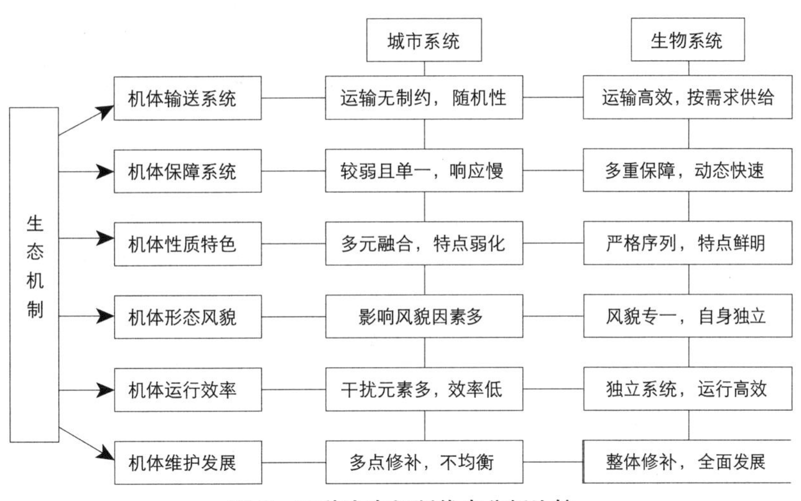

图 2　两种生态机制优劣分析比较

家都形象地将城市道路网比做生物体内的循环系统，这样十分贴切，但实际上城市道路系统运行方式又与生物体内的循环系统大不相同，城市道路一般均采用同一道路上进行双向通行的方式运行，而生物体内的循环系统却采用完全独立的两套输送系统来完成养料能量的输送，但两者有一点又是相同的，那就是输送量的多少与需求的多少及通路的大小有着密切的关系，输送量大则需要更宽阔的通路，生物体很明智的采取较粗的管道系统来解决，但我们现实中所看到的城市道路却没有能实现这一变化，无论需求多少，均采用相同的道路宽度和道路网布局结构，其后果是运输需求量大的城市某个区域路段交通变得更加拥挤，输送效率低下。

2.2　机体保障系统

对于城市是指提供给城市运行的各类资源供给、设施配备及公共服务等项目的保障系统，现实中的这些保障系统，其类型、数量、规模以及在城市的分布有一定的灵活随意性，许多保障是靠城市中的市场运行规律来调节的。这些保障系统在城区的分布数量、规模及所处位置均缺少一定的科学性，最后造成城区部分保障系统运行正常，而其他部分却存在问题，且保障系统的可靠性均不高，使城市运行低效，应对突发事件的可靠性变得更差。比如许多城市在交通枢纽的干道边或重要节点区域随意规划修建超级大市场，在居民集聚区随意设置有影响的公共设施，城区环境中所设置的商业及服务区完全靠市场或开发商去决策等等，均会造成许多配置资源的浪费和局部环境运行不通畅。而在生物体内部的机体保障系统却十分完善，其应对突发事件的应变能力十分迅速，应对事件的许多响应机制完全是一套正反馈系统，灵敏而且可靠，这一切均源于生物体内部完备的保障机制在起作用。

2.3　机体性质特色

在城市中也叫城市特色，城市特色本应根据所处的区位优势、自然条件、产业特点等来决定，是城市所在地环境特征的综合再现，但是实际情况却是全国各地的城市特征均相似度很高，缺少差异性，许多城市在发展过程中因不遵守自身固有的规律，而盲目模仿其他城市的做法，最终形成千城一面格局，无自身特点。而生物体却不是这样，几乎所有的生物体均会客观地评价自身的特点及优势，在生物群落中充分发挥自身的优点，适者生存，与其他生物种群即保持高度的有机和谐，同时又保持自身“差异优势”的存在，能够形成良性循环的生物多样性，最终再现五彩缤纷的生物世界。

2.4　机体形态风貌

在城市中也叫城市风貌，大家均认为应保持城市的风貌特征且发扬光大，这些风貌综合再现了城市所在地的地域及文化特色。大家对于城市风貌被破坏的现象深表痛心却苦于无法解决。而生物体保持其自身的外貌特征却有完整的一套系统机制，这就是生物体内部的遗传物质DNA序列控制机制，DNA包含有遗传信息，其实这些遗传信息可以理解为被定格后的一套复制模板，这如同城市中维护秩序稳定的法规及规则一样。城市风貌的保持与发扬，就需要这样一套机制来保证，让城市的规划设计师都明白其中的运行机制，方能在实际工作中长久实现城市风貌特征的可持续性。

2.5 机体运行效率

如何使城市环境的运行更加有效，是我们一直关注的问题，影响城市运行效率的因素多种多样，涉及面广且归属于城市中的不同机构，虽然通过城市管理法规可协调一部分问题，但是仍然存在运行效率低下的现实。而生物体的运行效率非常高，这源于生物体内部精密的合作机制，统筹调配资源的基本原则及为保证生物体自身安全而采取的重点优先原则，生物体充分发挥自身优势利用各种可利用的资源，使机体自身得以高效运转。

2.6 机体维护发展

城市建成环境是否正常运转，其运转过程中的维护和可持续发展之间的关系均十分重要，当然这些工作均发生在城市规划建设完成后的使用期，但存在的某些问题却是在规划初期就已形成，解决起来非常困难，这也成为大家关注的城市问题。而生物体通过自身感知及适应环境生活，已形成复杂的自身免疫系统来保护生物体的运转与发展，这一过程的运行相对独立，是直接受入侵因素影响并触动激发保护系统而响应的，因而其应对入侵者的响应十分迅速，应对方法有很强的针对性，且不断进行自身完善。

以上所谈到的“机制”问题只涉足城市规划建设的一部分，但无论这些城市问题多么复杂，他们都不是孤立存在的，要想解决这些问题，只有将其融入有机的城市整体环境中去解决方能有效，就如同生物体中的运行机制是一样的，这就是城市的生态有机性，也可以理解为城市自身内在的“生态机制”特性。对于这一点，作为未来的城市设计师，也就是今天的城市规划专业的学生，在学习过程中就有必要充分了解城市“生态机制”这一特性。建议将城市生态机制方面的知识内容整合进入规划专业培养计划中成为一门课程，学生就可在这门课中较系统的了解有关城市生态机制方面的内容。

3 城市生态机制课程简介

通过上述分析来看，城市生态机制中众多知识要素之间均存在相互关系，考虑到城市生态机制所包含内容的多样性，经过分析思考后，建议该课程包含以下内容比较好：

3.1 城市生态“交通系统及其构建”机制内容

该章节为重点，让学生了解城市生态机制中交通系统所扮演的重要角色，因城市交通系统是城市整体形态形成的核心，可补充三方面的知识点来说明：

（1）道路网系统（主要描述城市各组成要素与道路网系统之间的关系，如城市空间重要集聚区的人口密度，会影响该区域的道路网间距及道路断面宽度、道路网重要节点、交通通行方式及安全等问题）

（2）道路结构框架（主要描述路网的结构中各重要节点在城市运行效率中所承担的作用，城市格局及运行所表现出的道路网运行效率等）

（3）道路资源配置（各级道路配置、道路相关附属设施、道路维护设施等）

3.2 城市生态“补偿”机制内容

该章节主要让学生认识城市中各类资源分布及供给量与城市生态运行的关系，探索城市运行所需的各类资源保障，城市发展所需的资源供给，城市发展及运行所需的其他资源支持等关联机制问题。

3.3 城市生态“系统承载”机制内容

该章节主要让学生了解城市运行环境中的承载机制是什么，各类系统承载的表现方式及城市长期可持续运行与各类资源（基本资源、动力资源）供给之间的关系，城市土地环境承载能力、空间承载能力等影响机制。

3.4 城市生态“长效建设”机制内容

该章节主要说明当前城市中大量使用的装配建筑（循环利用）、绿色建筑（环境友好）、生命周期（可持续高效利用)、合理格局(规划控制)等对城市长效建设所起的作用和内在的机制。

3.5 城市生态“基础设施结构与调控”机制内容

该章节主要说明城市中基础设施的组成方式，相互关系，在城市中的分布特点及运行必要条件，并说明基础设施运行所涉及的范围及所采用的调控手段等。

3.6 城市生态“环境协调发展”机制内容

该章节主要告诉学生应了解城市环境中各组成要素之间的相互关联性，说明各要素所共同组成的城市环境内部发生的相互促进或相互影响的问题。让学生能够明白城市环境中众多影响因素之间的主次关系，了解城市环境中各要素之间的协调与城市可持续发展之间的关联性。

3.7 城市生态“系统景观特征及形成”机制内容

该章节主要说明城市环境各类景观格局对城市环境所起的作用，了解各类景观格局的特征及在城市生态环境中所表演的角色，了解各类景观环境的形成机制。

3.8 城市生态“管理法规及运行”机制内容

该章节主要介绍城市运行中所需的各类管理要素，了解各管理体制的运行方式以及对城市发展带来的长远影响。

3.9 城市生态“可持续发展”机制内容

该章节主要介绍两个内容，一是城市发展可持续的重要性及目标，二是介绍影响可持续发展的关键要素，实现可持续发展各要素的相互关联特征。

3.10 城市生态“历史文化保护与发展”机制内容

该章节主要告诉学生城市的有机属性特征，介绍城市历史文化的保护工作，就是保留城市有机体在城市市民中的记忆，城市记忆是城市生态机制延续发展的“基因”，是城市特色及性质再现的关键所在。

3.11 城市生态“空间资源配置”机制内容

该章节告诉学生城市空间资源的构成方式，城市环境中的空间所扮演的角色对城市可持续发展中所起的作用等，告诉学生城市空间资源的表现形式、分布特点及经济价值，介绍常见的城市空间资源配置方式以及各类空间之间存在的相互关系等。

4 结语

本文就城市规划建设中所表现出的“生态机制”特征，进行简要介绍，并阐述在城市规划专业课程教学中融入该生态机制特征内容的重要性，通过对城市规划专业培养计划的分析，认为增加城市生态机制方面的内容十分必要。城市规划学科知识面广，如何在学校有限的教学时间内让学生认识到城市规划学科所表现出的复杂性，认清城市规划中各要素相互关联的有机性，让学生得到充分了解是十分必要的。

本文建议在城市规划专业培养计划中新增一门课程，介绍有关城市生态机制方面的内容，具体课程名称还可再商定，文中对新增课程的主要章节所包含的内容也作了建议性的简要说明。探索更新更科学的城市规划教学模式是我们努力的方向，希望本文的探索能对城市规划专业课程的教学改进有所启发。

主要参考文献

[1] 陆易农．论城市的有机属性[M]．北京：民主与建设出版社，2006.
[2] 李秉毅．构建和谐城市——现代城镇体系规划理论[M]．北京：建筑工业出版社，2006.
[3] 陈锦富．城市规划概论[M]．北京：建筑工业出版社，2006.
[4] 赖世刚．城市规划实施效果评价研究综述[J]．规划师，2010，3：10-13.
[5] 丁睿．和谐城市与和谐规划——试论城乡规划从技术支撑向制度设计的角色转换[J]．规划师，2008，8:52-55.
[6] 费移山．多元价值体系下的城市理论与实践[J]．规划师，2008，2：54-57.
[7] 王强，伍世代．“人地和谐、生态优先”规划理念的应用研究[J]．规划师，2008，5: 80-83.
[8] 王燕枫，钱春龙．城市生态系统承载机制初步研究[J]．环境科学与技术，2008，3:114-116.
[9] 陈小红，宋玉祥，满强．城市与生态环境协调发展机制

研究［J］. 世界地理研究，2009，6:153–159.
［10］黄国和，陈冰，秦肖生．现代城市"病"诊断、防治与生态调控的初步构想［J］. 厦门理工学院学报，2006，9:2–9.

Discussion of the necessity of "city ecological mechanism" belong in the urban planning professional teaching training

Pan Yonggang

Abstract: Although city is an artificial environment, the character shown in the operation suggest that it is more like a living organisms. Its own operation mode is no longer affected and Intervened by the single subjective initiative of the people. It has its inherent growth mode and operation rules. In the operational process it will also be affected by multiple factors such as natural environment, infrastructure conditions, engineering technology, resource supply and public management policy and so on. As organisms, like other natural life sometimes it will reflect the character of its vulnerability.If you want to plan and construct a city successfully, you must rediscover the operation law of the city as which you understand the living law of organisms, which is described as "urban ecological mechanism" in this paper. I suggest that we should make students establish the whole idea of the ecological operation mechanism of the city in the urban planning professional teaching as soon as possible, so that the students can conceive and design a good ideal city in the future. In this paper, I gave my personal thoughts about the question that how to set up courses on the content of "urban ecological mechanism" , and hope it can be discussed as a valuable data by the scholars of our profession.

Key words: urban planning major, city living organisms, research of education

新型城镇化背景下面向城乡规划专业环境心理学课程教学研究

陶　涛

摘　要：本文基于新型城镇化的背景下分析了城乡规划教育转型的需要。并以此为前提，从环境心理学的基本任务、研究主要内容、研究方法等方面，分析了该课程与城乡规划专业的相关性和意义。并从面向城乡规划专业的角度，探讨了环境心理学课程教学目标定位、教学内容设置、教学方法选取等方面内容。

关键词：新型城镇化，城乡规划，环境心理学

1　引言

经过三十多年的改革开放，中国经济得到了飞速发展。我国已进入城市化加速发展的中后期阶段，同时也是全面建成小康社会的决定性阶段，正处于经济转型升级、加快推进社会主义现代化的重要时期，也处于城镇化深入发展的关键时期。在这样的时代背景下，中共中央、国务院于今年3月份发布了《国家新型城镇化规划（2014-2020年）》，要努力走出一条以人为本、四化同步、优化布局、生态文明、文化传承的中国特色新型城镇化道路。为了顺应新型城镇化规划的要求，城乡规划行业也应当从各个方面做出相对应的调整和转型。当前，面对城镇化过程中的资源约束、环境污染、交通拥堵等一系列问题，我们迫切需要重新认识城乡规划的意义和作用，转变城乡规划建设的思路和工作方法，保障新型城镇化进程的健康发展。与此同时，我们也必须对我国城乡规划教育如何应对新型城镇化发展的需要进行不断探索。

2　新型城镇化背景下城乡规划的转型

当代中国正经历着一个转型期，从一个城市化程度低、相对贫困、自给自足、封闭的农业型社会转向一个具有中等城市化水平、相对开放、小康、以工业生产为主的发展中国家。[1] 城市规划作为一门应用学科必须及时依照社会的变化而与时俱进，城市规划学科也随着《城乡规划法》的颁布，顺利升级为城乡规划学一级学科。

中国的城市规划一直是在以政府为主体进行的，在前三十几年政府职责主要以经济建设为中心，而城市是作为经济建设的重心。这一时期的城市规划职能和作用也是以促进提高城市经济效率、促进城市经济增长为主。而在经济社会转型的要求下，政府职责也将随着新型城镇化的开展而转变，即由偏重于促进经济发展转变为促进经济发展与保障社会公平均衡发展。为了适应转型时期的城市发展，规划工作必须改革。因此，新时期的城乡规划的基本职能也应该逐渐转向保障社会公平、保护社会公共利益。

最新发布的《国家新型城镇化规划》提出，新型城镇化必须是以人的城镇化为核心，必须把“以人为本，公平共享”作为基本原则。因此，新时期的城乡规划也必须是“以人为本”的城乡规划，必须以满足人的生存发展需求为根本目的。城乡规划教育也必须将“以人为本”的规划理念贯彻到整个规划教育当中。这就要求城乡规划必须对人的生存发展需求进行深入系统的研究。而在现有的城乡规划教育课程当中，只有《环境心理学》是将人作为直接研究对象的。因此，我们有必要对环境心理学对于城乡规划的意义和作用进行相关探讨。

3　环境心理学对于城乡规划学的意义

人是有主观意识的客观实存，因此人生存发展既有物质生活层面的需求，也有精神心理层面的需求。按照美国心理学家马斯洛的需求层次理论，在基本生存需求即物质生活需求逐渐得以满足时，人们对更高层次的需

陶　涛：浙江树人大学城建学院讲师

求即精神心理层面的需求也日益显现。传统的城市规划以促进经济发展为主要目的，更加注重满足人的物质生活层面的需求。随着我国经济建设的飞速发展，人民物质生活水平也得到了极大提高，而同时也提高了对精神心理层面的需求。这也就要求城乡规划应该提高我们生活的城乡环境在精神心理层面的要求，并且要求城乡规划工作者的加大对公众具体生活环境的关注。环境心理学也是在这样的社会背景下诞生的。

3.1 环境心理学的基本任务与城乡规划学相同

研究人的行为与人所处的物质环境之间的相互关系，并应用这方面的知改善物质环境，提高人类生活质量，是环境心理学的基本任务。20 世纪中期，西方发达国家的城市环境严重恶化，对居民的身心和行为产生了各种消极影响，并引发了“逆城市化”现象。建成环境与行为的关系引起多学科研究者的密切关注，来自社会学、人类学、地理学、心理学、建筑学、城市规划等学科的研究汇集成多学科的新兴交叉领域——环境（建筑）心理学。环境心理学首先在北美兴起，随后在欧洲和世界其他地区迅速传播和发展，著名的美国城市规划师凯文·林奇（K·Lynch）就是当时的主要代表人物之一。

与环境心理学相同的是，城乡规划学也具有多学科背景的特点。当前我国城乡规划研究也将解决“城市病”、改善城乡人居环境作为基本任务之一。

3.2 环境心理学研究的主要内容与城乡规划学的整体性要求

环境心理学研究内容的主要包括人与环境的关系、人在环境当中的行为机制、环境与行为的关系。环境心理学所涉及的研究对象既包含客观的自然环境（物理环境），也包含主观的社会环境（心理环境）；既包含人的主观意识活动，也包含人的客观行为活动。因此，环境心理学在研究内容和研究对象上达到了主观与客观的结合。环境心理学主要特点之一就是把环境——行为关系作为一个整体加以研究，强调环境——行为关系是一种交互作用关系。环境心理学研究注重人与环境的整体性，注重物理环境与心理环境的整体性，注重人的意识与行为的整体性，以及行为与环境的整体性。这种系统性整体性研究原则也是城乡规划学发展研究所必需的。

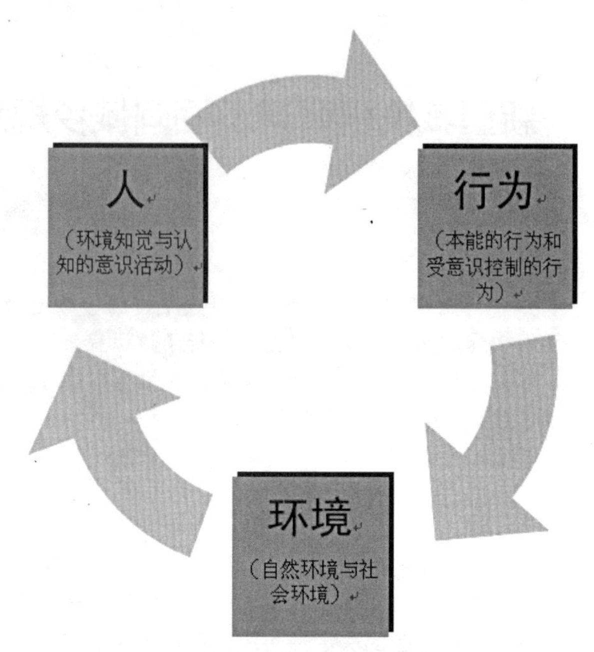

图 1 环境心理学研究内容整体关系图

资料来源：作者绘制.

以建筑学为依托的传统型城市规划是以城市层次为主导对象的空间规划，研究重点多放在城市物质空间形态上，仅从城市形态空间的美学价值和功能空间的实用价值来考虑城市空间问题。这种片面性就造成了一些城市规划与设计“重形式、轻内涵”的现象。而新型城乡规划必须以整体性为原则，注重城市空间与乡村空间的整体性，注重人与环境空间的整体性，注重区域与城市的整体性，注重社会经济与自然生态的整体性，注重公众意识与规划决策的整体性，注重物质空间与心理感受的整体性。

在当前的城市规划专业教学环节中大多是延续了传统“物质规划”的教学思路，因此在当前的教学体系中也会存在着一些突出问题。例如，过于重视物质空间教学训练，忽视社会经济的扩展认知；过于注重技术工具的运用，忽视综合能力的融会贯通；过于偏重规划技能的训练，忽视学生全面思维能力的发展。[2] 在当前国内院校的教学改革中，也都越来越注重知识结构、思维分析能力和正确价值观的整体性培养教学。

3.3 环境心理学研究方法与城乡规划学

环境心理学开始时采用了从普通心理学和实验心理学中借来的方法进行调查和实验研究，从按照严格的析因设计的实验室实验，至不知道被试情况和没有参照体系的自发的观察，其中还有从社会心理学中借来的问卷法和临床心理学中的投射技术等。在具体问题的研究中，必须根据所研究现象的假设和所需研究数据类型来选择各类方法组合。表 1 是环境心理学研究中说用的方法和数据类型，表中说明了每种方法能直接得到的数据（表 1）。[3]

环境心理学的研究方法在研究城乡规划所面对的“城市病”问题、城乡物质空间环境改善等方面都具有借鉴意义。尤其是在研究城市交通拥堵、城市旧城改造、城市空间形态意象、城市公共空间品质、城市绿地景观环境等方面，更应该使用到环境心理学的理论和研究方法。

4 面向城乡规划学专业的《环境心理学》课程教学探索

自 1995 年中国建筑学专业指导委员会将环境心理学教学纳入专业评估范围之内后，我国各高校建筑系普遍开设了《环境心理学》课程（又被称作《环境行为学》），把它作为支撑设计教学的基础理论课程。与建筑学科不同的是，《环境心理学》课程在城市（乡）规划专业教学还没有受到普遍的重视。在 2013 年由全国高等学校城乡规划学科专业指导委员会编制的《高等学校城乡规划本科指导性专业规范》中，明确将《环境行为学》列为规划专题类方向的知识单元教学内容，推荐学时为 16 课时。然而，我国环境心理学教育研究专家徐磊青和杨公侠（2000）曾明确地指出过这门课程的主要挑战：研究与设计之间的沟通很困难，环境与行为的相关知识难以应用到设计中去。[4] 在教学实践中，作者深刻体会到学生重视专业设计课程、轻视基础理论课程现象的切实存在。如何面对新型城乡规划学科教育的要求，唤醒学生对基础理论课程学习的重视，加强理论在设计实践中的应用，将是《环境心理学》课程教学改革所面临的挑战。在浙江树人学院城建学院，本课程属于学科专业选修课，在二年级下开设，32 个课时，2 个学分。选修这门课程的学生包括城市规划专业、建筑学专业和风景园林专业的学生。

4.1 环境心理学的教学目标

环境心理学是一门应用心理学，而城乡规划学本身也是一门应用学科，都注重以解决实际问题为出发点，但所有的实践活动都必须以理论作为指导依据。面对城市规划专业，本课程将讨论环境心理学产生与发展的历史、相关理论与经验研究，并重点介绍环境心理学的相关知识在城乡规划、城市设计和环境景观设计方面的应用研究。希望通过有限课时的教学，唤醒学生对基础理论课程学习的重视，使城乡规划专业的学生了解环境心理学相关理论知识，掌握一些可供城乡规划研究使用的具体研究方法，并灵活运用到城乡规划专业所包含的各项规划设计当中。

环境心理学研究中常用的方法和数据类型　　表 1

方法	数据类型					
	对环境的看法	对环境的评价	对环境的认知	环境对行为有难以察觉的影响	环境对行为有能察觉到的影响	对环境的行为
直接审慎的观察				√		√
系统地观察环境行为				√		√
效能观察				√		
直接提问	√	√			√	√
标准化问卷	√	√	√		√	√
间接法	√	√	√			
游戏	√		√			√

资料来源：徐磊青，杨公侠．环境心理学［M］．上海：同济大学出版社，2004.

4.2　环境心理学的教学内容设置

环境心理学课程设置在二年级下学期开设，城市规划专业学生已经学习过《建筑初步》、《规划初步》、《建筑设计》、《城市规划原理》、《城市修建性详细规划设计》等理论课程和设计课程。在教材的选取上，主要选择的教材有华中科技大学胡正凡、林玉莲编著的《环境心理学》、同济大学徐磊青、杨公侠编著的《环境心理学——环境、知觉和行为》，以及华中科技大学李志民、王琰主编的《建筑空间环境与行为》。针对城市规划专业学科升级和城乡规划教育的需要，和面对建筑学专业的侧重建筑空间的教学内容比较而言，面向规划专业的环境心理学课程应该在教学内容侧重上有所区别，应以城市空间方面的理论知识和设计应用教学内容为主。具体教学内容安排分为四大部分：①环境心理学基础理论；②环境因素与行为关系研究；③城市环境相关理论及专题探究；④理论实践（表 2）。

4.3　环境心理学教学方法的探索

在环境心理学教学一般方式上主要采用课堂理论讲授与多媒体静态动态演示相结合的方式。而在具体教学中，根据教学内容的不同还应注重理论讲授与实际案例的结合。

在环境心理学基础理论教学中，特别是在对环境知觉与认知理论教学中，应充分利用心理学研究的优势，尽量以学生自身心理特征和学习生活环境作为分析案例，以提高学生对相关理论知识的学习兴趣和理解程度。

在环境——行为关系理论教学中，应尽量选取校园生活环境和学生所熟悉的城市环境中的一般性实际案例分析，并且还应该在课堂注重与学生的互动，让他们讲出自己对所处环境的真实体验和感受。

在有关城市环境相关理论及专题研究内容教学中，应该将相关理论与学生已经学习和参与过的设计实践课程相结合，引导学生运用环境心理学理论知识去重新审视自己已经完成的设计作业；并且还应该启发学生对正在同步进行的其他相关设计课程作业进行有针对性地思考，鼓励学生将所学理论知识运用到实际设计方案中。

在最后的理论实践教学中，将学生按照自由组合的原则分成若干小组，每个小组成员为 3~5 人，以加强学生团队协作能力。学生小组根据各个成员兴趣和熟悉程度，经过讨论选定合适的城市外部公共空间或者居住区户外活动空间作为研究对象，通过文献资料查阅、实地观察和问卷调查访问相结合的方式具体研究城市生活环境中的问题，以锻炼学生社会交往能力和运用理论知识解决实际问题的研究能力。

4.4　环境心理学教学在培养学生规划专业素养方面的思考

环境心理学教学活动中，除了相关理论知识体系和具体应用技能教学内容外，还应该注重在潜移默化中培

环境心理学课程教学内容结构　　表 2

篇次	章名	具体内容	课时（合计 32）
一、环境心理学基础理论	环境心理学导论	环境心理学产生与发展的历史	2
	环境知觉与环境认知	人的感觉、知觉与认知	4
二、环境因素与行为关系研究（一般性）	环境——行为关系的理论	唤醒理论、环境应激理论、适应水平理论、行为场景理论	4
	环境——行为关系的一般性具体研究	噪声、拥挤、环境污染；个人空间、私密性和领域性	4
三、城市环境相关理论及专题研究（特殊性）	城市环境的体验和认知	城市意象、认知地图、城市环境审美	4
	环境评价	环境评价、用后评价（POE）、环境满意度	4
	城市外部公共空间活动研究	外部空间的行为习性、研究实例、设计建议	4
	城市环境的影响及相关讨论	城市环境影响理论假设、研究例证、城市实践问题讨论	4
四、理论实践（实践性）	对具体城市环境进行研究分析（课程作业）	选取所熟悉的某个具体城市环境场所进行实地调研与分析	2

资料来源：作者绘制 .

养学生树立公平公正的社会价值观和生态和谐文明的自然环境观，以适应新型城镇化发展对新一代城乡规划从业者的要求。在教学实践过程中，应该注重引导学生树立“以人为本”的规划观念和严谨的学术态度，必须深入真实生活环境，面对环境中真实的人群，体验真实的环境感受，以避免脱离实际、针对性不强的规划行为。还应该帮助学生树立正确的价值观，引导学生关注城乡社会中的特殊群体（老人、儿童等）和弱势群体（低收入者、残疾人、外来务工者等）对生活环境质量的需求。另外，在当前从不同层面上对乡村规划的关注和研究都相对于城市规划要弱，在城乡统筹发展的时代背景下，有必要引导学生加大对乡村生活环境的关注和研究，培养城乡环境协调发展的观念。

5 结束语

城乡规划教育也必须与时俱进，在新型城镇化规划发展要求下，应该在学科发展、课程体系、教学理论与方法等多方面进行相适应的改革和创新。环境心理学作为城乡规划专业基础理论选修课程，也应该做到与时俱进不断创新。因此，在环境心理学课程教学课时有限的情况下，只有不断完善理论体系、更新知识结构，不断探索创新教学模式、丰富教学手段，才能使专业基础理论教学在整个城乡规划教学体系中发挥应有的重要作用。

主要参考文献

[1] 张庭伟．转型时期中国的规划理论和规划改革［J］．城市规划．2008，32（3）：16.

[2] 李和平，徐煜辉，聂晓晴．基于城乡一级学科的城市规划专业教学改革的思考［J］．全国高等学校城市规划专业指导委员会年会论文集．北京：中国建筑工业出版社，2011：3-8.

[3] 徐磊青，杨公侠．环境心理学［M］．上海：同济大学出版社，2004：11.

[4] 徐磊青，杨公侠．环境与行为研究和教学所面临的挑战及发展方向［J］．华中建筑．2000，18（04）：134-136.

Teaching Research of Environment Psychological for Urban and Rural Planning Professional Background of The New Urbanization

Tao Tao

Abstract: Based on the background of urbanization under the new analysis of the needs of urban and rural planning educational transformation. And on this premise, from the basic tasks of environmental psychology, the study of the main content, research methods, analysis of urban and rural planning the curriculum and professional relevance and significance. And from a professional point of view for the urban and rural planning, environmental psychology explored targeting teaching, teaching content, teaching methods and other aspects of the selected content.

Key words: the new urbanization，urban and rural Planning，environment psychological

实践教学

2014全国高等学校城乡规划学科专业指导委员会年会

责任响应　效率平衡
——东南大学城市规划专业三年级规划设计转型教学优化

王承慧　雒建利　巢耀明

摘　要：城乡发展转型背景下，东南大学规划设计教学体系基础框架体现了“突出设计、强调综合、融合博雅”的特征，具有强大的生命力和适应性。然而，新型城镇化发展战略导向下，规划设计的任务、主体、理念、目标和方法正在转型，因此教学路径还必须继续优化。在发端于建筑学科的背景下，三年级作为以建筑设计为主向以规划设计为主之间的环节，在引导学生顺利转型、培养规划设计思维方式和综合能力构建方面非常关键。东南大学三年级规划设计教学组厘清了相关争议和阐明基本观点后，在日常教学中探索出两方面优化策略：责任响应，效率平衡。责任响应策略，就是在教学中跟进发展形势，对教学任务和教学方法进行优化，让学生触及时代的脉搏，培育更强大的学习能力、更开放的知识视野和更为自主的独立自由思考习惯。效率平衡策略，则是实事求是，秉持不增加学生学业负担的原则，同时达到提高教学效率目的。论文详尽介绍了具体教学优化措施，涵盖四个设计课题在“设定任务载体、教学要求以及过程控制”全方位的精耕细作。

关键词：规划设计教学，三年级转型教学优化，新型城镇化

1　东南大学三年级规划设计转型教学依托和基础框架

1.1　依托的东南大学城市规划设计教学体系总体概况

针对中国城镇化及可持续发展要求，基于城乡规划学科总体发展框架，东南大学城市规划专业依据自身特点和历史基础，构建了完整的复合型城市规划专业优秀人才培养理论与实践体系。落实在教学方面，建构了“以物质空间规划设计为核心，规划理论和规划设计互动，技术、人文与实践并行，多维能力逐级耦合，微观－中观－宏观循序渐进”的城市规划设计教学体系。

在发端于建筑学科的背景下，三年级作为一、二年级以建筑设计为主与四、五年级以规划设计为主之间的教学环节，在引导学生顺利转型、建立规划设计学习兴趣、培养规划设计思维方式和综合能力初步构建方面是非常关键的。

1.2　三年级规划设计转型教学基础框架

三年级规划设计教学定位“转型教学”，经过多年教学实践，基础框架已臻成熟，见图 1。以推动“知识结构的转型、能力培养的转型、思维方式的转型”为目标，通过课程体系的框架搭建、子课程的联动创新、教学方法的积极跟进，顺利实现规划设计教学转型。

（1）遵循教学规律，循序渐进设定教学任务载体。实现“从建筑单体到城市环境的过渡、从小规模地块到大规模地段的转换、从简单功能到复杂功能的递进”。

（2）以复合能力培养为目标，纵向制定能力培养阶梯。紧扣转型关键环节的要求，结合规划设计核心能力，设定各阶段能力培养重点，逐级递进达成教学目标。

（3）强化设计与理论的综合，横向整合课程内容组织结构。进一步优化设计辅导课、设计专题课系列和相关理论课的衔接，建构理论联系实践的教学情境。特别

王承慧：东南大学建筑学院城市规划系副教授
雒建利：东南大学建筑学院城市规划系讲师
巢耀明：东南大学建筑学院城市规划系副教授

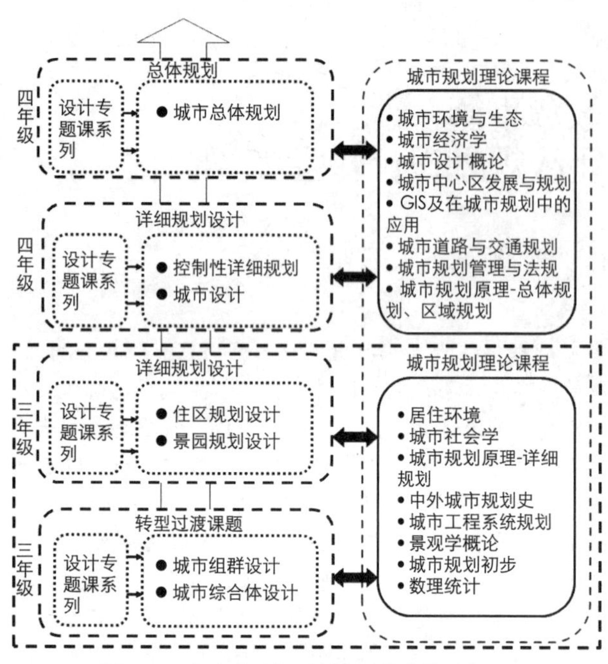

图 1　三年级规划设计转型教学基础框架

设置了与设计过程同步接入的设计专题课系列，由各具科研专长的教师讲授，为学生提供扎实的设计方法支撑。

2　城乡规划发展趋势下对规划设计教学的再思考

中国目前城市化水平已超 50%，但是城市化水平并没有匹配城乡人口和经济的发展。中国已进入城市化战略转型期，城市化速度将逐步放慢，由增量为主发展向存量与增量并行发展转变，由偏重数量规模增加向注重质量内涵提升转变。强调人口城镇化、经济可持续发展和社会全面发展的新型城镇化战略，引领未来城乡发展的方向，在城乡规划与建设方面的体现有：大中小城市和小城镇协调发展；集约节约、绿色低碳健康发展；创新经济、产城融合智慧发展；以城带乡、城乡互促协同发展；以人为本、均等服务和谐发展；改善民生、活化社区稳定发展；注重人文、彰显特色内涵发展。

2.1　三点疑惑

在这样的发展趋势之下，有必要对于本科规划设计教学应该承载的作用进一步深入思考。实际上，对于以设计见长的高等学校规划设计教学的目的和社会作用的争议由来已久，这种争议在当前形势下显得更为尖锐，排除狭隘的江湖地位之争，争议本身是极为有益的。当下的争议带来了几点疑惑，必须加以厘清。

疑惑 1——相对于制度设计，物质空间设计真的会退居极其次要的地位？

有学者认为，物质空间设计主要应对增量和速度发展模式，在向质量发展导向的城镇化转型过程中，其作用将越来越有限。新型城镇化的发展战略，更需要制度设计，需要基于产业发展、产权博弈、融资创新和社会力量发展的策略应对。特别是新建地区的控制性详细规划和城市设计，其作用和相应的规划设计方法将逐渐式微。

疑惑 2——学生在校习得的知识和能力，会否在踏上社会后再无用武之地？

由此，学生在高校学习的物质性空间规划设计的知识和能力，很可能在未来 5 到 10 年内将基本丧失应用需求，如此将浪费大量的教育资源，输出的人才也不能适应社会需要。

疑惑 3——社会形势对于高素质规划人才的需求，大学教育能胜任吗？

中国复杂国情对规划专业人才综合素质和复合能力的要求更甚于西方发达国家的要求。规划人才既需要职业性技术能力，又要有宽阔的视野和独立判断能力，还要有高情商的协调与合作能力，无论将来从事规划设计、规划管理、规划研究还是开发建设等具体工作皆是如此。相对于这些高标准要求，大学本科教育实在是时间有限。

2.2　四点厘清

认识 1——设计的力量永恒

毫无疑问，精明的政策和制度设计将起到越来越重要的作用，但并不意味着设计作用逐渐消隐。无论是发展中国家，还是发达国家；无论是新建地区规划，还是旧城整治、更新或再生；无论是大规模用地，还是小规模地块；无论是土地利用综合规划，还是单一城市系统或要素；无论远景总体规划，还是动态弹性规划……设计将永远发挥不可替代的作用，正如政策和制度设计的作用无法替代一样，设计的力量永恒。设计深刻影响城市生产和生活方式。可以试想，没有设计支撑的城市建设或发展，其可以体验的城市环境会是怎样；而政策和制度在城市建设和发展层面的落实，也离不开设计支撑。

认识 2——规划设计的特殊性是综合

由于“城乡”这个设计对象的复杂性，决定了规划设计不同于其他设计行业的特殊性——极强的综合性。优秀的设计，不可能超脱于对政策和制度的深刻认识、理解、辨析和判断。设计的基础必须依赖于扎实的现状调研，细致深入的涵盖城市结构、资源、社区、产业、融资等多层次理性分析，进行合理定位和项目策划，之后才能切入到物质空间设计具体环节，并选择恰当设计路径。规划设计综合性，决定了此类设计优秀人才的培养难度更大，他们必须扎根现实，有一定的政策和制度的辨析能力，又要具有一定的超脱的设计才华。他们必须具有游走于限制和理想、现实和创造之间的多重思考、表达和斡旋的能力。

认识 3——规划设计的任务、主体、理念、目标和方法在转型

城乡发展在转型，设计任务在转型，除了还将持续一个阶段的大规模新建地区规划之外，建成地区的整治、土地重整乃至系统梳理、生态重建、新功能植入等将大大丰富未来的设计任务类型。设计项目主体及其作用也在发生变化，政府职能在转变，社会力量在上升，开发机构的市场经营策略也在变化，城市建设主体及其诉求的多样性日益增加。相应的，设计理念、目标也在发展，紧凑集约、产城融合、文化彰显、绿色生态等理念将使设计空间形态和品质呈现出新特征。设计必须结合新的设计方法，文化研究、社区研究、交通导向、生态技术、信息技术以及与产业互促的空间研究，赋予设计以新的空间语汇和组织方式，要求设计者具备更强更妙的创新能力。

认识 4——大学规划设计教育的本质是博雅和职业素质的结合

在当前的发展形势下，规划设计教育所涉及的知识结构更为复杂、能力培养更为综合，大学规划设计教育面临严峻挑战。五年规划专业本科培养，学生必须具有初步的职业规划师素质，对于基本理论、现行法律法规规范以及主要城市规划体系类型的了解和初步掌握是基本教学内容。但是在中国复杂城市化背景下，这些知识结构并不足以应对社会的需要。规划设计人才的培养，应使其具备强大的学习能力、开放的知识视野和最关键的独立自由思考的习惯，这正是博雅教育的本质要义——以人的精神修养为内核，将人格修养和知识积累相结合的教育过程，大学规划设计教育输出的不是灌输填鸭式“成品”人才，而是极具成长性的规划人才。

3　三年级规划设计教学优化策略——责任响应和效率平衡

城乡发展模式的转型、新型城镇化战略的实施以及城乡规划学科领域的拓展，给规划设计教育带来挑战。对照东南大学既有的规划设计教育目标和模式，可以发现，围绕复合能力培养的“以空间规划设计为核心，规划理论和规划设计互动，技术、人文与实践并行，多维能力逐级耦合，微观－中观－宏观循序渐进”教学体系，其“围绕规划设计核心、多维能力培养阶梯以及双主干的互动课程体系”的基础框架体现了“突出设计、强调综合、融合博雅”的特征，因此具有强大的生命力和适应性。

值得深入探讨的是，城乡发展转型所导致的规划设计任务、主体、理念、目标和方法转型，需要体现在日常教学中，让学生触及时代的脉搏。此外，如何培育更强大的学习能力、更开放的知识视野和更为自主的独立自由思考习惯，是规划设计教学必须予以关注的。在基础框架上，规划设计教学还须继续优化。

在日常教学的探索过程中，我们总结出两方面的优化策略：责任响应，效率平衡。责任响应策略，就是在教学中跟进发展形势，对教学任务和教学方法进行优化。效率平衡策略，则是实事求是，秉持不增加学生学业负担的原则，同时达到提高教学效率目的。

3.1　责任响应策略

（1）调整教学任务载体的训练重点

三年级必须考虑到和二年级建筑设计教学的衔接，因此教学延续了“空间、功能、结构和环境”四个方面的递进，但内涵和外延逐渐丰富和更具城市性。见图 2。在这样一个框架下进行了任务载体优化调整，见表 1。明确了四个任务载体的训练重点“城市集约型高强度开发、城市社会问题应对、绿色开放空间、城市综合功能完善与系统建构”。

第一个建筑课题从之前的小型课题改为“高层城市

综合体”，用地 1.2~1.5hm^2。通过“高层建筑、多功能组合（商业、酒店、办公，两栋高层单体）、必须提供公共穿行路径”的任务设置以掌握高层建筑设计和组合的要领，促使了解紧凑型城市高强度开发的建筑形态和布局要求。而公共穿行路径的设计要求，则是让学生体会商业经营效益和市民公共空间之间存在双赢机会。

第二个课题的过渡性更为明显，是一个小规模地块的组群设计，用地 1.5~2.5hm^2 左右。具体任务载体一般和南京老城区热点和难点问题有关，题目曾经有过“新式传统居住组群、文化综合街区”等。去年基于教学负责老师的老城危旧棚户区调研项目，以及和瑞典隆德大学建筑学院 HDM（住房发展和管理研究中心）的联合教学，设定为老城内可支付租赁住房主题，选址为老城的一片危旧棚户区。促使学生碰触低收入者生活状态，并思考多元化供给可支付租赁住房的方式。

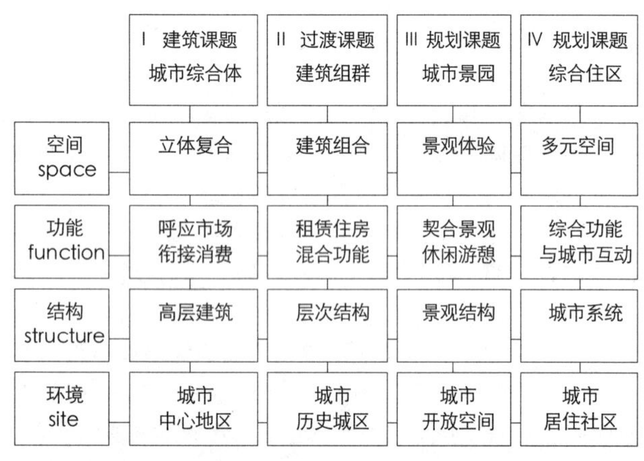

图 2　三年级设计教学任务载体设置

第三个课题为景园规划设计，用地 4~5hm^2。之前的课题曾经有过南京民国历史文化街区环境、国家文保单位城墙环境、城市中心地区环境的广场设计，课题训练以城市开放空间认知、广场和周边环境的协调、景观意向建构以及要素深入设计为主。近两年，结合南京连接玄武湖公园和钟山风景区的意图，选择了两者之间的白马湖钟山风景区入口广场为基地，任务要求增加了绿色景观要求，包括低影响开发建设模式，以及公交、私家车和步行、自行车换乘接驳的要求。

第四个课题为综合住区规划设计，用地 60~70hm^2。是学生接触的第一个较大规模用地规划设计，涉猎的城市要素更多、系统更复杂。该课题曾经有过“新区中心地区、山水环境地区、大型保障房项目、城市边缘地区”的基地设置。近两年，课题的优化主要集中在：设计用地规模进一步扩大，要求学生在理解控制性详细规划基础上三人合作进行结构规划，理清基地与城市的系统关系；个人在合作完成的结构基础上继续自己的地块详细规划；基于调研和市场分析，自主策划具体项目，加深住房产品属性、形态和城市空间关系的理解；鼓励应用绿色住区技术。

（2）体验多维项目主体

四个课题项目的运作类型和主体各有不同，城市综合体和商品住房综合住区为商业性项目，项目主体为开发机构，以盈利为主要目的。城市景园则是公共财政投资的公益性项目，项目主体一般为政府。可支付租赁住房以及保障性综合住区，则介于商业性项目和公益性项

三年级设计教学任务载体优化　　**表1**

课题	城市综合体	建筑组群	城市景园	综合住区
设计重点	城市集约型高强度开发	城市社会问题应对	绿色开放空间	城市综合功能完善与系统建构
项目运作类型	商业性项目	补贴性、商业性混合项目	公共性项目	商业性项目（政府保障房为补贴性项目）
项目主体类型	开发机构	政府融资平台或有补贴支持的开发机构	政府	开发机构（政府保障房为政府融资平台或可获取补贴的开发机构）
市场与公共利益的关系	共赢	公共利益为主，市场运作提供资金弥补和支撑	公共利益为主	系统体现与城市的衔接与互动，街道、公共设施具有公共性，住房和住区适应市场需求
策划要求	适应消费市场规律的商业项目与空间策划	兼顾中低收入居住需求与经济可行性的项目与空间策划	基于区位和资源特质的开放空间功能、活动与景观意向策划	基于区位条件、市场分析和开发运作模式的购房人群、住房产品、住区特色和公共设施策划

目之间，是在一定补贴支持下的项目，主体是政府融资平台或有补贴支持的开发机构，只能获取一定微利。四个课题关联不同项目运作类型、主体类型以及市场与公共利益的关系。

在教学过程中，引导学生从不同主体角度出发去思考市场、政府以及社会的作用，事实证明这样的引导非常生动有效，学生会自觉从不同角色出发思考问题。

（3）强调项目和空间策划

任务书的制定掌握好刚性教学要求和弹性教学要求的分寸。对于上位规划必须衔接的方面、规划控制基本要求、与设计重点有关的指标，有明确要求；但是具体项目类型和空间策划，则由学生自主研究确定。一方面学生发现即便在一定限制条件下，仍然具有多种可能；另一方面，策划大大激发了学生的主动性；第三，项目和空间相结合的策划，也不同于管理专业的纯项目策划，体现了规划设计策划的特色——理性分析和空间设计的结合。

（4）贯穿“人文、社会、生态”教学重点线

四个课题的规模、对象和项目类型有较大差异，但是“人文、社会、生态”重点线索是贯穿的，这种贯穿一直持续到四、五年级，意图使学生自始至终认识到这几个方面的重要性，养成在设计中关注这些方面的习惯。基地及相关的城市历史文化等信息、社会人群及空间需求分析、生态意识与相应策略，在四个课题中都有特定体现。

3.2 效率平衡策略

基于责任响应的规划设计教学优化策略，拓宽了学生的设计实践接触面，在能力要求方面特别是在策划能力方面要求明显提高。但是，学时数有限，规划专业学生的学习任务已经非常饱和，教学优化必须建立在不给学生增加额外学习负担基础上，因此需要有巧妙的效率平衡策略。

（1）激发兴趣，通过主动学习提升学习效率

四个课题都和学生的日常生活或者不远的将来密切相关。生动的教学和体验，使其感知到城市归根结底是人的城市，具有实实在在的经济性和社会性，从而摆脱空想式或单纯模仿式的规划设计。教师责在引导、控制大局，防止学生跑偏；学生在方案初构到最后定案，自始至终处于主体地位。学生在一定限制条件下拥有最大自由度，促进其养成“调研—检索—判断—策划—设计”的综合规划设计思维习惯。策划要求并没有增加学生的工作量，反而使整个过程有被学生掌控的成就感，在学习热情和主动性支配下，学习效率大幅度提高。

（2）强化合作，分担个人学习工作量

建立开放的合作环境，引导学生通过集体合作有效完成设计任务，分担个人工作量。在调研和策划阶段，以及最后一个课题住区规划的结构设计阶段，要求必须小组合作完成调研、搜集案例、策划分析的任务，并通过讨论共同推进方案，鼓励学生之间的争论与思维交锋，在求同存异的情况下达成共识。

（3）重视过程，精炼教学硬性任务要求

由于城市规划知识结构较宽，而课时有限，因此每一个设计课题都设置一种城市环境，要求学生针对特定城市环境进行认知，如历史城区、开放空间系统、城市中心区、工业遗产等，在设计实践中进行相应城市系统和要素的学习，起到非常好的并行的教学效果。但是并不设定硬性任务要求，只要在教学过程中进行了解和观察即可。

（4）开放平台，拓宽学生视野

利用学院与国内外高校之间的合作关系，将一些合适的联合教学引入到三年级住区教学中，让学生接触到国际上的思想潮流，碰触到不同的设计思路，对于开拓眼界和综合思维大有裨益。在教学评图环节，邀请校外从事实践的资深设计人员参与评图，拓宽学生对于规划设计实践的认识。

4 小结

教学组实施优化策略后，可以明显感到学生上涨的学习兴趣以及自觉能动性的提升，在建筑专业学生还在做 3000m^2 小建筑的时候，规划学生已经可以完成 2.5 万 m^2 的高层综合体了。基于策划的作业成果也呈现出更有意思的多样性。见图 3。教学组深切感到，教学体系基础框架可以决定教学大方向，而课程的精耕细作——“设定任务载体、教学要求以及过程控制”则是提升教学质量和效率的最后保障，而这些正与新型城镇化的要义相契合。

本文顾问吴晓：东南大学建筑学院城市规划系教授。

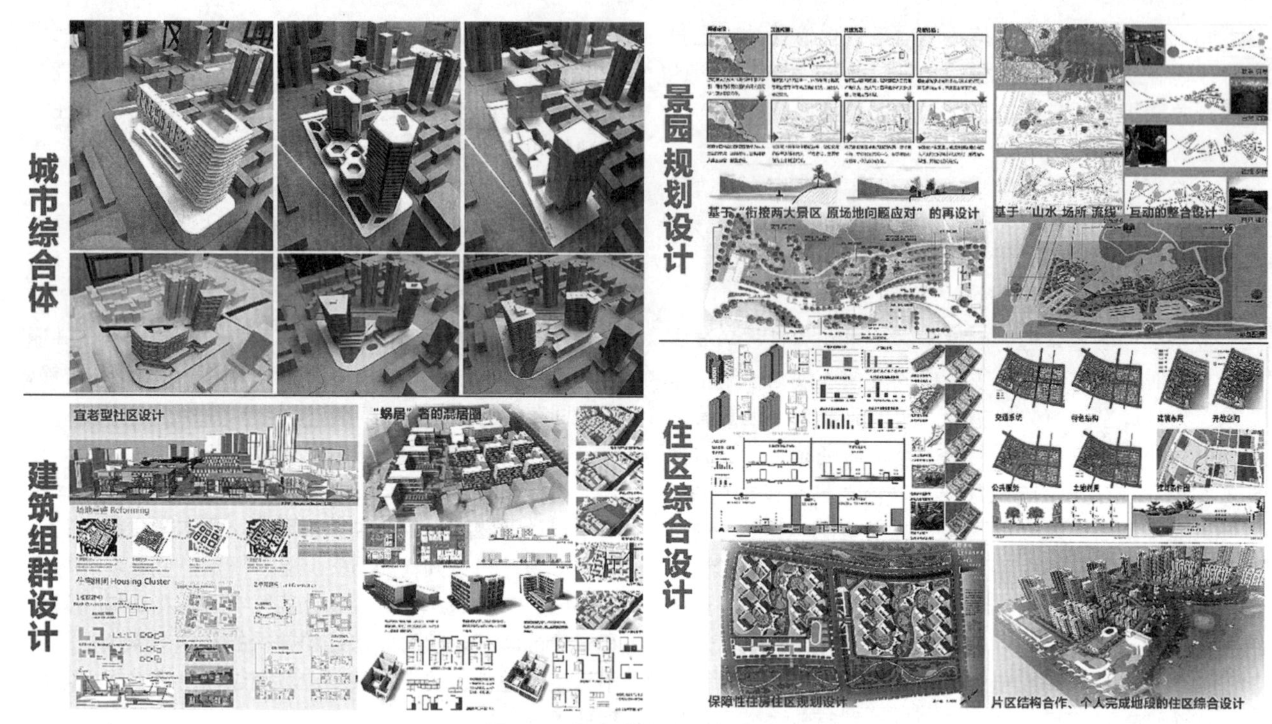

图3 三年级学生作业部分成果

Responding and Balancing——optimization on transitional teaching for Grade 3 undergraduates, SEU

Wang Chenghui Luo Jianli Chao Yaoming

Abstract: Against the background of transitional urban-rural development, the basic framework of planning and design teaching of SEU is vital and adaptive. However, with the guidance of new-style urbanization strategy, the missions, subjects, ideas, aims and methodologies are in transition, which forces to optimize the concrete teaching paths. Grade 3 is very crucial to make undergraduates to cultivate their comprehensive planning thinking and capabilities. After discussion on three sharp controversials and statements on four basic views, the paper introduced tactics on two aspects explored by teaching group of Grade 3, SEU: responding to circumstances, balance between efficiency increasing and study burdens. Those operational details of teaching paths were elaborated in this paper.

Key words: planning and design teaching, optimization on transitional teaching for Grade 3 undergraduates, new-style urbanization

正其位　思其教　优其学
——关于“快速规划设计强化训练”教学实践的几点思考[1]

权亚玲　张　倩

摘　要：基于城乡规划一级学科设立的背景，经过2011~2013年共三轮的教学实践，东南大学“快速规划设计强化训练”课程已基本实现了从“建筑设计快图”到“规划设计快图”的顺利转型，课程不但在教学内容、教学组织上进行了较大的调整，还针对教学实践过程中的若干问题展开深入思考，反思课程定位，并对教学方法、教学评价等提出了相应的优化策略。

关键词：快速规划设计，教学

1　东南大学“规划快图”课程概况

与绝大部分实习类课程不同，《快速规划设计强化训练》是一门安排在秋季长学期[1]中的实习课程，为城市规划专业五年级学生开设，时长三周。自1998年东南大学恢复城市规划本科招生以来，受建筑学院硕士入学统一初试科目——快速建筑设计设置的影响，课程一直保持与建筑学专业《快速建筑设计强化训练》同步的节奏，训练内容以快速建筑设计为主，仅在其中一周进行快速规划设计题目的训练。

2011年4月，国务院学位委员会和教育部颁布了新的《学位授予和人才培养目录（2011年）》，其中“城乡规划学”从原“建筑学”一级学科中拆分出来，形成新的一级学科。2012年1月，东南大学城市规划专业首度独立于建筑学专业设置硕士入学初试科目及内容，由此，原延续了多年的“建筑设计快图”遂调整为“规划设计快图”。

经过2011~2013年共三轮的教学实践，东南大学“规划快图”课程已基本实现了基于城乡规划一级学科的顺利转型，课程在教学内容、教学组织上均进行了较大的调整，适应了城乡规划一级学科、新型城镇化发展对专业人才的要求。在这一过程中，教学小组还针对修课学生进行了持续的跟踪问卷调查，关注学生对课程的学习需求与疑问，以此为契机反思课程定位，并对教学方法、教学评价等进行了深入的思考与相应的优化。归纳起来，大致包括以下几方面：

——课程定位与开课时间；

——从类型练习到综合练习的教学内容；

——从考查手段到教学全过程的教学方法；

——从应试表现到设计能力的教学评价；

以上若干问题，也是课程所面临的现实挑战与困境，如何看待这些问题？能否找到适宜的解决途径与优化思路？本文将就这些问题展开讨论，进而对课程提出相应的优化策略。

2　课程定位与开课时间

对“快速规划设计强化训练”开课时间的争议由来已久，而我校目前设置在五年级上学期的选择也主要是从学生考研、应聘需求及教学组织便利性几方面因素考虑的选择结果。

在我们征集的学生调查问卷中，关于开课时间的意见大约占到20%。学生普遍认为“开课时间偏晚”，“如

---

[1] 东南大学每一学年由两个长学期和一个短学期组成，短学期通常集中安排实习课程。

权亚玲：东南大学建筑学院讲师
张　倩：东南大学建筑学院讲师

果能早接触快图，对城市设计、规划院实习、免试研究生考试、工作应聘等都会有帮助”，“目前的时间与部分同学的工作招聘会及出国留学申请递交常有冲突”，“应至少提前至规划院实习之前，建议安排在大三及大四的短学期，各两周时间”……是早一些，还是晚一些好？是集中强化还是适度分散？这些疑问促使我们对开课时间的多种可能性进行了比较。

虽然是讨论开课时间的问题，但其实质还是对课程的定位不明确。“快速规划设计强化训练”是专业学习过程中要逐渐培养学生具备的能力之一？还是专业学习基本完成之后的总结与强化提升？不同的课程定位决定了不同的开课时间选择方案。

方案一：作为长学期规划（或建筑）设计课的同步补充、加强与延伸，每学年时长一周，二、三、四年级均在短学期进行（图1）。这一方案的优点是使学生能够尽早接触到快速设计训练，与长学期设计课的学习相辅相成，互相促进提高；但弊端是由于分散至三个年级，会一定程度消弱强化训练的效果，同时对于二、三年级学生来说，应对快速规划设计所需要的设计能力和专业知识准备有可能不足。

方案二：作为专业学习过程中对快速设计及表现能力一次集中的强化、综合训练，开课时间宜选在三——四年级之间的短学期（图2）。这一方案的优点是能及时有效地提升快速表现能力、能保证连续、强化训练的效果，并对学生在下面两学年中的专业学习产生较大帮助；而其弊端仍是由于此时学生所做过的规划设计题目还很有限（只有广场景观和住区规划），相关理论及技术知识的先修也不足，有可能在应对城市中心策划、旧区改造更新等相对复杂的题目时缺乏必要的系统知识准备，从而达不到快速设计能力综合提升的预期目标。

方案三：作为专业学习基本完成之后的总结融汇与强化提升，这时学生已具备了一定的设计能力和专业知识的积累，开课时间可适当提前至规划院实习之前（图3）。这一方案是在现行方案基础上的微调，既解决了现行方案时间偏晚的问题，又避免了开课时间过早学生知识准备不足、规划设计思维尚不成熟的问题，仅需要协调或延迟规划院实习的开始时间。

综合对上述三方案进行评估，笔者认为方案三的课程定位与开课时间更符合城市规划设计学习的规律与特点，更符合当今城市规划专业复合型人才培养的要求，也能够将课程在专业人才培养过程中强调“系统性思维、专业知识之间链接”的作用发挥到最大化，从而使学生

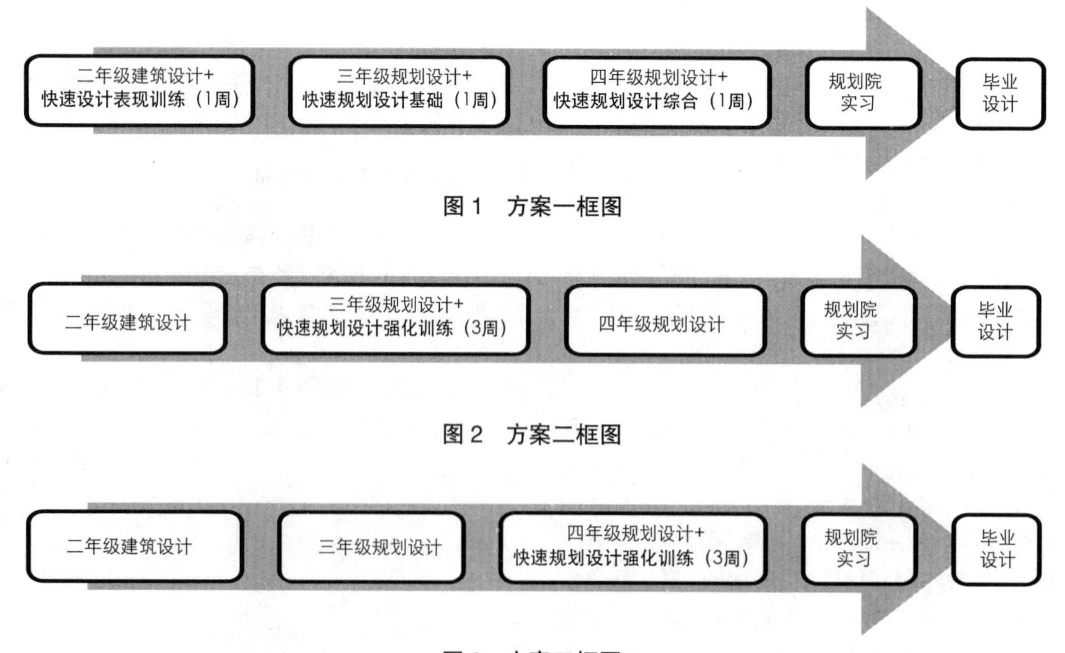

图1　方案一框图

图2　方案二框图

图3　方案三框图

的快速规划设计能力和表现能力得到一个较大的飞跃。

3　从类型练习到综合练习

提升学生的快速规划设计能力是课程的核心目标，如何在短短三周内，通过密集的训练达到事半功倍的效果？这就要求我们对教学内容进行周密的计划和设计。

传统的快图训练题目设置重视功能类型覆盖的全面性，一般涵盖城市总体空间设计、城市开发区、中心区、居住社区、商业街区、校园、旧区保护与更新、广场设计等，其优点是能使学生熟悉主要的快速设计功能类型，但在题目的灵活性、多样性上常常有所欠缺。

针对近几年学生在应对快速规划设计时普遍存在的薄弱点，我们总结出需要重点解决的三大问题，即快速徒手表现能力不强、快速规划设计方案特色不鲜明、应对综合型题目不得要领等。在训练题目的设置上遵循由表及里、从易到难、循序渐进的原则，同时兼顾功能类型的全面性，将三周的训练划分为三个阶段，分目标、分阶段地逐步改善学生的快速规划设计能力，实现对上述三大问题的逐个突破（表1）。

第一阶段：快速表现练习

加强徒手表达能力训练，抓住三维求作、快速表现等重点与难点，要求学生对建筑制图、素描、徒手画等知识与技能做以系统复习、大量操练，提高快速表现的综合质量与速度。

2013~2014学年“快速规划设计强化训练”课程训练内容　　表1

周次	阶段	阶段目标	训练内容
一	快速表现练习	提高徒手表现能力	轴测与鸟瞰求作
			轴测与鸟瞰表现
			总平面及分析图表现
			完整的规划设计表现
二	设计基础练习	掌握常规快速规划设计思维与方法	大学校园规划设计
			工厂地块改造及住区规划设计
			城市中心地块改造
			产业园区规划设计
三	设计综合练习	灵活应对各种综合规划设计题目的技巧	城市新区中心策划与概念设计
			养老中心规划设计
			旅游综合服务区规划设计
			历史地段综合街坊规划设计

第二阶段：设计基础练习

通过住区、校园、产业园区等基本类型的练习，在回顾梳理已学过的专业理论知识的同时，更重要的是掌握基本的设计类型和设计手法，教学生如何做到“快”起来，需要掌握一些快速的技巧，诸如需遵循正确的规划设计程序、善于徒手的表达方式、符合任务书环境条件的巧妙构思、把握合理的功能布局、构建清晰的规划结构、创造丰富宜人的空间形式以及符合技术规范的基本要求等。[1]

第三阶段：设计综合练习

这一阶段的目标是训练学生具备灵活应对各种综合规划设计题目的能力与技巧。在题目设置上适当兼顾考研和就业应聘的题型，强调题目的综合性、复合型，比较灵活，重在考核学生更为全面、系统的专业素质与技能，有对上位规划的评价、有对项目的策划及概念设计等，类型也涉及新区、历史地段、村庄等。

例如在旅游综合服务区规划设计中就加入了所在城市、旅游区的区位布局示意，在此基础上要求学生首先进行项目选址、规模估算、交通体系优化等，并将其作为具体设计工作的前提，决定着整个设计方案的合理性。其他如改造型题目则包括工厂地块改造、历史地段更新等，策划型题目涉及新区中心、养老社区等，要求学生判断基地特征与优势，明确功能定位，并进行相应的功能策划、业态策划、指标控制等等。

通过三个阶段的分解训练，将平行式的功能类型练习发展为渐进式的综合技能练习，期望能够更好地回答“这门课教（学）什么”的问题。

4　从考查手段到教学全过程

传统的快图教学模式重在练习与考查，即“教师布置任务书——学生独立完成快速设计——教师评分与集体讲评”，每天一轮密集训练，持续三周。这种教学模式无疑能起到锻炼学生、提高能力的作用，但从实践效果来看，常常因人而异，学生快速设计能力的整体提高还很难达到课程设置的预期目标。

---

[1] 权亚玲、张倩、黎志涛，快速规划设计100例，南京：江苏科学技术出版社，2010.

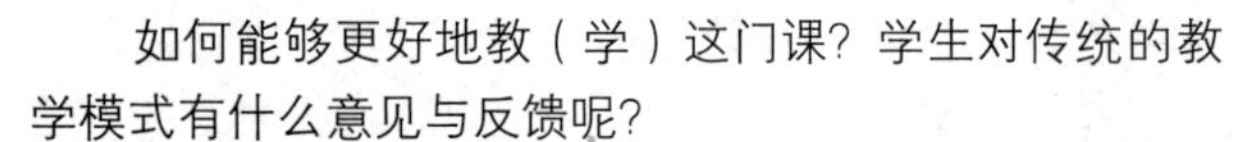

如何能够更好地教（学）这门课？学生对传统的教学模式有什么意见与反馈呢？

对学生调查问卷的统计结果显示，有一些难点与问题并未能通过高强度训练得到有效改善和回答，例如：

——“如何改善速度慢、迟交或完成度不高的问题？”

——“方案阶段耗时过长、线稿纠结细节的问题”

——“快速规划设计统筹的方法？如何抓重点？”

——“六至八小时快图中各部分工作时间如何分配？”

——“背方案（从固有的几种规划结构模式转化为适应任务书的具体方案）可行吗？”……

针对学生的这些难点与问题，我们对既有的教学模式进行了优化调整，即从主要作为“考核手段”调整为强调教学全过程的教学模式。所谓“教学全过程”，分别体现在训练前、训练中、训练后三个部分。

训练前：增加讲座环节

和传统的仅在训练前发放任务书不同，教学小组对课前讲座进行了统一安排，讲座内容与各阶段训练目标、与各阶段学生可能出现的难点与问题相匹配（表2），每次时长约一小时。讲座老师除了任课教师外，还邀请我系在快速规划设计领域经验丰富的其他老师进行专题讲座，甚至请来在考研快图中成绩优异的在读研究生为学生们现身说法、传授心得。这种“百家讲坛”式的讲授过程有利于学生对快速规划设计的方法、评价等建立更加多维、立体的概念。

2013~2014学年“快速规划设计强化训练”课程讲座安排　　表2

周次	阶段	讲座	学生的难点与问题
一	快速表现练习	快速求作轴测与鸟瞰	速度慢、形不准、方法复杂
		轴测与鸟瞰表现	透视图表现能力弱
		总平面及分析图表现	快速表现的方法与技巧
		快图规划设计的完整表现	排版与构图
二	设计基础练习	快速规划设计的基本程序与练习方法	快图深度的把握
		快速规划设计评析	评委的评价标准
		快速规划设计应试与训练技巧	助教研究生现身说法
		产业园区规划设计	例图解析、类型讲解
三	设计综合练习	快速规划设计任务书解析	如何抓重点?
		关于快速规划设计	快图优劣的标准

对一些学生不熟悉或综合性较强的题目，我们也加强了有针对性的课前讲解，集体回顾相关理论、指标和技术规范，补充一些优秀案例的解析，对学生的设计加以适当的引导，避免出现因不熟悉任务而造成的设计偏差。

训练中：增加指导环节

训练过程中的指导包括设计部分的指导和表现部分的建议，诸如如何理解题意、如何分析条件、如何构思切入、如何抓设计主要矛盾、如何处理设计问题……，甚至怎样进行图面表现等，都需要老师及时的、针对学生个别问题的辅导。

当然，强调全过程的教学组织模式对授课教师也提出了相应的新要求，老师需要跟班辅导，若只当做一种考核的手段，老师在学生绘图期间是不在场的。

训练后：评图形式多样化

除了常规的评分和集体讲评外，教学小组还增加了训练后的图纸评析和个别讲评。每一份作业在被评出A、B、C三档（每档中再根据个别情况酌情“+”或“－”）后，还会被标示出若干评语，这些评语一方面帮助学生发现自身设计或表现中存在的关键问题，另一方面可以根据学生个体的差异，多鼓励、肯定学生所取得的进步，使其更具信心。

在集体讲评过之后，我们还会留出一些个别讲评的时间，回答学生对上一份作业的疑惑。在我们回收的调查问卷中，还有学生建议组织集体讨论环节，“将学生画的图挂在一起，学生之间可以展开观摩、讨论，在开放的环境中学习，总结吸取大家的经验及教训”，或许在下一轮教学中我们会尝试增加此类集体讨论环节。只要能充分利用学生每一次的艰苦付出、只要能有效提升大家的快速规划设计水平，多样化的评图、反馈形式都是值得实践的。

5　从应试表现到设计能力

与老一辈建筑师所受的建筑学基础教育（图4）不同，当今的建筑设计基础教学越来越“计算机化”。不仅低年级手绘训练的教学内容不断减少，计算机绘图也在不断

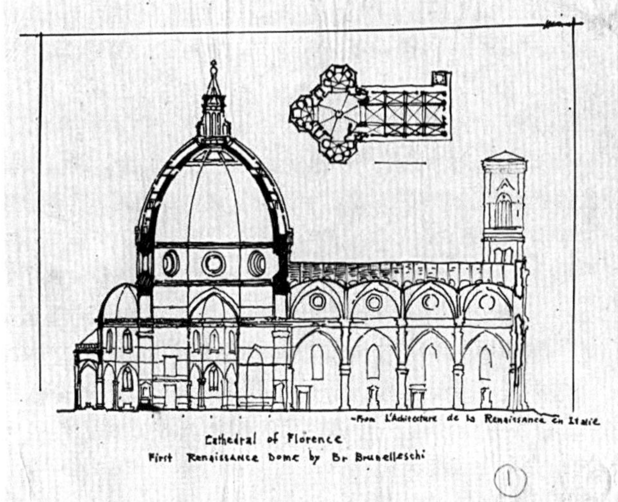

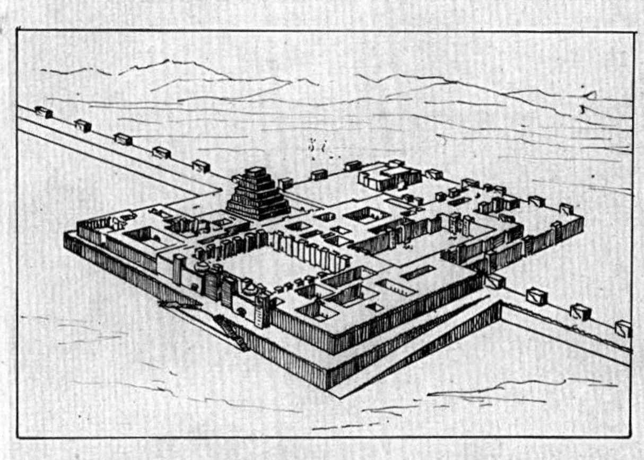

图 4 杨廷宝在宾大读书时的手绘作业

来源：清华大学建筑学院资料室.

地向低年级、向设计初期渗透，因此目前城市规划专业学生中普遍存在徒手绘图能力不足的现象，而由徒手绘图能力不足所导致的快速规划设计能力偏弱的问题就成为必然。

社会上林林总总的“手绘班”应运而生，学生可以通过“手绘班”中的徒手表现强化训练，在短时间内提高快速表现的能力，包括线条、素描与色彩关系、鸟瞰图、排版等，在专业素质与修养上也能得到一定的强化。

这常常带给学生一种误解，认为规划设计快图训练的核心就是徒手绘图及快速表现，甚至会问我们：“在应试中，快速表现为重中之重，那么评卷老师首要关注的表现是配色、线条还是排版？”其实，表现只是一种表达设计意图的手段，设计本身才是根本。只是一般来说，表现与设计是相辅相成的，如若表现不好，其设计能力通常也不会强。[❶]但如果把训练的焦点过于集中在快速表现上，就有可能偏离了快速规划设计的要义。这种现实的情况如何在课程中加以应对呢？

针对学生徒手绘图能力不足的问题，首先还是要“补课”，补上快速徒手设计表达这一课。通过典型例图分析，讲解快速表现的要点、技巧，使学生能在现有的专业基础上尽可能快地回归徒手绘图的状态。何为富有特色的快速规划设计表现呢？——线条流畅不拘谨、具有速度感，色彩简约、素描关系鲜明，能反应设计过程应有的分析、判断与选择，并充分发挥手、脑、眼之间多层面互动的优势与特点等等。但归根结底，要靠三周时间补上“表现”的基础是远远不够的，还需要学生进行大量课外的操练。另外，对快速表现的“补课”宜适可而止，不可矫枉过正，导致过度模仿、匠气、缺乏特色的表现。

进而，需要将训练关注的重点引导到设计本身上。学生对“什么是一份高质量的快图？”常常是有疑问的，他们会关心“老师对快图评判的标准与尺度是什么？阅卷时能够吸引评委的主要是什么？”我们给学生的回答是：“三分看表现、七分看设计”。

正如《大学》中所说的“知止而后有定”，即了知要到达的境界，方能立定志向。“表现”只是快速规划设计的必要条件，而非充分条件。就一份快速规划设计作品来说，仅看重“表现”、不以“设计”为本就意味着所重视的是末节，所忽略的倒是根本。这种作品具有表面的蒙蔽性，仅是画得热闹而已，在专业评委眼中是极易被识出破绽的。

---

❶ 黎志涛，快速建筑设计 100 问，南京：江苏科学技术出版社，2011.

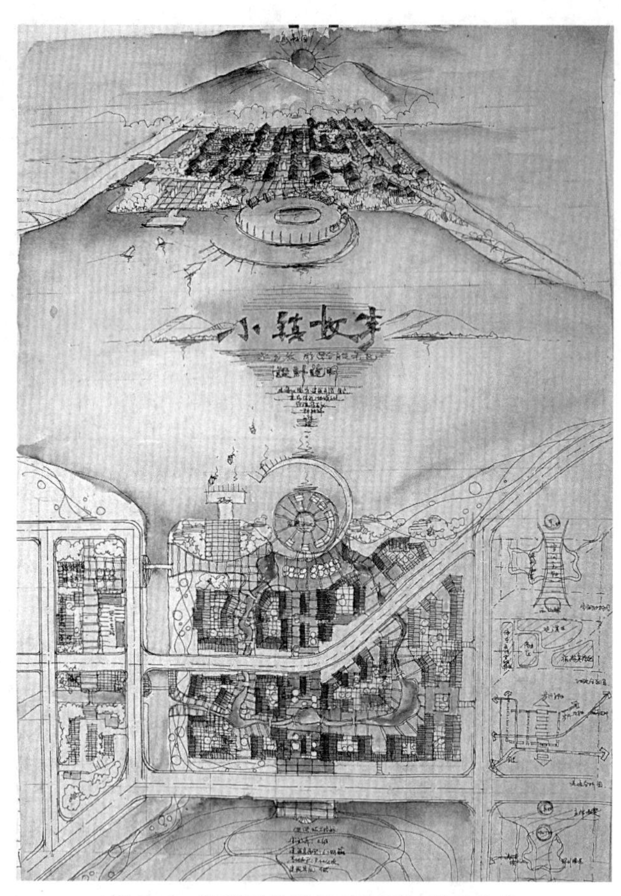

图 5 一份优秀的快速规划设计学生作业

为了改变学生对快图价值判断的误区，我们的做法是在中、后期的教学评价中，降低“表现”在评分体系中的权重，甚至弱化“表现”，从而凸显“设计”本身的重要性。那些设计能紧扣题意、构思巧妙、富有特色的作品、表现若还能驾轻就熟、推陈出新都会受到好评和鼓励（图 5）。

6 实践效果与展望

三周的密集训练与工作，虽然辛苦，但学生的长进和收获还是非常明显的。有的同学在问卷中反馈“从一开始不敢下笔，到有了一定的熟练程度，设计速度和表现手法均有明显提高”、“讲评有针对性，使我们对快速规划设计有了更多的理解”、“教学效率高，总体效果好”、“帮助我们建立了信心，培养了兴趣”……。

从 2013~2014 学年最终成绩分布来看，90 分以上仅占 8%，稍显偏低，但大多数学生的成绩集中在 85~89 之间，也基本反映出了课程教学的特点与目标，即能够使绝大多数同学具备快速规划设计的基本能力。

本文是对近三年“快速规划设计强化训练”课程教学实践的总结和思考，对课程定位、开课时间、教学内容、教学组织、教学方法和教学评价等诸多问题进行了分析与系统回顾，也提出了我们应对这些问题的一些优化调整策略。

虽然快速规划设计常常作为选拔与考核城市规划人才的重要手段，但究其实质，却是规划师构思、推敲、比选方案的专业手段，是进行专业沟通、交流的有效工具。[1]快速规划设计可以较为客观地反映出作为规划师的职业素质和综合能力，其能力的培养无疑是当今专业教学体系中刻不容缓、亟待加强的部分。

很明显，集中在短短几周的强化训练虽然有效，但不足以全面系统提高学生快速设计的能力。如何不单单从“快速规划设计强化训练”这一门课，而是从整体教学培养体系中实现系统性的快速规划设计能力培养？如何将手绘训练要求与各年级规划设计课的中期评图内容相结合？其好处是有可能将快速规划设计能力的训练常规化、持续化，也有助于推动学生中期成果表达的完整性与深入性。如何在专业学习初期就向学生渗透快速设计的观念与方法，使学生能不断处于“强化训练——自主练习——强化训练……”的节奏中？这些问题还有待于我们在今后的教学实践中不断思考、探索。

主要参考文献

[1] 黎志涛．快速建筑设计 100 问［M］．南京：江苏科学技术出版社，2011.

[2] 权亚玲，张倩，黎志涛．快速规划设计 100 例［M］．南京：江苏科学技术出版社，2010.

[3] 于一凡，周俭．城市规划快速设计能力的培养与考查．2010 全国高等学校城市规划专业指导委员会年会论文集［C］．北京：中国建筑工业出版社，2010.

---

[1] 于一凡，周俭．城市规划快速设计能力的培养与考查．2010 全国高等学校城市规划专业指导委员会年会论文集，北京：中国建筑工业出版社，2010，9.

Clarifying Orientation, Thinking and Optimizing ——Some Thinking about “Urban Design Sketch” Teaching of SEU

Quan Yaling　Zhang Qian

Abstract: In 2011, urban and rural planning was classified as independent first-level discipline. Base on this background, the course of “Urban Design Sketch” in SEU has been transformed successfully from “architectural design sketch” to “urban design sketch” for 3 school years. In this process, not only content and organization of course were adjusted partly, but also in view of some problems in the process of teaching practice, a further thinking is conducted in respect of clarifying orientation, thinking teaching method and optimizing teaching evaluation.

Key words: urban design sketch, teaching

面向国际留学生的全英语城市规划与设计课程建设：跨文化背景下的本土设计教育探索与实践

田 莉 李 晴

摘 要：随着国际交流的日益频繁，同济大学城市规划系于2010年开设了面向国际留学生的全英文城市规划与设计课程。本文介绍了全英文城市规划与设计课程的建设概况、建设框架及教学方法，以2012年上海市金山区沿海城市生活岸线设计课程为例，介绍了如何面对不同文化、不同专业背景、不同国别的学生进行本土设计教育的探索。

关键词：城市规划设计，跨文化，留学生

开设全英文城市规划与设计课程是规划教育和国际接轨的需要。随着经济全球化的不断深入，按照教育部“教育面向现代化、面向世界、面向未来”的要求，高等教育要创造条件使用英语等外语进行公共课和专业课教学。作为国内最早成立的同济大学城市规划系，国际交流越来越频繁，前来攻读学位的国际学生数量越来越多。2005年以来，已先后有超过200名国际留学生获得同济大学建筑城规学院硕士学位。在这种情况下，开设英文城市规划与设计课程成为必然的选择。其次，开设全英文城市规划与设计是培养高素质人才的需要。我国加入WTO以后，不仅需要大量的专业人才，而且需要既懂外语又懂专业的复合型人才，这就对我国的高等教育提出了一个新的任务：培养能适应国际需求的复合型人才。开设全英文课程，为中国学生提供了与国际学生交流的平台，同时对他们拓展想象力和国际视野、提升知识面和加强规划设计能力有积极的意义。同济大学的全英语课程平台建设正是基于此背景开展的。

1 全英文城市规划与设计课程建设概况

2010年秋季，基于多年来同济大学国际城市设计工作坊的经验，同济大学城市规划正式开设了面向国际双学位联培硕士生的全英语城市规划与设计课程。生源主要来自于德国包豪斯大学、柏林理工大学、美国乔治亚理工大学、夏威夷大学、科罗拉多大学、意大利米兰理工大学、帕维亚理工大学、瑞典查尔姆斯理工大学等大学的双学位联培研究生，研究生的国籍涵盖四大洲共12个国家（图1）。同济大学城市规划系的研究生则采用自愿选修的原则。负责教学的老师均为有海外大学教育和本土规划设计教育双重背景的任课教师。

由于国内外城市规划教育课程设置的差别，欧美的城市规划专业硕士研究生并不要求学生具有设计的本科训练，因此国际留学生的本科教育背景相对多元化，如地理学、市政工程乃至法律等，这会为基地的解读注入新的视角，但同时由于缺乏设计技能训练，必须和其他有设计背景的同学共同组成设计小组进行合作。

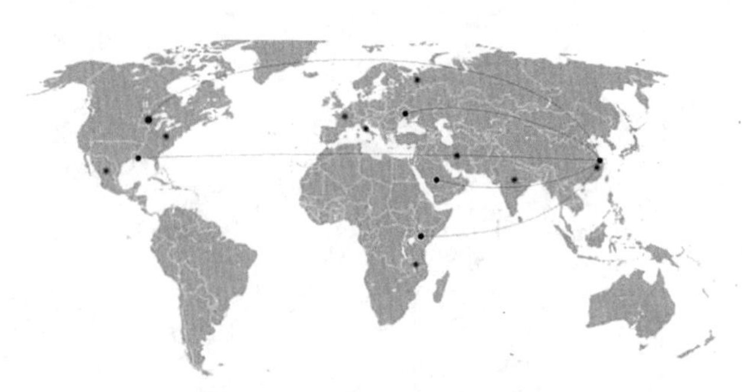

图1 国际留学生的来源地分布

田 莉：同济大学建筑与城市规划学院教授
李 晴：同济大学建筑与城市规划学院副教授

2 全英文城市规划与设计课程建设框架

2.1 教学目标

本课程的主要目标是以世界主要城市的经典城市设计为参考案例，与上海（或其他城市）进行比较，探讨基地的发展定位、机遇与挑战；探讨前沿的城市设计观念与技术在规划设计学科的应用。从空间形态、发展强度、经济测算及环境效应等几方面来研究地区的现况，并据此形成城市设计的思路概念。本课程促使学生探讨前沿的规划设计方法和工具，思考面向快速发展的中国城市规划设计的方法和应用。

2.2 教学进度及内容

本课程共计 17 周，课程设置主要包括三个阶段共六个环节。三个阶段为：基地观察及分析、设计概念生成和图纸制作及最后评图，而六个环节依次是基地参观→小组做基地分析报告→个人方案构思→根据方案进行重新分组，提交小组成果，进行中期答辩→修改、完善并深化规划设计→期终答辩及评图（图 2）。

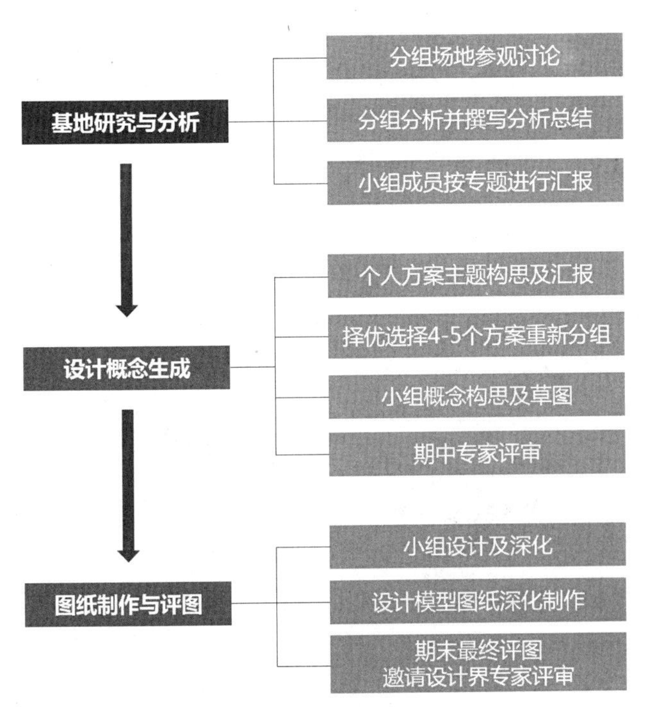

图 2 全英文城市规划与设计课程进度安排

3 全英文城市规划与设计课程教学方法

3.1 选题上与项目实际需求相结合

本课程采取“真题假作”的方式。借助同济大学建筑城规学院的平台，任课教师通过和上海市规划和国土资源管理局及郊区的金山区规划和国土资源管理局的沟通，希望选择他们有实际研究和设计需求、但对设计成果无限定要求的项目。这样一方面得到来自甲方的积极支持，另一方面不致实际设计项目在时间阶段的安排上无法和教学进度要求相一致。2010 年以开展的题目既有如上海 2040 这样的畅想型宏观层次的题目，也有上海金山区滨海城市生活岸线地区城市设计和亭林镇老镇区改造更新规划这样空间尺度上介于 50~80hm^2 的中观层次的题目，还有上海金山区中心区核心开放空间设计（约 10 公顷）这样微观层次的题目。由于得到甲方的大力支持，可以很大程度上激发学生的责任感和兴趣。同时，因为采取了“真题假作”的形式，一方面学生的创新能力不会受到限制，甲方也期待看到令人“眼前一亮”的想法；另一方面，学生的理性分析能力得以锻炼，因为有甲方的参与和实际情况的制约，可避免出现方案过于天马行空，不考虑地方实际的情况。

3.2 形式上采用独立工作与小组合作的方式

由于设计课程的最终成果以小组形式呈现，但最终考核以每个同学的表现为基础，所以在教学环节采取了独立工作和小组工作相结合的形式进行。由于规划设计涉及的基地范围面积较大，在第一阶段的基地调研与分析阶段，往往由教师引导，不同专业背景的同学（往往 4~5 名）组成小组，对基地从社会、经济、空间、人文等不同的视角进行调研分析，形成对基地的基本了解，在做小组汇报时就自己所做部分进行汇报。在设计概念生成阶段，则采用独立工作的形式，可以不局限于图纸，以各种方式（如头脑风暴式的畅想）展现个人的设计理念，这一方面兼顾了非设计背景同学的需要，另一方面也鼓励他们积极参与规划设计过程。任何创意不会受人批评，所有灵感均记录以备参考，使每个创意成为启发别人的机会（范霄鹏等，2011）。

基于每位同学提供的创意，教师再从中选择 4~5 个具有潜力和个性的创意，鼓励学生选择自己感兴趣的概念重新分组。在重新分组的过程中，任课教师也会有意识地引导学生根据不同专业背景、不同国别进行分组，以充分利用跨文化背景下互相学习的优势，取其所长，补己之短。城市规划设计内容决定了设计工作是需要多工种合作完成的工作。从复杂的现场调研、问卷调查到专题研究、空间设计，从总体规划到细部设计，都需要多人共同配合完成。这就要求学生必须具备团队精神和合作意识。在工作室中，学生可以设计小组为单位，针对设计工作中的不同环节，进行分工完成。在学习中形成互相尊重、互相协调、互相融合的意识。由学生自由选出设计组长；由组长制定设计任务进度表，依据组员的特长和意愿分配具体设计任务；由教师总体把关，协调并控制每个设计小组的设计进度，并及时予以指导和帮助（方茂青等，2012）。

3.3 手段上采取启发式和情境式教学相结合的方式

教学方法上，主要采用启发式教育方法和情景式教育方法。在培养学生创新意识、探索精神、创新能力方面，启发式教学法是一种有效的方法。它把发展学生独立思维能力、培养学生创新能力和实践能力作为教学的核心内容。情景式教学是在教学中充分利用条件创设具体生动的场景，激起学生的学习兴趣，从而引导他们从整体上理解和把握教学中的重难点、学习方法和关键内容。本课程在教学方法上，突破以前规划设计课程老师手把手改图的传统教学方法，应用启发式和情景式教学，选择上海及其周边城市真实的设计题目和具有代表性的场地与实例，探讨在快速发展的中国城市中，城市规划设计观念与技术如何应对城市发展，使不同文化背景下的学生全面深入了解中国城市规划设计发展的实践和特点。教学内容上，不仅关注物质性的形态规划，而且关注形态背后的社会、政治和经济机制，以帮助国际学生理解空间形态的生成机制并提出适应地方发展的空间方案。此外，通过对国际上前沿规划设计理念的介绍，帮助学生运用相关技能分析规划的相关问题。

3.4 评价上采取甲方全过程参与和专家参与相结合的方式

在城市规划设计过程中，学生有多次汇报独立概念和小组方案的机会，由于选择的是甲方有需求和小区的设计题目，所以在每个关键的环节都有甲方的参与和评审。而在中期考核和最终考核阶段，则往往邀请校内其他设计教师和设计公司富有实践经验的著名设计师进行点评，让学生可以从评价的各个环节都能有所收获，并提升对设计的兴趣与信心。

4 全英文城市规划与设计课程教学案例：上海市金山区沿海城市生活岸线设计

金山新城位于上海大都市区南部，是金山区的政治、经济和文化中心，也是上海为数不多的滨海新城之一。本次课程教学规划范围包含 2 个控规单元，面积约 $470hm^2$（图 3）。

4.1 文脉读解与案例分析

在课程教学上，首先要求学生基于全球化的背景对上海及基地进行认知，从宏观、中观和微观三个层面，分析与基地相关联的社会、经济、政治和文化背景，利用学生来自全球不同国家和学校的背景，考察全球典型案例，对基地的潜力进行全面性分析。

在后工业化时代，滨水地区的开发一直是城市更新改造与开发建设的一个热点，作为城市的黄金地段，滨水地区的建设不仅能为土地开发提供新机会，而且能够促进城市产业能级提升，提供更多就业岗位，改善城市形象。规划基地位于金山新城的南部，面向杭州湾，具有稀缺的滨海生活岸线资源，如何处理好产业、景观、文化和生态的关系是本次规划的重点。基地附近轨道交通 22 号线 20 分钟内便可以到达上海中心城区。位于基

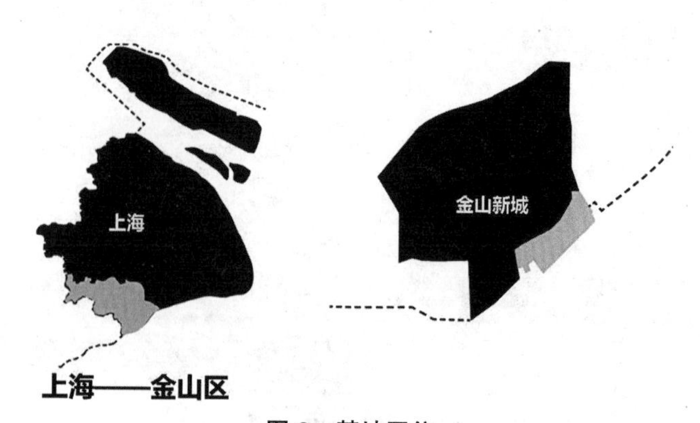

图 3 基地区位

地北部的上海金山嘴渔村历史悠久，是上海仅存的渔村之一，因此，渔村与渔港的规划将对生活岸线产生重要影响。此外，距离基地南侧约三公里处为杭州湾金山三岛，植被茂密。沪杭过境公路从基地中部穿过，将基地分隔为南北两块，带来联系上的不便。

填海造地可以缓解城市用地紧张的矛盾，但是，缺乏科学指导的围填海工程会产生较为严重的负面影响：沿海滩涂湿地变小，物种减少；改变潮汐变化，海洋污染加剧；防洪潮的论证和建设不适合，出现内涝、洪水和地面沉降等问题。为了解决这些问题，通过资料收集和课堂讨论，总结出当前国际填海实践的三条理念。

（1）港城一体融合发展：港口和城市融为一体，临港产业促使城市发展，而城市发展又为港口发展提供管理、技术和信息。

（2）生态保护和旅游开发并重：加强生态环境保护，利用海岸线构建“海洋风情带”。

（3）“建设结合自然”：结合创新设计，将滨海地区的扩建、河口生态平衡的修复、海上防御的改善和城市开发结合起来，发展新的可持续的城市水景观。

4.2 概念“风暴”

这是一个非常具有挑战性的环节，在基地解读基础上，我们让学生通过一周左右的时间，每位同学分别提出设计分析与概念，然后，评委点评每位学生设计概念的优缺点，最后选出5位最具潜质的设计概念。之后，我们要求把设计概念作为一种组织逻辑和解决问题工具，学生重新分组，进一步考察基地，补充与当地居民的访谈，剖析问题，完善概念，细化功能，逻辑化空间形态及场景生成。在本次课程设计中，我们选出了5个设计概念和发展方向：“有机都市主义”、“回归海洋”、“彩虹带”、“立体游戏”、“空间的变异—浮游的岛屿”，这5个设计概念分别对应于都市主义（Urbanism）、生态学、社会文化学、类型学和形态学五个研究方向。

4.3 方案演绎

在方案演绎上进一步运用启发式和情景式开展教学。启发式教学主要反映在两个方面：第一，通过活泼的课堂讨论方式，深化概念内涵，将概念演绎与基地问题和特征结合起来，把思维逻辑推向深层次；第二，将设计概念、设计策略、空间形态与都市主义、生态学、社会文化学、类型学和形态学等五个研究方向结合起来，将当前国际上最新的研究成果、设计方法与中国的地方性实践结合，探索具有前沿性的规划设计方案。在情景式教学上，主要是通过与学生多次进入现场，通过与居民访谈，体验基地的特质和居民的真实性需求。下面简略介绍一下其中三个方案。

图4　金山沿海城市生活岸线不同使用者的需求分析

（1）方案一："有机都市主义"

从金山嘴村落自然生态肌理、海洋文化特色和金山三岛的地方性特征出发，充分依托现有村落人气，构筑一种基于有机再生理念的滨水都市主义。方案采用外侧围合、内部岛屿的填海方式，强调水系连通和滨水岸线打造，赋予基地独特的亲水性和社区感。方案利用填海，巧妙地将沪杭公路转移至地下隧道，将主要过境交通下穿，较好地解决了步行和机动车交通之间的矛盾，提升了环境的舒适性。

（2）方案二："回归海洋"

引入低碳塑城策略，同时紧扣金山嘴村落作为上海第一个也是最后一个渔村的历史意义，强调金山新城滨海的特殊性。在结合渔村现有水系的基础上，大胆地导引出数条人工水系，尝试性将海岸线引入腹地，使得北部城区也可以将大海和岛屿尽收眼底，创造出更多海岸线界面。南北向的水系均指向金山三岛，规划岸线曲折多变。居住、商业、办公、市场等不同功能成组团式布置，以利于分期开发建设。与此同时，海平面由于不同季节的潮水涨落而形成与基地规划空间的微妙关系也进行了细致的考量。

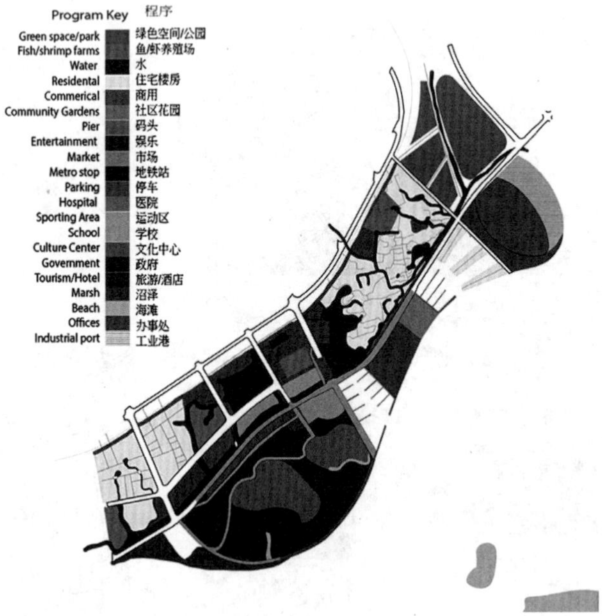

图 5 "有机都市主义"方案总平面

（3）方案三："空间的变异—浮游的岛屿"

运用形态学的原理，考虑从城市至村落至大海的空间肌理变化及心理意象，方案在滨海处展现为漂浮的岛屿。岛屿的设计借鉴马尔代夫、荷兰等国际填海经验，运用最先进的技术，岛屿在底部锚住的基础上，可以漂浮移动。与大量回填土操作相比而言，浮岛造价更低、景观性更强，更有利于保护海洋生态环境。

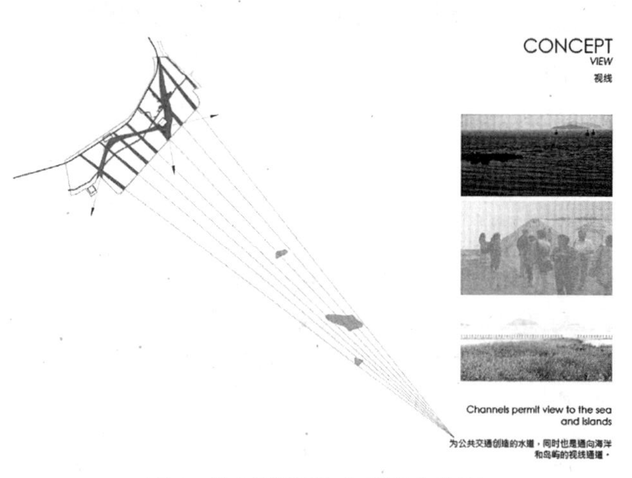

图 6 "回归海洋"方案概念分析

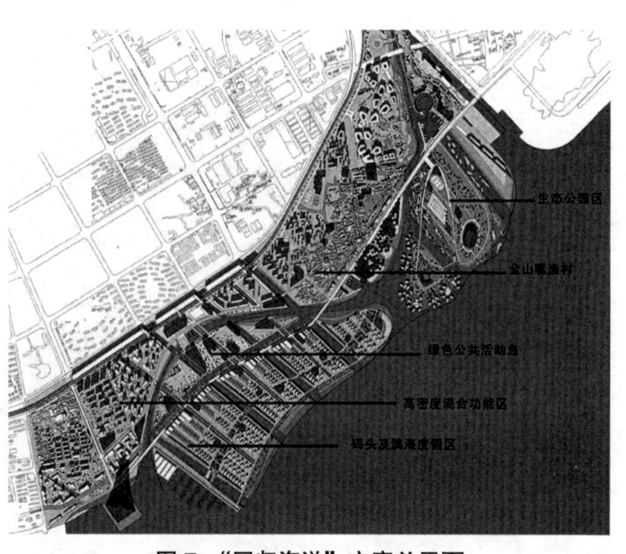

图 7 "回归海洋"方案总平面

图 8 “空间的变异—浮游的岛屿”方案总平面

5 总结与思考

经过四年多的探索与实践，国际双学位联培硕士生的全英语城市规划与设计课程的教学内容和教学方式已趋日臻完善，受到留学生和本国学生的欢迎。这些积极的反馈既是基于本课程较为严谨的教学框架和教学理念，也源自于跨文化与本土性结合带来的惊喜，具体表现在以下三方面：第一，培养学生具备全球视野，在我国快速城市化的背景下，出现了许多有趣的规划设计和城市研究的课题，一些课题是西方发达国家的学生所未曾触及的，进入中国现场，这使得留学生获得一种从未有过的新鲜感和挑战性，开阔了留学生的视野，通过比较分析，增强综合判断和分析的能力；第二，提升学生的专业性知识，对于留学生而言，尽管研究对象的尺度和具体问题与之前大为不同，但本课程关注于城市规划和设计的知识本体，注重方法论的引导，让学生从复杂的表象背后挖掘潜在的影响因素和动力机制，探索前沿性知识和规划设计方法；第三，中美学生之间的交流，让彼此获益，尽管中国学生在人数上较少，但是在小组讨论中，中国学生对中国的现实和文化理解，对中文资料的收集，对不同问题的看法，以及中外学生之间反复的辩论研讨，使得许多问题能够透过表面现象，深入理解，这种辩论让中外学生双方相互理解，加深了感情，也深化了方案的概念性，有助于跨文化与本土性相结合。

主要参考文献

[1] 范霄鹏，严佳敏．城市规划专业设计课程阶段性教学内容研究，规划师，2011，27：263-266.
[2] 方茂青，田密蜜．以工作室制模式为背景的城市规划设计课程的教学思考．华中建筑，2012，5：167-170.
[3] 蒋青．基于创新教育的启发式与学教学过程设计与实践．教育与教学，2006，6.
[4] 唐秉雄．浅谈启发式教学方法在“管理学基础”课程中的运用．长春理工大学学报（高教版），2007，2（3）.

Curriculum Construction of English Urban Planning and Design Course Facing International Students: Local Design Educational Approach to Intercultural Understanding

Tian Li　Li Qing

Abstract: Since 2010, the Urban Planning Department of Tongji University sets up the English Course of Urban Planning & Design for international graduate students. This paper makes a brief introduction to the framework and teaching methods of this course. By taking the 2012 Urban Design of City Living Shoreline of Jinshan District of Shanghai, it explores the local teaching approach to international students with diversified culture, educational background.

Key words: Urban Planning & Design, international, students

回归日常生活空间——基于社区的城市设计教学理念与方法研究*

黄 瓴 许剑峰 赵 强

摘 要：国家新型城镇化提出“以人为本”，要求城市发展从外延式向内涵式转变，既是国家发展战略问题，也是城市规划学科面临的新课题。进入社区日常生活空间，规划师从“蓝图规划”走向社会规划，面临从价值观念、规划理论到技术方法以及自身角色的全面转型。本文借用西方社区城市设计理念，从价值、技术和实施三个层面解释了“基于社区的城市设计”内涵，总结了社区城市设计的教学内容与实施方法，并通过指导的2013年全国城市规划专业城市设计作业评优和首届“西部之光”暑期规划竞赛两次教学实践案例加以说明，以应对新时期城乡规划教育转型需求。

关键词：日常生活空间，基于社区的城市设计，教学理念与方法，资产为本的社区发展

1 前言

中国过去三十年的快速城市化因重“增量建设”而轻“存量发展”，使得大量城市社区资产遭受严重破坏，进而导致城市特色减少、活力降低、认同感淡薄和社区衰退。国家新型城镇化提出“以人为本”，要求城市发展从外延式向内涵式转变（仇保兴，2012），既是国家发展战略问题，也是城市规划学科面临的新课题。“城市即人”（Henry Churchill，1945），对人及其日常社区生活空间的关照以及科学认识社区价值是应对城市发展转型的必要前提。进入社区日常生活空间，规划师从“蓝图规划”走向社会规划，面临从价值观念、规划理论到技术方法以及自身角色的全面转型，同时也为新时期城乡规划教育转型提出要求。

由于我国传统城市规划学科体系在社区层面的缺位，基于社区的城市设计理论与实践以及设计教学虽有提及（王建国，2004），但缺乏系统思考与总结。从大尺度的城市公共空间回归小尺度的社区日常生活空间，以人为本，民生导向，从社区可持续发展视角重新思考当下城市设计的内涵和意义，进而在教学中予以尝试，也是应对城市发展与社会需求的一次努力。本文将通过指导2013年全国城市规划专业城市设计作业评优和首届“西部之光”暑期规划竞赛两次教学实践，探讨基于社区的城市设计教学理念和方法。

2 基于社区的城市设计内涵

基于社区的城市设计（community-based urban design，或称社区城市设计），并无严格的定义，但它“更注重人的生活要求，强调社区参与，其中最根本的是要设身处地为用户、特别是用户群体的使用要求、生活习俗和情感心理着想，并在设计过程中向社会学习、做到公众参与设计；在实践中，社区城市设计是通过咨询、公众聆听、专家帮助以及各种公共法规条例的执行来实现的。这一过程不仅仅是一种民主体现，而且设计师可因此掌握社区真实的要求，从实质上推进良好社区环境的营造，进而实现特定的社区文化价值。”（王建国，2004）

将传统的城市设计教学延伸至社区层面，需要厘清以下三方面的问题（图1）。

---

* 2013年重庆市研究生教改重点项目“基于社区的城市设计课程综合教学改革与创新研究”（yjg132028）。

黄 瓴：重庆大学建筑与城市规划学院副教授
许剑峰：重庆大学建筑与城市规划学院副教授
赵 强：重庆大学建筑与城市规划学院讲师

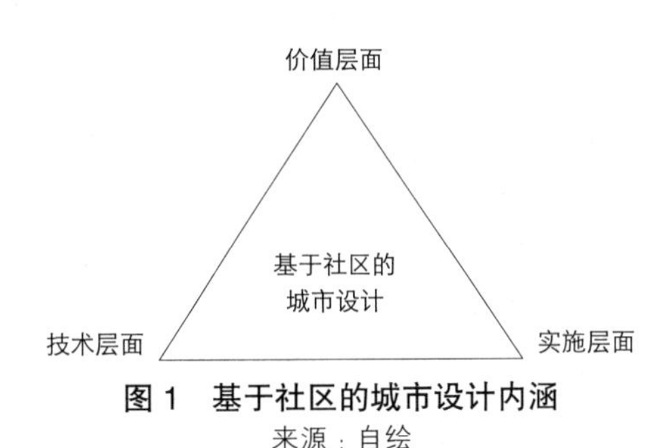

图 1　基于社区的城市设计内涵

来源：自绘

2.1　价值层面（Why+Who+Whom）

相较于总体城市设计、片区城市设计和地段城市设计偏重于城市公共空间结构设计而言，基于社区的城市设计更强调从具体居民人群的日常生活需求出发，通过局部微设计实现对城市公共空间结构的修复和完善，显得更加小尺度和具体化。因此，作为规划师或建筑师，首先应从价值判断上弄清社区城市设计工作的目的和服务人群，以及自己在整个设计过程中的角色，摒弃设计师个人崇拜和"设计成果作品化"思想，努力实现从"为人民规划（planning for people）"到"人民规划（planning by people）"的转变。

2.2　技术层面（What）

基于社区的城市设计在技术层面上主要解决"做什么"的问题。其设计重点在于对居民日常生活的全面了解和充分尊重的前提下，通过对公共空间价值的重新发现和梳理，联合政府相关部门、街道、社区及居民代表等利益相关者，共同完成社区公共空间系统的设计、完善和优化工作，以实现可持续的宜居社区环境目标。从某种意义上讲，社区城市设计可以纳入社区规划范畴，成为其中的重要组成部分，作为城市设计向社区层面的延伸和拓展。社区公共空间系统，因不同社区的区位、自然条件、社会结构、人口素质、经济水平、文化背景、社区管理等差异巨大，相应的社区城市设计要点、重点和难点也不尽相同，因此，程式化的蓝图设计模式难以为继，需要新的设计理念和方法。

2.3　实施层面（How）

对于差异化的社区特征和发展需求，"如何开展社区城市设计"提出了新的命题。基于社区的城市设计最突出的特征是"面对人的设计"，因此，"进入社区、实时规划"成为有效实施途径。详细的社区调查、现场设计、公众讨论、及时修改形成主要设计过程和设计方法。设计师工作内容从蓝图规划转向行动规划。同时，整个设计过程中组织、协调、沟通成为设计师的重要工作和必备素质，最后的设计成果的评判标准也从文本图纸汇报转向图纸评审和居民满意度评价双重机制。

3　基于社区的城市设计教学内容

基于社区的城市设计教学内容主要分为以下四部分（表 1）。

基于社区的城市设计教学内容（来源：自拟）　　表1

时间	主要工作	详细内容	完成度评价
第一阶段（教学周第 1 周）	向经典学习	分组整理和学习经典城市设计与社区规划、社区设计等相关文献及案例；组织课堂讨论；总结适合我国社区发展和城市更新的理论和方法；细化设计任务书	分组落实
第二阶段（教学周第 2 周）	向社区学习	深入社区，完成社区资产调查，收集社区居民需求；访问政府相关部门，获取上位规划与区域发展愿景；梳理自上而下与自下而上不同信息；初步拟定社区城市设计思路与策略	分组落实
第三阶段（教学周第 3–8 周）	社区城市设计	分三个环节：第 3–4 周完成初步方案，利用周末回到社区进行现场体验，推敲方案可实施性；第 5–6 周深化设计，完成社区空间优化的细部设计，尽量采用现场设计方式；第 7–8 周，回到课堂，完成图纸表达和模型制作	分组落实
第四阶段（教学周第 9 周）	设计成果宣传与反馈	完成两种形式的设计成果评价：学校请街道、社区及居民代表参与学校评图；回到社区，师生将设计成果用通俗易懂的图画和模型方式向社区居民宣传，听取居民意见	尝试过程中

3.1 向经典学习——理论知识储备

带领学生系统整理城市设计经典理论与案例，分组针对性挑选重点书著和文献精读和讨论，并对经典案例进行比较分析；同时，引入社区建设、社区规划等相关文献和案例，帮助学生更好地理解社区发展综合因素以及社区治理中的相关问题，弄清社区城市设计在社区发展中的作用。通过一周向经典学习，使学生奠定较为系统的理论知识基础。

3.2 向社区学习——社区资产调查

向社区学习，从经典回到现实，这是整个社区城市设计过程中非常重要的一步。进入给定的城市社区，联合政府、街道、社区及居民，共同进行一周的社区调查。运用世界范围内积极推广的“资产为本”的社区发展理念（黄瓴，2013），从物质、人力和社会三方面对社区进行全面资产调查，绘制社区资产地图；同时，通过居民动员大会、随机访谈和问卷，收集居民需求；再者，访问区规划局、民政局、市政管理局以及发改委等政府部门，获取城市及区域发展相关建设和管理信息，作为落实下一步设计策略的客观依据。

3.3 社区城市设计——社区公共空间优化

综合分析所有调查资料，找出与社区公共空间相关的部分，结合社区愿景，制定社区城市设计的思路与策略。就社区公共空间而言，更多应密切关注居民的日常生活行为与空间的关联，诸如上班、上学、买菜等步行交通出行、社区日常休闲、锻炼等交流活动空间的使用情况。具体而言，对内应包括社区出入口、路径、界面、集中活动场地、单元口以及休憩设施和停车设施等空间细节；对外应重点关注社区与周边环境的关联，如与城市公交站点、社区公园、区域内商业购物中心、中小学校和幼儿园、菜市场等场所的联系。总体上讲，社区城市设计应将重点放在公共空间优化设计上，是对原有城市和社区公共空间结构的连接、修复和完善，以弥补原有城市公共空间系统在社区层面的失联，从而将社区公共生活与城市公共生活舒适链接，为居住其里的人所认同和珍惜❶。社区城市设计分三个环节：①完成初步方案，利用周末回到社区进行现场体验，推敲方案可实施性；②深化设计，尽量采用现场勾画草图，完成社区空间优化的细部设计；③回到教室，按照设计任务书要求完成图纸表达和模型制作。

3.4 设计成果宣传与反馈——社区居民满意度调查

最终设计成果采用两种评价方式结合。首先，完成设计成果后，邀请政府、街道和社区代表参与学校终期评图，提出建议；然后，将专业图纸转化成通俗易懂的图画和模型，带到社区进行展示和宣传，听取居民意见，进行居民满意度调查；最后将两次意见结果进行综合评价和总结。

4 基于社区的城市设计教学实施方法

基于社区的城市设计教学过程重点在于从宏大城市空间转向微观社区空间的设计理念转型，难点在于如何组织学生真正走进社区、走进老百姓的日常生活，如何将设计与居民日常需求真正结合。因此，传统的课程设置和要求需要作出调整。社区城市设计教学需要落实三个关键点：课前落实与选点社区、街道、政府相关部门的联系与课程计划、社区调查和社区城市设计过程中的社区支持以及设计完成后的评价与反馈活动组织。整个教学实施方法与程序如下（图 2）。

5 两次社区城市设计教学实践

基于上述社区城市设计教学理念和实施方法，完成两次教学实践：2013 年全国大学生城市设计作业评优以及首届“西部之光”暑期规划竞赛。两次选址都位于重庆市渝中区，但区位特征完全不同，用地规模及周边环境、区域城市定位、自然人文条件皆相差很大。前者设计时间靠前，属首次基于社区的城市设计视角，针

---

❶ 2010 年 10 月，加拿大不列颠哥伦比亚大学城市与区域规划学院荣誉教授约翰・弗里德曼在上海世博会上“和谐城市与宜居生活”的主题讲演——社区规划与城市的可持续发展，提到一个优质的社区至少应该符合以下几个标准：一是充满活力、生机勃勃；二是以一个到多个集会和社交场所为中心；三是有集体意识；四是拥有一个可以促进社会和人文氛围的硬件环境；五是能被生活在其中的人所珍惜。参见：中国 2010 年上海世博会官方网站 . http://www.expo2010.cn/a/20101006/000019.htm.

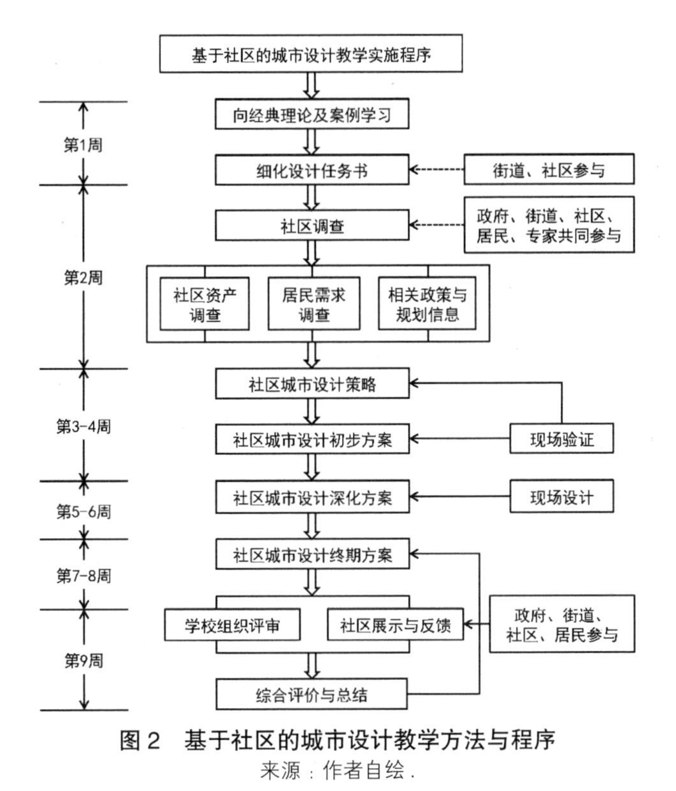

图 2 基于社区的城市设计教学方法与程序

来源：作者自绘.

对渝中区最西端的一个单位社区与商品房住区混杂的社区——煤建新村展开社区公共空间优化设计；后者时间紧邻前者，选址位于重庆下半城从十八梯到湖广会馆一带，针对其多重问题复杂性，仍然从社区城市设计理念入手展开研究与设计，探索城市更新乃至城市再生的空间途径。

两个方案比较如下（表 2）。

6 结论与思考

国家新型城镇化战略对城乡规划教育提出新的要求，从“土地城镇化”到“人的城镇化”，需要规划师真正面对“人”做规划。与新区规划的愿景导向、工程导向、蓝图导向和形体环境导向不同，城市老城社区的规划和设计是沟通导向、参与导向、行动导向和政策管理导向。从蓝图规划到行动规划，从蓝图设计师到行动倡导者，规划师进入社区层面面临角色转型。基于社区的城市设计在西方发达国家早已成为城市复兴的手段，比如纽约高线公园的成功建设；已经进入城市时代的中国，面对从增量建设向存量发展转型，还需要相应的理念和方法总结。基于社区的城市设计教学实践，应对了时代和社会发展需求。就这门设计课程本身而言，还需要处理好两个问题：①与社会学、政治学、管理学、经济学等相

基于社区的城市设计两次教学实践比较（来源：自拟） 表2

内容＼教学	（全国大学生城市设计作业评优） 双城六计——“资产文本”的煤建新村社区城市设计	（“西部之光”暑期规划竞赛） Urban Link——基于城市公共生活的慢行系统设计
设计周期	9 周（2013.4~6）	9 周（暑假）（2013.7~9）
区位	渝中区西部新核	渝中区核心区下半城
用地规模	10hm^2	200hm^2
社区特征	1990 年代单位住宅为主，少量商品房，部分破旧房待改造；邻里熟识度高；社区空间尺度好，环境刚整治完；外部交通条件良好，内部停车问题严重，步行体系不完整；公共服务设施不完善，缺乏社区绿地	承载重庆母城历史变迁，但城市肌理破损、拆除严重，建筑老旧，仍留有部分社区单元、历史建筑与历史街区；空间丰富但碎片化；上下半城交通不畅；低收入人群聚集，人口老年化严重
社区城市设计策略	通过社区资产调查（物质、人力、社会）与分析，结合区域和周边发展战略，在尊重原住民的需求前提下，提出更新六计：造园计、造坊计、绿线计、串巷计、建构计、制度计，重在社区内外公共空间的修复和联系（图 3、图 4）	基于渝中下半城丰富的空间资产和文化资产调查、挖掘和梳理，结合现居住人群、外来旅游人群及将来迁进人群的需求，划分社区单元，以打通城市联系为突破点，以尊重和唤醒不同人群在不同公共空间的城市公共生活为目标，构建渝中上下半城、历史与当代、人群与环境的空间联系、交通联系、社会联系和文化联系（图 5、图 6）

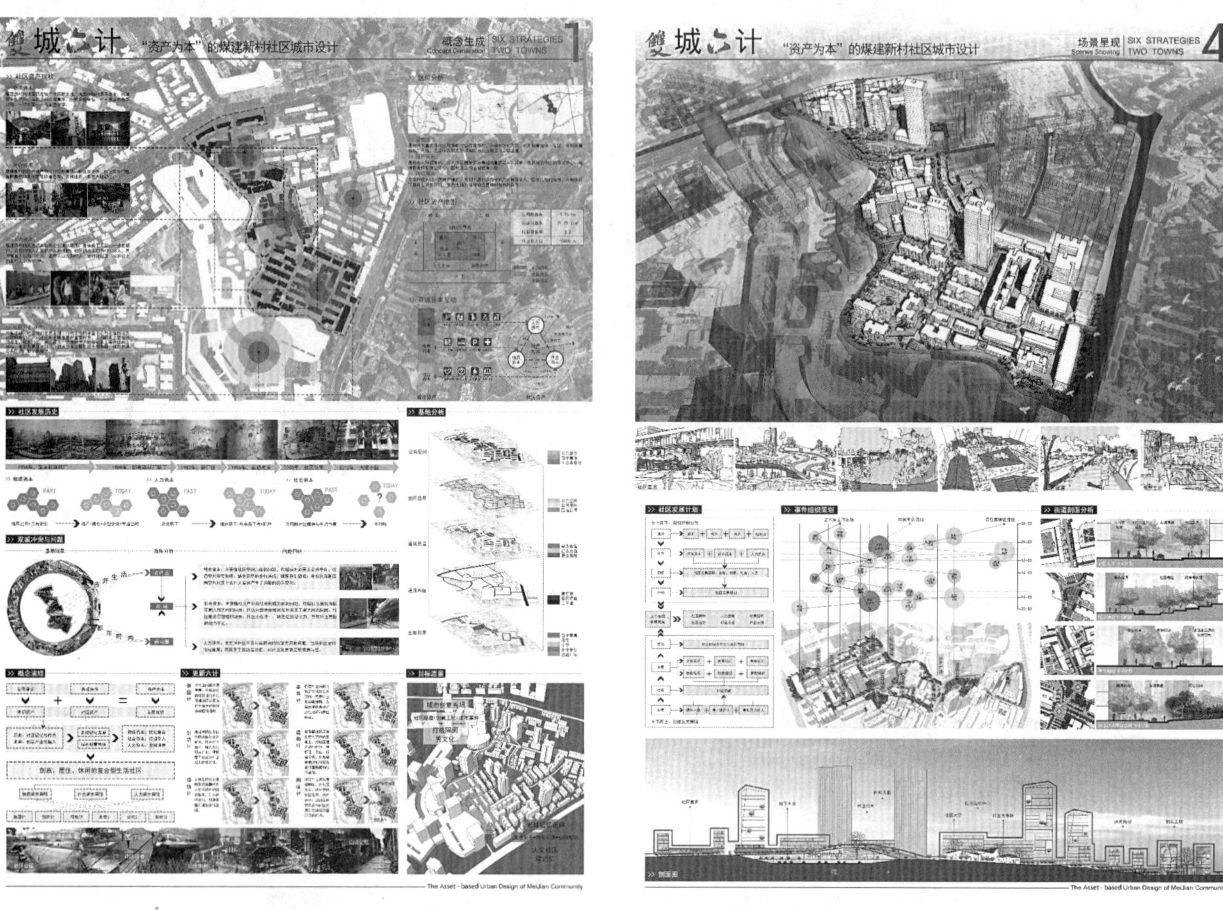

图 3、图 4 双城六计——“资产文本”的煤建新村社区城市设计

资料来源：2013 城市设计作业评优 佳作奖 .

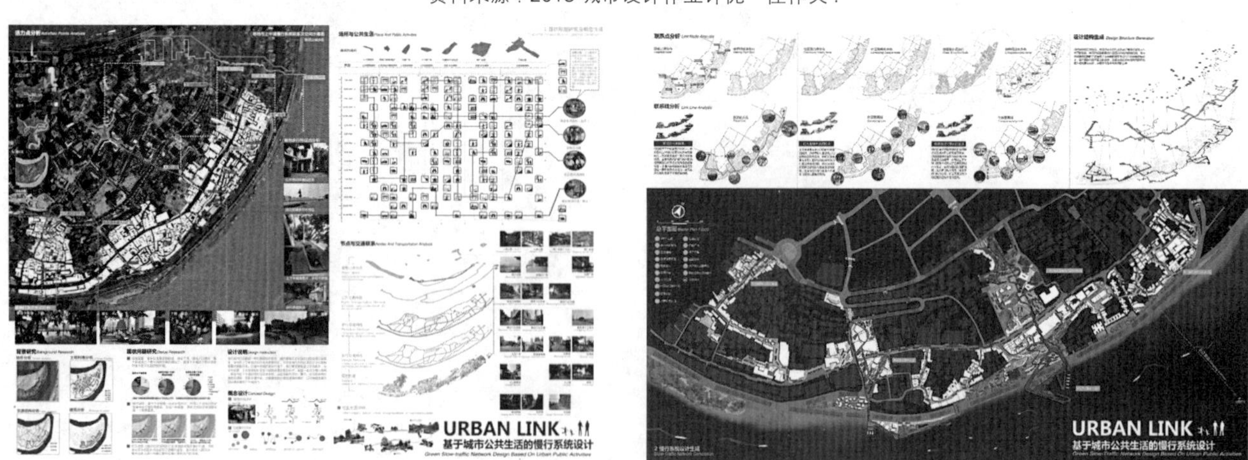

图 5、图 6 Urban Link——基于城市公共生活的慢行系统设计

资料来源：2013“西部之光”规划竞赛 一等奖 .

关学科的关系。社区现实问题的复杂性需要师生扎实的学科知识和追求真、善、美、公平、公正的正确的社会价值观。②课程设置的有效开放度。到底是进入社区解决实际问题还是假题假作，依然成为墙上蓝图，取决于包括内容和时间的课程设置以及前期与政府和社区的积极联系与协商，这本身也是一项教学改革。总之，基于社区的城市设计课程，为学生打开一扇“从理想走进现实”之门,某种意义上也体现了城市设计的本质之一——联系。作为城市设计课程的一个方向，还有待进一步实践和凝练。

主要参考文献

[1] 仇保兴．新型城镇化：从概念到行动．行政管理改革．2012，11：11-18.
Henry S. Churchill. 1945.The city is the people. New York: Reynal & Hitchcock.

[2] 黄瓴．从“需求为本”到“资产为本”——当代美国社区发展研究的启示．室内设计（西部人居环境学刊），2012，05：3-7.

[3] 王建国主编．城市设计．南京：东南大学出版社，2004.

Back to Daily Life Space——Study on Teaching Concept and Approach to Community-based Urban Design

Huang Ling　Xu Jianfeng　Zhao Qiang

Abstract: New urbanization in China focuses on human-needs, facing transition from extensive model to intensive model. It is not only the national development strategy, but also a new topic of urban and rural planning subject. On the way to daily life space in the community, planners are dealing with planning from “blueprint” planning to social planning. We are involved into comprehensive transformations from values, planning theory, technical approach and professional role as well. By applying community-based urban design concept in western contexts, this paper explains ideas into three levels: value, technology and implementation. It summarizes the teaching content and approach of urban design through two case studies: one is the 2013 National Urban Planning Competition for planning schools, another is the first competition entitled with “Stars of the West” . It faces the needs of transformation of urban and rural planning education in the new era.

Key words: daily life space, community-based urban design, teaching concept and approach, asset-based community development

城市交通出行创新实践竞赛的教学经验与理论认知

石　飞

摘　要：南京大学城市规划与设计系在全国高等学校城市规划专业指导委员会主办的交通出行创新实践竞赛中屡获佳绩。本文首先简要总结了获奖成果，然后提出竞赛的核心关切应当是有效提升城市机动性的创新举措，并从理论层面予以剖析。接下来，从选题、调查、提炼、排版、校内资助和校外辅导等角度，根据近年来的工作积累，笔者详细介绍了一些教学经验。最后，从竞赛内容和竞赛深度，对该竞赛的发展提出展望。

关键词：交通出行，创新举措，学科竞赛，机动性，教学经验

城乡规划学是一门具有高度实践性和社会意义的科学，在当前社会经济快速发展的新形势下，我国对城市规划专业的人才需求也提出了更高的目标：一方面学生必须具有极强的思考能力、实践能力；另一方面，还要求学生具有良好的社会责任感和职业道德。为此，从2001年开始,全国高等学校城市规划专业指导委员会(以下简称专指委）设立了旨在提高学生综合运用知识能力的各项竞赛。

专指委自2010年始举办一年一度的交通出行创新实践竞赛，到目前已举办了4届。我校从第一届开始就组织非毕业班本科生参加，并结合《社会调查》和《交通规划》等课程实施教学和辅导。本人从2010年开始担任教学和辅导老师，4年来共计指导作品20余份，由于各校名额所限有13项报送至专指委参加竞赛，11项获奖，其中一等奖2项，收获颇丰（如下表所示）。学科竞赛活动既满足城市规划专业需求，同时符合南京大学“三三制”本科教学改革的宗旨。

笔者指导的获奖作品一览表　　表1

序号	获奖作品名称	获奖名称	等级	时间
1	载绿归来	交通出行创新实践竞赛	一等奖	2013
2	接力通勤	城市机动性服务创新竞赛	一等奖	2010
3	公交疾驰	交通出行创新实践竞赛	二等奖	2011
4	独辟蹊径	交通出行创新实践竞赛	二等奖	2010
5	出租车油补	交通出行创新实践竞赛	三等奖	2013
6	错时交接	交通出行创新实践竞赛	三等奖	2011
7	大学之大，有容乃大	交通出行创新实践竞赛	佳作奖	2012
8	时空有差，定价有别	交通出行创新实践竞赛	佳作奖	2012
9	实时公交，智慧同行	交通出行创新实践竞赛	佳作奖	2012
10	“错”出畅通	交通出行创新实践竞赛	佳作奖	2012
11	“最后一公里”的挑战	城市机动性服务创新竞赛	佳作奖	2010
12	南京市公交乘客委员会	机动性竞赛	优秀奖	2012

1　获奖成果

从我校获奖的交通出行创新实践竞赛作品来看，数量较多，分布较为均匀，每年均有获奖，少则2份，多则4份，且作品质量能够体现学生的学习能力、理解能力和调查水平。一年一度的竞赛和各高校间的作品交流也为本校学生作品水平的提升起到了重要作用。

获奖作品的选题方面，公共交通3篇，出租车行业2篇，非机动化交通2篇，静态交通2篇，交通需求管理1篇，多模式交通1篇。选题基本上涵盖了城市交通各出行方式（公交、出租车、自行车、小汽车等）及提升城市机动性的主要策略（需求管理、多模式等）。

获奖作品的奖项方面，一等奖2项、二等奖2项、三等奖2项、佳作奖5项。我校在该竞赛中的获奖体现

石　飞：南京大学建筑与城市规划学院讲师

了“金牌榜”和“奖牌榜”上的双丰收。此外，在2012年专指委竞赛点评时，被专指委委员誉为交通出行创新竞赛“特等奖”的、由法国动态城市基金会主办的机动性竞赛中，我校提交的作品荣获最高奖优秀奖（该年度共计3项）。

2 理论认知

2010年创办之初，该竞赛被命名为城市机动性服务创新竞赛，2011年后改为特别竞赛单元：城市交通出行创新实践竞赛，期间也曾被称之为社会调查B类竞赛，体现出该竞赛不同于社会调查等常规学科竞赛，及其独特风格和魅力。另一方面，相信大多数城市规划专业课老师刚刚看到竞赛文件内容时，都会有所疑问：什么是城市机动性？什么是交通出行创新实践？

那么，该如何解读交通出行创新实践竞赛的核心内容？下文将展开并谈谈自己的一些认识。

首先，回顾竞赛文件的表述。竞赛文件中提到：“要解决城市交通问题不应仅仅局限于交通设施的建设和供给，应更多地关注人在城市中的可移动能力，即通常说的‘城市机动性’，并结合需求管理等‘软件’来改善整个交通系统的运转。城市交通出行条件的改善需要社会各界人士的参与，采取更加有效的措施，改善交通出行”。

由此不难看出，交通出行创新的核心在于：如何通过有效的、软性的、低成本的措施改善和满足人们的出行条件与环境，即提升城市机动性。这显然有别于主要由政府实施的城市道路、轨道交通等大规模基础设施投资建设。

其次，让我们了解机动性概念的来龙去脉。机动性的概念于1920年代首先由美国学者在社会学研究中提出，并作为衡量社会公平的一项重要指标。之后，欧洲学者将其作为体现城市社会整体运营特征的概念引入广义的城市规划研究，用于替代传统的单纯反映部门化技术问题的、从属于静态城市空间布局的交通的概念。欧美一些专家认为，机动性管理是一种费用低、效益高的做法，尤其适用于发展中国家（卓健，2005）。如今，机动性已经成为城市生活的核心要素，以至于保证人人都能够自由出行并方便的到达目的地的机动性能力，被认为是城市居民的基本权利和享有其他权利的前提条件（石飞，2013）。很多城市设计并实施恰当的项目以满足不同人群的交通需求，并为机动性较差的群体提供克服空间距离的有效方式。

由此，继续挖掘交通出行创新实践竞赛的出发点和关注点。认识论上的发展与包容使我们意识到了机动性的社会环境，特别是它的社会意义。因此，随着机动性概念的引入，城市交通问题在认识上从一个单纯的技术问题提升到一个综合的社会问题。可见，交通出行创新实践竞赛被加入了更多的社学会元素和思维模式，而以人，这一最主要社会构成，为研究对象的交通出行创新被提到了比以往更高的高度，典型的如对残疾人出行、饮酒者出行的关注。因此，也就不难理解该竞赛为何曾被称之为社会调查B类竞赛了。

最后，挖掘可持续城市机动性的内涵。可持续的城市机动性（Sustainable Urban Mobility）首先应基于以人为本，而非以车为本的发展理念和目标导向，着重提升人的可移动性，而非道路交通容量最大化，其次充分发挥公共交通和非机动交通的优势，而非小汽车，然后通过构建高效的、多模式换乘的、低污染的、社会公平的、生态友好的城市交通模式，保障社会大众对城市空间的可达性和机动性需求（石飞，2013）。

结合中国发展现状，笔者指出塑造可持续机动性的具体举措可包含以下三个方面：物质环境、社会公平和交通需求管理。物质环境包括多模式交通、多层次公交、步行自行车系统、出租车系统等；社会公平包含路权再分配、街道共享、保障特殊群体出行等；交通需求管理则包含充分利用信息化手段、经济杠杆及其他创新出行举措。而上述改善机动性的策略因有利于城市的可持续发展，而成为交通出行创新实践竞赛所鼓励的选题。

3 教学经验

3.1 选题

交通出行创新实践竞赛最为重要的，笔者认为是选题，选题好了则成功了一半，获奖的概率大增。除了竞赛文件中明确的软性的、已实施的措施或项目外，还需注意以下3个方面。

一是需紧扣机动性内涵。正如前文提到的交通出行创新实践竞赛的核心内容，如何提升城市机动性是该竞赛的主旨，并提示我们应该如何选题。有关物质环境建设的选题，如公交、公共自行车，只能算是常规选题，更为精彩的选题则是从社会学视角和交通需求管理视角的选题，前者如弱势群体、城市边缘地区居民的出行问题，后者如停车收费政策。显然，社会公平和交通需求管理两方面的选题在调研过程中有一定难度，但无疑这是城市机动性所提倡的，与竞赛要求高度相符的，当然也是竞赛作品评选中稀缺的。如2013年我校作品《出行醉安全》– 介绍如何为饮酒者提供机动性服务的创新机制，笔者坚持认为应选送至专指委。

二是，指导老师应做好功课。由于城市规划专业本科生对城市机动性的认识不足，且在选题方面较为茫然，往往耽误了时间。因而对于选题，辅导老师应有一定的敏锐性，并提前做好功课。笔者多年来一直从事城市交通规划研究，熟悉交通行业的组织结构和主管机构，能够较快了解地方相关机构的规划设计动向，并善于通过网络获取交通发展的最新策略和计划。这为竞赛选题打下了很好的基础。如笔者今年指导的南京市鼓楼区公务自行车项目，该项目实施已近2年，笔者一直予以关注，刚开始实施阶段效果不是很好，但随着国家“八项规定”和压缩“三公经费”等政策的出台，公务自行车的发展前景良好，其在提倡低碳出行和减少行政支出方面可谓是一举两得，值得推荐。当然，并非所有选题均由指导老师提供，应启发学生自主选题。如2012年，获法国动态城市基金会大奖的我校作品《南京市公交乘客委员会》，最初即由学生自主选题。

三是某些选题视野应独特。从2010年举办至今，专家评审团恐怕也有些“审美疲劳”了，这是自然规律。但从一个侧面反映出作品可能较为集中于某几个主题：公交、换乘、慢行交通、停车等。此时，如果在满足竞赛主旨的条件下，指导一些有独特视野的作品，则会让专家评委眼前一亮。如2013年我校选送的作品《出租车油补》– 讲述城市CBD一家大型商场为缓解“打车难”问题而出台的空车待客油补措施。这是一类交通补贴，属于经济杠杆范畴，不同于常规的竞赛选题，却又能够让人充满好奇想去了解一二。因此，这样的选题有时反而能够胜出。上述作品获该年度三等奖，评委事后的点评指出该举措本身很据创新性，但因可能涉及法律问题和有扰乱出租车市场之嫌疑而未能进入二等奖行列。

3.2 调查

选题明确后，紧接着进入调查阶段。和社会调查竞赛一样，交通出行创新实践竞赛需要大量的调查工作。根据选题的不同，调查地点和方法有所不同。但调查项目比较一致，一般应包括访谈类调查和问卷类调查。

访谈调查，主要调查创新举措主管机构的主观感受，调查前应开具介绍信。

问卷调查，可分为出行行为调查和意愿调查两种，比较常见和常用的是前者，相对复杂的是后者。出行行为调查一般用以说明现状是怎样的？并形成大量统计图表以说明举措的创新性和有效性。而意愿调查则是可选的，但是对出行行为调查的提升。意愿调查及其定量分析既是对作品本身的提升，也将是竞赛文件要求的一页A3页面的改进措施的重要依据。如我校2012年选送并获奖的作品《时空有差，定价有别》– 讲述南京市停车收费新政实施前后的停车特征差异。作者不但做了大量出行行为调查，同时非常耐心的开展意愿调查，其中一个重要选项是请受访者选择所能忍受的停车费上限，即高于此上限，受访者将选择其他交通工具。作者运用这些意愿调查数据开展Logistic回归，分析得到的模型可用于预测不同停车费率下的公共交通和小汽车分担率，这为政策制定和完善提供了非常直观和可靠的建议。根据该作品修改完善形成的论文获该年度南京大学基础学科论坛优秀论文三等奖（共计3篇）。

此外，对于某些调查，则应遵循循序渐进、不断滚动的原则。如2013年我校提交的、获当年度一等奖的作品《载绿归来》– 讲述南京河西公共自行车的成长历程。在短短的4个月内，作者共组织了2次较大规模的、分别针对工程一期和二期的公共自行车使用特征和意愿调查。调查工作虽然很辛苦，但所得到的面板数据能更好的反映公共自行车的发展进程和居民使用特征的变化趋势。作品对“过程”的关注得到了评审委员的一致好评。

3.3 提炼

首先，应结合自身学科背景，提炼创新举措的核心精神。竞赛作品不是调查报告，创新举措也不是介绍了之，这需要提炼工作。创新举措很有可能不是高校规划院或教师工作室完成的，如何提炼举措的创新性、可持续性和可推广性是竞赛的重要要求。如 2010 年我校选送并获一等奖的作品《接力通勤》，如仅介绍公共自行车接驳轨道交通这一地方政策，则作品会显得平淡、没有亮点。因此，作者基于低碳出行视角，运用碳足迹理论进一步测算该举措减少的碳排放，并以此分析作为推广该项举措的重要证据。并且，这样的形式非常有利于后期的论文撰写，如上述竞赛作品经小幅度修改，已发表在中国科技核心期刊《城市交通》上。

其次，为了提高竞赛作品的竞争力，在挖掘本地创新举措的同时，还需关注其他城市类似举措的优劣。因为如果两份作品系相同举措但实施于不同城市，则评审专家显然会深入了解，并选出更具推广性的方案。如 2011 年我校选送的获三等奖的作品《独辟蹊径》– 介绍位于城市新区的 mini 巴士。作者不但做了大量针对南京 mini 巴士的调研工作，同时积极了解西安、杭州等地 mini 巴士、社区巴士的运营情况。为了体现南京市 mini 巴士的特点，作者大胆借鉴生命科学领域的“生命周期”理论作为分析、提炼手段，效果很好，同时也得到了较高的评价。

3.4　排版

首先，交通出行创新实践竞赛的作品版面，不同于社会调查的论文写作格式，更不同于城市设计的格式要求。原则上，作品的版面形式应是图文并茂的。文字说明非常重要，但因 4 页纸的篇幅所限，文字部分要做到精炼和达意，切忌冗长、偏离主题。图纸则应以直观为主，可配一些照片、框图、柱状图、趋势图等，而无需如图底关系的城市设计语言。

其次，对排版应给与高度关注。如我校作品《公交疾驰》2010 年未能获得学院推荐和选送（该年度我校未用完名额），其原因正在于排版。但经过近一年的优化、完善，2011 年该作品以学院第一的成绩被选送至专指委，并获得该年度二等奖的佳绩。

3.5　校内资助

如果学校和院系能给与学科竞赛更多的关注和重视，则必然会促进学生参与学科竞赛的积极性。在此方面，要感谢南京大学和笔者所在的建筑与城市规划学院所作出的努力。

一方面，学校层面主导的本科生创新计划中，单列了用于鼓励大学生参加学科竞赛的立项和经费使用计划。每年的春季学期开学即开始申请，经过院系 pk，胜出的竞赛团队可以获得 8000~10000 元不等的创新计划资助。此外，学校 985 经费也以本科创新人才培养计划的方式资助本学科竞赛。

另一方面，建筑与城市规划学院针对专指委的三大学科竞赛，设置了“明远奖学金”，每年 6 月评选，一等奖团队将获得 3500 元奖金。

3.6　校外辅导

此外，我们还充分利用合作关系，加强与交通主管部门（如江苏省交通运输厅运输管理局）和规划设计单位（如南京市城市与交通规划设计研究院）的沟通与联系，同时聘任部分有较高行业管理经验的公务员和规划设计院的高级工程师作为竞赛的校外辅导员。对此，学生们均表示受益匪浅。

4　展望

交通出行创新实践竞赛无疑使得城乡规划领域的师生们更加关注交通问题，从社会学出发为谋求交通解决方案提供了独特的视角。在感谢竞赛创办者和组织者的同时，笔者也想谈谈自己对该竞赛未来发展的 2 点认识。

首先，关于竞赛内容。已举办 4 年的交通出行创新实践竞赛，均要求呈现一些有创新价值、有推广意义和可持续的提升城市机动性的举措，这非常重要，通过交流也可使不同城市的决策者受益。但归根结底，这些创新举措并非由提交作品的作者提出和实施。那么，从竞赛内容的角度，能否给与城乡规划专业大学生更多展现自身才能的机会，也就是说能否考虑自主选题下的、与提升机动性相关的对某些物质实体的规划设计或政策设计，而非仅仅是对他人成果的总结和提炼。如结合机动性空间设计的城市机动性改良。我们往往重视了交通空间却忽视了城市空间，因此造成交通空间与城市空间的相互脱节。而关注机动性水平的另一重要目标是使交通空间不再与城市空间相对立，并寻求交通基础设施与景观的融合。这是交通和城市规划研究领域的一个重要演变。

其次，关于竞赛深度。正如前文所述，如果仅仅是现状呈现，则平淡和没有亮点。因此，基于大数据背景和考虑到大学生均应掌握的 GIS 分析、数理分析等手段，应对学生作品的深度提出更高要求，并鼓励在此方面有所创新。当然，这对老师的指导能力也提出了挑战。但不管怎样，这有利于学科发展和学生个人成长，应给与鼓励。

致谢

本文撰写过程中得到全国城市规划专业指导委员会委员、南京大学城市规划与设计系徐建刚教授的点评和建议，在此表示感谢！

主要参考文献

[1] 石飞．可持续的城市机动性－公交导向与创新出行，南京：东南大学出版社，2013.

[2] 卓健．机动性和城市中国，国外城市规划，2005，20（3）：1-3.

Experience and recognition on the competition of innovative urban transport travel practices

Shi Fei

Abstract: The Department of Urban Planning of Nanjing University has achieved so many awards in the competition of innovative urban transport travel practices held by National Steering Committee of Urban and Rural Planning Education in the past four years. The author firstly briefly summarized the achievements and then raised that the core concerns are the innovative measures about urban mobility improvement in this competition. Next, the author introduced some experience from the perspectives of topic choosing, surveys, extracting, typesetting, internal funding and external consulting. Finally, some suggestions are raised about two aspects, competition content and depth.

Key words: transport travel, innovative measures, discipline competition, mobility, teaching experience

融入城市总体规划设计课程的 GIS 实践教学方法探讨

牛　强　周　婕　彭建东

摘　要：城市规划本科 GIS 课程学习难度大，课时少，应用机会少，为了提升学习效果，武汉大学尝试了让 GIS 走进总规设计课程，融入总规设计教学的各个阶段。随着总规设计教学的开展，学生们可以由浅到深、循序渐进、全面地开展规划 GIS 应用，包括规划信息综合管理、用地适应性评价、交通可达性评价、设施选址和优化布局等各类空间分析、协同设计、规划制图等。多年教学的结果表明，本教学方法行之有效，大幅度提高了学生们的 GIS 规划应用技能，同时对于培养学生理性思维、科学规划的良好习惯也发挥了积极作用。

关键词：城市总体规划设计课程，GIS 实践，教学方法

当前国内的规划本科教学对规划 GIS 应用越来越重视，《高等学校城乡规划本科指导性专业规范》已将课程《地理信息系统应用》列入城乡规划本科 10 门核心课程之一[1]。而传统基于 GIS 课堂的教学方式受课时的限制，规划 GIS 实践和应用机会少，教学效果并不理想。

为此，武汉大学一直在尝试让 GIS 走进总规、控规、修规等课程设计教学。特别是总规设计课程，它本身需要利用 GIS 开展各类空间分析，因此两者具备了相互结合的良好条件。我们通过连续 4 年真题真做的教学研究和实践，已经形成了一套行之有效的教学方法，将 GIS 应用到城市总体规划设计课程的各个阶段，取得了相辅相成、互相促进的良好效果。

1　当前 GIS 教学方式存在的问题

目前国内设置城市规划专业的院校大多为其开设了地理信息系统（GIS）课程[2]，但是从毕业学生反馈的情况来看，GIS 课程的教学存在以下两方面的问题：

1.1　实践机会少，所学很快被遗忘

GIS 教学往往只出现在 GIS 课程中，学生在其他理论课和实践课中几乎没有应用过 GIS，由于 GIS 课时较少，同时又缺乏实践，所学 GIS 技能很快被遗忘。相比之下 CAD 的学习则和设计实践结合得更为紧密，所学技能可以马上在课程设计中加以实践，效果更为理想。

1.2　GIS 教学和具体规划应用脱节，学生不知如何应用

由于城市规划 GIS 课时比较少，课堂上往往只能教一些原理和基本操作，教学中缺少规划 GIS 应用方面的内容。由于 GIS 主要应用于规划空间分析，其应用难度远高于以制图为主要目的 CAD，学生很难通过摸索或自学掌握规划 GIS 应用方法，所以很多毕业生反映不知在具体规划工作中如何应用 GIS。

2　在总规设计课中应用 GIS 的必要性

城市总体规划设计是城市规划本科专业（五年制）的核心设计课程，是规划本科所有设计课程中图纸最多、空间分析内容最广泛的课程。尽管目前 AutoCAD 在该课程中承担了制图和设计的大部分工作，但近年来 GIS 在该课程中越来越被重视。

2.1　总规设计中的空间分析需要借助 GIS 来实现

为了培养学生科学规划、量化分析的思维习惯，城市总体规划教学中需要开展大量空间分析，例如用地适宜性评价、生态敏感性评价、交通可达性分析、景观视域分析等，这些分析目前只能通过 GIS 平台来开展。从近几年许多高校的总规教学来看，越来越多的同学开始

牛　强：武汉大学城市设计学院城市规划系副教授
周　婕：武汉大学城市设计学院城市规划系教授
彭建东：武汉大学城市设计学院城市规划系副教授

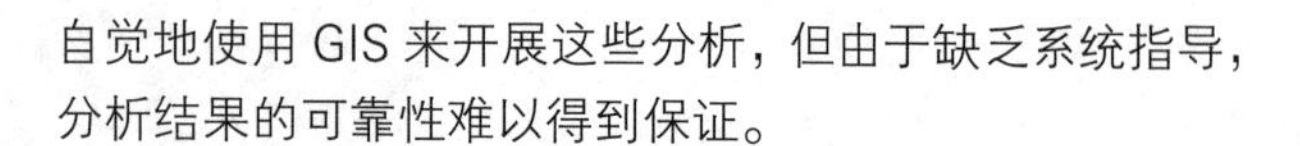

自觉地使用 GIS 来开展这些分析，但由于缺乏系统指导，分析结果的可靠性难以得到保证。

2.2 结合 GIS 来开展总体规划是目前的发展趋势

当前越来越多的城市（例如武汉、广州等）开始利用 GIS 来编制总体规划、开展专题研究。规划本科教学需要面对这种现实需求，在总规设计教学中增加 GIS 应用的训练。

3 总规设计课中 GIS 实践教学的方法

3.1 师资要求

武汉大学总规设计课为每个班安排了 3 位教师，为了开展 GIS 实践教学，其中的 1 位教师是精通规划 GIS 应用的，并且也对总规设计有相当的基础。

3.2 教学方式

我们采用演示 + 自学 + 辅导 + 答疑的方式。

演示：在课程设计启动初期用 1~2 个课时演示往届总规课程设计中利用 GIS 取得的成果，让学生对总规设计中各阶段的 GIS 应用内容有一个整体的了解。

自学：随着总规设计的开展，逐阶段把相关资料发放给同学们自学，由于同学们在之前的 GIS 课程中已经学习了相关原理和基本操作，所以不安排专门的时间讲解 GIS 操作。

辅导：对于同学们在各个设计阶段应用 GIS 取得的成果进行辅导，详细了解他们开展 GIS 分析的过程，分析其中存在的问题，引导他们形成严谨而理性地开展分析的习惯。

答疑：针对学生应用 GIS 过程中出现的问题，通过当面操作、邮件、远程协助等方式随时进行答疑，保证 GIS 应用的顺利开展，帮助同学们建立应用 GIS 的信心。

3.3 课时安排

除了初期安排 1~2 节课进行演示以外，没有安排其他课时专门讲解 GIS，课程设计过程中再根据需要进行辅导和答疑。

4 总规设计课中 GIS 实践教学的内容

我们结合总规设计各阶段的教学内容，由易到难、循序渐进地开展 GIS 实践教学（表 1）。

总规设计各阶段的GIS实践教学内容 **表1**

总规设计阶段	GIS 实践内容	GIS 实践技能
1. 前期资料准备	1.1 原始数据加工	坐标配准和坐标转换
	1.2 电子底图“现状一张图”制作	图层管理，信息可视化
2. 现状调研和资料汇总	2.1 现状图制作	地理数据建库
		地理数据编辑、符号化
3. 现状分析、专题研究	3.1 用地适应性评价、生态敏感性分析	空间叠加分析、缓冲区分析、地形分析
	3.2 景观分析	复杂地表面建模、视域分析
	3.3 交通可达性分析	网络构建、网络分析、空间插值
	3.4 区域空间结构分析	基于特定模型（如重力引力模型）的综合分析
4. 方案构思和比选阶段	4.1 信息综合	图层管理，信息可视化
	4.2 城市发展方向和增长边界	栅格重分类，图层透明叠加
	4.3 基于 GIS 的方案草图绘制	高级编辑、拓扑、用地平衡表计算
	4.4 方案的生态、交通等评估	空间综合分析
5. 方案深化阶段	5.1 协同设计	连接 ArcSDE、上传下载数据、版本和并发操作等
	5.2 居住和就业人口的空间分配	表计算
	5.3 设施优化布局	位置分配分析
	5.4 竖向规划	3D 分析
	5.5 项目选址、开发强度分区、土地经济性分析、开发时序分析等	空间综合分析
6. 成果制作	6.1 规划成果图纸制作	GIS 制图
	6.2 数据成果打包	数据库提取和移交

4.1 前期资料准备阶段

前期准备阶段，在开展总规现状调研之前，我们一般会要求同学们预先收集资料，整理和解读这些资料，并制作调研和设计用的基础底图。这些资料包括地形图、遥感图、上位规划和相关规划、行政区划图等。

传统教学中，这些资料分散在一幅幅图纸中，很难整合到一起查看，并且坐标系也有可能不相同，所以很难比对。

引入 GIS 后，首先对这些信息进行坐标转换和配准，统一到同一坐标系下。然后将这些信息在 ArcGIS 平台下以图层的形式汇总到“现状一张图”上，每幅图一个图层。之后就可以根据信息查阅的需要，勾选打开相应图层，而所有打开的图层会叠加在一起显示（图 1）。通过 GIS 平台学生们管理和整合信息的能力大幅度提高了。

在该阶段同学们可以学习到 CAD、GIS、遥感、栅格等多源异构数据的加载方法、图层管理方法、地图漫游、坐标转换和坐标配准等。而这些大多是 GIS 的入门技能。

4.2 现状调研和资料汇总阶段

现状调研和资料汇总阶段，会采集到大量信息，包括用地、道路、市政、建筑等，需要进行整理汇总。

传统教学中，我们主要通过编制基础资料汇编、绘制现状图来整理现状资料。这时现状信息会分散在多幅由不同学生完成的现状图中，信息比较离散，难以综合查看和比对（例如用地、建筑、市政管线走向的叠加比对），这不利于学生们对城镇各方面的现状形成完整认识。

引入 GIS 后，首先要求学生们对城镇现状进行统一建库，地理数据库由指导教师和同学们根据信息内容一起制定，并要求学生们将收集到的资料往其中分层、分类编辑录入。最终生成关于城镇的现状地理数据库（图 1），库中包括村镇职能等级规模、农村居民点、交通、市政设施、公共服务设施、土地利用、建筑等各方面信息。这些信息将汇总在“现状一张图”上，根据分析的需要灵活打开、叠加显示、综合查看。较之传统模式，学生们掌握城镇现状信息的效率大幅度提高了，内容也更加全面和完整，同时制作现状图耗时也有所减少。

在该阶段同学们可以学习到地理数据建库方法、信

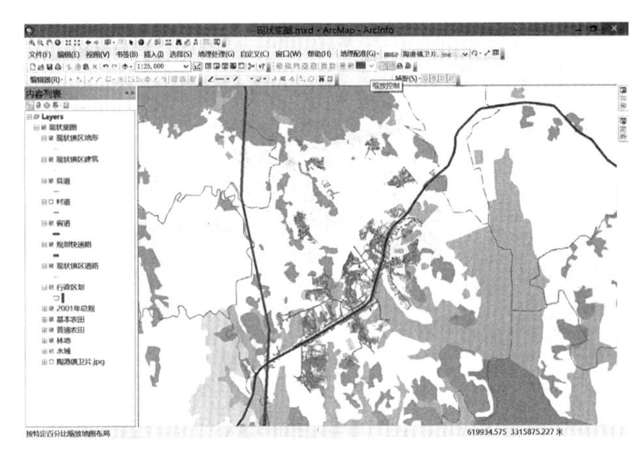

图 1 利用 GIS 构建城镇的“现状一张图”

息编辑方法、地理信息符号化方法。这些是 GIS 的基础技能，通过本阶段的 GIS 实践，它们能够被熟练掌握。

4.3 现状分析和专题研究阶段

现状分析和专题调研阶段，会结合专题研究对城镇发展现状进行深入研究，发掘城市的资源禀赋和发展优势，找到城市面临的问题和发展限制。这个阶段持续时间较长，有充足的时间来开展各类空间分析。

传统教学中，我们基本上以定性分析为主，通过各类示意性的分析图来表达和分析城镇现状。

引入 GIS 后，我们开展了用地适应性评价、生态敏感性分析、生态安全格局分析、景观分析、交通可达性分析、区域空间结构分析等量化分析。这些分析使得同学们更加深刻地理解了规划区域的现状条件和运行机制，为方案设计提供了大量优质信息。以生态敏感性分析为例，学生们首先针对地形、用地、土壤类型、地质灾害、生物多样性、水文等因素开展专项评价，通过层次分析法确定因子的权重，加权叠加后得到生态敏感性评价图（图 2）。基于该分析同学们更加透彻地理解了各个因素影响生态环境的机制和作用，得到了城镇各个区域的生态敏感性，为方案阶段的产业用地选址、生态环境保护和利用打下了坚实基础。

在该阶段同学们可以学习到大量 GIS 分析工具，包括缓冲区分析、空间叠加分析、地形分析、复杂地表面建模、视域分析、网络构建、网络分析、空间插值等，掌握 GIS 空间分析的思路和方法。这些都是 GIS 的空间

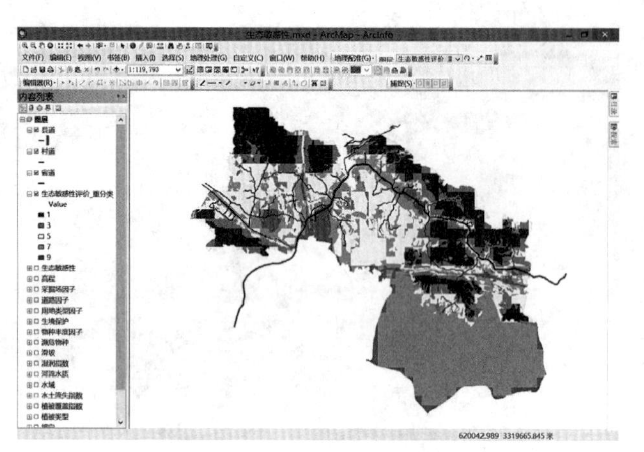

图 2　生态敏感性评价

分析技术，规划 GIS 课程中会有介绍，但一般没有足够的课时来进行上机实践，二本阶段的 GIS 实践为同学们提供了绝佳的实践机会。就近几年的教学来看，在该阶段，同学们实践 GIS 的热情会被充分调动起来，他们会主动而积极地开展各类可能的 GIS 分析，教师在该阶段需要投入更多的时间和精力来进行辅导。

4.4　方案构思和比选阶段

方案构思阶段，需要同学们结合前期分析的成果进行创新思考，提出发展方向、功能分区、交通组织等结构性内容。尽管该阶段以头脑思维为主，但是 GIS 还是可以发挥许多辅助工作，主要是信息综合、草图绘制和方案评估。

传统方式主要是通过手绘草图的方式，教学过程中发现该方式主要以地形图或遥感图为底图，信息量相对较小，容易忽略已批规划、相关规划、基本农田、行政界限、高压线等，并且难以对方案开展量化评估。

引入 GIS 后，我们首先在前述“现状一张图”的基础上进一步汇总专题分析图、相关规划等，得到“规划底图”。“规划底图”将为方案构思提供全面而综合的信息。然后在确定城市发展方向和增长边界过程中，对生态、交通条件、用地适宜性等重点图纸进行重新处理，通过再分类简化信息内容，突出重点建设或限制建设区域，调整图层透明度，让它们叠加在一起，方便建设用地选址，确定城镇镇长边界。之后，直接在 GIS 平台下

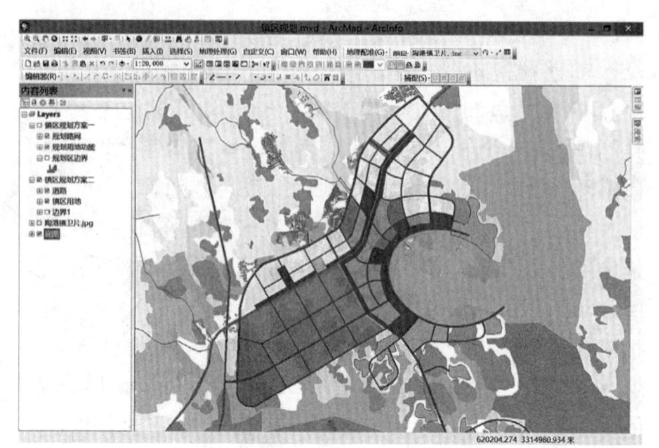

方案一

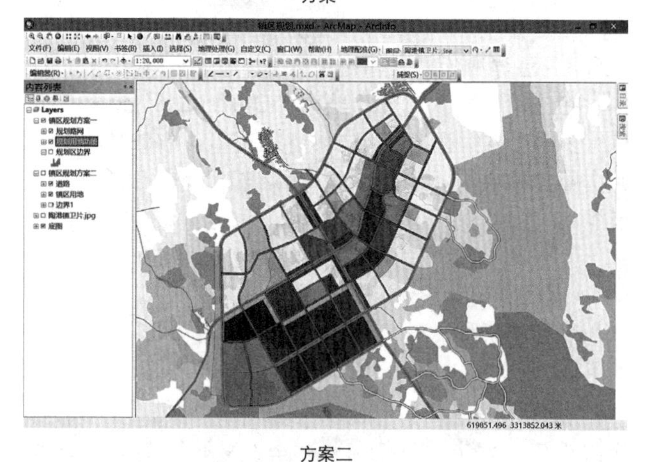

方案二

图 3　利用 GIS 绘制草图

绘制草图，构思方案（图 3）。较之传统手绘方式，GIS 草图方式有四方面优势：①学生们直接在“规划底图”上绘制路网和用地，能够更好地结合各类信息，方案更加严谨；②学生们绘制方案的效率大幅度提高，工作量大幅下降，1 个镇的用地方案最快能在 30 分钟内绘完，这直接导致了方案个数的成倍增加，从手绘阶段平均 2~3 个方案增加到 6 个以上，这极大地释放了学生们的创新思维能力；③由于方案的形态是数字方式，所以十分便于修改调整，教师提出的修改建议可以立刻得到落实，大家可以实时看到修改后的效果，方便了师生互动；④方案完成后可以及时得到用地平衡表。当然，该方式并不排斥手绘方式，相反在最初的构思阶段和理念提出阶段可能还是要基于手绘。

有了初步方案之后，需要对各个方案进行比选。除了通过直观感受来评图，GIS 可以发挥精细化评图的作用。我们指定了一系列评价指标，主要包括对生态的影响、对地形改变的程度、道路网密度等，要求每个方案都尽可能分析得到上述指标，方便方案的科学比选。

在该阶段同学们的 GIS 实践主要是对 GIS 基本技能和空间分析的深度应用，包括针对规划构思要求的信息可视化和符号化设计、栅格重分类、高级编辑（绘制平行线、垂直线、捕捉等）、属性表的计算等，以及叠加分析、网络分析、地表面分析等。到达该阶段后，同学们的 GIS 操作技能基本上都达到了熟练程度。

4.5 方案深化阶段

方案深化阶段，需要同学们开展交通、公共服务设施、市政等专项规划，并对方案进行细化。

传统方式主要是将任务按照专项进行分解，每个同学或小组负责一个专项，平行开展工作。由于各自独立开展工作，缺乏信息交流，成果之间极易出现不一致的情况。此外，规划主要基于经验，不够精细。

引入 GIS 之后，我们初步尝试了协同设计。首先基于 ArcSDE 和 SQL Server 搭建了一个 GIS 数据服务器，并整合了“规划底图”中的各类基础信息。然后要求同学们通过校园网连接上 GIS 数据服务器，根据该服务器中提供的数据开展规划，并把各自的规划成果及时上传到 GIS 数据服务器。这样之后，每位同学开展工作时都是基于最新的底图和现有其他同学的规划成果（例如土地利用规划图），由于是基于一套数据库，就保持了信息的一致性，同时也方便了同学之间互相查阅信息和及时沟通信息。

此外，我们还鼓励同学们尽可能多的应用 GIS 空间分析，包括居住和就业人口的空间分配、设施优化布局、竖向规划、项目选址、开发强度分区、土地经济性分析、开发时序分析等，提高规划的科学性。

在该阶段同学们可以学习到基于网络环境的 GIS 数据库操作，包括连接 ArcSDE、上传下载数据、版本和并发操作等。

4.6 成果制作阶段

成果制作阶段，需要同学们完成全套规划图纸。

图 4 利用 GIS 生成的土地使用规划图

传统方式主要基于 AutoCAD 和 PhotoShop 来一幅幅绘制各张图纸，这是一项极其耗时耗力的工作，并且由于图纸众多，难以避免图纸之间信息不一致的情况。

引入 GIS 之后，由于规划成果已经存放在 GIS 数据库中，所要做的工作主要是根据各图纸成果表达的需要，从数据库中提取某些地理要素的数据内容，基于 ArcGIS 提供的强大的制图功能，自动 / 半自动地生成各类图纸。以镇区土地使用规划图为例（图 4），直接从模型中提取规划地块、道路、地形、行政区划等地理要素，通过参数设置这些数据内容的图面表达方式（如颜色、线型、填充等），让 GIS 自动对用地性质、路名、地名进行标注，自动生成图例，加入图名、图框后，一幅图纸就迅速生成了。并且图面效果所见即所得，不需要 PhotoShop 二次加工。其工作量比传统 AutoCAD+PhotoShop 的方式要小得多。此外，由于所有图纸基于同一数据库，所以图纸之间能够保证数据的一致性。并且由于图纸内容是 GIS 自动 / 半自动生成的，任意要素的修改（例如某条道路），都会自动反映到所有相关图纸中，而无须手工逐幅修改。

在该阶段同学们主要学习 GIS 制图的相关技能，包括加入图例、图框、比例尺、指北针等。

5 教学效果分析

经过连续 4 年真题真做的教学实践，发现在总规设计课中引入 GIS 可以取得良好的相辅相成的教学效果。

5.1 学生在规划中应用 GIS 的能力和主动性大幅度提高

同学们不仅精通了 GIS 操作，而且还掌握了灵活开展 GIS 分析的方法。这直接反映在后面的毕业设计中，同学们开始广泛地自主应用 GIS 进行规划分析。GIS 逐渐成为我们同学开展规划设计的一件得力工具。

5.2 总规设计课的效果也有提升

同学们课程设计的重点已经从之前的繁琐绘图、频繁改图，变成了研究城市、分析城市、提出方案、论证方案、评估方案。GIS 的引入还便利了师生间的交流和互动。

5.3 培养了学生们理性思维、科学规划的良好习惯

GIS 量化分析的引入，促使同学们去思考城市各个要素的作用、关系和演变机制，去研究和发掘表象背后更深层次的内容，突破传统主观、定性和基于经验的思维习惯。

6 结语

GIS 教学只有和规划实践结合起来才能真正被掌握，而总规设计课是实践 GIS 的最佳课程，绝大多数的 GIS 技能和空间分析方法都可以在总规设计中得到实践，并且可以结合总规设计的各个阶段，由浅到深、从简单到复杂、循序渐进的开展应用。多年教学的结果表明，上述教学方法是可行的，其 GIS 学习效果是十分显著的，对培养学生理性思维、科学规划的良好习惯也发挥了积极作用。

主要参考文献

[1] 高等学校城乡规划学科专业指导委员会 . 高等学校城乡规划本科指导性专业规范（2013 年版）[M]. 北京：中国建筑工业出版社，2013.

[2] 王成芳 . 建筑院校城市规划专业 GIS 课程教学的探讨 [J]. 南方建筑 . 2006，6：89-91.

[3] 宋小冬，钮心毅 . 城市规划中 GIS 应用历程与趋势——中美差异及展望 [J]. 城市规划，2010，34（10）：23-29.

[4] 牛强 . 城市规划 GIS 技术应用指南 [M]. 北京：中国建筑工业出版社，2012.

The Integrated GIS Teaching in the Practice Course of Urban Comprehensive Planning

Niu Qiang　Zhou Jie　Peng Jiandong

Abstract: During the undergraduate studies of Urban Planning, the course of GIS is difficult to understand, the class hour is few, and the application opportunities is less than others. In order to improve the study effect, WuHan University has tried to apply GIS in the practice course of urban comprehensive planning, and made it integrated into the overall teaching stages. With the course going on, the students can carry out the GIS application in urban planning step by step which includes collaborative design, mapping and kinds of spatial analysis, such as the management of planning information, land suitability evaluation, traffic accessibility evaluation, facility location, etc. After years of practice, it is turned out to be an effective teaching methods which is reflected in the great improvement of GIS application ability in urban planning, and in the positive effect of cultivating students' good habits of rational thinking and scientific planning.

Key words: Course of Urban Comprehensive Planning, Application of GIS, Teaching Methods

空间句法应用于车站地区路网规划及街廓设计教学之研究

吴纲立　郭幸福　刘俊环

摘　要：本研究藉由空间句法的应用来协助推动符合 TOD 理念的车站地区路网规划与街廓设计的教学。经由城市规划系毕业设计课程的实际操作，本研究结果显示此方法适用于城市规划设计教学之概念发展及方案发展阶段的路网规划方案评估及街廓设计检讨。本分析结果显示符合 TOD 理念的路网方案有较佳的空间连通性及可达性，可藉此发展规划原则及协助选取较佳的路网及街廓设计方案。此外，研究结果也显示，空间句法分析方法可与 GIS 分析有效的整合，提供了一套可系统性地评估车站地区整体路网架构及局部路网之连通性与可达性的操作工具。最后依据实际操作经验，本研究提出一套能将空间句法模拟评估导入传统城市规划教学的新教学模式，以期能提升城市规划设计教学的科学性及回馈性。

关键词：空间句法，大众运输导向发展，路网规划，街廓设计，规划教学方法

1　前言

近年来，由于气候变迁、快速城镇化、都市扩张以及小汽车大量使用所带来的环境冲击，推动符合大众运输导向发展（Transit-Oriented Development，TOD）理念的车站地区空间规划设计，藉以营造出紧凑、多样性及步行友善性的城市发展模式，已成为目前城乡规划教学及专业实践上一个重要的课题。然而，在缺乏适当空间分析方法论的情况下，如何导入系统性、科学性的分析方法，藉以加强空间规划设计决策的客观性及沟通性，更成为城乡规划学科建设及教学研究上的一大挑战。

近年来，随着空间句法（Space Syntax）理论与技术的发展，以及其与其他空间分析工具（如 GIS）之整合能力的提升，这些新一代的空间分析技术及方法适时地提供了一个可解决前述问题的契机。然而，如何将空间句法（Space Syntax）分析模式，导入城市空间规划设计的教学，却仍有待累积实证操作经验，来发展本土化的空间设计教学模式。基于此，本研究尝试结合空间句法分析技术与 TOD 理论，并配合所选取之车站地区的实际路网规划及街廓设计，尝试探讨下列教学研究的问题：（1）如何系统性地评估车站地区的路网规划及街廓设计方案？（2）如何有效地检讨目前流行的超大街廓开发模式该如何调整，以导入 TOD 理念，藉以营造出具土地使用多样性及步行环境友善性的车站地区空间规划设计模式？（3）如何进行规划教学模式的调整，以整合 Space Syntax 方法，藉以强化规划决策的客观性与科学性。

本研究以目前正积极推动 TOD 建设的深圳坪地国际低碳城及深圳宝安区的 TOD 发展地区为研究案例，以哈工大 2014 年城市规划系的毕业设计课程为教学实验案例，进行 Space Syntax 分析的实证操作及教学模式调整的实验。透过相关理论及文献分析、案例分析、实地调研分析、Space Syntax 建模及模拟评估，以及车站地区空间规划设计方案的发展与检讨，本研究尝试建立一套可有效评估大众运输场站地区路网规划及街廓设计的操作模式，并进而建议一套导入 Space syntax 空间分析方法的教学改革模式，以期能有助于城乡规划的学科建设及教学调整。

2　概念发展与相关研究评述

2.1　空间模拟与评估应用在城市规划设计的新趋势

一般空间规划设计有 pre-design，design，和

吴纲立：哈尔滨工业大学城市规划系教授
郭幸福：成功大学博士后研究员
刘俊环：哈尔滨工业大学城市规划系学生

post–design 三个阶段，在数字模拟工具尚未普遍应用的年代，关于规划设计决策的概念通常难以在 pre–design 及 design 阶段被具体的分析与验证，以致空间规划设计构想常未经具体的评估便被实践，因此规划设计上的缺失，只能借由「使用后评估（Post–occupancy Evaluation，POE）」来发觉，但此时由于建筑已完成，往往发现问题时已为时已晚。

相较于传统空间规划设计操作模式的缺点，新一代的空间模拟技术可加强空间规划设计与模拟评估的整合，例如藉由空间句法（Space Syntax）技术的应用，可在规划设计的 Pre–design 或 Design 阶段，及时透过模拟（simulation）与评估（assessment），让规划设计者及主要利益关系人（stakeholders）预见到一些问题，以便及时修正，减少设计决策缺失所造成的损失。此外，透过空间句法技术的应用，可在规划设计、模拟评估及实际建造三个操作程序之间建立一个具反馈性的整合性操作模式，有助于城乡规划设计的教学改革与专业实践，此种运作模式与传统模式的比较，如图 1 所示。

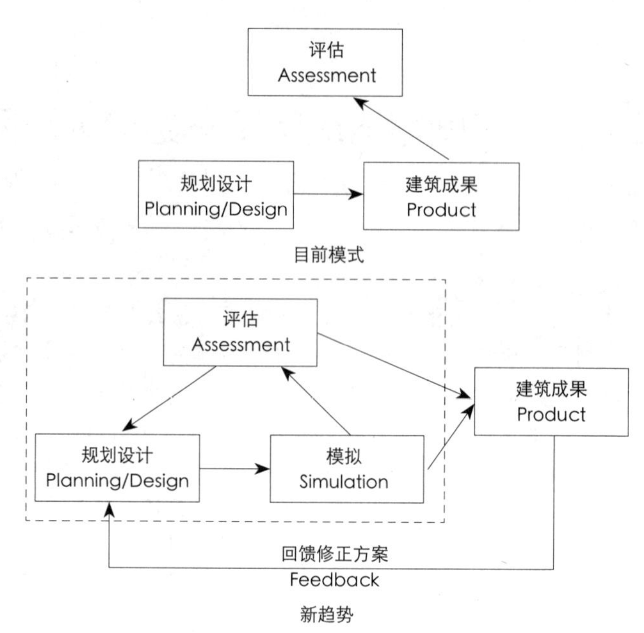

图 1　传统空间规划设计操作模式与纳入模拟和评估方法之操作模式的比较

2.2　相关研究及文献回顾

空间句法是一种以具有拓扑关系的连接图为分析基础，据以描述和分析城市形态及其关联性的空间分析方法，其也被认为是一种描述现代城市模式的新计算语言，为进行城市空间结构分析的理论与工具 [4] [6] [9] [13]。自从 1980 年代剑桥大学的学者 Bill Hillier 等人开始以空间句法来解析建筑与城镇形态以后，此方法已经不断的改良，并发展出应用软件，可与相关的空间分析软件整合 [4] [6]。目前与本研究有关的文献主要可分为以下几类：①应用空间句法于分析聚落或城镇空间型构原则的研究 [2] [7] [9] [10] [12]；②应用空间句法分析交通路网特性或道路规划设计的研究 [1] [8] [[9] [13]；③应用空间句法分析城市设计中土地使用特征或产业空间分布特征的研究 [8] [10] [11]；④探讨空间句法分析与其他空间分析工具（如 GIS）之整合应用的研究 [4] [6]；⑤探讨空间句法分析技术及运算法则的研究 [3]。相关空间句法应用于都市形态评估的研究多运用形态变量（如全区集成度、局部集成度）来做为分析空间聚集度及可达性程度的参考，但对于可接受之集成度门坎，因各分析案例的环境及路网结构差异，仍缺乏具共识基础的标准。

3　空间句法的概念及操作

空间句法将实际城市空间通过拓扑关系模型的建构与分析来进行空间解读与评估。实际操作时需将复杂的空间信息予以简化与图像化，其常用的空间分割方法有“凸多边形法”、“轴线法”、“视区分割法”，其中，轴线法较适用于城市空间分析，故本研究以此方法进行分析。以本研究的车站地区路网为例，轴线模型如下图所示：

依空间句法的概念，轴线为空间一点所能看到的最远距离。轴线模型将城市空间概括为轴线所构成，以轴线的相交表示空间的连接，每一条轴线代表沿一维方向开展的小尺度空间，透过轴线连接形成的拓扑关系模型之分析，可计算轴线的连接性、可达性等空间特征。轴线模型的建立，需先确定研究范围及尺度，可用高速公路、河流、铁路线等为边界，或者在目标区域外设置合理的缓冲区域，尺度方面应以实际尺寸为准。空间句法遵循着以“最少且最长”轴线来涵括整个空间范围，并穿越每个凸状空间为建模原则。所得到的轴线模型中，每条轴线作为一个节点，会参与到后面的计算中。虽然多数 Space Syntax 软件（例如 Depthmap，DepthmapX，Axwoman 等）提供了一些自动生成轴线的功能，但是由于实际城市空间的复杂性和软件本身算法的局限性，实际操作时常需要利用 CAD 来手工绘制轴线。手工绘制轴线时，轴线交接处要稍微出头，对于立交路口、转盘道、曲线道路要根据其连接的逻辑关系适当地简化轴线，接着尚需检查模型连接的正确

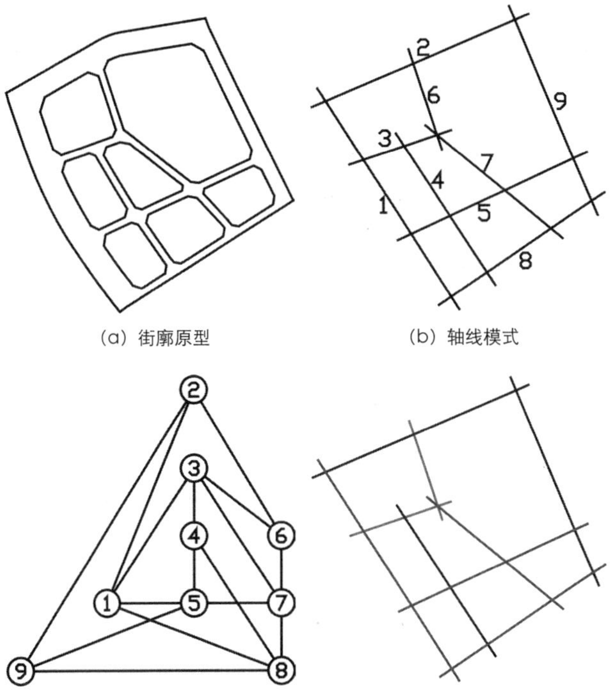

(a) 街廓原型　　(b) 轴线模式

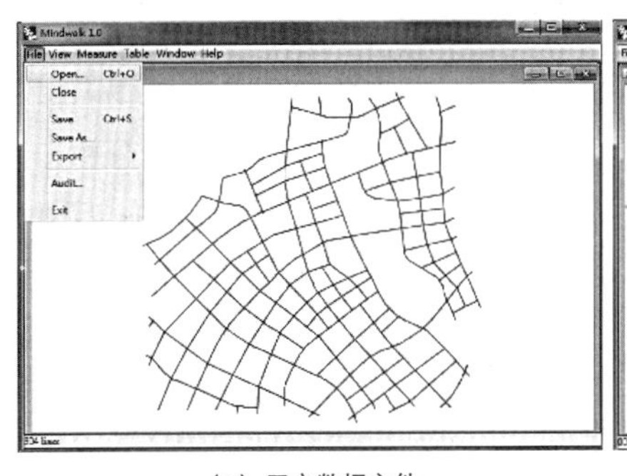

(c) 空间拓朴关系　　(d) 分析结果

图 2　轴线模型的空间构型表现方式及连接关系示意图

性。为加强分析结果的可靠性，本研究以 Mindwalk 及 Depthmap 两套软件进行分析，并进行结果的比较。

以下以 Mindwalk 软件操作平台作为说明。本研究使用的 Mindwalk 版本为 1.0，由于其具有跨平台、操作简便、程序档案容量小等优点，自 2002 年起已经被许多的机构用来进行研究和教学工作。但是由于 Mindwalk 本身不提供绘图和编辑的功能，因此必须事前透过其他软件将要分析的路网资料转成交换格式文件，目前可支持的资料格式有两种，分别为具有 XY 坐标格式的点位数据文件和 DXF 向量线型数据格式。由于目前空间规划领域已普遍使用 GIS 系统来建置路网资料，因此，以既有路网为基础，将其转换成 DXF 数据格式为目前较普遍的作法。本研究进行分析的程序依序为：①开启（open）DXF 档案；②建立分析图形（执行 Measure 功能下的 Build Graph）；③进行相关指标的量测。步骤如下图所示：

空间句法分析时，需透过变量指标来进行空间元素的评估，本研究所用到的变量指标包括：

连接度（Connectivity）：与某节点相连的节点数。连接度越高，空间渗透性越好。

深度（Depth）：空间句法中规定相连的两个节点之间距离为一步，一个节点到另一个节点的最小步数即为这两个节点间的深度。某节点到其他所有节点的最小步数之和为该点的全局深度（Total Depth），其平均值为平均深度。深度可以在一定程度上反映可达性，深度越大，节点越不容易到达。

集成度（Integration）：集成度表示一个空间与局部空间或整体空间的关系，其为反映空间节点之相对可达

(a) 开启数据文件　　(b) 建立分析图形　　(c) 进行相关指标量测

图 3　Mindwalk 软件操作步骤示意图

性的重要指标。由于节点的深度值存在着不同程度的不对称性，需透过不对称度（RA）来衡量，在剔除因不对称性及连接关系所造成的影响后，将 RA 与理想的钻石型拓扑结构进行比对，设定钻石型拓扑结构的节点数量与前者一致，由此推导出可用于评价可达性的集成度指标（Integration）。其数学关系如下：

$$\text{RA of Diamond}=\frac{n\{\log_2(\frac{n}{3})-1\}+1}{\frac{(n-1)(n-2)}{2}}$$

$$\text{Relativized RA}(d_1)=\frac{\text{RA}(d_1)}{\text{RA of Diamond}}$$

$$\text{Integration}(d_1)=\frac{1}{\text{RRA}(d_1)}$$

集成度为空间可达性的一种度量，集成度越高，可达性越高。实际分析时会有全区集成度（Global Integration）及局部集成度（Local Integration），局部集成度考虑的是与研究对象直接相交的单元空间和邻近的单元空间的集聚程度，而全区集成度考虑的则是研究对象到城市系统中最远距离之单元空间的集聚程度。

4 空间句法应用于规划设计教学的成果

为系统性地探讨如何将空间句法分析导入城市规划设计的教学，本研究尝试透过以下相互关联的教学模块来操作，以检视方法论导入的适当性及所需的教学方式调整。

4.1 课程与实证操作地区的选取

本研究以哈工大城市规划系五年级的毕业设计为实验课程。在毕业设计的方案评估阶段，导入空间句法的理论及分析方法，以期能导入科学性的分析，并协助设计沟通。在分析案例选取上，是以目前深圳积极推动 TOD 的坪地国际低碳城及宝安区为操作案例。此两个地区，目前正配合轨道系统的兴建，正进行路网规划及都市再发展，此外其也面临一些中国城市在转型为 TOD 导向城市时必须克服的原有空间肌里调整及小汽车导向之超大街廓再细化的问题，因而提供了一个可藉由空间句法来检讨如何落实 TOD 理念之路网规划及街廓设计的绝佳案例。

4.2 TOD 车站地区空间规划模式的概念化发展

首先分析基本的路网类型，将城市道路网络分为三种类型：①适宜小汽车通行的超大街区（中国常见的模式）；②适宜步行、自行车等出行方式的 TOD 街区模式；③西方 TOD 理论的车站周边街区。如下图所示：

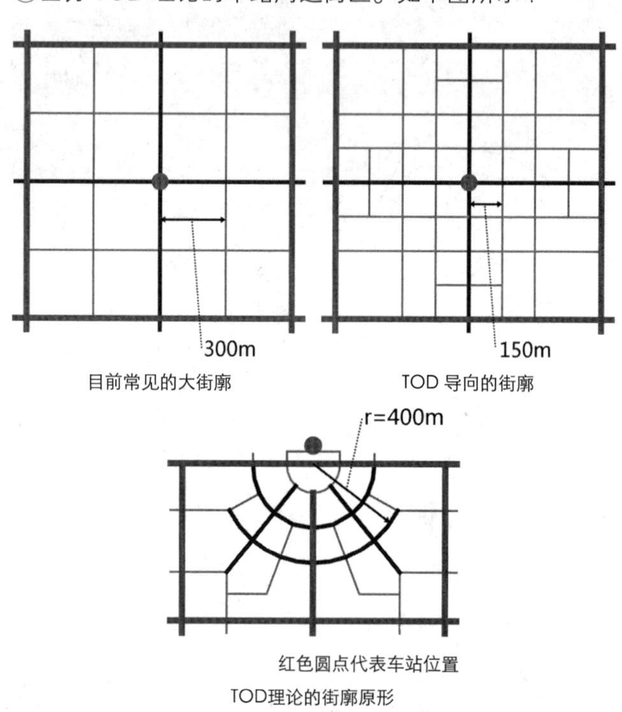

图 4 城市道路网络类型示意图

除了需了解以上 3 种基本类型的空间尺度及路网特性之外，学生尚需选择其他适当的案例，进行比较分析，据以检讨其毕业设计所选取的车站地区之路网规划及街廓设计方案。以坪地国际低碳城为例，现况及路网方案如图 5 所示：

4.3 Space Syntax 导入路网规划及街廓设计分析

主要步骤包括路网模型建构、对轴线地图进行大小空间的划分、对局部集成程度做限制定义，以及变量指标值的计算与成果解读。

4.3.1 与理论模型的比较

首先分析符合 TOD 原形的路网评值，此处以西方 TOD 原形及依据 TOD 原形发展的高雄新市镇为例，分析结果如下：

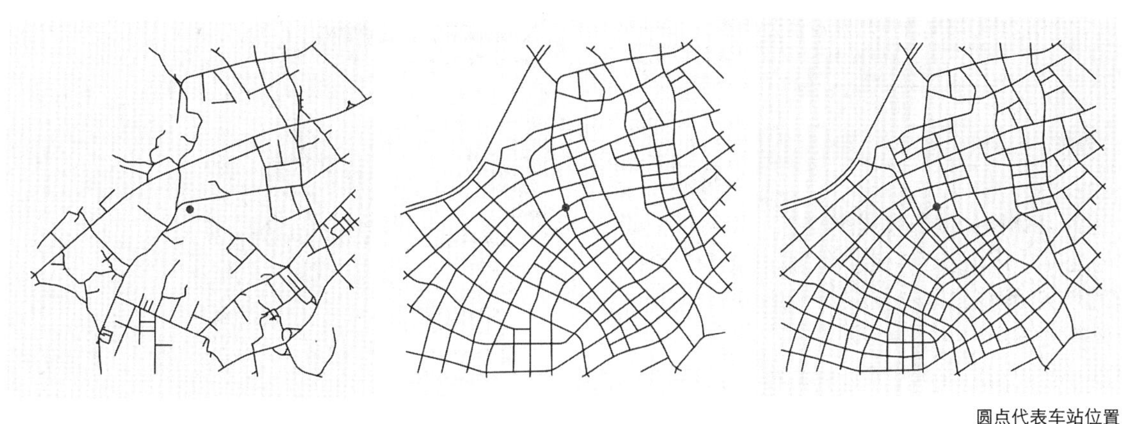

圆点代表车站位置

现况路网　　初步方案路网　　街廓再细化方案路网

图 5　坪地国际低碳城现况及方案路网

（部分街廓划设示配合水与绿网络所调整）

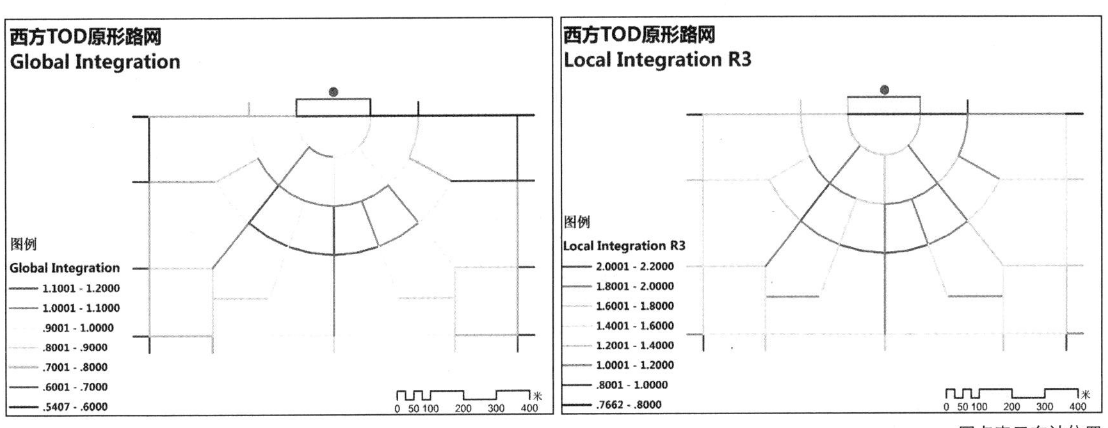

圆点表示车站位置

图 6　西方 TOD 原形分析结果

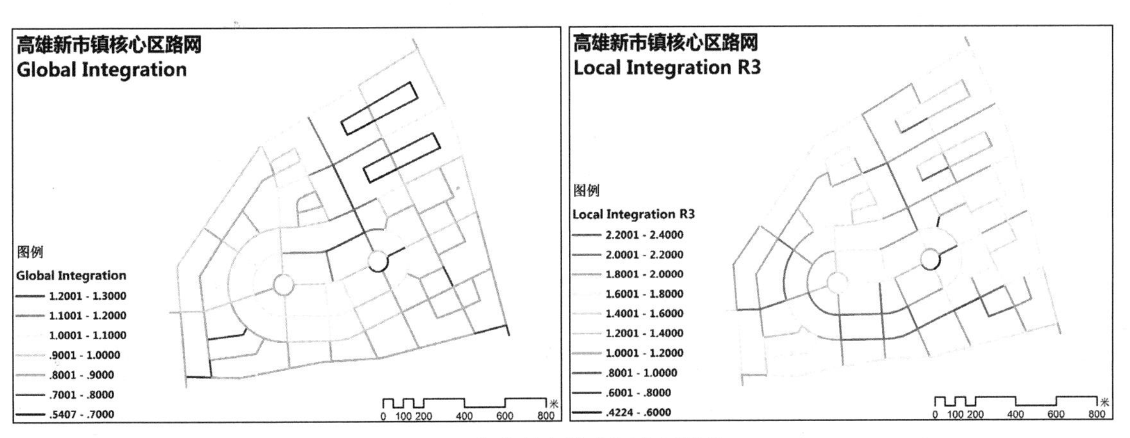

图 7　高雄新市镇路网分析结果

TOD原形路网的平均集成度分析表　　表1

	平均全局集成度	平均局部集成度 R3
西方 TOD 原形路网	0.847	1.4739
高雄新市镇核心区路网	0.9114	1.6837

上述两套路网的局部集成度较高，符合 TOD 理念所强调的加强车站地区之汇聚性的要求。值得注意的是，由于西方 TOD 原形路网仅为车站一侧，因此所得全局集成度数值较低。

接着分析规划地铁车站周边的路网，包括现状、大街廓模式，以及配合 TOD 理念的车站周边路网细化模式。以坪地国际低碳城为例，分析结果如下列组图所示：

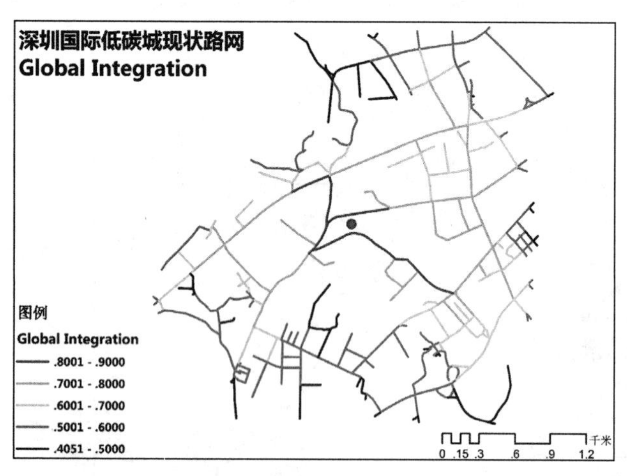

图 8　现况全局集成度

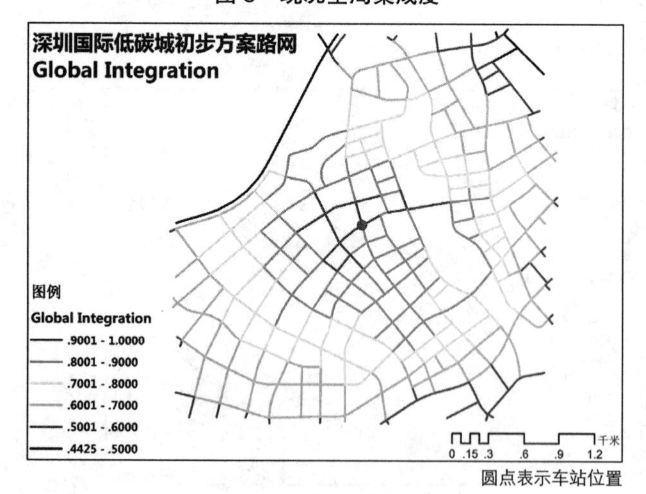

圆点表示车站位置

图 9　初步方案全局集成度

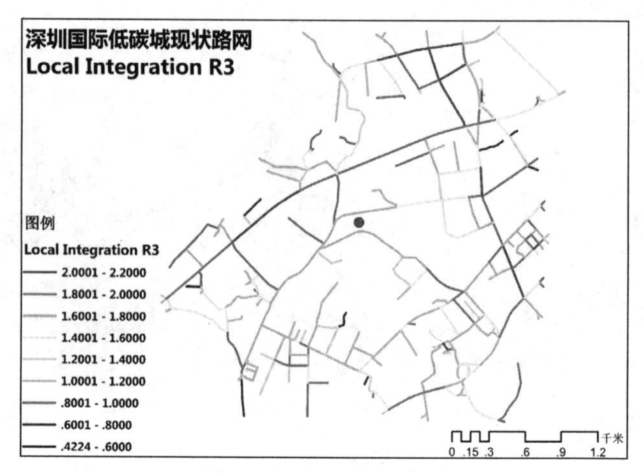

图 10　现况局部集成度

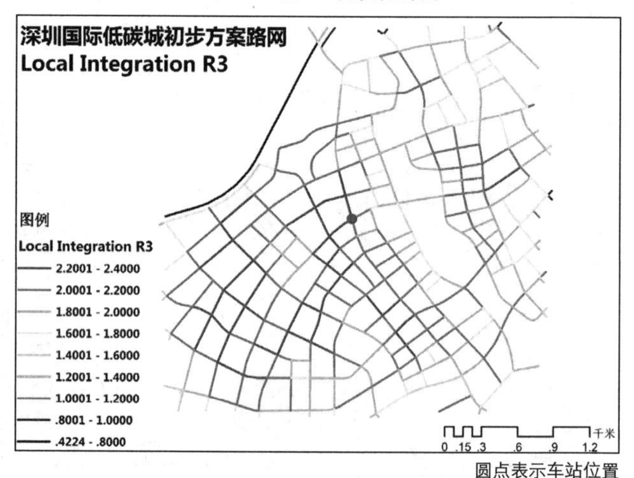

圆点表示车站位置

图 11　初步方案局部集成度

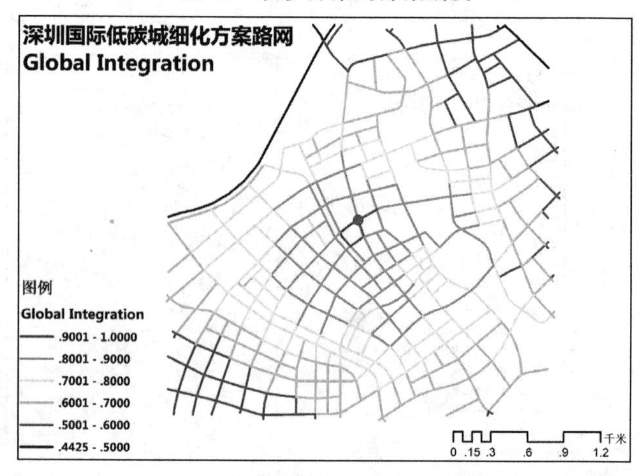

图 12　街廓再细化方案全局集成度

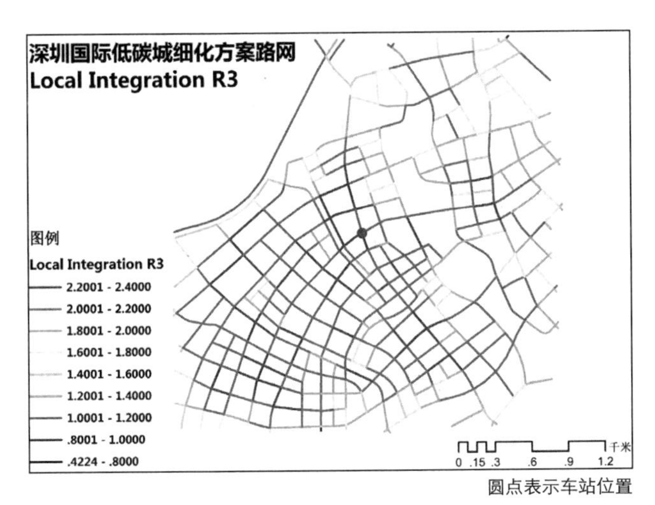

圆点表示车站位置

图 13 街廓再细化方案局部集成度

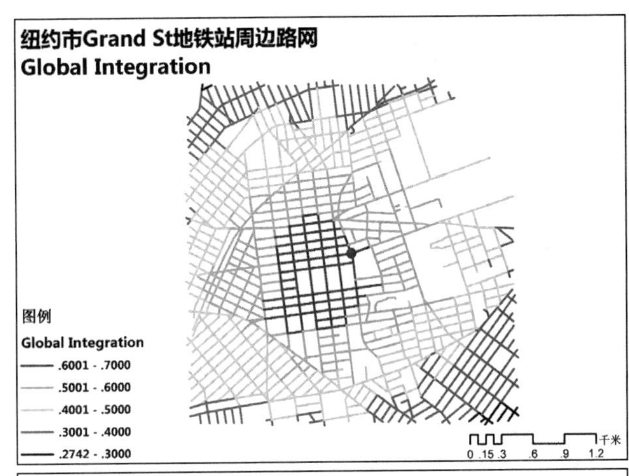

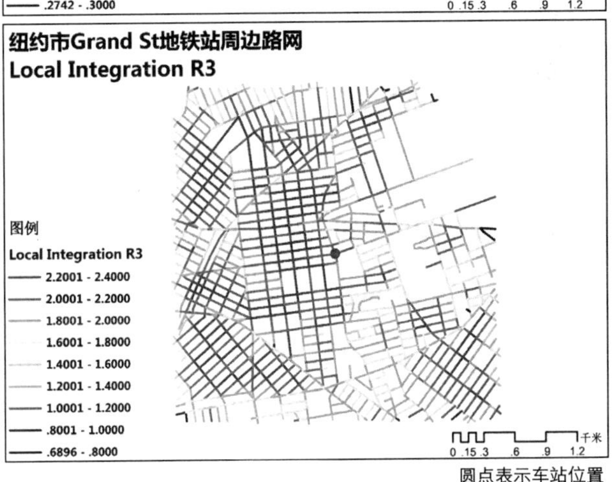

圆点表示车站位置

图 14 纽约市 Grand St 地铁站周边路网分析结果

深圳低碳城现况及改善方案的平均集成度分析表 表2

	现状	初步方案（含部分大街廓）	街廓再细化方案
平均全局集成度	0.5995	0.7149	0.7053
平均局部集成度 R3	1.4852	1.8934	1.9346

上述分析结果显示，低碳城路网经重新规划后，平均全局集成度相较于现况有明显提升，以 TOD 理念进行街廓再细化后，平均局部集成度也有提高，显示可达性的增加。但由于缺少朝向中心的放射状道路和围绕中心的环状道路，低碳城两套规划后的路网之全局集成度与高雄新市镇核心区路网相比仍有一定差距。

4.3.2 与类似地区的案例比较

接着于全球选取类似的案例进行分析，以探讨如何界定基本的评估门坎值，以下为部分分析结果（以纽约市 Grand St 地铁站周边路网及台北市捷运南京站周边路网的分析为例）。

类似案例的平均集成度分析表 表3

	平均全局集成度	平均局部集成度 R3
纽约市 Grand St 地铁站	0.469	1.8951
台北市捷运南京站	0.3364	1.7388

以上所选的车站的地区路网范围与低碳城路网范围一致，均为车站周边半径 1500m 区域。这两个案例路网的道路密度均很高，故平均局部集成度不低，但是由于道路路网过于细碎，使平均全局集成度明显的降低，加上纽约地铁站旁边受到水系限制形成了部分超大街廓，台北南京站周边路网中含有大量尽端路，皆使得全局集成度进一步下降。

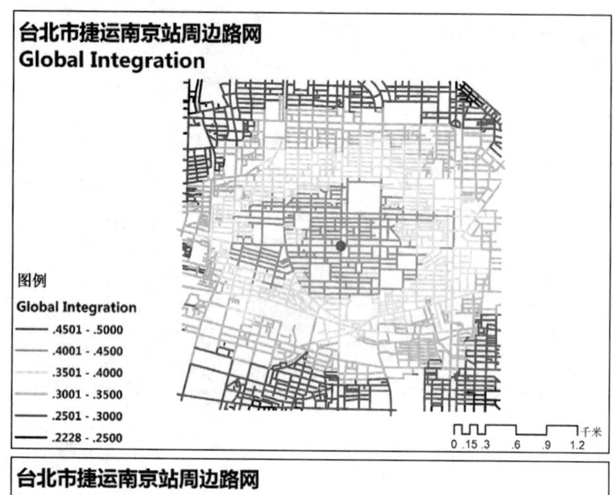

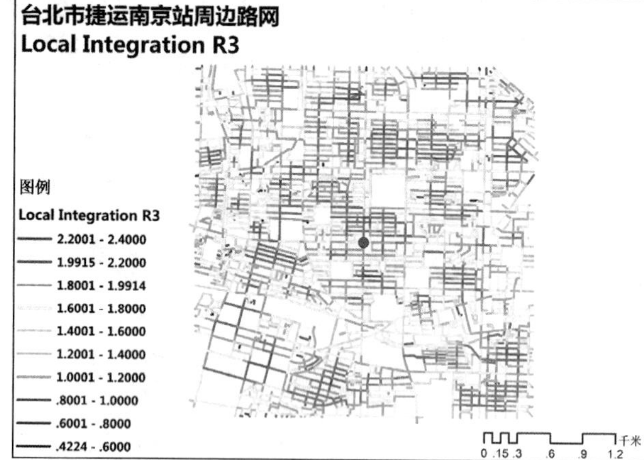

圆点表示车站位置

图 15 台北捷运南京东路车站的地区路网分析结果

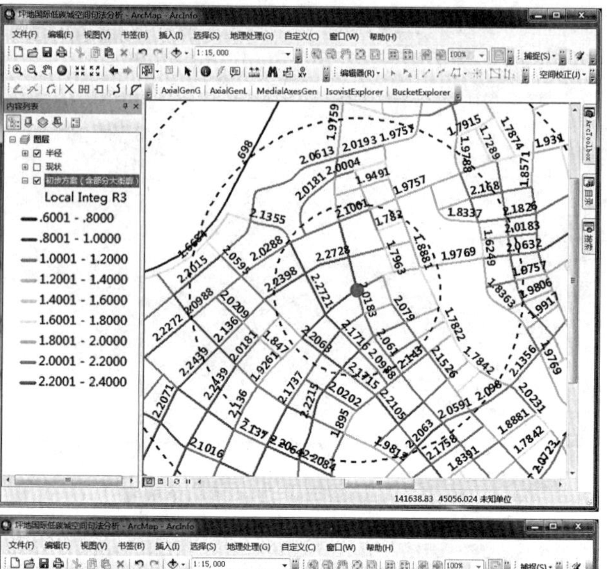

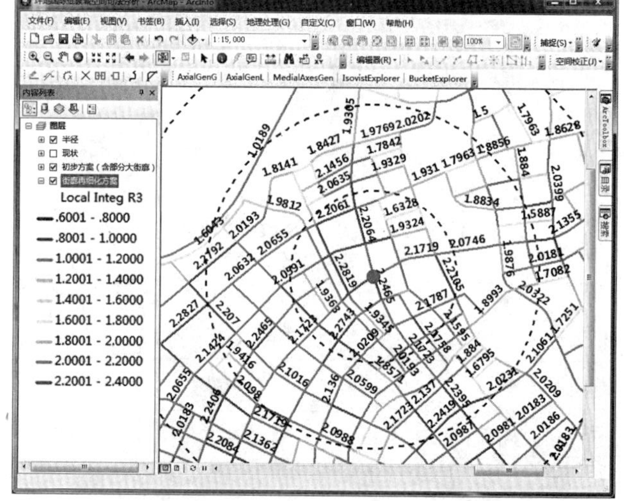

圆点表示车站位置

图 16 坪地国际低碳城车站周边路网分析结果对比

4.4 分析结果与 ArcGIS 的整合

接着将 Space Syntax 分析结果导入 ArcGIS 10.0，藉以检视所提出的路网方案之可达性是否符合 TOD 理论，并检视特定路网的分析结果，探讨超大街廓细化的成效。以下结果为坪地低碳城的分析结果。

坪地国际低碳城车站核心区与外围地区的集成度比较表 表4

	距车站距离	平均局部集成度 R3
初步方案（含部分大街廓）	<500m	2.0268
	500m~1000m	1.9968
	1000m~1500m	1.9481
街廓再细化方案	<500m	2.0915
	500m~1000m	1.9982
	1000m~1500m	1.9635

上述分析结果与 TOD 理论一致，显示出车站周边地区的大街廓经路网细化后，局部集成程度有相对的提升。

4.5 以空间句法分析结果协助车站地区空间规划设计决策

在依据空间句法分析结果对路网设计进行优化的同时，城市空间设计方案也同时检讨。例如通过分析确定出具有较高全局集成度的地区后，可接着进行主要高强度活动轴带位置与范围的界定，使空间设计的活动轴带规划与分析结果一致，加强活动轴带规划设计的合理性及可实践性。

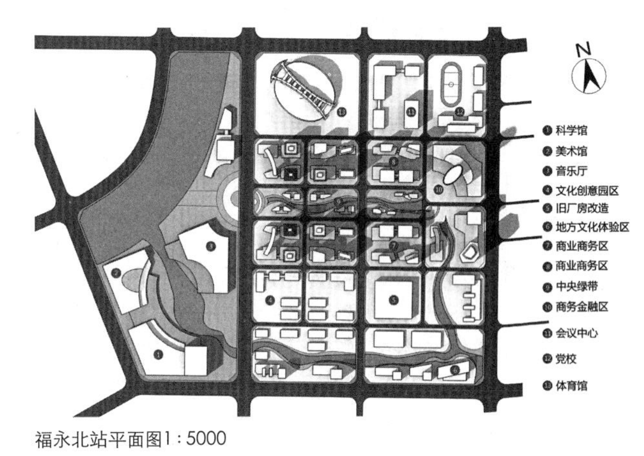

福永北站平面图1：5000

图 18　福永北车站地区建筑配置图

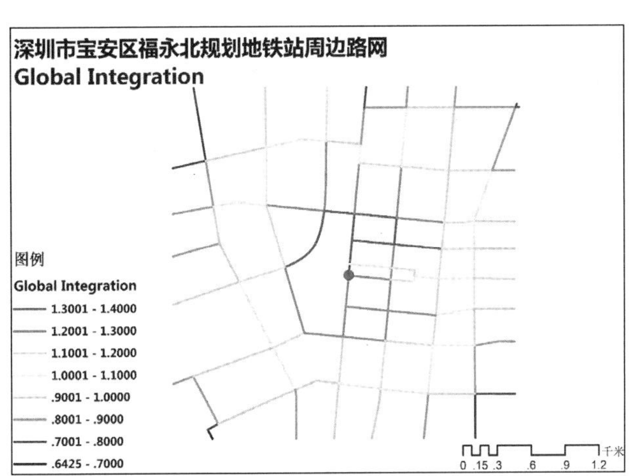

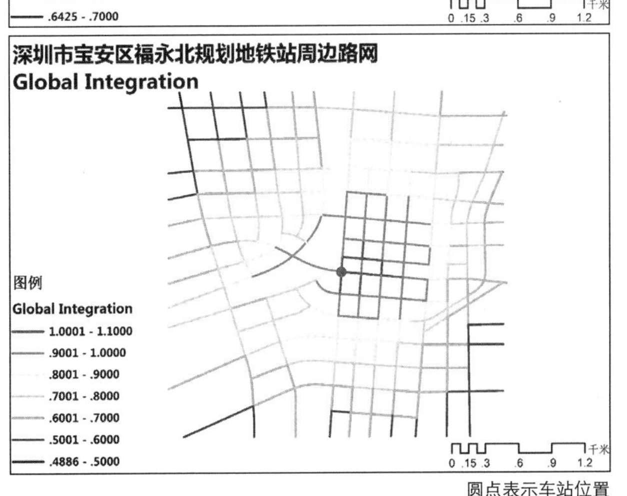

圆点表示车站位置

图 17　深圳市宝安区福永北车站周边路网分析结果

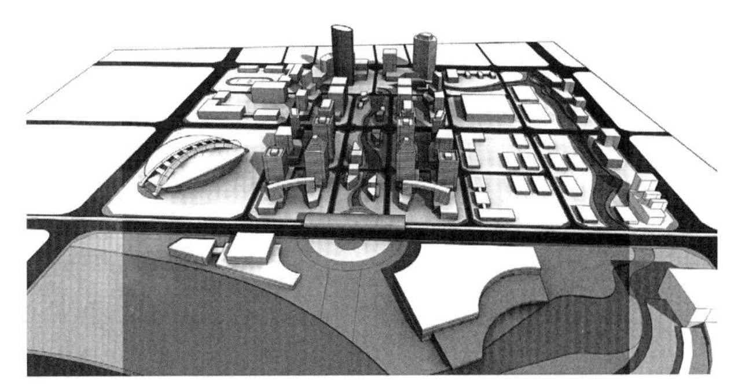

福永北站鸟瞰图

图 19　福永北车站地区建筑量体效果图

5 结论与建议

经由理论及实际教学研究的操作，本研究提出以下的建议：

5.1 Space Syntax 应用于车站地区路网及街廓设计教学的适用性

本研究尝试探讨如何藉由 Space syntax 方法的导入，探讨车站地区的路网规划及街廓设计的合理性，以期能为城市规划设计教学提供一套有用的操作模式。藉由空间句法理论及文献的探讨，以及实际在城市规划设计上的实际模拟分析，本研究发现所提出的方法在辅助

TOD 规划设计决策上具有实用价值。透过空间句法对路网方案的模拟与评估，以及搭配不同案例的比较，研究结果显示，此方法可加强传统空间规划设计操作的科学性，适用于空间规划草案阶段的概念发展与路网检讨，有助于选择符合 TOD 理念的路网结构。

5.2 Space Syntax 运用的限制及需注意事项

本研究也发现 Space syntax 并不是万灵丹，研究者需了解其特性与限制，才能发挥其最大的功能。以下为本研究建议之空间句法应用时需注意事项：

（1）为使结果准确、可信，需对轴线模型进行全面的校核，确保模型连接的正确性，错误连接的位置越接近研究范围中心，对结果的影响越大。

（2）现有的软件尚未考虑道路层级的影响，此为软件发展需提升的地方。

（3）如果有明显的地理或现状限制，例如水系或城中村造成的大尺度街区，会降低全局集成度。

（4）路网过于细碎，或存在尽端路会降低全局集成度。

（5）空间句法分析较适合同一轴线图内的比较与评估，由于不同地区在环境限制及路网结构上的差异，若要进行不同轴线图的集成度比较，要充分了解实际环境特性的限制及路网结构的差异。

5.3 发展结合空间句法评估的反馈型创新教学模式

经本研究实际操作经验的分析，space syntax 方法的导入城市规划设计教学，不应仅是一个分析工具的应用，而应视为是一个规划思考模式及操作程序调整的契机，可藉此检讨传统的规划教学及空间设计决策模式要如何调整，以加强其反思性及逻辑性。基于此，本研究建议发展一套具动态回馈检讨性的规划思考模型（thinking model）和设计决策操作模型（design decision-making model）。如图 20 所示为模型的雏形。

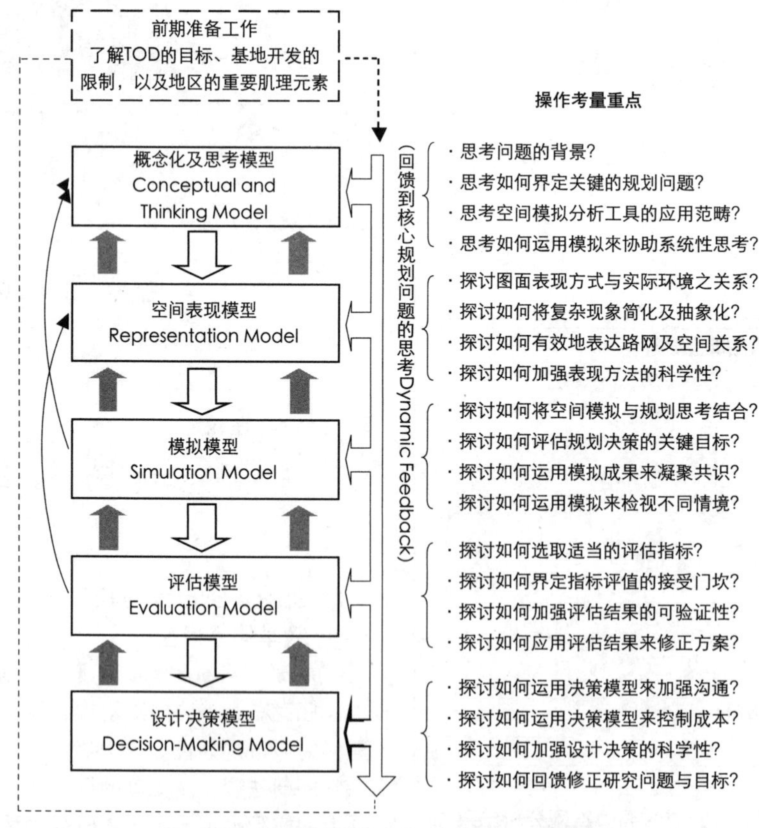

图 20 反馈型城市规划设计教学与决策模型

此雏形含数个次模型、操作步骤及每个次模块操作时的基本思考问题。此模型强调应用 Space syntax 方法来协助思考数字化空间模拟分析工具在规划设计决策中的角色与功能，以期能协助方案的评估与沟通，藉此建立一个具反思性、验证性及回馈性的城市规划设计操作模式。

致谢：本研究感谢哈工大人才引入计划的支持。

主要参考文献

[1] An-Seop Choi, Young-Ook Kim, Eun-Suk Oh, Yong-Shik Kim, Application of the space syntax theory to quantitative street lighting design, Building and Environment, Volume 41, Issue 3, March 2006: 355-366.

[2] Deniz Erinsel Önder, Yıldırım Gigi, Reading urban spaces by the space-syntax method: A proposal for the South Haliç Region, Cities, Volume 27, Issue 4, August 2010: 260-271.

[3] D. Volchenkov, Ph. Blanchard, Scaling and universality in city space syntax: Between Zipf and Matthew, Physica A: Statistical Mechanics and its Applications, Volume 387, Issue 10, 1 April 2008: 2353-2364.

[4] Bin Jiang, Christophe Claramunt, Björn Klarqvist, Integration of space syntax into GIS for modelling urban spaces, International Journal of Applied Earth Observation and Geoinformation, Volume 2, Issues 3-4, 2000: 161-171.

[5] Hong-Kyu Kim, Dong Wook Sohn, An analysis of the relationship between land use density of office buildings and urban street configuration: Case studies of two areas in Seoul by space syntax analysis, Cities, Volume 19, No.6, 2002: 409-418.

[6] B. Jiang, C. Claramunt, M. Batty, Geometric accessibility and geographic information: extending desktop GIS to space syntax, Computers, Environment and Urban Systems, Volume 23, 1999: 127-146.

[7] 李琦华，林峰田．台湾聚落的空间型构法则分析［J］．建筑学报，2007. 60：27-45

[8] 邹克万，黄书伟．路网结构对都市商业发展空间分布关系之研究——空间型构法则之应用［J］．都市与计划，2009，36（1）：81-99.

[9] 李江，郭庆胜．基于句法分析的城市空间形态定量研究［J］．武汉大学学报（工学版），2003，36（2）：69-73.

[10] 徐璐，徐建刚．空间句法在城市设计中的应用——以南京市河西地区空间结构分析为例［J］．现代城市研究，2011，4：42-46.

[11] 朱东风．基于空间句法（Space syntax）分析的城市内部中心性研究——以苏州为例［J］．现代城市研究，2006，12：60-67.

[12] 杨滔．空间句法：从图论的角度看中微观城市形态［J］．国外城市规划，2006，21（3）：48-52.

[13] 陈明星，沈非，查良松，金宝石．基于空间句法的城市交通网络特征研究——以安徽省芜湖市为例［J］．地理与地理信息科学，2005，21（2）：39-42.

Space Syntax Application in Enhancing the Teaching Method of Urban Network Planning and Block Design in Rail Station Areas

Wu Gangli　Guo Xingfu　Liu Junhuan

Abstract: By employing the theory and method of space syntax, this study attempts to enhance the teaching methods of urban network planning and block design in rail station areas under the concept of Transit-Oriented Development (TOD). Through practical application in design studio of urban planning, this research shows that the proposed method is useful in the planning studio, especially in the stages of concept development and the stage of the evaluation of street network planning as well as block design. The research result using space syntax analysis indicates that the planning alternatives under TOD concept share a high degree of spatial integration and accessibility, which can be used as a reference for developing planning guidelines and selecting suitable plans. The application results also show that the space syntax method can be integrated with GIS analysis, and therefore provides a useful tool for systematically evaluating the connectivity and accessibility of the overall networks as well as particular street sections. Finally, based the empirical results and application experience, the paper provides a teaching refinement model which incorporates space syntax method with traditional planning process in order to enhance the scientific and feedback capacity of urban planning education.

Key words: space syntax, Transit-Oriented Development (TOD), urban network planning, block design, planning teaching methods

跨界文化的交流——中德意保障性住房国际联合设计工作坊的启迪与思考

马　航　王耀武　戴冬晖

摘　要：在全球化以及教育改革不断深入的背景下，国际间的建筑教育交流越来越频繁，其中国际联合教学工作坊是跨文化、跨地域的重要的交流方式之一。本文主要通过哈尔滨工业大学深圳研究生院城市规划与管理学院、德国明斯特应用技术大学建筑学院、意大利威尼斯大学建筑学院三方的保障性住房国际工作坊的具体过程的回顾，分析国际工作坊模式在教学和学术交流方面的跨界与多元的特点，总结不足与经验，为今后开展国际联合设计工作坊的活动提供借鉴和指导。

关键词：跨界，多元，联合教学，保障性住房

国际化教育是国家未来发展的要求，国际化教育已经成为高等教育发展的一种全球性趋势，教育的国际化也是中国经济建设和社会发展的迫切要求。其中国际联合教学工作坊是跨文化、跨地域的重要的交流方式之一。

2013 年 3 月 4 日，由深研院城市规划与管理学院主办的“中欧规划设计工作坊：面向可持续保障住房”国际合作教学活动顺利启动。来自哈尔滨深圳研究生院、德国明斯特应用技术大学建筑学院以及意大利威尼斯大学建筑学院的 70 余名师生参加了活动。这是哈工大深研院与欧洲高校在城市规划与设计领域联合开展的第一次实质性教学合作，也是迄今为止由深研院组织发起的最大规模的规划设计工作坊。来自城乡规划学、建筑学、风景园林等不同学科的师生共同探讨保障性住房问题。

本次国际设计工作坊以跨界、多元为主要特征。

1　跨界

体现在学科跨界、专业跨界、文化跨界、地域跨界等方面。

在两周内，中外专家组成联合指导团队，组织开展学术讲座、实地参观、小组研讨、公开汇报等密集、多样的教学活动，力求通过这些活动拓展学生视野，锻炼专业沟通能力，丰富教学形式，形成丰富多彩的教学成果，以国际化、多元化的视角，就深圳市保障性住房发展现状与可持续规划设计策略展开充分的合作研究。

除了在中国深圳进行的国际联合教学活动外，国际竞赛的评奖颁奖仪式以及相关主题的国际研讨会于 2013 年 8 月在德国明斯特应用技术大学召开，标志着此项工作坊活动圆满结束。

2　多元

2.1　课题选择多元化

本次国际工作坊选题是开放式的，对同一研究对象：深圳塘朗村分组分别从城市设计、景观设计、建筑设计的角度，体现出传统与现代等方面的交织与碰撞。

在学生选题前，三校教师会共同探讨联合设计课题的选择方向。在确定大致的设计方向后，召集各校师生进一步商讨课题的具体内容和针对性的目标要求，并进行实地现场踏勘。分别从“再生”、“循环”、“低成本”等角度切入探讨保障性住房的可持续规划设计策略，形成了各具特色、精彩纷呈的设计成果。

马　航：哈尔滨工业大学建筑学院副教授
王耀武：哈尔滨工业大学建筑学院教授
戴冬晖：哈尔滨工业大学建筑学院教授

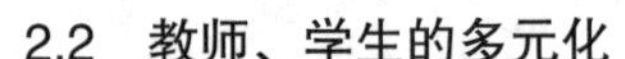

2.2 教师、学生的多元化

来自不同国家、不同学校的师生相互交流，展现各组的设计思路和设计方法，有助于激发出学生的主观能动性，培养积极探索的精神。教师事先将学生分组，对全体学生进行课题和相关知识的授课，每组学生自行制订各自的调研大纲和工作计划，每位同学都有明确的分工。同时，教师直接参与到学生的分组中去，在一定的时间节点上共同讨论工作内容，及时发现问题，及时纠正，以保证教学计划的顺利进行。将传授式与融入式教学方法结合起来（图 1）。

2.3 教学组织的多元化

以课题讲座、分组讨论、集体评图、专业论坛等多种形式组织教学，促进交流和提高（图 2）。

图 1 分组讨论
资料来源：作者自摄.

图 2 讲座现场
资料来源：作者自摄.

为了更好地发挥国际联合教学在沟通与交流方面的优势，在教学组织上采取教师、学生混合编组。首先，在调研前期将三校学生打散重组，每组中国、德国、意大利的学生均有参加，共同讨论制定调研提纲，进行现场调研，研究课题内容组织，完成调研报告和汇报成果。各校教师也被分配到每个混合组，实行集体指导，使三校的教学经验、教学特色、教学方法有了充分的融合、沟通和交流，使师生们受益匪浅。其次，在国际联合教学中安排有三校教师的专题讲座，包括深圳的城市化与城中村现象演变、德国绿色住宅设计经验、意大利保障性住房政策等等，这些讲座不仅针对参与联合教学的师生，而且面向整个学校的其他师生，对教学交流与互动产生积极的推动作用。也提高了英语口语表达能力（表 1）。

国际工作坊时间安排一览表　　表1

阶段	时间	工作内容	地点
预备阶段	一周	编制任务书要求，收集相关资料，制定工作计划，划分工作小组，安排工作内容	中国深圳
第一阶段	一周	现场调研、相关讲座，讨论制定调研提纲，进行现场调研，完成调研报告，成果汇报	中国深圳
第二阶段	一周	概念构思、方案设计	中国深圳
第三阶段	两天	中期评图、讲座	中国深圳
第四阶段	一周	深化方案，完成设计成果	中国深圳
第五阶段	两天	最终评图、展览及讲座	中国深圳
第六阶段	一周	论坛、竞赛颁奖、走访	德国明斯特
第七阶段	两月	成果展览及交流，出版图书	德国明斯特

2.4 成果的多元化

研究成果展示主要包括方案汇报、成果展览、出版联合设计作品集，目前作品集制作已经接近尾声，已经形成多样化主题的研究成果。

（1）“内聚—创造活力社区”（一组）

小组认为塘朗村存在着以下特征：多样的街道生活与低下的环境质量，强烈的社区感与相对封闭的孤立感，混杂的人口与过高的建筑密度。这些是塘朗山魅力体现的同时，也是问题所在。小组主要从宏观、中观、微观层面，分析目标人群的行为模式以及内部存在的关键问题，寻找相应的方法解决问题，创造出和谐的、有活力的社区。营造与完善公共开放空间，满足原住民以及在此居住的年轻人群体。保护有历史价值的建筑与场所，减小建筑密度，梳理道路系统，通过设置景观轴线将各要素紧密联系在一起（图 3）。

（2）为蚁族的设计分享（二组）

蚁族是指低收入的大学毕业生，生活在贫困线下。围绕蚁族的生活路径与生活方式，完善公共交往空间。对塘朗村采用分阶段逐步改造的方式，首先进行问题研究，找出交通、功能、景观、建筑四个方面的问题，然后疏通网络，对交通进行梳理，拆除影响塘朗村发展的建筑；功能置换，对重要节点进行改造设计，促使整个塘朗村更具活力与可持续能力（图 4）。

（3）夹缝中成长（三组）

主要针对塘朗村的高密度、低的生活质量，提出在夹缝中如何实现保障性住房升级，如何进行原有体系的自我拯救。该小组在研究中发现，城中村复杂的利益关系决定了城中村改造难以在短时间内实现。在内部改造需求与外部发展动力不确定因素的作用下，塘朗村的改造将表现为动态变化、渐进性发展。因此，要建立弹性的改造模式（图 5）。

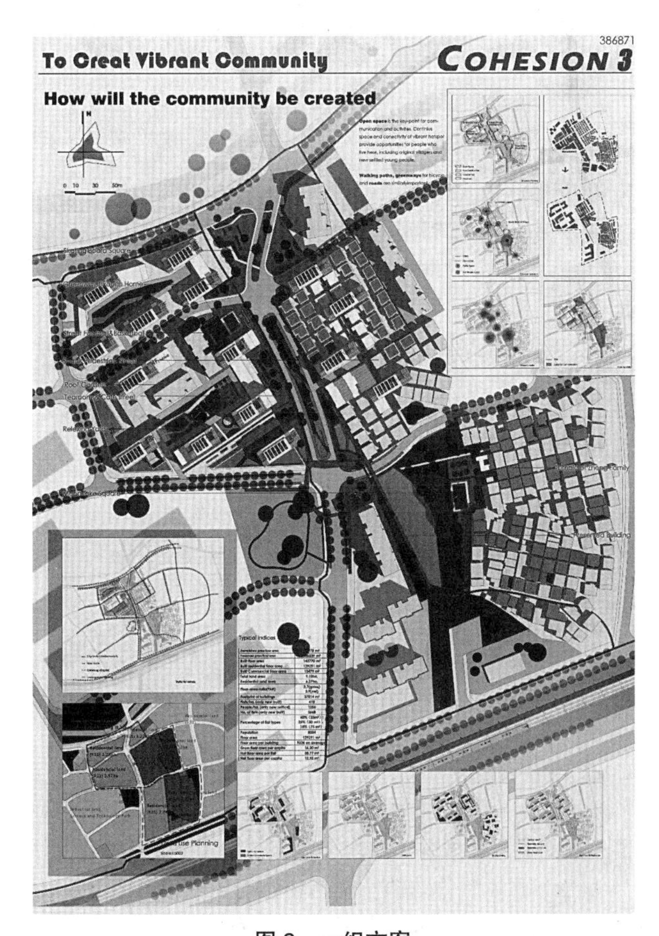

图 3　一组方案

资料来源：部分工作坊小组最后完成的汇报展板的电子版 .

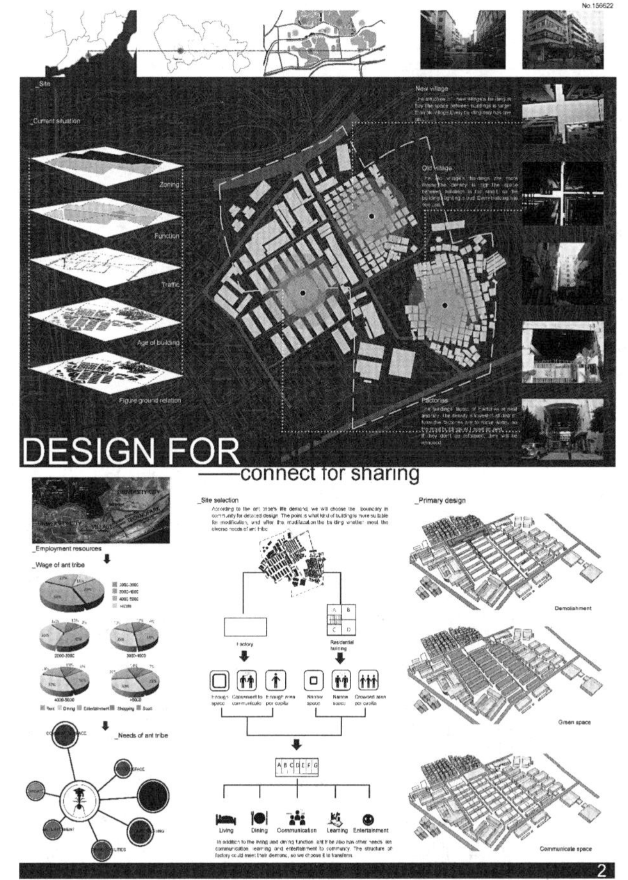

图 4　二组方案

资料来源：部分工作坊小组最后完成的汇报展板的电子版 .

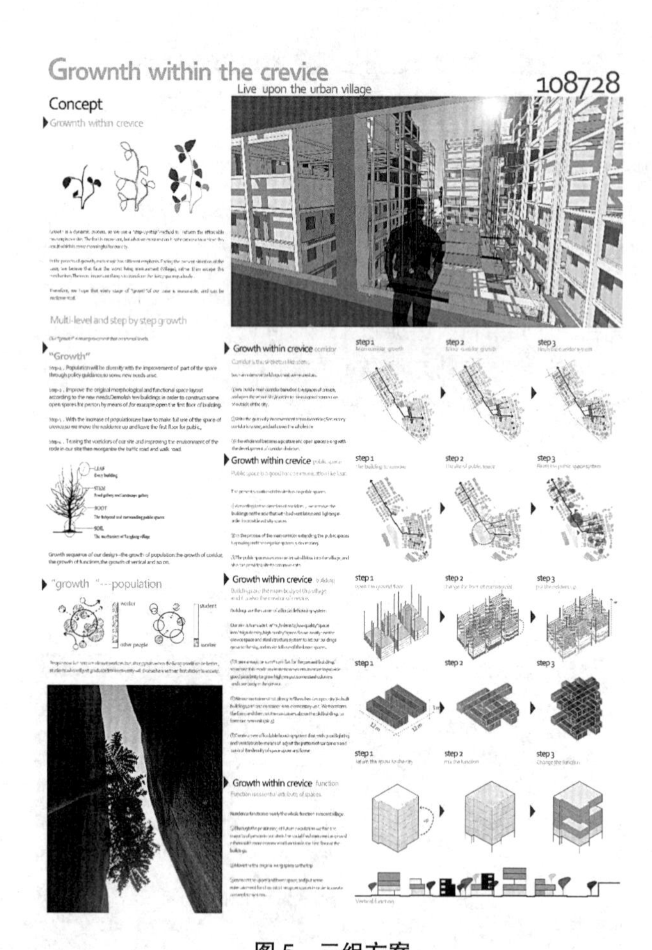

图5　三组方案

资料来源：部分工作坊小组最后完成的汇报展板的电子版.

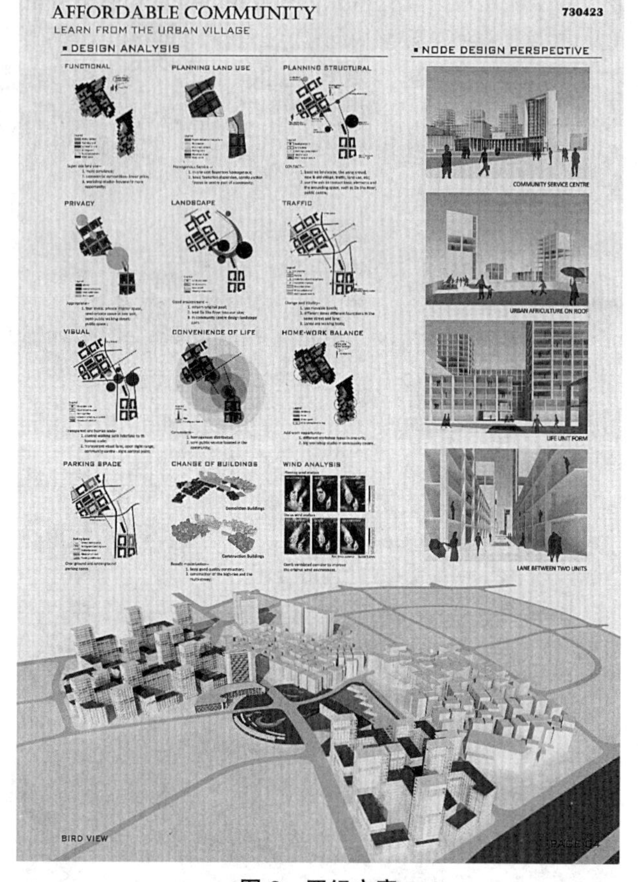

图6　四组方案

资料来源：部分工作坊小组最后完成的汇报展板的电子版.

（4）保障性住房—来自城中村的经验（四组）

该小组认为城中村的形成发展有其自身内在的合理性，简单推倒与重建的方式将忽略人与文化在城中村改造过程中的重要作用。小组认为塘朗村存在着以下特征：多样的街道生活与低下的环境质量；强烈的社区感与相对封闭的孤立感；混杂的人口与过高的建筑密度。这些特征是塘朗村魅力体现，也是塘朗村问题所在。将城中村改造为保障性住房的过程中，坚持“以人为本”的发展理念，既合理解决塘朗村的矛盾，提升其环境质量，又延续塘朗村的社区感与文化内涵，是小组深入思考的问题（图6）。

3　经验总结与反思

国际联合教学是不同学校之间思想的交流，更是文化的交流。通过联合教学，有助于多国师生间的交流与沟通，为后续的科研合作项目、交换生计划等奠定良好基础。

在教学过程中，总体效果较为理想，仍存在一些需要改进问题，需要深入思考，认真总结。

（1）国际工作坊的教学活动时间周期较短，一般在两周或三周左右。选择中国本土的课题，对于国外师生来讲，由于难以在短时间内对设计项目的背景情况作全面了解，而导致设计思路上有所偏差，设计深度和设计成果质量受到限制。

（2）语言问题影响学生间沟通。每组都由中国、德国、意大利的学生组成，由于一些学生英语语言交流较差，在小组讨论时无法完整表达个人观点，沟通交流效果欠佳。

（3）竞赛颁奖在德国举行，因为某些原因，一些原本参加工作坊的中方教师没有成行，没有加入到最终的竞赛审核单元，组成了以德国专家为主的竞赛专家组。在评审标准和原则上没有更好地将跨国沟通的理念延续下去。

国际设计工作坊作为一种新的联合教学模式，仍处在不断的探索与完善中，在今后同类型的联合工作坊，应积极推进更多跨学科的专家和教师加入，以及相关政府部门的介入，建立更为全面的协作平台，体现跨界、多元的教学培养特色，更好地实现联合教学的目标。

附："保障性住房国际联合设计工作坊"指导教师：德国明斯特大学应用技术大学建筑学院：Joacnim Schultz Granberg, Hans Drexler；哈尔滨工业大学深圳研究生院城市规划与管理学院：王耀武、戴冬晖、郭湘闽、刘堃、马航、余磊、赵宏宇；意大利威尼斯大学建筑学院：Margherita Turvani, Maria Chiara Tosi

主要参考文献

[1] 苏平. 黄埔临港商务区国际联合城市设计工作坊回顾，南方建筑，2010，1：20-25.

[2] 高源，吴晓，杜嵘. 中荷联合教学的回顾与评述—东南大学建筑学院与荷兰代尔夫特大学建筑学院. 新建筑，2008，(5)：115-119.

[3] 张倩. 国际联合教学的组织与实施——一种跨文化、跨学科、跨年级的互动教学模式. 规划师，2009，1：101-104.

The Communication of Transboundary Culture—The Inspiration and Thoughts of International Design Workshop of Affordable housing attended by Chinese, German and Italian

Ma Hang　Wang Yaowu　Dai Donghui

Abstract: Under the background of globalization and education reform deeply, the international communication of architectural education has become more and more frequent, and the international joint workshop on teaching is one important means of the cross culture and cross region communication. This paper mainly reviews the process of the Affordable Housing International Workshop organized together by Harbin Institute of Technology Shenzhen Graduate School, the College of Urban Planning and Management, Muenster University of Applied Sciences, the College of Architecture, Italy Venice University, School of Architecture, and analyses of the characteristics of transboundary and pluralism of international workshop on teaching and academic exchanges, then summarizes the deficiency and experience, in order to provide the reference for the future development of international joint design workshops.

Key words: Transboundary, Pluralism, Joint Teaching, Affordable Housing

看实践能力和观念在意大利历史文物保护基础教学中的培养——以米兰国立美术学院历史文物保护专业为例

顾蓓蓓

摘　要：在历史文物保护观念逐步受到重视的现今，随着保护项目的不断开发和实施，如何做到真正的切合实际的保护、如何将保护的理论与实践相结合，成为众所瞩目的焦点问题，与之相适应的具有专业知识和技能的保护人才供不应求。培养这样的专业人才，就成为历史文物保护事业的第一步。本文试图在介绍和学习国外成功教学范例的基础上，对中国正在发展中的文物保护教育提出建议和设想，希望对实际教学工作有所帮助。

关键词：意大利，实践能力，文物保护，教学

历史文物保护是个深奥的课题，保护理论至今也未能有一个大家公认的说法，保护技术更是繁多复杂，因此仅仅依靠增加一两门课程，开设一个研究方向，是完全不能满足需要的。以中国古代木构建筑的学习为例，在国内的高等院校中，无论是本科还是硕士，每一阶段都有建筑历史课，都会讲到斗栱和木构架，但是授课形式都是以在课堂上老师的讲解为主，最多配以幻灯片加强说明，古建筑测绘实习可能是学生们唯一一次近距离接触实物的机会，理论没有实践的补充，因此到了想要深入了解木构件如何保护的时候，学生们还是会无所适从，脑子里记着的是一堆尺寸、比例，可具体怎么做、为什么这么做、用什么材料和方法来做，无从得知。这种灌输式的教育无法调动学生的主动性，所有这些问题和弊端影响了整个教学的质量，进而也就影响了保护教育的实效。

20 世纪 90 年代开始，历史建筑保护又在中国悄然升温，为了迎合社会的需要，各大院校边在建筑系的课程内加入了建筑保护的相关课程，如同济大学在硕士课程中增设的营造法、木结构的修缮技术等。老师们的目的是要把自己的知识最大可能的教授给学生，但保护的浪潮来得太快，相关基础课程的组织与设计以及基础教学的理念根本来不及系统调整。

于是一些国内高校开始把目光转向外国，希望通过引入国外的教学方法和教学内容来改变这些弊端。由于我国“教育传统与现代化有本质的对立，依靠自身自然演化不仅很难促成教育现代化的生成，同时也需要漫长的演化时间，比较教育研究可以根据本国实践，广泛吸收采借外国先进经验和教育模式，对我国教育改革产生相应的示范作用。”❶我们承认通过比较研究的方法，既有利于太开眼界、解放思想，又能使我们更好的依据我国的实际情况制定发展目标，推行建筑教育改革，但同时，我们必须意识到，由于各个国家的文化背景、政治经济条件不同，引进国外先进体制的同时，要注意是否符合我们现在的国情，不追求一步到位，要循序渐进，在我们社会经济条件许可的范围内，建设有中国特色的保护教育体制。

意大利是西方历史悠久的国度，有着丰富多样的历史文物遗存，同时其文物保护和修复也有着世界领先的技术和经验储备。历史文物保护课程在其国内至今已经呈现出稳定的教学体系，体现出来的优势是，学生在学习过程中，善于动手操作，有很强的自主思考能力和灵活的思维，这一优势在学生毕业后的工作阶段中更为突出和实用。

❶ 冯增俊．比较教育学，南京：江苏教育出版社，1998.

顾蓓蓓：深圳大学建筑城规学院讲师

意大利米兰国立美术学院（Accademia di Belle Arti di Brera）位于意大利伦巴第大区的著名城市米兰市，是一所久负盛名的高等美术学院，在欧洲富有声望。其所坐落的宫殿建筑 Brera 以德语的“braida”作为名字起源，意思为一片葱郁的草地。这座宫殿建立在一片隶属 Umiliati 的修道院地区，后于 1572 年过渡到 Gesuiti 名下，一个世纪之后，Francesco Maria Richini 被委命彻底地重建 Brera 建筑。1772 年，该建筑内部的部分区域开始用于教育功能。此后，Gesuiti 又分别在 1774 年和 1776 年设立了生物园和艺术学院，二者就在已有的天文馆和图书馆的附近。如今的米兰国立美术学院已经成为意大利视觉艺术学院的最高学府，开设了包括建筑、绘画、雕刻、装饰等，同时学院还收集了很多艺术作品，这些都会为学生的学习带来生动的例子。其中历史文物保护专业（Restauro）是学校课程的重要组成部分，以往面对本科生招生，2009 年在本科三年学制的基础上推广五年学制本硕连读教育形式，2012 年起该专业学生全部转变为五年本硕连读学制。历史文物保护专业（Restauro）以建筑材料为原则分为五个方向，分别是木材、石膏、金属、纸张和油画。

图 1　米兰国立美术学院（Accademia di Belle Arti di Brera）内庭院

资料来源：作者自摄 .

图 2　教学楼内廊

资料来源：作者自摄 .

1　实践能力和观念在课程安排上的体现

历史文物保护专业（Restauro）在理论学习的基础上非常重视学生的实践能力。纵观其五年的课程设置，一共有 46 门课程，除了 2 门专业英语、2 门选修课外，自然科学知识课程有 7 门，占总数的 15%，史学课程有 7 门，占总数的 15%，人文社科类课程有 6 门，占总数的 13%，需要实践操作的保护类技术课程有 22 门，占总数的 48%，将近一半。从不同类型课程数量的设置可以看出，历史文物保护专业（Restauro）对于学生实践能力和动手观念的重视。

以木材保护和修复技术课程为例，除了教授历史上各个时期提出的保护修复理论外，尤其重视具体的修复方法和使用的化学制剂，同时会为每个学生提供原汁原味的古建筑上拆下来的木柱，或者木质家具的构件，以帮助学生练习、实践书本上的理论内容，熟悉各种化学试剂的用途和效用，辅导老师会在学生工作的过程中，及时的给予指导和纠正，老师也会和学生们一起尝试不同保护试剂、保护方式的功效和结果，达到教学相长。

米兰国立美术学院（Accademia di Belle Arti di Brera）向传统的“动脑不动手”的书本学习提出了挑战，其推行的教育理念可以概括为：学生学习的过程是将已经检验到的东西，逐步发展成为更充实、更丰富、更有组织的形式，学生应该能够主动地学习。当教师在讲课时，学生必须自觉地参加进去，而不是只坐着记笔记，学生必须同时使他们的智力和双手活跃起来，能够对事实进行分析和重新整理，从而具备对知识的解释能力和正确分类能力。

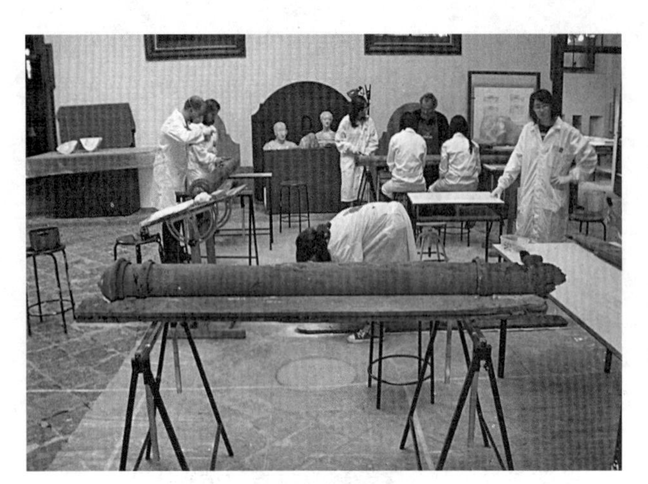

图 3　上课场景

近处为供学生们练习的木柱，远处教授正在为学生讲解试剂的使用方式。

资料来源：作者自摄.

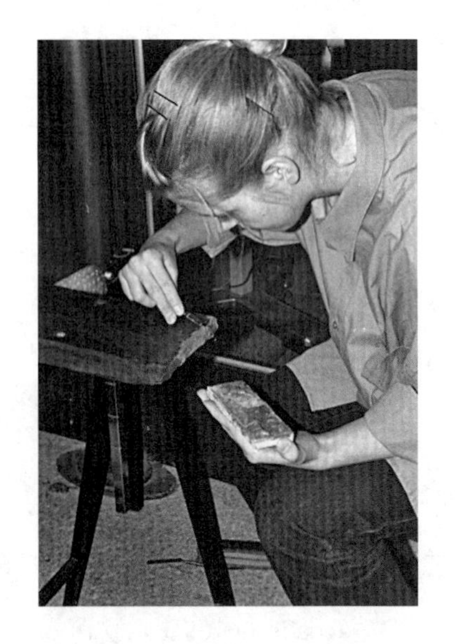

图 4　学生自己练习

学生正在修补木结构上的破损处

资料来源：作者自摄.

为了增加学习的趣味性，课程并非一味地关注课程相关的专业知识和专业技能，在主体课程过程中，教师会鼓励学生利用零碎的材料开展一些设计活动，例如图 5 中所示的“马”的造型设计，即为用木材修复课程剩余的木块进行的设计，一方面扩展了学生的形象思维，提高了学生对课程的兴趣，另一方面也帮助学生对于木构件的连接方式有了更深入的理解，同时锻炼了手工制作的技能。

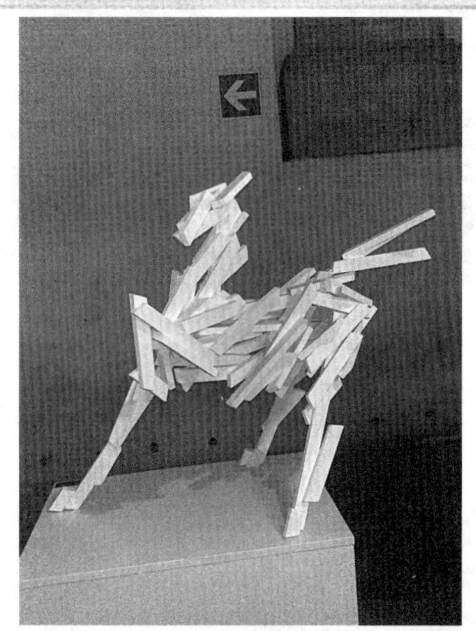

图 5　学生的木构造型作业——马

资料来源：作者自摄.

2　从作业布置上执行和加强保护思维和观念的培养

历史文物保护专业（Restauro）的每个方向每学期都会通过多个作业单元来实现教学。作业的布置的目的不仅要求学生掌握一定的手工技术，更重要的是锻炼学生的保护观念和细密谨慎的工作态度。

还以木材保护方向为例，其中的一门课程作业是木作雕刻，要求学生们按照范例用一块木质矩形材料原样

ACCADEMIA DI BELLE ARTI DI BRERA

Anno Accademico ________________

DIPARTIMENTO DI PROGETTAZIONE E ARTI APPLICATE							
SCUOLA DI RESTAURO							
Corso di Diploma Accademico di II livello a ciclo unico in Restauro abilitante alla professione di Restauratore di Beni Culturali							
PROFILO FORMATIVO PROFESSIONALIZZANTE 2							
Manufatti dipinti su supporto ligneo e tessile. Manufatti scolpiti in legno. arredi e strutture lignee. Manufatti in materiali sintetici lavorati, assemblati e/o dipinti							
RESTAURO	SETTORE	CAMPO DISCIPLINARE		ore	CFA	anno	
RESTAURO	ABPR29	Elementi di Chimica applicata al Restauro 应用化学	T	45	6	1	B
RESTAURO	ABST47	Storia dell'Arte Antica 古代艺术史	T	45	6	1	B
RESTAURO	ABPR29	Elementi di Fisica applicata al Restauro 应用物理	T	45	6	1	B
RESTAURO	ABVPA61	Beni Culturali e Ambientali 传统文化与环境	T	45	6	1	B
RESTAURO	ABAV03	Disegno per il restauro 修复设计	TP	75	6	1	B
RESTAURO	ABPR31	Fotografia per i Beni Culturali 传统文物摄影技术	TP	75	6	1	C
RESTAURO	ABPR72	Tecniche dei dipinti su supporto ligneo e tessile per il restauro 木材修复技术	TP	100	8	1	C
RESTAURO	ABTEC39	Informatica di base 基础信息	TP	50	4	1	A
RESTAURO	ABST47	Storia dell'Arte Medievale 中世纪艺术史	T	45	6	1	B
RESTAURO	ABST49	Teoria e Storia del Restauro 1 修复理论和历史 1	T	45	6	1	C
		Totale crediti			60		
RESTAURO	ABPR25	Restauro dei manufatti dipinti su supporto ligneo 1 木构件上绘画修复 1	TP	150	12	2	C
RESTAURO	ABLE70	Legislazione dei Beni Culturali 传统艺术法律	T	30	4	2	B
RESTAURO	ABPR16	Disegno e rilievo dei Beni Culturali 传统艺术设计	TP	50	4	2	B
RESTAURO	ABPR29	Elementi di Biologia applicata al Restauro 应用生物	T	45	6	2	B
RESTAURO	ABPR75	Tecniche della doratura per il restauro 镀金修复技术	TP	100	8	2	C
RESTAURO	ABPR73	Tecniche della lavorazione del legno 木材清洗技术	TP	50	4	2	C
RESTAURO	ABPR75	Tecniche della lavorazione dei materiali tessili 纺织品清洗技术	TP	50	4	2	C
RESTAURO	ABTEC39	Tecnologie informatiche per il restauro 修复信息技术	TP	50	4	2	C
RESTAURO	ABTEC41	Tecniche della modellazione digitale 数字建模技术	TP	50	4	2	C
RESTAURO	ABST47	Storia dell'Arte Moderna 现代艺术史	T	45	6	2	B
RESTAURO	ABPR30	Tecnologie dei Materiali per il Restauro 修复材料技术	TP	50	4	2	B
		Totale crediti			60		
RESTAURO	ABPR25	Restauro dei manufatti scolpiti in legno 木刻修复	TP	100	8	3	C
RESTAURO	ABST74	Tecniche della formatura per il restauro 修复造型技术	TP	75	6	3	B
RESTAURO	ABPR29	Chimica applicata al Restauro 应用化学	TP	75	6	3	B
RESTAURO	ABPR24	Restauro dei manufatti in materiali sintetici lavorati, assemblati e/o dipinti 1 合成材料修复1	TP	100	8	3	C
RESTAURO	ABPR24	Restauro dei manufatti dipinti su supporto tessile 1 织物绘画修复 1	TP	150	12	3	C
RESTAURO	ABST47	Storia dell'arte contemporanea 当代艺术史	T	45	6	3	B
RESTAURO	ABLE70	Legislazione per la sicurezza sul cantiere 安全立法	T	30	4	3	B
RESTAURO	ABST48	Storia delle arti applicate 应用艺术史	T	45	4	3	B
RESTAURO	ABPR29	Chimica industriale 工业化学	TP	30	4	3	B
RESTAURO	ABPR72	Tecniche e materiali delle arti contemporanee 当代艺术材料技术	TP	30	4	3	C
RESTAURO	ABLIN71	Inglese per la comunicazione artistica 1	TP	50	4	3	A
		Totale crediti			60		
RESTAURO	ABPR29	Tecniche e tecnologie della diagnostica 1 诊断技术 1	TP	75	6	4	B
RESTAURO	ABST49	Problematiche di conservazione dell'arte contemporanea 当代艺术保护问题	T	45	6	4	C
RESTAURO	ABPR24	Restauro dei dipinti su supporto ligneo 2 木构件上绘画修复 2	TP	100	8	4	C
RESTAURO	ABPR24	Restauro dei dipinti su supporto tessile 2 织物绘画修复 2	TP	100	8	4	C
RESTAURO	ABPR24	Restauro dei manufatti in materiali sintetici lavorati, assemblati e/o dipinti 2 合成材料修复2	TP	100	8	4	C
RESTAURO	ABPR25	Restauro degli arredi e delle strutture lignee 木家具修复	TP	100	8	4	C
RESTAURO	ABVPA63	Museologia 博物馆学	T	45	6	4	B
RESTAURO	ABVPA61	Metodologie per la movimentazione delle opere d'arte 艺术品装卸方法	TP	30	4	4	C
RESTAURO		Crediti a libera scelta dello studente			6	4	
		Totale crediti			60		
RESTAURO	ABLIN71	Inglese per la comunicazione artistca 2	TP	50	4	5	A
RESTAURO	ABPR29	Tecniche e tecnologie della diagnostica 2 诊断技术 2	TP	75	6	5	B
RESTAURO	ABPR24	Restauro delle opere d'arte polimateriche 聚乙烯材料修复	TP	125	10	5	C
RESTAURO	ABPC66	Storia dei nuovi media 新媒体历史	T	45	6	5	A
RESTAURO		Stage	L	300	12	5	
RESTAURO		Crediti a libera scelta dello studente			10	5	A
RESTAURO		Prova finale			12	5	
		Totale crediti			60		
		TOTALE CFA			300		

自然科学知识类

史学类

人文社科类

实践操作类

图 6　历史文物保护专业（Restauro）五年制课程设置表

资料来源：来自于 Accademia di Belle Arti di Brera，作者整理．

雕刻出一个标准的复制品。这个作业首先训练了学生的观察能力，在动手前必须仔细观察范例的比例、形态、结构组成，并在工作材料上标注出必要的控制点，如此才能在雕刻过程中做到心中有数；其次训练了学生熟悉木材性能和使用各类木作工具，在雕刻过程中，通过实践和老师的讲解来认识材料对雕刻的限制，熟练掌握工具的操作方式和适用情况。

这个作业在开始之初，教师并不做过多的讲解，学生的工作首先是从天然的好奇心所引起的，进行1~2周后，通过同本班同学和教师就工作阶段成果和出现的问题展开讨论，学生才能加深理解这个作业的意义。一旦接受了这个意义之后，就要求学生们各人去从事各人的工作，以便由他们自己去发现更多的东西，这是跟被动地吸收预先规定的知识相反的，即通过学生自己的主动性，大可以发掘出本组其他成员所从来没想到的事实、方法和观念。

图7　木作雕刻作业
先雕刻，后在其外贴金箔
资料来源：作者自摄.

图8　油画布清洁作业
练习使用不同的清洁剂，了解其性能
资料来源：作者自摄.

在完成这个木作雕刻后，这个作业还可以继续用于金箔课程，让学生们练习在其外加贴金箔，以达到不同课程之间的连续性。

3　灵活的教学大纲和教学方式

米兰国立美术学院（Accademia di Belle Arti di Brera）有着很完善的教学体系，但其教学大纲并非一成不变，而是根据每学期学生能力的不同以及教授的工作情况，及时调整教学内容，做到实践与教学相结合。学校的教学过程不必要有精确而详细的教案，因为那样做将会把老师的兴趣与价值观强加于学生。由于教师只是向导，每个学生应该自由地发展自己的学习目的，并进行自主的学习。当学生们向教师提出有待解决的问题时，教师必须促使学生进行反省思考，从而使得学生对问题的本质有透彻的理解。

历史文物保护专业（Restauro）的上课方式相较于国内显得尤其自由开放，没有严格的上课时间和下课时间，学生们用于练习的材料和工具都堆放在课室的中央，不同年级的学生虽然各自进行不同的课程和作业，但是都集中在同一空间下，可以随时了解其他年级的课程内容以及相互学习，很有种中国古代师傅带徒弟，师兄带师弟的学习风范。学生们之间的交流和互助成为学习的重要模式。

米兰国立美术学院（Accademia di Belle Arti di Brera）历史文物保护专业（Restauro）的教学方式　表1

教学方式	教学行为	教学方式要求的不同的空间
小组教学	多数教师协力准备教材、学习、评价等所进行的教学方式	组成学习组，规划能进行多人数学习的大空间及开放空间
弹性的时间分配	在进行授课与学习时间安排上可有弹性，采用自由学习时间的方式	在休息时间相互移动时，而不影响其他部分的空间
自主学习	学生自定学习计划，在适当的空间和角隅进行学习	各学习空间和角隅要连续配置
课题学习	学生各自选题，进行查阅及文献研究，提出报告的学习方式	设置能利用个人资料的媒介中心及资料制作空间

另一方面，学校对于评定和考核学生学习成果的标准也比较灵活，平常与教师的交流会在成绩中占据很大的比例，期末的考试除了检查本学期各个阶段的作业成果外，对于修复技术和理念的考察通常以口试为主，即老师随机提问，学生回答，问题的范围很广泛，绝不是背熟几本书就可以应对的，除了指定阅读内容外，老师会针对不同的学生提出不同的问题，例如对于来自中国的学生，在学期末的考核中教授会特别加入中国木质文物的保护方式、中国现存古建筑现状等问题的提问，中西方对比研究更是热衷的话题，学生也可以专门准备一些主题内容在考试过程中加以讲解，以这种方式达到相互交流学习的目的，开拓学生们的眼界，提升学生的综合思考能力。

同时，学校也鼓励学生们积极参加各种相关的设计竞赛，希望将保护的概念与现代设计观念和现代设计技术相结合。同时认为，不同性质的历史物件，尤其是建筑，应该采取不同的保护态度，例如，文物级别的，需要严格的遵守文物保护条例，原样保存，对于非文物，则可以使用“活化”的保护态度,将再利用和保护相结合,允许建筑在使用中有一定建筑材料和建造技术的改变。同时非常鼓励将传统的历史元素合理的应用到现代设计中，例如 2011 年米兰 PremioEnvie 设计竞赛，竞赛题目是对一个建筑内部庭院的改造，庭院面积 200 平方米左右，作者将中国古典山水画的意境用剪影的方式利用灯光投射在现代建筑的墙面上，用中国传统的木作榫卯连接方式结合现代材料设计了庭院中的休憩凉亭，将东方古典意境延伸到了西方现代生活中。

4 体会

保护对象的特点造成了保护教育及其方法的特殊性和复杂性。首先，保护教育有别于设计教育的其他阶段，它在培养和发展学生设计想象能力的基础上，更强调了对现存环境和其他物质条件的理解与运用；其次，它把对材料物理、化学以及生物特性的了解与创造空间和形态放到了同等重要的位置，对传统文物的结构与构造知识有更高的要求；第三，是对历史、地理、人文传统等文化的要求。好的保护工作者既是一个专才，也是一个全才。所以，我们很有必要研究保护教育的规律和特点，并提出行之有效的科学合理的教育方法。

图 9　设计作品模型
资料来源：作者自摄 .

图 10　竞赛入围作品展览
资料来源：作者自摄 .

米兰国立美术学院（Accademia di Belle Arti di Brera）保护课程所呈现的特征显然与意大利整个文化和教育体系有着密切的因果关系。鼓励学生多动手，激发了学生的学习兴趣和探索精神，培养了学生的保护观念。从中总结出两点尤其值得重视：

首先，鼓励学生自主发现知识

教学和学习是不同的概念，教师教学的目的实际上是希望引起学生的学习行为。在鼓励学生动手操作的过程中，同时也鼓励了学生自主的发现知识，发现问题，并解决问题，激发了学生们的学习兴趣和热情，摆脱老师教、学生听的教学常规，使得大家成为一个团队，共同探索、共同发现，也有助于培养学生们的自学能力。

其次，通过解决问题来进行学习，而不是灌输教材

历史文物保护修复课程非常特殊，实际上是一门实践的课程，如同我国传统的师傅带徒弟一样，需要在不断的练习、不断的工作过程中来学习、完善知识。不但对于学生，这样的教学模式对于老师同样也是一个学习的过程，所谓教学相长，即如此。

主要参考文献

[1] 陈友松主编，当代西方教育哲学．杨之岭，林冰，蔡振生，王健良，夏宁，周南照译．北京：教育科学出版社，1982.

[2] 符娟照主编．比较高等教育．北京:北京师范大学出版社，1988.

[3] 盛群力，李志强编著．现代教学设计论．杭州：浙江教育出版社，1998.

[4] 金耀基,《大学之理念》，生活・读书・新知三联书店，2001.

[5] 戴维.H. 乔纳森著．学习环境的理论基础．郑太年等译．上海：华东师范大学出版社，2002.

The training of the practical skills and concepts in the basic lesson of heritage protect in Italy——the National Academy of Fine Arts in Milan as an example

Gu Beibei

Abstract: Today the historic preservation is more and more important, with the with the continuous development and implementation of conservation projects, how to be truly practical protection, how combine the theory and the practice have become the focus of the public attention.Trainning such professionals has become the first step. This paper attempts to introduce and study examples of successful teaching abroad on the basis of proposals and ideas, hoping to help the actual teaching of heritage conservation education in China.

Key words: Italy, practical ability, restoration, teaching

以故事认知城市
——大康社区规划前期调研实践教学探索

张　艳　陈燕萍

摘　要：在分析总规层面城市规划的前期调研的特性以及学生在调研过程中的常见困扰的基础上，尝试引入"以故事认知城市"的教学思路，并基于大康社区规划前期调研的教学实践进行了应用与探索。

关键词：故事，认知城市，大康社区

在城市总规层面的规划实践课程中，对城市进行详细的现状调查研究是课程的基础环节，也是学生认知城市、培养城市思维的关键过程。与控制性详细规划、城市设计等中微观层面的规划工作相比，总规层面的规划更为综合和宏观，规划工作者只有通过扎实的前期调研工作，获得大量调研资料，才能形成对于城市的充分认知，准确把握城市发展中的问题，为后期设计奠定基础。对于在低年级阶段一直以接受中微观尺度空间形态设计训练的学生来说，往往会觉得无所适从。如何帮助他们顺利实现从空间尺度、要素重点到设计分析等多方面的思维转变，形成对于城市的切实认知，培养他们面对复杂城市问题的综合分析评价能力，是具体的教学实践中需要着重考虑的问题。在深圳大学本科四年级下学期的城市规划实践课程——大康社区规划前期现状调研的教学中，我们尝试引入一种"以故事认知城市"的教学思路进行初步的探索与创新，取得了较好的效果。

1　总规层面城市现状调研的常见问题

城市总规层面的现状调研一般尺度较大，调研内容多而庞杂。通常包括：查阅并收集各类相关文献和统计资料、历史资料；对城市物质空间进行详细的用地和建设情况的现状调查；走访城市的各有关职能部门，了解城市各方面的发展状况、存在问题以及部门的发展设想；等等。针对这些内容，目前已经基本形成了相对标准化的调研提纲和一大套调查表格等。但调研内容的全面却并不意味着整体的城市理解。由于学生的前修课程主要是侧重城市微观尺度的具象空间思维训练，学生对复杂的城市活动及其联系尚缺乏全面和系统的认知，在实际调研实践中，往往容易出现以下几方面的问题：一是不容易把握重点，眉毛胡子一把抓，将调研简化为完成相关表格或内容的"填空"工作，调查内容肤浅且流于形式化；二是难以在抽象的数据资料和枯燥的文字说明与真实的城市空间之间建立起关联，虽然收集了大量的资料，但不理解其意义，也无法提炼出需要关注的城市问题；三是不能整合不同的内容，形成对于调研对象的综合认知，往往只是停留在一些细节的、片段的诸如"绿地空间不足"、"市政管网不完善"等印象上；四是不清楚城市规划能够直接或间接解决什么城市问题，前期调研分析与后期的设计成果脱节。由此，最终形成的调查报告通常是一个模式化的、资料堆砌的、面面俱到的大杂烩，同学们普遍反映"很多东西不知道调查了有什么用"。相应的，对于城市问题的分析也通常简单套用所学习的理论知识及相关规范"纸上谈兵"，带有很强的主观臆断色彩。这一定程度上挫伤了他们学习的积极性，同时，也制约着后续的规划思路提出与规划方案编制。

2　"以故事认知城市"的教学思路

2.1　特点

城市是一个复杂的巨系统，城市问题牵一发而动全

张　艳：深圳大学建筑与城市规划学院讲师
陈燕萍：深圳大学建筑与城市规划学院教授

身。现状调研与报告形成是一个将对城市的认知抽象为图纸、数据和文字等形式的过程，在这个过程中，需要对调研对象有深入、切身的体会与了解。对于尚处于思维训练阶段的学生来说，最重要的不是形成标准化的表格与报告，而是引导他们经历这个从感性认识到理性思维的过程，从而培养起从宏观的、战略的角度去研究城市问题和城市发展的能力。针对调研过程中容易出现的抽象的数据资料与真实的城市空间脱节、庞杂的调研内容与整体的城市理解脱节等问题，我们认为，有必要根据学生本阶段从微观向宏观思维转变的特点，着重以感知体验为起点，以小见大，观察真实的城市生活并从中发现问题。由此，我们提出“以故事认知城市”的教学思路，鼓励学生通过视觉观察、实地分析、访谈等形式，形成一系列的小故事，进而以此为基础形成对于城市空间的整体理解。

与传统的现状调研过程相比，“以故事认知城市”的教学思路强调以下几方面特点：1）以人为关注对象。城市的主体是人，城市规划应以人为本，关心人、尊重人、体现人的价值。以此为基点，在调研的过程中，从普通人的日常生活入手，观察城市各类人群的行为、意愿与需求等，考虑人与人、人与社群、人与资源之间的依赖性和制约性，逐步深化“是什么、为什么会这样、应该如何”等问题。这种基于“人际界面”的状态避免了对于原理、程序、规范和指标的机械解读，也符合城市规划专业实践人文关怀的价值内核。2）以故事为切入点。故事这种形式具有生动直观的特点，趣味性强，简单易入手，有利于调动学生的积极性和增强学生的体验感。3）强调创造性思维。调研的内容没有定式，需要学生充分发挥主动性与创造性，在调研过程中始终带着发现的眼睛与思维的头脑，变走马观花的实地观察、拍照、记录等信息收集方式为有针对性的“空间观察－发现兴趣点－沟通访谈－形成故事”的深层次过程。

2.2 阶段

在具体的实践过程中，“以故事认知城市”的教学思路被分解为两个阶段：一是故事收集。通过对于鲜活的城市生活的观察、访谈等，了解不同的空间使用状态以及使用群体的偏好和诉求，并将其转化为生动有趣的故事。在这个环节，不仅培养学生敏锐的城市空间观察力，而且，也锻炼了学生的社会文化洞察力与人际沟通能力。二是综合分析。故事本身只是一种媒介，最关键的是通过故事来解读城市空间，在这个过程中，鼓励学生通过之前所学习的专业理论与技术知识解读故事及故事背后的问题，提出自己的见解，将感性认识上升至理性思维，由此培养学生发现问题、分析问题、解决问题的能力。这反过来又对于故事收集环节提出了要求，即在故事选择上，其主题要与空间、设施、资源等的使用相关，同时还要考虑“故事－意义－空间”价值挖掘的可能性。因此，整个过程不是简单的资料收集，而是一个集观察、思考与研究于一体，运用观察力、好奇心以及专业知识发现问题的训练过程。

当然，由于故事本身具有发散性、随机性等特点，因此，“以故事认知城市”是作为传统调研过程的一种有效补充，而非取代系统的传统调研。相应的，故事调研的内容可以是非常规性的调研内容，但宜尽可能地结合某些主题来展开。

3 大康社区规划前期调研实践

3.1 概况

大康社区位于深圳市龙岗区横岗街道相对边缘区域，辖7个居民小组，面积约10.2km^2，其中，生态控制线以内面积6.7km^2。社区原为乡村地区，凭借市区边缘的优越区位，近年来非农产业发展迅速，大量外来务工人员涌入，产业结构和就业构成已实现高度非农化。第二产业占GDP的90%；二、三产业就业人数比为85 ： 15。据2010年第六次人口普查，社区常住人口总数58610人，其中户籍人口仅940人，占人口总量的1.6%。

在前期完成对社区相关文献和历史资料以及对于工业企业的232份问卷调研的整理之后，由4名教师带领3名研究生和20名本科生开始对社区进行现场空间调研。整个调研工作历时一周，主要的调研内容包括：现场踏勘、部门访谈和居民抽样调查（226份）。调研过程分为经济社会、土地使用、公共设施和交通市政4个专题小组，在完成常规的资料收集及表格“填空”的基础上，要求每个小组围绕本组专题或自选主题收集整理数个小故事，并鼓励他们用自己的图示语汇表达出来在小组调研汇报中进行详细的阐述和解释。

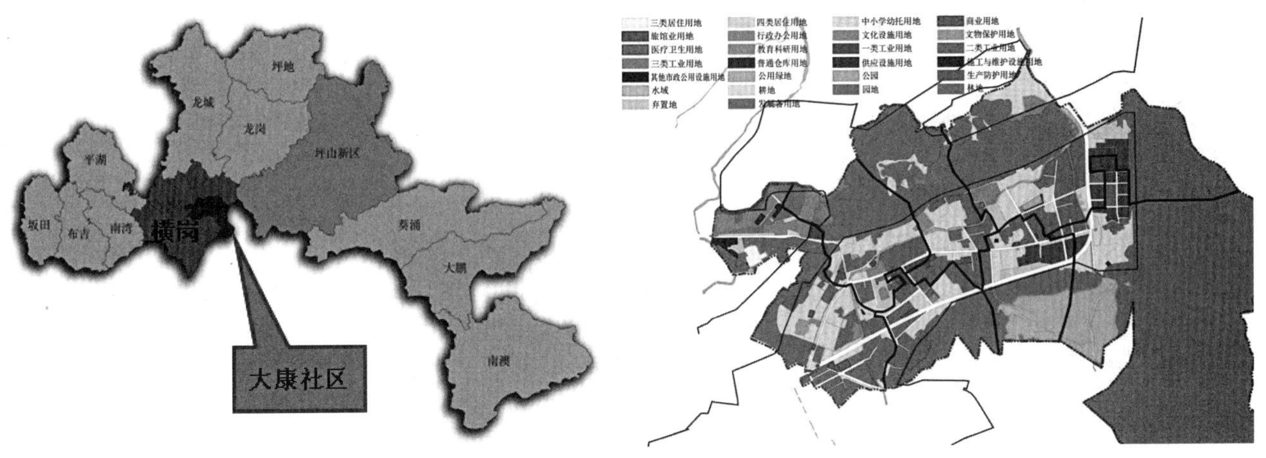

图 1　大康社区区位示意及社区现状土地使用

社区内部及社区周边小学教育设施情况一览表　　表1

	名称	类别	级别	用地面积（平方米）	建筑面积（平方米）	规模（班）	办学模式	建设模式
社区内	大康小学	小学	社区	14732	3678	15	公办	独立占地
	龙鹏学校	小学	社区	6777	5500	22	民办	独立占地
社区周边	康艺学校	九年一贯制	社区	10585	5192	36	民办	独立占地
	融美学校	九年一贯制	区级	14506	10988	30	民办	独立占地
	简一学校	小学	社区	6358	5600	16	民办	独立占地
	横岗中心小学	小学	社区	42647	3300	36	公办	独立占地

3.2　故事收集

在调研过程中，各组对于收集故事的热情均十分浓厚，通过现场观察、访谈等方式积累很多有价值的素材，在此基础上形成了自己的初步认知与思考。试举几例：

（1）对公共设施供给的调研。在对小学设施的调研中，学生们首先对社区内两所小学——公立的大康小学和私立的龙鹏学校的规模、空间分布等进行了详细的调研；然后，通过对糖水店经营者和村民的访谈，收集到一些关于居民择校的小故事，发现居民对于小学的使用并不局限于社区内部，也未按照距离远近进行择校。现实的情况是：①大康小学师资、教学水平一般，非本地户籍的学生如果要入读，需要一次性缴纳 1 万元择校费，每个学期另缴纳 3000 元借读费；私立的龙鹏学校教学质量较差，收费较低。②本地户籍人口择校时首先考虑的是教学质量，他们大都倾向于选择大康社区周边教学条件更好的横岗中心小学、康艺等学校。外地户籍人口择校时首先考虑的是教育成本，由于公立学校的教育成本比较高，他们通常倾向选择私立学校就读；在经济条件许可的情况下，才会尽可能选择考虑选择教学质量更好的学校。为此，学生们进一步对社区周边的小学设施也进行了详细调研，并绘制了小学设施使用示意图。

在对文化休闲设施的调研中，学生们了解到社区的文化娱乐设施十分缺乏，一些细心的同学则注意到了街边“流动书摊”的存在。在对经营者和使用者进行访谈之后，同学们将这些场景整理成故事，并以生动有趣的形式表达出来。

- 莘塘村一糖水店经营者访谈 （9.16）
  - 家附近有龙鹏学校，步行5分钟就可以到达，但设施差，教学质量不高
  - 小孩每天坐车到5公里外的龙岗简一学校上学

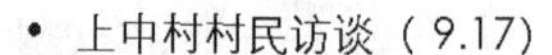

- 上中村村民访谈（9.17）
  - 大康小学就在住处附近，但更倾向于选择大康社区周边的康艺、融美等学校
  - 大康小学是公立学校，非本地户籍的学生如果要入读，需要一次性缴纳1万元择校费，每个学期还要缴纳3000元借读费
  - 而且大康小学的师资、设施水平其实并不好

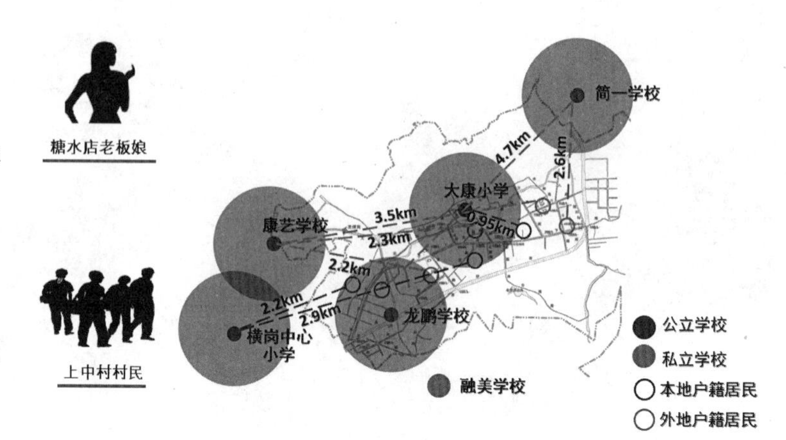

图 2　小学设施调研分析

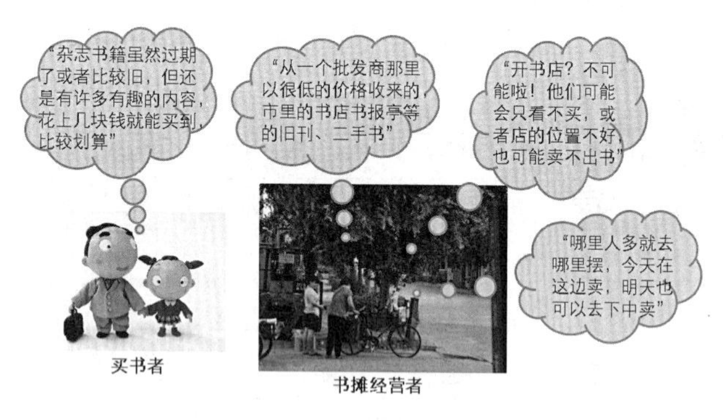

图 3　街边"流动书摊"

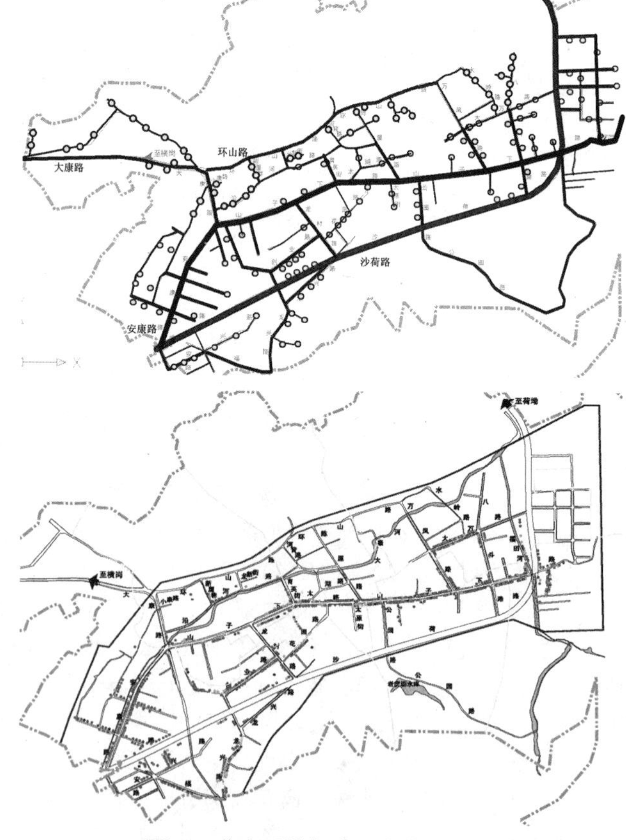

图 4　道路系统与商业空间的分布

通过上述故事收集与分析，学生们对于社区的人群构成特征以及公共设施供给的总量不足及结构性失衡的问题有了较为深入的理解，同时也不再简单地认为依据相关规范来增加相关设施的供给就能够有效地解决公共设施配套不足的问题，而是从更深层次去思考社区未来的发展前景问题。

（2）对道路空间的调研。大康社区城市建设用地呈东西带状发展，东西长超过 3km，南北向仅有 1km 左右。在对道路系统进行调研的过程中，除分析社区各道路的功能与结构之外，学生们观察到，社区商业服务设施基本沿贯穿社区中部的主要道路山子下路分布，而且，道路两侧的活动十分丰富，比如：路边有大量的小摊，而且，活动随着时间的变化而呈现分时段多样化经营的特征，早上是吃肠粉的地方，中午就变成了水果摊，傍晚

- 早上吃肠粉的地方，中午就变成了水果摊，傍晚时又加入了一些提供音乐下载服务
- 服务对象多为外来打工者，主要营业时间是晚上（白天要上班）
- 档次较低，有饮食（烧烤、糖水、水果等）、小物品零售（玩具、首饰、书籍等、服装摊位、摆摊下棋等
- 当地城管治安员不会过度限制摊贩的发展

图 5　山子下路街边摊档

图 6　山子下路街边“露天电影电视”

图 7　沙荷路给社区带来了负面影响

时又加入了一些提供音乐下载的服务；夜晚时分，路边每隔一段会有一处人流集中的“露天电影电视”场所。而相比山子下路热闹的街道生活，穿越社区南侧的城市主干道沙荷路的疏通则对道路两侧的商业发展造成了比较严重负面影响，之前曾经热闹的商业如今明显地衰败了。这些活动与场景，也被整理成一系列的小故事在调研讨论中展示出来，大大丰富了学生们对于社区的道路系统与公共空间的认知。

3.3　综合分析

基于不同专题故事的收集与整理，我们进一步引导学生透过现象看本质，思考这些故事背后的涵义，建立不同故事之间的联系，以及分析它们与整个社区经济社会发展的关系，发现其中的问题，进而形成对于社区发展的综合理解与系统认知。比如：

（1）结合大康社区的区位以及人口构成数据，在小学择校、流动书摊、公共空间使用等故事之间建立联系，分析社区的总体发展特征以及在区域空间中的地位。在经过数轮小组讨论之后，学生们逐渐认识到，小学择校、流动书摊、街边摊档、“露天电影电视”等这些故事有一个共同的背景，即社区人口构成。大康社区的特定区位使得她成为一个面向外来低收入人群的低生活成本社区，现状整体环境建设、公共设施和基础设施配套都处于较低水平，但与此同时，社区生活气息浓厚，而正是大量档次较低的商业服务设施与居民需求相匹配，营造出了低成本的社区生活环境。

（2）理解社区空间结构与出行结构，以及辨识社区交通问题。通过对道路空间、“露天电影电视”场所等故事的解读，引导学生理解和分析大康社区现状的多中心空间结构，并进一步认识其与社区人口结构与出行结构等之间的适应关系。此外，在社区部门访谈的过程中，曾有有关部门提出山子下路存在比较严重的交通拥堵，需要进行道路拓宽。针对这一问题，我们鼓励学生从他们收集到的故事入手，考虑道路拓宽的必要性与可行性。在激烈的辩论之后，学生们提出了反对道路拓宽的想法，认为：商业休闲空间在山子下路上的沿线分布形成了社区最重要的公共活动空间，是社区的活力所在，也是社区的标志性场所和展示社区形象、特色与风貌的重要窗口；如果拓宽山子下路，势必破坏山子下路的商业环境和慢行交通环境，形成另一条沙荷路；现状的道路交通问题本质上是过境交通与街道生活的冲突所致，因而更可行的方式应该是发挥带状城市的交通优势，通过有效的交通组织将部分与街道生活冲突严重的交通活动从山子下路剥离，保护山子下路的生活服务功能，维持、强化社区的活力。

通过这些分析，大康社区作为外来人口集聚的、富有活力的低生活成本社区的形象逐渐清晰，学生们慢慢对于调研对象形成了较为深入和立体的理解，相关的数据与图纸对于他们来说不再是抽象和遥远的，而是社区空间的真实反映。相应的，现状调研与前期分析的内容不再流于形式，而是重点分明、主题突出，这为他们后期规划思路的提出与规划方案的编制奠定了较为扎实的基础。

4 总结与体会

现状调研是城市规划编制过程的最基础的工作，也是后期规划方案“客观合理”的前提。“以故事认知城市”的教学思路以人为关注对象，以故事为切入点，将总规层面的规划前期调研的教学内容与学生日常生活和观察的经历紧密结合，让学生不仅通过文字、数据、图表、照片等方式收集获得第一手的资料，更重要的是通过眼睛和心灵去观察和认知城市，进而培养综合分析问题与解决问题的研究、创新能力。

从这一教学思路在大康社区规划前期调研中的应用来看，其实践效果比较理想，主要表现为：①激发了学习兴趣。学生普遍表示，故事形式简单生动，通俗易懂，让他们每个人都能够而且愿意参与进来，不仅对调研对象形成了深刻的体验与认知，并激发了他们批判的思考。一个有趣的现象是，不少有价值的故事是由那些理论课学习期间表现并不太突出的同学观察、发现和讲述的，这大大增强了他们的学习积极性，并促使他们去对前期的学习进行主动的补课。②培养了人文关怀。城市规划学科研究的核心理论是关于城市空间的理论，但归根到底，城市空间满足的是人的需求。故事本质上是人的故

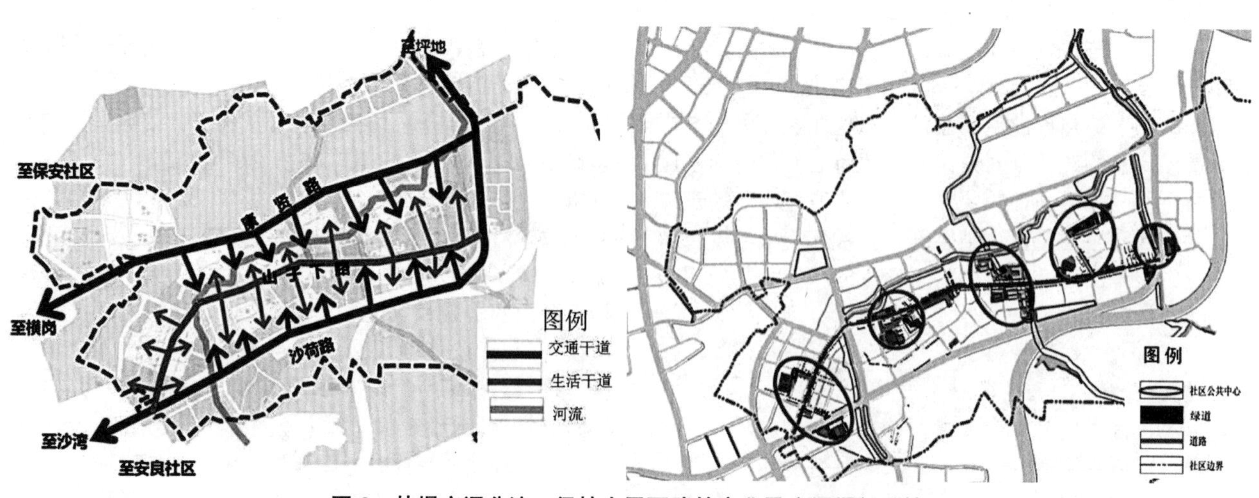

图 8 快慢交通分流，保护山子下路的商业及交通慢行环境

事，这种形式将“以人为本”的价值观念塑造融入其中，引导学生进入城市问题情境，主动关注城市弱势群体的生活状态，重视城市空间的人文内涵，有利于正确的规划价值观的树立与学生的人文关怀培养。③巩固了理论知识。故事的收集和解读不仅要求学生具备相应的专业理论知识，同时要求他们针对实际问题合理运用专业理论和技术方法加以分析，并探索解决问题的途径，这也是一个理论基础知识巩固的过程。④强化了思辨能力。在故事解读与分析中，鼓励学生将不同的故事以及其他调研资料串联起来，从城市整体的角度思考问题，变单纯的空间形态设计、图文表达训练为发现问题、分析问题以及解决问题的训练，培养具有较强思辨能力与规划综合思维的规划师。

值得注意的是，“以故事认知城市”的教学思路加强了学生主动参与，但在故事的筛选、解读与整合方面，也对教师的经验、知识和技能提出了较高的要求。首先，需要教师对课题本身有深入的理解，不能“为讲故事而讲故事”；再次，需要教师在课程过程中创造研讨式、辩论式的教学环境，让学生有组织、有主题地交流、讨论；第三，需要教师对故事主题、内容和方向进行整体架构和全程把握，及时引导和矫正偏差，这需要教师拥有良好的知识储备和丰富的教学经验。师生之间“以教诱学、以学促教、教学相长”，方能有助于这一思路的有效贯彻与功效发挥。

主要参考文献

[1] 韦亚平，赵民．推进我国城市规划教育的规范化发展——简论规划教育的知识和技能层次及教学组织［J］．城市规划，2008.32（6）：33-38.

[2] 彭建东，魏伟，牛强．“城市总体规划设计”课程教学中有关创造性思维培养的思考［C］．2012 年全国高等学校城市规划专业指导委员会年会．北京：中国建筑工业出版社，2012：203-206.

Reading the City in Stories: Teaching Method Innovation in the Planning Investigation for Dakang Community

Zhang Yan　Chen Yanping

Abstract: Based on the analysis of problems in the current teaching and learning of the investigation in the process of urban planning for an area of large scale, a new method of “reading the city in stories” is proposed and applied in the planning investigation for Dakang Community.

Key words: stories, reading the City, Dakang community

贯穿与递进：城市规划社会调查实践教学研究——以深圳大学为例

朱文健

摘　要：本文以深圳大学城市规划专业本科社会调查实践教学为例，从学院总体实践教学计划和教学深度的角度，总结近年来课程教学探索的经验，并尝试对教学过程中的各环节进行梳理，提出今后城市规划社会调查实践教学建设的进一步措施。

关键词：社会调查，实践教学

社会调查是规划师认识城市的基本方法和手段。调查研究不仅是规划编制程序上资料收集清单所列的内容（这是必要的），更重要的是城市社会的调查，对民情民意的调查，对城市发展历程的调查，从城市的过去、现在，展望和预测它的未来[1]。因此，城市规划社会调查的实践教学是对学生基本功的训练，也是一种长期的过程，是促使学生知识与能力的累进过程。许多规划院校总结了各自教学改革和研究的特点[2-6]。本文以深圳大学城市规划专业本科教学为例，总结近年来课程教学探索的经验，并尝试对教学过程中的各环节进行梳理，提出今后城市规划社会调查实践教学建设的进一步措施。

1　课程要求

在《全国高等学校土建类专业本科教育培养目标和培养方案及主干课程教学基本要求—城市规划专业》[7]中，涉及城市规划社会调查教学任务的课程包括“城市社会学”、“城市规划系统工程学”、“城市研究专题”、“社会调查研究方法”、“规划设计与综合社会实践”、“毕业设计”等，以上课程均明确指出了城市规划专业教育对于城市规划社会调查的理论和方法的知识内容要求。2013年版《高等学校城乡规划本科指导性专业规范》要求“掌握相关调查研究与综合表达方法与技能。”[8]“城乡社会综合调查研究”作为专业知识体系中的十门核心课程之一，要求认识调研实践领域包括“住区认识调查、社会调查、城乡认识调查、结合规划设计课程的调研四个实践单元。”[8]因此，关于城乡社会调查研究应贯穿本科专业教学的始终，并且成为学生专业学习的重点之一。

2　教学计划的沿革

深圳大学城市规划专业成立于2001年，早期主要注重物质空间形态的设计教学，也强调规划理论和规划编制实践的课程教学。以提高学生的素质、能力为出发点，在保障专业基本培养目标的前提下，尽力提高学生毕业后的工作适应范围。2006年开始，学院按照《全国高等学校城市规划专业本科（五年制）教育评估程序与方法（试行）》来调整和完善教学计划和课程设置，加强了与土木、环境工程等工程建设类学院课程教学合作的基础，并加大了人文、管理等学科的基础通识课程的教育。2011年，城市规划二级学科调整为城乡规划学一级学科。在新一轮的教学计划调整中，专业教育的重点除了继续加强物质形态规划的基础教育外，拓展了社会科学、管理科学、政策科学等方面的教学内容。规划专业人才培养与市场经济发展需求相一致，在工程型、应用型人才培养基础上，加大研究性、创新型人才培养的力度，在规划设计型人才培养基础上，加大管理型人才培养的力度。

朱文健：深圳大学建筑与城市规划学院讲师

3 教学计划的贯穿

围绕社会调查这项核心规划工具的训练，学院在相关课程的设置上，采用了"循序渐进"的安排，通过四个相互独立又层层递进的环节（表1），将城市社会问题的解决融会到城市规划各个过程之中，加强相关知识的整合，将社会调查这一课题贯穿学科各课程中学院在教学中。在每个环节中制定不同的阶段目标，对学生掌握社会调查方法的要求逐步提高，并有针对性地提出一些主题进行思考与讨论，使学科知识得以融合与贯穿。

城乡规划社会调查相关课程设置　　表1

目标环节	课程名称	开课学期	社会调查相关内容教学情况
感性认知	建筑设计与构造	三年级	城市感性认识，感性调查
	城市认识实习	三年级暑假	
基础训练	居住区规划与住宅设计	四年级上学期	
	城市经济学	四年级上学期	专题讲授、调查方法、课程作业
	城市社会学	四年级上学期	专题讲授、调查方法、课程作业
	城市规划系统工程学	四年级上学期	统计方法讲授
强化综合	城市设计与控规	四年级下学期	
	城市规划社会调查	四年级下学期	专门讲授、综合运用
能力提升	总体规划	四年级暑假、五年级上学期	综合运用
	毕业设计	五年级下学期	

三年级开始，设计课开始以小学、活动中心等社区公建为题，要求学生针对某一特定居住区开展与设计题目相关的调查，包括人流、车流、公共开放空间等等。三年级暑假的"城市认知实习"特别设置了自主选题调研的任务。对学生要求运用实地观察的方法，设定调研问题，并用问卷、相片等记录其所看到的城市空间，并做一些简单的对比或分析。同时，每组学生会根据自己的调研专题，展开社会调查的初步实践，以培养学生自发展开对社会调查这一基本工具的学习。四年级上学期是社会调查工具基础训练的阶段，"城市经济学"、"城市社会学"、"城市规划系统工程学"这三门课程，均在教学中专门讲授社会调查的基本方法。同时，根据各门课程自身要求，展开专题训练。这一阶段锻炼了学生专项解剖式研究能力及数据分析、处理能力。旨在培养学生能够综合运用各种调查方法和资料整理、分析方法。

四年级下学期安排的"城市规划社会调查"是一次对学生社会调研能力的综合培训。此前学生已有几次社会调查的基础，对城市的认识已有了一定程度的积累，因此，本课程对学生提出了更高的要求，要求学生能够对社会现象、城市问题进行科学、系统和定量化的调查分析，剖析问题产生的原因，提出解决措施。这一阶段旨在要求学生强化对社会调查工具的综合运用，提高实际问题综合分析能力，重点是认识城市的"深度"。"总体规划"和"毕业设计"是提升学生社会调查综合能力的阶段，要求学生结合课程选题，深入社会进行调查和收集，强化职业技能。这四个环节在设置上循序渐进，教学内容由易至难；教学方式上由分项联系到综合实践，培养学生逐步掌握社会调查的主要方法、手段、技能，同时培养学生惯于观察、勤于思考的专业素养，锻炼学生全面考虑、综合判断的能力。

4 教学深度的递进

教学中根据不同课程的需要，每一年由指导教师确定大的社会调查的主题，如三年级设计课的"住区调研"，四年级城市经济学的"零售行业调查"、城市社会学的"教学设施调查"等。在具体调研对象的上，则强调以学生自由选择为主，充分调动学生的主动性和发挥学生的能动性。城市规划社会调查课程的也是采用"抓大放小"的原则，由教师经过开学前讨论，确定具有现实意义的社会问题作为调研主题，如"城市基础设施"、"弱势群体"等。学生基于大的调研主题，选择一些"以小见大"并又有普遍性的问题，包括户外避难场所、旧居住区停车位、商圈盲道等。而城市总体规划课程的调研，则更加强调调研内容的系统性和大局观，包括了土地权属、道路交通、市政设施和公共设施等内容。在理论教学上，四年级城市经济学和城市社会学课程，主要介绍社会调查的一些基本原理和基础知识，而城市规划社会调查课，则重点讲授课题的选择、调查工具的使用、数据统计、撰写报告等，更加注重调查的逻辑和理性思维的锻炼。

对于教学深度要求更高的城市规划社会调查课和城市总体规划课，教学过程中主要采用了分组－集中相结合的教学方法（表4）。分组教学，教师通过与学生之间的交流与讨论，帮助学生明确调研课题以及解决调研中的问题。集中教学，则主要采取学生课堂表述（presentation），教师和学生集体讨论的方式展开。教师对学生的观点加以点评，并引导学生展开讨论。这样可以使学生按时完成阶段性任务，并且了解别组同学的优缺点，相互促进，相互了解，充分调动学生的积极性。

《城市规划社会调查》课程教学计划　表2

周次	教学形式	教学内容	备注
1	集体教学	社会调查课程基本情况 理念优秀作品评析 学生分组	
2~3	分组教学	调查选题的制定与调研方案	
4	集体教学	评阅讨论各组调研选题和方案	集中讨论，学生讲述（PPT）
5~7	分组教学	预调研，修改调研计划	
8	集体教学	汇报预调研结果，制定调研实施计划	集中讨论，学生讲述（PPT）
9~11	分组教学	正式调研	
12	集体教学	汇报调研结果，答疑讨论	集中讨论，学生讲述（PPT）
13~15	分组教学	统计梳理调研结果，准备调查报告提纲	
16	集体教学	汇报调研统计结果，调查报告提纲	集中讨论，学生讲述（PPT）
17	分组教学	撰写调查报告	
18	集体教学	课程总结	提交成果

5　结语

经过多年的教学实践，深圳大学城乡规划专业本科生的社会调查实践能力的培养取得了较好效果。学生在全国城市规划专业大学生社会综合实践调查报告评优中获奖，城市总体规划作业得到了所在相关部门的好评，说明贯穿与递进的社会调查教学实践取得了一定的成果。但还有许多地方尚待完善，包括如何更好地协调联动课程教学的内容，建立联动教学的机制；同时，在教学过程中，还需要提高学生组织协调能力、维护公众利益的职业道德以及强烈的社会责任感。

主要参考文献

[1]　邹德慈．论城市规划的科学性与科学的城市规划［J］．城市规划，2003，27（2）：77-79.

[2]　范凌云，杨新海，王雨村．社会调查与城市规划相关课程联动教学探索［J］．高等建筑教育，2008，17（5）：39-43.

[3]　蒋灵德．论城市规划专业社会综合实践教学［J］．高等建筑教育，2008，17（5）：114-116.

[4]　李浩．城市规划社会调查课程教学改革探析［J］．高等建筑教育，2006，15（3）：55-57.

[5]　李浩，赵万民．改革社会调查课程教学，推动城市规划学科发展［J］．规划师，2007，23（11）：65-67.

[6]　周玲，张恒，糜薇．社会调查与研究方法课程行动研究报告［J］．重庆工学院学报（社会科学），2008，22（10）：175-178.

[7]　高等学校土建学科教学指导委员会城市规划专业指导委员会．全国高等学校土建类专业本科教育培养目标和培养方案及主干课程教学基本要求——城市规划专业．北京：中国建筑工业出版社，2004.

[8]　高等学校城乡规划学科专业指导委员会．高等学校城乡规划本科指导性专业规范（2013年版）［M］．北京：中国建筑工业出版社，2013.

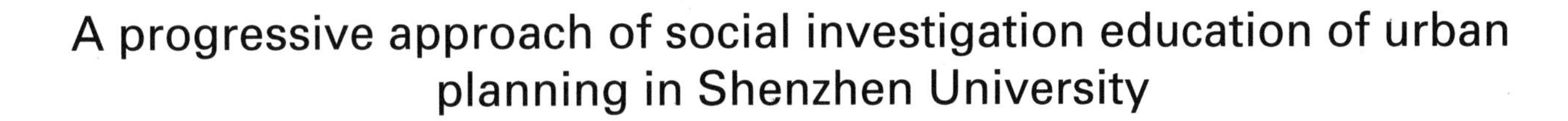

A progressive approach of social investigation education of urban planning in Shenzhen University

Zhu Wenjian

Abstract: Used teaching programs related to the social investigation in Shenzhen University as a case study, this paper tried to summarize the teaching experiences in recent years, canvass the innovation of teaching methods, and give some suggestions for better education of social investigation.

Key words: social investigation, practice teaching program

专业协作，校际交流
——“双联合”毕业设计教学实践探索与思考*

尤 涛 邸 玮

摘 要：“双联合”毕设是西建大与重大、哈工大、华工大开展的一项毕业设计联合教学实践活动，目的是探索城乡规划、建筑学和风景园林三个专业在本科教学高级阶段的交叉联合，以及扩大不同地域之间的校际教学交流。2012 年以来，“双联合”毕设教学实践取得了良好效果，摸索形成了一套初步的教学经验，但就西建大而言，仍然存在着专业协作难和对城市设计认识不足等问题，在此也提出了对策。

关键词：双联合，毕业设计，UC4

毕业设计联合教学（简称联合毕设）是近年来我国建筑类院校为促进学科发展、交流教学经验而广泛开展的一项教学实践活动。西安建筑科技大学从 2012 年的首次联合毕设开始，城乡规划专业的各类联合毕设活动已开展了三年，其中，2012 年西安建筑科技大学和重庆大学开始的联合毕设一直在探索一条城乡规划、建筑学、风景园林（分别简称规划、建筑、景观）三专业联合、校际联合的“双联合”毕业设计教学模式（简称“双联合”毕设）。以下是作者结合亲身参与的教学实践对三年来“双联合”毕设的经验、问题进行的初步总结。

1 “双联合”毕业设计教学实践的意义

开展“双联合”毕设的初衷，是在实现校际教学交流的目的之上，探索在本科教学的高级阶段实现城乡规划、建筑学和风景园林三个专业的交叉联合。

2011 年，国务院学位委员会和教育部公布了新的《学位授予和人才培养学科目录》，将城乡规划学、建筑学和风景园林学并列为一级学科，三个学科从原来的从属关系转变为密切关联与交叉关系，分别从不同空间尺度和角度对人居环境进行研究，形成了三位一体、三足鼎立的格局。城乡规划学的定位也突破了原来城市规划与设计二级学科的研究领域，不再局限于城市空间布局设计，而是拓展到了人居环境、城乡统筹发展政策、城乡规划管理等社会领域，以城乡环境为研究对象，以城乡土地利用和城市物质空间规划为核心，城乡规划的公共政策属性越来越强。尽管如此，城乡规划学、建筑学和风景园林学作为三位一体、密切相关的交叉互补学科，可谓你中有我、我中有你，从学科基础、思维方式、设计方法到设计成果都有很大程度的共通性。现代城乡建设的复杂性对应用型、复合型、创新型人才的需求，要求各专业学生在熟练掌握本专业基本知识、设计技能以外，还应该对相关专业领域的设计内容、设计方法有所了解，并具备较强的专业协作能力。

西安建筑科技大学是国内较早探索和实践城乡规划专业专门化教学的建筑类院校，经过近十年的专业建设，已形成了包括基础教学在内的独立的城乡规划专业教学计划。城乡规划学一级学科成立后，正式成立了城乡规划学系，教师队伍实现了专门化，城乡规划专业学生逐渐形成强烈的专业认同感。在城乡规划学学科发展日益成熟、专业教学日趋完善之际，也出现了因专业划分过细而导致的一些问题，具体表现在：① “君子动口不动

* 本文为西建大校级重点教改项目“四校城乡规划 / 建筑学 / 风景园林三专业毕业设计联合教学探索”（项目编号 DJ02087）的阶段性成果。

尤 涛：西安建筑科技大学建筑学院副教授
邸 玮：西安建筑科技大学建筑学院讲师

手”——规划思维的系统性、逻辑性增强，分析策划能力提高，而动手能力尤其是空间形体方面的设计能力显著下降；②“画地为牢”——对建筑、景观专业缺乏基本的了解，缺乏与建筑、景观专业的沟通协作能力，形成了较明显的专业隔阂。对在城乡建设中承担利益平衡、协调角色的城乡规划专业学生来讲，沟通协作能力显得尤为重要。因此，突破专业界限，强调专业协作，实现跨专业联合教学，就成为本科教学高年级阶段的重要任务，这也成为各校近年来的共识。

西安建筑科技大学（简称西建大）、重庆大学（简称重大）、哈尔滨工业大学（简称哈工大）、华南理工大学（简称华工大）是我国建筑类院校中的“老八校”，具有悠久的办学传统，因分别地处西北、西南、东北、华南，各自在生态脆弱地区人居环境和文化遗产保护、山地人居环境、寒地人居环境、亚热带人居环境研究领域显示出较强的地域文化特色。从2012年开始的“双联合”毕设，已成为四校相互了解、相互学习和教学交流的重要平台，极大地扩展了广大教师和学生的专业视野和地域视野。三年来，四校参与“双联合”毕设指导和各环节交流的专业教师已近百人，学生达到250人左右。

图1 2012年守望大明宫——唐大明宫西宫墙周边地区城市设计

2 “双联合”毕业设计教学实践的总体效果与初步经验

2.1 “双联合”毕设历程回顾

2011年底，西建大和重大就联合毕设相关合作事宜达成共识，商定首年由西建大担任东道主并组织命题，于2012年春季学期开展两校首次三专业联合毕设活动。在备选的四个题目中，经双方讨论最终确定了选题“守望大明宫——唐大明宫西宫墙周边地区城市设计”，设计主旨为“对话与发展——城市遗产地区建筑与环境创造”（图1）。2012年春季学期伊始，“西建大－重大”三专业联合毕设正式拉开，两校参加的规划、建筑、景观三个专业学生各6名，共计36名学生，各自派出每个专业指导教师1~2名，共计9名指导教师（图2）。同期，重大与哈工大也开展了另一组规划、建筑两专业联合毕设教学活动。

图2 2012年“双联合”教师组集体照

2013年，由重大担任东道主并负责命题，开展了“西建大－重大－哈工大”三校三专业联合毕设，确定的选题为“延续与发展——老旧工业厂区城市空间特色再创造”。设计基地位于重庆市沙坪坝区已经停产废弃的重庆特钢厂旧址（图3）。三校三专业参加学生总数达到60余人，指导教师10余人（图4）。同期，西建大与哈工

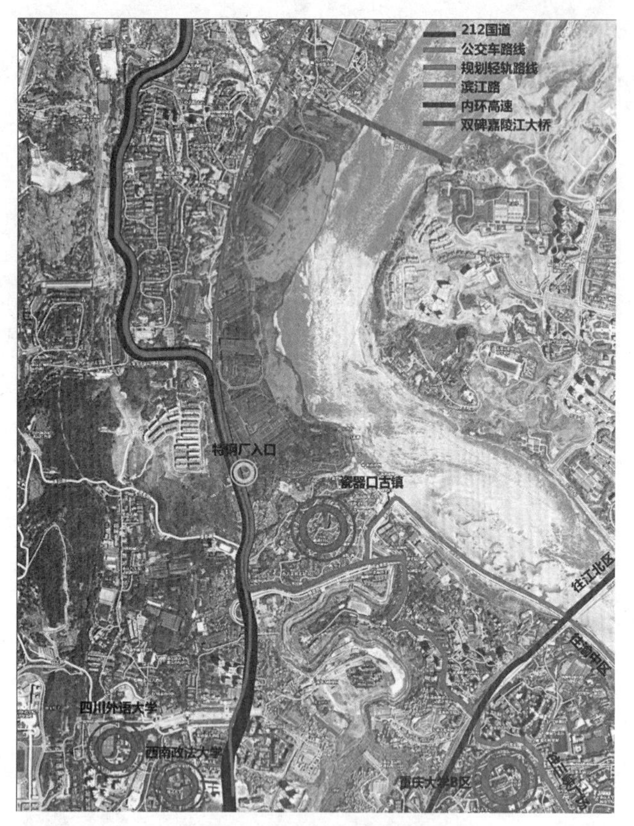

图3　2013年延续与发展
——老旧工业厂区城市空间特色再创造

图4　2013年“双联合”教师组集体照

大两专业联合毕设、西建大与华工大三专业联合毕设教学活动也同时开展。

2014年，在前两年四校多方联合毕设教学实践的基础上，“西建大－重大－哈工大－华工大”四校教学联盟（UC4）正式成立，联盟宗旨为“促进不同地域高校间的学术交流，共同提高本科教学水平，共享教学资源，拓展学生的地域视野”，强调“双联合”毕设作为联盟的重要教学活动内容，由联盟成员单位轮流承办。首届UC4“双联合”由西安建筑科技大学承办，确定的选题为“新生与发展——西安幸福林带片区城市设计”（图5）。四校三专业参加学生总数达到90余人，指导教师近20人（图6）。

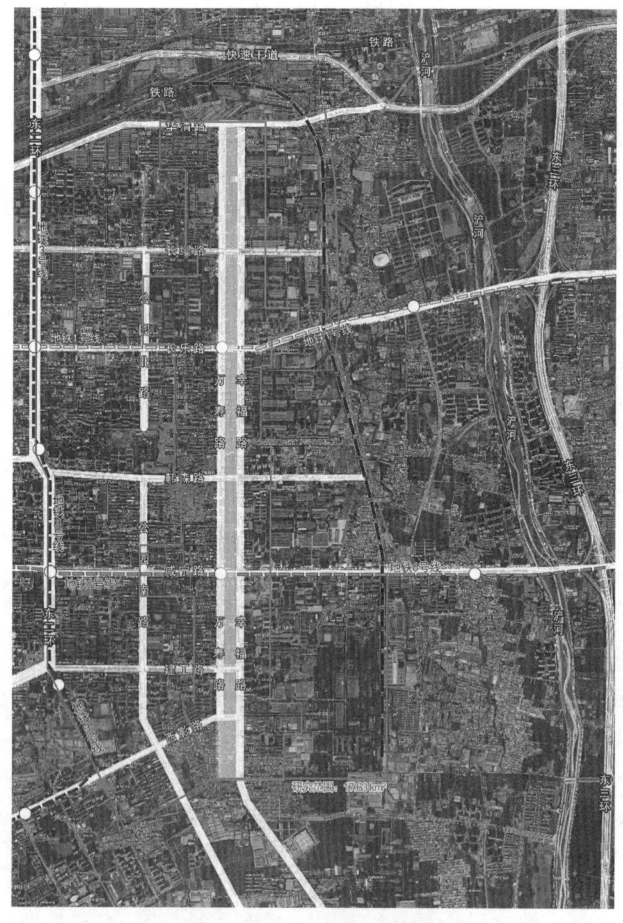

图5　2014年新生与发展
——西安幸福林带片区城市设计

图6　2014年“双联合”教师组集体照

2.2 “双联合”毕设的总体效果

总体上，在开展“双联合”毕设教学实践的三年里，为各校师生创造了多次难得的交流机会，开阔了各校师生的视野，三专业协作教学也积累了一定的经验，取得了良好的教学效果，也反映出各校不同的教学特点。在2014年联合毕设中，以规划专业为例，重大作为我国建筑类院校中较早开办城市规划专业的学校，毕设成果反映出的规划系统性和完整性较好，学生的汇报表达能力强；哈工大学生体现出的发现关键问题并提出针对性策略的能力令人印象深刻；华工大学生在城市空间形态方面的分析推演能力值得借鉴；西建大学生发挥本土优势体现出的深入、细致、务实作风也得到了各校教师的肯定。同时，通过三年来的学习交流，我们也清楚地认识到了自身的差距和不足，使学生的毕设成果质量有了明显提升（图7、图8），也提高了指导教师的教学水平。

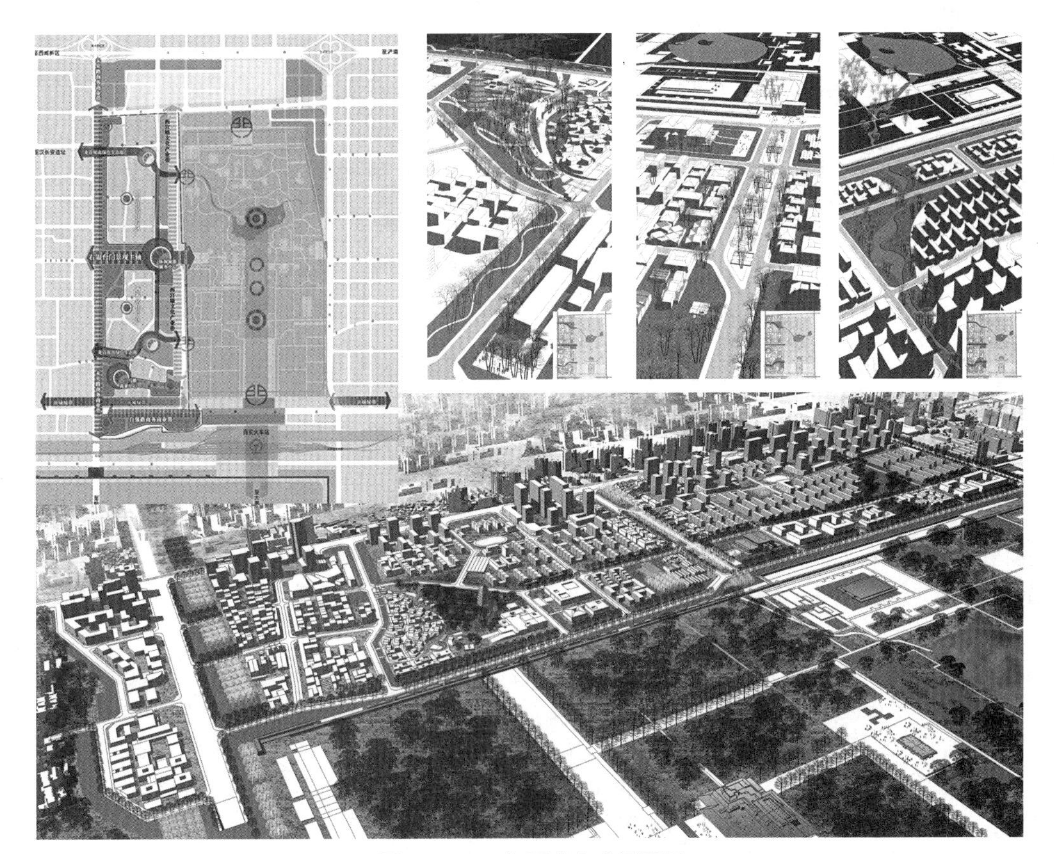

图7　2012年西建大成果图图

图 8　2013 年西建大成果图

2.3 “双联合”毕设的初步经验

经过三年的教学实践，四校已经摸索形成了一套初步的“双联合”毕设教学经验，在此代为总结如下：

（1）以城市设计为纽带的“双联合”毕设选题

2011 年底西建大和重大首次“双联合”毕设酝酿开始之际，重大基于以往单专业联合毕设教学经验提出了以城市设计为纽带的选题思路，即以适当规模的城市地段作为设计对象，三专业联合完成从城市设计、建筑设计到景观设计的综合设计成果。

以城市设计作为城乡规划学、建筑学、风景园林学的专业纽带的思想，早在 1999 年国际建协（UIA）第 20 届世界建筑师大会发表的《北京宪章》对广义建筑学的阐释中已经有了明确的论述：“广义建筑学，就其学科内涵内说，是通过城市设计的核心作用，从观念上和理论基础上把建筑学、地景学、城市规划学的要点整合为一”，并被国内外建筑界广泛接受。目前，城市设计课程也愈来愈多地被列入建筑类院校三专业教学计划的必修课程。

从三年来的教学实践效果来看，以城市设计为纽带的“双联合”毕设选题可以充分发挥三专业的专业优势并相互补充，规划专业学生可以从城市规划的高度对基地进行系统分析和准确定位，建筑专业学生可以从建筑单体和群体空间组织上对形体空间进行深化，景观专业学生可以从外部空间和生态学视角对城市空间进行优化，最终实现对整个地段设计的全面深化。

当然，具体的“双联合”毕设选题还应注意以下几点：

首先，选题应方便调研，基地选址最好在交通便利的城市中心或边缘区域。由于参与“双联合”毕设的学生数量较多，且需多次实地调研，因此，基地选址最好避免过于偏远，便于利用公共交通出行调研。

其次，基地应具有相对复杂的现状条件，最好是更新改造用地。一方面是为保证设计能够基于大量现状分析从而提出相应对策，使课题具有一定的难度；另一方面也符合当前城市建设由增量发展转向存量发展的变化趋势。

第三，地段规模应适当，大小适宜。从三次“双联合”毕设选题规模来看，2012 年设计对象唐大明宫西宫墙周边地区基地面积为 2.3km²，2013 年重庆特钢厂基地面积为 0.83km²，2014 年西安幸福林带地区核心区基地面积超过 5km²，涉及幸福林带地区的总规模超过 17km²。比较而言，2013 年的 0.83km² 规模最为合适，规划专业小组成果的基地分析、地段规划及城市设计等工作量适当，个人分别负责详细设计的重点地段面积约 20~30hm²，规模和工作量也较为适当，并且可以全部覆盖建筑、景观专业学生的设计用地，保证了三专业成果的交叉联合。2012 年的 2.3km² 基地规模稍显偏大，提供了较多的用地选择，但无法保证规划、建筑、景观专业的设计用地全部交叉覆盖。2014 年超过 5km² 的基地规模虽然提供了更多的用地选择，但由于涉及超过 17km² 范围的规划结构调整，不仅大大增加了设计难度，影响了学生的方案进展速度，而且由于个人的详细设计地段选址分散，难以做到三专业学生设计用地的广泛交叉覆盖。因此，相比较而言，以目前的教学组织方式来说 1km² 左右的用地规模较为合适，既可以保证一定的设计难度和三专业设计用地的交叉覆盖，也可以避免因基地规模过小而导致的个人设计用地选择性太小、限制了多方案容纳力的问题。

第四，规划用地构成应多样化，以满足各专业的详细设计要求。即，设计地段应包含有大中型的公共建筑单体或街区，包含有一定规模的公共开敞空间，为建筑和景观专业学生的详细设计提供合适基地。建筑方面，三年来的选题均容纳了大中型文化体育设施、商业设施或商务设施，景观方面，2012 年的大明宫西宫墙沿线、2013 年的重庆特钢厂的滨水岸线、2014 年的幸福林带本身，都是景观详细设计的理想基地。

（2）“四环节、三阶段”的教学组织模式

经过三年来的教学实践，“双联合”毕设已形成了相对成熟的“四环节、三阶段”教学组织模式（图 9）。所谓“四环节”，是指四个联合教学环节，即“联合选题”、“联合现场调研”、“联合中期汇报”和“联合毕业答辩”。“联合选题”一般在毕设开始的前一个学期进行，以便各校提前布置教学任务，开展调研之前的相关资料准备和案例研究工作。通常由承办学校提前准备若干选题，各校教师在进行相关评估、现场踏勘后讨论确定最终选题。“联合现场调研”环节通常安排一周，周一上午为与设计课题相关的背景知识讲座和布置设计任务、调研安排，周一下午至周四，三专业学生采用混合分组的方式进行现场调研及调研成果整理，周五以 PPT 方式进行调研成果汇报，教师点评，完成

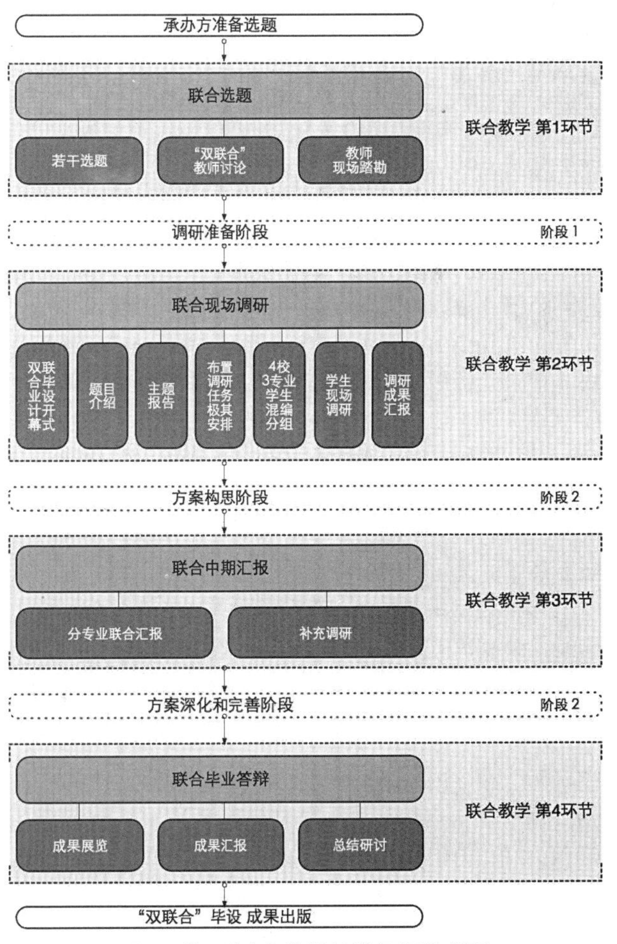

图 9 “双联合”毕设教学组织模式图

的调研成果各校共享。“联合中期汇报”一般安排在承办学校进行，以便于外地学生在中期汇报结束后进行必要的补充调研。“联合毕业答辩”则在下一届承办学校进行，为各校师生创造不同学校、不同城市的体验交流机会。“联合中期汇报”和“联合毕业答辩”作为中期和最终成果交流阶段，各校都组织了指导教师以外的专业教师广泛参与，进一步扩大和加强了校际交流效果。所谓“三阶段”，是指各校自行组织的教学阶段，即“调研准备阶段”、“方案构思阶段”和“方案深入和完善阶段”，分别对应“四环节”之间的三个时间段。联合毕设完成后，由承办学校负责将各校的优秀毕业设计成果集结出版。

3 “双联合”毕业设计教学实践暴露出的问题与对策

三年来的“双联合”毕设教学实践虽然取得了较好的教学效果，但也存在着不少问题。就西建大而言，专业协作难和对城市设计认识不足是较为突出的两个方面。

（1）专业协作难。学生之间的专业协作困难是三年来的教学实践中感受最为突出的问题。以西建大2014年联合毕设为例，虽然采取了学生前期混合分组、中期各环节三专业集中汇报交流等方式，但仍然出现了前期建筑、景观专业参与度低，中期建筑、景观专业进度滞后，个人设计任务迟迟难以明确，规划专业则形体空间设计推进困难，后期各专业无暇协作分道扬镳的尴尬局面。究其原因，各专业由于视野和能力所限，以及各自专业的毕业设计成果要求不同、进度要求不同，造成相互等、靠的现象比较普遍。专业协作难的深层次原因实际上是专业之间的隔阂所致。

（2）对城市设计认识不足。这一点不仅反映在建筑和景观专业学生身上，也部分反映在规划专业学生身上。习惯了具体到各类功能空间及其规模的设计任务书，一旦让学生自己从城市高度定位建筑，研究其功能构成和规模要求，建筑专业学生就显得无所适从；习惯了从城市公共生活和生态视角研究城市开敞空间的景观专业学生，在面对用地功能定位、城市交通组织、建筑群体空间设计时明显力不从心；经过城市总体规划训练和小地块城市公共中心设计训练的规划专业学生，在面对较大尺度的城市片区或地段城市设计时也显得束手无策。这也反映出三个专业的课程教学中对城市设计的全面理解和设计训练存在不足。

针对以上问题，西建大指导教师小组提出以下三点建议，对未来的“双联合”毕设教学进行改进：

（1）尝试新的教学组织方式，采用专业教师混合和三专业学生混合相结合的混合分组方式，通过加强教师之间的专业协作来影响、引导和加强学生之间的专业协作。根据经验，混编学生小组规模不宜太大，以9人为宜，每专业学生各3人，指导教师2人，且需要具有跨专业的学习、教学或实践经验。

（2）中期汇报及最后的毕业答辩环节也采用混合分组方式，通过拓展联合教学环节的专业交流，进一步检验和强化专业协作效果。

（3）调整各专业毕业设计的成果要求，突破单一专业毕业设计的惯例，将不同层面或视角的城市设计内容作为各专业成果的组成部分。例如对建筑专业增加一定规模地块的城市设计内容及导则要求，同时降低单体建筑的设计深度要求。

结语

“双联合”毕业设计教学实践是在UC4联盟四校建筑学院领导的大力倡导和支持下进行的一次教学实践探索，本文所总结的初步经验也是四校建筑学院三年来参与教学的广大师生共同努力合作的成果，总结欠妥之初还请各校批评指正。目前，“双联合”毕设仍处于探索阶段，更多的教学经验还有待今后的教学实践去积累和总结。

MULTI–MAJOR UNITED, INTERCOLLEGIATE EXCHANGE ——Practice and Thinking in the "Double United" Graduate Design

You Tao　Di Wei

Abstract: To explore ways of multi–major united (Architecture、Urban Planning、Landscape) in the senior undergraduate course, To expand the scope of interregional intercollegiate exchange, "Double Joint" is a practice in the Graduate Design between Xian University of Architecture and Technology, ChongQing University, Harbin Institute of Technology and South China University of Technology. From 2012, "Double United" Graduate Design course achieve good results and has accumulated valuable experience. As for Xian University of Architecture and Technology still exists some problems, such as disciplinary collaboration or lack of knowledge of urban design, this also puts forward some countermeasures.

Key words: "Double Joint" , graduate design, UC4

"逻辑"与"推演"——城乡规划专业低年级"空间设计训练"教学方法初探

付胜刚　吴　超　王　阳

摘　要：空间设计教学是城乡规划专业教育的基础。本文通过对城乡规划专业低年级"空间设计训练"教学方法的阐述，探讨培养学生空间认知能力和设计思维能力的方法。提出以渐进式的课程设置模拟设计的"推演"过程，对学生的空间思维"逻辑"进行专门训练的教学方式。强调学生对于空间限定要素、空间形态基本原型、空间设计影响因素的认知以及对空间设计方法的掌握。文章提出以探讨空间问题为线索，通过手工模型、计算机模型、徒手草图和工具图等多种能力的训练，综合培养学生勤于动手、勤于观察、勤于动脑的学习习惯，循序渐进的将学生带入专业设计领域，为高年级更为复杂的建筑、城市空间规划设计内容奠定基础。

关键词：城乡规划，低年级，空间设计，逻辑，推演

1 "空间设计训练"内容引入城乡规划专业低年级教学的必要性

城乡规划学科经历了由"工程与设计"到"社会与经济"和"环境与生态"的发展过程，城乡规划教育的发展也逐渐趋于综合化。然而，不论在西方发达国家的后工业化进程中，还是在我国城市化的发展过程中，城市形象和特色的塑造都成为城市发展的核心问题。城市规划学科重新出现"空间回归"的现象，使我们认识到脱离了城市空间的城市规划无法成为一种职业，城市规划学科也难以立足。❶从就业市场需求来看，城市规划专业工科类的毕业生，特别是其中土建类的毕业生更符合目前中国城市建设的要求，以市场需求为导向的城市规划专业教育仍然以城市规划管理和城市规划设计为主体目标。❷

我校城乡规划专业背景以建筑和工程学科为主，城市空间教学更是城乡规划专业教学的核心和基础，需要从低年级开始就加强学生对于空间的认知和空间设计方法的学习。"空间设计训练"通过模拟设计的"推演"过程对学生的空间思维"逻辑"进行专门训练，培养学生的专业能力和创新能力，其教学目标是让学生理解空间的限定与构成要素，掌握空间设计与组织手法。这为高年级阶段建筑设计、详细设计、城市设计等课程奠定基础。

2 教学特点

2.1 以探讨"空间问题"为唯一线索

"空间设计训练"环节设置在城乡规划专业低年级阶段，此时学生对于空间的理解尚不成熟。传统的空间教学方法是通过模拟实际建筑工程的组织形式，以某种特定功能的建筑设计为题目，训练学生的设计综合能力。这种教学方法有效的培养了学生对于建筑和城市的整体认知。然而，由于这种教学方法所涉及的问题较为庞杂，空间问题经常被湮没在诸多设计问题之中，这使低年级的学生经常陷于复杂设计变量中，无法专注的讨论空间

❶ 吴志强，于弘．城市规划学科的发展方向［J］．城市规划学刊，2005.

❷ 周俭．城市规划专业的发展方向与教学改革［J］．城市规划汇刊，1997.

付胜刚：西安建筑科技大学建筑学院助教
吴　超：西安建筑科技大学建筑学院助教
王　阳：西安建筑科技大学建筑学院讲师

认知与空间设计。

“空间设计训练”以探讨“空间问题”为唯一线索，帮助学生构架清晰的设计思维过程，在教学的开始阶段，弱化实际因素对于空间的影响，让学生集中精力研究空间，然后再分阶段介入气候、场地、功能、材料等各种影响要素，逐步完善空间设计的细节。

2.2 渐进式的教学过程

人们对于空间的理解是整体的和综合的，然而为了让学生能够系统的对空间及其设计方法进行认知和学习，教学方式应该渐进式的。

“空间设计训练”通过将复杂的空间设计问题分解为“空间限定要素”的认知、“空间形态基本原型”的生成、“用地条件”与“基本功能单元”的介入、“特殊功能单元”的介入、“交通空间”与“室内外边界”的设计、“材料”与“色彩”的设计、“尺度”与“细节”的调整、建筑图纸的表达与成果模型的制作等八个阶段，并在每个阶段分别设置易于操作、针对性强的作业，以“逻辑推演”的形式让学生经历由浅入深、由简单到复杂、由抽象到具象的学习过程，从而使学生更加主动的完成教学内容。

3 教学方式

3.1 以“空间形态基本原型”的认知为教学起点

空间的形成需要基本的限定要素。在本次教学过程中，教师提供最常见的空间限定要素——“板片（slab）”与“体块（block）”。学生应用它们建立属于自己的“空间形态的基本原型”，并为后续一系列设计过程提供起点

以“空间形态基本原型”为教学起点，使教师在指导学生的过程中，可以做到有“形”可依，有“据”可依。它一方面提供了教师与学生在教学讨论时的共同基础，另一方面，“空间形态基本原型”是由学生通过对于“板片”或者“体块”的研究而独立产生的，这一点在极大程度上确保了学生们方案发展的差异性与丰富性，使学生的学习热情获得了提升。

板片（slab）

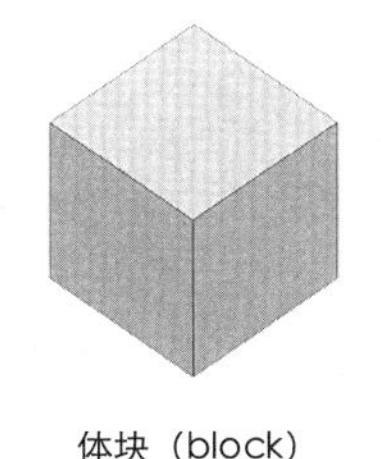

体块（block）

图 1　空间形态基本原型

3.2 以“空间形态的逻辑推演”为教学过程

我们将空间设计的过程理解为从构思到建造的一系列操作。[1]这种“推演”的方式不仅是一种空间的设计的“逻辑”，也是一种教学的组织“逻辑”。

所谓空间的设计逻辑，即设计者的构思形式。它与设计者的空间思维以及对设计影响要素的处理方法紧密相连。它是设计者在综合诸多问题的基础上，以“空间形态的基本原型”为基础，逐步构建空间方案的设计过程。所谓教学的组织逻辑，即教学开展的形式。它是学生从寻找“空间形态基本原型”开始，分阶段引入各种空间设计的影响要素，逐步完成各阶段设计任务，最终形成设计成果的教学过程。

以“空间形态的逻辑推演”为教学的基本过程，提供教学互动，并由学生自发探索空间形态衍生的可能性，更好的激发了学生学习的主动性。

3.3 以“模型推进”为教学手段

手工模型作为现今空间设计教学的基本手段，具有直观性和互动性的特点。以模型为基本的教学手段，设计的阶段也应该以模型为基础进行推进。每个阶段的模型在完成该阶段教学任务的基础上，也应该作为设计的阶段性成果，在最终作业图纸中出现。这种方法提高了模型对于设计进行反馈的互动性作用。

手工模型的直观性为学生提供了“空间观察”的可能性。在设计构思、方案发展和方案修正的过程中，教师应该要求学生对每个阶段的手工模型进行充分的观察，并运用徒手草图及模型照片的方式加以记录，引导学生发现空间的趣味性和发展的可能性，思考多种因素对于设计的影响，培养学生主动发现、主动设计、勤于动手、勤于动脑的良好习惯。

---

[1] 顾大庆，柏庭卫．空间、建构与设计［M］．北京：中国建筑工业出版社，2011.

图 2　手工模型与空间观察
（城规 1203 班　李聪　柳思瑶　侯少静　田密）

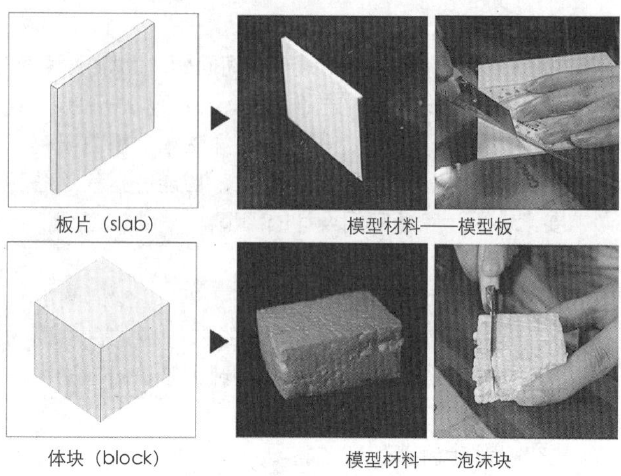

图 3　空间限定要素与相应的模型材料

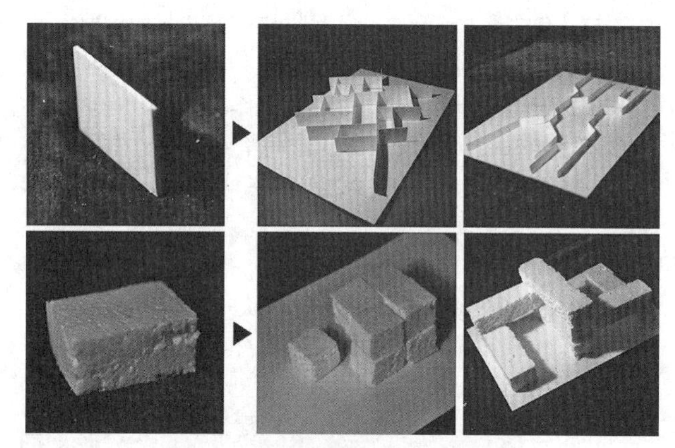

图 4　空间形态基本原型的生成
（城规 1203 班　康宁　李默奇　孙颖　田密）

4　教学过程

4.1　“空间限定要素”的认知

教学的目的是理解“板片”与“体块”两种最基本的空间限定要素的特性；掌握“空间限定要素”的处理手法和在设计中的发展规律。

本阶段教学以教师课堂讲授为主。教师在明确“板片”与“体块”两种限定要素的特点和发展规律的基础上，通过案例分析与讲述，为学生提供可参考的设计先例以及可能的设计发展方向。然后将“板片”和“体块”两种空间限定要素随机分配给每名学生作为设计的起点，并以课后作业的形式要求学生准备与准备适应“空间限定要素”的模型材料，并主动搜集和解析相关案例作为方案设计的基础。

4.2　“空间形态基本原型”的生成

教学目的是了解“空间形态基本原型”对于空间设计的意义；理解设计推演的基本原则和方法；掌握以空间限定要素为基础生成空间形态基本原型的方法。

本阶段的教学方设计辅导为主。在教学过程中，教师引导学生对空间限定要素进行进一步的理解和分析，并通过对“板片”或“体块”的“折叠”、“穿插”或“垒叠”、“嵌套”等处理方式生成“空间形态基本原型”。并在此基础上，运用特定模型材料的操作方式，形成第一轮成果模型。在本阶段，教师应该强调对“板片”或“体块”两种空间限定要素处理手法的差异性和清晰性，引导学生建立符合其特性的空间形态基本原型。设计成果为 A4 底盘的手工概念草模。

4.3 "用地条件"与"基本功能单元"的介入

教学的目的是了解用地条件以及空间属性的介入对于设计的影响；掌握用地条件和空间要求的呼应方式。

本阶段的教学采用设计辅导与讲授相结合的方式在。在教学过程中，教师向学生提供两个设计影响要素。首先，教师提供面积规模相近（约 4200m^2 左右）的三种用地，并进一步规定不同采光方向、风向等用地属性，并对这些用地条件与空间设计的关系进行讲解。每名学生随机获得不同的用地条件作为空间发展的边界条件，并在教师的引导下，明确基本的呼应态度。其次，教师提供 12 个"基本功能单元"，并要求学生以"均好性"为原则充分考虑其组织形式，将"空间形态基本原型"进行发展。本阶段的设计成果为 1 ： 200 的手工模型。

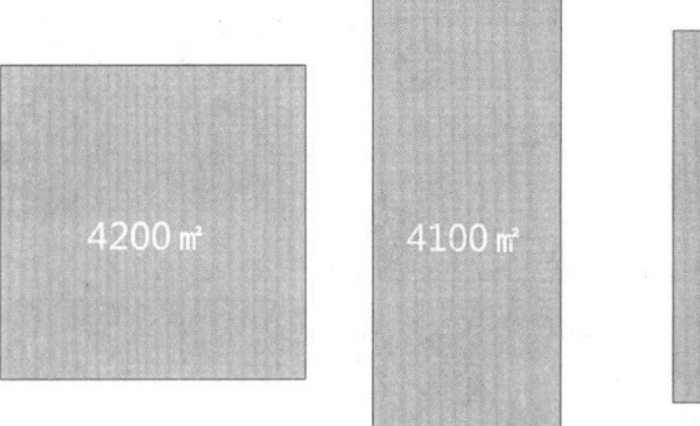

图 5 三种不同形态的用地边界

4.4 "特殊功能单元"的介入

教学目的是了解多种属性空间的介入对设计的影响与引导；理解空间"均好性"与"差异性"的关系；掌握处理不同属性空间的组织原则和方法。

本阶段的教学采用设计辅导与讲授相结合的方式。在上一阶段的教学过程中，学生已经集中探讨了单一属性空间的组织问题。在本阶段学生将会面对多种属性空间带来的更丰富的设计可能性。教师将再提供 6 个"特殊功能单元"，并要求学生以"差异性"为原则，在进一步呼应用地条件和调整 12 个"基本功能单元"的基础上，组织"特殊功能单元"，从而完成 18 个空间的组织。本阶段的设计成果为 1 ： 200 的手工模型。

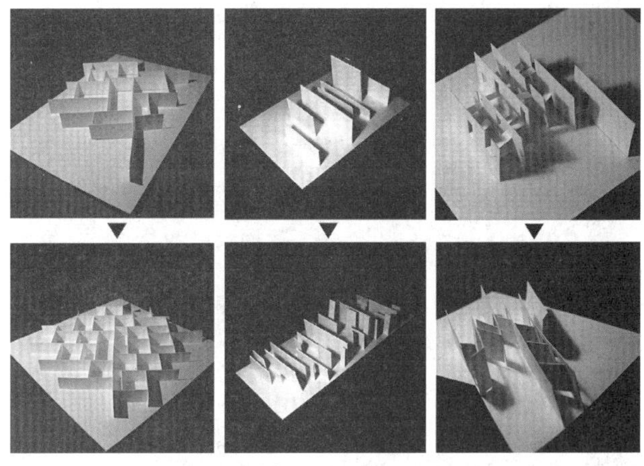
图 6 "用地条件"与"基本功能单元"对于空间模型的影响（城规 1203 班 康宁 田博文 李聪）

4.5 "交通空间"与"室内外边界"的设计

教学目的是在空间设计探讨的基础上，了解空间在使用过程中的相互联系及其内与外的关系；掌握处理空间设计中交通空间组织与室内外边界设计的基本方法。

本阶段的教学采用设计辅导与讲授相结合的方式，教学过程中将理性的使用要求和感性的空间创作有机结合，通过模型推动的手段，完成空间研究到概念设计的初步转化。首先，学生在教师的辅导下，以创造高效率交通联系方式为原则，解决 18 个不同属性空间在水平、垂直方向的交通组织问题；其次，学生结合空间形式和功能要求，完成气候边界的设置与设计，并结合门与窗等室内外联系构件的设计综合考虑室内外空间的光线、

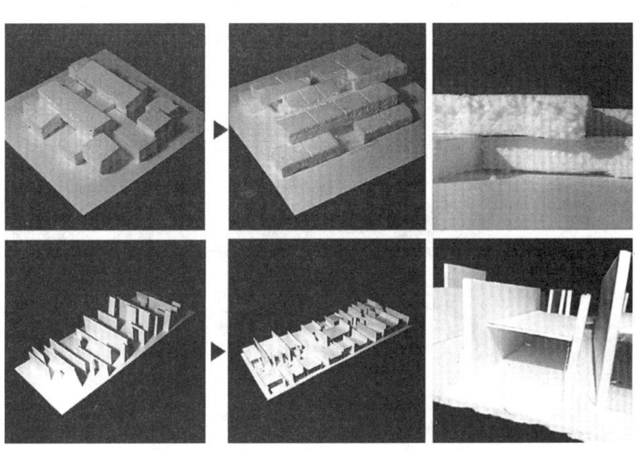
图 7 "特殊功能单元"的介入对空间模型的影响（城规 1203 班 侯少静 田博文）

图 8 “交通空间”与“室内外边界”的设计
（城规 1203 班 王旭博 史雨佳）

图 9 “材料”与“色彩”的设计
（城规 1203 班 李聪 史雨佳）

绿化景观以及小气候营造的问题。本阶段的设计成果为 1 ：200 的手工模型。

4.6 “材料”与“色彩”的设计

教学目的是了解不同材料与色彩的特性；理解材料与色彩对于空间设计的影响，掌握将材料与色彩运用到空间设计中的方法。

本阶段教学方式上结合课堂教授、案例分析、模型操作等环节，首先，通过案例分析向学生讲授建筑材料和色彩在空间设计和建筑设计中的应用；其次，以分组讨论的方式，探讨材料和色彩的介入对于空间感知和体验的改变；然后，学生以模型材料模拟实际材料，制作 2 到 3 个空间方案相同，材料和色彩不同的手工模型，通过多方案对比的方式讨论如何发展和优化设计概念；最后，通过与教师的讨论，学生选择一种材料与色彩方案作为本阶段的最终方案。本阶段的设计成果为 1 ：200 的手工模型。

4.7 “尺度”与“细节”的调整

教学目的是了解细节塑造对于空间形态的作用；理解人与空间的尺度关系；掌握通过尺度调整和细节设计塑造空间效果的方法。

本阶段的教学采用设计辅导与讲授相结合的方式。教学过程着重强调空间形态的细节塑造。教师在讲解空间尺度与细节设计等相关知识的基础上，要求学生使用计算机模型严谨理性的描述空间设计方案，探讨空间细节问题，并确定空间的平面、立面、剖面关系。计算机

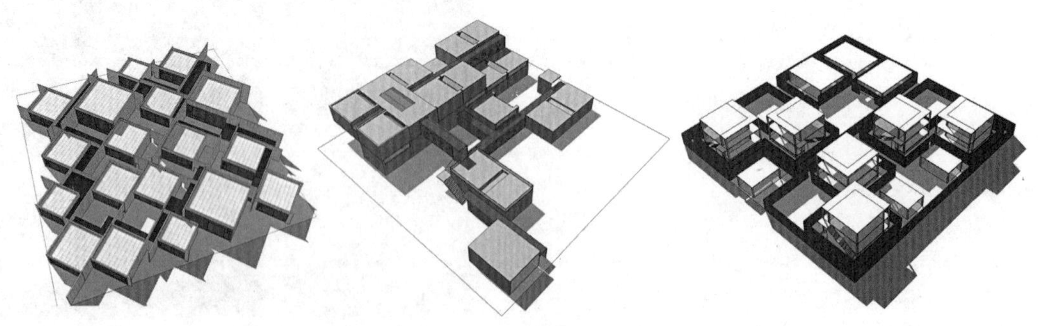

图 10 使用计算机模型对“尺度”与“细节”进行调整
（城规 1203 班 康宁 孙颖 王旭博）

模型相比与手工模型，有着准确性更高，善于模拟真实场景的特点。故在本阶段，学生首先运用计算机模型研究人与空间、材料、建筑构件的尺度关系，进一步分析朝向、采光、视线等影响要素，探讨体量、材质、光影、围合度等空间特性，最终确定设计方案的详细尺寸，形成完整、合理的模型方案。本阶段的设计成果为空间设计的计算机模型。

4.8 建筑图纸的表达与成果模型的制作

教学目的是理解三维空间与二维建筑图纸之间的关系；掌握平面、立面、剖面等建筑图纸的绘制方式；掌握空间设计方案的手工模型诠释方法。

本阶段的教学采用设计辅导与讲授相结合的方式。教学着重对于方案成果的表达训练。在建筑图纸表达方面，教师应该要求学生以描述空间特征为目的，结合徒手草图训练，绘制能够体现平面尺寸、立面效果和剖面关系的建筑图纸。并在此基础上，进一步制作能够详细描述空间内部关系和外部形态的手工成果模型。本阶段的设计成果是 1 ： 200 的平面图、立面图和剖面图，以及 1 ： 100 的手工模型。

图 11　1 ： 100 成果模型（城规 1203 班　史雨佳　田密）

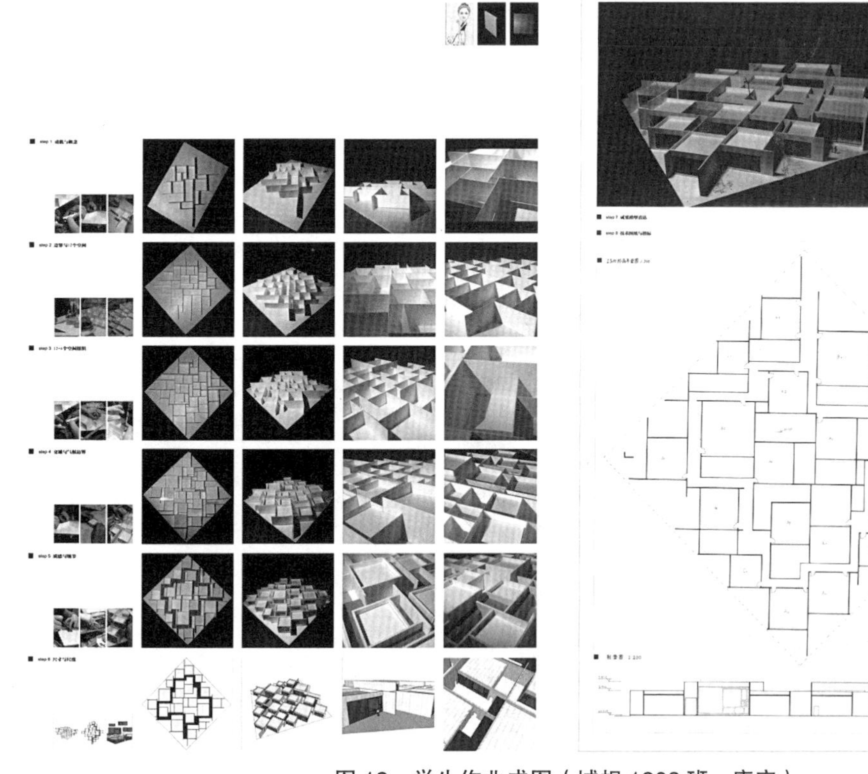

图 12　学生作业成图（城规 1203 班　康宁）

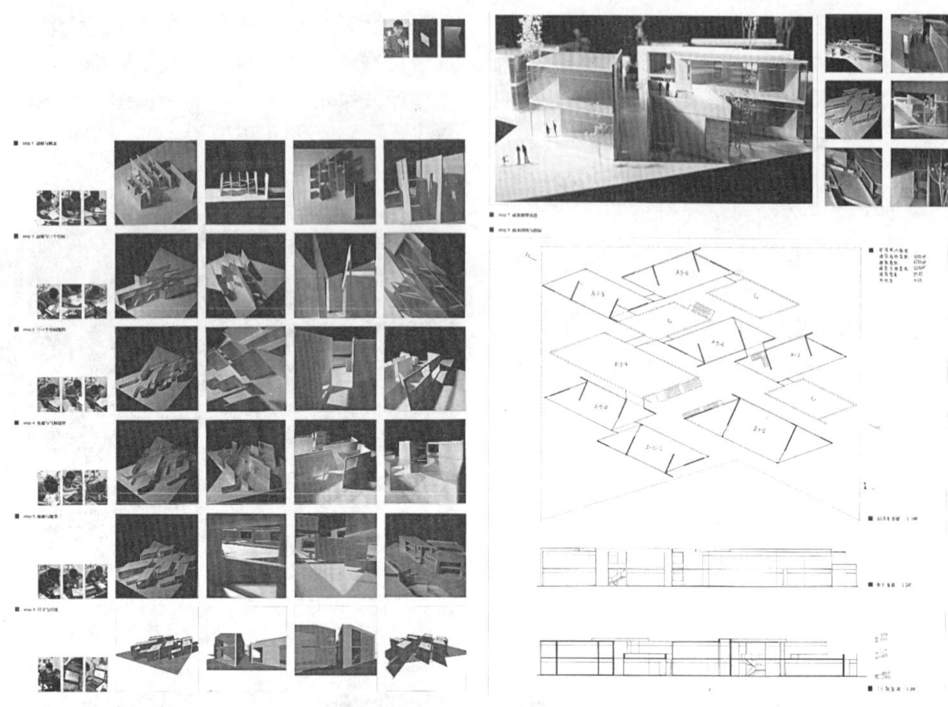

图 13　学生作业成图（城规 1203 班　李聪）

5　总结与展望

“空间设计训练”的最终成果不以教作业的形式落幕，而是进行作业展评，让学生通过展评的方式和所有教师和同学进行充分交流。

“空间设计”问题是城乡规划专业教育的基础。在低年级引入“空间设计训练”的内容，可以帮助学生在专业启蒙阶段培养空间思维及设计能力，并为城乡规划专业高年级的课程奠定空间设计基础。然而此教学方法尚处于建设阶段，还存在一些问题需要不断改进。首先

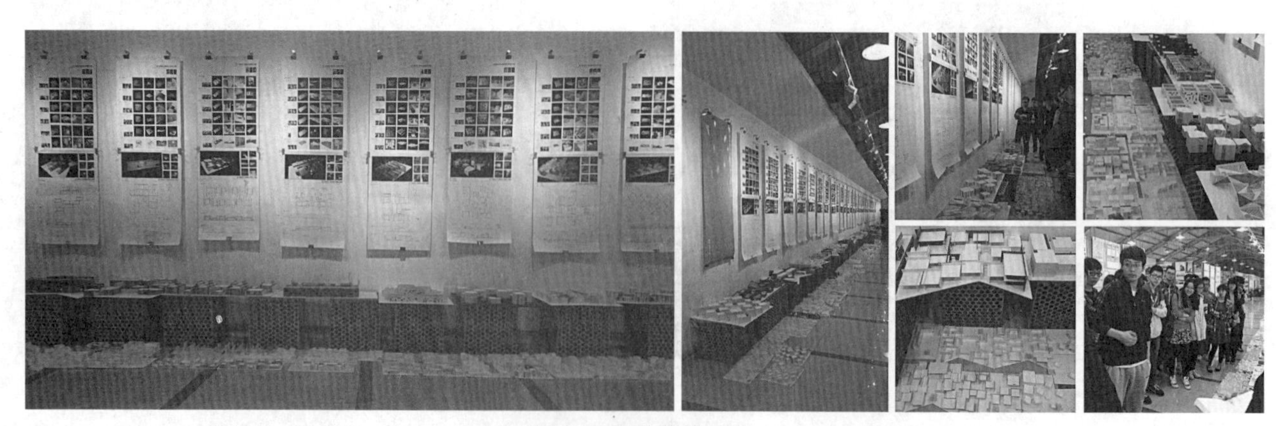

图 14　教学成果展评

要加强案例搜集，为学生提供更多的参考方向，其次应该进一步丰富空间设计影响要素，让学生更好的理解空间和真实城市环境之间的关系。

最后，感谢香港中文大学的顾大庆、Vito Bertin、朱竞翔教授，本文中"空间设计训练"教学方法受到了诸位先生在教师培训课程中所授予内容的深刻启示。

主要参考文献

[1] 吴志强，于弘．城市规划学科的发展方向[J]．城市规划学刊，2005.

[2] 周俭．城乡规划专业的发展方向与教学改革[J]．城市规划汇刊，1997.

[3] 顾大庆，柏庭卫．空间、建构与设计[M]．北京：中国建筑工业出版社，2011.

[4] 应放天．设计思维与表达——21世纪高等院校艺术设计系列规划教材[M]．武汉：华中科技大学出版社，2012.

[5] 范彦江．创造性思维的策略[M]．长沙：湖南出版社，2022.

[6] DobbinsM著．城市设计与人[M]．奚雪松，黄仕伟，李海龙译．北京：电子工业出版社，2013.

"Logical" and "Deduction" ——A Preliminary Research on the Teaching method of "Space Design" into the Basic Teaching of Urban Planning

Fu Shenggang　Wu Chao　Wang Yang

Abstract: "Space design" is the foundation of the urban planning education. By exploring the teaching method of "space design" of the basic teaching of urban planning, this paper explores the methods of how to culture students' spatial cognition and design thinking. This paper presents that simulation the process of design deduction with the gradual course setting, emphasizes the importance of the cognition of the space defining elements, basic form of the space, affecting factors of the spatial design and the space design method. This paper considers that let the space problem become clues, through the model making and the drawing training, let the student have the ability of diligent in observation and diligent in thinking. Students will be brought into professional field step by step, and laid a foundation for solving the more complex Space design problem in the high grade.

Key words: urban planning, basic Teaching, space Design, logic, deduction

抽象数字到城市特色空间的思维训练
——城市规划专业初步中数字与城市空间教学探索

张 凡 王 琛

摘 要：本文从培养城乡规划综合思维人才的角度出发，打破以往专业低年级设计类基础课仅注重对学生感性认知的培养方式，引入数理概念，设置数字与城市空间教学环节。培养学生由数字认知城市、用数字描述城市空间、用数字创造城市空间的理性思维能力，建立“数字——二维图像——三维城市空间”的逻辑思维能力。

关键词：数字，城市空间，理性思维，逻辑思维

引言

近些年，伴随着城镇化水平的快速提高，城镇建设也得到了空前发展，城市社会问题凸现，城市规划的社会属性逐渐增强。如何加强城市规划的科学性，强调城市客观认知、理性分析的重要性显得尤为重要。本专业在城市规划专业低年级空间认知中引入数理概念设置数字与城市空间教学环节，来培养学生从理性思维角度认知城市空间、创造城市空间的能力，是规划专业初步教学中针对学生空间设计思维能力培养的又一尝试。

1 单纯化的教学目标

1.1 引导学生利用各类数字信息认知城市

城市是一个复杂的巨系统，社会、经济、文化等各个方面都会涉及一系列的数据来描述城市发展状况。本环节旨在引导学生通过与城市、城市空间有关的数字信息，如城市规模、GDP 指标、产业结构、城市空间尺度、人口密度、建筑密度、容积率等认识城市，培养学生不仅从具象空间形态方面感受城市，而且从抽象数字方面来认知城市的能力。

1.2 强调基本控制指标在城市规划管理中的重要性

城市规划编制体系各层面都存在对于用地指标或开发强度的控制，尤其作为控制性详细规划，其相关数据的制定是实施规划管理的基本条件，也是引导详细设计的前提条件，对于城市空间的塑造，城市具体建设实施起到重要的作用。学生需通过该课程学习认识控制性详细规划是管理、调控城市土地开发和城市空间的直接依据，掌握规划中几个基本概念，建立三维空间实体与管理控制指标之间的重要关系。

1.3 培养学生在城市抽象数据和具象空间之间的转换能力

课程从城市空间的定量分析、城市规划编制中控制性指标的作用引入，使学生把握基本的与城市空间有关的数字，掌握基本的建筑空间形体关系，通过实地调研，初步搭建专业中的各种量化指标与实际城市空间形态之间的相互关系，培养其对于感性空间的理性分析能力以及对抽象数据和具象空间之间的转化能力，建立整体性、立体化、空间化的城市概念。

2 多样化的教学手段

2.1 互动式课堂教学

苏联教育学家苏霍姆林斯基说过：“人的心灵深处都有一种根深蒂固的需要，这就是希望感到自己是一个发现者、研究者、探索者。”传统的课堂教学受注入式思想的支配，形成了教师满堂灌，学生被动听的教学弊端。

张 凡：西安建筑科技大学建筑学院助教
王 琛：西安建筑科技大学建筑学院讲师

使得在城市规划专业这样一个需要高度理解并应用的课程教学中，学生缺乏知识的自我主动构建过程。在这里，教师主要采用多媒体方式，通过课堂提问、案例讨论等积极调动学生的“参与性”，使学生在课堂中多思、多问，培养其思维上的批判性和创新性，初步建立一些数字与空间关系的概念，与老师共同创建一种良性互动的课堂氛围。

2.2 体验式现场教学

300多年前，捷克教育家夸美纽斯便在《大教学论》中写道：“一切知识都是从感官开始的。”这种论述反映了教学过程中学生认识规律的一个重要方面：直观可以使抽象的知识具体化、形象化，有助于学生感性知识的形成。为了达到既定的教学目标，教师从教学需要出发，引入或创造与教学内容相适应的具体场景或氛围，如选择几个有代表性的城市居住空间和商业空间，带领学生课下实地参观并教学，以引起学生的情感体验，使学生切身感受不同建筑密度、容积率、绿地率、建筑高度等数字控制影响下的城市空间形态特征，讨论其形成的原因，掌握不同数字之间，数字与空间之间的相互作用关系，迅速而正确地理解教学内容。

2.3 情景模拟式教学

在很多学生眼中，数字是枯燥的、乏味的，如何快速有效地使学生构建从“数字——二维图像——三维城市空间”的转换能力是这一阶段的教学重点。教师可让学生在理论学习和现场体验之后再去拟想空间场景。即作为导演的角色拟定几种空间场所，用更具丰富性、幽默感甚至娱乐化的词汇去描述场所精神，让学生跟随情景进入角色虚拟化和行动想象化的空间中去感知和体验。以通俗化解专业辞藻，以形象消除抽象数据，达到剧场化的效果，进一步刺激学生的表达力与求知欲。

3 研究型的教学内容

本环节教学内容的设置重在充分考虑城乡规划专业研究型、应用型人才的培养要求。使学生学会从数字来发现一些城市问题，认识数字背后反映出的城市问题或城市特征，初步建立科学的数理分析能力。并了解实体空间形成的各种影响因素，包括功能、尺度、形态等，建立抽象的数字与具象的城市空间之间的联系能力。

3.1 功能的混合使用

城市空间是由大大小小的建筑实体空间和虚空间组成，本阶段提倡学生对建筑功能与开放空间的混合使用，以呈现更加丰富和多样性的城市空间形态。《民用建筑设计通则》中将民用建筑按照使用功能分为三大类，包括居住建筑、公共建筑和综合建筑。这三种类型建筑大量的存在于城市建设中，是城市空间的重要组成部分。在这一阶段，教师主要引到学生了解其中的住宅建筑、商业、办公建筑的功能使用；相关研究根据围合与使用程度对开放空间❶进行分类，得到街道、广场空间（围合且经常被使用）、城市绿化、公园和滨水区空间（不围合或围合较弱，偶尔被使用）、停车场、杂物院、堆场和空地空间（后勤使用或不利用）三类。在这三类开放空间中，重点使学生研究街道与广场空间的使用对城市生活的重要影响、与密度构成的密切关系和两者的界面围合特点。体验街道的活动特征是线性的、流动的，注重的是连续性，密度构成上需保证靠街道一侧具有连续的密度分布，以营造出具有方向感的交通空间；而广场的活动是面状的，没有严格的方向感，因此需重点把握密度在广场四周的匀质分布，强调其几何围合感。

3.2 尺度的准确运用

尺度是一个与人有关的概念，是通过人体尺度来判断的主观感受。不同的建筑密度与容积率控制下形成的空间尺度与人体尺度比较时，会形成不同的空间感受，进而影响外部空间的品质。在本阶段重点使学生掌握城市设计层面主要涉及的三种尺度类型，包括建筑尺度、街区尺度和开放空间尺度。其中，建筑尺度是由建筑单层面积和建筑高度共同决定的，与建筑的体量直接相关。学生需掌握住宅建筑、商业建筑、办公建筑等基本的建筑尺度关系；街区尺度由街区地块的大小决定，在城市规划中，街区地块的大小与规划的道路密度及土地所有

---

❶ 英国1906年修编的《开放空间法》(Open Space Act)将开放空间定义为任何围合或是不围合的用地，其中没有建筑物或者少于1/20的用地有建筑物，其余用地作为公园和娱乐场所，或堆放废弃物，或是不被利用。

权直接相关。使学生比较不同规模街区尺度，理解多大规模的街区尺度才是理想的、合适的；开放空间尺度可用来描述公共空间的品质，由功能重要性可知，城市广场和街道是城市中最主要的开放空间。让学生了解在不同的 D/H 值影响下，各开放空间氛围的不同效果。

3.3 形态的特色塑造

M.R.G.Conzen 认为城市规划单元、建筑形态和土地利用模式是组成城市形态的三要素。该阶段培养学生从二维城市形态和三维空间形态两个方面来认识与探讨城市空间形态与密度的关系。其中二维城市形态类型由规划单元和道路结构共同决定，三维空间形态则与群体建筑形态和开放空间形态直接相关。课程教学中使学生了解不同历史时期城市空间形态演变、特征等，通过比较中西方传统城市和现代主义影响下城市的不同密度，掌握两种常见的密度构成方式，即高密度的围合式布局形态和低密度的分散式布局形态。使学生体验不同的密度构成方式所形成的外部空间（围合式的密度构成容易形成完整连续的外部空间，而分散式的密度构成的外部空间是自由流动的），掌握一定城市肌理的组织方式，了解即使在相同地块内相同建筑密度、相同容积率、相同高度控制下，由于布局方式的不同，仍旧可以形成不同的建筑形态布局，形成不同的城市空间效果。体会合理的密度控制有助于塑造富有特色的城市空间形态。

3.4 作业的综合布置

作业设置旨在使学生通过用建筑密度、容积率两个基本概念，借助平面构成、立体构成手法，将数字转化为实体空间，完成二维形态的平面图纸设计与三维空间立体模型制作，实现理性的指标控制与感性的空间创作的有机结合。题目一：建筑密度与城市肌理。在 280am*300am 的街区中，以 10a 为单位进行网格化划分（a 为系数 0.5~2，实际形成 140m*150m、280m*300m、560m*600m 三种不同尺度空间），并运用平面构成的手法，划分虚实空间，制作建筑密度分别为 15%、25%、35%、45% 的城市局部空间肌理。要求分组讨论（每组 4 人），各人分别完成作业，A3 图幅（图 1~ 图 4）；题目二：容积率与城市空间。每

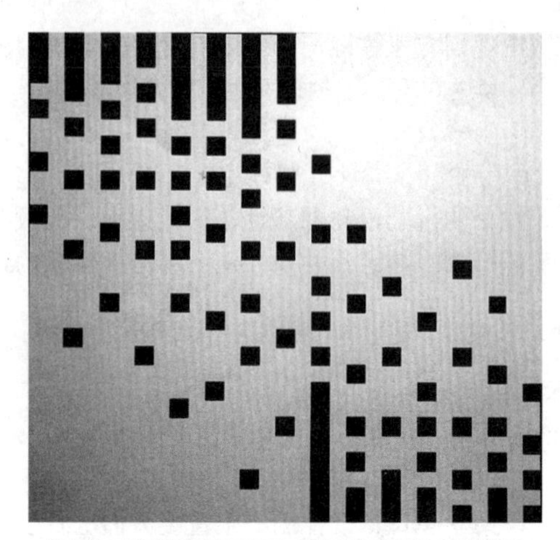

图 1 建筑密度 15% 的城市肌理（王柳）

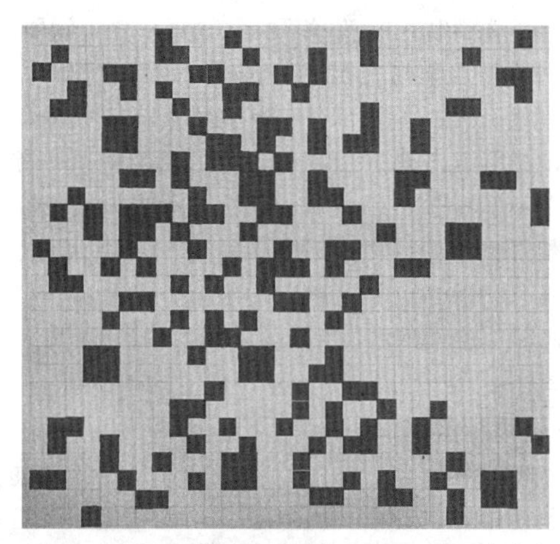

图 2 建筑密度 25% 的城市肌理（吕怡琦）

图 3 建筑密度 35% 的城市肌理（庄洁琼）

图 4　建筑密度 45% 的城市肌理（亢莉丽）

图 5　建筑密度 15%，容积率为 3 的城市空间
（张建伟　王柳　李翔　曹梦思）

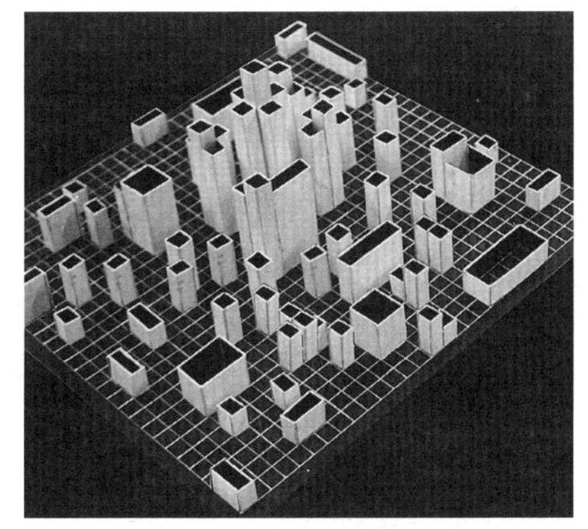
图 6　建筑密度 25%，容积率为 3 的城市空间
（武凡　孟乐　高鹏　崔泽浩）

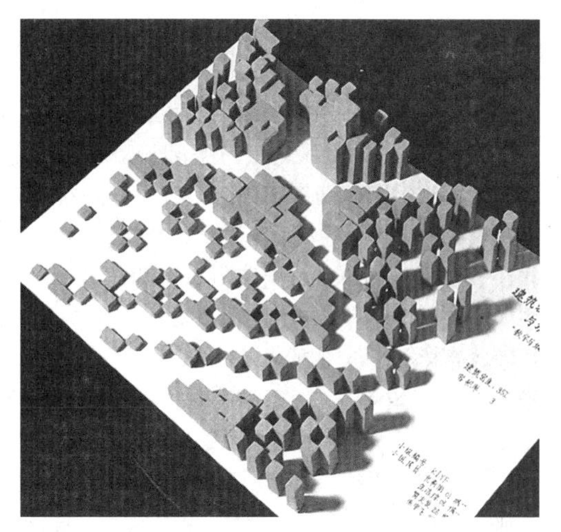
图 7　建筑密度 35%，容积率为 3 的城市空间
（亢莉丽　庄洁琼　简友发　朱宇飞）

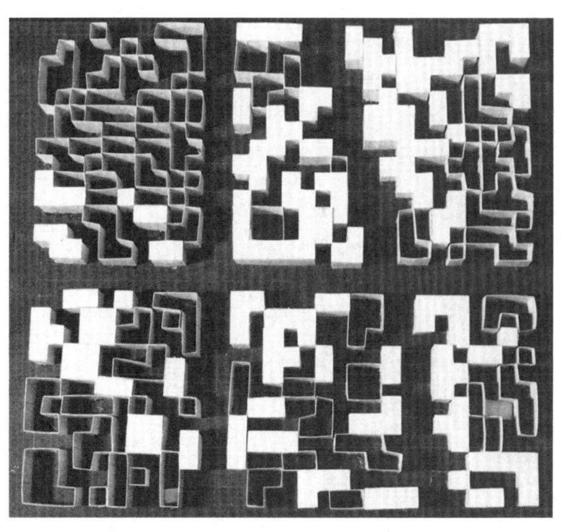
图 8　建筑密度 45%，容积率为 3 的城市空间
（亢莉丽　庄洁琼　简友发　朱宇飞）

组分别从各成员作业中选择四个不同建筑密度的方案，运用立体构成手法，形成容积率为 3 的城市局部空间模型，建筑层高根据不同建筑功能而定（基本控制在 3m/ 层 ~5m/ 层）。要求小组共同完成，模型所用材料不限，A3 底板（图 5~ 图 8）。两个作业内容相互关联，使学生理解不同的密度控制可以反映出截然不同的城市空间结构和城市公共活动，培养学生的空间想象力、观察力和逻辑思维能力。

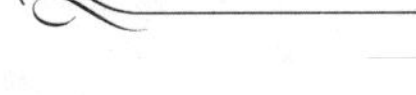

4 完整化的教学体系

结合城市规划学科的发展及本质定位的转变，低年级专业初步教学中更加强化城市空间设计思维的训练，主要由专业初步和思维训练两部分组成。系统培养学生从形象思维、创造思维、解构思维、逻辑思维、人文思维，再到多要素权衡下的综合空间设计思维能力的提升。数字与城市空间的课程设置便处于城市规划专业一、二年级课程体系中承上启下的重要环节。

第一阶段以培养“专业认知”与“技能表达”为主，旨在让学生全面了解城市规划的基本情况及专业的发展前景，了解本科阶段的教学安排及学习的基本方法，建立起专业学习的信心与兴趣。培养学生的专业技能表达，使学生在系统、完善的专业技能基础训练下为专业学习打下扎实的基础；第二阶段以培养“思维方式”和“创作方法”为主，旨在使学生在城市规划专业背景下深刻理解构成专业学习的必要性，建立形态与空间的概念，激发三维空间设计意识。激发学生的学习能动性和创造力，提升学生本身的设计修养和艺术鉴赏力，从而促进本专业的学习；第三阶段注重学生“解构思维”和“分析能力”的培养，使学生选择合适的建筑、城市空间对象对其解读，运用逻辑分析思维等方式，进行元素分解重构，形成思维成果的物化；第四阶段主要是培养对空间设计的创造能力，该课程极大的提高城市规划学生对宏观空间的设计兴趣，培养学生将感性概念形成理性空间、将抽象数字转化为具象空间的创造能力。第五阶段主要培养学生对城市空间社会属性的认知，使学生在短时间内迅速拓展规划理论知识，养成善于发现问题、准确分析问题、深度解决问题的逻辑思维能力，并能在系统分析、解决问题的基础上进行局部地段空间的改造设计，实现从感性认知城市空间到理性分析城市问题，再到空间设计创新的完整体验。以上在培养学生对城市空间的物质属性、社会属性有了较为全面的认知之后，开始转入综合空间设计思维的建立，包括对功能、环境、构成、技术、经济、社会等要素的权衡，对应的课程是第四、第五学期的城市规划设计基础Ⅰ、Ⅱ、Ⅲ。

城市规划专业初步各教学阶段城市空间设计思维培养重点 **表1**

课程	时间	阶段划分	课程设置	培养重点
城市规划专业初步	第一学期	第一阶段（48课时）	专业概述与识图	此阶段重在培养学生的专业认知能力，使学生树立正确的职业素质观，掌握城市规划专业一系列的基础技能表达
			工程字法	
			徒手快速图表达	
			墨线工具图表达	
		第二阶段（64课时）	平面构成	使学生建立形态与空间的概念，激发三维空间设计意识，了解专业思维构建，从中提高创造能力，审美能力与表达能力
			色彩构成	
			立体构成	
	第二学期	第三阶段（56课时）	建筑空间解析	以著名建筑师的建筑作品和在城市中落成的有代表性的城市空间为解析对象，培养学生的解构思维和分析能力
			城市空间解析	
		第四阶段（56课时）	类城市空间设计	要求学生围绕一个“主题”进行剥离了政治、经济、文化等社会属性后的单纯物质功能空间的设计，重在培养学生将概念转化为空间的创造性思维能力
			数字与城市空间	重在使学生尝试在严谨的数字指标下产生多方案的可能性，培养学生对感性空间的理性思考及对抽象数据和具象空间之间转化的能力
城市规划思维训练	第三学期	第五阶段（112课时）	认识并发现问题	以城市中典型街区为分析对象，引入社会、经济、文化属性，使学生构建系统认识、分析与解决城市问题的逻辑思维能力；培养其在人文思维影响下运用逻辑思维掌握基本的城市空间设计能力
			分析与解决问题	
			城市局部地段空间设计	

5 结语

本课程设置处于一、二年级课程体系中承上启下的重要环节，重点使学生以密度为切入点来观察快速城市化进程中的城市空间现象，了解在密度控制作用下的中西方传统城市和现代主义城市的城市空间形态特征，掌握密度与功能、尺度、形态之间的关系，认识密度控制作为城市设计与管理的重要手段。培养学生从抽象数据到城市特色空间塑造的逻辑思维能力，拓宽学生专业认知的广度，逐步建立正确的思维框架和知识体系。为后续城市规划思维训练课程及高年级相关课程，如城市规划管理下的建筑设计、城市设计、控制性详细规划等的学习奠定良好的认识基础。

主要参考文献

［1］王琛，吴锋，段德罡．数字与城市空间——城市规划思维训练环节 1［J］．建筑与文化 .2009，5：43-45.

［2］王侠，蔡忠原，赵雪亮．城市规划专业低年级城市空间设计思维培养．规划一级学科教育一流人才——2011 城市规划专业指导委员会年会论文［M］．北京：中国建筑工业出版社，2011.

［3］赵柏洪．密度构成策略下的城市空间形态——兼析丽水市水阁商贸中心城市设计［D］．同济大学．2007.

The Thinking Training of Abstract Digital to The Urban Characteristic Space——Exploration of Teaching OF digital with the urban space IN Urban planning professional preliminary

Zhang Fan　Wang Chen

Abstract: This paper from the cultivation of urban and rural planning and comprehensive thinking talent perspective, breaking the previous low grade design professional basic course only pay attention to the cultivation of students' perception of the way, introducing mathematical concepts, set the digitalwiththeurban space in teaching. To training students' thinking abilityofcognitive City by digital, withthedigital description of urban spaceandcreationurban space, establishing logical thinking abilityof "digital—two-dimensional image—3D urban space" .

Key words: Digital, Urban Space, Rational Thinking, Logical Thinking

地块特色差异化的建筑计划教学
——将“建筑计划”观念引入城乡规划基础教学的教学实践探索

林晓丹　白　宁

摘　要：随着城乡规划学科的发展，在将“建筑计划”观念引入城乡规划基础教学的过程中，我们不断探索并提出新的教学侧重点与方法。本文对着重地块特色差异化的建筑计划教学实践过程，总结了较为详尽的教学方法，结合本次授课效果以及教学过程中的重点和难点，并提出自己的思考和总结。

关键词：地块特色差异，建筑计划，城市规划教学

1　建筑计划与城市规划、建筑设计

建筑设计课程是城乡规划专业知识体系的重要基础及其重要组成部分，而建筑计划是介于总体规划与建筑设计之间的一个环节，它和规划以及设计之间相互渗透同时又有很大不同。庄惟敏先生将建筑计划（或建筑策划）定义为：“在建筑学领域内建筑师根据总体规划目标设定，从建筑学的学科角度出发，不仅依赖于经验和规范，更以实态调查为基础，通过运用多种手段对研究目标进行客观分析，最终定量地得出实现既定目标所应遵循的方法及程序的研究工作。”

建筑计划先行，可以让学生在进行设计之前主动思考设计的本质，从城市的角度思考建筑设计的问题。不再单纯的给学生制定建筑任务书以及各项指标，从而导致学生忽略了很多建筑设计的根本问题，比如确定建筑的功能定位的过程、规模的确定、容积率、高度限制等。学生被动的在教师提供的任务书下进行空间的组合训练，却忽略了建筑设计的最本质的问题也就是城市社会价值。而对于规划专业的学生来讲，对从城市角度思考比设计空间本身更具有重要意义。

2　课题选择

本次课题的研究对象为西安市曲江新区的三个较为典型性地块，用地规模控制在3000m^2~5000m^{2}之间。选择有较大特色差异地块的初衷是希望学生可以通过自己的主动思考，在现今城市的建设中，城市特色差异化发展，而同一城市的不同发展片区特色差异化也越来越明显，要求学生从城市角度出发进行建筑策划是本次建筑计划课程的出发点。

课题的研究对象选在曲江新区，是由于曲江新区是近年来西安市城市发展活动较为集中的以文化产业和旅游产业为主导的城市发展新区，是西安特色鲜明、规模最大的文化商业区，同时又是西安最有特色的宜居新区。独特的地理位置与浓厚的历史文化背景使得曲江新区的城市空间快速的朝向多元化综合化发展，展现出独有的城市特色。对于三个特色差异性地块的选择，我们希望在大的背景环境相似的前提下，从主导用地性质、周边现状条件等关键因素体现出具体的差异。

（1）地块A位于曲江丰景佳苑小区入口，紧邻大唐芙蓉园西门，临近文化旅游资源的居住片区是地块A的主要特色。

（2）地块B位于曲江诸子阶小区北边，靠近城市道路，基地周边是成熟完善的中高端居住社区。

（3）地块C位于曲江大唐通易坊商业街，是处于城市文化旅游景区内的主题商业街，地块周边区域同时承载了城市的文化旅游与休闲生活。

林晓丹：西安建筑科技大学建筑学院助教
白　宁：西安建筑科技大学建筑学院副教授

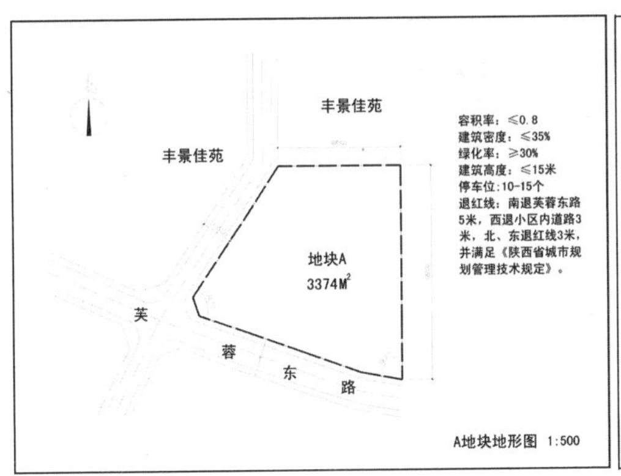

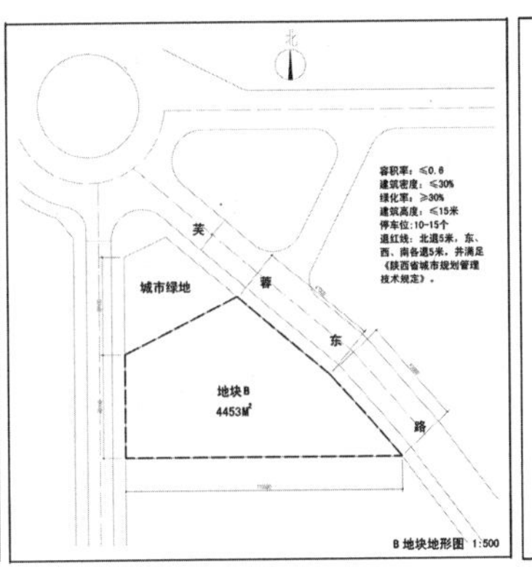

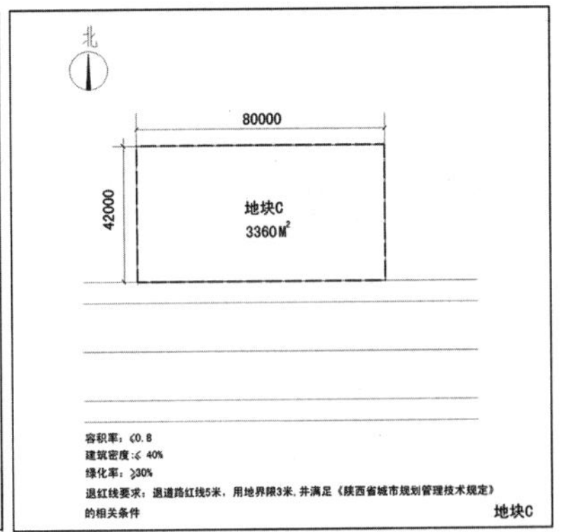

图 1　地块 A、B、C 地形图

图片来源：作者自绘.

作业成果以“建筑计划书”的形式出现，内容包括“建筑策划报告”和“建筑设计任务书”。学生五到六人一组，每个地块有两组学生完成，要求学生在经过深入调查分析、针对性研究、分项策划进而完成策划报告，同时结合策划报告对项目进行的具体定性与定量分析，确定建筑规模，制定建筑设计任务书。建筑策划报告采取小组 PPT 汇报加 A1 图纸的方式进行，并拟定一份书面的建筑任务书用以指导下一阶段的详细建筑设计。

3　教学过程详解

3.1　期调查分析阶段——确定建筑性质及其用途

（1）解读上位规划

在确定建筑性质之前，首先要进行的是对于上位规划的解读。

首先，通过对上位总体规划的解读，确定地块的主导用地性质。其次，对于用地性质进行兼容性分析。在明确主导用地性质的前提下，查阅土地使用兼容表，同时结合地块用地规模（3000m^2~5000m^2），确定几种可拟建的建筑类型。最后，通过对基地上位的控制性详细规划的解读，可以得出容积率，建筑密度，建筑高度控制等各项经济控制指标，进而通过对于《陕西省城市规划管理规定》的相关查阅，确定地块的退线（表 1）。

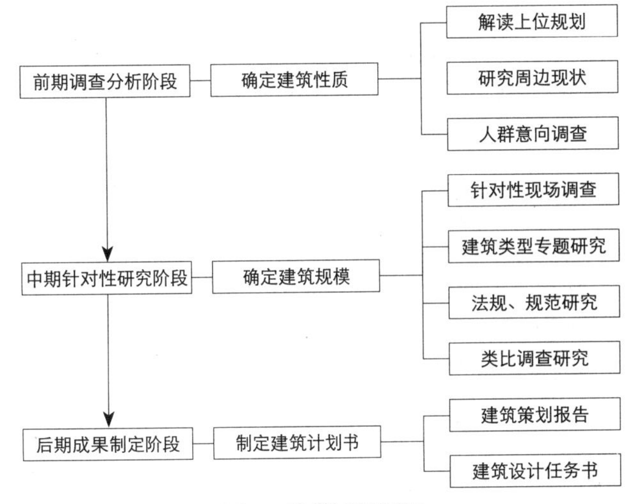

图 2　教学过程框架

图片来源：作者自绘.

（2）研究周边现状

在指导学生的过程中，前期调查分析阶段的重点在针对地块外部环境进行综合调研，通过文献资料查阅以及现场调查，对拟建建筑所处地段的地理条件、社会条件、景观环境条件、基础设施条件、经济条件等进行研究，对于这些条件的调查和把握是确定建筑性质的客观依据，也为下一步确定建筑规模提供方向和范围。

表1

	总体规划解读	控制性详细规划解读
地块 A	主导用地性质为二类居住用地，可兼容的建筑性质有托幼、小型配套服务设施以及医疗卫生	容积率：≤ 0.8　建筑密度：≤ 35% 绿化率：≥ 30%　建筑高度：≤ 15m 停车位：10~15 退线：南退道路红线 5m，西退小区内道路 3m，北、东退红线 3m
地块 B	同 A	容积率：≤ 0.8　建筑密度：≤ 30% 绿化率：≥ 30%　建筑高度：≤ 15m 停车位：10~15 退线：东、西、南、北各退 5m
地块 C	主导用地性质为商业用地，可兼容的建筑性质有小型配套服务设施、商务办公、文化娱乐设施	容积率：≤ 0.8　建筑密度：≤ 40% 绿化率：≥ 30%　建筑高度：≤ 18m 退线：南退道路红线 5m，东、西、北退 3m

1）地理条件

地理条件是客观资料型条件，学生可以通过查阅相关文献资料直接引用。由于本次所选地块都在西安，于是对于用地的地理气候特征不需要做过多的关注，主要是分析项目的地理位置，具体在城市的哪一片区，基地周边的地理环境如何，风向、日照等。

2）社会条件

社会条件是决定建筑性质的基础，其中包括区位特色、基地周边社会生活环境现状、人口构成特点、社会习俗、城市商业圈、文化圈、生活方式等概念。城市及其周边的历史文化背景、有哪些传统风俗、有哪些重要的历史价值、该区域有哪些特色等进行归纳总结，作为确定建筑类型的条件因子。

对于地块 A，B，从区位特色来说位于西安曲江的中高端居住片区，远离城市商圈，人口构成以周边居民为主，外来人口较少，以居住为主要生活方式。这些都决定着地块 A、B 的建筑性质为社区级的配套服务设施。

而在对于地块 C 的社会条件分析过程中，学生会发现此地块社会条件相对比较特殊，但影响因子单一，即大唐通易坊商业街。从区位特色上来说，大唐通易坊作为一条以休闲、娱乐、餐饮为一体的成熟商业街，位于曲江大雁塔文化商业圈，东侧经雁塔西苑与大雁塔北广场相连，西临小寨商圈，是曲江新区的西门户，同时与大唐芙蓉园、大雁塔北广场、大雁塔南广场、曲江遗址公园等共同组成了曲江新区的大唐文化主题区域。在人口构成上来说，地块 C 也有着突出的特色，外地游客与本地居民等不同类型的人口构成并存，研究重点突出。

3）建成环境条件

对用地周边的建成环境调查是确定建筑类型和用途的重点。在进行建成环境条件调研的时候，不应该盲目进行，应引导学生针对不同地块的特色差异有的放矢，分析建成环境条件的侧重点有所差异。

在地块 A 中，学生结合上位规划的分析得出，由于基地位于曲江新区的住宅居住片区内的小区入口处，不适宜建造城市级公共服务设施例如大型菜市场、购物中心等，应建造的建筑类型为居住社区级配套服务设施，于是接下来在进行建成环境条件调查时应主要针对社区级配套服务设施的建成现状，通过调研基地周边的医疗服务设施、托幼类服务设施、商业服务设施、医疗卫生设施等的分布情况，得出基地周边所欠缺并且适宜的公共服务设施类型范围（图 3）。

在地块 C 中，同样结合上位规划分析得出，基地范围内的主导用地性质为商业用地同时可兼容小型配套服务设施、文化娱乐设施。由于地块 C 地处大唐通易坊商业街，于是对于商业街的业态分布是调查分析的重点（图 4）。

4）基础设施条件

用地周边道路状况、交通状况，城市基础服务设施的配备状况等都直接对建筑类型的确定产生相应的影响。

5）经济条件

需要引导学生思考几个关键性问题，城市土地价值如何体现？拟建建筑对地区经济发展是否有促进作用？培养学生有意识的了解建筑功能定位与城市规划、市场

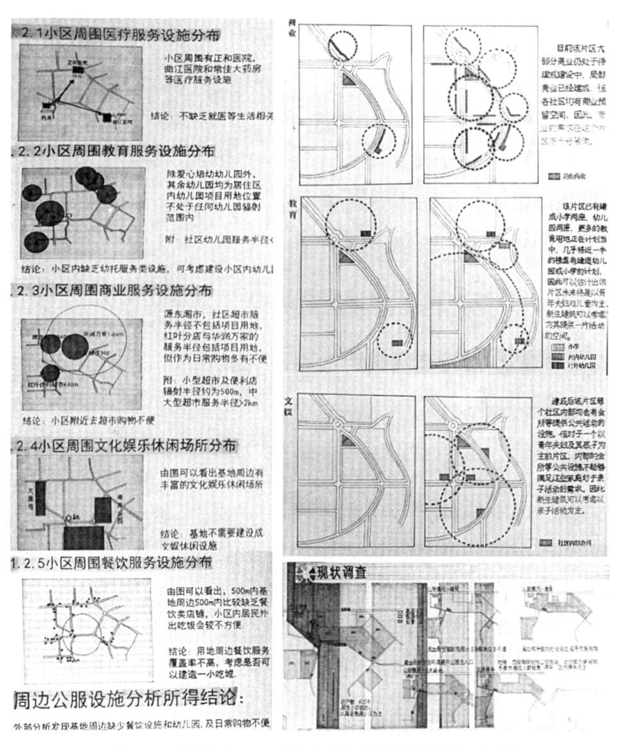

图3　地块 A、B 部分建成环境条件分析
图片来源：学生作业.

之间的关系，进而进行调查研究。

（3）人群意向调查

除了对周边用地环境进行分析，还需要对拟建建设项目的使用者进行调查。根据使用方式和范围的不同，将使用者进行划分，不同的使用者其活动方式和特征导致对于建筑类型的需求有所不同。

首先我们对于使用者进行划分，划分的方式应结合上一阶段对于基地周边环境现状的综合分析。例如地块C，学生通过周边现状调查分析，地处于大雁塔景区与陕西历史博物馆之间，往来游客非常多；同时周边有交大财经社区、陕师大附中家属院等老式住宅小区，周边居民以学校家属区居民为主；基地附近有西安交大继续教育学院、西安财经学院等大学、陕师大附中等大中小学校，学生群体众多。于是引导学生将地块 C 内的使用人群划分为游客、周边居民以及附近学生。

接下来针对不同的人群，可以通过观察、问卷、访谈等各种方法进行意向调查。例如地块 C，在研究周边现状的过程中，学生通过分析研究对于建筑类型及其用途有了一定的初判，确定为文化娱乐类建筑。在对于游客人群的调查表明，这部分人群除了进行参观游览行为，还会有一定的商业以及文化娱乐行为；对于周边居民这一人群的调查表明，进行文娱活动的频率也较高，希望此处能进行的文娱活动主要是电影、音乐会和话剧；对

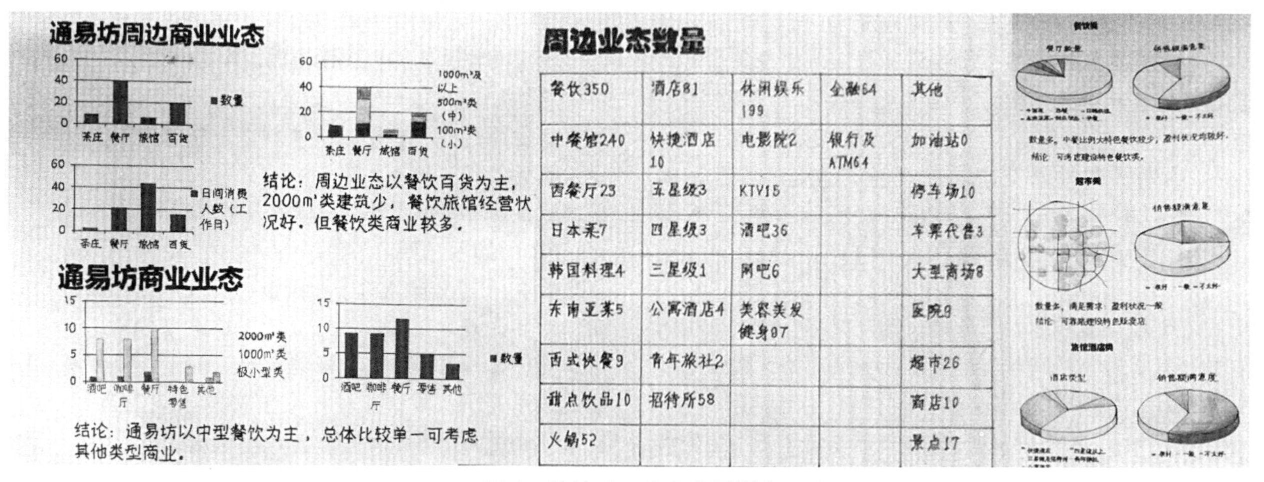

餐饮350	酒店81	休闲娱乐199	金融64	其他
中餐馆240	快捷酒店10	电影院2	银行及ATM64	加油站0
西餐厅23	五星级3	KTV15		停车场10
日本菜7	四星级3	酒吧36		车票代售3
韩国料理4	三星级1	网吧6		大型商场8
东南亚菜5	公寓酒店4	美容美发健身87		医院9
西式快餐9	青年旅社2			超市26
甜点饮品10	招待所58			商店10
火锅52				景点17

图4　地块 C，业态分析调查
图片来源：学生作业.

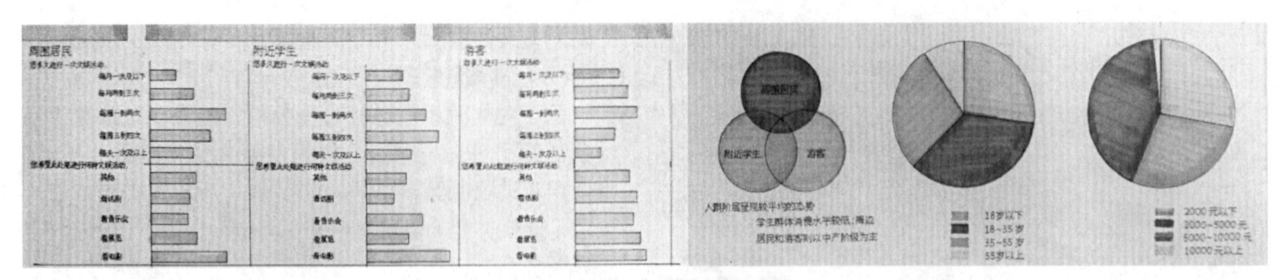

图 5　地块 C 使用者意愿调查

图片来源：学生作业.

于附近学生的调查表明，进行文娱活动的频率非常高，最希望在此进行的娱乐活动为看电影、听音乐会和展览等一系列活动（图 5）。

结合上位规划分析、周边研究现状分析、人群意向调查，最终确定拟建建筑的性质及其用途。本次环节每个地块的两组学生分别确定的建筑性质及其用途明显体现了地块差异化，

地块 A 两组均为托幼类建筑。这反映了地块 A 虽然地处曲江新区成熟的居住片区，由于紧邻文化旅游资源大唐芙蓉园，周边的配套服务设施大多针对文化旅游而忽略了托幼等居住片区所最需要的最基本服务设施。

地块 B 两组分别为健身活动中心和亲子活动中心。地块 B 的周边配套服务设施齐备，为丰富周边居民生活同时体现土地利用价值，学生大多选择了社区活动类型的建筑。

地块 C 两组为青年旅社和文化艺术中心。反映了地块 C 的特色为地处商业主题街区，是娱乐休闲类与旅游配套商业类集中的地段。

3.2　中期针对性研究阶段——确定建筑规模及其内部功能

（1）针对性现场调查

1）现场踏勘

在明确了建筑性质、目的、用途之后，要求学生再次进行有针对性的现场踏勘，从而完成对拟建建筑功能的明确定位并指导建筑规模。

在地块 C 中，引导学生通过对通易坊消费水平的调查确定目标建筑的消费水平，通过对附近游客对于通易坊商业需求的调查确定目标建筑的商业类型，通过对通易坊商业容量的调查确定拟建建筑规模。

2）使用者调查

除了进行现场踏勘，还需要对拟建建设项目的主体——使用者进行调查，明确拟建建筑的目标人群及其定位。对于使用者的分类和特征研究是确定建筑规模及其内部功能的又一关键。例如地块 B 的亲子活动中心一组的同学，在进行使用者调查，需要逐步定位亲子活动中心的使用主体的年龄段范畴，是以 0~6 岁的学龄前以游乐活动为主前的幼儿为的使用对象，还是以兴趣爱好学习活动为主的 6 岁以上儿童为主要目标人群，这决定了建筑功能配比关系的差异。

（2）建筑类型专题研究

在上一阶段各组学生确定了自己的建筑类型之后，各组需分别进行建筑类型专题研究，这也是课程设置中最困难的部分。由于地块特色的差异化以及前期的调查分析，各组确定的建筑类型有较大差异，于是进行不同建筑类型的专题研究也就显得非常重要。

专题研究采取分组授课的方式进行，在教师的引导下，学生通过自主查阅相关资料以及总结归纳掌握不同建筑类型的设计要点，进而初步确定拟建建筑的总体规模、建筑功能关系、功能分区以及房间面积配比关系。

（3）法规、规范研究

相关法规、规范对于建筑设计具有重要的指导和控制作用。在确定建筑规模与功能配比关系的阶段，通过了解相关设计规范，加以梳理分析，对建筑规模与功能配比关系进行反复修正及其论证，确定各主要功能单元的最小使用面积等设计要点。

（4）类比调查研究

在明确建筑类型之后，对同类型建筑的实态调查与

资料调查是确定建筑规模与指标测算的重要参考之一。

1）同类型建筑实态调查

要求学生通过对同类建筑的使用状况以及生活状态进行实态调查，通过观察调查、询问调查、实测调查等方法，统计以及推断拟建建筑的功能与指标要求，提出合理的指标范畴。尤其是相同社会背景条件下的相似案例更具有借鉴意义。

A. 观察调查法

通过实地感受调查对象的建筑规模、功能关系、各分区规模以及房间配比关系，同时观察使用人群的行为活动及其对于空间的使用方式。

在地块 A 中，经过前期调查分析确定在此地块适宜建托幼类建筑，进而在西安市曲江新区选择几个典型性托幼建筑，曲江六号幼儿园、吉的堡双语幼儿园以及华府幼儿园进行实态调研。调研重点在于观察了解已建成的典型性托幼建筑的建筑总规模、建筑功能关系、各功能分区规模以及房间配比关系。同时观察幼儿的行为活动以及幼儿对于空间的使用方式，寻找建筑空间与幼儿行为对应关系的潜在规律。

B. 询问调查：

包括提前拟定好的问卷调查以及现场直接谈话的问答调查。

C. 实测调查：

绘制调查研究对象的总平面图、平面图、立面图、剖面图，记录其主要要素，通过测定现状，利用图纸、照片等进行客观记录，进行分析研究。

2）同类型国内外优秀案例资料调查

在同类型建筑实态的调研过程中，主要让学生掌握解决基本问题的能力，在调研对象的选择上并不过分苛刻，调研过程更偏重的是调研对象的使用现状与功能构成的关系。同类型国内外优秀案例的资料调查上则应该更偏重建筑特色，指导学生了解同一类型建筑的设计任务书是可以根据设计者的意愿有巨大差异，制定自己的个人任务书。

例如确定建筑类型为托幼类建筑的组，学生将上海夏雨幼儿园作为优秀的案例解析，对上海夏雨幼儿园进行了总平面设计解析、幼儿活动单元组织方式特色解读、幼儿活动单元设计特色解析等一系列资料解析（图 6）。以青年旅社为建筑性质的组，所要解析的重点则放在，功能组织、不同规模的旅社其房间数量与房间面积关系，房间设置类别、客房设计特色解析等（图 7）。

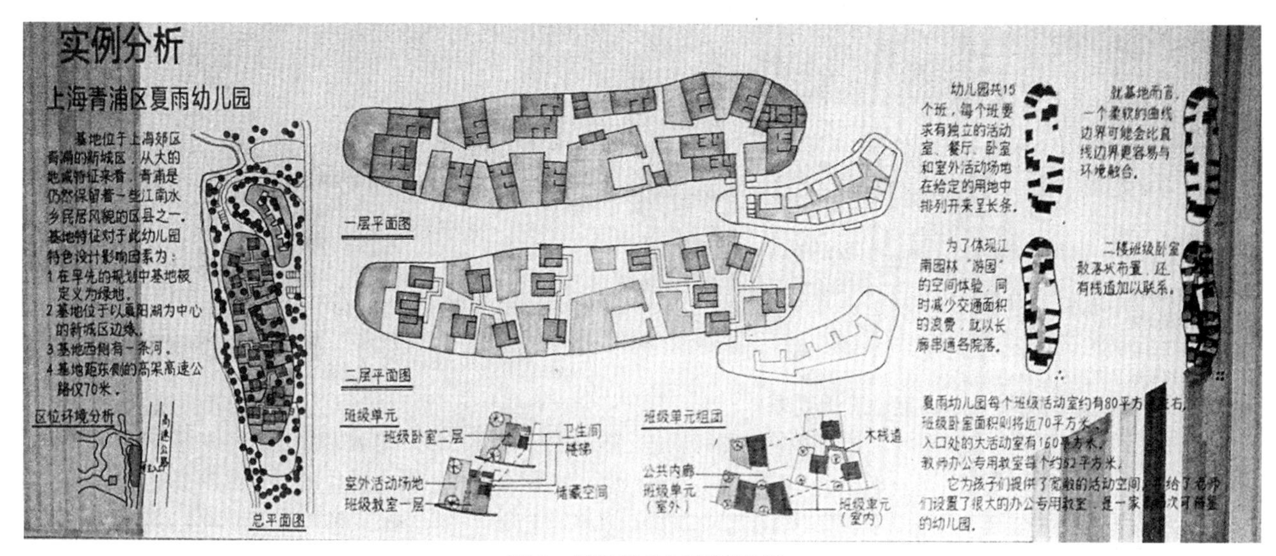

图 6　优秀幼儿园案例解析

图片来源：学生作业 .

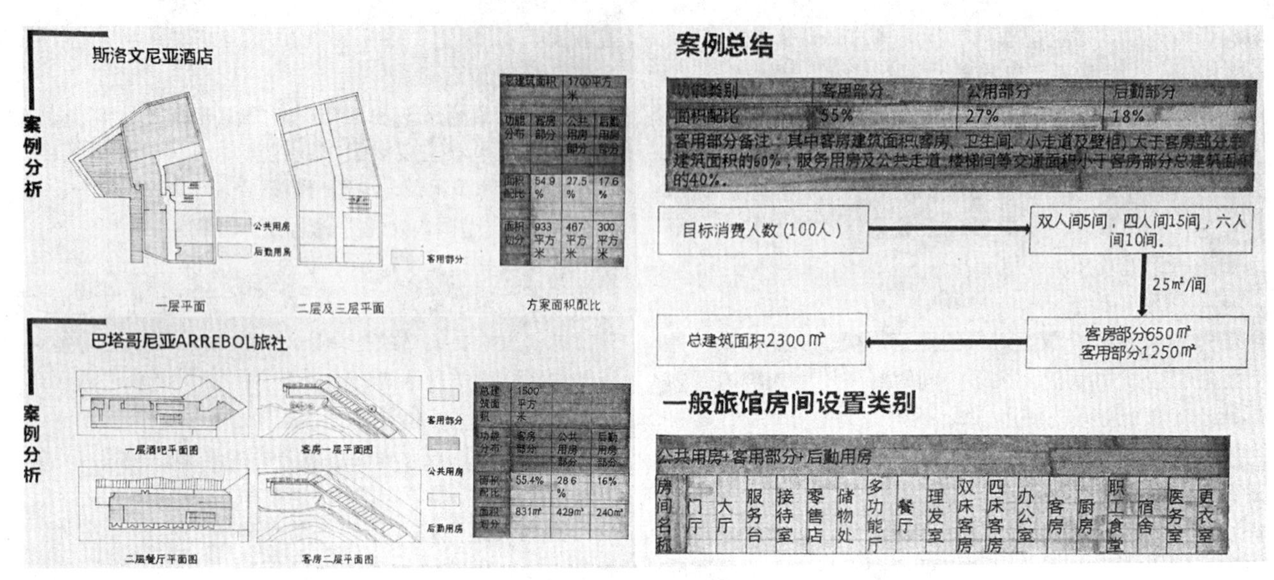

图7　优秀旅社案例解析

图片来源：学生作业.

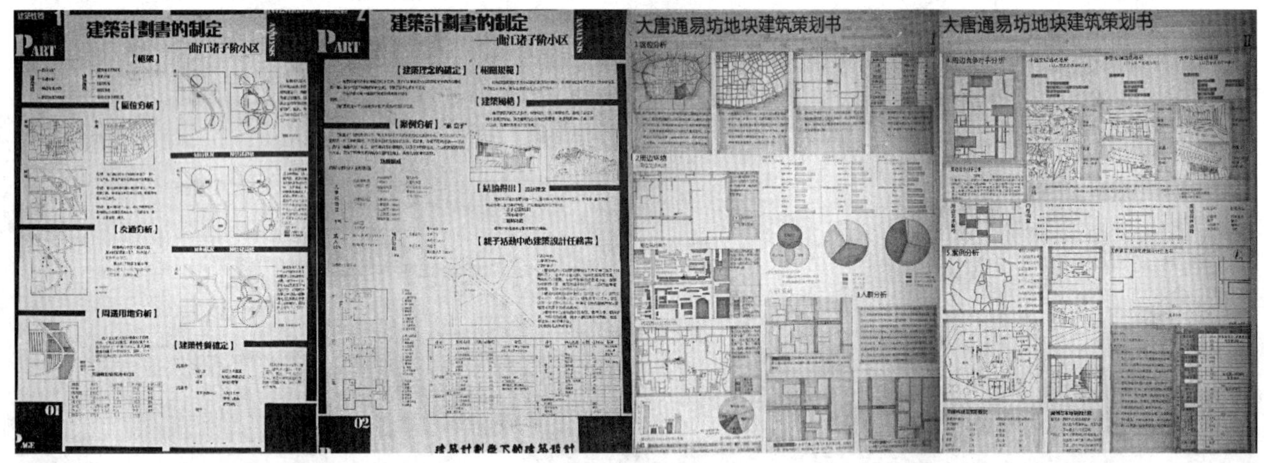

图8　建筑策划报告

图片来源：学生作业.

3.3　后期成果制定阶段——制定建筑计划书

在完成前两个阶段的具体工作之后，指导学生完成具体的建筑计划书的制定。

（1）建筑策划报告

建筑策划报告的目的是表达整个建筑策划过程及其工作成果，主要内容是描述编制建筑设计任务书的基础工作。具体内容应包括调查的工作框架、规划设计条件的解读与分析、详细的调研报告以及建设目标、项目性质、规模、设计原则、设计内容、建筑空间组成、建设项目的空间构想等内容。同时不同地块同学需体现出自己的差异特色，在制定建筑策划报告的时候有所侧重及其区分。

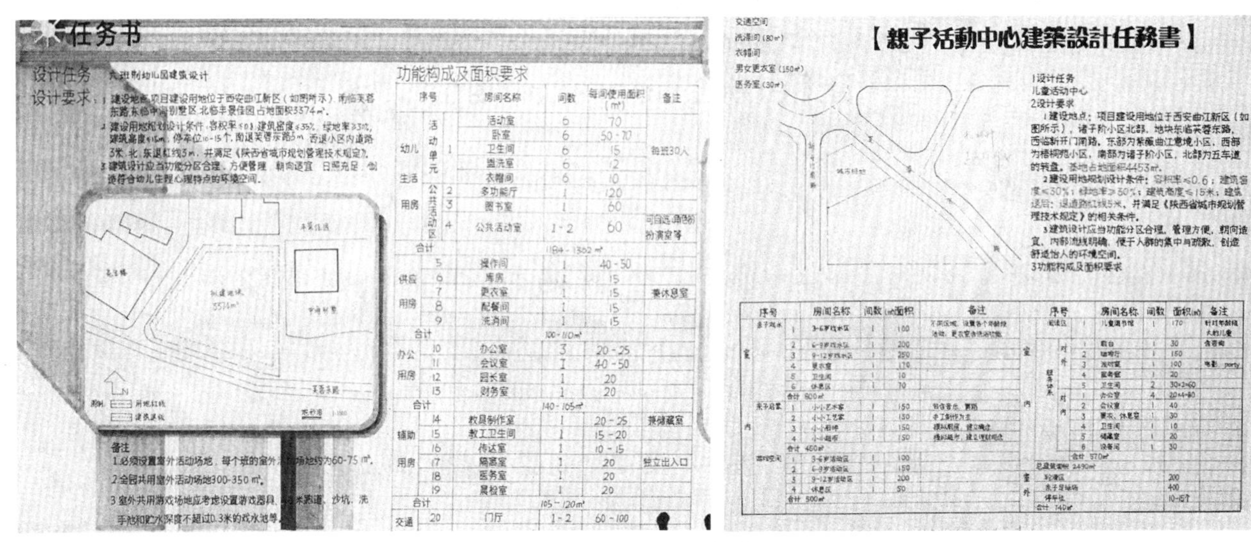

图 9　建筑设计任务书

图片来源：学生作业 .

（2）建筑设计任务书

通过对拟建项目进行具体的定性与定量分析，制定建筑设计任务书。具体内容包括，对建筑的性质、规模和形象定位进行文字性的表述、确定各功能空间的面积等。并以此为依据指导下一环节的小型建筑设计。

4　小结

通过详细的操作手法指导学生完成针对差异性地块的建筑策划，课程的难点在于教学过程中，指导学生完成对于地块特色差异化的应对。使学生基本上形成了主动探索城市问题的观念，同时初步掌握了客观分析的方法，初步形成建筑计划观念，掌握了建筑策划的流程及其指定建筑策划报告的方法。

主要参考文献

［1］ 陈秉钊. 当代城市规划导论［M］. 北京：中国建筑工业出版社，2003.

［2］ 庄惟敏. 建筑策划导论［M］. 北京：中国水利水电出版社，2000.

［3］ 邹广天. 建筑计划学［M］，北京：中国建筑工业出版社，2010.

［4］ 段德罡，白宁，吴锋，孙婕. 城市规划低年级教学改革及专业课课程体系建构［J］. 建筑与文化，2009，1.

［5］ 白宁，杨蕊，蔡忠原. 建筑计划下的建筑设计教学——城市规划专业低年级教学改革系列研究（5）［J］. 建筑与文化，2009，8.

［6］ 白宁，段德罡. 引入城市规划设计条件与建筑计划的建筑设计教学——城市规划专业设计课教学改革［J］. 城市规划，2011，12.

The Teaching for Architectural Planning about the Site with Different Characteristic

Lin Xiaodan　Bai Ning

Abstract: With the development of urban and rural planning, after we start to put the concept of "architectural planning" to the teaching of urban and rural planning, we continuously explore and put forward the new teaching emphases and methods. In this paper, we focus on architectural planning about the site with different characteristic , and forward the detailed teaching process practice, combining with the teaching effect as well as the emphasis and difficulty in the process of teaching, and puts forward our summary and thinking.

Key words: Site with Different Characteristic, architectural planning, urban planning education

城市传统人居脉络的当代接续与生长
——《城市公共中心规划设计》教学探究

李小龙　黄明华　崔陇鹏

摘　要：在当前我国文化复兴及城市快速"建设性"破坏的时代背景下，面对我校《城市公共中心规划设计》课程中学生注重物质空间的创造性设计而淡化空间文脉的问题，本文提出在教学过程中引入"传统人居脉络"理念的重要性，并基于近四年教学改革的不断尝试，探讨以"城市传统人居脉络的当代接续与生长"为主题，进而构建"问脉、寻脉、把脉、续脉"的教学内容及环节设置，以求培育学生规划"根脉意识"之星星火种。

关键词：城市公共中心规划设计，传统人居脉络，教学内容及环节

"让我看看你的城市，我就能说出这个城市居民在文化上追求的是什么。"的确，城市正如一面镜子，它能折射出生活在这座城市中的人们的情趣、目标与抱负。城市公共中心作为城市开展政治、经济、文化等公共活动的中心，是城市居民活动最频繁、社会生活最集中的场所，亦即城市形象精华，故而为此"镜子"之核心所在。城市公共中心又是时代的产物，其总是在传承历史的过程中不断创造，薪火相传，自成一脉。因此，作为城市规划师、设计者及生活在城市中的居民，我们都应主动思考这样一个问题：我们要营造一个什么样的城市公共中心，并将要把一个什么样的城市公共中心带向未来。面对这样的问题，我们的规划教学又应当如何引导？在此，本人结合近些年关于《城市公共中心规划设计》课程的教学实践谈一点看法，向大家请教。

1　教学探究的背景

1.1　先贤的传统营造积淀了丰厚的文化根基

我校《城市公共中心规划设计》课程自20世纪80年代初期开设以来，始终聚焦于所处的陕西关中地区。该地区作为中华文明的重要发源地之一，区内城市公共中心多为文化积淀深厚的历史片区，其空间环境如记录着古老历史信息的活化石般蕴含有丰富的地区人居智慧及特色；其营造过程中所积淀形成的人居脉络构成了当代我们进行规划设计的重要文化根基与思想来源，具有鲜明的地区精神。在当前"使中华民族最基本的文化基因与当代文化相适应、与现代社会相协调"（习近平，2013）的时代要求下，尤其是当我们面对此般文化根基丰厚的对象进行规划设计，就更需对传统脉络持有谨慎、敬重之心，这也便对我们的教学过程提出了更高的要求。

1.2　文化复兴及快速"建设性"破坏时期的迫切要求

近年来，随着西部大开发战略的深入实施，关中地区作为陕西省优势区域已进入快速发展阶段,城市的"建设性"破坏已持续发生并不断扩张。在当前城市空间的粗放型扩展冲击下，千百年遗存下来的人居空间脉络正在被逐渐损毁覆盖，而呈现快速消弭的趋势，如不及时加强保护并开展研究，诸多人居遗产将不复存在，而难以继续传承。对此，教学组在近些年教学实践中已深有体会：先贤所建构的"人工——自然整体格局"大多还清晰可辨，但城市内部传统空间格局及重要建筑设施多已遭到严重破坏；部分关键建筑和空间关系尚可根据地方志中的图文记载在真实环境中落实，而部分则需我们求助于当地了解城市历史的长者。因此，在当下尚有残存古迹和"人证"可循的情形下，积极引导学生建立抢

李小龙：西安建筑科技大学建筑学院讲师
黄明华：西安建筑科技大学建筑学院教授
崔陇鹏：西安建筑科技大学建筑学院讲师

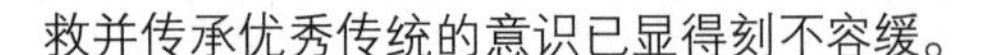

救并传承优秀传统的意识已显得刻不容缓。

1.3 教学中关于“传统脉络与当代规划”的脱节

《城市公共中心规划设计》课程作为面向城市规划专业本科大四下学生的核心课程，其注重综合培养学生关于城市公共空间环境的调查、分析、规划设计及表达等方面的能力。然而当前教学过程中，学生过分注重对物质空间的创造性设计，却淡化空间与所处整体环境的关系及其文化意义，故在进行规划设计时对历史传统脉络的理解存在局限和僵化，其因未能从历史中看到一些对当代直接有益的思想和方法，而对历史传统失去信心，这造成了传统脉络与当代规划之间的脱节。

基于上述背景及问题，本教学组自 2011 年起以“城市传统人居脉络的当代接续与生长”为主题，针对《城市公共中心规划设计》课程进行教学探究。

2 以“传统人居脉络”引导教学打开广阔视野

中国传统城市公共中心的营造始终以“人”为核心，是基于人之为“全人”的目标理想，在中国生命整体论的哲学观念基础上，不断探求环境的整体秩序及文化意义，并以时间的连续与空间的融合展示着多元包容的生长脉络，最终落脚于人间的多样生活。以此“传统人居脉络”的理念审视我们当前的教学过程，有助于我们进入全新的境界，打开广阔的视野。

首先，要引导学生认识物质空间环境，更要认识其中的“人”。人是城市物质空间环境的核心，人的特性决定着其所处空间环境的属性。这里所指之“人”是自然的人而具有生物性的一面，又是社会的人而具有文化性的一面。故我们应引导学生由重物质空间环境转而兼顾“全人”之认识，进而在课程设计中以统筹“全人”之综合生存及全面发展需求为其根本出发点。

其次，要引导学生既解读当前状况，更要解读发展历程及脉络。城市的空间格局均非一天所能形成的，也非一次规划所能完成，它必然是人们在长期生活经验积累和理想人居模式探索的过程中而逐渐经营与成熟的。因此，我们要求学生不仅要解读空间格局的当前状况，更要解读其发展演化的历程及脉络，将今人与古人紧密联系以求“通古今之变”，进而更能真实地、整体地解读课程设计对象的本质，产生对其更为客观的认识。

再次，要引导学生注重把握各空间环境要素，更要把握其整体秩序与关系。传统人居空间环境营造往往强调整体，其中的各类空间要素均非孤立存在的，而是被统筹于一个具有文化意义的整体结构之中。所谓“整体”又非城市“全体”，而应为其中之关键。城市公共中心便为此城市“关键”之重要构成与体现。那么在进行规划设计时就既需把握其自身各空间环境要素，更要把握其融入城市整体秩序的关系。

3 注重“传统人居脉络”的教学内容及环节设置

我校《城市公共中心规划设计》课程的原教学内容及环节主要包括：城市公共空间环境调查的基本内容和程序、城市公共空间环境分析研究的基本方法与程序、概念规划的原则与方法、城市公共空间环境的规划设计、成果的基本表达方法与手段等。教学组基于上述“传统人居脉络”的理念引导，对原课程教学进行了适当整合与调整，现共划分为“问脉、寻脉、把脉、续脉”四个阶段，具体如下图 1 及下文所阐述。

3.1 问脉：传统人居脉络的认知与意义解读

首先，教学组在开课之初邀请相关专家及地方文人与学生进行主题座谈，培养学生建立规划的“根脉”意识。其次，组织学生搜集并整理课程对象人居环境的基本状况，如自然、轴线、骨架、标志、群域、边界、基底、景致等诸类要素，主要包括城市的典型历史图像、城市空间环境测绘及考古成果、地方志以及前人相关研究成果等资料；进而引导学生对上述资料进行研读，通过梳理其中所记载的大量历史“境地”、“境其地”的营造实践，从“人的需求”角度思考传统人居空间脉络的含义、性质、核心营造目标；并对其传统脉络的构成进行当代价值分析，尤其针对传统脉络中十分关注但在当代城市建设中却遭忽视的部分进行细致分析；最后结合当代人性需求进一步解读传统人居脉络中具有启示与可能贡献的部分，并完成基本认知报告。

3.2 寻脉：传统人居脉络的挖掘与范围划定

引导学生以城市空间的时间演变为主线，通过实地踏勘、测绘、历史文献整理及当地老者口述历史等方式，梳理城市空间功能配置、城市空间整体秩序关系、城市

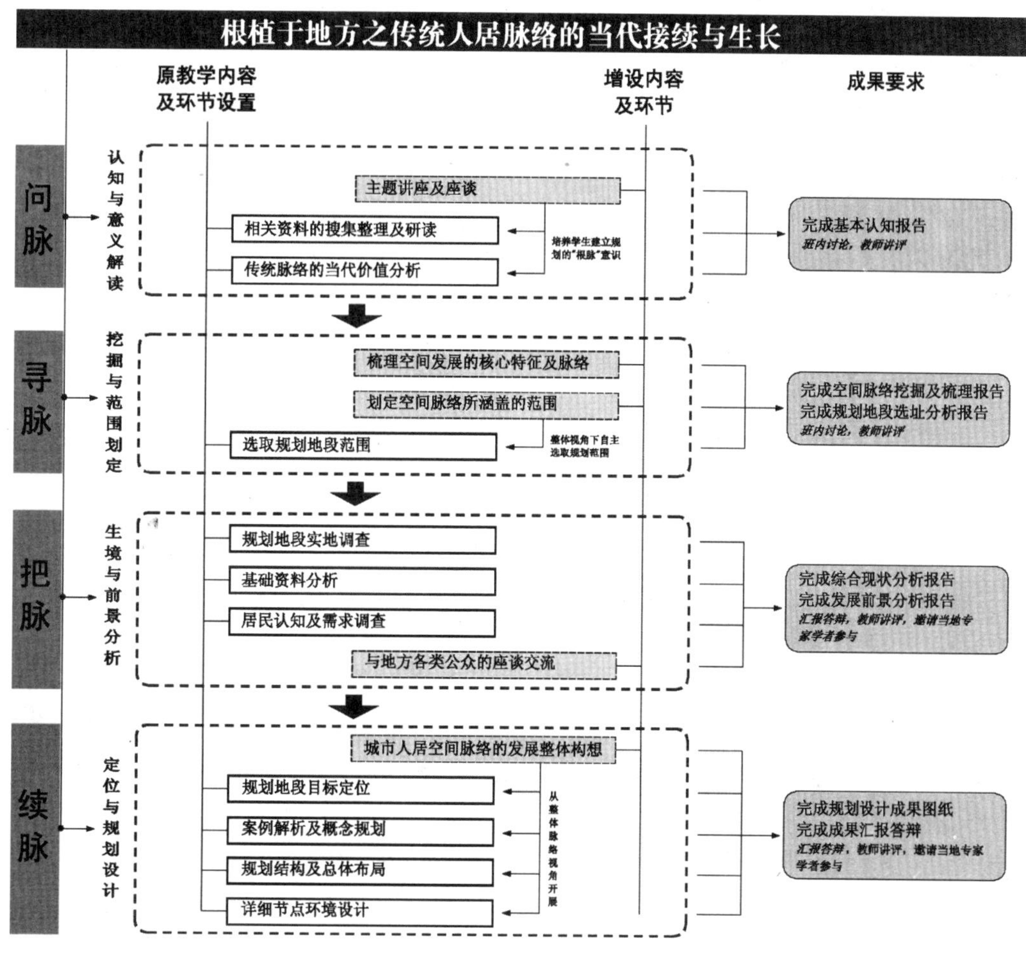

图 1　注重"传统人居脉络"的教学内容及环节设置

资料来源：笔者自绘.

空间景致营造、居民公共生活组织等方面的核心特征及脉络；进而综合从"身之所处－行之所达－目之所览－心之所感"四个层次划定城市传统人居空间脉络所涵盖的大尺度空间范围，并依此自主选取其中的关键地段作为详细规划范围。

3.3　把脉：传统人居脉络的生境与前景分析

组织学生涉足所划定的规划范围及其周边环境，立足于区内各关键视点进行实地的四向打望，并结合资料分析及市民的认知调查，明晰传统人居脉络的当前生境；教学组同时搭建与地方城建局、文化局等部门的配合，组织学生开展与当地政府官员、文人学者、市民代表的座谈交流，最大限度的梳理当地关于传统人居脉络生境及未来发展的认识与建议；基于此完成综合现状分析及发展前景分析报告。

3.4　续脉：传统人居脉络的定位与规划设计

在前述"问脉、寻脉、把脉"的基础上，进一步完成规划定位及规划设计。在规划定位方面，要求学生从人居脉络时空演化的整体进程中探寻规划地段的本源特性、角色、意义，而非仅依据其现时功能属性及需求进行确定。在规划设计方面，引导学生从对地段空间环境的创造性设计走向对城市整体人居脉络“穴位”的激活；即需认识到城市公共中心的营造并非仅是一项孤立的技术过程，而将如“穴位”般在城市整体格局中占据着影响全局的重要地位，其虽为一处，却关联“全身”。地段内的关键节点亦非再是孤立的单体，其内涵、意义需从整体脉络视角予以剖析，其规划设计将成为彰显地区文化特征与意义的关键所在，其形式作为其文化意义的外在体现，将被市民及游客直接识别、认知，并建立对城市文化的理解。最后，在规划成果汇报环节，教学组还通过邀请地方公众代表一同参与，强化学生对其方案之于地方居民实际感知与评价的把握。

4 教学实践及成果示意

基于前述教学思路，自 2011 年起教学组分别以西安老东关片区、西安北院门历史片区、陕西澄城县城老城区、凤翔东湖历史片区为对象展开教学（具体教学成果如后图所示）。在教学指导过程中，学生逐步发掘出传统人居空间脉络营造的经验与智慧，如注重借与周边山河、川塬等环境要素的大尺度对应关系把控城市秩序，注重人文教化功能的设置，注重结合特有岭峁、池泽、林田所进行的风景营造，及营造过程中所构建的“文人加匠人”的本土营造班底等。学生们同时逐步认识到优秀的传统智慧是进行当代创造所必须依托的重要文化根基与思想来源，依循其脉而进行新时代的接续与生长，将十分有助于延续地区的传统特色与精神。

5 结语

综上所述，本教学组对于《城市公共中心规划设计》课程的教学思考，可总结为是“根植于地方之传统人居脉络的当代接续与生长”，这要求学生认真谨慎的“问、寻、把、续”，是一个十分重要而艰巨的过程。关于此教学之初衷，其实并非强求学生能够在短时间内便全而准

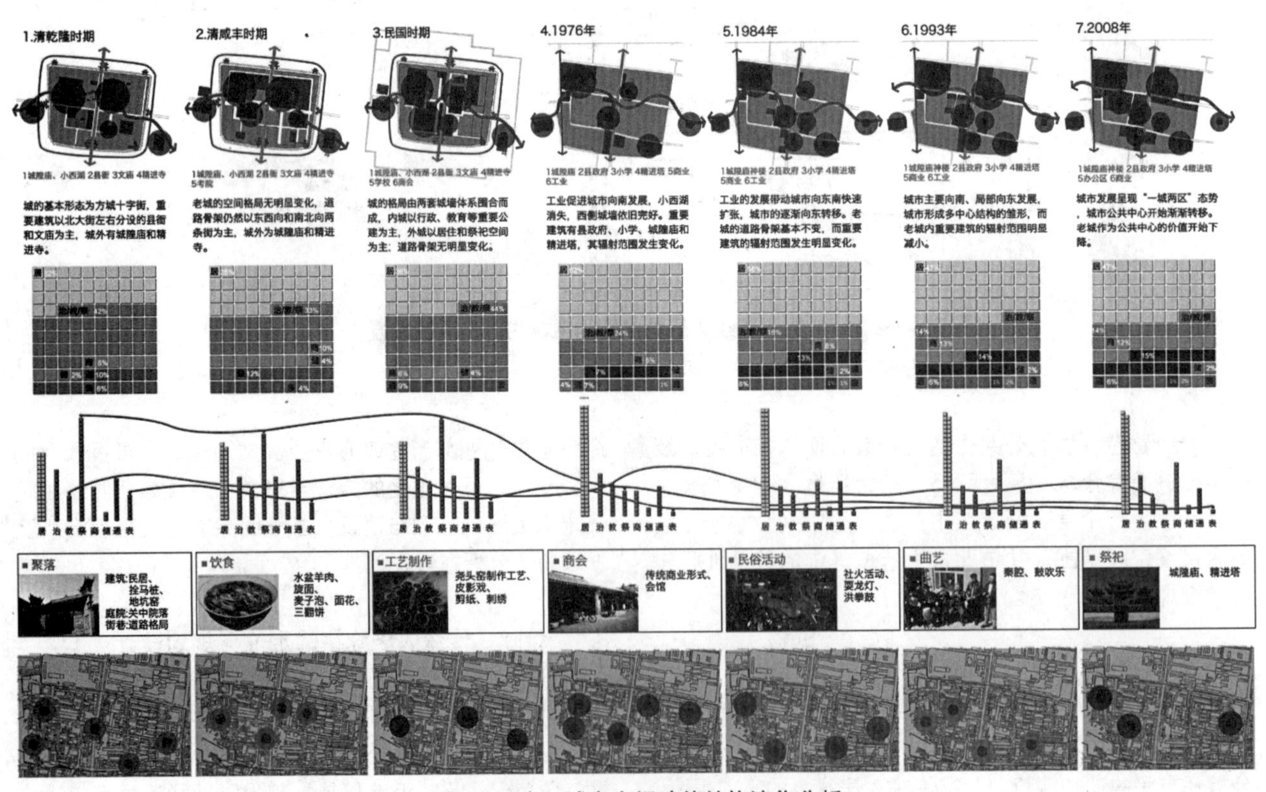

图 2 寻脉 - 城市空间功能结构演化分析

资料来源：城市规划 2009 级本科生作业 .

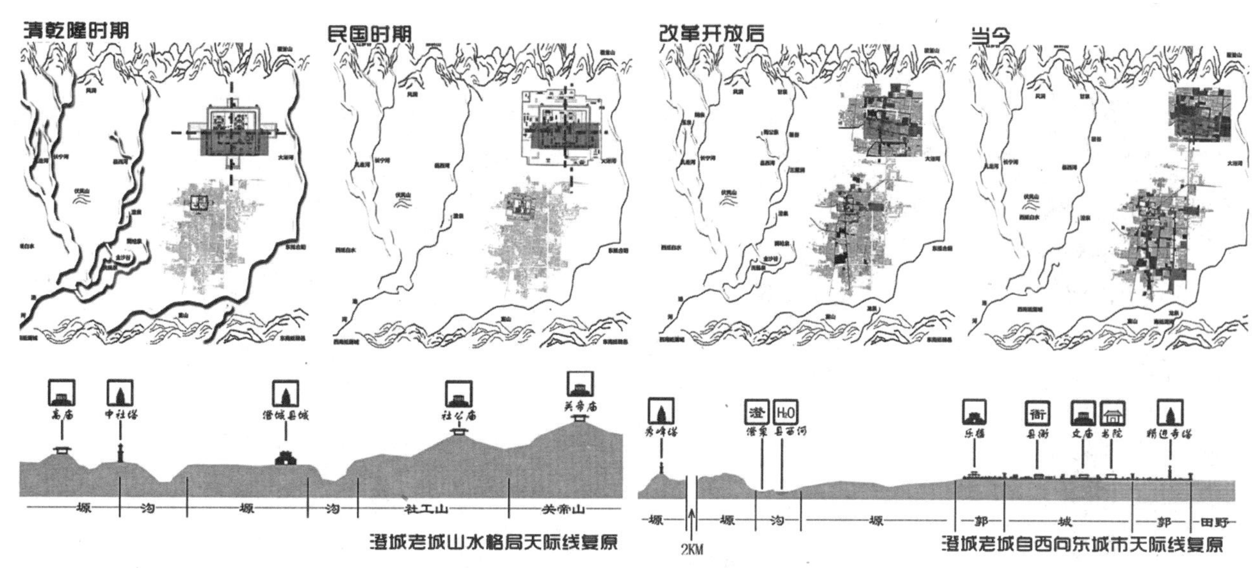

图 3　寻脉 – 城市空间格局演化分析

资料来源：城市规划 2009 级本科生作业 .

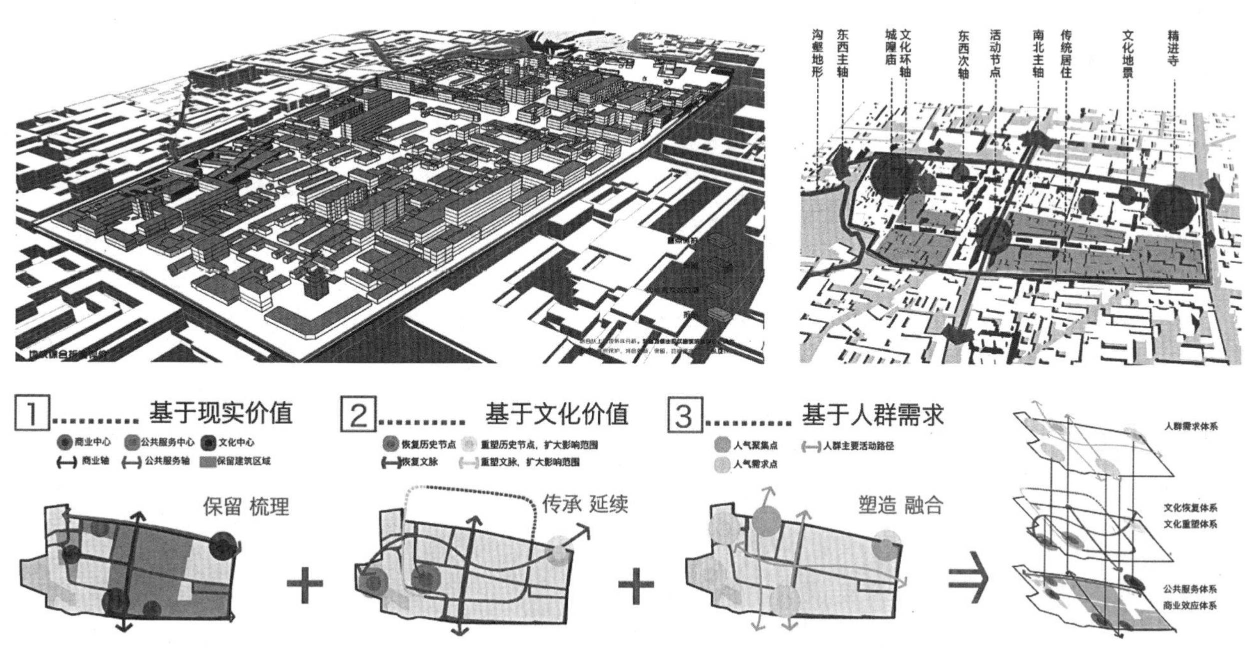

图 4　把脉 – 传统人居脉络的当前状况及发展前景

资料来源：城市规划 2009 级本科生作业 .

图 5　续脉－空间规划设计

资料来源：城市规划 2009 级本科生作业．

地把握城市传统人居空间脉络，而是重在培育其规划“根脉意识”之星星火种，进而在日后能够常怀敬重之心进行规划学习及实践，最终发展成为具备守护地方文脉能力的“能主之人”。

（本教学改革得到西安建筑科技大学人居环境研究中心的支持，同时感谢王树声教授的悉心指导。）

主要参考文献

[1] 吴良镛．人居环境科学导论．北京：中国建筑工业出版社，2001.

[2] 王建国．城市设计（第 2 版）．南京：东南大学出版社，2004.

[3] 吴明伟，孔令龙．城市中心区规划．南京：东南大学出版社，1999.

[4] 阳建强，吴明伟．现代城市更新．南京：东南大学出版社，1999.

[5] 王鹏．城市公共空间的系统化建设．南京：东南大学出版社，2002.

[6] 王世富．面向实施的城市设计．北京：中国建筑工业出版社，2005.

[7] 刘宛．城市设计实践论．北京：中国建筑工业出版社，2006.

[8]（英）卡莫纳等编著．冯江等译．城市设计的维度：公共场所——公共空间．南京：江苏科学技术出版社．

Contemporary Continuity and Growth of Traditional Human Settlement's Venation in Chinese Cities ——Teaching Study on "Planning and Designing of Urban Public Center"

Li Xiaolong　Huang Minghua　Cui Longpeng

Abstract: Under the background of cultural revival and rapid destruction caused by urban construction in contemporary China, confronted with the fact that students always pay more attention to creational design of material space than the space context, this paper decides to attach great importance to the idea of "Traditional Human Settlement's Venation" in the teaching process of "Planning and Designing of Urban Public Center" . In addition, based on constant attempts of teaching reform in the past four years, we would like to define the title as "Contemporary Continuity and Growth of Traditional Human Settlement's Venation in Chinese Cities" in order to construct a teaching system of "inquire vein, trace vein, seize vein, continue vein" which would undoubtedly help stimulate students' realization of "roots and veins" .

Key words: planning and designing of urban public center, traditional human settlement's venation, course content and teaching procedure

从“古建测绘”到“历史村镇测绘与调研”的转变——城乡规划专业实践类课程教学探讨

陈　谦　刘奔腾　郭兴华

摘　要：城乡规划专业的实践教学内容众多，而其测绘与调研更是结合建筑学与城乡规划学特点的重要内容。兰州理工大学设计艺术学院城市规划（现为城乡规划）专业的“古建测绘”到“历史村镇测绘与调研”的课程转变，也表现出城市规划学科、研究对象、实施方法和成果的转变。

关键词：转变，实践类课程，古建测绘，历史村镇测绘，城乡规划专业

导言

城乡规划专业是应用性很强的专业，在其专业教育的内容上必须完成从应试教育到素质教育的转变，以适应我国现代化城市建设发展的需要。而实践教学是高校本科教育的重要环节，加强这一环节，是深化教学改革、提高教学质量的有效途径。兰州理工大学设计艺术学院城市规划（现为城乡规划）专业创办于2002年，学制五年。它是依托本校1987年设立的建筑学专业而设立的。因此，在其培养方案中有着较为明显的建筑学专业背景。其实践教学主要由调研、实习、实验、上机等组成。其实践教学环节共有48学周（其他实验、上机课时未计入其中），占其总学周数约1/5，在全校本科生的课程设置中其实践周数数量最多。

1　实践课程体系的建立

2007年1月22日教育部与财政部联合颁发了《关于实施高等学校本科教学质量与教学改革工程的意见》（教高［2007］1号），2月17日教育部又颁发了《关于进一步深化本科教学改革全面提高教学质量的若干意见》（教高［2007］2号），文件中提出：高度重视实践环节，提高学生实践能力。要大力加强实验、实习、实践和毕业设计（论文）等实践教学环节，特别要加强专业实习和毕业实习等重要环节。可见，实践教学是高校本科教育的重要环节，加强这一环节，是深化教学改革、提高教学质量的有效途径。然而，目前实践环节的实施和效果都不容乐观，分析实践教学中存在的主要问题，对改进实践性教学，提高本科生培养素质，具有积极的现实意义。

实践教学课程是需要学生走出校园，安排在校外特定的实习地点进行的实习活动。实践教学环节包括军训（含军事理论）、素描实习、色彩实习、城乡认识实习、快速建筑设计、城市规划快速设计、城镇总体规划与村镇规划调查实习、城市详细规划设计调查实习、历史文化村镇测绘与调研、规划设计实践、规划生产实践、毕业实习、毕业设计、创新课程等十多门课程，共48学周（图1）。

素描实习、色彩实习作为加强专业基础训练的美术实践课程，让学生外出去某个城市或村镇，用画笔记录城市和村镇中的场景，并锻炼其对于城镇生活的体验，以便于在高年级的城市详细规划设计中增加其对于城市生活的理解并用于设计之中。它培养的是城乡规划专业学生需要具有较强的徒手表现能力和专业的艺术审美能力。

认知与测绘实践课程包括城乡认识实习、历史村镇测绘与调研等实践教学课程的设置一方面培养城乡规

陈　谦：兰州理工大学设计艺术学院城市规划系副教授
刘奔腾：兰州理工大学设计艺术学院城市规划系副教授
郭兴华：兰州理工大学设计艺术学院城市规划系副教授

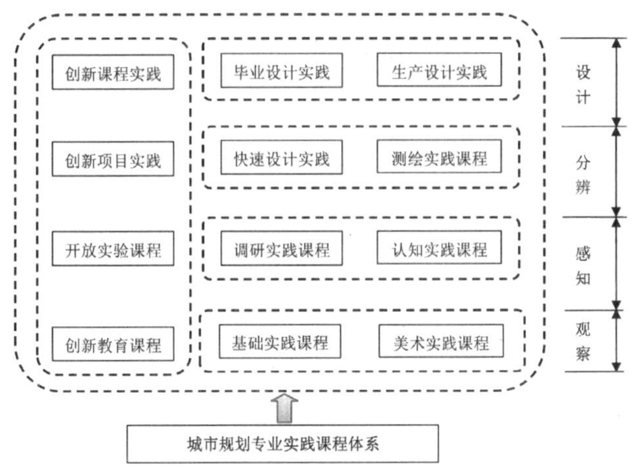

图 1　城乡规划专业实践课程体系

划专业学生结合实际、调查研究、联系群众的能力，它需要学生外出进行历史城镇或历史村落的认知和测绘工作，以此了解城市产生的雏形－聚落的产生和发展的过程，进而分析城镇发展的动因、方向以及其形成的结构与形态；另一方面强化专业素养，通过对实际城市和乡村对象的现场调查、测绘，以印证、巩固和提高课堂所学的理论知识，加深对城市和乡村的认知，了解城市和乡村的现状及其问题所在，并能够进行分析和调查，以便找出问题的根源，提出解决问题的方法。

快速设计实践课程包括快速建筑设计、城市规划快速设计。它们的设置是从城市规划快速设计概念和透视理论入手，讲述快速规划设计的主要类型、表现工具、表现技法、设计实例和作品精选等内容。使得学生能够在较短的时间内提升城市设计的快速构思及表达能力，以便应对设计院的应聘求职、考研等规划设计。

城镇总体规划与村镇规划调查实习、城市详细规划设计调查实习的设置是为“城镇总体规划与村镇规划”和“城市详细规划设计”等城市规划主干设计课程设置的调研实习环节。它是专门用于上述两门课程进行现状调研，了解设计项目基本情况，完成现场踏勘、资料收集、问卷发放、人物访谈、调研报告等内容。

毕业设计实践和生产设计实践包括规划设计实践、规划生产实践、毕业实习、毕业设计等课程。它们是进一步培养城乡规划专业学生综合运用所学知识，独立分析和解决实际设计问题的能力，为他们打好适应实际工作和今后发展的良好基础。培养学生综合运用所学知识，进行规划设计的能力；进一步扩展和深化所学基础知识和专业知识，提高自学能力和独立工作能力；进一步强化作为规划师的基本训练，培养其开展城市和乡村领域内工程设计和科学研究的初步能力。

创新教育平台有开放实验课程、创新项目实践和创新课程实践组成。具体内容有学校教务处与学院共同制定。

2　教学目标的设立

“古建测绘”（后其名称调整为“历史村镇测绘与调研”）课程是城乡规划专业重要的实践课程之一。旨在通过对城市的实地测量、调查，巩固和印证城市与城市规划理论。通过课程的学习，使学生亲自体验城市形态、空间、尺度、比例及机理，认识城市中建筑群的各种组合方式，为以后的专业学习奠定基础。课程采用课堂讲授与实际运用相结合的方式，其中以实践工作为主，课堂讲授为辅。课堂讲授使学生明确学习目的、基本过程及方法。课程考核采用课程、课外相结合的方式，以小组共同成果为最终成果。测绘内容贯穿于课程的各个环节，包含前期的工作计划、测绘过程的完成、最终成果的绘制表达。

3　教学的过程及其成果

3.1　“单体建筑”的测绘

在课程开设初期，由于师资力量的薄弱和教学经费的缺乏，测绘地点定于兰州市五泉山，测绘对象为五泉山古建筑群（其中主要为宗教建筑）。图纸表达以手工绘制为主（图 2、图 3）。

3.2　“建筑－院落－街巷”的测绘

在五泉山测绘约三年左右，出于师资力量增强和教学研究的考虑，测绘地点定于兰州周边城镇，具有历史特色的国家级历史文化名镇－榆中县青城镇。测绘对象为青城镇古建筑群和街区（其中主要为宗教建筑、宗庙和部分四合院，在规划方面增加了历史街区和街巷的测绘内容（图 4、图 5）和调研问卷的内容（图 6）），图纸表达仍然以手工绘制为主，开始增加计算机辅助绘图内容（图 7）。

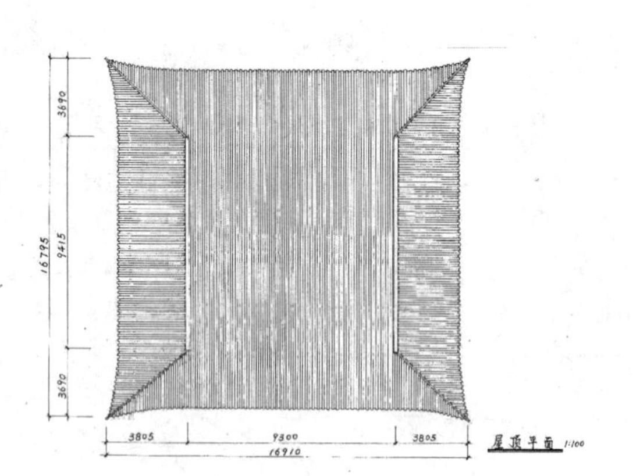

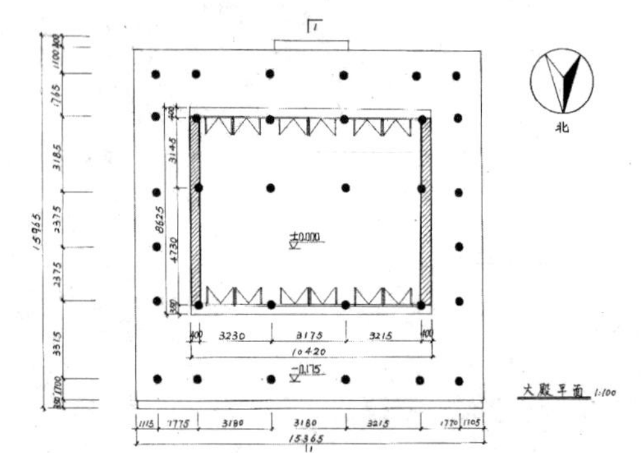

图 2　古建筑屋顶平面与平面图

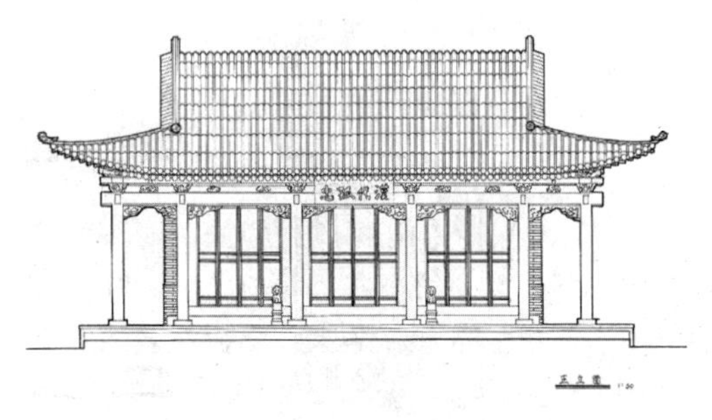

图 3　古建筑立面图

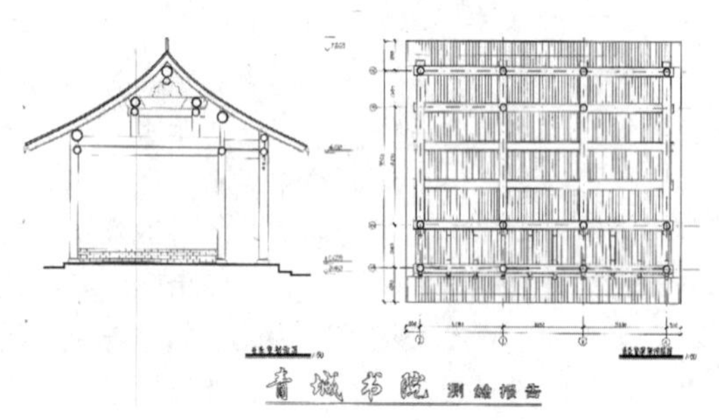

图 4　青城书院平面图

图 5　青城书院立面图

青城镇古建街区现状的调查问卷

尊敬的青城镇居民：您好！我们是兰州理工大学的学生，我们希望通过该问卷了解一些关于青城镇古建街区的现状情况，以及您对此方面问题的看法，真诚感谢您的合作！

1、您的身份（　）：

A 本地居民　B 游客　C 外来务工者　D 其他

2、您的学历（　）：

A 初中及以下　B 高中　C 大专　D 本科及以上

3、您的年龄（　）：

A 25 岁以下　B 25-35 岁　C 35-55 岁　D 55 岁以上

4、您觉得青城镇古建筑是以什么风格为主（　）：

A 山水园林　B 雕梁画栋　C 四合院　D 全都是

5、您对青城古镇建筑保护方面的相关措施有了解吗？（　）：

A 很了解　B 一般了解　C 听说过但不太了解　D 不了解也不关心

6、您认为政府有必要加强对古建筑的保护和利用吗？（　）：

A 很有必要　B 没有必要

7、您赞同古建筑异地购买或搬迁吗？（　）：

A 赞同　B 随便　C 反对

8、青城镇作为旅游景点经常有损害行为吗？（　）：

A 经常有　B 一般没有

9、您认为青城镇作为旅游景点是否会加快古建筑的破坏（　）：

A 会　B 不会

10、　您知道当地有关古建筑方面的法律法规吗？（　）：

A 知道很多　B 知道一点点　C 不知道

11、　您知道青城镇有关部门有拆掉过百年民宅吗？（　）：

A 知道的很详细　B 听说过　C 不知道

12、镇里是否有公共活动场地？（　）：

A 有　B 没有

您是怎么看待这个问题的？

19、您对古建筑的保护与利用的意见：

感谢您对我们这次调查的支持和帮助，为了促进对古建筑的保护和利用，您宝贵的回答与意见将会是非常重要的讯息，我们将根据您的回答情况得出相关建议与总结，争取为青城制定相关政策提供有效依据。再次表达对您的感谢，

图 6　青城镇街区现状的调查问卷

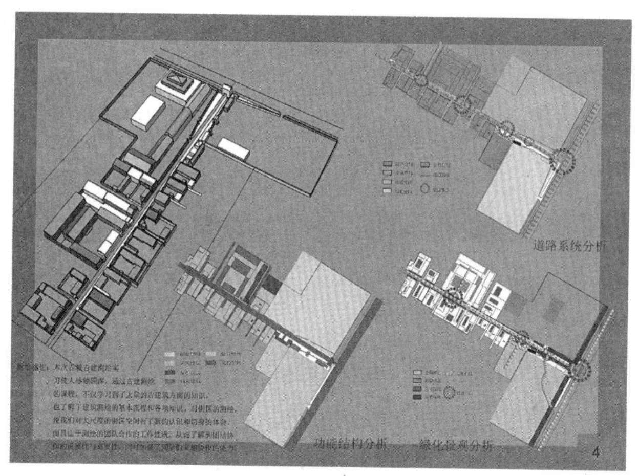

图 7　青城主要街区现状分析图

3.3 “建筑 – 院落 – 街巷 – 村镇”的测绘

在青城镇测绘约三年左右，测绘经验积累较为丰富，同时师资力量不断增强，科研的能力和要求也大大提高。因此，测绘地点选在具有鲜明历史特色的全国历史文化名城 – 天水市及其周边村镇。测绘对象为天水市的部分文保单位、历史建筑和历史街区（其中主要为历史街区的街巷、大部分居住建筑、少部分宗教建筑），让学生主动了解街区或是村镇的居民最为关注和想要改变的内容。对于历史村镇的发展演变进行分析，同时，在村镇选址、形态演变、历史风貌、地域特色等方面进行进一步发分析和资料整理（图 8、图 9）。

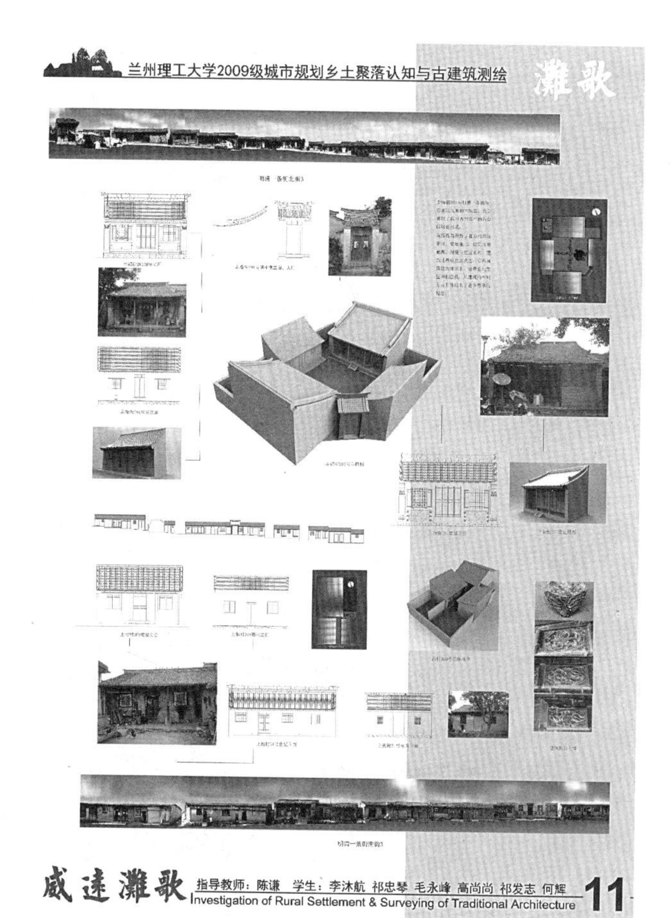

图 8　天水市滩歌镇测绘图

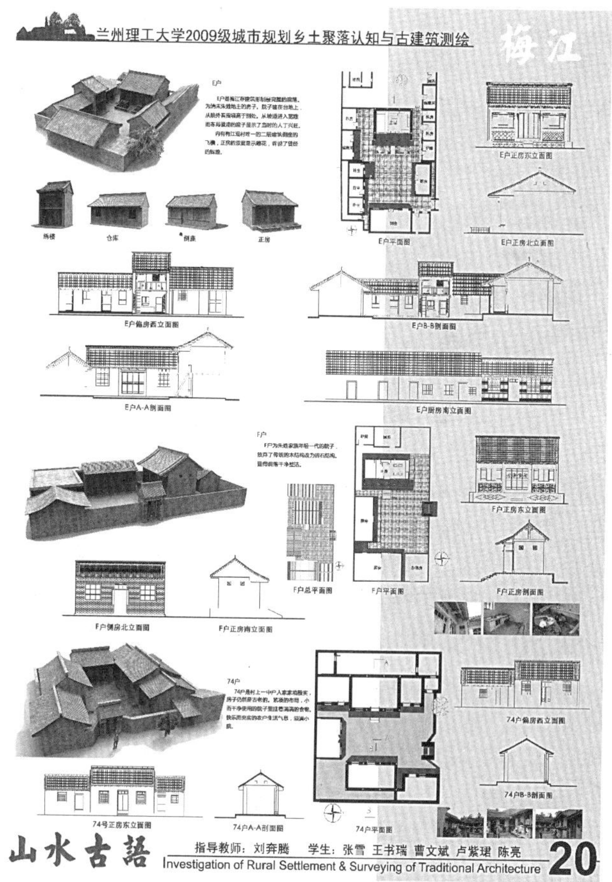

图 9　天水市梅江村测绘图

4 反思

上过该门课程的同学已经约有十届，在多次培养方案的调整中并未去除，而都是作为实践课程体系中重要的课程保留下来。在此期间，“城市规划”学科也从原来的二级学科调整为“城乡规划”一级学科。因此，和以前相比较，课程的对象、方法和成果也都产生着不小的变化。

4.1 学科背景的转变

现代城市规划学科脱胎于建筑学，早期城市规划师多是建筑设计背景出身，这点在国内外情况都十分相似。但是伴随着社会经济的发展，城市系统变得越来越复杂，建筑学的学科体系和技术方式已远不能解决城市规划中出现的问题。[1] 城乡规划作为独立的一级学科进行设置和建设，是我国国情所在，是从传统的建筑工程类型的计划经济模式迈向社会主义市场经济综合发展道路的必然需求，是中国特色城镇化发展的客观需要。也是中国的城乡建设事业发展和人才培养与国际接轨的必由之路。[2]

4.2 研究对象的转变

学科背景的转变也就意味着研究对象的转变。从城市规划到城乡规划，不只是字面的改变，更重要的是研究对象在地域范围上的扩展和内涵意义上的扩容。在本门课程中，测绘对象从城市（镇）中的重要古建筑渐变为历史村镇的形态，功能，交通等与城乡规划学科相关的内容，而其中的测绘古建筑的内容也演变成为测绘街区、巷道、一般性居住建筑和公共建筑。这样也有益于学生了解村镇、街区、巷道、院落、建筑的递次的空间形成，让他们重新关注建筑室外的空间环境，如院落、街巷、历史村镇的地理环境，开阔学生的空间感知范围，而不再拘泥于建筑之中。

4.3 实施方法的转变

研究对象的转变同时促进着研究方法和技术发转变。除了原有的“画草图，后测量，再绘制”的方法以外，同时还增加了发放调查问卷，访谈居民住户，查阅文献等多种调研方法，增加学生对于居民生活环境的了解，增进学生与居民的相互理解与沟通，从历史的角度认识历史村镇的演变。

4.4 成果的转变

就本门课程来说，从原来单纯的测量建筑的尺寸，支撑结构的大小，表现古代建筑的风格等建筑层面的内容，转变为了解村镇聚落的选址，认知村镇历史形态的演变，街区的形成，院落的组成，建筑的布局。从原来单一的古建筑测绘转变为聚落、街区、院落、建筑的调研与测绘。图纸的表达更加多元化，不再是单一的手绘工程类图纸。学生还可以利用软件和更多的方式表现自己对于历史村镇的认识（如图 10、图 11：学生利用 SketchUp 软件建立模拟地形和建筑模型）。

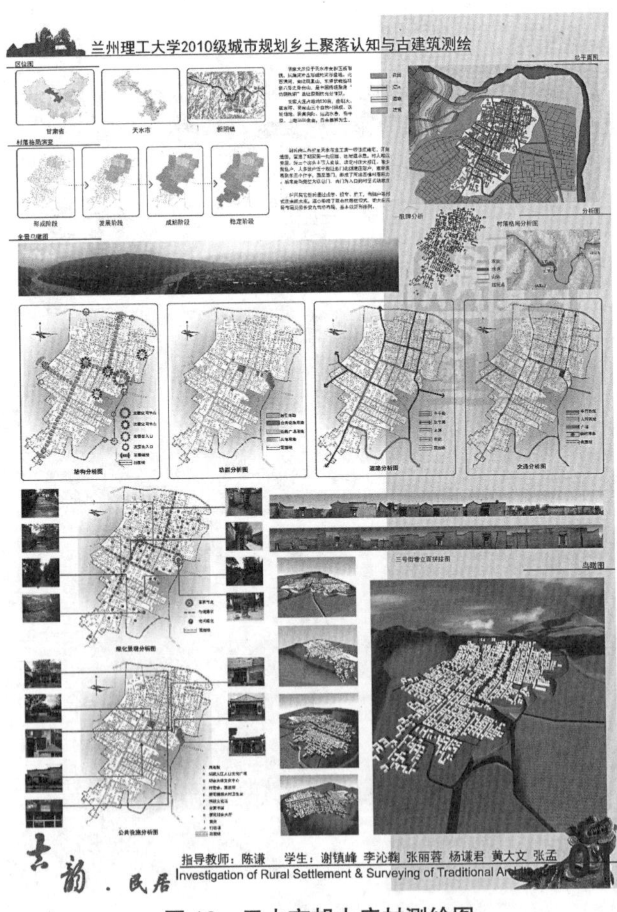

图 10　天水市胡大庄村测绘图

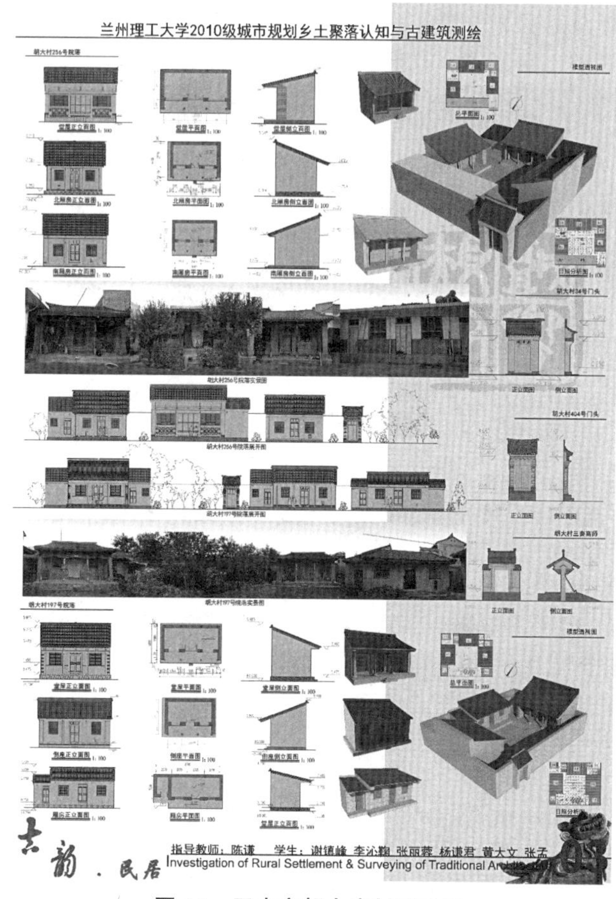

图 11 天水市胡大庄村测绘图

5 结语

总之，无论测量、绘制、调研、文献查阅都是对与空间的认知与体验，也是建立一个规划师所应该具备的最基本的认知方式。希望在城市规划教育体系中建立一个综合性的平台，将其与建筑、院落、街巷、聚落的空间认知渗透到学生的知识体系之中，了解聚落形成的过程，逐渐形成城市规划特有的思维方法，帮助他们学习从结果导向到过程导向的城市规划教育方法。[3]

主要参考文献

［1］ 高芙蓉.城乡规划一级学科下本科课程体系重构思考［J］.转型与重构——2011 中国城市规划年会论文集，2011.

［2］ 赵万民，赵民，毛其智. 关于"城乡规划学"作为一级学科建设的学术思考［J］.城市规划.2010，06.

［3］ 腾夙宏.从结果导向到过程导向——建造教学在城市规划基础教学中的实践和探索[J].美丽城乡，永续规划——2013 全国高等学校城乡规划学科专业指导委员会年会论文集，2013.

Turning from 'Surveying Practice of Ancient Building' to 'Surveying Practice in Historical and cultural towns and villages' ——Study on Teaching Practical Courses in Urban and Rural Planning

Chen Qian Liu Benteng Guo Xinghua

Abstract: There is many practical courses in Urban and Rural Planning. And it is important for students to survey in some courses Architectural and in Urban and Rural Planning. It is a turning for Urban and Rural Planning, research object, application and achievements, also in courses of 'Surveying Practice of Ancient Building' to 'Surveying Practice in Historical and cultural towns and villages' in School of Design and Art in Lanzhou University of Technology.

Key words: Turning, Practical courses, Surveying Practice of Ancient Building, Surveying Practice in Historical and cultural towns and villages, Urban and Rural Planning

基于全方位思维训练的《城市设计》课程教学改革研究与实践

李春玲　赵春兰　钟凌艳

摘　要：本文介绍了基于全方位思维训练的理念在《城市设计》课程教学中的一些改革措施与内容。通过在常规教学过程中强化 4 个内容，并通过多种教学环节贯穿在每个教学阶段中，强调在专业知识与技能的培养中进行高强度的专业思维强化训练，使学生在课程设计过程中的专业思维能力更加灵敏、缜密和准确。这种基于全方位思维训练的《城市设计》教学方式的改革受到了学生的认可和好评，从学生的学习过程和设计成果来看，效果初现。

关键词：全方位思维训练，城市设计课程，教学改革，教学阶段

与大多数院校类似，我校城乡规划设计专业的《城市设计》课程作为城乡规划设计系列课程之六被安排在大四下期进行。城市设计因其涉及对象的综合性被安排在毕业设计之前最后一个专业主干课程训练，是对前面 7 个学期专业设计课程和各类专业理论知识的一次综合运用，是全面提高学生专业认知和能力的重要一环。

笔者认为，城市设计不是一个孤立的关于某个地块或地域的空间设计，而是关于某特定地块总体定位和综合考量，包括从城市到研究区域再到设计地块的整体关系定位和策略确认，还包括周边地块的发展趋势与特定地块潜在优势的互动影响下推导出的空间策略及设计落实。全方位思维训练是 20 世纪中期诞生的一种头脑智能开发和训练技术。[1] 而在城市设计的训练过程中，要求学生既具有严谨细致的调研和分析能力，又具有敏锐清晰的创新思维能力，这与思维训练的内容是一致的，我们认为，思维训练的方法能运用在城市设计课程教学中。因此，在近年来的教学实践基础上，教研组在原有的教学大纲和教学计划上增加了基于全方位思维训练的教学内容及方法，以更好地强化学生们的调查分析能力、逻辑思辨能力、创新思维能力与综合把控能力。

1　全方位思维训练方法的运用

1.1　高信息量思维强化——优秀城市设计案例分析及分享

在布置《城市设计》任务之前，要求每位同学在课下自行查找资料、选择国内外优秀城市设计案例进行学习和分析，并在课堂上用 5 分钟的时间介绍一个最佳案例。每位同学除了必须在较短时间内完成最重要信息的汇报，同时还需要在一个密集的时间段内消化吸收其余的 29 个案例信息。这种案例分享是高密度、高强度的，是对学生们的一种思维强化训练。这一手段和内容作为课程的第一阶段，可以帮助同学们在第一、二周迅速进入学习状态，并为后续的学习训练做好基础理论与优秀案例储备。

在尝试这一方法之前，老师们担心有学生会因为高强度的思考产生倦怠，注意力降低的情况，但恰恰相反，同学们的积极性被很好地调动起来，针对大家推荐的案例进行了热烈而有趣的讨论。

1.2　逆向思考法——关于基地选择的讨论

当人们按照常规方法思考问题时，常常受到经验的支配而不能全面地、正确地分析事物。而有时倒过来想问题，采用全新的观点看事物却往往有所发现叫做逆向思考法。[1] 在城市设计选题过程中，我们运用逆向思考训练，促进学生发现地块问题，寻找创新点。

学生在前置专业课程的学习后会在一定程度上形成自己的设计兴趣和专长，会对城市设计的研究对象有一定的偏向性。根据这种情况，老师们一致认为有必要在

李春玲：四川大学建筑与环境学院建筑系讲师
赵春兰：四川大学建筑与环境学院建筑系副教授
钟凌艳：四川大学建筑与环境学院建筑系讲师

课题类型上给学生提供多种选择，由学生进行逆向思考，分析每一个选题，在此基础上选择自己的研究对象。

我们为 2014 年的城市设计题目提供了 3 个选项：A 位于特大城市中心城区的城市设计，B 位于大城市城乡结合部的片区城市设计，C 位于县域镇区的城市设计。

选题 A 为典型的中心城区旧城更新改造，研究范围内包括了传统的居住区、金融商务办公区、零售商业区、电子信息产品聚集区和政府行政办公区等，建筑类型涵盖了从清末到民国、到改革开放前后各时期形成的典型建筑类型，人群类别复杂，各种城市矛盾突出，人口密度大，用地紧张，既有深厚的本土文化底蕴，也有在现代化进程中出现的诸多新生事物。选择此地块进行研究关键在于学生们能否抽丝剥茧地在繁杂的现象中寻找到地块的内在逻辑、规律、原动力和价值，并且与城市和周边地块形成良性的互动策略。

选题 B 位于城乡结合部，毗邻千年的名刹禅寺，有纷乱的自建房及荒地，也有大单位在此圈地建成的农家乐式休闲餐饮区。如何处理好地块与禅寺的关系，同时解决好城乡结合部的主要矛盾和基本问题是对缺乏城乡结合部生活体验和对宗教文化理解相对较弱的同学们的考验。

选题 C 为一个典型的场镇区域，主要形态为沿过境道路布置的街道及街道背后的大量前店后宅的自建居住，特色在于该镇以茶叶种植及生产为主要产业，并围绕“茶”展开的日常生活。对于大部分的城市背景学生而言，这个基地既新鲜又陌生，但要做到位也不是那么容易。

老师在提供题目后，同学们分组对不同的场地进行了第一次现场调研，在进行了调研汇总和逆向思考及分析后按不同场地进行汇报。汇报时必须解释为什么和为什么不（why& why not）：即为什么选择这块地而不选择其他两个？要求必须建立在自己对地块背景及性质的深入研究及相关理论之上得出这个答案，即：一、此地块的特征是什么（what），总体情况和具体的详细调研情况；二、在调研资料的汇总分析基础上，提出一个或多个想法作为课题研究和后续设计的切入点（how）。

一个有趣的现象是：该年级共有 30 个同学，按 2 人一组分为 15 个设计小组，这 15 个小组中有 13 个小组都选择了选题 A，有 2 个小组选择了选题 B，而选题 C 则无人问津。通过学生的选题汇报，我们发现同学们选择中心城区有以下几种原因：第一种，认为中心城区有着神圣的城市光环，更能集中体现城市特色，城市文化和城市问题，也更加有利于专业技能的训练和发挥；第二种，对城市的地域性传统居住形态和生活模式感兴趣，希望能更深入地进行研究；第三种，少数同学缺乏自己的独立思考随大流进行了选择。选择选题 B 的两组同学是因为对佛教文化感兴趣，希望能更深入地了解佛教丛林对城市基底的影响和互动并能在该题目中有一些个性发挥。但是其中一组在调研结束后很快放弃了该选题，认为地块内缺乏本地文化内涵，自建建筑特色缺乏等。选题 C 之所以无人问津，则更多是由于同学们间接了解到当地的茶产业定位主要是当地政府的主观意愿，而缺乏本土的历史积淀与茶文化的传承。由此看来，自由选题的尝试对于培养学生独立思考和判断是有益的，也避免了由老师确定的单一选题可能存在的主观性。

1.3 “七何”检讨法（5W2H 法）[1]——红线范围的自由选择

即便是同一个选题，从不同的视角去看，也会呈现出精彩纷呈的世界。通过第一次现状调研同学们展示出来的调研成果发现，每组同学都有其独特的视角或观点，这些视角和观点都是极其珍贵的。在城市设计的训练中应该珍视同学们头脑中的星星之火。

在以往的课程设计中，学生拿到的题目往往都是由老师划定红线。2014 年《城市设计》课程中老师尝试只给定研究范围，每组同学在满足 5~20hm^2 范围要求下自行确定设计红线，但必须给出充分的理由来支撑其红线范围的划定依据。这个尝试不仅保证学生有更多的自由发挥空间，训练了学生自主观察、思考、提出和解决问题的能力，同时还避免了设计思路的趋同性、同质化，有利于展示学生们的不同潜质和多元化的思路。

在具体的红线选择论证中，主要要求学生运用七何检讨法（5W2H 法）进行。即：

（1）Why：为什么选择这样的红线范围？

（2）What：红线范围内的具体情况是什么？

（3）Who：红线范围用地的适用人群是谁？

（4）When：红线范围内用地的时间维度特征是什么？

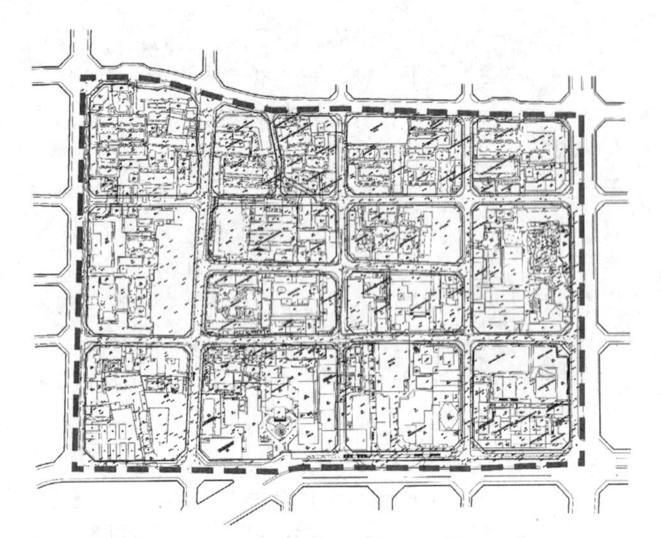

图 1　老师提供的设计范围（选题 A 成都市华兴片区城市设计）

图 3　某设计小组 2 选择的设计红线范围

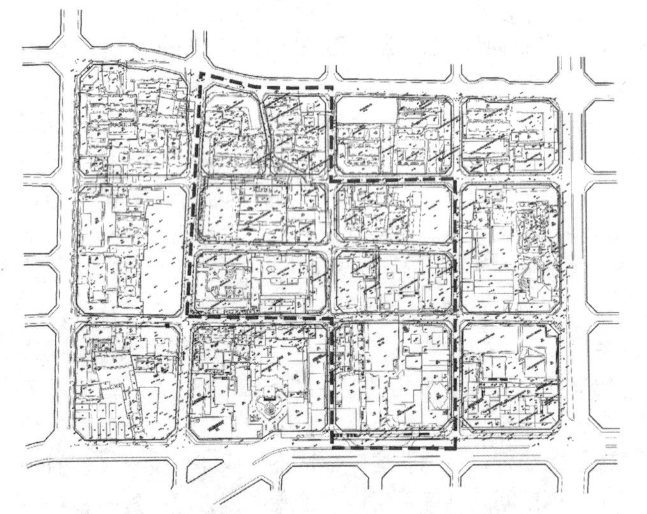

图 2　某设计小组 1 选择的设计红线范围

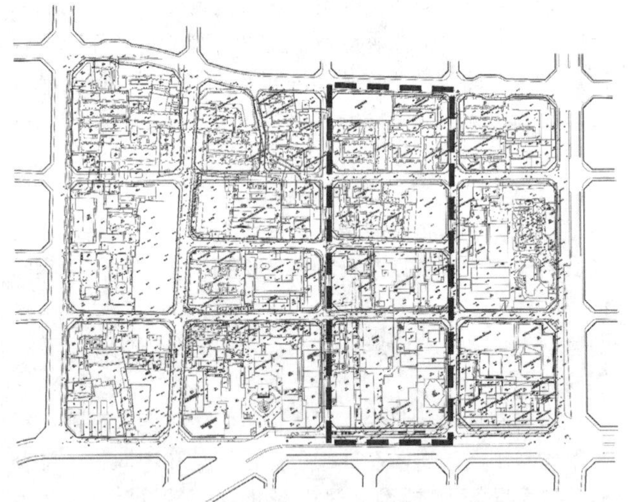

图 4　某设计小组 3 选择的设计红线范围

（5）Where：红线范围用地的区位，尤其是它与研究范围内及周边其他用地之间的关系？

（6）How：怎样实现红线范围内用地特征的凸显？

（7）How much：怎样利用各种基础数据……？

在完成这样的研究论证后，学生们能够全面准确的把握用地范围内外的历史、人文、社会、经济、地形地貌和空间现状等主要特征。

1.4　社会调研与沟通能力训练——多次现场调研

我校以其综合性、学科覆盖面广著称，有较好的人文学科支撑，社会调研一直是我校城乡规划专业的训练重点。城市设计必须建立在前期全面细致的调研基础之上，才有可能在此基础上提出好的策略和设计方案。老师在选题时考虑到实地调研的可行性，提供的三个题目都在所在城市或周边交通便利地区，要求同学们对于自己选定的研究范围和红线范围至少包括预调研、全面调研和补充调研三个阶段。

（1）预调研

学生多人共同完成对同一研究范围的预调研，主要是通过总体观察和现场感受进行情况摸底，形成初步印象和判断，时间基本一天即可。如果预调研与自己的预期差异太大，我们允许在第3周前进行地块的更换，保证整个训练过程让学生处于自主选择的积极学习状态中。

（2）全面调研

各组在完成基本现状资料整理、文献查阅等初步研究后做出详细的全面调研计划，包括制作调研表格、问卷等，有针对性地进行空间特征、建筑质量、建筑风貌、功能业态、交通状况、居民行为活动、交往和满意度等诸多方面与类别的详细调研。此阶段调研需要搜集大量的数据，尤其是研究行为活动的部分具有时间性差异，需要多次在不同时间到现场进行调研来保证数据的全面性和完整性。

（3）补充调研

在后期的城市设计方案推进过程中因为思路或方案的调整需要，或者因前期调研中资料未能完全满足后期设计需要，需对基地进行补充性调研，调研内容也因为需要而不同。

在2014年春季学期的城市设计过程中，每小组三个阶段的调研总次数达到了5~7次之多。在调研过程中特别鼓励同学们与基地相关人群互动，通过问卷、访谈等方式获取第一手的人文信息，锻炼与不同人群的交往和沟通能力。

通过多次调研，学生对基地情况的认知能力逐步提升，在详实的调查数据和逻辑分析支撑下推导出的多元化城市设计策略和思路也是扎实和诚恳的。这也正是我们希望强化的专业训练中调研方法和沟通能力的训练。

2 基于全方位思维训练的教学阶段安排

《城市设计》课程教学共17周，每周8个学时，结合上述全方位思维训练的特点和要求，我们把17周的时间设置为5个教学阶段。

图5 学生在现场做调研

图6 学生在现场做夜间人群活动调研

2.1 第一阶段：《城市设计》前期准备和研究（第1~2周）

这个阶段主要有以下内容：

（1）前置课程寒假作业展示：此作业是大四上学期开设的《城市设计概论》课程寒假作业，即抄绘优秀各类公共建筑佳作。具体教学形式为：每个同学汇报选择的佳作，集体学习；

（2）优秀城市设计案例分享：每个同学课余各找1个优秀城市设计案例，每人在课堂上进行5分钟左右的PPT汇报。具体教学形式为：个人汇报，集体讨论；

（3）快题设计：利用课堂4学时的时间完成一个城市节点的设计，老师于第二次课上进行点评。目的是让

图 7　学生进行快题设计

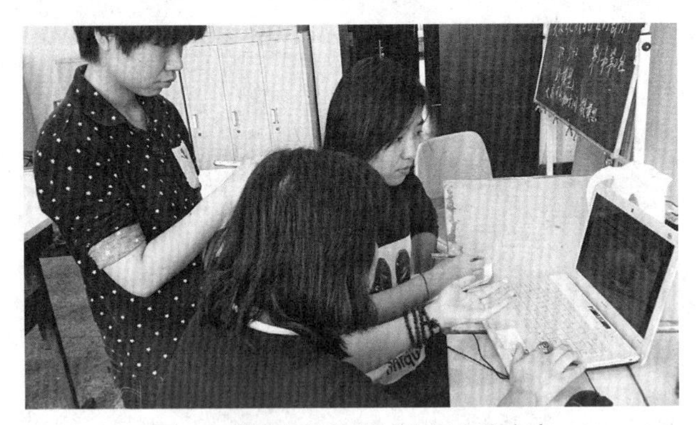

图 8　指导老师与设计小组交流方案

学生能够充分利用前期搜集到的资料帮助自己快速进入设计状态，同时再次强化徒手构思和表达能力。

2.2　第二阶段：选题，现状预调研、全面调研与初步分析阶段（第 2~3 周）

（1）选题和预调研：从老师提供的题目中选择一个作为预调研对象，对自己的题目进行选题论证并进行初步调研口头汇报，与老师互动；

（2）现状全面调研与分析：根据基地情况组成大调研组，对基地进行现场踏勘和调研，收集资料，完成现状调研报告。在此基础上鼓励同学们找出基地核心问题、挖掘基地潜质、提出初步思路与设想。成果体现在现场调研的分析报告汇报 PPT 中（以调研大组为单位）。

2.3　第三阶段：方案构思阶段（第 4~5 周）

结合现状分析，围绕年会主题，提出核心问题、切入角度和立意构思，确定总体定位与策略方向。在此阶段，将安排专题讲座及与优秀学长的交流会，帮助启发同学们的设计思路。在这一阶段，根据方案调整和推进的需要鼓励同学们进行某个专题的补充调研。

2.4　第四阶段：空间策略阶段（第 6~7 周）

在第三阶段提出的设计立意构思与思路确定后，一个重要的工作是如何将立意落实到基地的空间形态上。从历年教学情况来看，这也是学生最容易忽视而导致空间策略与整体策略不匹配等一系列问题的关键环节。因此在教学安排中，把此过程作为一个重要阶段加以强化，主要手段是以老师与各小组成员进行一对一方案研讨为主，即由学生讲解空间策略方案，老师不断发问进行引导和质疑，帮助学生认识到其不足和需要改进的地方。

2.5　第五阶段：深入设计与完善阶段（第 8~14 周）

该阶段是对主题构思和空间策略进行深化与演绎。本阶段强调由主题立意引导下的空间策略在基地上的落实，即土地利用、交通结构、建筑空间形态和活动组织等方面的细化。在第 12 周安排中期汇报，邀请本系有经验的专业教师和校外专家进行讲评，针对每组的汇报提出问题和建设性意见，引导进一步完善和深化设计。

2.6　第六阶段：成果表达与完成阶段（第 15~17 周）

按照全国城乡规划专业指导委员会对《城市设计》课程作业评优的要求进行成果表达，在保证规范、完整、清晰的同时，强调成果表达的效果在专业沟通中的重要意义。其中特别针对版面设置的逻辑性、设计内容表达的逻辑性，表达方式本身的创意等安排专题讲座，通过观摩国内外优秀学生获奖作品，往届获奖学生经验交流等方式，来帮助学生提高对成果表达的相关认识。

以上 6 个阶段层层推进，相互关联，每个阶段都特别注重对学生的思维训练，在每个阶段设有相应的检查标准以保证思维训练的质量。从截止到目前的教学实践效果来看，学生们的投入度更高，相互学习交流的愿望也更强，中期汇报时的方案思路和设计深度也获得了校外专家和教研室教师的积极评价。

3 结语

综上所述，我们认为这种贯穿在《城市设计》课程整个教学过程中的全方位思维训练有以下特点：①强调过程，并在过程中强化思维训练；②强调方法和逻辑，从选题到调研汇报到方案讨论，都不断强调调研方法是否正确，是否有足够的数据支撑，策略的推导逻辑是否严谨；③以阶段性成果汇报来控制进度和把控质量；④以学生为中心，启发式教学为特征，老师不代笔给方案，而是充分发挥学生的主观能动性，从选题到切入角度，从主题构思到红线范围的确定，再到最后的方案深化与完善，每个阶段都引导和鼓励学生去努力和发挥他们的创造性思维和智慧。

这种基于全方位思维训练的《城市设计》教学方式，受到了学生们的认可和好评，从学生的学习过程和设计成果来看，效果也是非常好的。当然，这只是我们的初步尝试，还需要根据期末学生们的教学效果反馈调查来获取更多的信息，并在此基础上进行后续的完善。

主要参考文献

[1] 王向东. 思维训练[M]. 上海：复旦大学出版社，2009.

Practice Reaching Reform Urban Design Course Based on the Thinking Training

Li Chunling　Zhao Chunlan　Zhong Lingyan

Abstract: This article based on a full range of professional training of thinking of "city design" course teaching reform methods and content. To enable students to improve the professional ability of thinking in the process of course design speed in the professional thinking, sensitive, and accurate. The city design teaching methods based on the comprehensive training of thinking, has been accepted and praised by students.

Key words: thinking training, urban design course, practice reaching reform, teaching stage

"合作交流，智绘乡村"
——乡村规划国际课程周的教学实践与总结

成受明　钟凌艳　李　伟

摘　要：本文通过对四川大学乡村规划国际课程周的教学进行梳理，分别从教学目的、教学过程和教学方法三个方面展开讨论，以具有成都平原林盘特色的蒲江县成佳镇三个乡村为案例进行教学实践与探索，希冀摸索出综合型大学乡村规划教学的特色和进行国际课程周的教学经验总结，同时抛砖引玉提出了对乡村规划教学的三点思考。

关键词：乡村规划，国际课程周，教学总结

1　背景

四川大学"国际课程周"是为深入推进"323+X"❶创新人才培养计划、促进教育方式改革创新、提升教育教学质量而设立的国际性教育交流活动。四川大学建筑与环境学院城市规划专业利用学校搭建的平台，邀请美国华盛顿大学以及台湾成功大学，以Workshop的形式组织三方的学生进行了乡村规划教学的实践与探索。

图1　"合作交流、智绘乡村"国际课程周活动照片

乡村规划课程安排在城市总体规划教学之后，国际课程周期间，时间为三个星期，即春季学期19~21周，这时学生的其他课程均已结束，可以全部投入课程设计。国际课程周活动主题为"合作交流、智绘乡村"，活动内容是成都市蒲江县成佳镇乡村规划设计。教学效果良好，极大地激发了学生们课程设计的兴趣。

2　国际课程周的教学目的

2.1　加强国际交流合作，开拓学生的国际视野

国际课程教学旨在增加三个学校教师关于教学方法、教学体系之间的交流，增加学生关于学习方法、思维方式、规划价值观之间的交流与碰撞。通过合理的分

❶ 四川大学"323+X"本科创新人才培养模式：三大类创新人才培养体系（综合性创新人才、拔尖创新人才、"双特生"人才），两个阶段（"通识教育和专业基础教育"阶段与"个性化教育"阶段），三大类课程体系（学术研究型课程体系、创新探索型课程体系和实践应用型课程体系），以及十二项创新人才培养的改革创新举措。

成受明：四川大学建筑与环境学院讲师
钟凌艳：四川大学建筑与环境学院讲师
李　伟：四川大学建筑与环境学院教授

组形式（每个小组都有川大、台大和华大的教师和学生）、扎实的田野调查，多样化的评图方式，使城市规划专业学生获得国际视野、增长见识。

2.2 重视传统乡土文化传承，树立正确的规划价值观

乡村是乡土文化的载体，习近平主席提出“记得住乡愁”的要求，而现在许多的村庄正在快速城镇化的进程中逐渐失去特色，无处安放乡愁。

在乡村规划教学中，我们要求学生树立正确的规划价值观，对乡土文化价值进行重新审视，通过扎实的现状调研，发掘乡村具有历史文化价值的物质和非物质遗产，做好乡土文化的保护和传承工作。成佳镇境内茶马古道保存相对完整，乡村还延续着手工采茶和手工制茶的传统，传统林盘❶的乡村聚落形式也正在受到现代新农村建设的挑战。

2.3 开展田野调查，强化学生理论联系实际的能力

扎实的现场调研是乡村规划教学成败的关键所在。田野调查 Field work 是社会研究工作者经常使用的方法，费孝通先生最早在国内运用田野调查法进行调查研究。考虑到国际课程周只有 3 周的时间，因此我们只能安排 1 周时间进行田野调查，当然考虑到现代学生的实际情况，并没有要求学生做到与当地农民同吃同住，但在这 1 周之中，要求学生蹲守村庄、走向田间地头，尽量贴近农民的生活，与农民进行近距离接触，体会农民的诉求。当然带队的老师也要求与学生一起下乡，白天调查，晚上汇总情报，随时调整调研策略与方法。

2.4 转换思维模式，重视城市规划与乡村规划的差异性

传统上城市规划师往往偏重于物质空间的规划，习惯于做自上而下的规划，而对于情况迥异的乡村也套用城市规划的思维方式就会出现问题。在新农村建设规划中侧重于村庄聚居点的规划建设，没有合理考虑到农民生产和生活真实诉求。出现农民背着农具上楼、骑着摩托车种田、在小区花园养鸡的现象。

此次乡村规划教学安排在城市总体规划之后，学生们还没有跳出总体规划的思维模式。所以我们有必要对学生进行引导，从大尺度到小尺度，从空间维度转向空间、社会、经济等多维度的思考，采用自上而下和自下而上相结合的形式，引导学生从更多角度，更深层次思考问题。

3 国际课程周的教学过程

3.1 选题及理论讲授

乡村规划国际课程周由四川大学提供选题，台湾成功大学与华盛顿大学对选题也给出了非常好的建议。选题准备工作开始于春季学期，我们得到了成都市规划局的大力支持，然后在蒲江、郫县、新津开始选点，最后确定为蒲江县成佳镇。

我们选题考虑的主要因素有城镇化发展的次区域、乡村具有一定的特色和代表性、地方政府具有一定的支持度、调研距离与可达性、具有一定的接待能力等。成佳镇比较符合上述的要求，蒲江县规划局和成佳镇政府非常欢迎和支持我们的工作，可以得到地形图和基础资料，现状调研得以顺利开展。成佳镇茶叶种植历史悠久，体现了川西林盘特色，成雅高速在此有出入口，乡村旅游具有一定基础，有几家有接待能力的农家乐可以解决食宿。

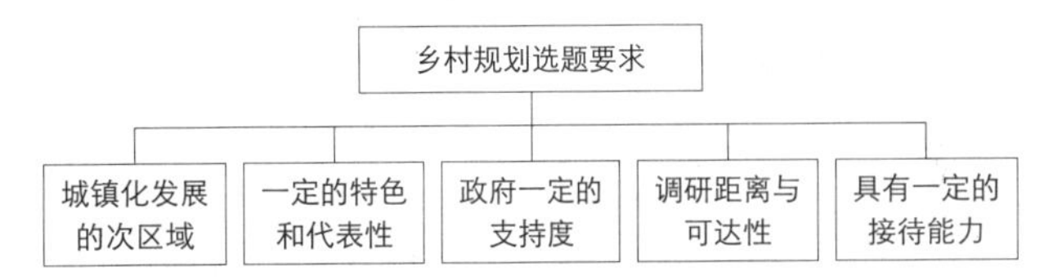

理论教学安排在田野调查之前，由华盛顿大学讲授《可持续城乡发展》英文课程，台湾成功大学讲授台湾乡村规划的经验及相关案例，四川大学讲授国内乡村规划的教学体系及相关法规，并以成都市新农村建设为例进行案例教学。

华盛顿大学	台湾成功大学	四川大学
•《可持续城乡发展》 •空间调查及社会调查方法教学	•台湾乡村规划建设 •台湾观光型农业的经验 •案例教学	•乡村规划教学体系 •乡村规划相关法律法规 •成都新农村建设案例教学

❶ 林盘是指成都平原及丘陵地区农家院落和周边高大乔木、竹林、河流及外围耕地等自然环境有机融合，形成的农村居住环境形态。来自百度百科。

3.2 田野调查及参观考察

我们带领学生分别参观了郫县的安龙村和战旗村。安龙村是发展有机农业 CSA（社区支持农业）的典范，而战旗村是选择集中居住的典型代表，使学生对农村有了一定的了解和直观感受。

田野调查由社会调查和空间调查两大部分组成，我们将学生分为社会调查组和空间调查组，分别对其进行培训。社会调查侧重于制作调查表格、学习沟通技巧等方面；空间调查由学生手持 GPS，以小组的形式对乡村重点空间进行调查，重点调查的地区由有经验的老师进行划定。教师则划入各调查组，随时进行现场引导，解决学生遇到的问题。

大家遇到的难题有：①交通，乡村主要依赖私人交通（摩托车）和步行，大家深切体会到公共交通配套不

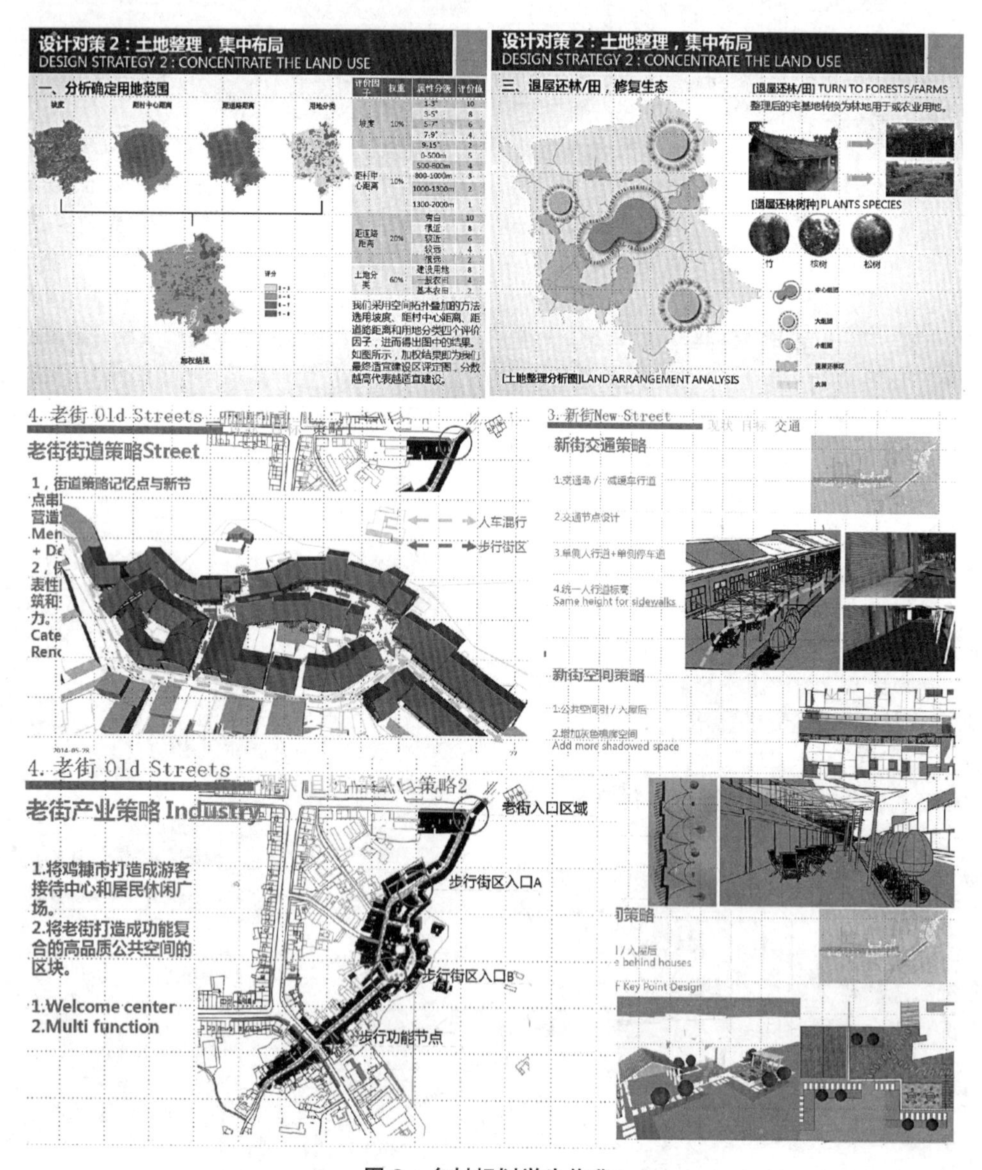

图 2　乡村规划学生作业

完善，农民出行难的问题。②时间，社会调查组遇到的主要问题是调查时间与农民工作时间相冲突，因为正处于农民采茶的旺季，所以入户调查时农民在田间工作，后来我们就调整调查时间，利用午休的时间进行访问调查。③地图：空间调查组遇到的主要困难是地形图坐标体系与 GPS 系统不兼容的问题。

3.3 多方案规划设计阶段

规划对象为成佳镇所在地圣茶社区、沙楼村和万民村。圣茶社区以居住和服务功能为主，兼有一定的生产功能，以茶叶加工和交易为主。沙楼村和万民村现状主要是散居的形式，主要产业为茶叶种植，有一定的农家乐旅游基础。

方案规划设计分为三个时间节点：第一阶段在第一周周末，对调研资料进行整理分析，制作调研报告；第二阶段在第二周周末，初步规划设计方案；第三阶段在第三周周末规划设计成果阶段。

方案阶段讨论重点主要在：乡村产业发展的引导、居民居住模式的思考、乡村聚居点的选址、交通设施规划、公共服务及基础设施规划等方面。我们引导学生寻找解决策略与方案，形成多方案进行比较，以期待找到较合理的规划方案。

3.4 多样化的规划成果评价

规划方案出来之后，我们根据规划设计不同阶段组织不同层次与不同形式的评图环节。中期阶段我们邀请蒲江县规划局、成佳镇政府和村民代表听取汇报，参与评图，学生的积极性明显提高。最终成果的汇报选择面向成都市规划局汇报，邀请地方政府和其他专家一起参与评价，评图环节更加接近实践规划项目的评审会，让学生们体会课程设计评图与现实版规划评审的不同之处，大家评价的目标与标准之间的差异性，以期明确以后努力的方向。

乡村规划实践周活动有多个媒体参与报道，成都商报、蒲江电视台以及四川大学学报对活动分别进行了报道。实践周结束之后的秋季学期，我们又组织了学院层面的成果展览，对乡村规划的成果进行梳理，出版《合作交流、智绘乡村》，扩大乡村规划教学对学生的影响力和吸引力，希望逐渐摸索出有四川大学特色的乡村规划教学课程体系。

要闻 06

一条茶马古道
远胜仿古街道

四川大学、华盛顿大学、台湾成功大学师生组成的设计团队为成佳镇做规划：着力挖掘茶马古道

图 3 成都商报新闻稿及评图过程

4 国际课程周的教学方法探索

4.1 开放式教学，将课堂交给学生

乡村规划教学采用开放式、探究式的教学模式，以学生为主导、教师合理引导相结合，引导学生独立思考和集体探讨。开放式教学体现在：

（1）课堂的开放式：前期教学以田野调查为主，将教室延伸至田间地头；

（2）理念的开放性：因为师生来自于美国、中国台湾和中国大陆，有不同的文化背景和教学体系，我们没有以国内相对固定的乡村规划体系要求学生，而是划定大的框架，将国内的规划体系告知学生，由三方的学生通过交流合作找到相互的平衡点。

（3）师生交流的开放性：在交流中我们发现华大和台湾成功大学的学生在教学中更加活跃和占主导性，而中方的教学多以教师为主导。两厢比较以后，我们调整了教学策略，让学生来主导课堂，让他们自主学习和思考。

4.2 Workshop 工作模式，集中的高强度训练

四川大学的规划设计课程一般是以半学期为周期，或者一个大设计加若干模块的方式进行，平时也有快题的训练，但是这次是首次以 Workshop 的方式进行规划设计，学生感觉比较新鲜和兴奋，兴奋劲过去后，学生马上感受到了 Workshop 形式的高强度和高效率，且累

且收获着。

Workshop 紧凑的节奏较好的改善了学生设计作业拖拉的情况，提高了工作效率，也营造了良好的学习氛围，改变了以往集体讨论分开画图的合作方式，提高了团队合作的效率，也较好地解决了以前各自埋头画图，缺乏设计与图纸全局统筹的头痛问题。

4.3 重视调研方法，培养学生严谨的学习态度

城市规划的学生在社会调查评优中多次获奖，对社会调查方法掌握情况良好，而对空间调查的方法相对较弱，通过这次课程设计加强了空间调查方法的训练。在规划设计前期工作中通过空间调查与社会调查相结合的方式，使得学生掌握更多现状调研的方法，培养学生尊重现状，了解民生，倾听不同声音的科学态度，培养严谨的学习态度，培养未来规划师的社会责任感。

4.4 多样评价方式，激发学生学习兴趣

乡村规划设计课程采用中期分小组内部汇报评图、终期多方参与的评图、成果汇总展览、成果集成出版的形式来激发学生的学习兴趣。成果的展览和出版可以让学生更加自信，也可以激励到后来的学弟学妹。

5 关于乡村规划的几点思考

在乡村规划设计课程结束之后，我们也一直在进行思考和总结，因为乡村规划课程在城市规划专业起步较晚，与之对应的理论研究也较少，而轰轰烈烈的新农村建设则进展很快，理论教学和理论研究滞后于实践，根据国际课程周教师们讨论的主要问题，笔者梳理一下，抛砖引玉，提出三点思考以供大家共同探讨：

5.1 乡村规划聚居模式的思考：集中或分散?

教学过程中我们参与的三方教师也一直在探讨，聚居模式是集中还是分散?集聚度以什么来衡量，什么样的聚居度较合适?现行模式一般采用农民集中居住和上楼居住，腾挪农村的集体建设用地。集中居住虽然可以解决公共服务设施配套、解决建设用地不足等问题，但是，农民的生活习惯、耕作半径、乡村的多样性、农村传统的文化和伦理关系是否能兼顾呢。成都的新农村建设规划历经 6 代建设，积累了一定的经验，开始对过去的大聚居进行反思，又出于保护传统林盘聚落的目的，对新农村建设不再追求数量而比较注重质量，由粗放式走向精明发展。

我们在和学生交流时也强调应该因地适宜，该聚则聚，该散则散。尤其丘陵和山地地区，不应该片面追求聚居度。

5.2 乡村规划推进模式的思考：自下而上或自上而下?

城市规划的模式一般是自上而下的，而乡村规划则有其特殊性，因为中国土地制度实行的国家所有制和集体所有制，城市政府代表国家管理土地，所以城市规划实行自上而下的模式不会出现太大的问题。而乡村的土地属于集体所有，乡村规划就与每一位村民的利益休戚相关，自上而下的模式就会遇到较大的挑战。而完全的自下而上也会出现失控的情况，出现完全从经济利益出发，从而牺牲掉公共利益，牺牲掉环境的现象。

因此我们在和学生交流时，将这两个问题都抛给学生让他们自己思考，认识到要对乡村规划进行合理引导，重视村民的诉求，乡村规划建设全过程要强调农民的积极参与。成都市推行的乡村规划师制度是对乡村建设管理与指引的有益探索。

5.3 乡村产业发展模式的思考：规模化公司化或适度规模化?

乡村规划不仅仅是农房建设，越来越多的人意识到这一点，乡村规划的重点是乡村的生活、生产与生态的问题。因此乡村规划中产业规划及成为重点。当前的乡村规划大部分都是走得规模化公司化的道路，引进外地资金来发展本地农业。但这样也会遇到一个问题，任何资本都是逐利的。农民的身份转变为产业工人后，在这场转变中农民能够获得多少收益呢?

我们也向学生抛出了这一问题，也许大家都找不到答案，也没有标准答案。但是如果我们能够让农民更多的参与产业的发展，政府给予更多的资金、政策和技术的支持，扶持本地农民或者外地打工回流的农民工，以适度规模发展的模式，是否可以真正做到实惠为民?

6 总结

四川大学城市规划专业乡村规划国际课程周是首次

进行，通过国际课程可以与国外高校进行教学交流，师生都收获颇丰：Workshop 的工作方式使得学生可以高效率的学习，有助于规划设计类的专项训练；扎实的现状调研是乡村规划的关键，多样的评图方式可以较好的激励学生。同时我们也在积极利用四川大学综合型高校的平台，获取地方政府的支持，积累教学经验，探索川西地区乡村规划教育的特色。

主要参考文献

[1] 李伟．合作交流、智绘乡村［M］．2014 成都四川大学出版社，2014.

[2] 栾峰．面向时代需要的乡村规划教学方式初探［M］（2013 年版）．全国高等学校城乡规划学科专业指导委员会年会论文集．北京：中国建筑工业出版社，2013.

[3] 黄怡．英澳规划院校的乡村规划教育与课程设置［M］．全国高等学校城乡规划学科专业指导委员会年会论文集．北京：中国建筑工业出版社，2013.

[4] 周俊．基于“美丽乡村”的村镇规划设计教学改革初探［M］．2013 全国高等学校城乡规划学科专业指导委员会年会论文集．北京：中国建筑工业出版社，2013.

Teaching Summary and Discussion on the Rural Planning ——Sichuan University International Course Week

Cheng Shouming　Zhong Lingyan　Li Wei

Abstract: By the analysis of the Sichuan University's rural planning international course, this paper is focus on three aspects of teaching aim, teaching process and teaching method, in order to explore the teaching feature of rural planning of comprehensive university and to summary the teaching experience of international course. And finally this paperis proposed to discuss three problems on village planning.

Key words: Summary of International Course, Rural Planning, Teaching Discussion

论培养规划专业学生城乡历史文化遗产保护意识的重要性——关于古镇和历史建筑测绘教学实践的感悟

赵春兰　杨祖贵　干晓宇

摘　要：本文介绍了四川大学城乡规划专业通过古镇（建）测绘实习等系列课程培养学生具有城乡历史文化遗产保护意识的一些教改措施和内容。通过向兄弟院校学习以及和本地专业机构合作，到最后的教学实习实践尝试等具体的措施，不断摸索教学改革的方向和经验，通过内业培训、外业测绘、实习汇报和成果展示等几个环节不断强化学生们的认识和理解，最终达到全面提升同学们的专业基本素养和人文历史情怀的水平。在近两年的教改探索中，这种在规划专业学生中树立基于地域性和历史性的城乡历史文化遗产保护意识的尝试获得了初步的成果，其教学开展方式和最终的成果展示都获得了校内外领导、专家和学生们的一致认可和好评。

关键词：城乡历史文化遗产保护，古镇（建）测绘，教学实践

随着近几十年来我国城市化进程的加快，各级的城市更新和新农村建设在重构当代人居环境空间的同时，也不可否认地带来了对诸多有价值的城乡历史文化遗存的建设性破坏，直接导致了许多城乡历史街区和古村落的消失。在这样的紧迫形势下，作为城乡规划专业所培养的专业技术群体将在城镇化规划建设过程中扮演重要角色，就更有责任和义务深刻认识城乡历史文化遗产的保护与传承的意义和价值。

如何从大学本科学习阶段就让学生认识到我国优秀历史文化遗产保护与传承的必要性、紧迫性和重要性，如何帮助他们在人生观、价值观和世界观逐步形成的过程中树立正确的城乡历史文化遗产保护与传承的观念，一直是我们思考的问题。近年来来围绕这个思路，充分挖掘和利用校内外的各种有利资源，我们尝试开展了一系列与之相关的教学实践活动。

1　城乡历史文化遗产保护教学的现状与思考

1.1　四川大学城乡规划专业城乡历史文化遗产保护教学现状

在多年来执行的城乡规划专业教学体系中，与城乡历史文化保护相关的教学组织一直比较薄弱。尽管设置了《中国古代建筑史》、《中外城建史》、《城市历史文化与保护》、《中国民居》等系列课程，在《城市规划原理》、《城市规划法规》等课程中也有部分内容涉及这些方面的知识，但是有些课程和相关的知识讲解更多只注重理论的讲述和过往事实的陈述，缺少由浅入深、前后贯穿的联系。（表1）加上古建测绘这一与理论对应的实践性教学环节因各种原因一直处于非常态化的状态，在组织方式、内容和时间上都缺少系统化和规范化的设计和管理。

教改前与城乡历史文化保护相关课程设置情况（2012年之前）　表1

课程名称	开设学期	学分	课程性质
中国古代建筑史	二上	2	必修
中外城建史	二下	2	必修
城市规划原理	三上、下	6	必修
中国民居	三下	2	选修
城市规划法规	四上	2	必修
城市历史文化保护	四上	2	选修
合计		16	

赵春兰：四川大学建筑与环境学院副教授
杨祖贵：四川大学建筑与环境学院副教授
干晓宇：四川大学建筑与环境学院讲师

一个直接的后果是学生对传统人居的选址规划理念、空间格局形态、本土材料与营造技艺的生态可持续性价值等缺少直观感受和客观的认知，使得培养学生正确认识城乡历史文化遗产保护的认识观的目的难以达成。

1.2 关于城乡历史文化遗产保护教学的课程体系改革与构建

城乡历史文化遗产保护的知识是建筑、城乡规划和风景园林专业必须要掌握的重要专业知识，这不是只通过一两门课程就能达到的，需要通过一系列的由浅入深的实践和理论课程，形成城乡历史遗产保护的课程体系。因此有必要加强实践性教学环节，增加专业性教学内容，为此我们从 2012 年春季学期开始，通过聘请校外专家、客座教授、建设校外教学实习基地等方式逐步为学生们开（拟）设了《传统建筑营造》（后改名为《古建营造》）、《古镇（建）测绘》、《传统人居建筑文化》以及名师论坛等针对性更强的课程教学和实践环节，并在毕业设计中增加历史街区保护与更新、村镇保护规划类选题，尝试形成一个从低年级到高年级逐步推进的城乡历史文化保护方向的教学与实践训练体系（表 2）。

2 古镇（建）测绘教学实践的探索

2.1 古镇（建）测绘实习的教学意义、价值和目的

一直以来，历史积淀深厚的建筑类院校都把古建测绘作为本科阶段专业基本功训练的一个重要环节。正如天津大学王其亨教授及其教学团队在其编著的《古建筑测绘》一书中总结的，不同于一般的工程测量，古建测绘从科学与人文、技术与艺术等角度对建筑遗产进行体验、认知与理解，对建筑遗产进行发现、甄别、探究，并做出评价；也是对人居环境与建筑实体、空间及其精神意蕴的理解、再现与表达。古建测绘既是记录先人优秀人居环境与建筑遗产的基本活动，更是引领建筑类专业的莘莘学子踏入专业门径的中要教育手段之一，更是进一步保护、发掘、整理并利用人类古代优秀人居文化遗产的基础工作。[1]

在我们看来，如同现代规划学科源于建筑学，发端于建筑学专业的古建测绘其实对于规划专业学生的训练也是大有裨益的。尤其是面对那些散落于我国广袤地域上的传统镇村，因其在历史演进过程中余当地的风土山水、历史人文、社会文化、经济交通等紧密结合而形成

教改后的城乡历史文化保护课程体系构建（2012年以来） 表2

课程名称	开设学期	学分	课程性质	相关教学内容
中外建筑史	二上	2	必修	人居建筑环境与遗产的基本知识框架和体系
中外城建史	二下	2	必修	
传统建筑营造（古建营造）	二下	2	选修	传统建筑设计与营造技艺
测量学	二下	2	选修	测量原理和方法
古镇（建）测绘	二下	2	选修	实地调研、测绘和制图
中国民居	三下	2	选修	人居特色的地域性差异和特征
城市规划原理	三上、下	6	必修	历史文化遗产保护与现行规划体系间的关系
城市规划法规	四上	2	必修	
城市历史文化保护	四上	2	选修	系统的历史文化保护综合知识和理论
传统人居建筑文化	四下	2	选修	传统人居环境在中国文化体系中的哲学基础和内涵
毕业设计（历史文化保护方向）	五下	8	必修	历史街区及村镇的保护更新策略与设计
合计		32		

[1] 王其亨主编，《古建筑测绘》第 1 页，中国建筑工业出版社，2006.

的独具魅力的整体空间形态才是其精髓价值所在。因此，通过虚心向经验丰富的兄弟院校观摩学习，邀请校外专家学者到校讲座，我校规划专业教研室的老师们对于利用古建测绘实习这个教学环节培养规划专业学生更具人文历史情怀、更富有整体人居环境观这一教学目的达成了共识，并明确了对于规划专业的学生而言，古镇测绘的意义要大于古建测绘。

借鉴兄弟院校的测绘教学经验，我们决定充分利用我校每年春季的实践集中周时间，在接续《设计初步》、《中外建筑史》、《中外城建史》等教学课程后，安排二年级学生进行这一重要的教学实践活动。这将帮助学生直观地观察、感受和认识传统建筑和人居聚落的空间形态特征，在测绘的同时也通过与当地居民和专业人员访谈了解地方民俗和历史，更加深入地理解中国传统建筑和人居环境中蕴含的文化艺术思想和智慧。除了通过测绘积累丰富的一手数据和资料为传统建筑和古镇的保护提供基础资料之外，还将很好地培养学生团队合作、严谨求实、吃苦耐劳的工作作风。

2.2 校企间的互利合作

为更好地开展历史文化遗产保护的教学和实践，我们学院和四川省文物考古研究院从 2012 年起开始了战略合作的探讨，共建了古建测绘和历史文化遗产保护的特色教学实习基地，并于 2013 年春季学期展开了紧密的合作。一方面发挥他们的社会行政资源优势和在古建测绘、保护规划、修复（缮）设计等方面的实际工作经验优势，从测绘地点的选择到现场指导实际会，从测稿的整理到后期的正式图纸的审阅，都派出有经验的专家和工程师与校内指导老师一起进行全过程指导，使测绘过程得以顺利进行，也使最终的成果更具规范性。当然，从中受益良多的学生们也有少数在完成古建测绘实习后，在老师的推荐下又主动积极地利用业余时间参加到古建所的日常科研项目中，继续巩固和加强在古建测绘与保护规划等专业领域的知识和技能，学生们的学习能力、态度与成果也获得了合作单位的好评。

2.3 教学组织与实施过程

（1）关于测绘地点的选择

为了达成对规划专业学生的综合训练目的，我们一致认为测绘地点应有较丰富的历史遗存，具有较完整的自然与人文历史环境，同时又是面临拆除压力、亟须保护的地方。这样，测绘实习实践就不仅仅是一次单纯的教学活动，其成果可以为进一步的保护规划或修复规划提供基础资料，使测绘与历史文化遗产保护的实际工作结合起来。为此，在与四川省文物考古研究院专家的沟通基础上，通过后者与相应的地方文物保护部门联系，确定出需要优先保护和测绘的地方，由古建筑所专家与带测绘的指导老师一起进行实地踏勘选点。通过本届学生选课人数、测绘对象的重要性及需测绘对象的数量、交通、后勤等条件的比对，最终确定测绘地点和对象。2013 年的首次合作中，我们选择了四川省武胜县中心古镇和沿口古镇的核心建筑和历史街区。

（2）测绘教学实习的内容和阶段

1）准备阶段

为了有序地推进外业测绘工作，指导教师带领助教研究生一起精心制作了测绘手册，对测绘地点和对象的基本情况作概要介绍，还包括了分组情况和安全守则等，为后面的现场测绘做好准备（图 1）。

为了让学生更好地理解和重视古镇（建）测绘教学实习环节及具体要求，在实践周的第一周，通过专题讲座的形式由校外专家和指导教师一起较系统地讲授测绘的目的和意义、测绘的方法以及传统建筑和古镇的空间

广安市武胜县中心镇宫庙园林测绘资料汇编

四川大学建筑与环境学院建筑系
2013年7月

图 1　自制的中心古镇测绘手册封面

2013年四川大学建环学院建筑系古建测绘实习教学计划安排 表3

周次	时间	内容
19 周	周一上（8：30~10：00）	集中讲座《古建测绘的价值和意义》、大组分组情况通报
	周一上（10：00~11：30）	集中讲座《中国古代建筑的智慧与魅力》
	周一下（14：00~16：00）	集中讲座《古建测绘的基本知识》
	周二全天	根据《古建筑测绘》教材自学和草图、计算机绘图练习
	周三上（9：00~11：30）	集中讲座《四川古建筑的类型和特点及修缮设计的测绘要求》
	周三下（14：00~16：00）	分组测绘对象情况介绍、布置后续工作日程和计划等
	周四～周五	各组师生进行外出测绘前的工具、耗材和后勤物资准备
20 周	周一～周五	各组外出测绘、调研、考察
21 周	周一～周四	正图绘制
	周五上（8：30~12：00）	分组汇报和古建测绘实习总结

形态、营造技术、装饰艺术等。同时，根据参加学生的专业背景和测绘内容进行更为细致的分组，包括总图测绘组，景观空间环境测绘组，重点传统建筑测绘组和历史街区立面测绘组等。具体的教学计划安排详见表 3。

2）外业测绘阶段

第二周为外业测绘阶段。学生进入测绘场地后，首先组织学生进行现场踏勘，全面详细地了解测绘基地的整体环境和测绘对象的基本信息。

测绘阶段是对前期准备工作的检验，也是学生对传统人居环境和建筑遗产等逐步了解和认识的过程，更是学生对相关专业知识和技能的综合运用和掌握的过程。比如：总图测绘中如何应用所学过的地理信息技术，通过 GPS 获取古镇地形和建筑的地理信息，并通过 GIS 系统处理所获得的数据，得到全镇的现状总平面图，在获得地理空间数据的同时如何通过调查获得建筑高度、层数、建筑年代、建筑质量、历史权属等信息完成对古镇现状系列图纸的绘制。这一训练使学生对现代空间数据获取和分析技术的操作和应用都有了新的认识（图 2-1、图 2-2）。

图 2-1 总图组在老师指导下进行数据导入和分析

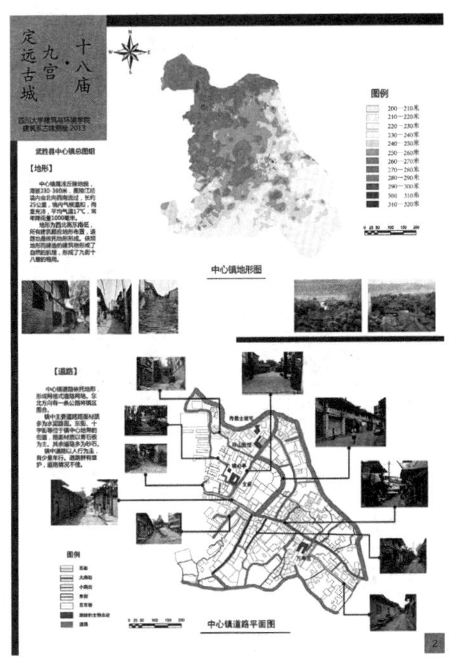

图 2-2 总图组完成的成果图之一

此外，在对重要历史建筑进行测绘的过程中，通过徒手绘制测稿、使用各类传统测绘工具进行测量，小组成员配合读数计数、测稿校对等步骤，使学生对《设计初步》、《测量学》、《建筑制图》等课程中学到的知识得到更加直接的应用，特别是通过对传统建筑重要构造节点的详测，让学生在现场体会到先人的营造技艺和智慧，这是在教科书里学不到的知识。而在现场测绘过程中目睹这些传统人居环境和建筑历史文化遗存由于缺乏保护而受到的破坏和面临逐渐消失的危险，又让同学们感到历史文化遗产保护工作的重要性和紧迫性（图 3–1、图 3–2）。

3）成果整理阶段

近一周的现场测量数据收集和测稿绘制完成之后，返校后再利用一周的时间整理测稿，在校内外老师的指导下在计算机上绘制出测绘正图的初稿。通过这一过程，让学生对测绘过程的感悟进行梳理，写下实习心得（见正文后附摘录），形成初步的数字化成果，提交测稿原件存档作为一手基础资料。为了让测绘成果更有价值，经得起专家们的审阅，我们在实践周结束前组织了实习汇报，邀请省文物局和考古院古建所的专家们到校一起审阅和提出意见。

根据专家们的意见和建议，老师们不辞辛劳，督促学生们利用暑期和秋季学期进行细致的复查和修改，又在正图的基础上完成了成果展展板的制作，最终于 2014 年 3 月进行了 2013 年度的测绘成果展，为首次在校外机构和专家支持下，三个专业混编进行的古镇（建）测绘实习工作进行了回顾和总结。展览得到了校内外领导和专家的一致好评，更大力宣传了地域性的人居聚落和传统建筑技艺之美以及城乡历史文化遗产保护工作的重要性（图 4–1、图 4–2）。

图 3–1　白天在现场进行测稿绘制

图 3–2　晚上再驻地进行测稿数据校核

图 4–1　我校 2013 年度测绘成果展会场

图 4–2　院校领导参观成果展

3 感悟

不光是我们的学生，通过策划、组织、指导和参与2013年度的古镇（建）测绘教学实践，作为老师的我们也都受到了一次历史文化遗产保护的洗礼。随着近些年来城镇化建进程的加快，城乡历史文化遗产的破坏和消亡还在加速，显露在我们面前的萎缩的古镇村落以及历史建筑的残檐断壁激发了师生们对城乡历史文化遗产保护的责任感和热情。也正因为此，部分同学利用课余时间主动参加了省文物考固院日常的古建筑保护测绘工作。今年规划专业的毕业设计中也增加了历史街区更新保护设计的选题，同学们深入细致的前期调研成果已经给当地政府和文化遗产保护专家们留下了深刻的印象，获得了一致的好评，并且对我们提出的整体保护策略和重点保护建筑达成了初步共识。总之，古镇（建）测作为我校规划专业在城乡历史文化遗产保护课程教学系列中的重要实践环节，我们将继续通过不懈的努力，改进完善教学实践的内容和方法，更好地培养学生对城乡历史文化遗产的保护意识和技能，培养具有正确历史观和发展观的规划设计和管理类人才。

附：学生实习心得摘录

古建测绘感记

“天将降大任于斯人也，必先苦其心志，劳其筋骨，饿其体肤，空乏其身。”这是古建测绘给我的第一印象，为期六天虽不算长可也如过了好久一般。原以为古建测绘会是一项很好的出游方式只是为了增加见识开展的业余科目，也没有太在意其重要性，只到在归来的途中才仿佛醒悟过来。这的确是一件令人兴奋的事。

在到达武胜那个宁静的小镇之前，没有太多的情绪可言，一路上欣赏着沿途的风景想着感受一下乡村的风味回忆童年的日子似乎也还不错。然而当我们达到了目的地，似乎一切跟我想象的差得太远，本以为住高中应该条件也不算太差，不过进入了房间之后才发现这实在是有些诧异。棕榈垫，旧木架，爬行的小虫子似乎还在欢呼，没有任何可以使用的电，甚至连水都没有。不禁开始抱怨开始烦躁，炎热的天气也为这种不安添上了具有鄙夷色彩的一笔。草草布置了自己的小窝以后，躺在床上开始后悔为什么要选这么一个条件又差而为期又最长的一组。不安，暴躁中进入了梦乡似乎也梦到了温暖的家。

晚些时候，观光了几个测绘点，残残破破的样子显得很萧条。小镇上的人们似乎因为我们到来而显得有些高兴，有不少人都会主动上来询问搭讪，这种民风突然让我觉得很质朴像是回到了和同学到处下乡游玩的日子，不满和抱怨也减少了几分。

分组以后的工作显得有些凌乱，在几番周转之后终于定了下来。我和一群素不相识的人成为了搭档，来到了万寿宫，这个陪伴了我5天时间的地方，这个让我有些不舍的地方。

刚开始到了万寿宫，便被他的气势所折服。第一次见这样的建筑两边完全封死改建成了粮仓。虽然空气中有一股很浓烈的发霉的味道却没能影响到我对它的兴趣。分配了任务以后便开始工作，对于我来说，绘图功夫本来就是弱项，加上我们小组只有我一个男性，所以主动承担起了测量的任务，而测量相对我来说更让我显得如鱼得水一些，也比起其他人更闲散一些。

接下来的几天，我们团结合作，绘制了图纸，探讨了结构，也了解了这座曾是会馆的建筑的历史。即使在二楼的时候，如同蒸桑拿一般汗如雨下，即使测高的时候满身泥垢与灰尘将裤子染了色，即使满头满手的蜘蛛网，这些都没有阻拦到我们探测这个建筑的脚步，反而更多了一些神秘的色彩。

……

与民走访确实也是一件很快乐的事，在与周围的人沟通的时候，我也了解到了这个小镇的历史，慢慢的爱上了它，爱它的宁静质朴，也喜欢它的古老气息，爷爷讲的万寿宫历史让我们受益匪浅，洋气的万寿宫原来也曾是开庙会的地方，还有一个戏台只可惜现在被破坏不能再见到，不禁想到，中国的文物和古建筑似乎一直未得到特别好的保护，这些建筑被拆被毁，昔日的辉煌变成了今日的破败，令人有些惋惜和心疼。而我作为设计师对于常人来说，这种感觉更加强烈，甚至迫不及待的想看到它原来的风貌是多么的壮观与美丽，只是可惜。

归来的途中，我早已没有了当初的埋怨与后悔，更多的是留恋和惋惜。古建测绘虽然条件艰苦，虽然身心俱疲，但它带给我的更多的是收获，是喜悦，它让我了解了一个不知名的小镇的过去，它让我看到了人们对于古建破坏的惋惜，同时它也让我学会了一些古建的常识，

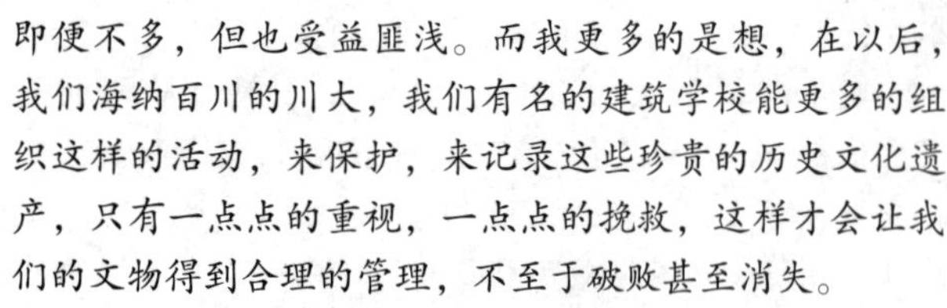
即便不多，但也受益匪浅。而我更多的是想，在以后，我们海纳百川的川大，我们有名的建筑学校能更多的组织这样的活动，来保护，来记录这些珍贵的历史文化遗产，只有一点点的重视，一点点的挽救，这样才会让我们的文物得到合理的管理，不至于破败甚至消失。

古建测绘条件虽苦，但心里很甜。

主要参考文献

［1］王其亨主编．古建筑测绘［M］．北京：中国建筑工业出版社，2006.

On the Importance of Mentality Training on Historic & Cultural Heritage Protection among Planning Students: Some thoughts based on the teaching practice in ancient town and building survey

Zhao Chunlan　Yang Zugui　Gan Xiaoyu

Abstract: This article introduces the teaching reform efforts in training our planning-majored students with a more sound understanding on urban and rural heritage historical and cultural protection. By learning from other schools, collaborating with local professional research institutions, and finally via the practice course of ancient town (building) survey and drawing, we have gained some preliminary outputs. The four-stage teaching process, including: in-school training, on-site survey, middle report and the final exhibition, has helped students to deepen their understanding, with an obvious improvement not only in their professional skills and capacities, but also in terms of their social and humanistic view level. Such an effort in establishing a local-historic based heritage protection view among our planning students have produced some initial results, whose teaching process, method and contents have been widely appreciated by experts, leaders from both school side and society side, and more importantly, very much appreciated by our students.

Key words: urban and rural historic heritage protection, ancient town (building) survey, teaching practice

实践调研的过程性控制——以城市道路与交通课程为例*

宫同伟　张　戈

摘　要：通过设置调研选题、编制调研材料、调研资料整理与分析的教学环节，对城市道路与交通课程实践调研进行过程性控制，增强师生间的交流与互动，促进学生自学能力和系统分析能力的提高。

关键词：实践调研，过程性控制，城市道路与交通课程

城市道路与交通是高等学校城乡规划学科专业指导委员会确定的城乡规划专业10门核心课程之一。通过该课程学习使学生了解有关城市道路的技术要领，掌握城市总体规划与详细规划阶段中城市交通的组织方法与道路规划设计方法，具备解决城乡规划设计中交通问题初步能力[1]。

城市道路与交通课程知识点繁多，与工程实践联系紧密，其中道路交叉口、交通设施、交通组织等内容，不仅是本课程考核的重点，更是进行规划设计的基础。学习过程中，学生如果单纯采用一般理论课学习的死记硬背方法，容易造成实践过程中不知道如何运用所学知识，导致居住区规划设计、城市设计、控制性详细规划、城市总体规划等规划设计课程中错误频出。针对这一问题，结合课程教学大纲要求，在课程教学中增设实践调研环节。教学中对实践调研进行过程性控制，增强师生间的交流与互动，及时纠正调研过程出现的问题与偏差，保证实践调研顺利开展。实践调研的过程性控制具体包括以下方面：

1　调研选题

实践调研的过程性控制从调研选题的控制开始。选题是实践调研的第一步，也是实践调研最重要的内容之一。由于城市道路与交通的授课对象为三年级学生，并未接受系统的实践调研相关训练。所以在选题环节上，由指导教师确定选题范围，并拟定初步题目供学生选择。实际操作中选择在道路交叉口、停车设施和交通枢纽三部分内容中加入实践调研环节。首先，三部分内容均为课程的重点考核内容，综合性较强，包含知识点密集，与规划设计实践联系紧密[2]。其次，三部分内容除去技术层面，还均可反映一定的社会问题，可促进学生对相关知识点的延展学习；同时，贴近生活增强了调研的趣味性。最终确定的选题方向及调研对象为：城市异形交叉口调研——卫津路与南京路交叉口，宾悦立交桥桥下交叉口；城市公共空间停车调研——水上公园地区，鞍山西道百脑汇地区；城市交通枢纽调研——天津南站，天环客运站。

学生具体选题情况如表1所示，各选题的比例基本反映应了学生对选题难易程度和对调研对象熟悉程度的感性判断。通过与学生交流得知，学生普遍认为三个调研方向中城市异形交叉口和城市公共停车难度较低，而城市交通枢纽难度较大。反映到调研选题上表现为城市异形交叉口的最多，占到所有选项的46.88%；城市交通枢纽选择最少，只占21.88%。所有选题中选择水上公园地区和天环客运站为调研对象的比例最少，分别只有两组和一组同学选择。究其原因，水上公园地区是所有调研对象中调研范围最大的，而天环客运站是所有调研对象中调研环境最复杂的，正是这些原因导致选择的学生较少。

* 基金项目：天津城建大学教学改革项目，项目编号JG-1201；天津市普通高校本科教学质量与教学改革研究计划，项目编号C03-0828。

宫同伟：天津城建大学建筑学院讲师
张　戈：天津城建大学建筑学院教授

选题情况一览表　　　　表1

调研方向	调研对象	选择组数（组）	所占比例（%）
城市异形交叉口调研	卫津路与南京路交叉口	10	31.25
	宾悦立交桥桥下交叉口	5	15.63
城市公共空间停车调研	水上公园地区	2	6.25
	鞍山西道百脑汇地区	8	25.00
城市交通枢纽调研	天津南站	6	18.75
	天环客运站	1	3.13

注：调研采用分组形式，每小组不多于2人。

选定调研方向后，要求学生进行调研的初步构思。根据选定的调研方向进行针对性的资料收集。主要收集两方面的资料：一是选题调研方向的相关研究资料；其二是选题调研对象及周边区域基本情况。三个调研方向具体要求的资料收集情况如表2所示。在资料收集基础上，学生初步构思调研过程。城市异形交叉口调研方向某组学生希望借助交叉口视距模型、转向车道模型等判断交叉口现状几何特征、交通运行特征及安全因素；针对问题提出优化方案，探索是否能有运用微观仿真软件对方案进行评价。通过这一构思可以判断，该组学生不仅能够将课堂所学的知识，如视距模型、交通流量等运用到调研中，而且能够通过资料收集，提取与本调研相关的评价方法，保证后期改进方案的合理性。该组学生达到了调研选题环节控制的要求，可以顺利进入下一环节。

资料收集要求一览表　　　　表2

调研方向	相关研究现状	调研对象基本情况
城市异形交叉口调研	异形交叉口容易出现的一般问题；异形交叉口交通流量统计方法；异形交叉口治理的相关措施技术	交叉口交通运行现状；交叉口周边区域城市路网现状；交叉口周边土地使用现状
城市公共空间停车调研	城市停车场规划原则及布局方式；天津市相关停车配套规范	停车场布局及容量；调研区域建筑类型及面积；周边区域城市交通及停车场配建情况
城市交通枢纽调研	城市交通枢纽规划布局原则；城市交通枢纽交通组织形式	周边区域城市道路交通现状；公共交通运行现状；停车场布局现状

2　编制调研材料

编制调研材料是进行实地调研的先决条件。实地调研忌讳在没有准备的情况下进行，这样的情况容易发生在初次接触调研的低年级学生身上，出现“两手空空，走马观花”式的调研，调研效果自然无从谈起。为避免此类情况的发生，要求学生在进行实地调研前，依据调研方向及初步构思确定调研内容，根据调研不同的内容确定不同的调研手段，并编制所需调研材料。调研材料主要包括调研计划、调研表格、调研问卷三大类。

调研计划是各组学生均需编制的调研材料。编制调研计划主要考查学生确定的调研内容的完整度及对调研的统筹安排情况。某组学生确定的调研计划包括调研时间、调研对象和调研方式三部分（表3）。该调研计划的调研时间一项对记录时间进行了明确规定，将调研对象分为道路和交通两部分，并分别将两部分内容进行细化，调研方式上则选择现场观察、摄像机摄入和问卷调查三种方式。

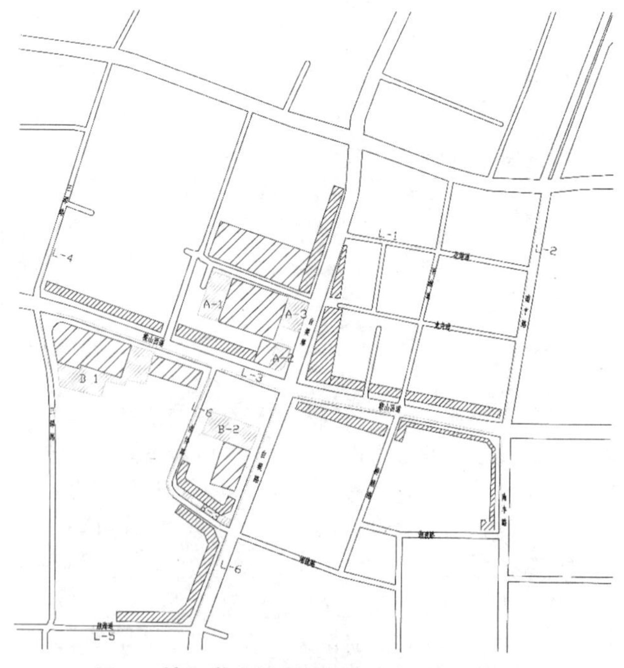

图1　某组学生绘制的停车场与商业布局图

某组学生的调研计划表 表3

<table>
<tr><th colspan="2">调研时间</th><th>调研对象</th><th>调研方式</th></tr>
<tr><td>10 月 24 日</td><td>10:30~19:30（以 15 分钟为计量单位进行统计）</td><td rowspan="2">1. 道路部分
1）道路组织系统
2）道路平面线性
3）道路横断面形式
4）道路标识系统
2. 交通部分
1）各时段各路口交通量
2）信号灯信号变换时间分配比</td><td rowspan="2">1. 现场观察
2. 摄像机摄入
3. 问卷调查</td></tr>
<tr><td>10 月 26 日</td><td>7:30~19:30（以 15 分钟为计量单位进行统计）</td></tr>
</table>

某组学生设计的停车场调研表 表4

<table>
<tr><th>分类</th><th colspan="5">地上停车</th><th colspan="5">地下停车</th></tr>
<tr><td rowspan="3">形式</td><td>沿路停车</td><td colspan="4"></td><td rowspan="3">商场附属地下停车</td><td rowspan="3" colspan="4"></td></tr>
<tr><td>商场附属地上停车</td><td colspan="4"></td></tr>
<tr><td>地上违章停车</td><td colspan="4"></td></tr>
<tr><td rowspan="5">分析评价</td><td>名称</td><td>个数</td><td>收费</td><td>利用率</td><td>流线</td><td>名称</td><td>个数</td><td>收费</td><td>利用率</td><td>流线</td></tr>
<tr><td>鞍山西道停车位</td><td></td><td></td><td></td><td></td><td></td><td></td><td></td><td></td><td></td></tr>
<tr><td>白堤路停车位</td><td></td><td></td><td></td><td></td><td></td><td></td><td></td><td></td><td></td></tr>
<tr><td>私营停车场停车位</td><td></td><td></td><td></td><td></td><td></td><td></td><td></td><td></td><td></td></tr>
<tr><td>家乐福超市停车位</td><td></td><td></td><td></td><td></td><td></td><td></td><td></td><td></td><td></td></tr>
</table>

调研表格是针对特定调研内容所做的细化调研内容、方便调研统计的辅助表格。调研表格的合理运用可简化调研过程，且有助于后期调研数据统计整理。本次调研的三个调研方向涉及的调研内容均较为复杂琐碎，因此要求学生尽量多的使用调研表格。

调研问卷是以问题的形式系统地记载调查内容的调研手段。调研问卷必须具备两个基本功能，即能将问题传达给被问的人和使被问者乐于回答。要完成这两个功能，问卷设计时应当遵循一定的原则和程序，具备一定的难度。因此，调研过程中要求学生谨慎使用调研问卷，采用问卷调研时应将重点放到问卷本身的设计上。

尊敬的市民：

您好，为了了解百脑汇地区的停车问题，我们在这一地区进行一次调查。真诚的希望通过这个问卷得到您的一些看法，谢谢您的支持与合作！由于填写问卷给您造成不便深表歉意，衷心感谢您的支持和合作。

1. 您在百脑汇地区的主要停车方式是什么？
（1）路边停车 （2）地下停车
（3）停车楼或者机械停车库 （4）其他方式
2. 您最希望的停车方式是什么？
（1）路内停车 2）地下停车
（3）路外地面停车 （4）其他方式
3. 您觉得百脑汇地区的停车费用合理么？
（1）价格很贵 （2）有点贵但是可以接受
（3）价格合理 （4）价格便宜
（5）其他
4. 您觉得百脑汇地区停车场位置设置的合理么？
（1）距离目的较近，存取方便
（2）距离目的较近，但可达性不强
（3）距离目的较远，存取不方便
（4）无所谓，能停就行
5. 百脑汇地区的停车标志明显么？
（1）标志很明显 （2）标志不明显
（3）没有标注 （4）其他
6. 您到百脑汇地区的停车时间一般多长？
（1）1 小时以下 （2）1~2 小时
（3）2~4 小时 （4）4 小时以上
7. 您认为百脑汇地区现有的停车位够么？
（1）严重不足 （2）稍显不足
（3）还好 （4）比较充足
8. 您认为百脑汇地区停车困难么？
（1）不困难 （2）稍显困难
（3）困难 （3）非常困难

图 2 某组学生设计的调研问卷

3 调研资料整理及分析

调研资料整理指对现场观测、调研表格、调研问卷等获得的资料，按照一定的方式进行归类整理，形成较为完整系统的一手材料，这些材料也是调研分析的基础材料。调研中要求学生整理的资料主要包括文字资料、数据资料和图形资料三类，各类资料应按照一定的方式进行清晰表达。

调研报告不应是调研数据的堆弃，应该选择一定的切入点、采用合适的分析方法得到调研结论。调研分析

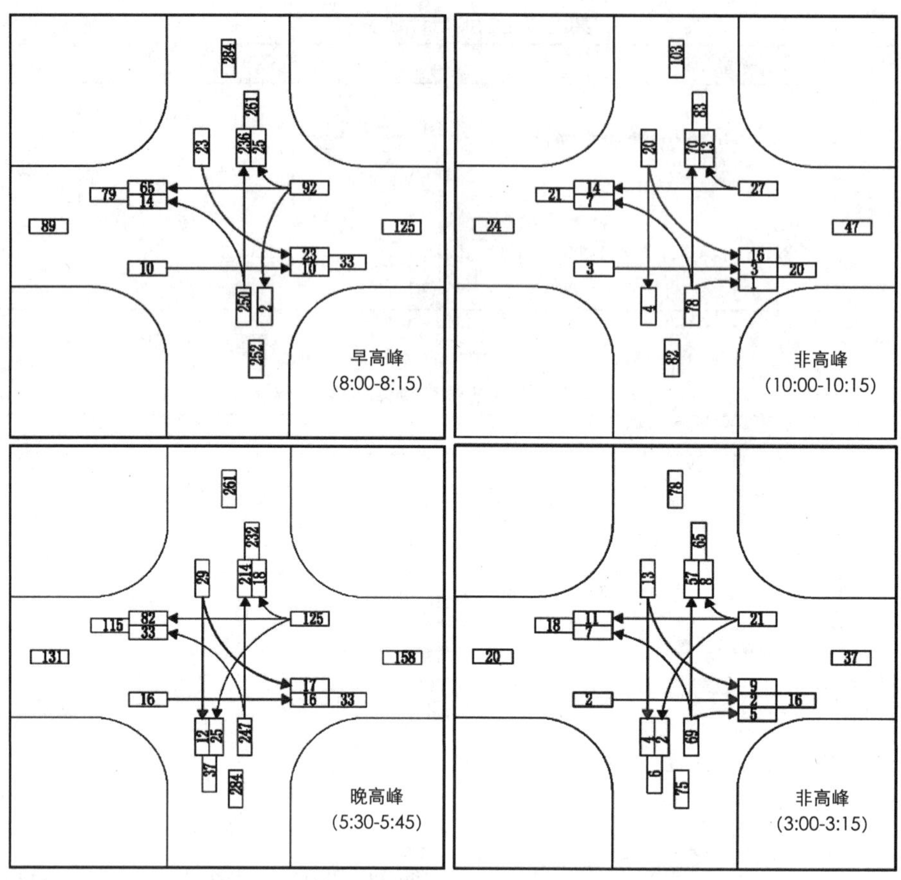

图 3　某组学生整理的交叉口各时段交通流量数据

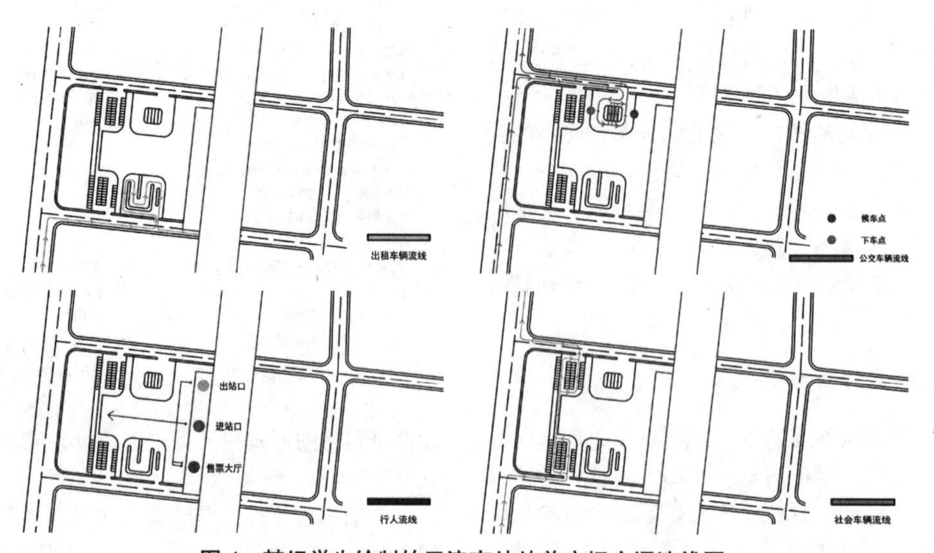

图 4　某组学生绘制的天津南站站前广场交通流线图

的切入点可在调研之初确定，也可能随着调研的深入慢慢明确。城市异形交叉口调研中学生主要以机动车通行特征、行人通行特征、自行车安全特征、公共站点、交通信号管制等为调研分析切入点；城市公共空间停车调研中学生主要以停车难、停车场布局、停车行外差异为调研分析切入点；城市交通枢纽调研中学生主要以公交换乘和交通组织为调研分析切入点。

调研分析切入点一览表　　表5

调研方向	调研分析切入点
城市异形交叉口调研	机动车通行特征、行人通行特征、自行车安全特征、公共站点、交通信号管制
城市公共空间停车调研	停车难问题、停车场布局、停车行为差异性
城市交通枢纽调研	公交换乘、交通组织

调研分析切入点确定后，还应进一步确定分析方法。调研过程中要求学生从现状研究资料收集环节开始关注相关领域的分析方法，最终依据确定的调研分析切入点选择合适的分析方法，运用到调研资料分析中。城市异形交叉口调研中某组学生通过行人的性别、年龄、数量及进入人行道的时段分析了行人过街的行为特征；某组学生利用泊松分布模型计算了机动车与自行车的冲突概率。城市公共空间停车调研中某组学生通过停车时长、停车周转率和停车决策分析了停车行车行为的差异性；某组学生通过平均停放时间、泊位周转率、泊位利用率得到了不同停车场的停车参数。城市交通枢纽调研中某组同学利用层次分析法得到了公交系统的换乘效率。这些分析方法的运用除了可以增强调研的科学性之外，还可培养学生的自学能力。

4　结语

城市道路与交通是一门应用性课程，实践调研是搭建课堂所学知识与实际应用的桥梁。通过将实践调研中各关键环节拆解的方式进行过程性控制，利于初次接触实践调研的学生较快熟悉调研的全过程，减少调研的曲折反复，保障在有限时间内较好完成调研。过程性控制下的实践调研，不仅仅是让学生获得对某个知识点的深入了解，更重要的是促使学生形成良好的学习习惯，初步具备系统分析问题的能力。通过实践调研的过程性控制，学生可以换个角度面对学习，学习地点不再局限于课堂，学习资料也不再仅仅是课本。期望这样的教学改变可以激发学生的学习热情，以更加积极主动的心态投入到城市道路与交通学习中。

主要参考文献

[1] 高等学校城乡规划本科指导性专业规范（2013年版）[M]. 北京：中国建筑工业出版社，2013.
[2] 徐循初，汤宇卿. 城市道路与交通规划（上册）[M]. 北京：建筑工业出版社，2005.

The Process Control of The Practice Research: By Example of Urban Road and Transportation

Gong Tongwei　Zhang Ge

Abstract: By setting the research topic, the preparation of materials, data collection and analysis of the teaching to achieve the process control of the practice research of Urban road and transportation course. Strengthen the exchange and interaction between teachers and students, promote students' ability of self-study and analysis system to improve.

Key words: The practice research, The process control, Urban road and transportation

改革、优化、创新——关于城乡规划专业认知实习模式的探索

朱 菁 董 欣

摘 要：在城乡规划专业的本科生教育中，认知实习通常是学生的第一次专业实习，传统的认知实习模式单一，往往忽视了学生在认知类教学中的主动地位，导致实习效果甚微。本研究基于认知实习过程中经常出现的实际问题，从“由观到悟”、“双线展开”、“全程互动”“自我建构”、“绩效控制”等核心概念出发，提出了城乡规划专业认知实习模式改革、优化、创新的对策和建议，为城乡规划专业认知实习的教学实践提供可供参考的新思路与新途径。

关键词：认知实习模式，全程互动，自我建构，绩效控制

1 引言

城乡规划专业实践教学体系包括基础实践教学和专业实践教学两部分，其中认知实习是城乡规划专业学生基础实践教学中一个不可或缺的重要实践环节（图 1），其实习的对象范围包括城乡规划、城市设计、建筑设计及环境设计等。认识实习通常安排在第一学年学习结束后进行，时间为一周，旨在通过调研考察，在学生掌握了初步设计原理和方法之后使学生有感性认识，了解设计图和城市、建筑之间的关系，了解实际空间感受和立体形象感受，以利于学生在以后的规划设计中积累经验和基础资料[1]。作为城乡规划专业学生的第一次专业实习，认知实习效果的好坏是学生今后能否更热爱自己所学专业的关键，如何更好地提高认知实习的教学效果，提高学生对专业的学习兴趣，是从事城市规划基础实践教学的教师们面临的新挑战。

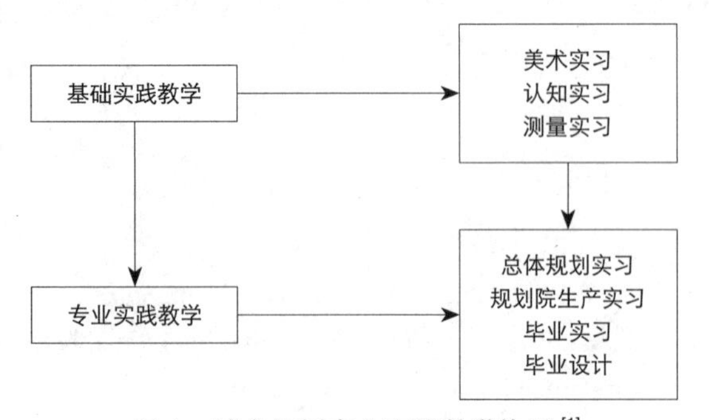

图 1 城乡规划专业实践教学体系 [1]

2 城乡认知实习存在问题概述

近年来各高校的认识实习普遍存在很多问题，一定程度上影响了教学效果，传统认知实习的模式较为单一，通常只注重知识的传授，而忽视了学生在教学中应处的主导地位，往往收效不高。

2.1 实习模式单一

长期以来认知实习基本上是采用“圈养式”，即一个专业的学生由几个指导教师带领，全面负责学生的交通、住宿、参观等。学生在实习中思考少、深入分析欠缺，大部分停留在走马观花式的旅游参观中，即使部分学生对参观对象有个人的感受体验，也没能进行较为深入的分析和思考。此外，在有限的实习期内，学生为了完成指导教师规定的参观内容，往往奔波于各个参观点之间，注重了形式上的要求，而忽略了对认知对象的深度挖潜和分析。

2.2 学生目的性不强

各高校一般将认识实习安排在一年级的第二学期，此时学生仅学习了城乡规划专业的一些基础课程[2]，没有对城乡规划的专业课进行深入系统的学习。由于缺乏城乡规划专业知识，加之实习动员会对认知目标的理论化、概念化，导致学生难以理解，往往以一种模糊的概

朱 菁：西北大学城市与环境学院城市规划系讲师
董 欣：西北大学城市与环境学院城市规划系讲师

念参与实习，从而普遍缺乏认识实习的目的性，具有一定的盲目性，同时，由于实习过程的控制往往较为松散，致使很多学生抱着出去休闲、游憩、玩耍的心态，参观时流于形式[3]，缺乏深入思考，难以从专业的角度观察、理解城市，学生收获甚微。

2.3 师生互动不足

传统认知实习以指导教师介绍参观点为主，学生在参观全程都处于被动学习状态，很少能自觉主动地融入实习过程中，学生与教师之间未能形成良好的互动关系，学生往往机械的记录所听到的知识，缺乏思考问题的空间，从而难以主动与教师形成良好的互动关系，师生互动明显不足。从而导致最终提交的实习报告主要是资料的拼凑和图片的堆积，学生实习报告差异不大，尤其是个人感受性的内容体现不够，学生实习报告内容雷同比例不断增加。

3 “由观到悟”——城乡认知实习模式改革的根本目标

认知实习以小组为单位，通过搜集背景资料、问卷调查、访谈、拍照、写生等多种规划调查方法，培养学生从社会、经济、建筑、生态、景观等各个角度认识各类城市空间的基本素养，为城市规划专业其他后续课程的学习打下基础。认知实习旨在通过调研、考察，使学生学会观察、分析城市与区域主要构成要素及其相互关系，科学地认知实际中的案例城市与区域，了解城市与区域的发展特点，提高对专业性质的认识，增强学习的主动性，逐步培养战略思维、全局观念、总体意识与综合分析能力。同时，使低年级的学生有接触城市、认识城市与区域问题的机会，为后续的专业课学习和高年级的综合实习奠定基础。当前如何提高认识实习的教学效果，是从事城乡规划基础教学的教师面临的新课题。对此，笔者认为认知实习应该至少达到以下五个目标。

3.1 夯实学生理论基础

通过教师讲解、学生自学等方式，学生经过课堂教学已掌握一定的理论基础。但对城乡规划专业学生来说，仅有这些还远远不够，还需要系统地消化在课堂上学到的理论，只有通过认知区域与城市案例才能深化对书本理论的理解。

3.2 培养学生的观察能力

认知实习前，学生对城市的观察与一个旅游者差不多，认知是零碎的、表象的、非系统的。通过认知实习的一系列主题调查，使学生认识到区域与城市是复杂的系统，可以一项项来解剖。

3.3 增强学生的调查技能

认知实习前，学生对区域与城市的认知只有现场观察一种方式，通过认知实习学生掌握文献调查、实地访谈、问卷调查、摄影摄像、绘图标图等一系列调查技能。

3.4 强化学生的问题意识

学生运用多种调查方式在对主题的调查过程中，发现区域与城市发展中存在各种问题，通过指导教师的积极引导，将其上升为一系列的专业问题，并思考其存在的原因，这样使学生的问题意识得到强化。

3.5 提高学生的研究兴趣

在发现问题的基础上，指导教师积极引导，将其中一系列具有研究价值的问题提炼出来，并指导学生通过实地调查、文献检索、头脑风暴等方法来寻求科学解释及解决对策，从而提高学生的研究兴趣及规划思维。

4 “双线展开”与“全程互动”——实习模式优化的基本路径

4.1 “双线展开”——建构统筹城乡认知的完整空间脉络

实习具体内容包括城市公共空间认知、城市历史文化遗产与景观空间的认知、城市居住空间认知、城市生态基底空间认知、城乡一体化空间的认知、城市空间动态演化的认知。

（1）沿城镇历史发展轴展开（图 2），让学生对区域与城市发展的一般过程（即自然村—行政村—集镇—建制镇—小城市—中等城市—大城市—城市群—大都市带发展序列）有较清晰的感性认识，以更加深刻地理解相关课程中关于区域和城市发展的基本理论。

（2）沿城市空间表现的横断面展开（图 2），对城市构成的一般要素及其矛盾运动规律有基本了解，以增加学生在未来规划实践中对城市组成要素的把握能力。

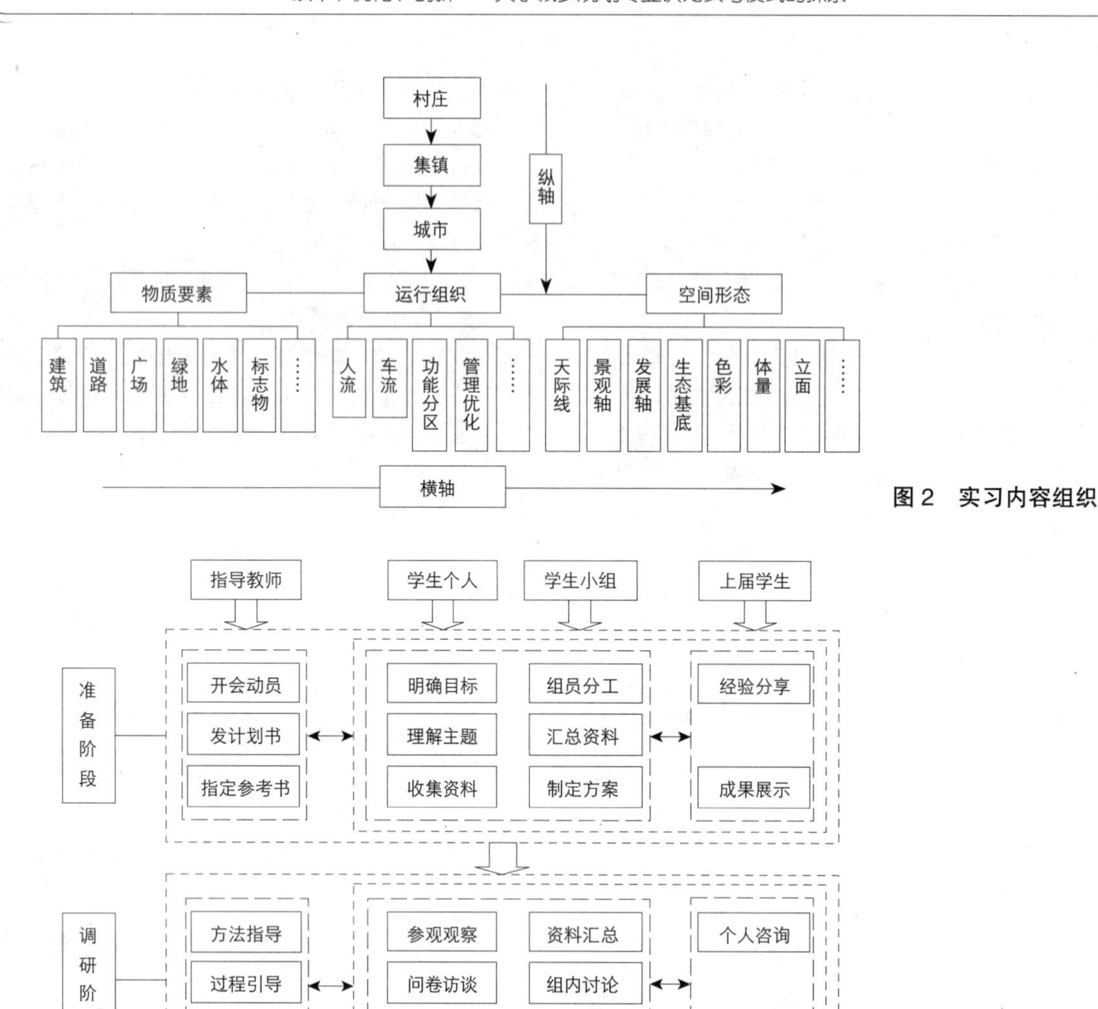

图 2　实习内容组织

图 3　实习操作流程

4.2　“全程互动”——建构统筹城乡认知的标准操作流程

城乡认知实习的模式可总结为“一调查、二汇报、三总结”的全程互动专业实习操作模式（图3）。所谓全程互动，是指实习准备、实习调查、实习总结三个阶段，包括教师指导与学生学习的互动、理论学习与实践活动的互动、高年级学生与低年级学生的互动、小组学习与个人学习的互动等四个互动。具体操作模式如下：

（1）“一调查”，即调查“城市与区域”及其构成要素，初步了解城市与区域的发展特点，理解城市与区域发展的关系，发现城市与区域发展的问题，增强学生学习专业知识的主动性，逐步培养学生的战略思维、全局观念、整体意识与综合分析能力。

（2）“二汇报”，即在实习的每晚，都要向指导教师汇报当天的实习情况；实习结束后，还要向全班汇报实习成果。

（3）“三总结”，即为了提高实习的效果，在整个实习过程中，每个学生进行个人总结，每个实习小组进行专题总结，每个指导教师对其指导主题进行总结，实习队对实习指导模式进行总结。

5 “自我建构”——实习模式创新的具体手段

5.1 搞好实习组织

针对近年来高校招收对象的整体特点，即独生子女为主体，以独生子女自身的优势和缺陷为切入点，深入推进因材施教，注重学生个体的动向，团队意识的培养，并结合社会因素改进实习组织。实习组织以“转变理念、自我建构”为基础原则，所谓“转变理念”，就是说教师应从根本上转变观念，彻底改变传统的教学方式；所谓“自我建构”，就是说把学生作为教学的中心和重心，倡导学生自我建构其所学的知识，而不是靠教师的单方面讲授，教师的作用是提供一个良好的学习环境（情景、协作、会话、引导和意义建构），从而帮助和推动学生去建构自己的知识。城乡规划专业的认知实习作为一门实践课，应以建构性教学为核心思路，摆脱单纯采用以教师为中心的教学方式，以学生为主体，设计相应的实习组织模式及其相应的施教方法，通过城乡规划认知实习，给学生一个了解城乡规划、城市生态与环境保护、城市综合交通系统规划、城市市政工程规划、区域规划等基础理论和基本知识的实践过程的平台，推动学生建构对城乡规划的感性认识和理性认识，丰富自身的知识体系，激发学生的学习兴趣，培养学生自我学习、自我发展的能力和团队合作精神。

5.2 优化实习内容

目前我们将实习内容优化为五大部分：

第一部分：首先邀请规划设计院资深规划设计师，作关于其规划项目或者所在城市的总体规划及社会经济发展概况的报告。在这个阶段，学生可以了解到具体城市的城市规划和城市设计的特点，对具体某个城市有个大致初步的认识，为下一步参观该城市打下坚实的基础。

第二部分：总体和细部的实地考察。在总体阶段，学生可以了解到项目的规划布局特点、各个组成部分分配原则、各作业区的组织等系统规划知识。细部实地考察设计优秀的学校、会展中心、体育中心等建筑，目的是让学生了解建筑的使用功能，建筑的空间组合、建筑造型、细部处理，锻炼他们对构成一定建筑形象所需要的社会经济关系、文化生产水平、建筑空间形象的民族特点和地方特色的意向认识水平（图4）。

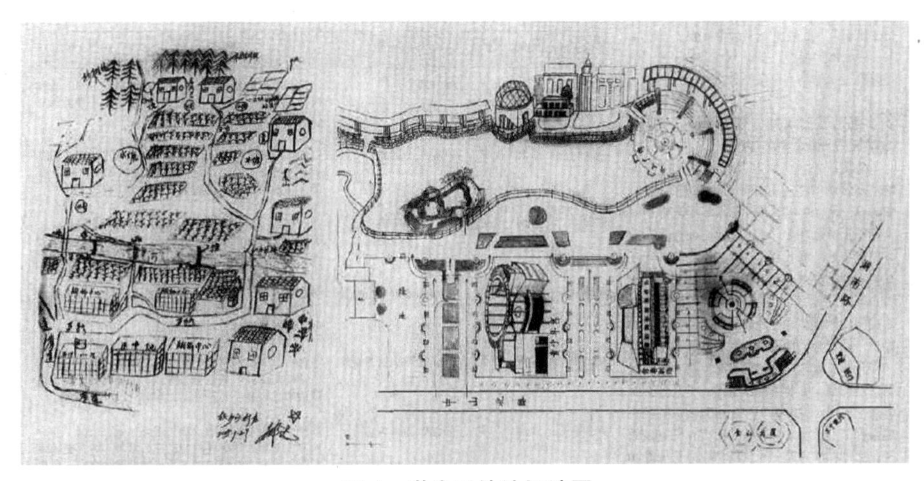

图4 学生手绘认知地图

第三部分：公共空间、园林景观的考察。参观城市广场、景观设计作品（古典、现代等不同风格），使学生既可以了解城市公共设施的布局特点、规划要求，又能了解城市绿地的布置原则、布置形式、绿地系统的构成特点。

第四部分：小区设计作品的考察。参观示范居住小区，让学生形象地了解到居住区的组成内容、居住区规划结构的基本形式、居住区规划设计的基本要求和规划布置等知识。

第五部分：参观城市中心，发放问卷并访谈。学生可以了解城市中心布局、城市中心的空间组织、交通组织、建筑风格、功能布局以及城市绿化景观等，并从使用者的角度进行感知（图5）。

The Bell tower in your eyes

Hello, we are students from Northwest University. Our major is urban planning. And now we want to know your idea about the Bell Tower. Could you please do me a favor? It will cost you a few minutes to finish the follows questions. We'll be very grateful if you do that.

1. Are you satisfied with traffic condition of the bell tower?

a. Yes, I am; b. Almost; c. Not very satisfied; d. No, I'm not. e. I have no idea.

2. How do you get to Bell Tower?

a. By taxi; b. By bus; C. By subway; d. By other transportation tools

3. Are you satisfied with the infrastructure for people with disabilities in this area?

a. Yes, I am; b. Almost; c. Not very satisfied; d. No, I'm not. e. I have no idea.

4. Do you think if it is convenient to travel around the Bell Tower?

a. very convenient; b. not very convenient; c. not convenient

5. Do you think there are enough English signboards in this area?

a. A lot of ; b. Some; c. A little

6. Could you give some advice for the Bell Tower?(transportation or infrastructure or something else)

Thanks for your time!

图5　关于城市中心区认知（钟楼）的问卷调查（外国人）

5.3　做好实习动员

为保证教学内容的落实，充分发挥学生的主观能动性，由学院对学生进行动员，重点强调纪律和安全，明确城乡规划专业认识实习的目的及重要性，让学生真正理解认识实习的意义，激发他们学习的短线兴趣和长线兴趣。同时，要求学生在认识实习中多看、多听、多记、多问、多思，使他们面对实习客体时自觉地用自己的感觉器官亲自感觉各种客观现象及人文环境，并经过知觉过程和初步的分析、判断，让他们形成对事物的感性认识，达到实习的基本要求。

5.4　引入相关问题

"自我建构"过程中有一条被广泛采用的教学思路：即在解决问题中学习，针对实习的各个环节设计出多个具有思考价值的问题。比如：结合所参观的城市，如何理解城市发展和历史遗迹保护的关系；如何理解城市自然地貌和城市总体布局的关系等。首先让学生去思考，在实习过程中尝试解决，同时教师提供一定的支持和引导，鼓励同学之间、师生之间相互讨论。在解决问题过程中，学生要充分发挥自己的创造性，综合应用已有的知识和理论，查阅相关的文献资料，从而建构学生自己的知识结构。在此基础上，教师进行更深层次的概括与总结，使学习的知识更具系统性。

5.5　改变考核办法

认知实习成绩的有效评定，是提高学生实习积极性和主动性的有效手段。过去，认知实习课程的成绩和考核，由课程结束后撰写实习报告的优劣来决定。显然，这种做法容易以偏概全，难以考查学生的真实收获，结果往往使实习成绩的评定流于形式。因此，我们将认识实习作为一门正规课程，根据它的特点，采取定性与定量相结合、笔试与现场考评相结合的考核方法，建立明确的考核指标体系，进行全方位的考核（如综合分析能力考核、实习态度考核和书面考核等）。这样，不但能及时了解认识实习的学习效果，而且能对学生的能力做出较为准确的评估，达到促使学生重视认知实习的作用。

5.6　加强绩效控制

根据我们近年来的实践经验，认知实习的绩效控制可以从以下八个方面展开（表1）。

城市认知实习绩效控制主要环节　　表1

步骤	控制路径	控制内容和方法
1）指导教师撰写实习任务书	①体现人才培养方案和目标 ②确保内容在学生可理解、可接受 ③主要介绍实习内容的背景知识	①介绍所考察城市在历史变迁、路网结构、交通组织、功能分区、生态基底、城乡发展、空间形态、风俗文化等方面的一般情况 ②介绍现场踏勘和社会调查的一般方法 ③实习组织和要求、分组调查、实习报告撰写、指导教师分工以及联系方式等
2）实习内容组织	①内容丰富多样 ②学生有足够的思考空间 ③人力、物力、财力有保障	①涵盖城市公共空间、城市地标、城市历史文化遗产、城市绿地空间等方面的主要内容 ②保证每天参观考察时间达 8 小时
3）实习内容安排	①紧密结合本学科基础课程相关内容 ②向本学科发展的新动向拓展	①保证城市广场、道路、绿地、建筑、景观、居住小区、历史文化遗产等每个方面均有观察内容 ②要思考不同城市要素之间的相互关系 ③选取一到两个点，观察城乡规划中的难点和问题 ④结合国家政策，突出相关主题
4）指导教师预踏勘	①论证实习环节和时间 ②设计思考题	①指导教师进行实习线路和环节的预查 ②现场确定沿途及定位观察点的内容 ③结合观察内容，布置思考题及解题参考思路 ④指导教师确定讲解分工与带队参观事宜
5）实习过程控制	①指导教师分组负责 ②保证师生互动 ③培养学生独立观察、思考的能力	①确保实习环节、内容的基本内容和数量 ②学生完成现场观察、记录、草图、摄影、问卷和访谈 ③教师介绍观察对象的背景知识，要求学生思考并提问 ④保证学生独立观察、调查和思考的时间
6）实习成绩评定	①依据实习态度、实习报告、考勤等进行综合评定 ②鼓励独立思考 ③鼓励在某一主题上的深入 ④实行集体评分	①鼓励学生在实习报告中，通过查阅相关文献，在某一主题上进行深入研究 ②现场观察、记录、草图、摄影、问卷和访谈均可作为实习报告相关论点的佐证材料 ③指导教师与学生一同进行集体评分
7）实习成果展示	①专题板报展示 ②召开相关专业学生参加的汇报会	①选出五篇左右的实习报告作为展示内容 ②以汇报会的方式，请优秀学生向相关专业学生介绍实习体会和成果
8）指导组成员总结	①找出存在的问题 ②提出优化、改进措施	①指导教师与学生座谈，听取学生对实习内容、实习安排等方面的意见和建议 ②指导教师提出并论证优化改进的措施

6　实践效果

在近两年的认知实习教学中，我们按照上述模式进行了实践，从学生的反馈，以及与采用传统模式实习的往届学生相比，“自我建构”式的实习模式取得了良好的效果。学生通过这种模式初步了解了本专业的学科内容和学科方向，并对本学科内某一领域有了相对深入的理性认识，同时，学生、教师之间的互动增加了学生的学习主动性，汇报和讨论使其思维能力、语言表达能力得到提升，学生的综合素质大大提高。

7　结语

认知实习作为城乡规划专业学生的第一次专业实习，对提高学生对专业的学习兴趣具有重要作用，本文在分析目前我国高校认知实习存在普遍问题的基础上，提出认知实习改革的根本目标是实现“由观到悟”，并指出了实习模式优化的基本路径为“双线展开”与“全程互动”，在此基础上，结合认知实习多年的教学经验，提出了通过实习组织、实习内容、实习动员、问题导向、考核改变、绩效控制等方面实现以“自我建构”为主要手段的实习模式创新，实践证明，此实习模式能够大大提高学生的综合素质。

主要参考文献

[1] 张泉，陈刚．“由观到悟”——城市规划专业认识实习教学改革与探索［J］. 高等建筑教育，2011，01：146-148.

[2] 章旭健，周晓兰，安旭，陶联侦．城市规划专业认识实习的探索与实践［J］. 浙江师范大学学报（自然科学版），2006，02：230-233.

[3] 吴薇．关于认识实习教学的若干思考［J］. 南方建筑，2001，2：68-69.

Reformation, Optimization, Innovation——the Mode of Cognitive Practice for Undergraduates Majoring Urban and Rural Planning

Zhu Jing　Dong Xin

Abstract: Cognitive practice is the first professional practice for students majoring urban planning in their undergraduate education. The mode of traditional cognitive practice is very simple, which ignores the subjective role of students in the practice, and result in inefficiency. Based on the common problems in cognitive practice, we put out methods to improve its efficiency, which are “from seeing to thinking”, “parallel investigation”, “inter-communication wholly”, “self-construction” and “overall performance control” . All of these aim to reform and optimize practice mode, innovate the strategies and suggestions, so that we can offer new ideas to the teaching of this practical course.

Key words: the mode of cognitive practice, inter-communication wholly, self-construction, overall performance control

城乡规划专业毕业设计真题模式的探讨——以新疆大学为例

宋 超 潘永刚 张芳芳

摘 要：本文以新疆大学城乡规划专业2012年度、2013年度的毕业设计为例，从毕业设计选题入手，探讨了本校城乡规划专业采用真题进行毕业设计的两种基本模式，分析了其具体实施情况与各自的特征，并提出了一些针对真题模式的改善措施。

关键词：城乡规划专业，毕业设计，真题模式

1 城乡规划专业的毕业设计

毕业设计是高等院校整个教学计划中最后一个教学环节，也是实现人才培养目标不可缺少的综合性实践教学环节，在教学过程中具有重要的地位和作用。作为毕业生走上工作岗位前的一次“实战演习”，通过毕业设计，学生可以对前面几年学习的知识进行复习、总结，并结合课题题目进行创新设计，以充分展示自身的综合素质。2011年，国务院学位委员会、教育部公布了新的《学位授予和人才培养学科目录（2011年）》新目录增加了“城乡规划学”一级学科，要求城乡规划专业的毕业学生必须拥有熟练的工程教育系统与社会组织协调能力。由此，根据新形势就如何调整和提高学生毕业设计质量，城乡规划专业应给以重视。

1.1 毕业设计在专业评估中的地位与要求

城乡规划专业评估考核中，对一个学校的毕业设计主要看两点：一是毕业论文（设计）的选题。选题的性质、难度、工作量、综合训练等情况是否符合培养目标的要求，选题是否结合实际。二是看指导教师指导的学生数是不是适当，是否有足够的时间来指导学生。除了考察毕业设计本身的水平和质量之外，还要考查学生的能力，诸如解决实际问题的能力、综合应用知识的能力、外语和计算机应用能力、写作的能力和表达交际的能力等。由此来看，城乡规划专业毕业设计的课题应注重以下几个方面的知识训练和应用：①专业理论知识与文字表达。②城市规划的政策、法规的实际应用。③外语能力的训练与提高。④计算机技术的应用。但作为毕业设计，更重要的是注重培养学生独立思考和独立工作能力，要求在方案设计上有较强的创新性和表达学生对解决问题的独立见解。

1.2 城乡规划专业毕业设计的类型

毕业设计一般以综合性的实际课题为主，如联系科研实际的课题、联系生产实际的课题、解决社会实际问题的课题；也有假想的课题等。根据毕业设计的主题和成果的形式，其课题可以分为两大类，一类是研究论文型的毕业设计，存在于理科性质的城乡规划专业；其偏重于宏观规划内容。另一类是规划工程设计型的毕业设计，存在于工科性质的城乡规划专业。

研究型论文型与规划工程设计型在毕业过程中有各自的特征及不同的要求。设计型课题以具体的规划设计项目为对象，课题的成果以形成规划设计方案和相应的文本为主。一般有如下几种具体类型：①城市总体规划；②分区规划；③详细规划；④特殊环境的城市设计[1]。新疆大学城乡规划专业毕业的课题主要是属于规划工程设计型，以后两种规划作为主要类型。

2 城乡规划专业毕业选题

毕业设计课题的选择直接影响毕业设计的内容，而

宋 超：新疆大学建筑工程学院讲师
潘永刚：新疆大学建筑工程学院副教授
张芳芳：新疆大学建筑工程学院讲师

且是毕业设计能否达到目的与效果的基本前提。选题应与学生就业方向、社会要求、规划建设项目实际相结合，应有较详实的项目背景资料。

2.1 城乡规划专业毕业选题的具体形式

目前，绝大多数毕业设计题目都是指导老师指定题目，学生被动接受，这不利于学生的个性发展和创造性的发挥。而且学生在由哪位老师指导方面也基本上没有选择性，往往出现所做毕业设计题目内容方向与学生毕业后所从事的工作不相关，同样会降低学生的主动积极性。因此，在选题过程中应避免由指导教师负责的单一选题形式而推行多样化的选题形式。具体形式如下：

（1）学生自主选题。鼓励更多的学生结合生产实际及将来可能从事的工作性质，充分利用生产实习和毕业实习等机会选定毕业设计题目，或者允许部分学生到自己所签协议的单位去收集题目。

（2）合作企业（校外实习基地单位）选题。面向社会，走出校门与有培养协议的设计研究院联合，使毕业设计课题与生产实践相结合。

（3）结合科研项目选题等。指导教师根据自己专业特长及当前承担的科研与生产设计项目选择毕业课题。

（4）对城市规划专业起步较晚的地方院校，应通过自建产学研平台（如规划设计院所等），从源头解决题目类型和范围有限、题目素材来源有限、更新度不够的问题。[2]

2.2 城乡规划专业毕业选题的基本要求

毕业选题的基本要求应考虑以下几个方面。

（1）提倡真题，使毕业设计选题贴近实际。

毕业设计中选题往往只注重遵循教学规律和教学环节的训练，忽视与生产实践的结合，与工程实际环境相差甚远并脱节。有的选题没有结合专业特点，有时只是从某资料上截取一个题目交给学生做。这样往往会导致学生及指导老师都是“纸上谈兵”，做出的结果不符合实际工程需要，学生收效甚微。提倡真题，就是将毕业设计参照规划生产实践要求去完成。[3][4]

（2）课题类型与学生就业需求趋向协同。

在毕业设计阶段，学生一般已基本上确定就业趋向，即使未确定具体的单位，也基本上明确了专业方向。如果此时进行的毕业设计课题内容如果能与之协同，一方面可以提升学生在毕业设计中的积极性，另一方面也提高了学生适应实际工程的能力，使其毕业后可以在更短的时间内适应工作岗位，一举两得。[5]

（3）课题范围应适应城乡规划专业的多向特征。

城乡规划专业的课程设置决定了毕业设计阶段时需要学生具备总体设计能力的特征。当一届毕业设计选用单一方向的设计课题时，学生将缺少城乡规划专业不同方向的专业训练与交流。而选用多方向的设计课题时，学生之间的相会交流可以共同提高对其他方向设计课题的了解与掌握。否则，因缺少针对不同实际工程规划的全面训练，学生走上不同的工作岗位后，可能需要更多的时间去适应。

2.3 城乡规划专业毕业课题的模式

按课题的性质不同进行分类，城乡规划专业毕业课题的模式可分为两种模式四种类型。

（1）真题模式：该模式力求与生产实践相结合、贴近社会需要,选题来源于实际。因为城乡规划学科的“综合性”、“地方性”、“实践性”等特性，所以本专业毕业设计实际上是针对实际问题的解决过程，学生可以通过本阶段来了解到学科发展的前沿性科学理论与方法，并掌握当前社会发展对城市规划提出的新要求、放宽眼界、开阔思路，同时结合实际项目所进行必要的社会调研，加强对规划领域的认识与理解。真题模式又可分为两种形式。

1）真题真做模式。真题真做是指以来自实践第一线的尚待解决的实际问题作为毕业论文的选题，运用所学理论真刀实枪的演练，力求找到解决实际问题的方法。此模式毕业设计时间阶段划分需根据实际工程需要进行安排。

2）真题假做模式。真题假作是指选题来源于实际，学生运用所学理论和知识模拟解决实际问题，或得出一个全新的成果。此模式毕业设计时间阶段划分可按教学要求进行安排。

（2）假题模式：该模式力求与教学安排相适应，选题来源于教师拟定，限定条件由指导教师假定。此种模式往往流于表面形式，学生不能得到切实可靠的训练。

1）假题真做模式。假题真做是指虚拟的题目，学生要对这一虚拟问题按照实际工程的要求进行演练，并运用所学理论进行分析、论证，以求找到解决方法和途径。

2）假题假做模式。假题假做是指学生针对指导教师根据自己专业特长所拟定的课题进行相应设计，以求找到解决方法和途径。

城乡规划专业毕业设计应倡导最大限度地采用实际设计工程项目。根据选题来源，有些课题是教师正在进行的实际工程项目，可真题真做；有些是带有希望的投标项目，可真题假作。而对于假题模式，由于不符合毕业设计阶段的需要，因此不鼓励在毕业设计阶段进行，可以在城乡规划专业的课程设计阶段选用。

3 新疆大学城乡规划专业毕业设计实例

当前本校城乡规划专业为四年制，2011 年之前为城市规划专业。由于本校城乡规划专业师资力量薄弱，于 2002、2003、2004 年招生后，连续三年缓招城市规划专业。目前仅有五名专业教师在岗，其中四名教师还同时需要兼任教授建筑学专业的相关课程。三年缓招之前的各届毕业设计皆在外援（自治区专家、同济大学支教）的帮助下而得以顺利完成。在经过三年缓招之后，于 2012 年第一次完全由本系非规划专业出身的老师独立承担 2008 级城市规划专业（汉）毕业设计，以及 2013 年承担 2009 级城市规划专业（民）毕业设计。经过这两届毕业设计负责人潘永刚副教授及各位指导教师的努力，也顺利完成了这两届毕业设计。

3.1 毕业设计选题简介

本校《城乡规划专业毕业设计教学大纲》中突出确定了“应用型”、“实践性”专业人才这一总体培养目标，因此获得实际生产实践的毕业课题是最理想的。为了遴选实际题目，本系花费了相当的时间和精力，做了大量的工作。两届毕业课题选题见表 1 和表 2。

其中除了 2008 级城市规划专业（汉）毕业设计题目“乌鲁木齐市延安路边贸大厦周边城市环境改善规划”采用“真题假做”模式以外，其余毕业设计题目均采用“真题真做”模式。在毕业设计过程中，体现了各自模式的特征。

3.2 毕业设计实施情况

各指导教师实施过程中基本相似，但在毕业设计指导过程会略有不同。对其他指导教师未能详尽了解，故以本人所带毕业课题为主阐述毕业设计实施情况。在本人毕业设计指导中，基本上按照教学要求与实际规划工程的安排进行了设计阶段划分。

（1）毕业选题阶段：本人由于 2008 级采用“真题假做”的模式，故此项工作可以提前到前一学期末进行。当采用“真题真做”模式时，因选题不明确故 2009 级未能提前进行此项工作。

1）毕业设计准备

毕业设计前一学期根据毕业设计计划提前准备选题意向和初步设计任务书。通过网络发放指导书让学生了解毕业设计的安排与要求

2）毕业设计安排：学期 1~3 周

毕业设计开学初，与学生讨论毕业设计的安排与要求，初步了解学生对课题的理解一想法。要求在实习前的三周内查阅并收集相关资料，进行初步构思。

2008级城市规划专业（汉）毕业设计选题分组——2012年度　　表1

毕业题目	昌吉地区呼图壁县新城区修建性规划	伊宁市特克斯县城核心区三环路以内街区特色风貌规划	乌鲁木齐市延安路边贸大厦周边城市环境改善规划
教师	潘永刚	张芳芳、王健	宋超

2009级城市规划专业（民）毕业设计选题分组——2013年度　　表2

毕业题目	乌昌地区呼图壁县旧区改造详细规划与设计（——和庄村一队地块 1 修建规划）	乌昌地区滨湖镇详细规划与设计（——镇区修建规划）	乌昌地区呼图壁县旧区改造详细规划与设计（——和庄村一队地块 2 修建规划）	乌昌地区呼图壁县旧区改造详细规划与设计（——和庄村一队地块 3 修建规划）	乌昌地区滨湖镇详细规划与设计（——工业区修建规划）
教师	潘永刚	买买提・祖农	张芳芳	王健	宋超

（2）毕业实习阶段：学期4~6周，两级均结合毕业设计题目有针对性的进行实地调研，根据各个学生的选题和分组情况，分组选点选时进行调研并分析讨论调研内容。第7周要求有针对性地撰写调研报告。由于2009级题目确定较晚，实习时间相对不足。

（3）毕业设计阶段：学期第8~14周，全面进入设计阶段。学生在调研的基础上进行深入细化设计。

1）毕业设计辅导：加强了教师的指导控制，进行辅导定时定点、严格考勤计分、阶段考评定绩等内容

2）毕业设计中期检查：学期第10周

2008级由同济大学彭镇伟教授、周俭教授主持，对参加答辩的本组同学肯定了毕业实习的工作量和毕业设计阶段成果。2009级由院系内部自检。

（4）毕业答辩阶段：学期第14周

2008级毕业答辩外请了专家，联合本院系相关教师参加。上午进行的是典型答辩（图1、图2），其他组员参加了下午的小组答辩。外请专家对毕业设计给予一定肯定，认为这届设计体现了相应的专业水平。答辩主任认为本组毕业设计题目很有实际意义，并说毕业成果是可以为乌市该区域的建设提供一些规划思路，建议应对有关建设部门进行汇报以做参考。2009级由院系内部组织答辩。

图1　答辩主任评看设计文本（2012年）

图2　外请专家及本系教师进行典型答辩（2012年）

（5）毕业设计归档

1）毕业设计材料：整理汇总毕业设计材料，上交相关资料。

2）评优：本组的典型答辩毕业设计各被评为当届校级优秀毕业设计。

3.3　毕业设计分析探讨

在两次承担毕业设计过程中，个人觉得应注意以下几个问题。

（1）加强毕业设计的选题。

首先，重视毕业设计选真题的可操作性与针对性。在选真题时，课题设计规模与地点上应考虑具有较强地可操作性，以适应城乡规划专业毕业设计的教学要求并促进学生实践能力的提高。[6]2008级就选择就学城市中客观制约条件多而复杂的实际地段，开始由教师带领学生深入实地进行调研，随着设计深入再由学生自己去即时补充调研，大大加强了教学操作性。其次，注意选题设计内容的针对性，通过毕业设计分项内容以分工协作的工作方式促进学生合作能力的提高。

（2）应根据教学安排与教学要求选用真题模式。

“假题假做模式”与课程设计无异，达不到毕业设计的过程训练和目标要求。“假题真做模式”缺少其他业务内容的训练，如与相关工种及人员的协调、实际工程问题的处理能力等。故毕业设计应优先考虑选用真题模式。

与“真题假做模式”相比，“真题真做模式”受到甲方的制约较大，合适的实际工程项目是可遇不可求，这涉及课题的内容、难易程度、工作量的大小、时间要求等方面的制约。由于时间上的不同步或设计上的局限性等，会出现不能及时按照学校毕业教学要求提供相应的资料和项目，造成毕业设计实施进度不确定的问题。但“真题真做模式”有自身的优势，一方面，把在实践中遇到的实际问题提炼出来作为毕业课题，使课题有实

"真题真做模式"与"真题假做模式"的比较　　表3

内容 \ 题目	乌鲁木齐市延安路边贸大厦周边城市环境改善规划	乌昌地区滨湖镇详细规划与设计（——工业区修建规划）
设计时间	2012 年 3 月 ~6 月	2013 年 3 月 ~6 月
毕业班级	城规 -081	城规 -092
选题模式	真题假做	真题真做
实习契合	配合契合度高，成本自付	配合契合度高，成本他付
阶段控制	教师主动，控制度高	教师被动，控制度低
实施效果	好，能促进学生实践能力的提高	较好，能学促进学生实践能力的提高
设计成果	完成度较高	完成度不定
成本分析	实习成本与出图成本均由学生自付	实习成本、与出图成本可由甲方部分承担
教学匹配	可按教学要求进行调整，由于主要受指导教师控制，故容易达到教学要求	需要顺应甲方要求，无法按教学要求进行调整，能否达到教学要求需根据具体情况而定
成果转化	设计成果不能直接转化为实际应用	设计成果可以直接转化为实际应用

际应用价值。另一方面，考虑到城规毕业设计是一个消费性环节，文本、图册工本费用很高，参观调研耗资不少，结合实际工程可以有效解决这一难题。[7]"真题真做模式"与"真题假做模式"的比较见表 3。

4　结论

师资力量相对薄弱是地方院校城市规划专业的一个短板，毕业设计往往会选用假题模式，这样会造成规划专业毕业设计的质量欠佳，经不起实践的推敲。但采用真题模式，师资力量薄弱又会是很大的制约，同时也存在很多问题；针对于此并结合实际情况，选用真题中的"真题假做模式"具有更好地适应性。同时为了更好地实现毕业设计教学要求，应做到以下几点：首先，指导教师一定要作好毕业设计前期的工作，注重涉及选题的实践性，把好选题关，明确毕业设计阶段。其次，拓展走校、企合作之路，尤其是与实习基地联合培养毕业设计，并对在校外设计院单位实习做毕业设计的学生，要求一旦选定毕业设计题目，不得随意变更；随时和校外指导教师联系探讨，要以严肃的态度对待自己的选题，做到自负责任。[8] 最后，应形成一个毕业设计基础知识、毕业设计调研教学和毕业设计实践为一体的本科毕业学习团队的整体培养机制，使毕业实习、毕业设计和毕业答辩成为一个统一的整体。这样就有助于提高教学效果、创造科研条件，达到良好的本校城乡规划专业毕业设计教学目标，同时有利于应对专业评估。

主要参考文献

[1]　赵天宇，冷红．城市规划专业毕业设计指南［M］．北京：中国水利水电出版社，2000.

[2]　安蕾，王磊．专业特性视角的城市规划毕业设计教学改革［J］．高等建筑教育，2012.21（3）：144-147.

[3]　张强，代敏．城市规划专业毕业设计教学改革［J］．高等建筑教育，2008.17（1）：99-101.

[4]　陈华江，陈家能．毕业设计教学环节的思考与探讨［J］．重庆工业高等专科学校学报，2004.6：120-121.

[5]　龚兆先，董黎．全面实战型毕业设计模式探讨［J］．高等工程教育研究，2002.3：79-81.

[6]　单赛卖．地方院校城市规划专业毕业设计教学体系建设初探［J］．新课程研究，2010.12：30-32.

[7]　叶小群．城市规划专业毕业设计选题与实际工程项目结合的思考［J］．高等建筑教育，2005.14（4）：73-75.

[8]　隗剑秋．关于四年制城市规划专业毕业设计教学的思考［J］．高等建筑教育，2007.16（1）：102-104.

The Pattern of Graduation Project on Urban–Rural planning

Song Chao　Pan Yonggang　Zhang Fangfang

Abstract: According to the Graduation Project for Urban–Rural planning at Xinjiang University, this article discusses some patterns of graduation project in teaching link, considers the different characters from them, and puts forward some measures to solution.

Key words: Urban–Rural planning, graduation project, pattern, real

"空间资料库"：一个服务于城市规划、建筑学教学的空间案例库*

周 恺

摘 要：随着信息技术的发展，越来越多的网络新技术纷纷在各个领域得到应用。在高等教育教学信息化建设的发展大趋势下，学科的部分教学资料也在逐渐转向网络平台，各专业纷纷利用数据库技术建立教学资料平台，并积极探索利用新的网络通信技术促进师生之间的交流和沟通。本研究设计并开发了一个服务于城市规划、建筑学教学的空间案例库："空间资料库"。空间资料库利用当前的网络地图资源（谷歌/百度等服务商提供的大量地图、卫星图、街景视图），给专业教师提供一个组织、采集、上传课程相关的空间资料案例信息的网络平台。它同时提供网上讨论区，鼓励同学发表自己对案例的看法、交流对空间的认识或者上传自己手头的图像资料来补充空间案例资料。

关键词：空间资料库，分布式教育资源管理，教学互动，网络地理信息系统

1 引言

城市规划、建筑学是与现实地理环境、建筑环境密切相关的应用性学科，其教学方式和工具手段与其他专业相比更加强调资料积累和教学互动。一方面，规划和建筑的教学一直本着以"理论结合实践"的基本原则，提倡课堂讲授和应用实践并重的教学方法。在规划或建筑设计理论和技术教学中，案例资料是教学中的重要工具，收集和解释实际工程项目是培养直观认识和建立空间概念最基础和最有效的环节。另一方面,作为具有"师徒相传"特性的工程技术性学科，规划、建筑学科一直鼓励师生之间保持长时间、多方式、多渠道的"互动和交流"，师生互动一直是规划和建筑设计教学的重要组成部分。本着这样的"实践性"和"交流性"原则，我们发现，新近出现的众多新信息技术，在规划和建筑学教学中具有很大的应用潜力。对于与现实空间发展变化密切相关的城市规划和建筑学科来说，如何利用新兴的信息化工具（如网络通信技术、网络地图技术、数字遥感技术）来提高学科教学效果成为值得研究的问题。

当前，信息技术的发展给规划和建筑教育工作者提供了很多值得关注的新技术工具。首先，WebGIS 技术的发展和普及建立了一个遍及全球的数字地球平台，各种曾经昂贵的地理数据的采集和使用在当前 WebGIS 技术的发展下变得简单和便捷。例如，谷歌地图、百度地图给所有互联网使用者提供了一个覆盖全球的二维遥感地图平台。其使用的遥感/卫星图像的分辨率可以达到 1m 或更高，也就是说，全球范围内主要城市的平面和重要建筑的外环境基本可以清晰地、轻易地从中判读。此外，谷歌的街景视图技术给我们提供了全球大部分地区的沿路三维全景照片。使用者在选择观察点后地图将以立体视角呈现由 360 度实景摄像机拍摄的球形图像。谷歌街景视图现在已经涵盖了美国、欧洲、澳洲大部分地区以及南美洲、东亚部分主要国家和城市。我国近年也在积极进行自主的街景视图平台建设，主要城市的街景视图已经上线（如腾讯街景地图）。当前，通过街景地图技术，互联网用户基本可以浏览全世界大部分著名城市的沿街影像，通过街景视图来观察各地特色建筑、游览不同城市的街巷风情、研究特色城市空间的布局形式。对于以城市空间、建筑环境为学习对象的城市规划、建筑学教学来说，这些新技术提供的数据资料都是从前难

* 国家教育部博士点基金项目（20130161120047）；湖南大学青年教师成长计划资助计划（2012-075）。

周 恺：湖南大学建筑学院讲师

以获得的宝贵资源，如何在我们的教学课程中方便的使用这些资源，是一个值得深入挖掘的问题。

同时，以用户交互、数据共享为特点的Web2.0技术在逐渐改变当前的互联网应用环境，也拓展了互联网的影响深度。动态网页设计技术（Dynamic Web Programming）的发展增强了当前通过网页进行互动操作的可能，互联网终端用户得以实时的与网络服务器保持文本、图形、数据的交互活动。网页互动能力的发展使得当前的网站设计超越了单向的信息传达，实现了双向的信息互动，更进一步发展成为了海量用户之间彼此的数据交互和共享，进入所谓的Web2.0时代。此外，移动通信技术的发展进一步强化了Web2.0技术的分众传播特征。智能手机硬件的普及和移动APP软件开发技术的发展，使得互联网用户的上网的时间和地点变得灵活。手机终端集成的图像采集、视频采集、位置采集功能，使得个体在信息收集和共享的便捷性上的到巨大的提升。在新信息通信技术下，每一个人都是网络平台信息的实时的使用者和贡献者。因此，在认识到WebGIS给规划、建筑教学创造的空间资源的同时，我们也发现利用Web2.0技术可以进一步有效地利用每个个体（教师或学生）掌握的空间案例资料。通过建立一个适当的平台，网络技术可以汇集每个人采集到与空间相关的文字、图像、视频信息，并通过用户交互讨论，展开对相关空间案例的研究和讨论。如何在城市规划、建筑学教学中利用这些信息采集的新方式、信息汇总的新技术、信息交流的新渠道，也是非常值得探索的技术应用问题。

2 理论背景和研究价值

2.1 利用新的信息技术增强教学互动和教学资料生成和共享

随着信息技术的飞速发展，国内外对相关技术在高等教育中的应用研究也在积极展开。De Freitas & Conole（2010）提炼出五个可能对当前高等教育产生重要影响的技术发展潮流：①网络技术和泛在通信技术的发展；②能对周边情景信息进行采集和位置信息进行采集的终端设备的发展；③日趋丰富的、多样的空间环境的虚拟化、信息化表达技术；④手机和其他移动设备的发展；⑤全球范围的、分布式的信息通讯基础设施的发展。

在新信息技术发展和应用的影响下的高等教育和教学也产生了新的发展趋势和发生了新的变化：①丰富的网络信息资源和联系引发了我们对教师在引导、辅导、培训等教育活动中角色再思考；②个人“及时地”、“主动地”、“便捷地”、“非正式”学习行为越来越普遍，影响越来越大；③“云计算”的发展和普及逐渐改变了以机构为中心的信息化设施建设，信息化辅助设施也应该变得更加分散化；④学生的学习活动体现出“合作化”特征，因此，教育机构内部和机构之间应该加强合作和沟通（Johnson et al.，2010）。

其中，近年来Web2.0技术在信息传递、知识创造、交流互动方面的发展特别引起教育研究者的关注。Grant et al.（2006）提出新网络媒体辅助下知识、文化、学习、教育发展的三个根本改变。首先，Web2.0时代的知识学习较少受到传统学科分割的限制，学习者只接受对自己有用的和可以理解的知识。其次，Web2.0技术鼓励新的方式接触知识，例如多媒体演示和知识的快速浏览。最后，知识本身的创造方式也在改变，学习者被带入了一个更加强调互动、强调合作的知识认知过程。总而言之，Web2.0时代使得知识的获得和讨论变得更加的开放和透明（Wales，2008），同时，教学互动和教学资料的生成和共享也应当变的更加开放和便捷。

2.2 利用Web接口和数据库技术实现“分布式教育资源管理”

在新技术的教育应用层面，目前的研究主要集中在教育资源管理系统开发探索。乌蓓华（2004）提出了一个基于Web服务的分布式异构教育资源库信息共享模型，该模型为现有的教育资源库系统创建Web服务接口，外部用户调用服务后可以透明地访问分布在各地域的异构教育资源库，从而实现分布式异构资源库间信息的统一检索和使用。李丽（2006）提出多媒体远程建筑教育课件创作系统框架，尝试从数字技术层面去探索一种有效的计算机辅助教育的实现模式。她提出了一个具备灵活可变的动态数据库的多媒体远程建筑教育系统。该系统依据一个可以进行多媒体课件创作的框架系统，方便教师快捷的使用该系统创建许多富有自己特色的课件。系统同时提供了搜索引擎的应用，使得教学课件成为开放的，不断扩充更新的有机体，并且提供了Web服务的接口，为多媒体远程教育的课件创作提供了巨大的素材资源与应用资源。

可以看出，现有技术应用普遍建议采用 C/S（客户端/服务端）架构建设"分布式教育资源管理"。其中，客户端包括资源整理、资源上传等部分功能，服务端包括资源接收、资源审核、资源检索、资源维护、资源交换、用户管理、自定义、选项等部分功能。首先，资源平台客户端主要功能是实现"资源制作"，对资源库进行扩充，通过"资源上传"把用户制作的资源保存到资源库中供共享使用。其次，资源平台服务端提供"资源接收、资源检索、资源维护、资源交换"等服务。其中，资源接收服务负责接收管理用户上传资源包。资源检索可以提供用户快速检索符合自己所需资源的能力。最后，系统以多种导航方式和多种查询方式方便用户查询使用资源库内容。

2.3 探索城市规划、建筑学专业教学中利用 WebGIS 资源的手段和模式

当前，在城市规划、建筑学教学中利用网络地图资源还刚刚起步。在国内外的各大规划、建筑院校中，教师们普遍认识大到了网络地图数据资源的宝贵价值，也都在根据各自课程需要，在网络地图中寻找可用的案例资源，通过简单的电脑截图，保存作为课程材料。这样的利用方法还较为初级，虽然可以达到空间案例的初步利用，但在数据组织、资源共享、师生互动等多方面还有很大的提升空间。因此，同济大学吴志强教授的号召下国内各个规划、建筑院校加强对这些空间素材在教学活动中的创新性应用研究，希望早日发挥其潜在价值，研究建立系统、完整、成熟的技术利用手段。根据我国当前规划和建筑院校现行的课程大纲设计，在基础课、设计课、实例研究和实习阶段（李丽，2006）。

WebGIS 资源的可能辅助方面包括。一方面，在基础课和设计课中，信息技术和虚拟现实技术可以提供大量图片、图表、视频动画等多媒体实例，来辅助空间认知和设计理解。特别是针对建筑设计类课程，学习者不但可以足不出户地体验世界各地不同风格的城市、建筑，甚至可以将自己设计完成的内容与已有的城市景观合并在一起，在计算机里创建虚拟城市空间。教师可以指导他们实时、交互地从各个角度来观察、感受建筑的风格，判断建筑与周边环境是否协调，从而进行数据的修改，反复比较设计方案的实际效果得出最佳方案（梁智杰，2011）。另一方面，在设计课程和实例研究和实习阶段，城市规划和建筑课学习可以在网络环境下实施交互式教学模式，其特点和优点主要表现在：①从教学内容来看，在网络中可以提供更为丰富的信息。②网络环境下建筑理论课的互动式教学活动不受时问和空间的局限，既可以面对面地即时交流也可以间歇性地远程教学。③互动式教学主要体现在师生互动、学生之间互动、人机互动等方面（于辉和杨雪，2008）。

3 "空间资料库"系统功能介绍

"空间资料库"是利用地图界面和网络平台建立的，供城市规划、建筑学教学查找、储存、组织、上传空间案例并进行课程学习交流的教学辅助系统。在这个系统平台上，教师可以创建自己教授的课程，并组织、采集、上传课程相关的空间资料案例（图 1 右部分）。通过这个互联网平台，学生可以在个人电脑上搜索这些 2D 或 3D 的课程空间资料，完成学习（图 1 左部分）。同时，在这个平台上，学生和老师可以通过回复意见、讨论问题、分享素材的方式进行围绕某个空间案例的学习互动（图 1 中间部分）。

"空间资料库"系统采用 C/S 系统框架。服务端利用关系数据库技术、PHP 程序语言、Ajax 方法完成文字、图像、地理位置数据的组织、存储、查询和调用。在客户端，系统通过普通网络浏览器界面与使用者进行交互操作，利用集成 Javascript、HTML、CSS 方法的动态网页编程技术，编写网页互动功能，实现即时的客户端－服务端数据交换。

整个"空间资料库"系统包括两大主要功能模块："课程空间案例库生成"和"空间案例查询、交流、互动"。

目前，"空间资料库"系统的初步开发工作已经进行基本完成，系统所需要的部分功能已经开发完毕，初步系统已经可以在 http：//archlabs.hnu.cn/SpaceLibrary/ 使用（用户界面见图 2）。接下来，研究者需要和学院相关任课老师进一步沟通和交流。进一步完善系统设计，增加教学中所需要的各种查询功能。本研究也希望通过本次教改课题的立项，扩充研究队伍，利用更多的时间和资源改善开发条件。

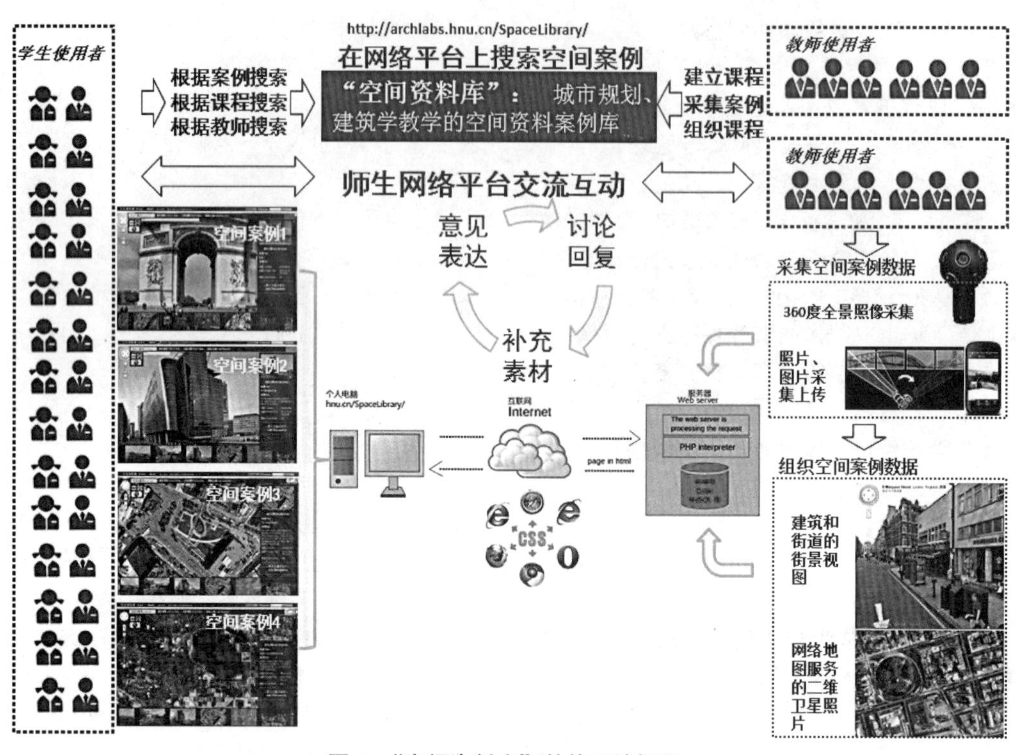

图 1 "空间资料库"整体系统框架

3.1 课程空间案例库生成流程

"课程空间案例库生成"模块主要帮助任课教师在"空间资料库"中建立课程并创建课程的空间资料库（如图 3 所示）。首先，任课教授登陆"空间资料库"网站，建立课程，输入相关课程信息（课程名、教师、课程介绍、大学院系等）以方便学生检索。其次，任课教师开始在"空间资料库"的地图界面上创建空间案例资料。空间案例资料有"个人采集"、"WebGIS 资源"两个来源。一方面，教师可以在地图界面提供的网络地图（谷歌地图、百度地图等）界面上，寻找课程所需的空间案例（例如，圣马可广场、卢浮宫、巴黎德方斯）。案例可以是 2D 的平面卫星图，也可以是 3D 的 360 度街景视图。不管是 2D 还是 3D 案例，系统平台都将在数据库中保存这些案例的空间位置、图像截图、（街景视图的视角）和相关说明文字，作为空间案例资料。另一方面，教师也可以使用普通照相机或全景照相机，拍摄所需案例的图像资料，在系统平台上的对应位置上传图像资料，并补充说明文字，系统同样在数据库中将其保存作为空间案例。通过多次的补充和积累，相关的课程将形成比较完善的空间资料数据库，学生可以随时通过互联网搜索课程，在个人电脑上浏览教师创建的课程空间资料。

并且，在课程数据库、案例数据库、使用院校足够丰富的情况下，不同学校的授课教师之间可以通过平台交换和贡献案例资源，理想状态下，最终形成一个大型的城市规划、建筑学教学空间资料数据库资源。

3.2 空间案例查询、交流、互动流程

从另外一个方面看，学生对"空间资料库"的使用主要是对课程案例的查询和学习，以及学习之后针对所看到的案例进行交流和互动（图 4）。学生使用个人电脑登陆"空间资料库"之后，既可以根据课程、老师信息搜索课程，也可以直接搜索案例资料，并打开感兴趣的案例资料。系统将在地图界面上重新定位地图、打开 2D 卫星图或 3D 街景并显示空间案例说明（图 4）。通过卫

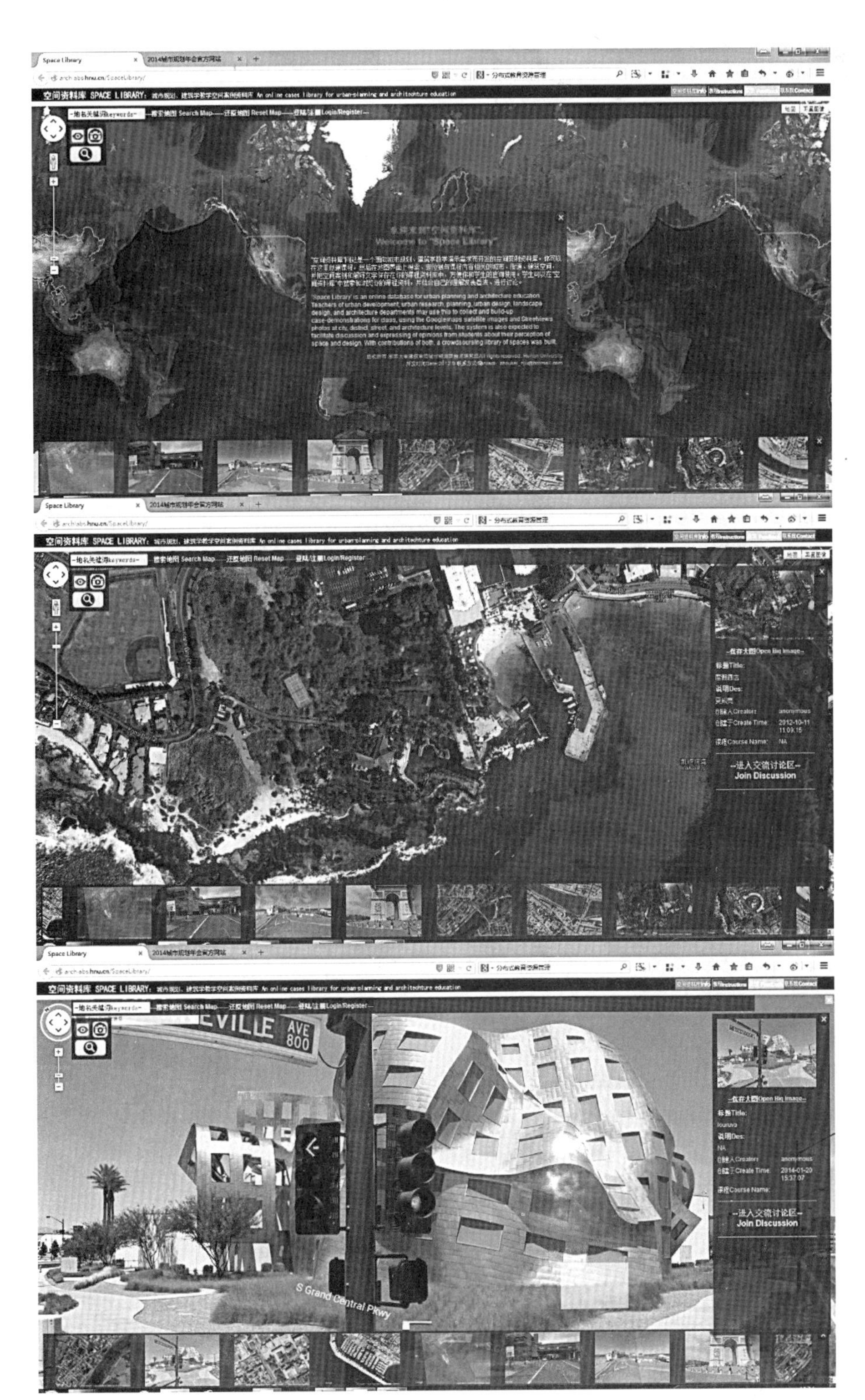

图 2　空间资料库用户界面
资料来源：http://archlabs.hnu.cn/SpaceLibrary/

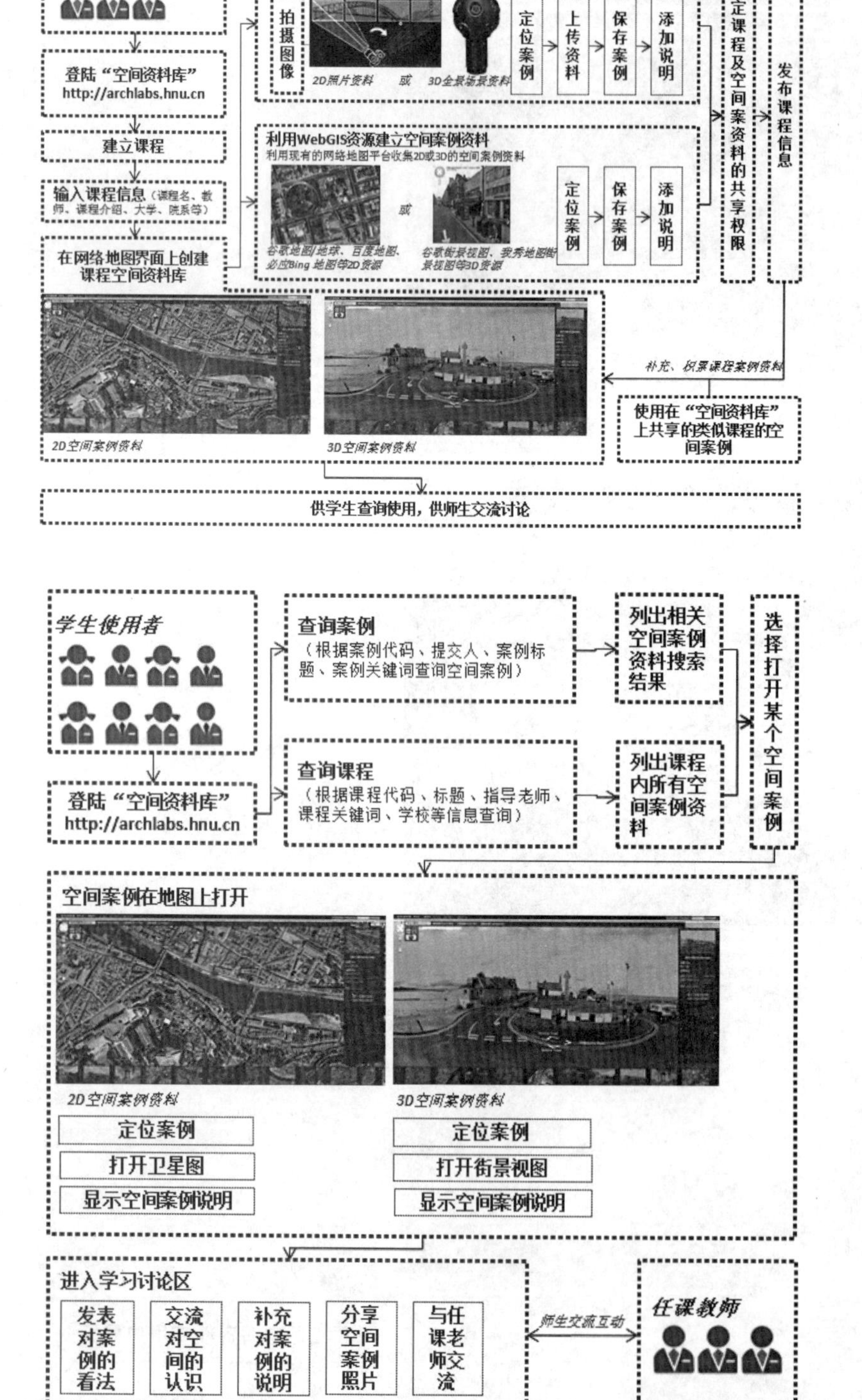

图 3 "空间资料库"课程空间案例库生成流程示意图

图 4 "空间资料库"空间案例查询、交流、互动流程示意图

星图、街景图、照片、文字等多种媒体信息的表达，系统希望让学生形成较完整、较深入的空间印象，争抢对空间的体会。

此外，“空间资料库”同时提供网上讨论区，鼓励同学发表自己对案例的看法、交流对空间的认识或者上传自己手头的图像资料来补充空间案例资料。这些交流活动不仅仅是同学之间的讨论，同时也是任课老师和同学之间的互动，“空间资料库”只是在其中提供一个网络的资料基础和通讯平台。

4 结论和讨论

4.1 应用研究多还停留在理论探讨，实证研究还有待展开

如上文所述，Web2.0 和 WebGIS 在高等教育信息化中的探索，还都主要集中在远景的展望和理论体系的构建之上。虽然，在国内外研究对新的信息技术在教育领域的应用都保有普遍的乐观心态（Crook，C.，etc，2008），但实际开发出来的并被严谨测试过的系统目前在相关的文献中还比较少见。因此，有学者倡导，新技术在教育中应用应当更注重以实证研究为基础，从实际工具系统的开发和认识中提高知识水平（Hollander，J. B. & Thomas，D.，2009）。

4.2 新技术在教学中的应用条件、过程和影响还有待进一步研究

虽然，新技术在高等教育中的应用潜力得到了广泛的认同，但我们对技术应用的条件、过程和影响目前还并不十分了解。例如，具体到操作层面，应用新 Web2.0 技术提高高校学生学习自主性、独立性的同时，也给教育机构带来了新的需要面对的问题：具体系统框架如何设计、如何有效控制教学内容、教员和学生的使用技能训练、相应的教辅工作配套，以及数据隐私保护等（Franklin，T. & Harmelen，M. v.，2007）。更重要的问题是，在新的技术支持环境中，教学交流和教育目的应该发生什么改变？在资金有限的情况下，对线上教学方式的投入是否比对传统面对面教学方式的投入收效更好（Hollander，J. B. & Thomas，D.，2009）？众多的应用性问题都有必要在实证研究中进一步明确，以确保未来技术开发成果顺利的被教育结构接纳和使用。

主要参考文献

[1] Crook, C., Cummings, J., Fisher, T., Graber, R., Harrison, C., Lewin, C., Logan, K., Luckin, R., Oliver, M. & Sharples, M. (2008) Web 2.0 technologies for learning: The current landscape–opportunities, challenges and tensions. http://www.becta.org.uk, Becta.

[2] De Freitas, S. and Conole, G. (2010). ‘Learners experiences: how pervasive and integrative tools influence expectations of study’. In Sharpe, R., Beetham, H. and De Freitas, S. (Eds.) (2010) Rethinking learning for the digital age: how learners shape their own experiences. London: Routledge.

[3] Franklin, T. & Harmelen, M. v. (2007) Web 2.0 for Content for Learning and Teaching in Higher Education. Franklin Consulting and Mark van Harmelen.

[4] Grant, L., Owen, M., Sayers, S. and Facer, K. (2006) Social software and learning. Opening Education Reports. Bristol: Futurelab.

[5] Hollander, J. B. & Thomas, D. (2009) Commentary: Virtual Planning: Second Life and the Online Studio. Journal of Planning Education and Research, 29, 108–113.

[6] Johnson, L.F., Levine, A., and Smith, R.S. (2009) Horizon Report, Austin, TX: The New Media Consortium.

[7] Wales, J. (2008) ‘It’s the next billion online who will change the way we think’ The Observer, 15th June: 23.

[8] 李丽．中国现代建筑教育技术的探索——基于动态数据库的建筑教育课件创作工具初步研究．同济大学建筑与城市规划学院．上海，同济大学．博士论文，2006.

[9] 梁智杰．虚拟现实技术在城市规划中的应用研究．教育技术．西安，西南科技大学．硕士论文，2011.

[10] 乌蓓华．基于 Web 服务的分布式异构教育资源库信息共享方案的研究与实现．上海师范大学．硕士论文，2004.

[11] 于辉，杨雪．交互技术在建筑理论课程教学课件中的实现与应用——以 2007 年全国多媒体课件大赛获奖作品《建筑概论》为例．2008 年“建筑教育的新内涵”全国建筑教育学术研讨会．2008.

'Space Library' : an Online Database for Urban–Planning and Architecture Education.

Zhou Kai

Abstract: In the time of informationsim, new ICTs have been engaged in higher education to create an alternative learning platform in cyber space, such as building online database to store and access teaching material or encouraging online interactive learning with the help of internet. This paper introduces an online database for urban–planning and architecture education: 'Space Library' , which uses WebGIS and online map ressourse to create an space case library for planning and achitecture students. Teachers of urban development, urban research, planning, urban design, landscape design, and architecture departments may use this to collect and build–up case–demonstrations for class, using the Googlemaps satellite images and Streetviews photos at city, district, street, and architecture levels. The system is also expected to facilitate discussion and expressing of opinions from students. With contributions of both, a crowdsoursing library of spaces was built.

Key words: Space Library, Distributed education resource management platform, Interactive learning, Webgis

基于体验式教学法的城市认识实习模式探索

魏菲宇

摘　要：随着高校实践教学越来越受到重视，相关改革和探索也成为热点问题。本文汲取体验式教学法的理论精髓，从体验式教学法的内涵及特点入手，围绕着城市认识实习的教学设计，使学生通过亲历、形成、检验、反思四个阶段增强对城市的理解和认识，为以后的专业学习奠定基础。

关键词：体验式教学法，城市认识实习，实践教学，城乡规划专业

近年来随着实践教学的地位正在逐步上升，建立符合专业特点的实践教学模式，成为高校教育改革中的重要领域。但其在改革的过程中也面临着诸多实际问题。诸如实践环节教学不如理论课程教学规范严密；教学设计的合理程度难以进行比较、教学效果的评价标准难以量化等。本文借鉴体验式教学方法的相关理论，围绕着城市认识实习教学设计，探索相关实践类课程的教学模式。

城市认识实习是城乡规划专业基础课程实践教育的重要组成部分，通常开设在本科第一学年期末。旨在通过实地调研，使学生认识城市空间组成要素及要素之间的关系；体验城市空间与城市生活、活动之间的关系；认识城市社会结构和空间结构之间的关系，思考传统城市空间与现代城市空间的异同，以利于学生在以后的规划设计中积累经验。城市认识实习的对象范围一般涵盖内容比较广，从城市规划到城市设计，从建筑设计到环境设计等等。作为一年级的最后一个课程作业，虽然只有一周的时间，但其在专业基础课程中起到了承上启下的关键性作用，为二年级的专业基础教学奠定了基础。

1　城市认识实习课程的重要性

在城乡规划学科的低年级教学体系中，大部分学校沿用传统的建筑学基础教育平台，以建筑学专业教学内容来启蒙城乡规划专业一、二年级的学生。这种方式优点在于为学生培养了空间设计基础和制图规范，缺点是使得城乡规划专业新生对本专业知识了解甚少，甚至模糊了建筑学与城乡规划专业的区别，造成学生对学习方向的迷惘。所以需要在课程体系设置上，补充城乡规划专业相关的理论课与实践课，为学生逐步建立专业基础知识架构。城市认识实习的教学主要从以下几个方面对低年级专业基础教学进行了弥补。

1.1　补充专业知识

通过城市认识实习，增强学生对城市的感性认识。从对城市、建筑、空间的感观认知中，进行理性分析，进而与理论课相辅相成。补充学习专业知识、培养专业意识、增强对专业的理解。

1.2　激发专业热情

在城市认识实习的过程中，强调学生主动性学习。由于学生调研对象的选择具有自主性，可从自身的兴趣点出发，从而激发学生对专业学习的热情，为之后四年的学习建立良好的习惯，并尽快进入积极的专业学习状态。

1.3　训练专业技能

在工作方式上，城市认识实习以小组为单位，按照每组的计划分别对不同对象进行调研，锻炼了学生的团队协作能力，使学生逐渐适应城乡规划学科的专业工作特点。在实习的过程中，训练学生开展实地调查，继而进行分析，最后总结或开展评论，培养了学生对资料的收集整理技能和相关软件的应用技巧。

魏菲宇：北京建筑大学建筑与城乡规划学院讲师

2 体验式教学法的内涵与特点

体验式教学是指根据学生的认知特点和规律，通过创造实际的或重复经历的情境和机会，呈现或再现、还原教学内容，使学生在亲历的过程中理解并建构知识、发展能力、产生情感、生成意义的教学观和教学形式。由于在体验式教学过程中，强调学生充分融入教学，成为教学过程中的主动者而不是被动的听讲者，因此在教学内容设置及教学方法处理上注重学生的参与性。在体验式教学中，通过交往、对话、理解，教师与学生的关系由传统的“授——受”的关系,而达成平等的“我——你”的关系。

体验式教学法分为四个阶段。首先为亲历阶段，即个体亲身经历某一件事或某一个情境的阶段。第二为形成阶段，即个体对上述亲历过程进行抽象、概括，形成概念或观念的阶段。第三为检验阶段，即个体在新情境中检验所形成的概念或观念的阶段。最后为反思阶段，即反思已经形成的概念或观念，产生新经验、新认识，并不断产生循环的阶段。

3 基于体验式教学法的城市认识实习教学设计

根据体验式教学法的特点，城市认识实习强调以学生为中心。对专业知识的学习主要不是靠教师传授，而是通过自己的体验逐步建构。教师的作用是提供一个适宜的环境（情景、协作、会话和意义建构），从而帮助和推动学生去建构自己的知识。在了解“城市”、“城乡规划学”相关概念以及“北京城市总体概况”的基础上，结合“城乡规划体系构成”，在城市不同空间层面组织学生进行调研选题。根据实习的内容，教师提出概括性的要求，对学生的计划给予引导，以利于充分发挥各组的特点。并且针对体验式教学的四个阶段，在城市认识实习的教学设计过程中也分别设置了对应的相关内容，使教学过程形成更为完整有序。

3.1 实地调研——亲历阶段

根据课堂有关城市生活与城市空间的讨论，教师与学生共同列出大致参考的选题范围，如：关于城市街道空间、广场空间、绿地空间、交通空间等，要求学生收集其相关基础资料，形成意向，在此基础上学生以小组为单位展开实地调研。

学生通过对城市具体区域进行现场体察，将人的行为以及场地、环境特征作细致的记录并进行分析。经过消化与思考，结合所学专业理论，把握其中的关键性要素。学生还可以从个人的感觉角度来体验空间，可以自由设定路径或是观察点，以个体主观评价进行反映，基于所掌握的专业知识，对城市规划或空间设计进行多方面的理解。此外，鼓励学生勤于开口，应用访谈的方式，了解使用者和管理者的需求，并获得更深层次的信息。

3.2 小组讨论——形成阶段

在实地调研的过程中，学生结合收集、整理的相关资料，要找出与所学知识相悖的信息（如违法建设行为；局部利益与整体利益的明显冲突等）。并要求学生对实地考察中的种种现象予以解释，进行分析，提出假设，实现对相关现象的拓展研究。例如分析城市发展和历史遗迹保护的关系；理解城市自然地貌和城市总体布局的关系等。除了安排专门时间进行以小组为单位的交流、协商外，还特别提倡小组同学间随时随地的讨论，进而也培养了学生之间协作学习，共同思考的过程，使实习质量和效率就有了保证。对城市问题的提出，确保实习建立在亲身体验及专业观察的基础上，避免学生如同游客般走马观花。

3.3 报告整理——检验阶段

在实地调研之后，各个小组根据选题特点，组织自己的研究框架。从北京城市总体概况到各组自选的专题研究，从宏观总体规划到微观详细规划，从区域尺度到街区尺度，按照专业的逻辑结构，采用图文并茂的方式用文本呈现出来。将零散的感性认识，上升到相对系统的理性认识。其中既有实地调研时的观察感受，又有对现状问题的总结分析。在这一过程中，学生通过对资料的整理，实现了对课堂所学知识的同化与顺应过程。同化过程即吸收外部环境的有关信息，并与已有的认知结构相结合，达到认知结构的数量扩充。顺应即当外部环境信息无法被原有认知结构同化时，学习主体需调整、改造自身的认知结构，以实现认知结构某种程度的质变。同化和顺应是学生在检验阶段，自身与外部环境寻求平衡的不可缺少的环节。学生就是在这种“不平衡”与“平衡”的过程中实现知识架构的完善。

3.4 成果讲评——反思阶段

在各小组提交调研报告后，教师组织全体同学进行讲评。各小组以演示文件的形式对自己研究的城市问题进行展示。教师在这一过程中由浅入深、由表及里地渗透相关知识，并且引出相关规划设计案例。引导学生在比较的过程中再次进行相对客观的分析与评价，进而巩固和深化所学的理论知识。对成果的公开讲评，为各个小组之间的交流提供了平台，不仅锻炼了学生的表达能力，而且使各小组所研究的部分可以为其他同学所共享。学生自己深入思考后，再得到教师从不同角度的点拨和探讨，实现教学相长。

通过城市认识实习，使学生初步了解城乡规划专业的基本内容和学科方向。学生通过覆盖面广、信息量大的专业认识实习，获取直观认识和印象，加强了对课堂知识的掌握和对书本知识的理解。学生在实习中，除学习专业知识外，还接触到许多在书本上尚未涉及但在今后的学习和工作中可能需要的各方面知识，如：环境、生态、交通、农业、文化、历史、民俗、经济等。通过获取这些知识可以训练学生的发散性思维能力，从多方面、多角度认识城市，进而大大提高了学生的综合能力。学生在实习中形成的表象感观，通过分析和讨论，最终形成专业的成果表达，锻炼了清晰分析与评价的思维能力，提升了专业素养，为系统地专业学习打下了坚实的基础（图 1~ 图 3）。

OTHERS SITES

第六章 其他旧址

六国饭店

六国饭店的位置

六国饭店地基及建筑面积图

六国饭店概况

现为华风宾馆，位于北京市东交民巷（解放前的使馆区）核心区，是一座历史悠久，闻名海内外的饭店，西邻正义路南口，南靠前门东大街，环境静谧优美，交通便利。

6.2.1 历史沿革

六国饭店所建之地是在原来一部分太仆寺的位置上，另一部分为比利时使馆所占。由英国人于1905年建造，当初是英、法、美、德、日、俄六国合资，故-取名为六国饭店。六国饭店地上四层，地下一层，是当时北京最高的洋楼之一。饭店主要有各国公使、官员及上层人士在此住宿、餐饮、娱乐，形成达官贵人的聚会场所。另外，当时这里还是下台的军政要人的避难所。1945年日本投降，这里曾是美国军官驻地。1949年4月，已经进入北平的中国共产党就是在这里迎接以张治中为首的国民党政府和谈代表团。

6.2.2 现状

华风宾馆（原外交部招待所）隶属于外交部，昔日是闻名于海内外的“六国饭店”，现为涉外三星级宾馆。

1、建筑细部与元素：

如今的华风宾馆并未保留原六国饭店的面貌，整体建筑运用了中西建筑元素相融合。宾馆内部装潢精致，可看到仿半圆拱券彩色玻璃窗和大堂内仿欧式楼梯。

彩色玻璃窗

民国时期六国饭店外景

绿化带及休息区

位于正义路

如今华风宾馆外景

宾馆内部

2、周边环境绿化：

正义路中央绿化带约8m，中间为行人提供休息区，并在周边安置雕塑可供行人观赏。

3、交通组织：

华风宾馆交通便利，临近正义路南口公交车站和。

6.2.3 建筑形式

六国饭店建筑为三层砖石结构的法国古典主义样式，底层处理成开有券窗的坚实基座，顶部覆有高高的孟莎式屋顶。立面设计抛弃了柱式，通过墙面的凹凸产生变化；主入口处侧利用拱圈进行强调。

— Hotel des Wagons-lits

OTHERS SITES 35

图 1 截取自学生作业：东交民巷调研报告

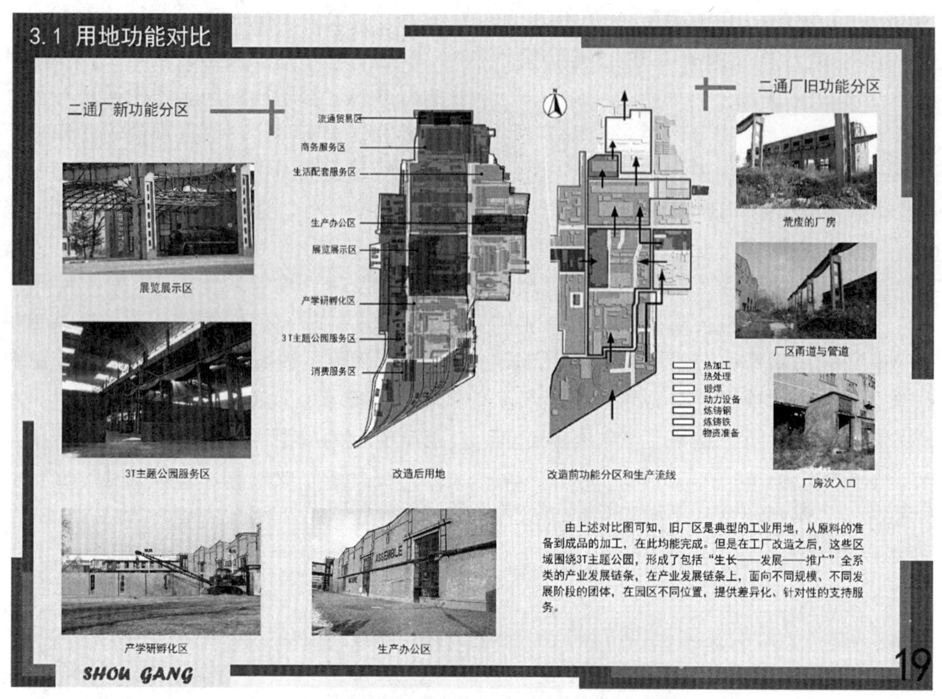

图 2　截取自学生作业：首钢工业区调研报告

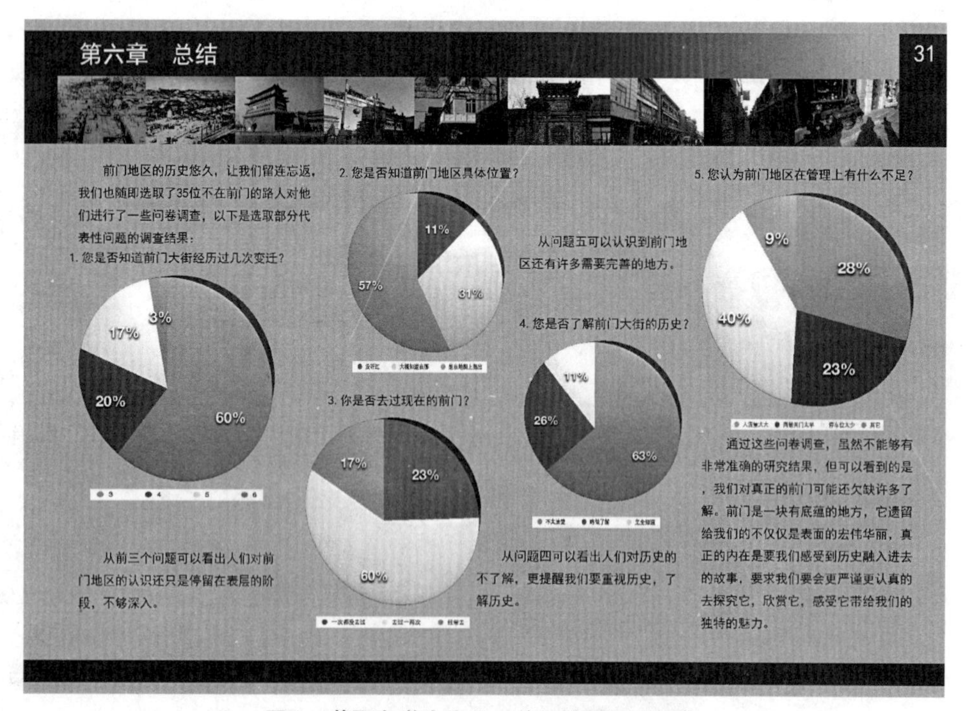

图 3　截取自学生作业：前门地区调研报告

4 结语

体验式教学法的核心在于激发学生的情感，不仅可以激发学生的兴趣，而且有利于培养他们的创造性思维。它力求在师生互动的教学过程中，达到认知过程和情感体验过程的有机结合，让学生在体验中学习有关的知识内容，选择行为方式，实现“自我教育”。在城市实习过程中，学生不再是外部刺激的被动接受者，而强调学生在信息加工过程中的主体地位。教师仅以指导者身份出现，帮助学生使用、改造、重组其知识架构。实习过程提供的是一个由教师设计的平台或支架，让学生依照设计路径完成有意义的知识建构和优化。同时学生在学习的过程中，体验认识提高的快乐，独立创造的快乐，参与合作的快乐。从而使教学过程在学生主动、积极的体验中，生动、活泼地完成教学任务，实现教学目标。

主要参考文献

［1］应云仙，陈玉娟，张静莹．城市规划专业新生体验式教育教学实践改革探讨——《城市规划初步》教学改革探讨．华中建筑．2013，7. 184-187.

［2］张泉，陈刚．“由观到悟”——城市规划专业认识实习教学改革与探索．高等建筑教育．2011，1. 146-148.

［3］章旭健，周晓兰，安旭，陶联侦．城市规划专业认识实习的探索与实践——以浙江师范大学城市规划专业认识实习为例．浙江师范大学学报（自然科学版）．2006，5. 230-232.

［4］吴怡音，雒建利．城市规划初步教学改革实践．规划师，2006，8：70-72.

［5］常疆，夏安桃，朱佩娟．城乡规划专业《区域与城市认识实习》模式探索．衡阳师范学院学报．2009，6. 168-170.

Reform and Practice in the mode of City cognition practice Based on Experiential Teaching

Wei Feiyu

Abstract: With more attention paid to the practice teaching of colleges and universities, reform and exploration has become a hot issue. The article application of the experiential teaching theory, starting from the connotation and characteristics of Experiential teaching, around the city practice teaching, make students through experience, form, inspection, review four stages to enhance the understanding and awareness of the city, and lay the foundation of professional learning.

Key words: Experiential teaching, City cognition practice, Practice Teaching, Urban and rural planning

地方一般高校“城市总体规划设计”教学困境与探索*

祁 双 王桂芹 王海燕

摘 要：地方一般高校城乡规划专业教学面临诸多困境，如师资不足、办学条件差等，影响了正常教学活动。本文从设计分组、规划选题、案例分析、阶段草图、公开答辩和成绩评定几个方面，探讨了城市总体规划设计教学组织的具体措施，以达到“激发学习兴趣、熟悉规划编制、培养研究专长”的教学目标。

关键词：城市总体规划设计，困境，探索

1 前言

按照“建设部全国高等学校城市规划专业指导委员会”的要求，“城市总体规划设计”是城乡规划专业的核心课程，该课程所涉及的内容将直接面向毕业生从事总规的编制工作，也是每一位学生应该掌握的基本技能。

湖南科技大学城乡规划系成立于2000年，最艰难的时候只有2名专职教师，经过10多年的发展，现有专职教师10名，其中规划专业出身的只有5名，每年招生60名左右。和大多数开办城乡规划专业的高校一样，我们也面临师资力量不足、办学条件艰难的困境，有被边缘化的趋势。在此境况下，我们调配优势力量集中在总规设计上，有一些成效但也有诸多不足。

2 优化师资、增强实践

由于我系80%为青年教师，缺乏相关实践经验，在指导课程设计上与社会实际存在一些脱节，这其实也是大多数地方一般院校城乡规划系普遍存在的问题，一方面青年教师实践经验不足，另一方面却因为学校的管理体制导致有丰富经验的规划师难以进入学校。面对如此短板，我系近年来一直大力鼓励青年教师考注册规划师，通过挂证的方式进入设计公司，能最大限度的接触实际项目，同时也为课程设计选题做好基础。

5年来，先后有4位教师获得注册规划师资格，增加了实践经验，为课程设计积累了一些新鲜素材。

3 优化分组、调整选题

我系的总体规划设计安排在四年一期，在此之前学生已经有建筑设计、规划原理、小区规划等基础，部分同学有跟老师做项目的经历，具备一定的设计能力和创新思维。

在最初的几年，由于师资严重缺乏，设计小组一般由6~8人组成，难以避免“打酱油”现象；设计题目也较大，一般是“XX市总体规划”，调研收集资料难度较大，甚至是直接提供基础资料汇编，编制效果大打折扣。

针对上述情况，近年来随着师资的逐步充实，我们也尽量缩小分组规模，控制在3人以内，一般为2人小组，先自由组合，然后教师根据实际情况适当调整；每个班30人左右，但只能配备一名指导老师。近3年来，部分教师参与或主持了一些实际项目，根据教学大纲要求并结合本系实际，扬长避短，选题定在乡镇总规这个层次，根据进度安排，采取“真题假做”或者“真题真做”的方式。由于是实际项目，现场踏勘、收集资料等都较为便利。“麻雀虽小、五脏俱全”，同样是总规，乡镇规模相对较小，对于我们这样师资较弱的地方一般院校来说，

* 本文受湖南科技大学教学教改项目“项目教学法在城市总体规划教学中的应用（项目批准号：G31257）”资助。

祁 双：湖南科技大学建筑与城乡规划学院讲师
王桂芹：湖南科技大学建筑与城乡规划学院讲师
王海燕：湖南科技大学建筑与城乡规划学院讲师

更有可操作性。

4　结合案例、讲解过程

在《城市规划原理》课上，学生们从理论角度学习了规划设计的一些基本原理和方法，考试过后基本就扔在一边了。但总体规划设计到底该如何去做呢？方案到底是怎样生成的？其实学生最感兴趣的是方案生成的过程，较之枯燥的理论教学更有兴趣。因此需要教师能找几个有代表性的案例，重点分析其生成过程，在分析过程中逐步引导学生去思考、去讨论，逐步深入，展示从有到无的过程，而不是一开始就把成果拿出来评价哪里好、哪里不足。

在分析案例过程中，我们精心制作了 PPT，对方案的生成进行逐步分解。简单来说，总规方案设计主要包括以下几个阶段：

4.1　现状分析

在充分调研的基础上，结合地形图绘制出各种现状分析图，主要包括道路、水系、用地、基础设施等。翔实的现状分析是做好总规设计的第一步。

4.2　路网规划

道路网的规划布局是总规设计方案好坏的最重要因素，结合道路设计的相关规范和《镇规划标准》，明确乡镇总规中道路设计的相关技术要点，如红线宽度、横断面组成、路网密度、车行道宽度等。然后结合现状路网，合理进行路网规划，既要尊重现状，同时也不能过分拘泥于现状，鼓励学生要敢想敢做。根据对用地的分析，逐步演示主干道、次干道、支路的生成过程。

4.3　用地布局

同样是总规设计中的重要一环，但初学者面对五颜六色的色块往往不从下笔，不知所措。因此在路网骨架确定的基础上，应首先明确规划结构，如"公共组团、居住组团、工业组团"，各组团除了主导用地外，还必须有一些配套的设施。如居住组团除了居住用地外，还必须配备商业、文娱、教育、广场、公园等等设施，对照用地分类标准把这些用地具体细化出来。教学中采用启发和引导式方式提高学生学习兴趣，列举身边的案例，通过规划使生活、生产更方便，高效利用土地。

4.4　市政设施

主要包括水、电、气、环卫等，教学过程中，我们建议学生先不要管这些用地，在用地布局初具雏形的基础上，根据各项设施的性质及自身要求，合理选取适当的位置。好比给水厂要布置在上游、污水厂要布置在下游等，在所有的用地基本确定后，再整体调整，使各用地相互协调、减少彼此之间的干扰。

4.5　文本、说明书编写

文字部分一直是我系学生的短板与不足，大部分学生都把精力花费在方案和图纸的绘制上，写出的文字部分要么言语不通、逻辑不强，要么就是胡乱拼凑。总规设计中的文字部分可能占到工作量的 60% 以上，基础资料、人口预测、产业布局、城镇性质等等，每一项内容都包含众多，需要有一定的专业功底才能完成。到目前为止，文字部分我们还没有一个很好的办法，只能找一个相近的范本，让学生模仿，要求学生反复校核，避免明显错误。实际操作过程中，也很难做到位，指导老师不可能把每一个文本从头到尾读一遍，精力有限。

以上 5 点，我们都是通过分解自己主持的实际项目逐步讲解，经过 3 年的实践，取得了一定的成效，课堂效果有了明显改善，作业水平也有一定的提高。

5　严格草图、公开评阅

为了切实督促每一位学生，使教学计划得到顺利落实。我们严格制定进度安排，明确一草、二草、三草的具体要求和交图时间，而且要求草图必须是手绘草图、马克笔着色，严格实行"草图签名制"，即每一阶段的草图经指导老师修改签名后，放开进入下一阶段设计。在师资薄弱的情况下，我们只能抓基础、抓落实。实践证明这样也取得了一定的效果，至少没人敢偷懒，一定程度上也逼迫着学生练习使用马克笔。

草图一律安排在课外时间做，上课时间专门修改讨论方案。要求学生把做好的草图全部悬挂起来，一是营造一种氛围，二是也在一定程度上形成对比，会激励学生一次比一次做的好。评图前，学生先讲解自己的方案，然后指导老师现场评价，并当场用马克笔修改调整方案。

通过这种方式，学生一次比一次讲的好，方案也在逐步完善。

最终的成绩评定，我们采取公开答辩的形式，学生制作好 PPT，我们邀请 3~5 名专业教师，模仿项目评审，肯定优点、指出不足，有问有答，让学生明白自己对在哪里、错在哪里，使学生在设计完成后再回过头重新认识自己的作品。实践证明，公开答辩有助于提高学生的积极性，增强了学生的荣誉感，同时也融洽了师生关系。

最终的成绩我们采取“考勤（10%）+ 草图（30%）+ 成果（50%）+ 答辩（10%）”的形式综合考虑，尽可能做到客观公正，减少争议。

6 结语

城市总体规划设计中研究性的成分较多，涉及的内容也较全面，其实很多学校已经做的很好了，有很成熟的经验。但同济经验不可复制，师资和办学条件是制约本专业发展的重要条件，在全国 186 所（不含港澳台地区）开设城乡规划专业的高校中，我们的条件应该不是最差的，即便如此也面临诸多困难。因此我们只能把握地方特色，在有限的条件下合理选题、注重教学过程、组织教学秩序，在此基础上探索适合自身的教学方式，是提高《城市总体规划设计》教学质量的重要途径。

主要参考文献

[1] 顾凤霞．城市总体规划课程教学方法探讨［J］．高等建筑教育，2010，04：59-62.

[2] 彭建东等．“城市总体规划设计”课程教学中创造性思维培养的思考［J］.2012 年全国高等学校城市规划专业指导委员会年会论文集．北京：中国建筑工业出版社，2012：203-206.

[3] 唐子来．不断变革中的城市规划教育［J］．国外城市规划会刊，2003，3.

[4] 陈秉钊．谈城市规划专业教育培养方案的修订［J］．规划师，2004，04：10-11.

The Teaching Dilemmas and Explorations of “Urban Master Planning and Design” about locally Colleges

Qi Shuang　Wang Guiqin　Wang Haiyan

Abstract: The teaching system about the specialty of urban planning in locally colleges and universities is facing many difficulties, such as shortage of teachers and poor school conditions, which affect the normal teaching activities. In order to achieve the teaching goal of “Stimulating the students’ learning interests,knowing about the urban planning and fostering expertise of research” ,this paper discusses some concrete measures of teaching work about urban master planning and design from the following aspects, such as,grouping of design, selection of subjects, analysis of cases, periodically sketch, publicly reply and score assessments.

Key words: urban master planning and design, dilemma, exploration

以人居环境为导向的城乡规划专业综合实习改革

李　梅　贺　栋　王建伟

摘　要：针对目前城镇化建设中的实际问题和城乡规划教学中的问题，提出对城乡规划设计人员的基本要求。对于开设城乡规划的院校，在实践教学中要关注细节设计，关注人居环境设计。本研究从河南科技学院规划专业的综合实习入手，分析规划实习中的问题，明确了城市规划专业综合实习的实践改革方向，研究结论对地方本科院校综合实习具有一定的指导作用。

关键词：城乡规划，综合实习，人居环境

城乡规划专业是一个实践性非常强的专业，在目前开设有城乡规划专业的高等院校中都制定了相关的理论课程、实践实习两个环节的教学，而实习教学作为理论学习的认识和深化，在城乡规划专业整个课程体系中发挥着巨大的作用。在设置形式上，不同院系科目设置虽然不同，但是基本上都是大一阶段的城市认识实习、大二阶段的建筑设计、构造结构等综合实习，大三阶段的详细规划设计实习，大四阶段的总体规划实习，毕业阶段的规划师业务实践等。每一次的实习其实都是一个综合性的实习环节。

1　综合实习教学改革的必要性

随着我国城市化进程的加快，越来越多的岗位和部门都开始招聘城乡规划相关专业的人员，然而，由于全国开设城乡规划专业的院校众多，各个院校的培养定位和侧重点也有所不同。截至目前，全国范围 150 多所本科院校基本形成了以城市社会经济、建筑工程、景观环境、工程技术为主要发展核心的城乡规划专业背景，基于此背景的差异性，使得不同背景专业的人员在进行城乡规划实践过程中关注的重点出现差异化模式。在目前的城镇化和城市建设中，多种模式共同运作，有利于不同专业背景的人共同参与城市建设，但是也出现了一系列问题，如有些地方盲目增加土地供应、维持经济增长而大规模进行圈地和房地产建设，还有些地方过分追求山水城市思想，过度拆迁，建设大公园、大广场。在目前的城镇化建设中，我们究竟需要怎样的城乡规划设计人员和管理人员就是一个值得思考的问题。

城市规划专业的综合实习是一个很好的理论和实践相联系的平台，也是一个积累实践经验、解决实际问题的综合平台。城乡规划设计实习在实践中，有些院校过分关注了设计本身或者城市本身，有些院校甚至花了大量的经费出国、出境参观，我们也曾经走访了很多大城市，但是却发现在大城市中，学生往往被光怪陆离的建筑设计、摩天大楼所吸引，而忽视了很多原本应该关注的细节。在这里，我们以本院大三详细规划设计洛阳实习为例来探讨城乡规划综合实习的实践改革问题。

2　综合实习改革的原则

2.1　关注细节，以境为主

在整个实习环节中，如果说城市认识实习可以站在城市发展的总体范畴，增加学生对于城市的总体印象的话，那么在后续每一次的综合实习中便应该从总体回归到眼下，关注人居环境细节设计。一切的设计体现除了总体设计之外，便是很多的细节设计集合起来的。由于城乡规划是一个从宏观到中观，再到微观的一个管理和决策活动，在以往我们的教学和实践中，出现了太多的问题，如很多学生往往只关注图纸上的总体规划平面效果和思路，却往往忽略空间细节的规划体现，特别是细节与总体的结合问题，于是出现很多规划思想很好，但是实际

李　梅：河南科技学院讲师
贺　栋：河南科技学院助教
王建伟：河南科技学院讲师

图 1　广场中心花丛

图 2　河图洛书广场指示牌

图 3　入口大门

图 4　广场西南角八卦高台

操作中不知道如何表现或者表现不出来的情况，在实践中也出现了很多这样的问题。城乡规划专业学生在实习过程中就要发现和思考这些问题，不能一味地走马观花。拿洛阳市洛浦公园为例，该公园沿着穿越市区的洛河两岸而建造，全长 16 公里。现在北岸景区长约 10 公里，宽为 90 米，成了整个游园的重点，在规划上采取以洛阳桥为界限，西半部分有 30 个活动内广场，以市民休闲活动为主，东半部规划 14 个历史文化广场。总体规划非常好，但是有些细节设计上就出现很大问题。如东半部的 14 个历史文化广场为例，有些设计细节就远远不够，有些广场虽然说是历史文化主题广场，但是在单个设计过程中却往往忘了主题的意义所在，单纯地进行了绿化、小品及铺装。如河图洛书广场，中心广场仅仅是一丛花坛而已，如图 1 所示。从这个花丛来看，学生们没有看到任何意义，而当他们看了关于广场的指示标志（图 2）之后，才发现这是一个河图洛书广场。纵观整个广场，除了在入口大门设计（图 3）和西南角高台上的黑白柱子（图 4）表示出来的八卦涵义外，广场中心却没有关于“河图洛书”的体现，细节设计与主题风格和意境显然发生了背离。因此在实习中学生们首先要发现这些问题，进而关注细节，思考一下如何体现规划主题情境的需要。

2.2　关注文化，以史为脉

随着城市建设的高速发展，我们的城市出现了日新月异的变化，特别是新农村建设，但与此同时我们也失去了许多永远无法复得的东西——历史文脉。城市是历史形成的，从认识史的角度考察，城市是社会文化的荟萃，对于城乡建设的探究，无疑需要以文化的脉络为背景，倘若缺少了文化的精髓，那么规划设计本身就缺少了灵魂的寄托。在很多地方的城乡建设中，我们也提出打破千城一面的设计，但是在规划设计中却往往背道而驰。这主要就在于要把握城市的历史，充分挖掘城市的文化，应该让一切的规划设计，都成为城市文化的一部分，大都市规划思想不能成为新型城镇化建设的主导。作为工科规划专业学生应该积极提高自身的人文素养，在每次的综合实习之前，学生应进入人文资料图书馆进行城市历史文化的解读和了解，然后再深入城市进行学习，这样就有利于抓住城市的精髓。

2.3 关注环境，以人为本

在有些开敞空间设计中，规划者往往关注大体量和大气魄，采取大面积硬质广场，大规模绿地草坪营造庄重的氛围，但是由于对于使用者的关怀不够，虽然也考虑了硬软质空间的结合，但是出现的情况却是人们无法使用大片的绿地带来的空间，或者是在使用时出现很多问题，类似像我们所规划的休闲空间的营造并非人们愿意前往的休闲空间。城乡规划的目的是为了创造良好的人居环境，因此在规划设计中要充分体现以人为本的思想。人是空间的使用者和体验者,在过去相当长的时期内，人们打着以征服自然为目的，以科学技术为手段，在一定程度上破坏了人类赖以生存的基础，特别是在新农村建设中，我们的规划和行政部门为了创造城镇化率和一些形象工程，急于对农民原有的生活空间进行大规模的拆除和改造，有些城市制定出一些相关政策，如在城市圈范围内不允许一切村庄的存在，从“农民变市民”，“村民被上楼”，说是土地集中使用，有些城市实际上变成了变相的房地产开发。一切不关注人居环境的设计，总有一天会受到环境的报复。因此，在规划设计中，设计者应该设身处地为使用者考虑，应该会在哪里休息，在哪里活动，活动的流线是什么样的，充分体现以人为本的思想。

3 综合实习教学改革方法与实践

3.1 综合实习改革方法

3.1.1 观察与体验相结合

对于城乡规划设计者来说，我们既是设计者，同时也是使用者，因此在综合实习实践中，观察现状，亲身体验就是最好的学习方法。如在对城市商业街的认识实习中，首先从商业街整体区位情况去观察该街区的人、车流情况，观察商业街中停驻空间的舒适度，然后让学生作为消费者去体验。在综合实习安排中，让学生作为使用者去感受，这是在规划专业综合实习中非常重要的一个环节。在这一环节中，我们采取了交流学习方法，让同学们将自己对洛阳新都汇步行街的感受和对新乡东方文化步行街的尺度感受对比写下来，在其中梳理步行街的关键词，得出两个案例的尺度对比，然后在随后的实习中进一步提炼其他案例步行街尺度综合感受，如洛阳老城丽景门商业街，龙门石窟入口前商业街设计，在四个案例感受中，大家将所写下的关于街道尺度比例、休闲设施、绿化等关键词联系起来，然后全班交流总结进行四个步行街的尺度感排序、设施满意感排序、绿化设计排序，充分验证了一个亲切商业街的尺度和比例问题。只有设身处地将自己作为一个消费者、使用者，才能设计出一个充满生活气息、使用便捷地商业街。

3.1.2 勘测与思考互进行

在实习过程中，仅仅注重了观察，即使亲自体验，效果也远远不好，更主要的是要在观察和体验中结合实际的勘测，进行一定程度的思考。如在商业街感受中，绝大部分同学感觉龙门石窟街道空间尺度空间开阔、街道过宽，但是在后来的实地勘测中才发现建筑控制线间道路仅仅有八米左右，在这样一个尺度中完全符合一个亲切的商业街氛围，但是为什么会出现空旷的效果呢?于是在这样的勘测之后，带队老师引导同学们去思考这个问题。在思考过程中，有些同学就提出以下一些问题所在：第一，街道两侧层高大部分为一层，在比例上高宽比小于1，本身会给人围合过低的感觉；第二，道路中间路面没有任何绿化和休闲的设施，因此只留下空旷的路面。这个在基本规划方法中也许只是简单的思考过程，那么在有些历史主题广场中就不得不深入思考了。如在洛浦公园北岸14个历史文化广场设计中，前方看见一个广场，首先要想象这是一个什么样的广场，如果包含有一个历史主题，看到四面高台，看了高台上的历史故事，就要思考这个广场主题是什么，然后再回头看看主题指示牌，验证下我们所思考的是不是和设计者表达出来的是一个思想，如果出现明显背离，显然那我们也要站在历史的主题角度来提炼中心加以改造设计，使得历史主题如何在感觉上让使用者一目了然。这就是一种综合实践的思考方法。

3.2 综合实习改革形式

3.2.1 打破孤立，团队合作

城市规划专业是一个多学科融合的专业，其中最主要的是要尊重人的感受和心理，体现以人为本，为人创造一个宜居环境。而以人为本的“人”不能是以我为本，因此学生团结合作。在实习之前，先给学生一个大体的实习内容介绍，鼓励学生采取自由结合形式。在人数方面既不能多也不能少，我们考虑以 4 人左右为宜，因为这个基数无论在出行、乘车、讨论方面都有利于发挥每个个体的作用。而人数结合还有一个最主要的基础就是团队成员基于某一个规划方向的兴趣度，如商业区、行政文化区、道路交通、景观设计、历史文化等各方面。在实习内容和实习成果汇报方面，都要求学生采取团队合作的形式来提交作业和作品，充分发挥了同学们的团结协作能力，也使大家看到了团结工作的效率。

3.2.2 抓住主题，贯穿始终

作为综合实习，实习的内容必定涵盖多方面内容，例如详细规划综合实习，包括了居住区、商业区、中心区、景观绿地、历史文化等内容，学生们一方面应该全面熟悉这些知识，另一方面应该抓住一个主题进行深入思考，比如做历史文化主题的，就可以在为期两周的实习过程中，从老城商业街、遗址广场、行政文化中心等各内容中提炼历史的主题和内涵，全面进行多方面的挖掘和深入。

4 综合实习改革成效与展望

在经过了为期两周的综合实习之后，学生们回校进行了实习素材和照片的整理和深化，并且于一周后举行了城市规划专业综合实习作品展。从展览作品来看，很多同学已经抛开了大而阔的规划思路，开始关注人居环境细节设计，几个同学共同确定一个主题，共同开展工

图 5 作品一

图 6 作品二

图 7　作品三

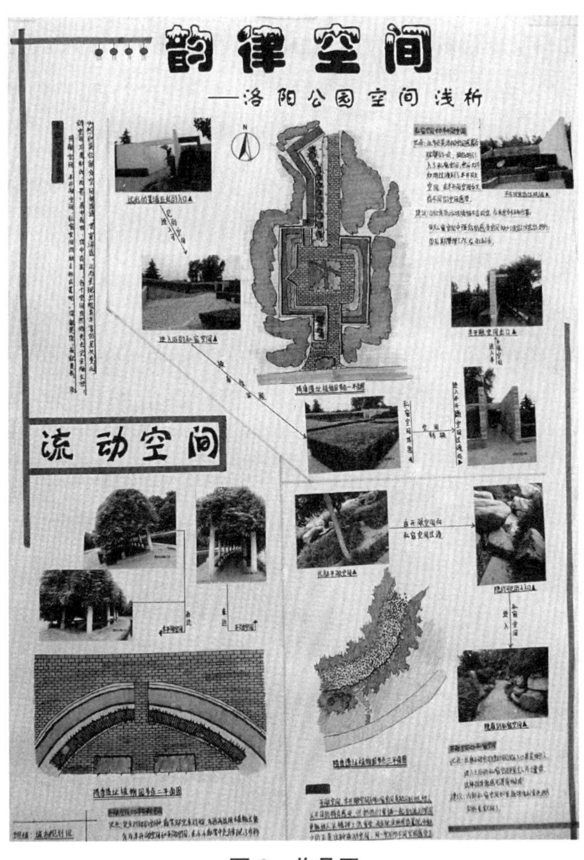

图 8　作品四

作，如图 5、图 6、图 7、图 8 所示。虽然作为大三学生，作图能力及排版各方面均有不完善的地方，但是从作品情况来看，学生们一方面开始关注团队合作，另一方面也开始从宏观层次关注人居环境的细节设计。

此次实习是基于本校 2008 年夏天开辟洛阳实习路线以来至今的经验积累，在各校综合实习中，相信还有更好的实践方法。在实践平台上，各院校共同切磋与交流，城乡规划专业的实践能力必将大幅度提高。

主要参考文献

[1]　周俭 . 城市规划专业的发展方向与教育改革 [J]. 城市规划汇刊，1997，4：35.

[2]　柏兰芝 . 反思规划专业在社会变革中的角色 [J]. 城市规划，2000，4：56-57.

Environment-oriented reforms on the comprehensive practice of urban planning major

Li Mei　He Dong　Wang Jianwei

Abstract: Aiming at the problems of urbanization construction and planning education, this article puts forword the basic requirement for designers. For the colleges and universities which have planning major, we must pay attention to the detail design and environment. Starting in the comprehensive practice of planning major in Henan University, the paper puts forward the ways on how to reform the comprehensive practice by analyzing the problems of comprehensive practice.

Key words: urban and rural planning, comprehensive practice, environment

地方本科院校城乡规划专业暑期社会实践的探讨*

张　建　林从华

摘　要：暑期社会实践是地方本科院校城乡规划专业培养实践能力的途径之一，是课堂教学的有益补充。暑期社会实践应以学生为主、边做边学，结合不同学习阶段设置，编制为主，参观、调查、宣传、训练、竞赛等多种形式相结合，提倡不同专业背景的师生参与，现场指导、及时总结。

关键词：城乡规划专业，暑期社会实践，实践能力

引言

2007 年，教育部《关于进一步深化本科教学改革全面提高教学质量的若干意见》中提出“高度重视实践环节，提高学生实践能力”。城乡规划作为一项注重实践性的社会活动，从人才培养与专业教学来看，具备综合、扎实的实践能力是当前我国本科阶段城乡规划专业教学的重要目标。课堂教学是当前城乡规划专业最主要的教学形式，往往会存在教学模式单一、方法灵活性不够、学习兴趣有减无增等不足之处。因此，除了加强城乡规划专业课堂教学改革之外，探索一种能够完善课堂教学不足的教学形式具有重要的现实意义。

1　地方本科院校城乡规划专业开展暑期社会实践的必要性

1.1　体现地方本科院校的办学特色

地方本科院校城乡规划专业人才培养目标是为地方基层服务的应用型人才，最大办学特色是地域性，即要求学生掌握地方城市、乡镇、村庄规划设计理论、方法和技能。暑期社会实践活动范围一般都是在本省之内，借助暑期社会实践开展地域教学，使得学生更加熟悉省情地情（尤其是县级以下），了解城乡建设管理现状，毕业后更好地为地方服务（表 1）。

福建工程学院城乡规划专业近三年暑期社会实践主要活动　表1

时间	主要活动
2010	宁德市屏南县孔源、贵溪村新农村规划设计 漳州市云霄县和平乡、马铺乡、下河乡总体规划 漳州市南靖县旅游业的发展瓶颈调研 福建海西平潭综合试验区发展现状调研 关于临水宫建筑艺术特征及陈靖姑文化调研
2011	漳州市云霄县村庄规划设计 三明市尤溪县村庄规划设计 宁德市福鼎县秦屿镇村庄规划 龙岩市连城县培田古村调研 福州大学城南部资源共享现状调研 福州市罗源县“红色足迹”调研 龙岩市上杭县古建调研 三明市永安市安砂镇农民工子女生活现状调研
2012	龙岩市漳平市村庄规划设计 福州市闽清县村庄规划设计 福州市河道整治进展调研 福州市闽侯县蔗洲村调研拆迁动态 福州市闽侯县福建工程学院调研新学生街建设情况 福州市闽侯县省体育馆调研公共建筑“共”与“享” 福州中央商务区的发展与变迁的社会调查

1.2　完善课堂教学的不足

课堂教学在实践能力培养上主要存在三个方面的不足，一是“课堂”教学效果取决于教师的实践能力与研

* 基金项目：福建工程学院教育科学研究项目（GB—K—13—21）。

张　建：福建工程学院建筑与城乡规划学院讲师
林从华：福建工程学院建筑与城乡规划学院教授

究水平[1]，学生的实践能力是“二手”转化而来的，而不是学生自己直接从现实过程中获取的。二是由于课堂时间有限和教学形式单一，学生在调研、观察、倾听、交流、表达等实践能力仅停留在模仿阶段，尚未真正做到“学以致用”。三是课堂传授更多的是一些基本、常用的实践能力，一些在课堂上无法获取但对城乡规划工作非常重要的实践能力需要寻找新的教学方式进行锻炼。

1.3 培养城乡规划职业精神

城乡规划是各级政府的重要职责之一，但也需要不同利益主体参与。现实生活中，大多数人对城乡规划了解甚少，城乡规划的公共参与性亟待提高。因此，作为将来的城乡规划师，城乡规划专业学生有义务利用课余时间宣传城乡规划，让更多的人了解城乡规划。

总之，暑期社会实践具有自主性、集中性、灵活性、不影响正常教学等特点。学生能够直接面对城乡发展现实问题、接触不同利益主体、综合运用多种实践能力。暑期社会实践充当着毕业之前绝佳的实战练兵平台，是地方本科院校办学特色的和培养实践能力的有效途径之一，对实现应用型城乡规划专业人才培养目标有着积极意义。

2 暑期社会实践的目的与意义

2.1 加快学生实践能力的培养

暑期社会实践作为一种非正式教学形式，本质上属于现场教学，一旦发现问题便可以及时纠正、总结，提高学习效率。另外，暑期社会实践课题都是真题，脱离课堂作业的“理想环境”，可以接触与城乡规划有关的不同群体，深入到现状空间背后的复杂问题，促进学生学习、运用综合实践能力。

2.2 提高课程间的有效衔接

工科型的地方本科院校城乡规划专业课程建立在建筑学专业背景之上，通常是从小尺度到大尺度递进安排的，每门课程学习效果直接关系到后续课程（课程群）的学习。因此，有针对性的暑期社会实践活动既能弥补上学期课程学习中的不足，又能提前感受下学期课程要求和内容。

2.3 拓宽学生对城乡规划的认识

一方面目前城乡规划专业知识与理论主要集中在大中城市，特别是像北京、上海、巴黎、伦敦等特大城市，缺少中小城市（镇）。另一方面随着《城乡规划》的实施，乡镇、村庄规划的课程教学有所改善，但囿于教学管理的束缚，课堂上讲解乡镇、村庄规划知识与理论往往是点到为止，缺乏深度。暑期社会实践范围多在本省、地区之内，学生可以通过专业的眼光观察、思考中小城市、乡镇、村庄建设发展现状与未来，慢慢提高对城乡规划的认识，巩固完善已有的知识与理论体系。

2.4 促进学生城乡规划价值观的养成

城乡规划既是合乎公共利益的政府职责之一，又是一项“以人为本”的社会运动。在社会转型过程中，城中村、空心村、居住隔离等社会问题都与城乡规划存在密切联系，城乡规划的社会属性不能遗忘和忽略。正因如此，规划师的价值观显得尤为重要，它直接关系到为谁规划，关系到权利和利益再分配。学生时期的规划价值观导向教育直接影响到今后正确价值观的形成，除了课程讲解之外，更为有效的是让学生到实际中去感受、思考。暑期社会实践作为一项实际课题，学生可以参与到不同利益主体诉求相互碰撞的过程中，切身感受到不同社会价值观，通过教师的引导逐渐树立正确的价值观。

3 暑期社会实践的具体要求

3.1 以学生为主、边做边学

与“以老师为中心”的课堂教学不同，暑期社会实践活动是学生对专业知识和能力的综合运用，是知识体系的巩固和升华。暑期社会实践的主题可以根据学生的兴趣或者通过老师命题、学生选择的方式来确定，不论哪种方式都是为了学生认识到他们才是暑期社会实践活动申请、准备、开展到总结整个过程的主体。暑期社会实践中，教师的角色从“牧师”转变为“导演”[2]，主要工作是布置任务、组织、讨论、点评，学生的任务是围绕问题和要求进行一系列的调查和分析。

3.2 不同学习阶段设置相应内容

暑期社会实践内容与其所在上下学期的教学目标、内容密切相关。按照一般的学习规律，在完成上学期的学习任务后，学生需要一个“温故而知新”的过程，同时为了顺利过渡到下学期学习又需要积累一定的基础知识和学习兴趣。暑期社会实践要求太高，学生能力有限、难以开展工作；要求太低，主要集中在整合已有的知识体系和锻炼相关技能上，难以对下一学期的学习起到铺垫的作用。一般来说，一、二年级学生的暑期社会实践以培养城乡规划基本技能为原则，选择一些具有普遍性“宜小不宜大”的社会问题作为实践主题。大三年级学生掌握居住区规划设计、景观规划设计等微观尺度的规划设计能力，暑期社会实践可以选择度假区、公园和村庄规划作为实践主题。大四年级学生基本具备城乡规划知识和技能，暑期社会实践的主题可以是乡（镇）总体规划、风景名胜区规划设计、历史文化村镇保护规划、专题研究、专业设计竞赛等。

3.3 编制为主，参观、调查、宣传、训练、竞赛等多种形式相结合

暑期社会实践的形式主要包括参观、调查、宣传、训练、竞赛、编制，每种形式都有相应知识、能力要求，应结合暑期所在上下两学期的教学目标和内容来确定。一、二年级暑期立足于兴趣和技能培养，主要以参观、训练为主。三、四年级以编制规划为主，强调知识能力的综合运用。另外，编制规划依然是当前城乡规划专业本科毕业生的首要任务，在暑期社会实践中有意识地加强编制规划能力的培养具有现实意义。因此，分解城乡规划编制的方法、内容与要求落实到不同形式的暑期社会实践活动，编制为主线，参观、调查、宣传、训练、竞赛为副线，既增强学习趣味性和积极性，又能潜移默化地提高城乡规划编制水平。

3.4 小规模、多团队的指导方式

暑期社会实践团队规模一方面结合实际项目类型，乡镇总体规划四到六个学生，村庄规划一个或两个学生，其他形式的实践课题人数可以增加；另一方面与住宿地点有关，乡镇、村庄供住宿的地方较少，人数应适当减少。同时，暑期社会实践活动尽可能分解成若干工作小组，每个工作小组有明确的目标与要求，按照个人方案、小组方案、课题方案的顺序进行交流讨论。

3.5 提倡不同专业背景的师生参与

城乡规划是一门综合型的学科，较宽的知识面是一名合格的规划师不可缺少的条件之一。在暑期社会实践中，组织具有不同专业背景的师生参与进来，加强学科交叉和专业知识整合，学生能够得到不同教师的指导、与不同专业的学生进行良性互动。各取所需、取长补短，师生可以在暑期社会实践中实现目标最大化。

3.6 现场指导、及时总结

暑期社会实践是一种以学生为主体的现场教学。在开展过程中，一旦学生偏离方向或者出现重大问题，老师可以随时当场予以纠正。进一步讲，老师可以亲自向学生展示如何做，使得学生有个初步理解，学习起来会更加有效率。

曾子曰：“吾日三省吾身。”反省是对自己或别人经验教训的思考和总结，并善于将反省后的认识付诸实践的思维方法。总结是反省形式之一，也是十分有效的学习方法。在暑期社会实践中，应定时开展总结会，以工作内容的阶段性、完整性为原则要求学生定期进行总结，及时解决出现问题，促进知识消化吸收。

4 结语

除了课堂教学自身变革之外，在笔者看来，城乡规划专业教学还应充分开展暑期社会实践、学术沙龙、创新计划等一些以提高理论知识、培养实践能力为目的的课外教学活动～第二课堂。开展暑期实践活动是地方本科院校城乡规划专业教学的重要组成部分，既能让学生了解本省的城乡建设现状，又能增强教学过程的连续性，还可以提高学生暑期生活的充实度。在具体目的与要求上，暑期社会实践应与课堂教学应有所侧重，重点是围绕实践能力的综合运用来开展。总之，本文对地方本科院校城乡规划专业暑期社会实践进行了初步探讨，有待进一步完善。

主要参考文献

[1] 刘博敏．城市规划教育改革：从知识型转向能力型［J］，规划师，2004，4：16-18.

[2] 唐春媛，林从华，柯美红．借鉴 MIT 经验—重构城市规划基础理论课程［A］．中国城市规划学会．站点 2010—全国城市规划专业基础教学研讨会论文集［C］．北京：中国建筑工业出版社，2010：148-153.

An Explore on Summer Social Practice for Urban–Rural Planning Majors in Local Colleges

Zhang Jian　Lin Conghua

Abstract: Summer social practice is way to develop practical ability to urbanrural planning majors in local colleges and universities, which is useful supplement of classroom teaching. Summer social practice should student–orient, learning by doing, combination of the different stages of learning settings, prepared in the main, to visit, investigation, publicity, training, competition and other forms combined, teachers and students involved in advocating different professional backgrounds, on–site guidance, timely sum.

Key words: Urban–Rural Planning Majors, Summer Social Practice, Practical Ability

教学方法

授人以渔——以方法论为导向、注重知识综合运用的毕业设计教学实践

田宝江

摘　要：针对本科毕业设计综合性和实践性的特点，本文提出毕业设计教学在理念、方式上都要做出调整和应对，实现从以传授为主向以引导为主转变、从让学生掌握知识内容向让学生运用知识解决实际问题转变。为了实现这两个转变，毕业设计教学必须以方法论为导向，注重学生对分析问题、解决问题的基本方法与思考模式的掌握。本文结合毕业设计课题，提出了“四向结合法”、“差异引导法”、“内生引申法”、“社会热点提炼法”等方法，帮助同学在特定条件下，总结和运用相应的方法来分析问题、解决问题，不仅仅注重某个具体问题的解决，更注重具有普遍意义的基本方法的提炼和掌握，真正提高同学的专业素养，为后续工作及研究打下坚实基础。

关键词：毕业设计，方法论，综合运用

引言：毕业设计的特殊性对教学方式提出更高要求

毕业设计与一般的课程设计有什么不同？作为本科阶段最后一个设计，毕业设计也是本科阶段最“大”的一个设计，是对本科阶段所学知识的系统总结和运用，也是对学生综合能力的一次检验和提升。与一般的课程设计相比，毕业设计更具综合性和实践性的特征。一般课程设计往往是针对某一特定的规划阶段或具体的问题展开设计，如居住小区规划、某地段城市设计、某地区控制性详细规划等，而毕业设计往往是更具综合性的城市总体规划或者综合运用所学专业知识对某一地区的整体性问题提出解决方案的设计，其综合性还体现在不仅要综合运用设计技术，还要全面运用所学的专业理论知识，对问题进行分析、比较、提炼，找到解决问题的途径，因此在题目性质、知识运用、课时容量以及最后的成果表达等方面都是最综合、最全面的一次设计过程；毕业设计的实践性主要体现在题目一般为真实的课题（或真题假做），具有真实的基地、真实的建设或改造需求，要解决实际问题。毕业设计是一次实战练兵，也是向职业化的过渡，为同学毕业后走上工作岗位或者继续学习深造打下良好基础。

针对毕业设计综合性、实践性的特点，毕业设计的教学在理念、方式及教学安排等方面都要做出积极的调整和应对。此前的课程设计重在“教”，让学生掌握某个知识点或专业技能，学生主要是“吸收”，而毕业设计则要求学生往外“拿”东西，重点在如何“运用”。因此毕业设计的教学方式与课程设计有很大不同，具体说来应实现两个转变，即从过去的以传授知识内容为主转为以引导、启发学生的自主能力为主、从让学生掌握知识转为让学生运用知识解决实际问题。为了实现这两个转变，就必须更加注重方法论的建设，不是仅仅着眼于某个具体问题的解决，更在于解决问题中通用的、普遍性的方法的提炼和掌握，不是授人以鱼，而是授人以渔。一套行之有效的分析问题、解决问题的正确方法将使学生终生受益，这也是毕业设计的真正意义所在。本文将以同济大学 2014 届城市规划专业毕业设计课题为例，阐述以方法论为导向、注重知识综合运用的教学方法与实践。

1　毕业设计课题概况

我校 2014 届城市规划专业毕业设计题目是“南京老城南地区有机更新城市设计”，基地选取了南京老城南地区，包含夫子庙、门东、门西等区块，规划面积约 5.48

田宝江：同济大学建筑与城市规划学院城市规划系副教授

平方公里。老城南地区是南京之“根”，也是南京历史积淀最为深厚的老城区。近年来，城市发展与历史保护的矛盾日益突出，老城南的改造方式也曾引发诸多争议。本次毕业设计基地选择了老城南地区，也就是选择了城市发展进程中保护与发展矛盾最为突出、现实问题最为集中的地区。毕业设计的目标是从全局出发，结合南京城市发展战略，考虑老城南地区在区域及南京整体城市结构中的功能定位，结合《南京历史文化名城保护规划》、《老城南历史街区保护规划》，进一步发掘老城南地区的文化价值，在保护的基础上，探索城市有机更新的发展策略，引导老城南地区和谐健康发展。

2 运用“四向结合法”确定规划定位与发展目标

所谓“四向结合法”，是指横向比较与纵向分析结合、问题导向与需求导向结合，通过这四个维度的综合分析，确定地区功能定位与规划目标。横向比较主要指通过区域分析，明确基地在区域、城市乃至片区层面所具有的比较优势，从而确定本地区的性质和功能定位；纵向分析主要是通过考察本地区的空间演变的历史阶段和进程，在城市发展中动态地把握本地区的空间特征及所处的发展阶段，从而确定未来空间发展的方向；问题导向的思路主要在于发现基地存在的关键问题和主要矛盾，从而明确规划的切入点和落脚点；需求导向则是分析本地区未来发展的核心需求，指明规划的方向。

“四向结合法”就是从上述四个维度将问题加以细化和系统化，通过对比交叉分析得出结论。与传统的SWOT分析方法最大的不同在于，SWOT分析只是罗列了四个象限的内容，没有阐释它们之间的内在联系对城市发展的作用和影响；而“四向结合法”则是通过横向、纵向的交叉确定空间定位坐标，通过问题导向与需求导向的对接确定发展阶段定位，强调的是各要素间的内在关联以及作为内在动力机制对城市发展的影响。

在本次毕业设计中，我们有意识地引导同学们运用此方法对老城南地区发展定位进行分析与研判。

2.1 横向比较：确定了长三角、南京市及秦淮区三个层次进行比较分析

长三角层面：明确了南京作为向长江中上游辐射的主轴线的门户城市，成为长三角辐射带动中西部地区发展的重要核心。历史文化方面，南京集历史、近代、现代特色文化于一身，融吴楚文脉、南北文化、中西文明于一体。基地内的夫子庙——秦淮河风光带景区是国家5A级风景区，在区域范围内具有极高的知名度和美誉度，成为长三角地区重要的旅游节点。反观产业经济层面，长三角作为我国经济最发达的地区之一，已经处于工业化后期阶段，现代服务业发展迅猛，与之相比，南京重工业基础坚实，但新兴产业发展相对滞后和缓慢。

南京市层面：《南京城市总体规划（2007–2020）》，确定了南京城市空间“多心开敞、轴向组团、拥江发展”的总体格局，确立了新街口、河西和南部新中心区三个市级中心，而老城南地区正好处在这三个中心的几何中心位置，可谓是中心的中心（图1），区位优势十分显著。同时，《南京历史文化名城保护规划》确定了“一城、二环、三轴、三片、三区”的空间保护结构，老城南处在“一城”即南京老城范围内，并具有明城墙、内外秦淮河等历史文化景观资源。这既是基地独有的文化优势，同时也是城市更新过程中保护与发展矛盾最为突出的原因所在。

片区层面：《南京市秦淮区总体规划（2013–2030）》对本区块的空间结构和产业结构做出了明确界定，提出大力发展历史文化、商贸旅游和创意产业。本区域内以夫子庙——秦淮河风光带为代表，历史文化资源异常丰富，有历史地段11处，历史街巷98条，区级以上文物古迹56处，其他文保单位96处，非物资文化遗产

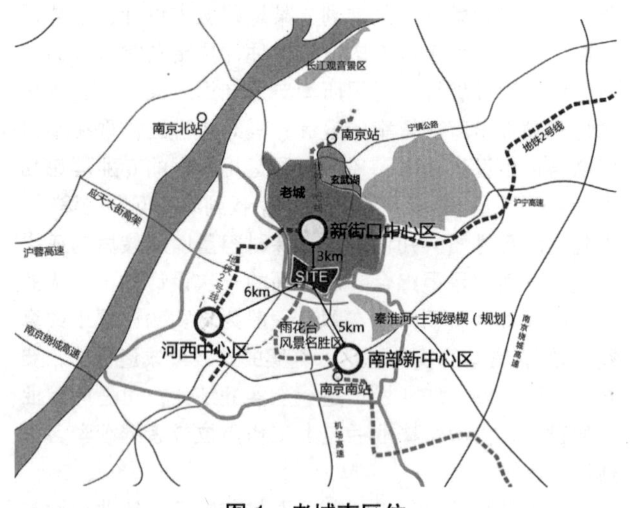

图1 老城南区位

33 处，这无疑为发展旅游和文化创意产业奠定了坚实的基础。

2.2 纵向分析：老城南地区空间演变历史阶段的动态把握

通过对南京城市空间格局发展演变的历史过程分析可知，其空间形制最具特征的有四大阶段，一是春秋战国时期确立了独特的山水城市格局；二是六朝、隋唐时期，由地方城市变为都城，都城形制对城市产生根本性影响；三是明、清时期，形成“大山水”和城、陵一体的城市空间格局，奠定现代南京城市基本框架；四是民国时期，受“首都计划”和中山陵及中山大道建设影响，城市格局发生巨变，并逐步形成新的城市街道系统（图 2）。

通过横向和纵向的交叉分析，同学们的思路开始清晰起来。横向比较，可以看到老城南在区域中的地位和价值，主要体现在区位优势（三个市级中心的几何中心）和丰厚的历史文化资源两个方面，因此其功能定位也体现在这两个方面，即城市中的活力中心和历史文化体验中心，对更大的区域而言，这两个方面整合在一起，就成为城市文化的名片；纵向的空间发展分析则表明，与六朝、隋唐及明清较为稳定的阶段相比，目前老城南地区仍处在城市空间发展的变动期，城市空间异质化明显，这种不确定性既造成了目前该地区空间环境质量参差不齐，同时也为下一步更新发展提供了契机。

2.3 问题导向：把握老城南发展的核心问题

问题导向的分析方法，就是让同学们通过现场踏勘、调研，文献资料的整理等，发现本地区的核心问题和主要矛盾，对这些问题和矛盾的解决就成为规划的切入点和落脚点。通过分析可知老城南现状问题十分突出，主要表现在用地凌乱混杂、城市空间异质化冲突、历史保护遗留问题与开发模式争议、仍以传统观光式旅游为主，缺乏产业链深度挖掘、城墙的空间阻隔作用明显且被边缘化，交通、环境和基础设施亟待改善等。整体来看，核心的问题就是老城南目前的发展状况与其区位优势和

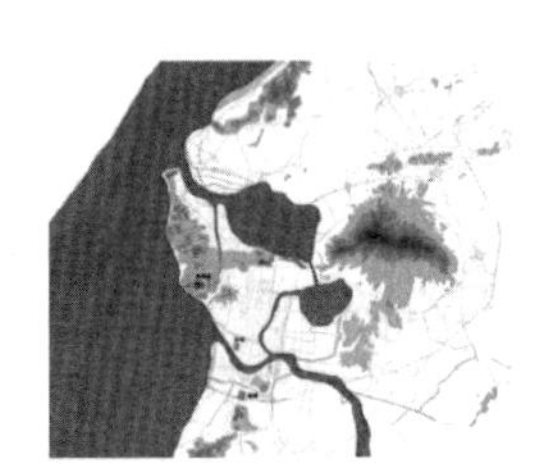

春秋战国时期

六朝时期

南唐时期

明朝时期

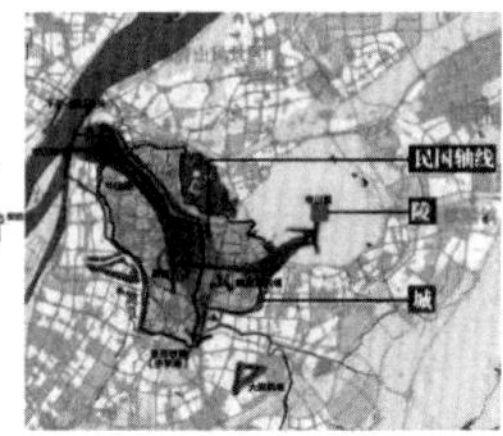

民国时期

春秋战国时期

从聚落到城市；奠定地方中心的地位；确立山水城市格局.

六朝-隋唐-宋元

城市性质的改变-由地方城市成为都城(基于金陵雅音的南京官话在历史上延续时间很长，影响甚大)；城市规模扩大；型制创新；完善城市格局；文化城市的兴起(秦淮文化…)

明-清

形成“大山水”和城-陵一体城市空间格局，奠定现代南京城市基本框架

民国

现代城市规划的开始；城市格局剧变的开始；形成新的街道系统

图 2 南京城市空间发展历程

历史价值极不相称，老城南的历史文化遗存本来是重要的资源，如今却成为某种“包袱”和负担，这种情况的出现一定是发展定位和产业选择出了问题，未能将这些资源有效的纳入产业发展之中，在空间上则反映为被遗落和边缘化。

2.4 需求导向：把握老城南发展的方向和路径

作为城市之根的老城南地区，曾经有过辉煌的过去，在快速城市化过程中，其空间形制、历史遗产与现代城市发展产生了某种错位，使得老城南发展明显滞后，因此，激活老城南，打造城市活力中心、历史文化体验中心，选择适合的产业类型，重塑老城南在新时期的辉煌，成为老城南发展的最大诉求，也是本次规划的目标所在。

综上所述，同学们运用“四向结合法”，确定了老城南地区的功能定位（城市活力中心、城市历史文化体验中心，城市对外的名片）、发展阶段（城市空间发展的不稳定期，空间可塑性强）、核心问题（发展状况与其地位、优势极不相称）和发展目标（利用特色优势，重塑新时期老城南辉煌）。

3 以方法论为主导的产业选择专题研究

产业是城市发展的内在动力和支撑，也是实现规划定位和发展目标的关键，因此，我们把产业选择作为规划编制的切入点。以产业发展作为城市更新的切入点，还可以有效避免过去以空间整治为手段进行更新改造带来的“拆真建假”、缺乏人气等诸多问题。从产业选择入手，不但为老城南发展注入内在的动力，同时，适合本地区的产业类型，如文化创意、旅游等能有效整合区内丰厚的历史文化资源，达到文化提升、创造价值的目的，同时，将这些产业落实到空间的过程，也可带动区内空间环境的优化和提升。

3.1 运用“差异引导法”确定体验式旅游产业

差异引导法，即以现有的某种产业类型为基础，对其发展阶段和发展趋势进行分析，比较升级后产业与现有产业的差异与优势，根据地区经济社会发展实际，因势利导，引导现有产业向更高层次转化和升级。

目前，南京的旅游产业仍然以传统的观光式旅游为主，产业附加值低，未能有效整合地区丰厚的历史文化和景观资源，与其他江南地区存在同质化竞争现象。《秦淮区总体规划（2013–2030）》也明确提出本地区要大力发展旅游业，在此背景下，我们启发同学运用“差异引导法”，分析老城南旅游从浅层观光式旅游向休闲、度假等高端体验式旅游升级转型的可能性。根据国际旅游组织的研究，旅游方式与经济发展阶段密切相关，一般认为当人均 GDP 为 1000 美元时，观光式旅游占主导，人均 GDP 达到 2000 美元，以休闲旅游为主，人均 GDP 达到 3000 美元，以度假式旅游为主，当人均 GDP 达到 5000 美元以上时，将会进入成熟的度假旅游阶段。根据统计，南京所处的江苏以及周边的浙江和上海，2013 年人均 GDP 都已经超过 1 万美元大关，可以说发展休闲、度假等高端体验式旅游已经具备了充分的经济条件，在强调个性、参与和自身体验的今天，体验式旅游必将迎来发展的黄金期，加之老城南地区丰富的历史文化和自然景观资源，更是为发展体验式旅游奠定了坚实的基础。

在确定了体验式旅游的产业方向后，我们进一步引导学生深入思考：适合本地区的体验式旅游项目有哪些，如何与现有文化遗存和景观资源有机融合，如何将项目落实到空间中去，带动空间的优化和发展？通过系统分析，确定老城南体验式旅游分为三大体验区：即内秦淮河体验区（图 3）、明城墙及外秦淮河体验区（图 4）及历史环境人文体验区（图 5）。通过对相关资源的评价和发掘，具体策划和确定每个体验区内的旅游项目并进行空间落实，做到每个体验项目都有物质空间载体，从而最大限度地将本区文化资源和景观资源有机整合，带动地区空间的优化和公共配套服务设施水平的提升。

3.2 运用“内生引申法”确定创意型小微企业

“内生引申法”，是指对现有或既定的产业门类，根据其自身的特点、发展需求以及与地区条件的关联程度，对大的产业门类进行细化和具体化，确定明确的产业亚类型及其空间落实策略。

在旧城更新过程中，创意产业往往是最容易被选择的产业类型。各地也有较为成功的案例，如北京的 798，上海的苏州河沿岸等。上位规划也将文化创意产业作为老城南地区的主要产业类型之一，但发展何种创意产业则需要更加深入的思考。同学们运用“内生引申法”分析后，认为本地区大量的传统民居和街巷，单体

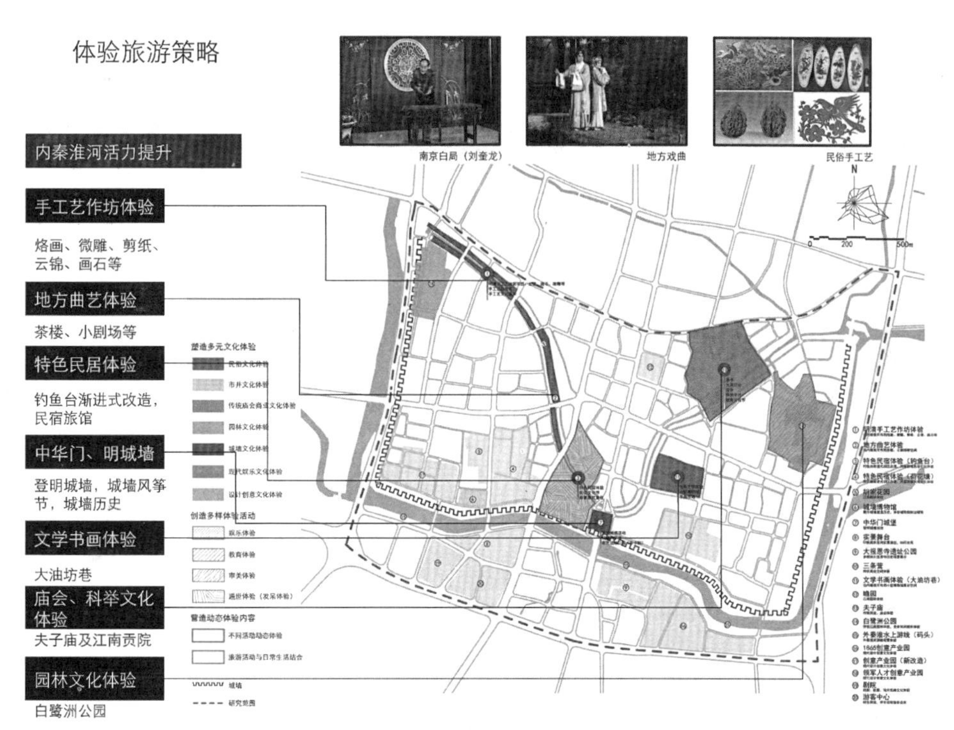

图 3　内秦淮河体验区体验旅游项目及空间落实

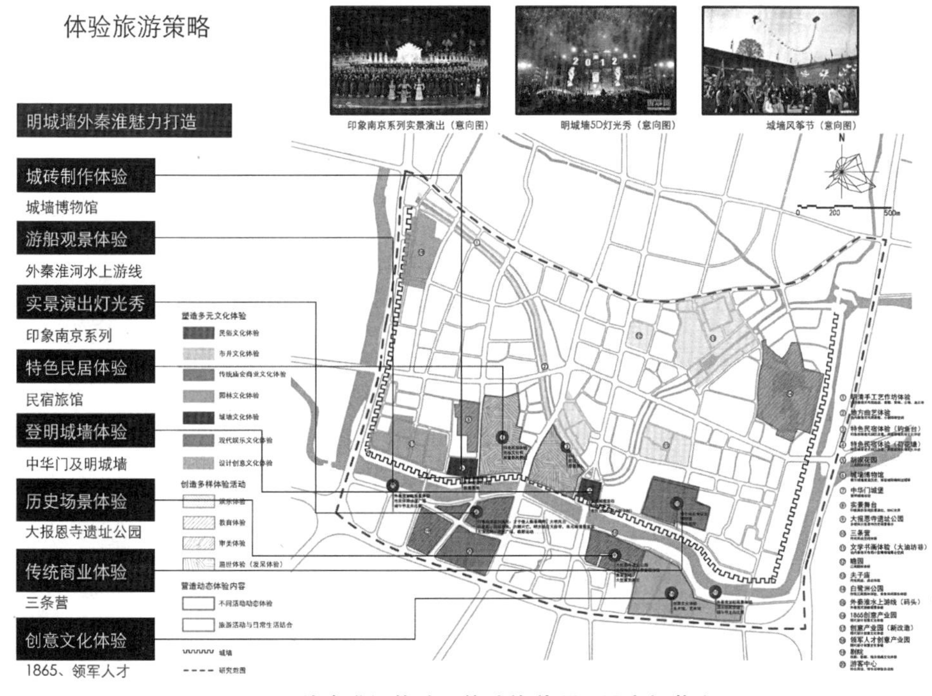

图 4　外秦淮河体验区体验旅游项目及空间落实

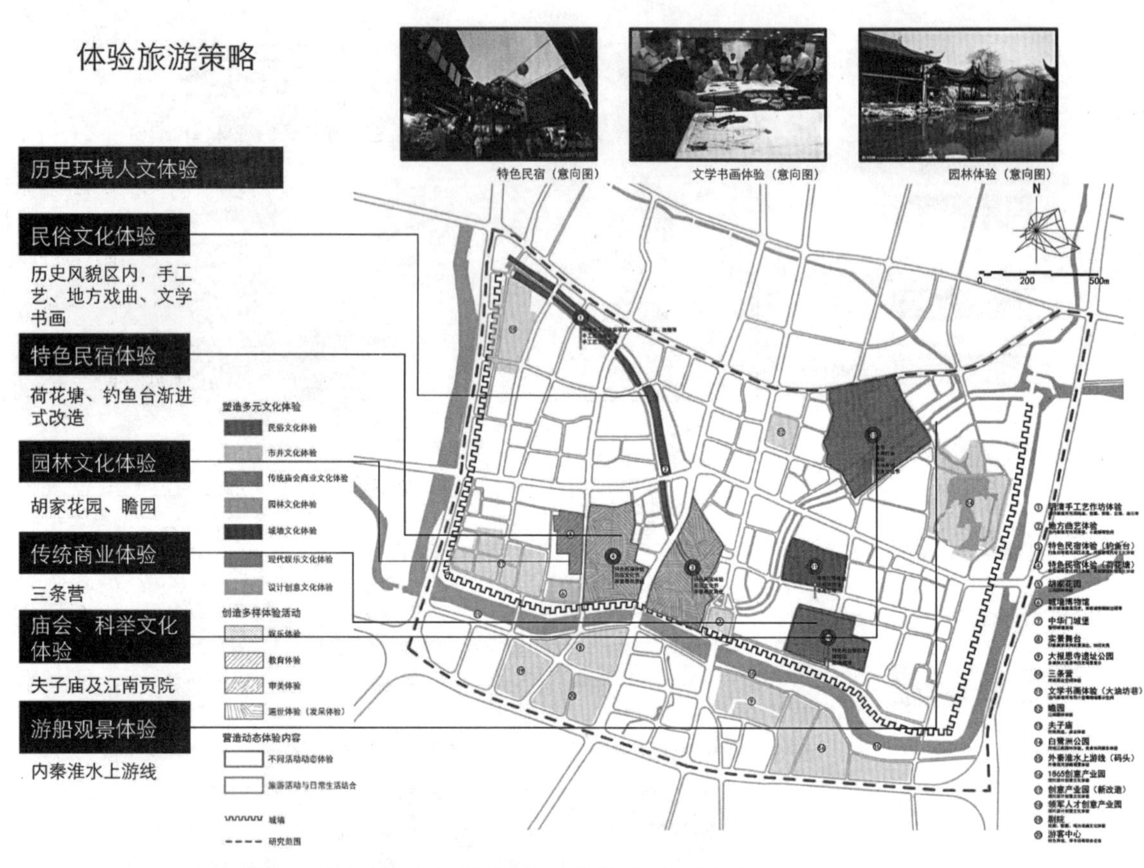

图5　历史环境人文体验区体验旅游项目及空间落实

建筑尺度较小，是典型的低层高密度布局形态，在一般大型工业建筑遗存中的创意产业类型并不适合老城南地区，结合本地区的发展条件和建筑空间特点，非常适合发展小微型创意企业，通过对传统街巷和建筑的适当改造，使其转化为小微创意企业的总部或办公空间，既满足了小微企业灵活、个性的需求，同时又与老城南的空间特征相契合。在此基础上，进一步分析细化产业的具体类型，最终确定了两种适合本地区空间特点与历史文化特色的产业类型，一是动漫、网游和软件设计、新媒体研发的信息类科技小微企业，二是最具南京特色的金陵琴派古琴艺术制作与展示、云锦木机妆花手工织造技艺研究的家庭式企业，这两类创意型小微企业，在产品内容上与老城南历史文化高度契合，在企业空间需求上与地区建筑类型高度吻合，可以充分利用现有条件，不必对传统街区大动干戈，最大限度保持老城南的传统风貌（图6）。

3.3　运用“社会热点提炼法”确定养老服务产业

“社会热点提炼法”是指，根据当下社会普遍关注的热点问题，结合未来发展趋势与基地资源条件（土地、人口等），确定相应的产业类型，回应社会热点的关切，适应社会发展的新形势，发展新兴的朝阳产业。

随着2013年《国务院关于加快发展养老服务业的若干意见（国发（2013）35号）》的颁布，2013年也成为我国养老服务业发展元年。截止2013年底，全国60周岁老年人数量已经超过2亿，占总人口的14.9%，我国已经进入了老龄化社会，养老问题已经成为社会关注的热点，与此相对应，养老服务产业也将成为新兴的

传统街区小微企业新建筑嵌入示意

示范地块——钓鱼台风貌区北侧地块 23.6公顷

方案初步设想

图 6　小微型创意企业在传统街区的空间落实

朝阳产业。基于这样的认识，引导学生从社会热点入手，可以看到作为旧城区的老城南地区，养老服务问题更加突出，发展养老服务业前景广阔。结合老城南的实际，确定养老服务产业主要包括三个方面：一是大力发展社区养老服务，包括建设老年食堂、日托所、配餐点、社区医疗服务、文化教育服务等，同时对现有社区进行适老化改造，完善无障碍设施、增加电梯、照明、引导系统等（图 7）；二是引入社会资本，建设养老机构，为不同年龄和健康状况的老年人提供养老、康复和护理服务；三是为具有一技之长的退休老人提供展示的舞台，如传统工艺制作、传统戏曲表演等，既丰富了老年生活，同时也可和体验式旅游和文化创意产业有机结合（图 8）。

小结

本文介绍了以方法论为导向、注重知识综合运用的毕业设计教学实践，在实际课程教学中，我们不是仅仅着眼于某个具体问题的解决，而是注重让学生掌握一种具有普遍意义的基本方法和思考模式，综合运用所学知识，对问题进行分析、对比、提炼，从中发现解决问题的途径。本文中提出的“四向结合法”，适用于确定地区功能定位与规划目标；产业选择中的“差异引导法”较适用于分析产业的升级与转型；“内生引申法”适用于对大产业门类的细化与具体化；“社会热点提炼法”较适宜发展新兴产业。以上是我们针对毕业设计综合性与实践性的特点，在教学上做出的一些探索和实践，以期对提高毕业设计的教学质量提供借鉴和参考。

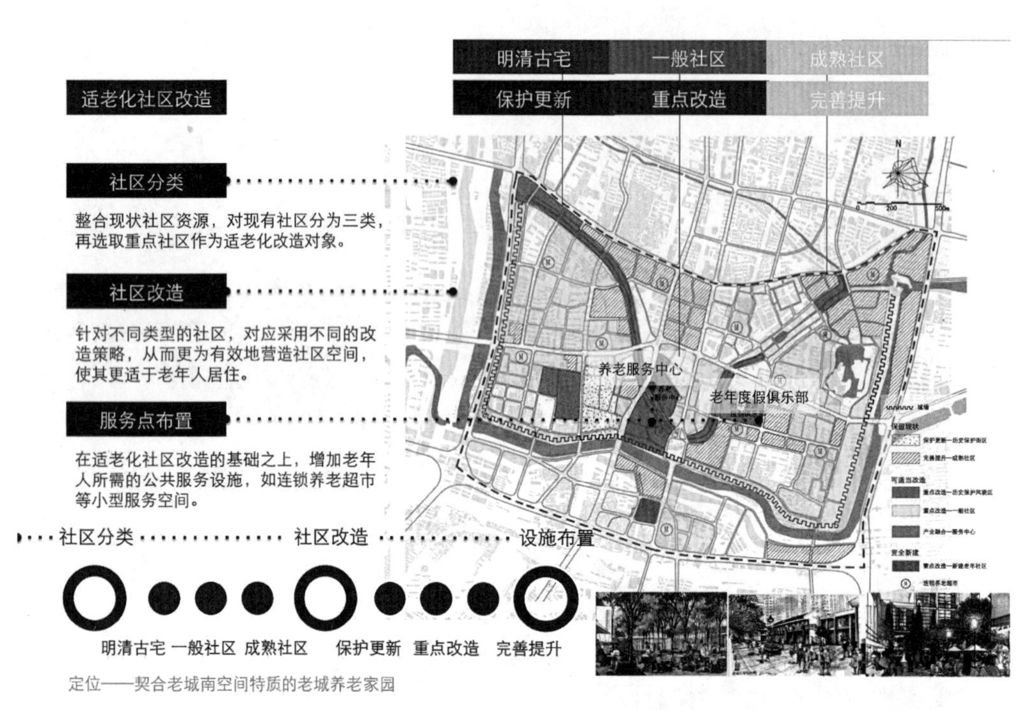

图7　适老化社区改造

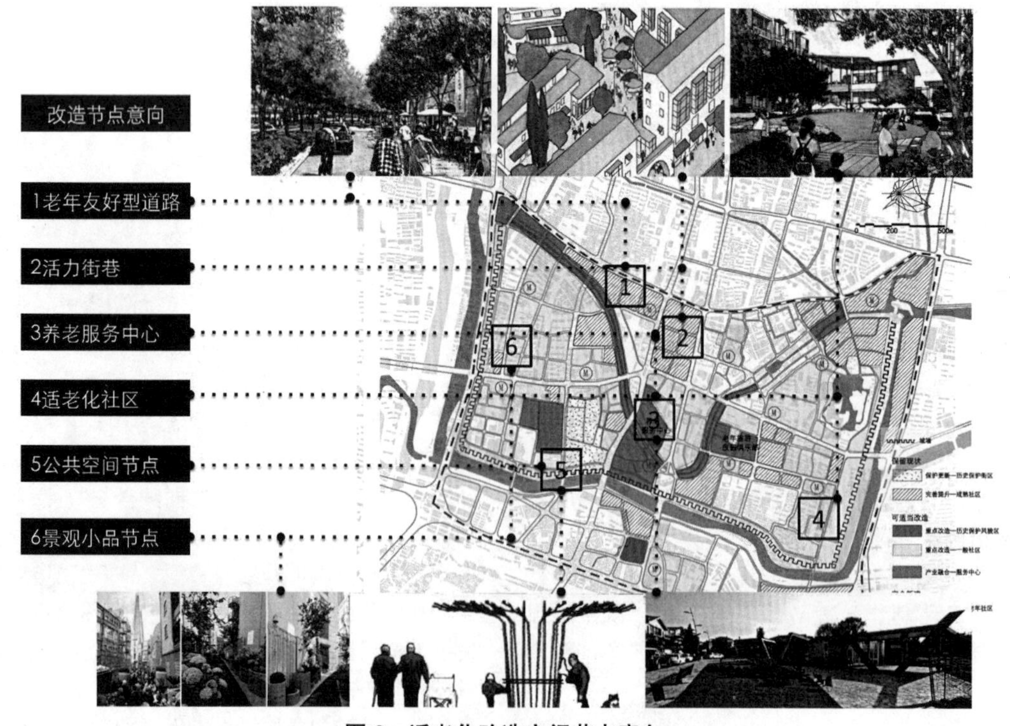

图8　适老化改造空间节点意向

主要参考文献

[1] 吴琼．传统手工艺产业的现代化改造[J]．艺术设计论坛．2007，2：10-11.

[2] 陈友华．居家养老及其相关的几个问题［J］．人口学刊，2012，4：51.

[3] 杨宗传．居家养老与中国养老模式[J]．经济评论，2000，3.

[4] 唐咏．居家养老的国内外研究回顾［J］．社会工作，2007，2：12.

[5] 徐林强，黄超超，沈振烨，朱睿．我国体验式旅游开发初探［J］．经济地理，2006，26：24-27.

[6] 曹力尹．基于可持续发展观的体验式旅游规划研究［D］．西安建筑科技大学，2009.

[7] 张零昆．城市历史街区保护与旅游利用方法研究［D］．同济大学，2007.

[8] 郭湘闽．以旅游为动力的历史街区复兴［J］．新建筑，2006，3：30-33.

[9] 李建波，张京祥．中西方城市更新演化比较研究［J］．城市问题，2003，5：69-71.

[10] 于涛方，彭震等．从城市地理学角度论国外城市更新历程［J］．人文地理，2006，3：41-43.

[11] 张更立．走向三方合作的伙伴关系：西方城市更新政策的演变及其对中国的启示［J］．城市发展研究，2004，4：26-32.

Teaching Students how to Fish——Methodology-oriented Graduation Project Teaching Practice Focusing on Comprehensive Knowledge Application

Tian Baojiang

Abstract: In consideration of the comprehensiveness and practicalness of undergraduate students' graduation projects, this paper argues that the concepts and methods of graduation project teaching shall be adjusted, teaching-oriented way shall be transformed into guidance-oriented, and students shall know how to use knowledge to settle practical questions rather than just know knowledge itself. To fulfill the two transformations, graduation project teaching shall be methodology-oriented and focus on whether students have grasped the basic methods and thinking ways of question analyzation and settlement. In combination with graduation project topics, this paper puts forward some methods, e.g. four-dimensions combination method, difference-guiding method, endogenetic resources extension method, and social focus extraction method, to help undergraduate students sum up and use related methods to analyze and settle questions under certain conditions, to make them think highly of not only the settlement of some specific question but also the extraction and grasping of basic methods in a general sense, to help students improve professional quality and lay solid foundation for subsequent work and research.

Key words: graduation project, methodology, comprehensive application

面向应用的 GIS 课程“三个模块”教学设计及实践

钮心毅

摘　要：城市规划专业 GIS 课程设置应适应规划实践对 GIS 应用的普及型、专业型、研究型的三个层次的需求。本科阶段 GIS 课程应围绕普及型的教学要求，以普通规划师应掌握一般 GIS 技能为导向。本文提出了在本科阶段 GIS 课程中“三个模块”教学设计。课程由三个模块组成，三个模块分别以“专题制图”、“数据输入”、“土地适宜性分析”为核心，以规划实践的应用为导向进行教学组织。每一模块内均安排了理论课、上机实验，课程作业三个教学环节。“三个模块”教学重点加强了 GIS 课程与设计课之间的联系，在有限教学课时内取得了较好的教学效果。

关键词：GIS 课程，教学要求，教学内容

1　引言

城市规划专业 GIS 课程已经列入了专业指导委员会专业核心课程，各校已普遍开设了本科阶段 GIS 课程。从教学效果来看，GIS 课程总体上还不尽人意，与设置该课程预期目标尚有差距。后续教学中往往发现学生学习 GIS 课程后仍难以展开实际应用。学生很少有机会将其他规划专业课程和 GIS 联系起来。毕业后进入工作岗位后，如果应用机会更少，学过的知识技能就很快被遗忘。

造成当前 GIS 课程教学成效不理想，大致有两个方面原因。第一，在当前中国城市规划中，GIS 仍尚未被普遍地、实质性地接受，主要由城市发展阶段、规划业务需求，基础数据供应不足造成。笔者曾经专门撰文讨论过[1]。第二，笔者认为规划专业 GIS 课程内容、设置方式也有一定关系。为此，笔者曾撰文针对 GIS 课程存在的不足，提出了“三个层次要求、三个层次课程”的课程体系和教学内容设想，希望对本科与研究生阶段的课程进行系统化改进[2]。在教学实践中，笔者基于这一设想，对本科阶段课程教学改进进行了探索。

2　课程存在问题和规划实践需求

2.1　规划专业 GIS 课程存在的不足之处

（1）课程讲授内容庞杂

课程中的 GIS 基本原理包括数据结构和数据管理、数据输入和数据转换、空间查询和空间分析等若干部分。每一部分对应在 GIS 专业内都是一门或者多门专业课程。应用部分讲述规划中相关应用，例如专题制图、地形分析等。此外，由于规划专业学生缺乏 GIS 学习必须的地学背景知识，又无法从其他课程中获取。这就要求在 GIS 课程中不得不另增加一些地学基本知识教学，使得本来就庞杂的教学内容又不可避免地进一步增加。

（2）教学课时极其有限

本科阶段的 GIS 课程一般是 17~18 个教学周，共 34~36 个学时。在理论教学中讲授基本原理，补充必要背景知识。上机实验课程通过软件操作验证基本原理、学习规划专业应用方法，也需要占用相当多学时。教学课时极其有限与讲授内容庞杂之间的矛盾，造成了学生要在短时间内理解大量知识点，学习多种技能，教学效果难以保证。

（3）与其他专业课程教学脱节

GIS 普遍进入国内城市规划教育体系的时间并不长。除了负责 GIS 课程的教师，其他规划专业课程教师大多数不具备 GIS 应用技能。GIS 课程与其他规划专业课程脱节，GIS 只能在 GIS 课程上出现。可以应用 GIS 进行分析的设计课，可以使用 GIS 进行社会经济数据分析的社会学、经济学等课程上均不出现 GIS。学生很少有机会将其他规划专业课程和 GIS 联系起来，学过的知识技

钮心毅：同济大学建筑与城市规划学院城市规划系副教授

能很容易遗忘。

2.2 规划实践对 GIS 教学的需求

（1）三个层次 GIS 应用需求

规划实践对 GIS 应用存在三个层次的要求[1]。

第一个层次是普及型要求，是每一位城市规划师均应具备的基本 GIS 知识要求。其中，掌握专题制图（Thematic Mapping）技能是普通规划师必须具备的基本 GIS 技能。许多国内城市已经建立了规划、土地 GIS 数据库。规划师会有很多机会接触到现成规划、土地管理等 GIS 基础数据。掌握了专题制图技术，就能够从数据中发掘出更多有用的信息。

第二个层次是专业型要求。这一要求是使用通用 GIS 软件，依托成熟的 GIS 功能、现成的技术方法，展开分析应用，为规划提供决策支持。我国现有的规划实践需求下，一个规划设计机构应有部分专业人员能够达到第二层次专业型的要求。

第三个层次是研究型要求。这一要求是不仅能够使用通用 GIS 软件、现成的 GIS 技术解决城市规划应用，还能够掌握高级空间分析方法，将规划中的定量模型与 GIS 结合，在规划研究中发挥作用。当前这一层次要求主要集中在高校等研究机构，是对特定研究方向的规划科研人员的要求。

（2）本科阶段的 GIS 课程的要求

从规划实践应用出发，本科阶段课程应对应第一层次的普及型 GIS 教学。当前规划实践中，普及型 GIS 应用主要有三个方面需求：

第一个要求是能依据现成的 GIS 数据，绘制出规划中应用的专题图，要掌握的技能包括阅读现成的 GIS 数据所包含信息、进行基本空间查询、依靠现有的 GIS 数据进行专题制图。

第二个要求是掌握成熟的 GIS 分析功能及应用方法，初步具备解决规划中实际问题的能力。其中，土地适宜性分析是 GIS 在城市规划中的传统应用，也是当前各层次规划实践中常见业务需求。

第三个要求是掌握数据输入基本方法，包括空间数据输入、属性数据输入、数据维护。目前规划实践中，规划师虽然会有机会接触到现成 GIS 数据，但是由于数据共享机制有待完善，相当部分应用所需要数据还需要规划师自行采集和输入。数据输入也是当前规划应用中所需的必备技能。

为此，本科阶段 GIS 课程教学应围绕第一层次普及型教学需求，面向上述三个应用要求展开，培养普通规划师应具备的 GIS 技能为教学目标。

3 “三个模块”的本科阶段课程教学设计

面向第一层次的三个应用需求，笔者提出了本科阶段“三个模块”教学设计，将课程分成三个模块。每一模块针对城市规划 GIS 应用中一个基本技能。每一模块均使用 5~6 周课时，模块内安排了理论讲课、上机实验，独立完成的作业三个教学环节。采用理论讲课、上机实验穿插的教学组织形式。每一模块教学结束时，学生提交独立完成的作业。

3.1 第一模块——“专题制图”

（1）教学目的和教学内容

第一模块以专题制图为核心。专题制图是规划师必须掌握的基本 GIS 技能之一。专题制图不是简单地使用 GIS 绘制规划图，而是应用 GIS 进行地理信息可视化，通过可视化表达发现事物的空间分布特征，从中发掘更多的信息。例如，通过绘制县域乡镇工业产值专题图，能从中发现工业产值比例占总产值 60% 以上的镇有哪些，有什么样的空间分布特征，进而能进一步研究形成这些特征的原因是什么。

在本科三、四年级，规划专业学生一般已经都能运用 AutoCAD、Photoshop 等绘制规划设计图纸。虽然 GIS 也能用于绘制规划图纸，但是在学生掌握了一般计算机辅助制图技能之后，就不再需要重复学习另一种简单制图工具。为此，在教学中突出 GIS 用于专题制图优点，将专题制图与探索事物空间分布特征联系在一起。教学目的是通过本模块学习，掌握使用专题制图，能将其用于社会、经济数据可视化表达，从中发现各种社会、经济因素空间分布特征和规律。

第一模块授课内容包括了 GIS 概貌、数据模型、制图和地理信息可视化。围绕教学目的，讲述空间数据、属性数据、矢量数据模型、栅格数据模型等基本概念。上机实验包括了地图显示和查询、属性表的使用、要素分级和分类显示。

（2）应用作业

本模块要求学生完成专题制图作业。由教师提供现成基础数据，如人口普查数据，空间数据包括人口普查单元，属性数据包括总人口数、人口密度、分年龄段人口数、住房等。作业要求学生通过专题制图分析，回答若干问题，如老年人口的空间分布特征，住房在空间上分布特征等。对可视化表达方式、专题图采用分类方法并不统一要求，由学生自主选择。主要考查学生按照不同分析目的，选用合适分类方法，通过制作专题地图得出人口、住房等空间分布特征。

（3）教学特点

第一模块的教学针对规划行业最基础的 GIS 应用需求。专题制图一方面有助于学习理解数据模型等基本原理，另一方面也能突出 GIS 的优势，达到启发学生、诱发下一步学习兴趣的目的。学生在第一模块学习中体会到使用专题制图探索空间分布特征是规划应用中非常有效的工具，使用其他软件难以完成，而使用 GIS 能轻而易举实现。

第一模块中上机实验、阶段作业中的基础数据都是由教师提供，空间数据、属性数据都已经事先输入。经过第一模块学习，学生也会体会到要使用专题制图这样有特色的功能，必须有质量较好的 GIS 数据为前提。这就诱发了对第二模块“数据输入维护”的学习兴趣。

3.2 第二模块——“数据输入”

（1）教学目的和教学内容

适应国内规划设计行业特点，第二模块数据输入以数据转换和维护为核心。教学重点是空间数据输入和维护。数据转换主要解决将已有 CAD 格式数据转换进入 GIS，数据维护主要解决空间参考设置、影像配准、坐标校正。在城市规划行业，基础地形图、规划设计图纸等大量数据都采用了 CAD 数据格式。对普通规划师来讲，充分利用已有数据基础，转换进入 GIS，是一种有效、便捷的数据输入手段。教学目的是掌握 CAD 数据转换方法、数据质量检验修正、维护，能使得数据质量满足专题制图和空间分析需要。这一阶段的学生一般已经能输入和编辑 CAD 数据。在这一基础上，以数据转换和维护为教学重点，也有利于在有限教学课时完成数据输入教学。

规划专业学生学习空间数据转换过程较为容易，难点在于确保数据质量。规划专业学生一般缺少地学背景知识，理解空间参考、坐标校正等知识点有难度，而这些又是确保数据质量所必须。为此，本模块教学以上机实验为主，理论讲课为辅，上机实验在前，原理讲授在后方式。通过 3~4 周上机实验课程，在已经学习基本方法后，再进行原理课程讲授。原理讲授突出空间参考、拓扑规则、坐标校正。

（2）应用作业

本模块要求学生完成数据输入作业，包括矢量数据输入和影像配准两个部分。教师不提供数据，要求学生从同学期设计课中选择本人课程设计中 CAD 数据，完成空间数据和属性数据输入，必须通过拓扑规则检验，符合数据质量要求，设置空间参考。影像配准部分要求学生从 Google Earth 上采用截取与上述矢量数据对应空间范围的遥感影像，通过影像配准进行校正，并选择合适空间参考，使得影像的空间参考与前述矢量数据一致。

（3）教学特点

在欧美发达国家，由于数据共享机制完善，规划行业 GIS 应用已进入数据“无所不在”的阶段[3]。目前，虽然国内许多城市不同部门已经建立了规划、土地、交通、人口等 GIS 数据库，但是由于数据共享机制有待完善，规划应用中相当部分的数据还需要自行采集和输入。数据输入仍是本科阶段必须掌握的基本技能，是展开自主应用的基础。以 CAD 数据转换为中心进行数据输入教学，是适应当前城市规划行业应用实践的教学特色。

3.3 第三模块——“土地适宜性评价”

（1）教学目的和教学内容

第三模块是以“土地适宜性评价”为核心的空间分析方法教学。以往教学中的常用空间分析方法包括了矢量型分析、栅格型分析、地形分析、网络分析等，每一类又包括了多种方法。教学内容多，知识点分散。教学课时有限和教学内容庞杂之间的矛盾尤其突出。

本模块提出了“土地适宜性评价”为核心的导向。土地适宜性分析是对土地用途进行评价、分析，确定最佳方案。城市规划中很多问题都可以归纳为土地用途的适宜性分析，如建设用地适建性评价、设施选址、土地使用布局等等。以叠合（Overlay）为基础的土地适宜性分析是 GIS 在城市规划中的传统应用，也是最广泛应用。教学目的是掌握以叠合为基础的土地适宜性基本方法，能将自主展开选址、适建性评价等应用。

原理授课内容以一个中学选址应用案例，讲授土地适宜性分析基本过程和基本方法。围绕适宜性分析中可能会涉及的空间分析方法，简单讲授缓冲、叠合、地表模型生成、空间插值、重分类等基本应用方法。上机实验教学上述基本空间分析使用方法，并验证讲课中的选址案例。

（2）应用作业

本模块要求学生使用叠合为核心的适宜性评价方法，结合学生本人设计课设计作业，完成某一设施的选址。学生需要依据设施选址要求，自主设计分析过程，确定影响该设施选址的各个因素，各个单一因素均生成适宜性分析图层，分别进行评分，采用叠合方法综合各个因素评分，计算得出最适宜选址。该作业所需要的数据采集、输入均有学生自主完成。

（3）教学特点

以土地适宜性分析为核心，不仅是 GIS 原理和应用方法的学习，也是城市规划方法学习。教学内容也包括城市规划分析方法，如评价因素选取、权重取值等。通过适宜性分析教学实例和自主应用作业，将城市规划原理、规划设计课与 GIS 课程之间建立了联系，学生能够从中学习城市规划中定量分析方法。

以土地适宜性分析为核心，也带动了多种 GIS 空间分析方法学习。要应用叠合分析进行土地适宜性分析，不仅要用到矢量多边形叠合、栅格叠合的方法，在各个参与叠合图层生成过程中，还需要用到邻近分析、坡度分析、空间插值、重分类等多种空间分析方法。以土地适宜性分析为教学核心，也同时在应用中带动了多种 GIS 空间分析方法的学习。

4 教学效果和思考

4.1 教学效果

以上三个模块的课程教学设计是培养学生掌握第一层次应用要求为目标。经过两个学年的教学实践，教学效果有以下特点。

（1）GIS 与设计课的结合，为实践应用打下基础

城市规划专业的设计课是各种规划专业课程教学内容的综合运用。本课程三个模块的教学内容围绕常用应用技能，为 GIS 课程和设计课结合提供了接口。

在第二模块作业中，要求学生以同一学期设计课的课题为对象，将控制性详细规划成果转为 GIS 数据格式，将设计基地的遥感影像进行坐标校正和配准，为设计课现状分析提供数据基础。在第三模块作业中，要求将土地适宜性分析运用到设计课上本人设计方案。在教学实践中，有同学用于控规中的学校、医院选址，也有同学用于总体规划中的建设用地适建性评价，还有同学用于公园绿地选址分析。通过与设计课结合的作业，为今后工作实践应用 GIS 解决实际问题打下了基础。

在设计课指导教师大多数不具备 GIS 知识的情况下，针对设计课教学要求布置 GIS 课程作业，将 GIS 课程作业与设计课结合，一定程度上改变了 GIS 只能在 GIS 课程上出现的窘境。

（2）面向应用，提高了有限教学课时教学效率

目前本科阶段的 GIS 课程课时在短时间内不可能增加。为此，充分利用有限教学课时，面向应用设计了三个教学模块的内容，以学生掌握规划实践中常用 GIS 应用技能为目标。减少了部分 GIS 理论教学，将课时集中用于掌握专题制图、数据输入、土地适宜性分析这三大应用中所需知识和技能。以应用为导向的教学设计缓解了教学课时极其有限与需要讲授内容庞杂之间的矛盾，使得有限的教学课时发挥更好的教学效果。

4.2 对后续课程设置的思考

改进后的本科阶段 GIS 课程对原有课程庞杂的教学内容进行了精简压缩，围绕第一层次的三个应用要求展开。在完成本科 GIS 必修课后，笔者对后续课程设置有两种设想。

第一种设想是将原有 GIS 课程中其余内容作为一门本科阶段选修课程。学习完第一层次的课程后，部分有兴趣、有能力的学生可继续选修第二层次 GIS 课程。笔者设想的后续课程是一个 9 周的选修课。第二层次选修课程围绕“数据质量、空间分析”的教学重点组织教学。一半学时用于讲课、一半学时用于实践操作。

第二种设想是继续完善研究生阶段的 GIS 课程教学，将本科阶段教学未涉及的原理转入研究生课程中。将目前一学期的研究生阶段 GIS 课程分成两个阶段。前

9周与前一种设想中9周的选修课一致，针对第二层次需求。后9周为特定研究方向研究生开设，内容是高级空间分析方法和二次开发，针对第三层次需求。最终形成高、中、低三层次的GIS课程体系。作为后续课程的研究生GIS课教学内容、方法还待进一步探索。

5 结语

城市规划专业GIS课程设置应适应规划实践对GIS应用三个层次的需求。本科阶段教学应以普通规划师应掌握一般GIS技能为导向，教学设计应针对当前规划实践应用需求，对教学内容、教学组织进行改进。

在本科阶段课程教学中，面向当前规划实践中的应用需求，笔者构建了三个模块课程教学设计。三个模块分别以“专题制图”、“数据输入和维护”、“土地适宜性分析”为核心，以应用为导向进行教学组织，尤其在GIS课程与设计课之间建立了联系、有限的教学课时教学效率得以提高。从连续两个学年的实践探索来看，取得了较好教学效果，学生自主应用能力得以提高。

“三个层次要求、三个层次课程”是笔者对城市规划专业GIS课程设置的设想。目前的探索是对本科阶段课程改进，面向应用以适应第一层次要求。如何适应第二层次、第三层次要求，如何设置相应后续课程、组织教学内容，将是今后继续探索的方向。

主要参考文献

[1] 宋小冬，钮心毅．城市规划中GIS应用历程与趋势——中美差异及展望[J]．城市规划，2010，34（10）：23-29.

[2] 钮心毅．三个层次的要求、三个层次的课程——对城市规划专业GIS课程的思考和建议[C]．人文规划．创意转型——2012全国高等学校城市规划专业指导委员会年会论文集．北京：中国建筑工业出版社，2012.

[3] DRUMMOND W J, FRENCH P. The Future of GIS in Planning: Converging Technologies and Diverging Interests [J]. Journal of the American Planning Association, 2008, 74 (2): 161-174.

Application-Oriented Curriculum Design and Practice for GIS Course of Three Modules

Niu Xinyi

Abstract: GIS courses in urban planning education should be adapted to the requirements of universal level, professional level and research levelin planning practices.It is recommended that the undergraduate GIS course should focus on theteaching requirements of universal level and orient by basic GIS skills for all planners. This paper presents a curriculum design for “three modules” GIS course at the undergraduate level. The application-orientedcourse consists of three modules which arethematic mapping module, data input module and land suitability analysis module. There are three teaching processin each module, such as theory lessons, computer experiments and coursework. The three-module curriculum designfocus on strengthening the link between the GIS course and design course. In teaching practice, “three modules” GIS course has achieved good teaching results in limited teaching hours.

Key words: GIS Course, Teaching Requirements, Teaching Contents

浅谈城市规划基础教学中应对文化全球化措施
——从“空间剧本”看多元文化对城市规划学生的影响

高芙蓉　黄　勇　杨黎黎

摘　要：在经济全球化、信息化的大背景下，多元文化的渗透与价值观念的冲突、交流，对青少年的影响非常大。论文从对城市规划专业一年级设计课程环节“空间剧本”内容的统计出发，探讨城市规划专业学生在未接受深入的专业学习之前受到的文化影响因素，主要包括以好莱坞为代表的美国文化、日本动漫文化、中国流行电视节目、中国传统文化等，并从城市规划专业教学的角度对多元文化影响进行了思考，在遵循文化理解性原则的基础上，对课程设置及教学方法进行了探讨。

关键词：文化多元化，空间剧本，城市规划，基础教学

一部世界课程发展的历史，是一部新旧文化的矛盾冲突、交织融合的历史，是旧文化的衰亡、新文化不断被创造的历史。当今时代，在经济全球化、信息化的大背景下，多元文化的渗透与价值观念的冲突、交流，使我国基础教育课程文化建设面临前所未有的困惑和问题[1]。笔者近些年一直从事城市规划专业低年级教学工作，在教学过程中，发现青少年受到全球多元文化的影响颇深，从一个设计课程的环节就可以明显看出其中的特点。

1 “空间剧本”分析概述

1.1 “空间剧本”简介

重庆大学城市规划一年级基础设计课中有一个版块为限定性要素空间构成设计，在初期要求每个组学生针对场地先构思一个“空间剧本”，内容主要是预设在给出的场地中可能发生的事件，目的是可以启发学生的空间思维方式，来指导后期的空间构成设计，另外也可以增加设计趣味性。“空间剧本”要求学生 2 人一组，用 PPT 的形式进行表述。

1.2 “空间剧本”涉及内容统计

笔者对连续 3 年所指导的城市规划一年级学生编写的“空间剧本”涉及内容进行分类统计，一共 47 份（城市规划一个班的学生大概在 30 人左右），统计的结果可以作为教学工作中文化引导的参考。对于城市规划一年级的学生来说，由于才进入专业学习，不论对城市还是对空间在专业上的觉悟都是很低的，在没有过多专业影响的前提下，学生所编写的“空间剧本”更多的来自其成长过程中的文化体验，从涉及的内容及表达空间的形式，可以比较真实的看到学生在最初理解空间和城市时受到哪些文化因素影响最多。

从连续 3 年的“空间剧本”统计可以看出，涉及主要内容包括思考人生（28%），爱情（21%），探秘寻宝（19%），中国园林游历（15%）、武侠（6%）、反恐等（6%）。从统计结果来看，“空间剧本”的内容符合 18 岁左右的青少年对于生活的认知，也可以看出这个年龄段的青少年正是人生观、世界观、价值观和爱情观形成的时候（表 1）。

高芙蓉：重庆大学建筑城规学院讲师
黄　勇：重庆大学建筑城规学院副教授
杨黎黎：重庆大学建筑城规学院助理实验师

“空间剧本”涉及内容统计　　表1

序号	涉及内容	份数	百分比
1	思考人生	13	28%
2	爱情	10	22%
3	探秘	9	19%
4	中国园林游历	7	15%
5	武侠	3	6%
6	破案与反恐	3	6%
7	其他	2	4%
合计		47	100%

2　从“空间剧本”看城市规划低年级学生受到的多元文化影响

从“空间剧本”编写内容涉及的文化元素统计可以看出，主要分为好莱坞电影文化（36%）、日本动漫文化（24%）、流行电视节目（21%）、中国传统文化（17%）等，从这些文化元素背后代表的主流文化，可以看出18岁左右青少年受到的文化影响来自于全球文化的跨国界传播（表2）。

“空间剧本”涉及文化元素统计　　表2

序号	涉及文化元素	份数	百分比
1	好莱坞电影	17	36%
2	日本动漫	11	24%
3	流行电视节目	10	21%
4	中国传统文化	8	17%
5	其他	1	2%
合计		47	100%

2.1　以好莱坞电影为代表的美国文化

在“空间剧本”统计中，36%的“空间剧本”的内容都有好莱坞电影的影子。从中也可以看到以好莱坞电影为代表的美国大众消费文化对中国青少年所产生的影响。

好莱坞电影主要可以分为英雄类、爱情类和剧情片[2]，还可以分为史诗类、科幻类和生活片。对中国大众来说，好莱坞大片带来的还不仅仅是一场视觉享受，更重要的是一种全新的理念和生活方式[3]。好莱坞电影的题材多样，制作精良，立足全球视野，构建太空视角，具有开放性和前瞻性[4]，其中展示的各种空间对于青少年来说更是拓宽了视野，有助于城市规划专业学生空间思维方式的拓宽和个性的创造。例如，有组学生的“空间剧本”题目为《颠倒世界》，主要受到同名电影的影响，其最后完成的空间构成作业对空间的认知也脱离的传统的方向。

但是另一方面，也必须认识到：作为美国文化出口产业的一个重要组成部分和西式文化的突出代表之一，好莱坞电影一直被视为美国文化侵略的急先锋[5]。西方主流国家的强势文化对世界影响力越来越大，英国学者汤林森认为这是一种新的殖民文化，是文化帝国主义在全球的扩张[6]。我们国家青少年也受到这种文化扩张的深刻影响。

2.2　日本动漫文化

日本动漫由于造型和内容迎合青少年心理，在我国青少年中广为流传。“空间文本”中，与之有关的占到24%。日本动漫产业作为日本的重要经济支柱之一，在全球影响都很大，在产业驱动的同时，也是日本文化的重要输出方式。我国引进日本动漫多年来，青少年只能是被动的接受，在青少年的心中产生了积极、消极的影响[7]。

日本动漫产品非常丰富，内容涉及也非常广泛，针对各个年龄层次，有各个年龄段的可读性，在一定程度上可以使青少年在学习之外得到放松，其中所勾勒的为梦想、友情、亲情奋力拼搏的精神激发了学生为理想而奋斗的勇气和信念，并且还可以学到一些历史、科学等各方面知识[8]。学生在空间剧本中，表现出来的一些对自然和爱情的向往，可以看到其中的影子，例如引用了《龙猫》《夏目友人帐》的图片来组织“空间剧本”的情节，这些动漫中描绘了优美的自然风光，在情节设置上也符合这个年龄段的青少年认识外界的需要。

但另一方面，日本动漫作为日本文化的直接产物，同样存在浓重的文化痼疾。透过日本动漫中的一些经典作品，人们可以发现日本文化中与军国主义幽灵相关的“强者的专制”、“无根的偏执”、“极端与矛盾”、“救世与物哀”等特点[9]。在学生的“空间剧本”中，每年都会有部分剧本内容消极，例如一组学生的“空间剧本”为

《建筑师之死》，描述的是一个密室杀人案，不得不使人联想到这些年热播的日本动画片《名侦探柯南》对青少年的世界观的影响。从城市规划专业来讲，也可以看到学生在认识空间特质时会受到的消极影响。

2.3 中国流行电视节目❶

在统计中，与中国流行电视节目相关的占到21%。处于后现代语境的电视，一般暗守收视为王的准则，其首要任务内化为制造仿真的符号帝国、审美幻想和快乐体验。在消费社会的风尚之下，电视正把我们的文化转变成娱乐业的广阔舞台[10]。

中国流行电视节目对青少年的影响非常大，从“空间剧本”中也可以看出来。例如在统计案例中，很多“空间文本”的情景都和“穿越”有关，这与近几年“穿越”题材的文学和影视作品有关。北京大学中文系张颐武教授对“穿越”文化有这样的理解：“原来不为主流社会所理解的青少年的‘亚文化’已存在多年，在网络上早已成为一个重要类型——穿越小说。主流社会并不关注这些文化的存在，并以‘浅薄’、‘胡闹’等简单的一言以蔽之加以评判。事实上，像‘穿越’、‘玄幻’、‘科幻’这样的文学在相当程度上主导了青少年的阅读生活。客观地说，这些文化相当一部分对于提升青少年自我和社会认同感、幸福感有正面和积极意义。但这些正面的意义却由于形式或表达方式的陌生感而为主流社会所忽视。”[11] 由此可见，很多受到欢迎的流行电视节目是因为契合了青少年的成长需求，有着积极的意义。

但是另一方面，很多中国流行电视节目为了提高收视率哗众取宠，例如“穿越剧”往往忽略了历史的客观性，还有一些荒诞的节目，以制造很多“雷人”点来博取收视率和关注度，在某种程度上也对青少年产生了消极的影响。例如在学生的空间剧本中以“雷人”为出发点的很多设计，就是受到了其中的影响。

2.4 中国传统文化

中华民族历史悠久，文化源远流长。在城市和空间塑造上也有着丰富的积淀。学生的“空间剧本”中，有17% 涉及中国的古典园林空间。

从文本内容来看，一方面可以看到传统文化对青少年的影响还是较大的，学生对我国传统文化也很自豪。学生的剧本中的对传统文化空间的描述多源于以前的语文课的学习，引用诗词来形容的较多。如一个剧本《观止》中引用了 15 个诗句来形容空间，包括“曲径通幽处”、“庭院深深深几许”、“愿托乔木”、“流水杳然”、“残霞照角楼”等，这些诗句的意境优美，对空间的塑造也是很好的指引。

另一方面，文本中描述的传统空间基本都是中国园林空间，尤其是苏州园林，我国的传统文化空间非常丰富，但对未经过专业培训的青少年来说，认知却较少，从最后完成的作品也透露出了认知的单一性和肤浅性，这在教学中需要进行刻意的引导。

3 文化多元性对城市规划基础教学影响的思考

3.1 文化多元性对城市规划学生的影响

文化的影响内在于人的一切活动之中，会影响到人的行为方式和人生观、世界观和价值观。但文化又是深层次的东西，很难去直接把握。学生在受到文化全球化的影响过程中，对于其未来“三观”的形成有着重要的影响，也对其专业的学习产生潜移默化的作用。

伴随网络时代的到来，学生能接触到的信息不仅限于书本，通过各种网络工具，学生可以接触到全球各个地区扩散出来的文化，有些文化还有着很强的影响力。这就产生了文化体验与文化认同之间的问题。文化体验从根本上来说就是一种感受，而文化认同则是一种态度，由感受的变化带来态度的转变，本是一种合逻辑的判断轨迹，因此，教育有所作为的领域就在于如何使感受和态度之间的这种看似逻辑的关系发生转向甚至断裂[12]。

对于城市规划本科教学来讲，学生在进入专业学习之前受到来自全球的各种异质文化的冲击，导致其在思考空间与城市时会产生多个断裂的文化片段的拼贴。这在好的方面讲，是文化的多元化，是一种活跃的思维，正确的引导可以产生更加广阔的设计思维空间；但从另一方讲，如果不加以正确的引导，使学生在初期能对各种异质文化进行辨识，那么对“三观”的形成，以及对

---

❶ 针对“空间剧本”统计，文中“中国流行电视节目”定义为目前各电视台播放的中国电视剧和各类娱乐节目。

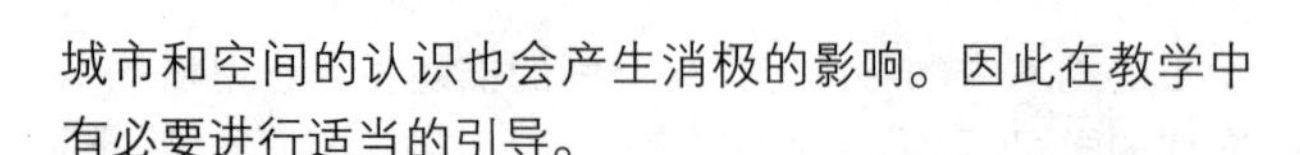

城市和空间的认识也会产生消极的影响。因此在教学中有必要进行适当的引导。

3.2 城市规划基础教学中针对文化多元性的教学引导

在教学中应遵循文化理解性原则。包括两方面内容，第一是理解学生作业中表现出的文化来源，第二是培养学生对各种异质文化的辨识能力。学生在设计中表现出的文化因素都有其内在的原因，在教学中应去挖掘背后的意义，找到根源之后，在上课的时候需要有意识的针对学生设计中的表现出来的文化因素进行引导，使学生能主动理解其表达的内容中的文化因素的特质及来源。

在课程设置中可以开设相关课程，例如“传媒中的空间与城市”，分析目前各种主流传媒中的城市与空间的文化导向，可以使学生对其接触的文化有清晰且主动的认识，而不仅是被动的接受。在设计中也可以更加清晰的认识到各种文化因素的缘由，有意识的加以应用。

对于城市规划专业来说，主干课程下移对学生理解文化多元化也有很大的好处。由于现代城市规划起源于建筑学，我国传统的城市规划教学设置一般为一二年级是建筑学空间设计训练，到三年级以后才开始城市规划专业课程。这种情况越来越不能适应城市规划学科的发展，目前全国很多院校的城市规划专业课程都在进行改革，逐步将主干课程下移，使学生能更早的进入与城市规划有关的课程学习，也可以更早的建立自主的城市认知意识。

4 结语

伴随着城市规划一级学科的设立，对规划教学的研究需要向着更加精细化的方向发展。本文主要研究的不是城市规划课程设置，而是想通过一个设计课中的一个环节“空间剧本”对学生所受文化影响“窥见一斑”，并引发对教学的思考。由于是从“空间剧本”出发，文中对学生受到的多元化文化影响的分析并不全面，笔者仅希望拙文能从冰山一角引发思考，对城市规划教学研究方向有所帮助。

主要参考文献

［1］ 裴娣娜．多元文化与基础教育课程文化建设的几点思考［J］．教育发展研究，2002，4：5-8.

［2］ 吕凤鑫．好莱坞电影中所体现的美国文化．考试周刊，2008，28：199-200.

［3］、［5］熊芳芳，赵平喜，陈昊．好莱坞电影文化的跨文化传播［J］．新闻爱好者，2011，2：57-58.

［4］ 李显杰．“空间”与“越界”——论全球化时代好莱坞电影的类型特征与叙事转向．上海人学学报（社会科学版），2011，11：22-35.

［6］ 郑树森．电影类型与类型电影［M］．南京：江苏教育出版社，2006：20-22.

［7］ 王璐．利与弊：反思日本动漫对中国青少年的影响［J］．艺术科技，2014，3：64.

［8］ 刘玲．日本动漫对中国青少年的影响［D］．湖南师范大学硕士论文，2012：29.

［9］ 徐渭．关于日本动漫的一种文化考察［J］．日本学刊，2006，5：129-141.

［10］徐哲敏．穿越剧流行背后的文化症候探析［J］．电视研究，2011，11：71-73.

［11］张黎姣．穿越时代雍正“很忙”2012年将现穿越剧高峰［N］．中国青年报，2011年3月11日．

［12］唐晓娟．教育何为？——从文化全球化的喧闹到民族化的沉思［J］．南京航空航天大学学报（社会科学版），2005，9：70-74.

Introduction to the measures to deal with cultural globalization in the basic teaching of urban planning
——From the “Space script” looking at impaction on Chinese teenagers of multicultural explosion

Gao Furong Huang Yong Yang Lili

Abstract: Under the background of economic globalization and informatization, multicultural infiltration and values conflict and communication has a very big influence on teenagers. From the statistics of “spatial script”, we can know what cultural factors affecting the urban planning major students. The cultural factors mainly include the Hollywood as representative of American culture, the Japanese anime culture, Chinese popular TV shows and traditional Chinese culture. The paper studies multicultural explosion from the perspective of urban planning professional teaching and puts forward the corresponding teaching methods.

Key words: Multicultural explosion, Spatial script, Urban planning, Basic teaching

开放式教学模式及其在城市规划课堂中的实践

陈义勇　刘卫斌

摘　要：开放式教学模式立足于学生个体的自我构建，将学生作为教学活动的主体，鼓励学生自主学习。城市规划学是一门综合性很强的开放性学科，本文介绍了开放式教学在城市规划教学中的三方面实施策略：从知识灌输向能力培养的转变，从寻求答案向重视过程的转变，从被动作业向自主探究的转变；并以城市规划社会调查实践课为例，介绍了开放式教学模式的创新实践。指出开放式教学是培养规划专业学生自主学习能力、动手能力、创新能力的重要途径。

关键词：开放式教学模式，城市规划，社会调查

随着教育理念和人才培养模式的不断变化，教育教学改革日趋成熟和完善，传统的封闭式教学已经难以满足当代教育的发展和教学的需求，而开放式教学则逐步被广泛接受。尤其是高等教育的教学中，作为初等教育的延伸和拓展，更加不可以拘泥于传统的封闭式课堂教学模式[1]。城市规划学科是与社会生活紧密联系的一门学科，开展开放式教学更加具有其独特的社会需求和现实意义。

1　开放式教学模式

开放教学模式不是对传统教学模式在细枝末节上的改良，而是在教学理念、手段、目标、师生关系、评价体系等问题上对传统教学模式的根本性变革，其目的在于调动学生学习的主动性，培养适应社会需要的具有创造能力的人才。

开放式教学模式建立在建构主义理论基础之上。建构主义理论体系基于传统的行为主义和认知论，其基本观点是：人的心理思维和智力的发展过程，是对客观世界同化和顺应的过程，即人的发展是主客体相互作用的结果[2]。在课堂教学中，同化意味着学习过程中学生将新的知觉行为和概念融入已有的图式之中；顺应意味着学生改变已有图式以适应新事物的过程。同化和顺应并不是孤立进行，而是互相影响并引发学生认知图式不断更新，在这个过程中，学生作为认知主体，其认知能力不断得以提高。建构主义理论既是一种学习理论，也对课堂教学方法有深刻的影响，它讨论的是人类的一般性知识以及来自经验的意义[3]，它强调学习活动是学生的主体性建构行为，通过与环境交互作用而不断构建内心。

开放式教学模式立足于学生个体的自我构建，将学生作为教学活动的主体，包含多元的教学目标、开放的教学环境以及丰富的教学情景设计，目的在于开发学生的创造潜能，培养自主学习、创新意识和实践能力。开放式教学模式的关键在于“开放”，该“开放”包含多个层面的含义：①教学观念的开放，开放式教学模式遵照建构主义理论，而不是传统的结构主义理论。②教学内容的开放，在开放式教学中，学习材料将极大的多样化，各种课堂外的材料成为主体。教材仅仅是诸多学习材料中的一种，甚至仅供参考。③教学目的和过程开放。教学目的不在于记住教师给予的固有答案，而是掌握结论推导的过程，并在其中发现问题，进行批判性思考。④教学空间的开放，教学地点不局限于教室甚至学校，而是利用社会进行教学，通过综合调研、讨论教学等方式，将课堂教学延伸向社会。⑤教学评价体系的开放。不以分数作为单一的评价标准，而是采用多种方式，对学生进行综合考核。

开放式教学从如下几个方面，区别于传统的封闭式教学：

陈义勇：深圳大学建筑与城市规划学院讲师
刘卫斌：深圳大学建筑与城市规划学院讲师

1.1 倡导自主性学习和探究性思考

开放式教学的主体是学生，学生按自己的兴趣爱好和特长自行选择和确定课题，自主进行课题研究的组织和实施。教师在主题设置、相关知识、研究方法等方面提供咨询、指导与帮助，创设一种有利于学生主动学习和研究的情景和途径。

学生选择和确定了专题后，不可能再按照常规的程序或套路去解决问题，而常常以类似科学研究的方式，模拟科学家的研究方法和过程，经过探索创造性地，提出问题、分析问题、不断探索、解决问题。

1.2 强调内容的综合性

开放式教学的基本内容是结合社会生活的问题，尤其是城市规划本身就强调社会问题，而这些问题往往是复杂的、综合的，故其目标是相关学科知识的掌握和综合运用，以及综合能力（研究能力、动手能力、交往能力、创造能力等）的培养。

1.3 重视课堂的开放性

一是基本内容打破了封闭的学科知识体系，与最新的学科研究前沿结合。二是学习途径、研究方法不一，研究结果也是开放的，没有唯一的标准答案。

在当前以培养学生创新精神和实践能力为重点的教育中，开放式教学已受到教育界的普遍关注，并已在高校教学实践中得到了多方面应用。城市规划学科特性和人才培养的要求，恰与开放式教学模式不谋而合。

2 城市规划学科的开放特性

城市规划学是一门综合性很强的开放性学科，这早已成为城市规划学界的共识。然而如何用短短的五年时间，来完成庞大的专业知识体系教育，培养合格的规划人才，却不那么容易。传统上将城市规划理解成将各种发展计划落实到土地与空间上的过程。这种认知在很大程度上决定了我国规划教育延续着带有计划经济色彩的教育模式[4]。

然而，规划作为一种探讨城市合理发展途径的手段，其基本内容是开放的。城市本身是一种极其复杂的且处在动态变化过程中的巨系统[5]。当今信息社会与知识经济时代，市场经济的作用越来越强大，城市发展的外力

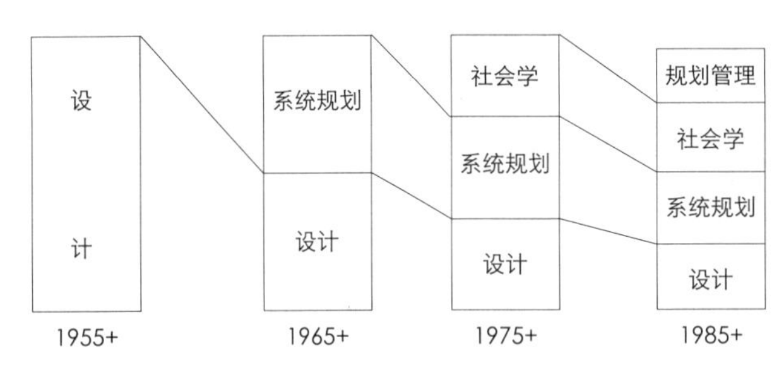

图 1 英国规划基础内容的变化

（引自参考文献 6）

强烈影响着城市自身需求的动力，这在很大程度上改变了规划教育的需求基础。英国战后规划基础教育的变化，表明城市规划从早期只注重设计逐渐趋向多元化[6]（图 1）。这种转变是英国社会发展需求变化发展的结果，物质环境设计在城市规划教育中所占的比重变小，规划更关注城市公共政策与规划管理，对多元化学科知识的要求越来越高，并且仍在不断发展变化的。

欧美的规划定义认为规划是一项有意识的系统分析过程，是一个寻找目标与问题，并寻求城市社会、经济最优和生态系统负面代价最小的方案，来解决城市问题。这也就是说，规划面对的是目标与问题，并非是一种计划的安排。城市规划是一个开放系统，不断要求增加新的知识与技能，城市规划教育也是如此。

3 开放式教学在城市规划教学中的实施策略

在城市规划教学实践活动中，开放式教学模式以学生的发展为首要目标，注重营造良好的学习气氛，培养学生自主、合作、探究的学习方式。在具体的教学方式上，除了课堂教学方式，还有案例式教学方式、模拟操作教学方式以及社会实习、实地调查等学习方式。在具体的城市规划课堂教学实践中，可从如下四个方面策略着手，设计开放式教学过程，达到全面培养学生综合能力的目的。

3.1 从知识灌输向能力培养的转变

在城市规划开放式教学中，应努力实现从过去的偏重“知识技能的落实”这单一的目标，转向体现“知识与技能、过程与方法、理论与实践”三维的课堂教学功能，做到知识技能、提出问题、分析问题、解决问题的多元

整合，使规划课堂教学不再只是让学生获得城市规划专业知识、技能，还要放眼社会，注重培养学生的洞察力、创新精神、实践能力，尤其是重视发现问题和分析问题的能力，以便为学生的将来的规划实践打下基础。

3.2 从寻求答案向重视过程的转变

开放式教学理念认为，教学的根本目的不是教会答案、寻求结论，而是在探究和解决问题的过程中锻炼思维、发展能力、激发兴趣，从而寻求和发现新的问题。城市规划学科正是如此。教学既应被视为一个结果，更应被视为一个过程。每一个规划思潮的产生,每一个标准的制定，每一种方法的出现，都有其特定的社会背景和实际需求，都有一个从萌芽到发展最终成熟的过程。教学中应引导学生对这一过程的探索,要打破“问题——解答——结论”的封闭式过程，构建“问题——探究——分析——推广”的开放式过程。正如爬山一样，爬到山顶或爬更多的山不是唯一的目标，爬山过程中所获得的爬山技巧、身体素质的提高、超越自我的喜悦等等都是爬山应追求的目标。当学生毕业若干年后，他们也许会遗忘掉那些规划理论、思潮、概念或标准，但是通过重视过程的开放式教学，他们将不会忘掉如何敏锐地发现城市问题、系统地分析社会问题的方法。而且更重要的是,学生所获得的综合能力，能帮助他们通过调查、探索、重构出曾经学过的知识和方法，甚至得出更多的知识和方法。

3.3 从被动作业向自主探究的转变

城市规划教学过程中，应最大限度地减少程式化的限制，鼓励学生的自主探究，鼓励再创造的实践活动，放手让学生实践。苏霍姆林斯基说：“在人的心灵深处，都有一种根深蒂固的需要，这就是希望自己是一个发现者、研究者、探索者”[7]。教学应不断满足学生的这种需要，让学生在自主探究的过程中得到能力的提升。许多城市社会问题没有标准答案，也不可能有标准答案，而是仁者见仁智者见智。需要引导学生从多个角度展开思考，通过社会调研、观察、访谈等方式，提出自己的见解，分析问题的原因。

4 开放式教学在社会调研课堂中的应用实践

《城市规划社会调查》课程正是基于城市规划学科的开放特性，构建城市规划学科教学与复杂城市社会的桥梁。认识城市的过去和现在，并预测它的未来，找出它存在的主要问题，是城市规划的重要任务，要想认识城市必须对城市进行调查[8]。

《城市规划社会调查》是深圳大学城市规划专业高年级学生的一门专业选修课。通过本课程的学习，希望学生熟悉和了解社会调查的意义、作用、方法，并结合城市规划的性质特点，掌握针对城市这一特定对象进行社会调查的方法[9]。课程重视培养学生调查与分析城市问题的能力，主张让学生通过对城乡空间的观察和思考，自主选择研究题目，并运用多种方法，完成调查报告。在教学中，我们从以下多方面引导学生自主学习，开放式学习，取得了较好的效果。

4.1 开放式选题

课题的选择至关重要，它不仅关系着调研课程的成功与否，而且关系着科研训练效果。在实施过程中，以学生为主导，让学生根据自己的兴趣来选题，而教师则提供建议以供参考讨论。流动摊贩、出行最后一公里与禁摩令、城市广场舞、移动卖菜车、口岸服务设施等议题出现在学生的选题中，充分地体现了城市热点社会问题，许多选题还具有深圳特色。这样，既为学生提供更多的发挥空间，启发他们分析城市问题的思维和兴趣，同时也有助于推动自主学习和研究的积极性。

在选定研究主题后也让学生自主探究确定具体问题。例如其中一组学生根据一两次的现场踏勘和初步印象，提出选题为“深圳中信广场的衰落原因研究”，教师没有立刻指出题目是否恰当，而是把题目本身作为一个开放式问题：中信广场的真实利用情况如何（7 天 ×24 小时）？到底有没有衰落？哪些方面衰落了？为什么会出现这种情况？后来，学生们通过深入的调研，发现广场并不是衰落，而是功能发生转型，由商业中心前广场变为一个主要为周边居民服务的社区广场，高等级的商业职能下降。后来学生将选题确定为“蜕变的城市商业中心前广场综合调研”。又如另一组，刚开始时指导教师建议可以做一些“地铁出行最后一公里”的调查研究，这只是一种开放性的指引。学生实地进行调研后，认为地铁口的电动摩托车现象研究更为聚焦和有趣，后来题目定为“电动摩托车在居民地铁出行最后一公里中的作用调研"，这是学生感兴趣并深化的题目，在后来的调研中也表现出了较高的积极性和创造性，在学期末取得了不错的成果。

4.2 开放式研究方法

社会调查的主要目的在于通过现场调查，收集充分的一手数据以解决研究的问题。研究方法服务于理论需要，针对不同的研究问题，应该采取不同的研究方法。一个比较完整的研究方法体系包括定性研究与定量研究，它们可以解决不同的问题[10]。最常见的社会调查研究方法是问卷调查法，其他的有访谈法、观察法、跟踪法、拍照法、文献调查法、专家讨论法等等。

以往大部分调查作业中，学生都采用了问卷法。但问卷法不是唯一方法，也不一定是最合适的方法，而应根据研究问题选择调查方法。如一组学生的选题为"深圳北中轴广场使用者行为调查"，研究广场活动人群的活动类型与空间分布的关系，最初准备采用问卷调查的方法。教师不置可否，将调研方法作为一开放式问题，鼓励学生依据调研目的先深入分析，进行初步调研，甚至尝试思考如何用问卷的方式，再确定调研方法。经过前期调研，学生认为通过观察法可较好地获取数据达到目的，最终决定弃用问卷方式。并采用 GIS 空间分析的方法，探讨人群活动与场地的关系。相应地，教师在教学方法讲述中，增加了 GIS 的应用教学，指导学生如何运用 GIS 技术和研究方法进行城市规划管理和问题分析[11]。

4.3 开放式学习过程

学习能力的培养教育包括"教"与"学"两个方面，高等教育的教学更强调后者，积极引导学生主动学习。当城市规划教学内容按体系建立时，我们会发现，这一系统的边缘是开放的，列入的知识点越多，就会察觉未被列入的更多。如果在教学上，力求将相对完整的专业知识点全部灌输给学生，则常常发现学生很容易忘记学过的内容。这主要是因为，被动学习中，学生没有机会使用所学知识，也不明白这些内容的用处。如果学生通过实践，发现了明确的问题需要解决，他们就会有的放矢地主动学习，去寻找相关知识与技能。

出于上述假设，社会调研课中我们试行分组教学，最初仅用少数几次课介绍开课目的、课程内容、基本的研究方法，然后让学生分组选题，以后的教学指导则分组进行，依据每组选定的题目，有针对性的指导他们如何主动获取相应知识。结果学生热情高涨，选题、研究方法频频出乎教师预料，主动调查、收集相关信息，遇到问题时与指导教师商讨。开放式学习过程给予规划教学的启示是：教学的过程是对学生能力的培养过程；学生主动探索、学习并运用知识，比被动灌输式学习效果更好。

4.4 开放式教学评价

传统的教育评价就是单纯的考试成绩，学生为应付最后的试卷而背着沉重的负担，而忽视了享受学习过程。为全面提高学生素质，我们的成绩评定是开放式的，评价由多方面组成，既关注最终的调查报告，更关注他们的选题、资料收集、数据分析、知识探索的调研过程。同时，引入学生互评分环节，让每个学生给其他组一个打分及评价，在这个过程中学习其他组的长处，发现其他组的不足。

5 结语

采用开放式教学模式不能脱离大学教学和城市规划学科的实际状况，并且需要根据学生实际情况展开。首先教师需要积极设计出开放式教学过程，尊重学生的知识背景现状，激励和引导学生进行开放式学习。其次，在开放式城市规划教学中，教材只是教学活动的参考材料，甚至没有教材，而复杂的城市社会是学生进行主动式学习的主体。最后，建构科学的教学评价体系，要改变传统以考分或报告的单一评价体系，建构知识和能力并重、过程和结果并重、理论与实践并重的全面评价体系，这样才能从制度上激发起学生参与开放式学习的热情，形成良性循环，实现开放式教学方法的深入应用。

主要参考文献

[1] 王东宝．大学开放式教学与学生创新能力的培养［J］．中国科教创新导刊，2012，4：32.

[2] 齐蔚霞．开放式教学模式在大学课堂中的应用探索［J］．科教导刊，2012，25：88-89.

[3] 周尚意.《区域人文地理野外方法》对建构主义理论的呼应[J].高等理科教育，2012，3：130-133.
[4] 刘博敏.城市规划教育改革：从知识型转向能力型[J].规划师，2004，20(4)：16-18.
[5] 周一星.城市地理学.北京：商务印书馆[M].1995：6-10.
[6] Agustin Rodriguez-Bachiler, British Town Planning Education: a Comparative Perspective[M]. Town Planning Review, 1991: 431-445.
[7] (前苏联)B.A. 苏霍姆林斯基.给教师的建议.北京：教育科学出版社，1984：21-22.
[8] 汪芳，朱以才.基于交叉学科的地理学类城市规划教学思考——以社会实践调查和规划设计课程为例[J].城市规划，2010，34(7)：53-61.
[9] 深圳大学建筑与城市规划学院，《城市规划社会调查》教学大纲.
[10] 于莉.《社会调查研究方法》课程教学方法改革初探[J].高等职业教育(天津职业大学学报)，2004，4：16-20.
[11] 孙海兰，赖恒友，林春英等.浅谈GIS技术在城市规划教学与设计中的应用[J].中国科技信息，2010，18：290-291.

Opening teaching mode and its practice in urban planning courses

Chen Yiyong　Liu Weibin

Abstract: Open Teaching Modeis comparatively a new kind of teaching model with lots of new characteristics including active participation, dynamic operation, independent, problematic, cooperative and optional, which meets the needs of the openingurban planning specialty perfectly.This paper discusses the implementation strategies in the courses of urban planningspecialty, and introducesour practice in the course of urban social investigation.Itargues that open teaching is an important method to develop the students' ability of independent study, problem solving and innovation.

Key words: Open Teaching Mode, urban planning, social investigation

“空间想象”教学法在总体城市设计教学中的应用初探

梁思思　钟　舸　Gary Hack

摘　要：城市设计课程在城乡规划专业的教学体系中一直占有重要的一席之地。但是，由于城市设计在价值观、理论构建、现实操作中存在的种种争议及困境，使得在教学过程中不同的指导教师在教学方向上有所偏颇，最终也使学生的收获因“人”而异，从而无法全面实现综合的城市设计教学训练的目的。以清华大学研究生总体城市设计课程多年来的教学讨论和经验为例，介绍以“空间想象”贯穿设计始终的教学方法，结合设计过程的各个分期特点，引导学生学会在大尺度的城市空间，建立承载人们城市生活的城市空间意象（image），建立美好城市空间及其合理性的价值评判标准，并学习相应的空间设计手法将其落实在图纸上。

关键词：总体城市设计教学，空间想象，教学方法

1　缘起：城市设计教学中的思维碰撞及共识

1.1　城市设计教学中的挑战

城市设计系列课程在城乡规划专业教学体系的课程设置中是十分重要的一个环节。教师和学生通过设计探索和互动交流，建立对城市设计的理解并创造出多样性的城市形态。然而，城市设计这一学科领域方向在发展过程中一直存在许多争议，如是以形态塑造优先还是引导控制优先、是天才的创造优先还是严谨的秩序优先、是以建筑优先还是城市优先等等，这种研究领域“混沌而富有争议”的状态反映在城市设计系列课程教学中，呈现出的是教师在教学过程中不仅头绪众多，而且在教学方向上有所偏颇，最终也使学生的收获因“人”而异，从而无法全面实现综合的城市设计教学训练的目的。

在清华大学建筑学院的城乡规划学研究生一年级的总体城市设计课程教学小组中，来自中国、美国、意大利等不同的国家的指导教师，在实践以及研究方向也各有侧重，最终在此基础上达成了以“空间想象”的引导和构建作为教学思路和方法的共识，并在过去若干年的教学实践中取得了较为理想的成果，证明是比较行之有效的教学方法。

1.2　基于人、场所、和逻辑的“空间想象”教学方法

当我们将城市设计从理论层面的争论剥离开，转而关注其最终落实的实际层面，会发现几乎所有城市设计的具体目标都是塑造一个美好的城市形态、构建优美的城市环境，并承载良性的城市生活。回溯城市发展历史，尽管城市形态发展各异，但都呈现了城市居民追求美好城市空间所做出的努力。因而在教学过程中，如何引导学生对“美好的城市空间”展开想象并进行创造，成为我们贯穿始终的教学主题，而最终我们也发现，“空间想象”的塑造无论在论证过程还是实现步骤上，也都能十分行之有效地和城市设计教学所要求的“城市价值观培养”和“空间设计技能训练”目标相契合。

对于城市层面的“空间想象”并不是空穴来风或者无拘无束的创造，它需要至少满足三个方面的诉求，这也是在教学过程中我们努力引导学生思考和落实之处：城市居民/访客感受到的是怎样的空间？城市空间的美好景象是什么样？形成这些空间之下的发展依据是什么？我们将这三点简单归纳为“人的感受”、“场所环境美学”、和“空间生成的逻辑”，并引导学生兼顾这三个出发点来展开设计。

梁思思：清华大学建筑学院城市规划系讲师
钟　舸：清华大学建筑学院城市规划系副教授
Gary Hack：清华大学客座教授，美国宾夕法尼亚大学设计学院城市规划教授

2 以研究生总体城市设计课程教学为例

2.1 课程选题及训练目的

清华大学清华大学建筑学院研究生“总体城市设计”课的改革实践始于2010年，至今已满五年。课程开设在春季学期，是一门3学分48课时的设计型专业课（实际课堂教学时间远远超过了学分要求的课时数），授课对象主要为一年级城乡规划学研究生（含硕士生与直读博士生）。课程重点关注在快速城市化进程中对特定城市或城市综合性片区的大尺度总体城市设计训练，并进行中观层次（特定城市意图区）建筑群体空间设计和微观层次城市环境和人性化空间的创造。

近三年来，课程先后选择北京高科技产业带（2011）、昆明新旧机场地区（2012）、天津滨海新区+上海浦东新区（2013）、广州黄埔及新塘地区+天津滨海新区+青岛中德生态园（2014）等重要城市的特定片区为设计研究地段，由学生在指点片区中自主选择20平方公里左右用地规模的规划设计地段进行设计。

2.2 课程进度安排

课程为期16周，每周有1~2个半天的课堂教学时间。在进度安排上主要分为五个阶段：前2周为第一阶段，即调研期，这一阶段完成课题布置、与设计题目配合的系列讲座以及实地调研和调研后总结汇报。第二阶段为期2周，各组选定具体规划设计地段，提出方案初步定位和策略构想。随后是为期8周的设计阶段，依据设计深度的不同先后分为概念设计、强化设计和深化设计。最后4周是成果编制阶段，最终完成成果进行终期汇报。

2.3 学生特点分析

城市设计系列课程的教学发起者是教师，但是受众为学生，因此教学方法的采用首先需要考虑学生的教育背景和能力基础。所有学生均为一年级城乡规划学研究生，在同一学年的秋季学期进行了空间战略规划的设计课程训练，对大尺度下的城市发展战略、土地利用、产业发展及空间结构等有了一定基础；其中，清华直硕和直博的部分同学占2/3，他们仅在本科四年级时参与过几十公顷规模的城市设计课程。

刚刚步入城乡规划专业领域不久的研究生有着良好而积极的学习态度和能力，但是面对大尺度的城市空间设计专题时，学生们依然呈现出以下一些特点：首先是他们还未从大尺度空间规划的“轴带”结构中跳出来转向三维的实体的城市形态；其次，他们还未建立从土地使用角度的“色块填充”，向从“人”的视角来审视城市空间，创造丰满的生产和生活场所的转变；同时，他们相对缺乏基于城市发展的理性逻辑构建出宜人环境的基础知识；最后，他们在形体空间塑造的技巧上也还需要进行大量的积累。

3 分阶段引导的“空间想象”教学方法

在几年的教学磨合过程中，设计课小组的几位指导教师逐渐形成了一个共识，那就是城市设计理念建立的基础上，我们需要引导学生学会在大尺度的城市空间，建立承载人们城市生活的城市空间意象（image），建立美好城市空间及其合理性的价值评判标准，并学习相应的空间设计手法将其落实在图纸上。我们称之为“空间想象”教学方法。

“空间想象”的教学引导结合课程进度安排和学生的设计研究工作的进展在各个阶段展开不同方面的侧重。下面结合调研期、定位期、设计发展期、强化期进行展开阐述。

3.1 调研期：构建知识总览和地段认知

在为期两周的第一阶段里，结合课题的布置，教学组在开始调研之前围绕总体城市设计必须具备的基本知识展开系列讲座，其中包括“城市设计的价值观”、“总体城市设计的实践及方法”、“国内外结构性城市设计实例”以及“可持续城市设计的发展”等，既有相关的城市设计方法性内容，也有城市发展的前沿议题，以此给学生提供了一幅总览的画面。随后，师生共同花费3~4天的时间前往选题地段展开实地调研，同时听取地方规划人员提供的现场讲座，以此建立起对地段的初步认知。

在这个过程中，教师与学生共同听取报告、踏勘现场，并随时随地就所见到的城市现象展开讨论。比如，在天津滨海新区调研时，于家堡CBD的建设景象和现状情况，对学生们在通过金融片区中心摩天楼林立模式构建城市片区中心的思维定式，带来了反思，并通过教师们关于城市开发的基本逻辑讲解，展开了热烈探讨。后来，2013 年天津组的四组同学在选择紧邻于家堡和响螺湾 CBD 地段进行城市设计时，均体现出理性的思考和合理的判断。

2014 年 3 月初，在广州组的调研接近尾声之时，教师小组和学生在青年旅馆进行了一次自由的探讨，在这次探讨中，教师特别提出，在展开地段调研分析之时，仅仅用客观的图式语言描绘用地、交通、人口、建筑、环境等种种现状是不够的，更需要借助学生自己的眼睛，去发掘城市片区中值得利用的"机会"。我们的学生往往很容易对现状提出批判，看到城镇化进程中涌现出来的各种矛盾，但是往往难以再往前走一步，思索可能的答案。因此，我们要求学生结合地段调查，一步步展开梳理，分解出"硬（hard sites）"和"软"（soft sites）的地块，分别代表将来设计中将予以保留的地块，以及将加以改造、利用、重建的地块，并解释每块地块"软硬"归属的原因。通过这一步，学生迅速构建起了对城市片区的实际空间认知，为"空间想象"构筑十分坚实的基础。以 2014 年广州小组为例，在调研汇报中，他们通过对地块的分区调查，挖掘了岭南富有特色的宗祠、水系、建筑肌理之间的联系，并从三维的空间意向展开读解，决定保留并适当改造地段内的三个村落，这一挖掘成为他们后续提出的"重塑地段认知"概念的重要组成元素。

3.2 定位期：提炼精简原则和设计策略

从地段调研归来之后，学生利用 2~3 天的时间完成调研汇报，之后便开始结合教师的反馈开始发展设计的定位和构思。我们在教学过程中发现一个令人思考的现象：学生很容易在对地段提炼出的每一项问题都提出应对策略，最后形成了一系列大而全的规划原则，典型的例子有：保持职住平衡、发展交通枢纽组织、平衡产业开发用地、容纳多种阶层的社会人口，等等。然而，当他们在下一步需要将这些原则转译到空间时，往往面临很多无法解答的困难，难以真正从调研地段的"观察员"身份转为主导地段的"设计师"身份。

对此，教师组要求学生精简策略，将所有问题浓缩为 2~3 个最亟待解决的原则问题，并尝试针对每个原则提出几条具体的城市设计行动策略，同时结合案例和图景予以展现描述，其最重要的是综合展现"你所想象的理想的这一片区"，而非仅仅"你要通过什么规划策略来解决城市问题"。这一做法收到显著的成效，学生迅速进入状态，提出一系列预判为行之有效的行动策略。比如，2013 年的天津小组便针对大沽化工厂地段提出的原则浓缩为提高可达性、营造社区活力、延续滨水系统以及颂扬历史遗存四个方面，在每个方面都展开 3~5 条具体策略，如可达性中包括有公交导向的区域开发、步行优先的街廓和街道设计、混合的街区功能等。而在后续的概念设计和方案发展过程中，这些原则不断被深化，行动策略也进一步反馈和修正完善。而这些行动策略也是学生自己通过阅读文献、翻阅学习各个城市的设计实践的归纳总结，进一步加深了学生对城市设计的认知。

3.3 设计发展期：反思城市发展的逻辑

在设计方案不断地深化发展过程中，我们常常发现，学生在得到鼓励，开始构建理想城市空间的过程中，往往容易不顾尺度地进行想象和设计，比如在天津大沽化地段中有一片目前已半停工的工业厂房，学生最初在设计图纸上呈现出的是将其全部保留，改造为 5~10km^2 左右的艺术产业园区，言其灵感来自于 798 和首钢改造的案例，并沉浸在充满艺术氛围的片区愿景之中。然而，当我们询问其这么大一片区域将会多少艺术家入驻、如何实现资金开发的回流等问题时，却往往无法做出回答。

因此，在设计发展期，当面对具体的一张张图纸时候，教师组和学生们在每一次的互动交流中，特别注重强调的是"空间想象"的第三个要素，即合理性。我们的选题是基于中国当前特定时期下，处于快速城市化发展阶段的城市片区，为此进行的大尺度城市设计所提供的应该是这座城市未来发展的合理蓝图景象，如果失去了对城市发展逻辑的考虑，仅一味追求乌托邦的理想空间，是无法完成一个合理的"接地气"的方案。通过学生实际调研的所感所得、对地段所在城市的认知，通过综合判断总平面布局和发展的可能性及合理性，天津大沽化组的小组成员最终选择保留 1/5 工业厂房的建筑形态，结合周边的交通枢纽、环境及商业开发，设计出文化综合体、工业遗址公园、商业主街等丰富多元的功能

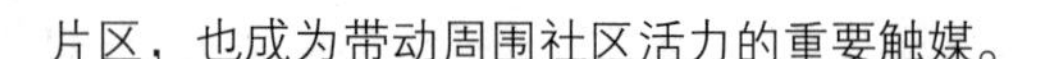

片区，也成为带动周围社区活力的重要触媒。

3.4 强化期：从控规图则到场所营造

完成结构性总平面构建之后，学生开始展开重点片区的设计。往届的学生戏称这一阶段为“在色块上开始摆房子”，这一说法从某个侧面反映了学生对城市空间综合构建能力的缺乏，同时，由于没有考虑空间环境综合构建和肌理组织的内在逻辑，他们“摆”出来的房子往往成为空地上孤立的一座座建筑物；抑或是他们将重点片区的设计单纯理解为控规，形成针对一个个地块独立的图则，却无法营造实现最初他们所构想的美好城市愿景的城市空间环境。

在这段时间中，学生和老师会进入为期两周的浸泡式交流，每周的交流频率增加到两个半天，设计工作和评图以手绘方式为主，便于随时修改，并易于掌握中微观的尺度。在总平面空间设计的基础上，这一阶段的“空间想象”鼓励学生通过透视和剖面来阐述场所空间。通过街道、广场、公园及其周边一定范围街区的综合设计，满足公共空间以及车行和人行的需求和感受；交通枢纽站点周边不仅需要考虑建筑物的尺度和肌理，还需要考虑地铁的出入口、公交站点以及广场的选址和形态之间的关系；开放空间综合考虑其界面的建筑功能、出入口、周围的绿化环境之间的可达性和连接性……等等。学生逐渐从控规图则式规划，转而关注营造空间场所的乐趣，也不由自主地会采用一系列的手绘、透视、鸟瞰来辅助他们的表达。

4 小结

从最初调研的感性初探，到形成初步的设计策略，构建空间结构，最后落实到蓝图和细部场所营造的这一长长的过程中，对空间想象的引导贯穿始终，并且不断地深化。其中，“修正”和“案例”是“空间想象”的两大关键要素，教学组一直鼓励学生通过来回审视而进行自我反馈和修正（back and forth），探讨他们所畅想的空间能否通过他们所提倡的策略来得到落实，还需要做什么，还无法做什么。同时，城市设计的经验得失来自于几千年来中外城市建设的实践和成就，对案例的获取和学习是城市设计过程中不可或缺的重要部分，学生对案例的参考和学习也贯穿在“空间想象”城市设计教学过程的始终，并且根据阶段的不同有相应的侧重。

在每一年的教学课程结束后，我们都会有一个和学生的深入沟通对话，结合教学评估成果，我们发现学生普遍反映了在学习过程中的几点心得：第一，在这个教学过程中，无论信息摄入还是输出都是“爆炸式”的，通过“爆炸式”的信息获取和交流拓展了同学们的对城市空间的认知、理念和构建；第二，对空间想象的引导让他们开始真正关注城市空间以及“空间”之下的“生活”；第三，他们通过高强度的训练，在空间设计的技巧和思路组织上获得了“双丰收”。

“空间想象”的教学方法还在很多方面需要进一步改进。例如，教学方法的应用如何因人而异，适应不同背景、不同能力水平学生的差异性；由于调研时间较短，对地段无法真正深入理解，因此，对城市理想空间的构建缺乏更加坚实的基础；另外，对“理想”和“现实”的平衡以及如何引导也往往是对教师最大的一个挑战，需要一个不断摸索，而最终会有更多收获的过程。

主要参考文献

[1] 童明．扩展领域中的城市设计与理论．城市规划学刊，2014，01.

[2] 钟舸，唐燕，王英等．“4+2”本硕贯通模式下的研究生城市设计课程教学探索．2012 全国高等学校城市规划专业指导委员会年会论文集．北京：中国建筑工业出版社，2012.

Teaching Methodology of "Imaging Places" and its Application in Graduate Structural Urban Design Studio

Liang Sisi Zhong Ge Gary Hack

Abstract: Urban design studio is one of the most important training courses in the setting of urban planning course series. The outcomes are largely affected by instructors'diverse understandings on urban design theory and practice with regards to values, concentrations, and professional trainings, leading to the lack of comprehensive teaching methodology in urban design course. The teaching group from School of Architecture in Tsinghua University has explored and developed the teaching methodology of "imaging places" . Taking the Graduate Urban Design Studio, "Structural Urban Design" in Tsinghua University as an example, this paper introduces its integration with phases throughout the design procedure and the outcomes.

Key words: Structural Urban Design Studio, Imaging Places, Teaching Method

城乡规划专业美术课程教学改革的探讨

何仲禹　翟国方　丁沃沃

摘　要：本文介绍了南京大学城乡规划专业自2013年度起实施的美术课程教学改革的方针思路、教学设计、教学实施过程及学生教学评价。新的教学内容以培养学生的空间美学认知和体验为重点，更加注重突出美术与城乡规划的专业联系，获得了学生的认可。文章最后对教学改革中的问题及心得进行了总结与思考。

关键词：美术，教学改革，空间体验，空间认知

1　引言

美术教学在我国城乡规划专业课程体系中占有重要地位，但围绕这门课程的教学定位和教学内容等方面的争议长期存在[1][2]。首先，2010年以前城乡规划学作为建筑学一级学科下的二级学科，其美术教学的培养目标与建筑美术基本保持一致。我国传统的建筑院校大多采用源于巴黎美术学院的“学院派”体系，将建筑作为与绘画密切相关的艺术形式[3]，使得基础美术技法训练在很多院校中成为美术教学的主体。近年来，一些院校对美术教学进行了改革，如引入视觉设计、构成训练、色彩设计等教学内容，但其师资多为绘画专业教师，对学生造型能力以外的城市空间美学认知培养不足，美术教学与规划专业衔接不够紧密。同时，现代城乡规划学的发展日趋多元化和综合化，规划从以物质空间塑造为主的工程技术手段逐步向公共政策转变，设计能力和表现技巧只是衡量规划师业务能力的诸多标准之一。就空间设计而言，随着计算机软件的发展和专业分工的强化，设计成果的表达已基本借助计算机绘图和专业表现机构实现，对设计人员手绘技巧的要求大大降低。此外，目前我国设置城乡规划专业的近200所院校的学科背景差异较大：其中以建筑背景为主导，但土木工程、地理、风景园林、管理学等专业背景的规划院系比例超过半数，因此，各规划院系美术课程的教学目标和标准不宜等量齐观，而应与本院系的学科发展特色相结合。

基于上述思考，南京大学城市规划与设计系自2013年度秋季学期开始，对美术课程的教学大纲和教学内容进行了重大调整。本文对这次课程改革加以介绍，以期抛砖引玉，促进城乡规划专业中美术教学改革的不断深入与完善。

2　教学目标与内容

南京大学城市规划与设计系《美术》课程共72学时，分为美术（1）与美术（2），安排在大一年级上、下两个学期进行授课。2013年以前，课程内容以室外建筑素描写生为主，辅以少量马克快速表现训练。2013年起实施的教学改革基于如下几点指导思想：①美术教学突出城市规划专业特色，将教学重点从美术技巧的训练转为审美能力的培养，特别是对真实空间中美的认知，鼓励学生体验城市空间并基于自身感受提取空间美学要素；②引导学生运用新的技术和个人擅长的艺术手段表现城市空间之美，评价学生学习成果的方式多元化；③适当进行手绘能力的训练以满足升学、就业考试要求和规划设计方案构思阶段推敲、表达空间形态的要求。据此，将《美术》课程的教学目标定为：“培养美学修养，为从事物质空间规划打下基础；学会观察、认识城市空间，理解美的城市形象”。

在教学内容方面，放弃传统的素描和水彩教学，改为规划设计中应用更为广泛的钢笔画表现教学，同时要求学生学会运用绘画之外的摄影、摄像等多种表达手段，

何仲禹：南京大学建筑与城市规划学院助理研究员
翟国方：南京大学建筑与城市规划学院教授
丁沃沃：南京大学建筑与城市规划学院教授

并利用 GoogleEarth 街景地图、Photoshop 软件等现代技术扩展教学空间广度，突破传统绘画不能实现的城市空间审美训练。美术（1）、（2）各设四个教学环节，如表 1 所示。72 学时中，讲课 10 学时，校内外写生 32 学时，校外参观和认知实践等非传统美术教育内容 30 学时。

在师资配备方面，两个学期的美术课分别由一名规划专业教师和一名艺术专业教师主讲，两者合作互补，前者侧重从城乡规划学的角度进行空间审美教学，后者负责对美术表现技巧教学进行补充完善。

在与其他课程的衔接方面，钢笔画表现所需的透视基础知识由大一上学期《建筑制图》课程讲授，以节省美术课时，更多带领学生进行空间体验；二年级上学期《建筑设计 1》加入形态构成训练，作为大一《美术》教学内容的延续与应用；同时在贯穿二年级整个学年的《建筑设计》课程中要求学生每周临摹钢笔画，并在二年级暑期《城市认知实践》课程中设置钢笔画写生环节，强化一年级《美术》课程教学成果。上述几门课程相互配合，共同构成规划专业中的空间美学培养体系。

在教材和教学参考书方面，除了介绍有关建筑钢笔绘画训练的入门教材外，还选择了一部分和城市美学、城市空间认知密切相关的经典规划书籍，如芦原义信的《街道的美学》，凯文林奇的《城市意象》，戈登卡伦的《简明城镇景观设计》等，摘录其中易懂的内容在讲课环节中给学生加以介绍。南京大学城乡规划专业具有较浓厚的地理学背景，学生具有一定的理科思维定式，这些社科书籍的阅读对丰富学生的规划思维方式具有一定的帮助。

3 教学实施与课后作业

根据新的教学大纲，美术（1）教学已经在秋季学期实施完毕，美术（2）正在实施中，因此，下文主要对美术（1）的实施和评价情况做以介绍。

在“城市美的认知”教学环节中，教师带领学生实地参观南京大学仙林校区和东南大学四牌楼校区的正门入口广场。两个广场分别位于仙林新城和南京老城，在建设年代、空间尺度和设计手法上均有较大的差异。在课堂训练和课后作业中，要求学生 2 人一组，用尺人工测量两个入口广场的道路、绿地、小品和边界建筑的尺寸并绘制平面图，并对两个空间各自的美学效果进行主观评价。这样一种训练能够帮助学生将图纸上的线条、实际的空间形式以及这种空间带给人的美学感受这三者相联系，我们认为这样一种能力的养成是城乡规划专业美术教学最为基本的任务。

在“影像城市”教学环节中，教师带领学生参观位于南京老城南的门东历史文化街区，课后要求学生运用讲课环节中介绍的构图、光影知识和摄影技巧，拍摄一张自己认为最美的城东建筑空间并向其他同学介绍拍摄该照片的原因。教学中发现尽管照片拍摄的优劣和绘画

南京大学城市规划与设计系《美术》课教学内容 表1

	教学内容	课时	教学目的	知识点
美术 1	城市美的认知	6	通过外部空间体验帮助学生建立城市尺度与个人空间感受的联系	形式美的原则
	影像城市	6	通过摄影观察城市，用照片表达艺术构思	构图
	城市美的再现	14	通过钢笔画写生培养学生基本的绘画技巧和表现能力	光影
	印象城市	10	通过实地观察探求产生美的城市意象元素，体会在不同的观察动态下城市带给人的意象差异	城市意象
美术 2	色彩基本训练	16	了解马克笔钢笔淡彩写生及快速表现的基本方法，学会用草图进行空间设计构思	色彩理论与表现技巧
	城市天际线之美	6	通过对现有建筑及山水环境要素的虚拟重组，了解人对城市天际线的视觉感受和评价标准	天际线美学
	城市广场与开放空间之美	6	基于空间尺度和比例的比较，了解塑造美的开放空间的条件	开放空间美学
	城市街道之美	8	了解不同类型城市街道的空间特点，了解微观建筑元素对街道美学的影响	街道美学

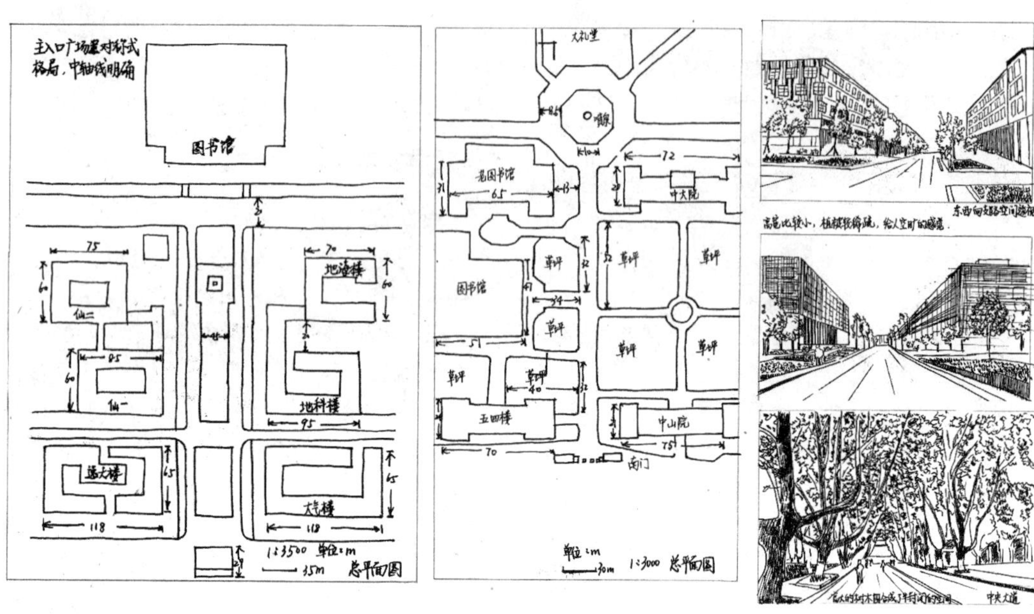

图 1　空间认知体验作业成果示例

图 2　老门东钢笔写生作业成果示例

基础存在一定的正相关性，但摄影水平的提高往往快于绘画技巧的提高，一些没有绘画基础的学生最终也能够拍出具有创意和表现力的作品，这充分说明多元化的表现手段能够更全面地评估学生的审美能力。

“城市美的再现”这一教学环节与传统美术课程内容基本相同，重点是对绘画技巧的训练。教师首先带领学生对楼梯、墙面等简单的建筑构件进行钢笔画写生，然后安排门厅等稍复杂空间的一点透视训练，最后要求学生将自己在环节二中拍摄的照片绘制成为钢笔画作品，作为作业上交。

最后一个教学环节“印象城市”是为了使学生了解到城市空间审美中的差异性。教师在讲课环节借助凯文林奇的城市意象五要素，帮助学生建立城市空间美学的评价体系；通过播放短片，使学生意识到在不同观察速度下（如步行、车行）空间感受的不同。在课程实践中，教师带领学生乘车参观南京的河西 CBD，参观后提供地图路线及沿途照片，要求学生根据个人印象，将照片与地图中的编号相对应（如图 3）。照片中既有大尺度的城市建筑群，也有小尺度的环境小品，这一教学设计的意图是希望通过照片甄别准确度的差异让学生体会到车行速度下城市空间审美的特点，但最终结果显示学生对绝大多数照片无法正确甄别，这可能是行车速度过快造成的。本环节的教学意图未能实现，但因为是初次试验，所以失败在所难免，相信通过方法改进，未来的教学中能够达到预期目的。本环节的教学考核为学生提供两种选择，一是提交以河西 CBD 为对象的较大范围城市空间的钢笔画写生，这主要是考虑城市规划师手绘表现对象的尺度特征；二是 2 人一组，利用视频编辑软件制作 3 分钟 DV 短片，要求以车行和步行两种速度下的城市视觉印象为表现手段，构思并展示一个与城市空间有关的故事。学生可依个人兴趣对两项作业任选其一，这样

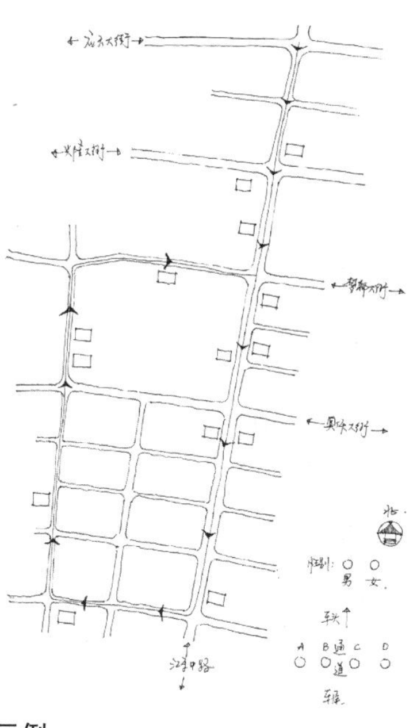

图 3　城市空间认知的教学试验设计示例

的安排也是为了避免对学生评价标准的单一化。最终的《美术》课程分数根据 4 个环节的作业综合评判，改变了过去“一画定成绩”的作法。

4　学生的课后评价

为了检验本次课程改革的效果，课程结束后对学生进行了匿名的问卷调查，结果如表 2 所示。从反馈意见来看，和传统美术教学相比，学生对于本次教学改革给予了极大肯定，97.2%的学生更偏好改革后的教学内容；47.2%的学生认为自己在美学修养上的提高“很大”或“较大”；学生满意度最高的教学环节是“印象城市”、其次是“影像城市”，两个环节均为改革后加入的非传统教学内容。在对于学时安排的评价中，38.9%的学生认为美术课学时偏少，只有 2.8%的学生认为学时偏多；具体到各教学环节，认为讲课课时偏少的学生最多，认为写生课时和参观实践课时偏少的学生数量相当。问卷最后安排了两道主观题，请学生对教学内容和教师的教学提出意见或建议，从回答来看，最主要的意见集中在希望加强钢笔画技巧的讲解和训练。同时调查显示，75%的学生在入学前没有任何美术基础。

课程实施调查问卷统计结果　　表2

问题	回答及比例
本学期美术课的教学内容和传统以素描为主的美术教学相比，你更倾向于选择哪一个？	0%　3%　97% 本学期内容 传统素描教学 不好说
经过本学期美术课，你认为自己在城市美学认识和美术技巧方面是否有收获？	0%　5%　53%　42% 有很大收获 有较大收获 有一定收获 没有收获
你是否认为本课应该减少美术技巧（如钢笔画）方面的训练，增加更多认知和体验城市空间的内容？	8%　17%　75% 同意 不同意 不好说
对本学期美术课的四个教学环节，你最满意的是？	8%　17%　75% 同意 不同意 不好说

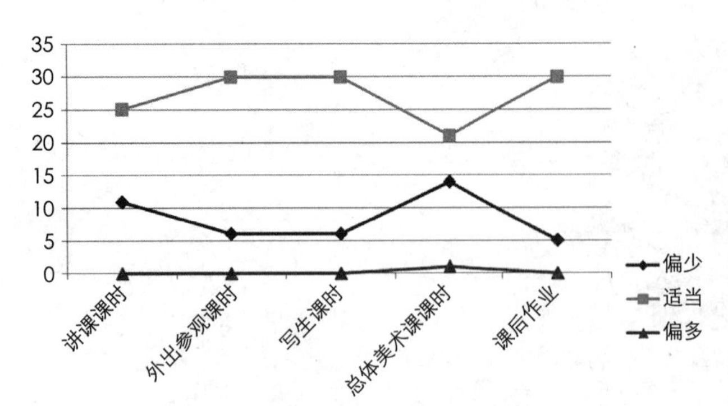

图 4　学生对各教学环节课时数的评价

5　总结与思考

南京大学城市规划系于 2013 年度开始对《美术》课程进行的教学改革经过一个学期的教学实践总体上获得了成功，受到学生的积极评价。这次改革是对构建具有南京大学特色的城乡规划专业教学内容的一次尝试，是对城乡规划学科新的发展阶段下规划美学教育定位的一次探索。这次教学改革反映出来的主要问题是在有限课时下，空间审美认知体验与绘画表现技巧训练二者的不可得兼。从教学设计的角度看，教师试图在这两者间取得平衡，但南京大学规划美术课程的学时约为清华大学、同济大学、东南大学等学校同类课程学时数的 50% ~60%，而改革后的课程上述两方面教学内容各自占用约一半学时，使得部分学生认为课程学时偏少和美术技巧训练不足。从学生自身的角度看，对《美术》课程的教学内容具有一定先入为主的观念（即绘画训练），同时基于自身升学考试的考虑也希望提高绘画技巧。今后拟从以下 3 种途径解决这一问题，首先是适当提高美术课时，比如从目前的 72 学时拟提高到 90 或 108 学时；二是强化课后要求，以课后作业的形式弥补课堂技巧训练时间不足，特别是有必要让大一新生意识到美术等专业课与以课堂讲授为主要学习方式的高中阶段学习的不同要求；三是在两个学期的教学中各自侧重不同的方面，提高绘画专业教师教学参与度。总体而言，我们认为在美术教学中，带领学生走出画室、走出校门，将空间美学认知体验及审美能力的培养作为重点、鼓励多样化的表现手段和评价方式，是城乡规划专业美术课程改革中值得参考和讨论的一种做法。

主要参考文献

[1] 刘天民陈静．建筑美术教学改革刍议［J］．建筑学报，1999，11：54-56.

[2] 何哲健．城市规划专业建筑美术课教学实践与探索［J］．大众文艺，2012，1：227-228.

[3] 韩盛华．建筑美术课程体系理论教学研究与思考［D］．山东师范大学，2010，12.

Discussion on the reform of fine art teaching in urban planning program

He Zhongyu　Zhai Guofang　Ding Wowo

Abstract: This paper introduces the guideline, course design, implementation and students' evaluation of the fine art lecture reform started from the year 2013 in the urban planning program in Nanjing University. The renewed lecture emphasizes the training of spatial aesthetics cognition through personal experience, and highlights the correlation between fine art and urban planning. Such an attempt is highly appraised by the students taking the lecture. In the last place, the paper discusses the problem emerged along with the reform and possible solution.

Key words: fine art, teaching reform, spatial cognition, spatial experience

竞赛专题导引下城市规划设计课程教学转向与创新模式研究

薛滨夏　吕　飞　李罕哲

摘　要：城市规划设计课程是当今建筑与城市规划类院校课程建设的核心内容，也是培养学生未来实践能力的重要环节。论文以国内外竞赛专题为媒介，提出以竞赛专题为导引的城市规划设计课程新的教学结构和思路，在体现创新、广度、实效的前提下，通过跨学科教师团队建设，转变传统教学模式，采用开放、互动、实时的教学方法以及讨论、案例分析等教学手段，培养学生团队协作和研究探索精神，提升学生用复杂性思维审视城市生态规划设计的多维视角与创新能力。

关键词：城市规划设计课程，竞赛专题，生态，教学模式，创新

1　课程设置背景

1.1　教学转向及意义

城市设计、城乡空间环境规划、住区规划设、生态景观设计等设计类课程是我国高校城市规划专业教学体系的核心内容，承担了向学生传授城市规划设计原理、知识与方法的主要任务，也是针对培养、提高学生社会实践能力的重要环节。在当今快速变化的社会和时代背景下，调整、引导传统城市规划理论与设计课程，如城市规划原理、区域规划原理、城市设计概论、居住区规划原理等探索学科新视角的创新媒介，融通核心理论，衔接时代动向，意义十分重要。随着生态概念在全球的兴起，生态城市规划设计成为当今规划专业教育的一个热点选题。由于历史发展的原因，欧美等国高校的生态类课程设置较为系统，缜密，在诸如“低碳”、“零碳”社区规划、太阳能住区规划，可持续城市空间设计、可持续城市基础设施、气候环境设计、中水与雨水回收技术应用、绿色开放空间建设等主题下，伴随理论课安排了大量有方向性的设计工作室（Design Studio），学科间相互交叉、互相渗透，理论类课程与设计课程密切配合，形成一个完善的体系。在这种背景下，我国一些高校陆续开设了类似的课程，生态城市理论与设计课程设置成为当前国内建筑、规划类院校课程建设的一个普遍趋势。

与城市规划专业相关的国内外竞赛，其选题与内容均代表了国际最新视角和前沿命题，尤其是对于生态概念的关注，对于教学转向与创新有着极大的补益与提领作用。以竞赛专题为导引的教学组织，有利于于帮助学生了解具体的生态技术手段，学习基本的生态城市规划设计理论，掌握一般性的生态规划策略、规划原则与方法，应用生态分析与设计程序，从而能够针对我国城市化过程中出现的问题，提出适宜的生态解决方案。这种教学转向与创新，对于学生建立可持续发展理念与规划设计取向，提高综合的生态分析与设计创新能力具有实质的促进作用。

1.2　建设思路与教学难点

结合竞赛专题的城市规划设计课程设置，旨在通过参与国内、外竞赛扩展学生视野，强化设计训练，达到学以致用的目的。由于教学中对学生跨学科研究及创新性探索能力提出较高要求，亦需要反映国际最新前沿动态，教学组织一般包含课程作业和竞赛作品制作两个程序，既有助于提高课程的教学质量，同时可以凭借竞赛选题和历届竞赛获奖作品分析，帮助学生建立地域跨度下的视野，学习国际一流规划设计理念和方法。

这类规划设计课程的教学以生态思想为主线，结合

薛滨夏：哈尔滨工业大学建筑学院副教授
吕　飞：哈尔滨工业大学建筑学院副教授
李罕哲：哈尔滨工业大学建筑学院讲师

当今国际生态城市规划与设计方案的最新成果，培养学生积极思考、主动创新的意识，提高概念推导与系统化、科学化分析问题、解决问题的能力，以及面向未来的思维广度。

课程在跨学科背景下，综合运用城市规划、城市设计、建筑学、市政工程等专业的相关知识体系和教师学术研究基础，选取若干生态敏感地区和区域的城市节点空间，譬如城市广场及周边环境、城市边水地带、社区中心活动绿地等地段，研究其生态支持系统的承载能力及城市问题，进行整体环境生态概念规划设计，并结合中水回用、太阳能利用、地热利用等具体的生态技术进行规划设计。课程教学应用讨论式、案例分析式是教学模式，培养学生团队协作精神和研究型思维习惯，启发、促进学生在今后的规划设计中，在方案中体现城市建设的系统化、自然化、经济化和人性化。课程设置面向大四学生，课时周期 30 学时为宜，面向建筑学与规划专业本科生。学期安排应结合国际竞赛的举办时间设置，是学校的教学周期与竞赛的方案投送实践吻合、衔接。

由于在竞赛专题框架下，课程自身定位于城市生态规划与设计层面，创新性较强，缺少教学经验的积累，同时，国内外竞赛对规划设计方案的选题、方案推导和成果制作都具有高标准要求，增加了课程组织与教学设计的难度。主要体现在：

（1）涉及理论跨度大、范围广，面向本科生教学需要强调重点，精选内容，对教学组织和教师素质提出较高要求。

（2）跨学科类课程，需要相关领域的理论与成果支撑，需要组建跨院系教学团队。

（3）参加国际竞赛，需要大量的英文翻译工作及英文参考文献准备，增加了资料收集的工作量和翻译的难度。

（4）课程作业为概念设计并提交竞赛，需要激发学生的创造力，对教学中的指导方式和评价体系提出针对性要求。

从上述分析中可以看出，教学转向后的规划设计课程面向更为宽泛的领域和庞大的知识体系，对学生的综合分析能力、知识整合能力以及创新能力提出更高要求。这种以竞赛专题为导引的教学转向和创新模式，将使学生在课程学习中直接面对城市发展的焦点生态问题并提出有效的解决方案，把生态技术与方法融入对城市空间与肌理的美学考虑中。因此，需要建立相应的教学形式和机制来实现这种转变。

1.3 课程内容

以竞赛专题为导引的城市规划设计课程，其教学内容应配备特殊的教学程序与管理机制，以实现教学突破与锻炼教学队伍的双重目标。主要内容有：

（1）生态规划与设计理论介绍

介绍生态城市的定义、基本概念、相关学科、发展背景，以图示形式阐述生态城市主要主张及城市建设模式。结合实例分析国外建筑师、规划师、城市学家关于生态城市主要构想方案、类型及与规划设计原则。阐释生态思想视角下城市规划设计处理城市问题的思考维度、实践模式及方法论

（2）生态技术应用

结合教师团队的研究成果和知识结构，讲解中水利用、雨水回收、太阳能利用、地热资源利用、气候适应性规划设计扽高技术在生态小区规划、城市中心区设计、城市开放空间规划设计中的应用。

（3）竞赛主题解析

结合历年的获奖方案与竞赛举办机构的特点与宗旨，解析当年的竞赛主题，方案要求、竞赛规则及解题要旨。

（4）概念与形式的推导

针对竞赛形式，向学生降解主题选定、概念转化、形态生成的主要步骤，确立正确的思考问题与求解方式。

（5）方案构思与设计指导

结合前面的理论介绍和概念解析，深入参与学生从草图构思到成果制作的各个阶段，形成动态反馈的指导机制。

该课程的教学组织基于指示平台搭建、概念与案例引导的原则，精选国内外相关理论书籍和教材，利用网络和教师科研成果积累，建立开放、多维与动态的教材体系，促使学生以宽广而新颖的视角去接触城市生态规划设计的概念和相关问题。

2 教学体系分析

2.1 教学模式

以竞赛专题为导引的城市规划设计课程在设置上需

要采用不同于以往的教学模式，以适应研究、探索型方案设计的要求，特点如下：

（1）跨学科团队

该课程立足于生态视角进行教学，涉及多学科内容，需要组建跨学院、跨系的教师团队，才能保证教学成果取得实质性进展。教学团队应注意学科间的相关性，如建筑学院的建筑与城市规划专业、市政学院的给排水与环境科学专业等。良好的契合性可以确保教师之间的知识互补与学科交叉。

（2）穿引式教学

生态概念设计相关知识内容繁杂，概念众多，如何在有效教学周期内完成知识传授与方案设计，需要加强教学模式的变革。采用主线串引，建立知识链接出口，在课堂教学中由教师搭建主要知识框架和查询线索，学生课余时间补充完善，是顺应信息时代特点的传授方式。

（3）案例启发

为使教学具有多视点启发效果，在课程前期讲授中安排了大量的案例分析和比较，利用案例教学的生动性、直观性和针对性，提高学生对课程和竞赛的把握能力。这种情境化的，概括性的案例内容，可以使学生获得“本质的、结构性的、原则性的、典型的东西以及规律性的、跨学科的关系等等，促使理解并解决一些结构相同的或类似的单个现象和问题。”[1] 案例教学具有其他手段所不能具有的广度和经验借鉴性。

（4）实时辅导

国内外各类建筑、规划竞赛对方案构思额创新性要求，以及城市生态规划理论及其技术工艺的专业性，使得学生对相关领域较为生疏，难以准确捕捉问题的焦点，或熟练运用相关技术与工艺进行环境规划，需要实时得到老师的指导、把关与交流。因此，这种课程应该采用较为灵活的教学时间管理方式，在辅导阶段讲课时化整为零，利用网络媒体多种技术及时介入学生的构思和设计环节，帮助学生理清思路、避免走弯路。

城市规划设计是一个复杂过程，既涉及宏观的生态环境规划原理，又包含微观的技术应用。国内外竞赛的背景又对相关知识之间的联系与整合，以及在规划设计中对其的权衡，判断，取舍，都对教学模式的转变与创新提出更高的要求，

2.2 国际脉络与视角

结合国内外竞赛组织设计课程内容，其优点在于引入该领域的最新学科动向，摆脱单纯依靠教材和经验授课所造成的实质性和片面性，有助于教学内容得更新，同时也满足学生培养的实用性。因为历届国际竞赛的主题都是经过专家筛选，聚焦于当时社会的敏感问题和最新视点，在学术上也具有深度和典型性。另外，竞赛对作品完成质量的严格要求、赛前赛后对各项议题的全程参与，对学生来说，也都是以此极好的训练和参与。

国内外竞赛的选题往往都具有普遍的社会意义和学科涵盖性，反映了该领域的重要试点，对与教学很有启发性。例如，在当今较为有影响的 holiciam 全球可持续建筑大奖赛，由瑞士 Holcim 可持续建筑基金会主办，每三年举办一届，已历时三届。大奖赛下设主奖项“Holcim 可持续建筑奖”面向建筑师、规划师、工程师、项目所有方等；“新生代奖”面向学生（包括硕士和博士），鼓励优秀创意与革新思路。大赛的宗旨要求参赛者以可持续发展的方式，应对当代建筑和施工中的技术、环境、社会经济和文化问题。以 2011 届为例，参赛者所提交的作品无需达到高级设计阶段，可以是概念性创意或创新设计。参赛作品可以为参赛者在校期间开展的毕业设计项目或学院研究项目或其他创意作品。由于竞赛评委会由国际知名学者和建筑师、规划师组成，并与一批全球知名的技术类院校开展合作，因此，其界定的竞赛作品评价指标代表了对规划专业实践的洞悉和全面的认识，应用于教学受益匪浅。其评选标准分别为以下几种：

（1）创新精神和可移植性

强调参赛作品的前沿性欲创新性，鼓励规划设计对于传统方式的超越和较大变革。竞赛作品在具备前瞻性和未来导向意义基础上，不论其规模大小，均应具有可移植到其他项目或应用的操作性。

（2）道德标准和社会平等

不同于纯功利主义，竞赛要求参赛作品遵循最高道德准则，并且在从规划、建设一直到对社区社会结构的长期影响等各个阶段都有助于社会平等。项目应有助于实现社会的人文和谐。

（3）环境质量和资源效率

参赛作品须体现出在项目的整个生命周期（包括运

营和维护过程）对自然资源使用和管理的高度敏感。对环境问题的长远考量，不论是资源还是能源的流动，都应成为建筑实体的一个有机组成部分。

（4）经济效益和可适应性

按要求，参赛作品须能证明其在资源配置上的经济性、可行性和创新性。项目的资金使用须提倡经济节约，并符合项目整个生命周期内的需求和限制条件。

（5）文脉呼应和美学影响

参赛作品须保证其高标准的建筑品质，展示文化和建筑的相互关系。空间和形式的表达应具有最大程度的相关性，且对其周围环境产生持久的美学影响。

在另一重要赛事，IFLA（国际景观建筑是协会）两年一度举办的学生竞赛中，也把可持续规划设计确立为当今的主题，并且关注于城市化过程中人与环境的和谐关系，以及这一进程中城市边缘的景观重塑问题。从上述要求看，国际竞赛在生态建设和规划设计本身之外，更注重作品的实际应用价值和社会道德层面的考虑，反映了对规划设计深层次问题的关注。切合于这种动向，国内举办的一些竞赛，如“中联杯”全国大学生建筑设计竞赛、“艾景奖”——国际景观规划设计大赛等都设有城市规划设计维度下的竞赛主题或规划设计专项奖，在城市健康人居环境、生态社区、景观都市主义等主题下，对城市、环境、景观与人居进行着多向度的诠释。

2.3 考核方式

针对课程建设的跨学科和竞赛创新特性，城市节点生态概念设计采用动态的成绩考核评价体系，长周期和短周期考核结合，考核内容也做了相应调整，主要包括：原理掌握、设计构思与表达、概念推导、技术节点、模型制作、研讨与参与的报告项内容。做到累加式考核，从知识掌握（10%）、课堂表现（15%）+、技术工艺（25%）到方案成果（50%）以及学习态度等环节，对学生的课程学习过程进行全面客观的评价

3 步骤与程序

3.1 总体要求

针对课程特点和竞赛链接要求，当前社会发展及教学改革的要求，城市节点生态概念设计的教学内容、教学形式及方法都作了相应调整。

一是将课堂讲授以主、参考书目为主转为以案例分析为主，同时深化学科内涵，启迪学生的思维广度和深度。同时，加强有启发性的提示讲授，为学生设定一部分思考空间，引导学生对生态概念做深层次的探索。二是将空泛的生态规划设计概念与具体技术联系起来，是方案具有实际科学内容的支撑。三是方案制定中做到概念连续，力求技术与形式的完整统一。五是采取务实避虚的态度，注重方案的实际操作性，以体现真实的社会、经济与生态价值。最后，课程贯穿各个教学环节，应体现生态技术对整个规划设计的有机嵌入和和融合。

3.2 教学方案

为解决教学与参赛的矛盾，课程分两个阶段进行，第一阶段为教学阶段，教师按教学计划授课，历时7周，流程如下（见表1）：

教学阶段进度安排 **表1**

时间	授课内容	成果
第1周　设计准备	发题、解题，进行必要的生态设计知识传授和技术研究指导，在竞赛专题下选定地段进行调研和收集资料	生态技术知识汇总与案例分析；地段区位和基本信息示意图；调研报告
第2周　整体架构	辅导学生进行生态理念分析、概念推导与修正，确定技术路线	生态技术模式分析与概念框图；场地现状分析图及总平面图；人居环境问题发现与对策制定
第3周—第5周　技术节点设计与草图构思	指导学生应用相关生态技术与工艺进行从概念到形式的推导，初步确定技术方案	概念设计框图；总平面图；环境专向设计；重要节点以及空间细部设计；技术流程图；总体三维形体模型
第6周　完善调整	方案深化及调整，确定最终方案，完成成果制作	全部设计内容的完善与准备
K周（集中周）	成果制作	A3文本，电脑绘图，按最终成果的版式和内容提交成果

第二阶段为参赛阶段，教师利用课余时间辅导，历时数周至数月，可涵盖假期。内容为帮助学生进行方案调整与技术改进、辅导学生完成竞赛作品图纸绘制以及竞赛方案投送。

3.3 要点控制

为保证课程创新实施并达到实际的教学效果，应注意以下要若干点控制，包括主题选定与生态概念推导；生态技术实施和原理转化；制作手段更新与效果表达，加强版式、色彩对主体的表现；注意时序衔接等方面。国内外竞赛从发题到作品投送多经历半年以上的间隔，为课程设置提供了回旋的空间。由于多数竞赛投送时间通常设于每年春夏之交，所以这类课程的实施与组织适宜安排在前一年度的秋季学期和当年春季学期初期，以使教学阶段进度与竞赛时间具有良好的同步性和衔接性。

4 结语

以竞赛专题为导引的城市规划设计课程体现了城市规划专业教学由相对封闭、强调知识传授的传统教育模式向动态开放、注重知识建构的现代教学模式的转变。这种创新型教学模式，将有助于增加学生创作思维与视角，捕捉最新的理论知识与实践动向，优化规划设计方案质量。同时，也将改善学生作业技术路线的适宜性和多维度表达，摆脱以往规划设计课程过分注重形式或纠结于城市规划设计自身层面问题的倾向，提高了设计课程对学生技能训练的应对性和多目标价值潜质。

主要参考文献

[1] 马文军，李旭英．案例教学方法及在城市规划教学中的应用研究［C］．社会的需求　永续的城市——2008 全国高等学校城市规划专业指导委员会年年会论文集．北京：中国建筑工业出版社，2008：28-32.

[2] http：//www.holcimawards.org/target.

Study on the Teaching Transformation and Innovative Modes of Urban Planning and Design Course under the Guidance of Competition Topics

Xue Binxia　Lu Fei　Li Hanzhe

Abstract: course of urban planning and design as the crucial section of practical ability culture for students, is the core of course construction in contemporary architecture and urban planning colleges and universities. Considering the international competition as the media, this paper proposes new teaching structure and conception of urban planning and design course oriented the special topic in competition. the teaching modes are converted through the construction of interdisciplinary groups of the teachers, realizing innovation, width and effectiveness. The open, interactive and real-time teaching methods and discussion and cases are applied to culture the team spirit and exploration with the aim to improve the ability to review the eco-planning and design from multi multi-dimensional and complex perspectives.

Key words: course of urban planning and design urban design course, competition topics, ecology, teaching modes, innovation

基于利益诉求表达的情景模拟在控规初始教学环节中的应用

沈　娜　栾　滨　陈　飞

摘　要：控规是我国城乡规划实施管理的核心依据，其编制与实施牵涉多方利益主体与不同的利益诉求。作为初次接触控规基本理论的城市规划专业学生，控规编制过程的复杂性和成果表达的抽象性，不利于学生的理解与掌握。基于此，尝试在控规的初始教学过程中，采用情景模拟的创新教学形式，让学生模拟完成规划编制、规划管理以及项目开发整个流程，更好的引导学生进入专业学习领域。教学实践证明，情景教学方法能够有效调动学生的专业学习兴趣，加深学生对课程内涵的理解，利于后续教学工作的顺利展开。

关键词：利益诉求，控规，情景模拟，初始教学，角色扮演

前言

情景模拟法是一种行为测试手段，由美国心理学家茨霍恩等率先提出，在职场人才评测等方面应用广泛，近年在教学中的应用亦不鲜见，具有实践性、互动性、协作性、趣味性等特点，尤其适用于小规模教学活动。传统的城市规划学科教育通常采用理论讲授、案例解析等方式进行，情景模拟教学法涉及较少。作为城市规划体系核心组成部分的控规，与城乡规划实践密不可分，控规的编制涉及政府、开发者、公众以及规划设计师等多方利益主体，不同的主体在其中的立场和核心利益诉求也有所差别，其课程特点比较适于采用情景模拟教学法。控规在控规教学初始阶段，采用情景模拟的教学方式，选取真实城市地段，让学生扮演城乡规划实践中的相关角色，可以激发学生的学习兴趣，有利于学生顺利进入控规的专业学习中。

1　情景模拟的适用性

1.1　控规表达形式的抽象性

控规以“图则 + 文本”的形式出现，主要通过容积率、建筑密度、建筑高度等控制指标对开发建设施加引导与控制。《详细规划原理》课程设在三年级下学期，之前学生们接触到的城市规划专业课程较少，对整个城市规划体系以及对控规的认识还比较浅显，与城市设计、小区规划等以具体物质空间形态为对象的规划类型相比，控规的表达形式显得过于抽象，不利于学生对控制指标的理解与掌控，很容易使学生感觉枯燥无味。因此，在课程初始阶段，提升学生的学习兴趣、引导学生对控规的正确认识是十分必要的。

1.2　控规与规划管理的密切性

《城乡规划法》将控规定位为城市规划管理的核心依据。任何一个开发项目，都需要依据控规出具规划设计条件、审核建设用地范围以及建设工程设计等。可以说，控规的产生，很大程度上是为了满足开发管理的需求。因此，面向项目开发，采用情景模拟的形式，让学生自己设计整个规划编制流程，理解规划编制与规划管理、与项目开发之间的密切关系，切身感受到控规的重要性，在控规初始教学中是可行的。

2　教学环节设计

2.1　流程设计及问题提示

虽然与普通公众相比，三年级的规划专业本科生的专业素养无疑要高很多，但是其还不具备系统的规划知识。为了提高情景模拟的效率，使学生更好的“触摸”到控规的核心内容，需要以问题提示的形式，引导

沈　娜：大连理工大学建筑与艺术学院讲师
栾　滨：大连理工大学建筑与艺术学院讲师
陈　飞：大连理工大学建筑与艺术学院讲师

情景模拟中的问题提示　　表1

提示问题	提示内容
为什么要做规划	揭示了控规的核心作用。如果不做规划，不对开发行为施加必要的控制，必然会出现城市建设无序、开发过度、侵害公众利益等社会问题
谁制定 / 参与了规划	涉及前面的角色设定。在规划生成过程中，既有作为主导的规划管理部门，负责调配规划编制过程中的利益分配；也有开发建设单位，作为规划的具体实施者，对规划的编制有一定的导向作用；也有社会公众等对规划的期许；当然也离不开规划的执笔者——规划师。同时，土地、市政、环境等诸多管理部门以及其他利益团体也对规划的最终结果有一定的影响
经济因素如何体现	规划控制归根结底是对土地权益的分配过程，利益是各方追逐的核心。同时由于土地资源的稀缺性，如何最大限度发挥土地的经济效益，是规划编制、开发建设过程中不可避免的问题。在开发控制中，通过哪些控制指标、如何体现土地的经济属性，是决定规划是否可行的关键要素
如何避免开发行为对周边市民权益的侵犯	开发建设会产生新的城市空间，但又不可避免的对周边既有空间产生一定的负面影响，比如是否挡光、增加的交通流如何疏导等。因此，需要在规划编制各阶段广泛开展公众参与，保障城市正常建设的同时，最大限度的减缓或者避免开发行为的负面影响

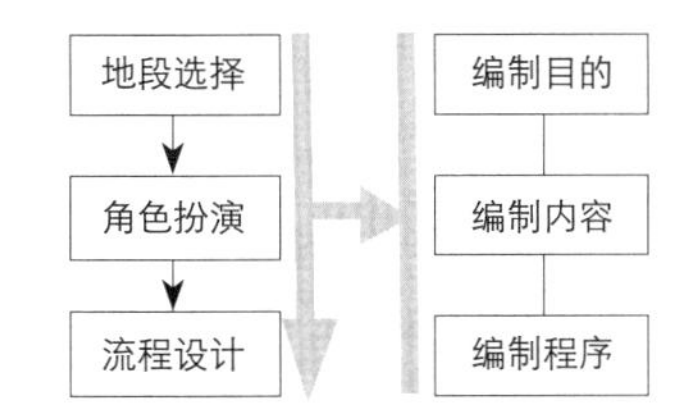

图 1　情景模拟的教学环节设置
来源：作者自绘.

学生设计整个模拟流程（图 1）。围绕着“WHY-WHO-WHAT-HOW”，即为什么做、谁来做、做什么、怎么做，对控规的编制目的、编制内容以及编制过程有初步的认识（表 1）。在此基础上，还可以考虑规划前期需要哪些准备工作、规划成果的地位、表达方式、规划如何修改等问题。

2.2　类型选择与规模控制

新区开发和旧区改造是两种主要的城市开发类型，对应的规划编制和规划管理的侧重点也与所差异。新区往往设施配备不够完善，因此，在保障新区基础设施、公共配套设施的完备至关重要；旧区改造项目往往处于城市建成区，周边社区的成熟度比较高，涵盖的空间要素比较丰富，涉及的利益群体也比较复杂，需要更多的关注不同利益群体的利益诉求和利益落实。基于上述分析，情景模拟宜选择旧区改造项目，并且应该选择学生比较熟悉的开发类型，如住区开发项目。

图 2　情景模拟的地段

在规划实践中，控规涉及的用地规模通常以数平方公里计，但是在情景模拟过程中，一方面，情景模拟的主要的目的是让学生了解控规编制的过程性和社会要素，而非掌握具体的编制技术；另一方面，此阶段的城市规划专业学生的专业设计课程（如校园规划、商业区调研与设计等）所涉及的地段规模往往在 20hm^2 以内。基于此，情景模拟的地段规模应控制在 20~50hm^2 为宜，其上限要让学生有掌控感，其下限要保证地段自身及周边各类要素的丰富性，便于模拟的顺利展开，同时也有配备各种配套设施的必要性。

位于学校主校区外西北角、红凌路西侧、高级经理人学院北侧的地段（图 2）。该地段具有以下三个特点：

首先，学生熟悉；其次，面积适中（约 $30hm^2$ 作用）；另外，该地段内部有现状建筑、山丘、绿化等，现状要素较为丰富；地段外围有良好的自然环境，有丰富的人文环境（大学、不同年代的各类高校家属院、不同年代的城市住区），人群构成丰富，利益需求多样。该地段留给学生的想象空间比较大，有利于角色设置和情景模拟。

2.3 学生分组和角色设定

角色设定是情景模拟的基础。从城市规划的编制到实施，地方政府（以规划管理部门为主，角色 A）、开发商等利益实体（角色 B）、社会公众（角色 C）、城市规划师（角色 D）是其中的核心角色。每个角色都有自己的角色目标和定位，在规划编制及实施过程中也发挥了不同的作用，需要学生们细心揣摩。角色设定的合理性，决定了情景模拟的合理性和真实性。由于之前接触的规划知识较少，因此，学生们的角色设定过程需要教师的全程指点。

城市规划专业本科生每年只有一个班，通常学生数量在 30 人以内，情景模拟比较适宜以分组的形式进行，全班分为 4 组，每组平均 7 人左右，保证了在时间有限的课堂上，每组都能够有发言、交流的机会，教师有总结的时间。在 2013 年控规教学的情景模拟中，全班学生被分为 4 组，要求各组在组内自定角色、各领身份（图 3 中 a），教师提前提示控规编制过程中可能涉及的角色类型。但是在讨论过程中，出现了部分学生不自觉忽视自身的角色定位，特别容易被组内表达能力较好的其他角色同学“策反”，从而不能够很好的表述该角色的利益诉求；也有的学生因为缺乏相关的知识积累和实践认知，组内相同角色的同学人数有限而无法充分交流，因此表现出无所适从的状态，无法深入把握自己的角色定位。同时，有的组对角色的定位也不够准确。针对上述问题，在 2014 年的情景模拟中，还是采取同样的分组方式，但是教师事先设定政府、开发商、相关利益公众、规划设计师 4 类城市开发建设中的主要相关角色，4 组每组“认领”一个身份（图 3 中 b），这样每组学生具有相同的身份，相同的利益诉求，组内交流讨论的空间变大，有利于成果的丰富性；组间的对话空间变大，有利于通过对话辩论进一步完善成果。

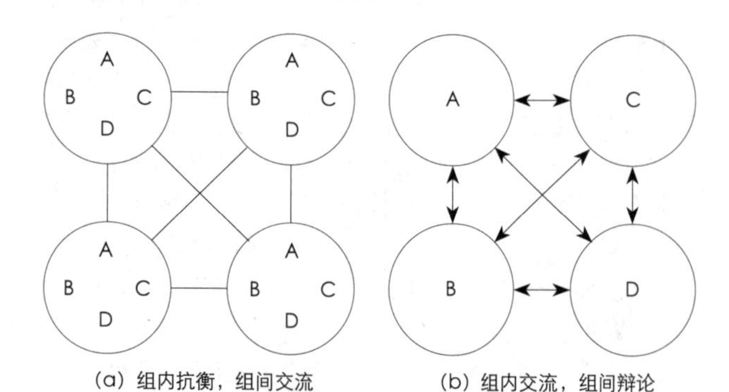

（a）组内抗衡，组间交流　（b）组内交流，组间辩论

图 3　角色设置的差异性比较

3 角色关系与利益诉求

3.1 情景模拟中的角色表现

（1）开发商强势主导

在情景模拟的角色领取过程中，开发商的角色最先被“抢走”，在整个模拟过程中，“开发商”们的表现也最为活跃。小组讨论中，7 位同学兴致勃勃的对基地的开发进行定位与策划，在小组阐释以及组间辩论过程中，“开发商”们也占据了比较主动的位置。关于地段的策划定位，该在同学提出了建设高档会所，大型商场，将场地中部的山体建设为果园出租或出售，建少量商住办公综合楼，甚至提出在基地中建设一定规模的墓地。

（2）利益相关公众积极参与

与开发商相比较，相关利益公众的表现也毫不逊色。该组的 7 名同学分别扮演了与地段开发利益相关的不同角色，并分别从自己的角度表达了各自的利益诉求。如地段现有厂房的厂长，要求拆迁补偿款必须达到满意要求；地段对面沿街商铺的餐馆老板，则希望能够增加居住沿街商业设施，为餐馆带来更多的客流；东方圣克拉的业主、家庭主妇，则希望能够多一些教育文化机构，创造更好的人文环境，有利于孩子的健康成长；大工学生则希望能够增加相关的餐饮、书吧等配套设施，丰富业余生活。

（3）政府管理部门沟通协调

政府是控规编制的组织者，但是在情景模拟过程中并未起到主导作用，更多的是对各方利益诉求的回应，尤其是与公众、开发商之间的对话较多。整体而言，政府对该地段的开发定位相对准确，如提出建设大量住宅、配套沿街商业、建设少量办公楼、完善路网体系等。

但是该组同学没有很好的满足教师对该组角色细分的要求，对教师提示的环境保护、交通完善等提示也没有做出回应，基本上以规划管理部门为主体，环境保护、交通等相关管理部门在模拟中处于缺位状态。

（4）规划师冷眼旁观

相比之下，规划设计师的扮演者们的表现相对弱势，没有很高的参与和发言积极性。虽然在组内讨论时，“设计师”们提到了上位规划、周边交通线路等对地段的影响，但是在小组阐释阶段并未充分表达出对规划技术的掌控力，组间辩论过程中也相对沉默。一方面可能由于学生们尚未进入课程学习阶段，专业素养和技术掌控力有所欠缺，另一方面，和规划设计师在其中并没有明确的利益诉求也有一定的关系。这也从侧面说明了规划师在整个开发中的所需的立场中立性，技术理性以及通过沟通协调体现多方主体利益的重要作用。

3.2 情景模拟中的角色关系

在本次情景模拟中，分别代表政府、开发商、公众和规划师的四方利益主体，在小组讨论之后的分组表达与辩论过程中，体现了一定的角色互动关系（图4中a），与良性状态下四类利益主体关系（图4中b）之间存在一定的偏差。本应是控规编制主导者的政府，在情景模拟过程中主要体现为协调各方利益；开发商本应是被管理者，服从政府的相关管理决定，在情景模拟中反而表现的十分强势，甚至于成为四类利益主体的主导者，虽如此，也从侧面体现了城市开发中开发主体的重要性；公众与开发商之间的关系则多少显得有些紧张；而规划师本应作为各方利益的协调者和表达者，在情景模拟各组讨论中所起的作用微乎其微。因此，有必要在情景模拟之前明确利益各方的角色定位和核心诉求，以提高情景模拟的教学效果。

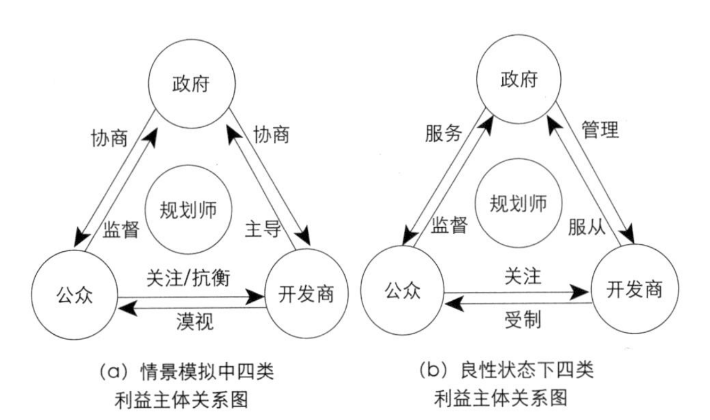

（a）情景模拟中四类利益主体关系图　（b）良性状态下四类利益主体关系图

图4　利益主体关系表现

3.3 身份认同与利益诉求

对角色的身份认同感是情景模拟能够顺利展开、能否达到预期教学效果的关键因素。整体而言，学生们在情景模拟中都能够自觉意识到自己所扮演的角色，并从角色的立场出发，表达相关的利益诉求，但是认同感的程度还是有所差异。对角色最为认同的是利益相关公众，例如，“厂长”扬言若拆迁补偿达不到位，要坚定的当“钉子户”；家庭主妇的扮演者对购房不易、教育环境要好的诉求；尤其是大工学生，完全是“本色演出”。城市开发建设与公众利益密切相关，学生作为普通市民的一员，能够感受到城市开发建设对各类人群的影响，并在情景模拟中充分表达出来。政府管理人员和开发商的扮演者虽然对具体利益诉求的表达有失偏颇，但是基本上能够认同自身的身份。比较而言，作为未来规划师的学生，在扮演规划师的过程中反而相对沉默。

保障公共利益是控规编制过程中的重要内容。政府作为控规编制的主导者，其核心任务是保障公共利益，实现城乡规划的公共政策属性。在本次情景模拟过程中，值得肯定的是，政府的扮演者考虑了地段的教育设施（配建小学）、沿街商业配套，并在居住建筑规划中低收入群体的需求；政府、开发商、公众和设计师，都提出将场地中的低坡山体绿化，在分组讨论之后一致同意将其作为附近居民的游憩公园。可以看出，学生们虽然刚开始接触控规，但是对控规的基本属性和核心价值观的理解还是基本正确的。

4 情景模拟教学的经验与反思

4.1 对角色的身份认同度不足

虽然每组学生各领身份，但是在讨论时，经常有学生不自觉的忽视了自己的角色定位，不能够很好的表述该角色的利益诉求；同时，由于缺乏相关的知识和实践积累，有的学生表现出无所适从的状态，无法深入把握自己的角色定位，规划管理者和城市规划师的角色扮演者在此方面的困惑尤为明显，主要原因可能是因为这两个角色需要具备一定的城市规划专业素养，而这是此阶段学生所不完全具备的。相对而言，开发商和社会公众的扮演者所需要的专业素养要求相对低一些，因此，学生的身份认同感反而更好。同时，受传统的教育思维影响，少数学生在情景模拟过程中，更多的感觉是好玩，“像演戏”，认为老师会公布“标准答案”，因此，并没有依靠既有的专业素养（虽然还不全面），认真思考规划和开发过程中所涉及的诸多要素，也在一定程度上影响了对角色的认同感。

4.2 利益诉求表达存在偏差

学生们在情景模拟中虽然都比较好的适应了所扮演的角色，但是在表达各自的利益诉求时，还是与真正的场景之间出现了偏差，“热情有余，专业不足”，主要体现在对土地的经济价值认识不足、对市场需求认识的不足。例如，规划师的扮演者提出的规划设计方案中，对于容积率等控规的核心指标都没有触及，在用地布局方面也存在建筑密度过低、土地利用不足的问题；以“经济利益最大化”为核心目标的开发商的扮演者，虽然热烈的展开了地段的开发策划，但是其提出的策划方案，如建设高档会所、超大型超市，因为需要足够的市场支撑，在实际开发建设中是开发商十分谨慎的开发类型；而其忽视的住宅建设，则是相对比较稳健、开发风险较小的开发类型。甚至“开发商”和“政府”都提及在地段内部建设墓地，体现了学生们对使用者心理的认识不足。

主要参考文献

[1] 吴可人，华晨．城市规划中四类利益主体剖析［J］．城市规划，2005，29（11）：80-85.

[2] 江苏省城市规划设计研究院主编．城市规划资料集四—控制性详细规划［M］．北京：中国建筑工业出版社，2002.

[3] 同济大学，天津大学，重庆大学，华南理工大学，华中科技大学联合编写．控制性详细规划［M］．北京：中国建筑工业出版社，2011.

The Application of Scence Simulation in the Initial Teaching of RDP based on Interests Expression

Shen Na　Luan Bin　Chen Fei

Abstract: Regulatory Detailed Planning as the core of urban and rural planning and implementation, which involves multi-stakeholder demands with different interests. The complexity process and abstract expression of Regulatory Detailed Planning, is not conducive to the students' understanding and mastery. Based on this, the innovation of teaching form of scence simulation was adopted in the initial teaching process of Regulatory Detailed Planning, which allowing students to simulate the planning, management and project development process, to better guide the students to enter the professional study. The teaching practice proves, situational teaching method can effectively arouse the students' interest in professional learning, deepen students' understanding of the course content, the teaching work smoothly.

Key words: Interests Expression, Regulatory Detailed Planning, Scence Simulation, Initial Teaching, Roll Play

规划设计类课程成绩评定方法的思考

栾 滨 沈 娜 苗 力

摘 要：教学评价是教学环节中重要的一环。我国当代素质教育的发展要求建立多元化的学生评价体系，改革考试内容和方法，根本目的是通过评价提供有效、准确和真实的信息，为学生的进一步发展服务。在城市规划专业的设计类课程教学中，针对传统评价方式的不足，本文提出了基于过程性评价的方法研究，力求科学、公正、合理地对学生进行评价和引导。

关键词：大学教育，设计类课程，成绩评定，评价方法

1 成绩评价的目的

对学生学习成果的评价是教育的一个重要内容，在本质上应该是一个确定课程与教学计划实际达到教育目标的程度的过程。从学生角度，成绩评价是对学生个体学习的进展和变化的评价，是检验自身学习收获的方式；从教师角度，成绩评价旨在对照课程实施结果与课程目标之间的差距，是检验课程实施成功与否的方式。

大学教育的终极目的是促进人的进步和发展，对学生的评价，如果离开了促进学生发展这个目的，都将是本末倒置。在设计和实施学生成绩评价的时候，应以此来确定评价的价值取向和功能定位，决定评价的内容和标准，选择评价的形式和方法。

2 规划设计类课程教与学的特点对成绩评定的影响

2.1 师生均投入较大精力

由于专业特点，城市规划教学一般以设计课程为主线，在相应理论课的基础之上，由设计课程将所学相关知识统合起来。传统的城市规划专业设计课程为每学期120学时左右，时间贯穿1~15周，每周两次课，每次课4学时。学生从拿到任务到最终提交成果，对自己的设计方案往往付出很多努力，指导教师针对不同学生的设计方案提出指导意见，也要付出很多心血。因此，与理论课程乃至其他专业的设计课程相比，建筑与规划专业的师生在设计课程方面投入的时间比例要大很多，对这种长时间积累产生的成果进行考核，也具有一定难度。也正是因为如此，如何客观、公正、全面的衡量学生的辛勤付出和不懈努力，就显得尤为重要。

2.2 在方案的可行性和学生创造性之间的平衡

由于城市与社会的复杂和多样性，城市规划类设计课程需要运用多种知识加以分析和解决，城市相关的设计任务本身也往往具有多种解答方式，在过程指导与成绩评定中，面对城市问题的多重解决方式，如何衡量不同学生作品的优缺点，是许多指导教师常常难以把握的内容。既要鼓励和支持学生从多个角度分析问题、避免“扼杀”学生的丰富创造性，也不能任由其天马行空、脱离实际。

2.3 设计课程之间的相互递进关系

在专业设计课程的设置次序上，具有对不同知识点递进训练的考量，如由小型空间到大型群体，由简单问题到综合问题等。从指导教师角度来看，是否有必要了解学生在前一个设计中的不足之处，以便在当前设计中及时指正？在实践授课过程中，有一些教师会私下向原指导教师询问相关学生的情况和特点，但没有形成相应的教学机制。但从另一方面来看，简单的将学生的不足记录在案并传承到以后的设计中去，是否又会对学生心

栾 滨：大连理工大学建筑与艺术学院讲师
沈 娜：大连理工大学建筑与艺术学院讲师
苗 力：大连理工大学建筑与艺术学院副教授

理产生不良影响?

另外需要思考如何在设计进程中引导学生的自我提升。笔者在实际授课中，遇到一些同学，最终成绩不低，但在某个方面具有不足，如不注重规划表达的规范性，或设计投入时间安排不合理等，半年或一年过去后，在下一次设计指导中又遇到这位同学，发现原先的不足仍然没有得到改进。如果仅从每次的成绩得分上来衡量，这种固有的不足和缺点可能体现并不明显，但从学生的个人成长角度来看，这种问题是学习过程中的较大缺陷，反映了传统的成绩评定方式的不足。

2.4 评分的主观性较大

教师依据学生设计图纸成果凭其主观感觉进行评分，由于每个教师教育背景和知识结构的不同，同一设计不同教师给出的分数也常不相同，加上学生对考核认识上的偏差，导致了学生对考核分数产生争议、质疑。部分学生认为考核的分数不能准确地反映出学生的设计水平，在考核过程中存在着关系分、人情分、印象分等现象；有少数学生产生了教师考核是先看人、后看图面表达、最后看设计的错觉。

实事求是地讲，设计课程作业的评价确实摆脱不了主观干扰，指导教师对自身指导的学生较为熟悉，对在自身指导下产生的优秀方案往往印象很好；对于学生的设计概念，在几周的指导和评图过程中已经没有新鲜感，而看到图面表达良好的作品确实会有“眼前一亮”的感觉；同时，对以往设计表现较好的同学，在评分过程中也往往会惯性地给予好评。成绩评定中应尽量减少这些主观影响。

3 当前设计课成绩评定方式的不足

3.1 成绩结构的不足

一次性评分的方式过于注重对学习结果的评价，过程性评价没有得到应有的重视，因此各高校基本均转为采用复合评分的方式，包括一草评图、二草评图、小组协作、课堂表现、最终图纸成绩等部分，各部分在最终成绩中分别占有相应的比例。

不管采取哪种成绩构成形式，最终图纸的成绩都占据了相当大的部分，一方面，在学生工作之后，必须要以最终的成果取得业主的认同，这种形式是与设计行业接轨的。但另一方面，这种最终图纸占绝大比例的方式，仍然会不可避免地导致学生对过程的不重视，“评完图后先疯玩几天”，“最终熬夜赶图”，也有的学生偶尔发挥失常成绩就不理想。但较大幅提高过程评图的比重，对于“出方案慢”的同学，也是不公平的。

有的学校在教学过程中采用“分阶段提交成果”的方式，如第 2 周提交场地分析报告、第 4 周提交交通布局、第 5 周提交群体空间设计、最后提交空间细部和分析等，提交的成果不能更改，这种方法对于保持方案的延续性和促进学生对过程的重视有一定进步，但是又不符合设计行业的普遍工作方式，而且有些规划设计是需要较长时间的思考酝酿，最终综合得出成果。

3.2 评定方法的不足

集体评图是目前较好的开放式的教学评定方式，先由学生自己介绍设计创作的构思过程、设计思想、意图及问题的提出和解决方法、主要的创新点和有待解决的问题。然后教师提问,学生答辩,教师直接面对面地指导、评价、指出其优点和缺点及研究发展方向和应当注意之处。这种管理方式既锻炼了学生全面的应对能力，又加深了师生之间的沟通，也促进了学生之间的相互学习。

指导教师经常难以解决的问题是无法衡量学生独立完成的程度：有时抄袭方案者的成绩可能要比独立完成的学生高。教师和学生之间在作业完成上的“信息不对称”导致了经济学上最不愿见到的“逆向选择”问题。由此必然导致平时成绩评定中的不公平，并引起独立完成设计者的不满。甚至以后其他认真完成设计的学生会在不公平的制度安排下，慢慢地变“坏”，或者说也会直接抄袭设计方案。

3.3 反馈形式的不足

反馈形式包括教师对学生的反馈和学生对教师的反馈。大学生一般通过 3 种渠道了解自己的成绩：学校教务网、学院教务办和书面成绩通知单。在素质教育的前提下，只能看到自身的成绩，这种方式有好处也有不足。因为看不到其他人的成绩以及自身成绩在集体中的位置，无法知道自身进步还是退步，也无法知道其他人得分是否公平。许多学校在教务系统里面设置了学生对教师的评价，但内容往往过于宽泛，与设计课的许多特点无法契合，需要指导教师采用其他方式了解学生对课程设计和指导过程的感受。

4 当代大学生的学习与设计特点

与80后相比，当前的90后大学生在学习方式和对待设计的态度方面具有较大的进步，形成了鲜明的特色。一方面，当代大学生合作能力强，在团队合作中容易找到自身的位置，知道什么时候可以充分展现个人，什么时候应该适当收敛锋芒以便更好地融入集体；一方面，更加注重涉及自身的规则的公平与透明，与80后相比，当代大学生更希望在事情进行之初就明确游戏规则，遇到不公平或不理解的问题能够及时指出，同时具有和教师交流与反馈的渴望，能够把自身的想法充分表达出来。

另一方面，当代大学生更加重视个人分数，即源于他们注重个人价值的实现以及被认可的程度，对自身长时间的付出渴望得到满意的回报，也源于目前国内高校学生评价异化成一种促进学生分等级、优胜劣汰的工具，分数高者赢得占有优势教育资源的机会（奖学金评比、交流访问）和发展空间（出国、保研等）。在各类评比中，设计课成绩的权重占比例较大，许多学生更加关注自身的最终得分。

“不喜欢改方案”，也是许多设计课教师对当前学生的印象。找到一个设计概念之后，许多学生坚持自身的想法，希望接受教师提出的“锦上添花”的改进。而对方案概念本身的不足，往往在多次受到教师建议之后才会修改。这种对自身创意的坚持，是以往学生不具备的特点，有好的一面，也有强烈的不足。如能在课程设计以及成绩评定中，采用适当的机制，针对这种性格特点加以改进和引导，会对学生的成长带来很大好处。

5 建构面向当代大学生教与学特点的成绩评定方式

5.1 评价应以课程目标为基础，采取全程性的成绩评定

成绩评定应贯穿于课程的整个过程。在设计开始，任课教师应该将成绩评定的标准、权重、评定方法、评定者、评定结果反馈等详细告知学生。各评价环节要有明确的目标，确保学生明了每个阶段评价的具体目的。使设计任务的解决途径多样化。布置能刺激学生思考和综合运用各种能力的作业。在课程中期，应该检查成绩评定的实施状况，及时改进不足之处。最终成果提交之后，任课教师应给学生点评本门课程的总体学习情况、该生在学习中的长处和需要改进之处。

5.2 针对性的进行过程引导，提高学生对自身不足的改进动力

过程的刺激对学生的作用具有非线性、迟滞性的特点，在某个特定的时刻或时段，学生的某项未能预料的能力发生令人吃惊的提升，就是指导教师通常所说的“开窍了”。在评价方式中适当纳入这一内容的考量与引导，有针对性的对不同学生的特点与不足进行启发式辅导，对于学生设计能力的提升和对自身不足的改进具有很大意义。

5.3 强调民主、平等的教学和师生关系

强调民主教学和平等教学，就是公开公平公正，让学生充分的知情、参与，充分考虑学生的意见和建议，了解学生的感受和追求。而在平等方面，不仅强调师生的平等关系，学生和教师在教学的互动、合作、交流和沟通是平等的，更强调每一个人的平等权利和义务，面对同样的规则与惩罚。

5.4 通过多种方式交流和反馈信息。

在课堂交流的时间有限，目前大学生使用手机普及率已经很高，利用这一点不仅可以突破时空界限，在瞬间完成师生间信息的交流，而且可以利用某些平台的定时发送功能，敦促教学双方严格按照既定计划完成预定的工作，这对于保证过程性评价的时效性、严密性十分有利。

5.5 有效进行学生对老师教学的评价

在大学阶段的学生已经具有较强的价值判断能力，他们对教师课堂教学的评价已有很强的说服力，如果评价标准恰当并组织得好，比如说明评价目的、采用匿名等，学生的评价可以反映教学过程的真实情况。对学生的学习负担、在课程中自己学到了什么等作出较好的描述。尤其是对教师的教学态度、敬业精神、教学的组织能力、教学方法和手段的选择、运用课堂管理和评分的公正性等方面能够做出客观的评价。

6 结语

总之，城市规划设计类课程成绩评定方式应是引导学生积极主动、创造性地学习的重要手段，是检测和提高学生创新思维和创新能力的重要环节。科学合理的、鼓励创新的、富有活力的成绩评定制度有利于培养高校学生的创造力。在促进学生全面发展的价值理念指导下，需要不断优化学生评价体系，充分发挥成绩评定的指挥棒作用，真正达到教、学、评三者的和谐统一。

主要参考文献

[1] 陈棣沭，韩婧．美国大学课程成绩评定方式对我国大学的启示［J］．教育科学，2009，12.

[2] 刘学智，牟艳杰．日本基于课程标准评价范式的构建与启示［J］．东北师大学报（哲学社会科学版），2007，02.

[3] 张宪冰，朱莉，袁林．从单一走向多元化——论学生评价方式的转换［J］．当代教育科学，2011，24.

[4] 俎媛媛．真实性学生评价研究［D］．华东师范大学博士学位论文，2007.

[5] 吴怀静，陈萍，徐秋实．基于过程性评价的城市设计类课程评价方法研究［C］．2012 全国高等学校城市规划专业指导委员会年会论文集，北京：中国建筑工业出版社，2008.

Discussion on the Evaluation Methods in Design Course of Urban Planning

Luan Bin　Shen Na　Miao Li

Abstract: Teaching evaluation is an important part of teaching process. The education for all–round development in China requires the establishment of a multi–assessment system and it requires the reform of the content and method of examinations. The purpose is to serve for the further development of student. The problems of old Designing Subjects of design course teaching become apparent increasingly. In the final analysis on teaching methods of evaluation is plagued by problems. This paper is mainly from the following teaching aspects to be processes teaching evaluation methods, the understanding of teaching evaluation and analysis on evaluation methods of teaching, which in order to improve the teaching quality and promote the construction and development on the discipline of design course.

Key words: tertiary education, design course, result assessment, evaluation method

以“专题研究”为导向的毕业设计教学方法探索

陈晓彤　许　言

摘　要：毕业设计是城乡规划学本科教学体系中检验学生综合运用基础理论知识和设计能力的最重要环节，是衡量本科教学水平的核心标尺。由于毕业设计的教学周期与同学考研面试、寻找就业单位的时间重合度高，导致学生难以全力投入毕业设计，而令毕业设计教学计划难以落实到位，毕业设计的预期理想目标难以实现。基于此，作者尝试以“专题研究”方法将以教师主导的毕业设计教学模式转变为以学生为主导，围绕“专题研究”调动学生自主学习，主动掌握和控制毕业设计教学节奏，从而破解当前毕业设计教学困境。

关键词：专题研究，毕业设计，教学方法，探索

1　前言

“专题研究”是指师生共同针对某一问题做的深入研究，强调学生主动性的探索，寻求事物的根本原因以及事物的可靠性依据，或对规律、方法、技术等进行实际应用加以检验。“专题研究”过程包括资料收集、整理、分析、综合、思考等，最后得出新的发现或掌握对专题的系统知识[1]。“专题研究”是研究生教学中惯常使用的教学方法。

为什么将研究生的教学方法引入本科教学环节呢?这是基于以下两点考虑：首先，由教师主导的毕业设计教学模式越来越难以发挥其应有的作用[1]。因为，毕业设计周期与学生考研、办理出国申请或找就业单位等关键时期重合度高，在面临人生重大选择机遇面前学生很难全心全意地投入老师精心制定的教学计划中，最终导致毕业设计的效果差强人意。然而“专题研究”方式可以针对毕业设计各个环节将任务具体分解、落实到每个同学身上，将过去同学被动接受教学计划中的规定任务转变为同学必须自主学习，因为个人任务完成的好坏直接影响整个团队的集体成果。在这种压力面前，学生的主动性和责任心、团队合作意识被充分的激发出来了，从而实现了毕业设计教学模式由教师主导走向学生主导的转变。其次，作为参与“卓越工程师计划”的院校，“卓越工程师计划”落实在教学方式和方式上就是要求相对于传统模式要“提出基于问题的探究式学习、讨论式、参与式、研究性学习”；同时当前高等教育改革的热点议题也是要“培养学生的创新能力，提高他们的研究能力”。如东南大学建筑学院院长王建国教师曾提出：对于建筑与城市规划专业的学生的培养，不仅应培养学生掌握相对完整的专业基础知识，还要培养学生开展专题研究的能力，具有良好的综合人文素质[2]。

2　“专题研究”教学方法简介

本系毕业设计教学周期为20周，分跨五年级上、下两个学期。其中前三周在上学期的最后，教学内容是文献研究。文献研究要求学生需要完成10篇中文文献阅读、综述工作，以及完成一篇英文文献阅读与翻译整理工作。文献研究成果在下学期开学时提交，随后进入17周的毕业设计教学环节。

本次毕业设计课题笔者为同学们选择的是北京市大兴区魏善庄镇总体规划，是来自大兴区政府政策研究室的一个咨询性的项目。由于该镇地处北京市南中轴线延长线，属于兴建中的北京第二国际机场临空经济辐射圈内，同时受到北京南城发展战略的激励。曾经发展缓慢的小城镇在新的发展机遇面前，区政府对它提出了建设“田园新市镇”的战略构想，并希望借助我们的毕业设计将美好的发展蓝图落实到空间布局上，为政府制定相关

陈晓彤：北京建筑大学建筑与城乡规划学院副教授
许　言：北京建筑大学建筑与城乡规划学院硕士研究生

政策提供决策导向和依据。因此，毕业设计课题从开始便带上了浓厚的研究色彩。

结合毕业设计课题特点，笔者将“专题研究”作为教学主线贯穿整个毕业设计过程，配合每个教学环节采取针对性的文献专题研究、现状调研、对比分析研究、专项问题研究等方法，结合毕业设计小组人数将小城镇总体规划内容具体分为城镇化、产业与经济发展、人口与用地、公共服务设施、综合道路交通、综合市政、生态环境保护、历史遗存保护与发展八大专题，从文献研究一直贯通到方案设计中，以此引导、控制毕业设计教学进度和深度，取得了令人满意的效果。而且这种强调自主学习的专门化研究方法，把同学渐渐培养成为某个专项问题的“专家”，是他们拥有了高度的话语权，培养了同学们的专业自信；同时，通过成果交流环节，又使每个人意识到“谁也不必谁更牛”，个人成果是集体成果的组成，个人研究成果做的不到位就会成为集体成果的短板，来自同学之间这种压力，促进了毕业设计模式由教师主导转向了学生主导型。

3 “专题研究”方法在教学过程中的具体运用

依《北京市大兴区魏善庄镇总体规划 2014-2030》教学计划，笔者将专题研究方法分别落实到文献研究、现状调研、规划设计三个层面，具体操作如下：

3.1 文献研究

文献研究的目的是要同学们对设计项目做前期的文献收集、分析和整理工作，从而让同学们在理论高度建立起对设计对象的整体理解和把握。做文献研究时要求学生做笔记和综述，避免学生将文献研究形式化。最后，在课堂上组织同学们开展成果的交流，要求同学们介绍各自专题研究的基本内容、主要观点以及创新之处。

（1）中文文献专题研究

中文文献研究重点是通过文献研究让同学在理论上掌握小城镇总体规划编制所涉及编制方法、内容、成果要求，在认识上把握在转型与发展大背景下小城镇规划编制的困境与挑战等热点问题，在同学进入规划设计实战前，为他们打下坚实的理论基础。

根据毕业小组成员数量中文文献研究专题分为八个，它们分别涵盖了小城镇总体规划的主要内容，希望通过专题研究小组成员能对小城镇的总体规划的编制要求、内容、成果等有明确的认识，并通过先分解麻雀，后集体汇总交流，使小组成员从毕业设计教学的第一个环节就体验分工协作的工作特点，特别让同学感受到个人投入与个人成果对集体成果好坏的直接影响，从而激发同学在毕业设计中的自主学习。具体文献研究专题和研究要求目的见表 1。

（2）英文文献专题研究

由于中西方城镇设置标准不同，很难找到与中文语境对应的小城镇规划方面的英文文献。因此在西文文献专题研究的设计上，笔者尽量按照同学们各自负责的专

北京市大兴区魏善庄镇总体规划中文文献研究专题一览表 **表1**

序号	中文文献研究专题	阅读与研究重点	承担者
1	新型城镇化背景下，小城镇总体规划编制问题与方法研究	新发展背景下，小城镇规划编制的新特点（困境），新要求和新思路等	张婉乔
2	大都市区小城镇城镇化问题研究	小城镇城镇化特点，常见预测方法总结等	徐凯扬
3	大都市区小城镇产业转型与发展研究	小城镇经济发展与产业的关系，小城镇产业转型的条件、特点和困境	李小龙
4	大都市区小城镇规模（人口与用地）发展研究	小城镇人口发展特点，以及人口与城镇建设用地之间的关系	张秋阳
5	大都市区小城镇规划建设类型与特点研究	通过类型与案例研究，为下阶段规划设计提供参考，建立感性认识	邓啸骢
6	大都市区小城镇市政工程综合研究（给排水、电力电信、燃气、热力等）	了解小城镇市政综合规划的内容和要求，侧重规范和经验总结，以及相关生态设计方法总结	刘若班
7	大都市区小城镇环境生态规划发展研究（生态安全格局）	对比以往规划编制成果，研究当下小城镇生态环境保护规划的新内容、新方法	张晶宇
8	大都市区小城镇历史遗存与保护研究	小城镇文化遗产保护的内容、特点，以及对可持续发展的影响研究	贺宜桢

北京市大兴区魏善庄镇总体规划英文文献专题研究一览表[3] 表2

序号	英文文献研究专题	阅读与研究重点	承担者
1	Planning and good design: indivisible or invisible？ A century of design regulation in English town and country planning	英国百年城乡设计管理中规划与好设计的内在联系是什么	张婉乔
2	The ‘new’ planning history: Reflections，issues and directions	从历史学角度研究了 1990 年以来具有趋势性的现代规划发展流派以及未来发展方向	徐凯扬
3	The evolution of cities: Geddes，Abercrombie and the new physicalism	以历史演进的方法梳理自盖迪斯、阿伯克罗比到新物理主义的城市发展理论和思想	李小龙
4	European spatial planning: past，present and future	系统梳理了欧洲空间规划的历史和对未来展望	张秋阳
5	Urban planning in Southeast Asia: perspective from Singapore	以新加坡为例分析南亚城市规划现状和特点	邓啸骢
6	Ildefons Cerd à and the future of spatial planning（The network urbanism of a city planning pioneer）	回顾了西塔与空间规划的关系，以及未来发展	刘若班
7	Landscape planning–preservation, conservation and sustainable development	从可持续发展视角探讨了景观规划的保存和保护问题	张晶宇
8	UK urban regeneration policies in the early twenty–first century: Continuity or change?	回顾了英国 20 世纪早期城市更新政策，探讨了未来如何发展的问题	贺宜桢

北京市大兴区魏善庄镇现状调研研究专题一览表 表3

序号	现状调研专题	研究重点	承担者
1	魏善庄城镇化水平与镇村体系现状研究	镇城镇化水平发展与镇村人口规模的特点	徐凯扬
2	魏善庄镇产业结构及现状研究	镇经济与产业现状与特点	李小龙
3	魏善庄镇土地利用特点与现状研究	通过近十年城镇建设用地分析对比，总结城镇建设用地构成及其特点	张秋阳
4	魏善庄镇公共服务设施现状研究	分析总结镇公共服务设施发展水平与特点	邓啸骢
5	魏善庄镇综合交通与道路现状研究	分析镇综合交通状况，和道路建设现状，总结特点与问题	张婉乔
6	魏善庄镇市政工程综合现状研究	分析市政工程的建设现状与问题总结	刘若班
7	魏善庄镇生态环境资源与现状研究	了解镇域生态环境资源情况，分析生态规划现状与存在问题	张晶宇
8	魏善庄镇历史遗存资源与旅游现状研究	了解镇域历史文化遗产和旅游资源，总结特点和存在问题	贺宜桢

题为他们提供相应的西文文献，通过英文文献研究进一步开阔他们的学术眼界，更深入理解中文文献的研究内容。为了强调文献阅读的完整性，英文文献的阅读量超过了教学要求的工作量 5 倍（表 2）。

3.2 专题研究在现状调研阶段的运用

进入现状调研环节，根据小城镇总体规划编制要求增加了综合交通道路研究和公共服务配套设施研究两个专题，取消了文献研究阶段的规划编制研究和案例研究。由于实行了专题研究负责制度，现状调研让使同学对文献研究研究阶段的研究对象有了更深入和感性的认识，现状基础资料收集、补充有效到位。而且由于个人成果对后续规划编制影响重大，个别同学还多次往返现场尽可能详尽地收集基础资料信息。具体研究专题见表 3。

3.3 专题研究在规划设计阶段的运用

小城镇总体规划在方案设计阶段分为镇域村镇体系规划和镇区土地利用总体规划两个层面。因此，专题是针对镇域发展规划和镇区总体规划中的某些重大问题或难题而提出。

（1）专题研究在镇村体系规划层面的运用

这个环节重点要解决城镇空间布局、综合交通规划、重大基础设施、生态保护等战略性的问题。因此，笔者组织同学重点开展了 6 个专题研究，见表 4。

大兴区魏善庄镇镇村体系规划专题研究一览表 表4

序号	镇域层面的研究专题	研究重点	承担者
1	魏善庄镇“田园新市镇”空间模式研究	结合政府“田园新市镇”战略发展报告，从空间形态加以具体研究，探讨其可行性与可操作性	徐凯扬 许言
2	魏善庄镇预留铁路编制站改线专题研究	基于现状预留编制站横贯镇域东西，阻断了重要的南部发展轴的连续性，提出编组站改线的可行性问题	张秋阳
3	魏善庄镇临空经济区与产业结构规划研究	通过案例对比分析，研究临空经济区对该镇产业结构的影响，该镇在产业结构方面应做哪些调整和应变	李小龙 徐凯扬
4	魏善庄镇城镇化发展与村镇体系研究	研究预测该镇城镇化发展水平，以及对镇村体系发展的影响，提出相应的规划调整方案	邓啸骢
5	魏善庄镇综合交通与道路现状研究	基于现状调研专题成果，进一步梳理镇域综合交通和道路规划的问题，提出规划调整思路与方案	张婉乔 刘若班
6	魏善庄镇生态保护系统与生态旅游规划研究	基于保护与发展并重的思路，进一步研究生态系统优势资源与生态旅游结合发展的问题，要求提出具体的发展途径与方案	张晶宇 贺宜珍

大兴区魏善庄镇镇区总体规划研究专题一览表 表5

序号	镇区总体规划的研究专题	研究重点	承担者
1	魏善庄镇镇区人口规模预测偏差与校核	人口规模预测方法的校核	徐凯扬 刘若班
2	魏善庄镇镇区人均建设用地指标超常研究	人均建设用地指标超常的原因及解决对策	张秋阳 邓啸骢
3	魏善庄镇镇区道路设计的小城镇与田园特色研究	具有本镇特色的道路网规划和断面设计	张婉乔 李小龙
4	魏善庄镇镇区田园新市镇空间形态与景观绿地系统研究	田园新市镇空间格局在景观绿地系统中的体现	张晶宇 贺宜珍

（2）专题研究在镇区总体规划层面的运用

这个环节的专题研究重点围绕同学在方案设计中遇到的难题展开，通过直指难点的定性与定量分析相结合的专题研究，不仅提升了规划成果的科学性、加大了规划成果的深度，更令同学们认识、体会到了小城镇总体规划的特色，摆脱了以往程式化编制套路的束缚。

在这个环节同学遇到的主要问题一是人口规模与建设用地规模的矛盾，二是前期专题研究成果如何落实到镇区空间发展上的问题。据此，笔者为同学设计了四个研究专题，详见表5。

4 心得与体会

此文至此，毕业设计已经进入了第17周了，同学们完成专题研究报告共计34分，完成两套小城镇总体规划方案的所有图纸绘制，并开始写说明书、文本了，教学计划在紧张有序中有质有量的进行着。看着一个个忙碌的年轻背影，回顾与他们一起共同经历的点点滴滴，不免心生感慨：

（1）尝试新的教学方法不是教师一厢情愿就可以推动的，必须得到领导、同事、同学们支持，特别的是同学的参与配合是成功的关键；

（2）“专题研究”对本科阶段的同学来说是个较高要求的教学期望，因为他们尚未受过系统研究方法训练，因此欲获得好的教学效果，指导教师不仅要制定出针对每个同学特点的教学安排，更多时候要手把手的将专题研究计划写出来，将专题研究涉及的文献提供给他们，更具有挑战的是如何有效的将教学计划落实到位；

（3）“专题研究”教学方法催生了每个同学的“专家”情结，促进了学生的自主学习和团结协作精神，保障了各阶段成果的进度和深度，改变了以往拖拉涣散的局面；

（4）最后，如果时间允许，应该在毕业设计结束之后，再安排一个专题讨论环节，看看哪些专题研究成果得到了应用，哪些存在着不足，从而进一步提高同学从毕业设计实战中寻求真知的能力。

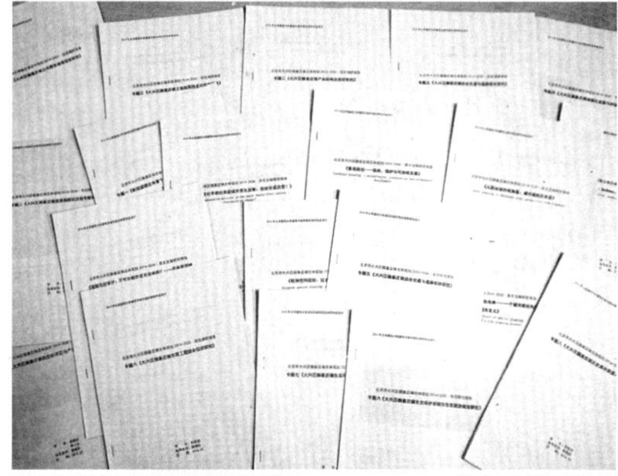

感谢北京建大建筑与城乡规划学院规划091班《北京市大兴区魏善庄镇总体规划2014-2030》小组成员张秋阳、邓啸骢、徐凯扬、张婉乔、刘若班、李晓龙、张晶宇、贺宜桢同学对本教学过程的积极参与；感谢许言在教学全过程义务承担的助教和研究任务。

主要参考文献

[1] 百度百科“专题研究”词条；http://baike.baidu.com/view/636440.htm?fr=aladdin.

[2] 隗剑秋，刘兰君，胡来敏．立足自身、求变解困、自觉觉他、事半功倍——记城乡总体规划设计课程教学改革．192-193，2013年全国高等学校城乡规划学科专业指导委员会年会论文集，中国建筑工业出版社，2013，9.

[3] 史北祥，杨俊宴．《进阶·线索·隐线——本科生研究能力培养路径》p42，2013年全国高等学校城乡规划学科专业指导委员会年会论文集，中国建筑工业出版社，2013.

[4] 英文文献选自英国权威期刊Town Planning Review 2011年12期的创刊100周年纪念论文集。http://eprints.whiterose.ac.uk

A thematic research project on the teaching methods of graduation studio design

Chen Xiaotong　Xu Yan

Abstract: Graduation studio design is the most important part of the undergraduate teaching system for urban planning, which is also a benchmark for testifying the quality of the teaching. However, because graduation design is usually in the period of finding jobs or conducting graduate interview, students can not be devoted for it. The plan made carefully by instructors can not be implemented effectively and expectation fails. In order to solve this dilemma, the author adopts a way of thematic research, through which graduation studio design is organized. Every members of research groups will have specific tasks and the design project cannot be completed if one of them can not work hard. Therefore, the graduation studio design is now operated by students not instructor. This experiment sounds effective and successful. Here I submitted it to fellows for comments and suggestions and wish we can work together to improve the quality of the teaching.

Key words: Thematic research, Gradation studio Design, Teaching methods, Exploration

纸上得来终觉浅，绝知此事要躬行
——谈服务于“京津冀一体化发展”的主题教学方法探索

王　晶　苏　毅

摘　要：京津冀一体化发展是目前的一个社会热点问题，也引起了本科学生的学习兴趣，笔者以《城市地理学》课程的教学实践为依托，围绕该主题对相关教学环节进行了探索，包括通过“反问”授之以渔、通过“严格检查”鼓励深入实际、通过“走出去”促进城际交流等，取得了一定教学经验，整理成文，与同行交流。

关键词：京津冀一体化，城市发展，教学方法

1　引言

2014年2月底，习近平主席提出环京津冀地区进行一体化协同发展的要求，引起社会各界的高度关注。实际上，京津冀一体化发展的理念自清华大学吴良镛先生1996年在一次国际会议上发言，并整理成文《北京规划建设的整体思考》以来，已过去了近20年时间，这段时间不可说不长，期间清华大学、天津大学、同济大学等国内高校、北京规划设计研究院、AECOM、Arup等国内外设计公司、咨询机构也进行了不少研究。可以说，“京津冀一体化发展”既因其必要性，而在战略层面成为规划学术界比较普遍的共识；又因其创新性，而在战术层面上有多门多派。城市规划学术问题能引起社会关注，进而引起学生的关心终归是一件好事，但具体到规划教学上，又常常会产生一些啼笑皆非的提问，特别是我校地处本事件的中心北京市，本科学生前段时间经常提问：“京津冀一体化发展”是不是要把党中央迁到保定去？保定房价是不是会涨价等等？起初，令老师感到有点难于回答。这种现实性很强的问题，如果老师草率回答，学生也许过几天看见实际情况说“中南海没搬家啊”“保定房价并没涨啊”；如果老师回避回答，又让学生觉得老师的“理论”是不是“假大空”，解决不了实际问题。如何围绕该主题做好教学，是一件难题。

2　教研探讨

在不断的教学实践中，我们逐渐认识到：一方面，学生对社会敏感问题产生关注与好奇心是一件好事，好奇心驱使人们去研究事物的规律，进而获得理论上的见解，失去了好奇心，学术研究就成为一种“苦工”；另一方面对学生的这种好奇心又要加以引导，不能让好奇心成为“猎奇心”，要让学生能静下心来，深入下去，钻研下去，这就成了我们教学过程的宗旨。

从具体的教学安排来说，这一理念是在《城市地理学》这门课程中体现的。这门课程在北京建筑大学安排在四年级上半学期，学生已经历过《城市认识实习》，学习过《城市规划原理》、《城市交通规划》等课程，已有一定的城市规划理论基础和调研经验，以确保这些教学尝试不会因为“过于超前”而完全成为空中楼阁。

3　教学实验的开展

具体而言，我们进行了如下的教学实验：

3.1　通过“反问”授之以渔，反对学生囫囵吞枣

例如学生关心的问题，是保定房价是不是会涨。老师就反问学生，你觉得会不会上涨呢？学生一时回答不

王　晶：北京建筑大学建筑与城市规划学院城乡规划学系讲师
苏　毅：北京建筑大学建筑与城市规划学院城乡规划学系讲师

了，老师即再加以引导，“你看通州和延庆，哪个房价更高一些呢？”学生说，是通州。老师引导问为什么？学生则用通州和延庆的交通基础设施条件、通州与延庆的经济发展水平、通州与延庆距离区域第二大城市天津的时空距离等理由进行回答。老师即再引导：“那么这些差异完全是地理条件形成的，还是有一定的政策导向因素？”学生似乎还比较年轻，不能回答出来，但比起开始急匆匆的时候，已经有了一些解决的思路与方法。老师于是建议学生，再去资料室查阅相关数据、资料，扩展到北京其他郊县，去了解政策对房地产可能产生的巨大影响。同时，提醒学生关心区域交通设施——轻轨八通线、京津塘高速公路等设施选址的重要性。比如，我国自行设计的第一条铁路京张线即通过延庆，而通州当时是个比较没落的漕运码头，是否当时的延庆比通州更发达呢？当时延庆的房价是不是会超过通州呢？改革以来，历史上通州房价和延庆房价的变化趋势如何呢？虽然学生因为资料局限，不能完全查到这些经济资料、历史资料，但通过老师的引导，学生认识到城镇化、城市的产生与发展都是有规律的，同时学生也理解到，规划对特定的现实问题不能拍脑袋决定，而是要做理性分析，实事求是。在这个基础上再进入到理论授课阶段，让学生带着解决问题的目的和思考去听课，这样就不会觉得理论知识过于空泛和难以理解，对于知识点地掌握也更加扎实。

通过“授之以渔”，即让学生“乐学”，通过一段时间摸索，认为又应该遵循以下两点：

第一点，“授之以渔”的时机要恰如其分，学生如果对保定房价不是特别关心，老师如果一味要求学生举一反三，可能学生就被老师一连串问题吓坏了，反而放弃研究，方法再好也只能是“此路不通”了。所以，“授之以渔”则应该在适当时候加以正确引导，才会取得“事半功倍”的效果。在教学初期，一味引导，有时也是“操之过急”，刚建立起基本概念的阶段，还是需要一点“授之以鱼”的。

第二点，“授之以渔”最终目的还是“授之以鱼”。在这次主题教学课中，教师以学生的求知欲为基准，激发他们的潜在能力，自行去研究、探究，这样，反而引起了学生们的兴趣，激发了他们的智慧。这其中也需要运用分组课堂讨论、角色扮演、竞争、协同和伙伴等协作式教学策略去引导拓宽他们的思维，帮助他们将理论知识正确运用到实践之中去。通过解决保定房价是否上涨这一“叶”，继而带动城市房地产发展与经济发展这一“枝”、一“干”，让学生对城镇化发展规律这一“鱼”有了更深入的认识。

3.2 通过“严格检查”鼓励深入实际，反对学生闭门造车

由于学生常年应试教育的基础，导致部分学生不喜欢外出调研，宁可在家里编造调研报告，也不愿意去现场的踏勘考察和记录。

成语“闭门造车”始出宋朱熹《中庸或问》卷三：“古语所谓闭门造车，出门合辙，盖言其法之同。”是说：关起门来把车造好，当把车推出去的时候，与其他车的车轮印是吻合的，故其原则或原理是相同的。这似乎是说“闭门造车”大差也不差，正是这种认识偏差，产生了脱离实际的严重后果。

可以说“京津冀一体化发展”这一个创新型的主题，为解决这种闭门造车的现象，提供了一个契机。严复的《救亡决论》中的字句：“自以为闭门造车，出而合辙，而门外之辙与其所造之车，果相合否”。比喻脱离实际，只凭主观办事。在这个信息瞬息万变的时代，我们更不能“闭门造车”，一个政策研究与出台必须是以深入实际开展调查研究，了解真实城市社区的诉求为前提来进行的。

例如“动物园批发市场”的搬迁，是“京津冀一体化发展”中的一个环节，学生多数有逛街的爱好，老师就加以引导，让学生去大红门、动物园等地调研，也让学生去涿州、临沂等地调研。我们要求学生一定要早起观察动物园批发市场的运作情况，要求提交调研数码照片，老师通过数码照片的 exfi 信息和照片的画面，检查是否真的实际调研了，最后发现，不同学生的积极性差距比较大，有几组学生还共用一部相机拍出的照片等。我们认为，要解决这一问题，还得从学生学习动机的根源出发，引导他们去深入实际，要勇于去解决社会问题。

3.3 通过“走出去”促进城际交流，引导学生放弃成见

北京与周边城市之间成见之深，看一眼北京国安与

天津泰达的足球比赛，就能窥见一二。北京学生尤其具有“地主”的看法，认为北京必然是京津冀的老大，天津、河北等城市的发展，必须让位于北京发展，而不是按市场原则，进行资源的合理调配，这种观念也多多少少与北京学生的“成见”有点关系。因而，我们特地组织学生去天津滨海新区调研，去北塘、滨海新区、洋货市场去参观，组织学生与天津大学学生联谊交流，了解天津经济发展和地方文化，通过带领学生“走出去”促进城际交流，开阔眼界。通过这种方式，使学生逐渐认识到，天津在文化和经济上有其自身独特的优势和特点，所以一体化的过程，不是强调以谁为中心、为谁服务的概念，而是协同发展和区域共荣的概念。

3.4 教学总结

综合来看，通过“京津冀城市一体化发展”主题教学实验，较好的调动了学生思考的主动性和积极性，加深了学生对《城市地理学》这门课程基础知识的理解；通过“反问”授之以渔、“严格检查”鼓励深入实际、“走出去”促进城际交流等教学方法，激发了他们的学习兴趣；基本实现了《城市地理学》的教学任务和目标。同时，老师在教学过程中也取得了一些宝贵的经验，使学生们明白了：“纸上得来终觉浅，绝知此事要躬行”的道理。

主要参考文献

[1] 吴良镛．北京规划建设的整体思考［J］．北京规划建设．1996.3.

[2] 毛其智．京津冀（大北京地区）城乡空间规划发展研究［J］．北京城市学院学报（城市科学论集）．2006.12.

[3] 陆化普，毛其智，李政．大都市圈面临的交通问题、挑战和对策［A］中日大城市圈交通高层论坛论文集［C］2006.03.

[4] 北京建筑大学建筑与城市规划学院．《城市地理学》课程教学大纲［Z］．2009.09.

The Truth Comes From Practice ——Investigation on the key teaching and learning methods serving for the integration development in the area of Beijing–Tianjin–Hebei

Wang Jing　Su Yi

Abstract: Recently, the integration development in the area of Beijing–Tianjin–Heibei has been a hot social issue, which also attracts the learning interests of the undergraduate students. Based on the teaching and learning practice of the course entitled “Urban Geography”, the authors investigate the related teaching and learning process concerning this topic via various routes, including teaching students the learning methods through “asking in reply”, encouraging students to explore the reality thoroughly through “rigid inspection”, promoting students to attend the inter–city communication activities through “go–out strategy” and so on. As a result, the authors have acquired some teaching and learning experiences, thus they complete this paper in order to exchange these experiences with their colleagues.

Key words: the Integration of Beijing–Tianjin–Hebei, Urban Development, Teaching Methods

村镇规划设计课程的研究性教学模式研究

李　蕊　孔俊婷

摘　要：随着新型城镇化工作的深入，村镇规划设计成为业界广泛关注的热点。大学本科教育应用研究性教学模式展开村镇规划设计课程，对学生综合素质和专业能力的提升成效显著。本文在解读研究性教学模式内涵，解析研究性教学方法的基础上，全面展现村镇规划设计课程研究性教学模式构架。通过详述课程准备、项目设计、课程讲评三个阶段的教学过程，展现研究性教学模式的应用。

关键词：村镇规划设计，研究性教学模式，教学方法

十八大以来，我国进一步强调新型城镇化建设——在以人为本的原则之上，创造科学、合理、持续的城市与乡村发展模式。其中针对村镇这一基础聚落单元，强调生态、持续、和谐的“美丽乡村”规划行动正在我国逐步推广。通过规划，进一步解决“三农”问题，村镇在新型城镇化建设浪潮中得到切实的提升改造。

随着村镇规划工作推广，市场对城乡规划专业人才的需求急速增加。城乡规划学生在进入职场后，作为城市设计者和决策者，将直面政府、开发商、民众等多方利益诉求。这就要求学生不仅具有基础知识，更要具有处理实际问题的应变能力和综合的知识面。研究性教学模式之于城乡规划专业本科教学，对学生综合素质和应用能力的提升有着很好的效果。

1　研究性教学模式

传统规划设计课程教学理念强调以教师为中心、以课堂为中心，所培养的人才往往局限于理论知识和设计类型的掌握，基础扎实却创造性不足，针对现实问题的解决思路有所局限。反映到学生职业生涯初期，规划方案的创新性和现实性并不充分。通过教学模式的改革，变传统教学模式为研究性教学，是实现创新型、实用型人才培养的有效途径。针对本科五年制四年级上的学生，以研究性教学模式训练学生展开村镇规划设计，课题难度适中，训练效果突出。

1.1　研究性教学模式内涵

有学者指出，研究性教学模式在注重知识传授的同时注意着力培养探索精神和创造能力，把科学素养、科学思维、科学道德、评价能力、批判精神、合作精神、敬业精神、严谨作风结合到教学中去。[1] 相对于传统教学“手把手”的模式，研究性教学更加强调“领进门”的引导性思路。教师在教学过程中注重培养学生的学习兴趣和学习方法，使学生具有自主学习的思路与方法。

城乡规划专业综合性高、实践性强，尤其是对于村镇规划工作，规划师需要协调专家、民众、政府、开发商等多方诉求；既能够宏观预测村镇发展，又能够切实解决专项规划内容；并且在文化、生态、经济多方面能够切实提出规划理念和创新点，使村镇聚落达到人本、持续的健康发展之路；这些方面都需要学生在学期间奠定深厚的职业素养。因此，在设计课程教学中，不仅局限于“怎么做”，更要引导学生思考“为什么”，使学生具有发现问题、分析问题、解决问题的设计思维和研究思路。达到培养学生具有前瞻预测、综合思维、专业分析、公正处理、共识建构、协同创新的能力，并能够以严谨的逻辑思维和表现技巧组织设计表达。

1.2　研究性教学方法

研究性教学模式通过开放、综合、多元的教学方法

李　蕊：河北工业大学建筑与艺术设计学院教师
孔俊婷：河北工业大学建筑与艺术设计学院教授

实现。村镇规划设计课程作为城市规划设计课程中的重要模块，针对城乡规划设计教师一对一辅导和集中讲评共存的课堂组织模式，可采用的教学方法主要有：

（1）知识架构与拓延——支架构建教学法

针对四年级学生已经具有一定理论与设计基础，规划方法尚待提升的特点。在设计课程项目准备阶段，给学生构建项目所需知识框架和拓展方向，将复杂的设计内容加以拆解，使学生可以逐步深入理解设计方法，从而产生自己的设计灵感与创新之处，并为今后的自主学习提供方法参考。

（2）思维索引与扩展——案例研究教学法

案例研究教学的目的，在于通过案例解析，形成设计思维方式的索引及扩展方法，使学生们进入职场，接触课堂未学习的规划设计类型时，可以具有自主获取信息，展开研究的思路与能力。

通过案例解读和分析，直观展现设计的过程。在教学过程中，深化为两个层次。首先，由教师指导学生进行案例解读，从参考案例的规划背景和条件出发，解读场所矛盾关键点，进而逐步拆解方案产生的思路和分析解决问题的策略。此方法可以使学生直观感受设计的过程，了解方案的产生。

更深层次的案例分析教学方法，由教师进行抛锚式教学。教师进行情景设计和问题引出，抛出解决问题的有关线索——“锚”，如需要掌握哪些信息、如何利用现有资源获取案例、类似问题的已有探索解决过程等。由学生自主进行相关知识、案例的资料搜集，并对丰富的案例进行逻辑分类、归纳整理，形成此类情景下系统的知识构架，使学生逐步提升解决问题的有效信息获取方法和工作思路，并建立从不同的视角解决矛盾问题的思维基础。

（3）理念引入与深化——多元视角教学法

村镇规划是一个复杂的系统，问题矛盾多样，解决问题的思路方法亦具有多元化特征。教师教学过程中，应针对学生创新思维的培养，鼓励学生多元视角随机进入设计。针对项目特点，引导学生多视角的提出设计理念，并将设计理念逐步深化。

（4）设计交流与评析——评析讨论教学法

讨论法是研究性教学模式的基本方法之一。老师和学生处于更加平等、开放的层次。讨论研究的过程是思维碰撞的过程，教师从中掌握学生的学习进度，激发学生思维活力。学生从中获取交流互进、展现自我的锻炼。在村镇方案设计过程中，从理念生成到方案各阶段深化，均多次展开各学生小组和老师之间的共同交流、讲评。有着学生小组自我展示——学生小组互评——教师分组讲评——教师总结讲评等过程，讨论中师生集思广益，形成班级良好的激励教育氛围。

1.3 村镇规划设计课程研究性教学模式架构

村镇规划设计课程中，将研究性教学模式与实践导向相结合，采用以“真题假做”的方式，实现本科教学与职业诉求的接轨，突出设计课程对学生能力综合性与专业性共同促进的特点。

四年级此课程单元采取 6 个教学周展开，整体架构包括课程准备——项目设计——成果讲评三个阶段（图 1）。其中，项目准备与调研安排 1~1.5 个教学周，项目设计阶段 3.5~5 个教学周。

2 课程准备阶段

2.1 实践导向型课题准备

村镇规划设计课题的准备突出实践导向性。选题可以综合社会需求和社会问题两个方面展开：

社会需求——通过对理想村镇模式分析，求得社会对村镇规划的愿景，提出情景设计课题。如针对产业提

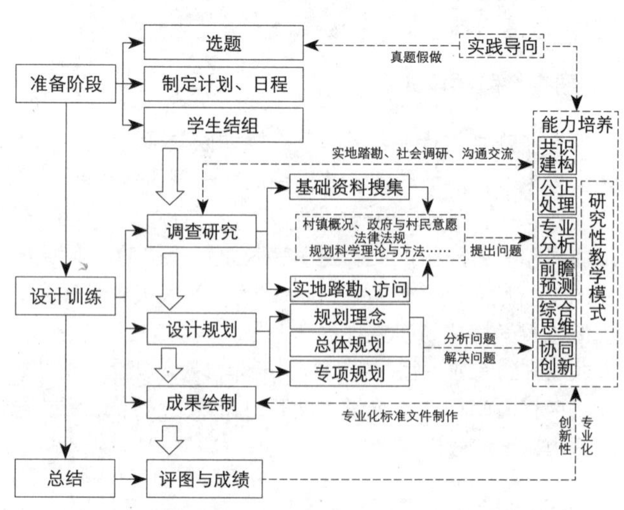

图 1 村镇规划设计课程研究性教学模式架构

升、绿色生态、文化传承、人居和谐等理念提出多种情景设计。并采用“多元视角教学法”引导学生提出更多的可能的进入设计视角。

社会问题——通过采集现有村庄的基础资料，充分了解村庄发展基础及发展问题。选择具有较为深厚基础或矛盾问题凸显的村庄作为设计课题。

课题选择结合现有实际工程项目，适当调整项目内容及深度要求以适应设计课程需要；以“真题假做”的形式进行课题准备。如设计项目选题借助河北省美丽乡村规划的大背景，选择孟村县多个具有代表性的回、汉、回汉混居村落农村面貌改造提升规划项目，进行村庄规划，在规划设计中，既要考虑村庄经济社会发展和生态环境建设，还要体现村庄文化传统特色。

2.2 协作学习型团队组织

以班级为单位，集体参与全部村落实地调研。根据村庄规模，学生自由弹性结组——规模较小的自然村个人成组、规模较大的中心村 2~3 人结组完成村镇规划设计及文件制作。通过弹性的结组方式和班级集体组织调研、讨论，力求使每一个学生完整的经历村镇规划全过程，掌握村镇规划所需技能，并兼顾学生团队协作学习的展开。

团队组织结束之后，在教师指导下，学生进行情景模拟：学生自拟任务书、并互为甲方交换任务书。根据任务书安排，提交工作时间安排计划书。根据项目情况，制定调研问卷和访谈记录表。

2.3 支架构建型教学引入

在课程准备阶段以支架构建型教学方法引入课题，组织学生设计课程理论教学和调研培训。通过梳理村镇规划理论体系，详解村镇规划设计工作内容和政策法规（图 2）。使学生掌握村镇规划一般步骤，了解分析村镇存在问题和对策研究线索。

在此阶段，主要使学生明确三方面的内容：

村镇规划做什么——明确村镇规划工作内容、深度要求和时间安排；

村镇规划怎么做——了解村镇规划前沿理论和方法，如理论知识和案例解读等；

下一步做什么——初步构建项目村镇的空间意向，

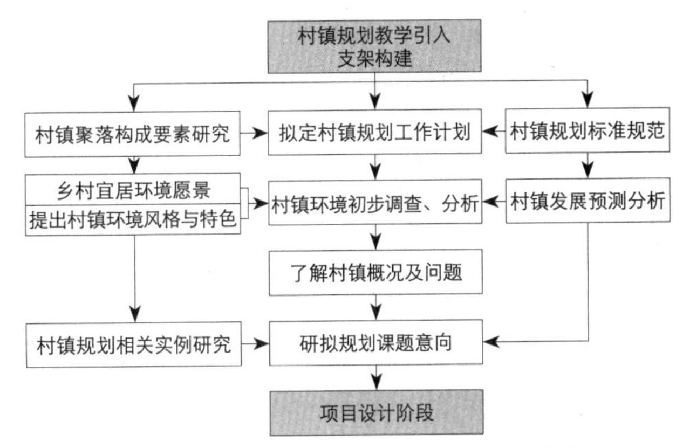

图 2 村镇规划设计教学引入阶段支架构建

了解其背景、现状与问题，带着问题进入设计阶段的深度调研。

3 项目设计阶段

3.1 共识与公正思维培养——实地调研

研究性教学模式，试图通过更加开放的方法促使学生认知能力的提升。实地调研这种“走出去”的方法，是加深学生“研究”体会的有效途径。村镇规划实地调研对于学生职业训练的重要作用包括：

（1）学生能够得到比文字资料更加直观、深刻的场所感知，有助于准确的把握村镇发展矛盾的关键问题，以便提出解决策略。

（2）村镇规划的核心在于以人为本的和谐社会营建。通过了解分析村民、政府、开发商、流动人群等行为主体的切实需求，培养学生关注社会弱势群体、实现社会公平、收益与成本公平的公正处理能力。

（3）在调研过程中，学生直接获取不同利益群体的诉求，认知城乡社会矛盾。通过协调各方利益、达到共赢的思考，培养其共识构建能力。

（4）通过实地调研过程，培养学生信息采集、团队合作、与人交流的能力，促进综合素质的提升。

在实地调研过程中，教师引导学生有计划地展开深入踏勘。

空间调查——通过测量、摄影、资料搜集等工作，获取村镇聚落的功能空间分布、实体环境现状等一手资料，注重挖掘村镇优秀的产业基础、历史积淀和生态本底，用以作为后期设计的理念基础。

人群调研——通过问卷调查、访谈等手段，采访村民、行政管理者、开发商等多方人群，搜集村庄历史故事，了解民众的规划意向。

协作讨论——在调研过程中，教师把握调研重点和难点，并及时组织进行小组间信息交流和研讨，交流在调研过程中发现的问题和设想，为后期设计积累线索与素材。

3.2 预测与创新方法培养——设计理念

通过调查研究，学生对于设计项目场地有了深入的了解和感知。在此基础上，教师引导学生采用"多元视角"进入设计阶段。学生通过理论积淀和实地感知，随机进入项目设计，由教师指导学生设计的研究深度与广度，形成对于村镇发展的正确前瞻预测能力和协同创新能力：

（1）深度——设计理念的深化。教师把握学生所选择"切入点"的科学性与易操作性。依循学生的引入思路，引导学生深化理念，使概念化设计理念与物质实体空间相融合，促使理念应用的形成。

（2）广度——设计理念的扩展。教师拓展学生视野，鼓励学生"多次多元视角"进入设计。尤其是引导学生具有积极的文化传承、生态持续、人居和谐思维意识。

（3）协同学习——设计理念交流。设计方案各阶段草图过程中，组织学生进行班级讨论，由学生讲解方案规划的现状问题总结——切入点选取——理念生成——理念表达意向，展现不同设计侧面的情境所获得的认识。采用学生互评的方式，进一步加强学生把握事物关键问题、选择合理策略的技能。由教师进行讲评，重点提示发掘共性问题。

3.3 专业与综合能力培养——方案设计

研究性教学强调开放、自主学习的"软技能"培养，但并非弱化"硬知识"教学。学生村镇方案设计过程中，软硬兼备，实现专业技能与综合素质的共同提高。

（1）硬知识——设计方案专业化

除基础设计方法理论之外，教师教学过程中还应重视村镇规划的规范性：重视引导学生遵循国家、地方标准进行规划设计。以河北省孟村县村庄规划为例，村庄规划在国家标准基础上细化为以下规定。

孟村县村庄规划依据　　表1

国家法规	《中华人民共和国城乡规划法》（2008） 《村庄整治技术规范》（GB-50445-2008）
地方标准	《河北省城乡规划条例》 《河北省农村新民居规划建设指导意见（试行）》（2010） 《河北省村庄环境综合整治规划编制导则（试行）》（2012） 《河北省农村面貌改造提升技术导则（试行）》（2013） 《关于实施农村面貌改造提升行动的意见》冀发【2013】10号

河北省地方标准中村庄规划的内容体系　表2

类型	内容	图纸规定内容要求
村域规划	经济社会发展（经济产业发展方向、人口及用地规模预测、空间管制等）、村庄基础设施规划等	5图1书1表 村域规划图、村庄建设现状图、村庄建设规划图、村庄工程规划图、村庄近期建设整治规划图、村庄规划说明书、近期整治行动计划表
村庄建设规划	用地布局、公共建筑、基础设施、景观风貌、农宅规划等	2图1书1表 村庄建设现状图、村庄环境整治规划图、村庄环境整治规划说明书
村庄近期建设整治规划	近期整治规划 投资预算等	

（2）软技能——综合素质扩展化

在方案设计过程中，鼓励学生采用多学科交叉手段进行项目设计，提升学生综合能力。如将城乡规划学知识与哲学、美学、生态学、生物学、数学、经济学等多学科知识交叉，以新的视角提出项目解决策略和方案空间形态。

（3）协同学习

学生小组间合理分工协作，共同交流。班级集体开展多次讨论学习，协调整体方案进度，形成同学间良性竞争氛围。

3.4 逻辑与表达技巧培养——成果制作

设计方案的设想最终都要落实在图纸表达之中。在成果制作过程中，教师要把控文件组织的逻辑结构，形成简洁明确的图纸构成。注重方案理念的表达和理念在

村庄整体鸟瞰意向

街道改造意向

图 3　学生设计成果

实体空间的反映。同时，村镇规划要充分考虑城乡规划制图的规范，形成标准化、规范化图纸（图 3）。

4　课程讲评阶段

对最终学生成果的评价过程，应针对学生课堂表现、各阶段草图控制、设计理念创新点和图纸规范化等方面进行综合评价。通过细化、量化的打分方式，实现公正的成绩给定。在成绩确定之后，展开班级研讨，由学生交流总结设计思考及经验所得，教师为学生讲评图纸优缺点，使其明确方案设计的得失。

5　小结

村镇规划设计课程系统构成全面、实践性强、知识与技能训练综合性强、难度适中，适合于四年级学生由低年级专项设计向高年级综合“大规划”的发展。在村镇规划设计的研究性教学过程中，课程准备、项目设计、课程讲评三个阶段目的明确，方法多样。教师和学生充分交流，形成以学生为主体的积极学习氛围；通过培养学生自主学习能力，有利于学生今后的职业发展，尤其是使学生毕业后可以快速进入职业状态。可见，研究性教学模式对城乡规划本科学生的教学开展和能力培养作用积极。

主要参考文献

[1] 卢德馨 . 关于研究型教学的进一步探讨 [J]. 中国高等教育，2004，24.

[2] 李召存 . 研究性学习初探 [J]. 中国教育学刊，2001，2.

[3] 刘倩如 . 城市规划设计教学改革探讨 [J]. 科技信息，2007，6.

[4] 夏锦文 . 研究性教学的理论内涵与实践要求 [J]. 中国大学教学，2009，12.

The Research on Research Teaching Model in The Design Course Of Village and Town Planning

Li Rui　Kong Junting

Abstract: During the gradually deepened of new urbanization, village design has become the focus of widespread concern in the industry. By the way of research teaching model in the undergraduate course of village planning the students' comprehensive quality and professional ability has remarkable improved. In this paper, we understand the content of research teaching model. Analyze the methods. Fully display the framework of the research teaching model in the design course of village planning. Through the elaborate course preparation, project design, curriculum evaluation in three stages of teaching process, show the application of research teaching model.

Key words: Design of village and town planning, research teaching mode, the way of teaching

网络教评系统在规划设计教学中的应用探索

吴 浩 陈 桔

摘　要：将网络和计算机技术引入教学环节，是促进教学手段和方式的革新的必然趋势。本文在分析“设计课网络教评系统”开发意义和必要性的基础上，介绍了系统的使用特点，结合昆明理工大学城市规划设计、毕业设计等课程和设计实习环节来阐述系统的具体应用。本系统的开发重在实现城市规划设计教学中异地即时的互动与交流，是传统课堂面对面的交流的有效补充。

关键词：网络教评系统，城市规划设计，教学方法，教学技术

1　系统开发背景和意义

随着计算机技术和网络的日益发展和成熟，将其引入教学环节，促进教学手段和方式的革新，已经成为必然趋势。目前学生对于计算机辅助绘图设计较为得心应手，但对规划设计本身的思考、同学之间的讨论以及师生之间的交流较为缺失。

规划设计是学科理论与实践相结合的关键环节，是城市规划专业教学中的一条主线。作为专业必修课，规划设计不仅在培养计划中占据较多的学时和学分，而且也是同学们在课外投入时间和精力较多的课程。与此同时，住所远离大学城的老师能在课外停留在学校的时间甚少，师生面对面的交流明显不足。

城市规划学科自身的综合性和实践性要求我们的规划设计教学必须走出去，不能闭门造车。当前的校企联合教学、高校联合毕业设计，高校国际教学互访也正是出于这种需要，但在具体操作过程中，存在碰面时间短、成本高、频次有限。

昆明理工大学在地域上较为边缘，建筑与城市规划学院位于呈贡大学城校区，距离主城区 30 余公里，师生交流有较大局限性，实地的对外交流与互访相对更少。因此，针对规划设计的教与学，通过计算机技术搭建一个异地即时交流的网络平台显得尤为必要和迫切。

2　系统主要功能和特点

网络技术在现代化教学中的应用，弥补了传统方式在跨地域教学上的缺失，本次“设计课网络教评系统”❶（以下简称本系统）由昆明理工大学建筑与城规学院教师研究开发，开发重在实现城市规划设计教学中异地即时的互动与交流。本系统不能替代传统课堂面对面的交流，但可以使教师（包括本校教师、专业指导/教育评估教师、联合教学导师、校外导师、客座教师等）和学生（包括各年级学生、建筑或景观专业学生、相关学院学生、往届毕业生）之间不再受时间的限制，交流的双方可以在自身不在场的情境下实现异地即时的互动与交流。

本系统不同于传统的网络评教系统和远程网络教育系统。其一，一般意义的网上评教/教评系统的功能是学生对教师教学进行评价，本系统的主体功能则是师生对设计图的互动点评，学生的评教只是一项辅助功能。其二，远程网络教育系统是针对非全日制人群的各类教育和培训，本系统主要针对全日制高等教育学生的设计教学，是与课堂教学互补的教学手段，并不独立存在。当然，本系统借鉴了远程网络教育系统的优势，如资源利用最大化、教学形式交互化、教学管理自动化。

---

❶ 登录“设计课网络教评系统”的提示：首先，进入昆明理工大学建筑与城市规划学院网站（arch.kmust.edu.cn），点下载专区，然后选择“设计课网络教评系统”，下载运行即可。访问者账号和密码请与本文第一作者吴浩联系。

吴　浩：昆明理工大学建筑与城规学院讲师
陈　桔：昆明理工大学建筑与城规学院城乡规划系讲师

2.1 系统的开发环境

系统采用 Delphi XE3 开发工具开发，对象 Pascal 语言编写，确保对图形（设计图）处理时高效和稳定的运行。后台采用较为成熟的 SQL Server2008 数据库，服务器端采用 ADO.NET 实体框架使开发。系统基于网络平台、云计算，跨越地域限制；校园内网数据传输不低于 10MB/ 秒，外网传输不低于 300kB/ 秒；系统支持断点续传，批量下载等网络技术，支持移动网络。

2.2 系统的主要功能

软件界面分为学生操作平台、老师操作平台、系统维护平台三部分，输入各自账号，密码即进入相应的操作界面（见图 1）。系统设计原则是尽量简化学生和教师操作界面，把与师生无关的工作放在后台处理。

（1）学生操作平台。主要功能包括提交和查阅本人或他人各个设计阶段的作业、点评作业、反馈教师点评、评教、下载课程资料等。

（2）教师操作平台。主要功能包括批改自己指导学生各个设计阶段的作业、查看和评阅其他学生作业、反馈学生点评、上传课程资料等。教学评估教师、联合教学导师、校外导师、客座教师、实习单位指导教师等均可被授权登陆此平台，并对所有作业进行查阅和点评。

（3）系统维护平台。主要功能包括学生信息库管理，评阅教师（专家）库管理，学生上传作业库管理，教师上传资源库管理，师生评论管理，优秀作业数据库管理，设计教学督导管理，用户权限管理，数据备份与恢复管理，数据加密与解密，系统防火墙管理等。

2.3 系统的特点

（1）资源利用最大化

各类教育资源通过网络跨越了空间距离的限制，使规划设计的课堂教学可以向更广泛的时空延伸，形成开放式教学。昆明理工大学建筑与城规学院于 2013 年 7 月成立城乡规划系，自身的教育资源还比较有限，因此，不仅要在非课堂的时间充分鼓励本学院的优秀教师参与教学互动、展示优秀教学成果给学生，还要引入联合教学导师、校外导师、客座教师共同参与教学。因为后者参与我校教学的时间和地点都很难统一确定，所以本系统将承担起他们与我系学生之间的桥梁作用。

（2）教学形式交互化

教师与学生、学生与学生之间，高校与高校、高校与企业或研究机构之间，通过网络进行全方位的交流，拉近心理上的空间距离，增加多个主体间的交流机会和范围。目前，系统设置允许所有规划设计课程的各阶段作业对全院师生开放，各年级三个专业（城市规划、建筑学、风景园林）的同学之间可相互查阅作业，各系教师可查阅和点评各年级三个专业作业。这样全开放的设置，不仅能够体现公平和竞争、提高学生学习的积极性和主动性，而且增进教师对整条规划设计主线的动态观察，同时，可以通过计算机对学生登录的人数、次数、反馈信息内容、提问类型等进行统计分析，使老师了解学生在规划设计中遇到的疑点、难点，更加有针对性地在课堂上指导学生。

（3）教学管理自动化

对学生交图、作业归档、公开评图及优秀作业评选

图 1 “设计课网络教评系统”登录界面

资料来源：软件截图 .

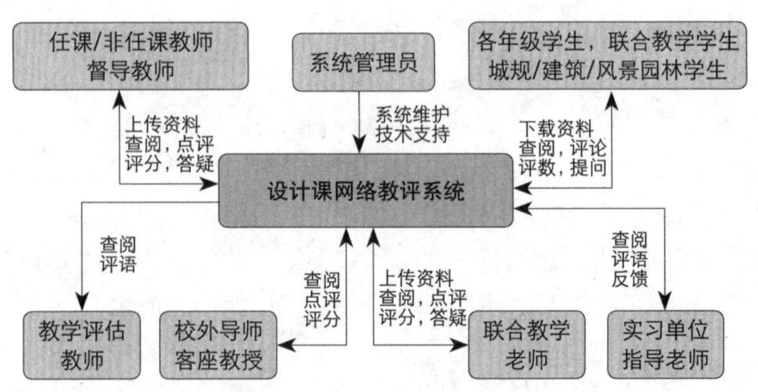

图 2 “设计课网络教评系统”主要功能构思框图

资料来源：作者自绘 .

都可以通过网络实现计算机自动化管理。我院学生以往交图时有拖沓，人工集中收图时教师比较被动，本系统对次可以实现精细化管理，每份作业的交图时间公开透明，迟交扣分以此为据。作业归档的优势更加明显，不仅可以对正图、阶段草图自动汇总归档，而且可以保存批改、评论和评语。公开评图及优秀作业评选时，教师可以在系统上对作业投票和点评（匿名或实名均可），系统会依据投票结果排序。

3 系统在教学中的应用

本次“设计课网络教评系统”主要应用的教学环节为城市规划设计（含毕业设计）与设计实习，其次可以应用到城市认知、测绘等实践环节，还可以延伸至建筑学或景观专业以及研究生的教学。

3.1 城市规划设计

这里的城市规划设计是指城市规划专业一至四年级的设计初步及城市规划设计课程，毕业设计单独介绍。本系统主要应用于以下步骤和环节：

（1）教师教学资源上传：教师可以适时上传设计课的任务书、地形图、课件、讲座 PPT、案例、往届优秀学生作业等相关参考资料，同时链接相关专业基础课程，本届学生可以即时下载，下届学生可以提前预览。资料将在每年不断积累和更新，为学生搭建一个完整的课程资料库。

（2）学生作业提交：实现学生设计课程各阶段和正图的网络电子提交，其中阶段作业可提交除 JPG 图之外的 SketchUp、ACAD、revit、office 等文件，正图为 JPG 格式。系统从技术上规定了 JPG 图分辨率、大小要求，不符合要求的图系统拒绝上传。提交上传后系统给出学生名单、提交时间、图纸张数、文件大小等信息，提交时间由系统给定，且公开透明，以应对同学交图拖沓问题（图 3❶、图 4）。

（3）作业批改和交流：阶段图和正图，教师可直接在图上简单绘画或点击输入评语，学生也可在该评语上跟帖，阐明自己的观点。评语下方标有师生角色、姓名（实名）、时间，教师、学生评语分别用红、蓝色标注。师、生评语和原图分层管理，可分别开启、关闭显示。实现异地即时的师生交流，评论过程是实时更新的

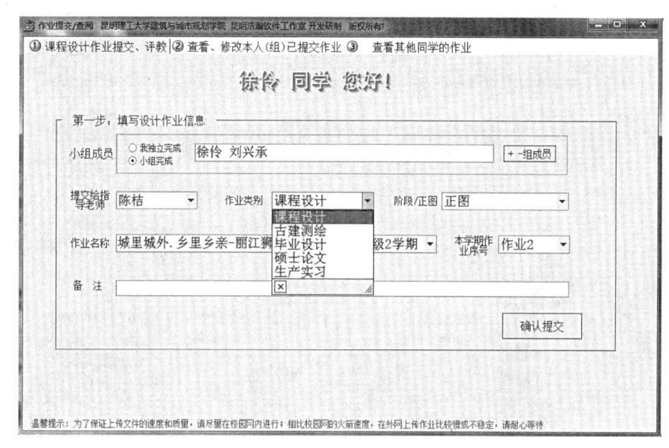

图 3　学生提交作业及个人信息界面

资料来源：软件截图 .

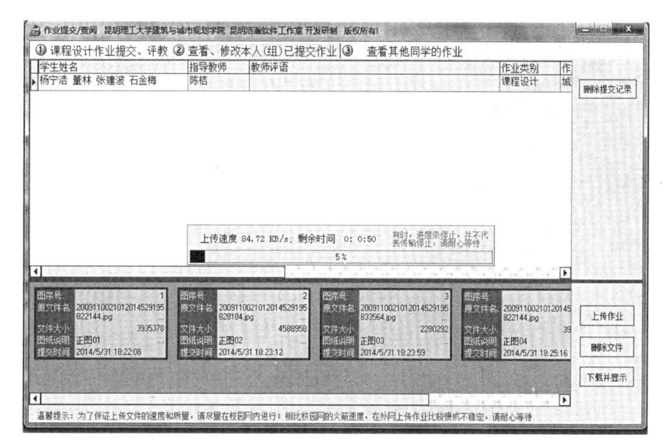

图 4　学生上传作业界面

资料来源：软件截图 .

（图 5、图 6❷）。

（4）公开评图、优秀作业评选：系统通过预设和随机抽取两种方式排出参与评图老师名单，老师预先在系统上对作业投票和点评（可匿名），系统会依据投票结果排序，此过程对同学们实时公开。

（5）流程化的作业档案管理：评分完毕 30 天以后，作业自动处于归档状态。作业图、评论、评语等冻结，

❶ 系统在移动网络上提交作业，如果在有线网或校园网速度会快许多倍。

❷ 图上双击输入评语，实现师生多对多交流，师生评语分层管理，可以分别打开、关闭显示。

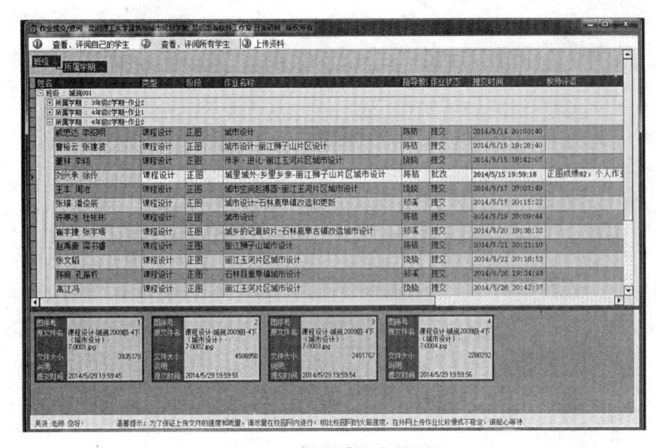

图 5　教师操作界面

资料来源：软件截图 .

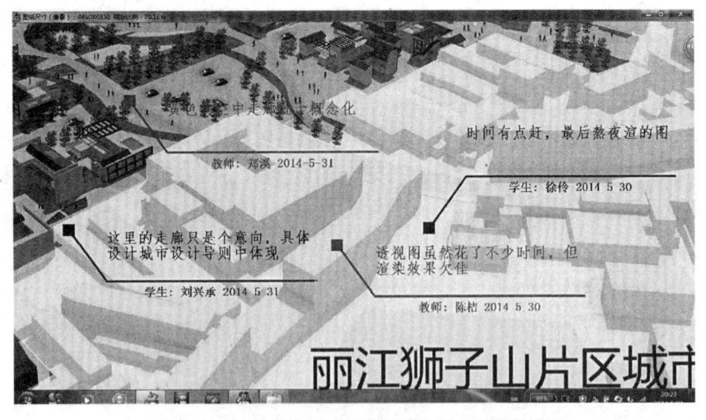

图 6　师生图上点评及学生反馈界面

资料来源：软件截图 .

不能改动。档案形成后，同学除查询到自己作业外，还可以查阅优秀作业数据库。即使毕业的学生，依据自己的账号仍然可以看到在校期的作业。

3.2　毕业设计

毕业设计的教学环节较四年级及以前的规划设计复杂，我院通常有校企联合设计、校校联合设计，建筑和规划设计跨专业选题。由于网络能够轻松跨越地域限制，使双方或多方的交流更加充分，过程和成果都更为公开和透明，因此，本系统在这些联合教学活动中不仅能够发挥巨大的纽带作用，还可以把控教学进度和提升教学质量。

（1）校外或外校指导老师评图：分配账号给校外或外校指导老师，通过网络进入教评系统，对毕业设计各阶段的成果进行图上点评；同学们可以在图上发表自己的意见，形成图上的师生交流。

（2）中期检查：要求学生上传毕业设计各阶段成果，本系统会自动填写上传时间等信息，教学检查组登录系统后，每组毕业设计的各环节的成果和提交时间一目了然，防止毕业设计前期无动静，而在最后几周“突击”完成。

（3）答辩资格预审：系统预设参与投票评委名单，名单由两部分组成，预设 + 系统随机抽取专家库。评委登录系统对毕业设计成果进行匿名查阅，作业只分为合格与不合格，系统会公开提示结果，合格者进入面对面的答辩过程，不及格者不得参加答辩。

（4）毕业设计展览：我院分为纸质展板和网络展览两种方式。网络展览由本系统完成，学生能够看到各评委专家给出的评语，可以跟帖。

3.3　设计实习

生产实习是设计实践的重要环节，周期较长、活动分散，近年来一直面临难以管理、效果不佳的局面。学院将通过本系统加强与各地实习学生和实习单位的异地即时沟通，实时掌握学生的实习状况。

（1）学生阶段工作汇报：要求学生每月上传参与的设计方案，工作小结。根据系统提供的上传时间，很容易跟踪在校外的学习情况。

（2）校内导师的不定期检查：校内导师登录系统，抽查同学的实习情况，对成果进行点评，给出指导意见。

（3）实习单位的评价、反馈：提供登录账号给实习单位的指导老师，即可直接上传评价，反馈意见。同时，实时单位还可在系统里跟踪同学们在校期间的各项设计作业，更详细的了解学生的设计水平，为本单位将来的“设计师”物色人选，这反过来也督促同学认真做好每一个设计，为将来的工作打下良好基础。

4　结语

本系统的应用目前是以昆明理工大学城市规划专业的设计课程为例，虽然还没有全面展开，尚不能对整体实施效果进行评估，但对于高等院校设计类专业而言，是在教学方法和模式上的全新探索。将网络和计算机技术运用到教学实践和交流中，实现异地即时的互动与交流，全方位整合教学资源，构建一种更加开放、高效的城市规划教学体系，是城市规划学科教育发展的总体趋势和目标，更是大家的共同期待。

主要参考文献

［1］ 卫琳.SQL Server 2008 数据库应用与开发教程（第二版）［M］. 北京：清华大学出版社，2011.

［2］ 杨学全. Delphi7.0 程序设计［M］. 北京：科学出版社，2004.

［3］ 侯太平，童爱红. Delphi 数据库编程［M］. 北京：北京交通大学出版社，2004.

The Exploration on Application of Network Teaching Appraisal System in Planning and Design Teaching

Wu Hao Chen Ju

Abstract: To promote innovative teaching methods and means, it is an inevitable trend to apply computer technology and network for teaching. Taking the case of "network teaching appraisal system applied in the design class" in Kunming University of Science and Technology , and based on the analysis of the significance and necessity of this system,this thesis introduces the features of the system, and elaborates the specific applications combining with design class, graduate design courses and internships. The system focuses on instant interaction and communication in off-site teaching, which is an effective complement to face-to-face communication in traditional classes.

Key words: Network Teaching Appraisal System, Urban Planning and Design, Teaching Methods, Teaching Technology

感知·认知·描述
城市规划专业基础教学空间认知环节教学设计初探

苏　静　刘宗刚

摘　要：《城市规划初步课程》是城市规划专业入门课程。本文基于学生的认知规律，结合西安建筑科技大学城市规划专业近年在专业基础教学的实践，通过梳理空间认知环节、设置特色内容以及课堂讲授思路的目标性转变，探索该课程的优化思路，以实现对低年级学生的专业启蒙与专业兴趣的激发。

关键词：空间认知，基础教学，感知－认知－描述

1　对我校城市规划专业基础教学一年级教学环节的思考

城市规划初步课程是城市规划专业本科一年级学生的专业基础课，课程设置强调对学生的“专业技能和素质培养”以及“空间认知与设计初步”两方面，教学环节设置突出专业制图、构成练习、建筑测绘、空间解析与小建筑及环境设计五个基本板块。空间认知能力的培养作为一年级下学期的核心教学目标，其教学设置上承构成练习环节，下启小建筑及环境设计环节，主要依托空间解析训练。

构成练习课程设置按照传统三大构成，与专业制图训练安排于一年级上学期，旨在培养学生专业基础技能的基础上，初步启发学生的空间感觉。传统的三大构成训练对学生初步建立空间感觉有一定帮助，但易于让学生陷入构成操作的趣味，忽略对空间的认知，同时也不足以激发学生能动观察、自主体验生活空间、建筑空间以及城市空间的专业意识。其后的建筑测绘、空间解析两环节虽在空间的专业认知上为学生设计练习环节，但存在环节各自为政，承启关系不足的缺陷。基于以上对空间认知训练的思索，我们教学小组对一年级下学期的空间认知环节进行了教学线索梳理及再设计。

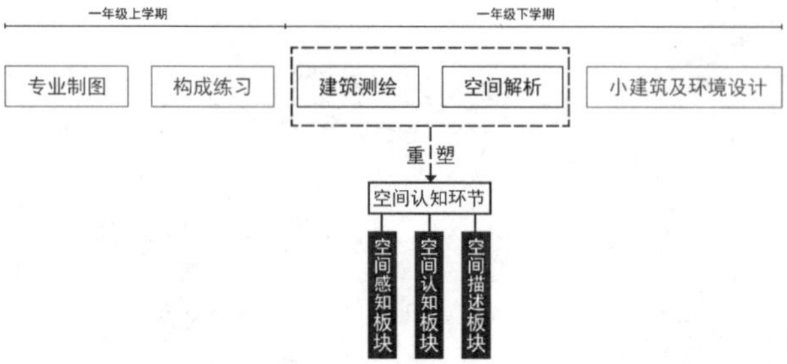

一年级上学期　一年级下学期

专业制图　构成练习　建筑测绘　空间解析　小建筑及环境设计

重塑

空间认知环节

空间感知板块　空间认知板块　空间描述板块

图1　城市规划初步课程空间认知教学环节重塑示意图

资料来源：作者自绘．

2　空间认知环节的重塑

空间作为最纯粹、不能再被简化的建筑属性，使建筑区别于其他艺术实践。❶时至今日，对于空间的定义，无人能给出确切的答案，而称其为一种超越了可描述概念的意念❷。但作为现代建筑的核心话题，空间认知成为建筑专业与城市规划专业初步课程的教学首要目标，但难以用语言表达的空间，又如何让学生认识、掌握并

❶ Adrian Forty. Words and Buildings: A Vocabulary of Modern Architecture. New York: Thames & Hudson, 2000: 256.

❷ ［荷］赫曼·赫茨伯格著；刘大鑫，古红缨译．建筑学教程2：空间与建筑师．天津：天津大学出版社，2003：14.

苏　静：西安建筑科技大学建筑学院讲师
刘宗刚：西安建筑科技大学建筑学院讲师

创造呢？基于此问题，我们教学小组在优化原有教学环节设置的基础上，整合建筑测绘板块与空间解析板块重塑空间认知环节，将环节重新划分为三个板块：空间感知——空间认知——空间描述。教学过程设置课堂讲授、实地体验、认知指导、汇报交流四部分。

2.1　空间感知板块

感知是客观事物通过感官在人脑中的直接反应。空间感知就是让学生利用感官对空间获得有意义的印象。这要求空间感知对象是有别于日常空间、有一定特色、又易于学生感知的空间对象；同时需结合低年级学生状态以及专业要求。经过教学小组调研，“西安世园会大师园”因其设计新颖、调研便利、规模适宜，被选作空间感知的教学对象。

空间感知板块的课堂讲授以启发式代替填鸭式讲授方式，改变原有“概念阐述”型课堂，带领学生实地体验，建构实地第二课堂，与学生现场交流对空间的第一印象，在交流过程中与学生讨论认识空间的若干视角，❶激活学生感知空间的入口：

- 空间作为一种随限定要素之间的作用产生出“被围合物”；
- 空间作为一种可流动的无自主形态的“连续体”；
- 空间作为一种随生理感觉而连续作用的“场”。

作业设置整合原测绘环节，以大师园为测绘对象。一方面要求学生对大师园进行实地观察与测绘，绘制其平、立、剖面图；一方面使用认知笔记记录对大师园的直接认识。

2.2　空间认知板块

认知是把通过感官将所得信息整合、诠释、赋予意义的心理活动过程，并通过此心理活动过程建构认识对象的图式。空间认知环节就是让学生对观察测绘对象进行空间解析与信息图像化处理。

空间认知板块的课堂讲授分为两大部分，一是现代主义空间设计的普遍基础——三维空间中的点线面要素——空间限定要素及限定方法，帮助学生建立一种抽象空间和形式构成的概念；二是空间语汇的讲解，帮助学生使用专业语汇去研究对象，如尺度、路径、行为方式等。

图2　实地体验的第二课堂教学

资料来源：作者自摄.

作业设置整合原解析环节，以大师园为解析对象。一方面要求学生对大师园进行空间拆解与分析；一方面使用认知笔记对大师园的进行空间图解思考。

2.3　空间描述板块

空间，如同自由一般，是难以把握的；实际上，当一样事物可以被掌握和被透彻理解时，它便丧失了自己的空间；你不能给空间下定义，你最多只能描述它。❷在空间描述板块要求学生以规范动作完成对空间的描述——轴测图式，在空间三维表达上排除透视变形，采用不同的轴测表达，如视点各异的轴测、透明程度不同的轴测、构件拆解的轴测图等，让学生描述一个经过个人信息处理与判断后的抽象空间概念。

课堂讲授建筑的三维表达技法，帮助学生对空间的思索由二维向三维转化。

作业设置以大师园为描述对象。一方面要求学生对大师园进行轴测图的绘制；一方面要求学生依据自己对大师园空间的理解，绘制自我视角的空间轴测图解。

3　空间认知环节的特色内容及设置

“无论什么方式，你看到的和体会到的越多，你的参考框架就会越大。……产生新理论的创造力源于你积累的参考资料，而你所接受的影响越丰富和越广泛，你

---

❶　参见 Adrian Forty. Words and Buildings: A Vocabulary of Modern Architecture. New York: Thames & Hudson, 2000：256–275；以及朱雷．空间操作．南京：东南大学出版社，2010：7.

❷（荷）赫曼·赫茨伯格 著；刘大鑫 古红缨 译．建筑学教程 2：空间与建筑师．天津：天津大学出版社，2003：14.

学生认知笔记作业（学生：李聪、田密等）　　表1

图片	园名	说明
 	植物学家花园：	学生使用丙烯颜料多层涂抹，描绘游园中所用材料，试图用颜料的质感表达自己对实际材质的触感
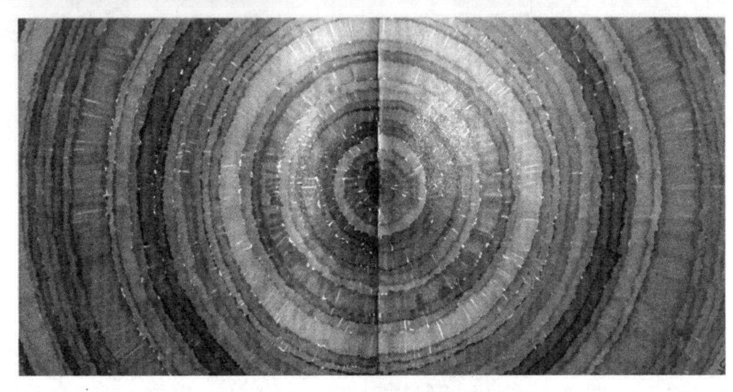	大挖掘园：	学生使用斑斓的色彩表达大挖掘园深洞装置的听觉体验
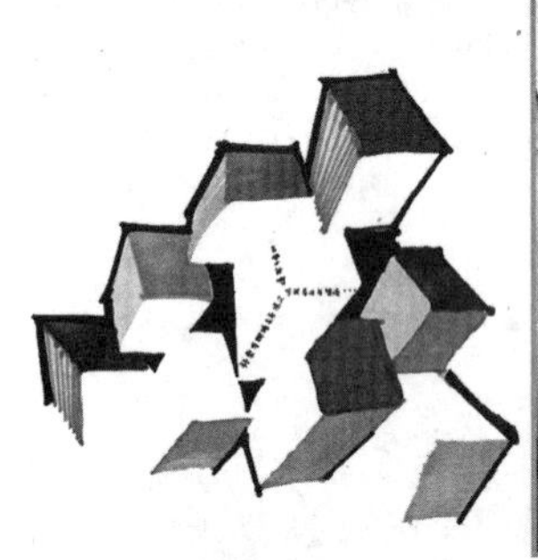 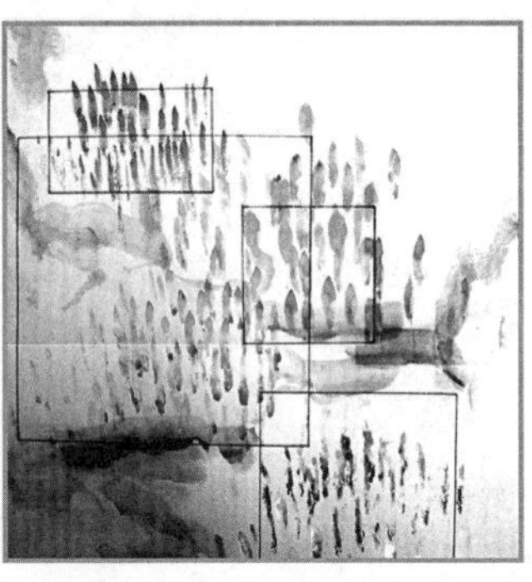	四盒园：	学生用立方体与彩色斑点表达对春夏秋冬四盒的形态认知与色彩认知

为自己创造的精神上的自由空间就越多。”❶所以如何做好设计，关键在于你的参考框架的丰富程度。认知笔记的设置就是帮助学生搭建设计参考框架，不断丰富学生的心智。

认知笔记的设置结合空间感知——认知——描述三个板块，依据各板块的要求与视角，完成对认知对象的记录。另外，希望学生能养成随时记录自己的所看所感所想的习惯，训练自己的专业眼光及敏锐度。

4　结语

在低年级的专业基础教学中，学生的专业启蒙以及对专业的兴趣激发是低年级教学的首要目标。重塑低年级基础教学的空间认知环节是我们教学小组针对低年级学生的认知规律及知识储备，结合现当代学生体验式学习的诉求，进行的一次教学探索，在实践中还存在很多不足与问题，希望能通过本文进行阶段性的总结，得到各位前辈及同仁的批评与指正，让我们的教学探索继续深入。

---

❶（荷）赫曼·赫茨伯格 著；刘大鑫 古红缨 译．建筑学教程 2：空间与建筑师．天津：天津大学出版社，2003：46.

主要参考文献

[1] Adrian Forty. Words and Buildings: A Vocabulary of Modern Architecture. New York: Thames & Hudson, 2000.

[2] 朱雷. 空间操作 . 南京 : 东南大学出版社，2010.

[3] (荷)赫曼·赫茨伯格 著;刘大鑫 古红缨 译 . 建筑学教程 2: 空间与建筑师 . 天津 : 天津大学出版社，2003.

[4] 胡晔旻,张灿辉. 建筑空间启蒙策略探讨. 高等建筑教育，2012，21 (2): 66-68.

Perception · Cognition · Description Preliminary Study on Spatial Cognition Teaching Program of Basic Teaching Program of Urban Planning

Su Jing　Liu Zonggang

Abstract: "Preliminary Course for urban planning" is one of the initial courses forurban planning students. This article bases on the cognitive law of students, under the recent teaching practice of urban planning of Xi'an University of Architecture and Technology, through integrating spatial cognition panel, setting featured teaching ideas and transforming the lectures' aims to explore the optimizationof the curriculum, in order to achieve professional enlightenment and interest on the lower grade students.

Key words: Spatial cognition, Basic teaching program, Perception-Cognition-Description

价值建构＋空间解析
——城市公共中心规划设计原理课程教学模式探讨

周志菲　李　昊

摘　要：本文围绕城市公共中心规划设计原理，讨论原理课程在整体城市设计系列课教学方案中可能采取的途径与方式。将城市设计教育置于社会发展现实与人才培养目标中，分析其内涵特征和需要解决的教学问题，探讨价值建构与空间解析的意义，针对性地提出了城市公共中心规划设计原理课程教学改革的主要思路和操作模式。

关键词：原理课程，价值建构，空间解析

专业教学的目标是让学生建立正确的价值观念与知识体系，掌握系统方法与实操技能。城市规划专业教育经过多年的发展，在社会现实、学科发展与人才培养等多重目标引导下，城市规划专业呈现多元、积极的教学模式，尤其是规划设计类型的课程。原理课相较设计课而言，其授课模式相对单一，不能满足新时期人才培养需求。本文从整体教学计划出发，围绕城市设计系列课程设置的教学目标，建立“问题＋目标”双导向的培养理念，在城市公共中心规划设计原理课程教学实践中，从价值建构到空间解析，探究原理课程的“理论＋专题＋解析＋总结”的授课方法（见图1），使之在系列课程中发挥积极的作用，与后续设计课形成完整的序列。

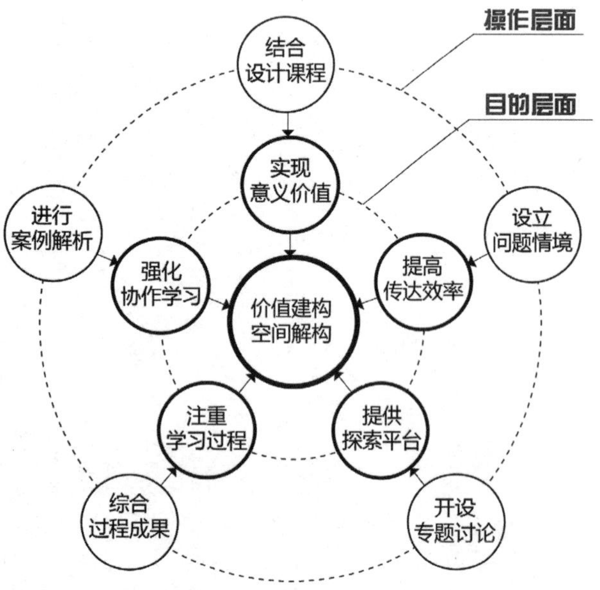

图1　城市公共中心规划设计原理课程教学目的和方法

1　方法论层面的双导向课程体系：“问题”导向与“目标”导向

设计是创造性解决问题的过程，这里面就包含了两个方面：设计创作的原点和设计过程的开展。同样，在城市公共中心规划设计原理课程中，强调培养学生具有统筹全局的城市整体意识和解决复杂城市问题的综合能力。对课题研究背景的解读，现状问题的提取，整体结构的把握，空间布局的构想等共同构成了教学开展的“问题—目标”教学过程（见图2）。

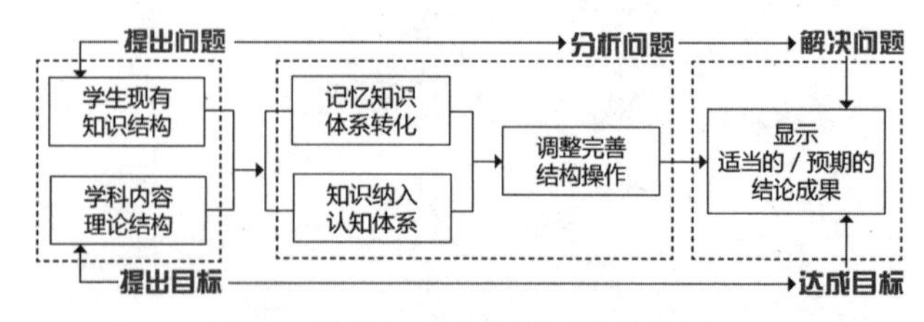

图2　“问题—目标”教学开展过程

周志菲：西安建筑科技大学建筑学院讲师
李　昊：西安建筑科技大学建筑学院教授

1.1 问题导向

城市设计是以“营造场所”为核心价值，城市地段的现实状况是开展设计的前提条件。因此，“问题”意识成为城市设计教学中首先应该强调的内容之一。很多情况下，对一个城市问题的研究常常引起其他问题，研究过程就是一个持续不断的“问题—回答—问题”的连续过程。将“问题”作为课程贯穿始终的教学方法，使得传统城市公共中心规划设计原理课的“理论讲授—结课”的单线性的教育过程，转变为“发现问题—界定问题—分析研究问题”的思维方法教育过程成为可能。加强研究城市问题的方法观念培养，教育目标向以创新思维方式为核心的方向转变，培养学生主动发现城市问题、应用理论分析研究问题、寻找解决问题的各种可能性的综合能力。在这个过程中，适应了应试教育向素质教育、职业教育向终身学习、技能教育向创新教育的转变趋势。

1.2 目标导向

城市设计的实质是对包括城市空间在内的城市理想状况的探索、安排和展示，其目标是改善人们生存空间的环境质量和生活质量。因此在以往也被强调为是一个目标导向的过程。在以学为中心的教学设计中，进行教学目标分析的目的，是为了确定当前所学知识的“主题”。对教学内容的分析通常是在教学目标确定的前提下，分析学习者要实现的学习目标，需要掌握哪些知识、技能或形成什么态度，并据此确定出学习者所需学习的内容，以及内容各组成部分之间的关系，为教学顺序的安排奠定基础。因此，城市设计课题一般以实际项目为研究对象，既要考虑开展的知识深度和广度，又要考虑设计课时安排情况，以及学生个人能力的具体情况。此外，还应注意设计题目和案例学习的多样性，有目的地选择不同方向，即使在题目唯一的情况，也要求每个学生根据自己的研究兴趣和知识背景，在大的设计课题下，选择适合自己的研究选题，从而实现课程教学的多样性和个性化。

2 价值观层面的城市公共中心规划设计原理价值导向

优秀的公共空间是居民公共生活的核心场所，其文化特质是城市需要表现的核心内容之一。公共空间在本质上是“人—环境”互动的产物，空间环境在诱导人的行为、营造独特的情境教育氛围具有特殊的作用，是一种潜移默化的情感陶冶的教育方式。城市设计不仅应满足今天的需要而进行体型组合，而且要关心人的基本价值与权利、自由、公正、尊严和创造性。就目前城市公共中心规划设计原理课程而言，我们首先要让学生在课程中要搞清楚公共空间的核心价值与意义，使得城市公共空间规划设计指向真正成为城市居民的公共活动场所和精神中心（见图3）。因此，城市设计教学，尤其是高年级城市设计教学，应着力于突出素质教育，对设计能力与技法达到一定程度的学生，加强观念培养，使教育目标向以思维方式引导为核心的方向转变，培养学生更加全面的观念。

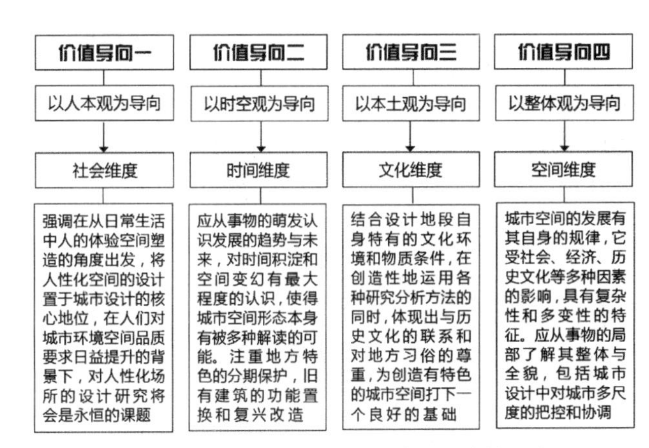

图3 城市公共中心规划设计原理价值导向

3 从“教”到“学”：城市公共中心规划设计原理课程教学框架

本校（西安建筑科技大学）开设的城市公共中心规划设计原理课程是城市设计系列课程中重要的一环，是讲解城市设计、城市公共中心规划设计有关的基本知识、方法、原则的基础理论课程，是在学生对城市设计有一定的认识的基础上针对设计课题目而展开的系统化理论教学（见图4、图5）。从以往的经验以及对教学工作的分析中可以看出，不少学生在学习原理课时并不能真正把学到的理念与原理应用于后期城市设计课的过程中，仍然存在对待设计的相关问题束手无策的状态。究其原因，并不是相关知识点设计的不合理，而是在信息传递的过程中出现了问题，即信息的接受者并没有将所接受到的信息与自己已有的知识相结合，无法有效地实现对

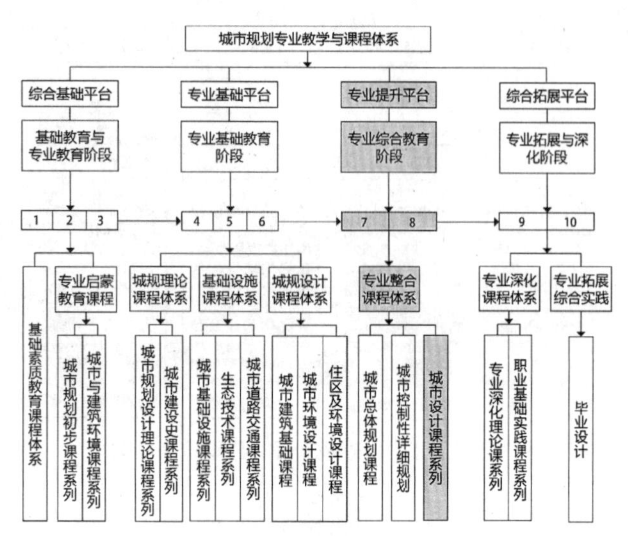

图 4　城市设计系列课与城市规划专业本科教学体系的关系

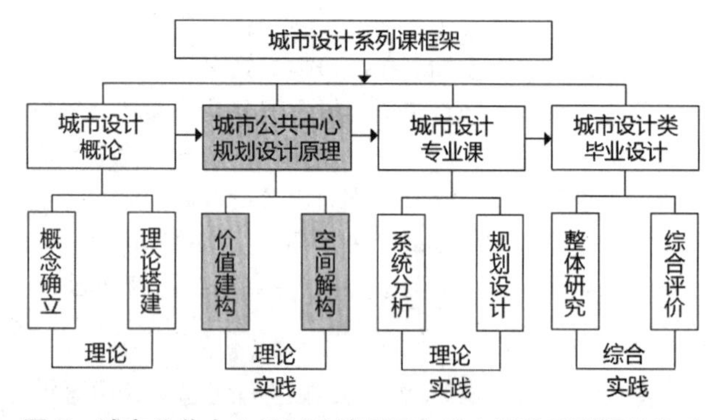

图 5　城市公共中心规划设计原理与城市设计系列课的关系

当前所学知识的意义建构。在传统教学模式下，教师是相关知识点的信息的发出者，学生是接受者，单纯“以教为主”的方式并没有解决好学生对于信息的接受与处理状态。

而研究和解析大师作品和优秀建筑方案，一直是设计师们提高建筑方案能力的好方法，对于城市设计师来说，也是一样的。课程试图让学生大量研究城市设计案例，系统的总结了这些案例模式，用每个模式对应的去分析城市设计中的一个方面，探究出课程的一套城市设计解析方法（见图 6）。在课程中，首先分析了城市中心区的相关基础问题；然后对城市空间相关理论和城市设

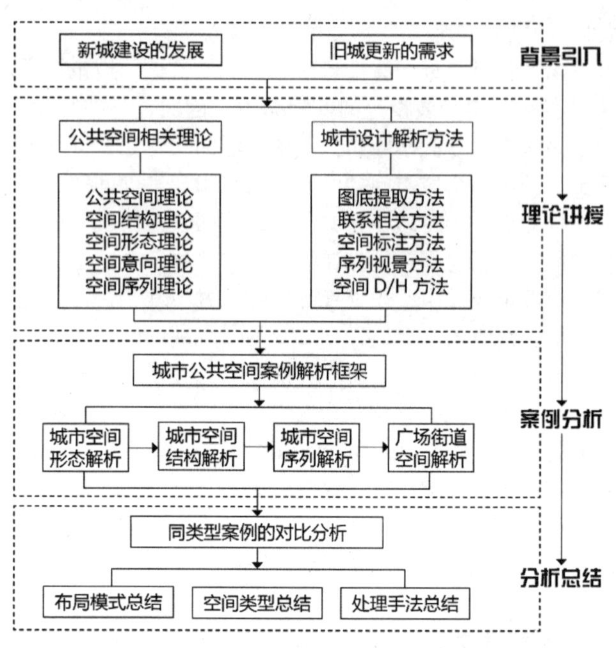

图 6　城市公共中心规划设计原理课程框架

计解析理论做了一个梳理，提炼出于设计题目和选取案例的切入关键点，并在城市空间理论和解析理论中找出对应的关系，即哪一条解析理论解决城市空间哪一方面的问题，进而得出一套系统的解析理论；接着用总结出的解析理论对收集的案例进行分析和总结，最后总结出了若干种城市设计空间结构类型和若干种广场和街道空间类型以及若干种城市设计空间处理手法。

4 “见微知著”—城市公共中心规划设计原理课程开展的方法和步骤

城市公共中心规划设计原理教学可以结合教学环节的具体内容灵活开展，具体的教学步骤可概括为：理论讲授＋定向自读、问题情境＋弹性条件、专题讲座＋案例选择、案例解析＋设计启发、综合成果＋小组汇报五个阶段。在进行教学的课程安排时，必须充分考虑每个教学环节的教学时间、教学内容和教学目的等具体内容，最终灵活确定案例教学中的每个教学步骤。

4.1 操作模式一——理论讲授＋定向自读

紧密结合设计课，实现对本课程知识体系的意义建构。

整体教学开展的前提便是相关理论知识的掌握。因此，在进行针对后期设计题目的现状分析、相关案例解读等的相关讨论之前，教学组应针对性地安排理论知识讲授，让学生对本环节所涉及的基础知识有初步的了解，同时也为学生有针对性地展开课下的定向阅读提供条件。教学改变过去传统的“一言堂”的教学方法，教学形式多样化，提高信息传达与被接受的效率。根据课程内容的不同，分别采取讲授、讨论、自学相结合的教学方法。对于重点章节的内容进行深入细致的讲解，使学生真正掌握那些必须掌握的内容。对于需要讨论部分的内容，教师制定明确的讨论题目，并事先通知学生，采取课堂分组讨论和答辩的形式，最后以小组为单位上交讨论报告。对于一些易理解的内容，采取让学生自学的形式，只要提交相应的报告或汇报材料即可。本阶段教学的顺利开展对教师和学生都提出了较高的要求。对于学生而言，强调学生对于知识的自主探究，要求学生自主学习和掌握相关知识。结合课程之初的理论讲授要求学生课下定向阅读，并对下一步的分析讨论提供理论基础。

4.2 操作模式二——问题情境+弹性条件

结合教学内容设置设计条件，提高信息传达的有效性。

只有当学生真正了解现行所学知识的意义时，他才更容易增加对知识理解的主动性。本课程改革所做的首要任务即通过创设符合教学内容要求的情境和提示新旧知识联系的线索，帮助学生建构当前所学知识的意义。城市设计系列课是城市规划专业的主干课程，城市规划专业学生的特点是重视设计课而轻视理论课，针对这一特点，在原理课的讲授过程中，进行情境设置，以设计课中的常见问题为线索，引导学生主动寻找答案，思考在设计原理课中可能的决策略，帮助学生建构城市公共中心规划设计原理课程搭建的框架，同时激发学生的学习兴趣。

设计条件的界定直接影响城市设计的最终成果。在原理课教学中设计条件主要是教师把后期设计课任务书中提供给学生，同时任务书制定时留出一定的弹性空间与深入余地，以便学生能够深度发挥。在设计开展之前，每个学生可在原理课阶段结合自己的兴趣和特长以及对现场的认知，对任务书中的设计条件做进一步细化与完善，自始至终都处于主动的过程体验和发散思维中。通过这样的弹性化设置，吸引了学生对多种定位与选择的思考，学生更主动地考虑到不同类型、不同定位的功能设置和他们所形成的城市空间的差异，调研中更有针对性，而后期的设计兴趣也得到了显著的提高。

4.3 操作模式三——专题讲座+案例选择

设置设计专题讨论，强化协作学习。

学生对城市设计的认知是螺旋上升的，有明显的阶段性。对于理论的消化理解，空间的尺度体会把握，使用者的心理感受，环境协调，城市文化传承等具体的问题都有可能成为学生在城市设计学习时的阶段难点。在此阶段的专题讲座是一个好的解决方法。在讲座中帮助学生解开心中的阶段疑惑，串联学生已有的零散设计思维体系，促进学生对城市设计的学习。或者聘请设计院的专业城市设计师，结合他们自己的实际项目，给学生开展专题讲座，在掌握城市设计基本要求的基础上也有利于培养学生应有的合作、敬业精神，也使学生及时了解到行业新规范、新材料、新技术，在实践中使设计课教学得以延续，拓展。

同时在此阶段的教学中一大难题是如何选择合适的案例进行解析。作为教学使用的案例，首先应具有一定的典型性和真实性，典型性能够反映相关知识的内容和形式，通过对典型案例的分析，使学生掌握基本理论和方法等，真实的案例则有助于学生作为一种具体的角色参与案例，激发其创造性和主动性。其次，教学案例要具有一定的启发性，提升学生思考的深度，认识到实际项目的复杂性，提高其全面思维的能力。同时设计案例置于一定的时空框架之中，不仅包含了空间本身特点，还有场地、人文因素。再次，选取的案例要具有针对性，针对性指能够针对教学的目的和要求，使案例教学有的放矢，从而在课程实践中创作出出于蓝而胜于蓝的“靛青”。

4.4 操作模式四——案例解析+设计启发

通过阶段性案例解析作业，为学生提供独立探索的平台。

对案例的解析过程同时也是一个去探究现今设计者们理念和想法的过程。试图去了解一个城市设计方案的时候，应该去调查方案的定位、区位、功能、面积等背景信息，因为这些信息对城市设计方案的影响是很大。方案的定位影响到这个方案的功能选择，区位等地理信息影响到这个方案的建筑排布、景观设计等因素，功能影响到这个方案建筑实体的形态、容积率和建筑密度等基本因素，面积影响到这个方案采用的结构模式、建筑的尺度。所以，解析的第一步务必简洁准确地列出这个方案的基本信息，从而进行各个层面的深入探析。

最初收集到的案例总平面图都是有设计机构的方案图，都是非常精美的，包含绿化、空间、道路、铺地、自然景观等信息。首先需要把它们简化成我们需要的研究城市空间的图，即研究城市建筑与城市环境的关系图。下一步是对空间结构的解析，因为城市中心区一般都有由多条街道空间、数个节点空间和数栋变化丰富的建筑实体空间组合而成，所以在总平面图变成建筑实体与城市环境的黑白城市空间形态图之后，还需要利用联系理论，对空间形态图进行进一步的解析，发展各个街区之间的联系，分析出这个方案的空间结构，绘制出方案的空间结构图，并标明各级节点、轴线、标志物等，方便进一步的研究。在进行完平面层面的空间形态解析和结构解析后，下一步要对案例进行三维空间的解析。可以利用空间序列理论结合空间注记法来完成从平面到三维空间的转化，去研究案例的空间感受。利用软件建起方案的模型，再在平面图上选用几条典型的路径，设置若干个节点，确定每个节点的视线方向，截出每个节点对应的人视点图，从而反映出这个案例的空间感受（图7、图8）。

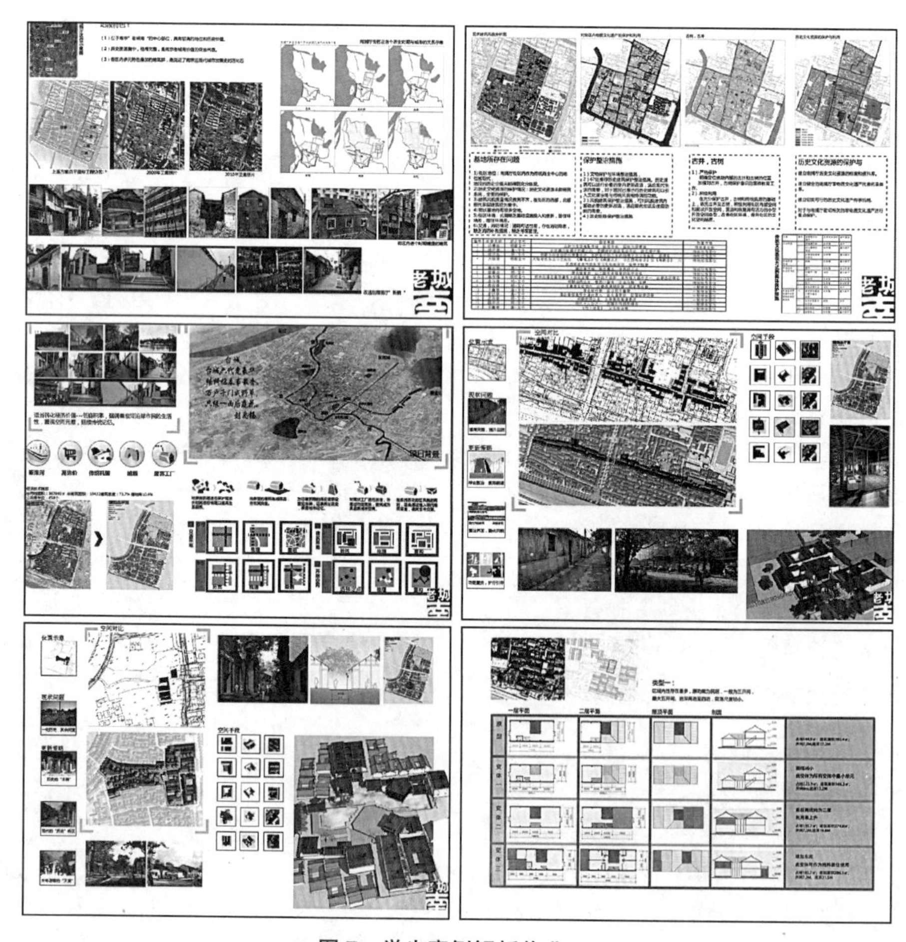

图7　学生案例解析作业一

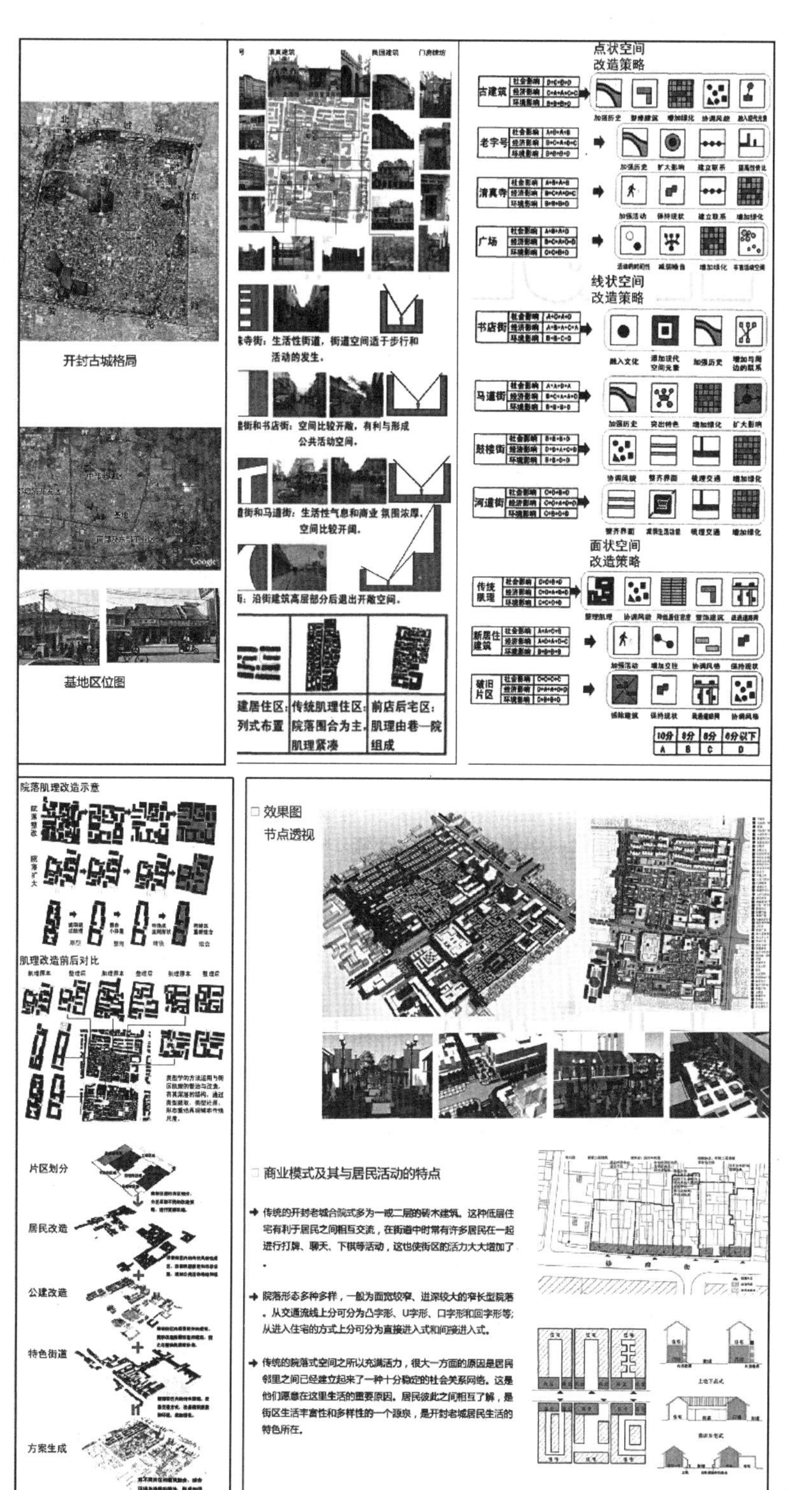

图 8　学生案例解析作业二

4.5 操作模式五——综合成果+小组汇报

综合评价学习成果，加大学习过程的权重。

对学生的学习评价不应该拘泥于最后的作业成果，而应该贯穿于对象研究、调研踏勘、图纸表达以及成果汇报等教学过程中的每个环节。过程性评价就是把对学生的评价融入到设计课堂之中，尊重学生的差异和个性，重视学生在评价中的个性化和差异化反应。评价的内容可以划分为案例解析、条件制定、图纸表达、汇报情况等。通过过程性评价加强对学生城市计学习的过程指导，并能及时反馈教学的信息，及时纠正教学偏差，形成教、学、评一体化的教学模式。

5 结语

在城市公共中心规划设计原理课教学中，如何提高学生的学习主动性以及对知识的整体把握与理解，从而实现原理课与设计课的有效结合，是提高教学成效最终达到学以致用的关键性问题。本课程所完成的任务即通过创设符合教学内容要求的条件情境和提示新旧知识链接的案例解析，帮助学生构建起所学知识的意义和价值。同时，课程内容编排会针对设计中易出现的问题和学生的困惑等这些“兴趣点”及时进行调整，通过有效引导学生的思考与寻找解决问题的途径为城市设计系列课程的教学设计提供了理论基础。

主要参考文献

[1] （德）沙尔霍恩，施马沙伊特著，陈丽江译. 城市设计基本原理:空间建筑城市[M]. 上海:上海人民美术出版社，2004.

[2] （美）保罗·拉索著，邱贤丰译. 图解思考[M]. 北京：中国建筑工业出版社，2002.

[3] 杨俊宴，高源，雒建利. 城市设计教学体系中的培养重点与方法研究[J]. 城市规划，2009，09：55-58.

Value Construction+Spatial Analysis ——Urban Design Principles of Urban Public Center Teaching Mode

Zhou Zhifei　Li Hao

Abstract: This paper focuses on urban design principles of urban public center to discuss ways and means in the overall urban design principles of curriculum teaching program courses may be taken. The urban design placed on the social development of education and training objectives in reality, analyze its characteristics and teaching connotation problems to be solved, explore the meaning of the value construction and spatial analysis, and puts forward the main idea and mode of operation of urban public center planning and design principles of teaching reform.

Key words: Principles, Value Construction, Space analysis

从“知识型”到“体验型”的建筑解析教学
——以城乡规划专业规划初步课程教学为例

何彦刚　李小龙

摘　要：本文以传统建筑解析课程教学中所存在的问题为导向，结合西安建筑科技大学城乡规划专业规划初步课程的实际教学，提出了“体验型”建筑解析教学模式，并分别从“课程设置”“解析对象的选择”“教学过程和方法”以及“教学成果的评价与反馈”四个方面，对“体验型”建筑解析教学进行了系统的阐释。

关键词：体验，建筑解析，“知识型”建筑解析教学，“体验型”建筑解析教学

作为城乡规划和建筑学专业课程教学中的“传统项目”，建筑解析课程的设置由来已久。尽管其教学模式和方法已经相对成熟和固定，但是教学过程和教学成果中所暴露出的一些问题（如体验的缺失、解析视角的固化以及作业评价标准的模糊等），却并没有得到有效解决。笔者通过对传统建筑解析教学过程的反思，并结合西安建筑科技大学城乡规划专业规划初步课程的实际教学，提出了“体验型”建筑解析教学模式，以应对传统建筑解析教学过程中所出现的诸多问题。

1　建筑解析概述

建筑解析是指以建筑作品为依托，寻觅、理解并表达出一个设计的主导概念、结构逻辑和过程逻辑，进而呈现作品中的设计要点的工作。解析的实质是一种设计解读，是创造的逆过程，是对设计自身的一种追溯，即从设计的结果出发到推其过程逻辑的“反设计”。它是有针对性地对设计要点进行提取式“学习”和“记录”的过程。因此，对于建筑学和城乡规划专业的学生来说，建筑解析是他们进行空间认知和设计初步训练的必要手段，建筑解析课程也就成为城乡规划专业初步课程中的必要环节。

2　我校传统的建筑解析教学

2.1　我校传统建筑解析教学的基本概况

在传统的教学体系中，城乡规划专业初步课程是城乡规划专业学生必修的一门实践性很强的重要专业基础课，是城市规划专业基础平台中的第一个教学环节，是为培养能力全面、兼具动手与动脑能力、感性认知与逻辑思维能力、并具备一定专业基础素质的规划专业人才的课程。作为城乡规划专业初步课程中必不可少的一环，建筑解析课程的教学目标是使学生理解建筑的构成要素以及建筑设计的主要内容，并初步了解建筑设计的方法。

在传统的建筑解析课程教学过程中，理论讲授和课堂指导是主要的教学方式。其中，理论将授课通常是该环节的首堂课程，并主要针对“解析的概念”“解析的步骤与方法”“图示语言”以及“作业布置”等重要知识内容进行集中讲解。在接下来的课堂指导环节中，教师则需要针对每个学生的作业进展情况进行单独辅导。在整个教学过程中，学生首先需要消化理论课所讲授的知识，并根据自己有限的专业储备或者通过查阅书本资料的方式，来确定自己的解析对象；其次，待解析对象确定以后，针对解析对象进行大规模的资料搜集。由于解析对象通常为国外知名建筑师的杰出作品，学生无法实地踏访。因此，图书馆和网络是学生唯一的资料来源；最后，学生根据自己获取的基础资料，开始进行解析，并完成作业。

2.2　传统建筑解析教学的问题

如果把学生的学习过程分为“知识获取”（理论讲

何彦刚：西安建筑科技大学建筑学院助教
李小龙：西安建筑科技大学建筑学院讲师

授的知识和针对解析对象的资料搜集)“整理与分析”“表达与呈现”三个阶段的话，我们不难发现，学生在整个学习过程中都处于“被动地接受知识”的状态——接受教师在理论讲授课上传达的知识、查阅各种资料获得解析对象的必要知识、整理知识并运用一部分接收来的知识来分析另一部分接收来的知识。于是，问题就出来了。一方面，学生只能通过图像和文字来了解他们所选定的解析对象，因此，他们无法直接建立起知识与现实之间的联系。学生只能通过只言片语的图像和图纸在脑海中勾勒出解析对象的朦胧影像，而缺乏最真实直接的身体体验。即使学生画得出来，却一定无法体验得到，也未必想象得到。传统的建筑解析教学是纯粹的“知识型”教学，它将建筑解析完全变成了纸上谈兵的文字和图像游戏。另一方面，徜徉在真实的建筑中，一束柔美的光，躲在墙后的一棵树，甚至一个有设计感的门把手都有可能打动你，继而成为解析的对象。但由于无法实地体验解析对象，学生只能根据教师所讲授的各个解析要点，按部就班地对有限的文字和图纸资料展开分析。传统的建筑解析教学方法使得解析过程看似尽善尽美，却成了有着固定流程和格式的八股文章，其中缺乏学生对解析对象个人化的解读。综上所述,“体验”的缺乏和“知识”的泛滥是传统建筑解析教学的根本问题。

3 从“知识型”到“体验型”的建筑解析教学

3.1 何为“体验型”的建筑解析教学

不同于“知识型”建筑解析教学,“体验型”建筑解析教学的核心是用“体验”而非“阅读”的方式进行建筑解析。“体验”既是解析的前提和基础，也是解析的对象。如果我们继续以“知识获取”“整理与分析”“表达与呈现”三个阶段来衡量的话，在“知识获取”阶段，学生需要用双手去丈量建筑，用身体去体验建筑，以获得详实的客观信息以及真实的主观体验；在“整理与分析”阶段，学生需要对第一阶段获取的客观信息和主观体验进行梳理，以确定建筑解析的视角和要点。在“表达与呈现”阶段，学生只需要通过图示语言的方式，把自己所选取的解析要点予以呈现即可。

“体验型”建筑解析教学针锋相对地回应了传统建筑解析教学所暴露出来的问题。一方面,“体验型”建筑解析教学把学生投入到现实之中，将真实的“体验”作为建筑解析的基础，从而使得建筑解析不再是“纸上谈兵”的文字和图像游戏。无论学生最终呈现的图纸效果如何，他自己最真实的建筑体验一定会根植在心中，成为真正的知识财富。另一方面，就“体验”来说，即使对于同一个建筑，每个人的体验和关注点都会有所不同。有的人关注宏观的建筑布局，有的人沉醉于某一个具体的空间，有的人着眼于建筑的细部处理，甚至有的人会被建筑之外的某个东西所打动。在“体验型”建筑解析教学过程中，学生能够从非常个人化的视角对建筑进行解读。因此，建筑解析便不再是有着固定套路的八股文章，而能够呈现出足够的个性和多样性。

下面，笔者就以西安建筑科技大学城乡规划专业规划初步课程教学为例,从“课程设置”“解析对象选择”“教学过程和方法”以及“教学成果的评价与反馈”四个方面，对“体验型”建筑解析教学进行阐释。

3.2 课程设置

城乡规划专业一年级第二学期的规划初步课程是以“空间环境认知”和“设计初步”为教学主线，以“空间限定练习”“建筑测绘”“建筑解析”以及“小环境设计”为主要教学课程的综合性教学过程。其中,“建筑解析”课程上承“建筑测绘”课程，下启“小环境设计”课程，是“空间环境认知”与“设计初步”两大教学主线之间的关键环节(图1)。

在具体的课程设置中，我们将同一建筑对象作为线索，贯穿“建筑测绘”“建筑解析”以及“小环境设计”三个课程。具体来说，就是根据“小环境设计课程”所规定的建筑类型和规模，选择某一特定的建筑对象，并先后对其进行“建筑测绘”和“建筑解析”，从而使得各课程环节之间能够相互联系，相互支撑。从“体验型”建筑解析教学的角度出发,“建筑测绘课程”不仅有着其独立存在的意义和价值，还为后续的“建筑解析课程”提供了必要的基础。

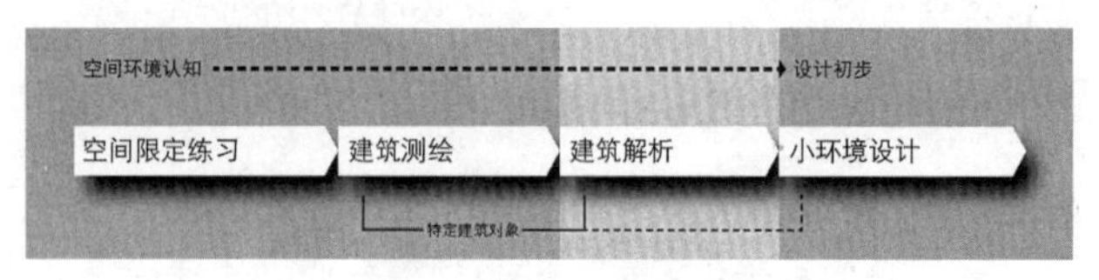

图1 整体课程设置

图片来源：作者自绘.

在学期的整体安排中，“建筑解析课程”共 20 学时，持续一周时间，其教学目标旨在使学生理解建筑的构成要素以及建筑设计的主要内容，并初步了解建筑设计的方法。其中，“基于真实体验的解析步骤和方法”以及“图示语言的运用和表达”是建筑解析课程的主要教学内容。

3.3 解析对象的选择

除了具备优秀的设计品质以外，理想的解析对象还需要满足以下两个条件：一方面，所选对象无论在建筑类型还是建筑规模上，都应与后续的“小环境设计课程”的作业要求相似，以发挥先前课程对于后续课程的借鉴意义；另一方面，所选对象应当在西安市区附近，以方便学生进行实地体验。在“体验型”建筑解析教学中，“建筑测绘课程”和“建筑解析课程”所针对的是同一个具体的对象。教师需要提供若干个可供选择的测绘和解析对象。学生选定对象后，先后对其进行测绘和解析。

以西安建筑科技大学城乡规划专业规划初步课程教学为例，考虑到后续课程“小环境设计”所要求的设计类型和规模，我们将解析对象的选择视野锁定在西安世园会的“大师园”。世园会“大师园”面积约 18000 平方米，其中分布着九个由国内外著名设计师设计的建筑小品，每个建筑小品占地面积约为 1000 平方米左右。在对每个建筑小品的设计和建造情况以及测绘的难易程度进行综合考虑后，我们选择其中的“迷宫园”（图 2）“四盒园”（图 3）“通道园”（图 4）以及“植物学家花园”（图 5）四个建筑小品作为可供学生选择的解析对象。

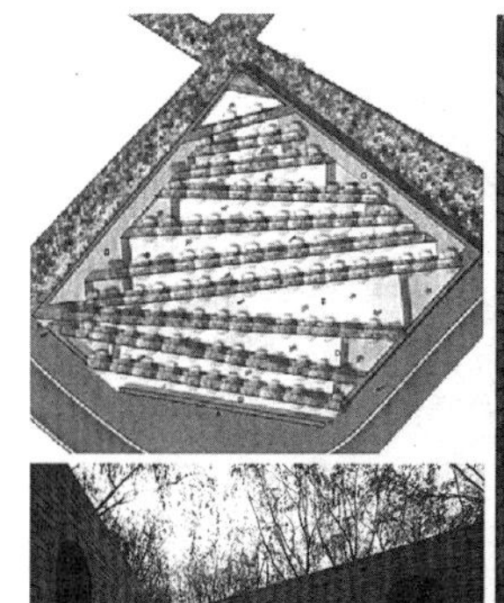

图 2　迷宫园
资料来源：网络 .

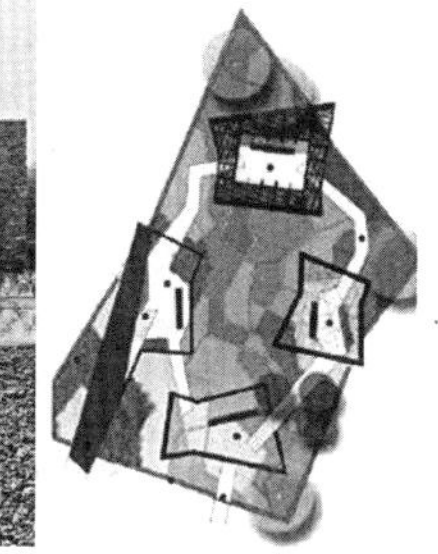

图 3　四盒园
资料来源：网络 .

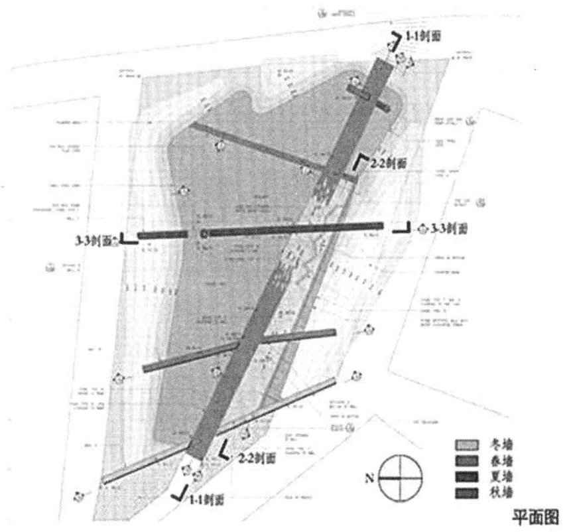

图 4　通道园
资料来源：网络 .

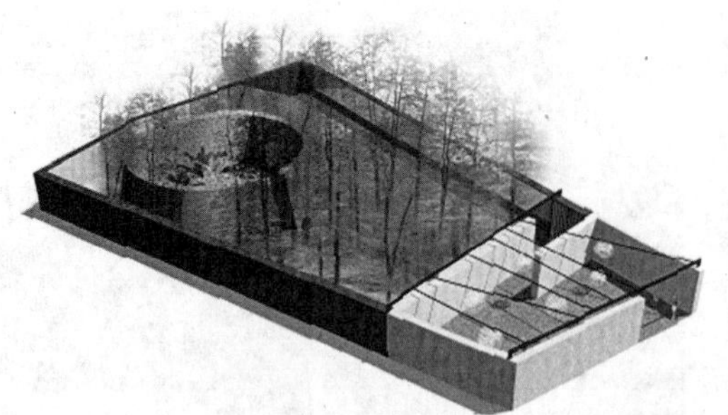

图 5　植物学家花园

资料来源：网络.

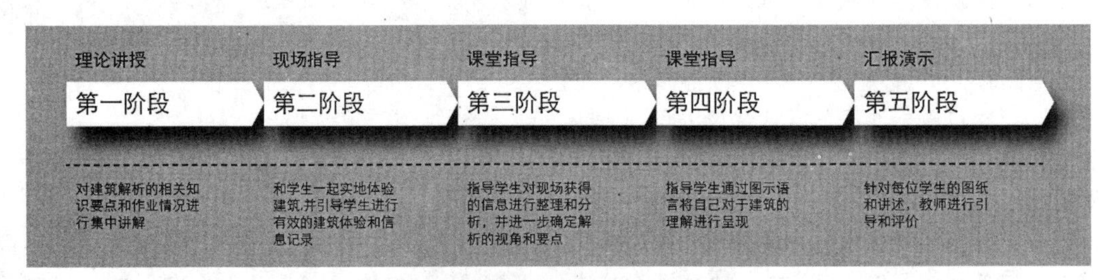

图 6　教学过程和方法

资料来源：作者自绘.

3.4　教学过程和方法

“建筑解析课程”的教学方式有四种——“理论讲授”“现场指导”“课堂指导”以及“汇报演示”。整个教学过程被分为五个阶段：在第一阶段，教师以“理论讲授”的方式，对建筑解析的相关知识要点和作业情况进行集中讲解。其中，“解析的步骤与方法”“体验与解析”以及“图示语言”是第一阶段需要讲授的主要内容。在第二阶段，教师和学生一起实地体验建筑，并以“现场指导”的方式引导学生进行有效的建筑体验和信息记录。在现场指导的过程中，教师鼓励学生用自己的眼睛去发现趣味，用身体去体验感动，学生应尽可能地抓住每一个引起他们关注的建筑要点。这里涉及两种不同的信息获取方式——对于建筑本体的信息如空间、结构、材料等，学生需要通过丈量和体验的方式获得；对于与人相关的建筑之外的信息如功能、流线、行为等，学生需要通过观察和统计的方式获得。在第三阶段，教师以“课堂指导”方式，指导学生对现场获得的信息进行整理和分析，并进一步确定解析的视角和要点。在第四阶段，教师继续以“课堂指导”方式，指导学生通过图示语言将自己对于建筑的理解进行呈现。在第五阶段，教师组织学生进行集中的“汇报演示”。在该环节中，学生不仅要呈现出完整的图纸成果，还要清晰系统地阐释出自己对于建筑的体验和理解。针对每位学生的图纸和讲述，教师进行引导和评价（图 6）。

3.5　教学成果的评价与反馈

与传统的解析教学不同，“体验型”建筑解析教学的成果不仅反映在学生的最终图纸上，还体现在学生自身对于解析对象的体验性认识上。因此，在最后的“汇报演示”环节，我们从“图纸表达”和“体验讲述”两个方面对学生的作业情况进行评价。对于“图纸表达”来说，评价标准主要体现在三个方面，即解析的系统性和全面性，图示语言的运用，以及是否包含个性化的解读；“体验讲述”的评价标准主要体现在两方面：一方面，学生是否能够真实地表达出个人的体验；另一方面，讲述过程是否能够体现出独特的体验视角。就最终的“汇

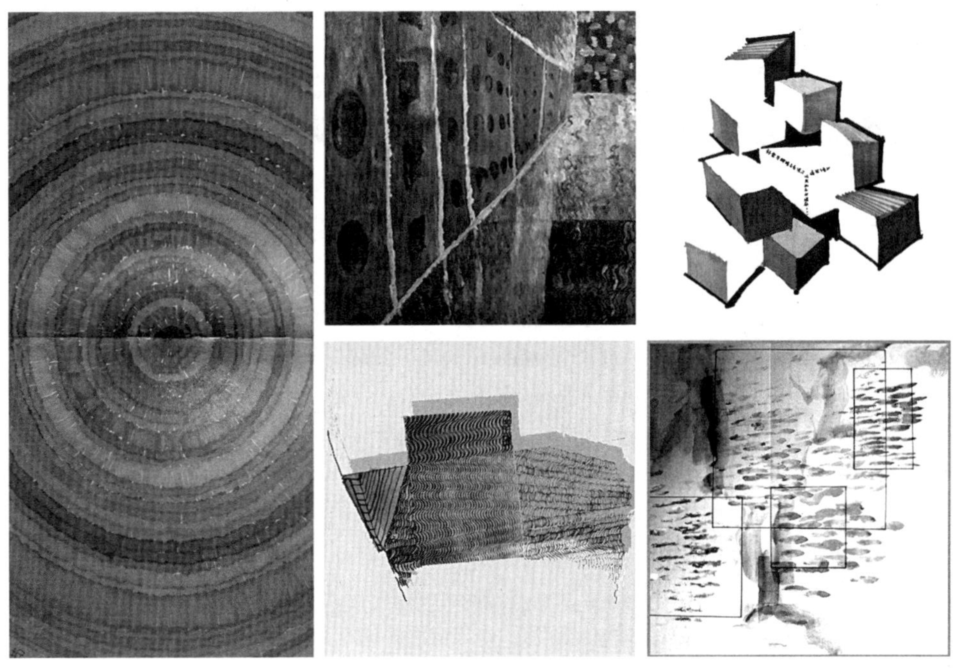

图 7　学生作业中的个性化表达

资料来源：作者自摄．

报演示”情况来看，大部分学生基本能够达到教学要求。在“图纸表达”上，大部分学生基本能够全面而系统地进行建筑解析，并将个人化的观察与体验予以呈现；在“体验讲述”的过程中，学生所洋溢出来的热情以及细腻的观察视角是我们始料未及的，这也使我们看到了“体验型”建筑解析教学在培养学生学习主动性方面的巨大潜力。

4　结语

如果把城乡规划和建筑学专业的基础教育比作一个钟摆，那么钟摆的一边是真实的现实，一边就是虚拟的“现实”。如何能够在两个“现实”之间取得平衡是我们的专业教育一直面临的问题。“体验型”建筑解析教学只是我们针对上述问题进行的一次小小的尝试，其中仍然存在着许多不足。我们会不断地发现问题，总结自己，以呈现出更加完善的“体验型”建筑解析教学方案。

主要参考文献

[1] 伯纳德•卢本．设计与分析[M]．天津：天津大学出版社，2003.

[2] 保罗•拉索．图解思考[M]．北京：中国建筑工业出版社，2002.

[3] 程大锦．形式，空间和秩序[M]．天津：天津大学出版社，2008.

[4] 余人道．建筑绘画——绘图类型与方法图解[M]．北京：中国建筑工业出版社，2004.

[5] 朱雷．空间操作[M]．南京：东南大学出版社，2010.

[6] 赫曼•赫茨伯格．建筑学教程 2：空间与建筑师[M]．刘大馨译．天津：天津大学出版社，2003.

From the Knowledge-based to the Experience-based Method of Architectural Analysis Teaching
——Take Basic Teaching Program of Urban Planning for Example

He Yangang Li Xiaolong

Abstract: This article basing on the problems of traditional architectural analysis teaching, according to the recent teaching practice of urban planning of Xi'an University of Architecture and Technology, proposes the Experience-based Method of Architectural Analysis Teaching, which is interpreted from the four aspects following: the curriculum, the selection of analytical object, the teaching process and method and the evaluation of implementation.

Key words: experience, architectural analysis, knowledge-based method of architectural analysis teaching, experience-based method of architectural analysis teaching

基于地方社区规划师制度构建的城乡社会调查教学探索——以浙江工业大学为例*

武前波　陈前虎　黄初冬

摘　要：城乡社会综合实践调查是培养城乡规划专业学生价值取向的重要环节。结合近年来城乡规划专业社会调研获奖作品情况，对城乡社会调查教学现状及其成效进行分析与评价，并引入地方社区规划师制度构建，尝试提出一个实践性更强的教学方案模式，以推动课堂教学、社会实践、科学研究等方面的互动循环式发展，从而有利于学生社会价值观和社会责任感的形成，并更好地提升其认知能力、实践能力和创新潜力。

关键词：社区规划师，城乡社会调查，社会公平，浙江工业大学

当前我国经济社会发展正处于一个“时空压缩”的过程，日益涌现出来的各种城乡问题时刻困扰着城镇化的健康发展。党的“十八大”提出新型城镇化战略，与工业化、信息化、农业现代化紧密伴随，并更加关注于人的城镇化和传统乡村转型升级，而其中也相应隐含着较为复杂的城乡社会问题。一般来说，城乡规划职业教育的指导标准包括3个方面的培养要求，分别是知识、技能和价值取向，其中价值取向决定了规划师要承担重要的社会角色[1]。这方面的要求将推动城乡规划专业学生勇于参与社会综合实践，协调城乡社会群体的各方面利益，不断追求城市空间的社会公平。

2000年全国高等学校城乡规划学科专业指导委员会开始举办城乡规划专业社会调研作业评优活动（图1），2013年新的专业教学规范将《城乡社会综合实践调研》列入城乡规划专业十大核心课程体系，这比较切合当前城乡规划学科转型的趋势。以浙江工业大学为例，本文首先将介绍城乡社会调查教学情况及其成效，并对其获奖调查报告特征进行了概括分析，之后尝试引入地方社区规划师制度，探索其对城乡社会调查课程教学的推动作用，以构建出一个课堂教学、社会实践、科学研究等方面良性互动发展的方案模式。

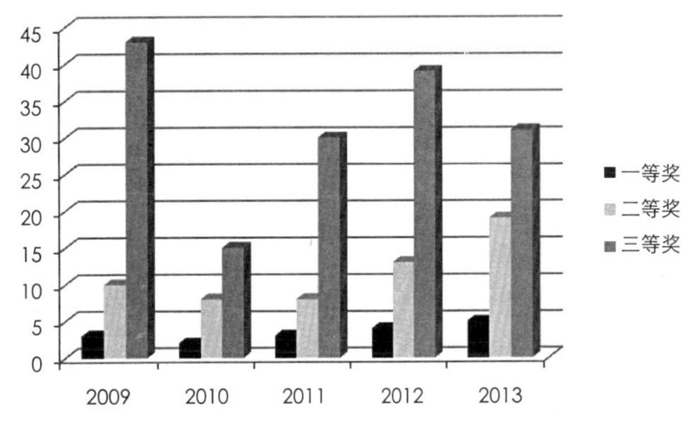

图1　2009-2013年全国高校城乡规划专业学生社会调查报告评优情况

*　基金项目：2010浙江省新世纪高等教育教学改革项目：以专业评估为导向的土建类专业课程体系优化研究（zc2010006）；浙江工业大学2013年度校级优秀课程（群）建设项目：城市研究专题（YX1309、YX1211）。

武前波：浙江工业大学城市规划系副教授
陈前虎：浙江工业大学城市规划系教授
黄初冬：浙江工业大学城市规划系副教授

1 城乡社会调查教学现状

1.1 教学方法概况

在《城市研究专题》(即《城乡社会综合实践调研》)课程讲授之前的学期教学安排中，相继有《城市地理学》、《中外城市发展与规划史》、《城市经济学》、《城市规划原理》、《城市社会学》等理论性较强的课程开设，这样有利于提高学生运用各方面的理论知识对城市问题及现象的认知与分析能力。特别是在《城市社会学》32 个学时的课程讲授中，重点关注于“地方（place）”概念的讲解，以及与传统“空间（space）”概念区别，增强学生对城市空间的社会属性关注[2]，进而引出西方城市社会学相关经典理论，并对中西方城市社会空间结构特征及其组成要素进行抽丝剥茧式分析，最后再对当前城市发展过程中涌现的各类城市问题进行逐一讲解，如住房、交通、公共空间、消费空间、弱势群体、老龄化、城市贫困、公众参与等。

在《城市研究专题》课程中，首先安排 32 个学时中 1/3 的教学时间重点开展城乡社会调查方面的选题、调查、分析及撰写等方法及规范的讲授，同时布置学生课余时间思考每个调查小组的选题，在课堂上也预留出一定的时间进行选题汇报及讨论。在选题的过程中，要求一定要以兴趣和问题为导向，调查题目具有理论与实践方面的背景和意义，调研对象既不能太小，范畴也不能太大，基本具备调研的可行性和操作性；同时并阅读城乡规划类及人文地理类的相关期刊文献，关注当前的城乡社会问题的热点探索，最好能够选择出 1~2 篇能够参考借鉴的范文，主要用于理论视角方面的学习和理解。

其次，在后 2/3 的教学时间内，指导学生课余开展 2~3 轮实地调查，每轮调查均要有相应的报告成果，例如，第一轮调查重点是结合所选题目进行现场踏勘与发现，总结需要开展调研的相关问题，并理出初步调查提纲或逻辑体系，在课堂上进行汇报或分组讨论；第二轮调查重点可以开展访谈或问卷，并取得一定的初步结论，完善或修改访谈及问卷内容，以备再进行补充性调查，同时开始着手相关数据统计分析，以及报告提纲及内容的撰写；第三轮调查重点是验证性调研或补充性调研，根据所取得的报告成果的不足或缺陷之处，进行相关问题的多方面或深化性调查，同时并按学术规范性要求准时完成全部调查报告。在该课程的讲授期间，分别安排期中和期末两次城乡社会调查报告汇报，并邀请相关课程老师共同讨论且提出针对性建议。

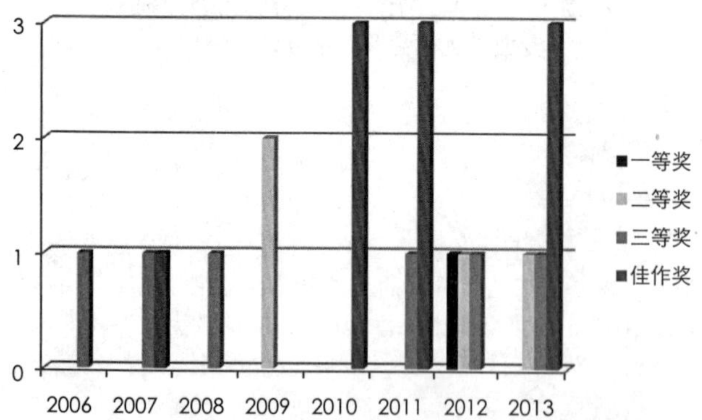

图 2　2006~2013 年浙江工业大学城乡规划专业学生社会调查报告获奖情况

注：2010、2011 均含交通创新类佳作奖 1 份；2012、2013 分别含交通创新类一等奖、二等奖各一份。

1.2 教学成果成效

自 2006 年开始参与全国高校城乡规划学科专指委学生作品评优活动以来，城乡社会调查报告竞赛成绩持续攀升，无论是获奖作品的质量还是数量，均呈现出良好的发展态势（图 2）。2010 年该校城乡规划专业首次通过住建部全国高校城乡规划专业评估，若以此为时间节点，前期重点表现为调查报告的质量逐年提高，后期则表现为质量和数量的双重提升，这与《城市研究专题》课程授课的师资力量及课内外指导时间的逐步扩充密不可分，同时也对城市设计单元学生作品竞赛产生了良好的互动循环作用。

（1）参赛起步期：2006~2009 年。该阶段社会调查获奖作品共 6 份，其中，2006、2007 年三等奖 2 份，佳作奖 1 份，调研对象以流动摊贩、居住小区、历史街区、新农村建设等为主，较为符合城市社会空间调查的主流内容。2008、2009 年二等奖 2 份（同年份，当年全国共 10 份）、三等奖 1 份，调研对象以庭院改造、非机动车停车、保障房、旧城改造等为主。相比前期选题范围明显扩大，调查报告质量也达到一个高峰，并更为关注于城市发展过程中急需解决的社会问题。

（2）数量扩张期：2010~2011 年。该阶段获奖作品数量之多创造学科专业历史新纪录，两年内共有 7 份获奖。其中，社会调查类三等奖1份、佳作奖4份、交通佳作奖2份。调研选题更为多样化，包括城乡安居工程、老龄化社区、环卫工、外来务工者、公共空间等方面，这表明学生的选题视野更为宽阔，社会责任感更加强烈，城市调查主动参与性更强。

（3）质量优化期：2012-2013年。两年内学生作品的获奖数量及等级达到新高度，共有8份获奖。其中，社会调查类二、三等奖3份、佳作奖3份、交通一、二等奖各1份。调研选题关注于城市广场、新业态与老社区、信息化背景下的交通出行创新等方面，社会调查选题仍然集中于城市，将社会问题与城市空间相融合，并出现向城市边缘区及乡村社区选题的趋向，如城市近郊区、美丽乡村。

1.3 调查报告特征

开展社会调查是由城市空间的社会属性所决定。纵观近10多年来全国大学生城市规划社会调研获奖作品，可以发现“城市空间”是开展社会调研的焦点，而在此基础上主要关注三大调研对象，包括城市群体、城市地块和城市问题[3]。在此过程中，浙江工业大学城乡社会调查选题也不例外，主要集中在城市社区类、乡村社区类、城市群体类及城市问题类几大领域，其中在城乡社区类获奖的数量和等级为最，城市问题类获奖等级也较高，城市群体类获奖数量较多（表1）。

在我国新型工业化、信息化、城镇化和农业现代化背景下，城乡社会调查将面临更多的研究领域和发展机遇，如对城市边缘区与乡村社区的关注、信息化技术影响及智慧城市的关注、城市边缘工业区转型的关注等，而这些调研范畴已经被纳入浙江工业大学城乡社会调查课程中，特别是在近年来交通出行创新方案竞赛单元中，以信息化系统整合方向为选题获得一、二等奖的佳绩（表2）。

浙江工业大学城乡社会调查报告获奖作品选题特征　　表1

序号	选题类型	学生作品	获奖等级	时间
1	城市社区类	“别在我家后院”综合症分析——杭州市居住小区公共设施布局的负外部性问题调研	三等奖	2006
2		基于4E模型的杭州市经济适用房公共政策绩效调研及评价	三等奖	2008
3		庭院深深“深”几许——杭州市庭院改造工程绩效评价调研报告	二等奖	2009
4		新业态，老社区——大型超市入驻对杭州市传统住区商业的影响调查	三等奖	2012
5		城市客厅里的故事——杭州广场活力社会调研	二等奖	2012
6		“绿绿”有为，老有所依——杭州市老龄化社区绿地公园使用情况调研	佳作奖	2011
7		大社区、小社会——杭州市郊区大盘配套设施现状调查	佳作奖	2013
8		空间微循环——微观土地利用特征对杭州城市居民出行方式的影响调研	佳作奖	2013
9	乡村社区类	新农村剧：从无声到有声——来自浙江省近千份农村公共品满意度与需求度问卷的测评报告	三等奖	2007
10		如何让农民“乐”迁“安”居？——基于农民意愿的浙江省城乡安居工程调研	三等奖	2011
11		大美中国、小美乡村——基于不同发展模式的杭州市美丽乡村典型实例调研分析	佳作奖	2013
12	城市人群类	猫鼠握手之后——杭州流动摊贩实施规范化试点之后状况调研	佳作奖	2007
13		“为医消得人憔悴”——杭州市外来务工人员就医行为及医疗设施空间布局调研	佳作奖	2010
14		“幼吾幼以及人之幼”——杭州市外来务工人员子女就读幼儿园的情况调研	佳作奖	2010
15		一路上有“你”——杭州市环卫工人工作环境与设施布局调研	佳作奖	2011
16	城市问题类	车轱辘的方寸空间——杭州大型超市非机动车停车问题调查研究	二等奖	2009
17		我的地盘谁做主——公众参与背景下杭州城市规划典型冲突事件的社会调查	三等奖	2013

浙江工业大学城市交通出行创新报告获奖作品选题特征　　表2

序号	学生作品	获奖等级	时间
1	行尽江南烟水路——京杭运河沿岸非机动车出行方式效率调查	佳作奖	2010
2	曲直长廊路路通——以杭州凤起路骑楼改造效用为例	佳作奖	2011
3	基于即时交友软件信息平台的合乘系统	一等奖	2012
4	公交因你而不同——基于云端 GIS 技术的实时公交出行查询系统	二等奖	2013

2　社区规划师制度的引入

2.1　地方社区规划师制度的起源及其实践

西方学者自 19 世纪开始了对社区的研究。台湾地区台北市政府于 1999 年推行“社区规划师（community planner）”，2001 年再将“社区规划师”制度化，在市内各地区成立“社区规划中心”，鼓励各类专业人士走入社区，包括大专院校、非政府组织或建筑规划专业者，引导市民透过公开与民主的方式表达需求，由专业的社区规划师形成具体可行方案，并结合行政部门的执行，以长期持续推动社区营造工作。近年来我国大中城市也开始推行“社区规划师制度”，截至目前，深圳、成都两市主要是以市规划局机关、规划分局和市规划设计研究院选派业务骨干组队挂点担任社区规划师，以将规划工作推行到街道和社区基层单元，本质上仍属于一种“自上而下”的工作模式。

2.2　基于社区规划师制度的城乡社会调查

在“新型城镇化”、“美丽中国”建设背景下，近年杭州开始实施“美丽杭州”建设行动，打造一批“美丽杭州”建设示范镇（街）和社区（村）、示范园区和企事业单位。在此过程中，“美丽、富裕、宜居、智慧”型城市社区的营造离不开社会公众的广泛参与，部分辖区规划分局开始在杭州市开展“社区规划师”制度探索，并联合浙江工业大学城市规划系共同实施“社区规划师”工作方案（图 3），组织公务员、规划师、教师、学生等多元化规划专业技术力量团体，定期深入基层社区、园区和企事业单位，了解和掌握社区发展动态及其面临的问题，并反馈给相关规划编制或开展社区级规划编制，从而有效地指导基层社区经济、社会、环境等方面的协调发展。

在社区规划师制度尝试性实施过程中，《城市研究专题》课程的调查选题开始出现一些调整，一方面继续鼓励围绕当前较为突出的城乡社会问题开展相关选题，另一方面开始结合社区规划师制度实施，围绕当地社区所关心的发展建设问题，开展层层深入探索调查。在此过程中由于每个社区均有相关的当地联系人，为师生们顺利开展各种方式的调查提供了便利性，如对社区领导的访谈、对社区居民的问卷、对社区相关企事业单位的调查等，基本上避免了之前在社会调查过程中所碰到的调查对象置之不理的现象，有利于更深入地把握社区发展内在的机制问题。同时，结合相关课程设计，鼓励低年级城乡规划专业同学围绕同一个社区尽早开展社会调查活动，并尽可能将城市规划设计类选题对象锁定在同一个社区，这样有利于学生从不同视角和不同阶段来深层次把握相关社区的发展，更好地将学科理论知识与技术方法和城市社区实践问题紧密结合起来。

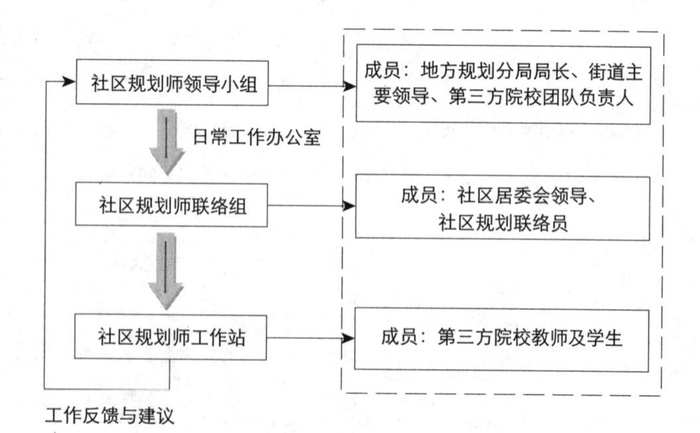

图 3　社区规划师制度工作机制构想

2.3 新的教学研究体系梳理与模式构建

社区规划师制度的实施为城乡社会调查提供了一个新的发展平台，由此可以紧密围绕城市社区的教学、调查、分析、规划、设计等方面内容，重新梳理与构建城乡规划专业新的教学研究体系（图4）。首先，以城乡社会调查及其研究为主线整合优化城乡规划学科专业教学体系，可以有效应对社会需求与发展趋势，促进课程组之间的交叉融合，快速培养学生科学认识城市空间、合理改造城市空间的方法与能力。其次，以城乡社会空间调查为核心，全面调动理论、规划、设计、研究等系列教学课程的开设与衔接，既有利于培养学生正确的价值观和社会责任感，也有利于学生对专业理论和规划技能的掌握。再次，以如何开展城乡社会空间调查为导向，分别从社会空间的概念与内涵、社会调研的基本建构、历届获奖作品实例评析等角度，全方位阐述城乡社会空间调查过程，旨在为学生开展城市规划及乡村规划提供准确的切入角度和完善的理论方法。

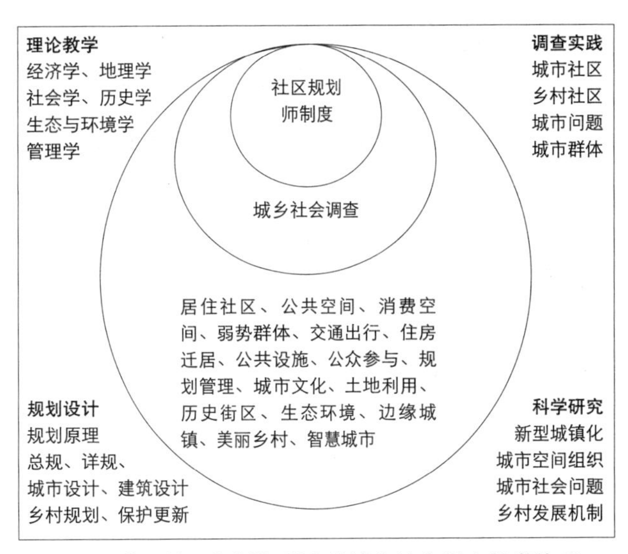

图4 基于社区规划师制度的城乡社会调查教学体系

3 结语

城市空间是城乡规划的重要研究对象，其空间尺度之大、人文现象之复杂、社会内涵之丰富，远非传统建筑学教学方式所能够解决。所以，城乡规划专业学生需要具备更为强烈的社会责任感、社会公平价值感和社会人文关怀。以城乡社会空间调查为基点，分析了近年来《城市研究专题》课程所取得的积极成效，并引入地方社区规划师制度，尝试性从课程体系构建、社会调查研究、规划设计实践、学术理论研究等方面，着力优化当前的城乡规划专业教学体系，以取得更为显著的教学成效和良好的社会评价。

主要参考文献

[1] 唐子来．不断变革中的城市规划教育．国外城市规划，2003，18（3）：1-3.

[2] 亨利·列斐伏尔（著）．空间：社会产物与使用价值．王志鸿（译）．包亚明（编）．现代性与空间的生产．上海：上海教育出版社，2003. 47-58.

[3] 武前波，陈前虎．城市空间与社会调研：城市规划专业社会综合实践调研的教学探索．2011全国高等学校城市规划专业指导委员会年会论文集．北京：中国建筑工业出版社，2011. 265-270.

A discussion on the urban and rural social surveys course based on construction of local community planner system ——a case of Zhejiang University of Technology

Wu Qianbo Chen Qianhu Huang Chudong

Abstract: Urban and rural social survey is important part of teaching students values in urban planning courses. The combination of urban and rural planning professional social research works in recent years, it analyzes teaching status of urban and rural social survey and its effectiveness, and introduces construction of local community planner system. Based on community planner system, it proposes a teaching scheme to promote interaction cycle of classroom teaching, social practice, scientific research, to help students form the social values and social responsibility, and to improve their cognitive ability, practical ability and creative potential.

Key words: Community planner, urban and rural social survey, social justice, Zhejiang University of Technology

以实践能力培养为导向的城乡规划专业 GIS 教学改革实践*

赵晓燕　孙永青　兰　旭

摘　要：本文在分析我校目前GIS课程教学存在的问题基础上，进行以实践能力培养为导向的城乡规划专业教学实践改革。在本次教学改革中，通过简化理论课程内容，重视实践教学环节，增加上机操作实验课程教学环节，并将GIS应贯穿居住区规划设计，城市控制性详细规划设计与城市总体规划设计教学中，加深学生对GIS的理解和应用。将理论基础、软件操作，规划设计三个模块融合形成进阶式课程模块，通过理论与实践的紧密结合，有效地提高了学生的主观能动性和GIS技能的综合运用能力。

关键词：城乡规划，GIS课程，教学改革，实践能力

1　引言

GIS 地理信息系统（Geographic Information System）是一种采集、管理、存储、分析、显示与应用地理信息的计算机系统，是分析和处理海量地理数据的通用技术[1]。GIS 技术高效的空间数据管理与分析功能，可以大大提高城乡规划编制，实施与管理的工作效率和规范性。GIS 在城市规划领域的应用也日趋广泛。目前主要集中于城市规划现状分析，辅助城市规划方案设计和城市规划成果管理等方面[2]。为满足社会发展的要求，以及在城乡规划学科上升为一级学科的新形势下，在培养面向城乡规划专业的高素质专业人才过程中，加强地理信息系统课程的教学使学生掌握 GIS 基本技能，培养学生实践应用能力和创新精神是十分必要的。

同时，GIS 的运用对城市规划行业和人才培养也提出了相应的要求。国家注册规划师考试大纲中明确列出“3S（GIS、GPS、RS）技术与城市规划管理相结合”的相关考试内容，要求规划师“熟悉地理信息系统在城市规划中的应用”。全国高等学校城市规划专业本科（五年制）教育评估标准（试行）文件中，明确要求城市规划专业学生了解 GIS 的基本知识。高等学校城乡规划学科专业指导委员会编制的高等学校城乡规划本科指导性专业规范（2013 年版）中国建筑工业出版社中，指出城乡发展的多目标决定了城乡规划专业需要有宽泛的知识基础来支撑，明确提出将地理信息系统及应用课程作为城乡规划专业教学内容中，4 个知识体系，5 个领域，25 个核心知识单位，10 门核心课程之一，（地理信息系统及应用），并提出强化实践，重视能力培养是专业规范的重点，培养创新型人才是每个教师的职责，教师要通过课堂教学和实践训练，启发、调动学生的创新欲望，逐步培养他们的创新能力[3]。目前，国内设置有城乡规划专业的高等院校都相继开设了 GIS 课程[4]。

如何加强 GIS 教学和实践，培养顺应现代科技发展的复合型城市规划人才，是当前城乡规划专业教育中一个非常重要的问题。不同的学科背景对 GIS 课程深度和侧重点的把握各不相同，在教学安排上应该根据不同专业背景特点探索适宜的模式。本人在讲授 GIS 课程的同时也参与设计课程的教学，针对我校建筑学背景下城乡规划专业学生的特点逐步进行 GIS 课程教学改革尝试。现阶段本门课程的教学仍处在逐步探索，不断提升的阶段。本人在去年的教学过程中尝试对 GIS 课程进行了进阶式地理信息系统教学体系的构建，将理论

* 基金项目：天津城建大学教学改革项目，项目编号 JG-1201；天津市普通高校本科教学质量与教学改革研究计划，项目编号 C03-0828。

赵晓燕：天津城建大学建筑学院讲师
孙永青：天津城建大学建筑学院讲师
兰　旭：天津城建大学建筑学院讲师

知识和实践操作相结合，并将 GIS 应用贯穿于城市控制性详细规划和城市总体规划设计的学习过程，以实践应用能力为导向注重培养学生的创新能力。经过一年的检验和经验总结，在新一年度的教学中，本人进一步对这一教学模式和教学内容进行了深化和完善，尝试为城乡规划专业的地理信息系统及其应用的教学改革提供一种思路。

2 我校城乡规划专业 GIS 教学现状

2.1 课时安排

从目前国内规划专业开设地理信息系统课程的高校来看，多数院校规划专业将地理信息系统应用纳入必修理论课程，并辅有地理信息系统上机实验课，总课时通常安排 16~32 个学时。我校城乡规划专业在地理信息系统及其应用课程中，起初设置为 32 学时理论课，现在改为 16 学时理论课，并辅以 16 学时上机实验课。

2.2 我校城乡规划专业 GIS 教学中存在的问题

（1）城市规划专业学生缺乏 GIS 学习的必要背景知识，理论学习较为困难。

我校的城乡规划专业源于建筑学专业，教学也偏重于对建筑及城市物质形体、色彩、构图等进行设计的专业技能的训练。而 GIS 学科脱胎于地理科学和测绘学，与地理学、地图学、计算机科学有密不可分的联系。学习 GIS 不可避免地设计这些学科的背景知识，而我校城市规划专业学生非常缺乏地学的等大量的相关学科知识，所以在 GIS 的理论学习上较为困难。

（2）在 GIS 的教学方式上，上机实践课程课时较少，学生难以掌握对 GIS 软件的应用。

城市规划专业学生大部分基础课程均重视城市形态、空间营造及物质形体、色彩、构图等，很少涉及地理学相关知识，学生觉得理论知识晦涩难懂，又缺乏实验教学和上机操作的练习，难以掌握对 GIS 软件的应用。

（3）GIS 课程与其后续他规划专业课程脱节。

学生在前期的专业课程学习中缺少知识准备，在后续的专业课程学习中缺少应用机会，在设计课中，学生没有机会将 GIS 与城市规划专业课程联系起来，学到的知识技能难以使用 [2]。

3 教学改革尝试

3.1 教学模式构建

单纯从理论上讲授 GIS 课程，会让规划专业学生感到 GIS 课程内容深奥枯燥，出现厌学情绪。因此，GIS 课程教学内容和教学方法应结合城乡规划专业自身的特点，主要通过案例为主的教学使学生掌握 GIS 的基本概念，熟悉空间数据的处理、分析和管理。来提高学生对 GIS 课程内容的可接受度以及学习兴趣。

教学内容可以分为三个模块，包括：理论教学、实验教学和课程设计，这三个模块逐步深入形成一个阶梯状的进阶式课程模块（见图 1）。我们教学内容上进一步完善和深化了实验教学和课程设计模块的内容。

3.2 理论教学

在理论课程的课堂教学中，课程内容侧重于城市规划中使用的 GIS 技术，与城市规划理论、专业知识相结合，运用 GIS 技术，解决城市规划专业领域的实际问题。在此基础上，解释和讲授涉及的 GIS 基本原理。需要重点强调 GIS 的基本概念与方法，不需要达到 GIS 专业学生的深度和要求，教学目标为 GIS 基本概念和原理的掌握。只有在充分理解并掌握 GIS 基本概念的基础上，才能在城市规划设计和管理中充分而准确地使用 GIS 软件的功能。理论课程和上机实验课程穿插进行，给学生讲解完 GIS 空间数据组织模式后，在上机实验课程中引导学生理解 Geodatabase 数据库建库流程及 GIS 数据与 CAD 数据格式的区别，同时引导学生绘制 CAD 数据时应注意图层清晰，用地或建筑边界线要封闭等规范性，结合上机教学指导时学生存在的普遍问题进行集中讲解。

3.3 上机实验课程教学

上机实验课程从 2013 年开始选用 ARCGIS10.0 中文版软件，配合相应的实习教程。以 GIS 的基本操作为核心，包括基础性上机操作和综合性上机操作两部分。基础性上机操作主要是训练学生熟悉 GIS 软件，包括：熟悉 GIS 界面，空间数据的采集和地图编辑，图形和属性数据的操作，空间叠置分析，缓冲区分析等方面的内容。综合性上机操作通过采用案例教学方式，合理设计

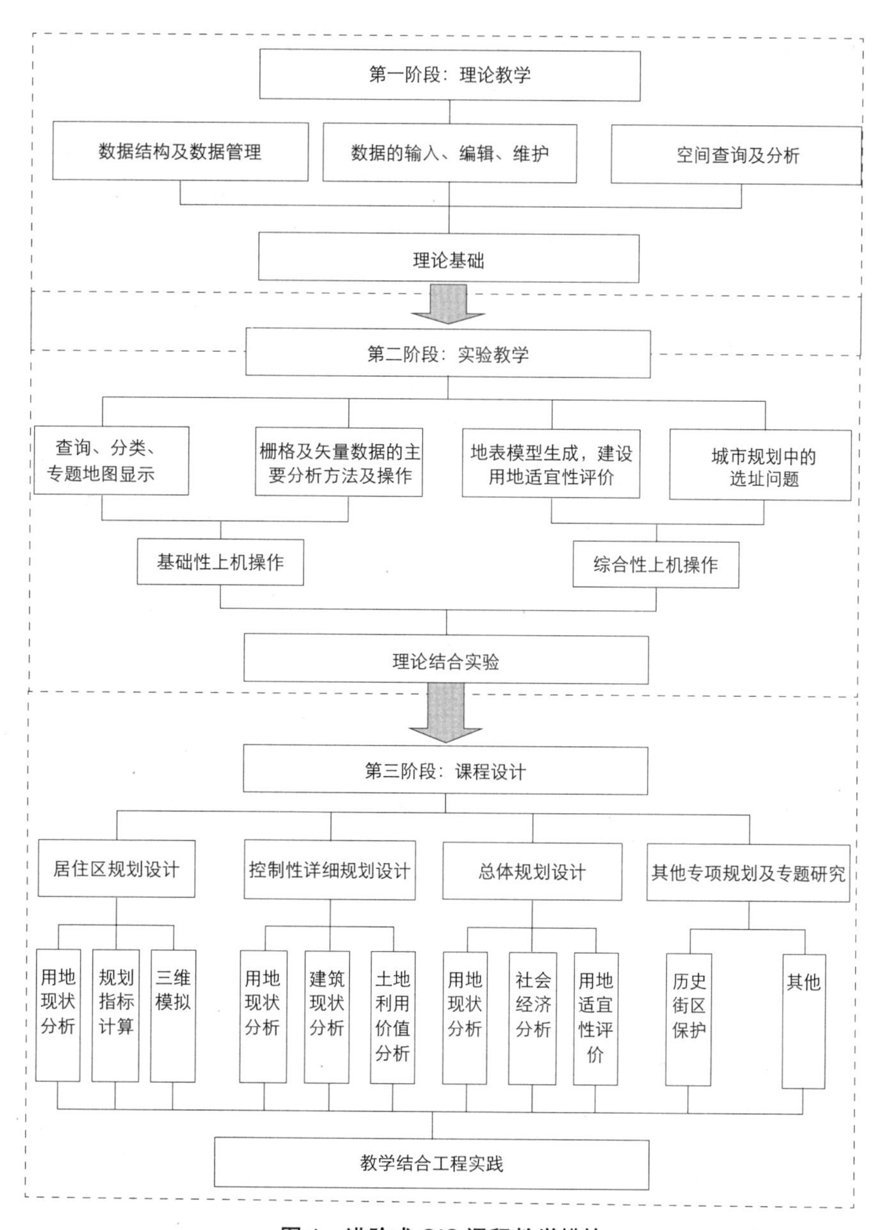

图 1　进阶式 GIS 课程教学模块

实践操作课程，训练学生综合运用 GIS 工具以及规划专业领域知识解决规划实际问题，使学生在运用中加深对软件的运用以及对 GIS 基础理论的理解。实验内容主要包括：建设用地适宜性评价，城市规划中的选址问题，规划中的地形分析与模拟等。

3.4　将 GIS 应用贯穿于设计课程中的教学

一般来说，规划专业的课程设计任务较重，几乎每个学期都有设计课程。城乡规划专业 GIS 课程理论加实验总共 32 个学时，仅仅依靠课堂时间使学生掌握 GIS 的应用不现实。那么加强 GIS 课程与居住区规划，控制性详细规划，总体规划等设计课程的相互衔接，将GIS课程部分内容穿插到设计课程之中，既可以解决课程课时量不足的问题，使GIS教学内容得以延伸，还可以让学生做到活学活用，提高学生运用GIS在规划领域中解决实际问题的能力。我们已经尝试将设计课程的教师与GIS课程教师合作，在设计课程中专门抽出一次课程请GIS课程教师讲解与该设计相关的GIS的分析运用。例如，在城市总体规划设计部分，可增加GIS和遥感在城市总体规划调查中的应用，在总体规划分析中关于建设用地适宜性评价的应用以及关于用地选址的应用等方面内容，并将GIS分析内容作为设计课程成绩的加分因素，以此提高学生学习和应用GIS的兴趣和积极性。通过GIS应用在设计课中的贯穿，使学生强化GIS数据与CAD数据的融合和转换训练，通过CAD技术特点与GIS技术特点的比较教学，使学生能够理解GIS技术与CAD技术的衔接与转换，使CAD技术与GIS技术互相支持，互为补充。从而使学生在规划设计作业和规划方案分析与表达方面更好的结合GIS分析与CAD制图等多种手段，使学生的规划设计教育过程趋于完善。

3.4.1 居住区规划设计

我专业是在三年级下学期开设GIS课程，配合三年级下学期居住区规划设计的课程，将GIS课程由过去几年闭卷的考核方式更改为考查作业。要求学生结合居住区规划设计的课程内容，建立Geodatabase数据库，制作现状分析的专题地图，并在规划设计中通过GIS软件自动计算地块的建筑面积、建筑密度、绿化率、容积率等规划指标。利用三维技术进行居住区规划设计，确定规划设计方案与周边环境之间的关系。使同学们能够在一个虚拟的三维环境中对场景进行身临其境的全方位的观察，切换多种设计方案进行比较或检查有无设计缺陷，评估整个小区的布局，从植被的分布到单个建筑物的风格及整个社区的协调。从而使设计者在接近真实的环境中提前体验设计效果，实现辅助规划决策。通过这一阶段的学习，学生能初步掌握GIS软件与CAD，Sketchup的操作和功能差异。

3.4.2 控制性详细规划设计

在2010级城市规划专业控制详细规划课程设计中，针对天津市河北区某地块，在规划的现状调研阶段的教学中可以以GIS为基础平台介绍规划调研中相关统计数据整理的方法和经验，对收集得到的地形、地貌、土地利用、行政管理、统计数据、建筑、权属等相关信息统一建立空间数据库，并生成相应的专题地图。使学生学会在规划前期方案辅助分析中借助GIS软件分析来提高方案的科学性。例如我们要求学生生成地块内建筑高度，建筑年代，建筑质量的专题地图。再如，在公共设施规划中，利用GIS的空间分析功能，以服务设施为中心，按照服务半径自动产生一个服务区，获取区内相应的人口规模，然后以服务区总人口与设施规模的比值对照相应的设置规范，就可以找出需要新增设施的地区，为新建设施的选址提供参考，学生通过整个分析过程便可以更清楚地掌握相关的知识点。其中有两组学生还进行了土地的开发强度分析和土地利用价值分析，提高了学生的自主学习能力和创新能力。

3.4.3 总体规划设计

城市总体规划教学则主要采取现场实习教学、案例教学、讨论教学等多种方式，我们有意识地将GIS引入到教学的各个阶段。2009及城市规划专业的总体规划作业我们针对河北省涉县进行总体规划设计课程的教学，在现场调研阶段可通过对地形图或遥感影像的判读学习，使学生学会通过地形图快速提取现状的地形、地貌、建筑等相关信息。本人在之前开设的GIS课程中穿插讲解有关地形图判读和遥感影像目视解译的基本方法，同时在本学期“规划设计”课程中也向学生强调现状信息的提取应考虑后期与GIS应用的结合，并介绍总规调研中相关统计数据整理的方法和经验。

在现状分析阶段引入了GIS的教学。用GIS进行现状空间分析主要是利用GIS的统计分析和专题制图功能对带有空间信息的项（如位置、形状、分布）进行统计、分类、比例计算，形成各种数据表。另外，在现状调查数据中有很大一部分是适用于某种地理单元（如行政区域、企业等）统计的社会、经济数据。分析的主要任务是对调查数据进行分类、汇总、比例计算、人均占有量计算等，可以将所有的调查数据输入相应的数据库，用数据库管理系统的有关功能来完成这些分析任务，自动生成各种统计图表，如直方图、圆形比例分配，使其配合数字表格说明数量特征。并进行该县地形地貌的分析模拟，进行用地的适宜性评价。

4 展望

经过近几年以实践能力培养为导向的 GIS 课程教学改革的初步尝试，取得了一定的效果，教学方法还有待于进一步的完善和检验。期望未来能在更多的工程实践和专题研究领域推动 GIS 的应用。如和本系研究方向为历史文化名城保护，历史街区保护与更新的老师合作，在历史街区包谷与更新规划研究方面，组织学生合作构建基于 GIS 平台构建历史街区建筑，街巷和用地数据库，基于 GIS 多因子评价进行建筑价值总和评价，运用空间句法分析方法以新的视角剖析历史街区的街巷路网结构及用地布局。并且逐步结合城乡规划专业本科毕业设计，让同学们能逐步有意识主动运用 GIS 技术专题制图或者辅助规划设计分析，将 GIS 技术在各类型规划设计项目中得到推广，加强规划学生在 GIS 等技术方面的训练和应用能力，提高学生的综合能力，为培养未来高素质，综合能力强的规划工作者服务。

主要参考文献

[1] 陈述彭，鲁学军，周成虎. 地理信息系统导论 [M]. 北京：科学出版社，2001.

[2] 叶嘉安. 地理信息系统及其在城市规划与管理中的应用 [M]. 北京：科学出版社，1995.

[3] 高等学校城乡规划学科专业指导委员会编制的高等学校城乡规划本科指导性专业规范（2013 年版）北京：中国建筑工业出版社，2013.

[4] 王成芳，黄铎 . 城市规划专业 GIS 课程的设置与教学实践研究 [J] . 规划师，2007，11：68-70.

[5] 王成芳，黄铎 . “授之以渔，学以致用”——华南理工大学城市规划专业 GIS 教学改革探索与实践 [C] . 2013 年全国高等学校城乡规划专业指导委员会年会论文集. 北京：中国建筑工业出版社，2013：126-132.

Ability to Practice-oriented Teaching Practice Professional GIS Urban and Rural Planning Reform

Zhao Xiaoyan Sun Yongqing Lan Xu

Abstract: This paper analyzes the problems of our school currently exists on GIS teaching, conducted in practice ability-oriented practice teaching reform of urban and rural planning. In this teaching reform, by simplifying the theoretical course content, emphasis on practice teaching, hands-on experiments to increase teaching courses and GIS should be run through the planning and design of residential areas, urban regulatory detailed planning, design and urban master planning and design of teaching deepen students' understanding and application of GIS. The theoretical basis, the software operation, planning and design of the three modules fused to form the Advanced curriculum module, through close integration of theory and practice, and effectively improve the students' ability to use initiative and comprehensive GIS skills.

Key words: Urban and rural planning, GIS curriculum, teaching reform, practical ability

城乡总体规划课程设计教学组织与实施方法研究*

孙永青　兰　旭　朱凤杰

摘　要：城乡规划专业总体规划课程设计是教学环节中重要组成部分，由于总规研究内容涉及城乡土地、交通、空间和资源合理利用和配置等综合性强的专业知识，教学过程中教师教授和学生学习都存在很大困难。本文从总规课程设计中教学过程的组织、专业知识的教授、实践环节设置和作业成果考评等方面进行研究，探索总规课程设计教学创新。

关键词：城乡规划专业，总体规划，课程设计

城乡总体规划作为城乡规划法规体系重要组成部分，也是城乡规划专业教学知识体系中不可或缺环节。总体规划具有多学科交织、知识结构复杂的特点。对于相当一部分开设城乡规划专业的院校来说，总体规划课程设计（以下简称总规课程设计）是教学中一座“高峰”，需要克服教学过程中各种困难来完成。天津城建大学城乡规划专业是隶属建筑学院，依托建筑学背景发展建设的五年制本科，总体规划课程设计探索出一定的教学组织方式和教学方法。

1　总规教学面临困境与教学实施现状

1.1　师资力量相对薄弱

对于发展中的很多院校来说，城乡规划专业办学时间一般较短，师资力量本身并不是很雄厚，城乡规划专业教师中年轻教师居多，而年轻教师自身具备的总体规划知识储备足，教学经验较少，处理复杂的系统问题能力也有所欠缺。此外，年轻教师的工程实践经验较少，在学校大环境中，自身掌握的最新国家法规、规范也不齐备。教学团队整体力量教欠缺。

1.2　设计周期虽长，但未能形成真实、完整的训练环节

相对于其他课程设计，总规课程设计一般采用真题假作的方式完成教学。总体规划编制本省是需要较长的设计周期来完成编制任务。学校专业教学周一般为18周以内，结合各个学校对专业教学组织，一些学校将该课程设计安排在一个完整学期内，这段时间虽然能完成一个课程设计，却不能保证总体规划编制的各个阶段都能够恰好的组织在3—4月中完成，总编制中前期调研、阶段汇报、专家评审、政府评审、公共参与和成果上报等完整过程无法完整浓缩在一个学期中完成。

1.3　资料获取困难

总规教学一大难点是资料获取比较困难。首先，我们国家的地形图资料是有保密制度管控，课程设计中完整的地形图资料使用受到限制。其次，总规中人口、用地、产业经济、公共设施、市政工程设施等资料获取也非常困难，教学中资料获取工作被教师“给予”资料代替，学生在综合调查研究方面达不到预期的训练目标。最后，总规所需资料数据多来源于政府行政职能部门，而课程设计的总规题目多是真题假做，设计中与各个行政部门直接接触机会较少，缺少熟悉职能部门对总体规划编制的参与过程的环节。

* 基金项目：天津城建大学教学改革项目，项目编号JG-1201；天津市普通高校本科教学质量与教学改革研究计划，项目编号C03-0828。

孙永青：天津城建大学建筑学院讲师
兰　旭：天津城建大学建筑学院讲师
朱凤杰：天津城建大学建筑学院讲师

1.4 知识和能力转变使学生掌握知识变得困难

总体规划是学生从未深入了解的知识领域，学生已经掌握的大量理论知识并不能直接推导出怎么做总规课程设计。总体规划庞大的知识量使学生在设计伊始普遍有无从下手之感，需要收集的各方面海量资料也和社会综合调查研究的内容差异甚大。而总规需要大量的调查研究、方案论证和文字工作也是学生们学习能力的转变。可以说从总规课程设计是从具体到抽象、从微观、中观层面到宏观层面设计的一个转折。对土地、交通、社会经济发展的理性逻辑思考代替了学生较为熟悉的传统具象的空间的设计，总体规划注重思维训练、能力培养和表达表现合理性和逻辑性，这种知识和能力转变使学生学习变得困难。

2 教学组织与实施方法研究

2.1 教学目的明确

总规课程设计教学目的在于使学生熟悉和掌握总体规划的基本内容、编制方法和成果要求，掌握总体规划项目的组织、资料调研和收集整理、规划方案构思与深化、概念的表达和相关规范、标准等法规文件的应用。教学目标的明确可以体现在三方面：

（1）教学内容精炼

学生掌握总体规划课程设计的考核内容应尽可能精炼，教学更侧重于学习能力的培养。按照教学训练目的，教学内容侧重于掌握总规核心知识，又不至于使学校教学完全等同于实际工程项目实施，比较容易达到教学目标，作业成果质量也会相对较好。

（2）恰当的设计选题

总规设计题目选择取决于是否容易实现总规教学为目标。根据资料容易获取、调研地点距离较近可以反复去现场踏勘、可以模拟真实的汇报场景、与当地城市建设热点问题紧密结合、体现地方院校办学特色等多种因素综合考虑。从历年总规教学实施效果来看，总规设计题目的地点选择当地地域范围内或者毗邻地区的新城、县城比较恰当，可以较容易获取资料、反复调研，并发挥地方院校与地方政府部门联系较为紧密的优势，突出总规教学内容特色。

（3）合理的教学模式

总体规划教学目标在于培养团队合作、调查研究、共识建构、专业分析和协同创新能力。总体规划编制工作最大特点在于教与学的团队组织和能力表达。教学组织模式采用协同教学和团队合作模式共同完成。这种教学模式既表现在学生学习过程的组织，也表现在教师教授过程中。

2.2 教学团队的建构

采用协同教学组织方式，可以充分整合校内与校外师资力量，结合不同学科、专业教师共同担任总规教学，构筑由教授、骨干教师、青年教师的教学团队，加强了总规教学所需要的地理学、市政工程、经济学社会学等专业知识的应用，提高了教学团队知识能力水平，改善了教学效果。

2.3 采用阶段性教学组织与系统性教学相结合的教学组织模式

总规课程设计分为课内和课外两部分、三个教学环节。课内教学主要分解在两个学期和假期实践分别执行。课内教学第一阶段时总规资料收集、现状研究和专题研究部分。课外教学是设置在假期中的总规规划实践与管理体验阶段。课内教学第二阶段是总规成果编制阶段，包括文本、图纸和附件（说明书）的完整成果编制，具体而微地展示了总规全方位成果。

三部分教学阶段训练了总规编制的系统工程。从教学参与环节中也体现了理论、实践和课程设计结合的系统性；从师资构成上发扬了校内外教学团队的长处。

2.4 教学组织

（1）采取专题研究 + 小组班级合作的方式组织教学

在课程内容设置上参照专业规范进行精简、凝练，以班级为单位，分成 3~4 人教学小组，每个小组承担人口用地、产业经济、用地、居住、公共管理与服务设施、绿地……不同专题研究之一，最后形成总规成果和若干专题研究成果。这种教学组织方式强调以班级为集体的团队合作和任务分工，相应地每人承担的工作量减少，每个人都能相对容易、质量较好地完成作业成果。这种组织方式可以从整体降低总规编制的教学难度。

（2）应用协同教学组织方法提高总规教学水平和真实度

协同教学组织方法一方面可以表现在各门理论课程

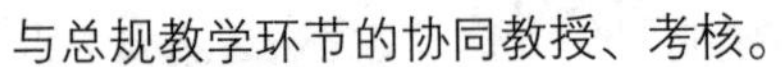

与总规教学环节的协同教授、考核。

协同教学也可以应用在专题研究，将社会经济、规划技术等各个专业教师教授的理论教学内容与总规结合。例如，完成管线综合规划等总规课程设计教学内容，同时该部分教学成果也是理论课程考核内容之一。

另一方面可以使校外专家、政府职能部门行政管理人员和校内教师共同参与不同阶段协同教学。比如可以应用在规划纲要阶段延请校外专家参与教学点评；或者在真题假做过程中模拟专家评审的汇报场景，延请政府规划主管行政部门官员点评学生汇报，使学生认识到总体规划编制中政府和规划部门关注焦点是什么，判断一个总体规划设计优劣、取舍的价值观是什么，明确了总体规划编制的目的和价值观，避免了闭门造车式的教学、学习方式。

2.5 教学考核与评价

总规教学考核与其他设计课程一样分为过程考核与成果考核两大块。总规教学与其他课程设计的区别在于注重过程考核。过程考核又分成阶段汇报考核、暑期实践考核及系统教学相关课程考核三部分。其中，阶段汇报的过程考核计入课业结课总成绩，暑期实践是采用追踪检查、督促鼓励的方式就行教学管理，不计入考核总成绩。协同教学组织的各门课程，其教学内容结合总规课程设计内容，从时间上安排理论课程讲与总规教学不同阶段交叉或者并行同时开展。例如，可以结合总体规划中 GIS 在用地规划中的运用，完成《地理信息系统》课程的作业，考核成绩计入理论课程的平时作业之一。这样既促进了总规教学的教学深度，有加强了理论课程与设计课程的结合，十分直接地体现了理论知识的学以致用价值。

总体规划教学综合的知识单元和知识技能点非常多，恰当的过程考核就尤为重要。阶段考核是将复杂问题简单化的一种方式方法，它将总规教学各阶段需要掌握的知识单元分解成相应各个阶段，并与之相匹配建立相应的考核环节。这样既加强了总规教学过程管理，又将大量的、复杂的知识拆解成若干个知识单元，结合学生的阶段给予考核分值，累积成过程考核总成绩。阶段考核便于学生理解掌握知识单元，也便于督促学生将长学期化整为零，教学节奏紧凑、合理。

3 经验与教训

题目设计合理是顺利执行教学的首要保障。县城、镇、乡村为编制对象在我国现行法规体系中是有明确区别，需要执行不同标准。从学校生源结构和就业分布情况，我们立足服务地方、发挥比方院校专业特色选择天津地域方位内的县城（新城）作为编制对象。这样资料很好获取，也能将最新的地方建设热点融入教学中，激发学习兴趣给教学内容增添与时俱进的特色。

教学团队的培养是提高总规教学质量的关键。总规教学由具备一定实践工程经验的教师担任是比较恰当的。因此，提高教学团队整体水平，派遣青年教师去当地设计部门和规划管理部门进行培训是提高教师自身能力和专业知识有效途径。

学生课外实践是学生开阔眼界增加学习兴趣的有效环节。通过实训环节也能使学生了解现实和理想的差距，懂得学习机会来之不易。同时，也能在实践环节中逐步建立规划师正确的价值观和职业道德。

主要参考文献

[1] 高等学校城乡规划学科专业指导委员会．高等学校城乡规划本科指导性专业规范。北京：中国建工出版社，2013：9-18.

[2] 李鸿飞，刘奔腾，张小娟．城市规划专业设计课程教学模式研究［C］．人文规划，创意转型——2012 全国高等学校城市规划专业指导委员会年会论文集。北京：中国建工出版社，2012：168-171.

[3] 王勇编著．城市总体规划设计课程指导．南京：东南大学出版社，2011：181-300.

The Organization and Method in Teaching of Urban and Rural General Planning Course

Sun Yongqing　Lan Xu　Zhu Fengjie

Abstract: In urban and rural planning education, general planning is an important professional course. Teachers and students usually face a lot of problems to resolve due to the general rules on the research content in urban and rural land use, transportation, space layout and resources configure. This paper research the organization of the teaching, explanation of the professional knowledge, setting of the project practice and evaluation of the assignment. The paper explores the new method in general planning education.

Key words: urban and rural planning, general planning, design course

从城市认知到空间设计
——城乡规划专业一年级设计基础教学探索*

于 伟 张秀芹

摘 要：针对城乡规划专业的学科特点，在学生进入大学学习阶段初期，提出相应的从城市认知到空间设计的设计基础课有序教学方法。即在传统基础训练的同时和对空间进行主题性表达的基础上，以从观察空间到分析空间到设计空间，从宏观城市空间认知到微观建筑空间设计的序列进行引导，使学生能够具备一定的空间组织及设计能力，从而为高年级的学习打下良好的基础。

关键词：城市认知，空间设计，教学引导

自从城乡规划从建筑学一级学科分离以来，不断发展为一门综合性学科，培养的人才也从传统的单纯以对物质空间形态的掌握走向对空间、社会、经济、生态、艺术等多学科的了解；从技术性人才走向综合性人才。在这个背景下，城乡规划专业的教育也必须容纳多角度的人才培养。

1 思维方式与学习方法的转变

作为一门设计类学科，城乡规划专业与其他专业相比具有较为明显的学科特点。学生进入大学之前的学习是以接受老师讲授的被动式学习为主，进入大学之后则是以自发性的主动学习为主，同时规划专业更注重将所学知识运用于实际操作和培养动手能力，进而实现通过理解和掌握原理走向具有创新能力的过程。对学生的引导需要从对被动接受的思维方式产生怀疑到建立主动创新的新思维的思维重构过程。

另一方面，相对于其他理工科对学生水平的评定而言，城乡规划专业具有更多角度的评价标准，不能以单纯的理论课成绩评价学生的好坏。因此还需要有从单向思维向多角度综合考虑的转变。对于城市规划学科的专业课，尤其是突出师生之间互动式教学的设计课而言，没有过多的重复环节，单靠中学中以“题海战术”为主的重复记忆无法完成设计课的学习。因此，从简单记忆到学于生活的学习方法转变到城市规划学科的学习尤其是初期的学习方法培养中就显得尤为重要。

设计基础课的启发性引导将在教师课堂讲授的基础上，通过提供一定的平台和培训，帮助学生建立适合自己学科的思维方式和学习方法。

2 基础教学

巧妇难为无米之炊，对于设计类学科的学生而言，基本表达技法的训练始终是专业学习基础与前提，是学生表达自己思想的手段，这既包括徒手表达能力，也包括计算机软件的使用。

在一年级设计基础课开始之初，除了传统的技法训练之外，还需适当融入城市空间的相关内容，以为下一阶段的空间认知教学打下基础。此阶段教学方法为在基本技法训练的同时，教师讲授城市空间的相关知识，并在成果中以图面的形式进行强化。在基本徒手线条练习中添加写实性空间描述内容：描述自己熟悉的空间，如自己的家乡，经常去的地方等；在色彩训练中融入启发

* 基金项目：天津城建大学教学改革项目，项目编号 JG-1201；天津市普通高校本科教学质量与教学改革研究计划，项目编号 C03-0828。

于 伟：天津城建大学建筑学院讲师
张秀芹：天津城建大学建筑学院讲师

一年级设计基础课教学计划　　表1

<table>
<tr><th colspan="2">基础教学</th><th colspan="4">城市认知</th><th colspan="4">空间设计</th></tr>
<tr><td>徒手线条表达</td><td>色彩训练</td><td rowspan="2">城市交通认知</td><td rowspan="2">城市功能认知</td><td rowspan="2">景观空间认知</td><td rowspan="2">建筑形态认知</td><td colspan="2">宏观城市空间</td><td colspan="2">微观建筑空间</td></tr>
<tr><td rowspan="2">具象空间</td><td rowspan="2">虚拟空间</td><td rowspan="2">城市肌理构成</td><td rowspan="2">城市肌理完形</td><td rowspan="2">空间构成组织</td><td rowspan="2">微建筑设计</td></tr>
<tr><td colspan="4">城市认知</td></tr>
</table>

性空间创造内容：根据自己想象，利用线条和色彩等平面表达方式，创造虚拟空间，既可以是现实的空间，也可以是虚拟的空间或矛盾空间（表1）。

3　城市认知——阅读

本阶段教学从交通、功能、景观、建筑四个方面引导学生观察城市环境，以具有一定区域特征的实际地块为素材组织学生进行多角度的调研，通过课堂讲授、实地观察、总结与分析等过程，使学生能够从专业角度对身边的环境进行详细描述，并作出适当评价。为避免初次调研无从下手的局面，以带着问题观察环境的方法引导学生对城市环境的多个方面进行了解，并徒手绘制调研报告。最后将以上各角度调研成果进行叠加，得出针对目标地块的全面调研报告，因而提出现状存在问题和改进方案。

3.1　城市交通认知

在调研活动中要求学生从出发地点开始记录沿途标志性建筑和景观节点，以从外到内的顺序调研目标地块。提出“调研区域在城市中的位置？”、“调研区域的主要出入口在哪？”、“调研区域内部的人流走向和车流走向是怎样组织？”等问题。调研报告中应标示地块周边及内部道路等级、主要人流出入口、公共交通站场、人流集散地等重要信息，并介绍行走途中的感受。

3.2　城市功能认知

在交通认知的基础上，对目标地块进行功能调研，区分目标地块与周围地块使用功能的不同，再对地块内部空间进行功能区分。提出“区域外部或区域内有无大型公共建筑？”、“地块内不同区域建筑及环境的使用功能有何不同？”、“不同功能建筑周边人们的活动方式有何不同？”等问题。调研成果应能表达调研地块内及周边环境中不同区域的功能组成，并对地块内的建筑物的使用功能进行区分。

3.3　空间与景观认知

从室外环境的角度认识目标地块。分析不同使用功能的室外环境的空间形式和组织方式。提出“什么功能的空间是开敞的？什么功能的空间是私密的？”、“什么样的空间周边设有休息座椅？什么样的建筑周边游小型广场？”、“绿化、街道家具、小品是什么样的？”、“不同建筑物主入口周边环境的区别在哪？”等问题。调研成果应能显示区域内不同环境空间的组织形式，分析空间序列的组织方式，并以一个或多个局部空间为主题进行横向对比，如建筑入口空间、小型广场、休息空间等。

3.4　建筑形态认知

在课堂讲授中有针对性的对不同类型建筑形态进行讲解，使学生能够从专业角度观察建筑，并作出相应评价。提出“区域周边有什么样的重要建筑物？”、“你印象最深的建筑物是什么样？”、“它与周边的建筑有什么样的不同？”、“哪里的建筑物高？哪里的建筑物低？”等问题。在成果中通过若干分析图系统化表现调研区域内级周边的建筑形式、建筑高度、建筑风格等信息。

3.5　城市认知

通过对以上多个层面对城市的认知进行总结，形成全面的调研报告。将交通认知、功能认知、空间与景观认知和建筑形态认知四个层面的分析进行叠加，得到地块的综合分析“图底”，进而找出区域内多方面因素共同作用的“焦点”，从而能够有理有据地进行相应的评价，并在一定程度上提出对环境改造的意见和建议（图1）。

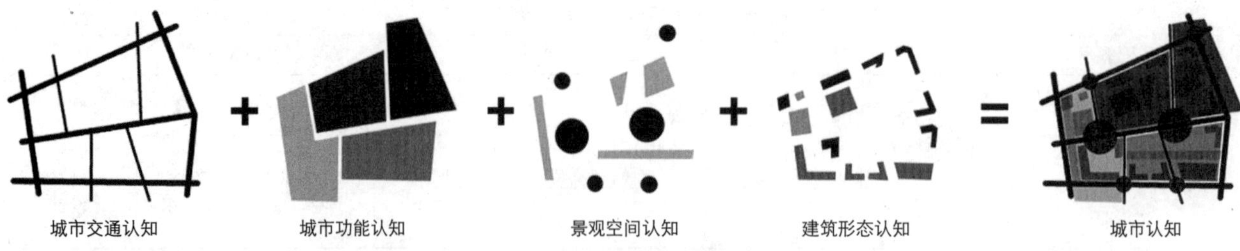

图 1　空间认知过程示意图

4　空间设计——创造

4.1　城市肌理构成训练

本阶段课程内容为：学生自行选取有一定空间特点的城市空间航拍图，对现有城市肌理进行图底分析，绘制黑白图底关系图。在此基础上，提炼现状空间特点，进而抽象为具有一定特征的平面构成。本阶段教学目的为通过对现状的抽象与归纳，培养学生的提炼与归纳空间特点的能力。

4.2　城市肌理组织训练

本阶段课程内容为：教师选取面积为 2~3hm^2 的地形基地，要求周边环境肌理有一定特点，能够对地块内部的肌理组织起到一定的影响作用。学生根据基地周围建筑布局及组织形式的特点，分析环境特性及制约条件，如建筑体量和建筑高度，进而设计出与周边环境相协调的城市肌理构成方案。

4.3　建筑空间构成与设计

（1）空间构成设计训练

给定 8.1m×8.1m×8.1m 立方体空间，通过组织与设计，使内部空间形成开敞与私密，大体量与小体量空间相互交织的空间序列，并满足人体尺度要求。本阶段教学目的为：

1）使学生熟悉人体的基本尺度，了解人的尺度与空间的关系，理解尺度对于空间设计的作用，树立根据人体尺度感知空间的设计观念；

2）学习并初步掌握建筑空间的基本知识：包括空间的构成要素、限定方法、空间的属性、空间的组合、流线组织等内容；

3）运用所学知识并通过具体操练，学习简单空间实例的分析、概括方法，重点掌握尺度的基本概念及应用，培养初步的空间构思和空间塑造能力。

（2）微建筑及环境设计训练

给定校园内若干区域为基地，学生自行选择地块，要求建筑主体大致为 6m×6m×6m 体量，环境大致为 20m×20m 范围。本阶段教学目的为：

1）学习并初步了解建筑的构成体系（包括环境、空间、行为）及其相互关系，初步掌握从环境及空间要素入手进行方案构思和方案处理的基本方法；

2）学习并初步掌握建筑基地环境和建筑空间的基本知识；

3）初步掌握特定场所中人的行为活动规律和环境要求（包括物质环境和心理环境），思考人与空间的互动关系。

5　总结

城乡规划专业一年级的设计基础课正处于学生从高中走向大学的过渡阶段，本阶段的教学应以引导学生从观察环境到设计环境的思路为主线进行课程内容设置，从具象到抽象，从观察到设计，从临摹到创作，逐步使学生形成具有城乡规划专业特点的学习思路和学习方法，进而使“教”与“学”都能够较好的跟上城乡规划专业的发展步伐。

主要参考文献

[1]　Marc Angélil, Dirk Hebel, Deviations—Designing Architecture-A Manual: Birkhäuser Architecture, 2008.

[2]　克莱尔，卡罗琳著，俞孔坚等译，人性场所——城市开

放空间设计导则（第二版）[M].北京：中国建筑工业出版社，2007.
[3] 袁敏，缪百安，城乡规划专业设计类课程体验式教学研究[J].科技信息（科学教研），2008，15：228-229.

From Urban Cognition to Space Design ——Exploration of Basic Cognitive Education of Space Design for First—year Students in Urban Planning Teaching Practice

Yu Wei　Zhang Xiuqin

Abstract: Against subject character of urban planning, during the beginning of students enrolled college, propose related ordinal teaching methodology from city perception to design basis of space design. As the same time as traditional basic training and rely on subjective expression to space, according to the order from observation space to analysis space to design space, as well as from macroscopic city space perception to microcosmic architecture space design to lead, enable students is capable of certain space buildup and design capability, thereby to do well preparation for upper study.

Key words: urban Cognition, space Design, teaching guidance

渐进式系统教学方法在城市规划设计课程中的实践与研究——以三年级居住区规划设计为例*

刘 欣 兰 旭

摘 要：渐进式系统教学方法是一种有计划的、分阶段的、逐步有序的进行教学内容组织与安排的教学模式，能够使学生具体的、明确的、整体的掌握城市规划设计的内容及流程，并培养其独立、系统的工作能力。本文以三年级规划设计课程中的居住区规划设计为例，探讨这一方法的实践与应用。

关键词：设计课程，渐进式，教学

1 三年级城市规划设计课程的重要性与特点

城市规划设计类课程是城市规划专业的核心课程，教学质量直接影响学生的专业技能水平、综合素质和就业方向。其中，“三年级阶段是城市规划专业的专门化教学时期，是城市规划专业基础教学向专题类型教学的转换时期”，这一阶段的规划设计训练对于学生实现从建筑设计到规划设计的良性过渡、领会城市规划的设计思维与方法有着举足轻重的作用。相较建筑设计，城市规划设计有其典型的特点：

1.1 层次性较强、关联度较高

在现有的城市规划设计课程体系安排中，三年级的重点一般为修建性详细规划，四年级为控制性详细规划和总体规划。而在实际工作中，各级规划遵照上位规划的指导，修建性详细规划中必然会涉及关于城市土地开发利用的相关知识，如何使学生建立对相关概念的初步了解，理解相互之间的关联，为四年级的课程打下基础，是教学过程中的一个难点。

1.2 内容丰富、综合性强

从建筑设计到城市规划设计，研究对象由建筑扩展到城市，涉及的空间规模尺度跨越较大，同时设计内容除了包含建筑实体造型和空间建构，还涵盖城市土地功能、市政交通、社会文化等多方面，影响设计的因素由少变多，广泛而复杂。面对纷繁复杂的设计条件，重点是培养学生形成正确的规划思维方式，掌握规划设计的方法。

1.3 实践性强

城市规划与社会需求联系紧密，对于学生的培养具有多方面的能力要求，不仅是专业知识，还有整体观念与高度的综合能力。在教学过程中应理论结合实际，使学生了解城市运作的机制、熟悉城市规划的工作程序和相关环节，对于增强其实际工作能力、适应市场需求、增加就业机会有很大帮助。

2 系统性渐进式教学方法在三年级城市规划设计课程中的应用

2.1 渐进式系统教学方法的引入

基于城市规划设计的特点，在三年级规划设计课程的教学中，可以采用渐进式系统教学方法来实现由单体建筑到建筑群体、由单一建筑空间到复杂城市空间的内

---

* 基金项目：天津城建大学教学改革项目，项目编号 JG-1201；天津市普通高校本科教学质量与教学改革研究计划，项目编号 C03-0828。

刘 欣：天津城建大学建筑学院讲师
兰 旭：天津城建大学建筑学院讲师

容递进，在这一过程中逐步由建筑设计思维转向规划设计思维。

渐进式系统教学方法是一种有计划的、分阶段的、逐步有序的进行教学内容组织与安排的教学模式，目的是让学生能够具体的、明确的、整体的掌握城市规划设计的内容及流程，并培养其独立、系统的工作能力。主要的原则即化整为零、循序渐进，适宜运用到对较为复杂的问题处理中。本文以三年级的居住区规划设计为例，探讨这一方法的实践应用。

2.2 教学目标

居住区规划设计是三年级规划设计课程中的典型内容，也是学生首次接触到的综合性、整体性、系统性较强的规划设计类型。居住区规划设计涉及面广、理论性强、设计任务重、工作量大、方法技巧性高，与其他专业知识如建筑工程、社会人文、地理、经济等各方面的知识体系联系紧密，并具有较强的实践性，如市场需求的导向和政策层面的制约等。

在此之前我们安排有城市公共建筑及环境设计、城市公共空间设计等规模较小（规划用地 1hm^2 左右）的建筑群体设计训练，逐步进行规划设计对象规模尺度的衔接，并适当增加一定的外部限制条件。在此基础上，进入到居住区规划设计环节时，学生已具备了初步的城市环境的概念，对于城市的系统构成以及一些规划的基本要求，比如用地红线、退线等知识也有了一定了解。

因此，在居住区规划设计中，除了掌握住区规划的理论知识与设计方法、进一步适应继续扩大的空间尺度和用地规模这些基本要求外，还应包括以思维模式、能力要求、研究对象的转换。

2.2.1 思维模式的转换

城市规划更强调相关规范和设计条件，在复杂的现实环境中寻求整体的协调与统一，更多是在平衡各种要素，保障合理的整体结构。

学生在面对种种对物质形态构成有直接影响的限制性、刚性约束（如日照间距、道路等级等）时，无法找到在遵循刚性条件和创新之间的平衡与设计乐趣，降低了学习的热情；同时在应对诸多设计要素时，往往顾此失彼，应接不暇，缺乏全局观与决策能力。这些能力自然是需要一定的实践基础逐步培养的，但是首先要在学习阶段形成正确的规划思维模式，比如理性思维、逻辑思维等。

2.2.2 能力要求的转移

从之前单一的美学素养、形态设计、图式语言的训练向调研分析、发现问题、设计与策划结合的综合能力的扩展。

居住区规划设计是与社会环境、市场经济等实际结合紧密的设计项目类型，如果不能从城市规划的思考方式出发，本着发现问题、解决问题的态度，只是就方案做设计，无异于纸上谈兵、闭门造车。因此，在接收原理、程序、设计表达等基本训练的基础上，应注重培养规划需具备的综合思维能力、专业分析能力、协同合作等能力。

2.2.3 研究对象的转变

城市是各类要素组成的综合体，城乡空间规划是经济、社会、环境和形态的协调发展，规划学科涉及自然科学、社会科学、工程技术和人文艺术等知识领域。

居住区规划设计较为全面地体现了城市和城市规划的这些特征，研究对象由物质实体空间扩展到文化与观念的多元化、社会发展需求与生活方式的转变、资源的公共利用、对弱势群体的关注、公众参与等更为广泛的方面。在教学过程中，体现在培养学生正确的价值观、良好的人文修养、敏感的社会关注度等。

2.3 教学内容

渐进式系统教学方法强调目标的阶段性教学，即在保障教学内容的整体性与连贯性的前提下，将目标分解到教学的各个阶段，形成由浅至深的分阶段教学目标与内容。在居住区规划设计中，完成空间建构、功能匹配与设施布局等实际内容，并形成与修详规相对应的规范成果表达是教学的整体内容，如何将其分解成有一定逻辑关系的系列内容，并将上述教学目标合理安排到各个内容环节中，考虑其实现及表达的途径，设计相应的作业要求和教学组织方式，即是这一教学方法应用的重点。

针对已分解的教学目标，制定的教学内容（见表 1）：

整体性与系统性是需要明确的原则。我们选择城市居住区中的某一个居住小区作为规划用地，由之前的“居住组团设计”、“居住小区设计”2 个作业，调整成为针

三年级城市规划设计课程内容安排 表1

教学目标	内容及要求	时间安排	教学环节	作业形式及组织
思维模式的转换；研究对象的转变；能力要求的转移	针对天津市居住区内的居住建筑进行案例调查，包括建筑类型、建筑形式、体量与尺度、建筑平面组织、户型设计等，以及建筑间距、退线、防火等技术规范要求，结合手绘图纸进行评析	8学时	居住区规划设计调研	小组分工完成 每人4张以上A3手绘图纸
尺度的过渡能力要求的转移	在规划用地内的指定地块进行高层与小高层住宅设计，充分考虑用地现状及周边环境，选择适宜的建筑类型与户型，要求有合理的功能、良好的朝向、适宜的自然采光和通风、符合建筑设计规范，并且合理组织建筑组团，表达建筑的平面布局、空间形体以及外部环境	24学时	集合住宅设计	计算机图纸 A1*2 个人完成
研究对象的转变设计原理与方法	在集合住宅设计总图基础上，保持建筑布局不变的情况下，进行绿地景观的深化设计。要求了解居住组团绿地景观设计的基本过程和方法；掌握空间、环境、景观的基本概念和常用设计方法，使学生具备居住组团绿地景观设计的基本能力；掌握景观设计的表达方法和技法	16学时	居住组团绿地景观设计	计算机图纸 A1*1 个人完成
研究对象的转变能力要求的转移	分析规划用地的现状条件，制定居住小区的开发策划，包括规划定位、设计理念、主题特色、建筑形式等，并设计相应规划任务书，要求提出建筑设计、景观设计、建设指标等规划设计条件	16学时	居住小区开发策划与任务书设计	规划任务书设计 个人完成
尺度的过渡设计原理与方法能力要求的转移综合性与整体性	研究分析拿到的居住区开发策划及设计任务书，在指定的规划用地中，进行居住小区规划设计。要求掌握居住区规划设计的步骤、相关规范与技术要求；对建筑群体及外部空间环境的功能、造型、技术经济评价等方面的分析、设计构思及设计意图表达能力；以及系统分析问题的能力	40学时	居住小区规划设计	计算机图纸 A1*2 个人完成

对设计条件和相关规范的“居住区规划设计调研”、针对住宅建筑设计和组团布局的“集合住宅设计”、针对居住环境设计的“居住组团绿地景观设计”、针对城市经济、社会环境的“居住小区开发策划与任务书设计”、针对居住小区系统构成和结构组织的“居住小区规划设计”5个环节。由学生较熟悉的建筑设计入手，从部分到整体的分阶段完成居住区规划设计的教学内容，每一个环节都是以某一项教学目标为主，可以提高学生对该环节中教学目标的接受程度。

2.4 教学组织方式

我们提出的“思维模式的转换”、“能力要求的转移”、“研究对象的转变”等教学目标较难用规划图纸去评价衡量教学效果，因此，在教学组织和作业形式上做出相应的设计与安排：

（1）调研：城市的综合性与复杂性

我们强调调研与条件分析，因此需要选择规模适宜、可涵盖规划设计相关要素并能将相应的规划设计规范融入到教学训练中的规划用地。为此我们选择了城市成熟居住区中现有的一个居住小区作为规划用地。真实的城市区位，完善的配套设施，丰富的社会人文环境，便捷的城市道路与公共交通，有利于学生全面的理解居住区设计与城市环境等外部要素的相互关系。通过对项目的社会环境、人文环境以及物质环境的调查与相关设计规范的搜集整理，利用手绘调研报告并分组讨论的模式，加深学生对实际问题的分析与理解。而调研工作并不截止于调研报告的完成，之后每一个环节都有调研的安排，并且体现在平时成绩中。

（2）策划：设计要素与设计条件

我们要求在给定的设计主题下建立诸多相关要素之间的对应关系以达到设计条件的明确与简化，例如青年人社区、运动主题社区等。与以往由教师限定主题和设计条件所不同，这一次由学生通过对规划用地所处的物质社会环境及相关因素的逻辑理性分析，继续深入的调研、踏勘和搜集同类项目的资料，研究建设项目与城市规划、市场需求之间的关联，完成策划报告，进一步定性、定量，生成设计任务书，形成对之后规划设计的合理导向，这本身也是一次对规划设计的思考。

（3）换位：设计条件的分析与解读

规划任务书并不是为自己设计的，而是给你的同伴的。由于居住区涉及的要素和需要表达的设计成果较多，我们以组合的方式进行专题类训练，鼓励组内与小组之间的交流讨论，侧重培养设计团队合作能力与管理能力。生成的规划设计任务书在组与组之间进行交换，这种类似角色扮演的换位，激发了设计兴趣；相互之间的交流与换位思考，拓展了看待问题的角度；同时也使他们体验到了一些实际规划工作的程序。而通过对得到的设计条件的解读，加深了对上一个环节训练内容的理解。

3 教学效果总结

经过一个学期对“渐进式系统教学方法”的实践应用，从教学组织上看，课程内容更加紧凑，作业之间的逻辑关系更加明显，整体性更强；从教学效果上看，每一个环节的目标与要求清晰明确，学生能够抓住具体的学习重点，掌握程度更好。

同时也发现了存在的一些问题，比如教学体系的合理组织将更有利于发挥这种教学方法的优势：设计课程与相关理论课程的有效配合会提高双方的教学效率与效果。例如与居住区规划设计相关的园林与景观设计、环境行为学、社会学等理论课程。我们在今后的教学过程中会继续进行实践与探索。

主要参考文献

［1］杨光杰．城市规划设计类课程教学改革的研究与探索［J］．规划师，2011，10：111-114.

［2］范霄鹏，严佳敏．城市规划专业设计课程阶段性教学内容要求［J］．规划师，2011，27：263-266.

［3］喻明红．关于城市规划专业居住区规划设计课程的教改探讨［J］．土木建筑教育改革理论与实践，2009，11：323-325.

［4］王承慧，吴晓，权亚玲，巢亚明．东南大学城市规划专业三年级设计教学改革实践［J］．规划师，2005，4：62-64.

The Teaching Method of Gradual in Design Coures of Urban Planning

Liu Xin　Lan Xu

Abstract: Progressive system of teaching method is a planned, phased, gradual and orderly teaching mode for content of courses' organization and arrangement, enabling students to master the content and process of urban planning and design specifically, clearly and overall, and developing their ability to work independently and systematically. This paper takes the residential planning and design in planning and design courses of third grade as an example, investigating the practice and application of this method.

Key words: design courses, progressive, teaching progressive progressive

新型城镇化背景下的城市总体规划设计课程改革

焦 红 任志华 庞春雨

摘 要：美国经济学家斯蒂格利茨曾指出，中国的城市化是影响21世纪人类进程的两大关键性因素之一。2014年3月国务院出台了指导全国城镇化健康发展的宏观性、战略性、基础性的规划：《国家新型城镇化规划（2014—2020年）》。标志着我国城市规划行业步入了转型期，也为高校城乡规划专业的人才培养提出了新要求。

本文针对高校城乡规划专业培养适应新型城镇化的人才，试图借助国家新型城镇化规划的出台和东北林业大学考试方法改革的契机，总结十年来的总体规划设计课程的教学经验，通过本课程教学改革的探索与实践，探究多样化的城市规划设计课程的教学方法，形成具有鲜明专业特点的人才培养模式，快速满足规划的行业需求，推动我国新型城镇化的快速发展。

关键词：新型城镇化，城市总体规划，设计课程改革

引言

2012年12月，中国特色新型城镇化在党的十八大中首次提出，2014年3月中共中央、国务院出台了《国家新型城镇化规划（2014—2020年）》，成为指导全国城镇化健康发展的宏观性、战略性、基础性的规划。为全国城乡的协调发展明确了方向，标志着我国以人为核心的城镇化发展需要转型、我国城市规划行业步入了转型时期，同时也为高校城乡规划专业的人才培养提出了新要求。

城市总体规划是与我国上层建筑结合最紧密、最具有“中国特色”的规划行为，是落实国家新型城镇化的重要途径，在城镇化建设及城市发展中发挥着重要的作用。其法定内容和法定地位在2008年实施的《中华人民共和国城乡规划法》中得到具体明确；2013年9月出版的《高等学校城乡规划本科指导性专业规范》中，城市总体规划被列为城乡规划专业十门核心课程之一，表明了城市总体规划在规划体系和规划专业中的重要地位。因此，借国家新型城镇化规划的契机进行城市总体规划设计课程的教学改革，对提高高校的城市总体规划设计课程的教学质量，对培养合格的城市规划师以及城市规划行业发展具有迫切性和现实性的意义。

1 现行课程的突出问题

我国城市规划专业的培养方式一般分为两种，即工科院校以建筑学专业为基础的培养方式和理科院校以经济地理专业为基础的培养方式。工科院校城市规划课程设计主要侧重于城市形体规划与工程设计，因此对影响城市总体规划设计的相关要素，如社会、经济、法律、法规、发展背景等方面不够重视，使得学生在规划工作中宏观要素的分析与应用能力差，很难适应当今理论分析与工程实践相结合的规划工作。理科院校的情况正好相反，对诸如城市发展的背景与历史、区域与经济、地理与地形等方面较为重视，学生对城市的宏观问题、原则性问题都有较好的把握，在文字表达、交流沟通和成果汇报等方面也有一定的能力。但是，由于专业特点与背景的限制，城市规划课程设计没有得到较高的重视，致使学生在学习过程中理论脱离实践，实际动手能力较弱，不能适应新型城镇化背景下城市规划的需要[1]。

城市总体规划设计课程体系一般是以经典教材《城市规划原理》为载体，先将学生分为若干组，采用“师

焦 红：东北林业大学副教授
任志华：东北林业大学讲师
庞春雨：东北林业大学副教授

徒技艺传承”的传统教学方法，大部分院校缺乏前期的现场调研，学生没有亲身经历收集和整理现状资料的过程，导致教学模式缺乏开放性和延续性；总体规划包括城镇体系规划和中心城区规划，其中城镇体系规划的核心内容就是城镇化问题，并指导中心城区的规划，两者并不孤立而是紧密结合在一起的，但部分学校开设的城市总体规划课程只进行中心城区的规划，不进行体系规划，使得城区规划缺乏体系规划的指导，学生对国家城镇化的发展及城镇体系规划的要求理解不透，影响总体规划设计的深度和进度；另外，常因评分标准以成果来判定，分组进行设计时，使得学生往往只完成自己局部的设计工作而忽视整组的规划进度及设计内容，对课程的整体性、连贯性认识不够，影响教学效果。

2 课程改革与新型城镇化的结合

城市总体规划包括城镇体系规划和中心城区规划两部分，且中心城区规划要以体系规划为依据，同时中心城区规划反过来也会影响城镇体系规划。而城镇体系规划必须依据城镇化发展现状及发展趋势进行，《国家新型城镇化规划（2014—2020 年）》为此提供了宏观依据，所以城市总体规划设计也应结合国家新型城镇化规划有所调整。

城市总体规划设计课程是本科阶段的最后一门设计课，为使学生能尽快实现从接受教育向为社会实践服务的阶段性转变。本课程主要让学生充分领会《国家新型城镇化规划（2014—2020 年）》的精神，明确城市总体规划的内容和深度，培养学生具备较强的综合能力、方案设计能力、团队协作精神和语言表达能力等，这样才能使学生工作后尽快地承担规划设计工作任务。

根据《教育部关于全面提高高等教育质量的若干意见》（教高〔2012〕4 号）和《东北林业大学全面提高本科教育质量实施方案》（校教〔2012〕27 号）的相关规定和要求，2012-2013 年第二学期城市总体规划设计课程被列为东北林业大学第一批考试方法改革课程，为城市总体规划设计课程改革提供了直接条件。在新型城镇化规划的指导下，针对本课程现存的主要问题，结合我校实行的阶段性考试要求、按着总体规划的设计内容和进度，设计由原来重人口预测、用地布局等方面向资源与市场、生态文明及城乡协调发展等内容转变。在实践教学中探索性地开展多元化、开放式互动的教学形式，采用多角度、分阶段的评价方法实现教学目标。

3 课程改革的具体内容

3.1 多元化的教学内容

城市总体规划设计课程是城规专业本科教学中最综合、最具实践性的课程，培养计划以课程设计为主线，理顺本课程设计与相关理论课程和基本技能及实践环节的前修后续、相互穿插的关系（见表一）；对有关城市发展战略、城市性质规模、规划路网和功能结构以及用地布局等内容还可以在本课中结合具体的设计进度由指导教师分阶段再次讲授；及时补充如国家新型城镇化规划等新规范法规以及规划动态，《城乡规划法》、《城市规划编制办法》、《城市规划编制办法实施细则》及国家相关标准和规划期刊等已经成为本课程教学过程中直接运用的扩展性资料；增加城乡统筹、社会公共政策等内容，遵循新型城镇化核心内容——实现城乡基础设施一体化和公共服务均等化，促进经济社会发展，关注最新的规划理念与动态，并引进课堂教学，使学生掌握学科发展的前沿与热点，拓展视野，跟上最新学术发展的步伐，培养学生正确的城市总体规划理念和价值观，使学生对理论知识和行业动态都能有针对性地理解和再认识，在理解的同时加以借鉴应用，真正做到学有所用。

城市总体规划设计课程与相关理论课及教学环节的衔接　　表1

先修理论课程和教学环节	先修技能及实践环节	平行开设课程和教学环节
城市总体规划原理 城市道路与交通 城市社会学 城市地理学 城市工程系统规划	测量实习 城市综合调研实习 城市规划 CAD	区域规划概论 城市规划管理与法规

3.2 团队项目式的教学方法

指导团队。由担任本课程的教师组成指导团队。每一教学环节都由团队成员共同商榷，制定切实可行的任务书、设计进度和考评标准，同时，在设计过程中，邀请规划院负责该项目的规划师参与指导，规划初期邀请其针对基础资料和地方政府的规划意愿开设专题讲座，阶段考评汇报时邀请其参与方案比较及点评，使得学生在设计中能酌情考虑地方因素，以期达到最佳的教学效果[3]。

设计团队。以班级为单位、每四—六人组成一个设计小组，实行组长负责制，由组长协调组内分工和专题讨论，发挥团队成员的各自特长。充分发挥学习竞赛的作用，调动每个设计小组的积极性，形成组内合作，组间竞争的学习气氛，使各设计小组内成员能够密切配合、群策群力积极参与，各组之间形成比学赶帮超的学习氛围，达到应有的教学内容和教学效果。

项目式教学。本课程采用来自生产一线的设计项目，要求每小组以类似课题组的形式来完成本课的设计任务，让学生能切身感受实际规划项目的设计过程，使学生课堂与生产实践能直接结合，同时让学生接受初步的城市研究能力的训练，利于学生实践技能的提高。教师在教学过程中既要担当起评委的角色，引导学生掌握城市总体规划的内容和深度，只有这样“任务到位”，才能使学生能很尽快地在工作岗位上进入角色。通过团队项目式的教学方法，不仅提高了学生的设计水平，也培养了学生的沟通能力、团结合作精神和集体荣誉感。

3.3 开放式的教学过程

现场调研。由全体师生集体进行现场踏勘，老师协调组长划分地块，组长负责本组同学讨论确定调研路线，确保覆盖调研地块的完整性和准确性，返校前各组共同汇完现状图并及时查缺补漏，学生通过对调研过程中的亲身感受，实现设计思维由建筑形态设计向城市用地规划布局的转变。同时，在《基础资料汇编》进行共享的基础上，各小组形成自己的规划方案，每位学生再独立完成所在小组分配的规划编制内容，使学生尽量多地了解总体规划设计编制的每个环节。

设计过程。规划设计课程的教学重点不在方案的好坏而重在规划设计的过程。事实证明，这个过程只有在开放式的教学中才能取得预期效果。按照本课程的设计内容和设计进程，采用分阶段汇报式的考评制度和开放互动式的教学过程，分别安排小组讨论、年级汇报和个人学习。小组讨论阶段要求学生做好工作计划、任务分工及成果制作；年级汇报阶段以方案讨论、汇报、讲评为主，锻炼学生的综合表达能力；个人学习，要求对自己负责的规划内容深入研究，培养学生的初步科研能力。使每位学生都能够切身投入到设计中，清楚整体项目运作的逻辑顺序与内容的衔接，能更好地避免学生在设计的前期投入不足，后期来不及深入的弊病。

考核办法。考核是达到教学目标的主要手段。结合我校的考试改革方案，在课堂教学中我们按照规划进度模拟方案汇报场景，组织3次全年级分小组的汇报作为考评成绩（见表2），突出体现了规划设计课程的教学重点不只是方案的好坏，关键是规划设计的过程。模拟规划评审会，现场组织学生进行详细的方案汇报，并回答教师的相关提问，教师与其他学生分别对设计方案做出点评，了解相互之间的设计内容，使每位同学都有机会锻炼语言表达能力。考评标准没有标准答案，只有相对较优的答案，让学生最大限度地发挥自己的能力，创造性地完成设计。教师在评判时，关键是看学生对基本知识的掌握和学生的思想及创意，是否较全面清晰地表达。另外，课程成绩评定还要考虑课程设计表达、学生出勤、学习的主动性等方面，这样更能调动学生学习的积极性。

城市总体规划设计分段考核内容　　表2

序号	汇报考核内容	考核标准
1	现状调研汇报	团队合作 调研结果 汇报表达
2	现状分析评价	城镇化问题 体系三职能 城区布局评价 汇报表达
3	方案汇报	体系发展战略和规划 城区功能结构 城区用地布局 汇报表达

在开放式课程设计的过程中，采用了教师与学生之间、学生与学生之间以及教师之间进行多个方向地交流与互动。这种互动式的教学模式，能使使学生切身体会到城市规划设计的综合性、多样性和不确定性[4]。根据

实际情况，让学生逐渐学会抓住方案构思要点的方法，将理论灵活地运用到方案设计当中，提高学生的自主学习能力、分析能力、研究问题的能力和语言表达能力，提高学生的专业自信心，并能培养学生的团队协作能力与集体荣誉感。

3.4 “四合一”型人才培养的教学目标

新型城镇化要以人为核心，强调在产业支撑、社会保障、人居环境、生活方式等方面实现由“乡”到“城”的转换，最终达到“人的无差别发展”的目的[5]。城市总体规划包括的城镇体系规划和中心城区规划，都是实现新型城镇化的主要途径，所以，要在学生培养过程中深化新型城镇化的核心理念，并能够合理地应用到总体规划设计当中。课程前期小组成员共同完成现状和初步方案，定案后一般每个小组会有两名学生完成体系规划，2~3 人完成城区规划。这就要求同学间的相互配合显得尤为重要，沟通能力和语言表达能力作为组内、组外交流的桥梁，也会得到极大的锻炼。

因此，就形成了重理论、强综合、求技能、谋特色的教学理念，建立了以新型城镇化的发展为基础的“理论 + 设计 + 表达 + 合作”的“四合一”型人才为培养目标，通过城市总体规划设计课程的开放式团队项目教学模式更好地培养学生的系统认知能力、综合分析能力、思维创新能力、沟通协作能力和复合表达能力，使学生更快地具备新型城镇化规划工作的能力，为社会培养出能够更好地为新型城镇化服务的规划人才。

4 总结

从 2002 年专业创办至今，城市总体规划课程已经开设了十年，期间经过本课程教学团队老师们的不懈努力和尝试，已逐步形成了重理论、强综合、求技能、谋特色的教学理念、团队项目式的教学方法、多元化的开放互动式教学过程、角色换位式的教学模式。使学生切身体会到了理论知识与设计实践的结合，也利于培养学生的组织交流能力和综合的逻辑思维能力；分阶段汇报的团队项目式教学过程更接近工程的实际过程，学生不仅能够清晰地理顺设计思路、把握各阶段的设计内容和设计成果，而且培养了他们的团队合作精神，提高了他们的专业自信心和职业素质，为快速实现从接受教育向为社会实践服务转换奠定基础。

国家总理李克强总理提出，“推进新型城镇化，就是要以人为核心，以质量为关键，以改革为动力。”本文针对高校城乡规划专业培养适应新型城镇化的人才，试图通过教学改革的探索与实践，以城市总体规划设计课程作为突破口，探究多样化的设计课程的教学方法，形成具有鲜明专业特点的人才培养模式，快速满足规划行业需求，为推动新型城镇化的快速发展助力。

主要参考文献

[1] 刘倩如．城市规划设计教学改革探讨［J］．科技信息，2007，6：160-161.

[2] 张艳明，马永俊，章明卓．城市规划课程设计的教学改革［J］．高等建筑教育，2006，15（2）：102-106.

[3] 郑文晖．基于教育心理学的城市总体规划设计课程教学模式探索［J］．安徽农业科学，2012，39（35）：22143-22144.

[4] 唐欢，邓浪．独立学院城市规划专业课程设计实践教学的研究与实践［J］．教育界：高等教育研究，2011（7）：136-137.

[5] 颜昌宙．关于中国特色新型城镇化建设的几点建议［J］．中国发展，2013，3：89-89.

The Design Course Reform of Overall Urban Planning under the New Urbanization Background

Jiao Hong　Ren Zhihua　Pang Chunyu

Abstract: U.S. economist Joseph Stiglitz has pointed out that urbanization of China is one of the two key factors which can influence human process in the 21st century. State council promulgated a macroscopic, strategic and basic planning—*New Urbanization Planning (2014-2020)*, which can make the urbanization of country develop opportunely. It indicates that urban planning industry has entered transformation period, and it also offers new mandates for urban planning major of universities to bring up talented students.

The paper summarizes the teaching experience of overall urban planning design during the ten years and adapts to new urbanization professional training for university students with an opportunity of putting forward the national new urbanization planning and examination reform of the Northeast Forestry University. The paper explores a variety of teaching methods of urban planning and design courses and forms a professional, characteristic talents training method through exploration and practice of teaching reform. The teaching reform quick meets planning industry's needs and promotes rapid development of new urbanization in our country.

Key words: New Urbanization, Overall Urban Planning, Design Course Reform

城乡规划专业毕业设计教学模式改革

岳 艳 张 玲 代 朋

摘 要：本文结合实际教学，针对城乡规划专业毕业设计教学模式进行系统的革新，以期通过加强实践环节和丰富教学形式等手段锻炼并培养学生关注社会的意识和发现问题、解决问题的能力，引导学生综合素质的形成，全面提升城乡规划毕业设计质量。

关键词：城乡规划，毕业设计，教学

城乡规划专业是一门综合性很强的学科，它具有较强的技术性、研究性和实践性，该专业的实践性不仅贯穿在整个教学框架体系中，更体现在毕业设计教学环节中。毕业设计起着承上启下的作用，它是学习和工作之间的一座桥梁，是学生综合运用所学的基础和专业理论通过科学的工作方法解决实际问题的过程。因此，为了增强学生的实践意识，强化其实际能力的培养，本文试图从专业探讨毕业设计的组织和指导中的具体操作模式。

1 毕业实习

有效的毕业实习不仅能使学生深入地思考有关规划的理论知识，而且能使学生认识到设计要从规划地块的客观条件出发的重要性，毕业实习应作为规划实践的重要内容加以强化，强调学生独立思考能力的训练。要求学生结合毕业设计的选题有针对性地进行实习调研，探索该领域的国内外前沿设计理念、分析并吸收成功案例中的问题解决手段，领会当前社会发展对城市规划提出的新要求，为后续的方案构思与形成积累有益的理论与实际经验。这样做还有利于促使学生积极主动地针对具体问题去分析思考、查阅资料，并思考解决问题的方法，养成科学的工作方法和端正的工作态度，为走出校门、走向社会工作岗位做好准备。

2 选题和开题

毕业设计选题会直接影响到毕业设计质量、学生知识水平的提高以及学生能力的发挥。因此，在进行毕业设计选题时，应特别慎重。

在近些年的毕业设计教学模式的摸索中，我们也走过了不少弯路，考虑到就业问题，学校也曾允许部分学生在设计院完成毕业设计，由于缺乏健全的管理制度，使学生在校外的毕业设计过程几乎处于失控状态，带回的设计成果无法客观认定，真实性受到质疑；另外，设计形式流于表面。毕业设计课题结合工程实践是保证该环节健康运行的基础，但适合的工程项目却是可遇而不可求，这涉及到课题的内容、工作量的大小、难易程度、时间要求等方面的制约。实行多年的假题假做、真题假作甚至一个题目连续使用多次的毕业设计模式，使其最终的效果与课程设计无异，难以实现毕业设计的要求，这使城乡规划专业毕业设计长期处于质量不高、经不起实践推敲、得不到社会认可的尴尬境地。这样的恶性循环，不但对本专业的进一步招生没有任何帮助，甚至还会对学生未来的就业带来负面的影响。因此，我们需要从选题、开题阶段进行调整和规范。

2.1 突出强调选题真实性

真题真做能够使学生得到的训练更加全面，教师在这样的教学过程中也能够很好地实现教学相长，主要体现在以下方面：

（1）有助于充分把握地方特色、解决实际问题。不

岳 艳：山东科技大学土木工程与建筑学院城乡规划系讲师
张 玲：青岛理工大学琴岛学院建筑系讲师
代 朋：山东科技大学土木工程与建筑学院城乡规划系讲师

同区域位置和地形、地质条件下的工程都有不同的特点，在规划之前进行大量的现场调研，收集充分的第一手资料，可以做为方案形成的依据，为深入解决实际问题奠定基础。

（2）有助于多角度地深化专业知识的学习。城市规划设计是反馈、调整、完善的循环过程，学生在实际工程中可能要接触公众甚至建设、规划、管理等部门的专家，这为接触有关城市规划的前沿课题与实际经验提供了十分难得的机会。

（3）有助于培养适应市场需求的合格人才。学生的毕业设计阶段经历实际工程设计全过程，即锻炼了实践能力又增强了自信心，这使他们毕业后能尽快适应工作，展示自己的才华。

（4）有助于提高教学、科研能力。通过毕业设计的辅导，可以将遇到的具有普遍意义的问题提炼出来，延伸为科研课题，此类课题具有较强的实际应用价值，也能够为进一步提高毕业设计的指导能力积累经验。

2.2 提倡实行校企合作的题目供给模式

按照毕业设计的教学要求，积极吸纳设计院的兼职教师，经过校企双方讨论将合适的工程项目提供给毕业生进行选题，学生可以根据自己的兴趣、特长以及就业方向选择题目。选题类型可包括中小城市和建制镇的总体规划；工业区、新城区、旧城改造等的控制性详细规划；居住区、居住小区、旧城改造等修建性详细规划；还可以是城市重点片区的概念规划、城市设计。需要指出的是住区或者其他较小地块的修建性详细规划，往往涉及人性化等方面的研究，建议开展深入的专题调查和分析研究，通过这一环节的强化，可以引导学生探索该领域在国内外的先进理念，使设计更具有创新性。

2.3 规范开题环节

选题结束后安排学生现场踏勘，并要求与其初步草图同步进行，随着多次实地调研的分析研究和方案的逐渐深化，提出自己研究问题的角度和方法，以及拟解决的关键问题。另外，建议在开题过程中针对不同层次、类型的题目规范其成果内容、深度、图纸等要求，分门别类地制定具体的毕业设计指导标准。

3 过程控制

3.1 实行有效的过程监督机制

要确保毕业设计的质量，就必须严格毕业设计的过程监督，必要时可以采用量化累加的处罚制度。例如在调研阶段、开题阶段、中期检查、答辩资格审查、毕业答辩过程中，根据各阶段任务特点及学生的完成质量，采用警告、黄牌、红牌等处罚手段对学生的设计工作进行控制和督促。

3.2 实行相互考核和签字制度

由于城市规划毕业设计教学模式相对自由、灵活，且指导教师还同时承担其他课程的教学工作，基于实际情况建议实行相互考核和签字制度。

3.3 实行多元的师生交流模式

按照学校要求，学生除现场踏勘外，其余时间都应在设计室进行毕业设计，但基于本专业的特点，时间数量的累加和优秀成果的完成似乎并不完全是正相关关系，过与强调老师轮班到岗的管理方式，学习效率往往不高。实际教学中也经常会出现灵感来时老师不来，老师在时灵感不在的情况。根据专业特色，可尝试预约指导的模式，学生有疑难问题时可以通过各种形式预约老师或进行网络咨询，学习时间可以根据自己的实际情况合理安排，或去图书馆或者上网查阅资料，或去实地考察，亦或是去钻研新技术等。这样，学生可以灵活掌握时间、独立获取知识、有目的地培养自己的特长和爱好。指导老师需要将毕业设计的任务书细化，详细规定出学生在每个阶段应该完成的任务，阶段末检查进度完成情况，并将各阶段成绩计入总成绩，同时启动过程监督机制，一旦亮起红牌则取消毕业答辩资格。

3.4 采用灵活的指导模式

提倡实行校企合作，实行双导师模式。可聘请设计院的工程师兼职担任指导教师。这样不仅能有效地解决选题来源少的问题，还能够在很大程度上提高毕业设计的质量。另外，也可以聘请具有一定影响的知名专家和优秀校友担任毕业设计客座教授，开展毕业设计的相关专题讲座，拓展毕业生的知识视野。

4 毕业答辩

4.1 邀请专家参加优秀学生的毕业答辩

毕业答辩环节主要是考核毕业设计成果、锻炼学生成果总结与汇报能力、强化心理素质、提升语言表达能力等综合水平。毕业答辩前全体教研室教师对学生成果进行初步评估，优秀学生答辩邀请第三方（如设计院、规划管理部门等相关专家）参加，从行业及社会要求等多角度评价毕业设计质量，提出意见建议。通过这种形式，学生可以在答辩中获得更多从书本上无法学到而且更加有效实用的知识，同时还能有效提升学生和学校在社会上的知名度，为学生就业和学校招生起到很好的宣传作用。另外第三方对毕业答辩的介入杜绝了印象分和人情分的比例，评分的结果可信度更高。毕业生也通过这样的正式场合锻炼胆识和思维。

4.2 制定量化的专业评分标准

为确保毕业设计质量，教研室应制定具有专业特色毕业设计评分标准和指导教师评分表、评阅教师评分表和答辩评分表，并且让学生在毕业设计过程中充分了解这些应当重点把握的细节，提高设计效率。

5 成果归档

毕业设计归档工作，不仅仅是档案的集中和保管，更重要的在于充分发挥其作用，结合本专业特点，毕业设计成果除了需要进行纸质成果的归档外，还应着重加强电子版（包括成果电子版和由专家参加的优秀学生答辩视频和客座指导教师的专题讲座等）的归档工作，以此形成教学资源库，为以后的毕业设计教学提供有益的借鉴和参考。

主要参考文献

[1] 安蕾，王磊. 专业特性视角的城市规划毕业设计教学改革. 高等建筑教育，2012，21（3）：144-147.

[2] 叶小群. 城市规划专业毕业设计选题与实际工程项目结合的思考. 高等建筑教育，2005 14（4）：73-75.

[3] 张强，代敏. 城市规划专业毕业设计教学改革. 高等建筑教育，2008，17（1）：99-101.

Teaching mode reform of urban and rural planning graduate design

Yue Yan　Zhang Ling　Dai Peng

Abstract: In this paper, combining the actual teaching, systematic innovation for urban and rural planning graduate design education in order by strengthening the practical aspects and enrich teaching methods and other means of exercise and students concerned about social consciousness and found the problem, problem-solving skills to guide students' comprehensive quality formation, to enhance the quality of urban and rural planning graduation.

Key words: Urban and Rural Planning, Graduate design, Teaching

城乡规划专业本科教学“导师工作室制”的利弊权衡
——以三峡大学城乡规划专业本科教学实践为例

马　林　胡　弦　谈　凯

摘　要：随着2011年城乡规划学一级学科地位的确立，城乡规划专业研究领域不断拓展，本科专业教育的覆盖面也更广，小城镇建设及乡村建设成为新时期本科教学体系的重要补充，综合实践能力的培养也有了更高的要求，多种实践教学方式的综合运用是现阶段城乡规划本科教育的重点突破口。“导师工作室制”是现今各校普遍存在但褒贬不一的一种实践教学组织方式，本文将结合各校的具体做法，剖析城乡规划专业本科教学“导师工作室制”的利弊，并以三峡大学城乡规划专业教学实践为例进行分析，探讨“导师工作室制”的相关适用原则。

关键词：城乡规划，实践教学，综合实践能力，导师工作室制

前言

2011年3月，城乡规划学正式升级为一级学科，城乡规划专业研究领域不断拓展，本科专业教育的覆盖面也更广，小城镇建设及乡村建设成为新时期本科教学体系的重要补充。与以往基于城市空间层面的规划理论框架体系不同，小城镇及乡村建设更加注重规划的切实引导，这要求专业教学应该更加注重实践能力的培养，而以往单一的课程设计模式实践教学往往假题真做、真题假做，对专业基础教育与社会实践需求的衔接问题均比较忽视，学生的思维模式被放到了毫无约束的环境中往往做出天马行空的设计方案，教学过程在鼓励创新的同时学生的综合实践能力被忽略，近年来用人单位对实用型成品人才的需求便是这种教育模式弊端的集中反映，多种实践教学环节的综合运用是现阶段城乡规划本科教育的重点突破口，“导师工作室制”便是其中之一。

1 “导师工作室制”存在现状

现代设计教育的发展，传承了德国包豪斯的设计教育的理论体系，分析德国包豪斯的教育实践，对我们今天的设计教育有很强的启发性意义：这就是教学、研究、实践三位一体的现代设计教育模式。在完成正常的教学任务的同时，教学为研究和实践服务；研究为教学和实践提供理论指导；实践为教学和研究提供验证，同时也为现代设计教育提供可能的经济支持。

“导师工作室制”即以多名专职教师组成的团队为主体，以某一特定研究领域为特色，吸纳本科及研究生阶段的学员，承担专项领域的教学任务，并从事相关科研及社会实践，进而全面促进专业教育良性发展。它是包豪斯设计教育理念在现代设计教育中的集中体现之一，也是现今各校普遍存在但褒贬不一的一种实践教学组织方式，各类学校的表现形式各不相同，主要分为两种：

（1）以建筑老八校为首、专业排名靠前的985、211等一线高校

该类高校的“导师工作室制”普遍用于更高一级的研究生教育层次，对于本科教育则相对谨慎，部分高校甚至严厉禁止本科生进入任何导师工作室。

（2）开办城乡规划专业时间较短、专业排名相对靠后的普通高校

该类高校“导师工作室制”开始时间较晚，尚处于初始阶段的探索试验阶段，且普遍用于本科教育，院系对导师工作室的监督和约束较少，但导师工作室的运作

马　林：三峡大学土木与建筑学院城建系讲师
胡　弦：三峡大学土木与建筑学院城建系讲师
谈　凯：三峡大学土木与建筑学院城建系讲师

与本科教育的结合不够紧密。

2 城乡规划专业本科教育“导师工作室制”的利弊

综合分析国内各大高校导师工作室的运作现状，主要存在以下利弊：

2.1 “导师工作室制”对城乡规划专业本科教育的积极意义

（1）工作室在大教研室的基础上进一步细分，研究领域特点更加突出，对应的课程背景研究将更加专业和深入，有利于课程体系的建设和优化；

（2）导师工作室的设置相对纯大班教学方式增加了进入工作室学生的归属感，激发了学习热情，助于学生养成好的学习习惯，强调沟通交流、分工协作能力，利于专业学风的整体提升；

（3）从教学到研究再到实践的体制弥补了大班教学的教学盲点，促进了学生深入学习、追根求源的习惯养成，同时学生通过接触部分社会实践项目实现了由理论到实践的衔接，增强了学生的综合实践能力，符合社会需求。

2.2 “导师工作室制”存在的问题

（1）导师工作室研究领域的局限性对进入工作室的本科段学生的专业综合素质培养造成一定影响；

（2）部分导师工作室实为个人项目工作室，单纯追求社会服务、项目收益，忽略教学功能和导师职责，浪费了公共资源，在教师队伍以及学生中造成了不良影响；

（3）多数导师工作室运作方式更加适用于本科高年段以及研究生阶段教育，对于本科低年段的专业教育培养作用不大，如学生过早进入导师工作室，忽视专业基础阶段学习，跳跃式教育缺乏前期的专业知识积累，影响后期专业学习的深入和发展。

3 三峡大学城乡规划专业本科教学“导师工作室制”实践

三峡大学城建系创办于2000年，共开设建筑学与城乡规划两个本科专业，城乡规划专业定位培养具有一定创新精神的实践型工程技术及管理人才，自2000年开始招生，经过10多年的发展，城乡规划专业现已发展成拥有23名专职教师，在校学生300余人的整体规模，累计已培养出700多名规划专业人才。

近年来，在系部教师共同的努力下，城乡规划专业建设成效显著，围绕城乡规划一级学科转型期的特点，在专业教学体系优化、教学研究团队培养等方面均有所突破，完成了学科转型期城乡规划特色教学体系及模式的研究实践，逐渐形成了立足鄂西山地小城镇实践的地方性实践型特色教学体系和模式。在此过程中一批本科导师工作室的建设在教学、科研、实践三方面均取得了一些成效，现做简单介绍和总结：

3.1 “导师工作室制”的设置与运作

（1）城乡规划专业共分为三大教研室：规划基础及法规教研室、区域及总体规划教研室、详规及城市设计教研室，每个教研室下设2至3个导师工作室，全系共设8个规划导师工作室，每个工作室至少有2名教师，系部为每个工作室提供办公场地及工位，教研室按照教师申报工作室时确定的研究方向整体划分教学授课以及教学研究任务，以工作室为单位年终进行整体考核（注：考核以教学教研为主，社会服务类项目业绩不计入考核项目）；

（2）工作室承担的教学授课及教学研究任务必须以教研室为单位进行审核，如：教案设计、教改方案、授课调整等，如涉及教学体系和培养方案调整需要经过系部三个教研室汇总讨论；

（3）导师工作室招收大三及以上年级的本科段学生，大三上学期开学采取双向选择制进行划分，每学期可轮换一次，直至大五上学期；（注：大五下学期工作室以毕业设计指导任务为主）

（4）工作室的教学任务面向全专业，非工作室内部，大四以前进入工作室学生不接受项目实践教育，由工作室导师根据各年级段布置相应专业学习任务并实施工作室内部考核；

（5）系部规定各个导师工作室之间以及工作室内部必须定期举行理论、案例以及实践经验的专业交流，起到相互促进的作用。

3.2 “导师工作室制”的实施原则

我系本科教育“导师工作室制”刚刚运行实施半年

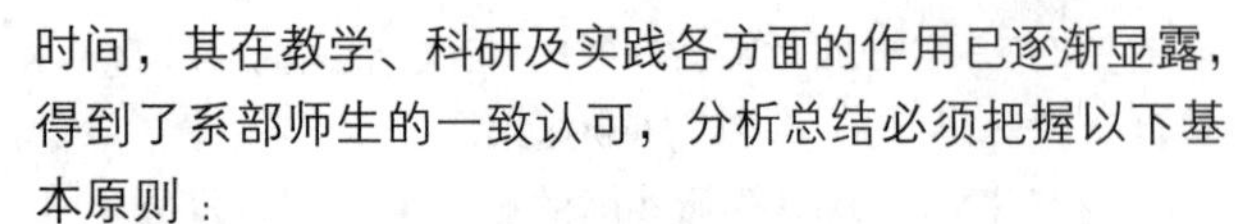

时间，其在教学、科研及实践各方面的作用已逐渐显露，得到了系部师生的一致认可，分析总结必须把握以下基本原则：

（1）采取"导师工作室制"是与城乡规划专业人才培养目标紧密相关的，我校的培养目标是：满足新型城镇化时期城乡统筹发展建设需求，掌握城乡规划学科的基本理论知识和设计方法，具备良好的城乡规划设计和建设管理能力，具有一定创新精神的实践型工程技术及管理人才。实践型人才的目标定位是本科教育采用"导师工作室制"的大前提，各校所处的专业发展阶段不同导致人才培养目标也不尽相同，这直接决定了导师工作室制的适用性；

（2）导师工作室的主体不是独立的科研机构，而是分归教研室统一管理的教研机构，教学研究是导师工作室的主体任务，社会服务类实践项目的引入是导师工作室制的特色，主要用以弥补常规课堂教学对社会实际项目实践能力培养的缺失；

（3）大班专业授课仍然是城乡规划专业教育的主体，导师工作室只能作为高校一定时期内本科段专业教育的有益补充，教学中还应穿插、创新更多的实践教学方式以应对未来的专业发展需求；

（4）"导师工作室制"的有效实施必须建立在教学框架体系相应调整的基础上，同时也离不开配套的管理规章制度的约束。

结语

城乡规划作为综合性、系统性的学科，学科教育中既强调宏观决策的把握能力和综合协调能力，也重视微观的具体工程技术问题的处理能力。"导师工作室制"在目标定位实践型人才培养的城乡规划专业教育中必将起到一定的推动作用，三峡大学城乡规划专业的实践还处于初期阶段，后期将面临众多新的问题，我们将不断优化完善，使导师工作室制在我系专业教育改革的攻坚期发挥更大的作用。

主要参考文献

[1] 方茂青，田密蜜．以工作室制模式为背景的城市规划设计课程的教学思考．华中建筑（建筑教育）2012，5.

[2] 施德法，郭莉，张学文，汤燕，吴德刚．应用型城乡规划专业培养计划与教学改革探讨．浙江科技学院学报，2014，26（1）.

[3] 许飞进，刘佳丽．城市规划专业应用型本科人才培养模式的研究．山西建筑．2008，34（35）.

[4] 杨彦辉，杨立泳，罗来文．论包豪斯教育思想与设计人才培养模式．包装工程，2009，30（4）.

Weighing Advantages and Disadvantages of Tutorial Studio-based System for Undergraduate Teaching of Urban and Rural Planning

——Take the Practice of Teaching Urban and Rural Planning of Three Gorges University for Example

Ma Lin　Hu Xian　Tan Kai

Abstract: Based on the facts that Urban and Rural Planning was certified as the first-level discipline in 2011, its research area is extending constantly, and undergraduate education is widely spread to more fields, the construction of small towns and villages become an important complement to undergraduate teaching system in the new era and it also has higher requirements for developing comprehensive abilities in practice. So integrated application of various practice-oriented teaching methods is the key to the undergraduate education of Urban and Rural Planning at present. Tutorial Studio-based System is a way to organize practice-oriented teaching which is widely used in many schools but drawn mixed responses. Combined with concrete practices in different schools, this paper analyses the advantages and disadvantages of Tutorial Studio-based System for undergraduate teaching of the Urban and Rural Planning, and takes the practice of teaching the same subject of Three Gorges University for example to explore the appropriate principles of Tutorial Studio-based System.

Key words: Urban and Rural Planning, practice-oriented teaching, comprehensive abilities in practice, Tutorial Studio-based System

居住区规划设计课程的开放式教学探索*

王 娟 戴 洁

摘　要：基于民办本科院校设计课程的教学现状，探索一种拓视野、长见识的开放式教学。教学中审视居住区规划设计课程的学科范畴，吸纳建筑学、风景园林学专职教师进入教学团队，同时邀请设计院和规划管理部门的专家进课堂，组织一种开放式的教学过程。教学以学习小组为学习组织形式，以案例教学和专题教学为核心教学方式，整合多种教学资源，引导学生形成开放式的学习习惯。历经两年的教学探索，教学团队交流加强，专家评教和学生评教稳步有升。

关键词：居住区规划设计，开放式教学，业师

目前，我国正处于社会经济加速发展和城镇化建设的转型期，城镇化由以重视速度和数量的城镇化向重视质量提升的新型城镇化转变，城乡和谐发展亟须城乡规划理论的科学转型。面对城乡发展的理念转变，从区域规划到修建性详细规划，各个层面的规划设计方法都在发生日新月异的探索和发展。城乡规划学科的教育应直面设计市场的各种转变并做出积极回应，以一种开放的姿态接受并反馈社会的不断变革和需求。

1　教学的背景与现状

作者所在高校是一所民办本科院校，城乡规划专业为四年制，在两年的建筑学平台课程和规划基础课程之后，第三年转向城市规划设计课程。居住区规划设计是浙江树人大学城乡规划专业学生接触的第一个城市规划设计，开设于第5学期，在整个专业课程体系中处于“承前启后”的地位，是城乡规划专业由建筑学平台向城乡规划专业转换的过渡时期的核心课程。居住区规划设计作为城乡规划的最微观层面，存在与建筑学、风景园林学等多学科交叉的界面，其实际项目属于规划设计院、建筑设计院、景园设计院的共同市场。作为相关专业的建筑学、风景园林学专业的培养计划中也都开设了居住区规划设计课程。

在传统的居住区规划设计的授课中，授课团队仅仅由城乡规划专业教师组成，建筑学、风景园林学的专业教师不参与居住区规划设计的授课，授课团队的专业构成单一。按照一定师生比配备授课教师后，允许学生与不同的授课教师沟通，但为保证设计进度和避免方案设计思想的反复，建议每个学生固定一名授课教师为指导教师，从而学生与指导教师会有一个相对固定的指导匹配。教学过程依托项目开题、现场调研、一草、二草、正图等环节依次展开，但学生在设计过程中会出现自信不足、设计拖沓、方案雷同的现象。基于此探索一种拓视野、长见识的开放式教学，整合学院相关教学资源，激发学生学习兴趣和信心。

2　基于开阔视野的教学资源构建

2.1　三位一体的教学资源

三个学科。吴良镛在人居环境科学中申明：以“建筑、地景、城市规划三位一体”作为人居环境科学的核心专业[1]。居住区作为居民感知密切的小范围人居环境，更需要城乡规划学、建筑学、风景园林学的融合设计。因此居住区规划设计课程的授课可打破授课教师专业单一化的现状，拓展知识和师资至与居住区设计密切相关的3个核心学科，授课团队引入建筑学、风景园林两个方

* 基金项目：浙江省2013年度高等教育教学改革项目。

王　娟：浙江树人大学城建学院讲师
戴　洁：浙江树人大学城建学院讲师

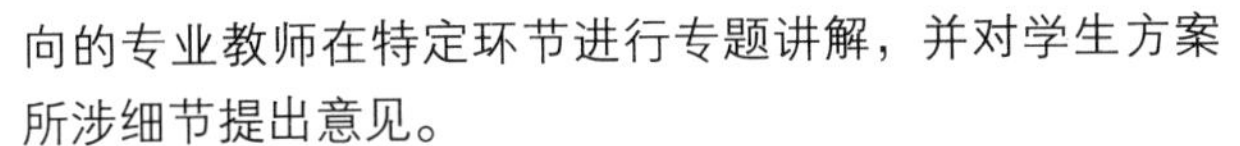

向的专业教师在特定环节进行专题讲解，并对学生方案所涉细节提出意见。

三层师资。作为新生民办本科院校，学校重视应用型人才的培养，于 2012 年启动“千人业师计划”，邀请具有丰富实务经验的行业专家，配合学校专任教师协同参与授课。在居住区规划设计课程中，已连续两年邀请设计院和规划管理部门的专家作为协同授课的业师，与城乡规划专业的教师进行搭档授课。在专家进课堂的资源支撑下，组建多专业、多层次的教学团队：以城乡规划专业教师为责任教师，建筑学教师和风景园林学教师为协同教师，设计甲乙方主要参与者为业师。

三种资源。在专家进课堂的基础上，进一步拓展教学资源，引导学生走出去，构建学校资源、企业资源、学校资源三位一体的教学资源。依托学校资源，在居住区规划原理的基础上，针对性强化建筑学、景园设计方法；依托企业资源，通过设计院业师真实项目的介绍和规划审批的预演，见识实际工程及审批要求；依托社会资源，实地调研居住区的建设实践，并利用杭州市每年的房交博览会和城市规划展览馆，作为教学的有效补充。

2.2 教学内容的分配

我校城乡规划专业学制为四年，与五年制专业培养计划相比，许多设计类课程的课时比较紧张。居住区规划设计的总课时为 72 左右，仅靠有限的课内授课根本无法完成设计作业，学生必须在每周 4 节集中辅导后进行课后自我深化设计。

教改面临的首要问题是大量资源与有限课时的分配。课程原主要教学内容及分配课时如表 1 所示，如果课程总学时不变的情况下，增加建筑学、风景园林专职教师和业师的专题授课内容，则需缩减部分教学内容的分配课时。重新分配的要点为：

（1）缩减了案例临摹和工程管线设计的时间。案例临摹与解析的时间由 8 个课时减少至 4 个课时，课堂集中授课一周后，要求学生利用课外时间继续分析，解析案例的交图时间控制在 3 周之内。工程管线设计被调整出任务书要求，移至课程综合设计实习周中进行后续深化。

（2）其他教学资源出现在教学中的课时宜控制在总课时的 1/3~1/2，建议每个协同授课的教师在授课进程中能出现两次，第一次以专题讲授和设计辅导为主，第二次以方案评价为主。

课程教学内容的分配构成　　表1

原教学内容	原分配课时	重配要点
居住区规划设计理论回顾	4	不变
案例临摹与解析	8	减少
现场调研及汇报	8	不变
一草设计	12	其他教学资源介入，课时宜控制在总课时 1/3 至 1/2。
二草设计	12	
电脑辅助设计	12	
工程管线设计	12	
排版交图	4	增加

3 基于能力提升的教学组织

3.1 设计过程之收放

与第四学期居住区设计原理课程相比，居住区规划设计的课程学习目标更加重视学生综合能力的培养，考核的是学生理论运诸于实践的复合能力，包括调研能力、分析研究能力、创新能力、设计能力、合作及交流的能力。这个课程注定不是一个闷头画图的过程。

除去设计过程中学生进行案例借鉴、资料查阅及确定任务书等环节中个体差异明显的个体柔性开放的构成，改革更侧重增加开放程度相对均质的群体刚性开放环节。设计过程在开放的教学资源支撑下，重新分配教学内容，改革后的教学进程见表 2。刚性开放环节主要包括教学场所的开放、教学资源的拓展和考核方式的开放。教学场所由专教转移至现场，进行小区现场基地的考察，并参观周边新老住区的建设成果，增加对住区设计的直接感性认识。教学资源的拓展主要依托协同授课的教师和业师，一草设计阶段设计院业师结合具体案例讲授设计思路，建筑学教师讲授建筑选型及设计；二草阶段建筑教师二进课堂讲授相关规范和空间处理方法，在计算机辅助设计之后，邀请审批服务中心讲授日照分析要点；方案继续深化至景观绿地的细化环节，景园教师进入课堂讲授中心绿地、组团绿地等的景园设计方法。考核方式由传统的“背对背”转变为“面对面”，评分团

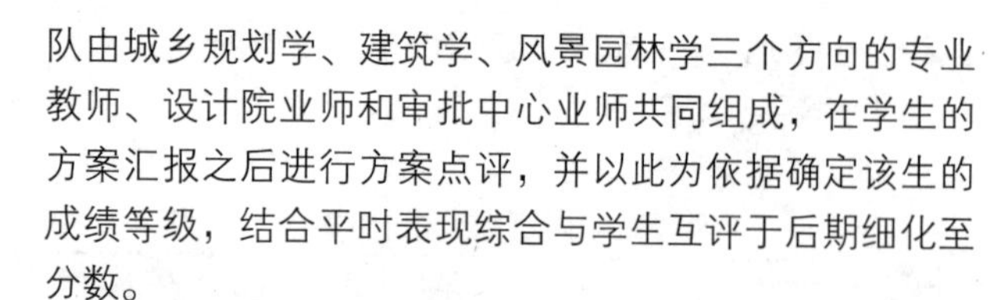

队由城乡规划学、建筑学、风景园林学三个方向的专业教师、设计院业师和审批中心业师共同组成，在学生的方案汇报之后进行方案点评，并以此为依据确定该生的成绩等级，结合平时表现综合与学生互评于后期细化至分数。

教学过程中开放环节的设置，促进了学院多学科教师的交流，工程师、管理者与教师的思维碰撞，有利于建设开放型教学团队，更重要的是这种仪式感强烈的刚性开放为学生打开了不同学科、学校与社会的窗口，能整合设计相关内容，拓展学生的知识与见识。如果说教学资源的拓展是一个开放环节，那么城规教师单独授课可谓是收拢环节，课程在收放之间刺激学生避免“落后一步，步步落后”的行为，有利于控制设计进度。

3.2 教学方式之案例与专题

对于第一次接触城市规划设计课程的学生而言，他们面临由建筑单体向建筑群体布置的转变，设计思维也真正意义的从建筑平台向规划宏观层面转变，多数学生会茫然不知从何入手。

案例教学是课程设计的第一步，它以生动的形象导入居住区规划设计的方法、步骤和相关规范[2]。通过居住区规划设计项目的案例演示，导入设计方案、功能结构、绿地、道路系统的形象，在图示表象的基础上再分析其设计原理，这样的认知过程有利于初学者规划思维的快速带入。在现状调研、一草设计、二草设计、方案深化等不同阶段，首先为学生展示以往学生相同阶段的优秀成果，基于但不限于这些案例演示的成果，讲解不同阶段的设计深度，缩减学生茫然的时间。

依据居住区规划设计的进程及工作重点将设计中的核心知识点设计成相应专题：优秀案例解析、基地分析、设计思路演进、住宅单体选型及群体空间处理、方案评析、景园设计方法等，通过主题讲解、布置任务、执行

居住区规划设计课程教学进程表 **表2**

周数	教学进程	授课教师	群体刚性开放环节
1	居住区规划设计理论回顾	城规教师	
2	详细规划案例临摹与解析	城规教师	
3	现状调研及参观认知	城规教师	教学场所开放
4	调研汇报及任务书确定	城规教师	
5	概念意向图	城规教师 + 设计院业师	教学资源拓展
6	一草设计	城规教师	
7	建筑选型及设计	城规 + 建筑教师	教学资源拓展
8	二草设计	城规教师	
9	规范解读与空间处理方法	城规 + 建筑教师	教学资源拓展
10	方案深化	城规教师 + 设计院业师	教学资源拓展
11	电脑辅助设计	城规教师	
12	日照分析	城规教师 + 审批中心业师	教学资源拓展
13	SU 建模及空间形态调整	城规教师	
14	绿地景观细化	城规 + 景园教师	教学资源拓展
15	方案深化	城规 + 景园教师	教学资源拓展
16	Photoshop 出图	城规教师	
17	出图排版	城规教师	
18	交图，ppt 汇报	3 学科专业教师 + 设计院业师 + 审批中心业师	考核开放

解决等环节激励学生参与。专题教学变漫长的设计为短期小任务，引导学生课下独立思考、解决问题。以2012级城市规划专业的居住区规划设计课程为例，设计进程设置了一系列专题，见表3。实际落实中，第5周的楼盘策划思路因业师出差未能如期落实，其他专题环节都得以实现。

2010级城规专业居住区设计课程专题设置　表3

周数	主讲	专题内容
1	城规教师	优秀案例解析
2	城规教师	基地分析
5	房产公司设计部经理	策划思路
7	建筑教师	住宅单体选型及群体空间处理
9	建筑教师	居住区建筑设计常见问题
10	规划设计院工程师	方案评析
12	杭州市城市规划信息中心项目审核工程师	日照分析
14	景园教师	景园设计方法

3.3　学习小组的组织及运作

教学团队刚性拓展了学习环境，但环境的开放只是形式上、外围的开放，更应当开放的是学生的思考和学习。因此本次教改的出发点和立足点最终落脚于引导学生养成自发开放的学习习惯。从现场调研开始，要求学生组织学习小组，每组3~5人。学习小组成立初期，教师只予以明确的任务引导，但不干扰其具体运作。经过几次讨论和评图之后，小组内部自然分级为学习领袖和追随者，此后重点关注学习领袖的自我超越和对小组学习环境的号召。为加强小组之间交流，在教师评图之前，要求每组选出一个设计方案并邀请其他小组成员进行方案评价，实际操作中通常每组都选出组员觉得最好的一个方案，而评图的成员往往也是其他组的学习领袖。而每个班里总有几个进度拖沓的学生，对这几位同学指定小组组员负责，采用教师辅导+组员辅导的形式，以强化刺激。

教改中也出现了一些值得思考的问题。小组自由组合往往会形成个别强强联合、弱弱组合的小组，强强联合小组始终进度正常，而弱弱组合小组则容易游离于进程之外，后期虽经指导教师介入强行拆配，但后期的小组归属感始终不强。在考核环节给予学生打分的权利，要求小组内部监督互评，但多数小组都出现组员分数相近的现象，即便是真实成绩相差甚大的两个组员，他们的组内互评分也相差不多。鉴于此，组内评分失去数值价值，只能参考其排序价值。

4　总结与思考

开放式教学自2010级起依托校教改项目和浙江省教育厅教改项目开始探索性的实施，在实施过程中促进了专业教师吸纳其他学科的知识和新的社会要求，以城规专业教师为主导的教学团队有效保障了授课质量，2010、2011级的专家评教和学生评教稳步有升，说明了学校督导专家和学生对开放式教学的肯定。同时，后续继续实施也存在一些疑问：

（1）建筑学、风景园林学的专职教师已经开始固定的合作，但每年协同授课的业师却没有固定，是否需要固定或如何固定?

（2）这两年协同授课教师的课时统计和费用支出或出自教改课题，或出自“千人业师”专项经费，开放式教学能否常态化延续?

探索已然起步，基于学科交叉、校企合作的开放式教学顺应了学科发展要求，进一步巩固了我校城乡规划专业“三位一体”的专业特色和教育优势，得到了学生的认可。教学改革是一项长期的、持续的工作，基于此次改革的良性反馈，我们将顺应城乡规划的发展形势继续探索城乡规划专业的教学方法。

主要参考文献

[1] 吴良镛.人居环境科学导论[M].中国建筑工业出版社，2003.

[2] 尹得举，叶苹.居住区规划设计学改革的探讨[J].新西部，2010，04.

The Exploration for Open Teaching of Residential District Planning Design

Wang Juan Dai Jie

Abstract: Based on the status of teaching of designing courses in private regular university , a open teaching was explored to widen vision. With expansion of subject category of residential district planning design, the teaching team adopted the full-time teacher of architecture and landscape architecture, and practice tutor from design institute and planning administration department. With learning group as basic organizational forms, case and subject teaching as core teaching methods, a variety of teaching resources was integrated to guide students to form an open study habits. After two years of reforming practice, the teaching team was strengthened and the evaluation of experts and students was steady rising.

Key words: residential district planning design, open teaching, practice tutor

基于思辨能力培养的区域规划课程教改实践*

黄扬飞

摘　要：高校改革与发展已进入到“以质量提升为核心”的内涵式发展阶段，工科城乡规划传统教学不利于创新型人才的培养。区域规划课程是城乡规划专业学生的必修课，在教学中引入辩论式教学法，突出思辨能力、团队合作的培养，在教学方法和学生互动上作些有益的尝试和探索，有助于对学生全方位的培养和创新意识的提升。据反馈，辩论式教学成效明显，体现在学生对教学方式的认同、参与度提高、学会自主自发思考、学以致用的同时对自身素质的提升及规划师价值的思考等。同时，如何提高学生作为辩手的参与度，减少因辩论规程、技巧等因素对辩论式教学效果的影响，保证赛前充分准备并团队融合，是教师在辩论式教学组织中思考的方向。

关键词：思辨能力，辩论式教学，区域规划，教学改革，城乡规划

据《国家中长期教育改革和发展规划纲要（2010-2020年）》，大学改革与发展已进入到“以质量提升为核心”的内涵式发展阶段[1][2]，要求注重培养应用创新性人才[3]。城乡规划是一门建立在众多自然与人文科学之上的着重于城乡空间塑造的人居环境学科[4]，“以物质形态规划为主”的工科城市规划传统教学的弊端导致学生思想僵化，不利于培养创新型人才[5]。因此，国内的规划教育要重视学生研究能力、综合能力、责任心、思考习惯、学生专长与特色能力的培养[6]。

辩论式教学旨在培养学生的思辨、表达、解决问题的能力[7]。陈志[8]提出把新加坡辩论赛形式运用于课堂教学，对传统教学思想是一种新突破。陈利[9]作了大学英语课堂中辩论式教学师生角色初探，郑连成[10]将辩论引入高职院校经济学课堂，指出辩论教学法不仅能激发学生的学习兴趣，提高学生的思辨能力，而且还能促进任课教师业务能力的提高。王旭等[7]结合当代高职院校学生的心理定势和思维特点，指明了高职院校开展辩论式教学的意义。目前，辩论式教学法的尝试和应用多属于人文社科领域，而工科采用辩论式教学尝试的还为数不多。笔者在城乡规划专业的区域规划课程教学中引入辩论式教学法，拟在教学方法和学生互动上作些有益的尝试和探索。

一、辩论式教学的必要性

区域规划课程是城乡规划专业学生的专业必修课。区域规划具有战略性、全局性、宏观性、协同性等特点，传统的授课模式很难在完成教学任务的同时达到相应地教学效果，容易使课程显得空洞、贫乏。因此，调动学生的主体积极性，大量扩充课外阅读并梳理思考总结辨析，将明显有助于拓展学生思维、丰富课程体系、达到教学目标。

1. 工科院校城乡规划专业学生的语言交流、文字表达能力、思辨能力都相当的欠缺[6]。在实践中，规划项目的文字说明和方案介绍非常重要。

2. 辩论式教学突出学生在教学中的主体性地位。有利于提高学生的区域规划学习兴趣，有利于学生创造性思维的发展，有利于提高学生分析、综合和归纳区域规划问题的能力及多向思维能力。

3. 辩论式教学对于教学方法改革的整体推进有促进作用。有利于教师转变传统的教学思想、教学观念，突破传统的教材处理方式、教学思维方式等。区域规划是

* 基金项目：浙江科技学院教学研究项目（2010IB-A13）。

黄扬飞：浙江科技学院讲师

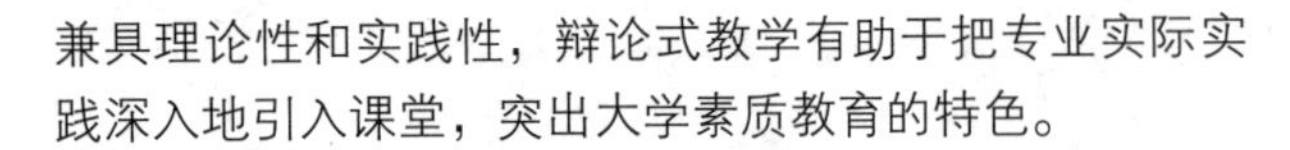

兼具理论性和实践性，辩论式教学有助于把专业实际实践深入地引入课堂，突出大学素质教育的特色。

二、辩论式教学的组织

1. 辩论式教学在教学日历上充分体现和安排

辩论式教学必须有组织有秩序地进行，写入教学日历，在教学安排上予以体现，一般安排 2~3 次集中辩论为宜。集中辩论按新加坡式辩论规程进行。

同时，在平时教学中安排自由辩论式讨论，一则有利于学生注意力集中，思维活跃，参与互动；二则有利于训练其思辨能力，为集中辩论打好基础。

2. 引导学生积极参与辩题的思考和征集

教学改革的推进须得到学生的主动配合才能取得成效[2]。辩题即辩论式教学中所使用的题目，是一堂辩论课中最重要的元素。而且辩题不同于讨论主题，除了与课程内容、专业知识、社会热点相衔接，需突出正反两面的可辩性。

为全面激发学生参与辩论的自主性和学习的积极性、兴趣度，辩题采集通过向学生征集和教师筛选把关的方式进行，这样如何引导学生获得区域规划的辩题成为了关键。所以辩论教学的安排和辩题的思考在课程伊始告知学生，集中辩论安排在教学后期，辩题征集在中期完成。为尽早尽快打开学生的思维，笔者在导论课上以近几年国家颁布的区域规划案例为指引，让学生全面了解区域规划的现状、内容、意义、难点等，培养学生的宏观、整体、综合性思维，激发学生关注社会规划热点的敏感度，以专业视角审视思考周边或网络上的生活实际和社会热点。教学实践证明，95% 以上的学生会在辩题征集环节通过图书馆、网络等广泛查阅相关参考资料以提出相应的辩题，这一过程使得学生由被动学习转为主动学习，在较短时间内快速了解课程主要相关知识并梳理思考，与传统的教学方式相比，往往能取得事半功倍的教学效果。据 2013 年区域规划课程，58 位城乡规划专业学生共提出 175 个辩题，有近 50% 的学生提及城市或区域发展的重心选择，比如以经济发展为主还是生态发展为主、平衡发展还是东部优先发展、先发展后治理还是先治理后发展、先发展城市还是农村、先发展大城市还是平衡发展、区域规划注重核心还是边缘等，35% 的学生思考了城市问题，18% 的学生有对传统文化保护的思考，10% 左右的学生谈到了城镇化问题，9% 的学生考虑城乡统筹侧重点，综合学生们的思考，笔者权衡，最终自由辩论辩题确定为“区域规划应重在经济发展还是环境保护”，集中辩论辩题为“现阶段，城乡统筹规划中城乡资源配置应重在城市还是乡村”、“城市规划是否应为城市病买单”。

3. 角色分配充分体现学生的主体性

自由辩论由教师在课堂内随机安排正方、反方，所有学生都参与，以自由辩的形式在正反两方轮流进行，教师作为主席，仅作穿针引线之用，保障辩论围绕辩题展开，冷场时作适当引导，辩论渐进佳境后转为忠实的观察者和记录者，辩论记录的同时记录学生的即时表现，作为辩论环节的打分依据之一。

集中辩论按预定的规程分配主席、辩手、评委、计时员、记录员、候补辩手等角色，教师仅观察拍摄，不参与其中，每场辩论学生参与度达 51.7%，两场辩论保证每位学生有其角色扮演，少部分学生在不同辩论主题体验不同角色。集中辩论过程中教师仅作为观察者和学生表现的记录者，不介入其中，直至辩论结束后对辩论双方观点作专业上的解析。实现教育教学从“以教为主”向“以学为主”的转变，真正把学习的主体还给学生。

4. 设置评分标准，明确考核依据

学生评委按评分标准从辩论技巧、内容资料、辩论台风、用时控制各分项对每位辩手打百分制的个人分数，同时对全队论点结构的完整性，队员之间的默契和配合情况打整体合作分，个人分数的高低决出最佳辩手，个人分数之和加整体合作分判定双方胜负，由评委代表点评并宣布结果。教师根据各角色的胜任表现记录考核，考核方式也因此从期末考试为主向以过程考核为主转变。

三、区域规划课程辩论式教学的成效

课程结束后就学生在辩论式学习过程中的亮点、作用、困难、收获、反思等各方面进行填表反馈。以下就回收的《区域规划辩论式教学学生反思评价表》进行梳理分析，主要由学生所填之感想辅以说明。

1. 教学方式的认同

95% 以上的学生表达了对辩论式教学形式的认同

感，认为“乏味冗长的理论课不能满足当今大学生对于知识的诉求。在大学的末尾终于出现了这样的课堂。我非常喜欢以辩论的方式进行学习”、“以辩论的形式，在课堂上对不同的观点进行探讨，对问题的研究更加透彻”、“辩论形式能锻炼我们的语言组织能力、临场应变能力”、“形式新颖”、“打破常规的教学模式”、“既新奇又富有成效”、“避免千篇一律的教学风格”、“最大限度地使各位同学投身于课程的学习中”、“对区域规划有了一个更全面的认识和思考”、“是值得推崇的教学方式”、“是我上的专业课中最有意思最有积极性的形式，我们很乐于接受”、“希望老师能把这种教学方式继续坚持下去”、“不失为一次成功的教学”、“为我的大学学习生活做了一个近乎完美的收官！”、“会是我们在大学中最难忘的一堂课”等。

2. 参与度提高明显、自主自发思考

两场辩论超过 100% 的参与度使学生按角色分配各司其职，保证每位学生浸入其中，自觉、主动、积极思考辩题，“充分调动了学生上课积极性”、“从以前的被动学习变成主动学习”、“在辩论的准备阶段搜集了大量的相关资料，调动了大家的主观能动性”、“查找了各种网络和书籍，在校图书馆借来了《城市规划学刊》等，专为辩题的双方观点找了许多材料”、“收益丰厚，综观整节课，我们参与的热情很高，气氛很活跃”、“在整个辩论环节中，大家的心都跟着辩论的进行而变化，每个人都有机会发言，每个人都有更多的机会进行思索，各辩手在辩驳的时候也给我们进行了一定程度上的知识的普及”等，并且“一旦参与之后，思维方式就会拓展开来”、“在相互辩论中也给自己拓宽了思路”、“辩论式的教学对于学生思想的启发作用相当明显，……考虑到一些常规上课时不会想到的方面”等。

3. 学以致用，学习和实践结合

辩论为学生对所学的专业理论知识的运用和提升创造了途径和“试验场”。“精彩的辩论赛让枯燥的理论文字转换成学以致用的武器，在辨证的思维和讨论中发现问题、提出问题、解决问题”，“更有效地掌握专业的知识”，“在辩论过程中运用四年学习的知识和理念，感受到平时知识积累的必要以及临场快速应变能力的需要”，“通过几次有组织有准备的辩论赛，对课堂上所学到的知识有了更深的运用和更好的理解”，“在这个过程中不断促进我们去思考，……就需要课外更多的学习做基础”等。

4. 对专业、规划师职业的思考

城乡规划的核心是空间的有效利用与公共利益的维护，规划师一定要有社会责任感[6]。区域规划课程安排学生在校学习的最后一个学期，之后进入规划师业务实践及就业环节，辩论也给了学生对专业、就业去向、职业道德思考的契机。如“重要的是，身为一个规划人员，……更应考虑以人为本，考虑社会经济文化人口等各方面”，“深刻认识到，……应以解决老百姓的困难为己任，这是设计的准则，也是我们应始终坚持的目标，时刻把人们放心中，做出来的设计才是合理的设计，才是成功的规划”，“规划师有责任和义务将一座城市布置的合理协调，为居民创造各种良好的条件，……不应该逃避……但在心中的确是要守住一寸净土的，如此方能记得是为何而来，知道将往何处而去”等。

5. 个人素质提升的思考

辩论之后，学生对自身也有了许多新的思考。诸如“看到很多自身的不足，逻辑思维不够缜密、思维不够开拓”，“锻炼了自己的反映能力，而且也学习了一些关于课外的规划知识”，“通过这次辩论赛使我认识到了团队精神的重要性”，“辩论中我不但学到了知识，而且懂得了如何将学到的知识表达出来。语言表达是我现在比较欠缺的，本次辩论给我提供了一个很好的平台”，“我们不仅能学得到专业的知识理论，更能锻炼我们的能力，丰富我们的视野”，“这次比赛让我深深的意识到自己的语言表达能力临场发挥能力尤其需要提高……知识的储备，表达能力的加强，临场的表现都是自己以后值得学习和提高的。辩论赛上队友流利的表达，清晰严密的逻辑思维，快捷的反应能力，纵观全局镇静自若的剖析都让我受益匪浅。或许，从辩论赛中所理解的、所懂得的、所学到的、所收获的、所成长的，便是我最大的心得吧”等。

四、思考

辩论式教学是为达到教学效果而采用的教学模式，不能拘泥于辩论模式的相关规则，而应结合课堂需要、学生诉求等作相应调整，比如增加候补辩手在自由辩论环节参与辩论，延长自由辩论的用时等，这样即体现了学生的主体地位，也有利于集中辩论的开展。

辩论式教学成效明显，但辩论式教学在城乡规划专业教学中毕竟是一种全新的教学模式，学生此前也较少接触此类方式的课堂学习，亦未受过专门的辩论训练，在整个过程中存在些不尽如人意的地方。部分学生对辩论规程的把握、用时控制、辩论技巧、团队合作稍显欠缺，一些学生辩论结束后感叹准备不够充分或准备了很多资料但因与队友衔接不够未能充分利用。部分同学缺乏积极性，无心参与。因此，如何提高学生作为辩手的参与度，减少因辩论规程、技巧等因素对辩论式教学效果的影响，保证赛前充分准备并团队融合，是教师在辩论式教学组织中思考的方向。

通过区域规划课程辩论式教学探讨城乡规划学科理论类课程思辨能力培养机制的建立应是深入教改的方向。如在城市规划原理等理论课教学中采用辩论式等灵活多变的教学方法，增加讨论和专题发言的活动的比例，创造应用环境，强调语言应用能力的培养。在规划课程设计教学中，采用角色替代的方法，由教师、学生分别模仿政府官员、规划技术人员、市民等不同角色，对规划设计方案进行分析、讨论等，为培养创新型人才和合格全面的规划师作有益的教学改革尝试。

主要参考文献

[1] 翟振元．高等教育强国、本质、要素与实现途径[J]．中国高教研究，2013，03.

[2] 李延保．我国大学本科教育教学改革的新趋势[J]．中国高教研究，2013，07.

[3] 眭平．基于应用创新性人才培养的创新教育实践[J]．中国高教研究，2013，08.

[4] 商哲，赵旭阳等．关于城市规划学科及其专业教育的思考[J]．石家庄学院学报，2013，11.

[5] 李山勇．当前加强城市规划专业人文素养教学思考[J]．科教文汇，2010，12.

[6] 郑德高，张京祥等．城乡规划教育体系构建及与规划实践的关系[J]．规划师，2011，12.

[7] 王旭，张弘强等．高职院校辩论式教学初探[J]．经济研究导刊，2009，17.

[8] 陈志．新加坡式辩论赛在大学课堂教学中的运用[J]．福建师范大学学报，2000，02.

[9] 陈利．大学英语课堂中辩论式教学师生角色初探[J]．消费导刊，2009，06.

[10] 郑连成．高职院校经济学辩论式教学研究与实践[J]．教育探索，2009，06.

Curriculum Reform and Practice of Regional Planning Based on Speculative Ability Training

Huang Yangfei

Abstract: Reform and Development of the University has entered into "quality promotion as the core" connotative development phase, the traditional teaching of engineering of urban and rural planning is not conducive to the cultivation of innovative talents. Regional Planning course is a required course for students of urban and rural planning, the introduction of a debate in the teaching pedagogy, highlighting critical thinking skills and team cooperation, to make some beneficial attempt and exploration in teaching methods and student interaction to help the cultivation of student's all–round and innovation consciousness. According to the feedback, marked achievements were scored in the teaching of the debate, reflected in students' identity in teaching, participation increase, learn to think independently and spontaneously, to apply their knowledge and expertise while thinking to enhance the self–quality and the value of the planners, etc. At the same time, how to improve the students participation as debaters, and reduce the debate rules, skills and other factors affect on debate teaching effectiveness, to ensure adequate preparation before the game and team integration, is a teacher's teaching thinking direction in the organization.

Key words: Speculative Ability, debate teaching, regional planning, teaching reform, urban and rural planning

后 记

全国高等学校城乡规划学科专业指导委员会2014年年会将在深圳大学举行。依照专指委秘书处的要求，将本次会议入选的教研论文结集出版。为规范格式，论文格式审查小组对部分作者的论文或论文所属板块作了一些调整。同时，对不符合主题要求的论文进行了删减。最后，确定收录论文106篇，分学科建设、理论教学、实践教学和教学方法四部分汇编成书。尽管处于网络时代，相信散发着墨香的实体书籍仍为广大读者所喜爱。

本次论文格式审定小组的成员有：朱文健、陈宇、刘卫斌、张艳、辜智慧、陈义勇、李云。

今年，由深圳大学首次尝试设计专用域名网站，来完成学生作业和教师论文提交、评审，及参会注册和其他工作。值此教研论文汇编成书之际，正是全国各校提交的参评城市设计作业、社会调查作业，以及交通专题竞赛通过网络上传之时。参评院校和各类作业的数量统计也由网站同步生成。网站虽有待完善，成果超过预期。该网站可储存参评的论文和作业，并传递给下届主办院校继续使用。

本次网站设计小组的成员有：辜智慧、朱文健、李云、陈宇、刘卫斌、陈义勇及普维迪科技网站部。

我们在工作中得到专指委秘书处、中国建筑工业出版社，及兄弟院校老师们的悉心指导和帮助，谨此致谢。

陈燕萍

深圳大学建筑与城市规划学院教授

深圳大学城市规划研究所所长

全国高等学校城乡规划学科专业指导委员会委员